DICTIONNAIRE TOPOGRAPHIQUE

DU

DÉPARTEMENT DE LA DORDOGNE

COMPRENANT

LES NOMS DE LIEU ANCIENS ET MODERNES

RÉDIGÉ SOUS LES AUSPICES

DE LA SOCIÉTÉ D'AGRICULTURE, SCIENCES ET ARTS DE LA DORDOGNE

PAR M. LE Vte DE GOURGUES

MEMBRE DE CETTE SOCIÉTÉ

CORRESPONDANT DU MINISTÈRE DE L'INSTRUCTION PUBLIQUE POUR LES TRAVAUX HISTORIQUES

PARIS

IMPRIMERIE NATIONALE

M DCCC LXXIII

DICTIONNAIRE TOPOGRAPHIQUE

DE

LA FRANCE

COMPRENANT

LES NOMS DE LIEU ANCIENS ET MODERNES

PUBLIÉ

PAR ORDRE DU MINISTRE DE L'INSTRUCTION PUBLIQUE

ET SOUS LA DIRECTION

DU COMITÉ DES TRAVAUX HISTORIQUES ET DES SOCIÉTÉS SAVANTES

DICTIONNAIRE TOPOGRAPHIQUE

DU

DÉPARTEMENT DE LA DORDOGNE

COMPRENANT

LES NOMS DE LIEU ANCIENS ET MODERNES

RÉDIGÉ SOUS LES AUSPICES

DE LA SOCIÉTÉ D'AGRICULTURE, SCIENCES ET ARTS DE LA DORDOGNE

PAR M. LE Vᵗᵉ DE GOURGUES

MEMBRE DE CETTE SOCIÉTÉ

CORRESPONDANT DU MINISTÈRE DE L'INSTRUCTION PUBLIQUE POUR LES TRAVAUX HISTORIQUES

PARIS

IMPRIMERIE NATIONALE

M DCCC LXXIII

INTRODUCTION.

DESCRIPTION PHYSIQUE.

LE SOL.

Le département de la Dordogne est compris entre 44° 35′ 53″ (à Biron) et 45° 42′ 35″ (au delà de Busseroles) de latitude nord et entre 0° 53′ 40″ (Nadaillac) et 2° 22′ 20″ (la Roche-Chalais) de longitude ouest.

Il est borné au nord par les départements de la Haute-Vienne et de la Charente, et des autres côtés par ceux de la Corrèze, du Lot, de Lot-et-Garonne, de la Gironde et de la Charente-Inférieure.

Sa superficie est de 9,183 kilomètres carrés; sa population, d'après le recensement de 1872, de 480,141 habitants.

Voici ses dimensions, d'après le *Tableau des Communes*, par M. Marrot:

« La plus grande longueur N. S., depuis l'extrémité nord de la commune de Busse- « roles jusqu'à l'extrémité S. de la commune de Loubéjac, suivant une ligne qui fait « avec le méridien un angle de 0° 27′ 7″, est en arc de 1° 13′ 30″, et en mesures li- « néaires de 136,115 mètres.

« La plus grande largeur E. O., depuis l'extrémité E. de la commune de Nadaillac « jusqu'au pont du Chalaure (commune de Sainte-Aulaye), suivant une ligne qui forme « avec le parallèle un angle de 0° 4′ 57″, est en arc de 1° 29′ 13″, et en mesures linéaires « de 117,223 mètres.

« La largeur E. O., depuis le point où la Dordogne entre dans le département (com- « mune de Cazoulès) jusqu'à sa sortie (commune de la Mothe-Montravel), suivant une « ligne qui fait avec le parallèle un angle de 0° 2′ 17″, est en arc de 1° 28′ 29″, et en « mesures linéaires de 116,261 mètres. »

Il occupe la dernière assise des contre-forts sur lesquels s'appuie à l'ouest le pla- teau central, et est ainsi placé sur un plan général d'inclinaison.

Le niveau le plus bas est l'extrémité occidentale de l'arrondissement de Bergerac:

il se confond alors avec celui des plaines de la Garonne. Au point où la Dordogne pénètre dans le département, le sol a 78 mètres d'altitude; à celui où elle en sort, il n'a plus que 4 mètres.

En deçà de Bergerac, les pentes montent graduellement dans les directions sud, est et nord; c'est à la circonférence que sont les hauteurs les plus considérables. Vers le nord, entre la Dordogne et l'Ille, elles ne dépassent pas 200 mètres; 150 mètres entre l'Ille et et la Drone, dans le plateau ondulé de la Double; puis au delà de cette direction, l'arrondissement de Nontron, qui joint la Haute-Vienne, présente les sommités les plus élevées : la principale a 478 mètres d'altitude dans la commune de Saint-Pierre-de-Frugie.

Sur la limite de l'est, dans les arrondissements de Périgueux et de Sarlat, les hauts coteaux ont de 300 à 350 mètres; ils s'abaissent au sud-est de Bergerac, et Biron, le point culminant du vaste plateau qui s'étend sur la rive gauche de la Dordogne, ne dépasse pas 236 mètres [1].

Le système hydraulique pour le cours des eaux est la résultante de l'adossement de la contrée aux plateaux du Limousin et aux rampes de l'Auvergne. Les rivières qui sillonnent presque parallèlement entre elles le nord du département, et dont les principales sont la Drone et l'Ille, descendent, ainsi que leurs affluents, dans une direction N.S. jusqu'à ce que l'une après l'autre, fléchissant vers l'ouest devant la ceinture rocheuse de la grande vallée qui traverse le département de l'est à l'ouest dans sa partie méridionale, elles soient rejetées au delà de son territoire; là, n'ayant plus entre elles qu'un sol plus abaissé, elles finissent par se joindre : la Drone se perd dans l'Ille, l'Ille dans la Dordogne, et celle-ci, qui n'était que le grand torrent de l'Auvergne, devient alors la seconde grande rivière du sud-ouest de la France et porte majestueusement toutes ces eaux montagneuses aux eaux pyrénéennes de la Garonne, avec laquelle elle se confond au bec d'Ambez.

---

[1] Quelques nivellements pris sur le sol et sur les cours d'eau (Raulin, *Nivellement de l'Aquitaine*) :

Sol de l'église
- de Périgueux (Ann. des long.) . . . . 98^m

Sol de l'église		
de Périgueux (Ann. des long.)	98ᵐ	
de Nontron (*idem*)	208	
de Sarlat (*idem*)	187	
de Belvez	185	
Place basse de Ribérac	69	
Plaine — de Born	285	
de Faux (E. M.)	153	

Rivières.

Dordogne	pont de Souillac	82
	pont de Dome	69
	pont de Castelnau	66

Dordogne	à Bigaroque	55ᵉ	"
	pont de Bergerac	29	"
	pont de Sainte-Foy	5	"
Vézère	sous le pont de Terrasson	100	"
	sous le pont de Montignac	95	"
	aux Eyzies (Reliquiæ Aquitanicæ)	58	25
	sous le pont de Campagne	53	"
Ille	devant Corgnac	140	"
	sous le pont de Mussidan	46	"
Drone	à Brantôme	90	"
	sous le pont de Ribérac	50	"
Auvezère, sous le pont de Cubas	158	"
Lisone	à Rudeau	185	"
	au pont de la Roche-Beaucourt	87	"
Tardoire, sous Nontron	185	"

L'aspect du sol est très-varié. Si l'on rencontre de hauts plateaux sans eau, couverts de bruyères ou de châtaigniers, et du milieu desquels aucun objet ne repose la vue dans le morne horizon qui s'étend autour de soi, partout aussi se croisent des vallons que creuse une eau rapide et bruyante : ils s'enfoncent à travers des bois épais ou au-dessous de rochers dont les crêtes nues les dominent. Peu de rivières qui ne se soient frayé leur chemin à travers une haute barrière de pierre, et le pittoresque le plus sauvage succède à des sites gracieux et ravissants.

La constitution géologique, qui exerce une si grande influence sur la nature et la richesse de la végétation, est ici très-diverse.

Une note de M. Raulin, professeur de géologie à la faculté des sciences de Bordeaux, expose que « le département de la Dordogne fait partie du bassin géologique du « S. O. de la France, intermédiaire par ses caractères pétrographiques et paléontolo-« giques au bassin de Paris et à celui de la Méditerranée. Tous les terrains qui entrent « dans la composition de ce bassin y sont représentés, depuis les terrains primitifs jus-« qu'aux dépôts d'alluvion. A partir des plus anciens, ce sont les suivants :

« Les *terrains primitifs*, composés principalement par des micaschistes et des tal-« schistes, forment au N. E. du département une bande qui s'étend de Terrasson à Bus-« sière-Badil, au N. de Nontron, où les granites dominent presque exclusivement.

« Le *terrain houiller* constitue un petit bassin exploité au Lardin et à Cublac, et dans « lequel des recherches ont été récemment faites sur les confins de la Corrèze, à « Larche.

« Un système d'argiles et de grès rouges lie de vin, verts ou bigarrés, appartenant « au *trias*, existe aussi dans les environs de Terrasson et de Hautefort.

« Le *terrain jurassique* forme parallèlement au terrain primitif une bande beaucoup « plus importante, qui court du S. E. au N. O., depuis les bords de la Dordogne, près « de Souillac, jusqu'au delà de Nontron. — A la base, l'*étage du lias* forme une bande « étroite qui longe principalement les terrains primitifs et les trias, et qui est surtout « composée, inférieurement, par des calcaires dolomitiques brunâtres et grisâtres et, à « la partie supérieure, par des marnes et des argiles noires à fossiles, notamment des « bélemnites et des ammonites.

« L'*étage oolithique inférieur*, assez développé autour d'Exideuil et au N. O. de Non-« tron, est formé par des calcaires compactes et oolithiques ou plus ou moins cristallins, « durs, jaunes, dont les fossiles ne sont pas très-distincts.

« L'*étage oolithique moyen*, principalement développé entre Thiviers et Souillac, est « formé par des calcaires compactes et oolithiques jaunâtres, dans lesquels les fossiles « sont encore plus rares.

A.

« L'*étage oolithique supérieur* existe aussi; mais il est partout recouvert par les terrains « suivants, qui s'avancent transgressivement et d'une manière inégale sur les étages pré- « cédents.

« Le terrain crétacé[1], qui apparaît sur près des trois quarts de la surface du départe- « ment, est représenté seulement, comme dans toute la bande qui s'étend de Cahors à « Rochefort, par le tiers supérieur du terrain.

« Le gault, le grès vert et l'étage néocomien manquent absolument. — M. d'Archiac « y a établi les quatre divisions suivantes : 1° sables et grès verts ou ferrugineux et cal- « caires à ichthyosarcolithes; 2° calcaires marneux jaunâtres avec ostracées et ammo- « nites; calcaires marneux gris blanc ou jaunâtres; calcaires blancs ou jaunâtres à ru- « distes; 3° craie grise, marneuse ou glauconieuse et micacée; 4° calcaires jaunes « supérieurs.

« Les *terrains tertiaires* forment une bande allongée du N. O. au S. E., qui borde les « départements de la Gironde et de Lot-et-Garonne, de la Roche-Chalais à Montpazier, « et qui n'est que la terminaison de la nappe éocène qui existe dans ces deux départe- « ments. Ils présentent, à la partie inférieure, des marnes et des molasses sans fossiles « et, à la partie supérieure, des calcaires d'eau douce à limnées et planorbes.

« A partir de cette bande s'avancent, vers le N. E., de nombreux lambeaux qui « masquent partiellement les terrains crétacés et jurassiques, et qui près de Nontron « viennent même jusque sur le terrain primitif. Ces lambeaux isolés n'ont pas toujours « une épaisseur très-grande et sont formés généralement par des sables et des argiles, « quelquefois avec cailloux roulés quartzeux ayant de l'analogie avec les dépôts dilu- « viens et renfermant souvent de l'hydroxyde de fer, qui sur certains points devient « assez abondant pour donner lieu à des extractions de minerai, comme aux environs « de Nontron et d'Exideuil, de Saint-Cyprien et de Belvez. C'est encore au milieu de ces « dépôts que, conformément aux opinions de M. Coquand, se trouve le minerai de man- « ganèse de Thiviers, qui avait d'abord été rapporté à l'étage jurassique inférieur.

« Les *terrains d'alluvion* comprennent les dépôts diluviens à cailloux souvent primitifs,

---

[1] Le calcaire crétacé paraît s'être déposé au fond d'un golfe profond dont les contours jurassiques pas- sent par Thenon, Aubas, la Cassagne, Jayac, Paulin, Eyvignes, Simeyrols, Gourdon, Saint-Cibranet, Saint- Cyprien et Campagne.

Entre Campagne et Thenon, l'entrée de ce golfe de largeur et de profondeur, mesurée de Plazac à la Se- guinie (Lot), était d'environ 45 kilomètres.

A Campagne se trouvait la pointe d'un promontoire très-long et étroit qui s'avançait de près de 25 kilo- mètres dans la mer crétacée, formant le rivage entou- rant le côté S. O. du golfe.

La ville de Sarlat se trouve occuper une position assez centrale dans l'intérieur même du golfe, que l'on pourrait nommer golfe crétacé du Sarladais (*Bulletin de la Société géologique de France*, t. XX, p. 120 : *Notice sur le niveau des calcaires crétacés de Sarlat*, par M. Harlé).

« qui se trouvent dans le fond et sur les pentes des vallées·et sur les bas plateaux qui
« les avoisinent, et aussi les dépôts limoneux des hauteurs dont la terre végétale est
« souvent composée.

« Les alluvions modernes consistent en dépôts de sable et de grève dans les parties
« basses des vallées. »

Aujourd'hui l'aspect physique du sol se résume par le tableau suivant, dressé par
l'administration départementale.

ÉTAT INDIQUANT PAR NATURE DE TERRAIN LA SUPERFICIE DU DÉPARTEMENT DE LA DORDOGNE.

PROPRIÉTÉS IMPOSABLES.

Terres labourables et terrains évalués par assimilation à ces terres...	339,682^h 21^a 59^c
Prés et herbages..	75,558 58 65
Vignes...	95,615 26 95
Bois et forêts..	203,956 10 99
Vergers, pépinières, jardins potagers......................	3,262 55 05
Oseraies, aunaies, saussaies............................	359 86 33
Carrières et mines......................................	3 14 10
Mares, canaux d'irrigation, abreuvoirs....................	146 34 85
Canaux de navigation...................................	" 71 "
Landes, bruyères, marais, rochers, tourbières...............	98,481 74 83
Étangs..	823 85 71
Châtaigneraies...	71,839 34 91
Noyers...	25 54 30
Total des propriétés non bâties imposables........	889,755 29 26
Total des propriétés bâties imposables.........	4,570 44 34
TOTAL GÉNÉRAL DE LA CONTENANCE IMPOSABLE...........	894,325 73 60
Routes [1], chemins, rues, places et promenades publiques...........	18,158 52 85
Rivières, lacs et ruisseaux.............................	5,607 87 77
Cimetières, presbytères, églises, bâtiments d'utilité publique.......	161 04 81
Autres objets non imposables.............................	1 10 30
TOTAL GÉNÉRAL DES PROPRIÉTÉS NON IMPOSABLES...........	23,928 55 73
Contenance imposable.....................	894,325 73 60
Contenance non imposable.................	23,928 55 73
SUPERFICIE TOTALE DU DÉPARTEMENT.................	918,254 29 33

[1] Développement de cet article :   1,035 kilomètres de routes départementales ;
468 kilomètres de routes nationales ;   1,590 kilomètres de chemins de grande communication ;

Mais cet état ne peut donner qu'une idée bien imparfaite de ce que fut, dans les temps anciens, l'aspect du pays.

Un guide certain, pour arriver à cette connaissance, serait l'étude suivie de la nomenclature topographique elle-même; car le nom n'est pas une formation fortuite : dans l'origine, il fut la désignation, la description sommaire de ce qui tombait sous la vue; il a dû dès lors se reproduire toutes les fois que le même aspect se présentait, et dans chacun des idiomes qui tour à tour ont laissé quelques-unes de leurs locutions dans le langage du pays; c'est ce qui explique la multiplicité des mêmes mots et la diversité des formes, ayant une même signification, dans un grand nombre de localités. Puis, tous les idiomes auxquels ils appartenaient ayant successivement cessé d'être en usage, leur sens a péri. Pour le retrouver, il faut remonter aux temps contemporains de ces mots, surtout à celui où la même langue était parlée dans toute la Gaule, et c'est ce qui explique comment plusieurs noms de lieux du Périgord existent aussi dans les provinces du nord et du sud avec la même signification.

Cette universalité de similitude dans la forme et le sens est la garantie la plus assurée que les noms ont une valeur réelle, et ce n'est que ceux qui, sortant d'une même racine, ont donné naissance à de nombreuses familles de dérivés que l'on peut appeler en témoignage.

Cette nomenclature primitive est encore entourée d'obscurité; mais on a reconnu certains groupes dans ce vieux fonds indigène, et les plus considérables ont rapport aux forêts, aux rochers et aux eaux : ces objets sont donc ceux qui frappaient le plus souvent la vue en Périgord, et qui en constituaient le véritable aspect. Voici le peu que l'on sait à cet égard :

1° forêts.

Gau ou *Gal*, entre lesquels il n'y a qu'une différence de prononciation, remonterait aux Gaulois[1] : d'où *Galan, Galine, Galibert*, etc. Gal se change aussi en *Jal* : d'où Jal-

---

1,025 kilomètres de chemins d'intérêt commun;
1,753 kilomètres de chemins vicinaux ordinaires;
2,899 kilomètres de chemins vicinaux formant un réseau subventionné.

Le service hydraulique des ponts et chaussées embrasse, outre les rivières navigables, 600 cours d'eau secondaires, d'une longueur de 3,650 kilomètres; 1,400 usines, utilisant une force de plus de 6,000 chevaux de vapeur; 10,000 hectares de terrain plus ou moins marécageux; 50,000 hectares à assainir dans la

Double; 10,000 hectares susceptibles de recevoir les bienfaits de l'irrigation.

(Mémoire de l'ingénieur en chef du département de la Dordogne au sujet de la fusion des services de la voirie, 1872.)

[1] « Sic dictos Bagaudas, quasi silvicolas a voce *Gau*, « quæ Gallis sylvam sonat. » (Ducange.) — « *Guaudus*, « *Gualdus, Gualtine, Gal*, sylva. » (*Id.*). — « Saint-« Cyr-en-Gault. — Forêt de Gault, près de Sézanne «(Marne); Jauvard, en latin Sancta-Maria de *Gallo* «*varo*, ancienne paroisse réunie à Bélabre (Indre).» (Jaubert, *Glossaire du centre de la France*.)

moutier, *Prioratus de Gallo rostico*. De Gau viennent *Gaubert, Gaudine, Gaugeac, Gaumerie, Gaumier, Gauterie*, etc. De Jal, devenu *Jau*, on a eu *Jaubertie, Jaumarie*, etc.

« *Agia*, dit M. Quicherat [1], est un mot que les Barbares apportèrent en Gaule et par « lequel on désigna les hautes futaies au v° et au vi° siècle. Au x° siècle, la forêt d'Or-« léans a le nom de *sylva Leodige, Legium*, et plus tard forêt *aux Loges*. »

Agia, principalement dans le nord [2] devenu *Leia, Laeye* (Ducange), puis *Laye* (Saint-Germain-en-Laye), est resté en Périgord l'Age (écrit ordinairement *Lage*), *les Ages, Ageas, Ajat*, etc. Cette forme se retrouve aussi dans le centre : *les Ages*, commune de Savigné; *les Ages*, près de Gençay, *Agias Gentiaco*; *les Ages*, près du Blanc. (Jaubert, *Glossaire*, etc.). — *Leia, Legium*, ont produit *Légé*, lieu important dans la Double. — *Ajat*, écrit par la lettre identique en prononciation, *z*, qui a fait *Azay* dans les Deux-Sèvres, Prioratus de *Monte-Azesio*, a pris en Périgord la forme *Azel* (Bournazel), *Azeau* (Montazeau), etc. — *Aia*, ordinairement précédé dans le nord d'un *h*, *Haya*, a reçu en Périgord une lettre similaire, *f* [3] : d'où les noms de *la Faye* [4] et les diminutifs *Fayolle, Fayet*, etc. *Agia* prenant la même lettre a formé *le Flageat* [5]. *Aia* entre, comme racine, en composition dans une foule de mots dont le sens se rapporte à la forêt : ainsi, entre autres dérivés, le cens payé pour paissage et glandage se disait *pailhum* [6], d'où Pailholes ou Payolles, partie de la forêt de Lenquais, *Palene*, herbe des bois, etc.

Haia, Hagia [7], signifiait aussi une partie de forêt réservée. Ces grands bois, dont plusieurs entouraient les châteaux, et qui dans le nord sont appelés *parcs*, avaient ici d'autres noms : d'abord *Breuil, Breil* [8], d'où les diminutifs *Brouillet, Brouillol, Brouillac, Brouillayré*, etc.

---

[1] Mémoires de la Société archéologique de l'Orléanais, t. II.

[2] « *Aia, Haya, Laya*, sylva » (Ducange). — « *Haia Archiarum, Haya de Lintot*, » les forêts d'Arques et de Lillebonne (1217, chartes de Mathilde). — « *Nemus Laia au Chat*, » en français *la Jonchat*, qui devrait être écrit *Lage au Chat* (Haute-Vienne). — « *Foresta nostra sive haia* » (coutumes de Lorris). — Forêt d'Ayeux, etc.

Age, avec un son dur, a produit *Lagudal* (forêt à l'ouest de Bergerac); *Lagut*, nom d'une ancienne maison du Périgord, *Lagulhac, la Guilhe, Laguilhou*, et avec un son plus guttural *Lac*, nom qui s'ajoute à plusieurs forêts, forêts du *lac Gendre*, du *lac Marcelle*, de *Lan Mary*, en latin, de *lacu Marino*. Le Temple-la-Guyon se disait en latin : *Templum de Laqueos*.

[3] Dans l'idiome méridional, on prononce *henne*,

hille, pour *femme, fille*. — En espagnol, *hermosa* a remplacé *formosa*.

[4] Ces noms sont tellement répandus, qu'à moins de croire à un refroidissement de température depuis les temps historiques, on ne saurait appliquer à la présence du hêtre, *fagus*, arbre qui n'est forestier qu'à 300 mètres d'altitude, la cause de l'excessive multiplicité de ces noms en Périgord, où quelques coteaux atteignent par exception cette élévation.

[5] *Flage*, en idiome local, signifie un rameau, une branche de vigne, d'arbre, etc.

[6] « Pailhum, census pro glandatione et jure pascendi « porcos in sylva domini. » (1231, Ducange.)

[7] « Hagia, pars silvæ delecta ad feras includen-« das. » (*Id.*)

[8] « Brolium, nemus in quo ferarum venatio exerce-« tur. » (*Id.*)

Les forêts, qui n'étaient pas communes à tous pour les droits de chasse et d'usage, recevaient, selon M. Maury, une dénomination particulière : « C'est l'origine des bois de « *Segrais*, de celle de *Servais*, qui par corruption est appelée *Serval*. » Ces noms se retrouvent dans la Dordogne : *camp Segret, Serval, Servenches,* et, par le changement si habituel de lettres occasionné par la prononciation, *Cerval, Cherval, Cherreix,* etc. Un nom très-usité en Périgord était *Bos del Deffès, Defeix* [1]; dans la partie qui touche à la Charente, certains de ces bois se nommaient *l'Espau* [2]; plus récemment on a dit *Bos-Barrat, Barrieyrou,* etc.

Parmi les noms qui expriment les bois en général et qu'on retrouve dans tout le département, il faut citer, avec tous leurs dérivés, *la Baysse* ou *Besse,* par changement du *b* en *v,* devenus *Vaysse, Veyssière* [3]; *la Barte* [4]; *la Brousse.* Les noms dans lesquels le latin *Bos* est entré sont plus nouveaux : *Bosc, Bost, Boisse, la Boissière, Bosredon,* etc.; leur première forme *Buxus* [5] s'est conservée dans *Busseroles, Bussières, Buisson,* etc.

La Vaure, mot formé peut-être par la substitution du *v* à la lettre *f,* est identique avec le nom *la Forêt,* et l'un et l'autre nom est attaché à bien des endroits où il n'y a plus un arbre aujourd'hui (voy. Dictionnaire, p. 333).

Certains lieux ont pris le nom de la nature des arbres qui y croissaient, de l'obscurité qu'ils produisent, de l'épaisseur ou de la couleur du feuillage : de là les noms de *Drouille, Drouillot* [6], *Drulet, la Droux; Garrigues* [7], *Jarrige, Chassaigne, Casse, Cassaigne, Rouveral,* qui désignent les lieux où croissait le chêne;

La Gorse, Gorsade, Chatenet, Castang [8], le châtaignier;

La Vergne, Vern [9], *Vernode,* l'aune (vergne en patois);

Laumède, Loumeau, Loulme, les Hommes, l'ormeau.

Enfin, *l'Escure* [10], *les Escures; la Fouillouse, Fouleix, la Feuillade* [11]; *Vert* [12], *Vert de Biron, Tour du Vert,* en latin *de Viridi,* et ses composés *Verteillac, Verdon,* etc. *Verdier* a retenu le nom des préposés à la garde des forêts.

---

[1] « *Devesum*, bois de défends, sylva in qua non licet « omnibus ligna cædere, venari, animalia pascere, etc. » (Ducange.)

[2] « In eadem foresta, etiam in defensis quæ vo-« cantur *Espau.* » (xiie siècle, *Gall. chr. instr. eccles.* Malleacensis.) Forêts de l'Espaut, près del Pizou de Guyranda, etc. (Lespine, vol. X.)

[3] « Pars sylvæ dicitur *Veisiera* » (1048, cart. d'Uzerche).

[4] Une table de bois ou buisson appelée *Barte* (1316, Raynouard). — [5] « Buxeria sylva buxis consita. »

[6] Drouilh, chêne blanc. (Ménage, Roquefort.)

[7] « *Garrics,* chênes. » (Ducange.) Une pièce de terre garnie de chastangs, jarrics et autres bois (1520).

[8] « Gorse, châtaigne : Indre et Marche. » (Jaubert, *Glossaire du centre de la France.*)

[9] La double consonne finale dans Vern rappelle le nom de plusieurs chefs gaulois; on la retrouve dans Cern, Lern et un petit nombre d'exemples.

[10] « Locus voc. del Deffès, » auj. *Lescure* (1323, arch. de Montauban. Congrès archéol.). « Mansus de « *Obscuris* » (1156, cart. de Cadouin).

[11] En latin Foliosa, Folhada.

[12] « Foresta quod vulgo *werder* dicitur. »

Les bois dévastés, où restent quelqués rares arbres au milieu des genêts et bruyères, ont aussi des noms très-variés : très-anciennement *Absalas*[1], *Apsalas*, d'où *Abjat, Abzac; Lerm, Landes, Lard*[2]; et les mots comme *Landrivie, Merlandie, Lardit,* et tant d'autres où entrent ces radicaux. Il faut y ajouter *Jaure, Jorie, Bruguerie, Brocarie, Ginestet, Seguinie*[3], *Desert,* etc. *Garrigues, Jarrige,* avaient pris aussi la même signification.

Eyssart, Yssart, en français *Essart,* indique un défrichement; il faut y ajouter beaucoup de mots dont, par contraction, l'initiale est réduite à *Sar,* comme *Sarrazy, Sarrazignac,* et les dérivés *Sarlhac,* etc.[4]

La langue latine a contribué à cette nomenclature, mais en petite proportion : quelques noms viennent de *Silva* et de *Saltus,* comme *Selve, Boansault, Pronsault,* etc.

ROCHERS.

La représentation de l'aspect du pays serait imparfaite si les rochers et les coteaux escarpés qui présentent leurs crêtes en tant d'endroits n'y prenaient une large part dans la nomenclature.

Les rochers ont, dans les temps reculés, servi d'habitation, d'abord dans les nombreuses cavernes dont souvent ils sont naturellement percés, puis sur les points culminants qui offraient un difficile accès.

Roffi[5] est resté, dans le langage de la partie méridionale du département, l'expression dont on se sert pour désigner une caverne, et par extension il a été appliqué à des repaires cachés, pour la défense, dans les bois ou des creux de rochers. Ces retraites avaient comme cryptes d'approvisionnement les souterrains refuges[6], ces monuments inexpliqués jusqu'au travail de M. le docteur Noulet (*Revue archéol. du Midi,* 1870). Ce nom, qu'on écrit *Raufie* ou *Roffy* (prononcez Roufic), est le père d'une longue série de noms dans la composition desquels il entre : *Ruffet, Ruffenc,* etc. Le propre des

---

[1] «Terra *absa.* Inculta» (Ducange).

[2] «*Larris,* landes» (Dictionnaire du pays de Bray).

[3] «*Seghia,* terra inculta, dumetis abundans.» (Ducange.)

[4] Il y a fête, le 17 septembre, *aux Sarrazis,* près de Bergerac, pour une victoire que le duc Eudes aurait remportée en 734 entre *Maurens* et la Chancère. Soit, mais il est difficile d'attribuer aux Maures ou Sarrasins tous les noms dans lesquels entrent les radicaux Maur et Sarra : leur nombre est si considérable, qu'il aurait suffi pour faire reconnaître l'erreur. Les Sarrasins n'ont d'abord jamais occupé le pays, ils n'ont fait que passer.

Dordogne.

Les Anglais ont été les maîtres de l'Aquitaine pendant près de quatre cents ans, et ils n'ont laissé que trois ou quatre noms, peut-être, à des lieux du Périgord. Et puis, pourquoi deux noms, Maure et Sarrasin, pour indiquer une armée qui n'en avait qu'un assurément pendant le temps si court de l'invasion?

[5] Dans l'arrondissement de Bergerac, ainsi que dans le Sarladais, les grottes sont appelées *Cluseau* quand elles sont à découvert et habitables, *Roffy* quand elles sont souterraines. (Audierne, *De l'âge de la pierre en Périgord,* 1863, p. 34.)

[6] *Le souterrain de Carves,* par M. Vasseur, 1872.

saints du diocèse appelle le lieu où fut transporté, au vi^e siècle, le corps de saint Avit *nemus de Ruffiaco*, et cette origine agiographique indique l'ancienneté de la dénomination; puis viennent les composés *Roufiat, Rouffignac, Roufillac*, etc.; à ce groupe appartient le nom du château que Boson, comte de Périgord, fit construire aux portes de Périgueux, dit *la Rolphie*, mais écrit *la Rouffia* dans l'arrêt de 1399. Le radical est resté dans la langue anglaise, et le souvenir de ces lieux sauvages et redoutables est représenté par les mots *Rough* (prononcez Rof), dur au toucher, et *Ruffian*, voleur de grand chemin. *Roffiæ*, au moyen âge, était le nom générique des bêtes sauvages [1].

L'habitation dans des lieux bas ou souterrains s'est longtemps prolongée et a encore comme témoin les noms de *Clusel*, *Cluseau*, *la Cropte*, *la Fosse*, etc. quand ils sont appliqués à des demeures féodales.

Quand la défense fut portée du souterrain sur le faîte du rocher, elle prit par une légère déviation le nom de *Rocia*, prononcé *Rossia* avec le *c* doux, *Roka*, *Roqua*, avec le *c* dur. *Rossia* est le point de départ de cette longue famille des *Roussarie, Rousseille, Rousselie, Roussie, Roussille*. La Roque désigne particulièrement des rocs escarpés sur lesquels étaient placés des repaires nobles.

Les sommets de coteaux, considérés en dehors de l'idée de lieux fortifiés et comme simples élévations naturelles, portent, avant leur nom particulier, un préfixe qui se dit également *Pech, Pey, Peuch, Pouch, Puech, Puch, Puy*, pour indiquer leur situation; quelquefois il entre dans la formation même du mot, comme *Poujol, Pourvellerie*, etc.

Puch, prononcé durement et changeant sa première lettre, est devenu *Tuq*, d'où *Tuquet*; *Cuc*, d'où *Cumont, Mont-Cuq*, formé par l'union du mot ancien *Cuc*, déjà en désuétude, avec l'expression latine nouvellement importée *Mons*, qui en était la traduction. Cette alliance de deux noms ayant la même signification est le signe d'une époque de transition où le langage ancien, à peu près oublié, avait besoin d'interprétation.

EAUX.

Les noms les plus répandus sont formés de la langue indigène dans la Gaule.

La plupart des rivières ont leur finale en *one* : *Drone, Risone, Lisone, Béone*, etc., conservant ainsi la racine *ona*, qui chez les Celtes signifiait fontaine [2].

Dour a la même signification.

Les Celtes ont laissé ce nom par toute la contrée. Ils l'avaient donné à ces hautes

---

[1] « Damus decimas *Roffiarum*, et cervorum quæ capta « fuerint » (1047, cart. de Sainte-Marie de Saintes).

[2] « Divona, celtica lingua fons addite Divis. » (Ausone.)

montagnes de l'Auvergne, les *monts Dores*, d'où deux torrents descendent : la *Dore*, celle qui se jette dans l'Allier, et une autre *Dore* tombant du pic le plus élevé de ce groupe, et à laquelle, pour la distinguer, ils ajoutèrent par redondance la finale *ona* : *Dor-ona, Duranius*, devenue *Dourdonha, Dordogne*, par suite de la prononciation locale, qui d'*Avernia* a fait Auvergne, de *Campania*, Campagne, etc.

Dour a produit le nom si répandu de *la Dou*, par suite de la prononciation locale qui annule toutes consonnes finales. La Dou est ensuite entrée dans la composition des noms, comme initiale dans *Douzillac, la Douze, Douzelle*, etc. cours d'eau où lieux situés sur ses bords; comme finale, dans *le Caudou, Beouradou, Leydou, Naudou*, etc. ou dans le milieu du mot, *Brungidouyre, Bouldoyre*, etc. Dou est l'origine du mot de *Douet*, encore usité dans le pays pour signifier une rigole ouverte dans un pré afin d'y amener l'eau d'irrigation. L'aqueduc romain qui conduisait l'eau à Saintes, et qui subsiste en partie, s'appelle dans le pays *la grand font du Douhet*.

Dour, prononcé durement, donne son nom à ces belles eaux vives sortant au pied de massifs de rochers, et dont l'abondance permet d'établir un lavoir à l'endroit même où elles jaillissent. Ces sources portent le nom de *Touron*, comme à la Roquette, Font-Roque, Rouffignac, et dans un grand nombre de lieux.

Gauille (prononcer *Ga-ouil, Gau-euil*) est usité généralement pour indiquer une petite source dans les prés. *Les Gaunies*[1], que l'on écrit en un seul mot, *Leygonie*, comme *Leydou*, dérive de cette même racine celtique qui a produit le nom identique de *Gave*, donné aux torrents des Pyrénées.

D'autres radicaux se retrouvent aussi dans toute la France : *Nau* a donné naissance à une longue série de noms désignant la présence d'eaux souvent marécageuses, d'où *Nauchadou, Naudou, Naufons, Naussanes*, etc.

Dans le Sarladais, deux petites rivières se nomment *la Nause*[2], en latin *Noasa, Naosa*, une autre est *la Néa*; auprès de Liorac, *le lac de Néautone*; *Néautoneix*, hameau dans la commune de Douzillac. Dans la Double, les terres exposées à être couvertes d'eaux stagnantes se disent les *Nauves*.

---

[1] « Hospitium de *las Gaunias* sive de fontibus. » (1365, Lesp. vol. XXXIV.)

[2] « Nauza, locus pascuus, uliginosus et aqua irrigatus. » (Ducange.) — « Prout dictum iter transit usque ad Nausam dictam *aqua mortua*. » (1301, arch. de Montauban; Congrès archéol. 1866.)

On appelle également une nauze un vacant marécageux qui est destiné à recevoir les eaux pluviales; on connaît de plus une autre nauze ou vacant, aussi rempli d'eau et marécageux, appelé del *Gouch*. (1689, *ibid*.).

En Bretagne, Noed veut dire lieu bas. Tout près d'Évreux était l'abbaye de la Noë, *Abbatia de Noa*, 1246; quelquefois, dans ce même siècle, Noa se change en *Natatoria*. On trouve l'île de Noé, dans le Gers. Noue est une rigole naturelle dans les champs pour l'écoulement de l'eau. Le Né est une rivière du Béarn, et il y en a une autre du même nom dans la Charente, près de Merpins.

Il en est de même de *Rau*, radical d'où descend cette longue suite de *Rauzel*, *Rau-san*, *Rausieres*, etc. que l'on écrit à tort par un *o;* ces mots servaient à désigner des terres inondées et couvertes de joncs.

Les *Lesches* [1], *Leychérie*, etc. la *Saigne*, ont la même signification.

Dans des temps plus récents, le nom actuel de l'eau est entré dans la composition des mots *Aygues-Parses*, *Eygurande*, etc.

Le vocabulaire primitif était plus pauvre pour exprimer la terre cultivée. Le, radical le plus répandu était *champs* [2], d'où les dérivés *Champagnac*, et dans le sud du département, *Campagnac*. Ici, comme dans le Berry, l'Angoumois, etc., l'expression de *Champagne* signifie une contrée plate et cultivée. La nomenclature s'est ensuite agrandie, et l'on a eu *Eyraud*, *Condamine*, *Versannes*, *Cours*, *Coustal*, *Couture*, *Artigue*, *Mas*, *Barde*, *Borde*, etc. Le mot *Borgne* signifie un pré [3].

HABITANTS.

ÂGE PRÉHISTORIQUE.

Le Périgord est une terre classique pour l'étude de l'âge préhistorique. L'industrie des hommes de cette époque a laissé de nombreux monuments; ils commencent au temps de la faune quaternaire, alors que les animaux disparus aujourd'hui du sol vivaient encore dans la contrée, et ils s'étendent jusqu'à la naissance de l'époque historique qu'ouvre le texte de César : «Apud Petrocorios, ferri præclara sunt me-talla.»

Dès le moyen âge, les blocs mégalithiques que l'on a appelés pierres druidiques, dolmen, menhir, etc., avaient attiré l'attention des habitants, et sont cités dans des actes du XIIᵉ siècle sous le nom de *Peyra Levada;* ils servent aussi de bornes féodales.

C'est en Périgord que se firent sur les silex taillés par l'homme ces premières études qui depuis sont continuées dans tout pays avec tant d'ardeur. Dès 1820 Jouannet publiait dans le Calendrier de la Dordogne des notices *sur des armes et autres instruments en pierre et en bronze découverts en Aquitaine.* Vers la même époque, Wlgrin de Taillefer donnait le catalogue de la collection de Mourcin, s'élevant déjà à plus de 5,000 pièces.

---

[1] « *Lescheria*, locus palustris ubi junci, inde rustice *Lesche*. *Sagne*, junci palustris genus. Ut in palude, possint piscare» *Segnam*. (Ducange.)

[2] « Ut sylvæ sint custoditæ, et *campos* de sylva incres-

cere non permittant.» (812, Capitulaires de Charlemagne.)

[3] «Tient un journal de pré ou *Bornhe*, 1462» (Philipparie, not. à Belvez).

Mais deux événements considérables donnèrent à cette étude un immense développement. Vers 1830, Boucher de Perthes fit connaître au public les découvertes que ses patientes recherches l'avaient amené à faire dans les terrains de transport de la Somme; et quelque temps après que M. Audierne eut publié à Périgueux en 1863 un écrit sur l'âge de pierre en Périgord et les trois grottes de Badegol, Combe Granal et Pey de l'Azé, MM. Édouard Lartet et Christy vinrent explorer les cavernes situées sur les bords de la Vézère.

C'est de là que date l'illustration des monuments de l'âge préhistorique en Périgord, et que l'on eut pour la première fois connaissance de cette merveilleuse industrie, enfouie jusqu'alors dans des foyers de cendre ou dans le plancher de brèche qui servait de sol aux cavernes.

Les rapports de MM. Éd. Lartet et de Vibraye, l'exposition de 1867, les salles du musée de Saint-Germain et le *Reliquiæ Aquitanicæ* ont porté à la connaissance de tous les découvertes faites dans les cavernes des bords de la Vézère, de la Drone et de la Dordogne; mais ce n'est pas dans les habitations troglodytes seulement que l'industrie préhistorique peut être étudiée en Périgord.

Les silex taillés se rencontrent aussi dans l'intérieur du pays à la surface du sol en égale abondance; mais il existe entre ces deux milieux une différence notable : les cavernes ne présentent que des silex généralement de petite dimension, aucun n'est poli, beaucoup d'instruments sont en bois de renne ou en os d'animaux; sur les plateaux, les grosses pièces dominent; rien en bois de renne ou en os jusqu'ici?

Ces instruments particuliers aux plateaux, presque tous en *silex a faujasia*, silex de la craie, qui est la roche du pays, n'ont été l'objet d'aucune étude spéciale, et le local du musée de Périgueux n'a pas permis jusqu'à présent de leur attribuer une place distincte et suffisante. Il est dès lors bon de les signaler sommairement, en s'arrêtant à ceux qui paraissent appartenir au 1er âge de la pierre; voici les objets les plus caractéristiques de cette fabrication, mais sans ordre chronologique :

Premier type. — Instruments avec tranchant, connus généralement sous le nom de Haches.

On peut diviser ces silex en deux grandes classes, malgré l'irrégularité de forme qui est la suite d'une industrie aussi rudimentaire.

Dans l'une, les deux extrémités sont semblables; dans la seconde, les extrémités ont une forme distincte.

La première classe pourrait être dite *subrectangulaire* : elle semble procéder d'un rectangle dont on aurait abattu les angles; la circonférence offre un bord également tranchant sur toute la longueur d'une courbe continue qui se prolonge autour de l'instrument; les dimensions varient de 30 centimètres de hauteur sur 15 de largeur, 26 sur 8, 18 sur 10, 10 sur 6, etc.[1]

Le principe fondamental de la taille, dans la classe des haches, est que la plus grande épaisseur est au centre; des deux côtés part de ce point un amincissement progressif en sens opposé, de telle sorte qu'il ne reste plus à la rencontre des deux surfaces qu'une arête tranchante, rendue un peu ondulée par l'enlèvement des éclats sur les bords.

Plusieurs de ces instruments ont les deux côtés convexes : c'est parmi eux que sont les plus grossiers de taille et de forme; plusieurs aussi n'en ont qu'un : l'inférieur a été enlevé presque toujours par une seule percussion et présente un plan uni, souvent concave, précédé d'un bouton conchoïdal, indice du point où a porté la percussion. Les silex de cette variété ont une taille plus fine; M. de Mortillet a trouvé une de ces haches aplaties à Abbeville, et il la figure sous le nom de *Hache ovoïde allongée du lehm de Menchecourt* (Matériaux, 1865, p. 360, n° 84). Dans cette classe peu de variétés :

Variété A. Le centre, fort bombé, se relève comme le sommet d'un cône; la circonférence de la base, très-amincie sur les bords, est toujours une courbe unique, mais courbe aiguë aux extrémités et sans le renflement sur le bord qui caractérise les grattoirs.

Le bombement, dans certains silex, se prolonge sur toute la longueur et finit en croupe arrondie aux deux bouts[2].

Variété B. La même courbe ne se prolonge plus sur toute la circonférence; un côté est en ligne verticale, et quelquefois concave. Ces silex sont bi-convexes.

Variété intermédiaire entre les deux classes :

Une extrémité est rétrécie; n'étant pas dans l'axe de l'instrument, ce n'est pas une tête, mais une poignée inclinée servant pour tenir et frapper par le côté?

La seconde classe des haches a les deux extrémités différentes. La circonférence n'est plus toujours une ligne continue; elle se compose ordinairement de courbes distinctes, qui se coupent à leurs jonctions.

Dans l'arc du haut, réduction de largeur; l'arc du bas, demeuré entier, devient la partie tranchante, et les deux côtés sont en lignes droites inclinées vers la tête.

Il faut noter comme variétés bien distinctes :

[1] Quoiqu'il y ait une certaine analogie entre ces haches et les blocs massifs du Grand-Pressigny, en Touraine, la taille établit entre eux une différence essentielle. Ici les éclats de la taille sont divergents et tournés vers la circonférence, ne présentant jamais cet ensemble des trois plans verticaux de trois longues lamelles parallèles, prolongées d'une pointe à l'autre, qui caractérisent les *nuclei* de la Touraine.

[2] Identification, dans les petites dimensions; grattoir à deux têtes.

1° Les haches du genre de celles qui ont atteint la perfection du type. Elles sont pour la plupart de grande dimension et toutes sont convexes des deux côtés.

Tête à peu près aussi large que le tranchant, quelquefois plus étroite, mais non en pointe. La taille est à très-petits éclats et conduite avec beaucoup de méthode pour ne pas endommager le galbe arrondi des surfaces. Le tranchant est une section régulière d'arc de cercle, quelquefois allant jusqu'à l'hémicycle, et qui rencontre les deux courbes latérales à la même hauteur avec tant de précision, que l'axe de l'instrument est perpendiculaire au milieu de la ligne que l'on tirerait entre les deux points d'intersection; les grandes haches polies qui annoncent l'art le plus avancé sont faites sur ce modèle.

Auprès de ces silex prend place un groupe qui leur ressemble par la forme générale, mais qui s'éloigne de l'ampleur de la taille du Périgord par le rétrécissement de son aspect et l'extrême réduction de l'arc du tranchant. Le *coin en bronze* ou *hache unie* du Finistère, figuré n° 147, p. 525 (Matériaux, 1870), en est la représentation. Il faut y joindre les silex semblables à ceux auxquels sir Lubbock donne avec doute le nom de *haches triangulaires*; il les signale comme se trouvant dans les kjœkken-moddings et les figure (n°ˢ 79 à 84, page 73) en les appelant *hache danoise* et aussi *hache de la Nouvelle-Zélande*. Ils diffèrent essentiellement de la forme ordinaire en Périgord, en ce que les côtés sont en lignes un peu concaves pour obtenir un plus large tranchant, lequel n'est plus une section de cercle, mais une ligne légèrement courbe et plus inclinée d'un côté que de l'autre. Ces silex, assez rares, sont de moyenne grandeur.

2° Les haches dont la tête a subi un tel rétrécissement qu'elle n'est plus qu'une pointe plus ou moins acérée.

Il existe de nombreuses variétés :

Variété A. Les silex, arrondis et épais à la base, se réduisent graduellement, ou après un renflement, pour se terminer en pointe. Cette forme, identique à celle que Boucher de Perthes a vulgarisée[1], a reçu plusieurs noms : *hache diluvienne, de Saint-*

---

[1] L'authenticité de la similitude entre les haches de la Somme et celles des plateaux de la Dordogne est donnée par M. Boucher de Perthes lui-même, qui m'écrivait le 4 mai 1858, à l'occasion d'un envoi que je lui fis alors : «Parmi ceux que vous m'avez envoyés, il «en est un qui provient certainement du diluvium, «bien qu'il ait été longtemps sur le sol; je l'ai reconnu «à la forme et à la couleur.»

M. de Mortillet le dit également :

«Ce qui a le plus attiré mon attention dans la collec-

«tion locale de M. Combes, de Fumel, ce sont les haches «en silex, forme des *langues de chat*, les unes d'une exé-«cution grossière, trois autres mieux travaillées.» (Matériaux, 1865, p. 224.)

Dans son rapport sur l'Exposition universelle :

«Travée n° 2, Dordogne. Dans le coin, quatre «grandes haches de silex du type de Saint-Acheul. On «n'en connaît pas les localités précises.» (Matér. 1867.)

Des haches têtes de lance ont été signalées en plusieurs endroits : le Cros, près de la gare de Millac (Dor-

Acheul, lancéolée, quaternaire, en amande. Les ouvriers, dans la Somme, les connaissent sous celui de *langue de chat.*

Sous-variété dite *têtes de lance,* dénomination excellente en ce que ces silex semblent appropriés à servir d'armatures. Ils sont entièrement ovalaires, peu bombés et quelquefois allongés en feuilles de châtaignier. Les bords sont très-aigus sur tous les côtés. Cette forme est une des plus répandues, et elle se reproduit dans toutes les dimensions. Les réductions s'étendent jusqu'à ces pointes entières ou non qui ont été appelées *pointes du Moustier.*

Il faut distinguer dans ces silex ceux qui, très-aplatis sur les deux surfaces, ont été quelquefois désignés sous le nom de *subtriangulaires.* La base, la partie la plus large, l'est en effet au point d'être quelquefois égale à la hauteur; souvent elle est aussi presque en ligne droite, ce qui donne à ces silex une forme très-obtuse.

3° La forme ovalaire disparaît; la plus grande largeur est à la corde de l'arc du tranchant, et de là l'instrument se rétrécit rapidement jusqu'à la pointe. Moins la courbe du tranchant, ce sont des triangles isocèles souvent très-aigus : un de ces silex, haut de 24 centimètres, n'en a que 4 de largeur.

4° Enfin, une dernière classe de haches a ses côtés en ligne presque droite et parallèle jusqu'aux trois quarts de la hauteur. Le tranchant n'a pas plus de largeur que le corps de l'instrument, 4 centimètres sur 12 de hauteur, et la pointe est obtuse.

De nouvelles modifications altèrent encore le type primitif et donnent naissance à des instruments qui s'en éloignent tout à fait.

Le tranchant de la section d'arc opposée à la pointe dans les têtes de lance est remplacé par un bourrelet épais, à angles grossièrement arrondis, ce qui pouvait faciliter la préhension par la main dans cette partie; l'arme alors appartiendrait au second type, variété *poignard.*

Dans les silex dont la partie inférieure a été enlevée, et qui sont plats en dessous, le bourrelet, réduit à moitié, n'est plus qu'un rebord à croupe arrondie; cet endroit est d'un travail particulièrement soigné; le dessus est prismatique, à 2, 3 et quelquefois 5 facettes. Ces instruments, de moyenne dimension, sont minces, étroits et allongés en pointe comme pour servir de flèches; on les confond dans le genre *grattoir.*

L'arc en bourrelet disparaît à son tour et est remplacé par une arête droite; il y a eu enlèvement en plan oblique, évidemment plus ou moins haut de l'épaisseur, jusqu'à la base. C'est une transition à un type triangulaire comme outil ou projectile.

dogne), la Lande (*Matériaux,* janvier 1869). Dans les environs de Bergerac, Grandval, c^on de Lembras, est un des ateliers de fabrication les plus riches, surtout en cette forme.

Enfin, il n'y a plus ni arc ni corde opposés à la pointe; mais l'instrument, taillé en une sorte de losange, fait pointe à ses deux extrémités, et semble ainsi préparé pour être emmanché alternativement par l'un et l'autre bout. Cette forme est la première classe du second type.

Second type. — Silex sans tranchant.

1° La forte hache devient aiguë aux deux extrémités et prend la forme bien connue, dans la moyenne et la petite dimension, sous le nom de *pointes de Solutré* ou de *Laugerie-Haute*.

Une rareté de ce dernier genre a 24 centimètres de haut : la plus grande épaisseur est en bas, où la pièce est coupée net, et n'a qu'un centimètre; un des côtés est droit, l'autre courbe, et leur réunion présente une pointe; la largeur de l'instrument a 9 centimètres au foyer de la courbe et 7 centimètres et demi dans le bas.

2° Pointe d'un seul côté; l'autre finit comme coupé carrément.

Grande diversité de formes de pointe dans les outils minces et plats : tantôt elle est droite et produite par un amincissement général, tantôt elle ne commence qu'un peu avant l'extrémité; la plus grande épaisseur alors est à quelques centimètres seulement de la pointe, pour donner plus de force à la pression du perçoir. Quelquefois, au bout de certains silex, il n'y a qu'une petite corne arquée.

C'est dans cette 2° variété que se distingue le genre *poignard*. Quelques-uns ont une lame bombée et amincie sur les bords, comme celle des poignards avec manche du Danemark; mais nos instruments du Périgord ont un caractère plus rude. Les uns, presque carrés dans le haut, marquent quatre arêtes saillantes jusqu'à la pointe, qui est aiguë; d'autres, plats d'un côté et triangulaires, n'ont qu'une arête en dessus, et le côté opposé à la pointe finit en biseau [1].

3° Pointe avec talon à l'autre extrémité.

Ces forts silex, qui ont précédé les bouts de flèches barbelées, sont assez rares. Il y en a, hauts de 5 centimètres, qui ont la moitié en talon; d'autres, hauts de 22 centimètres sur 5 de large, n'ont qu'un talon de 4 centimètres; généralement, sur une hauteur de 10 à 15 centimètres, la longueur du rétrécissement qui forme le talon est de 4 centimètres; au-dessus, l'élargissement de la tête ne dépasse pas 4 centimètres, ce qui donne à cette arme une forme très-élancée. Plate en dessous, il y a une longue arête sur la face supérieure; les petits éclats ne sont que sur les bords. M. Audierne dit n'en avoir rencontré qu'à Badegol et à Madrazès, près de Sarlat (Âge de la pierre, p. 41); les miennes viennent de Grandval, près de Bergerac.

[1] Une figure analogue, provenance de Normandie, est donnée p. 122, n° 28 (Matériaux, etc. 1865), sous le nom de *couteau*.

Dordogne.

Troisième type. — La partie utilisée de l'outil est le côté seulement.

A cette forme appartiendraient la variété B du premier type et la variété intermédiaire entre les deux types. Il y a d'autres petites formes, entre lesquelles je citerai :

Des instruments triangulaires : trois faces égales séparées par trois arêtes courbes longitudinales se terminant en pointes et ayant chacune 4 centimètres de largeur sur 12 de longueur, ou 7 sur 19, etc.;

Des variétés plates, à l'imitation des croissants de Danemark : le tranchant est sur la corde de l'arc; d'autres ont le tranchant en ligne courbe, et le côté plus épais est droit. Dans aucun, il n'y a de petites dents nettement marquées.

Tel est, aussi sommairement que possible, l'ensemble de ces silex de forte dimension qui se rencontrent sur les plateaux en Périgord. Ils sont, sans superposition de couches, mêlés à la surface du sol, au milieu de silex taillés de toutes formes, de toutes dimensions, haches polies, entières, ou dont les fragments ont été retravaillés par petits éclats pour devenir un nouvel instrument utilisable sous une plus petite dimension; bouts de flèches à ailerons, *nuclei*, lames droites ou arquées et pointues qui en proviennent, grattoirs, disques de fronde, aplatis, arrondis ou polygonaux, enfin presque tout l'outillage connu de l'époque de la pierre [1].

Ce mélange de toutes formes et de tout âge n'existe pas dans les cavernes; les restes de l'âge préhistorique s'y présentent plutôt à l'état de vestiges d'habitations appartenant à des temps distincts et à des mœurs différentes. Aucun reste d'oiseaux ou de poissons n'a été trouvé au Moustier, à Gorge-d'Enfer, tandis qu'aux Eyzies et à la Madeleine ils abondent. Ici, les animaux éteints ou émigrés d'Europe; ailleurs, ceux de la faune actuelle; quelquefois les deux. Les instruments varient aussi, et il y a des formes qui ne se rencontrent que dans certaines cavernes spéciales.

M. Éd. Lartet avait proposé de prendre comme signe d'une sorte de chronologie entre les cavernes les vestiges des animaux les plus anciennement disparus, et il avait établi quatre âges successifs, qu'il désigne ainsi, en suivant l'ordre de priorité : âge de

[1] Peut-on, en raison du mélange de ces divers instruments à la surface du sol, les considérer comme contemporains? Je ne le pense pas, et c'est un fait étranger au Périgord qui viendrait confirmer cette opinion.

En Auvergne, il paraît constant que *l'âge de pierre commence seulement à la pierre polie.* Cette hache seule, les grattoirs et les bouts de flèche à ailerons s'y rencontrent. Nos forts silex du Périgord ci-dessus mentionnés y font entièrement défaut, et les seules haches à éclats qui sont au musée de Clermont proviennent d'un envoi que j'ai fait à M. Bouillet, directeur de ce musée, il y a quelques années. Le fait m'a été de nouveau affirmé cette année par deux archéologues distingués du pays, M. Cohendy, archiviste de Clermont, et M. Chassaing, du Puy.

On peut, il me semble, conclure de ce fait que toutes les formes de silex taillé qui ne se retrouvent pas en Auvergne sont de l'âge antérieur dit *paléolithique*, et cette absence s'expliquerait par la conflagration des volcans dans cette période : ce qui rendait la contrée inhabitable.

l'*Ursus spelæus*, âge du *Mammouth* et du *Rhinoceros tichorhinus*, âge du *Renne*, âge de l'*Auroch*.

Mais les seuls restes abondants en Périgord sont ceux du Mammouth et du Renne; des autres races disparues, quelques débris seulement subsistent, dents ou cornes, pas d'os longs. Au Moustier, à Gorge-d'Enfer et à Pey de l'Aze, on a trouvé l'*Ursus spelæus* et l'hyène; aux Eyzies, le métacarpe du *Felis spelæa;* mais rien dans ces débris n'annonce l'usage que l'homme en aurait fait, et dès lors la contemporanéité entre eux.

Aussi les directeurs du musée de Saint-Germain ont cru devoir tenir les considérations tirées de la faune comme secondaires et ont cherché leurs motifs de classification des cavernes, par partie, en dehors de la paléontologie; ils se sont appuyés sur « les produits de l'industrie rencontrés dans ces stations primitives, qui, s'étant modifiés « d'une manière générale à plusieurs reprises, peuvent fournir le moyen de faire des « coupes claires et nettes [1]. »

« Ce qui m'a frappé tout d'abord, dit M. de Mortillet, c'est la grande prépondé- « rance des instruments de silex dans les stations qui paraissent posséder la faune la « plus ancienne, la plus franchement quaternaire, et au contraire l'abondance des ins- « truments d'os dans les stations qui ont un caractère plus récent [2]. »

Ils ont, par ce motif, divisé les cavernes en quatre classes, dont les noms sont en partie empruntés aux cavernes de la Dordogne.

« Première époque, époque du Moustier (commune de Tayac), la plus ancienne.

« Caractéristique : la hache de pierre taillée en amande, type de Saint-Acheul, et les « pointes de silex à base fruste, ayant une face lisse, l'autre finement retaillée. Les ins- « truments en os font presque défaut. (Musée de Saint-Germain, salle n° 1, vitrine 22.)

« Caverne synchronique : Pey de l'Aze, commune de la Canéda, et station de Chez- « Pouré (Corrèze).

« Deuxième époque, époque de Solutré (département de la Haute-Saône) ou de Lau- « gerie-Haute (commune de Tayac).

« Caractéristique : pointes en silex finement retaillées sur les deux faces et aux deux « extrémités, considérées comme le complément et le perfectionnement des pointes du « Moustier. Chez beaucoup, à partir du milieu de la longueur, tout un demi-côté, « c'est-à-dire la moitié de la largeur, est enlevé franc. Ces pointes ont une tendance à « avoir à la base un pédoncule. (Matériaux, 1867, p. 190.)

---

[1] Ainsi Gorge-d'Enfer, quoique cette grotte présente l'*Ursus spelæus* (1ʳᵉ classe paléontologique), est mis de la 3ᵉ classe; les Eyzies, avec le *Felis spelæa* (2ᵉ classe paléontologique), ont été portées à la 4ᵉ classe, etc.

[2] Bulletin de la Société géologique de France, 2ᵉ série, vol. XXVI, 1869.

« Les haches de silex ont disparu. Les instruments en os sont rares. (Vitrine 23.)

« Troisième époque, époque d'Aurignac (Haute-Garonne).

« Caractéristique : grand développement des instruments en os ou bois de renne ; « presque plus de pointes en silex : elles sont en os et sont fendues à la base pour que « la hampe d'un bâton puisse y pénétrer. Les haches font défaut.

« Caverne synchronique : Gorge-d'Enfer et sépulture de Cros-Magnon (commune de « Tayac), caverne des Fées (Allier). (Vitrine 25.)

« Quatrième époque, époque de la Madeleine (commune de Tursac).

« Caractéristique : lames et pointes de silex fort nombreuses ; instruments en os ou « bois de renne du travail le plus délicat ; aiguilles à chas ; harpons barbelés, c'est-à- « dire avec dents recourbées d'un seul côté, et le plus souvent des deux côtés opposés ; « pointes longues à tige ronde, à base en biseau, garnies de lignes en creux pour fixer « le manche ; enfin des bâtons de commandement : ce sont des portions assez volumi- « neuses de bois de renne plus ou moins ornées et toujours percées d'arc ou de plu- « sieurs larges trous ; le nombre des trous varie de un à quatre. Ces bâtons, ainsi que « les pointes de lance à base en biseau, sont ornés de gravures formant des traits, des « chevrons, mais encore représentant des fleurs, surtout des animaux. Les représenta- « tions les plus fréquentes sont celles des chevaux et des rennes, puis les bœufs, cerf « commun, mammouth. (Vitrine 24.)

« Synchronique : station de Laugerie-Basse (Tayac) (vitrine 26) ; grotte des Eyzies « (Tayac), Massat (Ariège), Bruniquel (Tarn-et-Garonne) (vitrine 27). » Tout ceci est textuellement extrait des *Matériaux*, Promenade au musée de Saint-Germain, p. 460 et suivantes, 3ᵐᵉ année.

Viennent en dernier ordre les cavernes où se trouvent les restes des animaux de la faune actuelle ; elles n'ont plus le même intérêt.

Cette classification est généralement reçue ; pourtant elle semble ne pouvoir être acceptée pour le Périgord qu'avec une certaine réserve ; en voici la raison :

Pour quels motifs, en effet, le Moustier, *où les instruments en os font presque défaut*, a-t-il la priorité sur les Eyzies, la Madeleine, où les *restes franchement quaternaires*, enfouis en abondance, portent les traces de la main de l'homme ?

Il y en a deux : 1° la présence de la hache type de Saint-Acheul ;

Pour que cette conséquence fût rigoureuse, il faudrait que la hache de ce type eût été entraînée au Moustier par un banc diluvien, et qu'elle ne se rencontrât que dans des terrains de transport analogues à ceux de la Somme.

Or ni l'une ni l'autre de ces conditions n'existe pour les cavernes de la Vézère [1].

Les silex sont en général empâtés dans un sédiment très-adhérent ; mais il est dû à l'infiltration d'eaux calcarifères à travers les fissures de la roche de la caverne, et la fraîcheur des angles de la taille annonce qu'ils n'ont pas roulé dans une eau torrentielle. Même, d'après le témoignage de M. Massenat, qui a fait une étude particulière des foyers de Laugerie-Basse, les eaux de la Vézère ne seraient jamais montées jusqu'à leur hauteur. Une des preuves, selon lui, est l'absence complète de « terre « argileuse et grasse, résultat naturel d'immersions plus ou moins prolongées dues aux « débordements de la rivière. » On s'était aussi appuyé, pour justifier cette excessive élévation des eaux, sur la présence de galets roulés. M. Massenat oppose les blocs de granit, de quartz, de micaschiste non roulés, que l'on y trouve même en plus grand nombre et qui évidemment y ont été apportés par l'homme, selon cet usage si connu parmi les habitants des cavernes [2], de transporter de loin dans leurs demeures les blocs qu'ils voulaient convertir en instruments ; il a constaté des faits analogues dans plusieurs autres stations, Badegol, Puy-de-Lacan, celle de Chez-Pouré : ces observations attestent qu'il n'y a pas eu remplissage par un flot diluvien et que les haches en amande ont été apportés par l'homme ainsi que les silex bruts qu'il voulait ouvrer.

Nous avons dit que la hache *type de Saint-Acheul* est une des formes qui se rencontrent communément sur les plateaux dans la Dordogne, que les angles de taille sont aussi nets que s'ils venaient de sortir de la main de l'ouvrier.

Les silex du Moustier étant dans la même condition que ceux des plateaux, il n'y a pas de raison pour leur donner une origine différente ; mais s'il en est ainsi, il en résulte une conséquence qui serait en opposition avec la classification attribuée aux produits du Moustier dans les vitrines du musée de Saint-Germain.

Les hommes, en effet, ne se sont établis dans l'intérieur du pays que longtemps après qu'ils s'étaient confinés dans les cavernes à raison de leur sûreté personnelle : dès lors les silex taillés sur les plateaux appartiennent à une date moins reculée dans l'âge de pierre que ceux qui sont recueillis dans les cavernes.

La hache en amande se trouvant également dans les bancs diluviens de la Somme et à la surface du sol sur les hauts plateaux de la Dordogne, deux stations que l'on

---

[1] « In the Cave of the Moustier, where is much red... « alluvium... *It is not necessary to suppose the Cave* « *was on a level with the flood-waters of the valley, since* « *man inhabited it,* etc. » (Voy. les *Reliquiæ aquitanicæ,* p. 35.)

[2] MM. Parot signalent ce fait dans la description de la grotte de Saint-Martin d'Exideuil ; ils constatent la présence de jaspes qui ont dû être apportés de plus de 100 kilomètres et de très-nombreux fragments d'un cristal de roche si pur qu'il a fallu aller dans le Valais ou en Dauphiné pour s'en procurer (Matériaux, etc. 1870, page 490). Voyez aussi dans le même volume l'article de M. Lalande sur la grotte de Chez-Pouré (page 458).

pourrait considérer comme les deux extrêmes[1] de la période archéolithique, on doit dire de cette hache qu'elle est de toutes les époques dans ce premier âge; mais alors c'est le *gisement, et non la forme,* qui doit donner la date. Donc la caractéristique prise de la *similitude de forme seulement* ne serait pas un signe assez certain pour assurer au Moustier l'égalité d'ancienneté quaternaire avec le diluvium de la Somme.

Seconde caractéristique du Moustier : « les pointes de silex à base fruste, ayant une « face lisse et l'autre finement retaillée. »

Ici, comme pour le type de la seconde classe des cavernes, Laugerie-Haute ou Solutré, « ces pointes retaillées sur les deux faces et aux deux extrémités, » je ne puis faire qu'une seule et même observation.

Tous ces silex à une ou deux pointes, base fruste ou retaillée, se trouvent sur le sol à toutes les hauteurs; il y a donc lieu d'appliquer à ces types ce qui a été dit au sujet de la hache de Saint-Acheul. De plus, les doubles pointes de Solutré ont été

---

[1] Cette expression « les deux extrêmes » n'entraîne pas pour moi la pensée que les bancs diluviens de la Somme ont l'antiquité indéfinie que certains seraient enclins encore à leur donner sous l'influence du système de Boucher de Perthes, qui a présenté ces bancs comme produits par le diluvium géologique de l'époque tertiaire, et au sujet desquels il disait, dans l'enthousiasme de sa découverte : « Les hommes dont « nous recueillons les traces dans les bancs inférieurs de « la Somme n'ont plus leurs héritiers sur la terre, et « nous n'en sommes pas les fils, etc. » (*Antiquités celtiques*, 1849, t. I, p. 243.)

M. Éd. Lartet a montré « que ces grands mots de « révolutions du globe, de cataclysmes bouleversant le « relief de la terre à l'époque de l'homme, ont été abu- « sivement introduits dans le langage de la science, « car ils impriment une signification exagérée à des « phénomènes très-limités. » Pour preuve de cette vérité, il cite la découverte faite il y a quelques années de la grotte d'Aurignac.

« Le drift pyrénéen est l'équivalent synchronique du « diluvium de la Seine et de la Somme, puisque comme « eux il contient les restes de l'éléphant et du rhino- « céros, etc.

« Or le plancher de la grotte, placé à 10 ou 12 mè- « tres au-dessus du ruisseau actuel, a été à l'abri de « toute atteinte des eaux torrentielles; rien n'a été dé- « rangé et il a suffi d'une simple dalle de quelques centi- « mètres d'épaisseur et d'un mince recouvrement de terre « meuble pour conserver non-seulement la sépulture « close, mais en dehors les restes des repas funéraires « et les ustensiles que l'homme y avait abandonnés.

« Donc, dit M. Lartet, le globe était à l'état tran- « quille, à l'état actuel, pendant le diluvium de la « Somme. Ce n'est qu'un fait d'alluvion appartenant à « la période de la terre, puisqu'il n'a pas atteint les « étages supérieurs et même peu élevés où l'homme et « les animaux vivaient. »

Ces observations du savant si justement nommé par M. de Mortillet *notre maître à tous* (Bulletin de la Soc. géol. de France, t. XXVI, 1869) déterminent une limite rationnelle au delà de laquelle on ne peut plus rejeter l'antiquité des terrains diluviens de la Somme, et dès lors de la hache, type de Saint-Acheul.

Il faut lire aussi à ce sujet le rapport de M. Meugy, ingénieur en chef des mines, sur un mémoire de M. Boudet. « L'ancienneté de l'homme ne peut guère, y est-il « dit, être déduite de la considération des matériaux « sous lesquels on a trouvé des traces de son existence, « parce qu'on ignore la loi de l'accroissement des épais- « seurs des formations en fonction des temps. La lar- « geur des vallées de l'époque quaternaire, comparée à « celle de nos vallées actuelles, montre qu'il faut tenir « compte de courant dont la masse était au moins mille « fois ce qu'il est en ce moment, et aussi avoir égard « à la rapidité de ce courant, puisque la force vive est « le produit de la masse par le carré de la vitesse. » (Troyes, 1871.)

rencontrées dans plusieurs dolmens, à Durfort, Grailhe, la Galline, Truaus (Matériaux, 1866); ce n'est pas un signe d'ancienneté et un titre pour passer avant le travail quaternaire sur les os du mammouth et du renne [1].

Ainsi, loin d'être un indice d'une primitive antiquité, le caractère de ces silex, signalés au Moustier et à Laugerie-Haute par les directeurs du musée de Saint-Germain comme *exceptionnels et étrangers au travail ordinaire des autres cavernes* sur les bords de la Vézère, prend une date, par la similitude qu'ils ont avec les silex taillés sur les plateaux; cette similitude étant une probabilité de contemporanéité, et peut-être de communication, entre les troglodytes et les percuteurs de mêmes silex à travers le pays, il en résulterait pour l'habitation au Moustier et à Laugerie une date de temps plus récente que celle de l'habitation dans les cavernes qui ne présentent pas ces formes exceptionnelles de silex taillé :

Aussi, pour les cavernes de la Dordogne, un classement tout à fait en ordre inverse semblerait naturellement indiqué par les objets qui y ont été trouvés.

Les hommes ont tous commencé par vivre de la chasse et de la pêche; la chronologie des produits de l'industrie doit donc suivre la succession des habitudes dans les populations, et finir par ceux destinés au travail de la terre.

Cette base donnée, tel serait l'ordre entre nos ateliers de silex taillé :

Première époque. — La Madeleine, Laugerie-Basse, les Eyzies.

Les engins de pêche et de chasse sont caractérisés dans ces stations; ils ne le sont autant dans aucune autre. — Ce sont les seules où l'on ait trouvé des os d'oiseaux et de poisson. Les outils en silex qui ne sont que grattoirs ou lames faibles et pointues auraient été seuls insuffisants contre le mammouth, le renne, le bœuf ou le cheval; il fallait les prendre aux filets, et les aiguilles en os, pour les faire, sont restées sur place.

Seconde époque. — Cros-Magnon, Gorge-d'Enfer.

Plus de flèches barbelées ni de harpons : aussi aucun reste d'oiseau ou de poisson. La faune actuelle s'étend : on y trouve le bœuf, mais c'est le cheval qui abonde; le sus est rare; la chèvre, la brebis, manquent; aucun animal ne semble avoir été en domesticité; le chien y est représenté par le loup et le renard. Encore des flèches en bois de renne, mais la forme en est changée; une taille plus soignée du silex se manifeste ici sur les grattoirs et atteste que cet atelier de transition se rapproche de la période où la seconde industrie, celle du silex, va prendre tout son développement.

Troisième époque. — Laugerie-Haute.

---

[1] M. Hamy (*Paléontologie humaine*, 1870) ne suit pas la chronologie de M. de Mortillet; il place aussi Laugerie-Haute à la fin de l'âge archéolithique.

Plus de bois de renne. — L'homme demeure encore dans ses abris sous roche, mais il commence à se répandre au dehors. — Il veut pour sa vie nouvelle des armes qui aient plus de force; le silex alors remplace l'os : on le rend bombé des deux côtés, La taille toute par éclats est préférée à la taille prismatique, qui n'enlevait que de longues ou faibles lames. Les flèches à une ou deux pointes se multiplient.

Quatrième époque. — Le Moustier.

Les produits de cette caverne deviennent similaires de ceux des plateaux par la taille, la dimension, la forme : la taille se fait à grands éclats divergents; les racloirs, ordinairement petits, sont assez forts pour recevoir le nom de *haches à main* (Matériaux, 1867, 191). On y fabrique les têtes de lance, variété de la hache, cette dernière et principale invention de l'âge de pierre, et qui restera la forme utile pour les travaux de la terre jusqu'à l'âge de bronze, dont les premiers essais s'attachent à l'imiter.

Une distinction notable doit être faite en faveur des hommes qui habitaient les cavernes de la première époque : c'est qu'ils avaient dû connaître quelque chose de la civilisation avant de quitter leur pays natal, et qu'ils l'ont perdu ici par l'effet de leur isolement. Quant aux autres, nés sauvages, ils ont suivi l'évolution contraire.

Car cette priorité d'ancienneté accordée aux stations de la Madeleine, de Laugerie-Basse et des Eyzies s'appuie sur une autre très-importante considération : c'est l'illustration toute particulière à laquelle ce groupe a droit comme ayant été le foyer principal d'œuvres d'industrie et de connaissances en arts plastiques qu'on n'aurait jamais pu soupçonner, si elles n'avaient été manifestées par des monuments nombreux, sur des bois de renne ou des plaques d'os et d'ivoire restés enfouis dans les cavernes.

« A Laugerie-Basse, dit M. Éd. Lartet, nous avons surtout pu nous procurer, outre des « flèches et des harpons barbelés, cette grande variété d'ustensiles dont quelques-uns « sont ornés de sculptures et d'un travail véritablement étonnant, eu égard au moyen « d'exécution, entre autres ces aiguilles de bois de renne finement appointées par un « bout, l'autre extrémité percée par un trou destiné à recevoir un fil; à Laugerie-Basse « encore, des représentations, sur bois de renne, de formes animales, les unes gravées « en creux, d'autres sculptées en ronde-bosse et en plein relief.

« A la Madeleine, une plaque d'ivoire sur laquelle se voit gravé au trait en creux le « mammouth; front bombé, trompe nettement caractérisée, jambes bien accusées. Une « véritable crinière pend entre la trompe et les jambes; queue touffue retroussée en « forme de fouet.

« Le spécimen le plus remarquable est peut-être un poignard taillé dans une corne « de renne, et auquel l'artiste a ingénieusement adapté les formes de l'animal représenté. « La position a été habilement choisie pour ne pas blesser la main : le nez au vent, les

« cornes sont rejetées sur le cou, les jambes de devant repliées sous le ventre et celles
« de derrière étendues le long de la corne. Ainsi, sans être trop violentées, toutes les
« parties du corps sont pliées à la destination usuelle du manche de l'arme. »

Une plaque d'ivoire représente un combat de rennes, « où l'attitude du vainqueur
« a un sentiment de vérité qui a de quoi surprendre. » (M. de Vibraye.)

Une industrie assez intelligente pour s'essayer, avec la pointe aiguë d'un caillou, à
l'imitation des formes naturelles, et qui a pu réussir même à faire preuve d'un sentiment artistique par la vérité ou l'habileté des poses, ne peut se confondre avec le
perfectionnement si pauvre qu'a obtenu le travail ordinaire de l'âge de la pierre;
celui-là a atteint son plus haut degré à l'époque des cités lacustres : or, là, rien au
delà de dessins géométriques sur la poterie; même sur les premiers bronzes, aucune
imitation de forme naturelle, animal ou plante. Les sculpteurs de la Madeleine ne
procèdent donc pas du Moustier ou de Laugerie, et leur art n'est pas un progrès qui
soit l'œuvre du temps, dans la taille du silex. Ici comme partout, les arts de la civilisation *ont été apportés du dehors*. Ces temps primitifs appartiennent à l'époque où l'épa-
nouissement sur la terre était la grande affaire du genre humain; des groupes de
famille s'associaient pour aller au loin chercher des terres nouvelles, et c'est une de
ces immigrations qui a implanté sur nos rivières *un savoir exotique*.

Jusqu'à présent les traces d'un art analogue ne se sont montrées que dans le sud-ouest
de la France [1] : le point de départ connu est à l'orient des Pyrénées; la ligne remonte
le long des rivières jusqu'au 46° degré de latitude environ, et l'on retrouve des établissements à Massat, dans l'Ariége; sur les bords de l'Aveyron, à Bruniquel; dans
le Périgord, sur les bords de la Dordogne, de l'Ille, de la Vézère et de la Drone; sur
la Charente, grotte de la Chaise, et sur la Vienne, grotte du Chaffaut; à l'est, ils ne
dépassent pas la Corrèze. D'où venait cette colonie errante? On l'ignore jusqu'à présent; mais parmi les squelettes de Cros-Magnon était celui d'une femme ayant sur
la poitrine un collier de coquilles marines, *Littorina littorea*. M. Massenat a depuis découvert à Laugerie-Basse un squelette sur le corps duquel des coquilles méditerra-
néennes étaient restées fixées [2]. La nature de cet ornement annonce que, soit dans ses
migrations, soit par le commerce, cette race eut connaissance de la mer.

Dans les temps historiques, le pays le plus proche de la mer dont les antiques
monuments portent des figures imitées de la forme naturelle des animaux et des

---

[1] Découverte, cependant, a été faite dans une caverne de Belgique *d'un bâton de commandement* sur lequel
se trouve gravé un poisson. (Matériaux, 1869, 140.) — [2] Plus récemment encore M. Rivière a eu la même
bonne fortune à Menton.

plantes fut l'Égypte. Il est donc à croire que les hommes qui s'arrêtèrent sur les bords de la Vézère venaient d'Orient. Ce qui confirmerait cette opinion, c'est la parfaite ressemblance entre les aiguilles de bois de renne, à la Madeleine, et les aiguilles découvertes dans les monuments de l'Égypte, selon la remarque de M. Éd. Lartet, qui cite à cette occasion la célébrité historique de l'*Acus Phrygiæ* et de l'*Acus Babylonis* (Matériaux, 1817, p. 366).

Quelle fut la durée de cette époque artistique? Les premières générations purent conserver l'enseignement de la mère patrie; mais, par suite de l'état misérable où elles furent réduites, cette industrie périt avant même que le renne eût quitté le Périgord; et c'est ainsi que nos premiers habitants, qui étaient nés dans l'*âge historique de l'Orient*, ont passé dans l'*âge préhistorique de l'Europe*, en se transportant en Périgord.

Période mégalithique. — Aucun de ces monuments n'a été exploré avec méthode. Le pays fut couvert d'un très-grand nombre de dolmens, comme l'indique la multiplicité du nom de Peyre-Levade; la plupart sont ruinés, et rien n'annonce qu'ils aient été enfouis sous terre : on a signalé cependant, aux environs d'Issigeac, l'existence d'un dolmen resté longtemps inconnu sous un amas considérable de pierres; il recouvrait une rangée de squelettes, et l'on en a retiré des bouts de flèche en silex. (Lettre de M. Vergnol des Saintongés, près Issigeac.)

Il existe dans la Dordogne deux rocs branlants : ils sont d'une forme différente. Celui de Saint-Estèphe est monolithe et posé sur le sol; celui de la Francherie présente un ensemble de supports sur lesquels une table horizontale, comme celle d'un dolmen, est en équilibre [1]. Ces rocs branlants sont-ils des monuments élevés par les hommes? L'objection la plus forte contre cette opinion est que ces blocs oscillants ne se sont rencontrés jusqu'à présent que dans les contrées granitiques. (Voir à ce sujet la dissertation sur deux rocs branlants du Nontronais, par M. Charles des Moulins; Bordeaux, 1849.)

ÂGE DES MÉTAUX.

Époque du bronze. — A peine connu; au musée de Périgueux, huit haches avec rebords pour emmanchure (Saint-Aignan-d'Hautefort, catalogue du musée). — Trois entièrement plates, à bords, en ligne concave, pour l'élargissement du tranchant (Saint-Aubin-de-Cadelech); deux grandes ayant : hauteur, 13 centimètres; largeur à la tête, 5 centimètres; 8 centimètres au tranchant; la plus grande épaisseur, au milieu, est

---

[1] La table du dolmen de Saint-Bard (Creuse) présente ce phénomène. (Matériaux, 1872, p. 341.)

de 1 centimètre. La petite hache n'a que 7 centimètres de haut (mon cabinet). — Une sépulture, en 1859 (Singleyrac), contenait auprès d'un squelette une douzaine de morceaux de fils d'or pur de 1 millimètre et demi de diamètre, roulés en spirale assez grossièrement pour former un collier; une hache plate en bronze, type des précédentes; un poignard en bronze dont la poignée creuse est garnie à l'intérieur de mastic rouge, la partie inférieure porte une rainure arrondie dans laquelle la lame est fixée par des rivets à tête ronde; la lame d'une composition plus dure, cassante, brisée en plusieurs morceaux; d'un côté elle est légèrement arrondie : longueur totale, 40 centimètres. Ces objets, portés à Bordeaux, ont reçu une destination inconnue. Hache à ailerons (Prigonrieu). — Dépôt de haches à talons et à bords droits (Mussidan). — Haches à bords droits (Bergerac).

Époque du fer. — L'activité de l'industrie à l'âge de pierre se retrouve à l'âge du fer, mais il ne subsiste que les résidus de la fabrication. Des amas considérables de scories se voient presque partout. Dans le Nontronais, on retrouve des moules en terre glaise portant encore l'empreinte des doigts qui les ont pétris, et percés de trous circulaires par lesquels on faisait couler le métal fondu : quelques-uns sont quelquefois encore garnis de petites gueuses rondes, ou aplaties d'un côté, ayant un diamètre de trois centimètres.

Ces forges primitives sont quelquefois isolées sur des hauteurs escarpées, et leurs débris précipités sur la pente couvrent le champ inférieur d'une poussière noirâtre, devenue sol arable, comme à Saint-Front-de-Coulory; il y en a aussi sur le bord des ruisseaux. Les vestiges de petites exploitations sont nombreux, même sur le territoire d'une seule commune : à Lanquais, il y en a plus de trente.

Ces scories n'offrent jamais aucune trace de vitrification; leur analyse a montré qu'il y restait 50 p. o/o d'hématite et qu'elles pourraient encore être utilisées. (Note de M. Laurent, ancien professeur de chimie à Bordeaux, 1840.)

TEMPS HISTORIQUES.

A l'époque de la conquête, le territoire était occupé par un peuple nommé *Petrucorii, Petrocorii,* et que César cite à raison du contingent de 5,000 hommes envoyé au secours de Vercingétorix. L'emplacement qu'occupait sa ville principale paraît avoir été, en raison des antiquités retirées du sol, sur la rive gauche de l'Ille, entre la Boissière et Écornebœuf, dans le vallon de Campniac : ce lieu porte encore le nom de *Vieille-Cité.*

M. de Saulcy attribue à ce peuple des monnaies de bronze aux noms de chefs gaulois, avec le *sus* pour emblème. — Sur un denier d'argent, on lit *Petrucor.*

Sous les Romains, ce territoire forma une cité, la cinquième de la seconde Aquitaine, dont Bordeaux fut la métropole[1].

L'agglomération de ces six peuples préexistait-elle entre ces mêmes populations à l'époque gauloise ?

On peut en douter, car quand, au XIIe siècle, l'unité de l'usage de la langue latine établie dans les Gaules par la conquête se rompit, et avec elle l'unité pour les noms de lieux de la désinence en *acum*, répandue jusque-là sur tout le territoire, le Périgord fit sa révolution, comme le Quercy et le Limousin, en remplaçant *acum* par *ac*, tandis que la Saintonge et le Poitou substituèrent les finales *ey, y* ou *e* à *acum*. Cette divergence indique qu'il y aurait eu dans l'œuvre romaine une pression administrative pour rompre d'anciennes affinités, et que ces populations de races diverses revinrent à leur indigénat quand la main du vainqueur cessa d'exercer une contrainte sur elles.

À cette époque, la ville des *Petrocorii* était sur la rive droite de l'Ille, et des ruines en restent dans la partie de la ville actuelle nommée *la Cité*.

Des inscriptions au musée apprennent que son nom était *Vesuna, Augusta Vesunna,* écrit dans d'anciens textes *Ouesona;* de magnifiques fragments de sculpture attestent la splendeur des monuments qui la décoraient, temples, amphithéâtre, thermes, etc.

Les Pétrocoriens avaient des relations avec les divers peuples de la Gaule : plusieurs inscriptions au musée, relatives à des citoyens de Narbonne, Cahors, etc., le témoignent.

Parmi ses illustres habitants il faut compter un groupe de la puissante famille Pompeia : une inscription trouvée dernièrement dans le Rhône apprend qu'un lien étroit existait entre Cn. Pompeius Sanctus, prêtre de Rome et d'Auguste à Lyon, et M. Pompeius Sanctus, prêtre d'Apollon Cobledulitave à Vésone. (*Revue archéol.* t. V, 318.)

Des bronzes égyptiens, des médailles de divers peuples, des pierres gravées grecques, des monnaies celtibériennes recueillies à Vésone, attestent le mouvement que le commerce y apportait.

ÉTENDUE DU TERRITOIRE.

1° DANS L'ANTIQUITÉ.

Selon l'opinion généralement reçue, le territoire d'un diocèse correspond au territoire antique de la cité. La raison est que les empereurs avaient établi un évêque dans chacune des cités, et comme aucun démembrement de diocèse n'a jamais eu lieu

---

[1] « Metropol. civitas Burdigalensum. » — Cités dépendantes : « civitas Agenensium, Equelinensium, Sanctonum, « Pictavorum, Petrorecorum. » (*Notitia Imperii.*)

qu'en vertu d'une bulle du souverain pontife, l'absence de l'acte pontifical montre que le territoire antique n'a subi aucun changement.

Pour Périgueux, l'identité paraît d'autant plus certaine, que les cinq peuples qui dépendaient de la métropole de la seconde Aquitaine, Bordeaux, étaient exactement les mêmes que les cinq diocèses qui dépendent de cette métropole ecclésiastique.

L'ancien diocèse se mesure par l'étendue des archiprêtrés qui le composaient.

Le premier pouillé parvenu jusqu'à nous est du xiiiᵉ siècle; mais l'état qu'il présente doit remonter bien plus haut, puisque les noms de quelques-uns de ces archiprêtrés se retrouvent dès le xiᵉ siècle, et que le nom de celui dans lequel est situé Périgueux, la Quinte, appartient aux temps mérovingiens.

L'archiprêtré qui faisait la limite au nord, du côté de Limoges, était celui de Condat. Un texte du viiᵉ siècle énonce la ligne de séparation entre les deux diocèses:

«Aquitania montem habet qui equalibus pene spatiis Petragoricam et Lemovicam «civitatem dirimit; nomen montis extunc Leucus est : ex nomine montis castrum illud «sortitum est..... » (Vie de saint Vaast, écrite avant 667.)

Au viiᵉ siècle, Chalus, *Castrum Leuci*, est donc sur la limite.

Or Firbeix, dernière commune du diocèse actuel de la Dordogne sur la limite de la Haute-Vienne, était à la fois de la justice de Chalus et Courbefy et faisait partie de l'archiprêtré de Condat. Il est juste de rappeler qu'un lieu au sud de Firbeix, Jumillac, *diœcesis Gemiliacensis*, fut réclamé en 484 par Rurice, évêque de Limoges, auprès de Chronope II, évêque de Périgueux, comme paroisse dépendante de Limoges, et qu'un tiers de sol y fut frappé avec le nom de *Gemiliaco*, et au revers, le sigle de Limoges autour de la croix, *L E M O*. Mais l'évêque de Périgueux soutint son droit, et il fut reconnu, puisque cette paroisse est toujours restée depuis dans le diocèse.

Il est donc presque assuré que la station *Fines*, placée dans l'itinéraire d'Antonin entre Vésone et *Augustoritum*, doit être aux environs de Chalus.

A l'ouest, les archiprêtrés de Pillac et de Peyrat, qui faisaient partie de l'ancien diocèse, doivent être restitués au territoire actuel du département pour retrouver les limites de la cité des *Petrocorii*. Le territoire autour de la Tour-Blanche était une enclave dépendante de l'évêché d'Angoulême; mais quant au spirituel il a toujours appartenu à l'évêché de Périgueux.

A l'est, l'archiprêtré d'Exideuil n'a pas éprouvé de changement.

Au sud-ouest, le diocèse de Cahors s'étendait au delà de la Dordogne et comprenait Carlux, Salignac et plusieurs lieux adjacents; mais les deux rives du Drot appartenaient alors au diocèse de Périgueux. Au xiiiᵉ siècle, il y eut une contestation entre les évêques de Périgueux et d'Agen relativement à la possession de Castillonnès, et cette petite ville resta à Périgueux, par décision de l'archevêque de Bordeaux, choisi pour arbitre, et figura toujours depuis comme paroisse du diocèse, ainsi que plusieurs petites communes qui aujourd'hui en sont distraites.

Au reste, cette partie est très-confuse dans le pouillé du xiii° siècle, le nombre des paroisses extrêmement réduit, leurs noms très-altérés, et le tout est groupé dans le seul archiprêtré *Sarlatensis*. Il semble que la partie méridionale du diocèse était à peine connue lorsqu'on rédigea cet état.

L'étendue de l'ancien diocèse, divisé en vingt-deux archiprêtrés, est figurée par les deux cartes dressées en 1679 par le géographe Samson [1], et donne ainsi la représentation fidèle de ce que dut être la cité des *Petrocorii*.

Ces archiprêtrés étaient groupés en sept archidiaconés, qui au xiv° siècle furent réduits à cinq, sous les noms de *Major, Duppla, Braggeriaci, Sarlatensis, Ultra Dordoniam*.

Chacun de ces archidiaconés comprenait un certain nombre d'archiprêtrés.

Le premier avait cinq archiprêtrés : la Quinte ; Thiviers ; Exideuil ou Saint-Méard ; Condat, nommé plus tard Champagnac ; Biras, plus tard Valeuil ;

Le deuxième en avait trois : Neuvic, plus tard Villamblard ; Villadès, plus tard Saint-Marcel ; Montrevel, plus tard Vélines ;

Le troisième en avait trois : *Parducensis*, plus tard Chantérac ; Vieux-Mareuil et Pillac ;

Le quatrième en avait deux : *Sarlatensis*, plus tard Saint-André, et Daglan ;

Le cinquième en avait deux : le Bugue et Carves, plus tard Palayrac ;

Le sixième en avait trois : *Baianensis*, plus tard Bouniagues ; Capdrot et Gaiacensis, plus tard Flaugeac.

Le septième en avait trois : Villabone, plus tard Peyrat ; Bost, plus tard Gouts ; et la Double, plus tard Vanxains [2].

Un grand changement eut lieu au xiv° siècle, mais il fut seulement intérieur : le pape Jean XXII partagea l'évêché primitif en deux diocèses, sous les noms de Périgueux et de Sarlat : la Vézère, et après la jonction des deux rivières, la Dordogne, servit de séparation entre eux. Le seul archiprêtré traversé par ces rivières fut modifié, *Sarlatensis* ; et il y eut alors deux archiprêtrés de plus, par la formation de deux archiprêtrés du nom d'Audrix, un pour chacun des deux évêchés. Le nouveau diocèse de Périgueux contint seize archiprêtrés ; celui de Sarlat en avait sept.

Ce fut aussi peut-être alors que leurs noms furent en partie changés ; mais, à l'ex-

---

[1] Bibliothèque de la rue de Richelieu, dépôt des cartes, n° 81 et 104.

[2] Voir au Dictionnaire, à chaque archiprêtré, les paroisses qu'il contenait.

ception de ceux ci-dessus désignés, la circonscription des autres demeura la même, comme les pouillés le témoignent, puisqu'ils furent composés des mêmes paroisses avant et après.

Le nombre des anciennes paroisses est presque impossible à connaître aujourd'hui, car il y a des lieux portant ce nom dans des chartes et qui ne figurent dans aucun pouillé. Selon une liste dressée suivant le règlement des conférences ecclésiastiques fait le 11 septembre 1732 par monseigneur l'évêque de Périgueux, le nombre dans son diocèse était de 442.

Une semblable liste imprimée en 1781 à Sarlat, par ordre de monseigneur l'évêque, donne pour le diocèse de Sarlat le nombre de 192 paroisses.

La cité Pétrocorienne était traversée par plusieurs grandes voies.

Le travail de la Commission de la carte des Gaules sur les voies romaines mentionne *Vesunna* comme station sur chacune des trois voies secondaires complétant le second réseau, celui du centre; elle en présente le tableau avec celui de la voie de Lyon à Bordeaux (les distances sont en lieues gauloises, environ 2,221 mètres) :

STATIONS.	CHIFFRE des DOCUMENTS.	DISTANCE RÉELLE.	DÉSIGNATION des DOCUMENTS.	IDENTIFICATION.
A. DE LIMOGES À BORDEAUX PAR PÉRIGUEUX.				
1. Augustoritum......	"	"	"	Limoges.
2. Fines...........	XXVIII	28	Itin. de 462.	Thiviers [1]?
3. Vesunna	XIIII	14	Table de Peutinger.	Périgueux.
4. Cunnaco	X	15	*Idem.*	Saint-Louis [2]?
5. Corterate........	XVIIII	19	*Idem.*	Coutras.
6. Varatedo........	XVIII	18	*Idem.*	Fargues [3]?
7. Burdigala........	V	5	*Idem.*	Bordeaux.
B. DE SAINTES À PÉRIGUEUX.				
1. Mediolanum......	"	"	"	Saintes.
2. Condate.........	"	"	Table de Peutinger.	Cognac?
3. Sarrum.........	X	21	*Idem.*	Cherment.
4. Vesunna	XX	25	*Idem.*	Périgueux.

[1] Identifications différentes. *Firbeix*, Lapie. Firbeix s'accorde mieux avec les limites de la civitas, mais il faudrait changer les chiffres en XVIII et XXIIII au lieu de XVIII et XIII.

[2] *Saint-Vincent-de-Connezac*, d'Anville; *Neuvic*, Lapie.

[3] *Vayres*, d'Anville.

STATIONS.	CHIFFRE des DOCUMENTS.	DISTANCE des RÉELLE.	DÉSIGNATION des DOCUMENTS.	IDENTIFICATION.
C. DE CAHORS ET D'AGEN À PÉRIGUEUX.				
1. Aginnum........	"	"	"	Agen.
2. Excisum.........	XIII	13	Table de Peutinger.	Eysses.
3. Trajectus........	XXI	24	Itin. de 461.	Port de Couse[1]?
4. Vesunna	XVIII[2]	23	Idem.	Périgueux.

[1] *Trajectus* a été considéré comme la même station que *Diolindum*; rien ne nous semble justifier cette conjecture.
[2] XVIII, altération de XIII.

VOIE PRINCIPALE DE LYON À BORDEAUX.				
Lugdunum.......	"	"	"	Lyon.
12. Dibona.	"	"	"	Cahors.
13. Diolindum.......	XVIIII	19	Table de Peutinger.	Duravel?
14. Excisum.........	XXI	16	Idem.	Eysses?
15. Aginnum.	XII	13	Idem.	Agen.
16. Fines, etc.........	"	"	"	"
20. Burdigala........	"	"	"	Bordeaux.

Ces voies sont restées inconnues; les identifications présumées ne reposent que sur des conjectures, relatives au calcul des distances. Peut-être y aurait-il un moyen de retrouver plus facilement quelques parties de ces lignes : ce serait de rechercher, dans les premiers temps du moyen âge, les chemins en état de viabilité qui suivaient le même parcours que les voies de l'itinéraire romain; il est certain que plusieurs chemins, dans ces mêmes directions, ont subsisté jusqu'après le xv° siècle. Ils portent dans les anciens textes des noms particuliers, comme *chemin ferré, chaussée* (causada) *Peyrat, estrade,* etc.; et presque partout, en France, on les désigne comme ayant été d'anciennes voies gauloises ou romaines.

VOIE A.

Il est fait mention, au xii° siècle, d'une voie allant de Périgueux à la chapelle d'Agonaguet[1]; au xv° siècle, d'une voie allant de Périgueux à Limoges. (Supplément, p. 382.)

A la même époque, un chemin passant dans cette direction à Agonac a le nom de *voie ferrée* (Dict. 344), et un siècle après, dans cette même commune, ainsi qu'à Périgueux, il est question d'une *via Chava* (*ibid.* et Suppl. p. 365).

[1] Via quæ a Petragoris dirigitur versus capellam d'Agonaguet, 1199 (cart. de Chancelade).

Quant à l'identification du *Fines* sur cette voie, la Commission, tout en indiquant *Thiviers*, reconnaît que *Firbeix* s'accorderait mieux avec les limites de la cité, et le texte cité plus haut doit faire renoncer à éloigner ainsi *Fines* de Chalus.

VOIE B.

Aucune station indiquée sur le territoire.

Tout ce que l'on sait sur cette voie est qu'en sortant de Vésone elle passait par Vigneras, commune de Marsac, car c'est dans le vallon au-dessous de ce village qu'a été trouvée la borne milliaire au nom de l'empereur Florien et portant l'indication *prima leuga*.

Au XIVe siècle, un chemin allait de Périgueux à Vigneras[1] : il est à présumer que c'était la voie antique. Ce chemin passant par Vigneras porte, paraît-il, dans le pays le nom de *Schomi Bourna* (le Périgord illustré, p. 474); or, au sortir de la contrée des Petrocorii, la voie passait auprès de Villebois. Ce territoire, *Villaboense, Villaboen,* nommé plus tard *Peyrat,* avait donné son nom à la voie antique; on la nommait en Saintonge *chemin Boisne* (Statist. de la Charente).

En tenant compte de l'altération dans la prononciation du patois, il est à croire que le même nom se retrouve aux deux extrémités de cette ligne, et peut aider aussi pour rechercher le reste du parcours.

VOIE C.

La carte itinéraire publiée par la Commission de la carte des Gaules propose, pour la ligne de Vésone à Agen et à Cahors, la direction suivante :

« La voie ferrée tendant à ces deux villes serait commune de Vésone à *Excisum;* là, « elle se bifurquerait : une ligne allait à Agen par Saint-Antonin, l'autre à Cahors par « *Diolindum.*

« *Excisum* serait *Eysses* (Lot-et-Garonne), *Diolindum* serait *Duravel* (Lot): cepen-« dant ces deux identifications sont suivies d'un point d'interrogation.

« Pour la partie située dans le département entre Vésone et Eysses, la Commission « fait suivre à la voie le parcours du chemin d'intérêt commun n° 6, par Notre-Dame-de-« Sanillac, Église-Neuve, Vern, Saint-Michel, Saint-Laurent, Sainte-Foy, Grand-Cas-« tang et la Linde; elle descendait à Couse, où serait la station *Trajectus,* intermé-« diaire entre Vésone et *Excisum,* et de là, par Beaumont, Villeréal et Monflanquin, « elle se dirigeait sur Agen[2]. »

---

[1] « Via quæ ducit de Petragoris versus locum voca-tum de Vinhayrac, 1320 » (Dict. p. 341).

Dordogne.

[2] *Les voies romaines en Gaule,* par M. Alexandre Bertrand, 1864.

E

La Commission, par ce tracé nouveau, met entièrement de côté un agger antique qui a été détruit il y a cinq ou six ans, dans la ligne de Vésone à Agen, et n'en tient aucun compte.

A-t-elle eu raison, et les archéologues de Périgueux ont-ils tous été dans l'erreur?

L'agger commençait à 300 mètres environ du port du Noyer, sur la Dordogne, commune de Saint-Germain-de Pont-Roumieu, suivait la plaine supérieure au vallon de Pont-Roumieu, et était parfaitement reconnaissable au Bas et au Haut Terme, aux Justices et à Bonnard, jusqu'au-devant de Grand-Mons; là il prenait à gauche, mais bientôt on en perdait tout vestige. Dans ce parcours, cette partie était connue par les gens du pays sous le nom de *voie romaine*. Des titres du xviiᵉ siècle en signalent l'existence à la Croix-de-Fenis sous le nom de *chemin ferré*. Un titre du xivᵉ siècle lui donne le nom de *Causada* aux abords d'Issigeac. Avant d'arriver dans cette ville, on le retrouvait en bon état de conservation devant Ferrand, et ayant des blocs énormes sur ses accotements.

Dans la partie rapprochée de la Dordogne, cet agger avait au-dessus du sol une hauteur de 1 mètre à 1 mètre et demi, et sa largeur moyenne entre fossés était de 7 à 8 mètres.

L'empierrement, partout où il subsistait, était épais de 60 à 80 centimètres; une première couche de blocs très-larges, posés horizontalement; les matériaux de la couche supérieure liés par une sorte de ciment de chaux [1] et parsemés de fragments de scories de fer.

L'existence de cette voie se prolongeant jusqu'aux abords de la Dordogne avait fait jusqu'ici placer à Mouleydier la station *Trajectus*.

Cette opinion était corroborée par les vestiges d'une voie semblable sur l'autre rive, allant dans la direction de Vésone.

Aux abords de la rivière, un lieu est dit *Pont de l'Estrade*.

Tout auprès, dans un champ, ont été trouvés, il y a deux ans, plus de 400 deniers d'argent très-usés, à l'un des types de *Rhodanusia*, au milieu de quelques pièces gauloises attribuées aux *Pectavi*? quelques-unes de ces pièces sont entre les mains des amateurs du pays; le plus grand nombre a été vendu à M. Rollin, de Paris.

Peu d'années avant, on y avait rencontré un statère d'or à l'imitation des Philippe de Macédoine. Il appartient à M. Javersac, de Mouleydier.

Au lieu même où était établi le passage avant la construction du pont, est une an-

---

[1] En 1857, on a mis à découvert à Campniac l'entrée de la voie d'*Aginnum* dans la ville des Pétrocoriens. M. Galy fait remarquer que le statumen était construit avec d'énormes moellons fichés debout et sans aucune liaison entre eux, tandis que le pavimentum était composé de deux couches de silex noyés dans le ciment. (*Congrès archéologique de Périgueux, Vésone et ses monuments,* 1858.)

cienne habitation nommée château de la Roque, où ont été trouvés des fragments de sculpture et une quantité considérable de monnaies du Haut et Bas Empire, et entre autres pièces du moyen âge, un roi d'Arménie, que Pellerin a figurée (Recueil des Médailles de rois, etc. Tome IX, lettre 2, planche 1).

Wlgrin de Taillefer assure que des vestiges de cette voie ont été découverts dans la forêt de Vern, à Merlande, entre la Maison-Neuve et Pont-Roumieu de Vern, et que d'anciens actes la mentionnent sous le nom de *vieux chemin ferré* (*Antiq. de Vésone*, II, 245).

Il y a donc ici une réunion de témoignages sérieux pour justifier l'avis exprimé par tous les antiquaires périgourdins, de l'identification de la voie de Vésone à Agen avec la direction de cet agger, ainsi que celle de *Trajectus* avec *Mouleydier*.

Cependant il faut ajouter qu'il serait possible qu'il y eût eu une voie secondaire dans la direction donnée par la Commission. A défaut d'explications fournies dans son travail pour appuyer sa conjecture, on peut supposer que cette trajectoire a été choisie comme étant en ligne presque perpendiculaire entre les deux villes. Mais il y a plus : un acte du xvᵉ siècle mentionne une voie allant de Couse à Périgueux (Supplém. p. 352); un autre du xviiᵉ siècle mentionne un chemin appelé *Peyrat* dans la commune de Saint-Félix (*ibid.* p. 363).

Même dans ce cas ce ne serait pas à Couse qu'eût été placé le passage de la rivière, mais un peu en aval. Entre Couse et Varennes existe un ancien ténement appelé *Bassac*, autrement *Lena* : ce lieu est désigné dans un acte de 1470 sous le nom de *Portus de Lenaco*, sur l'une et l'autre rive. Dans ce même endroit, sur la rive gauche, j'ai recueilli plusieurs objets antiques : la pointe d'une amphore, un style en bronze, une monnaie de Nîmes, etc.

De plus, dans le terrier de 1755 est cette mention : *confronte au chemin de Beaumont au port de Lena.* Cette direction devait dès lors passer à Banc, lieu nommé *vicus* dans la *Vie de saint Avit*, et où l'on a mis à découvert un cimetière antique qui a offert des vases en verre, une médaille de Vespasien, etc., mais dont la fouille n'a pas été suivie.

Autour de Beaumont on retrouve l'indication d'anciens chemins [1].

Au reste, la multiplicité de voies secondaires descendant de Vésone, traversant la Dordogne, et tendant à Cahors, Agen ou Aiguillon, semble autorisée par le grand nombre d'anciens chemins mentionnés dans cette direction.

---

[1] «Strata publica quæ ducit de vico sancti Aviti apud «Vadum.» (1189, cart. de Cadouin.) — «Via publica per qua itur de Torlhaco versus Mon-«temferrandum.» (1286, cout. de Beaumont.)

Une carte du duché d'Aiguillon (Duval, 1677) figure un ancien chemin sous le nom de *Cami Errat*, allant de Sainte-Livrade à Aiguillon [1].

Au sud de la Dordogne, un très-ancien chemin passant par Molières, Urval, Bouillac, Vielvic et Belvez porte encore dans le pays le nom de *Cami Ferrat*. On l'appelle aussi *Chemin de la reine Blanche*, sans doute par suite d'une tradition locale d'après laquelle une reine Blanche aurait été enfermée dans le castel de Molières, construit par les Anglais en 1360.

Au xv⁰ siècle, plusieurs actes de reconnaissance mentionnent le *chemin de Belve à Cahors* [2].

Jouannet, auteur de la *Statistique du Sarladais*, a émis l'opinion que la route de Vésone à Cahors suivait la plaine de Saint-Cyprien et passait à *Constaty*, lieu qui a offert beaucoup d'antiquités, des mosaïques, un atelier de poterie, et dont le nom dérive, selon lui, de *cum statione*.

Quoi qu'il en soit, il importe de remarquer que ces dénominations de *cami ferrat, causada, via chava,* employées dans le département de la Dordogne, se retrouvent aussi hors du département, et dans les directions qui concordent avec nos voies romaines.

Au nord, une voie allant de Vésone à Chassenon et à Poitiers est vulgairement connue sous le nom de *chemin ferré;* et il est ajouté, dans la *Statistique de la Charente* et dans la *Notice du pays des Santons,* que c'est le seul vestige de voie antique en Angoumois qui se nomme ainsi.

Dom Fonteneau, dans son *Étude sur les voies romaines du Poitou,* mentionne que celle qui allait de Poitiers à Limoges portait aussi ce nom de *chemin Ferrat* «populai-«rement».

Dans des titres du xv⁰ siècle on lui donne le nom de *via cava, iter de la chavau, via chare,* et au xvi⁰ siècle *grand chemin de la chaussée* (Bulletin de la Société des Antiquaires de France, 1868, p. 137).

Cette coïncidence de la répétition des mêmes noms : *chemin ferré,* entre Agen et Périgueux, Périgueux et Limoges, Périgueux, Chassenon et Poitiers; *causada, chaussée, chava, cava,* à Périgueux, entre Périgueux et Limoges, Périgueux et Agen, Poitiers et Limoges, indique un même groupe formé de plusieurs voies antiques dont le point de départ est Poitiers, et la direction sur Vésone par deux embranchements, l'un par l'Angoumois, l'autre par le Limousin.

Au sud de Vésone deux directions aussi : l'une sur Agen et *Excisum,* par *Trajectus*

---

[1] Communication de M. le marquis de Castelnau.

[2] «Petia terræ in paroch. de Bellovidere et S° Amando, «confrontans cum itinere quo itur de Bellovidere ver-«sus Cadurcum.» (1480, Philipparie.)

(Mouleydier) et Issigeac, et peut-être une seconde par le port de Lena, Banes et Beaumont ; l'autre sur Cahors directement, sans passer à *Excisum*, et par la vallée de la Dordogne et Belvez ?

Cette ligne par Agen, Vésone, Chassenon, Poitiers, dut être la grande communication entre la Celtique et l'Aquitaine. Au temps de César, les Helvètes, voulant envahir la province romaine, se rendent au pays des Santons, parce que, est-il dit, il n'y a pas loin de là au pays des Tolosates [1]. Ils y trouvaient effectivement une voie allant de Saintes à Toulouse par Vésone, Agen, etc...

Au viiie siècle, ce fut le passage principal des armées. Abdérame brûle Périgueux et est vaincu sous les murs de Poitiers. Saintes, Angoulême, Périgueux et Agen sont nommés par les historiens comme les villes dévastées par Pépin dans la campagne contre Waifre, et ce fut en Périgord, dans la forêt d'*Edobola*, qu'eut lieu le dernier épisode de cette guerre d'extermination. (Frédégaire, *Sigeberti chronic.*)

ÉTENDUE DU TERRITOIRE AU MOYEN ÂGE.

Il est à croire que le comté de Périgord avait la même étendue que le *Pagus Petrogoricus*, et que l'un et l'autre représentaient la circonscription du diocèse. Le premier changement territorial eut lieu au xiiie siècle.

Lorsque saint Louis envoya un sénéchal en Périgord, on ajouta à la juridiction de cet officier, qui réunissait la supériorité civile et militaire, un territoire appartenant à d'autres diocèses : ainsi Nontron, archiprêtré du diocèse de Limoges et y restant, fut compris comme châtellenie dans la sénéchaussée du Périgord ; il en fut de même pour Carlux, Salignac et les paroisses de ces châtellenies, qui restèrent aussi du diocèse de Cahors.

Ce fut alors peut-être que le sénéchal d'Agenois acquit le ressort sur plusieurs paroisses autour du Drot, qui étaient du Périgord.

Cette innovation a prévalu, et elle a été consacrée depuis par la délimitation des départements.

Par suite du droit d'hommage, certaines parties du territoire ne relevaient pas du comté de Périgord.

En 1243, Guy, vicomte de Limoges, rendait hommage à l'évêque d'Angoulême comme tenant de lui les châtellenies périgourdines d'Ans, de Nontron, de Mareuil, de Bourzac et autres lieux.

---

[1] «Helvetiis esse in animo iter in Santonum fines facere, qui non longe a Tolosatium finibus absunt.» (*Comment.* lib. I, x.)

Relevaient aussi de l'évêché d'Angoulême :

La châtellenie de la Tour-Blanche, qui formait une *enclave* et qui n'appartenait au Périgord que pour le spirituel, et dont les dépendances étaient Montabourlet et parties de Verteillac, Cherval, Grezignac, Rossignol, Gouts et Léguillac ;

La châtellenie de la Roche-Beaucourt, partie en Périgord et partie en Angoumois : dépendances : Édon, Combiers, Hautefaye et Rognac ;

La châtellenie de Sainte-Aulaye ; dépendances : Saint-Michel et le Bost ;

La châtellenie d'Aubeterre, dont relevaient quinze paroisses et les justices de Chenau, Puy-Mangou et Nabinaud. (Statistique de la Charente.)

DIVISIONS INTÉRIEURES.

ÉPOQUE MÉROVINGIENNE. — PAGI.

Pagus major. Le Périgord en était un ; *pagus Petragoricus* (Grégoire de Tours) ; *pagus Petrocius,* 823 (Præcepta Lud. pii pro Lamberto), etc....

Il avait la même étendue que le diocèse.

Pagus minor. Un seul est connu : *pagus Burdillensis, P. de Bourdeilles.*

« Obiit in pace, in Aquitania, in *pago Burdillense,* in villa quæ dicitur Baneth, 670 » (Gesta Berarii Cenom. urb. episcopi).

Banet, village de la commune de Bourdeilles.

CENTAINES.

Deux connues : la centaine *du Bugue* et la centaine *Berciacinse* ou de *Gouts.*

1° « In pago Petragorico, *in centena Albucense,* villa quæ dicitur Miliacus, 856 » (cart. de Saint-Martial de Limoges).

Millac-d'Auberoche, à l'extrémité nord de l'archiprêtré du Bugue.

2° « In pago Petragorico, *in centena Berciacinse,* in villa quæ dicitur *Guz* » (cart. de Saint-Cybard).

Berciacinse est un nom inconnu ; mais Guz, *Gouts,* commune de l'arrondissement de Ribérac, détermine la situation de cette centaine. Gouts était le siége d'un archiprêtré qui se nomma d'abord archiprêtré de *Bost :* or ce mot a une grande similitude, quant au sens, avec *Berciacinse.*

Ducange fournit les exemples suivants d'un vieux mot français qui serait l'explication du nom de cette centaine.

« Ad intrandum boscos causa *bersandi.* »

« En forêt pour chassier et *berser.* » (Roman de Garin.)

Chassier, chacier, a précédé chasser; on a pu dire *Berciacinse* avant Bersacinse [1].

Centena Bost ou *Berciacinsis* est la centaine des bois, autrement de la chasse; là sans doute était la forêt, rendez-vous général pour ce grand divertissement des Francs et du moyen âge. Ce lieu était d'autant plus propre à ces nombreuses réunions, que l'archiprêtré de Bost touche à l'archiprêtré de la Double, qui prit son nom de la forêt *Edobola;* tout ce pays alors n'était qu'une immense forêt.

Berciacinse pourrait avoir laissé son nom à plusieurs lieux dans les environs de Gouts :

Dans la commune, Puy-de-*Versac, Obertias;* dans celle de Cercle, *Verchiat;* dans Vandoire, Bourzac, castellum sur motte de terre, siége d'une châtellenie dont dépendaient quatorze paroisses, et dont plusieurs portent encore le nom; castrum de *Borziaco,* au XIIIe siècle. Il n'y a pas loin de *Berciacinse* à *Borziacense.*

VICAIRIES.

Une connue, la *vicairie de Pillac.*

1° « *In vicaria Piliacense,* castrum cui Albaterra nomen est, 1009 » (cart. de Saint-Cybard).

Pillac, aujourd'hui dans la Charente, était le siége d'un archiprêtré du diocèse de Périgueux, dont dépendait la paroisse d'Aubeterre.

Il est fait mention aussi des vicairies de Larche? et de Chavagnac.

« In pago Petragoricensi, *in vicaria de Cavaniaco,* ecclesiam suam de Grezas » (cart. du Vigeois).

« In pago Petragoricensi, *in vicaria Arcamacer,* in villa quæ dicitur Lodorniac de « Del-albuga » (cart. du Vigeois).

Cavaniaco, Chavagnac; *Grezas,* Grèzes; *Lodorniac,* Ladornac : trois communes voisines du canton de Terrasson.

Au XIVe siècle, ces paroisses dépendaient de Larche.

Arcamacer est-il Larche? Larche était une des châtellenies du Périgord, quoiqu'alors le château fût en Limousin, selon ce que porte la bulle d'érection du siége de Tulle, *castrum de Larcha, quod est in Lemovicino.* La situation en Périgord de toutes les paroisses de cette châtellenie et le texte de cette vicairie peuvent faire présumer qu'originairement Larche dépendait du Périgord.

[1] Des exemples semblables ne manquent pas: *chief* pour chef, *chier* pour cher, etc. etc.

Est-ce Archignac? Archignac est nommée *Archanac*, en 1158 (arch. de l'abb. de Saint-Amand-de-Coly), et cette forme rapproche du nom *Arcamacer?*

Ces deux dernières vicairies, *Arcamacer* et *de Cavaniaco*, et les localités qui y sont énoncées, sont tellement voisines, qu'elles ne sauraient être considérées que comme des viguerics du moyen âge. La *vicaria Piliacense* serait la seule vicairie mérovingienne dont le nom serait venu jusqu'à nous.

A défaut de document précis sur l'étendue comparative des territoires de ces divisions intérieures, *centena* ou *vicaria;* archiprêtré et châtellenie, la présomption de correspondance entre celles qui étaient à la fois centaine et châtellenie résulte de l'identité de situation : ainsi la *vicaria Piliacensis* était au lieu même de l'archiprêtré de Pillac, puisqu'Aubeterre appartenait à l'un et à l'autre ; Aubeterre était aussi une châtellenie.

De même pour le *pagus minor* de Bourdeilles par rapport à l'archiprêtré de Biras et à la châtellenie de Bourdeilles : sur les 23 paroisses de l'archiprêtré, la châtellenie en comprenait 17.

Exideuil comme archiprêtré contenait 40 paroisses; comme châtellenie, 25 de ces mêmes paroisses.

La Quinte, archiprêtré (42 paroisses), était aussi le siége de la châtellenie de Périgueux, qui comprenait 12 de ces paroisses.

Les termes de comparaison manquent pour l'ensemble de ces juridictions ; du peu d'exemples fournis il paraît constant que la division ecclésiastique était plus étendue que la division féodale, mais que l'une et l'autre semble originairement établie selon une distribution de juridiction territoriale commune, altérée seulement par les circonstances politiques des temps[1].

ÉPOQUE FÉODALE. —— CHÂTELLENIES.

Le *castellum*, qui reçut le titre de châtellenie, différait essentiellement du *castrum* que les Romains établissaient dans les pays qu'ils avaient soumis. Celui-ci avait pour

---

[1] Valois fait correspondre les archiprêtrés avec les centaines et les vicairies, dans les divisions civiles. M. Guérard ne contredit point cette opinion, mais il expose que la seule centaine dont il a pu recueillir la circonscription à peu près exacte, Corbon, dans le diocèse de Sées, correspond à un archidiaconé et non à un archiprêtré (Divisions terrif. de la Gaule).

L'observation de M. Guérard ne semble pas pouvoir s'appliquer au Périgord. Ici, la correspondance entre la *centena Albucensis* et l'archiprêtré du Bugue peut être justifiée par la présence, dans l'un et l'autre groupe, de *Miliacus*, Millac, situé à l'extrémité de la juridiction qui avait pour chef-lieu le Bugue.

L'archiprêtré du Bugue porta aussi le nom d'archiprêtré de Limeuil, et Limeuil fut une châtellenie.

On peut ajouter l'exemple de Nontron, alors en Limousin, aujourd'hui en Périgord; qualifié centaine dans le testament du comte Roger en l'an 931, *centena Netronensis*, il formait le dix-septième archiprêtré de Limoges. Nontron était aussi une châtellenie.

objet la protection de la contrée entière, et le nombre en était restreint; le castellum était seulement un lieu de défense pour un territoire adjacent et limité.

Son origine remonte au temps où Charles le Chauve, ne pouvant défendre le pays contre les invasions des Normands, rendit les bénéfices héréditaires pour assurer aux populations une protection qu'il ne pouvait accorder par lui-même. Les officiers royaux devinrent propriétaires des lieux fortifiés qu'ils commandaient; mais cette propriété était sujette à confiscation si les châtelains n'étaient pas fidèles au serment de féauté envers le prince en ne défendant pas le pays contre ses ennemis.

Des rapports nouveaux, fondés sur des droits et devoirs réciproques, s'établirent alors entre le châtelain et les habitants d'un certain nombre de paroisses. Dans un rayon déterminé, droit était, pour des familles nobles, d'avoir un logis dans la cour du château; pour toutes les autres, de se renfermer avec leurs meubles et leurs bestiaux, en temps de guerre, dans des enceintes secondaires en dedans des défenses et des fossés. De leur côté, les habitants devaient travailler aux fortifications et être soumis à une juridiction qui prit le nom de *châtellenie*.

C'est avant le ixᵉ siècle que remontent les donjons sur mottes, entourés de palissades et haies vives, ou situés à l'extrémité d'un coteau escarpé.

Les premiers forts qui soient connus pour avoir été construits en pierre et être devenus des siéges de haute juridiction sont peu nombreux; on cite : Aubeterre, Ribérac, Montignac, Puy-Guilhem, Hautefort, Exideuil; ceux aussi élevés par Frotaire, évêque de Périgueux. Leur nombre augmenta bientôt. Plusieurs causes y contribuèrent :

1° Le démembrement par suite de l'aliénation que firent les seigneurs de certaines parties de la châtellenie de première origine : ainsi Limeuil fut séparé de Montignac; partie de Gurson et Montrevel, de la vicomté de Castillon, etc. [1]

2° La création des bastides ou villes neuves, que les rois de France et d'Angleterre érigeaient en châtellenies [2];

3° La concession d'exemption de toute juridiction, accordée à des abbayes et à certains lieux [3].

[1] «Ratione dominii quod vicecomes de Castellione «olim habuit in honoribus de Gorson et de Monterevello «in paroch. del Fleys, de la Rogerta et Sancti-Aviti de «Tyrac.» (xiiiᵉ siècle, manuscrit de Wolfenbuttel.)

[2] La Linde, Beaumont, Roquepine, Eymet, Vern, Beauregard, Mont-de-Dome, Villefranche-de-Belvez et Villefranche-de-Longchapt. Le plus grand nombre des bastides fut fondé au sud de la Dordogne. Il est à croire que tout ce pays était, dans l'origine, soumis à six châtellenies seulement : Puy-Guilhem, Biron, Dome-Vieille, Dordogne.

Beynac, Castelnau et Montfort. A l'époque de la guerre entreprise contre les Albigeois, la paix fut rendue à tout le Périgord et le Limousin, dit l'auteur de cette histoire, par la soumission de ces cinq dernières forteresses. Belvez, Molières, Couse, Badefol, Beaumont, Bigaroque, etc., sont compris dans un partage fait au xiiiᵉ siècle entre W. de Biron et son frère (Lesp. vol. XV).

[3] Voy. page xliii, le tableau des *paroisses hors châtellenies*.

INTRODUCTION.

Les droits du seigneur supérieur passaient par la donation à des fiefs inférieurs, qui prenaient alors le nom de *châtellenies* ou de *hautes justices* seulement.

L'état le plus ancien que l'on possède des châtellenies du Périgord et des paroisses qui dépendaient de leur juridiction est de 1365. Il y en avait alors 59 ; mais, par suite des causes mentionnées plus haut, ce nombre s'éleva dans la suite jusqu'à 360 (voy. au chapitre des juridictions en 1760).

ÉTAT DES CHÂTELLENIES DU PÉRIGORD,

AVEC LE NOMBRE DES PAROISSES QUI EN FORMAIENT LA JURIDICTION [1].

	Paroisses.		Paroisses.
1. Périgueux..	19	31. Montréal	1
2. Ans...	16	32. Limeuil.	16
3. Auberoche...	15	33. Clérans.	11
4. Agonac...	12	34. La Linde	7
5. Grignol..	9	35. Montclar...	9
6. Saint-Astier...	18	36. Bigaroque	4
7. Exideuil	26	37. Reillac.	2
8. Hautefort...	9	38. Millac	2
9. Larche.	11	39. Miremont	4
10. Bourdeilles	14	40. Montignac.	14
11. Bruzac...	11	41. Bergerac ou Mont-Cuq	34
12. Les Bernardières...	4	42. Couse	2
13. Nontron...	40	43. Badefol	4
14. Brantôme...	3	44. Beynac	8
15. Chapdeuil	3	45. Montfort et Aillac...	6
16. Mareuil...	11	46. Montferrand	5
17. Bourzac...	12	47. Beaumont.	7
18. Montagrier	3	48. La Barde	3
19. Ribérac	16	49. Issigeac.	7
20. Gurçon	4	50. Roquepine.	6
21. Villefranche-de-Longchapt	2	51. Puy-Guilhem.	14
22. Mussidan...	9	52. Eymet.	7
23. Montpont ou Puy-de-Chalus	18	53. Belvez.	14
24. Montrevel	18	54. Castelnau	5
25. Le Fleix	3	55. Berbiguières	5
26. Saint-Front-de-Pradoux	2	56. Comarque.	3
27. Vern	8	57. Mont-de-Dome.	12
28. Roussille.	6	58. Villefranche-de-Belvez	6
29. Beauregard	4	59. Le Pariage, entre le comte et ensuite entre le	
30. Estissac.	3	roi et le chapitre de Saint-Front	12

[1] Compte d'Hel. de Bernabe, receveur dans la sénéchaussée de Périgueux pour le fouage, 1365 (Lespine, vol. LXXXVIII).

PAROISSES HORS CHÂTELLENIES.

Firbeix.

Mialet.

La Roche-Beaucourt (chapitre).

Saint-Pierre-de-Frugie.

Saint-Priest.

Andrivaux (commanderie du Temple).

Dourle (membre de cette commanderie).

Coursac.

Saint-Jean-de-Cole (prieuré conventuel).

Condat près Brantôme.

Lisle (bastide du xivᵉ siècle).

Celle.

Bertric.

Burée.

Saint-Médard-de-Drone.

Coutures.

La Feyliet (membre de la commanderie de Combeyranche).

Lusignac.

Chassaigne.

Saint-Privat (prieuré conventuel).

La ville de Sarlat (relevant directement du roi, évêché).

Saint-Geniez.

Temniac (relevant de l'évêché de Sarlat).

Campagnac (id.).

Saint-Quentin (id.).

Alas (relevant de l'évêché de Sarlat).

Lavaur.

Besse.

Prats.

La Trape.

Bouillac.

La Cassagne.

La Roche-Saint-Christophe (relevant de l'évêché de Périgueux).

Campagne.

Rouffignac.

Siorac.

Saint-Avit-Sénieur (chapitre).

Molières (bastide et bailliage royal).

Plazac (relevant de l'évêché de Périgueux).

Tourtoirac (abbaye).

Paunat (abbaye dépendant de Saint-Martin de Limoges).

Rampieux.

Montpazier (bastide et bailliage royal).

Biron.

Aigues-Parses.

Saint-Rabier.

Saint-Cyprien (prieuré conventuel).

Tursac.

En tête de cette liste il faut placer la ville de Périgueux, qui avait conservé son indépendance et qui, au commencement du xiiiᵉ siècle, relevant immédiatement du roi, lui portait directement son hommage au même titre que le comte de Périgord.

La division en châtellenies était tellement passée dans les habitudes, que certains territoires avaient un nom collectif emprunté à celle dont ils dépendaient. Celui qui relevait de Gurçon était dit *Gorsonesium* (manuscrit de Wolfenbuttel); d'Agonac, *territorium Agonacense* (cart. de Ligueux), etc. On disait aussi *en Montrevel*, etc.

Ces appellations ont survécu et servent encore de désignation; on dit : Granges-d'Ans; Saint-Pantaly, Sainte-Eulalie, Saint-Pardoux, la Boissière d'Ans; Cause de Clérans; Saint-Sernin et Saint-Félix de Reillac; Cone et Saint-Sernin de la Barde; Montagnac et Millac d'Auberoche; Nanteuil, Auriac de Bourzac, etc., etc.

Au-dessous de ces subdivisions territoriales il y en avait quelques-unes dont le nom se retrouve dans des titres anciens, mais dont l'identification est douteuse.

En 1322, il est fait mention d'une terre *in Rossinagesio*. L'acte où ce nom se trouve est relatif à Castelnau; c'est dans cette châtellenie qu'il faut le chercher sans doute[1].

Un acte de 1253 donne aux terres qui environnent Bergerac le nom de *terræ Baian. et Baiaden. (circumjacentes ad villam de Brigerac)*, est-il ajouté dans l'acte.

L'archiprêtré de Bouniagues (arrondissement de Bergerac) se nommait jadis *arch. Baianencis, Baiacensis.*

Le testament de Marguerite de Turenne (1273) fait suivre le mot *Bajanosium* de cette explication : *quidquid habet apud Yssigiacum.*

Ce même territoire près d'Issigeac est dit : *Basaneg* (Rôles gasc.), *Barsaneium, Benasceium* (Man. de Wolf.), enfin *Bajanès* (Généal. des Sires de Bergerac, Courcelles); Saint-Aubin-de-Cadelech est appelé *Sanctus Albinus in Banesio*, 1273 (Homm. de Guill. de Mons). La mémoire de ce nom semble être retenue par des lieux voisins : Banes, cité dans l'hagiographie de Saint-Avit-Sénieur au ve siècle, enfin le ruisseau qui passe à Issigeac, la Banége. Bayac, si voisin de Banes, rappellerait la forme *Baianesium.*

Le même acte de 1273 fait mention d'un autre territoire ayant nom *Marmontesium.*

L'acte de consécration de l'abbaye de Cadouin, en 1154, donne ce nom au territoire dans lequel l'abbaye fut fondée. (Dict. p. 189).

Dans un acte du XIIIe siècle, le *Marmontesium* paraît limitrophe du *Baianesium*[2].

Dans les derniers temps, il n'y avait plus de noms particuliers que pour les grandes divisions du pays. Ainsi, avant 1789, on divisait le Périgord en *haut* et *bas,* et encore en *blanc* et *noir*. Le haut ou blanc était celui où sont Périgueux et Bergerac, le bas ou noir avait pour chef-lieu Sarlat. Cette séparation est exactement celle qui existait entre les diocèses de Périgueux et de Sarlat, et elle était tellement entrée dans les habitudes que souvent dans les anciennes chroniques on trouve cette locution : *aller en France,* pour le fait seul d'avoir traversé la Dordogne et passé du Sarladais dans le Périgord.

On a dit depuis le *Sarladais,* le *Ribéraquois,* le *Bergeraquois* et le *Nontronais.*

La Double était une contrée dont la partie comprise dans le département de la Dordogne couvre une étendue de 48,763 hectares sur le plateau qui s'étend entre la Drone et l'Ille. Au nord, elle ne dépassait pas une ligne allant de Sainte-Aulaye à Saint-Vincent-de-Connezac; à l'est, celle qui de Saint-Vincent descend à Mussidan.

---

[1] «Terra quam dominus de Castro-novo tenere consueverat in Rossinagesio, movente de feodo ipsius comitis, 1322.» (Remise du château de Castelnau au comte de Périgord.)

[2] «Salvo jure quod dña Marquesia, uxor Guill. Fferrioli habet in Baianesio et Marmontesio.» (Man. de Wolfenbuttel.)

Légé en était le chef-lieu. La Double avait le titre de vicomté et se nommait encore *terre de la conquête* [1] (Atlas de Blaeu).

Un nom qui a quelque rapport avec celui-ci, *pays de nouvelle conquête*, était donné à un district qui comprenait, sur la rive droite de la Dordogne, le Fleix, Ponchat, Montazeau, Gurçon, Montravel, et sur la rive gauche, en dehors du département, Sainte-Foy, qui en était la capitale, Théobon, Puichagut, Villeneuve, Duras, Gensac, Civrac, Rauzan et Pujols; et l'on a expliqué ce nom par une sorte d'affiliation que la ville de Bordeaux avait faite pour le commerce avec ce pays contigu à sa sénéchaussée (Chronique bordeloise). Cette raison semblerait exclure toute relation entre les deux noms, car la Double, pays boisé et marécageux, comme l'indique son ancienne dénomination *Saltus de Dobla, Silva Edobola,* n'offrait aucun avantage pour le commerce.

ÉTABLISSEMENTS HOSPITALIERS EN PÉRIGORD.

DISTRIBUTION TOPOGRAPHIQUE.

Aujourd'hui ces établissements sont centralisés dans quelques villes; on y compte 26 hospices, ainsi répartis:

Périgueux: hospice de Sainte-Marthe, à la Cité; — Bergerac: un hôpital, une maison de la Miséricorde, au bourg de la Madeleine; — Sarlat: un hôpital.

Les autres villes, comme Beaumont, Eymet, Montpazier, Nontron, Thiviers, Brantôme, Exideuil, Ribérac, Mussidan, Montpont, Dome, Montignac, le Bugue, Belvez, Villefranche-de-Belvez, Terrasson, ont chacune un hôpital.

Il existe aussi des hospices à Hautefort, Fouleix, Bourdeilles, Bourrou, Sainte-Alvère et Sainte-Aulaye.

Au moyen âge, les refuges pour les pauvres, les malades et les infirmes étaient répandus sur toutes les parties du territoire, villes et campagnes.

Ces établissements avaient différentes dénominations.

Le nom le plus connu est celui d'hôpital, *Espital* au moyen âge. Mais il faut distinguer sous ce nom deux genres de maisons, quoique toutes elles n'aient eu qu'un même but, le soin des malades et des pauvres:

1° Les asiles, placés dans les commanderies du Temple ou de Saint-Jean de Jérusalem et de Saint-Antoine;

2° Les asiles ouverts dans les villes et campagnes par la charité publique: ils étaient de fondation royale, ou seigneuriale, ou commune.

---

[1] Ce nom de conquête n'est peut-être que le nom d'une ancienne mesure locale: « Dedit *novem conquadas* » (cart. de la Réole, fol. 8).

« Dedit unam *conquatam* nemoris, juxta mensuram « *conquatæ* terræ quam faciunt in dicta bastida, 1292 » (L'Esclapot de Monségur, fol. 72).

Il y avait ensuite les *malauderies,* autrement dits *malaudies, maladreries, maléties, malauries,* ou les *malets.*

Les établissements spécialement consacrés aux lépreux avaient nom *léproseries, ladreyries, ladrières* et peut-être *ledriers.* Le nom, retenant la prononciation du temps, est resté à des paroisses : Saint-Germain, dit en 1648 Saint-Germain *lou Lepdroux,* est plutôt *Sanctus Germanus le Dros;* Sainte-Marie de la Cité à Périgueux, en 1732, est *Sancta Maria de Lesdrosa* en 1363, puis *Leydrouse;* Saint-Étienne *le Droux* était *Sanctus Stephanus deux Ledros,* en 1252, *le Drier* en 1365.

Une des quatre léproseries de Périgueux se nomma *Salvango, Salvajou, Sauvajou,* et une commanderie du Temple, *Salvitas-Grasseti, Sauvetat-Grasset.* Plusieurs lieux se nomment *Salvagie, Sauvagie,* etc.

Dans la commune de Saint-Vincent-de-Paluel il existe une habitation dite *la Salvie,* en patois *lou Salvadou;* on y a trouvé une baignoire circulaire avec degrés pour y descendre, une grande quantité de tombes. Ce nom de *Salvie* est assez répandu. Il y avait à Belvez et à Saint-Cyprien une porte dite de *Salvier,* et dans ce dernier endroit on a mis à découvert une baignoire circulaire avec marches, comme à la Salvie.

L'étymologie latine *salvitas,* guérison, indiquerait que les lieux dont le nom en est dérivé auraient été des refuges ouverts aux malades.

1° COMMANDERIES DU TEMPLE OU DE SAINT-JEAN DE JÉRUSALEM, ET MEMBRES EN DÉPENDANT.

DIOCÈSE DE PÉRIGUEUX.

Noms et situation.	Noms et situation.
Commanderie. Andrivaux, commune de Beaurone.	Comm. Bonneville, même commune.
Membre annexe. Dourle, commune de Lisle.	M. Saint-Avit-de-Fumadière et Bonnefare, même commune.
Id. Vaunac, commune de ce nom.	
Comm. Saint-Paul-la-Roche, *id.*	Comm. Aubeterre.
Comm. Puymartin.	M. Les Eyssarts, Saint-Michel-la-Rivière, Born.
Membres. 1° Saint-Maurice de Jumillac;	Com. Le Temple-la-Guyon, même commune.
— 2° Saint-Jean-de-la-Trappe, en partie dans Condat et dans Saint-Laurent-de-Gogabaud.	M. Le Temple-de-l'Eau, à Cherveix; le Pont-Saint-Martial, à Hautefort.
	M. La Chapelle Saint-Jean-de-la-Recluse, à Exideuil.
Comm. Le Soulet, commune de Gouts.	M. Ajat, commune de Thenon.
Comm. Pont-Arnaud, commune de Saint-Crépin-de-Richemont.	Comm. Fontenilles, même commune.
	Comm. Puy-Lautier, comm^ne de Saint-Pierre-d'Eyraud.
Comm. Combeyranche, même commune.	M. L'Espaut, commune de Fraysse.
M. La Feylie, commune de Bertric.	Comm. Buzet, commune de Menesplet.
M. Chambeuil, commune de Ribérac.	Plusieurs lieux sont dits *le Temple* : dans la forêt de la Roche-Beaucourt, à Sencenac, Saint-Jean-de-Cole, Brassac, Verteillac, dans le vallon de la Sauvanie, à Saint-Martial-de-Viveyrol, Chassagne, Siorac, etc.
Comm. Chante-Geline, commune de Mensignac.	
Comm. La Sauvetat-Grasset, commune de Douville.	
Comm. Mortemart, même commune.	
M. Château-Miscier, même commune.	— Voy. ces noms.

DIOCÈSE DE SARLAT.

Noms et situation.	Noms et situation.
Commanderie. Saint-Naixent, même commune.	Comm. Tourliac, commune de Rampieux.
Membres : Naussanes, Cours, Lembras, Pontbonne et le Bignac.	Il faut ajouter l'hospitalis de Comarque et celui de Sernato, peut-être Sermet; une ancienne construction,
Comm. Condat, même commune.	appelée *le Temple,* à Font-d'Eylias, commune de la
Comm. Sergeac, même commune.	Rouquète-d'Eymet, devait être une grange de cet
Comm. La Canéda, même commune.	ordre. Un ancien grand chemin et un dolmen sont
Comm. Montguyard, même commune.	près de là.
M. Falgueyrac, même commune.	

2° COMMANDERIES DE L'ORDRE DE SAINT-ANTOINE.

Noms.	Date de la mention.	Localités.
La maison supérieure en Guyenne.........	1648..........	Aubeterre.
Hôpital.............................	1310..........	Saint-Antoine-de-Pizou.
Id.................................	1648..........	Exideuil.
Id.................................	1501..........	Bergerac, au faubourg de la Madeleine.
Id. Commanderie de Saint-Antoine du Grand-Châtaignier....................	1648..........	Grand-Castang?

3° HÔPITAUX [1].

Noms.	Date de la mention.	Localités.
Hôpital de Saint-Hilaire	XII° siècle	Ville de Périgueux.
— de Saint-Silain...................	Id	Id. sur la paroisse de ce nom.
— de Saint-Pierre..................	1290..........	Id. au cimetière de la Cité.
— de Charroux....................	1270..........	Id. bord de l'Ille, au bas d'Écornebœuf.
— de l'Arsaut.....................	1360..........	Id. faubourg de ce nom.
— de la Claustre...................	XII° siècle.......	Id. au Puy-Saint-Front.
Hôpital...........................	Id............	Id. faubourg de l'Aiguillerie.
— de la Daurade...................	1307..........	Id. près de la fontaine Saint-Hippolyte.
— de Brunet......................	1339..........	Id. près du moulin de Saint-Front.
Hôtel-Dieu n° 385	XVII° siècle......	Id.
— pour les pauvres, au prieuré de la Faye...	1214..........	Léguillac-de-Lauche.
Hôpital...........................	1372 et 1746....	Agonac.
Domus eleemosynaria	1153..........	} Montpont.
Hôpital de la Providence, fondé par Mlle de Foix............................	XVII° siècle.....	}
Domus eleemosynaria	1252..........	Nontron.
Xenodochium......................	VI° siècle.......	} Terrasson.
Hôpital	1260..........	}
Hôpital Saint-Jean-l'Évangéliste..........	1227 et 1480....	Montignac-sur-Vézère.
Hôpital de Saint-Michel.	1273..........	}
— au faubourg de la Bouquerie.........	1348..........	} Sarlat.
Hôtel-Dieu n° 392	XVII° siècle......	}

[1] L'état de ces établissements, recueilli de côté et d'autre, est nécessairement très-incomplet.

Noms.	Date de la mention.	Localités.
Hôpital	1279	Saint-Amand-de-Belvez.
Id.	1279	Saint-Pompon.
Id.	1260	Loubéjac.
Hôpital pour les pauvres	1214	Abbaye de Cadouin.
Hôpital	1476	Clérans.
Id.	État des sect., 1791	Vic.
Id.	1450 et cadastre	Le Bugue, paroisse Saint-Marcel, devant la place de Landrivye.
Lieu-dit l'Hôpital	cadastre	Eymet.
Porte de l'Hôpital	1682	Issigeac.
Hôpital pour recevoir les pauvres de Dieu	1317	Bigaroque.
Hôpital du Saint-Esprit	1118	
— dit Pedolha	1450	
Hôtel-Dieu n° 382	xvii° siècle	Bergerac.
L'Hospice actuel avait été fondé en 1700		
L'Hôpital vieux	1624	Montrevel.
L'Hôpital	1632	
Pré de l'Hôpital	Cadastre	Paunac.
Hôpital, aujourd'hui maison d'école	Id.	Bourdeilles.
L'Hôpital	1648	Au port du Fleix.
Hôpital		Saint-Cyprien.
Fondation d'une chapelle dans l'Hôpital	1350	Mussidan.
Hôpital de la Croix-de-Fromental	xiii° siècle	Notre-Dame-de-Sanillac.
Font des malades	Cadastre	
Porte de l'Hôpital	Id.	Saint-Louis.
Hôpital	Id.	Mialet.
Id.	1408	Peyzac, c°° de la Nouaille.
Id.	1669	Hautefort.
Maison de Charité-Hôpital	1775	Montpazier.
Hôpital	1476	Clérans.
Maison des pauvres	Atlas de Belleyme	Sireuil.

LIEUX QUI PORTENT LE NOM D'HÔPITAL ET QUI POURRAIENT ÊTRE UNE DÉPENDANCE D'UNE COMMANDERIE.

Noms.	Date de la mention.	Localités.
Lieu-dit les Hôpitaux ou l'Hôpitaux	Cadastre	Trélissac et Salagnac.
Lieu-dit l'Hôpital	1468	Saint-Sébastien.
Id.	Cadastre	Coutures.
Id.	Id.	Saint-Étienne-des-Landes.
Id.	Id.	Segonzac.
Id.	Id.	Celle, au hameau de Saint-Mandé.
Id.	1460	Servanches.
Terre dite de l'Hôpital	Cadastre	Saint-Martin-l'Astier.
Id.	xiii° siècle	Pillac.
Id.		Angoisse.
Id.	1500	Villac.
La fon de l'Hôpital		Négrondes.

Noms.	Date de la mention.	Localités.
Pré de l'Hôpital	....	Savignac-les-Églises, à l'entrée du bourg.
Croix de l'Hôpital....................	1233.........	Saint-Léon.
Oratoire et Hôpital...................	1247.........	Gabanelle, c^{ne} de Bergerac.
Hôpital de Combeys	1178 et 1509....	Chantérac.
Hôpital de Cherveix	Cadastre.......	Même commune.
Id..............................	Atlas de Belleyme.	Molières.

4° MALADRERIES.

Noms.	Date de la mention.	Localités.
Maladrerie de fondation commune.........	1648.........	Saint-Astier.
Lieu-dit la Maladrie, et aux Blanquets......	Cadastre.......	Cercle.
Maladrerie de fondation commune.........	1648.........	Mussidan.
— de fondation royale..................	Id...........	Aubeterre.
— de fondation commune...............	Id...........	Nontron.
— idem............................	Id...........	Chignac.
Maladrerie.........................	1648.........	Bruzac.
Maladrerie de fondation royale...........	1254 et 1648....	Sarlat, près d'une fontaine qui en a conservé le nom.
Lieu-dit Croix de la Malaurie	Tradition locale...	A Capellou, environs de Belvez.
Maladrerie de fondation commune.........	1648.........	Villefranche-de-Belvez.
Champ dit de la Malaudarie.............	Cadastre........	Saint-Avit-Sénieur, village de la Cabane.
Maladrerie de fondation royale...........	1648.........	Molières.
— et lieu-dit la Malauderie............	Id. et cadastre....	Beaumont.
Maladrerie de fondation commune.........	1648.........}	Lenquais, aux Trois-Croix.
Lieu-dit Malladerie et Malauderie	1775.........}	
La Malauderie......................	1473.........	Sainte-Alvère.
Maladrerie de fondation commune.........	1648.........	Beynac.
Ténement de la croix de la Maladrerie......	1482.........	Le Bugue, chemin du Bugue à Campagne.
Maladrerie de fondation commune.........	1648.........	La Force.
— de fondation royale.................	1450, 1732.....	Bergerac.
— de fondation commune...............	1350 et XVII° siècle.	Montrevel.
— idem............................	1648.........	Saint-Marcel.
Ténement des Malets..................	1791.........	Vic.
Maladrerie.........................	Tradition locale...	Naillac, au Puy de las Maleytias.
Id..............................	Cadastre.......	Vitrac, au Pech de Malet.
Lieu-dit la Malaudie..................	Id...........	Carsac - Proissans.
Malets (Les).......................	Id...........	Tursac.
Id..............................	Id...........	Manzac.
Id..............................	Id...........	Saint-Paul-de-Serre.
Id..............................	Id...........	Fouleix.
Id..............................	Id...........	Bars.
Id..............................	Id...........	Terrasson.
Lieu-dit la Maladrerie.................	Id...........	Saint-Martin-le-Pin.
Id..............................	Id...........	Bourdeix.
Id..............................	Id...........	Millac-de-Nontron.

Dordogne.   6

Noms.	Date de la mention.	Localités.
Lieu-dit la Maladrerie..................	Cadastre........	Nontroneau.
Maladrerie de fondation commune.........	xviiᵉ siècle et id...	Nontron.
Id.................................	1648.	Eymet.
Id.................................	1648..........	Terrasson.
Terre, taillis des pauvres..............	Cadastre........	Cabans, Daglan, le Coux, Mouley-dier, etc.

5° LÉPROSERIES.

Noms.	Date de la mention.	Localités.
Saint-Hippolyte......................	1290..........	Périgueux, au bord de l'Ille.
Salvango...........................	1246..........	Saint-Martin.
Saint-Antoine.......................	1290..........	Le Toulon.
Au pont Saint-Jacques.................	1265..........	Couvent de Sainte-Claire.
Léproserie	1284..........	Pont de la Beaurone.
Id.................................	1302..........	Vauxains.
Léproserie dite de Landet..............	1319..........	Près de la Tude.
Léproserie..........................	1266..........	Terrasson (près du chemin dit de l'Hospitalet?).
Léproserie de Peyruscles..............	1251..........	Canton de Montignac-sur-Vézère.
Léproserie..........................	1321..........	Condat-sur-Vézère.
Église des Lépreux de Saint-Avit-Sénieur....	1286..........	Peut-être le lieu nommé Saint-Avit ou celui dit la Sauvagie dans la Bessède.
Léproserie..........................	1271..........	Vallereuil.
Id.................................	1321..........	Montclar.
Id.................................	Id.............	Campagne.
Id.................................	1324..........	Bigaroque.
Id.................................	1459..........	Bertric, au Feyliet.
Id.................................	1308........	} Bergerac, vers Saint-Martin.
Hôpital des Ladres, autrement Saint-Nicolas-de-Pelegri......................	Id.............	}
Lieu-dit les Ladres..................	Cadastre........	Coulounieix.
— Fon des Ladres...................	Id.............	Villetoureix.
-- cimetière des Ladres..............	Id.............	Saint-Jean-de-Cole.

JURIDICTIONS AVANT 1789. SÉNÉCHAUSSÉE ET JUSTICES LOCALES.

La distinction entre les pouvoirs judiciaire et administratif n'existait pas dans les premiers temps. Toute autorité était l'apanage de la *haute justice*.

Le comte la réclamait comme un droit inhérent à sa qualité de comte de Périgord, mais il eut toujours des opposants : Périgueux d'abord, qui affirmait que la haute justice, dans la juridiction de la ville, appartenait aux maire et consuls, sous l'autorité immédiate du roi; plusieurs seigneurs aussi, entre autres le sire de Mussidan, refusaient de lui rendre hommage et le portaient directement au duc de Guyenne.

Pour réprimer les désordres qui furent la suite de ces luttes intérieures [1], saint Louis envoya un sénéchal en Périgord et l'investit d'un pouvoir supérieur devant lequel toute juridiction locale pouvait se pourvoir en appel. Il n'y eut d'abord qu'un sénéchal; mais chacun des deux rois de France et d'Angleterre en eut un jusqu'au xv° siècle dans la partie du pays qui lui était soumise.

La sénéchaussée fut depuis partagée en trois : celles de Périgueux, Bergerac et Sarlat, chacune de ces villes ayant un présidial. Les appels des justices locales furent divisés entre ces trois cours; quelques-uns cependant étaient portés hors du Périgord.

Ainsi ressortissaient en 1760 :

1° DU SÉNÉCHAL DE LIBOURNE.

La justice du Fleix, avec Montfaucon.
Celle de Gurson, avec Carsac et Saint-Martin.
Celle de Saint-Méard, avec Saint-Géraud.
Celle de la Mothe-Montravel, avec les paroisses de la châtellenie.
Celle de Montpont, avec les paroisses de la châtellenie.
Celle de Ponchat et de Montazeau.

2° DU SÉNÉCHAL DE SAINT-YRIEIX, PAR APPEL.

La justice de Beausoleil, dans Sarlande.
Celles d'Angoisse, de Sarlande, Sarrazac, Frugie, Firbeix, Mialet, Laxion, Nantiat, Saint-Priest-les-Fougères, la Valouse, Saint-Paul-la-Roche, Jumillac et Chalusset, son annexe.

---

[1] On conserve encore aux Archives nationales, et accompagnée de treize sceaux qui y sont suspendus, la charte que l'évêque de Périgueux et les abbés des principaux monastères du diocèse adressèrent au roi Louis VIII pour lui faire la peinture de l'état déplorable où le pays était réduit et lui demander l'envoi d'un sénéchal pour le pacifier.

Toute tentative de conciliation était impossible devant la volonté inflexible des deux parties; Archambaud V fit ouvertement la guerre contre la ville. Le maire en appela au parlement de Paris, qui prononça la confiscation du comté. Archambaud se fiait sur les hautes protections qu'il avait en cour pour faire annuler cet arrêt; mais une réponse que le comte d'Armagnac fit au comte, et que les députés de la ville, présents à Paris, transmirent au maire, peint à la fois l'esprit de droiture et le sentiment de bonté envers le comte de

Périgord dont était animé le conseil du Roi : « Cozi cozi, queque vos digatz, avant que vos cobretz res, convendra que vos contentaz totz aquels que se complaignon de vos, autremen no faretz res que ayatz a far. »

La confiscation s'étendit sur le comté et sur les domaines particuliers du comte, qui étaient : à Périgueux, l'emplacement du château de la Rouffie (sic dans l'arrêt), les châteaux d'Auberoche, de Bourdeilles, Montignac, Razac, Vern, Roussille, Montpont, Bénévent, Montignac-le-Petit, partie de Plazac, etc. (Voy. Périgueux et les deux derniers comtes de Périgord, par M. Dessalles.)

Le roi donna le comté au duc d'Orléans : celui-ci, alors prisonnier en Angleterre, le vendit à Jean de Bretagne; le comté passa ensuite par les femmes à la maison d'Albret, et l'avénement de Henri IV le réunit à la couronne.

INTRODUCTION.

3° DU SÉNÉCHAL D'AGÉNOIS.

Justices locales.	Paroisses qui en dépendent.
Castillonès	La paroisse, Cavar, Ferransac, Saint-Didier, Saint-Maurice, Saint-Quentin.
Le Rayet	La paroisse, Moulceyroux, Saint-Grégoire.
Cahusac	La paroisse, Douzains, Gassas, la Landusse.
Villeréal	Doudrac, Mazières, Naresse, Parisot, Perranquet, Rives, Saint-Cassien, Tourliac, etc.

SÉNÉCHAUSSÉE DE PÉRIGUEUX.

Justice royale.	Paroisses qui en dépendent.
La Linde	Sainte-Colombe et, dans la sénéchaussée de Sarlat, Saint-Front, Pontours et Bourniquel.

Justices locales.	Paroisses qui en dépendent.
Abjat	La paroisse.
Agonac	La paroisse et les paroisses de la châtellenie.
Ajat	La paroisse et Bauzens.
Allemans	La paroisse.
Andrivaux	Id.
Anesse	Id.
Ataux	Id.
Azerat	Id.
Badefol	La paroisse et Châtres.
Bassillac	La paroisse.
Beauregard	La paroisse et Breuil.
Beaurone	La paroisse.
Beaussat	Id.
Bernardières (Les)	La paroisse et Champeaux.
Boissière-d'Ans (La)	La paroisse.
Bories (Les)	La paroisse et Antone, Sarliac, Savignac-les-Églises.
Bourdeilles	La paroisse et les paroisses de la châtellenie.
Bourdeix	La paroisse.
Bourgnac	La paroisse et Sourzac.
Bourzac	La paroisse et les paroisses de la châtellenie.
Brantôme	La paroisse et Cantillac.
Brassac	La paroisse.
Breuil (Le)	Id.
Bruzac	Id.
Bugue (Le) et Limeuil	La paroisse et les paroisses de la châtellenie.
Burée	La paroisse.
Bussière-Badil	Id.
Chadeuil	La paroisse et Bourg-des-Maisons.
Chalagnac	La paroisse.

Justices locales.	Paroisses qui en dépendent.
Chalais	La paroisse avec partie de Chalais avec le clocher, partie de Saint-Paul sans clocher.
Champagnac.	La paroisse.
Champniers	La paroisse, avec Augignac et Pluviers.
Chancelade.	La paroisse.
Change (Le).	Id.
Chantérac.	Id.
Chapelle-Faucher (La).	Id.
Chapelle-Gonaguet (La).	Id.
Chassagne	Id.
Chaumont	La paroisse, avec un village dans Ajat.
Cherval	La paroisse.
Clérans.	Id.
Clermont	Id.
Connezac (Neuvic)	La paroisse et Saint-Vincent.
Connezac (Nontron)	La paroisse et Hautefaye.
Coulaures.	La paroisse.
Coursac	Id.
Coussière (La).	La paroisse et Saint-Saud.
Coutures	La paroisse.
Cros-de-Montaignac (Le).	La paroisse, avec Saint-Antoine et partie de Limeyrac.
Cubjat.	La paroisse.
Cumont.	Id.
Douze (La)	La paroisse, avec la Cropte, Saint-Félix et Saint-Sernin-de-Reillac.
Douzillac	La paroisse.
Escoire.	Id.
Espeluche (La vicomté d').	La paroisse, avec Combeyranche, Villetoureix et Allemans, moins le bourg.
Exideuil.	La paroisse et les paroisses de la châtellenie.
Fleurat	La paroisse.
Fontaine	Id.
Gabillou.	Id.
Gemaye (La).	Id.
Granges (Les)	Id.
Grezignac	Id.
Grignol.	La paroisse, avec Bruc et Grun.
Hautefort.	La paroisse et les paroisses de la châtellenie.
Javerlhac.	La paroisse.
Jumillac.	Id.
Lanmary	La paroisse, les trois quarts de Sorges et deux villages dans Antone.
Lardimalie	Saint-Crépin, Saint-Pierre, Eylias, Born et Blis.
Laxion.	Corgnac, Eyzerat, Nanteuil, Saint-Jory, Vaunac.
Léguillac-de-Cercle	La paroisse.
Léguillac-Fon-de-Lauche	Id.
Ligueux, ...	Id.
Limeyrac.	Id.

INTRODUCTION.

Justices locales.	Paroisses qui en dépendent.
Lisle	La paroisse.
Longa	Sainte-Foy et Grand-Castang.
Lusignac.	La paroisse.
Lussac	La paroisse et Fon-Troubade.
Mareuil	La ville et quatre paroisses.
Marqueyssac.	Saint-Pantaly, Sainte-Eulalie, Chourgnac, Saint-Pardoux, Brouchaud.
Marsaneix.	La paroisse.
Mas-Valeix	Id.
Mauzac.	Id.
Mayac	Id.
Mensignac	Id.
Merlande	Id.
Mialet	La paroisse et Lambertie.
Miremont.	Mauzens, Savignac, Mortemart.
Montagrier.	La paroisse et Saint-Victor.
Montaut.	Montaignac, Beleymas, Saint-Julien.
Montclar.	La paroisse.
Montencès	Montren.
Montréal	Issac, Église-Neuve, Saint-Jean-d'Eyraud et la Veyssière.
Mothe-de-Thenon (La)	Partie de Thenon.
Mussidan.	La ville, Saint-Front, Saint-Méard, Saint-Martin.
Naillac.	La paroisse.
Nantiat.	Id.
Neuvic.	Id.
Nontron.	La ville.
Périgueux	La ville, Saint-Pierre-ès-Liens, Boulazac, Coulounieix, Atur, Trélissac, Champsevinel.
Paunac.	La paroisse et Trémolac.
Peuch (Le)	Le Moustier.
Plazac	La paroisse.
Pressignac	Id.
Pont-Eyraud.	Id.
Quinsac.	Id.
Razat.	Id.
Ribérac	La paroisse et les paroisses de la châtellenie.
Richemont.	Saint-Crépin et Montmoreau.
Roche (La).	Le quart de Sorges.
Roche-Beaucourt (La).	La paroisse.
Rouffignac.	Id.
Saint-Angel	Id.
Saint-Apre.	Id.
Saint-Astier	La ville.
Saint-Astier (Le Puy-)	Un village dans Saint-Astier.
Saint-Front-la-Rivière	La paroisse.
Saint-Jean-de-Cole.	La paroisse et Saint-Pierre.
Saint-Just.	La paroisse.

Justices locales.	Paroisses qui en dépendent.
Saint-Laurent-du-Manoire	La paroisse.
Saint-Louis	Id.
Saint-Martial-de-Valette	Id.
Saint-Martial-de-Viveyrol	Id.
Saint-Martin-le-Peint	Id.
Saint-Maurice	La paroisse et Saint-Laurent-des-Bâtons.
Saint-Mayme-de-Pereyrols	La paroisse.
Saint-Méard-de-Dronc	Id.
Saint-Pardoux-de-Dronc	Id.
Saint-Pardoux-la-Rivière	Id.
Saint-Paul-de-Serre	Id.
Saint-Paul-la-Roche	Id.
Saint-Privat	Id.
Saint-Privat-de-Mayac	Id.
Saint-Senat	Id.
Saint-Vincent-d'Exideuil	Id.
Segonzac	Id.
Sendrieux	Id.
Servenches	Id.
Sourzac	Id.
Thenon	Une partie de Thenon et d'Azerat.
Thiviers	La paroisse.
Tocane	Id.
Tourtoirac	Id.
Trémolac	Id.
Trigonan	Id.
Varagne	Id.
Vern	La paroisse et Veyrines, le Salon, Château-Miscier.
Verteillac	La paroisse.
Villac	Id.
Villamblard	Id.
Villars	La paroisse et Millac.

SÉNÉCHAUSSÉE DE BERGERAC.

Justices locales.	Paroisses qui en dépendent.
Bergerac	Saint-Martin, la Madeleine, la Cone.
La Mongie	Saint-Sernin, Saint-Laurent-des-Vignes, Saint-Martin.
Gardone	La paroisse.
Mont-Cuq	Pomport, Saint-Mayme, Rouillac, le Monteil.
Gageac	La paroisse.
Saussignac	Razac, Monestier, Sainte-Croix.
Piles	Cours.
Saint-Naixent	La paroisse.
Montbazillac	Colombier, Saint-Christophe.
La Barde	Saint-Sernin, Cone, Bouniagues, Sainte-Luce, Poujol.

INTRODUCTION.

Justices locales.	Paroisses qui en dépendent.
Issigeac	Mont-Marvès, Montaut, Montsaguel, Eyrenville.
Cahusac	Falgueyrac, Mandacou, Saint-Perdoux, Saint-Caprais, Saint-Aubin-de-Lenquais, Cadelech.
Bridoire	Ribagnac, Singleyrac, Rouffignac.
Puy-Guilhem	Couture, Thenac, la Bastide, Cunéges, Lestignac, le Sigoulès, Mescoulès, Flaugeau, Sainte-Aulaire, Monbos, Font-Roque, Sainte-Innocence, Saint-Julien.
Eymet	Sainte-Marthe, Serres, la Rouquète.
Razac	La paroisse.
Sadillac	Id.
Lauzun	Saint-Nazaire, Saint-Macaire, Queyssel, Saint-Maurice, Queyssaguet.
La Force	Saint-Pierre-d'Eyraud, Prigonrieu, Lunas.
Maurens	Sainte-Foy-des-Vignes, Ginestet, Camp-Segret.
Queyssac	La paroisse.
Mouleydier	Creysse et Saint-Cybard.

SÉNÉCHAUSSÉE DE SARLAT.

Justices royales.	Paroisses qui en dépendent.
Cenac	La paroisse.
Molières	Id.
Montpazier	La paroisse, Marsalès, Capdrot, Gaujac et la Valade.
Villefranche-de-Belvez	La paroisse, la Trape, Prats, Saint-Sernin, Mazeyrolles et Saint-Caprais.

Justices locales.	Paroisses qui en dépendent.
Alas-de-Berbiguières	Alas et Cladech.
Auberoche	Fanlac.
Badefol	Saint-Vincent-de-Badefol, Ales, Calès, Cussac, Cadouin.
Banes	La paroisse.
Bardou	Bardou, Nojal, Naussanes et le Pic.
Beaumont	Beaumont, Saint-Sernin, Bayac et Gleyzedal.
Belvez	Les paroisses de la châtellenie.
Berbiguières	Marnac.
Besse	La paroisse.
Beynac	Les paroisses de la châtellenie.
Bigaroque	Saint-Jean-de-Bigaroque, Cabans, le Coux, Mouzens.
Biron	Biron, Saint-Michel, Soulaures, Aygues-Parses, Vert et Bertis, Saint-Sernin.
Boisse	Roquepine, Faurilles, le Bel, Saint-Léon, Saint-Amand et Born-de-Champs.
Bouzic	La paroisse.
Bramejat	Le village de ce nom, qui est dans Marquay.
Campagnac du Ruffenc	Bouillac et la Salvetat.
Campagnac-lez-Quercy	La paroisse.
Campagne	Id.

Justices locales.	Paroisses qui en dépendent.
Carlux	Les paroisses de la châtellenie.
Carves	La paroisse.
Castelnau	La paroisse, Feyrac, Veyrines, Saint-Cybranet, la Chapelle, Saint-Laurent, Saint-Julien et Daglan.
Chabans	Quelques villages dans Peyzac et Saint-Léon.
Chavagnac	La paroisse.
Comarque	La paroisse, Tanniès, Sireuil et Marquay.
Condat	La paroisse.
Coulonges	Quelques.villages dans Montignac, Fanlac, Auriac, Aubas et la Bache-lerie.
Couze	La paroisse.
Doissac	La paroisse et Grives.
Dome	La ville.
Faux	La paroisse.
Fénelon	Saint-Julien, Sainte-Mundane.
Florimont	La paroisse.
Font-Gauffier	Quelques villages dans Sagelat.
Galina	Deux villages dans Tanniès.
Gaubert	Quelques villages dans Terrasson.
Gaulegeac	La paroisse.
Gaumier	Id.
Goudou	Quelques maisons dans Alas.
Jayac	La paroisse et Archignac.
Labatut	Quelques villages dans Saint-Chamassy et Audrix.
La Cassagne	La paroisse.
La Chapelle-au-Bareil	Id.
La Faye	Auriac en partie.
La Filolie	Quelques villages dans Saint-Amand-de-Coly.
La Flaunie	Deux villages dans Condat.
Lanquais	La paroisse, Varennes, Saint-Aubin et Montmadalès.
Larche	Pazayac, Grèzes, la Feuillade, Nadaillac, Ladornac.
La Roque	Castel et Meyral.
La Roque-Gajac	La paroisse.
La Salvagie	Quelques villages dans Archignac et Paulin.
Lavaur	La paroisse et Fontenilles.
Le Claud	Quatre villages dans Eyvignes.
Le Peuch	Peyzac, le Moustier, la Roque-Saint-Christophe.
Le Repaire	Saint-Aubin et Nabirat.
Limeuil	Audrix et Saint-Chamassy.
Losse	Thonac.
Lusier	Moncany.
Mons	La paroisse.
Monsac	Id.
Montcalou	Quelques villages dans Gaumier.
Montferrant	La paroisse, Sainte-Croix, Lolme, Saint-Marcory, Saint-Avit-Rivière et Saint-Romain.

Dordogne.

Justices locales.	Paroisses qui en dépendent.
Montfort.	Vitrac, Carsac, la Canéda, Aillac et Saint-Vincent.
Montignac	La paroisse, Brenac, Bars et Valojoux.
Montmége	Quelques villages dans Terrasson.
Montmirail.	Quelques maisons dans Cenac.
Palayrac.	La paroisse.
Palomières.	Un village dans Saint-Quentin.
Pauliac.	Trois villages dans Daglan.
Paulin.	La paroisse.
Pelevezy.	Quelques villages dans Saint-Geniez et la Chapelle.
Peyraux (Les).	Saint-Lazare et Bersac.
Peyruzel.	Un village dans Daglan.
Proissans	La paroisse.
Puybeton.	Clottes, Rampieux et la Bouquerie.
Puy-Martin.	Quelques villages dans Marquay et Saint-André.
Rastignac.	La Bachelerie, Peyrignac et Saint-Rabier.
Roque-Nadel.	Quelques villages dans Veyrignac.
Rouffinou.	Quelques villages dans Sireuil et Tursac.
Saint-Aigne	La paroisse.
Saint-Amand-de-Coly	La paroisse, Coly et Marcillac.
Saint-Avit-Sénieur.	La paroisse.
Saint-Cyprien.	La paroisse et Lussac.
Saint-Geniez.	La paroisse.
Saint-Germain-de-Berbiguières.	Id.
Saint-Germain-de-Pont-Roumieu.	Id.
Saint-Léon.	Id.
Saint-Martial	Id.
Saint-Pompon.	Id.
Saint-Quentin	Id.
Salignac.	Bourèze, Carlucet, Eybènes, Eyvignes, Saint-Crépin.
Sarlat.	La ville.
Sauvebœuf.	Aubas et les Farges ou Cheylard.
Sciorac.	La paroisse.
Sergeac	Id.
Sermet.	Loubéjac.
Tailleferie (La)	Un village dans Marquay.
Tayac.	La paroisse.
Temniac.	La paroisse, Alas et Campagnac.
Terrasson.	La paroisse.
Tursac.	Id.
Verdon.	Id.
Veyrignac.	Id.
Vierval.	Quelques villages dans Archignac.
Viminières.	Le village de Viminières, dans Bouzic.

COUR DU CONSULAT DE PÉRIGUEUX.

Il était constant, au xive siècle, que Périgueux était le siége d'une juridiction d'appel pour la plus grande partie du duché d'Aquitaine : c'est ce que déclare le diplôme du duc d'Anjou rendu, en octobre 1349, pour le rétablissement des assises en cette ville.

Cette supériorité territoriale existait encore au commencement du xve siècle. Le *Livre noir* contient une lettre écrite en 1428 par les consuls d'Aire et du Mas au sujet d'un appel fait de leur sentence devant la cour du consulat de Périgueux[1].

Quand on rapproche d'une aussi vaste juridiction le serment de féauté que les habitants de Périgueux prêtèrent directement à Philippe-Auguste en 1204, par rapport à la ville, au même titre et dans les mêmes termes que le comte de Périgord pour le comté, il est difficile de ne pas reconnaître par ces hautes prérogatives, uniques peut-être dans l'histoire de France, que dans les premiers temps du moyen âge Périgueux jouissait encore, à la fois, d'un état de métropole en Aquitaine et de cité libre, heritage resté debout, malgré les malheurs des temps, de ce que fut Vésone à l'époque romaine.

La création des deux parlements de Toulouse et de Bordeaux, en 1369 et 1462, amena la fin de cette juridiction territoriale. Henri II établit en 1564 à Périgueux une *cour souveraine des aides*, avec autorité sur les généralités de Guyenne, de Poitou et d'Auvergne : l'ancien ressort sur le duché d'Aquitaine était ainsi rétabli; mais Bordeaux obtint dix-sept ans après la réunion de cette cour à son parlement. On conserva seulement des *élections* à Périgueux et à Sarlat.

Il y eut aussi des *subdélégations* à Périgueux, à Sarlat et à Nontron, relevant de l'intendance de Guyenne.

La dernière tentative pour rendre à Périgueux son rang de ville de premier ordre est due à Louis XVI, qui y établit un *grand bailliage*.

En 1789 il ne restait à la ville de son ancienne importance que la seigneurie qu'elle avait sur son territoire et sur les fiefs qui en relevaient. Ils se trouvent référés dans l'aveu et le dénombrement de 1579 :

Les maisons de Bourdeilles, de Barrière et de Limeuil, dans la Cité;

Le monastère des dames de la Visitation, l'enclos des prêtres de la Mission;

---

[1] « Cum ab antiquo maxima pars ducatus Acquitaniæ ut villa Burdegualis et Bayonæ et plures alie haberent ressortiri in assisiagiis de Petrogoris in causis appellationum, etc. » (Archives de l'Hôtel de ville de Périgueux et Livre noir; l'extrait en est aux Antiquités de Vésone, t. I, p. 148.)

Les repaires nobles de la Gauderie, la Rampinsole, Beaufort, Lieu-Dieu, la Mothe, Caussade, la Rolfie et la Jarte;

Les repaires de Montgaillard, Chevrier, Adian, Pronsaud, Pouzelande, Barat, Boulazac, la Filolie-l'Amourat, Trélissac, Bórie-Porte et Borie-Petit ou Boudit, Borie-Bru, la Roussie et Lauterie.

La loi du 4 mars 1790 établit 9 districts : Périgueux, Belvez, Bergerac, Exideuil, Montignac, Montpoñt, Nontron, Ribérac, Sarlat.

La loi du 28 pluviôse au VIII créa les 5 arrondissements actuels.

Le nombre des cantons, d'abord de 74, fut depuis réduit à 47 ; il se subdivise en 582 communes.

TABLEAU DE LA DIVISION ACTUELLE
DU DÉPARTEMENT DE LA DORDOGNE. (DÉNOMBREMENT DE L'ANNÉE 1872.)

COMMUNES.	SUPERFICIE en HECTARES.	POPULATION.	DISTANCE DE LA COMMUNE AU CHEF-LIEU		
			de canton.	d'arrondissement.	de département.
ARRONDISSEMENT DE PÉRIGUEUX.					
Superficie : 1,953 myriares. — 9 cantons. — 113 communes. — 112,804 habitants.					
1. CANTON DE PÉRIGUEUX. — 7 Communes. — 28,173 habitants.					
Perigueux....................	979	21,864	//	//	//
Champcevinel................	1,836	777	4	4	4
Chancelade..................	1,688	1,096	5	5	5
Château-l'Évêque.............	3,678	1,544	11	11	11
Coulounieix	2,170	1,188	6	6	6
Marsac......................	1,002	541	5	5	5
Trélissac....................	2,382	1,163	5	5	5
2. CANTON DE BRANTÔME. — 11 Communes. — 10,817 habitants.					
Brantôme....................	3,620	2,591	//	26	26
Agonac......................	3,853	1,590	15	13	13
Biras.......................	1,989	746	11	16	16
Bourdeilles.................	2,259	1,458	8	26	26
Bussac	1,730	556	14	15	15
Eyvirat.....................	1,836	612	11	20	20

COMMUNES.	SUPERFICIE en HECTARES.	POPULATION.	DISTANCE DE LA COMMUNE AU CHEF-LIEU,		
			de canton.	d'arrondisse-ment.	de département.

CANTON DE BRANTÔME. (Suite.)

Front-d'Alemps (Saint-)	1,948	658	14	20	20
Julien (Saint-)	612	250	5	30	30
Lisle	1,860	1,187	17	20	20
Sencenac-et-Puy-de-Fourches	1,109	441	9	19	19
Valeuil	1,915	728	5	22	22

3. CANTON DE SAINT-PIERRE-DE-CHIGNAC. — 15 Communes. — 10,975 habitants.

Pierre-de-Chignac (Saint-)	1,573	882	"	16	16
Antoine-d'Auberoche (Saint-)	807	206	8	22	22
Atur	1,968	774	9	6	6
Bassillac	1,873	770	12	8	8
Blis-et-Born	1,077	640	9	18	18
Boulazac	1,459	775	9	5	5
Crépin (Saint-)	988	347	3	17	17
Eyliac	2,347	846	5	15	15
Geyrac (Saint-)	1,761	702	7	22	22
La Douze	2,384	989	9	21	21
Laurent-sur-Manoire (Saint-)	1,076	522	6	9	9
Marie-de-Chignac (Sainte-)	1,211	547	2	12	12
Marsaneix	2,457	851	8	14	14
Millac-d'Auberoche	1,990	838	5	20	20
Sanillac (Notre-Dame-de-)	2,662	1,286	13	8	8

4. CANTON D'EXIDEUIL. — 14 Communes. — 10,669 habitants.

Exideuil	500	2,186	"	34	34
Anlhiac	1,229	757	7	42	42
Clermont-d'Exideuil	1,205	517	4	31	31
Génis	2,650	1,388	11	45	45
Germain-des-Prés (Saint-)	1,901	933	5	34	34
Jory-las-Bloux (Saint-)	1,751	570	9	32	32
Martial-d'Albarède (Saint-)	1,052	704	3	32	32
Médard (Saint-)	1,839	931	3	37	37
Mesmin (Saint-)	3,026	1,075	14	50	50
Pantaly-d'Exideuil (Saint-)	861	434	4	31	31
Preyssac-d'Exideuil	344	168	7	39	39
Raphaël (Saint-)	716	308	6	34	34
Salagnac	908	327	13	49	49
Trie (Sainte-)	1,130	371	15	51	51

COMMUNES.	SUPERFICIE en HECTARES.	POPULATION.	DISTANCE DE LA COMMUNE AU CHEF-LIEU		
			de canton.	d'arrondissement.	de département.
5. CANTON DE VERN. — 16 Communes. — 10,290 habitants.					
Vern	3,336	1,842	//	21	21
Arnand (Saint-)	1,301	583	5	26	26
Breuil (Le)	1,049	370	6	18	18
Bourrou	940	333	12	24	24
Chalagnac	1,527	609	13	14	14
Creyssensac-et-Pissot	881	329	12	15	15
Église-Neuve	693	302	7	14	14
Fouleix	1,126	490	6	26	26
Grun	1,266	497	8	21	21
La Cropte	2,686	1,046	12	24	24
Mayme-de-Percyrol (Saint-)	1,112	581	7	25	25
Michel-de-Villadeix (Saint-)	1,445	574	5	26	26
Paul-de-Serre (Saint-)	1,077	515	12	15	15
Salon-et-Château-Miscier	1,745	568	6	23	23
Sendrieux	3,126	1,062	10	30	30
Veyrines	1,224	589	6	26	26
6. CANTON DE SAINT-ASTIER. — 12 Communes. — 12,194 habitants.					
Astier (Saint-)	3,494	2,891	//	20	20
Anesse-et-Beaulieu	1,243	642	5	15	15
Coursac	2,493	1,062	10	15	-15
Grignol	2,098	1,080	10	22	22
Jaure	773	346	13	25	25
La Chapelle-Gonaguet	1,928	577	15	12	12
Léguillac-de-Lauche	1,452	694	6	16	16
Léon-sur-l'Ille (Saint-)	1,478	913	7	23	23
Manzac	2,068	952	10	19	19
Mensignac	7,608	1,144	11	16	16
Montren	2,088	1,028	7	16	16
Razac	1,474	865	10	11	11
7. CANTON D'HAUTEFORT. — 13 Communes. — 9,966 habitants.					
Hautefort	2,597	1,758	//	40	40
Badefol-d'Ans	2,869	1,193	8	48	48
Boisseuil	1,210	376	5	45	45
Cherveix	1,496	1,346	6	40	40
Chourgnac	711	305	9	31	31

COMMUNES.	SUPERFICIE en HECTARES.	POPULATION.	DISTANCE DE LA COMMUNE AU CHEF-LIEU		
			de canton.	d'arrondissement.	de département.
CANTON D'HAUTEFORT. (Suite.)					
Coubjours....................	966	418	11	51	51
Eulalie-d'Ans (Sainte-)..........	1,570	914	12	29	29
Granges-d'Ans	1,193	653	7	34	34
La Chapelle-Saint-Jean..........	331	171	10	40	40
Naillac.....................	1,932	959	6	40	40
Les Teillots.................	1,029	408	7	47	47
Le Temple-la-Guyon...........	303	177	6	34	34
Tourtoirac	2,617	1,288	8	33	33
8. CANTON DE SAVIGNAC. — 14 Communes. — 10,742 habitants.					
Savignac.....................	2,276	963	//	21	21
Antonc-et-Trigonan............	2,097	918	11	10	10
Le Change	1,622	720	12	15	15
Cornille	1,333	478	11	10	10
Coulaures...................	2,993	1,365	7	28	28
Cubjac.....................	2,127	1,112	7	20	20
Escoire.....................	394	173	10	11	11
Ligueux....................	686	535	11	18	18
Mayac.....................	1,165	548	3	24	24
Négrondes	2,090	982	10	23	23
Pantaly-d'Ans (Saint-)..........	710	363	8	27	27
Sarliac.....................	994	401	6	15	15
Sorges	4,853	1,895	6	20	20
Vincent-d'Exideuil (Saint-)........	1,031	366	4	17	17
9. CANTON DE THENON. — 11 Communes. — 8,978 habitants.					
Thenon	2,690	1,852	//	33	33
Ajat.......................	2,255	829	6	30	30
Azerat	2,053	1,314	5	38	38
Bars.......................	2,335	814	5	33	33
Brouchaud..................	1,229	506	12	24	24
Fosse-Magne	2,280	888	8	25	25
Gabillou.	812	345	10	30	30
La Boissière-d'Ans............	860	364	14	24	24
Limeyrat	2,014	514	10	22	22
Montagnac-d'Auberoche..........	1,022	354	13	20	20
Orse (Sainte-)................	2,416	1,198	11	33	33

COMMUNES.	SUPERFICIE en HECTARES.	POPULATION.	DISTANCE DE LA COMMUNE AU CHEF-LIEU		
			de canton.	d'arrondissement.	de département.

ARRONDISSEMENT DE BERGERAC.

Superficie : 2,256 myriares. — 13 cantons. — 172 communes. — 111,381 habitants.

1. CANTON DE BERGERAC. — 11 communes. — 17,918 habitants.

Bergerac....................	5,610	11,699	"	"	49
Cours-de-Piles..............	1,081	624	7	7	56
Creysse....................	1,102	749	7	7	47
Germain (Saint-)............	1,413	522	10	10	49
La Mongie-Montastruc........	.....	840	12	12	41
Laurent-des-Vignes (Saint-)...	.....	402	6	6	55
Lembras....................	.....	582	5	5	44
Mouleydier.................	848	1,104	9	9	48
Naixant (Saint-)............	1,239	535	8	8	57
Queyssac..................	1,235	481	10	10	41
Sauveur (Saint-)............	931	380	9	9	46

2. CANTON DE SAINTE-ALVÈRE. — 8 communes. — 6,143 habitants.

Alvère (Sainte-)............	3,242	1,703	"	29	32
Foy-de-Longa (Sainte-).......	1,616	685	6	24	35
Grand-Castang..............	521	206	8	25	38
Laurent-des-Bâtons (Saint-)...	1,948	588	7	26	27
Limeuil....................	1,055	840	11	38	45
Paunat....................	1,826	717	7	36	38
Pézul.....................	1,038	481	5	34	38
Trémolac..................	1,403	923	10	30	45

3. CANTON DE BEAUMONT. — 13 Communes. — 8,233 habitants.

Beaumont..................	2,418	1,926	"	29	60
Avit-Sénieur (Saint-)..........	2,340	1,272	5	28	54
Bayac.....................	1,022	588	7	23	58
Born-de-Champs.............	579	202	12	29	78
Bourniquel.................	895	267	7	28	50
Croix (Sainte-).............	1,287	554	8	36	63
La Bouquerie..............	1,076	449	4	33	61
Montferrand...............	1,310	585	10	39	61
Monsac...................	1,073	445	7	27	62
Naussanes.................	1,482	411	6	24	64
Nojals-et-Clottes....,.......	1,380	371	5	34	75
Rampieux..................	1,182	407	7	36	77
Sabine (Sainte-)	1,818	756	9	32	72

COMMUNES.	SUPERFICIE en HECTARES.	POPULATION.	DISTANCE DE LA COMMUNE AU CHEF-LIEU		
			de canton.	d'arrondissement.	de département.
4. CANTON DE CADOUIN. — 11 Communes. — 6,205 habitants.					
Cadouin......................	1,545	691	*n*	36	47
Ales.........................	941	649	7	35	40
Badefol......................	606	318	9	27	46
Bouillac.....................	1,234	298	7	42	54
Cabans.......................	1,546	1,162	7	38	49
Calès........................	802	618	8	28	45
Cussac.......................	954	368	4	33	49
Molières.....................	2,119	821	5	31	50
Palayrac.....................	990	530	6	42	52
Pontours.....................	669	328	11	24	47
Urval........................	1,337	422	8	44	54
5. CANTON D'EYMET. — 14 Communes. — 6,273 habitants.					
Eymet........................	1,026	1,800	*n*	25	74
Aubin-de-Cadelech (Saint-).......	1,366	650	11	26	75
Caprais (Saint-)................	1,116	415	14	21	70
Cogulot......................	508	197	3	27	76
Eulalie (Sainte-).	672	201	5	24	73
Font-Roque...................	900	482	5	20	69
Innocence (Sainte-).............	720	312	8	19	68
Julien (Saint-)................	581	233	8	17	66
Razac........................	1,229	547	9	24	73
La Rouquète	1,240	515	2	24	73
Sadillac	564	197	12	19	68
Serres-et-Montguyard...........	685	338	4	29	78
Singleyrac	707	240	10	17	66
Sulpice (Saint-)...............	352	146	4	29	78
6. CANTON D'ISSIGEAC. — 20 Communes. — 8,112 habitants.					
Issigeac	916	1,062	*n*	18	67
Aubin-de-Lanquais (Saint-).......	927	575	8	12	54
Bardou.......................	476	166	5	27	74
Boisse	1,658	539	5	23	72
Bouniagues...................	861	503	9	12	61
Le Colombier.................	701	395	9	11	60
Cone-de-la-Barde..............	1,003	514	9	11	60
Eyrenville....................	1,287	470	6	23	70

Dordogne.

COMMUNES.	SUPERFICIE en HECTARES.	POPULATION.	DISTANCE DE LA COMMUNE AU CHEF-LIEU		
			de canton.	d'arrondissement.	de département.
CANTON D'ISSIGEAC. (Suite.)					
Falgueyrat......................	262	112	9	23	72
Faurilles	430	147	10	28	77
Faux...........................	1,606	889	8	16	56
Léon (Saint-)...................	568	352	8	27	76
Mandacou.......................	427	379	6	19	68
Montmadalès	188	184	5	16	57
Mont-Marvès	136	114	3	21	70
Montsaguel.....................	1,156	351	3	17	66
Montaut........................	1,613	306	3	22	71
Perdoux (Saint-)................	733	308	7	14	63
Radegonde (Sainte-).............	479	225	9	28	77
Sernin-de-la-Barde (Saint-)	1,140	521	6	14	63
7. CANTON DE LA FORCE. — 12 Communes. — 9,034 habitants.					
La Force........................	1,560	1,074	"	10	58
Bosset..........................	1,760	514	10	16	47
Le Fleix........................	1,805	1,417	12	20	62
Fraysse.......	2,141	465	12	19	50
Georges-de-Blancanès (Saint-)	1,394	439	7	15	50
Géry (Saint-)...................	1,871	472	15	21	43
Ginestet........................	1,306	491	7	9	55
Les Lèches.....................	2,158	545	15	19	41
Lunas...........................	1,378	418	8	11	55
Montfaucon	2,474	517	16	76	56
Pierre-d'Eyraud (Saint-)	2,616	1,507	6	14	63
Prigonrieu......................	2,613	1,177	3	7	56
8. CANTON DE LA LINDE. — 15 Communes. — 8,421 habitants.					
La Linde	2,771	2,066	"	21	50
Aigne (Saint-)...................	587	283	9	13	52
Baneuil........................	889	205	6	18	45
Caprais (Saint-)................	383	408	7	14	47
Cause-de-Clérans	1,435	665	8	19	42
Couze-et-Saint-Front............	823	733	4	18	52
Saint-Félix.....................	1,688	599	12	18	36
Lanquais	1,445	794	7	17	52
Liorac	2,025	627	12	14	43

COMMUNES.	SUPERFICIE en HECTARES.	POPULATION.	DISTANCE DE LA COMMUNE AU CHEF-LIEU		
			de canton.	d'arrondissement.	de département.

CANTON DE LA LINDE. (Suite.)

COMMUNES.	SUPERFICIE	POPULATION	de canton.	d'arrondissement.	de département.
Marcel (Saint-)	1,149	436	9	23	36
Mauzac-et-Saint-Mayme-de-Rauzan	1,064	488	6	27	44
Pressignac	993	524	7	22	40
Varennes	405	258	6	17	51
Verdon	495	148	10	16	53
Vic	713	224	8	24	39

9. CANTON DE MONTPAZIER. — 13 Communes. — 5,438 habitants.

COMMUNES.	SUPERFICIE	POPULATION	de canton.	d'arrondissement.	de département.
Montpazier	...	981	"	44	67
Avit-Rivière (Saint-)	1,400	378	8	38	59
Biron	1,989	507	7	50	74
Capdrot	4,372	1,115	3	46	69
Cassien (Saint-)	472	158	6	45	68
Gaujac	1,017	312	3	46	69
La Valade	395	174	4	40	67
Lolme	692	257	7	39	65
Marcory (Saint-)	476	185	6	43	63
Marsalès	943	240	3	42	65
Romain (Saint-)	748	259	5	41	63
Soulaures	1,028	335	5	49	71
Vert-de-Biron	1,617	537	8	48	75

10. CANTON DU SIGOULÈS. — 17 Communes. — 9,789 habitants.

COMMUNES.	SUPERFICIE	POPULATION	de canton.	d'arrondissement.	de département.
Le Sigoulès	1,086	725	"	15	64
Cunéges	598	427	4	15	64
Flaugeac	735	325	4	14	63
Gageac-et-Rouillac	1,399	636	7	18	67
Gardone	826	699	13	13	62
La Mongie-Saint-Martin	2,064	1,254	13	9	58
Mescoulès	485	261	2	14	63
Montbazillac	1,959	1,183	11	8	57
Monbos	460	141	3	18	67
Monestier	1,775	785	8	19	68
Pomport	1,955	987	3	12	61
Puy-Guilhem	467	239	8	23	72
Razac-de-Saussignac	1,158	522	13	19	68
Ribagnac	1,181	402	8	12	61

INTRODUCTION.

COMMUNES.	SUPERFICIE en HECTARES.	POPULATION.	DISTANCE DE LA COMMUNE AU CHEF-LIEU		
			de canton.	d'arrondissement.	de département.
CANTON DU SIGOULÈS. (Suite.)					
Rouffignac......................	652	310	7	10	59
Saussignac......................	397	493	9	18	67
Thénac........................	1,107	403	7	21	70
11. CANTON DE VÉLINES. — 13 Communes. — 8,965 habitants.					
Vélines........................	1,047	873	//	34	66
Antoine-de-Breuil (Saint-)........	1,698	1,513	6	27	72
Bonneville-et-Saint-Avit..........	704	295	3	37	69
Port-de-Sainte-Foy..............	1,324	1,274	7	23	63
Fougueyrolles...................	1,145	512	7	26	68
La Mothe-Montravel.............	1,163	959	8	38	74
Michel-et-Bonnefare (Saint-)	910	427	10	41	74
Mont-Caret....................	1,707	1,120	6	35	72
Montazeau	1,378	526	5	38	61
Nastringues	600	194	5	29	70
Ponchat.......................	593	272	11	24	67
Seurin-de-Prats (Saint-)..........	557	626	6	35	72
Vivien (Saint-)................	824	374	5	38	62
12. CANTON DE VILLAMBLARD. — 17 Communes. — 10,724 habitants.					
Villamblard	2,043	1,328	//	23	32
Beauregard-et-Bassac............	1,202	480	11	24	28
Beleymas......................	1,607	502	5	19	34
Camp-Segret	1,383	650	11	13	37
Clermont-de-Beauregard..........	625	280	13	20	31
Douville.......................	1,991	837	5	22	28
Église-Neuve-d'Issac.............	1,667	401	12	21	40
Georges-de-Montclar (Saint-)	1,368	649	12	20	34
Hilaire-d'Estissac (Saint-)........	615	321	3	23	33
Issac.........................	2,332	1,027	9	25	35
Jean-d'Estissac (Saint-)..........	1,286	441	3	27	31
Jean-d'Eyraud (Saint-)..........	1,005	505	11	17	40
Julien-de-Crempse (Saint-).......	1,118	435	8	14	39
La Veyssière	669	223	13	13	43
Martin-des-Combes (Saint-)......	1,399	545	12	18	32
Maurens.......................	2,256	1,042	13	11	42
Montagnac-la-Crempse	2,549	1,038	5	20	35

INTRODUCTION.

INTRODUCTION. LXIX

COMMUNES.	SUPERFICIE en HECTARES.	POPULATION.	DISTANCE DE LA COMMUNE AU CHEF-LIEU		
			de canton.	d'arrondisse-ment.	de département.

13. CANTON DE VILLEFRANCHE-DE-LONGCHAPT. — 8 Communes. — 6,126 habitants.

COMMUNES.	SUPERFICIE	POPULATION.	de canton.	d'arrond.	de dépt.
Villefranche-de-Longchapt	...	900	//	38	64
Carsac	691	317	4	35	62
Géraud-de-Corps (Saint-)	1,495	408	18	28	60
Martin-de-Gurson (Saint-)	2,460	767	5	35	62
Méard-de-Gurson (Saint-)	2,838	1,349	12	26	64
Minzac	2,606	969	3	43	62
Montpeyroux	2,189	809	4	41	68
Remy (Saint-)	2,226	607	13	31	59

ARRONDISSEMENT DE SARLAT.

Superficie : près de 2,000 myriares. — 10 cantons. — 133 communes. — 108,814 habitants.

1. CANTON DE SARLAT. — 13 Communes. — 14,547 habitants.

COMMUNES.	SUPERFICIE	POPULATION.	de canton.	d'arrond.	de dépt.
Sarlat	4,014	6,255	//	//	72
André-et-Alas-l'Évêque (Saint-)	2,948	965	7	7	63
Beynac-et-Cazenac	1,319	740	11	11	63
La Canéda	200	442	5	5	77
La Roque-Gajac	716	667	13	13	85
Marcillac-Saint-Quentin	1,711	654	9	9	71
Marquay	2,502	930	11	11	83
Sainte-Natalène	1,400	632	8	8	80
Proissans	1,791	880	7	7	79
Tanniers	1,959	707	13	13	76
Vézac	1,339	572	9	9	81
Vincent-de-Paluel (Saint-)	705	293	10	10	82
Vitrac	1,438	810	8	8	80

2. CANTON DE BELVEZ. — 15 Communes. — 8,648 habitants.

COMMUNES.	SUPERFICIE	POPULATION.	de canton.	d'arrond.	de dépt.
Belvez	1,398	2,368	//	33	63
Amand-de-Belvez (Saint-)	734	315	6	38	68
Carvès	1,050	477	8	24	70
Cladech	569	280	11	23	65
Doissac	1,583	503	9	34	71
Font-Galau	1,050	253	8	41	71
Foy-de-Belvez (Sainte-)	766	300	6	39	69

COMMUNES.	SUPERFICIE en HECTARES.	POPULATION.	DISTANCE DE LA COMMUNE AU CHEF-LIEU		
			de canton.	d'arrondissement.	de département.

CANTON DE BELVEZ. (Suite.)

COMMUNES.	SUPERFICIE	POPULATION.	de canton.	d'arrondissement.	de département.
Germain (Saint-)..............	746	450	7	24	66
Grives......................	829	487	7	24	69
Larzac.....................	694	341	5	36	66
Montplaisant	556	428	4	30	62
Pardoux-et-Vielvic (Saint-)........	1,454	395	4	37	67
Sagelat.....................	787	528	3	31	62
Sales-de-Belvez..............	898	307	9	41	72
Siorac	1,159	1,216	6	27	57

3. CANTON DU BUGUE. — 11 Communes. — 8,563 habitants.

COMMUNES.	SUPERFICIE	POPULATION.	de canton.	d'arrondissement.	de département.
Le Bugue.....................	3,003	2,908	//	30	41
Avit-de-Vialard (Saint-)..........	860	217	7	37	36
Campagne ....,	1,471	596	4	26	45
Sernin-de-Reillac (Saint-)........	...	342	19	42	34
Cir (Saint-).................	612	291	5	30	46
Félix-de-Reillac-et-Mortemart (Saint-).	2,064	625	15	44	29
Fleurac	2,282	852	16	35	35
Journiac.....................	1,924	829	7	37	35
Manauric...................	1,020	397	11	35	41
Mauzens-Miremont..............	2,057	1,155	13	42	33
Savignac....................	792	356	7	36	39

4. CANTON DE CARLUX. — 12 Communes. — 7,027 habitants.

COMMUNES.	SUPERFICIE	POPULATION.	de canton.	d'arrondissement.	de département.
Carlux....................	1,331	1,017	//	17	89
Aillac.....................	258	291	7	13	85
Calviac....................	1,450	730	4	13	85
Carsac	2,056	801	11	9	81
Cazoulès....................	311	404	10	24	96
Julien-de-Lampon (Saint-)........	1,323	1,016	4	17	89
Mundane (Sainte-)..............	963	503	6	15	87
Orliaguet.....................	945	307	5	19	91
Peyrillac-et-Millac..............	735	513	7	21	93
Prats-de-Carlux...............	1,300	655	5	11	83
Simeyrols....................	949	412	3	13	85
Veyrignac.	955	378	8	14	86

COMMUNES.	SUPERFICIE en HECTARES.	POPULATION.	DISTANCE DE LA COMMUNE AU CHEF-LIEU		
			de canton.	d'arrondissement.	de département.

5. CANTON DE SAINT-CYPRIEN. — 15 Communes. — 11,892 habitants.

COMMUNES.	SUPERFICIE	POPULATION.	de canton.	d'arrondissement.	de département.
Saint-Cyprien................	2,222	2,364	∥	19	54
Alas-de-Berbiguières...........	714	457	6	17	60
Audrix.....................	639	296	3	28	47
Berbiguières.................	535	359	6	25	60
Bezenac....................	412	351	6	17	60
Castel.....................	2,007	794	3	18	57
Chamassy (Saint-).............	1,558	887	12	31	43
Coux-et-Bigaroque.............	1,932	1,658	8	27	54
Marnac....................	792	488	6	25	60
Mouzens...................	814	551	5	24	59
Meyral....................	1,853	778	5	26	55
Sireuil....................	1,255	461	11	19	65
Tayac.....................	2,616	1,159	12	30	51
Tursac....................	1,817	703	17	36	56
Vincent-de-Cosse (Saint-)........	716	586	6	15	60

6. CANTON DE DOME. — 15 Communes. — 13,635 habitants.

COMMUNES.	SUPERFICIE	POPULATION.	de canton.	d'arrondissement.	de département.
Dome.......................	2,543	1,846	∥	13	85
Aubin-de-Nabirat (Saint-)........	650	446	12	23	95
Bouzic.....................	1,222	720	12	22	94
Castelnau-et-Fayrac............	1,352	726	10	11	83
Cénac-et-Saint-Julien...........	2,068	1,411	3	12	84
Cibranet (Saint-)..............	1,063	545	6	15	87
Daglan.....................	2,062	1,573	12	21	93
Florimont-et-Gaumier	925	690	16	26	98
Gaulegeac	1,228	812	15	12	84
La Chapelle-Péchaud	736	319	13	19	91
Laurent-de-Castelnau (Saint-)	1,539	886	20	32	72
Martial-de-Nabirat (Saint-).......	1,556	1,133	11	21	93
Nabirat....................	1,681	697	12	21	93
Pompon (Saint-)..............	2,787	1,314	16	27	76
Veyrines...................	1,144	517	13	18	90

7. CANTON DE MONTIGNAC. — 14 Communes. — 14,889 habitants.

COMMUNES.	SUPERFICIE	POPULATION.	de canton.	d'arrondissement.	de département.
Montignac..................	3,708	3,773	∥	25	7
Amand-de-Coly (Saint-)..........	2,722	965	10	27	54
Aubas.....................	1,754	542	5	26	51

COMMUNES.	SUPERFICIE en HECTARES.	POPULATION.	DISTANCE DE LA COMMUNE AU CHEF-LIEU		
			de canton.	d'arrondisse-ment.	de département.
CANTON DE MONTIGNAC. (Suite.)					
Auriac...................	1,864	1,065	7	31	41
Fanlac...................	1,478	511	8	33	53
Les Farges...............	814	359	7	33	46
La Chapelle-au-Bareil.....	2,029	900	14	20	60
Léon (Saint-)............	1,376	1,068	10	23	48
Payzac..................	1,010	456	15	26	44
Plazac..................	3,514	1,586	14	31	35
Rouffignac..............	...	2,305	21	37	29
Sergeac.................	1,071	384	10	21	50
Thonac.................	1,162	474	7	24	43
Valojoux...............	1,227	501	8	24	55
8. CANTON DE SALIGNAC. — 9 Communes. — 7,936 habitants.					
Salignac...............	1,944	1,253	//	17	66
Archignac..............	2,355	919	6	22	65
Borrèze................	2,828	948	7	23	73
Crépin-Carlucet (Saint-)..	1,888	724	5	13	70
Eyvignes-et-Eybènes......	2,534	592	7	17	73
Saint-Geniez............	3,411	1,400	7	15	61
Jayac..................	1,795	607	9	25	69
Nadaillac...............	2,784	872	13	30	79
Paulin.................	1,156	621	6	23	69
9. CANTON DE TERRASSON. — 17 Communes. — 14,946 habitants.					
Terrasson..............	3,292	3,680	//	44	53
Beauregard.............	1,327	1,300	9	39	48
Châtres................	1,233	586	15	45	59
Chavagnac.............	1,391	662	10	34	62
Coly..................	803	303	13	56	52
Condat-sur-Vézère.......	1,664	687	9	31	45
Les Grèzes.............	601	347	8	52	63
La Bachelerie..........	1,784	1,586	14	37	41
La Cassagne...........	1,538	510	20	32	62
Ladornac..............	1,639	642	11	37	66
La Feuillade...........	397	300	11	38	63
La Villedieu...........	...	386	5	38	49
Lazare (Saint-)........	565	551	7	36	46

COMMUNES.	SUPERFICIE en HECTARES.	POPULATION.	DISTANCE DE LA COMMUNE AU CHEF-LIEU		
			de canton.	d'arrondisse-ment.	de département.
CANTON DE TERRASSON. (Suite.)					
Pazayac	683	528	10	40	63
Peyrignac	647	557	13	41	42
Rabier (Saint-)	1,643	1,197	17	40	43
Villac	2,145	1,124	11	50	59
10. CANTON DE VILLEFRANCHE-DE-BELVEZ. — 12 Communes. — 6,731 habitants.					
Villefranche-de-Belvez	2,237	1,641	"	46	84
Besse	1,672	596	6	40	80
Campagnac-lez-Quercy	2,012	1,149	15	29	83
Étienne-des-Landes (Saint-)	288	60	7	53	91
Fontenille-et-Aigueparses	1,063	363	7	52	90
La Trape	305	69	9	47	75
Lavaur	920	370	6	50	89
Loubéjac	1,904	746	6	51	89
Mazeyrolles	1,683	533	8	48	76
Orliac	1,076	217	13	43	73
Prats-de-Belvez	1,127	335	10	36	74
Sernin-de-l'Herm (Saint-)	...	652	5	49	85

ARRONDISSEMENT DE RIBÉRAC.

Superficie : 1,421 myriares. — 7 cantons. — 84 communes. — 68,708 habitants.

1. CANTON DE RIBÉRAC. — 13 Communes. — 12,079 habitants.

COMMUNES.	SUPERFICIE	POPULATION	de canton	d'arrond.	de dép.
Ribérac	2,319	3,578	"	"	37
Allemans	1,877	1,156	6	6	41
Bersat (Le Petit-)	1,085	523	12	12	49
Bourg-du-Bost	723	384	8	8	45
Chassaigne	579	283	8	8	45
Combeyranche	393	271	7	7	42
Martin-de-Ribérac (Saint-)	1,596	987	3	3	38
Méard-de-Drone (Saint-)	894	587	8	8	29
Pardoux (Saint-)	869	441	8	8	28
Siorac	2,086	613	7	7	34
Sulpice-de-Roumagnac (Saint-)	1,070	625	8	8	30
Vanxains	3,589	1,593	7	7	43
Villetoureix	1,638	1,038	4	4	35

Dordogne.

COMMUNES.	SUPERFICIE en HECTARES.	POPULATION.	DISTANCE DE LA COMMUNE AU CHEF-LIEU		
			de canton.	d'arrondissement.	de département.
2. CANTON DE SAINTE-AULAYE. — 13 Communes. — 10,671 habitants.					
Sainte-Aulaye................	3,471	1,451	"	19	56
Chenau.....................	1,258	703	4	24	60
Cumont....................	1,214	949	9	12	47
Festalemps.................	1,227	745	10	10	47
La Gemaye.................	3,218	402	12	13	43
La Roche-Chalais...........	.....	2,380	12	31	68
Michel-l'Écluse-et-Lesparon (Saint-).	6,684	1,334	10	28	59
Parcoul...................	1,418	671	10	29	66
Pont-Eyraud...............	113	152	10	12	44
Privat (Saint-).............	1,899	1,093	8	12	49
Puy-Mangou...............	1,127	221	5	25	61
Servanches................	2,056	236	8	22	52
Vincent-Jalmoutier (Saint-)......	971	334	5	15	48
3. CANTON DE MONTPONT. — 9 Communes. — 8,885 habitants.					
Montpont..................	1,848	2,022	"	34	56
Barthélemy (Saint-)..........	3,486	900	9	28	50
Échourgnac................	4,194	556	14	19	48
Eyguraude-et-Gardedeuil........	3,388	679	9	31	53
Martial-d'Artensec (Saint-).......	3,216	1,208	5	36	51
Menesplet.................	1,891	949	6	38	62
Monesterol................	2,785	1,174	3	37	57
Pizou....................	1,702	1,108	12	39	68
Sauveur (Saint-).............	930	289	11	37	49
4. CANTON DE MONTAGRIER. — 10 Communes. — 8,722 habitants.					
Montagrier................	1,404	761	"	14	27
Brassac...................	3,153	1,549	6	16	38
Celle....................	2,783	1,418	8	10	34
Chapdeuil-et-Saint-Just (Le)......	1,891	687	11	20	31
Creyssac..................	455	229	10	23	25
Douchapt.................	848	564	8	9	28
Paussac-et-Saint-Vivien..........	2,217	941	14	26	31
Segonzac..................	387	455	12	13	28
Tocane-Saint-Apre............	3,235	2,016	3	14	24
Victor (Saint-).............	512	312	5	9	31

COMMUNES.	SUPERFICIE en HECTARES.	POPULATION.	DISTANCE DE LA COMMUNE AU CHEF-LIEU		
			de canton.	d'arrondisse-ment.	de département.

5. CANTON DE MUSSIDAN. — 11 Communes. — 8,514 habitants.

COMMUNES.					
Mussidan	377	2,053	"	27	36
Beaupouyet.	2,263	758	9	36	46
Bourgnac	502	426	4	30	37
Étienne-de-Puy-Corbier (Saint-)	1,354	278	8	22	39
Front-de-Pradoux (Saint-)	902	568	2	24	35
Laurent-des-Hommes (Saint-)	3,200	1,147	10	30	47
Louis (Saint-).	282	226	4	25	34
Martin-l'Astier (Saint-).	940	262	4	27	38
Médard (Saint-)	2,375	925	2	28	38
Michel-de-Double (Saint-)	2,948	667	8	24	44
Sourzac	2,738	1,204	3	24	33

6. CANTON DE NEUVIC. — 11 Communes. — 8,726 habitants.

COMMUNES.					
Neuvic.	2,582	2,178	"	24	25
André-de-Double (Saint-)	2,761	493	16	15	37
Aquilin (Saint-).	2,235	920	11	17	22
Ataux (Saint-Jean-d')	. . . . .	252	8	17	29
Beaurone	1,924	786	8	19	34
Chantérac.	1,894	920	10	14	25
Douzillac.	1,717	1,043	6	22	31
Germain-du-Salembre (Saint-).	1,955	794	5	18	26
Séverin-d'Estissac (Saint-)	531	148	7	31	29
Vallereuil	927	423	5	29	24
Vincent-de-Connezac (Saint-)	1,481	769	11	11	35

7. CANTON DE VERTEILLAC. — 17 Communes. — 11,111 habitants.

COMMUNES.					
Verteillac.	1,845	1,117	"	13	41
Auriac.	719	389	12	20	52
Bertric-et-Burée.	1,673	720	5	7	44
Bourg-de-Maisons.	915	221	8	15	37
Bouteilles-Saint-Sébastien	1,397	607	7	15	47
Cercles-et-la-Chapelle-Montabourlet. .	2,048	720	8	20	35
Champagne-et-Fontaine.	2,508	1,246	11	23	48
Cherval.	1,871	907	7	19	42
Coutures.	852	462	4	11	38
Gouts-Rossignol	2,490	872	9	22	41
La Chapelle-Grésignac.	694	375	8	20	48

COMMUNES.	SUPERFICIE en HECTARES.	POPULATION.	DISTANCE DE LA COMMUNE AU CHEF-LIEU		
			de canton.	d'arrondisse-ment.	de département.
CANTON DE VERTEILLAC. (Suite.)					
La Tour-Blanche	. . . . .	527	7	18	34
Lusignac.	788	464	7	12	47
Martial-de-Viveyrol (Saint-)	1,265	619	3	16	44
Nanteuil.	1,372	713	9	22	49
Paul-Lizone (Saint-).	928	707	10	11	48
Vendoire.	1,165	445	11	24	51

ARRONDISSEMENT DE NONTRON.

Superficie : 1,700 myriares. — 8 cantons. — 80 communes. — 78,434 habitants.

1. CANTON DE NONTRON. — 14 Communes. — 18,617 habitants.

COMMUNES.	SUPERFICIE	POPULATION.	de canton.	d'arrondissement.	de département.
Nontron.	2,546	3,292	"	"	48
Abjat	2,838	1,548	16	16	64
Augignac.	2,338	1,215	9	9	57
Bourdeix.	1,169	540	9	9	57
Connezac.	588	234	13	13	56
Estèphe (Saint-).	2,178	1,067	11	11	59
Front (Saint-).	. . . . .	328	7	7	43
Haute-Faye	. . . . .	409	15	15	57
Javerlhac	2,925	1,351	11	11	59
Lussas-et-Nontronneau	2,291	883	8	8	56
Martial-de-Valette (Saint-).	1,632	1,017	2	2	46
Martin-le-Pin (Saint-)	1,594	624	6	6	54
Savignac-de-Nontron.	994	376	6	6	54
Teyjac.	1,746	733	13	13	61

2. CANTON DE BUSSIÈRE-BADIL. — 8 Communes. — 8,311 habitants.

COMMUNES.	SUPERFICIE	POPULATION.	de canton.	d'arrondissement.	de département.
Bussière-Badil.	2,061	1,322	"	18	65
Barthélemy (Saint-)	1,540	742	12	17	65
Busseroles.	3,364	1,874	5	22	70
Étouars.	807	1,595	7	11	59
Pluviers	1,872	1,026	10	13	61
Reillac-et-Champniers.	2,106	431	12	20	68
Soudat.	910	34	5	16	64
Varagne.	1,710	937	9	14	62

COMMUNES.	SUPERFICIE en HECTARES.	POPULATION.	DISTANCE DE LA COMMUNE AU CHEF-LIEU		
			de canton.	d'arrondissement.	de département.
3. CANTON DE CHAMPAGNAC. — 10 Communes. — 7,021 habitants.					
Champagnac................	1,913	983	"	20	34
Angel (Saint-)...............	1,986	473	9	8	38
Boulouneix..................	1,216	592	10	21	30
Cantillac...................	835	337	· 5	18	30
Condat.....................	1,698	645	2	22	28
La Chapelle-Faucher...........	1,905	882	5	22	23
La Chapelle-Montmoreau........	825	302	10	11	35
Pancrace (Saint-).............	689	331	5	13	35
Quinsac....................	1,795	807	4	14	37
Villars....................	2,871	1,669	6	18	34
4. CANTON DE JUMILLAC-LE-GRAND. — 7 Communes. — 8,332 habitants.					
Jumillac-le-Grand.............	1,793	2,599	"	45	53
Chalais....................	1,904	636	11	27	45
Frugie (Saint-Pierre-de-)........	.....	643	13	36	51
Jory (Saint-)................	3,243	1,224	14	25	44
La Coquille.................	2,277	997	12	34	48
Paul-la-Roche (Saint-)..........	3,998	1,444	6	33	44
Priest-les-Fougères (Saint-)	2,118	789	9	37	51
5. CANTON DE LA NOUAILLE. — 10 Communes. — 12,065 habitants.					
La Nouaille.................	2,461	1,546	ﬂ	54	45
Angoisse....................	2,367	1,131	5	52	50
Cyr-les-Champagnes (Saint-)......	1,595	750	15	68	51
Dussac.....................	2,103	962	5	48	40
Nantiat....................	1,150	728	14	40	37
Payzac.....................	4,957	2,230	7	61	52
Sarlande...................	3,500	1,038	8	50	54
Sarrazac...................	3,087	1,290	13	43	49
Savignac-les-Drier............	2,690	1,320	17	51	46 ,
Sulpice-d'Exideuil (Saint-)........	1,972	1,070	12	42	36
6. CANTON DE MAREUIL. — 14 Communes. — 8,760 habitants.					
Mareuil	2,578	1,565	"	22	47
Beaussac....................	2,037	505	8	15	54
Champeaux..................	2,400	673	13	14	43

COMMUNES.	SUPERFICIE en HECTARES.	POPULATION.	DISTANCE DE LA COMMUNE AU CHEF-LIEU		
			de canton.	d'arrondisse-ment.	de département.

CANTON DE MAREUIL. (Suite.)

COMMUNES.	SUPERFICIE	POPULATION.	de canton.	d'arrond.	de dép.
Crépin (Saint-)................	2,566	791	13	16	35
Croix (Sainte-)................	1,236	397	4	25	50
Félix (Saint-)................	626	220	10	17	37
Graulges (Les)	211	230	6	27	52
Ladosse........................	1,416	411	7	16	53
La Roche-Beaucourt.............	1,731	897	9	30	55
Léguillac-de-Cercle............	2,204	953	10	25	42
Monsec.........................	1,278	518	8	21	29
Puy-Renier....................	762	238	5	20	52
Sulpice-de-Mareuil (Saint-)........	1,159	427	5	17	52
Vieux-Mareuil..................	2,758	935	5	21	42

7. CANTON DE SAINT-PARDOUX-LA-RIVIÈRE. — 7 Communes. — 9,656 habitants.

COMMUNES.	SUPERFICIE	POPULATION.	de canton.	d'arrond.	de dép.
Saint-Pardoux-la-Rivière..........	2,344	1,643	//	11	49
Firbeix.......................	2,326	863	25	34	57
Front-la-Rivière (Saint-)..........	1,846	930	4	15	43
Mialet........................	3,836	1,768	16	25	50
Millac-de-Nontron..............	3,607	1,519	5	16	44
Romain (Saint-)................	3,088	762	6	15	54
Saud (Saint-).................	6,002	2,171	10	18	55

8. CANTON DE THIVIERS. — 10 Communes. — 10,672 habitants.

COMMUNES.	SUPERFICIE	POPULATION.	de canton.	d'arrond.	de dép.
Thiviers......................	2,820	3,011	//	32	33
Corgnac......................	2,114	1,260	6	38	30
Eyzerat.......................	1,142	669	4	36	30
Jean-de-Cole (Saint-)...........	1,270	829	7	25	39
Lempzours....................	1,115	358	11	25	22
Martin-de-Fressengeas (Saint-).....	2,126	1,001	11	24	43
Nanteuil......................	1,734	1,032	2	35	34
Pierre-de-Cole (Saint-)...........	2,051	1,144	12	24	28
Romain-et-Saint-Clément (Saint-)...	1,421	632	5	28	37
Vaunac.......................	1,412	686	68	29	29

POPULATION TOTALE DU DÉPARTEMENT.

Sexe masculin........................... 240,270 }
Sexe féminin............................ 239,871 } 480,141

AGGLOMÉRATION DE LA POPULATION DANS LES CHEFS-LIEUX D'ARRONDISSEMENTS ET DE CANTONS

ET DANS LES COMMUNES DE 2,000 ÂMES ET AU-DESSUS.

ARRONDISSEMENTS.	COMMUNES.	POPULATION FLOTTANTE.	POPULATION NORMALE OU MUNICIPALE	
			TOTALE.	AGGLOMÉRÉE.
Bergerac..........	Beaumont................	"	1,926	1,025
	Bergerac................	655	11,044	8,024
	Cadouin.................	"	691	393
	Eymet	"	1,800	1,416
	Issigeac................	"	1,062	860
	La Force................	172	902	220
	La Linde	"	2,066	801
	Le Sigoulès.............	"	725	335
	Montpazier..............	34	947	837
	Sainte-Alvère...........	"	1,703	482
	Vélines.................	"	873	743
	Villamblard	"	1,328	595
	Villefranche-de-Longchapt ...	"	900	420
Nontron...........	Bussière-Badil	"	1,322	349
	Champagnac.............	"	983	292
	Jumillac-le-Grand.........	16	2,583	540
	La Nouaille.............	"	1,546	650
	Mareuil................	"	1,565	885
	Nontron...............	69	3,223	2,222
	Payzac.................	"	2,230	446
	Saint-Pardoux-la-Rivière	"	1,643	832
	Saint-Saud.............	"	2,171	306
	Thiviers...............	88	2,923	1,899

INTRODUCTION.

ARRONDISSEMENTS.	COMMUNES.	POPULATION FLOTTANTE.	POPULATION NORMALE OU MUNICIPALE	
			TOTALE.	AGGLOMÉRÉE.
	Brantôme.	//	2,591	1,335
	Exideuil.	71	2,115	1,879
	Hautefort.	41	1,717	535
	Périgueux.	1,908	19,956	19,408
Périgueux.	Saint-Astier	16	2,881	805
	Saint-Pierre-de-Chignac.	17	865	208
	Savignac	//	963	349
	Thenon	//	1,852	750
	Vern.	//	1,842	797
	La Roche-Chalais.	45	2,335	1,071
	Montpont.	10	2,012	1,528
	Montagrier.	//	761	165
	Mussidan	73	1,980	1,790
Ribérac	Neuvic.	//	2,178	421
	Ribérac.	60	3,518	1,836
	Sainte-Aulaye.	//	1,451	474
	Tocane-Saint-Apre.	//	2,016	538
	Verteillac.	//	1,117	297
	Belvez	95	2,273	1,690
	Carlux.	//	1,017	381
	Dome.	//	1,846	969
	Le Bugue.	//	2,903	1,616
	Montignac	72	3,701	2,508
Sarlat.	Rouffignac	//	2,305	349
	Saint-Cyprien.	//	2,364	1,555
	Salignac.	//	1,253	567
	Sarlat.	361.	5,894	3,569
	Terrasson.	111	3,569	2,222
	Villefranche-de-Belvez	//	1,641	1,065

LISTE ALPHABÉTIQUE

DES SOURCES

OÙ L'ON A PUISÉ LES RENSEIGNEMENTS CONTENUS DANS CE DICTIONNAIRE.

———

I. — COLLECTIONS ET FONDS MANUSCRITS.

1. Collection de l'abbé de Lespine. Elle renferme un grand nombre de chartes originales, et de plus la copie textuelle et in extenso de tous les actes relatifs au Périgord que l'abbé de Lespine a pu découvrir, soit dans le pays, soit pendant qu'il était conservateur de la Bibliothèque de la rue de Richelieu. 106 volumes in-folio, dont la table a été ainsi relevée par M. Léopold Delisle :

Vol. XXVII. Évêché de Périgueux, I.

Fol. 3, anciens pouillés; — 86, concile de Périgueux, 1365; — 94, archidiacres, doyens, etc.; — 153, 2, chapitres de Périgueux; — 381, pariages des chapitres; — 398, pariage, cour du célerier.

Vol. XXVIII. Évêché de Périgueux, II.

Fol. 1, cardinaux du Périgord; — 104, extrait du répertoire du registre de Jean XXII et ses successeurs jusqu'à Benoît XIII.

Vol. XXIX. Évêché de Périgueux, III.

Mélanges. Extraits des archives du Vatican.

Vol. XXX. Évêques de Périgueux, 300 à 1295.

Fol. 81, Fragment. de Petrag. episcop. Texte de Labbe.

Vol. XXXI. Suite, 1295 à 1500.

Vol. XXXII. Suite, 1500 à 1822.

Vol. XXXIII. Abbayes.

Fol. 1, Andrivaux; — 5, Auberterre; — 52, Bergerac, Jacobins; — 65, id. Saint-Martin; — 139, id. Récollets; — 149, Boschaud, extraits du cartulaire; — 179, Brantôme, id. — 267, le Bugue, id. — 299 et 361, Chancelade, id. — 387, Chastres, id. — 420, Calabre, id. — 425, La Faye, id. — 443, Font-Gauffier, id. — 464, Fontaines, id.

Vol. XXXIV. Abbayes. (Suite.)

Fol. 1, Peyrouse, extraits du cartulaire; — 39, Peyrat, id. — 42, Liguex, id. — 84, Mont-Caret, id. — 86, Paunac, id. — 129, Périgueux (Cordeliers); Dordogne.

— 134, Périgueux (Jacobins, Minimes); — 142, Plaignac; — 150, la Roche-Beaucourt; — 172, Roncenac; — 180, Saint-Astier, cartulaire; — 356, Saint-Cybard d'Angoulême, id.

Vol. XXXV. Abbayes. (Suite.)

Fol. 1, Sainte-Claire, archives; — 53, Saint-Cyprien, id. — 78, Saint-Front de Périgueux; — 82, Saint-Jean-de-Cole; — 90, Saint-Jean-de-Jérusalem; — 109, Saint-Martin et Saint-Cybard-lez-Périgueux; — 111, Saint-Médard de l'Abbaye; — 119, Saint-Sylvain de la Mongie; — 126, Saint-Pardoux; — 132, Sainte-Ursule; — 134, Notre-Dame de Saintes; — 146, la Seauve majeure; — 213, Sourzac; — 225, Templiers; — 231, Terrasson; — 264, Tourtoirac; — 322, Trémolac; — 337, Vauxclaire; — 360, Vigeois; — 365, Visitation.

Vol. XXXVI. Évêché de Sarlat.

Vol. XXXVII. Abbayes du diocèse de Sarlat.

Fol. 1, Aillac; — 4, Aymet; — 5, Belvez (Jacobins de); — 14-20, Biron (Bénédictins de); — 25, Cadouin; — 246, Issigeac; — 274, Montpazier; — 283, Saint-Amand-de-Boixe; — 298, Saint-Amand-de-Coly; — 342, Saint-Avit-Sénieur; — 369, Sarlat.

Vol. XXXVIII à XLV. Extraits d'ouvrages imprimés.

Vol. XLVI. Villes closes. A.-L.

Fol. 2, Saint-Astier; — 32, Aymet; — 34, Beaumont; — 44, Belvez; — 70, Brantôme; — 73, Saint-Cyprien; — 75, Dome; — 117, Exideuil et l'Ille; — 166, Issigeac; — 167, Limeuil; — 249, la Linde.

Vol. XLVII. Suite des villes closes. M.-V.

Fol. 1, Miremont; — 7, Molières; — 20, Montignac; — 47, Montpazier; — 52, Montpont; — 68, Montravel; — 71, Mussidan; — 235, Nontron; — 242, la Roche-Beaucourt; — 244, Sadillac; — 246, Thiviers; — 256, Villefranche.

Vol. XLVIII. Bergerac.

2. Deux registres du XIV° siècle, comprenant :

Manuscrit coté n° 1, ou terrier sans couverture, avec cette suscription : «Incipit liber notarum perpetualium per me Johannem de la Bossia, notarium ad opus nobilis Bertrandi Grimoardi al. de Talhafer dñi hosp... de la Bernadia... et de Mouriaco.» 158 pages ; XV° siècle, accenses faites dans les paroisses de Grignol, Neuvic, Saint-Astier, etc.

Manuscrit coté n° 2, Terrier couvert d'une feuille de parchemin. Actes dans les paroisses de Grignol, etc. par le notaire de Reboygeto; XV° siècle, 159 pages.

Reconnaissance de Bauchorel, 1554, et autres actes plus anciens du XVI° siècle; plusieurs notaires.

Diverses chartes cotées G⁴ A jusqu'à G⁴ O.
(Communication de M. de Dives de Manzac.)

3. Livre noir, ou Registre sur parchemin de reconnaissances pour les paroisses de Queyssac, Saint-Sauveur,

Vic, la Mongie, Bergerac, Liorac, Sainte-Foy-des-
Vignes, Creysse et Baneuil.

Patois et latin.

«Remembran sa que l'an de Nostre Senhor mil cccc
et trenta fo comensa a escrure a quest pres. liber, etc.
Johannes de Montmedio not.;» 140 pages.

Livre nofragé, ou Registre sur parchemin, ouvert le 4 février 1455 par l'official de Périgueux, pour contenir
les reconnaissances faites en faveur de nobilis vir
Helie de Pudio et de Helis de Gasques, sa femme,
dans les paroisses de Sendrieux, Tremolac, le Bugue,
Journiac, Sanilhac, la Monzie, Cauze, Limeil, Cha-
lanhac, Saint-Marcel, Pressinhac, Sainte-Alvère,
Sainte-Foy-de-Longas, Saint-Laurent-des-Bâtons,
Saint-Salvadour, Montrenc, Saint-Phelix, Saint-Marcel, etc.; 125 pages.

(Communication de M. Gustave de Chanaud,
juge de paix au Sigoulès.)

4. Extractus castellaniarum patriæ et senescalliæ Petrag.
1364, vol. X, et 1365, vol. LXXXVIII.

5. Périgord. Monuments historiques, supplément français,
9 vol. in-fol. de chartes; manuscrits de la Biblioth.
nationale de Paris.

6. Maladreries et commanderies de France, fonds Saint-
Germain, trois manuscrits; Bibliothèque nationale.

7. Cens dus au seigneur de Badefol, manusc. du XIIIᵉ siècle
(Archives nationales, registre 114, n° 9).

8. Cens dus au seigneur de Taillefer dans les paroisses de
Douzillac, Montren, Neuvic, etc.

Cens dû à Vital de Cozens.

Petit manuscrit portant la date de 1203.

(Communication de M. le marquis de Taillefer.)

9. Extraits d'actes du XIIᵉ et du XIIIᵉ siècle, à la Tour de
Londres, par M. Martial Delpit, et communiqués par
lui.

10. Cartulaire de l'abbaye de la Sauve (manuscrit à la
Bibliothèque de la ville de Bordeaux).

11. Livre des rentes dues à l'hôtel de ville de Périgueux
pour la confrérie de la Charité, XIIIᵉ siècle, 2 vol. in-4°
(Bibliothèque de la ville de Périgueux).

12. Rentes dues à la Charité de Bergerac (archives de
Bergerac).

13. Chartes des XIIIᵉ, XIVᵉ, XVᵉ et XVIᵉ siècles, du cabinet
de feu M. de Mourcin.

Énorme collection, entièrement inconnue, d'actes
sur parchemin, qui étaient pêle-mêle rangés en stère
contre un mur, et dont je n'ai pu obtenir communication que pendant un seul jour.

14. Chartes originales de la commune de la Linde, 1265,
et Livre des consuls (archives de la ville de la Linde).

15. Coutumes de Couze et Reconnaissances diverses (archives des châteaux de Bayac, de Bane et du Mondonel).

16. Reconnaissances et tenements de la paroisse de Vic
(communiqués par M. du Soulas, maire de la commune).

17. Documents sur les forêts domaniales de la Dordogne,
existant à la conservation des forêts, à Bordeaux.

18. Arpentement de la seigneurie de Faux, 1771, 7 cahiers (communication de M. le comte de Larmandie).

19. Terrier de la châtellenie de Lenquais, comprenant les
quatre paroisses de Lenquais, Lenquaysset, Saint-
Aubin, Montmadalès, 3 vol. in-fol. 1764.

20. Terrier de Saint-Pompon (communic. de M. le marquis de Comarque).

21. Inventaire du château de Ribérac et domaines en dépendant, 1 vol. in-fol. 1754 (communic. de M. le cᵗᵉ
de Larmandie).

22. Dénombrement des biens du château de Montardit,
châtellenie de Montgrier, 1772 (communic. de M. le
comte de Larmandie).

23. Archives de l'archevêché de Bordeaux, concernant les
seigneuries de Belvez, Bigaroque, Couse, Mauzac,
Montravel, Saint-Cyprien en Périgord; terriers, liè-
ves, reconnaissances, hommages, procès, manuscrits
du XIIIᵉ et du XIVᵉ siècle; registres de Philipparie et
Lancepleine, de 1459 à 1489; 10 vol. in-fol. et nombreux cartons (archives départementales de la Gironde).

24. Titres relatifs aux possessions de l'ordre de Saint-Jean-
de-Jérusalem, en Périgord; 50 cartons provenant des
archives du grand prieuré de Toulouse, dont les commanderies de Périgueux dépendaient (archives départementales de la Haute-Garonne).

25. Actes du XVᵉ et du XVIᵉ siècle relatifs à Belvez (communication de M. La Nauve, percepteur à Belvez).

26. Actes du XVIᵉ et du XVIIᵉ siècle, pour les communes de
Saint-Sauveur et de Mouleydier (communic. de M. Jé-
rôme Monteil).

27. Cahiers d'extraits historiques, avec pièces originales,
8 vol. par M. le comte de Larmandie.

28. Pouillés du XIIIᵉ et du XIVᵉ siècle pour le diocèse de Périgueux (Lesp. vol. XXVII).

29. Procès-verbal de P. des Murtiers, collecteur des deniers de Clément VII en Gascogne, en 1383, pour les
recettes faites par lui, par archiprêtré, dans le diocèse
de Périgueux (Lespine, vol. XXXI).

30. Pancarte de l'évêché de Périgueux et de Sarlat, dressée le 15 avril 1556 par Jacques du Repaire, suivant arrêt de la cour de Bourdeaux, du 16 février
1554.

31. Bénéfices des évêchés de Périgueux et de Sarlat; extrait du pouillé général des bénéfices de l'archevêché
de Bordeaux, 1648.

K.

32. Liste des paroisses de l'évêché de Périgueux, au nombre de 442, suivant le règlement de l'évêque de Périgueux du 11 décembre 1782 (manusc. du couvent des Minimes de Plagnac).

33. Liste de MM. les curés du diocèse de Sarlat, archiprêtré par archiprêtré, de l'année 1781 (manuscrit existant à l'église de Pontours).

34. Catalogue des patrons des églises du diocèse de Périgueux, 1865.

(Ces cinq manuscrits communiqués par M. l'abbé René Bernaret, chanoine de Périgueux.)

35. Rôle des paroisses du Périgord distribuées en châtellenies (archives de Pau, inv. de Montignac, fol. 263; Lespine, vol. LVII).

36. Chartes originales et copies d'actes anciens relatifs au Périgord. — Registres de notaires du XVIIe et du XVIIIe siècle, relatifs aux comm. des environs de la Linde, le Fleix, etc. (ma collection particulière à Lenquais).

37. Rôle des châtellenies et des paroisses qui les composent (Compte de H. de Bernabé, receveur dans la sénéchaussée de Périgord pour la levée du fouage, en 1365 (Lespine, vol. LXXXVIII).

38. Histoire du Périgord et du Sarladais, par Tarde, XVIIe siècle (manusc. de la Bibliothèque nationale).

39. Papiers de la fabrique de Pazayac (communic. par M. l'abbé Pergot, curé de Terrasson).

40. Archives du château de Paluel et de celui de Fénelon, et actes divers (communic. par M. Marmier, officier du génie).

41. Titres de la maison de Chamberlhac, 3 vol. in-fol. de chartes originales.

Arrentements et reconnaissances dans les communes d'Agonac, Saint-Front-d'Alemps, Négrondes, Sorges, Cornille, etc. XIIIe, XIVe et XVe siècles.

Deux registres du notaire Feti, d'Agonac, XVe s.

Terrier et reconnaissances de la seigneurie de la Roche-Pontissac, XVIIe siècle.

Cette belle collection appartient à Mme de Bacalan, née Delpy de la Roche, derniers seigneurs de la Roche-Pontissac.

42. Pouillés de l'abbaye de Charroux, de 1471 et 1708 (in episcopatu Petragoricensi).

43. Actes de notaires : Maillechort, à Bergerac, 1650, etc. 12 registres in-4°; — à Mouleydier, 5 registres; — Geoffre, à Lenquais, XVIIe et XVIIIe siècle, la série; — à Faux, 20 liasses; — plus, à Périgueux, Fustier, 1640 et suivantes; — Bordes, Boussenot, 1710 et suivantes; — à Beleymas, Rambaud, 1611 et suivantes, 1720; — à Maurens, Mazières; à Villamblard, Lacombe, 1612; — au Fleix. — Plus, cahiers sans suite contenant des arpentements, partages de successions, prises de possession, vendus à la livre, et dont j'ai gardé un certain nombre.

II. — IMPRIMÉS.

1. Gallia Christiana; Ecclesia Petragoricensis et Sarlatensis.

2. Archives historiques de la Gironde, 10 volumes jusqu'à ce jour. Elles contiennent divers actes relatifs au Périgord, entre autres :

Tome III, Recognitiones feudorum (Biblioth. de Wolfenbuttel).

Tome IV, Donations faites en Périgord au monastère de Saint-Florent de Saumur.

Tome V, Monastère de Saint-Sour de Genouillac, p. 171.

Tome X, Dénombrement des cens dus en Périgord au seigneur de Clarol, p. 594.

3. Cartulaire de Saint-Étienne-de-Baigne, en Saintonge, publié par feu l'abbé Cholet.

4. Recueil de chartes du prieuré de Saint-Sylvain de la Mongie-Saint-Martin, extrait du cartulaire de l'abbaye de Sainte-Marie de Saintes, dont le prieuré de la Mongie dépendait (id.).

5. Documents français qui se trouvent en Angleterre, relatifs à la Gascogne, publiés par M. Jules Delpit, in-4°.

6. Précis historique sur les comtes de Périgord, et pièces justificatives, par Saint-Allais, 1836, in-4°.

7. Recueil de titres et pièces justificatives employées dans le Mémoire sur la constitution politique de la ville de Périgueux, 1775, 2 vol. in-4°.

8. Voyage de Charles IX en Périgord et siége de Sarlat. t. I, pièces fugitives pour servir à l'histoire de France, par d'Aubais.

9. L'état de l'Église du Périgord depuis le christianisme, par le P. Dupuy, avec annotations de l'abbé Audierne, 2 vol. in-4°.

10. Itinéraire de la visite pastorale de l'archevêque de Bordeaux, Bertrand de Goth, dans le diocèse de Périgueux, en 1305 (manuscrit du XVIe siècle, aux archives de la Gironde, publié par Rabanis).

11. Pièces justificatives de la généalogie de Rastignac, par d'Hozier.

12. Rapport sur les archives de l'hôtel de ville de Périgueux, par M. Martial Delpit, 1839.

13. Histoire d'Aquitaine, par M. de Verneilh de Puyraseau, 2 vol. in-8°.

MATRICE CADASTRALE DE COMMUNES,

CONSULTÉE À LA DIRECTION GÉNÉRALE DES CONTRIBUTIONS DIRECTES, À PÉRIGUEUX OU SUR PLACE.

Chassagne,
Villetoureix.
Saint-Aquilin.
Beaurone.
Siorac (Belvez).
Vern.
Le Breuil.
Fontaine.
Beynac.
La Roque-Gajac.
La Canéda.
Proissans.
Sainte-Natalène.
Sarlat.
Vitrac.
Beauregard (Terrasson).
Condat.
Tursac.
Bezenac.
Saint-Cyprien.
Urval.
Berbiguières.
Alas.
Sainte-Mundane.
Audrix.
Saint-Chamassy.
Saint-Vincent-de-Paluel.
Vezac.
Ladornac.
Coly.
Chavagnac.
Tanniers.
Neuvic.
Saint-Germain-du-Salembre.
Saint-Lazare.
Bertric.
Pressignac.
Paxayac.
Peyrignac.
La Bachelerie.
Cenac.
Saint-Cybranet.
Saint-Martial-de-Nabirat.
Calviac.
Baneuil.

La Linde.
Saint-Marcel.
Belvez.
Cladech.
Fontaine.
Carves.
Saint-Amand-de-Belvez.
La Chapelle-Faucher.
La Chapelle-Montmoreau.
Doyssac.
Grives.
Montplaisant.
Font-Galau.
Sainte-Foy-de-Belvez.
Le Coux.
Mouzens.
Marnac.
Issigeac.
Marquay.
Douzillac.
Badefol.
Queyssac.
Sainte-Alvère.
Limeuil.
Paunac.
Saint-Michel (Mussidan).
Saint-Médard, id.
Saint-Martin-l'Astier.
Mussidan.
Saint-Louis.
Sourzac.
Cherveix.
Beaurone (Neuvic).
Sales-de-Belvez.
Saint-Étienne (de Double).
Bourgnac.
Saint-Laurent-des-Hommes.
La Gemaye.
Festalens.
Saint-Michel-l'Écluse.
Saint-Pardoux-la-Rivière.
Saint-Jean-de-Cole.
Thiviers.
Vaunac.
La Chapelle-Grésignac.

Gouts.
Saint-Séverin-d'Estissac.
Terrasson.
La Trape.
Sireuil.
Villac.
Douville.
Besse.
Cercle.
Issac.
Villamblard.
Beleymas.
Cadouin.
Nanteuil (Thiviers).
Saint-Avit-Sénieur.
Saint-Front-de-Champniers.
Saint-Front-la-Rivière.
Villefranche (Sarlat).
Larzac.
La Cassagne.
Carlux.
Sagelat.
Saint-Pardoux-et-Vielvic.
Cantillac.
Boulouneix.
Lempzours.
Saint-Pierre-de-Cole.
Lenquais.
Varennes.
Couse.
Vic.
Saint-Front-de-Pradoux.
Bergerac.
Calès.
Molières.
Palayrac.
Cunéges.
Bouillac.
Ales.
Badefol.
Cussac.
Pontours.
Cabans.
Fonteniles.
Ayguesparses.

EXPLICATION

DES

ABRÉVIATIONS EMPLOYÉES DANS LE DICTIONNAIRE.

I. — POUR L'INDICATION DES SOURCES.

A. Jud.	Annonces judiciaires.
Alm. de Guy.	État des jurisdictions en Guyenne, 1760, imp. n° 4o.
A. N.	Actes notariés des XVI°, XVII° et XVIII° siècles.
Arch. de la Gir.	Archives de la Gironde, ms. n° 23.
B.	Atlas du Périgord, par Belleyme, imp. n° 43.
Belvez,Bigaroque.	Archives de la Gironde, châtellenies de Belvez, de Bigaroque, etc. ms. n° 23.
Bénéf. de l'év.	Bénéfices de l'évêché de Périgueux ou de Sarlat, ms. n° 31.
Cass.	Cartes du Périgord, de Cassini.
Cens dù à Clarol.	Archives historiques de la Gironde, imp. n° 2.
Ch. Mourcin.	Collection Mourcin, ms. n° 13.
Châtell. du Périg.	Châtellenies du Périgord, ms. n° 37.
Coll. L.	Collection de Lenquais, ms. n° 19.
Cong. de Périg.	Congrès archéologique de Périgueux, imp. n° 18.
Dives.	Registres notariés communiqués par M. de Dives, ms. n° 2.
E. M.	Cartes du département, dressées par l'État-major pour le ministère de la guerre.
Feti.	Actes du notaire Feti, ms. n° 41.
Inv. du Puy-S¹-A.	Inventaire du Puy-Saint-Astier, ms. n° 1, vol. XCVII.
Lesp.	Collection de l'abbé de Lespine, ms. n° 1. Ces volumes n'ayant pas de pagination, le numéro du volume est souvent suivi d'un autre nom pour faciliter la recherche.
L. N. — L. Nof.	Livre noir et Livre nofragé, ms. n° 3.
Mém. d'Albret.	Chroniqueur du Périgord, t. II. Mémoire sur l'étendue des terres de la maison d'Albret en Périgord, vers l'an 1502.
O. S. J.	Titres de l'ordre de Saint-Jean-de-Jérusalem, ms. n° 24.
P. V. M.	Procès-verbal de Pierre des Mortiers, ms. n° 29.
Panc. de l'év.	Pancartes de l'évêché de Périgueux et de Sarlat, ms. n° 3o.
Périg. ill.	Le Périgord illustré, imp. n° 26.
Périg. M. H.	Le Périgord monumental historique, ms. n° 5.
Philipparie.	Registres du notaire Philipparie, ms. n° 23.
Rec. de T.	Recueil de titres et pièces justificatives pour la ville de Périgueux, imp. n° 7.
Reg. de la Char.	Registre de la Charité, à Périgueux. ms. n° 11.
S. Post.	Statistique postale.
Terr. de L.	Terrier de Lenquais, ms. n° 19.
Tit. de Chamberl.	Titres de la maison de Chamberlhac. ms. n° 4o.

II. — POUR LES MOTS DANS LE TEXTE.

abb.	abbaye.	dioc.	diocèse.
affl.	affluent.	éc.	écart.
anc.	ancien.	év.	évêché ou évêque.
anc. rep. noble.	ancien repaire noble.	fabr.	fabrique.
archip.	archiprêtré.	faub.	faubourg.
arch.	archives.	fr.	friche.
arrond.	arrondissement.	font.	fontaine.
auj.	aujourd'hui.	h.	hameau.
autref. .	autrefois.	homm.	hommages.
c^{on}.	canton.	hôpit.	hôpital.
cart.	cartulaire.	l.-dit.	lieu-dit.
chap.	chapitre.	mayn.	maynamentum.
ch.	charte.	m^{in}.	moulin.
chât.	château.	par.	paroisse.
châtell.	châtellenie.	pass.	passage.
ch.-l.	chef-lieu.	riv.	rivière.
c^{ne}.	commune.	ruiss.	ruisseau.
collat.	collateur.	sénéch.	sénéchaussée.
comm^{rie}.	commanderie.	s^{e}.	siècle.
confl.	confluent.	terr.	terrier.
cout.	coutumes.	test.	testament.
dénombr.	dénombrement.	vill.	village.
dép^{t}.	département.	voy.	voyez.

Le prix décerné le 11 avril 1863 par M. le Ministre de l'Instruction publique a été partagé *ex æquo* entre le *Dictionnaire du département de la Dordogne* et le *Dictionnaire du département du Gard*.

DICTIONNAIRE TOPOGRAPHIQUE

DE

LA FRANCE.

DÉPARTEMENT

DE LA DORDOGNE.

A

ABBAYE (L'), h. cⁿᵉ de Chatres (S. Post.).

ABBAYE (L'), mⁱⁿ, cⁿᵉ de Génis (S. Post.).

ABBAYE (L'), taillis (nᵒˢ 16, 22, 23) à Tresseroux, cⁿᵉ des Lèches (A. Jud.).

ABBAYE (L'), ruines à Dives, cⁿᵉ de Manzac. — *L'abayou* sur le vieux chemin dit *de Saint-Jacques* (Dives).

ABBAYE (L'), h. cⁿᵉ de Ponchat. — Il a gardé le nom d'une abbaye donnée en 1109 à l'abb. de Baigne, en Saintonge (cart. de Baigne), de même que l'avait fait le prieuré voisin de Saint-Médard, *Sanctus Medardus de Abbatia*.

ABBAYE (L'), éc. cⁿᵉ de Ségonzac (B.).

ABBAYE-RUINÉE (L'), cⁿᵉ de Douville (B.).

ABBÉ (BOIS L'), lieu-dit, cⁿᵉ de Condat-sur-Vézère (cad.).

ABBÉ (MÉTAIRIE DE L'), cⁿᵉ de Saint-Aubin-de-Cadelech.

ABBÉ (TOUR DE L'), tour de l'anc. enceinte de Sarlat, 1624 (plan de Sarlat).

ABBESSE (L'), éc. cⁿᵉ d'Échourgnac (B.).

ABBESSE (MOULIN DE L'), sur la Loue, cⁿᵉ d'Excideuil.

ABÎME (AL CROS DE), lieu-dit, cⁿᵉ de Liorac. — 1729 (Not. de M.).

ABÎME (FONT-L'), cⁿᵉ d'Antone.

ABÎME (L'), taillis et friches, cⁿᵉ d'Atur (A. Jud.).

ABÎME (L'), lieu-dit, cⁿᵉ de Saint-Avit-Sénieur (cad.).

ABÎME (L'), éc. cⁿᵉ de Salon (A. Jud.).

ABÎME (MOULIN DE L'), près du Toulon, cⁿᵉ de Périgueux.

ABÎME (TROU DE L'), lieu-dit, cⁿᵉ de Mouleydier (cad.).

ABÎMES (LES), taillis, cⁿᵉ de Saint-Étienne-du-Double (cad.).

ABÎMES (LES), lieu-dit, cⁿᵉ de Sainte-Natalène (cad.).

ABJAT, cⁿᵉ, cᵒⁿ de Nontron. — *Abzacum* (Lesp. Châtell. vol. 88). — *Ajac*, 1760.

Rep. noble mouv. de la châtell. de Nontron au xivᵉ sˢ, depuis avec haute justice sur la paroisse. — Voc. Saint-André; coll. l'évêque.

ABJAT (LE BOIS D'), lieu-dit, cⁿᵉ de Saint-Alvère (cad.).

ABOUILS (LES), lieu-dit, cⁿᵉ de Gardone (A. Jud.).

ABRAM (LES), h. cⁿᵉ de Brantôme. — *Aux Habrams* (B.).

ABRELENC, cⁿᵉ de Razac-d'Eymet? — *Molinares d'Abrelenc* (cart. de la Sauve).

ABREN (LE BOURG D') ou BRUNET, h. cⁿᵉ de Saint-Pierre-d'Eyraud.

ABRILLAC (FORÊT D'), cⁿᵉ de Beynac (cad.). — F. *d'Agonat* (B.).

ABZAC, cⁿᵉ de Bancuil. — *Terra voc. d'Abzac* (Liv. N.).

ABZAC, h. cⁿᵉ de Brassac (B.).

ABZAC, h. cⁿᵉ de Sendrieux. — 1699 (Acte not.).

ABZAC (ILE D'), dans la Dordogne, cⁿᵉ du Coux. — Depuis le rocher en face de Cazela, nommé *los Dens*, jusqu'au port de Siorac, toutes les îles avaient été inféodées en 1566 à Guy d'Abzac par l'archev. de Bordeaux (arch. de la Gir. Bigaroque).

AGAPOUGE, pré, c^ne de Saint-Jory-las-Bloux (A. Jud.).

AGAUX (L'), éc. c^ne de Saint-Aulaye (B.).

AGAUX (L'), h. c^he de Saint-Martin-le-Peint (B.).

AGAUX (LE GRAND-), h. c^ne d'Hautefaye (B.). — *Acots* (*ibid.*).

ACHE, éc. c^ur de Sorges (Cass.).

ADOUX, h. c^ne de Sarliac (Cass.).

ADRIERS (LES), h. c^ne de Siorac-Ribérac (Cass.).

AFAUX, h. c^ne de la Cropte (A. Jud.).

AFFEINAGE (L'), h. c^he de Saint-Michel-l'Écluse (B.).

AGARN? c^ne de Ligueux. — *Bordaria Agarn* (Lesp. 65, cart. de Ligueux).

AGASSARIA? c^ne de Saint-Alvère. — *Mayn. de la Agassaria seu de la Agastaria*, 1454 (Liv. N. p. 29).

AGASSAS, dépend. de l'anc. dioc. de Périgueux, auj. dans le dép^t de Lot-et-Garonne. — *Sanctus Vincentius de Agassano* (Lesp. Collation de Jean XXII). — *Agassas* (panc. de l'évêché de Sarlat).

AGE (COMBE DE L'), lieu-dit, c^e de Condat-sur-Vézère (cad.).

AGE (L'), h. c^ne d'Agonac (B.).

AGE (L'), h. c^ne d'Angoisse (B.).

AGE (L'), h. c^ne de Chalais (B.).

AGE (L'), h. c^ne de Champagne. — *Molend. de Laga*, 1460 (arch. de l'O. S. J.).

AGE (L'), h. c^ne de Frugie (B.).

AGE (L'), h. c^ne d'Hautefaye (B.).

AGE (L'), h. c^ne de Javerlhac.

AGE (L'), h. c^ne de Mareuil, à l'extrémité de la forêt de ce nom.

AGE (L'), h. c^ne de Millac-de-Nontron.

AGE (L'), sect. de la c^ne de Négrondes (cad.).

AGE (L'), h. c^ne de Payzac (Cass.).

AGE (L'), h., anc. rep. noble, c^e de Saint-Angel (B.). — Dans la commune voisine de Saint-Front, un hameau se nomme *Soulage*.

AGE (L'), h. c^ne de Saint-Germain-des-Prés (B.).

AGE (L'), h. c^ne de Saint-Jory-de-Chalais (B.).

AGE (L'), h. c^ne de Saint-Lazare (Cass.).

AGE (L'), h. c^ne de Saint-Martial-de-Valette (B.).

AGE (L'), h. c^re de Saint-Martin-de-Fressengeas (B.).

AGE (L'), h. c^ne de Saint-Paul-de-Chassagne.

AGE (L'), h. c^ne de Saint-Pierre-de-Cole (S. Post.).

AGE (L'), h. c^ne de Saint-Saud (B.).

AGE (L'), h. c^ne de Saint-Sulpice-de-Mareuil (B.).

AGE (LA CROIX DE L'), éc. c^ne de Corgnac (B.).

AGE (LA GRÈZE DE L'), lieu-dit, c^ne de Ladornac (cad.).

AGE (LE CLOS DE L'), éc. c^ne de Saint-Sulpice-d'Excideuil (B.).

AGE (LE MOULIN DE L'), c^te de St-Martin-d'Albarède (B.).

AGE (LE PETIT-), h. c^ne de Saint-Barthélemy-de-Pluviers (B.).

AGE (PECH DE L'), lieu-dit, c^ne d'Alas-de-Berbiguières (cad.).

AGEAS (LES), h. c^re du Grand-Brassac. — *Las Agas*, 1364 (Mourc.). — *Azac* (Lesp. Dénombr. de Montardit, 1772). — *Les Âges* (S. Post.).

AGEAS (LES), éc. c^ne de Saint-Clément (B.).

AGE-DE-CHARDEUIL (L'), h. c^ne de Coulaures (Cass.).

AGELIE (L'), h. c^ne du Bugue. — *La Anhelia?* (cart. du Bugue). — *La Gélie* (B.).

AGES (FONT DES), lieu-dit, c^ne de Sarlat (cad.).

AGES (LES), h. c^ne de Bourg-des-Maisons (S. Post.).

AGES (LES), h. et m^in sur la Tude, c^ne de Bouteille (B.).

AGES (LES), h. c^ne de Génis (Cass.).

AGES (LES), h. c^ne de Gouts. — *Les Jages* (B.).

AGES (LES), h. c^ne de Monsec (B.).

AGES (LES), c^ne de Saint-Alvère. — *Las Agas*, 1454 (Liv. N. 29).

AGES (LES), h. c^ne de Saint-Crépin-de-Richemont (B).

AGES (LES), h. c^ne de Saint-Cyr-lez-Champagne (Cass.).

AGES (LES), h. c^ne de Saint-Martial-de-Viveyrol (B.).

AGIOUX (LES), h. c^e de Saint-Remy (B.).

AGONAC, c^re, c^on de Brantôme. — *Castrum Agoniacum* (Ex fragm. de Petrag. episc. P. Labbé). — *Agunag*, 1249 (testam. d'Hélie de Bourdeilles). — *Agonhac*, 1276 (traité entre le comte et la ville de Périgueux). — *Agonacum*, 1364 (Lespine, *passim*). — *Agonat*, 1760 (Alm. de Guyenne).

Voc. Saint-Martin; coll. l'év. — Il y avait aussi une église de Saint-Astier un peu au delà du pont.

Un des 4 châteaux construits en 980 par Frotaire, évêque de Périgueux, pour défendre cette ville contre les Normands; autour du château de l'évêque, il y en avait 4 autres sur la motte d'Agonac, dont les noms étaient : *Chabans, Chambarlhiac, Bruzac* et *Montardit*.

Châtellenie s'étendant sur 12 paroisses : Agonac, Champagnac, la Chapelle-Faucher, Cornille, Eyvirac, Lempzours, Ligueux, Négrondes, Preyssac, Saint-Front-d'Alemps, Saint-Pancrace et Sorges (1365, Lesp. Châtell. vol. 88).

AGRAFEILS (LES), dom. c^ne de Saint-Amand-de-Belvez (A. Jud.).

AGRANEL, étang, c^ne du Bugue. — *Stagnum del Agranel*, 1453 (Liv. N. 53).

AGRANEL, c^ne de Saint-Cyprien. — *Podium Agranel*, 1462 (arch. de la Gir. Saint-Cyprien).

AGRANET, m. isolée, c^ne de Monsaguel (S. Post.).

AGRIÈNES (LES), lieu-dit, c^ne de Parcoul (Cass.).

AGRIERS (LES), lieu-dit, c^ne de Champagne (Cass.).

AGUGNAC, h. c^ne de Sarrazac (Cass.).

AGUILLON (L'), lieu-dit, c^ne de Brassac. — *L'Aguillon* (Lesp. Dénombr. de Montardit).

AGUILLON (L'), c^ne de Marsac. — *El mas Agulho, en la terra de Ciaurac*, 1257 (Périg. M. H. 2).

AGUILLON (L'), lieu, c^ne de Naillac.

AGUILLOU (LE HAUT et LE BAS), lieu, c^le de Saint-Germain-et-Mons. — *Laiguillou* (B.).

AIGLES (LES), section de la c^ne de Besse (cad.).

AIGNAC, bourg de l'anc. dioc. de Périg. auj. dans le dép^t de Lot-et-Garonne. — *Sanctus Saturninus de Annac*, 1053 (bulle d'Eugène III, mon. de Sarlat).

AIGNAC (PRAIRIE BASSE D'), pré, c^ne de Cogulot (A. Jud.).

AIGNAS (LAS)? c^ne de Saint-Martin-des-Combes. — *Ten. de las Aignas*, 1317 (Périg. M. II. 41-2).

AIGUE-MORTE, h. c^ne de Saint-Martin-d'Albarède (S. Post.).

AIGUES-PARSES, h. c^ne d'Auriac-Montignac. — *Aygas parsas* (A. Jud.).

AIGUES-PARSES, sect. de la c^ne de Fontenilles. — *Eccl. de Druco de Aquis Sparsis*, 1556 (panc. de l'évêché). — *Ayguesperses*, 1760 (Alm. de Guyenne).

Voc. Notre-Dame; coll. l'év. — Paroisse hors châtellenie au XIVe siècle; depuis, une des paroisses de la justice de Biron.

AIGUES-VIVES, h. c^ne de Saint-Germain-du-Salembre. — *Aigas viva* (Cass.).

AIGUE-VIEILLE, h. c^ne de Sainte-Natalène. — *Aygue V.* (B.).

AIGUILLERIE, rue et anc. porte de ville à Périgueux. — *Porta Aguilharia*, 1230 (Rec. de T.). — *Forn de las Aguilarias*, XIIIe siècle (Reg. de la charité, bibl. de la ville de Périg.). — *Eguillerie* (Cal. adm. de la Dord.).

AIGUILLOU (L'), h. c^ne de Besse (A. Jud.).

AILLAC, c^ne de Calès, 1270. — *La Pelondie sive de Alhac* (Lesp. vol. 37).

AILLAC, c^ne, c^on de Carlux. — *Castrum de Allac*, 1214 (Baluze, preuves). — *Alhac*, 1251 (test. de R. de Turenne). — *Alliacum*, 1283 (lim. de la bastide de Dome). — *Alhacum*, 1364 (Lesp. Châtell.). — *Aillac* (Blaeu). — *Ailhac* (Cass.).

Châtell. réunie à celle de Montfort; 6 paroisses en dépendaient: Aillac, Carsac, Caudon, Proissans, Sainte-Natalène et Saint-Vincent-de-Paluel (Lesp. Châtell. état de 1365).

AILLAC, h. c^ne de Frugie (B.).

AILLAC, h. c^ne de Maurens. — *Ailhacs*, 1675. — *Alliac*, 1785 (Acte not.).

AILLAC, h. c^ne de Mauzens. — *Alac*, 1287 (arch. de Saint-Cyprien).

AILLAC, h. c^ne de Molières. — *B. Maria de Alliaco*, 1167 (Lesp. 37, Cadouin). — *Domus Alliacensis.*

1202 (cart. de Cadouin). — *Aliacum*, 1292 (*ibid.*). — *Aillacum*, 1209 (bulle d'Innocent III, Cad.). — *Ailhacum*, 1240 (cart. de Cadouin). — *Alhac*, 1459 (arch. de la Gir. Belvez). — *Aulchiac*, XVIIe siècle (Tarde, *Hist. du S.*). — *Aillas* (B.). — Maison de chanoines réguliers unie à Cadouin avant 1140.

AILLAC (COMBE D'), lieu-dit, c^ne de la Canéda (cad.).

AILLAT (COMBE-D'), hameau. — Voy. COMBE-D'AILLAT.

AILLE (PEYRE-D'), village. — Voy. PEYRE-D'AILLE.

AILLETEAU, h. c^ne de Saint-Orse (B.). — *Alaicto*, 1025 (cart. de Tourtoyrac).

AILLIERS, h. c^ne de Veyrines-Vern (B.).

AILLOT, h. c^ne de Villefranche-de-Belvez (B.).

AILLOT (LE BOIS D'), lieu-dit, c^ne de Vézac (cad.).

AIMONS (LES), h. c^ne de Vélines (B.).

AIR (L'), h. c^ne de la Chapelle-au-Bareil (B.). — *Lher* (atlas de Blaeu).

AJAT, c^ne, c^on de Thenon. — *Apsacum*, 1158 (cart. de Cadouin). — *Abzacum*, 1158 (*ibid.* et pouillé du XIIIe siècle). — *Abjat, Ajac d'Autefort*, 1760.

Anc. rep. noble mouvant au XIIIe siècle de la châtell. d'Auberoche, ayant depuis haute justice sur Ajat et Bauzens (Alm. de Guy. 1760). — Voc. Saint-Martin; coll. l'évêque.

AJAT (L'), h. c^ne de la Chapelle-au-Bareil (B.).

AJUGIE (L'), h. c^ne de Saint-Cyr-lez-Champagne.

ALAS, c^ne, c^on de Saint-Cyprien. — *Alas*, 1218 (Lesp. 35). — *Alatum*, 1365 (Lesp. Châtell. vol. 88). — *Allat de Berbières*, 1760 (Alm. de Guy.). — *Alats* (Cass.). — *Alat* (B.).

Anc. rep. noble mouvant au XIIIe siècle de la châtell. de Berbiguières, depuis ayant haute justice sur Alas et Cladech, 1760. — Voc. Saint-Martin, Sainte-Croix, 14 sept.; coll. le prieur de Saint-Cyprien.

ALAS (LA BORIE-D'), h. c^ne de Saint-Pardoux-et-Vielvic (A. Jud.). — *Alat* (B.).

ALAS-L'ÉVÊQUE, sect. de la c^ne de Saint-André (B.). — *Allas* (Cal. adm. de la Dordogne).

ALAUDIÈRES (LES). — *E Alendieiras*, XIIe siècle (cart. du Bugue).

ALAYZE? dépend. de la comm^rie d'Andrivaux. — *Bordaria Alayzencha*, 1223 (O. S. J.).

ALBA, h. c^ne de la Monzie. — *L'Albar*, 1460 (Liv. N. 61).

ALBA, c^be de Queyssac. — *Podium del Alba* (Liv. N. 88).

ALBA (L'), petit port sur la Dordogne, c^ne de Bergerac.

ALBAVIE, h. c^ne de Plazac.

ALBAVIE, c^ne de Tocane. — Tén. de l'*Albertavia*, 1270 (Lesp. 81, n° 23).

ALBERTENQUE, anc. tour située dans la forêt de Siorac, 1402 (Courcelles, Généal. de Comarque).

1.

ALCIADAMARIA ? c^{ne} de Gurson. — *Alciadamaria Velha*, 1273 (Man. de Wolf.).

ALEM (Bos D'), taillis, c^{ne} d'Urval (cad.).

ALEM (Croix D'), h. c^{ne} de Proissans (cad.). — *Alom* (B.).

ALEM (Croix D'), h. c^{ne} de Sarlat (cad.). — *Alom* (B.).

ALEMPS, anc. rep. noble mouvant d'Agonac au xive s^e, depuis ayant haute justice sur la paroisse de Saint-Front, xviie siècle (Chr. du Pér. 2, 179). — *Lemps*, 1365 (Lesp. 88).

ALES, c^{ne}, c^{on} de Cadouin. — *Allas* (pouillé). — *Alas*, 1218 (Lesp. 35). — *Alcos*, 1279-1317 (Lesp. arch. de St-Alv.). — *Altos* 1333 (Gall. ch. eccl. Burd.). — *Alani*, 1363 (Lesp.). — *Saint-Étienne d'Als*, 1487 (arch. de Cadouin). — *Alas*, 1516 (Lesp. 47; coll. l'abbé de Cadouin).

ALES, c^{ne} de Saint-Sauveur. — *Mans. d'Ales*, 1485 (Liv. N.).

ALET (Grand et Petit), h. c^{ne} de Saint-Michel-du-Double (B.).

ALEU (L'), h. c^{re} de Sorges (Cass.).

ALICOC ? c^{ne} de Grignols. — *Alicoc*, 1471 (Div. I, 70).

ALINIENS (Les), lieu-dit, c^{ne} de la Boucquerie (A. Jud.).

ALIX, h. c^{ne} de Lunas, 1666 (Acte not. de Bergerac).

ALLAS (Les), lieu-dit, c^{ne} de Bourg-de-Maisons (cad.).

ALLAS (Les), taillis, c^{ne} de Cercles (cad.).

ALLAS (Les), lieu-dit, c^{ne} de Verteillac (cad.).

ALLEMANS, c^{ne}, c^{on} de Ribérac. — *Allamans* (pouillé, Lesp. 27). — *Alamans*, 1382 (Lesp. 31). — *Allemani*, 1360 (*ibid.* 10).

 Anc. rep. noble mouv. de la châtell. de Ribérac, au xive siècle, depuis ayant haute justice sur Allemans, 1760 (Alm. de Guy.). — Voc. Saint-Pierre.

ALLEMANS (Les), h. c^{ne} de Trélissac.

ALLENS (Les), h. c^{ne} de la Force.

ALLIAS (Les), ténem^t, c^{ne} de Vic (Reconnaissance, 1649).

ALLOIX (Les), h. c^{ne} de Vaunac. — *Mans. deux heleus*, 1460 (arch. de l'O. S. J.).

ALMÈDE (L'), h. c^{ne} de Saint-Geniès (B.).

ALODIUM ? environs de Périgueux. — *Nemus quod Alodium vocatur*, 1186 (Don du comte au chapitre de Saint-Front, Lesp. 77).

ALONRI, c^{ne} de Fouleix. — *Alonri de Neuc.* 1471 (Périg. M. II. 41, n° 8).

ALONT ? lieu, c^{ne} de Brassac. — *Bord. d'Alont* (Périg. M. II. 41, 2).

ALQUERIE (L'), h. c^{ne} de Sendrieux (B.).

AMBELLE, h. c^{ne} de Mareuil. — Anc. rep. noble (B.).

AMBLART ? c^{ne} de Chalagnac. — *Mans. Amblart* (Liv. N. p. 60).

AMBOISES, h. c^{ne} de Villamblard. — *Emboyges*, 1624.

AMENET, h. c^{ne} de Valeuil (B.).

AMIRAL (Moulin de l'), c^{ne} de Queyssac (B.).

AMIRAN (L'), h. c^{ne} de Jaure (B.).

AMPEAUX (Les), lieu-dit, c^{ne} de Saint-Mesmin (A. Jud.). — Voy. EMPEAUX (Les).

ANCHEIRAT, h. c^{ne} de Sarrazac.

ANDOARDIE (LA) ? c^{ne} de Saint-Marcel. — *May. de La Andoardia* (Liv. N. p. 63).

ANDRIEUX (Les), h. c^{ne} de Clottes, 1704 (Acte not.).

ANDRIEUX (Les), h. c^{ne} de Saint-Germain-des-Prés (B.).

ANDRIVAUX, h. c^{ne} de Beaurone. — *Sanctus Mauritius de Andro Vallo*, 1142 (Gall. ch. eccl. Petrag.). — *Andrivals*, 1295 (test. d'Arch. 3). — *Androvalles*, 1361 (Lesp. Châtell.). — *Andrivalles*, 1450 (O. S. J.).

 Préceptorie de l'ordre du Temple, puis membre de la comm^{rie} de Condat (O. S. J. de Jérusalem), avec haute justice sur Andrivaux. — Voc. Saint-Blaise.

ANDRIVAUX, h. c^{ne} de Coulounieix. — *Andrivalia*, 1395 (Lesp. Homm. au comte de Périgord).

ANDRIVAUX (Les), h. c^{ne} de Valeuil (S. Post.).

ANDRIVE (Trou de l'), grotte aux environs de Périgueux.

ANDRIVÈS (Les), h. c^{ne} de Paulin (B.).

ANESSE-ET-BEAULIEU, c^{ne}, c^{on} de Saint-Astier. — *Eccl. Sanctæ Mariæ quæ dicitur Anessa*, 1076 (Lesp. 55, Cluny). — *Inissa*, 1236 (Lesp. 33). — *Annexia* (le père Dupuy).

 Prieuré dépend. du chap. de la Rochebeaucourt (Lesp.) et à la coll. du doyen de Roncenac (panc. de l'évêché). — Anc. rep. noble mouv. au xive s^e de la châtell. de Saint-Astier, depuis ayant haute justice sur la par. (Alm. de Guy. 1760). — Voc. St-Mandé.

ANGELERIE (L') ? c^{ne} de la Monzie. — *La Angeliayria*, 1452 (Liv. N. 5).

ANGELERIE (L'), c^{ne} de Saint-Front-de-Champniers, ténement (Acte de 1660).

ANGELIS (Les), h. c^{ne} de Rouquette-d'Eymet (B.).

ANGELYAN ? c^{ne} de Sengeyrac. — *Mansus Angelyan*, 1533 (chartes Mourcin).

ANGES (Tour des), anc. enceinte de Périgueux, près de la porte Saint-Roch. — Un marché voisin se nommait *Place des Anges* (Antiq. de Vés. 2, 631).

ANGLARDIE (L'), écart, c^{ne} de Soudat (B.).

ANGLARS, m^{in} et h. c^{ne} de Lisle. — *Anglar*, 1211 (cart. de Chancel.). — *Anglars*, 1220 (Lesp. 33).

ANGLARS, h. c^{ne} de Peyzac. — *Anglard* (S. Post.).

ANGLARS, h. c^{ne} de Proissans (B.).

ANGLARS (Le mas d'), anc. rep. noble, c^{ne} de Négrondes, 1692 (Acte not.).

ANGLE (L'), h. c^{ne} d'Eymet (B.).

ANGLE (L'), h. c^{ne} de Tursac (B.).

ANGLES (Les), h. c^{ne} d'Atur (B.).

Angles (Les), c^te de Bigaroque. — *Term. dels Angles* (arch. de la Gir. Bigaroque). — Voy. Vic.

Angles (Les), m. isolée, c^ne de Queyssac (B.).

Anglois (Les), h. c^ne de Coulounieix (B.).

Anglois (Les), éc. c^ne d'Eyrenville (B.).

Angluzic (L'), h. c^ne de Coursac (B.).

Angoisse, c^ne, c^on de la Nouaille. — *Engoischa* (pouillé du xiiie siècle). — *Angoycha*, 1365 (Lesp. Châtell.). — *Hospital d'Angouisse*, 1560 (arch. de l'O. S. J. Condat). — *Engouisse*, 1667 (Blaeu). — *Angouasse*, 1760 (Alm. de Guy.).

Anc. rep. noble mouv. au xiiie siècle de la châtell. d'Excideuil, depuis ayant haute justice sur la paroisse. — Voc. Saint-Martin.

Angoulême (L'), h. c^ne de Carsac-Sarlat (B.).

Angoulême (Moulin d'), c^te de Marsac. — *Boria de Engolisma* (Lesp. Dénombr. au xive siècle, vol. 50).

Angunaud, h. c^ne de Saint-Léon-sur-l'Isle. — *Engunau*, 1471 (Dives, I, 164).

Angunaud, h. c^ne de Saint-Martin-des-Combes.

Anlhiac, c^ne, c^on d'Excideuil. — *Ulhac* (pouillé du xiiie siècle). — *Ulhacum*, 1365 (Lesp. Châtell.). — *Alhacum*, 1446 (O. S. J.). — *Ailhac* (paroisses de la châtell. d'Excideuil, arch. de Pau). — *Anlhac*, xviiie siècle (O. S. J.). — *Anliac*, 1760 (Alm. de Guy.). — Voc. Saint-Pierre.

Ans, h. c^ne de la Boissière-d'Ans. — *Anz*, 1243 (hom. à l'év. d'Angoulème). — *Capella d'Ans* (pouillé du xiiie s^e). — *Ayant*, 1399 (arrêt contre Archambaud).

Anc. châtell. s'étendant, au xive siècle, sur 18 paroisses, et dont le nom est resté à plusieurs : la Boissière-d'Ans, Chourgnac-d'Ans, Granges-d'Ans, Sainte-Eulalie-d'Ans et Saint-Pantaly-d'Ans. Les 18 paroisses étaient : Azerat, Badefol, Beaucens, la Boissière, Brouchaud, la Chapelle-Saint-Jean, Chassens, Chourgnac, Gabillou, Granges, Montbayol, Naillac, Saint-Orse, Saint-Pantaly, Saint-Pardoux, Saint-Rabier, Serenluc, le Temple (châtell. arch. de Pau). — Une des forges les plus considérables du Périgord.

Antinal (L'), ruiss. qui sépare la c^ne de Cladech de celle de Veyrine et se jette dans la Dordogne à Envaux.

Antiquarie (L'), h. c^ne de Sourzac, autrement *Ionie* (B.).

Antissac, h. c^ne de Coulaures. — *Mans. d'Antissac*, 1275 (Lesp. 35).

Antone, réuni à Trigonant, c^ne, c^on de Savignac-les-Églises. — *Antona* (pouillé du xiiie siècle, Lesp. 27). — *Anthonna*, 1462 (Lesp. 27). — *Anthone*, 1502 (M. d'Alb.). — Voc. Saint-Martin; coll. l'év.

Antoniac, h. c^ne de Razac, sur l'Isle. — Fontaine curieuse.

Apabone? c^ne du Bugue. — *Apabone-Villa*, 963 (cart. du Bugue).

Appel-d'Appeau, m. isolée, c^ne de Génis (S. Post.).

Arbalestes (Les), h. c^ne de Saint-Aubin-de-Cadelech.

Arbougne (L'), h. c^ne de la Force. — *Maynam. de Narbonia*, 1460 (Reconn. dans Saint-Pierre-d'Eyraud, collect. L.).

Arbouloix (L'), h. c^ne de Saint-Geraud (B.).

Arbouze, c^ne de Beaurone, anc. forêt. — *Nemus herbosa*, 1199 (cart. de Chancelade).

Arbre (Bel-), h. c^ne d'Auriac-Montignac (S. Post.).

Arbre (Bel-), h. c^ne de Bourrou. — *Mayn. d'Estisso de bello Arbore*, 1474 (Dives, G. E.).

Arbre (Bel), h., anc. maison à Périgueux. — *Domus de Bel Albre*, ante *Macellos*, 1260 (Lesp. vol. 82, p. 1)

Arbre (Le Grand-), éc. c^ne de Plazac. — *G. Albre* (B.).

Arbre (Le Grand Bel), c^ne de Saint-Michel-l'Écluse.

Arbre-Espic (L'), écart, c^ne de Chantegeline. — *L'Arbre-Espirt*, 1501 (Lesp. 18).

Arbre-Espic (L'), lieu, c^ne de Saint-Aubin-de-Lanquais (terr. de Lanquais).

Archambaud, c^ne de Belvez, fief relev. de l'abb. de Fongauffier (terr. de l'archev. de Bordeaux).

Archambaud, éc. c^ne de Villefranche-de-Belvez (B.).

Archambaudie (L'), c^ne de Celle, dom. 1772 (Lesp. Dénombr. de Montardit).

Arche (Le Gour-de-l'), h. c^ne de Beaurone-de-Chancelade.

Archène (L'), h. et m^in, c^ne de Cunèges (B.).

Archerie (L'), h. c^ne de la Douze. — Voy. Larcherie.

Arcues (Les), éc. c^ne de Queyssac (cad.).

Archies (Les), c^ne de Saint-Alvère (cad.) — *Arsis* (B.).

Archignac, c^ne, c^on de Salignac. — *Sanctus Stephanus d'Archanac*, 1168 (Lesp. 30). — *Archinac* (pouillé du xiiie siècle). — *Archinhacum*, 1365 (Lesp. Châtell.). — *Archiniac*, 1760. — Prieuré O. S. B. (panc. de l'év.).

Anc. rep. noble mouvant au xiiie siècle de la châtell. de Larche, depuis de la haute justice de Jayac. — Vocable : Saint-Eutrope; coll. l'év. et l'abbé de Saint-Amand par moitié.

Ancies (Aux), h. c^ne de Queyssac (S. Post.).

Ancies (Les), c^ne de Boisseuil (Cass.).

Ancs, h. c^ne de Saint-Martin-le-Peint (B.).

Ardalliers (Les), h. c^ne d'Eyliac (S. Post.).

Andilliers (Les), éc. c^ne de Sainte-Marie-de-Chignac.

Aregne (L'), friche, c^ne de Sainte-Foy-de-Longas (A. Jud.).

Arène (L'), c^ne de Vic (Reci, 1649). — *Las cumbas amarestas?* (Liv. N. p. 11).

Arènes (Amphithéâtre et Jardin des), enclos dans la cité de Périgueux. — *Locus arenarum Petragoræ*, 1159 (P. Labbé, t. I.). — Emplacement occupé par le château des Rolphies, et plus tard par le couvent de la Visitation, qui lui a donné son nom.

ARFEUIL (Cros de l'), taillis, c^{ne} de la Monzie-Montastruc (A. Jud.).

ARGENSAC, h. c^{ne} de Saint-Pardoux-de-Drone.

ARGENTALOU, h. c^{ne} de Sarlat (cad.).

ARGENTINE, sect. de la c^{ne} de la Rochebeaucourt. — *Argentina* (pouillé du XIIIe siècle).

Cette paroisse était de l'archipr. de Gouts au XIVe siècle et de l'archipr. de Peyrat au XVIe; coll. l'abbé de Brantôme. — Anc. rep. noble. — Patron : saint Martin.

ARGENTINE, h. c^{te} de Saint-Angel (B.).

ARGENTONESSE, éc. c^{ne} de Castel (B.).

ARGENTOULAN, h. c^{ne} de Sarlat.

ARGONELLE, fontaine, c^{ne} de Sengeyrac (12... Lesp. Homm. au comte de Périgord).

ANGOUILLET, h. c^{ne} de Boisseuil (B.).

ARIBASSOL? lieu-dit, c^{ne} de Saint-Cyprien, *a riva sol.*, *aribassol.* 1462 (arch. de la Gir. Saint-Cyprien).

ARISIAS (LES), h. c^{ne} de Mazeyrolles.

ANJAUVEN? c^{ne} de Celle. — *Mansus Arjaurent*, 1269 (Lesp. vol. 81, n. 18).

ARMAGNAC, h. c^{ne} de Léguillac-de-Lauche.

ARMAGNAGOUX (LES), h. c^{ne} de Limeuil.

ANNAUD, h. c^{ne} de Rouffignac-Montigny. — *Arnault* (Cass.).

ARNAUDIE (L'), h. c^{ne} de Saint-Amand-de-Coly (B.).

ARNAUDIE (L')? c^{ne} de Saint-Astier. — *La Arnaudia*, 1262 (Périg. M. II. 13).

ARNAUDS-GUILHEMS (LES), h. c^{ne} de Serre (B.).

ARNAUTIE, h. c^{ne} de Plazac.

ARNOLPHE? c^{ne} de Neuvic. — *Nemus Arnolpheus*, 1263 (Lesp. 25).

ARRAYRES (LES), h. c^{ne} de Biron (B.).

ARRENTEMENS (LES), terre, c^{ne} de Valajoux (A. Jud.).

ANNES (LES), b. c^{ne} de Naillac.

ARROMIENT? c^{ne} de Celle. — *M. de Arromient*, 1455 (Périg. M. H, 41, 7).

ANSALET, bois, c^{ne} de Manzac (Dives).

ARSAUT (L'), nom d'un faub. et d'une anc. porte de ville de Périgueux.— *Larsaut*, 1260 (Lesp. Périg.). — *Burg. voc del saut.* (arch. de l'évêché). — *Hospitalis de Arduo Saltu*, 1290 (Périg. 41, 3). — *Sainte-Marie de l'Arsault*, 1360 (Courcel. G. de Laurière). — *Lagulhion et tour de Larsaut* (Lesp. Dénombr. au XIVe siècle). — *Lard-sault*, 1675 (cosmographie de Belleforest). — *Larceau* (Cass.). — Belle fontaine à l'extrémité du faubourg.

ANSILIÈRES (LES), c^{ne} de Vic. — *Las Arsilieras*, tén. 1680 (Act. not.).

ANSILIERS (LES), h. c^{ne} de Villetoureix (cad.).

ANSILOUX (GRAND et PETIT), h. c^{ne} de Mensignac, XVIIe siècle (arch. de l'O. S. J.). — *Argilloux* (B.).

ANSITZ (LES), tour d'enceinte et place hors de Périgueux, devant la porte de Ponte. — *Lo Arsitz*, 1389 (Recueil de titres de Périgueux).

ANTIC, h. c^{ne} d'Archignac (B.).

ARTIGAS, c^{ne} de Saint-Martial-d'Artensec. — *M. d'Artigas*, 1269 (Lesp.).

ARTIGAUX (LES), taillis, c^{ne} des Lèches (A. Jud.).

ARTIGE (L'), h. c^{ne} de Saint-Laurent-du-Double.

ARTIGEAS, h. c^{ne} de Badefol-d'Ans. — Anc. fief (Courcelles).

ARTIGEAS? lieu-dit, c^{ne} de Saint-Martin-de-Gurson. — *In Artigas*, 1273 (Wolf.).

ARTIGEAS (LA FON-D'), h. c^{ne} de la Nouaille (B.).

ARTIGOLE (LA GUÉRITE D'), tour de l'ancienne enceinte de Sarlat (siége de 1587, Chr. du Périg. vol. 3).

ARTIGUE (L'), h. c^{ne} de Pesul (B.).

ARTIGUE (LONGUE). — *Longa Artiga*, 1199 (cart. de Cadouin). — *Grangia de Artigalonga*, 1206 (*ibid.*). Maison dépendante de l'abb. de Cadouin; elle était située entre Rouillas, Saussignac, Lembeye et la Dordogne (Arrentem. de 1459, arch. de la Gir. Belvez).

ARTIGUELONGUE? comm^{rie} de l'ordre de Saint-Antoine-en-Guyenne (Maladreries, ms de la Bibl. Imp.).

ARTIGUES (LES), lieu-dit, c^{ne} du Coux, XVIIe siècle (terr. de Bigaroque, arch. de la Gir.).

ARTISSAC, lieu-dit, c^{ne} de Villedieu (cad.).

ARTIX, h. c^{ne} de Saint-Paul-la-Roche (A. Jud.).

ARTOS (PAS D'), c^{ne} de Sainte-Mundane. — *Al pas del tras*, 1398 (arch. de Fénelon).

ARTUS (PECH D'), c^{ne} de Cadouin (vente nation. 1791).

ARZÈNE (L'), lieu-dit, c^{ne} de Montignac.

ARZENS (LES), faub. de Mussidan, dépendant autrefois du prieuré de Sourzac.

ARZILLIER (L'), f. c^{ne} de Minzac (A. Jud.).

ASPLATS, h. c^{ne} de Saint-Amand-de-Coly (B.).

ASPRE, c^{ne} de la Cropte (terr. 1326, gén. de la Cropte).

ASPRILLES? c^{ne} de la Chapelle-au-Bareil. — *Mas-d'Asprilles*, 1400 (Lesp. Homm. 51).

ASTAUDEL (L'), ruiss. qui arrose la c^{ne} de Saint-Jean-d'Ataux et se jette dans la Beaurone.

ASTON, h. c^{ne} de Bouillac (B.).

ASTRUBIL, h. c^{ne} de Simeyrol (B.).

ATAUX (A LA FON-D'), n° 374, sect. C, c^{te} de Sainte-Eulalie-d'Ans (A. Jud.).

ATAUX (SAINT-JEAN-D'), c^{ne}, c^{on} de Neuvic. — *Astaul* (pouillé du XIIIe siècle).—*Astaux*, 1382 (P.V.M.). — *Sanctus Johannes Atauli, d'Ataulo, Atauti, de Atauco*, 1439 (Lesp. 88 *passim*). — Coll. le chap. de Saint-Astier.

Anc. rep. noble mouv. au xiv° siècle de la châtell. de Saint-Astier, depuis ayant haute justice sur Ataux, 1790.

ATUR, c^ne, c^on de Saint-Pierre-de-Chignac. — *Astureu* (pouillé du xiii° siècle).—*Asturio*, 1382 (P. V. M.). — *Astuers*, 1399 (Lesp. 25). — *Astur*, 1760 (Alm. de Guy.).—Voc. Saint-Jean-Baptiste; coll. l'évêque.

AUBAS, c^ne, c^on de Montignac. — *Ambas* (pouillé du xiii° siècle). — *Aubas*, 1365 (Lesp. Châtell.). — *Albacium*, 1479 (Gall. ch. eccl. Petr.).

AUBENAC, c^ne de Lisle. — 1489 (arch. de l'O. S. J.).

AUBERGERIE, rue et anc. porte de ville à Périgueux. — *Porta de las Albergarias.* — Autrement *Saint-Roch.*

ALBEROCHE, c^ne du Change. — *Alba-Rocha* (Chron. Gauf. Vos.). — *W. M. de Aubrupe*, 1117 (inscr. dans l'église de Saint-Avit-Senieur). — *Albaroca*, 1169 (Lesp. Bulle I, vol. 30). — *Duo Capellæ d'Albarupe* (pouillé du xiii° siècle, Lesp.).— Un des châteaux construits par Frotaire, évêque de Périgueux, pour la défense contre les Normands, au x° siècle.

Anc. châtell. dont dépendaient 14 paroisses : Ajat, Antone, Blis, le Change, Cubjat, Eyliac, Fossemagne, Limeyrac, Millac, Montagnac, Saint-Antoine, Saint-Crépin, Saint-Pierre-de-Chignac et Sarliac.

AUBEROCHE, c^ne de Fanlac. — *Albarupes*, 1491 (Lesp. Homm.).

Anc. rep. noble avec haute just. sur Fanlac, 1760 (Alm. de Guy.).

AUBERTIEYRAS, h. c^ne de Saint-Sulpice-de-Mareuil. — 1486 (inv. de Lanmary).

AUBERTS (LES), h. c^ne de Saint-Caprais-d'Eymet (B.).

AUBETERRE, ville de l'anc. dioc. de Périgueux, auj. dans le dép^t de la Charente. — *Albaterra*, 1004 (Vita Abbonis). — *Sanct. Salvator Albeterre* (pouillé du xiii° siècle). — *Aubaterra*, 1358 (Lesp.). — *Aulbetre*, xvi° siècle (arch. de l'Empire, K, 1170).

Abb. séculière; l'église collég. de Saint-Jacques, rasée dans les guerres de religion, avait 12 chanoines et 13 dignitaires; les églises à la présentation du chapitre d'Aubeterre étaient en Périgord : Bourg-des-Maisons, Chenau, Cumont, Festelemps, Grésignac, Saint-Martin-de-Viveyrols. — Comm^rie de l'ordre de Saint-Antoine. — Maladrerie de fondation royale. — Patron : le grand aumônier de France. — Hôpital fondé par les S. d'Aubeterre.— Cordeliers. — Minimes en 1617. — Clairettes.

Église Saint-Jean, taillée dans le roc au-dessus duquel était bâti le château. — Comme châtellenie, Aubeterre dépendait de la sénéch. d'Angoumois.

AUBETERRE, h. c^ne de Carlux (B.).

AUBRADOUX, tén. c^ne de Saint-Avit-Rivière (A. Jud.).

AUBRADOUX (LES), bois de 48 hect. c^ne de Beaurone (cad.).

AUBRADOUX (LES), lieu-dit, c^ne de la Roche-Beaucourt. ·— *Combe de Aubradoux*, 1456 (arch. de l'O. S. J.).

AUBUGE (L'), dom. c^ne de Payzac-Nontron (A. Jud.).

AUCHOU (L'), lieu-dit, c^ne de Cornille.

AUCHOU (L'), éc. c^ne de Tocane.

AUCHOU (PEY D'), c^ne de Boulazac.

AUCON, h. c^ne de Beaussat. — Anc. fief.

AUDEQUARIE (L')? c^ne de Saint-Chamassy. — *M. de l'Audequaria* (Liv. N. p. 85 et 24).

AUDIDENTIE (L'), sect. de la c^ne de Festalemps (cad.).

AUDIS (LES), h. c^ne de Fleurac (B.).

AUDOUIN (LE MAS)? — *El Mas-Audoi*, 12... (cart. du Bugue).

AUDOUNIE (L'), h. c^ne de Coursac (B.).

AUDOYER, h. c^ne de Bourdeix (B.).

AUDRIS (LES), h. c^ne d'Eymet (B.).

AUDRIX, c^ne, c^on de Saint-Cyprien. — *Audris* (pouillé du xiii° siècle). — *Audricum*, 1382 (P. V. M.).

Audrix avant le xiv° siècle était de l'archipr. du Bugue. Lors de la création de l'évêché de Sarlat, il devint le titre de deux archipr. dont l'une était de l'év. de Périgueux et l'autre de celui de Sarlat. L'archipr. d'Audrix, dans le diocèse de Périgueux, se composait de 10 paroisses : Auriac, Bars, Fanlac, les Farges ou Cheylard, Montignac, Plazac, Rouffignac, Thenon, Thonac et Saint-Léon (État des par. 1732); l'archipr. d'Audrix du dioc. de Sarlat se composait également de 10 paroisses : Audrix, la Cadène-Saint-Georges, Campagne, Chapelle de la Turcarie, le Coux, les Eyzies, Lussac, Mouzens, Saint-Chamassy et Tayac (carte de l'év. de Sarlat par Samson, 1740). — Ces paroisses faisaient antérieurement partie : les premières, de l'archipr. de Saint-André, ou *Sarlatensis;* les autres, de l'archipr. du Bugue.

Anc. rep. noble rel. de la châtell. de Limeuil.

AUDRY, h. c^ne du Fleix.

AUGEARDIE (L'), h. c^ne de la Nouaille (Cass.).

AUGEAUX (GRAND-), h. c^ne d'Hautefaye (B.).

AUGERIE (L'), h. c^ne de Coursac (B.).

AUGIGNAC, c^ne, c^on de Nontron. — *Auguilhacum*, 1365 (L. 88). — *Douginhac*, xvi° siècle (arch. de Pau, châtell.).

Anc. rep. noble relevant de la châtell. de Nontron au xiv° siècle, et ensuite de la justice de Champniers. — Voc. Saint-Martial; coll. l'évêque.

AUGUNAUD, h. c^ne de Saint-Léon-sur-l'Isle.

AULANDIE (L'), h. c^ne d'Abjat-de-Nontron.

AULERIE (L'), lieu-dit, c^ne de Saint-Médard-de-Gurson.

Aulis? c⁰ⁿ de Belvez. — *Parochia de Aulis*, 1372 (priviléges donnés par L. d'Anjou à Belvez).
Aupilière (L'), h. cⁿᵉ de Sarrazac (B.).
Auriac, h. cⁿᵉ de Calès (A. Jud.).
Auriac, cⁿᵉ, c⁰ⁿ de Montignac. — *Auriacum* (pouillé, Lesp. 27).
Voc. Saint-Étienne. Paroisse unie au chapitre de Saint-Front.
Auriac, sect. de la cⁿᵉ de Saint-Jean-du-Salembre. — *Auriac*, 1297 (Lesp. 51, Mellet).
Auriac-de-Bourzac, cⁿᵉ, c⁰ⁿ de Verteillac. — *Auriac* (anc. pouillé, Lesp. 27). — *Auriacum*, 1365 (Lesp. Châtell.).
Voc. Nativ. de Notre-Dame; coll. le chap. d'Aubeterre.
Aurimont, sect. de la cⁿᵉ de Gouts (cad.).
Auriol? dans la forêt de Cadouin. — *Auriola*, 1147 (cart. de Cadouin, donat. à l'abbaye).
Auriol (Castel d'), taillis, cⁿᵉ de Sainte-Mundane (cad.).
Auriol (Pech), lieu-dit, cⁿᵉ de Saint-Alvère (cad.).
Auriol (Pech), lieu-dit, cⁿᵉ de Sarlat (cad.).
Auriol (Puy-), c⁰ⁿ de Périgueux. — *Capella de Podio Auriol* (pouillé du xiiiᵉ siècle, archipr. de la Quinte). — *Curia de Podio Aurioli*, 1556 (panc. de l'év. de Périgueux). — Coll. le prieur de Saint-Cyprien.
Auriole, bois, cⁿᵉ de Doissac, 1295. — *Nemus de la Auriola*, 1459 (arch. de la Gir. Belvez).
Aunis? cⁿᵉ de Saint-Alvère. — *Mansus des Auris* (Lesp. Arch. de Saint-Alvère).
Aurissols (Les), h. cⁿᵉ de Saint-Pardoux-de-Belvez(B).
Aurival, dépend. de l'anc. dioc. de Périgueux, auj. dans le dép' de la Charente. — *Aurival* (pouillé du xiiiᵉ siècle). — *Aurivallis* (P. V. M.). — *Priorat. de Aurevallis*, 1376 (chartes Mourcin).
Coll. le prieur de Chalais, en Limousin.
Aurival (Combe d'), lieu-dit, cⁿᵉ de Mauzens. — *Cumba de Aurivallo*, 1463 (arch. de la Gir. Bigaroque).

Ausalacour, éc. cⁿᵉ du Temple-la-Guyon (B.).
Ausone, ruiss. affl. de la Drone, près du Petit-Brassac.
Aussou (Le Bost d'), bois, cⁿᵉ d'Eyvirat (A. Jud.).
Auterie (L'), lieu-dit, cⁿᵉ d'Escoire (Cass.).
Autrivialle, h. cⁿᵉ de Clermont-d'Excideuil (S. Post.).
Auvergnats (Les), éc. cⁿᵉ de Monravel (B.).
Auvergnats (Les), éc. cⁿᵉ de Montcarré (B.).
Auvergne (L'), h. cⁿᵉ de Sanillac (B.).
Auvezère (L'), riv. qui prend sa source en Limousin, entre dans le dép' à Cubas, passe à Tourtoyrac, à la Boissière-d'Ans et au Change et se réunit à la Vézère un peu au-dessous d'Antone. — *Flumen Alvescra*, 1185 (Justel, *Hist. de Turenne*). — *Haut Vezère* (B.).
Auvinerie (L'), h. cⁿᵉ de Gaulegeac (B.).
Auzat, h. cⁿᵉ de Campagnac-lez-Quercy (B.).
Auzel (Roc de l'), coteau, cⁿᵉ de Lanquais.
Auzelie (L'), éc. sur une hauteur, cⁿᵉ de Négrondes (B.).
Auzelie (L'), h. cⁿᵉ de Sengeyrac (B.).
Auzeloux (Les), h. cⁿᵉ de Saint-Germain-du-Salembre (B.).
Auziller (L'), futaie, cⁿᵉ de Minzac (A. Jud.).
Aydelene? cⁿᵉ de la Force. — *Mansus Aydelene*, 1308 (Périg. M. H. 41, 2).
Aygue (L'), h. cⁿᵉ de Trémolac. — *Laygua*, 1452 (Liv. N. 2).
Ayrials (Les), lieu-dit, cⁿᵉ de Saint-Aubin-d'Issigeac.
Aza, h. cⁿᵉ de Nontron.
Azenières, h. cⁿᵉ de Journiac, 1689 (Acte not.). — *Asinières* (B.).
Azerat, cⁿᵉ, c⁰ⁿ de Thenon. — *Azerat* (anc. pouillé, Lesp.). — *Aseracum*, 1365 (Lesp. Châtell.). — *Azaracum*, 1382 (P. V. M.). — *Asseracum*, 1483 (Généal. de Rastignac).
Voc. Notre-Dame Assomption; coll. l'év. — Anc. rep. noble mouv. de la châtell. d'Hautefort, depuis ayant haute justice sur la par. 1760 (Alm. de Guy.).

B

Babaux (Les), h. cⁿᵉ du Bugue.
Babiaud, lieu, cⁿᵉ de Vern (cad.). — *Babiol* (B.).
Babiaut, section de la cⁿᵉ de Doissac. — *Eccles. de Batbuou*, *Batbuo*, 1459 (arch. de la Gir. Belvez).
Baboucher, h. cⁿᵉ de Carlux (A. Jud.).
Babounies, h. cⁿᵉ de Simeyrols (A. Jud.).
Bacaresse (La), h. cⁿᵉ de Doissac.
Bacbaud, h. cⁿᵉ de Florimont (B.).
Bachelerie (La), cⁿᵉ, c⁰ⁿ de Terrasson. — *Cern* (pouillé du xiiiᵉ siècle). — *Cernum*, 1382 (P. V. M.). — *Sern*, 1400 (Lesp.). — *La Bachalaria*, 1466 (Lesp. 52). — Patronne : sainte Madeleine.
Bachelerie (La), h. cⁿᵉ de Bertric (S. Post.).
Bachelerie (La), éc. cⁿᵉ de Valojouls.
Bachelions (Les)? cⁿᵉ de Lisle. — *Les Bachellions*, 1772 (Acte not.).
Bachoune (La), h. cⁿᵉ de Fougueyrolles (B.).
Baconaille, h. cⁿᵉ de Marsaneix.

BACONET (LES), éc. c^ne de Valeuil (B.).

BACONIE (LA), c^ne de Gouts (arch. de l'O. S. J.).

BACONITE, éc. c^ne de la Cropte. — *Mans. de la Baconia*, 1409 (arch. de l'O. S. J.), dép. de la comm^rie de Mortemart. — *Biconite* (B.).

BACOULAT? fief dépend. de Ribérac, 1550 (châtell. de Ribérac).

BADAILLAC, h. c^ne de Ladornac.

BADAILLAT, h. c^ne de Monsec (B.).

BADEAU (ROQ DE), lieu-dit, c^ne de Saint-Cibranet (cad.).

BADEFOL, c^ne, c^on de Cadouin. — *Paroc. S. Vincens al port de Badafol*, 1243 (arch. de l'Emp. cens. de Badefol). — *Castrum de Badefol*, 1273 (homm. de Marg. de Turenne). — *Badafollum*, 1364 (châtell. du Périg. Lesp. 10). — *Batefol* (Froissard). — *Badefol-lez-Lalinde*, *Badefol-sur-Dordogne*, xvie siècle (arch. de Pau). — *Badeffou*, xviie siècle. — *Badefols de Cadouin* (Cal. adm. de la Dordogne).

Au xive siècle, châtellenie s'étendant sur 4 paroisses: Calès, Cussac, Pontours et Saint-Vincent-de-Badefol. — Voc. Saint-Vincent; coll. l'abbé de Cadouin.

BADEFOL-D'ANS, c^ne, c^on d'Hautefort. — *Badeffol* (pouillé du xiiie siècle). — *Badaffou*, 1292 (Lesp. 51). — *Badafollum*, 1364 (châtell. du Périg. Lesp. 10). — *Badafol*, 1382 (P. V. M.). — *Badefols-d'Ans* (Cal. adm. de la Dordogne).

Anc. rep. noble. Au xive siècle, mouv. de la châtell. d'Ans, depuis avec haute justice sur Badefol et Chatres, 1760 (Alm. de Guy.). — Patrons : saint Martin et saint Cloud.

BADEGOL, grotte près de Goursac, c^ne de Beauregard, c^on de Terrasson. — Signalée pour la première fois en 1820, dans le Cal. adm. de la Dordogne, par Jouannet. Sous une falaise dominant le vallon du Cern, limon ossifère dans la grotte et dans la terrasse qui est au-dessous, empâtant des silex taillés de main d'homme et mêlés à des dents de rennes et d'aurochs.

BADEIX, h. et étang, c^ne de Saint-Estèphe.

Prieuré conv. de l'ord. de Grandmont, uni au prieuré de Raveau, dioc. d'Angoulême. L'église est convertie en grange. — Anc. *Boisgemme*.

BADEVANT, h. c^ne de Sainte-Eulalie, c^on d'Eymet.

BADIE, h. c^ne de Mauzens.

BADIE (LA HAUTE et LA BASSE), h. c^ne de Colombier.

BADIEU, écart, c^ne de Biron (B.).

BADIFOL, bois et vigne, c^ne du Fleix (A. Jud.).

BADILS (LES), h. c^ne de Beauregard-Terrasson.

BADOQUE (LA), lieu-dit, c^ne de Paunac (cad.).

BADOU (CHAMP DE) ou LES GRÈZES BADOUS, c^ne de Faux, autrement *borie de las Poulgades* (arp. de 1771).

BADOU (LE), éc. c^ne de Montfaucon.

BADOULIE (LA), h. c^ne de Sengeyrac.

BADOUNIE (LA), terre, c^ne de Trémolac, 1779. — *La Baudounie* (Acte not.).

BADOUSSIE (LA), h. c^ne de Mortemart.

BAGNAC, h. c^ne d'Atur (B.).

BAGNE, h. c^ne d'Atur (A. Jud.).

BAIACENSIS, anc. archiprêtré. — Voy. BOUNIAGUES.

BAIADENSIS? *Terræ Baian. et Baiaden.* 1253. — Concession à P. de Gontaut, de Bergerac, et terres des environs, entre autres celles-ci (Lesp. 48).

BAIANENGUES? aux environs de Gurson. — *Rivus de Baianengues...* (cart. de la Sauve).

BAIAVILLA? c^ne de Monbos? — 1135 (cart. de Cadouin).

BAIBASTAS, c^ne de Vern. — *Tenencia de Baibastas*, 1432 (Périg. M. H. 7).

BAILLARGE (LA), c^ne de Boisseuil. — *Mans. de la Batharguia*, 1279 (arch. de l'Emp. J. 397).

BAILLARGE (LA), pré, c^ne de Villamblard. — *La Bathargues*, 1393 (Périg. M. H. 41, n. 5).

BAILLARS, h. c^ne de Payzac (B.).

BAILLONE (LA), h. c^ne de Bourniquel.

BAILLOU, h. c^ne de Coursac (B.).

BAINAC, h. c^ne de Saint-Pardoux-la-Rivière.

BAJACOT, h. c^ne de Castel.

BAJACOT, h. c^ne de Saint-Cibranet.

BAJANES, territ. aux environs d'Issigeac. — *Bajanès*, 1188 (arch. de Cadouin. Lesp.). — *Bajanosium scilicet quidquid habet apud Yssigiacum*, 1273 (test. de Marg. de Turenne). — *Sanctus Albinus in Banesio*, 1273 (col. L.). — *Baianesium*, 1273 (W.). — *Basaneg*, 1283 (rôles gascons). — *Barsaneium, Benaseium*, xive siècle (W.). — *Monte acon in Benaieso* (W. n. 220).

BAJEAUX (LES), h. c^ne de Corgnac (B.).

BAJOULANT, font. près de la ville de la Linde (A. Jud.).

BAJOURAUX, h. et m^in, aux environs d'Issigeac (B.).

BALACAUD, h. c^ne de Saint-Jean-d'Eyraud (B.). — *Belascouptz*, 1671 (Acte not.).

BALADOUX (LE), h. c^ne d'Angoisse (S. Post.).

BALAGNE (LA), ruiss. du c^on de Brantôme, affl. de la Drone.

BALALO, h. c^ne de Plazac. — *Domus de Balaleu?* 1275 (Épitaphe de P. de Saint-Astier, fondateur de cette maison).

BALAN (GRAND et PETIT), h. c^ne de Chalais.

BALANDIES (LES), taillis, c^ne de Beleymas (A. Jud.).

BALANDRAUS, c^ne de Bertric. — *Lo mas Balandraus*, 1220 (terr. O. S. J.).

BALANQUE (LA), taillis, c^ne de Mauzens-Miremont.

BALANS, h. c^ne de Brantôme (S. Post.).

BALASCOU (LE), éc. c^ne de Cabans (A. Jud.).

BALATA (LE), éc. c^ne de Villefranche-de-Belvez.

Dordogne.

2

BALATRIE (LA,) terre, c^{ne} de Montignac-sur-Vézère (A. Jud.).

BALBIE (LA), h. c^{ne} d'Église-Neuve. — *La Balbia*, 1479 (Bail. coll. L.).

BALÉNIE (LA), h. c^{ne} du Coux, autrement *la Sebelie*, 1460 (arch. de la Gir. Bigaroque).

BALENIE (LA), ancien fief, c^{ne} de Sarrreac (Courcelles, Gónéal. de Comarque).

BALESTRIE, h. c^{ne} du Coux.

BALEYRAC, h. c^{ne} de Sainte-Foy-de-Belvez (cad.).

BALEYTIERS, h. c^{ce} du Grand-Change.

BALINAS (LES), éc. c^{ne} de Goust (B.).

BALIRAC? c^{ne} de Beaumont. — *Mans. de Balirac*, 1471 (arch. de l'O. S. J.).

BALLAND, h. c^{ne} de Biron (B.).

BALMADE (LA), h. c^{ne} de Belvez, autrement *la Borie*, 1462.

BALME (LA)? c^{on} de Vélines. — *Ecclesia de Balmas, archip. de Monrevel* (pouillé du xiiie siècle).

BALME (LA), éc. c^{ne} de Vitrac.

BALME (SOUS LA), lieu-dit, c^{ne} de Couze (cad. sect. B. 22).

BALMETENUE (A LA) ou COMPENDOU, lieu-dit, c^{ne} de Gaugeac (A. Jud.).

BALOBELIA? c^{ne} de Cherval. — Mayn. voc. *Balobelia in loro lou Pouy de Charvard*, 1463 (arch. de l'O. S. J.; terr. de Soulet).

BALOTIÈRE (LA), brouss. c^{ne} de Calviac (A. Jud.).

BALOU, b. c^{ne} de Rouffignac-Montignac (A. Jud.).

BALOTTAMA, taillis, c^{ne} d'Auriac-Montignac (A. Jud.).

BALQUET? c^{te} de Champagnac. — *Al Balquet*, 1436 (Périg. M. II. 41, n. 7.)

BALQUIA? c^{ne} de Saint-Martin-des-Combes. — *Tén. de la Balquias*, 1730 (Reconn).

BALZAC, lieu-dit, c^{ne} de Périgueux.

BANADE (LA), taillis, c^{ne} du Change (A. Jud.).

BANAGONA, c^{ue} d'Atur. — *Bord. de la Banagona*, 1333 (Lesp. 35).

BANCHAREL, c^{ne} de Bersac, 1355. — *Al Bancharel* (Lesp. 52).

BANCHAREL, c^{te} de Calviac. — *Mas del Bancorel*, 1451 (arch. de Fénelon).

BANCHAREL, h. et mⁱⁿ, c^{ne} de Léguillac-de-Cercles. — *Banserel* (B.).

BANCHAREL, vill. c^{ne} de Mayac. — *Eccl. de Bancharel* (pouillé du xiiie siècle; archipr. d'Excideuil). — *Les Blanchiraux* (Cass.).

Le campanile subsiste.

BANCHAREL, terre, c^{ne} de Pazayac. — *Al Bancharel*, 1529 (fabr. de Pazayac).

BANCHAREL, c^{ne} de Périgueux. — *Crux de Bancharel supra bellum podium*, 1286 (Périg. Recueil de Tit. p. 103).

BANCHAREL, éc. c^{ne} de Saint-Mayme-de-Perayrol (B.).

BANCHAREL, c^{ne} de Saint-Pierre-de-Cole. — *Mol. de Bancharel*, 1469 (O. S. J. Puymartin).

BANCOUREL (LE), h. c^{ne} de Campagnac-lez-Quercy (B.).

BANDIAT (LE), petite riv. qui sort de l'étang de Balaran, dans le dép^t de la Haute-Vienne, et entre dans celui de la Dordogne par l'arrond. de Nontron, aux bois de Matraulet; formant un angle au-dessous de Nontron, elle remonte au sud-ouest, baigne les c^{nes} de Nontronneau et de Javerlhac, et grossie de plusieurs ruisseaux, dont la Doue est le plus considérable, elle quitte l'arrond. à Puicort, c^{ne} de Varaignes, pour entrer dans le dép^t de la Charente. Au-dessous de Marthon ses eaux diminuent sensiblement, et elles finissent par disparaître entièrement à 20 kilomètres plus loin, près des bois de Saint-Projet. — Presque dans tout son cours, tant qu'elle arrose l'arrond. de Nontron, elle sépare le sol granitique du sol calcaire.

BANÉGE (LA), petit ruiss. affl. de la Cone, qui passe à Bouniagues.

BANÉGE (LA), ruiss. affl. du Drot. Il prend sa source aux Bernoux, c^{ne} de Montaut, passe à Issigeac et reçoit la Sindrone auprès d'Eyrenville. — *R. de la Banega*, 1469 (col. L.).

BANEIX (CHAMP DE), terre, c^{ne} de Saint-Aignan-d'Hautefort (A. Jud.).

BANEL (LE), lieu-dit, c^{ne} de Saint-Alvère (cad.).

BANEPIQUET, dom. c^{ne} de Saint-Jean-d'Ataux, xvie siècle (Baux. Lesp. 9).

BANES, h. c^{ne} de Beaumont. — *Vicus de Banas* (Brev. de Sarlat. Propre de Saint-Avit, vi^e siècle). — *Bannes*, xviie siècle (Acte not.).

La légende de saint Avit, vivant au ve siècle, porte qu'il se serait arrêté en ce lieu et y aurait pris un compagnon avant de se faire ermite. — Cimetière gallo-romain entre l'église et le château. — Anc. par. Voc. Saint-Martin; coll. l'abbé de Cadouin. — Anc. rep. noble sur un promontoire escarpé qui domine la vallée de la Couze; relevant de la baronnie de Pujols en Agénois (Lesp. Généal. v. 58); ayant depuis haute justice sur la paroisse (Alm. de Guy. 1760).

BANES, écart, c^{ne} de Castelnau.

BANES, mét. c^{ne} de Cause-de-Clérans. — *Bouriage de Banes*, 1651 (Acte not.).

BANES, c^{ne} de Millac-d'Auberoche. — *Domus de Banas*, 1411. — Anc. rep. noble (Lesp. Homm.).

BANET, h. c^{ne} de Biras. — *Villa quæ dicitur Baneth*, xiie s^e (Géogr. anc. du dioc. du Mans, par Cauvin. Instr. p. xli).

Lieu où, en 670, mourut Berarius, évêque du Mans.

BANEUIL, c^{ne}, c^{on} de la Linde. — *Banolium* (pouillé du XIIIe siècle). — *Banolhium*, 1472 (Liv. N.). — *Baneilh*, 1582 (Acte not.).

Anc. rep. noble, tour carrée du XIIe siècle, remarquable par le peu de vide qui est à l'intérieur. — Voc. Saint-Étienne et Saint-Pierre-ès-Liens; coll. l'évêque.

BANON, h. c^{ne} de Sorges (A. Jud.).

BANQUELY, h. c^{ne} d'Agonac. — Anc. rep. noble.

BANQUIERS? — *Terra de Banquiers* (cart. du Bugue).

BAPALIE (LA), h. c^{ne} de Saint-Paul-la-Roche.

BAPTEILLERAS, h. c^{ne} de Saint-Angel.

BAR (BOIS DE), terre, c^{ne} de Sarlat (A. Jud.)

BARACOIX, h. c^{ne} de Saint-Mayme (A. Jud.).

BARADIE (LA), h. c^{ne} de la Monzie (B.). — *La Barradia*, 1483 (Lesp.). — *La Barrania*, 1430 (ibid.). — *La Barrabie*, 1559. — *La Barranie*, 1602. — *La Barraudie*, 1744 (Acte not.).

BARADIS (LE), terre et bois, c^{ne} de Cantillac (A. Jud.).

BARADIS (LE), lieu-dit, c^{ne} de Limeuil (cad.).

BARADIS (LE), lieu-dit, c^{ne} de Sainte-Croix-de-Mareuil (A. Jud.).

BARADIS (LE), lieu-dit, c^{ne} de Saint-Julien-Brantôme (A. Jud.).

BARADIS (LE), h. c^{ne} de Saint-Médard-de-Gurson (B.).

BARADIS (LES), bois, c^{ne} de Marsalès (cad.).

BARADIS DE CHOMANDIE et DE MIGOT (LE), lieu-dit, c^{ne} de Saint-Orse (A. Jud.).

BARAIL (LA MOTTE), h. c^{ne} de Saint-Michel-l'Écluse (cad.).

BABAILLÉ (LE), ruiss. c^{ne} de Saint-Pierre-d'Eyraud; il se réunit à la Gouine avant de se jeter dans la Dordogne.

BARAIROUX, h. c^{ne} de Pressignac. — *Barriérou*, 1743 (Acte not.).

BARAJOUX (LES), lieu-dit, c^{ne} de Veyrignac (cad.).

BARAN, h. c^{ne} de Castel.

BARAN, éc. c^{ne} de Dome (B.).

BARASTOUIL, h. c^{ne} de Saint-André-Alas.

BARAT, c^{ne} d'Atur. — 1744 (Acte not.). — Anc. rep. noble.

BARAT, éc. c^{ne} de la Chapelle-Faucher (B.).

BARAT, terre, c^{ne} du Fleix (A. Jud.).

BARAT, c^{ne} de Liorac. — *Tén. de Barat et Fouzelles*, 1701 (Acte not.).

BARAT, h. c^{ne} de Montren (B.). — *Mayn. de Barat*, 1471 (Dives, 1).

BARAT, anc. rep. relev. de la seigneurie de Périgueux (aveu de 1679).

BARAT, h. c^{ne} de Saint-Médard-de-Gurson.

BARAT, mét. c^{ne} de Saint-Paul-de-Serre. — *Baucherel, alias de Barat*, 1526 (Dives, arrent.).

BARAT, mét. c^{ne} de Varennes, XVIIe siècle, appelée auj. le *Port-de-Lanquais* (coll. L.).

BARATON, h. c^{ne} de Gardone.

BARAUDOUX (LES), h. c^{ne} d'Abjat-de-Nontron (S. Post.).

BARAUX (LES), h. c^{ne} de Montplaisant (B.).

BARAUX (LES), h. c^{ne} de Saint-Pierre-d'Eyraut (B.).

BARBACANE (PORTE DE LA), à Périgueux. — Autrement *Porta de l'Arsaut* ou *Porte Neuve*.

BARBADEAU, h. c^{ne} de Périgueux (B.).

BARBAILLE, lieu-dit, c^{ne} d'Alas-de-Berbiguières (cad.).

BARBARAUDE, éc. c^{ne} de Peyzac.

BARBARIAS (LAS), h. c^{ne} de Peyzac (S. Post.).

BARBARIE (LA)? c^{ne} de Saint-Astier. — *Mayn. de la Barbaria*, 1168 (cart. de Chancelade).

BARBARIS (LES), h. c^{ne} de Savignac-les-Églises (Antiq. de Vés. t. I, 174).

BARBAROUS (LES), h. c^{ne} de Monesteyrol (B.).

BARBARY (LE), h. c^{ne} de Négrondes (B.).

BARBAS, ancien nom d'une partie du village de Montaudier, c^{ne} de Bourrou (Dives).

BARBASTIE, h. c^{ne} de Fongalau. — *Mans. de la Barbastia*, 1459 (arch. de la Gir. Belvez).

BARBAZAN, h. c^{ne} de Bourdeilles (S. Post.).

BARBE, h. c^{ne} de Badefol, c^{on} de la Linde. — *Barbadauria?* 1290 (cens. de Badefol, arch. de l'Emp.).

BARBE, éc. c^{ne} de Bars (B.).

BARBE-CANE (MOULIN DE), c^{ne} de Jaure. — *Barbo cavo*, 1601 (not. de B.).

BARBE-D'ON, éc. c^{ne} de Cours-de-Piles (B.).

BARBELEY (LA), éc. c^{ne} de Cornille (B.).

BARBELLE, h. c. de Paleyrac (S. Post.).

BARBENCHIE, c^{ne} de Sendrieux. — *Cumba de la Barbenchia*, 1452 (Liv. N. 1).

BARBE-NÈGRE, h. c^{ne} de Chenau (B.).

BARBEROUSE, éc. c^{ne} de Trélissac. - - 1736 (Acte not.).

BARBEYROL, h. c^{ne} du Fleix (B.).

BARBEYROL, h. c^{ne} de Pressignac. — *El Barbeyrol*, 1479 (Liv. N.).

BARBEYRON, h. c^{ne} d'Eybène. — *Mansus de Balbeyro*, 1325 (arch. de Fénelon). — *Castrum de Barbeyro*, 1346 (ibid.).

BARBEYROU, h. c^{ne} de Douville (B.).

BARBINYE (LA), h. c^{ne} de Villars. — 1640 (Acte not.). — Anc. rep. noble.

BARBOULADE (LA), lieu-dit, c^{ne} de Terrasson (cad.).

BARBOULEIX, c^{ne} de Saint-Mayme, 1730 (Acte not.).

BARBOUNÈS (LES), h. c^{ne} de Saint-Caprais-d'Eymet (B.).

BARBOUTAN, font. minérale près du h. de Bonnefont, c^{ne} d'Eyrenville (B.).

BARBOYSSIE (LA), éc. c^{ne} de Saint-Rabier (Cass.).

Bard, h. c^ne de Dome (B.).

Bardamie (La), h. c^ne de Villefranche-de-Belvez (B.).

Barde, c^ne de Saint-Sauveur. — *M. de la Barda*, 1499 (Liv. N. 63).

Barde (La), h. c^ne de Brantôme.

Barde (La), h. c^ne du Bugue. — *Repayr. de Barda*, 1382 (Lesp. 4o).

Barde (La), c^ne de Capdrot. — *Terra dicta de la Barda*, 1459 (arch. de la Gir. Belvez).

Barde (La), h. c^ne de la Chapelle-Grésignac.

Barde (La), h. c^ne de Creissac. — Anc. rep. noble.

Barde (La), h. c^ne d'Eyliac, 1503 (Mém. d'Albret).

Barde (La), lieu-dit, c^ne de Faux, autrement dit *del Clusel* ou *Pech Mazzu* (terr. de Lanquais).

Barde (La), h. c^he de Lusignac. — *Mayn. de la Barda*, 1468 (O. S. J.).

Barde (La), h. c^ne de Marsac (B.).

Barde (La), h. c^ne de Marsalès.

Barde (La), anc. forêt, c^on de Montpont. — *La forêt de la Barda près del Pizou* (Lesp. 10).

Barde (La), h. c^ne de Mussidan (cad.).

Barde (La), h. c^ne de Nastringues (B.).

Barde (La), de l'anc. dioc. de Périgueux, auj. dans le dép^t de Lot-et-Garonne. — *La Barda, in parochia de Doena*, 1209 (Lesp. 37).

Barde (La), h. c^ne de Pressignac. — *Fons de la Barda*, 1450 (Liv. N. 60).

Barde (La), h. c^ne de Quinsac (B.). — *La Barda*, 1297 (Lesp. 57). — Anc. rep. noble.

Barde (La), h. c^ne de Saint-Aquilin (B.).

Barde (La), h. et fief, c^ne de Saint-Crépin-de-Richemont.

Barde (La), h. et m^in, c^ne de Sainte-Foy-de-Belvez. — Anc. rep. noble (Homm. à l'archev. de Bordeaux, 1608).

Barde (La), h. c^ne de Saint-Sernin-d'Issigeac. — *La Barda*, 1178 (cart. de la Sauve, p. 195). — *Bardia*, 1362 (Lesp. 10).

Anc. rep. noble. — Châtell. composée au xive siècle de 3 paroisses : la Barde, Cone et Saint-Sernin.

Bardeaux, lieu-dit, c^ne de Dussac. — *Deux Bardeaux*. 1505 (Lesp. 10).

Bardenac, sect. de la c^ne de Marquays.

Bardesie? c^ne de Mensignac. — *Mayn. de la Bardesia*, 1502 (Lesp. 10).

Bardesoulle ou Combe-Malesse, lieu-dit, c^ne de Lanquais. — *Bardassoulle*, 1685 (coll. L.).

Bardette (La), ruiss. et dom. c^ne de Saint-Aigne. — *May. de la Bardeta*, 1484 (coll. L.).

Bardicale, h. et font. minérale, c^ne de Ginestet.

Bardicaleix, h. c^ne de Maurens.

Bardille, h. c^ne de Daglan.

Bardillou, h. c^ne de Saint-Aigne. — *Mayn. de Bardilho*, 1522 (coll. L.).

Bardis (Les), h. c^ne de Born-de-Champs.

Bardis (Les), h. c^ne de Bosset (B.).

Bardis (Les), h. c^ne de Chatres.

Bardissau, éc. c^ne de Saint-Aquilin (B.).

Bardon, c^ne de Saint-Orse. — *Bardo*, 1457 (Lesp. 79).

Bardonie (La), h. c^ne de Mortemart, 1699 (Acte not.).

Bardonies (Les), c^ne d'Issac. — *Las Bardonias*, 1726 (Acte not.).

Bardonies (Les), h. c^ne de Plazac.

Bardot, h. c^ne de Saint-Aulaye (B.).

Bardou, c^ne, c^on d'Issigeac. — *Bardo*, 1286 (cout. de Beaumont).

Voc. Saint-Ferréol. — Au xiiie siècle, dépendait de la bastide de Beaumont. — Anc. rep. noble ayant depuis haute justice sur Bardou, Nojals, Naussanes et le Pic, 1760 (Alm. de Guy.).

Bardoulets (Les), h. c^ne du Port-de-Sainte-Foy (A. Jud.).

Bardouly, éc. et m^in, c^ne de Saint-Aubin-de-Cadelech. — Anc. rep. noble.

Bare, h. c^ne de Rouffignac-Montignac (B.).

Bareil (Le), éc. c^ne de la Chapelle-au-Bareil. — Anc. rep. noble; a donné son nom à la commune.

Barenie (La), h. c^ne de Campagnac-lez-Quercy (terr. de Saint-Pompon).

Barétie (La), h. c^ne de Terrasson (cad.).

Bareyrac, h. c^ne de Négrondes (B.).

Bareyrou (Le), éc. c^ne de Boulazac (A. Jud.).

Barge (La), h. c^ne de la Boissière-d'Ans.

Barge (La), h. c^ne de Cubjac (A. Jud.).

Bargenésie (La), lieu-dit, c^ne de Sendrieux, 1699 (Acte not.).

Bargironette (La), h. c^ne de Bergerac.

Bargue-Paille, h. c^ne du Change (A. Jud.).

Barjou, c^ne de Sainte-Croix (S. Post.).

Barnabé, m^in et h. c^ne de Périgueux. — *Hospitium de Bernabé*, 1462 (Lesp. 33).

Barnagaud, h. c^ne de Saint-Médard-de-Gurson.

Barneuil, h. c^ne de Saint-Julien-de-Bourdeilles (B.).

Barny (La), h. c^ne de Saint-Michel-Mussidan (cad.).

Baroden, h. c^ne de Léguillac-de-Cercles (B.).

Barodie (La), c^ne de Manzac, tén. 1742 (Acte not.).

Baron (Moulin du), c^ne de Villefranche-de-Belvez (B.).

Baronie (La), h. c^ne de Bars.

Baronie (La), m. isolée, c^ne de Naillac (S. Post.).

Baronie (La), h. c^ne de Sourzac, 1666 (Acte not.).

Barou (Le Bos), éc. c^ne de Bars (B.)

Baroufières, éc. c^ne de Nontron.

Baroumé (Le), taillis, c^ne de Douville (A. Jud.).

Baroussie (La), h. c^ne d'Eyliac (Cass.).

Baroutis (Les), éc. c^ne de Cours-de-Piles (B.).

Barrade, forêt considérable qui couvrait jadis une grande partie du centre du département, les c^nes de Sendrieux, la Douze, Rouffignac, Mortemart, Thenon, etc. (Carte du Périg. 1714 par Delisle).

Barrade (La), taillis, c^ne de Saint-Pompon (A. Jud.).

Barraden, c^ne de Liorac. — Lo Casal Barradene, 1453 (Liv. N. 10).

Barradie, h. c^ne de Saint-Médard-de-Gurson (B.).

Barrail-de-la-Recluse (Le), faub. de Saint-Cyprien.

Barras, h. c^ne du Fleix (B.).

Barrau, h. c^ne de Montpont.

Barrau, h. c^ne de Mussidan (cad.). — Barraud, 1747 (Acte not.).

Barraudie (La), h. c^ne de Chantérac, 1450 (inv. du Puy-Saint-Astier).

Barraudie (La), h. c^ne de Manzac. — La Barraudia, 1496 (Dives).

Barre, h. c^ne d'Issac, 1739 (Acte not.).

Barreau, h. c^ne de Saint-Étienne-le-Droux (B.).

Barréges, c^ne de Lanquais, autrement Vallette (terr. de Lanquais). — Le nom de ce ténement n'existe plus.

Barréges (Pont de), c^ne de Couze, 1531 (arch. de la Gir. Couze).

Un chemin est dit aller de ce pont à Lanquais.

Barrete, h. c^ne de Proissans (B.).

Barrichou, h. c^ne de Cladech (B.).

Barrière, h. c^ne de Bergerac.

Barrière, lieu-dit, c^ne de Douzillac (cad.).

Barrière, h. c^ne de Gaulegeac (B.).

Barrière, anc. fief dans le bourg de Grignol. — Pheodus de Barriera, 1471 (Dives, 1).

Barrière, anc. ténement, c^ne de Lanquais, 1745 (Acte not.).

Barrière, un des châteaux forts élevés sur le mur romain de la cité de Périgueux. — Barricira, xiie siècle (cart. de la Sauve).

Barrière, h. c^ne de Vélines (B.).

Barrière, anc. rep. noble au bourg de Villamblard. — Barrieyra, 1312 (Lesp.).

Au xive siècle, il relevait de Grignol; depuis avait haute justice sur Villamblard, 1620 (Not. de Vill.).

Barrière, forêt, c^ne de Villamblard. — Nemus Barreyrenc, 1471 (Div. 1).

Barrière (La), lieu-dit, c^ne du Bugue. — Podium de la Barrieyra, 1465 (Liv. N.).

Barrière (La), h. c^ne de Mauzens. — Rep. noble (arch. de la Gir. terrier de Milhac, n. 299).

Barrière (La), h. c^ne de Saint-Pompon.

Barrière (La), c^ne de Sargeac. — Mans. de la Barrieyra, 1215 (O. S. J. Sargeac).

Barrières (Les), éc. c^ne de Gouts (B.).

Barris (Les), lieu-dit, c^ne de Montplaisant (A. Jud.).

Barris (Les), faubourg de Périgueux qui descend à la rivière. — Tornapicha, 1247 (Reg. de la Char. Bibl. de Périg.). — Tournepiche, xvie siècle (Acte not.). — Barrys, 1675 (ibid.).

Barris (Les), h. c^ne de Pezul (B.).

Barrissoune (La), c^ne de Vic. — 1649 (Reconn.).

Barrote (La), h. c^ne de Monsaguel (B.).

Barry, h. c^ne de la Cassagne (B.).

Barry-du-Tourqual (Le), faub. de Belvez. — 1765 (Reconn.).

Bars, c^ne, c^on de Thenon. — Eccl. S. Petri de Bars, 1120 (Gall. ch.). — Bartz (pouillé du xiiie siècle). — Bateri, Barcium, 1491 (Lesp. 27).

Patrons : saint Pierre-ès-Liens et sainte Quitterie; coll. l'évêque — Prieuré dép. de l'abb. de Tourtoyrac, uni à la prévôté de Borde (panc. de l'év. 1556).

Bars (La Borie de), h. c^ne de Vitrac. — La Borrio de Bars, 1495 (O. S. J. comm^rie de la Canéda). — Bourie de Bard (Cass.).

Barsalie, h. c^ne de Capdrot (B.).

Barses (Les), éc. c^ne de Bergerac.

Bartalène (Haute-), lieu-dit, c^ne de Siorac (cad.). — Bartalem (B.).

Barte (La), éc. c^ne de Dome.

Barte (La), h. c^ne de Gaulegeac. — La Barte del Breil (A. Jud.).

Barte (La) ou la Barthe, c^ne de Saint-Martial-d'Artensec. — La Barte de Saint-Marsal, 1496 (L. 35).

Barte (La), h. c^ne de Serre.

Bartelles (Les), h. c^ne de Cadelech (B.).

Bartes (Hautes-), terre, c^ne de Montferrand (A. Jud.).

Bartes (Les), lieu-dit, c^ne du Fleix (A. Jud.).

Bartes (Les), pré, c^ne de Minzac (A. Jud.).

Bartes (Les), lieu-dit, c^ne de Saint-Martin-l'Astier. — Las Barthas (cad.).

Bartolmeyrie, h. c^ne de Saint-Médard-de-Mussidan (B.).

Barus? c^ne de Thiviers. — Mansus vulg. vocatus Barus, 1275 (Périg. M. II. 41, n. 3).

Barzeix, h. c^ne de Saint-Crépin-de-Richemont (B.).

Barzes, h. c^ne de Saint-Pompon.

Basinie (Haute et Basse), maisons dans le bourg de Lanquais.

Basinie (La), nom actuel de la fontaine de la Linde. — Bazénie, 1689 (Lar.).

Basinie (La), c^ne de Saint-Astier. — La Besinia aliàs la Vesinia, 1365 (Lesp. Homm. 26).

Basinie (La), c^ne de Saint-Naixent. — La Basenie, 1741 (Acte not.).

Basque (La) ou Baste, fief, c^ne de Fongalau (Courcelles, Généal. de Vassal).

BASSAC, c^ne de Cornille. — *Mayn. de Bassac*, 1460 (Lesp. Inv. de Lanmary).

BASSAC, lieu-dit, c^ne de Varennes. — *Al Bassac*, 1463 (arch. de la Gir. Belvez). — Autrement *Lenac*, 1603 (Acte not.).

BASSAC (et BEAUREGARD), c^ne, c^on de Villamblard. — *Bassacum*, 1268 (cout. de Beauregard).

Voc. Notre-Dame.

BASSAGNE (LA), m^in, c^ne de Sigoulès (B.).

BASSARNIE (LA), lieu-dit, c^ue de Saint-Naixent, 1587 (terr. de l'O. S. J.).

BASSERIE (LA), c^ne de la Monzie-Montastruc. — *La Bassaria*, 1370 (Lesp. 15). — Anc. fief.

BASSETIE (LA), h. c^ne de Tayac (B.).

BASSILLAC, c^ne, c^on de Saint-Pierre-de-Chignac. — *Castr. Bassiliacum* (Labbe, frag. Ep. Petrag.). — *Bassilhac* (pouillé du xiiie siècle). — *Saint-Estienne de Basilhac*, 1534 (coll. de L.).

Un des châteaux élevés par Frotaire, évêque de Périgueux, pour défendre la ville contre les Normands. — Anc. rep. noble, au xive siècle mouvant de la châtell. de Périgueux, depuis ayant haute justice sur la par. 1760 (Alm. de Guy.).

BASTARDIE (LA), h. c^ue de Saint-Just. — *Hospitium de Bastardie*, 1487 (Généal. de Rastignac).

BASTE, tour de l'enceinte de la cité de Périgueux. — *Turris Bastæ*, 1414 (Lesp. Inhibition de démolir les murs de la cité).

BASTIDE (LA), ruine, c^ne de Clermont-de-Beauregard.

BASTIDE (LA), h. c^ne de Fouguerolles.

BASTIDE (LA), friche, c^ne de Razac-d'Eymet (sect. A, n. 880, A. Jud.).

BASTIDE (LA), h. c^ne de Saint-Geniès (B.).

BASTIDE (LA), lieu-dit, c^ne de Trémolac. — *Terra voc. de la Bastida*, 1456 (Liv. N.).

BASTIDE-DE-PUYGUILHEM (LA), h. c^ne de Monestier (B.).

BASTIDES-ROYALES, en Périgord. — Voy. sur la topographie de ces villes, le mémoire de F. de Verneilh (*Annales archéol.* de Didron, 6, 70). — Il y a deux plans : Beaumont et Montpazier.

BASTIL (LE), c^ue de Proissans. — *Repay. del Bastil*, 1337. — *Le Batil*, 1332 (Lesp. Généal. de la Cropte). — *Bastitum*, 1479. — *Le Basty*, 1724 (Acte not.).

BASTIL (LE), h. c^ne de Saint-Astier. — *Le Bati* (B.).

BASTOUNIE (LA), h. c^ne de Liorac. — 1740 (Acte not.).

BASTOUNIE (LA), h. c^ne de Pomport. — *La Bastounie*, 1710 (Acte not.).

BATAILLAS, h. c^ne de Brassac (B.).

BATAILLERIE (LA), h. c^ne de Bussac (B.).

BATERIÈRE, taillis, c^ne de Saint-Jory-las-Bloux (A. Jud.).

BATICHAT, aux environs de Périgueux.—*Batichat*, 1286.

— Une des limites de la jurid. de Périgueux (Rec. de titres).

BATIFOLET, c^ue de Prats-de-Belvez. — *Mans. de Batifolet*, 1477. — Pechabilier et Batifolet étaient les deux fiefs du rep. noble de Prats (arch. de la Gir. Belvez).

BATIFOLLES (AL PLANTOU), lieu-dit, c^ne de Lanquais, à la Crabe (terr. de Lanquais).

BÂTIMENT (LE), c^ue de Montignac. — Anc. rep. noble.

BATOU, h. c^ne de Boisse. — *Bathout* (B.).

BATPALME, c^re de Neuvic. — *La Batpalma*, 1491 (Dives, I, p. 100).

BATPALME, c^ne de Saint-Amand-de-Belvez. — Voy. PALME.

BATUT, h. c^ne de Cénac.

BATUT (LA), h. c^ne de Sargeac (B.). — Voy. LA-BATUT.

BATUT (LA GRANDE-), h. c^ue de Saint-Chamassy. — *La Gran Batut*, 1475 (arch. de la Gir. Belvez).

BATUT (LE), h. c^ue de Marcillac (B.).

BAUCHAREL, c^ne de Manzac. — *Mayn. de Baucharel*, 1541 (Dives).

BAUCHAREL, éc. c^ne de Pressignac.

BAUCHAREL, c^ne de Preyssac. — *Mayn. voc. lo Baucharel*, 1480 (Périg. M. H. 41, 7).

BAUCHAREL, c^ne de Rouffignac (B.).

BAUCHAREL, c^ne de Saint-Paul-de-Serre. — *Baucharel*, 1517 (Dives, I).

BAUCHERIE (LA), h. c^ne de la Chapelle-Gonaguet (A. Jud.).

BAUD (LE), h. c^ne de Lusignac (cad.).

BAUDE, h. c^ne de Vélines (B.).

BAUDÈNE, lieu-dit, c^ne de Bourgnac (cad.).

BAUDIE (LA), h. c^ne de Montagnac-d'Auberoche (Gass.).

BAUDIE (LA), lieu-dit, c^ne de Saint-Sauveur. — *La Baudia*, 1450 (Liv. N. p. 40). — *La Baudie ou la croix de Liorac*, 1606 (Acte not.).

BAUDIS, h. c^ne de Mauzac. — *Les Baudis* (arch. de la Gir. Millac).

BAUDISSEN? c^on de Montpont. — *La forêt de Baudissenc près de Montpaon* (Lesp. 10).

BAUDISSOU, éc. c^ne de Corgnac (cad.).

BAUDONIE (LA), c^ne de Paunac (A. Jud.).

BAUDRIGIE (LA), c^ne de la Cropte. — *Foresta de la Baudrigia*, 1409 (O. S. J.).

BAUDRIGIE (LA), h. c^ne de Saint-Jory-de-Chalais.

BAUDRY (LES), h. c^ne de Monestier (B.).

BAULET, h. c^ne de Nanteuil-Thiviers (B.).

BAULISES (LES), h. c^ne de Saint-Avit (Not. de Berg.).

BAUME (LA), h. et m^in, c^ne de Bergerac. — *La Balma*, 1466 (arch. de Bergerac).

Anc. rep. noble.

BAUME (LA), cⁿᵉ de Bouniagues. — *La Balma*, 1363 (Lesp. 25).

BAUME (LA), h. cⁿᵉ de Genestet.

BAUME (LA), h. sect. de la cⁿᵉ de la Jemaye.

BAUME (LA), cⁿᵉ de Saint-Naixent. — Fief appelé *de la Baume*, à présent *du Brel*, 1746 (Nôt. de Berg.).

BAUME (LA), éc. cⁿᵉ de Verdon.

BAUMÉGE, h. cⁿᵉ de Mauzens.

BAURELIE (LA), cⁿᵉ de la Cropte. — *La Baurelia*, 1409 (O. S. J.). — Dépendant de la commᵗⁱᵉ de Mortemart.

BAUSSERIE (LA), cⁿᵉ de Vic (cad.). — *La Bauzarie*, 1649 (Reconn.). — *La Bauzerie* (État de sect. 1791).

BAUTERIE (LA), h. cⁿᵉ de Chantérac, 1538 (Généal. de la Cropte).

BAUVEL, h. cⁿᵉ de Marsalès (B.).

BAUZENS, vill. cⁿᵉ d'Ajat. — *Villa Bau?* 1025 (cart. de Tourtoyrac). — *Sanctus Barth. de Bauzens*, 1120 (*ibid.*). — *Baucenxs* (pouillé du xiiiᵉ siècle). — *Baucenz*, 1384 (L. 26). — *Bouzens*, 1503 (Mém. d'Albret). — *Bougens*, xviiᵉ siècle (le P. Dupuy, État de l'Égl. en Périgord).

Prieuré avec titre de prévôté, dép. de l'abb. de Tourtoyrac (panc. de l'év. 1556).

BAUZETIE (LA), h. cⁿᵉ de Saint-Saud (B.).

BAVOUDIE (LA), cⁿᵉ de Saint-Astier. — *La Bavoudie*, 1315 (inv. du Puy-Saint-Astier).

BAY, h. cⁿᵉ de la Roche-Beaucourt (B.)

BAYAC, cⁿᵉ, cᵒⁿ de Beaumont. — *Hospitium de Bayaco*, 1479 (arch. de Bayac).

Anc. rep. noble relev. de la châtell. de Couze. — Voc. Saint-Pierre-ès-Liens; coll. l'évêque.

BAYADOUX (LES), bois, cⁿᵉ de Négrondes (A. Jud.).

BAYARDIE (LA), dom. cⁿᵉ de Saint-Vincent-de-Connezac (inv. du Puy-Saint-Astier).

BAYAT (LE), bruyère, cⁿᵉ de Champsevinel (A. Jud.).

BAYE (FONTAINE DE LA), cⁿᵉ de Douville, 1615 (Acte not.).

BAYE (LA), cⁿᵉ de Vélines.

BAYETTES (LES), bois, cⁿᵉ d'Ajat.

BAYLE (LE), mⁱⁿ, cⁿᵉ de Montmarvès.

BAYLES (LES), mⁱⁿ, cⁿᵉ de Beaumont, 1659. — Autrement *le Petit-Moulin* (Larmandie, *Extraits hist.*).

BAYLES (LES), h. cⁿᵉ de Cone-de-la-Barde (B.).

BAYLES (LES), h. cⁿᵉ de Cours-de-Piles.

BAYLÈS (LES), h. cⁿᵉ de Jayac (B.).

BAYLET (LE), h. cⁿᵉ de Montagnac-de-Crempse (B.).

BAYLE-VIEIL (LE), éc. cⁿᵉ de Lavaur.

BAYLIAS (LAS), friche, cⁿᵉ de Montagnac-d'Auberoche (A. Jud.).

BAYLIE (LA), éc. cⁿᵉ de Bergerac (B.). — Voy. BEYLIE (LA).

BAYLIE (LA), h. cⁿᵉ de Saint-Jean-d'Estissac. — *Bayilhuy*, 1485 (Dives, 2, p. 125) — *Belie (le)* (B.). Anc. rep. noble.

BAYNAGNIE (LA)? cⁿᵉ de Bayac. — *Mans. de la Baynaguia*, 1463 (arch. de la Gir. Bigaroque).

BAYNEC, cⁿᵉ de Périgueux. — *Mayn. de Baynec*, 1495 (Lesp. 84).

BAYOL (BAS), lieu-dit, cⁿᵉ de Cornille, 1670 (Acte not.).

BAYOLLE (LA), cⁿᵉ de Preyssac, 1665 (Nôt. de P.).

BAYOT, lieu, cⁿᵉ de Coulounieix.

BAYSSARGUET, terre, cⁿᵉ de Villamblard (A. Jud.).

BAYSSAS (LAS), taillis, cⁿᵉ de Saint-Germain-des-Prés.

BAYSSAYRE (LE), pré, cⁿᵉ de Saint-Pompon (A. Jud.).

BAYSSE (LA), lieu-dit, cⁿᵉ de Château-l'Évêque (A. Jud.).

BAYSSE (LA), h. cⁿᵉ de Saint-Laurent-de-Castelnau.

BAYSSE (LA), h. cⁿᵉ de Thénac. — Voy. BESSE (LA).

BAYSSE-DE-GUEYZAT (LA), taillis, cⁿᵉ de Valeuil (A. Jud.).

BAYSSE-LANCE, h. cⁿᵉ de Saint-Chamassy.

BAYSSES (LES), lieu-dit, cⁿᵉ d'Agonac (A. Jud.).

BAYSSES (LES), taillis, cⁿᵉ de Champsevinel (A. Jud.).

BAYSSES (LES), h. cⁿᵉ de Fleurac.

BAYSSES-DE-LESCURAS (LES), lieu-dit, cⁿᵉ de Saint-Pantaly-d'Ans (A. Jud.).

BAZA (LE), h. cⁿᵉ de Léguillac-de-Cercles.

BAZATIER, h. cⁿᵉ de Lussas.

BAZEILLE, h. cⁿᵉ de Saint-Avit-Senieur. — *Bazelhie*, 1711 (Rec.).

BAZES? cⁿᵉ de Saint-Sauveur. — *Terra voc. Bazes*, 1479 (Liv. N.). — *Combe de Bazas*, 1729 (Acte not.).

BAZET, éc. cⁿᵉ de Bourniquel (A. Jud.).

BAZET, dom. cⁿᵉ de Cours-de-Piles.

BEARNÈS (LAFON DU), h. cⁿᵉ de Cunèges (B.).

BEARNÈS (LES), h. cⁿᵉ de Saint-Sernin-de-l'Herm (B.).

BEARNÈS (LES), h. cⁿᵉ de Vanxains (B.).

BEAUBARIE (LA), h. cⁿᵉ de Saint-Sulpice-d'Excideuil (B.).

BEAUBATINCHAT, h. cⁿᵉ de Saint-Front-de-Champniers.

BEAUBOS, h. cⁿᵉ de Gouts (B.).

BEAUCARRIEU, mⁱⁿ, cⁿᵉ de Montplaisant, 1462 (arch. de la Gir. Belvez).

BEAUCASTEL, éc. cⁿᵉ de Rampieux (A. Jud.).

BEAUDOINE, anc. fief cⁿᵉ de Marcillac (Courcelles, Généal. de Comarque).

BEAUDRÉ, h. cⁿᵉ de Saint-Jean-d'Eyraud.

BEAUFERRIER, h. cⁿᵉ de Bergerac.

BEAUFORT, cⁿᵉ de Coulounieix. — Fief relev. de la seign. de Périgueux.

BEAUFORT, h. cⁿᵉ de Saint-Front-de-Pradoux.

BEAUFORT, lieu-dit, cⁿᵉ de Sourzac (cad.).

BEAUGARIC, éc. cⁿᵉ de Marcuil (S. Post.).

BEAU-LAURENT, anc. rep. noble, cⁿᵉ de Cornille.

BEAULIEU, sect. de la cⁿᵉ d'Anesse. — Patron: saint Louis

BEAULIEU, c^{ne} de Belvez. — *Grangia de Bello loco*, 1236 (Lesp. 23, Belv.). — *Bel lieu*, 1462 (arch. de la Gir.).

Prieuré conventuel dépend. de l'abb. de Cadouin.

BEAULIEU, c^{ne} de Coulounieix. — *Bayot*, autrement *Beaulieu* (Dénombr. de Périgueux, 1679).

BEAULIEU, m. isolée, c^{ne} de Cussac (S. Post.).

BEAULIEU, habit. c^{ne} de Marcuil (B.).

BEAULIEU, h. c^{ne} de Millac-d'Auberoche (S. Post.).

BEAULIEU, h. c^{ne} de Montpeyroux (S. Post.).

BEAULIEU, h. c^{ne} de Naussanes (S. Post.).

BEAULIEU, c^{ne} de la Nouaille. — 1433 (Lesp. 65). — Anc. rep. noble.

BEAULIEU, habit. c^{ne} de Parcoul (B.).

BEAULIEU, lieu, c^{ne} de Saint-Barthélemy, c^{on} de Bussière-Badil.

BEAULIEU, m. isolée, c^{ne} de Saint-Léon-Issigeac (S. Post.).

BEAUMÉGE, h. c^{ne} de Mauzens.

BEAUMOND, c^{ne} de Saint-Pardoux-de-Drone. — *Mayn. de Beaumond*, 1573 (Dives).

BEAUMONT, ch.-l. de c^{on}. arrond. de Bergerac. — *Villa Belli montis*, 1286 (cout. de Bergerac). — *Belli mons*, 1315 (arch. de Cadouin). — *Belmont*, xvie s^e (châtell. du Périg. arch. de Pau).

Chapitre collég. de 4 prébendiers. — Maladrerie de fondation royale, 1648 (Bénéfices de l'évêché de Sarlat); elle fut réunie à celle de Sarlat par arrêt du conseil d'État, 1696. — Ville close; la principale des bastides construites en Périgord par les rois d'Angleterre, qui l'érigèrent, en 1272, en une châtell. composée de 8 paroisses: Beaumont, Bardou, Monsac, Nojals et Clottes, plus Lanquais, Saint-Aubin et Montmadalès, qui en ont été démembrés, à la fin du xive siècle, pour former la châtell. de Lanquais (Lesp. Châtell. 88). — Plan de la ville: voy. BASTIDES-ROYALES. — Communauté des filles de la Foi, 1757. — Hôpital fondé en 1750 par J. de Montesquiou, év. de Sarlat. — Voc. Saint-Laurent; patron: saint Front.

BEAUMONT, h. c^{ne} du Change (A. Jud.).

BEAUMONT, h. c^{ne} de Saint-Pardoux-la-Rivière (S. Post.).

BEAUMONT, h. c^{ne} de Teyjac (S. Post.).

BEAUNAC, h. c^{ne} de Trélissac. — *Beunac*, 1679 (Dén. de Périgueux).

BEAUPIC, h. c^{ne} de Biras. — *Bailhou*, xviie siècle (O. S. J.).

BEAUPLAN, mét. c^{ne} de Bergerac.

BEAUPLAS, h. c^{ne} de Saint-Paul-la-Roche (A. Jud.).

BEAUPORTEAU, éc. c^{ne} de Bergerac.

BEAUPOUYET, c^{ne}, c^{on} de Mussidan. — *Bellum Podium*, 1155. — *Sancta Maria de Belpojet*, 1197 (cart. de la Sauve). — *Bellum Pogets*, 1295 (test. d'Arch. III). — *Bellum Pogetum*, 1380 (P. V. M.).

Patronne: la Nativité; coll. l'évêque.

BEAUPUY, h. c^{ne} d'Auriac. — *Bellum Podium*, 1400 (Lesp. Hommages).

Anc. rep. noble.

BEAUPUY, h. c^{ne} de Beaurone-de-Chancelade.

BEAUPUY, c^{ne} de Fanlac. — *Pulchrum Podium*, 1492 (Généal. de Rastignac).

BEAUREGARD, h. c^{ne} de Genestet, 1666 (Acte not.).

BEAUREGARD, habit. c^{ne} de Marcuil (B.).

BEAUREGARD, lieu-dit, c^{ne} de Mortemart, 1666 (O. S. J.).

BEAUREGARD, c^{ne}, c^{on} de Terrasson.

Patronne: la Fête-Dieu.

BEAUREGARD (réuni à BASSAC), c^{ne}, c^{on} de Villamblard. — *Bellus Regardus*, 1346. — *Bel Regart*, *Bellus Respectus*, 1359 (Lesp. *passim*, vol. 10). — *Bellus Reguardus*, 1364.

Patronne: l'Assomption; coll. l'évêque.

Bastide construite par Édouard Ier, roi d'Angleterre. Les coutumes sont de 1268. Elle avait dans son ressort les châteaux de Clermont, Montclar, Vern, Roussille, Estissac et Longa, et les paroisses de Campsegret, Bassac, Grun, Saint-Mayme, Saint-Amand, Montagnac, Saint-Julien, Campagnac et Beleymas. — Ruines appelées *las Bastidas*. — Châtellenie comprenant 4 paroisses: Beauregard, Clermont, Fouleix et Saint-Florent, 1365 (Lesp. vol. 10). — Rep. noble ayant haute justice sur Beauregard et Breuil, 1760 (Alm. de Guy.). — Forêt dans la direction de Fouleix (B.).

BEAUREPOS, h. c^{ne} de Peyrignac. — Anc. rep. noble.

BEAUREPOS, éc. c^{ne} de Vezac (B.).

BEAURONCIÈRE, anc. fief, c^{ne} de Badefol-d'Ans (Hommages, 1474. Lesp. vol. 58, art. *Bonneguise*).

BEAURONE, h. c^{ne} de Chancelade. — *Pons de la Beurona*, 1292 (Lesp. 53). — *Beorona*, 1325 (cart. de Chancelade).

Voc. Saint-Saturnin; coll. l'abbé de Chancelade.

BÉAURONE, c^{ne}, c^{on} de Neuvic. — *Beorona* (pouillé du xiiie siècle). — *Beurona*, 1320 (arch. de Saint-Astier). — *Beaurone de Douzillac*, 1760 (Alm. de Guy.).

Fief de la châtell. de Grignol au xive siècle, ayant depuis haute justice sur la par. 1760. — Patronne: la Nativité de la Sainte-Vierge; coll. l'évêque.

BEAURONE (LA), ruiss. affluent de la Couse, qui traverse Saint-Romain et Sainte-Croix. — *Beurone* (A. Jud.). — *Beyrone* (B.).

BEAURONE (LA), ruiss. de l'arrond. de Périgueux. — Il prend sa source près de Ligueux, coule du nord au sud, passe à Agonac et à Château-l'Évêque et se jette dans l'Ille à quelque distance de Chancelade.

BEAURONE (LA), ruiss. de la Double, qui sort d'un étang près d'Échourgnac et se jette dans la Risone.

BEAUSAULT, dans l'anc. dioc. de Périgueux, aujourd'hui du dép¹ de la Charente. — *Bellus Saltus* (pouillé du xiiiᵉ siècle, archipr. de Pillac). — *Boansault* (État de l'Église en Périgord).

Prieuré conventuel de l'ordre de Grandmont, uni au prieuré de Raveau, dioc. d'Angoulême.

BEAUSÉJOUR, cʳᵉ de Saint-Léon-sur-l'Ille. — Anc. rep. noble dont relevaient les châteaux de Neuvic et de Puyférat.

BEAUSÉJOUR, h. cⁿᵉ de Saint-Martial-de-Valette (S. Post.).

BEAUSÉJOUR, habit. cⁿᵉ de Tocane.

BEAUSOLEIL, cⁿᵉ de Queyssac. — Anc. rep. noble.

BEAUSOLEIL, h. cⁿᵉ de Saint-Sauveur-de-la-Lande. — Anc. rep. noble, 1742 (Act. not.).

BEAUSOLEIL, cⁿᵉ de Sarlande. — Anc. rep. noble dont la juridiction était incorporée dans celle de Sarlande et relevait de Saint-Yrieix, 1760 (Alm. de Guy.).

BEAUSSAC, cⁿᵉ, cᵒⁿ de Mareuil. — *Boyzac* (pouillé du xiiiᵉ siècle). — *Boysset*, 1382 (P. V. M.). — *Beaussat*, 1760.

Rep. noble ayant haute justice sur Beaussat, 1760. — Voc. Saint-Étienne; coll. l'évêque.

BEAUSSERIE (LA), h. cⁿᵉ de Thenon (A. Jud.).

BEAUSSERIE (LA), h. cⁿᵉ de Saint-Michel-de-Double (cad.).

BEAUSSONIE (LA), h. cⁿᵉ de Beaurone, 1724 (Acte not.).

BEAUVAIS, h. cʳᵉ de Lussas. — *Repayr. de Belver*, 1456. — *Belverium*, 1492 (O. S. J.).

Rep. noble dép. de la commⁱᵉ du Soulet.

BEAUVEL, h. cⁿᵉ de Marsalès (S. Post.).

BEAUVERDU, h. cⁿᵉ de Vaunac (S. Post.).

BEAUVERT, h. cⁿᵉ de Lempzours (S. Post.).

BEAUVERT, h. cⁿᵉ de Saint-Front-d'Alemps.

BEAUVIÈS, h. cⁿᵉ d'Allemans (B.).

BEAUVIEUX (LE), h. cⁿᵉ de Carsac-Villefranche-de-Lonchapt (B.).

BEAUVINIÈRES, h. cʳᵉ de Quinsac.

BEAUVINIÈRES? cⁿᵉ de Saint-Astier.

BECADE (LA), taillis, cⁿᵉ de Marsaneix (A. Jud.).

BECADE, cⁿᵉ de Saint-Astier. — Mayn. appelé *Becado*, 1450 (inv. du Puy-Saint-Astier).

BECADYE (LA), cᵇᵉ de Saint-Marcel, ténem. 1676 (Acte not.).

BECHANOU, éc. cⁿᵉ de Rouffignac (B.).

BECS (LES), h. cⁿᵉ de Biron (B.).

BEDAUX, h. et mⁱⁿ, cⁿᵉ de Daglan. — *Southou*, 1744 (terr. de Saint-Pompon). — *Bedaus*, 1315 (bulle de Jean XXII). Pèlerinage, chapelle sur les bords de

la Lousse; elle était alors annexée à l'église Sainte-Marie de las Navas, dont le nom est conservé par celui de la fontaine de Sainte-Marie, où l'on venait processionnellement dans les temps de sécheresse. Auprès, 2 grottes: l'une est l'oratoire primitif; la 2ᵉ servit de demeure à Mˡˡᵉ de Bedaux, qui y fit pénitence pendant 40 ans (Lesp.).

BEDAYS? cⁿᵉ de Bancuil. — *El Casal Bedays*, 1480 (Liv. N. 39).

BEDÈNE (LA), mⁱⁿ, cⁿᵉ de Beleymas, 1640 (Acte not.).

BEGONIE (LA), h. cⁿᵉ de Daglan. — *La Begounye*, 1744 (terr. de Saint-Pompon).

BEGONIE (LA), lieu-dit, cⁿᵉ d'Issac (cad.). — *La Beguonia*, 1286 (Périg. M. II. 91, 38). — *La Begonnye*, 1635 (Acte not.).

BEIX, cⁿᵉ d'Ales. — *Beix*, 1516 (Lesp. 47).

Anc. rep. noble.

BEL (LE), h. cⁿᵉ de Manzac. — Son ancien nom était *Mayn. de Lafon*, 1479 (Dives).

BEL (LE), vill. cⁿᵉ de Sainte-Sabine. — *Sanctus Petrus Bellus*, 1096 (Lesp. 77). — *Elbel*, 1117 (ibid. 57). — *Bellus*, 1365 (ibid. 88). — *Le Beil*, 1760 (Alm. de Guy.).

Dép. de l'abb. de Charroux (pouillé de Charroux). Paroisse réunie à celle du Pic, 1781.

BELAIR, mét. cⁿᵉ de Cadouin, 1791 (vente nationale).

BELAIR, h. cⁿᵉ de Carsac-Villefranche-de-Lonchapt (B.).

BELAIR, h. cⁿᵉ de Champagnac.

BELAIR, éc. cʳᵉ de Reillac-et-Champnier.

BEL-ARBRE, h. cⁿᵉ d'Auriac-Montignac. — *Bel Albre* (S. Post.).

BEL-ARBRE, h. cⁿᵉ de Bourrou. — *Maynam. d'Estisso de Bello Arbore*, 1494 (Dives, E.).

BEL-ARBRE, h. cⁿᵉ de Manzac. — *Bel-Albre*, 1495 (Dives, 2, 155).

BELAUDIE (LA), taillis, cⁿᵉ de Biras (A. Jud.).

BELAUDIE-DU-BREUIL (LA), h. cⁿᵉ de Saint-Pompon (A. Jud.).

BELAYGUE, anc. par. réunie à la cⁿᵉ de Boulouneix. — *Bella Aqua*, 1249 (test. d'Hélie de Bourdeilles). Patron : saint Jean. — Ruinée.

BELAYGUE (LA), ruiss. affluent du Boulou, qui prend sa source à Margnac, cⁿᵉ de Cantillac, et arrose la vallée où est Belaygue-et-Boulouneix.

BELCAYRE, h. cⁿᵉ de Saint-Léon-sur-Vézère. — *Belcayre*, 1365 (Lesp. Hommages).

Anc. rep. noble.

BELENGAR, cⁿᵉ de Saint-Laurent-des-Vignes. — 1719 (Not. de B.)

BELENGARDIE (LA), anc. ténem. cⁿᵉ de Faux. — *La Belhigardia*, 1499 (terr. de L.).

BÉLÉNIE (LA). — *E la Belenia* (cart. du Bugue, XIIe siècle).

BELESMA, c[ne] de Blis-et-Born. — *Mansus de Belesmas* (cart. de Chancelade).

BELET, h. c[ne] de Beauregard, c[on] de Terrasson. — Anc. rep. noble.

BELET, lieu, c[be] de Castel.

BELET, m[in], c[ne] d'Escoire (A. Jud.). — Anc. fief.

BELET, c[ne] de Grignol. — *Hospitium de Beleto*, 1667 (test. de Pons de Solminhac), anc. rep. noble sis sur la motte du château de Grignol.

BELET, éc. c[ne] de Grignol. — *Borye de Belet*, anc. maison noble, et m[in] sur un affluent du Vern.

BELET, c[ne] de Plazac. — Anc. rep. noble (privilége de l'évêché de Périgueux).

BELET, h. c[ne] de Saint-Aquilin. — *Beletum*, 1495 (Div. 2). — *Bellet*, 1664. Anc. fief.

BELET, h. c[ne] de Saint-Cibranet.

BELETAU (A), friche, c[ne] du Change (A. Jud.).

BELETIE (LA), c[ne] de Campagne. — *Repayrium de la Beletia*, 1490 (arch. de la Gironde, Belvez).

BELETIE (LA), h. c[ne] d'Eyliac. — *Beleti*, 1365 (Lesp. 26).

BELETIE (LA), h. c[ne] de Pressignac. — *La Beletia et las Beletias*, 1465 (Liv. N. p. 40). — *Belletie*, 1724 (N. de M.).

BELETONE (LA), lieu-dit, c[ne] de Cherveix (A. Jud.).

BELETOUT, h. c[ne] de la Bouquerie (S. Post.).

BELEYCOUT, h. c[ne] de Coursac.

BELEYMAS, c[ne], c[on] de Villamblard — *Belemas*, 1268. — *Belesmas* (pouillé du XIIIe siècle). — *Bellesmas*, 1310 (Lesp. 10). — *Sanctus Martinus de Bellcymis*, 1655 (Reg. de baptème de la paroisse).

Patronne : sainte Marguerite; coll. l'évêque.

BELEYME, h. c[ne] de Saint-Crépin-de-Richemond (S. Post.).

BELEYTIE (LE), lieu-dit, c[ne] de Bourgnac (cad.).

BELICOUX (LES), h. c[ne] de Cours-de-Piles.

BELINGARD, h. c[ne] de Saint-Laurent-des-Vignes (B.).

BÉLINGOU (LE), ruiss. qui prend sa source au pied du plateau de la Bessède, passe par Cadouin et, se dirigeant au nord-ouest, se jette dans la Dordogne auprès de Calès. — *Rivus voc. del Belegou*, 1292 (arch. de Cadouin).

BELINGUIÉ, éc. c[ne] de Saint-Pardoux-de-Belvez (B.).

BELLABRE (LE GRAND et LE PETIT), h. c[ne] de Saint-Michel-l'Écluse.

BELLAT, h. c[ne] de Pizou.

BELLE (COMBE DE), lieu-dit, c[ne] de Sainte-Croix-de-Mareuil (A. Jud.).

BELLE (LA), ruiss. qui sort des étangs de Pont-Arnaud, passe à Monsec et, remontant du sud-est au

nord-ouest, arrose le vallon de Mareuil et se jette dans la Lizone.

BELLEDEN, h. c[ne] de Villefranche-de-Belvez (B.).

BELLE-GARDE, ancien m[in], à Bergerac. — *Belagarda*, 1497 (Liv. N.).

BELLE-GARDE, c[ne] de la Monzie-Montastruc. — *Bela Garda*, 1370. — *Bellus Gardus*, 1401. — *Bella Guarda*, 1499 (Lesp. 16). Anc. rep. noble.

BELLE-GARDE, c[ne] de Pressignac. — Ténem. de *Belleguarde*, 1664 (Acte not.).

BELLE-GARDE, m. isolée, c[ne] de Saint-Angel (B.).

BELLE-GARDE, éc. c[ne] de Saint-Martial-de-Valette.

BELLE-GARDE, h. c[ne] de Salagnac (Cass.).

BELLE-GARDE, m. isolée c[ne] de Salignac (S. Post.).

BELLE-ISLE, île devant Anesse dans la rivière de l'Ille (B.).

BELLENGERIE (LA), h. c[ne] de Saint-Paul-Lizone (B.).

BELLE-SELVE, c[ne] de Tursac. — *Domus de Belle Selve*, dioc. Lem. (bulle de Jean XXII).

Anc. maison de l'ordre de Grandmont, unie au prieuré de la Faye de Jumillac.

BELLESIZE, h. c[ne] de Jumillac.

BELLETERIE, h. c[ne] de Saint-Front-la-Rivière (S. Post.).

BELLEVUE, taillis, c[ne] des Lèches (A. Jud.).

BELLEVUE, h. c[ne] de Puy-Rénier. — Anc. rep. noble.

BELLEVUE, h. c[ne] de Saint-Astier (A. Jud.).

BELLEVUE, chât. c[ne] de Saint-Martin-la-Monzie.

BELLIER (BOIS-), lieu-dit, c[ne] de la Chapelle-au-Bareil.

BELLIER (LE), lieu-dit, c[ne] de Mortemart (O. S. J.).

BELLUGOUAT (LA), c[ne] de Beleymas, bois appelé *de la Bellugouat*, autrement de *las Renardieras* au village de Chabinel, 1778 (Acte not.).

BELON, h. c[ne] de Monclar.

BELON, h. anc. archipr. de Pillac, auj. dans le dép[t] de la Charente. — *Eccl. de Belunto ?* 1090 (Lesp. 30, arch. de Saint-Astier). — *Belou*, 1380 (P. V. M.). Coll. l'abbé de Saint-Jean d'Angoulême.

BELONIE (LA), lieu-dit, c[ne] de Bancuil (cad.).

BELONIE (LA), c[ne] de Saint-Astier. — 1504 (inv. du Puy-Saint-Astier).

BELONIE (LA), h. c[ne] de Saint-Pierre-de-Cole (B.).

BELOPHIE (LA), h. c[ne] de la Chapelle-Faucher (B.).

BELOT, h. c[ne] de Celles (B.).

BELOTIE (LA), c[ne] de Pressignac. — *La Belotia*, 1450 (Liv. N. p. 40).

BELOU, h. c[ne] de Saint-Laurent-du-Double (B.).

BELOUNIE (LA), h. c[ne] d'Agonac (Chron. du Périg. II).

BELPECH OU LE CASTELOT, h. c[ne] de Beaumont. — *Ecclesia de Bello Podio*, 1272 (arch. de Saint-Avit).

Voc. Saint-Laurent, donné à l'église de la bastide de Beaumont, qui fut fondée sur le territ. de cet ancien oratoire de l'abb. de Cadouin, XIIIe siècle.

Chapelle et pèlerinage en grande vénération. —Voc. actuel : Notre-Dame.

BELPECH, h. c^{ne} de Mouleydier. — *Belpeuch*, 1602. — *Beaupech*, 1650 (Acte not.).

BELPECH, h. c^{ne} de Saint-Avit-de-Vialard.

BELPECH, c^{ne} de Saint-Pardoux-de-Belvez. — *Belpuch*, 1462 (arch. de la Gir.).

BELUCHIE, h. c^{ne} de Paulin (B.).

BELUSSIÈRE, h. c^{ne} de Beaussat. — Anc. rep. noble.

BELVEZ, ch.-l. de c^{on}, arrond. de Sarlat. — *Monasterium Belvacense* (Gall. christ. ad ann. 853, p. 2, cccl. Pictav.). — *Belves*, 1095 (donat. à l'abb. de Fontgauffier).—*Bellovidere, Bellumvidere*, 1279 (donat. à l'abb. de Cadouin). — *Belloviride*, 1320 (Lesp.). — *Belvez*, 1460 et 1640 (atlas de Blaeu). — *Belveis*, 1556 (panc. de l'évêché).

Le territoire de Belvez, vendu au xive siècle par G. de Biron à B. de Goth, archevêque de Bordeaux, formait alors une châtell. composée de 13 paroisses : Belvez, Fontgalau, Larzac, Montplaisant, Orliac, Prats, Sagelat, Sainte-Foy, Saint-Marcory, Saint-Pardoux, Sales, Urval, Vielvic.

La ville et le castel, ayant chacun murs et fossés distincts, sont groupés au haut d'un coteau escarpé. — Portes de la ville dites de *Peyre-Levade, Malbec, Argentail, Fontgala*. — Maison de templiers occupée ensuite par les frères Prêcheurs; le donjon subsiste. — Hôpital, église Sainte-Catherine, prieuré de Saint-Léon dépend. de l'église de Sarlat, un autre dépend. de l'abb. de Tourtoyrac (Bénéf. de l'évêché). — Hors la ville, les faubourgs *de Tourne-Guil, du Tourqual, de Filloul; la Motte del Mercat;* l'église paroissiale de *Sainte-Marie est à Mont-Cuq.* — Dans l'enceinte du castel, habitations nombreuses et mêlées (*houstaü* et *hostels*), occupées par des bourgeois de la ville et par les seigneurs de plusieurs repaires voisins, tels que la Moissie, Veziat, Biancofort, la Bourelie, Bosredon, Campaignac, Casnac, Palayrac, etc.

La communauté, gouvernée par le bayle et les consuls, était en partage égal avec l'archevêque pour la jouissance des revenus publics: voy. BESSÈDE (LA); elle avait un sceau représentant les armes du seigneur et les trois tours de la ville (arch. de la Gir. Belvez, trans. de 1727).

L'archiprêtré de Daglan, dont dépendait Belvez, a porté le nom d'archiprêtré de *Bellovidere* (pouillé du xive siècle). — Patronne : l'Assomption; coll. l'évêque.

BENAURIE (LA), h. c^{ne} de la Roche-Chalais.

BÉNÉCHIE (LA), forêt, c^{ne} de la Canéda. — *Lo puech de la Beneychia*, 1396 (O. S. J.).
    Dép. de la comm^{rie} de la Canéda.

BÉNÉCHIE (LA), c^{ne} de Champsevinel. — *Las Beneychias*, 1345 (inv. de Lanmary).

BÉNÉCHIE (LA), c^{ne} de Cubjat. — *La Beinechia*, 1282 (Lesp. 59).

BÉNÉCHIE (LA), c^{ne} de Grun. — *Mayn. de la Beneschia*, 1499 (arch. de Périgueux).

BÉNÉCHIE (LA), h. c^{ue} de Mensignac (S. Post.).

BÉNÉCHIE (LA), h. c^{ne} de Monsec.

BÉNÉCHIE (LA), c^{ue} de Montagrier. — *La Beneschie en Montagrier*, 1772 (Lesp. Dénombr. de Montardit).

BÉNÉCHIE (LA), c^{ne} de Mortemart. — Tén. de *la Beneychie*, 1666 (O. S. J.).

BÉNÉCHIE (LA), h. c^{ne} d'Orliaguet (S. Post.).

BÉNÉCHIE (LA), h. c^{ne} de Saint-André-et-Alas (B.).

BÉNÉCHIE (LA), h. c^{ne} de Saint-Jean-d'Estissac. — *La Beneychia*, 1520 (Dives, K.).

BÉNÉCHIE (LA), h. c^{ne} de Saint-Laurent-des-Bâtons. — *Mayn. de las Benechias*, 1456 (Liv. N. 51).

BÉNÉCHIE (LA), h. c^{ne} de Saint-Marcel (cad.). — *La Beneschia*, 1480 (Liv. N. 77).

BÉNÉCHIE (LA), lieu-dit, c^{ne} de Saint-Pierre-de-Cole (cad.).

BÉNÉCHIE (LA), h. c^{ne} de Sireuil.

BÉNÉCHIE (LA), c^{ue} de Vern. — *La Beyneschia*, 1273 (Lesp. Fond. par le chap. de Saint-Front).

BÉNÉCHIE (LA), h. c^{ne} de Vieux-Mareuil.

BÉNÉCHIE (LA), c^{ne} de Villamblard. — *La Beyneychie*, 1513 (Lesp. 51).

BENECHE (LA), éc. c^{ne} de Saint-Léon-sur-Vézère (B.).

BENESSY? c^{ne} de Faux. — *Al Benessy*, 1771 (Arp. de Faux).

BENEVENT, sect. de la c^{ue} de Saint-Laurent-des-Hommes. — *Villa de Benavent*, 1270 (L. 51). — *Benaventum*, 1309 (confirm. des cout. accordées en 1270).

BENEVENTIE, h. c^{ne} de Cause. — *La Beneventia*, 1455 (Liv. N.).

BENEVOLS? c^{ne} de Saint-Martin-des-Combes. — *Fons dictus Beneyols*, 1333 (Périg. M. H. 41, n. 4).

BENEYRIE? c^{ne} de Vanxains. — *Mayn. de la Beneyria*, 1479 (O. S. J.).

BENEYTIAS (LAS), lieu-dit, c^{ne} d'Anlhiac (A. Jud.).

BÉNIER, c^{ne} de Salignac. — *Beynier* (B.)

BENIVET, forge, c^{ne} de Marquay.

BENNAS (LAS), lieu couvert d'antiques scories de fer, c^{ne} de Saint-Jory, près du village des Maisons (Ant. de Vés. 1, 190).

BÉONAC, c^{ne} de Champsevinel. —*Boria de Beona*, 1260 (Lesp. 51).

BÉONAC, c^{ne} de Saint-Paul-de-Serre. — *M. de Beonac*, 1344 (Périg. M. H. 41, n. 5).

BÉONE (HAUTE et BASSE), h. c^{ne} de la Chapelle-au-Bareil.

3.

Béone (La), un des principaux ruiss. de l'arrond. de Sarlat. — Il prend sa source dans la c⁻ᵉ de Saint-Geniez, passe à Marquay, Sireuil, Tayac, et se jette dans la Vézère auprès de la forge des Eyzies. — *La Beune* (B.).

Béone (La), h. cᵉ de Tayac.

Béone (La Petite-), ruiss. qui vient de Montaignac et se jette dans la Béone en face de Sireuil.

Beouradou? cⁿᵉ de Prats-de-Belvez. — *Mansus de Beuradou*, 1459 (arch. de la Gir. Belvez).

Beouradou (La), h. cⁿᵉ de Beynac.

Beouradou (La), lieu-dit, cⁿᵉ de Carves (cad.).

Beouradou (La), font. et h. c'ᵉ de Lanquais.

Beouradou (La), h. cⁿᵉ de la Monzie-Montastruc. — *La Beuradou*, 1460 (Liv. N. 58).

Beouradou (La), lieu-dit, cⁿᵉ de Nanteuil-Thiviers. — *Beyradour* (cad.).

Beouradou (La), lieu-dit, cⁿᵉ de Saint-Laurent-de-Castelnau (cad.).

Beouradou (La), pré, cⁿᵉ de Saint-Pompon (terr. de Saint-Pompon).

Beouradou (La), ruiss. affl. de la Lidoire. — 1688 (O. S. J.).

Bequi nolles, éc. cⁿᵉ de Carlux (A. Jud.).

Béraude (La), lieu-dit, cⁿᵉ de Saint-Aubin-de-Lanquais.

Beraudie (La), cⁿᵉ de Bourrou. — *Mayn. de la Beraudia*, 1471 (Dives, F.).

Beraudie (La), h. cⁿᵉ de Saint-Amand-de-Vern, 1727.

Beraudie (La), h. cⁿᵉ de Saint-Pompon.

Berbiguières, cⁿᵉ, cᵒⁿ de Saint-Cyprien. — *Berbegeras*, 1273 (homm. à Arch., Lesp. 53). — *Berguiguieras*, 1280. — *Bugnignieras*, 1283 (conc. à Dome, Lesp. 46). — *Berbguerias* (pouillé du xiiiᵉ siècle). — *Berbeguerii*, 1365 (Lesp. 10, Châtell.). — *Berbeguières*, xviᵉ siècle (châtell. arch. de Pau). — *Berbières*, xviiᵉ siècle (Tarde, *Hist. du Sarladais*).

Voc. Saint-Denis; coll. l'évêque. — Châtell. dont dépend. 6 paroisses : Alas, Berbiguières, Carves, Cladech, Marnac, Saint-Germain.

Berche, h. cⁿᵉ de Saint-Laurent-des-Bâtons (S. Post.).

Berche (La), éc. cⁿᵉ de Millac-d'Auberoche.

Berciacinsis centena? arrond. de Ribérac. — *In centena Berciacinse, in villa quæ dicitur Guz.* (cart. de Saint-Cybard, p. 109).

Centaine mérovingienne non encore déterminée.

Berdaux (Les), h. cⁿᵉ de Cone-de-la-Barde (B.).

Berel, h. cⁿᵉ de Castelnau (B.).

Berengarie ? — *M. de la Berengaria*, in p. de Montanhac? 1280 (Périg. M. H. 41, 2).

Berganie (La), h. cⁿᵉ de Saint-Aulaye (B.).

Bergeas (Las), h. cⁿᵉ de Corgnac (B.).

Bergeix, h. cⁿᵉ de Champeaux.

Bergerac, ch.-l. d'arrond. et de cᵒⁿ. — *Brageyrack*, 1100. — *Braiaracum*, 1116. — *Brajeracum*, 1122 (Gall. ch. II, 1318 : donat. à Sainte-Marie de Saintes). — *Bragaac*, 1198 (lettre d'Innocent III à Guy, fondateur de l'hôpital du Saint-Esprit). — *Brageyriacum*, 1207 (cart. de la Sauve : donat. de l'égl. de Creysse). — *Brageyriacum*, 1208 (test. du comte Hélie). — *Bragiaracum*, 1233 (traité d'union entre Bergerac et le Puy-Saint Front). — *Bragayriacum*, 1238 (cart. de Cadouin : donat. de P. de la Vernha). — *Brageriacum*, 1254 (test. d'Hélie Rudel). — *Brivairiacum*, 1254 (Estiennot, t. XI). — *Berguerac*, 1379 (don par le roi à Perduccas d'Albret). — *Braggeriacum, Brajerac*, 1388 (rôles gascons). — *Brajueyrac*, 1455 (Liv. N.). — *Brageyrac* (Froissard).

Chef-lieu d'une sirerie importante, apanage au xiiᵉ et au xiiiᵉ siècle des Rudel, branche des comtes de Périgord. Les châteaux de Badefol, Biron, Bridoire, Cognac, Gardone, Moncuq, Monleydier, et le territoire d'Issigeac en relevaient, 1273 (homm. de Marguerite de Turenne, Justel. liv. I).

Au xivᵉ siècle, la châtell. de Bergerac, autrement dite de Moncuq, se composait des paroisses suivantes : la ville avec les paroisses de Pont-Bone, de Sainte-Foy-des-Vignes, de Saint-Jacques et de Saint-Martin ; les par. du bourg de la Madeleine, Bouniagues, Cours et Piles, Creysse, Faux, la Force, Lembras, Liversac et Saint-Caprais annexés, Lunas, Maurens, Monestier, la chapelle de Mons, Naussanes, Pont-Roumieu, Prigonrieu, Queyssac, Ribagnac et Bridoire, Sadillac, Saint-Aigne, Saint-Aubin-de-Razac, Saint-Georges-de-Blancanès, Saint-Germain, Saint-Germain-le-Dros, Saint-Jacques-de-Ginestet, Saint-Jean-de-Gardone, Sainte-Lucie, Sainte-Marie-d'Eyraud, Saint-Naixent, Saint-Pierre-d'Eyraud, Saint-Sernin-de-la-Barde, Singleyrac et Flaugeac annexées, Verdon (Lesp.).

Au xvᵉ siècle, siége de justice royale, d'où dép. les châtell. de la Barde, Cahusac, Eymet, le Fleix, la Force, Gurson, Lanquais, Lauzun, Maurens, Monrevel, Monleydier, Puyguilhem et Saucignac. — 52 paroisses entre le Drot et l'Ille, la Linde et le Fleix, 1474 (ordonn. de L. Sorbier, sénéchal) ; arch. de Bergerac). — Avant la Révolution, siége de sénéchaussée dont ressortaient 22 justices.

Au xivᵉ siècle, Bergerac faisait partie de l'archiprêtré de Villamblard ; siége d'un des 5 archidiaconés du dioc. et doyenné.

Pont sur la Dordogne, au xiiiᵉ siècle, 1254 (test. d'Hélie Rudel). — Au moyen âge, Bergerac était le point le plus important de la contrée, comme passage des pèlerins se rendant à Saint-Jacques et comme entrepôt des marchandises du haut pays. En raison de l'affluence des étrangers, un quartier hors les murs avait pris le nom del Pelegry : dès le XII° s°, il y avait un hôpital du Saint-Esprit; comm^rie de Saint-Antoine, au bourg de la Madeleine, et maladrerie. A l'époque de la constitution du consulat (lettres du roi, 22 juin 1322), la ville se composait de cinq quartiers dits clostures : un, la Madeleine, était sur la rive gauche de la Dordogne; les quatre autres, sur la rive droite, étaient enfermés dans une enceinte à peu près carrée. Le principal, dit du Terrier, Terrierii, 1462 (Livre noir) était au centre, en dessous du château des sires de Bergerac et de leur chapelle Notre-Dame du château : là, l'église Saint-Jacques, un hôpital dit Pedolha, et des moulins ; le 2° quartier, Burgus de capite pontis, s'étendait aux abords du pont, avec porte sur le faubourg de Clairac, autrement Maubourguet, où étaient les minimes et ensuite les cordeliers; à l'angle opposé, le 3° quartier, Boc barrau, moun barrau, bourg barrau: la porte s'ouvrait sur le faubourg Montauriol, et là, l'hôpital du Saint-Esprit, les carmes, la léproserie; entre ces deux quartiers était le Consulat et sa tour dite de Malbec. Au 4° angle, le quartier Prebostal, qui s'étendait jusqu'à la rivière : c'était le moins peuplé; une de ses portes, dite Logadoyre, ouvrait sur le Mercadilh, où était l'église Sainte-Catherine; au nord étaient les Frères prêcheurs, et, en arrière, le faubourg del Pelegry. Une autre porte du Prebostal donnait sur le faubourg Saint-Jean, et l'enceinte des murailles rejoignait la rivière à la hauteur de Bellegarde.

Plan de la ville avec les fortifications du XVI° siècle non gravé; est chez un habitant.

Armes de Bergerac: *Draco* (cout. de la ville) et depuis *parti des armes de France et du dragon symbolique.*

BERINGOT, h. c^ne de Castel.

BERINGOU (AL), bois, c^ne de Saint-Avit-Sénieur, 1714.

BERLANCHE (PLANCHE), lieu-dit, c^ne de Brassac.— *Planche Beylenche,* 1772 (Dénombr. de Montardit).

BERLANDIE (LA), h. c^ne de Coulaures (S. Post.).

BERLANDIE (LA), h. c^ne de Fouleix.— 1740 (Acte not.).

BERLINGUE (LA), lieu-dit, c^ne de Saint-Aubin-de-Lanquais.

BERMAND, h. c^ne de Mauzens. — *Mansus de Bermanch,* 1463 (arch. de la Gir. Bigaroque).

BERMONDIE (LA), c^ne de Bersac-Ribérac. — *A las Bermondias,* 1326 (arch. de la Gir. Reconn.).

BERMONDIE (LA), h. c^ne de Manaurie. — *Turris de la Bermundia,* 1395 (Lesp. 25). — *Vermondie* (B.).

Tour célèbre dans les chansons populaires ; on dit qu'elle est inclinée.

BERMONDIE (LA), rep. noble près de Saint-Martin-le-Petit, c^ne de Nontron.

BERNABROT, h. c^ne de Bergerac. — 1740 (Acte not.).

BERNAJOU, éc. c^ne de Gageac (B.).

BERNARDIE (LA), h. c^ne de Campsegret (S. Post.). — *La Vertrandia,* 1283 (Périg. M. II. 41, n. 1).

BERNARDIE (LA), h. c^ne de Capdrot.

BERNARDIE (LA), c^ne de Journiac. — *La Bernardia,* 1452 (Liv. N.).

BERNARDIE (LA), éc. c^ne de Liorac. — *La Bernardia,* 1452 (Liv. N.).

BERNARDIE (LA), c^ne de Montignac-sur-Vézère. — Anc. rep. noble, 1400 (Lesp. Homm.).

BERNARDIE (LA), c^ne de Pressignac. — *La Bernardia* (Liv. N. 29).

BERNARDIE (LA), c^ne de Trélissac. — *M. de la Bernardia,* 1294 (ch. Mourcin).

BERNARDIE (LA), c^ne d'Urval (cad.).

BERNARDIÈRES (LES), h. c^ne de Champeaux. —*Bernarderii,* 1364 (Lesp. Châtell.).

Au XIV° siècle, châtell. dont dépend. les par. de la Chapelle-Pommier, Champeaux, Lussas, Saint-Sulpice.

BERNARDINS (LE MOULIN DES), c^ne de Fossemagne. sur le Manoire. — *Les Bernardis* (A. Jud.).

BERNARDIS (LES), h. c^ne de Simeyrols (A. Jud.).

BERNARDOUX (LES), h. c^ne de Douzillac (B.).

BERNARDOUX (LES), h. c^ne de Marsac. — 1723 (Not. de Périg.).

BERNASSE, h. c^ne de Monbazillac.

BERNAUX, lieu, c^ne de Naillac.

BERNERIE, lieu-dit, c^ne de Nastringues (A. Jud.).

BERNICHON, h. c^ne de Montagrier (B.).

BERNICOT, h. c^ne de Villamblard. — *Berniquot,* 1689 (Acte not.).

BERNICOT (PETIT-), éc. c^ne d'Échourgnac, c^en de Monpont.

BERNICOU (LA FON-DE-), lieu-dit, c^ne de Clermont-de-Beauregard.

BERNIE (LA), h. c^ne de Saint-Alvère.

BERNIER, h. c^ne de Sarlande (B.).

BERNIS (LE), h. c^ne de Montpeyroux (S. Post.).

BERNIS (LES), h. c^ne de Carsac-Villefranche-de-Lonchapt (B.).

BERNIS (LES), ténem. c^ne de Saint-Aubin-de-Lanquais, autrement *le Poujadier* (terr. de Saint-Aubin-de-Lanquais). — *Les Bernoux,* 1670 (Acte not.).

BERNISSOU (LE), h. c^ne de Beauregard-et-Bassac (S. Post.).

BERNISSOUS (LES), h. c^ne de Badefol-d'Ans.

Bernaissous (Les), h. c^ne de Douchapt (A. Jud.).

Bernonie (La)? c^ne de Trélissac. — *Mansus de la Bernonia*, 1350 (ch. Mourcin).

Beronenche? c^on de Saint-Astier. — *Foresta de Beronenche*, 1480 (Tr. des ch. Reg. 61, n° 298). — *Forêt Beyronnenche* (recette du Périg. 1488, baill. Saint-Astier, Lesp. 24).

Beronenie (La)? c^ne de Léguillac-de-Lauche. — *Mansus Beroneni*, 1244 (Mém. de Gaign. Lesp. v. 33).

Beronie (La), c^ne de Saint-Pierre-de-Chignac.

Bernis (Les), h. c^ne de Lanquais.

Bersat, sect. de la c^De de Beauregard-Terrasson. — *Eccl. de Bersas* (pouillé du xiiie siècle). — *Bersac*, 1382 (P. V. M.). — *Bersacum*, 1528 (O. S. J. comm^rie de Condat).

Bersat, h. c^ne de Saint-Alvère.

Bersat (Le Petit-), c^ne, c^on de Ribérac. — *Bersacum*, 1360 (Lesp. 10). — *Petit Bersac* (Cal. de la Dord.). — *Petit Brassac* (B.).

Selon une trad. ancienne, il y avait en ce lieu une ville nommée Cidène (Périg. illustré, 62). — Au xive siècle, fief de la châtell. de Ribérac. — Patron : saint Saturnin.

Bert, h. c^ne de Saint-Vincent-de-Paluel.

Bert (Le), h. c^ne de Saint-Jean-d'Estissac (A. Jud.).

Bertanie (La), c^ne de Salon. — *Birtania*, xve siècle (Homm. arch. de Pau).

Bertarie (La)? c^ne de Tocane. — *M. de la Bertarie*, 1460 (inv. du Puy-Saint-Astier).

Bertaudie (La), h. c^ne de Saint-Just.

Bertaux, c^ne de Manzac. — *M.-d'Eux-Bertaulx*, 1520 (Dives, 9, A).

Bertel (Le), h. c^ne de Villefranche-de-Belvez (B.).

Berterie (La), h. c^ne de Saint-Félix-de-Mareuil.

Berthe (La), h. c^ne de Montagnac-la-Crempse.

Berthomieux (Les), h. c^ne de Saint-Géraud-de-Corps (B.).

Bertier, h. c^ne de Saint-Félix-de-Villadeix. — *Bertiers*, 1483 (Lesp. 82, p. 30). — *La Ribeyrolle de Bertier*, 1630 (Acte not.).

Bertieux, lieu-dit, c^ne de Saint-Laurent-des-Bâtons.

Bertiguil, friche, c^ne de la Linde. — *Berteguil* (cad.).

Bertine (La), h. c^ne de Bourdeilles (S. Post.).

Bertinie (La), h. c^ne de Lisle.

Bertinie (La), h. c^ne de Montagnac-la-Crempse. — Anc. rep. noble.

Bertinie (La), h. c^ne de Ribérac.

Bertinquie, h. c^ne de la Linde. — *La Martequia*, 1460 (Liv. N. 60).

Bertomarie (La), h. c^ne de Notre-Dame-de-Sanillac. — *La Bertoumarie*, 1679 (Dénombr. de Périgueux).

Bertomarie (La)? arrond. de Ribérac. — *Nemus de la Bertolmaria*, 1266 (Lesp. 79).

Bertone (La), ruiss. affl. du Vern, c^ne de Manzac.

Bertonerie (La), c^ne de Brassac, 1772 (Dénombr. de Montardit).

Bertonie (La), h. c^ne de Léguillac-de-Lauche. — *La Berthonie*, 1544 (inv. du Puy-Saint-Astier).

Bertonie (La), h. c^ne de Trélissac.

Bertonne (La)? c^on de Grignols. — *La Berthoynia*, 1406 (Lesp.).

Bertrandie (La), c^ne de Bourrou. — *M. de la Bertrandia*, 1485 (Dives, 2, 116).

Bertrandie (La), c^ne de Campsegret. — *M. de la Vertrandia*, 1283 (Périg. M. H. 41. 1).

Bertrandie (La), c^ne de Celle, 1772 (Dénombr. de Montardit).

Bertrandie (La), c^ne de Saint-Caprais. — *La Bertrandia*, 1455 (Liv. N. 41).

Bertrandie (La), c^ne de Saint-Martin-des-Combes. — *La Bertrandia*, 1400 (Périg. M. H. 41, n. 5).

Bertrandie (Les), h. c^ne de Saint-Chamassy (B.).

Bertrandoux (Les), lieu-dit, c^ne de Paunac (cad.).

Bertranoux (Les), éc. c^ne de Bergerac.

Bertric-et-Burée, c^ne, c^on de Verteillac. — *Belticorador*, 1219 (Lesp. 31, arch. de Saint-Alvère). — *Beltricolidon* (pouillé du xiiie s^e). — *Bertricum*, 1382 (P. V. M.). — *Bertricq*, 1650. — *Bertry*, 1667. — *Bertrix*, 1700 (Acte not.).

Patrons : saint Pierre et saint Paul ; coll. l'évêque.

Bertricoux (Les), lieu, c^ne de Saint-Victor.

Besage (Grande et Petite), h. c^ne de Monbos.

Besage (La), h. c^ne de Thenac, 1664 (N. de B.).

Bessade (La), quartier du bourg du Bugue (A. Jud.).

Bessade (La), c^ne de la Chapelle-au-Bareil.

Bessade (La), h. c^ne de Liorac.

Bessade (La), éc. c^ne de Saint-Mesmin.

Bessade (La), éc. c^ne de Villedieu.

Bessades (Les), taillis, c^ne de la Douze (A. Jud.).

Bessades (Les), lieu-dit, c^ne de Ladornac (cad.).

Bessades (Les), c^ne de Lanquais. — *Mayn. de las Bessadas*, 1524 (coll. L.), auj. *le Tay* : nom perdu.

Bessades (Les), lieu-dit, c^ne de Mauzens. — *Les Beyssades* (cad.).

Bessades (Les), lieu-dit, c^ne de Saint-Alvère. — *Les Bayssades* (cad.).

Bessades (Les), lieu-dit, c^ne de Saint-Aquilin (cad.).

Bessades (Les), taillis, c^ne de Sainte-Croix-Beaumont (A. Jud.).

Bessades (Les), lieu-dit, c^ne de Sainte-Foy-de-Longa. — *Beyssades*, 1680 (Acte not.).

Bessades (Les), éc. c^ne de Saint-Marcel, 1728 (Acte not.).

Bessades (Les), h. c^ne de Sainte-Marie-de-Chignac (S. Post.).

BESSADES (LES), bois, cⁿᵉ de Tursac. — *Les Beyssades* (cad.).

BESSACUET, h. cⁿᵉ de Sainte-Natalène.

BESSARDIE (PETITE-), h. cⁿᵉ de Castel.

BESSAROGNE (LA), h. cⁿᵉ de Saint-Georges-de-Monclar (B.). — *La Bessaronie*, 1720 (Acte not.).

BESSAS (LAS), lieu-dit, cⁿᵉ de Beleymas (cad.).

BESSAS (LAS), lieu-dit, cⁿᵉ de Nanteuil-Thiviers. — *Las Bayssas* (cad.).

BESSAS (LAS), lieu-dit, cⁿᵉ de Saint-Martin-l'Astier. — *Las Bayssas* (cad.).

BESSAS (LAS), h. cⁿᵉ de Saint-Pierre-de-Chignac (S. Post.).

BESSAS (LAS), h. cⁿᵉ de Salon (S. Post.).

BESSE, éc. cⁿᵉ de Biron (B.).

BESSE, h. cⁿᵉ de Lavaur (B.).

BESSE, cⁿᵉ, cᵒⁿ de Villefranche-de-Belvez. — *Bessia*, 1310 (Lesp. 24).

Voc. Saint-Louis; coll. l'évêque. — Paroisse hors châtell. au xɪvᵉ siècle. — Anc. rep. noble ayant haute justice sur Besse, 1760 (Alm. de Guy.).

BESSE (BOIS DE), taillis, cⁿᵉ de Marcillac (A. Jud.).

BESSE (COMBE DE LA), lieu-dit, cⁿᵉ d'Ajat-Thenon (A. Jud.).

BESSE (HAUTE et BASSE), h. cⁿᵉ de Champagnac-de-Bel-Air.

BESSE (LA), cⁿᵉ d'Auriac, cᵒⁿ de Montignac. — *Mansus de la Bessa*, 1477 (Lesp. 54).

BESSE (LA), lieu, cⁿᵉ de Brantôme.

BESSE (LA), h. cⁿᵉ de Champagnac. — *Mayn de las Bessas*, 1460 (O. S. J.).

Dép. de la commᵉ de Puymartin.

BESSE (LA), h. cⁿᵉ d'Échourgnac.

BESSE (LA), lieu, cⁿᵉ de Fleurac. — *Las Bessas*, 1464 (Généal. de Rastignac).

BESSE (LA), lieu-dit, cⁿᵉ de Mortemart, 1666 (O. S. J.).

BESSE (LA), h. cⁿᵉ de Paysac, cᵒⁿ de la Nouaille.

BESSE (LA), h. cⁿᵉ de Peysac-Montignac (S. Post.).

BESSE (LA), cⁿᵉ de Saint-Antoine-d'Auberoche. — *La Bessa*, 1467 (Généal. de Rastignac).

Anc. rep. noble.

BESSE (LA), h. cⁿᵉ de Saint-Geniez.

BESSE (LA), font. cⁿᵉ de Saint-Médard-de-Gurson. — *Fons de la Baissa, de la Baisa* (cart. de la Sauve, p. 107).

BESSE (LA), sect. A de la cⁿᵉ de Saint-Saud (cad.).

BESSE (LA), lieu, cⁿᵉ de Savignac-de-Nontron.

BESSE (LA), h. cⁿᵉ de Sensenac (S. Post.).

BESSE (LA)? — *Parochia Saint-Sorn de la Bayssa* (Lesp. 10. État des paroisses pour le fouage).

BESSÈDE (LA), plateau considérable sur les confins des arrond. de Bergerac et de Sarlat, et sur lequel était la dernière forêt domaniale que l'État ait conservée dans le dépᵗ. Elle comprenait dans l'origine plus de 3,000 hect. elle n'était plus que de 2,000 hect. en 1812, et de 372 hectares lorsqu'elle a été vendue en 1844. Divisée en 5 cantons dans l'arrond. de Bergerac : Brunet, Defey, les Étangs, Fromental et Saint-Avit; et en 2 dans l'arrond. de Sarlat : le canton de Vielvic-Saint-Pardoux et celui improprement dit du Petit Camp de César (arch. de la sous-préf. de Bergerac et états d'assiette de l'Admin. des forêts).

La Bessède dépendait de la châtell. de Belvez. — Certaines parties avaient des noms distincts : *Malafaia? Cadunium, lo Deffès, Bois de la Jasse* (voy. ces noms); la principale était : *Bosc cumenal de Belvez*, 1327; *Nemus comm. de Bello videre*, 1470; *Boys comm. de Belver nommé la Bessède*, 1525.

On donnait à cette partie les confrontations suivantes : du côté de Bouillac et de Cadouin : 1° lo Guarric gros; 2° Peyra longua; 3° lo riou Merdier; 4° lo Calhau que es sobre lo riou Merdier; 5° Nauva Fauhosa; 6° lo tres guarrics qué son el cami de Sᵗ Avit senhor; 7° lo lac del Salis; 8° lo cap des Fromentals; 9° la division del fach des Fromentals de Belver; 10° lo gua Lobaris; 11° la cumba de Puech Agudel; 12° la fon del Calhau; 13° la crotz de la Saluetat prope de Cadonh; 14° lo guarric des Tres Frayres; 15° lo guarric de pé de perdit; 16° lo cap de Fieraual; 17° lo garric des Quatre Frayres; 18° la nauva apelada de laigua de Fieranal; 19° la devesio que dem de Puech Sec au lo Mas que va el cap de la Defesa dariera aney e com va lo camy Romio.

La moitié du bois commun de Belvez appartenait à l'archevêque de Bordeaux, seigneur de la châtell. de Belvez, et l'autre moitié aux consuls de la ville; mais l'administration de la totalité était indivise et commune entre eux : le seigneur n'aurait pu forcer les consuls à une séparation, et il était fait deux parts égales des revenus. — Dans la saison des glands on faisait une afferme générale, et, à prix égal, l'habitant de la châtellenie avait pour son offre la préférence sur l'étranger; quand il n'y avait plus de glands, tous les habitants de la châtellenie pouvaient conduire leurs bestiaux dans les bois, en payant deux deniers par tête pour l'année, mais ils n'y pouvaient faire d'établissement (*cabanam edificare nec jassam animalium facere*). Le seigneur seul avait droit d'y tenir, sans payer, cinquante bêtes grosses, avec cent petites, et d'y établir cabanes et jasses. — Quant aux chasseurs qui auraient pris quelque bête sauvage, ils étaient obligés, si l'archevêque était alors dans une de ses châtellenies du Périgord, de lui offrir le quartier droit de derrière des cerfs et chevreuils et le quartier droit de devant des sangliers. Dans l'absence de l'archevêque, son bayle recevait seulement une longe d'un quartier de derrière, si le chasseur était habitant de la châtellenie; mais il avait droit au quartier entier quand le chasseur était un étranger (Transactions entre l'archev. de Bordeaux et les consuls, des 4 mars 1327, 10 février 1470, 16 juin 1571, etc. etc. Arch. de la Gironde, Belvez).

Bessède(La), c^{ne} de Brassac, 1772 (Dénombr. de Montardit).

Bessède (La), h. c^{ne} de la Chapelle-au-Bareil.

Bessède (La), c^{ne} de Coursac, 1509 (inv. du Puy-Saint-Astier).

Bessède (La), taillis, c^{ne} de Ladornac (cad.).

Bessède (La), taillis, c^{ne} de Marsaneix (A. Jud.).

Bessède (La), c^{te} de Preyssac (B.).

Bessède (La), lieu, c^{ne} de Saint-Martin-des-Combes. — La Besseda, 1369 (Lesp. 50).

Bessède (La), h. c^{ne} de Saint-Pardoux-de-Belvez (S. Post.).

Bessède (La), lieu-dit, c^{ne} de Simeyrol (cad.).

Besse-de-Dalon (La), h. c^{ne} des Teillots (A. Jud.).

Besse-des-Vignes (La), taillis, c^{ne} de Cubjac (A. Jud.).

Besse-du-Bost (La), taillis, c^{ne} de Cubjac (A. Jud.).

Besses (Les), terre, c^{ne} de Bussac (A. Jud.).

Bessète (La)? c^{ne} de Montren. — La Besseta, 1455 (Périg. M. H. 41, n° 7).

Bessière (La), éc. c^{ne} de Marsaneix.

Bessières (Les), lieu-dit, c^{ne} d'Alas-de-Berbiguières (cad.).

Bessines (Les), lieu-dit, c^{ne} de Saint-Saud (cad.).

Bessonelle (La), h. c^{ne} de Beauregard-Terrasson (S. Post.).

Bessonelle (La), c^{ne} de Chantérac, 1544 (inv. du Puy-Saint-Astier).

Bessonie (La), h. c^{ne} d'Anlhiac.

Bessou, m^{in}, c^{ne} de Beaumont (S. Post.).

Bessou, h. et m^{in} sur un affluent du Caudau, c^{ne} de Fouleix.

Bessou (Le Moulin-), mét. c^{ne} de Saint-Félix-de-Villadeix. — 1728 (Not. de M.).

Bessou (Roque), lieu-dit, c^{ne} de Sireuil (cad.).

Bessouart, lieu, c^{ne} de Sainte-Natalène.

Bessouillade (La), lieu-dit, c^{ne} de Cadouin. — Bessoulade (cad.).

Bessouillades (Les), lieu-dit, c^{ne} d'Ales (A. Jud.).

Bessouillas (Las), lieu-dit, c^{ne} de Preyssac-d'Excideuil (A. Jud.).

Bessouilles (Les), taillis, c^{ne} de Brantôme (A. Jud.).

Bessoulias (Les), éc. c^{ne} d'Angoisse (S. Post.).

Bessoulie (La), h. c^{ne} de Saint-Priest-les-Fougères (S. Post.).

Bessoulie (La), lieu-dit, c^{ne} de Thiviers (cad.).

Bessoulliou, h. c^{ne} de Fraysse. — Le Bessoulliaux, 1782 (Not. du Fl.).

Bétarosse (Le), ruiss. c^{ne} de Manzac (Dives).

Bétédonie (La), c^{ne} de Celle, 1772 (Dénombr. de Montardit).

Beth, h. c^{ne} de Proissans.

Bétonie (La), c^{ne} de Sarlande. — Rep. noble.

Betonies (Les), éc. c^{ne} de Montren. — Las Baitonias (Liv. N. 74).

Bérou, c^{ne} de Marnac. — Masus de Beto, 1459 (arch. de la Gir. Belvez). — Anc. rep. noble.

Berou, h. c^{ne} de Saint-Michel-l'Écluse (B.).

Bétou (Le), lieu-dit, c^{ne} de Saint-Aquilin (cad.).

Bétou (Le), lieu-dit, c^{ne} de Villetoureix (cad.).

Bétou (Les), h. c^{ne} d'Église-Neuve, 1650 (Acte not.).

Bétou (Les), lieu-dit, c^{ne} de Saint-Martin-l'Astier (cad.).

Betoute (La), bruyère, c^{re} de Cantillac (A. Jud.).

Betoute (La), lieu-dit, c^{ne} de Saint-Laurent-des-Hommes (cad.).

Betucie, éc. c^{ne} de Chalagnac. — La Betussia, 1468 (Liv. N. 89).

Betussou, c^{ne} de Sanilhac, 1737 (Acte not.). — Anc. rep. noble.

Beuge (La), ruiss. qui se réunit à l'Eau-Lourde au-dessous de Saint-Aignan-d'Hautefort.

Beulaygue, h. c^{ne} de Bergerac.

Beunac, éc. c^{ne} de Trélissac, 1485 (ch. Mourcin).

Beuse (La), ruiss. qui passe à Sainte-Foi-de-Belvez et se jette dans la Nause en amont de Larzac. — Rivus de la Beosa, 1462 (Dénombr. de Belvez, arch. de la Gir.).

Beye (Le), h. c^{ne} de Prats-de-Belvez (B.).

Beylardie (La), lieu, c^{ne} de Lempzours.

Beyle (La), c^{ne} de Brassac. — B. de la Beylia, 1496 (ch. Mourcin).

Beyle (La), lieu, c^{ne} de Champsevinel. — La Beylia, 1496 (ch. Mourcin).

Beylie (La), h. c^{ne} de Château-l'Évêque. — Anc. rep. noble.

Beylie (La), taillis et chât. c^{ne} de Marcillac (A. Jud.).

Beylie (La), h. c^{ne} de Meyral.

Beylie (La), h. c^{ne} de Montagnac-la-Crempse. — La Bailie, 1643 (Acte not.).

Beylie (La), lieu, c^{ne} de Neuvic.

Beylie (La), pré, c^{ne} de Saint-Hilaire-d'Estissac, au-dessous de la forge de la Rigaudie, 1672 (Acte not.).

Beylie (La), fontaine et h. c^{ne} de Saint-Martin-des-Combes.

BEYLIE (LA), c^ne de Saint-Pierre-d'Eyraud. — *Mans del Beylia*, 1489 (coll. Lanq.).

BEYLIVE (LA), éc. c^ne de Bergerac.

BEYNAC, éc. c^ne de Lembras (A. Jud.).

BEYNAC, h. et m^in, c^ne de Saint-Saud. — *Grandas forests de Beynac*, 1745. — *Petites landes de Beynac*, autrement *las Jartas*, 1752 (Reconn. pour l'abbé de Peyrouse, not. de P.).

BEYNAC (COMBE DE), lieu, c^ne de Castel.

BEYNAC-ET-CAZENAC, c^ne, c^on de Sarlat. — *Castrum nomine Bœnatium* (chronic. Albig.). — *Beinacum*, 1147 (cart. de Cadouin). — *Beinachas*, 1187 (cart. de la Sauve). — *Bainagium*, 1188 (Vita sancti Steph. Grandimont). — *Bainac*, 1209 (cart. de Cadouin). — *Beynacum*, 1347 (L. 88). — *Sanctus Jacobus de Benaco*, 1390 (Nobil. de Guy. généal. de Canolle).

Au XIVe siècle, châtell. composée de 9 par.: Beynac, Bezenac, Castel, Cazenac, Meyral, Saint-André, Saint-Vincent-de-Cosse, Tayac et Vezac. — L'une des quatre seigneuries donnant le titre de premier baron de Périgord. — Maladrerie de fondation commune (Maladr. de France, ms de la Bibl. Imp.).

Voc. l'Assomption. — Prieuré de l'O. St-Augustin (Bénéf. de l'év. de Sarlat).

BEYNADES (LES), taillis, c^ne de Sainte-Sabine (A. Jud.).

BEYNAGUET, taillis, c^ne de Fontenilles (cad.).

BEYNE (LA), h. c^ne de Saint-Martin-de-Fressengeas (cad.).

BEYNE (LA), lieu-dit, c^ne de Saint-Pompon, 1744 (terr. de Saint-Pompon).

BEYNERIE (LA), h. c^ne de Bayac. — *Beynarie*, 1650 (Acte not.).

BEYSSAC, éc. c^ne de Marquay (A. Jud.).

BEYSSAC, lieu-dit, c^ne de Meyrals (cad.).

BEYSSAC, h. et forge, c^ne de Saint-André-Alas (A. Jud.).

BEYSSAC, h. c^ne de Sireuil. — Anc. repr. noble.

BEYSSELOU, lieu-dit, c^ne de Calviac (cad.).

BEYSSET, h. c^ne de Saint-Avit-Senieur (S. Post.).

BEYSSOUNET (LE), h. c^ne de Saint-Pompon (terr. de Saint-Pompon).

BEZENAC, c^ne, c^on de Saint-Cyprien. — *Besenac*, 1147 (cart. de Cadouin). — *Sanctus Petr. de Bezenaco*, 1348 (Lesp. vol. 15).

Patron: saint Pierre-ès-Liens; coll. l'évêque.

BEZET, h. c^ne de Saint-Sernin-de-l'Herm (B.).

BIACLE, lieu-dit, c^ne de Neuvic (cad.). — *Rivus dictus lo Biache*, 1481 (Dives, 1, 150).

BIARDS (LES), éc. c^ne de Valeuil.

BIAT, h. c^ne de Coly (B.).

BICHOTORNO? c^ne de Notre-Dame-de-Sanillac. — *Mayn. de la Bichotormo*, 1508 (Lesp. Périg. M. H. 2).

BICOTY (LE), domaine, c^ne de Pomport.

BIDALIE (LA), h. c^ne de Léguillac-de-Cercles.

BIDAT, terre, c^ue de Douville (A. Jud.).

BIDAT (TERTRE DE), taillis, c^ne de Saint-Avit-Senieur (A. Jud.).

BIDAY (LE BOIS DE), lieu-dit, c^ne de Vern (A. Jud.).

BIDE, h. c^ne de la Monzie-Montastruc (A. Jud.).

BIDONE (LA), éc. c^ne de Gaujac (B.).

BIDONE (LA), h. c^ne de Saint-Remy.

BIDONE (LA), ruiss. affl. de la Lidoire, c^on de Villefranche-de-Lonchapt.

BIDOT (HAUT et BAS), h. c^ne de Bourniquel.

BIDOTAS (LAS), lieu-dit, c^ne de Sourzac (cad.).

BIDOU, mét. c^ne de Lanquais. — Autrement *la Sablière*, 1738 (terr. de Lanquais).

BIDOUSSET, domaine, c^te de Beaumont (A. Jud.).

BIDOUX (LES), h. c^ne de Mussidan (cad.).

BIDOUX (LES), mét. c^ne de Saint-Martin-de-Ribérac, 1709 (Acte not.).

BIERGE (LA), éc. c^on de Millac-de-Nontron.

BIERNE, h. c^ne de Lunas, 1625 (N. de B.).

BIGALE (LA), rocher escarpé sur la Dordogne, c^ne de Varennes.

BIGANAN (MOULIN DE), sur la Lisone, c^ne de Saint-Paul-de-Lisone (B.).

BIGAROQUE, section de la c^ne du Coux. — *Castrum de Begaroca*, 1143 (cart. de Cadouin). — *Bigaroca*, 1206 (*ibid.*). — *Biga Rocha*, 1207 (*ibid.*). — *Biga Roqua*, 1279 (Lesp.). — *à Begairoca*, 1292 (cens de Badefol, Arch. de l'Emp.). — *Biga Rupes*, 1317 (Lesp.). — *Biguarupes*, 1364 (Châtell. du Périg. Lesp. 10). — *Bigarroque*, 1760 (Alm. de Guy.).

Au XIVe siècle, châtell. composée de 5 par.: Bigaroque, Cabans, le Coux, Mouzens, Saint-Cyprien.

Voc. Saint-Jean. — Chapelle de Saint-Blaise, près du château. — Hôpital des pauvres, fondé en 1317 par Grimoard de Bretenos.

BIGAS, éc. c^ne de Biras.

BIGASSOU, h. c^ne de Neuvic. — *Biguassou*, 1642 (Acte not.).

BIGAYRE (LE), taillis, c^ne de Saint-Cirq (A. Jud.).

BIGAYRE (LE), lieu-dit, c^ne de Simeyrol (cad.).

BIGAYRE (LE), taillis, c^ne de Tayac.

BIGAYRES (LES), h. c^ne de Liorac (A. Jud.).

BIGEAYRDIE (LA), h. c^ne de Bourdeilles (A. Jud.).

BIGNAC (LE), h. c^ne de Saint-Naixent. — *Annexa de Albuchaco*, 1490 (O. S. J.). — *Albinhac*, 1494 (*ibid.*). — *Albinhacum, Alvinhac, Elbignhac*, 1543 (*ibid.*). — Annexe de la comm^rie de Saint-Naixent au XVe s^e et anc. rep. noble.

BIGONIAS, h. c^ne de Fraysse (B.).

BIGONIES (LES), lieu-dit, c^ne de Bouniagues (A. Jud.).

BIGORRE, h. c^ne de Lanquais.

BIGORRE, h. c^ne de Montignac-sur-Vézère, 1503 (Lesp.).

Bigos, c^{ne} de Bourrou. — *Biguos*, 1694 (Acte not.).

Bigotas (Le), h. c^{ne} de Montpont.

Bigotie (La), habitation, c^{ne} de Marsalès.

Bigots (Les), lieu-dit, c^{ne} de Montaut (A. Jud.).

Bigots (Les), c^{ne} de Saint-Médard-de-Mussidan. — *Les Bigauds*, 1612 (Acte not.).

Bigou (Château-), éc. c^{ne} de Salon (B.).

Bigoucies (Les), h. et m^{in}, c^{ne} de Saint-Médard-de-Dronc (B.).

Bigounet (Le), h. c^{ne} de Saint-Pardoux-de-Belvez (B.).

Bigoureix (Les), h. c^{ne} de Marsaneix.

Bigourie (La), lieu-dit, c^{ne} de Paunac (cad.).

Bigoussias, section de la c^{ne} de Saint-Laurent-des-Hommes (cad.).

Bigoussies (Les), éc. c^{ne} de Saint-Médard-de-Dronc (A. Jud.).

Billebault, c^{ne} d'Ataux (A. Jud.).

Bingué, h. c^{ne} de Grignol.

Bio, h. c^{ne} de Bayac. — *Factum de Buoux*, 1459 (arch. de la Gir. Belvez).

Biorne-la-Nauve, c^{ne} de Lunas.

Biradenne (La), lieu-dit, c^{ne} de Flaugeac (A. Jud.).

Biran, habitation, c^{ne} de Creysse.

Biran (Terme-de-), lieu-dit, c^{ne} de la Monzie-Montastruc (A. Jud.).

Biras, c^{ne}, c^{on} de Brantôme. — *Beiras*, 1211 (cart. de Chancelade). — *Biaras*, 12.. (terr. de Combayrenche, O. S. J.). — *Biras* (pouillé du xiiie siècle). — *Byras*, 1364 (Lesp. 10).

Nom d'un archiprêtré composé de 24 paroisses, qui, au xive siècle, a pris le nom d'archiprêtré de Valeuil, qu'il a porté depuis. — Voc. Saint-Cloud; coll. l'évêque.

Biras, h. c^{ne} de Coursac, 1717 (Acte not.).

Biroc? c^{ne} de Marsac. — *Nemus de Biroc*, 1459 (Périg. M. H. 41, 7).

Birol, h. c^{ne} de la Lindc. — *Repaire de Birol*, par. Saint-Supplice, 1745 (Not. de Lanquais).

Biron, c^{ne}, c^{on} de Montpazier. — *Birontium*, 1115 (donat. à l'abb. de Cadouin, cart. de Cadouin). — *Biron*, 1281 (accord avec l'abbé de Cad. Lesp.). — *Sanctus-Michaël de Bironnio*, 1365 (Châtell. du Périg. Lesp. 85). — *Bironium*, 1432 (Périg. Mon. H. vol. 7). — *Byron*, xvie siècle (Châtell. arch. de Pau). — *Biroun*, xviie siècle (chanson popul. sur la mort du maréchal).

Saint-Michel de Biron était, au xive siècle, une paroisse hors châtellenie. — La nouvelle église *Notre-Dame-sous-Biron* (acte not. 1716), construite par Pons de Gontaut sur les ruines de Saint-Michel, était une collégiale avec 6 chanoines. — Biron était le 3e archidiaconé de l'évêché de Sarlat. — Maladrerie,

de fondation commune, située au lieu dit *cimetière des Pauvres* (Lesp. 51). — Prieuré dépendant de l'église cathédrale de Sarlat.

L'une des 4 seigneuries donnant le titre de premier baron du Périgord et mouvant, au xiiie siècle, de la châtell. de Bergerac. Les paroisses d'Aignesparses, Bertis-de-Biron, Saint-Michel, Soulaures et Vert, qui formaient le territoire de la châtell. de Biron, dépend. d'abord de la sénéchaussée d'Agenois; elles ne sont pas comprises dans le compte des recettes de la sénéchaussée de Périgord en 1365 (Lesp. 88). — Érection en duché-pairie en 1598.

Une partie du bourg se nomme *la Salvetat*.

Birondie (La), h. c^{ne} de Pomport, 1704 (A. Jud.).

Bironie (La), c^{ne} de Naillac, anc. fief.

Bironneau, h. c^{ne} de Villars (S. Post.).

Birounette (La), c^{ne} de Grignol. — *Las Birounetas*, 1662 (Acte not.).

Birounette (La), lieu, c^{ne} de Saint-Aubin-de-Lanquais (terr. de Lanquais).

Biscaye, h. c^{ne} d'Échourgnac.

Bistournie (La), h. c^{ne} du Coux (B.). — *Mansus de la Bistornia*, 1463 (arch. de la Gir. Bigaroque).

Bitarelle (La) ou la Vitarelle, c^{ne} de Chalagnac. — *Rivus de Biterella*, 1483 (Dives).

Bitarelle (La), h. c^{ne} de Creyssensac.

Bitarelle (La), h. c^{ne} de Lèches.

Bitarelle (La), éc. c^{ne} de Montagnac-la-Crempse.

Bitarelle (La), taillis, c^{ne} de Saint-Sauveur-de-Bergerac, 1658 (Acte not.).

Bitarelle (La), h. c^{ne} de Saint-Sernin-de-Reillac.

Bitarelle (La), h. c^{ne} de Sengeyrat.

Bitarelles (Les), éc. c^{ne} de Cladech.

Bitarelles (Les), h. c^{ne} de Loubejac.

Bitarelles (Les), c^{ne} de Notre-Dame-de-Sanillac.

Bitarelles (Les), éc. c^{ne} de la Roque-Gajac.

Bitarelles (Les), sect. de la c^{ne} de Vezac (cad.).

Bitaries (Les), c^{ne} de Cause-de-Clérans. — *La Bittari*, 1460 (Liv. Nof. p. 114). — *Bittarie*, 1729 (Not. de Mouleydier).

Bitas, c^{ne} de Saint-Alvère. — *Foresta de las Bitas*, 1560 (arch. de la Gir. Belvez).

Bitour (Le), h. c^{ne} de Jumillac (B.).

Bizac? c^{ne} de Grignol. — *Bizac*, 1471 (Dives, 1).

Blain, h. c^{ne} de Bauzens.

Blame (Le), ruiss. de l'arrond. de Périgueux, qui prend sa source dans la c^{ne} des Granges, coule de l'est au nord et se jette dans l'Auvezère après un cours de 12 kilomètres. Ses eaux ont la propriété d'incruster en peu de temps les objets que l'on y plonge (Jouannet, *Statistique de l'arrond. de Périgueux*).

Blanc (Le), terre, c^{ne} de Badefol-d'Ans (A. Jud.).

BLANC (LE), h. c^{ne} de Beaumont.

BLANC (LE), éc. c^{ne} de la Chapelle-au-Bareil.

BLANC (MOULIN DU), c^{ne} de Salon (B.).

BLANCANE (LA), lieu-dit, c^{ne} de Paunac (cad.).

BLANCANÈS, c^{ne}. — *Blaquenes* (cart. de la Sauve, p. 202). — Voy. SAINT-GEORGES.

BLANCAU, h. c^{ne} de Fougueyrolles (B.).

BLANCAUDES (LES), lieu-dit, c^{ne} de Terrasson (cad.).

BLANCHARDE (LA), taillis, c^{ne} de Saint-Médard-Mussidan (cad.).

BLANCHARDIE, h. c^{ne} de Mensignac (S. Post.).

BLANCHARDIE (LA), h. c^{ne} d'Abjat-de-Nontron (S. Post.).

BLANCHARDIE (LA), h. c^{ne} de Celle, 1772 (Dénombr. de Montardit).

BLANCHARDIÈRES, h. c^{ne} de Lempzours (S. Post.).

BLANCHARDIÈRES, h. c^{ne} de Quinsac.

BLANCHAREAUX (LES), taillis, c^{ne} de Saint-Michel-Mussidan (cad.).

BLANCHE (LA), h. c^{ne} de Villefranche-de-Belvez.

BLANCHER, h. c^{ne} d'Échourgnac (S. Post.).

BLANCHER (LE), h. c^{ne} de Saint-Geniès (S. Post.).

BLANCHERIE (BOIS DE), taillis, c^{ne} de Paunac, 1706 (Acte not.).

BLANCHERIE (LA), champ, c^{ne} de Manzac (Dives).

BLANCHERIE (LA), éc. c^{ne} de Paussac (B.).

BLANCHERIE (LA), ancien fief, c^{ne} de Saint-Germain-d'Excideuil (Homm. arch. de Pau).

BLANCHERIE (LA), h. c^{ne} de Sanillac.

BLANCHERIE (LA), h. c^{ne} de Sarrazac (S. Post.).

BLANCHETIÈRE, h. c^{ne} de Saint-Martin-le-Peint.

BLANCHEYRADE (LA), lieu-dit, c^{ne} de Saint-Michel-Mussidan. — *Blancharade* (cad.).

BLANCHIE (LA), sect. de la c^{ne} de Cherval.

BLANCHIE (LA), éc. c^{ne} de Coursac (B.).

BLANCHIE (LA), éc. c^{ne} de Fanlac.

BLANCHIE (LA), éc. c^{ne} de Fleurac.

BLANCHIE (LA), h. c^{ne} de Naillac.

BLANCHIE (LA), éc. c^{ne} de Plazac.

BLANCHIE (LA), m. isolée, c^{ne} de Saint-Perdoux.

BLANCHIERAS (LAS), bois de 43 hectares, c^{ne} de Beaurone (cad.).

BLANCHIÈRE (LA), lieu-dit, c^{ne} de Terrasson (cad.).

BLANCHIERS (LES), c^{ne} de Saint-Naixent, 1587 (terr. de l'O. S. J.).

BLANCHIRAUX (LE), c^{ne} de Savignac-les-Églises.

BLANCHONNERIE (LA), m. isol. c^{ne} de Fanlac (S. Post.).

BLANCHOU (LE), éc. c^{ne} de Bassillac (cad.).

BLANCHOU (LE), m. isolée, c^{ne} de Brantôme (S. Post.).

BLANCHOU (LE), châtaigneraie, c^{ne} de Negrondes (A. Jud.).

BLANCOUX (LES), h. c^{ne} de Cone-de-la-Barde.

BLANCS (LES), h. c^{ne} de Saint-Étienne-le-Droux.

BLANQUE (CRABE), lieu-dit, c^{ne} de Siorac (cad.).

BLANQUEFORT, c^{ne} de Belvez. — *Blancofort*, 1459 (arch. de la Gir. Belvez). — Anc. rep. noble.

BLANQUEFORT, nom perdu, c^{ne} de Lanquais. — *Blansquefort*, 1778 (Not. de Lanquais).

BLANQUERIE (LA), h. c^{ne} de Fouleix. — *La Blanceyrie*, 1690. — *Blancarie*, 1746 (Acte not.).

BLANQUES (TERRES-), c^{ne} de Saint-Sauveur, 1659 (Acte not.).

BLANQUET, h. c^{ne} de Coulounieix.

BLANQUET, h. c^{ne} de Coursac. — Autr. *Fumat*, 1649.

BLANQUET, lieu-dit, c^{ne} de Tanniès (cad.).

BLANQUET, lieu-dit, c^{ne} de Thiviers. — *Blanquaie* (cad.).

BLANQUET (BOST-), lieu-dit, c^{ne} de Vitrac (cad.).

BLANQUET (COMBE DE), lieu-dit, c^{ne} de Ste-Natalène (cad.).

BLANQUET (LE), éc. c^{ne} de Dome (cad.).

BLANQUET (LE), h. c^{ne} des Farges (S. Post.).

BLANQUET (NÈGRE-), bois, c^{ne} de Saint-Félix-de-Villadeix. — 1770 (Arpent.).

BLANQUETS (LES), h. c^{ne} de Cercles. — Autrement *la Maladrie*, chapelle dite *Notre-Dame-de-Pitié*, pèlerinage pour les incurables (comm. abbé Bernaret).

BLANQUETS (LES), h. c^{ne} de Champagne-Fontaine (S. P.).

BLANQUETS (LES), h. c^{ne} de Sengeyrac (S. Post.).

BLANQUETS (LES), lieu-dit, c^{ne} de Vern (cad.).

BLANQUIE (LA), h. c^{ne} de Capdrot, 1739 (Acte not.).

BLANQUIE (LA), mét. c^{ne} de Saint-Marcory (S. Post.).

BLANQUIE (LA), h. c^{ne} de Saint-Vincent-de-Cosse (B.).

BLANQUIER (LE) ou LA CASSENADE, taillis, c^{ne} de Saint-Avit-Senieur (A. Jud.).

BLANQUIES, lieu-dit, c^{ne} de Bouniagues, 1739 (Acte not.).

BLANQUIES (LES), lieu-dit, c^{ne} d'Alas-de-Berbiguières (cad.).

BLANQUIES (LES), h. c^{ne} de Bergerac, dépendance du prieuré de Saint-Martin, 1603 (B.).

BLANQUIES (LES), éc. c^{ne} de Manzac (B.).

BLANQUIES (LES), h. c^{ne} de Ribagnac (B.).

BLANQUIES (LES), h. c^{ne} de Saint-Martin-des-Combes, 1602 (Acte not.).

BLANQUINE, éc. c^{ne} de Marsac (A. Jud.).

BLANQUINE, h. c^{ne} de Saint-Astier (S. Post.). — *Blanquinot*, 1688 (Acte not.).

BLANQUINE, h. c^{ne} de Thenac (S. Post.).

BLANQUOUX, h. c^{ne} de Cone (S. Post.).

BLANZAC, éc. c^{ne} de Blis-et-Born.

BLANZAC, c^{ne} du Canet, 1675 (Reconn. à l'archev. de Bordeaux (arch. de la Gir.).

BLANZAC, h. c^{ne} du Grand-Change.

BLANZAGUET, paroisse de l'anc. dioc. de Périgueux, auj. dans le dép^t de la Charente (pouillé du XIIIe siècle).

BLANZONIE (LA), h. c^{ne} de Saint-Geniès.

BLAUSSET. — *Tuquetum vocatum Blausset*, 1466 (Lesp. une des limites entre la Force et Mussidan).

BLAYE, h. c^ne de Carsac [Villefranche-de-Lonchapt] (B.).

BLAZINAUD (LANDES DE), lieu-dit, c^ne de Vaunac (cad.).

BLAZY (LE), h. c^ne de Sigoulès (B.).

BLENY (LE), anc. rep. noble, c^ne de Saint-Jean-d'Ataux, 1653 (Acte not.).

BLERETIE (LA), éc. c^ne de Chassagne (Cass.).

BLERETIE (LA), c^ne de Jaure. — *Tenem. de La Bleritia*, 1471 (Dives, 1, 84).

BLERETIE (LA), anc. rep. noble, c^ne de Ponteyraud, 1650 (Acte not.).

BLERONTIE (LA)? c^ne de Chantérac. — *La Bleyrontia*, 1509 (inv. du Puy-Saint-Astier).

BLEYNIE (HAUTE et BASSE), h. c^ne d'Urval. — *La Bleynia*, 1332 (Lesp. 37). — Anc. rep. noble.

BLEYNIE (LA), c^ne d'Ales. — *La Blainia*, 1288 (cart. du Bugue).

BLEYNIE (LA), c^ne d'Allemans, 1560 (O. S. J.).

BLEYNIE (LA), h. c^ne de Bars. — *La Blainia*, 1215 (Lesp. 15).

BLEYNIE (LA), éc. c^ee de Bassillac.

BLEYNIE (LA), c^ne de Brassac. — *La Blaynia*, 1270 (Périg. M. H. 41, 1).

BLEYNIE (LA), c^ne de Celle, 1772 (Dénombr. de Montardit).

BLEYNIE (LA), h. c^ne de Saint-Julien-de-Lampon.

BLIS, sect. de la c^ne de Blis-et-Born. — *Sanctus Severinus de Blis*, 1147 (cart. de Chancelade). — *Blys*, 1555 (arch. de Pau).

Anc. prieuré à la coll. de l'abbé de Chancelade.

BLIS, h. c^ne d'Eymet.

BLOIX, h. c^ne de Bonneville (B.).

BLY, lieu, c^ne de Fleurac.

BOATIE, c^ne de la Chapelle-Grésignac. — *Mayne de la Boatia*, 12 (Combayrenche, Recette, O. S. J.).

BOBAS, h. c^ne de Saint-Mesmin (B.).

BOBELIER (AU), taillis, c^ne de Montignac-sur-Vézère (A. Jud.).

BOBINYE (LA), c^ne de Celle. — *La Babbinie*, 1460 (inv. du Puy-Saint-Astier).

BOCANEYRAS, anc. fief, c^ne de Bourdeilles (Pau, Homm.).

BOCH (LE)? h. c^ne de Montignac. — *El Boch*, 1354 (Lesp.). — *Fons de Boex*, 1460 (O. S. J.).

BOCH (LE), ruiss. affl. de la Vézère; il passe à Brenac.

BOCHAYROLIE (LA)? 12.. — *Ort de la Bochayrolia*, 12.. (O. S. J. Combayrenche).

BOCHOLA? 12.. — *Vinha de la Bochola* (O. S. J. Combayrenche).

BODI, h. c^ne de Champsevinel. — *Boria de Bodi*, 1460 (Périg. M. H. 41, 1). — Voy. BORIE-PETIT.

BODI, lieu, c^ne de Neuvic.

BODIQUEY, h. c^ne de Saint-Médard-de-Mussidan. — *Bodiqueyx*, 1741 (Acte not.).

BOÉRIE (LA)? — *Feodum de la Boeria*, XIVe siècle (ms de Wolf.).

Fief relev. de Puyguilhem.

BOÉTIE (LA), sect. de la c^ne de Sarlat; lieu de l'habitation de l'ami de Montaigne.

BOFÉTIE (LA)? c^ne de Liorac. — *La Bofetia*, 1371 (Lesp. 15). — *La Bouffetie*, 1677 (Acte not.).

BOIGE (BARADE-), lieu-dit, c^ne de Saint-Michel-Mussidan (cad.).

BOIGE (LA), bois de 43 hect. c^ne de Beaurone (cad.).

BOIGE (LA), lieu-dit, c^ne de Douzillac (cad.).

BOIGE (LA), lieu-dit, c^ne de Fontaine (cad.).

BOIGE (LA), lieu, c^ne de Fossemagne.

BOIGE (LA), h. c^ne de Saint-Sulpice-de-Roumagnac (B.).

BOIGE (LA), lieu-dit, c^ne de Villamblard (cad.).

BOIGE (LA VIEILLE-), lieu-dit, c^ne de Festalemps (cad.).

BOIGES (LES), lieu-dit, c^ne de Lusignac (cad.).

BOIGES (LES), bois, c^ne de Negrondes (A. Jud.).

BOIGES (LES), lieu-dit, c^ne de Thiviers (cad.).

BOIGES (LES), lieu-dit, c^ne de Saint-Laurent-des-Hommes (cad.).

BOIGES (LES), lieu-dit, c^ne de St-Michel-l'Écluse (cad.).

BOIN, h. c^ne de Bourg-du-Bost (B.).

BOINE (BLANCHE-), anc. borne qui faisait division des juridictions de la Barde, Saint-Naixent et Lanquais, ainsi que des paroisses de Saint-Naixent, de Cone et de Saint-Aubin, 1451 (O. S. J.).

BOINE (HAUTE et BASSE), c^ne de Meyral, un des points les plus élevés du Sarladais.

BOINE (LA), h. c^ne de Carsac (B.). — *La Boyne.*

BOINE (LA), c^ne de Champsevinel. — *La Boyne*, 1734 (Acte not.).

BOINE (LA), h. c^ne d'Eyvirac (B.).

BOINE (LA), lieu-dit, c^ne de Marsac. — *Al Perier de la Boyna*, 1322 (Lim. de la jurid. de Périg. Procès entre la ville et l'abbé de Chancelade).

BOINE (LA), h. c^ne de Saint-Alvère (B.). — *Boyne* (B.).

BOINE (LA), h. c^ne de Saint-André. — *La Boyne* (B.).

BOINE (LA), sect. de la c^ne de Saint-Jean-de-Cole (cad.).

BOINE (LA), lieu-dit, c^ne de Saint-Marcel. — *La Boyne*, 1670 (Acte not.).

BOIS-AYZENC? c^ee de Combayrenche. — *Eyssart de Boc-Ayzenc*, 12.. (O. S. J. Terr. de Combayrenche).

BOIS-CHEVALIER, lieu-dit, c^ne de Terrasson (cad.).

BOIS-DE-MOLIÈRE, lieu-dit, c^ne de la Chapelle-au-Bareil.

BOIS DES RENTES, bois, c^ne de Notre-Dame-de-Sanillac (A. Jud.).

BOIS-D'EYLIAC, taillis, c^ne de Bertric (cad.).

BOISE (LA), lieu-dit, c^ne de Villetoureix (cad.).

BOISES (LES), h. c^ne de la Chapelle-Gonaguet (B.).

BOIS GALANT, bois, c^ne de Jumillac (S. Post.).

BOISNE et BOISNET, nom en Saintonge du chemin que

suit la voie romaine qui allait de Vésone à Saintes (Michon, *Statistique de l'Angoumois*).

Bois-Noir (Le), c^ne de Condat, c^on de Brantôme.

Bois-qui-Danse (Le), taillis, S. A n° 895, c^ne de Saint-Martin-de-Gurson (A. Jud.).

Boissac, lieu-dit, c^ne de Saint-Laurent-de-Castelnau (cad.).

Boissard, h. c^ne de Saint-Pardoux-la-Rivière (B.).

Boissarie? c^ne de Saint-Astier. — *Mayn. de Boissarie* (inv. du Puy-Saint-Astier).

Boissavy, h. c^ne de Peyzac (A. Jud.).

Boisse (Grand et Petit), h. c^ne de Bergerac (A. Jud.).

Boisse (Le Grand et le Petit), c^ne, c^on d'Issigeac. — *B. Maria de Buxia*, 1286 (Lesp. Issigeac). — *Boyssa*, 1417.

　Anc. rep. noble au xive siècle, dép. de la châtell. d'Issigeac, ayant depuis haute justice sur le Bei, Boisse, Born-des-Champs, Faurilles, Roquepine, Saint-Amand et Saint-Léon, 1760 (Alm. de Guy.). — Voc. l'Assomption.

Boisses (Les), éc. c^ne de Saint-Front-d'Alemps.

Boisset, h. c^ne de Capdrot (B.).

Boisset, h. c^ne de Celle (B.). — *Boischet*, 1270 (Lesp. vol. 81, p. 37). — *Boyssct*, 1639 (Acte not.).

Boisset, anc. nom du vill. des Cinq-Ponts, c^ne de Neuvic. — *Boyschet*, 1373 (Périg. M. H. 5). — *Boyssct*, 1489 (Div. 1). — *Ponts-de-Boisset*, autrement *les Cinq-Ponts*, 1531 (Périg. M. H. 8). — *Boscœc* (arch. de Pau, Châtell.).

Boisset, bois de 41 hectares, c^ne de Saint-Aquilin. — *Nemus quod dicitur Boisset*, 1178 (arch. de Saint-Astier).

Boisset, h. c^ne de Saint-Aquilin. — *Domus de Boychet*, 1295 (test. d'Arch. 3). — *Boyschetum*, 1382 (P. V. M.).

　Prieuré de l'ordre de Grandmont, réuni à celui de la Faye de Jumillac.

Boisset, h. c^ne de Saint-Sulpice-d'Excideuil (B.).

Boisset, c^ne de Saint-Victor, 1771 (Dénombr. de Montardit).

Boisset (Le Petit-), h. c^ne de Saint-Aquilin (B.).

Boisseuil, c^ne, c^on d'Hautefort. — *Boisolium*, 1150 (cart. de Chatres). — *Buxolium*, 1354 (Lesp. 71). — *Boyschuelh*, 1408 (*ibid.*). — *Boisseville, Boysseulh* (*ibid.*)

　Anc. rep. noble dépend. de la châtell. de Génis. — Patronne: sainte Valérie.

Boisseuil, h. c^ne de Teyjac.

Boisseyrou (Le), lieu-dit, c^ne de Millac-d'Auberoche.

Boissière (La), h. c^ne d'Alas. — *Paroisse de Boyssière* (arch. de Pau, Châtell.). — *Bouyssieyras* (Cass.).

　Fief relev. de la justice de Comarque (arch. de Pau).

Boissière (La), éc. c^ne de Beauregard-Terrasson (A. Jud.).

Boissière (La), h. c^ne de la Chapelle-au-Bareil.

Boissière (La), lieu-dit, c^ne de Coulounieix.

Boissière (La), m^in sur la Louire, c^ne de Liorac. — *La Boyssiera*, 1408 (Liv. Nof. 79).

Boissière (La), sect. de la c^ne de Mauzens (cad.).

Boissière (La), h. c^ne de Nabirat (B.).

Boissière (La), c^ne de Queyssac. — *La Boyssiera*, 1485 (Liv. Nof. p. 46).

Boissière (La), h. c^ne de Saint-Caprais-la-Linde. — *La Boissieyra*, 1450 (Liv. Nof. 103).

Boissière (La), h. c^ne de Saint-Lazare.

Boissière (La), c^ne de Saint-Martin-des-Combes. — *M. de la Boissieyra*, 1472 (Liv. Nof.).

Boissière (La), h. c^ne de Sigoulès. — *La Bouissière*, 1743 (Acte not.).

Boissière (La), c^ne d'Urval. — *Mansus de la Boyssiera*, 1470 (arch. de la Gir. Belvez).

Boissière-d'Ans (La), c^ne, c^on de Thenon. — *Sanctus Martin. de Boseira?* 1120 (cart. de Tourtoyrac). — *Buxeria*, 1382 (P. V. M.). — *La Buxière*, xvie s^e (arch. de Pau).

　Anc. rep. noble, ayant haute justice sur la Boissière, 1730 (Alm. de Guy.). — Patron: saint Martin; coll. l'évêque.

Boissonelie, c^ne de Chantérac. — *Planchia Boyssonencha*, 1481 (Dives, I). — *La Boissonadye*, 1521 (inv. du Puy-Saint-Astier). — *Mayn. de Boissonah*, 1540 (*ibid.*).

Boissonet, h. c^ne de Campagnac-lez-Quercy (B.).

Boissonie, h. c^ne d'Angoisse (B.).

Boissonie, lieu-dit, c^ne de Beaurone (cad.).

Boissonie, h. c^ne de Douzillac (B.).

Boissonie, h. c^ne de Mialet (B.).

Bois-Vert, h. c^ne de Capdrot.

Bois-Vert, lieu-dit, c^ne de Varennes.

Bolei...? — *Prioratus de Bolerii* (arch. de Chatres, prieuré dép. de l'abb. de Chatres).

Bolgrie, c^ne de Calviac. — *Bordaria de la Bolgria*, 1455. — *Vill. de la Bolgrie*, 1467 (arch. de Fénelon). — N'existe plus.

Bologner? c^ne de Cabans. — *El costal de Bologner*, 1489 (arch. de la Gir. Belvez).

Bombel, h. c^ne de Lavaur (B.).

Bon, éc. c^ne de Blis-et-Born (A. Jud.).

Bon (Le), h. c^ne de Fontenilles (B.).

Bonabaud, h. c^ne de Boulazac (B.).

Bonac, h. c^ne d'Eybènes (B.).

Bonac, h. c^ne de Trélissac. — *Beunac*, 1485 (chartes Mourcin).

Bona-Guanhe? c^ne de Montplaisant. — *Bona guanha*,

1460 (arch. de la Gir. Belvez). — *En bonne gaigne* (*ibid.*).

Bonas, c^ne de Champagne. — *Mans. de Bonnas*, 1489 (O. S. J.).

Bonas, h. et m^in sur la Drone, c^ne de Tocane-Saint-Apre. — *Bounes*, 1595 (O. S. J.).

Bonaudie? c^on de Montignac. — *Hospicium de la Bonaudie*, 1510 (Lespine, Homm.).

Bonayrie? c^ne de Vanxains. — *Mayn. de La Bonayria*, 1448 (O. S. J.).

Bondazeau, vill. c^ne de Lussas (B.). — *Eccl. de Bondescu*, 1252 (Lesp. Test. de G. de Maignac).

Bonelas, c^ne de Saint-Chamassy. — *Lacus de Bonelas*, 1472 (arch. de la Gir. Belvez).

Bonestieu, h. c^ne de Saint-Sauveur, 1602 (Acte not.).

Bonet, anc. rue de la ville de Périgueux. — *Carreria de Boneto*, 1425 (ch. Mourcin).

Bonet, h. c^ne de Saint-Aquilin.

Bonienc? — *El mas de Bonienc* (cart. du Bugue : poss. de l'abbaye, XIIe siècle).

Bonimon? c^ne de Terrasson. — *Bois de Boninon*, 1680 (O. S. J. Condat).

Bonisset? — *Prioratus de Bonisseto*, XVIe siècle (État de l'Église du Périgord).

Bonne-Eysine, éc. c^ne de Beaurone (cad.).

Bonne-Eysine, c^ne de Grignol. — *Bona Eysina*, 1481 (Dives, 1, 102).

Bonnefare-et-Saint-Michel, c^ne, c^on de Vélines. — *Bonefare*, 1306 (terr. de Monravel, 288). — *Bonafara*, 1373 (Lesp. O. S. J.). — *L'hospital de Bonnefare*, 1604 (terr. de Monravel, 5).

Comm^rie du Temple et ensuite de l'ordre de Saint-Jean.

Bonne-Fille, sect. de la c^ne de Saint-Alvère (cad.). — *Bona Filha*, 1453 (Liv. Nof. p. 30).

Bonnefon, éc. c^ne de Bergerac.

Bonnefon, h. c^ne de Brassac. — *Bona Fon*, 1284 (Périg. M. H. 41, 1).

Bonnefon, h. c^ne d'Eyrenville, où se trouve la fontaine minérale de Barboutan.

Bonnefon, h. c^ne de Ligueux.

Bonnefon, h. c^ne de Naillac.

Bonnefon, h. c^ne de Saint-Saud (B.).

Bonnefon, h. c^ne de Villetoureix. — *Bonafont* (B.).

Bonne-Guise, h. c^ne de Badefol-d'Ans.—Ancien repaire noble.

Bonneix, h. c^ne de Marsaneix.

Bonnelie (La), lieu-dit, c^ne de Champsevinel. — *Bonelia*, 1467 (Périg. M. H. 41, 9).

Bonnelie (La), h. c^ne de Montagnac-la-Crempse. — *La Bounelhie*, 1672 (Acte not.).

Bonnelie (La), éc. c^ne de Saint-Front-d'Alemps.

Bonnelie (La), c^ne de Vanxains. — *La Bounelie*, 1506 (Lesp. Inv. de Ribérac).

Bonne-Mort, h. c^ne de Saint-Chamassy (B.).

Bonne-Rencontre, chapelle à Sarlat, au faubourg de la Bouquerie.

Bonnes-Guises (Les), un des coteaux les plus élevés de l'arrond. de Périgueux (Jouannet, *Statistique*).

Bonnet, h. c^ne de Moncaret (S. Post.).

Bonnet, éc. c^ne de Ribérac. — *Reppayrium de Bonet*, 12... (O. S. J.).

Bonnet (Le), lieu-dit, c^ne de Sainte-Croix-de-Montferrand (A. Jud.).

Bonneterie (La), h. c^ne de Beauregard-Terrasson (S. Post.). — *Bonnelerie* (Cassini).

Bonneterie (La), h. c^ne de la Feuillade.

Bonnetes (Les), éc. c^ne de Bergerac. — 1760 (Acte not.).

Bonnetie, h. c^ne de Bosset (A. Jud.).

Bonnetie (La), sect. de la c^ne de Cercles.

Bonnetie (La), h. c^ne de Gaujac (S. Post.).

Bonnetie (La), lieu-dit, c^ne de Lempzours (cad.).

Bonnetie (La), h. c^ne de Lunas. — *Las Bonnetias*, 1730 (Acte not.). — *Bounetias* (*ibid.*).

Bonnetie (La), h. c^ne de Saint-Rabier.

Bonnetie (La), h. c^ne de Sarliac. — Anc. rep. noble.

Bonnetie (La), h. c^ne de Saint-Vincent-d'Excideuil.

Bonnetières, h. c^ne de Saint-Pancrace.

Bonnette (La), h. c^ne de Loubéjac.

Bonnette (La Clef de la), taillis et terre, c^ne de Cherveix (A. Jud.).

Bonneuil, h. c^ne de la Roche-Beaucourt. — *Bonolium*, 1318 (Lesp. vol. 34).

Anc. rep. noble relevant de l'église de la Roche-Beaucourt.

Bonneval, c^ne de la Cropte. — *Bone Vallis*, 1409 (O. S. J.).

Bonneval, h. c^ne de Fossemagne. — *Bonavallis*, 1492 (Généal. de Rastignac).

Bonneval, éc. c^ne de Hautefaye (B.).

Bonneval, h. c^ne de Saint-Astier. — *Bonnaval*, 1510 (inv. du Puy-Saint-Astier). — *Bonne Val*, 1517 (*ibid.*). — Anc. rep. noble.

Bonne-Ville-et-Saint-Avit-de-Fumadières, c^ne, c^on de Vélines. — *Ecclesia Sancti Johannis de Bona Villa* (pouillé, Lesp. vol. 27).

Anc. bénéfice à la collation du commandeur de Condat. — Voc. Saint-Jean-Baptiste.

Bonne-Ville, éc. c^ne de Gaujac.

Bontavie? c^ne de Lusignac. — *Mayne de la Bontavia*, 12.. (O. S. J. Terr.).

Bony, domaine, c^ne de Celle, 1659 (Acte not.).

Bony, h. c^ne de Saint-Clément.

Boon? — *Monasterium de Boon Gabilho* (anc. pouillé).
— *Mon. de Boon*, 1556 (panc. de l'év.).

Bord, sect. de la c^ne d'Alas-Saint-André.

Bord, h. c^re de Corgnac (S. Post.).

Bord, éc. c^ne de Montignac-sur-Vézère.

Bord, h. c^ne de Nontron.

Bord, h. c^ne de Romains.

Bord, éc. c^ne de Saint-Front-d'Alemps.

Bord, h. c^ne de Saint-Jory-de-Chalais, 1680 (Acte not.).

Bord, h. et forge, c^ne de Saint-Mesmin.

Bord, sect. de la c^ne de Saint-Rabier.

Bord, h. c^ne de Savignac-le-Drier.

Bord (La Peyre-), c^ne d'Atur, tenance, 1744 (Acte not.).

Bordarias (Las), h. c^ne de Ribagnac (B.).

Bordarie? c^ne de Saint-Pardoux-de-Belvez. — *Mansus la Bordaria*, 1459 (arch. de la Gir. Belvez).

Bordarie (La)? c^ne de Tayac. — *Mansus de la Bordaria*, 1489 (arch. de la Gir. Belvez).

Bordas, h. c^ne de Grun. — *Mayn. de Bordas, alias du Chaslard*, 1444 (Dives). — *Prep. de Bordia*, 1556 (panc. de l'év.). — *Prepositura de Bordis* (Lesp. 29). — *Bordes*, xviie siècle.
Anc. prieuré dép. de l'abb. de Tourtoyrac.

Bordas? c^ne de Saint-Pardoux-de-Belvez. — *Masus de Bordas*, 1489 (arch. de la Gir. Belvez).

Borde, éc. de Bergerac.

Borde (La), c^ne du Bugue. — *Bordas*, xiiie siècle (cart. du Bugue).

Borde (La), m^in, c^ne du Change. — *La Borda*, 1503 (Mém. d'Albret).

Borde (La), c^ne d'Eyliac, 1503 (Mém. d'Albret).

Borde (La), h. et habit. c^ne de Festalemps (S. Post.).

Borde (La), c^ne d'Issac. — *Mayne de La Borda*, 1480 (Lesp. 87, 229).

Borde (La)? c^ne de Sagelat. — *Mayne de la Borda*, 1462 (arch. de la Gir. Belvez).

Borde-Bourdarias, c^ne de Gabillou, 1758 (Lesp. Terr. de Vaudre).

Borderie, h^e de Dome (B.).

Borderie (La), c^ne de Campsegret. — *La Bordaria*, 1373 (Périg. M. H. t. VII).

Borderie (La), h. c^ne de Lavaur (B.).

Borderie (La), c^ne de Queyssac. — *Mansus de la Bordaria*, 1470 (Liv. N. p. 46).

Borderie (La), ténement, c^ne de Saint-Aquilin.

Borderie (La), h. c^ne de Saint-Martin-le-Peint (B.).

Borderie (La), bois, c^ne de Saint-Pompon.

Bordesoule, h. c^ne de Millac-de-Nontron.

Bordesoule, lieu-dit, c^ne de Saint-Michel-l'Écluse (cad.).

Bordesoule, taillis, c^ne de Tourtoyrac (A. Jud.).

Bordial, h. c^ne de Pressignac. — *Bordial*, 1455 (Liv. Nof. 44).

Bordial (Haut et Bas), h. c^ne de Molières.

Bordinières (Les), terre, c^ne de Ladornac (A. Jud.).

Boreau, c^ne de Cornille. — Anc. rep. noble.

Boreilhe (La), éc. c^ne de Saint-Sauveur-de-Bergerac, 1786.

Borelie (La), éc. c^ne de Monclar. — *La Baurelie*, 1705 (Acte not.). — *La Baureille*, 1763 (*ibid.*).

Borgada? c^ne de Mauzens. — *El loc de granda borgada*, 1463 (arch. de la Gir. Bigaroque).

Borgelieu, métairie dans le bourg de Manzac. — *La Borgenalia*, 1495 (Dives, 2).

Borgne (La), domaine, c^ne d'Anlhiac (A. Jud.).

Borgne (La), lieux-dits, c^ne de Cabans. — *La Borgnie du Buisson, la Bornye del Clop*, 1603 (arch. de la Gir. Bigaroque).

Borgne (La), lieu-dit, c^ne de Calviac (cad.).

Borgne (La), c^ne de Coux. — *La Bornhé*, 1463.

Borgne (La), lieu-dit, c^ne de Pontours (A. Jud.).

Borgne (La), pré, c^ne de Saint-Cibranet (cad.).

Borgne (La), lieu-dit, c^ne de Sainte-Mundane (cad.).

Borgne (La), h. c^ne de Saint-Pompon (terr. de Saint-Pompon).

Borgne (La), c^ne d'Urval. — *Cumba de la Borgne*, xve siècle (arch. de la Gir. Belvez).

Borgne (La Grande-), lieu-dit, c^ne de Sireuil (cad.).

Borgne (Le Prat-), lieu-dit, c^ne de Lanquais.

Borgne-de-Chabras (La), c^ne de Ladornac (cad.).

Borgne-de-la-Forêt, lieu-dit, c^ne de Ladornac (cad.).

Borgne-de-Madame (La), taillis, c^ne de Ladornac (cad.).

Borgnes (Les), lieu-dit, c^ne de Berbiguières (cad.).

Borgnes (Les), lieu-dit, c^ne de Marnac (cad.).

Borgnes (Les), lieu-dit, c^ne de Millac-d'Auberoche (cad.).

Borgnes (Les), pré, c^ne de Peyrillac (A. Jud.).

Borgnes (Les), lieu-dit, c^ne de Terrasson (cad.).

Borgnes (Les), lieu-dit, c^ne de Tursac (cad.).

Borie, h. c^ne de Moncaret (B.).

Borie (Basse), mét. c^ne de Saint-Caprais-la-Linde. — Anc. fief.

Borie (La) ou la Peyrugue, c^ne de Beaumont, 1659 (Extr. hist. par le Cte de Larmandie).

Borie (La), h. c^ne du Bugue. — *Masus de la Boria*, 1460 (Liv. Nof.).

Borie (La), h. c^ne de Carlux (B.).

Borie (La), h. c^ne de Celle (B.).

Borie (La), h. c^ne de Coly (B.).

Borie (La), c^ne de Montrent. — *La Boria*, 1471 (Div.).

Borie (La), c^ne de Saint-Alvère. — *La Boria*, 1460 (Liv. Nof.).

Borie (La), anc. nom du château de la Gaubertie, c^ne de Saint-Félix-la-Linde.

Borie (La), h. c^ne de Saint-Jean-d'Estissac.

Borie (La), c^ne de Trémolac, 1672 (arch. de la Gir.).
— Anc. rep. noble.

Borie-Belet, éc. c^re d'Antone (B.).

Borie-Blanque, éc. c^ne de Dome (B.).

Borie-Blanque, h. c^ne de Pomport (S. Post.).

Borie-Blanque, h. c^ne de Prats-de-Belvez (B.).

Borie-Bru, c^ne de Champsevinel. — Anc. rep. noble
dép. de la ville de Périgueux.

Borie-de-Dome (La), c^ne d'Agonac. — Anc. rep. noble.

Borie-de-Saleuil, h. c^ne de Champsevinel.

Borie-de-Salles, c^ne de Bigaroque, 1603 (Acte not.).

Borie-de-Saulnier, c^ne de Champagnac-de-Bel-Air. —
Anc. rep. noble.

Borie-de-Thèbes, mét. c^ne de Monsac.

Borie-du-Caillau, éc. c^ne d'Agonac (B.).

Borie-Dyeras, h. c^ne de Fouleix, 1740 (Acte not.).

Borie-Fricard, c^ne de Saint-Jean-de-Cole. — Rep. noble
et forêt entre Eyvirac et Puy-de-Fourches, xvie siècle
(Privil. de l'év. de Périgueux).

Borie-Guillaume (La), h. c^ne de Nabirac.

Borie-Margot, c^ne de Trélissac, 1679 (Dénombr. de la
seign. de Périgueux).

Borie-Marty (La), h. c^ne de Sanillac (B.).

Borie-Neuve, mét. près de Blanc, c^ne de Beaumont.

Borie-Pauly, c^ne d'Allemans. — Autrement dit de la
Faye, 1534.

Borie-Pauly, c^ne de Tocane. — Borie Reddon, 1469
(inv. du Puy-Saint-Astier).

Borie-Petit ou Borie-Boudit, h. c^ne de Champsevinel. — Boribodia, 1205 (donat. à l'abb. de Chancelade). — Boaria de Bodi, 1253 (Lesp. Ligueux).
Anc. rep. noble dép. de la ville de Périgueux.

Borie-Porte, h. c^ne de Trélissac. — Anc. rep. noble
dép. de la ville de Périgueux.

Bories (Les), c^ne d'Antone. — Las Borias, 1408
(Lesp. Homm.). — Borii, 1485 (Lesp. 33).
Anc. rep. noble ayant haute justice sur Antone,
Sarliac, Savignac-les-Églises, 1760 (Alm. de Guy.).

Bories (Les), h. c^ne de Carsac-Carlux.

Bories (Les), h. c^ne de Cone-de-la-Barde.

Bories (Les), h. c^ne de Dome (B.).

Bories (Les), h. c^ne de Faux. — Anciennement le Mas
de la Sudrie et la Dourgne, 1771 (arp. de Faux).

Bories (Les), éc. c^ne de Sarlat (A. Jud.).

Bories (Les), h. c^ne de Soudat (B.).

Bories (Les), h. c^ne de Valojoulx. — Hôtel des Bories,
1400 (Lesp. Homm.).

Borie-Vieille, h. c^ne d'Agonac (B.).

Borie-Vieille, habit. c^ne d'Agonac, 1692 (Acte not.).

Borie-Ville, c^ne de Périgueux.

Born, h. anc. dioc. de Périgueux, archipr. de Pillac,
auj. dans le dép^t de la Charente. — Preceptoria de
Borno sive dissart. 1373 (bulle de Grégoire XI). —
Voy. Essars (Les).

Born, sect. de la c^ne de Blis-et-Born. — Eccl. de Born,
1252. — Borpnum, 1345 (Lesp.).
Voc. Sainte-Catherine (cart. de Chancelade). —
Prieuré dép. de l'abb. de Chancelade.

Born, c^ne de Salagnac. — Born, 11... (cart. de Dalon).
— Borz, 1270 (cart. de Tourtoyrac).
Étang de ce nom, Stagnum de Born, 1219 (cart.
de Tourtoyrac), de 40 hect. traversé par le Mureau
et situé dans la forêt de Born, qui avait 98 hect. en
1607 (Lesp.) et séparait le Périgord du Haut et du
Bas Limousin dans les directions de Juillac et de
Saint-Yrieix, s'étendant sur Génis, Salagnac, Saint-
Mesmin, Sainte-Trie; elle est auj. en partie défrichée. — Au centre de la forêt, au-dessus du hameau
de Bellegarde, assis sur le bord de l'étang, ruines
d'un château, qui fut sans doute celui de Bertrand
de Born, mais elles sont sans nom. -- Salagnac et
Nespoux en dépendaient.

Born, anc. fief, c^ne de Valojoux. — Nemus voc. de Borno,
1493 (O. S. J. comm^rie de Sargeac).

Born (Plaine-de-), plateau à 6 kil. au sud de Sarlat,
à plus de 800 pieds au-dessus de la Dordogne. —
Autrefois forêt, Foresta de Born, 1280. — Son étendue était de 500 hect. sous Henri IV (Lesp. 46).

Born-de-Champs, c^ne, c^on de Beaumont. — Bornum,
arch. Bajacensis (Bénéf. de l'évêché). — Born de
Roquépine, Born des Combes, 1630 (carte du dioc.
de Sarlat, 1630). — Born Deschampes, 1760 (Alm.
de Guy.).
Patronne : sainte Madeleine; coll. l'évêque.

Borne-Blanche (La), lieu-dit, c^ne de Simeyrols (cad.).

Boronie? — Via la quays vay à la Boronia, 12..
(O. S. J. Terr. de Combayrenche).

Bonnèze, c^ne, c^on de Salignac. — Bourèze (Cal. adm. de
la Dordogne). — Patron: saint Martin.

Bonnèze (La), petite rivière formée de la réunion du
Salaignac et du Gaustil devant le bourg de Borrèze;
elle sort du dép^t au moulin de la Draille.

Bonros (Les), h. c^ne de Beaupouyet (B.).

Borzerie (La), éc. c^ne de Dome (B.).

Bos (Le), h. c^ne de Nabirat (B.).

Bos (Le), h. c^ne de Naillac.

Bos (Le), h. c^ne de Pezul (B.).

Bos (Le), h. c^ne de Saint-Jory-de-Chalais (B.).

Bos (Le), h. c^ne de Saint-Pardoux-de-Belvez (B.).

Bos (Le), h. c^ne de Saint-Pompon. — La Juvénie,
1745 (terr. de Saint-Pompon).

Bos (Le), anc. par. à Vanxains, 1732. — Eccl. del Bosc
(panc. de l'év. de Périgueux, 1556).

Bos (Le Champ-del-), lieu-dit où est le moulin du Souci, à la Linde, 1744 (Not. de la Linde).

Bos (Le Grand-), lieu-dit, c^ne d'Eyliac (A. Jud.).

Bos (Le Grand-), h. c^ne de Montazeau (B.).

Bos (Le Grand-), lieu-dit, c^he de Montferrand (A. Jud.).

Bos (Le Grand-) ou Bos-Barra, bois, c^ne de la Monzie-Montastruc (A. Jud.).

Bos (Le Grand-), h. c^ne de Saint-Barthélemy-de-Bellegarde (B.).

Bos (Le Grand-), lieu-dit, c^ne de Saint-Saud (cad.).

Bos-Barat, c^ne de Saint-Marcel, ténement, 1692 (Acte not.).

Bos-Barau (Le), éc. c^ne de Razac-sur-l'Ille.

Bos-Bareyroux, lieu-dit, c^ne de Vic (cad.). — Ten. de Bos Barrat, 1690 (Reconn.).

Bos-Batinchas, h. c^ne de Saint-Front-de-Champniers (S. Post.).

Bos-Bernier, éc. c^ne de Campagnac-l'Évêque.

Bos-Blanc (Le), lieu-dit, c^ne de Vic (cad.).

Bos-Boucher (Le), éc. c^ne de Simeyrol.

Bosc (Le)? c^ne de Bersac. — In Bosco Alto, 1344 (Lesp. 51).

Bosc (Le), c^ne de Chantérac. — Le Bost, 1453 (Lesp. Inv. du Puy-Saint-Astier).

Bosc (Le), h. c^ne de Douville, 1615 (Acte not.).

Bosc (Le), h. c^ne de la Monzie-Saint-Martin, 1677.

Bosc (Le)? c^ne de Nontron. — Ecclesia de Bosco d'Au, 1252 (Lesp. Test. de Maignac).

Bosc (Le), c^ne de Saint-Jean-d'Estissac. — Bosct Ferran, 1620 (Acte not.).

Bosc (Le)? prieuré dans le dioc. de Sarlat, dép. de l'abb. de Chatres (panc. de l'év. 1556).

Bosc (Le), c^ne de Trémolac. — Anc. rep. noble.

Bosc (Le), c^ne de Vallereuil. — Boscus, 1271 (L. 51).

Bosc (Le), anc. dioc. de Périgueux, auj. dans le dép^t de la Charente. — Ecc. B. Mariæ de Bosco (pouillé, archipr. de Pillac).

Bosc (Le). — Turris del Bosc, jurisd. de Biguarupe, 1439 (arch. de la Gir. Belvez).

Bosc (Le Grand-), c^ne de Grignol. — Al Grand Bosc, 1521 (Dives, Reconn.).

Bosc-Cornu, h. c^ne du Temple-la-Guyon. — Le Bosc Cournu, 1621 (O. S. J.).

Bosc-de-la-Croix, c^ne de Saint-Sauveur-Bergerac. — Masus del Bosc de la Crox, 1460 (Liv. N. 102).

Bosc-de-Sarazignac (Le), h. c^ne de Valeuil (B.).

Boschaud, h. c^ne de Sainte-Croix-de-Mareuil.

Boschaud, h. c^ne de Villars. — Bociacum, Bossiacum? (cart. du Vigeois, Lesp.). — Boscavium (D. Marten. Vit. G. de Salis). — Boschavium, 1223 (Lesp. cart. de Boschaud). — Boscum Cavum, 1240 (Gall. ch.). — Boschau, 1252 (ibid.). — Boscus

Calvus, 1292 (ibid.). — Boscavum, 13... (Lesp. Abbayes). — Beau Chaud (S. Post.).

Une abbaye de Bociaco fut dévastée par les Normands en 855 (Sebaldus, évêque de Périgueux). Était-elle à Boschaud, qui fut, en 1154, le lieu de la fondation d'une abbaye cistérienne de la filiation de Clairvaux?

Boschaux? c^ne de la Bachelerie. — Fazio voc. de Boschal, 1483 (Généal. de Rastignac).

Boschaux, ténem. c^ne de Bertric.

Boschaux, éc. c^ne de Château-l'Évêque (B.).

Boschaux, dom. c^ne d'Escoire, 1760 (Acte not.).

Boschaux? c^ne de Mortemart. — Lo Bochaut, 1463 (O. S. J.).

Boschaux, h. c^ne de la Roche-Beaucourt.

Boschaux, lieu, c^ne de Saint-Michel-de-Villadeix.

Boschaux? — Abbas de Bosco cavo, archipresbyt. Sarlatensis, 1382 (Lesp. P. V. de Pierre de Mortiers).

Boscherie (La), h. c^ne de la Chapelle-Gonaguet, 1654 (Acte not.).

Boscherie (La)? c^ne de Neuvic. — Bord. de la Boscharia, 1263 (Périg. M. II. 41, 1).

Boscherie (La)? — Cumba Boschieyra, en Brustelenx? (Lesp. 22).

Bos-Chevalier (Le), m. isolée, c^ne d'Agonac (S. Post.).

Bos-Claveau, h. c^ne de Mareuil (B.).

Bosc-Marbu?—Boscus Marbu, 1236 (arch. du prieuré de la Faye. Lesp. vol. 33).

Bos-Comtal, h. c^ne de Manauric (B.).

Bosc-Rouchon, h. c^ne d'Agonac (S. Post.).

Bosc-Saint-Germain, h. c^ne de Thiviers (B.).

Bos-d'Aussou, taillis, c^ne d'Eyvirat (A. Jud.).

Bos-de-Chat, m. isolée, c^ne de Saint-Mesmin (S. Post.).

Bos-de-la-Donne, lieu-dit, c^ne de Saint-Jean-d'Estissac, 1672 (Not. de Vill.).

Bos-de-la-Maligne, lieu-dit, c^ne d'Hautefort (A. Jud.).

Bos-del-Carme, bois, c^ne de Grand-Castang, au lieu-dit Carbonière-de-la-Clote, 1682 (Acte not.).

Bos-de-Maisons, taill. c^ne d'Auriac-Montignac (A. Jud.).

Bos-de-Peny, m. isolée, c^ne de Montclar (S. Post.).

Bos-de-Roussy, lieu-dit, c^ne de Vic (cad.).

Bosdet, h. c^ne de Montren, 1742 (Acte not.).

Bos-Feytal, lieu-dit, c^ne de Manzac (cad.).

Bos-Fourens? c^ne de Vaunac. — Nemus voc. lo Bos Fourens, 1460 (O. S. J.).

Bos-Gavy, éc. c^ne de Mareuil (B.).

Bos-Gibaud (Le), h. c^ne de Dussac.

Bos-Negre, lieu-dit, c^ne de Beauregard-Villamblard.

Bos-Negre, lieu-dit à la Genèbre, c^ne de Faux.

Bos-Negre, lieu-dit, c^ne de Terrasson.

Bos-Negre (Al), ténement, c^ne de Saint-Aubin, c^on d'Issigeac. — Autrement Fraysse.

Bos-Negre (Al), h. c^{ne} de Saint-Geraud-de-Cors, 1774 (Acte not.).

Bos-Noir, h. c^{ne} d'Excideuil (B.).

Bos-Nouvel, h. c^{ne} de Sales-de-Belvez (B.).

Bosonie, h. c^{ne} de Marsac (B.).

Bosonie (La), h. c^{ne} de Saint-Alvère. — La Bouzonie.

Bos-Real ? c^{ne} du Coux. — Mansus de Bos Real, 1463 (arch. de la Gir. Bigaroque).

Bosredon, h. c^{ue} de Burée (B.).

Bosredon, c^{ne} du Change, anc. rep. noble, 1503 (Mémoire d'Albret, chroniqueur du Périgord, 2).

Bosredon, h. c^{on} de Coubjours (B.).

Bosredon, c^{ie} du Coux. — Mansus de Bos Redon, 1463 (arch. de la Gir. Bigaroque).

Bosredon, c^{ne} d'Eyliac, anc. rep. noble, 1503 (Mém. d'Albret)

Bosredon, lieu-dit dans la forêt de Lanquais.

Bosredon, c^{ne} de Monplaisant (B.). — Anc. rep. noble.

Bosredon, h. c^{ne} de Saint-Chamassy. — Bost Redon, 1450 (Liv. Nof. 115). — Château de Bosredon, 1717 (terr. de Bigaroque).

Bosredon, c^{ne} de Tocane. — Bosq Redon, 1517 (Lesp. Inv. du Puy-Saint-Astier).

Bos-Robert, lieu-dit, c^{ne} de Prats-de-Carlux (cad.).

Bosroute, châtaigneraie, c^{ne} de Negrondes (A. Jud.).

Bos-Sarrat, taillis, c^{ne} de Marcillac (A. Jud.).

Bosse (La), dom. et mⁱⁿ, c^{ne} de Neuvic. — La Bossa, 1475 (Dives, 1, 145).

Dép. du fief des Cinq-Ponts.

Bossénie (Haute et Basse), h. c^{ne} de Thenon. — Beaussenie (A. Jud.).

Bossénie (La), h. c^{ne} de Rouffignac-Montignac. — La Boussanie, 1474 (ch. Mourcin).

Bosset, c^{ue}, c^{on} de la Force. — Borses (pouillé du xiiie s^e). — Boscus Siccus, 1382 (P. V. M.). — Podium voc. Beausset, 1466 (Lesp. La Force). — Bosecq, 1677 (Not. de B.). — Beaucé, 1734 (rôle des paroisses). — Bossuet, 1744 (Not. de B.).

Voc. Saint-Jacques; coll. l'évêque.

Bossude (La), éc. c^{ne} de Sanillac (B.).

Bost (La Grange-du-), h. c^{ne} de Saint-Hilaire-d'Estissac (B.).

Bost (Le), éc. c^{ne} d'Agonac (B.).

Bost (Le), h. c^{ne} de Conc-de-la-Barde.

Bost (Le), sect. de la c^{ne} de-Douville (cad.).

Bost (Le), h. et mⁱⁿ, c^{ne} de Léguillac-de-Cercles (B.).

Bost (Le), h. c^{ne} de Reillac-et-Champniers (B.).

Bost (Le), c^{ne} de Saint-Michel-de-Villadeix. — Repayrium del Bost, 1315 (ch. Mourcin).

Bost (Le), h. c^{ne} de Sarlande (B.).

Bost (Le), sect. de la c^{ne} de Sourzac (cad.).

Bost (Le), h. c^{ne} de Valeuil (S. Post.).

Bost (Le Grand-), lieu-dit, c^{ne} de Saint-Laurent-de-Castelnau.

Bost (Le Grand-), h. c^{ne} de Vanxains.

Bost (Le Mayne-du-), h. c^{ne} de la Tour-Blanche (B.).

Bost (Les), h. c^{ne} de Champsevinel (B.).

Bost (Vert-de-), lieu-dit, c^{ne} de Saint-Severin-d'Estissac (cad.).

Bost (Ville-de-), h. c^{ne} de Javerlhac.

Bost-Bregegère, taillis, c^{ne} de Tauniès (cad.).

Bost-de-Cablans, bois, c^{ne} de Tauniès (cad.).

Bost-de-Plazac (Le), bourg, c^{ne} de Plazac.

Bosviel, h. c^{ne} de Lunas, 1666 (Acte not.).

Bosviel, c^{ne} de Saint-Léon-sur-l'Ille. — Boyssvelh, 1485 (Dives).

Bosviel, h. c^{ne} de Saint-Mayme-de-Percyrol (A. Jud.).

Bosviel, lieu, c^{ne} de Saint-Vincent-d'Excideuil.

Bos-Vigier, h. c^{ne} d'Atur (Reconn. 1687).

Bouan, h. c^{ne} de Bergerac. — Dép. du prieuré de Saint-Martin-de-Bergerac (acte de 1603).

Bouan, h. c^{ne} de Saint-Naixent. — Baon, 1199 (cart. de Cadouin). — Boon, 1209 (ibid.). — Buan, 1460 (Lesp. 55).

Dép. de l'abb. de Cadouin.

Bouaygeas (Las), h. c^{ne} d'Anlhiac (S. Post.).

Boubinhie ? c^{ne} de Chantérac. — La Boubinhie, 1514 (Lesp. Inv. du Puy-Saint-Astier).

Bouch (Le), éc. et fontaine, c^{ne} de Condat. — Font de Bochs, 1490 (O. S. J.).

Bouch (Le), c^{ne} du Coux. — Rivus del Boch, 1460 (arch. de la Gir. Bigaroque).

Bouch (Le), c^{ne} de Terrasson. — Boutz, 1680 (O.S.J. comm^{rie} de Condat). — Anc. rep. noble.

Bouchage (Le), h. c^{ne} d'Abjat-Nontron (B.).

Bouchage (Le), h. c^{ne} de Teyjac (B.).

Bouchaillot, h. c^{ne} de Saint-Sulpice-d'Excideuil.

Bouchard (Le), h. c^{ne} de Bertric (cad.).

Bouchardie (La), h. c^{ne} de la Douze (B.).

Bouchardieras, h. c^{ne} de Bourdeix (B.).

Bouchareix (Le), taillis, c^{ne} de Brouchaud (A. Jud.).

Boucharelade (La), bois, c^{ne} de Villamblard, 1690 (Acte not.).

Boucharoux (Les), lieu-dit, c^{ne} de Saint-Front-de-Pradoux (cad.).

Bouchaux (Les), h. c^{ne} de Vendoire (B.).

Boucherie (La), h. c^{ne} d'Allemans (B.).

Boucherie (La), anc. porte de ville et rue à Périgueux. — Guachia de Bocharias, 1319 (Recueil de titres, p. 187). — Bocharia, 1376 (ibid.).

Boucheron (Le), h. c^{ne} de Saint-Priest-les-Fougères. — El Boscheyro, 1459 (Philipparie, 160).

Boucheron (Le), h. c^{ne} de Sarlande (B.).

Bouchlt (Le), h. c^{ne} de Cantillac (B.).

Boucherre (La), h. c^ne de Brantôme (B.).
Bouchillon, h. c^be de Brassac (B.).
Bouchonerie (La), h. c^be de Saint-Jean-de-Cole (B.).
Bouchou, h. c^ne d'Allemans (B.).
Boudant, grotte, c^ne de Chalagnac.
Boudauld, c^ne de Léguillac. — Font Peyrine alias de Boudauld, 1514 (inv. du Puy-Saint-Astier).
Boudauld, h. c^ne de Saint-Jean-de-Cole.
Boudaux (Les), h. c^ne de Champeaux (B.).
Boudechie? c^ne de Saint-Laurent-sur-Manoire. — La Boudechie, 1293 (inv. du Puy-Saint-Astier).
Boudet (Le), lieu-dit, c^ne de Saint-Julien-Brantôme (A. Jud.).
Boudic (Las), anc. rep. noble, c^ne de Saint-Front-la-Rivière, 1469 (Lesp. Don. de la just. de St-Front).
Boudie (La), c^ne de Douville, 1649 (Acte not.).
Boudie (La), h. c^ne de Saint-Geniez.
Boudie (La), dom. c^ne de Saint-Sauveur, 1465 (Lesp.).
Boudines (Les), h. c^be de Marnac (B.).
Boudinie (La), c^ne d'Eyliac, 1717 (Acte not.).
Boudoumie (La), h. c^ne de Breuil, 1720 (Acte not.).
Boudouyre (Fon-de-), lieu-dit, c^ne de Tanniès (cad.).
Boudoyre, h. c^ne de la Rochebeaucourt (B.).
Boudoyre, h. c^be de Saint-Laurent-sur-Manoire. — La Bouduria, 1455 (Périg. M. H. 41, 7).
Boudris (Les), friche, c^ne de Saint-Germain-des-Prés (A. Jud.).
Bouducie, c^ne de Saint-Paul-de-Serre. — La Baudussia, 1406 (Lesp.). — La Bouducia, 1471 (Périg. M.H.41,8). — La Boudicia, 1485 (Dives, 2, 158).
Bouége (La), éc. c^ne de Fontaines (B.).
Boueix, h. c^ne de Saint-Sulpice-d'Excideuil (B.).
Bouellie? c^ne de Saint-Médard-de-Drone. — La Bouellia, 1455 (Périg. M. H. 41, 7).
Bouetre, h. c^ne de Teyjat (B.).
Boufardie (La), sect. de la c^ne de Cenac (cad.).
Bouffetias, h. c^ne de Saint-Laurent-des-Hommes.
Bougie (La), taillis, ch. c^ne de Saint-Jory-Lasbloux (A. Jud.).
Bouillac, c^ne, c^on de Cadouin. — Bolhac, 1280 (arch. de Cadouin). — B. Maria de Bolhas, 14.. (Lesp. collation). — Boliac, 1560. — Boylhac (just. de Molières, arch. de Pau).
   Patrons: saint Barthélemy et saint Avit; collat. l'évêque.
Bouillac, h. c^ne de Saint-Antoine-de-Breuil.
Bouillac, sect. de la c^be de Terrasson (cad.).
Bouillaguet? c^ne de Cabans. — En Bolhaguet, 1489 (arch. de la Gir. Belvez).
Bouillaguet, habit. c^ne de Gouts (cad.). — Bouilhaguet (B.).
Bouillasoux, h. c^ne de Bouillac (B.).

Bouillassas (Las), bois, c^ne de Bars (A. Jud.).
Bouillen, anc. rep. noble, c^ne de Limayrac.
Bouillen, forêt contiguë aux forêts de la Champagne et de Limayrac, c^on de Saint-Pierre-de-Chignac.
Bouillère, lieu, c^ne de Montagrier, 1754 (inv. de Ribérac).
Bouilloux (Les), h. c^ne de Nanteuil (B.).
Bouine (La), h. c^ne de Saint-Martin-de-Gurson.
Bouissonie (La), h. c^ne de la Cropte (B.).
Boujou, h. c^ne de Rouffignac (B.).
Boulanchie (La), h. c^ne de Rouffignac-Montignac.
Boulanjou, éc. c^ne de Saint-Sernin-de-l'Herm (B.).
Boulazac, c^ne, c^on de Saint-Pierre-de-Chignac. — Bolazac (pouillé du xiiie siècle). — Bolazacum, 1380 (P. V. M.).
   Anc. repaire dép. de la ville de Périgueux (aveu de 1679). — Patron: saint Jean-Baptiste; coll. l'évêque.
Boulazac-de-Champs, sect. de la c^ne de Notre-Dame-de-Sanillac (A. Jud.).
Bouloure, fontaine, c^ne de Grun, 1541 (Dives, 3).
Bouldoyère, lieu, c^ne de Doissac.
Bouldoyre. — Voy. Font-Bouldouyre.
Bouldoyre (La), h. c^ne de Saint-Laurent-de-Castelnau (B.).
Boulégue, h. c^ne de Montferrand (S. Post.).
Boulégue, h. c^ne de Naussanes (S. Post.).
Bouleguot, h. c^ne de Chavagnac (S. Post.).
Bouley, h. c^ne d'Orliaguet.
Bouleydière (La), h. c^ne de Fleurac.
Boulinarias (Las), éc. c^ne de Coursac (B.).
Boulinie (La), h. c^ne de Thiviers (A. Jud.).
Boulogne (Ville-de-), éc. c^ne de Bassillac (A. Jud. — Voy. le Périgord illustré, 646).
Boulou (Le), ruiss. qui prend sa source au-dessous de Saint-Angel, court au sud, passe à la Chapelle-Montmoreau, Saint-Crépin, Boulouneix, reçoit la Balagne, et se jette à Bourdeilles dans la Drone au-dessous de la belle source de Fontat. — El Bolo, 1400 (Lesp.).
Boulouneix, c^ne, c^on de Champagnac-de-Belair. — Bolones (pouillé du xiiie siècle). — Boloneys, 1360 (Lesp. 10).
   Patrons: saint Côme et saint Damien; coll. l'év.
Boulyere. — Voy. Font-Boulyere.
Bounades (Les), h. c^ne de Sainte-Innocence (B.).
Bounestier, h. c^ne de Puyguilhem, 1744 (Acte not.).
Bouniagues, c^ne, c^on d'Issigeac. — Bognagas, 1315 (Lesp.). — Bouhagnas, 1365 (ibid. 88, Châtell.). — Bonhagnas, 1465 (arch. de Pau, Châtell.). — Bouhagnis, 1502 (Col. de L.). — Bounagnies, 1556 (panc. de l'év.). — Bougniagues, 1739 (N. de B.).

Voc. Notre-Dame.

Siége d'un archiprêtré de l'évêché de Sarlat; au xiie s^e il portait le nom d'archipr. *Baianensis* (cart. de la Sauve). — *Bajacensis* (pouillé, Lesp. 27, et panc. de l'év. 1556). — Il se composait de 59 paroisses ou chapelles (carte de l'év. de Sarlat, par Samson, 1740) : la Barde, Bardou, Boisse, Born-de-Champs, Bouniagues, Cadelech, Cahuzac, Castillonès, Cavar, Ch.-de-Piles, Ch.-de-Puyredon, Colombier, Couc, la Cone, Cours, Dordrac, Douzains, Eyrenville, Falgueyrac, Faurilles, Faux, Ferransac, Gassas, Issigeac, la Landusse, Lanquais, la Madeleine, Mandacou, Monsaguel, Montaut, Montbazillac, Montmadalès, Montmarvès, Naresse, Pontronnieu, Poujols, Ribagnac, Roquepine, Saint-Aigne, Saint-Amand-de-Boisse, Saint-Aubin, Saint-Caprais, Saint-Chalvy-de-Lanquais, Saint-Christophe, Saint-Dizier, Saint-Front, Saint-Germain, Saint-Grégoire, Saint-Léon-de-Cugnac, Sainte-Lucie, Saint-Martin, Saint-Martin-de-Cadelech, Saint-Naixent, Saint-Perdoux, Saint-Quentin, Ste-Radegonde, Saint-Sernin-de-la-Barde, Varennes, Verdon-de-Lanquais. — Une liste des archiprêtrés du diocèse de Sarlat, imprimée en 1781, avec l'approbation épiscopale, ajoute la paroisse de Mazières et en retranche deux, Lanquais et Varennes, qui sont transportées dans l'archiprêtré de Capdrot.

Bailliage royal.

Bouninie (La)? c^{ne} des Lèches, 1470 (Arrent. Lesp. 93).

Bouninie (La)? c^{ne} de Montren. — *Bordaria de La Boninia*, 13... (Lesp. 81, p. 24).

Bounote, domaine, c^{ne} de Beaumont.

Bounote (La), éc. c^{ne} de Château-l'Évêque (B.).

Bounote (Tertre-de-), c^{ne} de Sainte-Foy-de-Longa (A. Jud.).

Bouquely, h. c^{ne} d'Agonac (B.). — Rep. noble.

Bouquerie (La), c^{ne}, c^{on} de Beaumont. — *Botaricum*, 13... (Lesp. Collat.). — *Bocaria*, 1460 (arch. de Pau). — *Boucaire*, 1648 (bénéfices de l'évêché de Sarlat). — *Boucairie*, 1781. — *La Boucarie* (Cass.).

Paroisse de la juridiction de Puybeton, en 1471 (arch. de la Gir. terr. de Couze). — Voc. Saint-Étienne; coll. l'évêque.

Bouquerie (La), c^{ne} de Campsegret. — *M. de la Bocayria*, 1373 (Lesp. 51).

Bouquerie (La), c^{ne} de Celle. — *Tenance de la Bouquarie*. — *Boucarie* (Acte not.).

Bouquerie (La), h. c^{ne} de Clerans. — *La Bouqueyria*, 1304 (Lesp. 51, art. Clermont).

Bouquerie (La), h. c^{ne} de Saint-Julien-de-Lampon. —

La Bocayria, 1401 (arch. du chât. de Paluel). — *La Bouquaria*, 1353 (arch. du chât. de Fénelon).

Bouquerie (La)? terre, c^{ne} de Saint-Sauveur-Bergerac. — *A la Boucarie basse*, 1606 (Acte not.).

Bouquerie (La), nom d'une des anciennes portes et d'un faubourg de Sarlat et d'un hôpital qui y fut fondé en 1348. — *Barrium de la Bocaria*, 1322 (arch. de Sarlat). — *Tour de Boucarie*, 1624 (plan de Sarlat).

Bouquet ou de Lugot, mⁱⁿ, c^{ne} de Sainte-Croix (A. Jud.).

Bouquet (Claud-de-), taillis, c^{ne} des Lesches (A. Jud.).

Bouquieries (Les), h. c^{ne} de Saint-Laurent-sur-Manoire (B.).

Bouras (Les), éc. c^{ne} de Sainte-Marie-de-Chignac (B.).

Bourbarrau, anc. quartier de Bergerac et porte de ville. — *Boc Barrau*, *Borc Barrau*, *Mont Barrau*, 1460 (Liv. N. 57).

Bourbet (Le), c^{ne} de Cherval. — Anc. rep. noble.

Bourboulou (Le), ruiss. qui se jette dans la Dronc à l'ouest de Faye; il a sa source entre Pouyou et Barat et sert de séparation entre les c^{nes} de Vanxains et de Ribérac.

Bourboux (Les), h. c^{ne} d'Agonac (B.).

Bourboux (Les), h. c^{ne} de Lanquais, 1739 (Acte not.).

Bourboux (Les), h. c^{ne} de Saint-Mayme-de-Perayrol (B.).

Bourboux (Les), éc. c^{ne} de Sendrieux (B.).

Bourdaleychie (La), h. c^{ne} d'Angoisse.

Bourdals (Les), h. c^{ne} d'Aubas.

Bourdarias, h. c^{ne} de Saint-Jean-d'Eyraud, 1730 (Acte not.).

Bourdarie (La), c^{ne} de Brassac. — *Mayn. de la Bourdarie d'Arzilier*, 1772 (Lesp. Dénombr. de Montardit).

Bourdarie (La), c^{ne} de Grun, 1544 (inv. du Puy-Saint-Astier).

Bourdarie (La), terre, c^{ne} de Saint-Jory-las-Bloux (A. Jud.).

Bourdarie (La), c^{ne} de Saint-Martin-des-Combes, anc. fief du repaire de Cozens, 1301 (Lesp. 51).

Bourdarie (La), éc. c^{ne} de Saint-Mayme (A. Jud.).

Bourdarie (La), h. c^{ne} de Sengeyrac (Act. not. 1687).

Bourdarie (La), lieu-dit, c^{ne} de Villamblard. — *A las Bourdarias*, 1660 (Acte not.).

Bourdechie (La), h. c^{ne} de la Nouaille.

Bourdeilles, c^{ee}, c^{on} de Brantôme. — *Pagus Bardillensis*, 670 (Gesta Ber. episc. Cenom. Instr.). — *Burdelia*, 1046 (Lesp. Homm. à l'év. de Périgueux). — *Bordeille*, 1183 (Chr. gauf. vos.). — *Bordeilla*, 1243. — *Bordellia*, 1249 (Test. de G. de B.). — *Bordhela* (ibid.). — *Burdeill*, 1275 (rôl. gasc.). —

Burdelhia, 1364 (Lesp. ch. 10). — *Bordelia*, 1556 (panc. de l'év.).

Pagus minor à l'époque mérovingienne, puis châtellenie dont dépendaient 14 paroisses : Belle-Aïgue, Biras, Boulouneix, Bussac, Creyssac, Léguillac-de-Cercles, Paussac, Puy-de-Fourches, Saint-Crespin, Saint-Félix, Saint-Julien, Saint-Just, Saint-Vivien, Valeuil.

L'une des 4 premières baronnies du Périgord. — Prieuré dépendant de l'abb. de Brantôme. — Voc. Saint-Pierre-ès-Liens.

BOURDEILLES, ancien fort dans le château d'Agonac (Lesp.).

BOURDEILLES, un des chât. situés sur le mur d'enceinte de la cité de Périgueux. — *Maison de Bourdeilles*, 1679 (Dénombr. de la seign. de Périgueux).

BOURDEILLETS (LES HAUTES-), h. cᵐᵉ de Bourdeilles. — *Le terme de Bordelheta*, 12.. (O. S. J. terr. de Combeyranche).

BOURDEIX, cᵉᵉ, cᵒⁿ de Nontron. — *Bordeys*, 1760 (Alm. de Guy.).

Anc. rep. noble dép. au xivᵉ siècle de la châtell. de Nontron, depuis ayant haute justice sur Bourdeix, Eytours et Teyjat (Alm. de Guy.). — Patrons : saint Pierre et saint Paul.

BOURDEL, h. cᵐᵉ de Boisse (B.).

BOURDELIÈRAS, h. cⁿᵉ de Saint-Martial-de-Valette (B.).

BOURDIE (LA), lieu, cⁿᵉ de Saint-Antoine-d'Auberoche.

BOURDIL (BLANC-), mét. cⁿᵉ de Saint-Sauveur (B.). — *Bordilh Blanc*, 1480 (Liv. Nof.).

BOURDIL (LE), cⁿᵉ de Beleymas.

BOURDIL (LE), éc. cⁿᵉ de Bergerac.

BOURDIL (LE), cⁿᵉ de Boisse. — *El Bourdil*, 1741.

BOURDIL (LE), mét. et bois, cⁿᵉ de Faux.

BOURDIL (LE), h. cⁿᵉ de Pomport (S. Post.).

BOURDOUX (LES), h. cⁿᵉ de Bouillac (S. Post.).

BOUREILLE (LA), h. cⁿᵉ de Saint-Germain-du-Salembre (B.).

BOURELIAS (LAS), bois, cⁿᵉ de Douzillac (cad.).

BOURELLE, anc. porte de la cité de Périgueux. — *Porta Boarela*, 1735 (not. de P.).

BOURELLERIE (LA), éc. cⁿᵉ de Sargeac.

BOURELY, h. cⁿᵉ de Rampieux.

BOURGALE, éc. cⁿᵉ de Villefranche-de-Belvez.

BOURGATIE (LA), h. cⁿᵉ de la Monzie-Saint-Martin (S. Post.).

BOURG-D'ABREN, h. cⁿᵉ de Saint-Pierre-d'Eyraud.

BOURG-D'ATAUX, cⁿᵉ d'Ataux. — *Maynam.* voc. *Burgum Atauli*, 1439 (Lesp. 95, Bail.).

BOURG-DE-MAISONS, cⁿᵉ, cᵒⁿ de Verteillac. — *Sancta Maria de Maisos*, 1143 (donat. à l'abb. de Saint-

Cybard d'Angoulême. Lesp. vol. 30). — *Burgus domorum*, 1556 (panc. de l'évêché).

Patron : saint Barthélemy; paroisse unie à un archidiaconé (panc. de l'évêché, 1556).

BOURG-DE-MONFET (AU), taillis, dép. de la Martinie, cⁿᵉ d'Agonac (A. Jud.).

BOURG-DU-BOST, cᵉᵉ, cⁿᵉ de Ribérac. — *Vicus Nemoris*, xiiiᵉ siècle (O. S. J.). — *Eccl. de Bosc* (pouillé du xiiiᵉ siècle). — *Burgus Nemoris*, 1382 (P. V. M.). — *Le Bos* (bénéf. de l'év. de Périgueux).

Voc. Notre-Dame; coll. le chap. d'Aubeterre.

BOURGEADE (LA), h. cⁿᵉ d'Auriac-de-Bourzac.

BOURGEADE (LA), h. cⁿᵉ de Bourg-du-Bost (B.).

BOURGEIX (LE), h. cⁿᵉ du Pizou.

BOURGINELLAS, h. cⁿᵉ de Veyrines-Vern (B.).

BOURGNAC, cⁿᵉ, cᵒⁿ de Mussidan. — *Bornac*, 1117 (Lesp. 57). — *Bornhacum*, 1360 (ibid. 10). — *Bronhac* (châtell. de Mussidan, arch. de Pau).

Anc. rep. noble dép. au xivᵉ siècle de la châtell. de Mussidan, depuis ayant haute justice sur Bourgnac et Sourzac, 1760 (Alm. de Guy.). — Patrons : saint Côme et saint Damien; coll. l'évêque.

BOURGNAC, cⁿᵉ de Couse (cad.).

BOURGOGNE (LA), h. cⁿᵉ de Saint-Apre (B.).

BOURGOGNE (LA), h. cⁿᵉ de Saint-Georges-de-Montclar (S. Post.).

BOURGONIE (LA), h. cⁿᵉ de Limeuil (B.).

BOURGONIE (LA), cⁿᵉ de Marquays. — *La Bourgonha*, 1440 (Courcelles, Généal. de Comarque).

BOURGONIE (LA), cⁿᵉ de Monclar, 1773 (Acte not.). — *Bourgogne* (B.).

BOURGONIE (LA), h. cⁿᵉ de Palayrac. — Anc. rep. noble relevant de la châtell. de Bigaroque (arch. de la Gir. Homm. n. 307).

BOURGONIE (LA), cⁿᵉ de Plazac. — *Brogonia de la Borgonhia*, 1321 (Lesp. 15).

BOURGONIE (LA), h. cⁿᵉ de Thenon.

BOURGOUGNAGUES, auj. Lot-et-Garonne, cᵒⁿ de Lauzun.

BOURGOUGNIOU, éc. cⁿᵉ de la Tour-Blanche.

BOURGOUGNODE (LA), cⁿᵉ de Saint-Aigne (terr. de Lanquais).

BOURGOUGNOUX (LES), lieu-dit, cⁿᵉ de Cantillac.

BOURGOUGNOUX (LES), lieu-dit, cⁿᵉ de Lanquais (cad. c. 51 à 67).

BOURGOUNIOUZE (LA), lieu-dit au Monge, cⁿᵉ de Lanquais (terr. de Lanquais).

BOURGOUS (LES), cⁿᵉ de Villamblard, 1661 (Acte not.).

BOURGUETTE, h. cⁿᵉ de Saint-Paul-Lisone (B.).

BOURGUINERIE (LA), éc. cⁿᵉ de Vezac (cad.).

BOURICHOUS, h. cⁿᵉ de Saint-Vivien-Bonneville (B.).

BOURIEUX, h. cⁿᵉ de Pazayac (B.).

BOURILADAS (LES), h. cⁿᵉ de Thenon.

Bouriote (Tertre-de-), c^ne du Coux (A. Jud.).

Bourland, h. c^ne de Valeuil (S. Post.).

Bourlie (La), h. c^ne de Bars.

Bourlie (La), lieu, c^ne de Champsevinel. — *La Bour-lia*, 1480 (Périg. M. H. 41, 7). — *La Borrelia*, 1490 (*ibid*. 41, 9).

Bourlie (La), h. c^be de Journiac. — *Fazio de la Bor-relia*, 1460 (Liv. Nof. p. 104).

Bourlie (La), éc. c^ne de Plazac.

Bourlie (La), h. c^be de Proissans.

Bourlie (La), h. c^ne de Saint-Vincent-sur-l'Ille (A. Jud.).

Bourlie (La), h. c^ne de Tocane.— *La Bourellie*, 1524 (Reconn. de Puymege, ch. Mourcin).

Bourlie (La), anc. rep. noble, c^ne d'Urval.— *La Borre-lia*, 1459 (arch. de la Gir. Belvez). — *La Borelhia*, 1479 (*ibid*.). — *La Bouralye*, xvie siècle (*ibid*.). — *La Boureilhie*, 1564 (hôtel de ville de Périgueux). — *La Bourelie*, 1570 (*ibid*.). — *La Bourlhie*, 1672 (arch. de la Gir. Hommages).

Bourliou (Haut et Bas), h. c^ne de Cherveix. — *Bourlhou*, 1489.— *Mas de Bourlhon*, 1551 (O. S. J.). — *Bourlhau* (A. Jud.).

Bournac (Le), h. c^ne de Lisle.

Bournacaze, anc. lieu-dit, c^ne de Lanquais (terr. de Lanquais).

Bournaud, h. c^ne de Savignac-les-Églises (R.).

Bournazac, h. c^ne de Saint-Germain-des-Prés (B.).

Bournazeau, c^ne de Saint-Front-la-Rivière.— Anc. fief.

Bournazel, c^ne de Brantôme. — *Mas de Bornazel* (Lesp. 79, Brantôme). — Fief mouvant de la prévôté de Perduceix.

Bournazel, h. c^ne de Lanquais.

Bournazel, lieu-dit, c^ne de Ligueux (A. Jud.).

Bournazel, c^ne de Preyssac. — *Mayne de Bornazel*, 1491 (Périg. M. H. 41, 9).

Bournazel, h. c^ne de Proissans.

Bournègue (La), ruiss. qui a sa source à Nojals, passe à Cugnac, Faurilles, Roquepine, et se joint au Drot.

Bourneix, h. c^ne de Nantiat (B.).

Bourneix, h. c^ne de Saint-Saud, 1660 (Acte not.).

Bournet, h. c^ne de Bertric. — *Borda de Bornet*, xiiie siècle (O. S. J.).

Bournet, h. c^ne de Fontaine. — *Priorat de Bourneto* (le P. Dupuy, *État de l'Église du Périgord*).

Bournical, h. c^ne de Paunac (B.).

Bourniquel, c^ne, c^on de Beaumont.—*Bruniquel*, 1281 (Lesp. arch. de Cadouin). — *Bruniquellum*, 1286 (cout. de Beaumont).

Patronne : sainte Madeleine ; coll. l'évêque.

Bourniquel, h. c^ne d'Issigeac.

Bouroulet, éc. c^ne de Negrondes (B.).

Bouroune, h. c^ne de Saint-Naixent (B.). — *Beurone*, 1587 (terr. O. S. J.).

Bouroussou (Haut et Bas), h. c^ne d'Agonac (B.).

Bourre, h. c^ne de Rampieux (B.).

Bourre, h. c^ne de Sarlat (B.).

Bournou, c^ne, c^on de Vergt.— *Borrellum*, 1337 (Lesp. 15). — *Borronium*, 1360 (*ibid*. 10). — *B. Michael de Borro*, 1490 (Dives, 2). — *Nemus de Burrona*, 1472 (*ibid*. F.).

Patron : saint Michel ; coll. l'évêque.

Boursade (La), terre, c^ne de Couse (cad.).

Boursat, h. c^ne de Coursac (A. Jud.).

Boursicaut, éc. c^ne de Saint-Perdoux-Issigeac.

Boursicoux (Le), c^ne de Saint-Amand-de-Villadeix (B.).

Boursie (La), éc. c^ne de Montpazier (B.).

Boursio, h. c^ne de Capdrot (A. Jud.).

Bourut (Le), h. c^ne de Fleurac.

Bourut (Le), h. c^ne de Monsac.

Bourut (Le), éc. c^ne de Saint-Martial-d'Artensec.

Bouravieux, h. c^ne de Saint-Martin-de-Fressengeas.

Bourzac, h. c^ne de Bayac.

Bourzac, lieu et font. c^ne de Roncenac (anc. dioc.).— *Fons Borsiaci* (cart. de Saint-Jean-d'Angely) ?

Bourzac, h. c^ne de Saint-Pierre-de-Chignac. — *Minière de Bourzac* app. *de la Salle-Verte*, 1678 (Partage de Lardimalie).

Bourzac, h. c^ne de Vendoire. — *Centena Berciacinæ?* (cart. de Saint-Cybard). — *Castellum Bordacum*, 1110 (év. d'Angoul. Lesp. 78). — *Borziacum*, 1243 (Homm. à l'évêque d'Angoulème, Lesp. 78). — *Borsacum*, 1365 (Lesp. 88, Châtell.).— *Capella de Bourzaco* (anc. pouillé. Lesp.). — *Borzac*, xvie siècle (arch. du chât. de Pau).

Prieuré dép. de l'abbaye de Brantôme. — Anc. châtell. dont relev. 12 paroisses : Auriac, Bourzac, Bouteille, Champagne, Fontaine, Granges, Haute-faye, Nanteuil, Rossignol, Saint-Paul, Saint-Sébastien et Vendoire.

Bourzac (Motte de). — Voy. Mothe-de-Bourzac (La).

Bourzanie, h. c^ne de Sainte-Marie-de-Chignac (A. Jud.).

Bourzens, h. c^ne d'Abjat, 1503 (Mém. d'Albret).

Bourzet, h. c^ne de Sencenac (A. Jud.).

Bourzonie (La), h. c^ne de Marsac (S. Post.).

Bouscabel (Le), lieu-dit, c^ne de Saint-Laurent-de-Castelnau (cad.).

Bouscarel (Le), lieu-dit, c^ne de Sales-de-Belvez (cad.).

Bouscot (Le), h. c^ne de Saint-Cybranet (B.).

Bousquet (Le), h. c^ne d'Alas-de-Berbiguières (B.).

Bousquet (Le), h. c^ne d'Aubas (B.).

Bousquet (Le), éc. c^ne de Bergerac.

Bousquet (Le), h. c^ne de Fongalau. — *Masus del Bos-quet*, 1459 (arch. de la Gir. Belvez).

Bousquet (Le), terre, c^{ne} de Lanquais (cad. A, 109).

Bousquet (Le), h. c^{ne} de Montignac. — *Hospitium de Bosquet*, 1400 (Lesp. 26, Homm.).

Bousquet (Le), éc. c^{ne} de la Nouaille (B.).

Bousquet (Le), éc. c^{ne} de Pezul (B.).

Bousquet (Le), h. c^{ne} de Saint-André-Alas (B.).

Bousquet (Le), anc. rep. noble, c^{ne} de Saint-Cyprien (B.).

Bousquet (Le), h. c^{ne} de Saint-Pardoux-Vielvic (B.).

Bousquet (Le), anc. prieuré près Saint-Privat, 1308 (Itin. de Clément V). — *Eccl. del Bosc*, 1556 (panc. de l'évêché).

Patron: saint Martin.

Bousquet (Le), c^{ne} de Taniers. — *El Bousquet*, 1481.

Bousquie (La)? c^{ne} de la Monzie. — *La Bosquia, alias de la Barrania*, 1452 (Liv. Nof. 5).— *Vill. de la Bousquie*, 1605 (Acte not.).

Boussac, lieu-dit, c^{ne} de Limeuil (cad.).

Boussac, m. isolée, c^{re} de Saint-Mesmin (S. Post.).

Boussac (Le), h. c^{ne} de Brantôme (B.).

Boussaguel, h. c^{ne} de Marnac (B.).

Boussarie (La), c^{ne} de Neuvic. — *Mayn. de la Bossarie*, 1530 (ch. Mourcin).

Boussarie (La), h. c^{ne} de Villars (S. Post.).

Boussat, h. c^{ne} de Cladech (B.).

Boussat, h. c^{ne} de Montclar. — *Boussac* (S. Post.).

Boussat, h. c^{ne} de Razac-sur-l'Ille.

Boussat, éc. c^{ne} de Saint-Pardoux-de-Belvez (B.).

Boussat, h. c^{ne} de Saint-Romain-Montpazier.

Boussenat, h. c^{ne} de Saint-Martin-de-Fressengeas (B.).

Bousseran, h. c^{ne} de Pontours.

Boussier (Le), h. c^{ne} de Sainte-Innocence (A. Jud.).

Boussinet, éc. c^{ne} de Pezul (B.).

Boussitrand, h. c^{ie} de Mauzens (B.).

Bousson (Le Champ-de-), lieu-dit, c^{ne} de Boisse (A. Jud.).

Boussonière (La), h. c^{ne} de Chantérac, 1538 (Lesp. 60).

Boussoul, h. c^{ne} de Capdrot (S. Post.). — Forêt où furent pris les bois pour la construction de Montpazier (Lesp.).

Bout-des-Vergnes (Le), h. c^{ne} de Bergerac.

Bouteillerie (La), h. c^{ne} de Bouteilles.

Bouteilles, réuni à Saint-Sébastien, c^{ne}, c^{on} de Verteillac.— *Botella*, 1099 (arch. de Saint-Astier, Lesp. 30). — *Botelhat* (pouillé du XIIIe siècle).

Voc. Saint-Pierre.

Bouteilles, h. c^{ne} de Borrèze (S. Post.).

Bouteilles, h. c^{ne} de Campagnac-lez-Quercy. — *Bouteil*, 1744 (terr. de Saint-Pompon).

Bouteilles, c^{ne} de Naillac.

Boutel, h. c^{ne} de Campagnac-Belvez (A. Jud.).

Boutenègre, éc. c^{ne} du Bugue (A. Jud.).

Boutet (Le), anc. rep. noble, c^{ne} de Chalagnac; détruit.

Bouteries (Les), h. c^{ne} de Montfaucon (B.).

Boutifare, lieu-dit, c^{ne} de Vezac (cad.).

Boutinas, h. c^{ne} de Vern (B.).

Boutone (La), h. c^{ne} de Bassillac (B.).

Boutou, domaine, c^{ne} de Saint-Pardoux-Vielvic (B.).

Boutoumarie? c^{ne} de la Chapelle-Faucher. — *Maynam. de la Boutoumarye*, 1494 (O. S. J.).

Boutoyne (La), ruiss. qui se jette dans l'Ille, en face de Monesteyrol, et donne son nom à un village de la c^{ne} de Saint-Martial-d'Artensec.

Bouvandre (La), ancienne maison noble dans la ville de Montignac, 1750 (coll. de L.).

Bouyer, h. c^{ne} de Pomport (B.).

Bouyerie (La), h. c^{ne} de Saint-Martial-de-Viveyrol.

Bouyerie (La), h. c^{ne} de Saint-Paul-de-Serre (B.).

Bouygeas (Las), lieu-dit, c^{ne} de Beaurone (cad.).

Bouygeas (Las), h. c^{ne} de Thonac.

Bouyges (Les), lieu-dit, c^{ne} de Terrasson (cad.).

Bouygue (La), h. c^{ne} de Cabans (B.).

Bouygue (La), h. c^{ne} de la Cassagne (B.).

Bouygue (La), c^{ne} de Creysse.— *Maynam. de Las Boyguyas*, 1450 (Liv. N. 92).

Bouyguette (La), lieu, c^{ne} de la Monzie-Montastruc.

Bouyguilnounets, lieu-dit, c^{ne} de Montmadalès (terr. de Lanquais).

Bouygys, m^{in}, c^{ne} de Saint-Avit-Senieur, 1714 (Acte not.).

Bouyjoux, h. c^{ne} de Bardou (S. Post.).

Bouyou (Le), éc. c^{ne} de Prats-de-Belvez (B.).

Bouyou (Le), h. c^{ne} de Saint-Sernin-de-l'Herm (B.).

Bouyoux (Les), éc. c^{ne} de la Trape (B.).

Bouyradou (Le), lieu-dit, c^{ne} de la Tour-Blanche (cad.).

Bouyssicou (Le), lieu-dit, c^{ne} de Saint-Laurent-sur-Manoire (A. Jud.).

Bouyssieral, h. c^{ne} d'Alas-l'Évêque (B.). — *Habitatio nostra de Boycheralli*, 1331 (Lesp. Év. de Sarlat). Habitation des évêques de Sarlat.

Bouyssou (Le) ou Buisson, h. c^{ne} de Lanquais.

Bouyssou (Le), h. c^{ne} de Saint-Laurent-de-Castelnau (B.).

Bouyssou (Le Grand-), taillis, c^{ne} de Saint-Martin-l'Astier (cad.).

Bouyssougnes (Les), lieu-dit, c^{ne} de Sourzac (cad.).

Bouyssounal, lieu-dit, c^{ne} de Prats-de-Carlux.

Bouyssounassa, taillis, c^{ne} de Breuil-Vern (A. Jud.).

Bouyssounet (Le), h. c^{ne} de Campagnac-lez-Quercy.

Bouyssounie (La), h. c^{re} de la Chapelle-au-Bareil.

Bouyssounie (La), lieu-dit, c^{ne} de Saint-Alvère. — *La Bouyssonie* (cad.).

Bouyssounie (La), h. c^{ne} de Sainte-Natalène.

Bouyssour, h. c^{ne} de Marsaneix.

Bouzely, h. c^{ne} de Monestier (A. Jud.).—Anc. rep. noble.

Bouzic, c^{ne}, c^{an} de Dome. — *Bozicum*, 1283 (Lesp. 46, Dome).

     Prieuré (O. St-Ben.) dép. de l'abb. de Souillac et ayant haute justice sur la paroisse, 1760 (Alm. de Guy.). — Voc. Saint-Martial.

     Patron : saint Barthélemy; coll. l'évêque.

Bovescal, c^{ne} de Saint-Jean-d'Ataux (Lesp. 95).

Boychadent ? c^{ne} de Mensignac. — *Tenencia voc. Boychadent*, 1290 (Lesp. Homm. d'Oliv. Begon).

Boycie (La) ? c^{ne} de Grignol. — *La Boytia*, 1471. — *La Boycia*, 1406 (Lesp. Inv. p. Milon).

Boyer, h. c^{ne} de Gaulegeac.

Boyer, h. c^{ne} de Lanquais.

Boyer, h. c^{ne} de Pomport.

Boyer, éc. c^{ne} de Preyssac.— *Bouyer* (B.).

Boys ? c^{ne} de Grignol. — *Baylia de Boys*, 1243 (arch. de Pau, comtes de Périgord). — *Domus de Boys*, 1471 (Dives, 1, p. 77).

     Anc. rep. noble dans le château de Grignol.

Brabaume, éc. c^{ue} de Saint-Caprais-Eymet (B.).

Brachet, h. c^{ne} de Montagrier (B.).

Braconnerie (La), h. c^{ne} de Saint-Pierre-de-Cole.

Bracou, m^{in} sur la Lidoire (Cass.). — *Bracaud* (A. Jud.).

Bracou (Pech-), lieu-dit, c^{ne} de Siorac (cad.).

Bracouet, éc. c^{ne} de Saint-Michel-Vélines. — *Sancta Maria de Bracau*, 1186 (Lesp. 33, don. à l'abb. de Saint-Florent de Saumur).

Bradès, h. c^{te} de Campagnac-lez-Quercy (B.).

Braceac, éc. c^{ue} de Florimont (B.).

Brage-Nègre, éc. c^{ne} de Fleurac (B.).

Brageyrat, h. c^{ne} de Boisseuil.

Bragounat, h. c^{ne} de Fontenilles (B.).

Bragounat, h. c^{ne} de Saint-Sernin-de-l'Herm (B.).

Bragriose (La) ? c^{ne} de Saint-Meard-de-Mussidan. — *Maynam. de la Bragriosa*, 1308 (Périg. Mon. Hist. 41, n. 1).

Brague (Font-de-), c^{ne} de Belvez.

Bragueil ou les Quatre-Sextérées, c^{ne} du Coux. — *Mansus de Bragueils*, 1463 (arch. de la Gir. Bigaroque).

Braguette (Pech-de-la-), taillis, c^{ne} de Saint-Cyprien (cad.).

Bragus, h. c^{ne} de Journiac (B.).

Brajot, h. c^{ne} de Gageac-Rouillac (A. Jud.).

Brajot (Le), h. c^{ne} de Saint-Crépin-de-Richemont.

Bramafan, lieu-dit, c^{ne} de Belvez.— *Affarium de Bramafan*, 1269 (Test. de Guillaume Aymon).

Bramafan, éc. c^{ne} de Bergerac.

Bramafan, lieu-dit, c^{ne} de Douville (cad.).

Bramafan, c^{ne} de Fossemagne. — *Bramefon*, 1715 (Acte not.).

Bramafan, lieu-dit, c^{ne} de Lanquais (cad. A.).

Bramafan, domaine, c^{ne} de Saint-Naixent (A. Jud.).

Brame (La), forge, c^{ne} de Vert-de-Biron.

Bramejat, h. c^{ue} de Marquays (S. Post.). — *Bramezac* (cad.). — *Brameygeac* (B.).

     Anc. rep. noble ayant haute justice sur Bramejat, 1760 (Alm. de Guy.).

Bramide, h. c^{ne} de Saint-Georges-de-Blancanès (B.).

Branchat, h. c^{ne} de Montplaisant (B.).

Brandal (Le), éc. c^{no} de Bergerac.

Brandal (Le), lieu-dit, c^{ne} de Lanquais.

Brandau, c^{ne} de Neuvic. — Domaine dép. du fief des Cinq-Ponts, 1671 (Courcelles, Généal. de Taillefer).

Brande (La), lieu-dit, c^{ne} de Coulounieix.

Brande (La), lieu-dit, c^{ue} de Grignol. — *Las Brandas*, anciennement *las Reyronnias*, 1532 (Dives).

Brande (La), c^{ne} de Lusignac. — *Mayn. de la Branda*, 1468 (O. S. J.).

Brande (La), c^{ne} de Saint-Pompon. — *Mansus de la Branda*, 1459 (arch. de la Gir. Belvez).

Brande (La), éc. c^{ne} de Sarlat (A. Jud.).

Brande-del-Rey (La), lieu-dit, c^{ne} de Saint-Germain-et-Mons.

Brandes (Les), c^{ne} de Vallereuil. — *A las Brandas de Loumagne*, 1693 (Acte not.).

Brandines (Les), éc. c^{ne} de Bergerac.

Brange (La), mét. c^{ne} de Limeuil, 1671 (Acte not.).

Brangelie (La), c^{ue} de Vanxains. — Anc. rep. noble.

Branle (Le), lieu, c^{ne} de Boisseul.

Branle-Bruno, h. c^{ne} de Beleymas.

Branle-Pelle, h. c^{ne} de Saint-Front-de-Pradoux (S. Post.).

Brantolme, lieu-dit, c^{ne} de Montagnac-la-Crempse, 1680 (Acte not.).

Brantôme, ch.-l. de c^{on}, arrond. de Périgueux; petite ville située au confluent de la Drone et de la Colle. — *Branstosma* (Reginon, Chron. lib. 2, ad annum 769). — *Mon. Brantosmii apud Petrocorios*, 817 (concile d'Aix).— *Mon. Sancti Petri atque Innocentis Sikarii, quod Brantolma vocatur*, 937 (Estiennot, III, 289). — *Abbatia de Brantholmio* (anc. pouillé, Lesp. 27). — *Mon. Brantosmense, Brantosme* (Ademar de Chabannois, ad annum 994).—*Brantholmensis conventus*, 1380 (P. V. de P. des Mortiers). — *Branthomen*, 1411 (Lesp. Lettre du capit. de Montignac).

     Célèbre abb. (O. S. B.) fondée par Charlemagne.

     Prieurés à la nomination de l'abbé de Brantôme : Bourzac, Cantillac, Condat, Sainte-Foy-de-Longa, Saint-Julien, Sainte-Luce (Lesp. vol. 10); il faut y ajouter Bourdeilles, Manzac, Mareuil et Montagrier (panc. de l'év. *ibid.*). Les domaines de l'abb. étaient divisés en quatre prévôtés : Prepositura de Perducio, de Podio Archambaudi, de Pomeriis aliàs de Pruneriis et de Capellâ Montis Maurelli (*ibid.*).

Voc. de l'église paroissiale : Notre-Dame.

Châtell. s'étendant sur 3 paroisses, 1365 (Lesp. vol. 10) : Brantôme, Cantillac et Saint-Pardoux-de-Feix.

Les armes de la ville de Brantôme sont : *d'azur à une fasce d'argent, chargée de 3 lions de sable, accompagnée de 3 fleurs de lys d'or, deux en chef et une en pointe* (Chron. du Périgord, t. I).

BRASMIE (LA), c^ne de la Linde. — *Maynam. de la Brasmia*, 1460 (Liv. Nof. p. 80).

BRASSAC, dit LE GRAND-BRASSAC, c^ne, c^on de Montagrier. — *Brassacum* (pouillé du xiiie siècle). — *Brassac*, 1382 (P.V.M.).

Anc. rep. noble. — Justice sur Brassac, 1760 (Alm. de Guy.). — Patron : saint Pierre-ès-Liens.

BRASSAC, c^ne de Lussac. — *Riperia de Brassac*, 1490. — *Barssac*, 1535 (Lesp. 65).

BRASSAC (GRAND et PETIT), h. c^ne de la Bouquerie (B.).

BRASSÈRES (LES), lieu-dit, c^ne de Tursac (cad.).

BRASSERIES (LES), h. c^ne de Manzac (S. Post.). — *Vadum Brassadense*, 1271 (Lesp. 34, arch. de Saint-Astier). — *Las Brassadias*, 1372 (Périg. M. H. 41, 5).

BRAULEN (HAUT et BAS), h. c^ne de Calviac. — *Braulem*, 1467 (arch. de Paluel).

BRAYAT, lieu, c^ne de Gardone.

BREDIER, chapelle, c^ne de Maurens (B.). — *Domus de Breda, dioc. Petrag.* 1317 (Lesp. Bull. Jean XXII). Maison de l'ordre de Grandmont, unie au prieuré de Garrige, dioc. d'Agen.

BREGADOU (LE), lieu-dit, c^ne de Beynac (cad.).

BRÉGE (LA), c^ne de Chantérac. — *Landes dites de la Brége* (inv. du Puy-Saint-Astier).

BRÉGE-DALLES, h. c^ne d'Aubas.

BREGEGÈRE (BOST-), lieu-dit, c^ne de Tanniès (cad.).

BRÉGIDOUX (LES), h. c^ne de Faugnerolles. — *Guilhonets*, 1651 (Homm. arch. de la Gir.).

BREGIÉROUX, h. c^ne d'Hautefort (A. Jud.).

BREGUELADE, c^ne de Carves. — *Factum de la Bregualada*, 1459 (arch. de la Gir. Belvez).

BREIL, bois, c^ne de Saint-Sauveur. — *Al Breil*, 1659 (Acte not.).

BREIL (BARTE-DEL-), taillis, c^ne de Gaulegeac (A. Jud.).

BREIL (COSTE-DEL-), taillis, c^ne de Pressignac (A. Jud.).

BREIL (LE), bois, c^ne de Bersac. — *Al Breilh*, 1411 (ch. Mourcin).

BREIL (LE), h. c^ne de Boisse.

BREIL (LE), lieu, c^ne de Cabans.

BREIL (LE), h. c^ne de Grives (terr. de Saint-Pompon).

BREIL (LE), h. c^ne de Lanquais. — Anciennement *Magdalès*, 1484. — *El Bruelh*, 1506 (arch. de Lanquais). — *El Breilh*, 1557 (*ibid.*). — *Repaire de Madalès*, 1744 (*ibid.*).

BREIL (LE), h. c^ne de Maurens (A. Jud.).

BREIL (LE), lieu-dit, c^ne de Monsac.

BREIL (LE), lieu-dit, c^ne de Montaut.

BREIL (LE), taillis, c^ne de Saint-André-Alas (A. Jud.).

BREIL (LE), ténem. c^ne de Saint-Aubin-de-Lanquais, dép. du fief de la Barde (terr. de Lanquais).

BREIL (LE), c^ne de Saint-Léon-Issigeac.

BREIL (LE), h. c^ne de Sales-de-Belvez.

BREIL (LE), h. c^ne de Tanniers.

BREIN, h. c^ne de Saint-Pardoux-la-Rivière.

BREIX, h. c^ne de Saint-Sulpice-de-Romagnac (B.).

BRELE (LA), pré et lieu-dit dans le vallon, c^ne de Lanquais (cad.).

BRENAC, vill. c^ne de Montignac. — *Fossati villœ de Brenac*, 1251 (arch. de Pau, Saint-Amand-de-Coli). — *Brenas* (pouillé du xiiie siècle). — *Sanct. Georgius de Brenaco*, 1481 (Lesp. 37).

Anc. ville close et prieuré dép. de l'abb. de Saint-Amand-de-Coli.

BRENIL (LE), h. c^ne de Bergerac.

BRENOUTREN (LA), bois, c^ne de Mayac (A. Jud.).

BRÈS (LES), h. c^ne d'Ales (B.).

BRESCHARDIE (LA)? c^ne de Grun. — *Tenentia de la Breschardia...* 1475 (Dives, 1, 124).

BRESIDOU, mét. c^ne de Fougueyrolles (S. Post.).

BRESSAC, dom. c^ne de Sainte-Foy-de-Longa (A. Jud.).

BRESUS (LES), éc. c^ne de Marnac (B.).

BRET (LE), h. c^ne de Montagrier (B.).

BRETAILLAC? — *Eccl. de Bretaillac, archip. de Exidolio*, 1554 (panc. de l'év.).

BRETANGES, h. c^ne de Beaussac.

BRETARIE (LA)? c^ne de Saint-Laurent-des-Bâtons. — *Maynam. de la Bretaria*, 1455 (Liv. Nof. 46).

BRETENORD, h. c^ne de Montpeyroux. — *Sancta Maria de Brethanor vel Brethenor*, 1081 (abb. de Saint-Florent). — *Bretonorium*, 1122. — *Bretenor*, 1186 (Lesp. 33, confirm. à l'abb. de Saint-Florent). — *Bretenos* (pouillé du xiiie siècle). Prieuré annexé anc^t à celui de Montcarret.

BRETENORD, anc. forêt, c^on de Villefranche-de-Lonchapt. — *Foresta de Bretenox*, 1306 (terr. arch. de B. 288). — *Forêt de Saint-Clau* ou *Bretomard* (Sous-préf. de Bergerac, canton *La Bessède*, an x).

BRETENOS, c^ne de Campagne. — *Fort Espina sive Bretenos*, 1295 (Lesp. 47). — *Tenement de la Fage* ou *Bretounous* (arpent. 1677). — Anc. rep. noble.

Bretenos, h. c^{ne} de Chalusset.

Bretenos, h. c^{ne} de Jumillac (S. Post.).

Bretenos, h. c^{ne} de Saint-Paul-la-Roche. — *Bretenous* (B.).

Bretigneras, h. c^{ne} de Coulaures.

Bretonesque, h. c^{ne} de Lussas, 1535, dépendant du repaire de Migo-Folquier (Lesp. 65).

Bretonie (La), h. c^{ne} de Proissans.

Bretou (Plaine-de-), c^{ne} de Rouquette-d'Eymet (A. Jud.).

Bretoux (Les), h. c^{ne} de Cornille (B.).

Bretoux (Les), h. c^{ne} du Coux (B.).

Buettes, éc. c^{ne} de Campagnac-lez-Quercy (B.).

Breuil, c^{ne} d'Anesse. — *Brolhium*, 1457 (Lesp. 80).

Breuil, c^{ne} de Saint-Alvère. — *Costa de Brolhio*, 1455 (Liv. Nof. 45).

Breuil, h. c^{ne} de Sensenac.

Breuil (A l'Étang-le-), taillis, c^{ne} de Saint-Géry (A. Jud.).

Breuil (Grand et Petit), h. c^{ne} de la Force (B.).

Breuil (Grange-de-), éc. c^{ne} de Champagne (B.).

Breuil (Le), c^{ne} d'Ajat-Thenon. — *Hospitium de Brolio*, 1365 (Lesp. 26).

Breuil (Le), h. c^{ne} d'Atur. — Rep. noble.

Breuil (Le), éc. c^{ne} d'Auriac-de-Bourzac (B.).

Breuil (Le), h. c^{ne} de Beauregard-Villamblard. — — *Brolium*, 1317 (Périg. M. H. 41, 2).

Breuil (Le), h. c^{ne} de Beaurone-Neuvic.

Breuil (Le), h. c^{ne} de Bourg-de-Maisons.

Breuil (Le), h. c^{ne} du Bugue (B.).

Breuil (Le), éc. c^{ne} de Castelnau (B.).

Breuil (Le), c^{ne} de Celle. — *Le Breuilh*, 1659 (Acte not.).

Breuil (Le)? — *Brolium de la Marcha*, 1254 (cart. de Chancelade). — *Bordaria del Bruth de la Marcha* (*ibid.*).

Breuil (Le), h. c^{ne} de la Chapelle-au-Bareil (B.).

Breuil (Le), lieu, c^{ne} de Chatres.

Breuil (Le), h. c^{ne} de Condat, c^{on} de Champagnac (B.).

Breuil (Le), h. c^{ne} de Corgnac (B.).

Breuil (Le), lieu, c^{ne} du Coux. —Anc. maison noble.

Breuil (Le), éc. c^{ne} de Cumont (B.).

Breuil (Le), éc. c^{ne} d'Eyzerat (B.).

Breuil (Le), h. c^{ne} de Fanlac (B.).

Breuil (Le), h. c^{ne} de Grives (B.).

Breuil (Le), éc. c^{ne} d'Issac (B.).

Breuil (Le), éc. c^{ne} de Journiac.

Breuil (Le), h. c^{ne} de la Linde.

Breuil (Le), h. c^{ne} de Marnac (B.).

Breuil (Le), h. c^{ne} de Marquays (B.).

Breuil (Le), vill. c^{ne} de Mensignac.— *Brolium*, 1290 (ch. Mourcin).

Breuil (Le), h. c^{ne} de Millac-de-Nontron (S. Post.).

Breuil (Le), h. c^{ne} de Montagnac-la-Crempse. — *Breulh*, 1670 (Acte not.).

Breuil (Le), éc. c^{ne} de Montignac-sur-Vézère.

Breuil (Le), h. c^{ne} de Montren. — *Brolium*, xiiie siècle (Lesp. 81).

Breuil (Le), mét. c^{ne} de Mouleydier.

Breuil (Le), éc. c^{ne} de Negrondes (B.).

Breuil (Le), lieu, c^{ne} de Payzac.

Breuil (Le), c^{ne} de Saint-Antoine-d'Auberoche. — *Hospitium de Brolhio*, 1407 (Généal. de Rastignac).

Breuil (Le), sect. de la c^{ne} de Saint-Antoine-de-Breuil. — *Bruculh* (pouillé du xiiie siècle). — *Brolium*, 1306 (terr. de Montravel, n° 288). — *Brollium*, 1456 (Lesp.). — *Breuilh* (Cal. adm.). Voc. Saint-Pierre.

Breuil (Le), taillis et chât. c^{ne} de Sainte-Croix, c^{on} de Beaumont (A. Jud.).

Breuil (Le), deux éc. c^{ne} de Saint-Geniez (B.).

Breuil (Le), c^{ne} de Saint-Jean-d'Ataux, 1492 (inv. du Puy-Saint-Astier).

Breuil (Le), h. c^{ne} de Saint-Laurent-de-Castelnau. — *Masus del Bruelh*, 1459 (arch. de la Gir. Belvez).

Breuil (Le), h. c^{ne} de Saint-Martial-de-Viveyrols.

Breuil (Le), lieu, c^{ne} de Saint-Martin-des-Combes.— *Tenem. de Brolio*, 1322 (Lesp. 59).

Breuil (Le), c^{ne} de Saint-Naixent. — *El Bruelh*, 1478. — Forêt dép. de la comm^{rie} de Saint-Naixent, 1502 (O. S. J.). — Anc. fief, autrement *la Baume*, 1744 (Not. de B.).

Breuil (Le), éc. et mⁱⁿ, c^{ne} de Saint-Pierre-de-Frugie. — *Hospitium de Brolhio*, 1341 (Généal. de Rastignac).

Breuil (Le), éc. c^{ne} de Saint-Pompon.

Breuil (Le), h. c^{ne} de Saint-Raphaël.

Breuil (Le), lieu, c^{ne} de Saint-Victor. — *Mansus de Brolio*, 1308 (Périg. M. H. 41, 2).

Breuil (Le), section de la c^{ne} de Sales-de-Belvez (cad.).

Breuil (Le), nom d'une hauteur qui domine la ville de Sarlat.

Breuil (Le), domaine, c^{ne} de Savignac-le-Drier.

Breuil (Le), lieu-dit, c^{ne} de Trélissac.

Breuil (Le), h. c^{ne} de Trémolac. — *Tenem. de Brolhio*, 1470 (Liv. Nof. 59).

Breuil (Le), h. c^{ne} de Vallereuil (B.).

Breuil (Le), habit. c^{ne} de Verteillac.

Breuil (Le), h. c^{ne} de Verteillac (B.).

Breuil (Le), c^{ne}, c^{on} de Vern. — *Brulh* (Lesp. 27, pouillé du xiiie siècle). — *Brolium*, 1276 (Lesp. Chap. de Saint-Front).

Patron : saint Roch; coll. l'évêque.

Anc. rep. noble, ayant haute justice sur le Breuil, 1760 (Alm. de Guy.).

Breuil (Le), h. c^ne de Veyrines-Dome (B.).

Breuil (Le), sect. de la c^ne de Villamblard (cad.).

Breuil (Le Bost-de-), h. c^ne de Saint-Germain-des-Prés.

Breuil (Le Grand-), h. c^ne de Saint-Martial-de-Valette (B.).

Breuil (Le Grand et le Petit), h. c^ne de Saint-Chamassy (B.).

Breuil (Petit-), éc. près de la ville de Nontron.

Breuil-de-la-Renolphie (Le), lieu, c^ne de la Chapelle-Grésignac.

Breuillaux, lieu, c^ne de Tocane.

Breuillet (Le), h. c^ne de Veyrines.

Breysson (Le), ruiss. affl. du Drot, qui prend sa source à Saint-Cassien.

Brial (Le), c^ne de Saint-Marcel. — *Ten. del Brial*, 1730 (Acte not.).

Briançon, c^ne de Verteillac. — Anc. rep. noble.

Briands (Les Petits-), h. c^ne de Razac-de-Saussignac (B.).

Briantis, c^ne de Tocane, 1772 (Lesp. Dénombr. de Montardit).

Bria, h. c^ne de la Rouquette-d'Eymet, 1660 (Acte not.).

Brias (Le), c^ne de Bourg-de-Maisons (cad.).

Brias (Le), h. c^ne du Port-de-Sainte-Foy (A. Jud.).

Briasse (La), h. c^ne de Bergerac.

Briasse (La), lieu-dit, c^ne de Liorac, 1728 (Not. de Mouleydier).

Briasse (La), pré, c^te de la Monzie-Montastruc (A. Jud.).

Briasse (La), h. c^te de Mussidan.

Briasse (La), lieu-dit, c^ne de Saint-Félix-de-Villadeix. — *La Briasse* ou *Defeix*, 1656 (Acte not.).

Briassou (Le), lieu-dit, c^ne de Castel (cad.).

Briassou (Le), lieu-dit, c^ne de Tursac (cad.).

Briaulet (Le), h. c^ne de Saint-Estèphe.

Bricabras, h. c^ne de Saint-Médard-de-Gurson.

Bridarias, h. c^ne de Saint-Estèphe-Nontron (B.).

Bride (La), rue à Périgueux. — *Platea vocata la Brida*, 1450 (Périg. M. II. 7).

Bridenechie (La), h. c^ne de Génis (S. Post.).

Briderie (La), éc. c^ne de Saint-Pardoux-la-Rivière.

Bridet, h. c^ne de Bergerac.

Bridistéaie (La), h. c^ne de Thenon.

Bridoire, c^ne de Rouffignac, c^on de Sigoulès. — *Buridorium* (cart. de la Grande-Sauve). — *Brujdora*, 1226 (donat. à Robert d'Arbrissel, Lesp. 37).— *Castrum de Bridoira, Bridoyra*, 1273 (Homm. de Marg. de Turenne). — *Bridoria*, 1343 (Lesp. Homm. à l'év. de Sarlat). — *Bridouyre*, 1743 (Acte not.).

Anc. rep. noble relevant au xive siècle de la châtell. de Bergerac, et ayant depuis haute justice sur

Ribagnac, Singleyrac, Rouffignac, 1760 (Alm. de Guy.).

Bridoyre ou Sainte-Aulaye, c^ne de Saint-Antoine-de-Breuil, 1724 (Homm. de Montravel; arch. de la Gir.).

Brie, c^ne de Saint-Martin-de-Fressengeas. — Anc. rep. noble, 1334 (Lesp.).

Brie (La), éc. c^ne de Bergerac.

Brieudet, h. c^ne de Saint-Estèphe.

Brignac, bourg de Limeuil. — *Hospitium de Brinhac*, 1459 (Philipparie, 88).

Brignac, h. c^ne de Saint-Chamassy, 1459 (B.). — *Masus de Brinhac* (arch. de la Gir. Belvez).

Brignac, h. c^ne de Tourtoyrac (S. Post.). — *Brignas*, 1758 (Not. de P.).

Brignac, h. c^ne du Vieux-Mareuil (S. Post.).

Brillone (La), h. c^ne de Lanquais.

Brinhie? m^in sur le Caudau, c^ne de Saint-Félix-la-Linde. — *Mol. de Brinhia*, 1344 (Périg. M. H. 41, 5).

Briolet (Le), h. c^ne de Saint-Estèphe (S. Post.). — *Le Briaudet* (Ann. d'agric. de la Dordogne).

Briquets (Les), c^ne de Saint-Mayme-de-Péreyrol, 1730.

Bris, c^ne de Saint-Just. — *Bris*, 1324 (Coll. de Lanquais).

Brisonie (La)? c^ne de Vallereuil. — *La Brisonia*, 1320 (Périg. M. H. t. II).

Brocarie (La), près de Belvez. — *A la Brocaria*, 1459 (arch. de la Gir. Belvez).

Brocaries, éc. c^ne de Varennes, autrement dit *la Rivière* (terr. de Lanquais).

Brochancie (La), c^ne de Cubjat (B.). — *Affarium de la Brochandia*, 1224 (Périg. M. H. 22, 3). — *Brouchancie* (A. Jud.).

Brochard, c^ne de Saint-Front-d'Alemps. — Anc. rep. noble (Chron. du Périg. II, p. 178).

Brolie (La), lieu-dit, c^ne de Castel.

Brolie (La)? c^ne de Montaut. — *A la Brolia*, 1273 (ms de Wolf.).

Bromega (La)? lieu-dit, c^ne de Sainte-Radegonde. — *La Bromega justa motam de Rocapina*, 1270 (Homm. au roi d'Angleterre, Gaignères, vol. II).

Broscanaca? c^ne de Sainte-Foy-de-Belvez. — *A Broscanaca*, 1351 (Belvez).

Brota, anc. nom du moulin dit *moulin Brûlé*, c^ne de Saint-Paul-de-Serre (Dives).

Brouchaud, c^ne, c^on de Thenon. — *Brochat* (pouillé du xiiie siècle). — *Brochalh* (Lesp. 88, Châtell.). — *Brochal*, 1453 (Lesp. 79). — *Brochaut*, 1566 (panc. de l'év.).

Patron : saint Pierre-ès-Liens; coll. l'évêque.

6.

BROUDICHIERAS (LAS), taillis, c⁽ᵉ⁾ de Saint-Astier (A. Jud.).

BROUDISSOUX, taillis, c⁽ᵉ⁾ des Lesches (A. Jud.).

BROU-DU-LAC, lieu-dit, c⁽ⁿᵉ⁾ de Saint-Cyprien (cad.).

BROUGEZIES (LES), h. c⁽ⁿᵉ⁾ de Saint-Chamassy (B.).

BROUGNOU (LE), éc. c⁽ⁿᵉ⁾ de Dome (cad.).

BROUILLAC, h. c⁽ⁿᵉ⁾ de Belvez. — Lieu appelé *al Brouillac* (Belvez, reg. 1462).

BROUILLAC, h. c⁽ⁿᵉ⁾ de Génis (S. Post.).

BROUILLAC, éc. c⁽ⁿᵉ⁾ de Saint-Félix-de-Bourdeilles (S. Post.). — *Brolhacum*, 1400 (Lesp. Homm.).

BROUILLAC, lieu-dit, c⁽ⁿᵉ⁾ de Sᵗ-Pardoux-la-Rivière (cad.).

BROUILLAC (LE PETIT-), h. c⁽ⁿᵉ⁾ de Saint-Médard-d'Excideuil (B.).

BROUILLAGUET, lieu-dit, c⁽ⁿᵉ⁾ de Marcillac (A. Jud.).

BROUILLAS, m. isolée, c⁽ᵘᵉ⁾ de Saint-Angel (S. Post.).

BROUILLAS (A LAS), taillis, c⁽ⁿᵉ⁾ de Tourtoyrac (A. Jud.).

BROUILLAT (LE), h. c⁽ⁿᵉ⁾ de Léguillac-de-Cercles. — *Brouiliat*, 1735 (Acte not.).

BROUILLATOUX (LES), h. c⁽ⁿᵉ⁾ du Coux (B.).

BROUILLAUD, h. c⁽ⁿᵉ⁾ de Biras.

BROUILLAUD, c⁽ᵉ⁾ de Saint-Astier (A. Jud.). — Anc. rep. noble.

BROUILLAUD, forge, c⁽ⁿᵉ⁾ de Savignac-Nontron (S. Post.).

BROUILLAYRÉ (LE), pic le plus élevé de l'arrond. de Sarlat, à 1 kilomètre de cette ville; son sommet est à 900 pieds au-dessus du niveau de la Dordogne devant Dome. Du haut du Brouillayré on distingue le Cantal, et les cimes des dép⁽ᵗˢ⁾ de l'Aveyron, de la Corrèze, du Lot et de la Haute-Vienne terminent l'horizon (Jouanet, *Statist. de l'arrond. de Sarlat*).

BROUILLET, h. c⁽ⁿᵉ⁾ de la Boissière-d'Ans (S. Post.).

BROUILLET, maison ancienne dans le bourg de Cubjat (A. Jud.).

BROUILLET, h. c⁽ⁿᵉ⁾ de Lanquais.

BROUILLET, c⁽ⁿᵉ⁾ de Saint-Martin-des-Combes. — *Tén. de Brolhet*, 1317 (Périg. M. H. 41, 2).

BROUILLET, h. c⁽ⁿᵉ⁾ de Veyrines-Dome (S. Post.).

BROUILLET (LE), c⁽ⁿᵉ⁾ de Jumillac. — *Al Brolhet*, 1419 — *Le Broulhiet*, 1518 (O. S. J.).

BROUILLET (LE), éc. c⁽ⁿᵉ⁾ de Ligueux (B.).

BROUILLET (LE), h. c⁽ⁿᵉ⁾ de Monesteyrol.

BROUILLET (LE), 1550 (Dénombr. de la châtell. de Ribérac, Lesp. 52).

BROUILLET (LES), lieu, c⁽ᵉ⁾ de Clermont-de-Beauregard.

BROUILLETIE (LA)? anc. rep. noble et m⁽ⁱⁿ⁾, c⁽ⁿᵉ⁾ de Grignol. — *La Brolhetia*, 1490 (Div. 2, p. 136).

BROUILLETS (LES), anc. rep. noble, c⁽ⁿᵉ⁾ de Saint-Pardoux-d'Ans (cad.).

BROUILLIE (LA), lieu-dit, c⁽ⁿᵉ⁾ de Proissans (cad.).

BROUILLOL (COMBE-DE-), lieu-dit, c⁽ⁿᵉ⁾ de Saint-Avit-Rivière (A. Jud.).

BROUILLOL (LE), h. c⁽ᵘᵉ⁾ de Monferrand, c⁽ᵒⁿ⁾ de Beaumont.

BROUILLOU, h. c⁽ⁿᵉ⁾ de Biras.

BROULHIOROL (AL), terre, c⁽ⁿᵉ⁾ de Saint-Avit-Senieur, 1711 (Rec.).

BROULOU, h. c⁽ⁿᵉ⁾ de Villac (B.).

BROUMET, b. c⁽ⁿᵉ⁾ de Marsalès. — *Brumet*, 1742 (Acte not.).

BROUMET, h. c⁽ⁿᵉ⁾ de Saint-Avit-Rivière (B.).

BROUNGIDOUYRE, taillis, c⁽ⁿᵉ⁾ de la Linde (cad.).

BROUSSANEIX, h. c⁽ⁿᵉ⁾ de Firbeix (B.).

BROUSSAS, h. c⁽ⁿᵉ⁾ de Coursac (B.). — *Broussac* (A. Jud.).

BROUSSAS, lieu, c⁽ᵉ⁾ d'Échourgnac, c⁽ᵒⁿ⁾ de Montpont.

BROUSSAS (LAS), c⁽ⁿᵉ⁾ de Saint-Médard-de-Mussidan. — *Las Broussas*, 1772 (Dénombr. de Montardit).

BROUSSAS (LAS), taillis, c⁽ⁿᵉ⁾ de Savignac-les-Églises (A. Jud.).

BROUSSAUDIE (LA), c⁽ⁿᵉ⁾ de Chantérac, 1455 (inv. du Puy-Saint-Astier).

BROUSSAUDIE (LA), c⁽ⁿᵉ⁾ de Saint-Aquilin, 1540 (inv. du Puy-Saint-Astier).

BROUSSE, h. c⁽ⁿᵉ⁾ de Bergerac.

BROUSSE, c⁽ⁿᵉ⁾ de Faux, ténement (act. not. 1743).

BROUSSE, h. c⁽ⁿᵉ⁾ de Sainte-Foy-de-Belvez (B.).

BROUSSE (FORÊT DE PUYMARTIN, dite LA), c⁽ᵉ⁾ de Saint-Pierre-de-Cole (O. S. J.).

BROUSSE (LA), h. c⁽ⁿᵉ⁾ d'Abjat-de-Nontron (B.).

BROUSSE (LA), éc. c⁽ⁿᵉ⁾ d'Agonac. — Anc. rep. noble, 1725 (Acte not.).

BROUSSE (LA), c⁽ⁿᵉ⁾ de Bassillac. — *La Brossia*, 1474 (ch. Mourcin).

BROUSSE (LA), lieu, c⁽ⁿᵉ⁾ de Beauregard.

BROUSSE (LA), c⁽ⁿᵉ⁾ de Celle. — *La Vaure de Brossas*, 1269 (Lesp. 81, p. 18). — *Las Broussas*, 1639 (Acte not.).

BROUSSE (LA), h. c⁽ⁿᵉ⁾ de Cercles.

BROUSSE (LA), h. c⁽ⁿᵉ⁾ de Chalagnac. — *La Brossa, Brossa Magra*, 1471 (Dives, 1, 80).

BROUSSE (LA), c⁽ⁿᵉ⁾ de Chantérac, 1417 (inv. du Puy-Saint-Astier).

BROUSSE (LA), c⁽ⁿᵉ⁾ du Coux. — *Mansus de la Brossa*, 1413 (arch. de la Gir. Bigaroque).

BROUSSE (LA), c⁽ⁿᵉ⁾ d'Eygurande. — *La Brossa*, 1315 (Lesp. 82).

BROUSSE (LA), h. c⁽ⁿᵉ⁾ d'Eyliac.

BROUSSE (LA), c⁽ⁿᵉ⁾ de Fanlac.

BROUSSE (LA) ou CHÂTEAU-NOIR, h. c⁽ᵉ⁾ de Grignol (S. Post.).

BROUSSE (LA), h. c⁽ⁿᵉ⁾ de Lussas (B.).

BROUSSE (LA), h. c⁽ⁿᵉ⁾ de Mialet (S. Post.).

BROUSSE (LA), c⁽ⁿᵉ⁾ de Montagnac-la-Crempse. — *La Grange*, 1673 (Acte not.).

BROUSSE (LA), lieu, c^{ne} de Peyrignac.

BROUSSE (LA), bois, c^{ne} de Saint-Alvère. — *La Bosc de la Brossa de Cavavelh*, 1454 (Liv. Nof. 29).

BROUSSE (LA), h. c^{ne} de Saint-Antoine (S. Post.).

BROUSSE (LA), c^{ne} de Saint-Chamassy. — *Factum de la Brossa*, 1459 (arch. de la Gir. Belvez).

BROUSSE (LA), h. c^{ne} de Saint-Paul-la-Roche.

BROUSSE (LA), c^{ne} de Saint-Sulpice-d'Excideuil. — Rep. noble (Mém. d'Albret).

BROUSSE (LA), h. c^{ne} de Valeuil.

BROUSSE (LA), c^{ne} de Velines. — *A la Brossa*, XIIIe s^e (terr. de Montravel).

BROUSSE (LA), c^{ne} de Vic. — *Nemus voc. de la Brossa*, 1479 (Liv. N. 26). — *Les Malets*, autrement *la Brousse* (Reconn. 1649).

BROUSSEBOURT ? c^{ne} de Grun. — *Mayn. de Brussabourt*, 1499 (Lesp. arch. de Périgueux).

BROUSSE-MAIGRE, lieu-dit, c^{ne} de Manzac (cad.).

BROUSSES (LES), éc. c^{ce} de Burée (B.).

BROUSSES (LES), c^{ne} de Champagnac. — *May. de las Broussas*, 1460 (O. S. J.). — Dép. de la comm^{ie} de Puymartin.

BROUSSES (LES), h. c^{ne} de Champniers (B.).

BROUSSES (LES), h. c^{ne} de la Chapelle-Montabourlet (B.).

BROUSSES (LES), h. c^{ne} de Coursac. -- *Brousses*, 1669 (Acte not.).

BROUSSES (LES), h. c^{ne} de Javerlhac (B.).

BROUSSES (LES), c^{ne} de Saint-Aquilin, 1661 (Acte not.).

BROUSSES (LES), habitation, c^{ne} de Sainte-Croix-de-Marcuil (B.).

BROUSSES (LES), c^{ne} de Saint-Julien-de-Crempse, 1650 (Acte not.).

BROUSSES (LES), h. c^{ne} de Soudat (B.).

BROUSSES (LES), lieu-dit, c^{ne} de Villetoureix (cad.).

BROUSSET, h. c^{ne} de Neuvic (B.).

BROUSSEYROL (LE), lieu-dit, c^{ne} de la Trape (cad.).

BROUSSIALOU (LE), lieu-dit, c^{ne} de Prats-de-Carlux (cad.).

BROUSSIER-MEZIER, taillis, c^{ne} de Fontenilles (cad.).

BROUSSILHOU (LE), h. c^{ne} de Saint-Aignan-d'Hautefort.

BROUSSILHOU (LES), éc. c^{ce} de Saint-Jean-d'Estissac (A. Jud.).

BROUX, h. c^{ne} d'Eyliac.

BROYOT, lieu, c^{ne} de Coursac.

BROZA ? c^{ne} de Limeuil. — *Mansus de la Broza*, 1221 (Lesp. 37).

BRU (LE), h. c^{ne} du Coux. — *Mansus del Bru*, 1463 (arch. de la Gir. Bigaroque).

BRU (LE), h. c^{ne} de Pazayac (B.).

BRUC, sect. de la c^{ne} de Grignol. — *Bruc*, 1380 (P. V. M.). — *Brucum*, 1327 (Lesp. 80).

BRUC, m. is. c^{ne} de Saint-Germain-des-Prés (S. Post.).

BRUC (LE), h. c^{ne} de Villedieu.

BAUDOU (LE), lieu-dit, c^{ne} de Beynac (cad.).

BRUGAL, anc. nom du m^{in} du port de Lanquais, c^{ne} de Varennes, 1603 (Acte not.).

BRUGAL, port sur la Dordogne, c^{ne} de Saint-Caprais, en face du m^{in} Brugal, c^{ne} de Varennes. — *Portus del Brugal*, 1460 (Liv. Nof. 89).

BRUGAL, taillis de châtaigniers, c^{ne} de Saint-Cyprien (cad.).

BRUGAL, taillis, c^{ne} de St-Laurent-des-Bâtons (A. Jud.).

BRUGAL (LE), h. c^{ne} de Tursac.

BRUGALOU (LE), lieu-dit, c^{ne} de Vezac (cad.).

BRUGAU (LE), h. c^{ne} de Saint-André-Alas (B.).

BRUGE (LA), c^{ne} de Villars. — *Maynam. de las Brugeas*, 1350 (Lesp. Généal. de Chabans).

BRUGEAU (LE), h. c^{ne} de Coursac.

BRUGE-BRULADE (LA), lieu-dit, c^{ne} de Queyssac (cad.).

BRUGEDOUX (LES), taillis, c^{ne} de Montagnac-la-Crempse (A. Jud.).

BRUGÈRE (LA), h. c^{ne} d'Angoisse (S. Post.).

BRUGÈRE (LA), h. c^{ne} de Bussac (B.).

BRUGÈRE (LA), h. c^{ne} de Montagnac-la-Crempse (S. Post.). — *La Brugière*, 1519 (inv. du Puy-Saint-Astier).

BRUGÈRE (LA), h. c^{ne} de Sainte-Trie (S. Post.).

BRUGÈRE (LA), sect. de la c^{ne} de Thiviers (cad.). -- *Brugière*, 1503.

BRUGESSOU, c^{ne} de Montagnac-la-Crempse, 1457 (inv. du Puy-Saint-Astier).

BRUGIER (LE), bois, c^{ne} de Minzac (A. Jud.).

BRUGIÈRE (LA), h. c^{ne} de Boulazac, 1730 (Acte not.).

BRUGIÈRE (LA), h. c^{ne} de Saint-Martin-de-Fressengeas (S. Post.).

BRUGIES (LES), taillis, c^{ne} de Saint-Martin-de-Gurson (A. Jud.).

BRUGUERIE (LA), sect. de la c^{ne} de Saint-Alvère (cad.). — *La Brocaria*, 1455 (Liv. N. 27).

BRUGUET (LE), terre, c^{ne} de Saint-Cyprien (cad.).

BRULADE (LA PEYRE), m. is. c^{ne} de la Canéda (cad.).

BRULADES (LES FORÊTS), bois tenant aux bois de Jovelle, c^{ne} de la Tour-Blanche.

BRULADIS (LE), bois, c^{ne} des Lèches, 1721 (liasse Juc.).

BRULADIS (LE), lieu-dit, c^{ne} de Saint-Alvère (cad.).

BRULADIS (LE), lieu-dit, c^{ne} de Saint-Laurent des-Hommes (cad.).

BRULADIS (LE), bois, c^{ne} de Saint-Martin-de-Fressengeas (cad.).

BRULADIS (LES) ou LE CHAUFFOUR, taillis, c^{ne} de Bourdeilles. — Autrement *les Communaux* (A. Jud.).

BRULADIS (LES) ou LE CHAUFFOUR, taillis, c^{ne} de Valeuil (A. Jud.).

Brun, h. c^ne de la Force; en patois, *lou bourg Dahren.*

Brunaude (La), hameau, c^ne de Saint-André-du-Double (B.).

Brunel, h. c^ne de Soulaures (S. Post.).

Brunenc? c^ne de Bertric. — *Casale Brunenc,* 1270 (Lesp. 81, p. 33).

Bruneriaudes (Les), terre, c^nt d'Azerat (A. Jud.).

Brunerie (La), éc. c^ne de Tanniès.

Brunesxart? 1245 (bulle d'Innocent IV pour Ligueux). — Prieuré dép. de l'abb. de Ligueux.

Brunet, h. c^ne de Cadouin (cad.). — L'un des cantonnements de la forêt de la Bessède.

Brunet, m. isolée, c^ne de Cussac (S. Post.).

Brunet, anc. fief, c^ne de Festalemps, 1486 (Homm.).

Brunet, m. isolée, c^ne de Montazeau (Acte not.).

Brunet, hôpital à Périgueux. — *Hospitale de Bruneto,* 1488 (reg. de Périgueux).

Brunet, lieu-dit, c^ne de Sales-de-Belvez (cad.).

Brunet, h. — Voy. Abren (Le Bourg d').

Brunetias (Las), m. isolée, c^ne de Génis (S. Post.).

Brunetie (La), c^ne de Cabans. — *Mansus de la Brunetia,* 1489 (arch. de la Gir. Belvez).

Brunetie (La), h. c^ne de Lembras, 1365.

Brunetière, éc. c^ne de Bergerac 1625 (Acte not.). — *Burneterie* (B.).

Brunetière (La), éc. c^ne de Queyssac (B.).

Brungidour, taillis, c^ne de la Linde, dépendance du château de Lafinou, 1768.

Brunie (Grande et Petite), h. c^ne de Monclar, 1775 (Acte not.).

Brunie (La), h. c^ne de Bars.

Brunie (La), lieu, c^ne de Biras. — *La Brunia,* 1243 (Lim. de la seign. de Périgueux).

Brunie (La), c^ne de Chalagnac. — *Mayn. de la Brunia,* 1457 (Liv. Nof. p. 50).

Brunie (La), h. c^ne du Coux. — *Mansus de la Brunia,* 1463 (arch. de la Gir. Bigaroque).

Brunie (La), c^ne de Douzillac. — *M. de la Brunia,* 1475 (Dives, H.).

Brunie (La), lieu, c^ne de Saint-Avit-Vialard.

Brunie (La), h. c^ne de Saint-Julien-de-Lampon.

Brunie (La), h. c^ne de Sainte-Natalène.

Brunie (La), h. c^ne de Saint-Pardoux-de-Belvez (S. Post.).

Brunie (La), h. c^ne de Vielvic.

Brunie (La Grande et la Petite), h. c^ne de Clermont-de-Beauregard.

Brunies (Les), h. c^ne de la Chapelle-Gonaguet.

Brunies (Les), c^ne de Romains-Saint-Pardoux-la-Rivière.

Brunil (Le), h. c^ne de Bergerac.

Brusset (El)? anc. forêt, c^ne de Saint-Martial-d'Artensec. — *La forêt del Brusset* (Lesp. 10).
Appartenait au comte de Périgord.

Bruts (Les Grands et les Petits), h. c^ne de Trélissac, 1710.

Bruyère (La), h. c^ne de Veyrignac (B.).

Bruyol, h. c^ne de Coursac (A. Jud.).

Bruzac, h. c^ne de Saint-Pierre-de-Cole. — *Brusac, Bruzac,* 1210 (cart. de Chancelade). — *Bruzacum* (pouillé du XIIIe siècle). — *Castrum superius et inferius de Bruzaco,* 1269 (Lesp. 24). — *Capella Sancti Saturnini de B.* 1192 (bulle de Célestin III). Cette chapelle dépendait du prieuré de Saint-Jean-de-Cole.

Maladrerie réunie à celle de Périgueux (arrêt du Conseil, 1696). — Au XIVe siècle, châtell. dont relev. 12 paroisses: Bruzac, Chalais, Jumillac, Saint-Clément, Saint-Jory, Sainte-Marie-de-Frugie, Saint-Martin-de-Fressengeas, Saint-Paul-la-Roche, Saint-Pierre-de-Cole, Saint-Romain, Vaunac, Villars (Lesp. Châtell. v. 85).

Bruzac, h. c^ne de Thiviers.

Bruze (La), h. c^ne d'Eyliac (A. Jud.).

Buade (Grand et Petit), h. c^ne de Genestet. — *Buhade* (Acte not. 1675).

Buc, c^ne de Faux. — *Ténement del Buc, del Buch* (arpent. de la seign. de Faux, 1771).

Buc, c^ne de la Monzie. — *Bucum,* 1370 (Périg. M. H. 6, 17).

Buc, h. c^ne de Pressignac. — *Cumba del Buc,* 1435 . (Liv. N. 32).

Brc (Le)? c^on du Bugue. — *El Buc* (cart. du Bugue).

Buc (Le), c^ne de Cabans. — *Rivus del Buc,* 1459 (Philipparie, 81).

Buc (Le), h. c^ne de Fanlac. — *El Buc,* 1471 (Généal. de Rastignac).

Buc (Le), c^ne de Fongalau. — *Mansus del Buc Peytavi,* 1460 (arch. de la Gir. Belvez).

Buc (Le), h. c^ne de Mazeyrolles (B.).

Buc (Le), h. c^ne de Veyrines. — *El Buc,* 1474 (ch. Mourcin).

Bucher, h. c^ne de Château-l'Évêque (B.).

Bucherie (La), sect. de la c^ne de Saint-Saud.

Buch-Saint-Aurance (Le), environs de Sarlat. — *Ecclesia Sancti Sacerdotis de Aurenca?* 1125 (bulle d'Eugène III, poss. de l'abb. de Sarlat).

Bufavre, c^ne de Coux. — *Vilag. de la Bufavra,* 1463 (arch. de la Gir. Bigaroque).

Buffecaille, éc. c^ne de Saint-Cyprien.

Buffeloup, h. c^ne de Cadouin (S. Post.). — *Buffaloup* (cad.). — *Tenh de Bufalop,* 1292 (cens dû à Badefol. Arch. de l'Empire).

Buffevent, éc. c^ne de Saint-Laurent-de-Castelnau (cad.). — *Buffaven*, 1351 (arch. de la Gir. Belvez).

Buffier, h. c^ne d'Agonac (B.).

Buffonie? c^ne de Vallereuil. — *La Buffonia*, 1271 (Lesp. 51).

Bugassanet, c^ne de Mortemart. — *Mans. de Bugassanet*, 1409 (O. S. J.).

Bagassou, h. c^ne de Belvez. — *Territor. de Bugasso*, *Buguasso*, 1462 (arch. de la Gir. Belvez).

Bugeas, h. c^ne de Bars (A. Jud.).

Bugeaud, h. c^ne de Saint-Raphaël. — *Bugau*, 1489 (O. S. J.).

Buges (Les), h. c^ne de la Feuillade (S. Post.).

Bugou, h. c^ne de Sagelat (B.).

Bugue (Le), ch.-l. de c^on, arrond. de Sarlat. — *Centena Albucense*, 856 (cart. de Saint-Martin-de-Limeuil). — *Villa Albuca*, 936 (Gall. ch.). — *Albuces* (pouillé du xiiie siècle). — *Al Bugo*, xviie siècle (carte du Sarladais).

Siége d'un archiprêtré de l'év. de Périgueux qui porta aussi le nom de *Limeuil* au xive siècle. Lors de la création de l'évêché de Sarlat, il fut diminué de 10 par. pour former l'archipr. d'Audrix de ce diocèse, et se composa des 19 paroisses suivantes : La Chapelle-Saint-Reynal, la Douze, Fleurac, Journiac, Manzens, Millac-d'Auberoche, Mortemart, Paunac, Pesul, Saint-Avit de Villars, Saint-Cyr, Saint-Marcel et Saint-Sulpice du Bugue, Saint-Pierre et Saint-Martin de Limeuil, Saint-Sernin et Saint-Félix de Reillac, Savignac, Sengeyrac.

Abbaye de femmes fondée au xe siècle. — Comm^rie de l'O. de Saint-Jean, ou hôpital dont la situation est à peu près indiquée ce par le texte : *Eyrale voc. de Landrivia, retro hospitale* (Liv. Nof. 45).

Patron : saint Sulpice.

Buguet (Le), éc. c^ne de Bouteilles.

Buguet (Le), éc. c^ne de Goust.

Buguet (Le), font. c^ne de Grignol.

Buguet (Le), font. c^ne de Villamblard (A. Jud.).

Buguette (La), éc. c^ne de Saint-André (B.).

Builcenredie (La)? c^ne du Bugue. — *La Builcenredia* (cart. du Bugue, l'une des possessions de l'abbaye).

Buis (Le), h. c^ne d'Ales. — *Buxum*, 1370 (Lesp.). — *Buxium*, 1459 (Philipparie, 63). — *Mas du Buys*, 1474 (*ibid.*). — *Al Buy*, 1777 (État du repaire du Ger.).

Anc. rep. noble.

Buis (Le), h. c^ne de Bertric. — *Le Buy* (cad.).

Buis (Le), h. c^ne de Grignol. — *Le Bouys*, 1542 (Lesp. 79).

Buis (Le), domaine, c^ne de Mauzens, 1604 (Homm. Belvez).

Buis (Le), éc. c^ne de Montignac-sur-Vézère.

Buis (Le), éc. c^ne de Montren (B.). — *Bouys*, 1672 (Acte not.).

Anc. rep. noble.

Buis (Le), tour de l'enceinte fortifiée de Périgueux. — *Turris de Buxo ante parvos muros Petragorœ* (Rec. des titres de la ville de Périgueux).

Buisse (La), h. c^ne de Saint-Crépin-d'Auberoche. — Anc. rep. noble.

Buisson (Grand-), lieu-dit, c^ne de Saint-Jory-las-Bloux (A. Jud.).

Buisson (Grand et Petit), c^ne de Montazeau (B.).

Buisson (Le), h. c^ne de Busseroles.

Buisson (Le), h. c^ne de Cabans. — *Ecclesia de Buxonio*, *Turris del Bosc*, 1459 (Philipparie, 49 et 74). — *Burgus de Boyssonio*, 1462 (arch. de la Gir. Belvez). — *Le Boyssou* (arch. de Pau, Bigar.).

Anc. paroisse.

Buisson (Le), h. c^ne de Carsac (Carlux, B.).

Buisson (Le), h. c^ne de Saint-Médard-de-Gurson (B.).

Buisson (Le), h. c^ne de Saint-Sulpice-d'Excideuil (B.).

Bujaceau, h. c^ne de Montren. — *Bugassel*, 1481 (Dives, 1, 117).

Bujasson, h. c^ne de Coutures (B.).

Bulide (La), lieu-dit, c^ne de Vezac (cad.).

Bulidoun (Le), c^ne de Chancelade (Chron. du Périg. 2, 175).

Bullarie (La), c^ne de Mortemart. — *Mans. de la Bullaria*, 1409 (O. S. J.).

Bullarie (La), lieu-dit, c^ne de Saint-Jean-d'Estissac, 1650 (arpent.).

Buprélie (La)? c^ne de Villamblard. — *La Buprelia.* — Voy. Pelissaria.

Bun (Le), sect. de la c^ne de Villac (cad.).

Buragne, m^in sur le Gouzou, c^ne de Cenac.

Burée, domaine, c^ne des Lèches (A. Jud.).

Burée-et-Bertric, c^ne, c^on de Verteillac. — *Bureia* (pouillé du xiiie siècle). — *Bureya*, 1382 (P.V. M.).

Voc. Saint-Léonard; coll. le chap. de Saint-Front. Paroisse hors châtell. au xive siècle. — Anc. rep. noble ayant haute justice sur Burée, 1760 (Alm. de Guy.).

Burelles (Les), h. c^ne de Douchapt (B.).

Burgal (Grand et Petit), éc. c^ne d'Alas-l'Évêque.

Burgaudie, lieu-dit, c^ne de Beaurone (cad.).

Burrel, h. c^ne de Jaure. — *Busrel*, 1649 (Acte not.).

Buscandières (Les), lieu-dit, c^ne de Berbiguières (cad.). — *Buscarrière* (B.).

Busqueille, h. c^ne de Villefranche-de-Belvez.

Bussac, c^ne, c^on de Brantôme. — *Bussas* (anc. pouillé du xiiie siècle, Lesp. 27). — *Bussacum*, 1380 (P. V. M.).

Patrons : saint Pierre et saint Paul; coll. le chap. de Saint-Front.

Bussac, lieu, c^{ne} de Sainte-Orse.

Busseroles, c^{ne}, c^{on} de Bussière-Badil. — *Buxerolla*, 1283 (titre de l'év. d'Angoulême, arch. de la Charente). — *Buysserola*, 1365 (châtell. de Nontron, Lesp. 88). — *Buxerolle*, xvie siècle (châtell. de Pau).

Patron : saint Martial; coll. l'évêque.

Au xvie siècle, c'était une dépendance de la châtell. de Varaigne.

Busseroles (Petit-), dom. c^{ce} de Saint-Remy (A. Jud.).

Bussieras ou Buissieras, friche, c^{ne} de Sainte-Eulalie-d'Ans (A. Jud.).

Bussière-Badil, ch.-l. de c^{on}, arrond. de Nontron. — *Buxeriense monasterium*, 1028 (Adem. Cabanens.). — *Buxeria*, 1283 (arch. de la Charente). — *Buxière-Badilh*, xvie siècle (Châtell. arch. de Pau).

Anc. abbaye de bénédictins dépend. de Montmorillon en Poitou.

Voc. Saint-Michel Archange.

Au xvie siècle, rep. noble dépend. de la châtell. de Varaigne, ayant depuis haute justice sur Bussière, 1760 (Alm. de Guy.).

But, lieu, c^{ne} de Clermont-de-Beauregard. — *Le Buq*, 1602 (Acte not.).

But, h. c^{ne} de Razac-d'Eymet, 1675 (Acte not.).

But (Le), h. c^{ne} de Cenac.

But (Le), bois, c^{ne} de Douzillac (cad.).

But (Le), c^{ne} de Léguillac-de-Lauche. — Anc. rep. noble, 1748 (Acte not.).

But (Le), taillis, c^{ne} de Marcillac (A. Jud.).

Buzadelle, h. c^{ne} de Sorges (A. Jud.).

Buzal (Le), éc. c^{ne} de Paulin (B.).

Buzet (Le), h. c^{ne} de Menesplet. — *Hospitalis de Buzès*, 1350 (Lesp. 10). — *Bozès*, 1368 (Lesp. Homm.). — *Buszès*, 1373 (Lesp. O. S. J. Lettre de Grégoire XI). — Comm^{rie} de l'O. de Saint-Jean.

Buzet (Le), forêt, c^{ne} de Menesplet (Lesp. Forêts du comte de Périgord). — *Forest de Busset*, 1503 (Mém. d'Albret).

Buzetières, h. c^{ne} de Lussas (B.).

C

Cabadant, domaine. c^{ne} d'Ajat, 1740 (Acte not.).

Cabanac, h. c^{ne} de Fraysse (B.).

Cabanac. — *Foresta de Cabanac*, 1485 (Liv. Nof.), anc. nom de la forêt de Clérans. — Voy. Clérans.

Cabanas (Las), h. c^{ne} de Saint-Laurent-du-Double (B.).

Cabanat-Vieux (Le), c^{ne} de la Monzie, ténem. 1766 (Reconn.).

Cabane (La), anc. forêt domaniale dans l'arrond. de Sarlat : 200 hectares (état d'assiette de 1807).

Cabane (La), c^{ne} de Beauregard-Bassac, 1620 (Acte not.).

Cabane (La), c^{ne} de Campsegret, 1790 (Acte not.).

Cabane (La), h. par. de Cause, 1723 (Acte not.).

Cabane (La), lieu-dit, c^{ne} de Cladech (cad.).

Cabane (La), h. c^{ne} de Greyssac (B.).

Cabane (La), h. c^{ne} de Faux, 1705 (Acte not.)

Cabane (La), c^{ne} de la Linde. — *Le Claud*, 1706 (arpent. de Sainte-Colombe).

Cabane (La), h. c^{ne} de Lussas (B.).

Cabane (La), éc. c^{ne} de Mauzac (B.).

Cabane (La), h. c^{ne} de Montfaucon (B.).

Cabane (La), éc. c^{ne} de Nabirat.

Cabane (La), h. c^{ne} de Pezul.

Cabane (La), éc. c^{ne} de Ponchat (B.).

Cabane (La), h. c^{ne} de Pressignac. — *Cabans*, 1469 (Liv. N. p. 39).—*Cabanis* (ibid.).— *Cabanes*, 1726.

Cabane (La), h. c^{ne} de Saint-Avit-Senieur (B.).

Cabane (La), éc. c^{ne} de Saint-Félix-la-Linde (B.).

Cabane (La), h. c^{ne} de Sainte-Foy-de-Longa (B.). — *La Carroulie*, 1687 (Acte not.). — *Pégibert*, 1692 (Reconn.).

Cabane (La), lieu-dit, c^{ce} de la Trape (cad.).

Cabane (La), h. c^{ne} de Veyrignac.

Cabane-Blanche, h. c^{ne} de Beaupouyet.

Cabane-du-Loup, dolmen, c^{ne} de Saint-Léon-Issigeac.

Cabane-du-Loup, h. c^{ne} de Vic. — *Sol de la Peyre*, 1649 (Reconn.).

Cabanes (Les), éc. c^{ne} de Bergerac.

Cabanes (Les), lieu-dit, c^{ne} de Cadouin (cad.).

Cabanes (Les), h. c^{ne} de Fraysse. — *Cabanas*, 1741.

Cabanes (Les), h. c^{ne} de Grives (B.).

Cabanes (Les), lieu-dit, c^{ne} d'Issac. — *Las Cabanas* (cad.).

Cabanes (Les), h. c^{ne} de Puyguilhem (B.).

Cabanes (Les), lieu-dit, c^{ne} de Sagelat (cad.).

Cabanes (Les), h. c^{ne} de Saint-Laurent-des-Vignes.

Cabanes (Les), h. c^{ne} de Saint-Pardoux-de-Belvez (B.).

Cabanes (Les), h. c^{ne} de Saint-Pompon.

Cabanes (Les), h. c^{ne} de Veyrines (B.).

Cabanes (Les), h. c^{ne} de Villamblard. — *Las Cabanas*, 1669 (Acte not.).

Cabanetas, domaine, c^{ne} de Ginestet (A. Jud.).

CABANE-VIEILLE, forêt, c^ne de Montazeau. — *Les Cabanes*, h. (B.).

CABANIE, h. c^ne de Pluviers (B.).

CABANIOLS? c^ne de Saint-Sauveur. — *Als Cabaniols*, 1460 (Liv. N. p. 34).

CABANIOLS (LES), c^nes de Monsac. — *Territorium deulx Cabaniols*, 1491 (O. S.-J., comm^rie de la Canéda).

CABANOTTES (LES), éc. c^ne de Paulin (B.).

CABANS, c^ne, c^on de Cadouin. — *Sanctus Petrus de Cabans*, 1143 (cart. de Cadouin).

    Voc. Saint-Pierre; coll. l'évêque.

CABANS, h. c^ne de Montfaucon (B.). — *Cap Blanc*, 1622 (Not. du Fleix et carte de l'État-major).

CABESSALS, éc. c^ne de Saint-André-Alas (cad.).

CABIRAC, h. — Voy. CABRIAC (GRAND et PETIT).

CABIRAT, mét. c^ne de Beaumont (A. Jud.).

CABIREUX (LES), c^ne de Breuil, c^on de Vern.

CABIROL, h. c^ne de Soulaures (B.).

CABIROL (LA), lieu-dit, c^ne de Castel (cad.).

CABLANS, h. c^ne de Champsevinel.

CABLANS, h. c^ne de Monestier.

CABLANS (BOST-DE-), lieu-dit, c^ne de Tanniès (cad.).

CABLANS (LE), éc. c^ne de Saint-Barthélemy-de-la-Double.

CABORNE (BOIS-), lieu-dit, c^ne de St-Avit-Senieur (cad.).

CABORNE (LA), lieu-dit, c^ne de St-Laurent-des-Hommes (cad.).

CABORNE (LA), lieu-dit, c^ne de Tursac (cad.).

CABOSSE, h. c^ne de Montagrier (B.).

CABOUCHÈRE, h. c^ne de Saint-Aulaye (B.).

CABOUSSIE (LA), h. c^ne de Lembras. — *La Cabossie*, 1743 (Acte not.).

CABOUSSIE (LA), c^ne de Maurens. — *La Caboussie d'Aliac*, 1743 (Acte not.).

CABRERIE (LA), h. c^ne d'Archignac.

CABRIAC (GRAND et PETIT), h. c^ne de Mazeyrolles (B.). — *Mota, repayrium de Cabiraco*, 1460 (arch. de la Gir. Belvez).

CABRIER (PECH-), lieu-dit, c^ne d'Audrix (cad.).

CABROL (CROIX DE), dans le bourg de Daglan (terr. de Saint-Pompon).

CABROUILLE (LA), h. c^ne de la Monzie-Montastruc (B.). — *La Cabroulye*, 1602 (Acte not.).

CACAR (LE), h. c^ne de Razac-Eymet (B.).

CACHABROL, terre, c^ne de Corgnac (cad.).

CACHEPOUIL, m^in, près de Périgueux. — *Cachapeolh*, 1412 (Périg. M. H. 41, n. 1). — *Chachapeoil, Gachapeoïlh* (reg. de la charité de Périgueux). — *Cachepao*, 1674 (Acte not.).

CACHINAU (MOULIN DE), c^ne de Saint-Sulpice-d'Excideuil (B.).

CADALANE? c^ne de Larsac. — *En Cadalanna*, 1351 (arch. de la Gir. Belvez).

CADANIAS (LAS), éc. c^ne d'Agonac (B.).

CADELECU, c^ne de Saint-Aubin, c^on d'Eymet. — *Ecclesia Sancti Stephani de Cadalihaco*, 1109 (cart. de la Sauve). — *Cadaluch*, 1122 (*ibid.*). — *Cadelecht*, 1715 (Not. de Berg.).

CADELLES, h. c^ne de Bergerac (B.). — *Capdoilh* (Liv. N. p. 16).—*Les Capdelhs* (arch. de Bergerac, liasses, p. 7).

CADÈNE-SAINT-GEORGES, c^ne du Coux (carte de Sanson). — *Priora. S^ti-Georg. de Cathend*, 1463 (arch. de la Gir.). — *de Cachend*, 1556 (Bénéf. de l'év. de Sarlat).— *La Chaisne Saint-Georges*, 1727 (arch. de la Gir. Bigaroque).—*St-Georges* (B.).

    Prieuré conv. de l'ordre de St-Augustin, dép. du prieuré de Saint-Cyprien.

CADENIE, h. c^ne de Sainte-Foy-de-Longa.

CADÈNIE (LA)? c^ne de Bourrou. — *La Cadenhia*, 1472 (Dives, F.).

CADEROUSSY, h. c^ne de Savignac-Bugue, 1638 (Not. de Berg.).

CADILLAC, h. c^ne du Fleix (B.).

CADILLAC, h. c^ne de Saint-Antoine-d'Auberoche.

CADIO, h. c^ne de Calviac. — *Eccl. Sancti Petri de Cador*, 1153 (bulle d'Eugène III pour l'abb. de Sarlat). —*St-Pierre de Cadiot* (Courcelle, Généal. de Vassal). — *Par. de Caduo*, 1486-1513 (arch. de Paluel).— *Cadio*, 1650 (reg. de Carlux).— *Calviot* (le Périgord illustré, p. 626, où le vocable Saint-Eutrope lui est attribué, peut-être à tort).

    Le nom de Saint-Pierre est resté à une fontaine qui est au-dessous de Cadio, à la porte de l'anc. chât. de Roufillac : *Iter de fonte Sancti Petri versus portam Sancti Juliani*, 1499 (arch. de Paluel). — La paroisse a été transportée à Carlux fort anciennement. Cette église devait être assez grande, puisqu'il est fait mention d'une sépulture devant l'autel de Saint-Ferréol (Généal. de Vassal).

CADOU (LA), h. c^ne de Bars.

CADOUIN, c^ne, ch.-l. de c^on, arrond. de Bergerac, bourg formé autour d'une abbaye de l'ordre de Cîteaux. — *Abbatia S. Mariæ de Cadunio*, 1201 (cart. de Cadouin). — *Caudon, Salvitas Caduinensis*, 1244 (ch. d'Alph. roi de Castille, Lesp.) — *Cadoynum*, xve s^e (Lesp.). — *Cadoing*, xviii s^e. — *Cadounh*, en idiome roman et patois.

    La terre où fut construit le monastère en 1115 est nommée : *Vallis Seguini et de Bassd Caldarid, in loco qui voc. Salvitas, par. S^ti Petri de Cabans, in Sylva Cadunii, in territ. Marmontensi*, 1115 et 1153 (cart. de Cadouin). — Place dans le bourg, dite *de l'Hôpital, Hospitalis de Cadunio*, 1214 (*ibid.*).

    Le saint Suaire, apporté d'Orient à la première

croisade, fut déposé à Cadouin vers 1117; l'osten-
sion que l'on en fait solennellement le 8 septembre
attire un grand nombre de visiteurs.

CADOUIN? c^ne du Bugue. — *La Bordaria Cadoin* (cart.
du Bugue).

CADOUIN, anc. maison conventuelle à Périgueux, dép.
de l'abb. de Cadouin. — *Fossatos dictos de Cadonh*,
1309 (arch. du chap. de Périgueux, Lesp. vol. 35).

CADOUIN (FORÊT DE). — *Sylva quæ voc. Cadunium*,
1115 (cart. de Cadouin).— *Forêt dite des Religieux*,
1791 (Vente nationale, préf. de la Dordogne).

CADOUIN (PORT DE) ou LE GRAND PORT, à Bergerac, sur la
Dordogne. — Il avait pris son nom d'une ancienne
maison conventuelle dép. de l'abbaye de Cadouin,
établie à Bergerac avant 1200 (lettres de protection données à cette maison par la reine Aliénor).
— *Apud Brageyracum, in domo de Cadunio*, 1238
(arch. de l'abb. de Cadouin). — *Grangia de Brageyraco*, 1209 (bulle d'Innocent III). — *Le grand port
de Cadoin*, 1590 (arch. de Bergerac).

CADOURLET (A), terre, c^ne de Sorges (A. Jud.).

CAFAUR (AU), vigne, c^ne d'Ajat (A. Jud.).

CAFIDE (A LA), taillis, c^ne de Salagnac (A. Jud.).

CAFOULENS, bois, c^ne de Chancelade (A. Jud.).

CAFOUR (LE), h. c^ne de Vézac.

CAFOUR (LE), lieu-dit, c^ne de Vic, 1690 (Reconn.).

CAFOURCHE (LA), h. c^ne de la Cassagne (S. Post.).

CAFOURCHE (LA), h. c^ne de Condat-Terrasson (S. Post.).

CAFOURCHE (LA), taillis de chênes, c^ne de la Douze (A.
Jud.). — Voy. COFOURCHE.

CAFOURCHE (LA), friche, c^ne de Génis (A. Jud.).

CAFOURCHE-NAFACHAT (LA), anc. carrefour à Périgueux.
— *La Caforchat Nafachat, de Verdu*, 1247 (reg. de
la charité, Périgueux).

CAFOURNEAU, éc. c^ne de Razac-sur-l'Ille (B.).

CAGERMES (LES), h. c^ne de Sainte-Foy-de-Longa (A.
Jud.). — *Grangia de Cagarnes?* 1209 (cart. de Cadouin).

CAGERS, pré, c^ne de Saint-Marcel (A. Jud.).

CAGNARDIE, h. c^ne de Grand-Brassac (B.).

CAGNOLLE, h. c^ne de Cercle.

CAGNOLLE, c^ne de Saint-Amand-de-Belvez. — Anc. fief
relev. de Belvez.

CAGOU (LE), lieu, c^ne de Saint-Vincent-d'Excideuil.

CAGOUILLE (LA), lieu-dit, c^ne de Bourgnac (cad.).

CAHUSAC, c^ne, auj. du dép^t de Lot-et-Garonne; faisait
partie de l'anc. diocèse de Sarlat, archipr. de Bouniagues. — *Sanctus Nicholas de Chauzac*, 1188
(cart. de la Sauve). — *Causacum* (bénéf. de l'év.
de Périg.). — *Causac* (Itin. de Clément V en Périgord et Atlas de Blaeu).

Prieuré donné à l'abbaye de la Sauve. — Anc.

rep. noble, avec haute justice sur des paroisses du
diocèse de Périgueux, mais qui étaient, les unes, de
la sénéch. de Bergerac, comme Cadelech, Falgayrac, Saint-Aubin, Saint-Caprais et Saint-Perdoux
les autres, de la sénéch. d'Agénois, comme Cahusac,
Douzains, Gassas, la Landusse et Saint-Grégoire,
1760 (Alm. de Guy.).

CAIGNARD, c^ne de Saint-Jean-d'Ataux, xvie s^e (Lesp. 95).

CAILLADE, h. c^ne de Monsac. — *Les Granges* (terr. de
Lanquais).

CAILLADE (LA), h. c^ne de Sourzac, c^on de Mussidan.

CAILLAROTE (LA), taillis, c^ne de Paleyrac (A. Jud.).

CAILLAU, c^ne de Belvez. — *Al Calhau del Guarric*, 1467
(arch. de la Gir. Belvez).

CAILLAU, c^ne de Grignol. — *Al Ros Calhau*, 1485
(Dives, 2, 123).

CAILLAU, c^ne de Larsac. — *Al Calhau del Garric* (arch.
de la Gir. Belvez).

CAILLAU, c^ne de Sagelat. — *Al prat du Cailhau* (arch.
de la Gir. Belvez).

CAILLAU, h. c^ne de Teyjat.

CAILLAU (HAUT et BAS), h. c^ne de Valojouls.

CAILLAU (LE), chapellenie dans l'église de Belvez. —
Capellenia del Caillau, del Calculo, 1462 (arch. de
la Gir. reg. de Philipparie). — *Oustal del Calhau*
(*ibid.*). — *Calhaud*, 1791 (arch. de la Dordogne,
vente nationale, 1791. Belvez).

CAILLAU (LE), section de la c^ne de Berbiguières (cad.).

CAILLAU (LE), h. c^ne de Born-de-Champs (B.).

CAILLAU (LE), éc. c^ne de Campsegret (A. Jud.).

CAILLAU (LE), h. c^ne de Douville. — *Le Calhaud*, 1690
(Acte not.). — Anc. rep. noble.

CAILLAU (LE), éc. c^ne de Manzens (B.).

CAILLAU (LE), h. c^ne de Montbazillac (B.).

CAILLAU (LE), éc. c^ne de Rouillas (B.).

CAILLAU (LE), éc. c^ne de Savignac-les-Églises (B.).

CAILLAU (LE), c^ne de Sorges. — *Le Calhaud*, 1720
(Acte not.).

CAILLAU (MOULIN DU), c^ne de Vezac.

CAILLAUDIADE (LA), lieu-dit, c^ne d'Urval (cad.).

CAILLAUDIÈRE (LA), c^ne de Couze (cad.).

CAILLAUDIÈRE (LA), lieu-dit, à la Genèbre, c^ne de Faux.

CAILLAUDIÈRE (LA), lieu-dit, c^ne de Minzac.

CAILLAUDIÈRE (LA), lieu, c^ne de Mouleydier. — *La Ca-
lioudière*, 1697 (Act. not.).

CAILLAUDIÈRE (LA), c^ne de Varennes (cad.).

CAILLAUDIÈRES (LES), terre, c^ne de Lanquais (cad.).

CAILLAUDOU, c^ne de Saint-Aubin-de-Lanquais. — *El
Caliaudou*, 1760 (terr. de Lanquais).

CAILLAUDOU (LE), éc. c^ne de Faurilles (B.).

CAILLAUGUET, h. c^ne de Bassillac.

CAILLAUGUET (LE), h. c^ne d'Auriac-Montignac (B.).

CAILLAUGUET (LE), cne de Manzac. — *Tenencia dicta del Calhouguet*, 1471 (Dives, 1, 76).

CAILLAUGUET (LE), éc. cne de Saint-Naixent.

CAILLAUGUET (LE), h. cne de Villamblard. — *Calhouguet*, 1674 (Acte not.).

CAILLAVEL, cne de Cabans. — *Fons del Calhavet*, 1468.

CAILLAVEL, cne de Sales-de-Belvez. — *Factum del Calhavet et de Peruga*, 1460 (arch. de la Gir. Belvez).

CAILLAVEL (LE), sect. de la cre de Douville (cad.).

CAILLAVEL (LE), lieu, cre de Monclar.

CAILLAVEL (LE), éc. cne de Pomport. — *Calhavellum*, 1322 (Lesp. v. 51). — Anc. rep. noble.

CAILLAVEL (LE), h. cne de Saint-Chamassy.

CAILLAVEL (LE), lieu-dit, cne de Saint-Félix-de-Villadeix. — *Al Caliavet*, 1656 (Acte not.).

CAILLAVEL (LE), h. cne de Saint-Laurent-des-Bâtons.

CAILLAVEL (LE), h. cne de Thenac (S. Post.).

CAILLERIE (LA), éc. cne de la Tour-Blanche.

CAILLIVIE (LA), h. cne de Rouillas.

CAILLOUX (FORÊT DE), bois de 66 hectares, cne de Saint-Aquilin (cad.).

CAILLOUX (TROIS-), taillis, cne de Lavaur (cad.).

CAILLOUX-ROUGES, lieu-dit, cne de Saint-Rabier (cad.).

CALABRE, anc. monastère, cne de Calviac.— *Vicus Calabrus, Monasterium Calabrense* (bréviaire de Sarlat). — *Curia de Calabro*, 1153 (Gall. ch. bulle d'Eugène III pour l'abb. de Sarlat).

   L'emplacement serait à Sainte-Radegonde, qui devint l'église de la paroisse de Calviazès après la destruction du monastère; les ruines au lieu-dit *les Quatre-Cartonées* (notice de M. Marmier).

CALABRE, h. cne de la Rouquette-Velines. — *Four de Brageyrac*, 1651 (arch. de la Gir. Montravel).

CALABRE (ÉTANG DE), cne de Calviac, anc. étang, auj. desséché, dans un vallon dominé par le Pech-Labrun; présumé avoir été à *Caussade*, au-dessus d'Eyran-Bas (Tarde, *Hist. du Sarladais*, et Heinschemius; notice de M. Marmier). — Anc. propriété des moines de Calabre.

CALAIX, h. cne de Beynac (cad.).

CALAIX, h. cne de Saint-Pierre-de-Chignac. — *Calex* (A. Jud.).

CALAVINIAC? cne d'Échourgnac. — *Territorium de Calaviniago* (cart. de la Sauve).

CALCADOU, m. isolée, cte de Montsaguel.

CALENDRAU, h. cne de Bonneville.

CALENDRIE, h. cne de Thiviers (B.).

CALÈS, cne, cne de Cadouin.—*Parochia Calensis*, 1124 (cart. de Cadouin). — *Caleysh*, 1253 (cens de Badefol, Arch. de l'Emp.). — *Caleys*, 1281 (cart. de Cadouin).— *Calezium*, 1365 (Lesp. 88, Châtell.).
   Patron : saint Médard; coll. le prévôt de Trémolat.

CALÈS, h. cne d'Audrix.

CALÈS (GRAND et PETIT), h. cne de Fleurac.

CALFOUR (AL-), lieu-dit, cne de Castelnau (cad.).

CALFOUR (AL-), lieu-dit, cne de Loubejac.

CALFOUR (CAVE-DE-), lieu-dit, à la forêt de Lanquais.

CALFOURSAS (LA), m. isolée, cne de Salignac (S. Post.).

CALHASAC? cne du Bugue? — *El mas de Calhasac* (cart. du Bugue).

CALMON, h. cne de Daglan. — *Calmon*, 1489 (Lesp. Homm.).— Anc. rep. noble.

CALONERIE (LA), h. cne de Fossemagne (B.).

CALONIE (LA), h. cne de Cercle.

CALONIE (LA), h. cne de la Gemaye (B.).

CALONIE (LA), lieu-dit, cne de Verteillac (cad.).

CALPOMAS (A), friche, cne de Saint-André-Alas (A. Jud.).

CALSE, m. isolée, cne de Sadillac (S. Post.).

CALVÉE, friche, cne de Marcillac (A. Jud.).

CALVÈS, h. cre de Saint-André-Alas (B.).

CALVIAC, cne, cne de Carlux.— *Sanctus Martinus de Calviaco*, 1153 (bulle d'Eugène III pour l'abbaye de Sarlat). — *Caluicac*, 1579 (arch. de Fénelon).

   Paroisse du dioc. de Cahors et cédée en 1128, par les doyens de Souillac, à l'abb. de Sarlat (Gall. ch. Souillac).

CALVIAZÈS, anc. par. cne de Calviac. — *Prioratus de Calviazès*, 1479 (arch. de Paluel).—*Parochia de Calv.* 1579 (Lesp. Carlux). — Voc. Sainte-Radegonde.

CALVIAZEZ, ruiss. qui arrose la plaine de Braulen.

CALVIE (LA), h. cne de Pomport (S. Post.).

CAMACOR? dans la Double. — *Eccl. de Camacor, archipres. de Dupla* (pouillé du XIIIe siècle, Lespine). — *Cavacor*, 1556 (panc. de l'év.).

CAMALA? cne de Saint-Alvère. — *Nemus de Camala.* — *Prat dels Camals*, 1454 (Liv. Nof. 36).

CAMANSON, cne de Mauzac. — *Repayrium de Camanso*, 1360 (arch. de la Gir. Bigar.). — *Comencou* (B.).

CAMARGUEL (LE), taillis, cne de Saint-Aubin-de-Nabirat (A. Jud.).

CAMBADE, h. cne de Corgnac (B.).

CAMBAUDIE (LA), cne de Belvez.— *La Cambaudia*, 1269 (test. d'Aymon, Lesp. 15). — Voy. CHAMBAUD.

CAMBAUDIE (LA), h. cne de Paulin.

CAMBAUDOU (A), taillis, cne de Gaujac (A. Jud.). — *Cambou*.

CAMBEROU, h. cre de Sainte-Foy-de-Longa.

CAMBIO, m. isolée, cne de Montsaguel (S. Post.).

CAMBLAZAC, friche, cne de Saint-Chamassy (cad.)

CAMBLAZAC, cne de Sendrieux. — *Hospitium de Camblazac*, 1365 (Lesp. Homm. 26).
   Anc. rep. noble mouvant de Vern.

CAMBON (LE), h. cne de Carsac-Sarlat.

CAMBON (LE), éc. cne de Grives (B.).

CAMBORT (LE), h. c^ne de la Canéda.

CAMBOU (LE), lieu-dit, c^ne de Carves (cad.).

CAMBOURLET, lieu, c^ne de Saint-Vincent-de-Paluel.

CAMBOUX (LES), h. c^ne de Cénac (B.).

CAMINADES (LES), h. c^ne de Molières.

CAMINADES (LES), lieu-dit, c^ne de Prats-de-Carlux (cad.).

CAMINADES (LES), c^ne de Saint-Pardoux-de-Belvez. — *Las Caminadas*, 1778 (Hommage à l'archevêque de Bordeaux).
Anc. rep. noble.

CAMINEL, h. c^ne de Sarlat (B.).

CAMLASAC? c^on du Bugue. — *Mas de Camlhasac* (cart. du Bugue, xiie siècle).

CAMLHARIE? lieu-dit, c^ne du Bugue. — *A Las Camlharias* (Liv. Nof. 19).

CAMP, lieu-dit, c^ne de Capdrot (cad.).

CAMPAGNAC, terre, c^ne d'Aillac (A. Jud.).

CAMPAGNAC, h. c^ne de Belvez (cad.).

CAMPAGNAC, c^ne de Bouillac. — *Campanhacum*, 1462 (arch. de la Gir. Belvez). — *Campaignac du Ruffenc*, 1612 (Acte not.).
Anc. rep. noble, avec haute justice sur Bouillac, la Sauvetat et Vielvic, 1760 (Alm. de Guy.).

CAMPAGNAC, éc. c^ue de Carsac-Carlux (A. Jud.).

CAMPAGNAC, éc. c^ne de Castel (A. Jud.).

CAMPAGNAC, vill. c^ne de Montagnac-la-Crempse. — *Parochia de Campanhaco*, 1268 (Lesp.). — *Champagnac*, 1380 (P. V. M.). — *Campagnac de Cornecul* (B.), anc. par. détruite, réunie à Montagnac.
Patrons : saint Front et saint Laurent.

CAMPAGNAC, h. c^ne de Paunac.

CAMPAGNAC, m^in, c^ne de Saint-Amand-de-Belvez.

CAMPAGNAC, taillis, c^ne de Saint-Avit-Rivière (A. Jud.).

CAMPAGNAC, c^ne de Saint-Félix-de-Villadeix. — *Boaria de Campnhac*, 1317 (Périg. M. H. 41, n. 1).

CAMPAGNAC, h. et dom. c^ne de Saint-Hilaire-d'Estissac. — *Campagniac*, 1666 (Not. de Berg.). — *Champagnac* (B.).
On y place les ruines de l'anc. chât. d'Estissac.

CAMPAGNAC, sect. de la c^ne de Sarlat. — *Eccles. de Campaignaco*, 1153 (Gall. ch. bulle d'Eugène III pour l'abb. de Sarlat). — *Campaignac-l'Évêque* (B.).

CAMPAGNAC, c^ne de Verdon. — *La Croix del Debat*, autrement *la forêt de Campagniac*, 1773 (Not. de Lanquais).

CAMPAGNAC (FORÊT DE), bois, c^ne de Lanquais. — *Désert appelé la forêt de Campagnac* (terr. de Lanquais, 1755).

CAMPAGNAC-LEZ-QUERCY, c^ne, c^on de Villefranche-de-Belvez. — *Campanhacum*, 1283 (Lesp. 46, Dome).
Patrons : saint Julitte et saint Cyr. — Anc. rep. noble, mouvant au xive siècle de la châtell. de Dome,

depuis ayant haute justice sur la paroisse, 1760 (Alm. de Guy.).

CAMPAGNALET (A), terre, c^ne de Calviac (A. Jud.).

CAMPAGNE, c^ne, c^on du Bugue. — *Campanha* (pouillé du xiiie s^e, Lesp. vol. 27). — *Castrum de Campania*, 1360 (Lesp.). — *Campagnie*, 1687 (Acte not.).
Prieuré de l'O. de Saint-Augustin, dép. de celui de Saint-Cyprien (panc. de l'év.). — Patrons : saint Jean-Baptiste et saint Blaise; coll. l'évêque. — Léproserie, 1321 (Lesp. 52).
Paroisse hors châtellenie, au xive siècle; anc. rep. noble ayant haute justice sur la par. 1760 (Alm. de Guy.).

CAMPAGNE, h. c^ne de Salignac.

CAMPAGNE, éc. c^ne de Siorac (B.).

CAMPAGNOLE, c^ne du Coux. — *Vilatg. de la Campanholia*, 1491 (Reconn. de Palayrac).

CAMPAGNOLE (LA), habit. c^ne de Proissans (S. Post.).

CAMPALFIÉ, lieu-dit, c^ne de Liorac (A. Jud.).

CAMP-BARDEY? c^ne de Belvez. — *En Cam Bardey*, 1462 (arch. de la Gir. Belvez).

CAMP-BATAILLÉ? c^ne de Sagelat. — *En Cam batalhier*, 1462 (reg. Belvez).
Lieu du duel, en 1313, entre Aymeric de Biron et le seigneur de Saint-Germain (Note de l'abbé Leydet).

CAMP-COMTAL? c^ne de Montcaret. — *Al Cam-Comtal*, xive s^e (arch. de Bordeaux, lève de Montcaret).

CAMP-DE-BAR, lieu-dit, c^ne de Saint-Cyprien (cad.).

CAMP DE CÉSAR, c^ne de Brantôme. — Lieu où est située la pierre levée de Brantôme (Commun. de M. Léo Drouyn).

CAMP DE CÉSAR, c^ne de Coulounieix. — Vestiges de retranchement sur le coteau de la Boissière (Ant. de Vésone, t. II, p. 194).

CAMP DE CÉSAR, près du bourg de la Chapelle-Saint-Jean, c^ne de Naillac. — Camp dont les fossés et les retranchements sont assez bien conservés, sur une pointe élevée qui commande le vallon arrosé par le Taravellou (Commun. de M. F. Tonerre, alors curé de Naillac).

CAMP DE CÉSAR, c^ne de Sainte-Eulalie-d'Ans. — Tertre élevé entre le château de Marqueyssac et le bourg de Sainte-Eulalie, qui domine l'Auvezère; vestiges de fortifications (Antiq. de Vésone, t. II, p. 211).

CAMP DE CÉSAR, c^ne de Saint-Pardoux. — *Les Tranchées* (cad. et Antiq. de Vésone, t. II, p. 194).
Enceinte rectangulaire, mais arrondie aux angles, avec retranchements en terre et fossés, sur le plateau de la Bessède, à un kil. au sud d'Urval. — Avait donné son nom à un des cantonnements de la forêt (état d'assiette de la Bessède, 1804).

Camp-de-Marfau, châtaigneraie, c™ de Besse (A. Jud.).

Camp-de-Merly, bois, c™ de Vert-de-Biron (A. Jud.).

Camp-Guilhem, mét. c™ de Faux.—Tout auprès est un dolmen.

Camp-Marti, h. c™ de Gaulegeac.

Camp-Maury? c™ de Saint-Just. — Campus Mauri, 1324 (Lesp. 52). — Campt Maury, 1650 (ibid.).

Camp-Moulinar, lieu-dit, c™ de Carlux.

Campniac, c™ de Coulounieix. — Campnac, Canhac, Caignac, xɪɪᵉ et xɪɪɪᵉ siècles (anciens titres de Périg. Lesp.). — Canniac, 1670 (Acte not.).—Vallon qui sépare le coteau de la Boissière de celui d'Écornebœuf. On a dit que ce lieu fut l'emplacement primitif de Vésone; il est désigné dans de vieux titres par le nom de Vieille-Cité: voy. ce mot.

Campniac, emplacement rue de l'Aubergerie, à Périgueux. — En Campanhac, 1370 (O. S. J.).

Camp-Réal, h. c™ de Bergerac. — Est sur l'emplacement de l'ancien faubourg de Montauriol (Liasses, p. 7, arch. de Bergerac).

Camp-Réal, h. c™ de Vic.

Camp-Redon, lieu-dit, c™ de Berbiguières (cad.).

Camp-Redon, h. c™ de Beynac (cad.).

Camp-Redon, lieu-dit, c™ de Carlux (cad.).

Camp-Redon, h. c™ de Montfaucon (B.). — Moulin sur la Lidoire.

Camp-Redon, h. c™ d'Orliac.

Camp-Redon, terre, c™ de Saint-Cassien (A. Jud.).

Camp-Redon, éc. c™ de Saint-Chamassy (B.).

Camp-Redox, c™ de Saint-Geraud-de-Cors. — Travaux de retranchement sur ce plateau, qui est très-élevé (Dives).

Camp-Rouge? c™ de Grignol. — Locus dict. de Campo Rubeo, 1347 (Lesp. 51, La Force).

Camp-Segret, c™, c™ de Villamblard. — Campsegret, 1116 (cart. de Cadouin). — Champ-Sagret, 1206 (donat. à Cadouin, Lesp. 37).— Campus Secretus, 1268 (pouillé du xɪɪɪᵉ siècle). — Cambosicurda? xɪvᵉ siècle (Rôles gascons).

Voc. Saint-Étienne.

Camp-Tersal? c™ de Vitrac. — Al Cam Tersal, 1340 (Lesp. 36, Homm. à l'év. de Sarlat).

Canalier? c™ de Cussac. — Mansus de Canaliers, 1459 (arch. de la Gir. Belvez).

Canarie? c™ de Pressignac. — La Canaria, 14.. (Liv. Nof.).

Canau, h. c™ de Montagnac-la-Crempse.

Cancelade, h. c™ de Bergerac. — Campselade (Cal. adm.).

Cancelade, anc. chapelle, c™ de Pressignac.— Camsalade, 1725 (Acte not.). — Chapelle Sainte-Catherine? 1583 (not. de Clérans). — Voy. Chapelle.

Candale, h. c™ de la Chapelle-Faucher (B.).

Candillac, h. c™ de Clérans. — Inclusa de Candilhaco, 1457 (Liv. N.). — Candilhac, 1602 (Acte not.). — Candiliac, 1651 (ibid.).

Cane, c™ de Manzac. — Tenentia de la Canhe, 1475 (Dives, 1).

Canéda (La), c™, c™ de Sarlat. — Præceptoria domus hospitalis Sancti Johannis de la Canada ou Cavada (Lesp. O. S. J.). — Prioratus de Caneta, xvᵉ siècle. Prieuré visité par Clément V (Itin. en Périg.). — La Canéda relevait de la châtell. de Dome au xɪvᵉ s°.

Canet (Le), c™, c™ de Vélines. — Turris de burgo de Caneto, 1306 (terr. de l'archev. de Bordeaux). L'église Saint-Jean a été fondée par les seigneurs de Fauguerolles (terr. de l'archev. de Bordeaux).— Autre église ayant pour patron saint Pierre; coll. l'év.

Canéta, lieu-dit, c™ de Terrasson (cad.).

Canole, éc. et m™, sur le Drot, c™ de Montpazier.

Cansadoul, h. c™ de Saint-Laurent-de-Castelnau. — Mansus de Campsadol, 1269 (test. de Guillaume Aymon, Lesp. vol. 15).

Cantaloup? c™ du Bugue.

Cantaloup, éc. c™ de Montmarvès (B.).

Cantaloup, m. isolée, c™ de Montpeyroux (S. Post.).

Cantaudie? — El mas de la Cantaudia, Cotaudia (cart. du Bugue).

Cantauzel, lieu-dit, c™ de Saint-Laurent-de-Castelnau.

Cante-Cort, taillis, c™ de Saint-Laurent-des-Bâtons (A. Jud.).

Cante-Cougol, éc. c™ de Bergerac.

Cante-Cougol, fief relev. de Cozens; Laucher, Boiry et Nicoulaud compris sous ce nom, 1301 (Lesp. 51).

Cantegal, terre, c™ de Saint-André-Alas (cad.).

Cantegal, m. isolée, c™ de Sarlat (S. Post.).

Cante-Greil, éc. c™ d'Archignac (B.).

Cante-Greil, c™ de Belvez. — En Cantegrelly, 1462 (arch. de la Gir. reg. de Philipparie).

Cante-Greil, lieu-dit, c™ de Cabans (cad.).

Cante-Greil, h. c™ de Carves. — Cantagruelh, 1351 (Belvez).—Mansus dict. de Cantagrelh, 1462 (ibid.).

Cante-Greil, lieu, c™ de Saint-Aubin-de-Lanquais.

Cante-Greil, taillis, c™ de Saint-Avit-Senieur (A. Jud.).

Cante-Greil, écart, c™ de Saint-Chamassy (B.).

Cante-Greil, h. c™ de Saint-Félix-la-Linde. — Cantagreilh, 1660 (Acte not.).

Cante-Greil, h. c™ de Villefranche-de-Périgord (B.).

Cante-Greil, h. c™ de Vitrac (B.).

Cantelaube, éc. c™ de Saint-Alvère (B.).

Cantelaube, h. c™ de Saint-Laurent-des-Bâtons, 1730 (Acte not.).

Cantelauvette, h. c™ de Pezul (B.).

Canteloube, lieu-dit dans la forêt de Lanquais.

CANTELOUZEL, h. c^{re} de Calviac (B.).

CANTELOUZEL, h. c^{ne} de Saint-Amand-de-Belvez (B.).

CANTE-MERLE, éc. c^{ne} de Château-l'Évêque (S. Post.).

CANTE-MERLE, lieu-dit, c^{ne} de Lanquais.

CANTE-MERLE, lieu, c^{ne} du Pizou. — Prieuré dép. de l'abb. de Chancelade.

CANTE-MERLE, h. c^{ne} de Saint-Martin-le-Peint (S. Post.). — *Chantemerle.*

CANTENAC? près d'Aubeterre. — *Mansus voc. Cantenaggus* (cart. de la Sauve).

CANTE-RANE, mⁱⁿ, c^{ne} de Fauguerolles (B.).

CANTE-RANE, h. c^{ne} de Montmarvès. — Anc. rep. noble, 1677 (Acte not.).

CANTE-RANE (MOULIN DE), sur le Salignac, c^{ne} de Bourèze (B.).

CANTILLAC, c^{ne}, c^{on} de Champagnac. — *Qentilhacum* (pouillé du XIIIe siècle). — *Cantilhacum*, 1360 (Lesp. Brantôme). — *Quentillac*, 1382 (P. V. M.). Prieuré dép. de l'abb. de Brantôme. — Voc. la Nativité.

CAPARIE, h. c^{ne} de Pezul (B.).

CAP-BLANC, h. c^{ne} de Saint-Avit-Senieur (S. Post.).

CAP-DE-FERE, h. c^{ne} de Ponchat, 1617 (not. du Fleix).

CAP-DE-GUERRE, h. c^{ne} de Saint-Michel-de-l'Écluse.

CAP-DE-VILLE (HAUT et BAS), h. c^{ne} de Montmarvès.

CAPDROT, c^{ne}, c^{on} de Montpazier, à la source même du Drot, d'où vient son nom. — *Capdracum*, 1289 (arch. de la Gir. X, n° 52 : donat. aux consuls de Montpazier).— *Capdrotum*, 1317.— *Capdropt* (B.). Siège d'un archiprêtré de l'évêché de Sarlat. 68 paroisses ou chapelles en dépendaient : Aigues-Parses, Ales, Badefol, Bannes, Bayac, Beaumont, le Bel, Besse, Biron, Bouillac, Bourniquel, Cadouin, Calès, Capdrot, Chap.de-Campagnac, Chap.-de-Puybeton, Chap.-de-Regagnac, Chap.-de-Sineuil, Clottes, Couze, Crissac? Fongalau, Fontenilles, Gaujac, Gleize-d'Als, Lavaur, Lolme, Marsalès, Mazeyrolles, Mézières, Molières, Monsac, Montferrand, Montpazier, Moulceyroux, Naussanes, Nojals, Paris, Parranquet, le Pic, Pontours, Prats, Rampieu, le Rayet, Ribes, Saint-Avit-Rivière, Saint-Avit-Senieur, Saint-Cassien, Saint-Chaliès, Saint-Cibranet, Sainte-Croix, Saint-Front, Saint-Germain, une autre Saint-Germain, Saint-Marcory, Saint-Martin-du-Drot, Saint-Romain, Sainte-Sabine, Saint-Sernin, Saint-Sernin-de-Biron, Saint-Sernin-de-l'Herm, Saint-Vincent, Salesde-Cadouin, la Salvetat, Soulaures, Tourliac, Vielvic, Villefranche-de-Belvez (état des paroisses, 1740).

Église collégiale instituée par Jean XXII; chap. composé de 12 chanoines; concourait avec l'abbaye de Sarlat à l'élection de l'évêque. Les paroisses de Marsalès et de Gaujac lui étaient réunies; il a été transféré à Montpazier en septembre 1491. — Voc. Ste-Marie : célèbre pèlerinage.

CAPELANES, c^{ne} de Saint-Marcel, 1729 (not. de Mouleydier).

CAPELETTE (LA), c^{ne} de Saint-Pompon, 1744 (terr. de Saint-Pompon).

CAPELIER (LE), éc. c^{ne} de Florimont.

CAPELIÈRE (LA), lieu-dit, c^{ne} de Paunac (cad.).

CAPELIÈRE (LA), lieu-dit, c^{ne} de Tursac (cad.).

CAPELLE (CLOS DE LA), terre, c^{ne} de Castelnau (A. Jud.).

CAPELLE (LA), lieu-dit, c^{ne} de Badefol-la-Linde (cad. sect. A, n° 438).

CAPELLE (LA), sect. de la c^{re} de Castel (cad.).

CAPELLE (LA), lieu-dit, c^{ne} de Doissac (cad.).

CAPELLE (LA), lieu, c^{ne} d'Issigeac (cad.).

CAPELLE (LA), lieu-dit, c^{ne} de la Linde (cad.).

CAPELLE (LA), h. c^{ne} de Saint-Pierre-d'Eyraud (S.P.).

CAPELLE (LA), h. c^{ne} de Saint-Sernin-de-l'Herm (S.P.).

CAPELLE (LA), lieu-dit, c^{ne} de la Trape (cad.).

CAPELLE (MOULIN DE), c^{ne} de Saint-Pompon, 1744 (terr. de Saint-Pompon).

CAPELLE (SOUS LA), lieu-dit, c^{ne} de Vezac (cad.).

CAPELLENIE (LA), c^{ne} de Prigonrieu.

CAPELLE-PONT-LA-PICHE (LA), anc. fief, c^{ne} de Fongalau, 1725 (terr. de Belvez).

CAPELLERIE, taillis, c^{ne} de la Linde.

CAPELLIE (LA), lieu-dit, c^{ne} de Sireuil (cad.).

CAPELONIE (LA), friche, c^{ne} de Ste-Foy-de-Longa (A.Jud.).

CAPELOT, mⁱⁿ, c^{ne} de Sainte-Marie-de-Chignac (A. Jud.).

CAPELOT (LE), lieu-dit, c^{ne} de Calviac (cad.).

CAPELOT (ROC-DE-), lieu-dit, c^{ne} de Couze (cad.).

CAPELOU, pèlerinage, c^{ne} de Belvez. — Voy. SAINTE-MARIE-DE-CAPELOU.

CAPETTE, h. c^{ne} de Berbiguières (B.).

CAPETTE, h. c^{ne} de Chancelade (B.).

CAPEYROU, lieu-dit, c^{ne} de Beynac (cad.).

CAPEYROU, lieu, c^{ne} de Saint-Aubin-de-Lanquais.

CAPITAINE, h. c^{ne} de Montagrier (B.).

CAPRÉÉ (BOIS DE LA), taillis, c^{ne} de Thenac (A. Jud.).

CAPRINETS (LES), dom. c^{ne} de Bourdeilles (A. Jud.).

CAPSOULÉLIE, c^{ne} de Saint-Pompon, 1744, ténement (terr. de Saint-Pompon).

CAP-SOUS-PEYRE, mét. c^{ne} de Belvez (S. Post.).

CAP-SOUS-PEYRE-DE-PLAS, terre, c^{ne} d'Urval (cad.).

CAPTUS (LES), friche, c^{ne} de Saint-Mayme-de-Perayrol (A. Jud.).

CAQUEROUCI, éc. c^{ne} de Saint-Félix-de-Villadeix.

CARAC, terre à Monbayol, c^{ne} de Cubjat (A. Jud.).

CARAILLERS (LES), taillis, c^{ne} de Queyssac ou de Ginestet (A. Jud.).

CARAILLES (LES), terre, c^ne de Prats-de-Belvez (cad. section G, n. 18).

CARAUFIC, h. c^ne du Change (A. Jud.).

CARAULIE (LA), anc. fief, c^ne de Marquays (Courcelles, Généal. de Vassal).

CARAVELLE, sect. de la c^ne de Capdrot (cad.).

CARAVELLE, c^ne de Capdrot, fief relev. du chât. de Lacoste.

CARAYES (MAS DE), terre, c^ne de Terrasson (A. Jud.).

CARBONIER, Maynam. de Carbonier, 1478 (limites entre la Force et Mussidan; Lesp.).

CARBONIER? c^ne de Gardedeuil. — Rivus Carbonarius, 1120 (cart. de Baigne, 70, p. 43).

CARBONIER (PECH DE), c^ne de Couze.
    Une des limites de la châtellenie (coutumes de Couze, 1471).

CARBONIERAS (LAS) ou LA GARRIGUE, terre, c^ne de Bourgnac (A. Jud.).

CARBONIÈRE, ruiss. c^ne de Cabans. — Al riu de Carbonière, 1463 (Bigaroque).—Fons Carboneyra, 1459 (Philippparie, 79).

CARBONNIÈRE, bois, c^ne de Douville (A. Jud.).

CARCOUNET? île dans la Dordogne, c^ne de Saint-Chamassy. — Al Carcounet, 1463 (arch. de la Gir. Bigaroque).

CARDALEN, éc. c^ne de Prat-de-Belvez (B.).

CARDALIAC, bois près de la Francille, c^ne de Naillac, 1740 (Acte not.).

CARDINAL (LE), éc. c^ne de Bergerac (Cass.).

CARDINAL (LE), lieu-dit, c^ne de Lanquais. — Ténem. des Bourboux, au lieu-dit le Cardinal, 1739 (Acte not.). — Combe-Cardinale (cad. sect. D).

CARDINAUX (LES), pièce de terre, c^ne d'Atur. — Tenance des Cardinaux joignant le grand cimetière d'Asturs, 1744 (Acte not.).

CARDONE (LA), pré, c^ne de Pressignac (A. Jud.).

CARDOU, mét. c^ne de Baneuil (A. Jud.).

CARDOU, anc. rep. noble, c^ne de Bourniquel.

CARDOUS (LES), m. isolée, c^ne de Trémolac (S. Post.).

CARESTIE, c^ne de Saint-Avit-Senieur. — Mansus la Carestia, 1095 (donat. à Fontgauffier).

CAREYROU (AL), chemin dans la c^ne de Saint-Aigne (terr. de Lanquais).

CAREYROU (LE), m^in et chemin, c^ne de Saint-Avit-Senieur, 1714 (Acte not.).

CAREYROU (LE), lieu-dit, c^ne de Saint-Laurent-des-Bâtons (A. Jud.).

CARLAT (LE), h. c^ne de Paulin.

CARLAT (LE), sect. de la c^ne de Saint-Cibranet (cad.).

CARLIÈS, h. c^ne de Cazenac.

CARLOU (LE), h. c^ne de Bourèze.

CARLOU (LE), c^ne de Saint-Amand-de-Belvez. — El

Carlou, 1592 (achat de Marquesie, arch. de Belvez). Anc. rep. noble.

CARLUCET-ET-SAINT-CRÉPIN, c^ne, c^on de Salignac. — Eccl. de Carluceto, 1383 (test. de J. de Salaignac, arch. de Fénelon).
    Voc. Sainte-Anne.

CARLUX, ch.-l. de c^on, arrond. de Sarlat. — Capella Sanctæ Mariæ de Carlux, 1153 (Gall. ch. bulle d'Eugène III en faveur de l'abb. de Sarlat). — Castrum de Carlus, 1251 (Justel. maison de Turenne, pr.). — Caslucium, 1301 (Reg. olim, Parlem. de Paris). — Carluxs, 1360 (Hôtel de ville de Sarlat).—Hospitalis S. Joh. de Carluco, 1473 (arch. de Paluel).— Paroch. Sanctæ Catharinæ de Carlucio, 1486 (ibid.).
    La châtell. de Carlux, dép. de la vicomté de Turenne, comprenait : Cadiot (autref. par.), Calviac, Carlux, Cazoulès, Eyvigues, la Gleygeole, Lacombe, Limejoulx, Mareuil, Marselat, Orliaguet, Périllac, Prats, Sainte-Catherine, Sainte-Croix, Saint-Étienne, Saint-Julien, Sainte-Mundane, Sainte-Natalène en partie, Simeyrol (Lesp.).
    Carlux était de la sénéchaussée de Sarlat et du diocèse de Cahors. — Patrons : sainte Catherine et saint Eutrope; coll. l'évêque.

CARLY, h. c^ne de Léguillac-de-Lauche.

CARMANSAC, éc. c^ne de Meyral (A. Jud.).

CARMANSAC, h. c^ne de Saint-Chamassy. — Mans. de Carmansaco, 1463 (arch. de la Gir. Bigaroque).

CARMEL, h. c^ne de Lunas (A. Jud.).

CARNAQUIS (LE), éc. c^ne de Saint-Just.

CAROL, h. c^ne de Saint-Geniez. — Mansus de Carols, 1480 (Lesp. 42).

CAROLIE (LA), h. c^ne de Grand-Castang.

CAROLVIE, h. c^ne de Sainte-Mundane.

CARO-SAINT, rocher sur le bord de la Drone, auprès de Bourdeilles (légende, chroniq. du Périgord, t. I, p. 47).

CARPENET, h. c^ne du Bugue. — El mas de Carpenet (cart. du Bugue, xiie siècle, coll. Lesp. vol. 33).

CARPENTIER, c^ne de Cussac. — Nemus de Carpentier, 1459 (arch. de la Gir. Belvez).

CARPENTIERAS, h. c^ne de la Chapelle-Gonaguet.

CARPISSOUS (LES), h. c^ne de Saint-Martial-d'Artensec.

CARRA, lieu-dit, autr. la Hierle, c^ne d'Ales (A. Jud.).

CARRAC? environs de Brantôme. — Prælium in Campo Carracio (Adem. de Chaban. Guid. Lemov. vicecomes).

CARRIÈRE (LA), h. c^ne du Coux. — Mansus de la Carrieyra vielha, 1463 (arch. de la Gir. Bigaroque).

CARRIÈRE (LA), c^ne de Sagelat. — Mayn. de la Carrieyra, 1462 (arch. de la Gir. reg. de Philipparie).

CARRIEU, h. c^ne de Liorac.

CARRIOL, h. c°° de Naussanes.

CARS (LES), h. c^ne d'Angoisse.

CARSAC, c^ne, c^on de Carlux. — *Quersacum*, 1555 (panc. de l'évêché).

Patron : saint Augustin ; coll. l'évêque.

CARSAC, c^ne, c^on de Villefranche-de-Longchapt. — *Carsac, Carsag* (cart. de la Sauve). — *Sanctus Petrus de Carrsac*, 1273 (ms de Wolf.). — *Paroch. Sancti Petri de Gorssonio*, 1274 (*ibid.*). — *Quersac*, 1380 (P. V. M.).

Patron : l'Assomption et saint Pierre. — Carsac dépendait de la châtell. de Gurson.

CARSAC (GRAND et PETIT), h. et m^ia, c^ne de Plazac. — Anc. rep. noble.

CARTAUX (LES), sect. de la c^ne de Sourzac (cad.).

CARTE-LADE (LA), c^ne d'Orliac.

CARTE-ROSSE (LA), lieu-dit, c^ne de Saint-Laurent-de-Castelnau (cad.).

CARTE-TOUZEL (LA), c^ne de Doissac (Antiq. de Vésone, I, 259).

CARTEYRET, h. c^ne de Manzac. — *Maynam. de Carteyre*, 1475 (Dives, 1).

CARTIER ? c^ne de Bancuil. — *Tenem. del Cartiers* (Liv. Nof.).

CARVES, c^ne, c^on de Belvez. — *Vicaria de Cauves*, 1153 (bulle d'Eugène III). — *Carvas*, 11.. (cart. de Cadouin). — *Caraves*, 1344 (Lesp. privil. de Belvez). — *Carvis*, 1372 (Lesp. 46).

Carves était le siége d'un archiprêtré qui porta aussi le nom de Belvez, et prit enfin celui de Paleyrac. — Patron : saint Sacerdos ; coll. l'évêque.

Rep. noble mouvant de la châtell. de Berbiguière et ayant haute justice sur la paroisse, 1760 (Alm. de Guy.).

CARVES, h. c^ne de Beynac (S. Post.).

CASAL, éc. c^ne de Cours-de-Piles.

CASAL, h. c^ne de Journiac.

CASAL ? c^ne de Montravel. — *Al Casal Batalher, subtus fontem podü*, xiiie siècle (arch. de la Gir. liève de Montravel).

CASAL, h. c^ne de Saint-Alvère.

CASAL-BEDAYS ? c^ne de Bancuil. — *Tenem. del Casal Redays*, 1460 (Liv. N. p. 39).

CASAL DE CLADECH ? c^ne de Marnac. — *Casale de Cludochio*, 1555 (arch. de la Gir. Belvez).

CASAL DE PINO ? c^ne de Liorac. — *Casale de Pino* (Liv. Nof. 114).

CASE-DU-LOUP, dolmen à Cugnac, c^ne de Saint-Léon ; détruit depuis peu.

CASES ? c^ne de Paleyrac. — *Loco dicto de Casis*, 1462 (arch. de la Gir. Belvez).

CASSAGNE, h. c^ne de Fontgauffier.

CASSAGNE (LA), c^ne, c^on de Terrasson. — *La Cassaigne*, 1251 (Justel. Raym. 6). — *Cassanea*, 1320 (Lesp. 37). — *Castrum de la Cassanha*, 1365 (Lesp. 88, Châtell.). — *Cassanhe*, 1367 (*ibid.*). — *Cassagna*, 1554 (panc. de l'évêché).

Prieuré dépendant de l'abb. de Saint-Amand-de-Coly. — Patron : saint Barthélemy. — Paroisse hors châtellenie au xive siècle.

Anc. rep. noble ayant haute justice sur la par. 1760 (Alm. de Guy.).

CASSAGNE (LA), h. c^ne de Saint-Geniès (B.).

CASSAGNE (LA), lieu-dit, c^ne de Saint-Pardoux-la-Rivière (cad.).

CASSAGNOLLES, h. c^ne de Sainte-Croix (A. Jud.).

CASSE (LE), lieu-dit, c^ne de Liorac, 1757 (Acte not.).

CASSE (LE), h. c^ne de Saint-Aubin-de-Lanquais. — *Casse la Sepède*.

CASSE-FEYNE, taillis, c^ne de la Monzie-Montastruc (A. Jud.).

CASSE-MICHE, h. c^ne de Rouffignac, c^on de Montignac.

CASSENADE, h. c^ne de Saint-Pierre-d'Eyraut. — *Ten. de Cassadona ?* 1495 (Coll. de Lanquais).

CASSOTS (LES), éc. c^ne de Saint-Perdoux-Issigeac.

CASSOU (LA), taillis, c^ne d'Eyvirac (A. Jud.).

CASTAGAL, lieu-dit, c^ne de Cussac (A. Jud.).

CASTAGNE (LA), h. c^ne de Rouquette-Eymet (S. Post.).

CASTAGNOL ? c^ne de Saint-Félix-la-Linde. — *Chastanhol* (Liv. Nof. 101). — *Castanhol*, 1456 (p. 53).

CASTAGNOL ? c^ne de Saint-Mayme-de-Pererols. — *Mans. de Castanhols*, 1455 (ch. Mourcin).

CASTANET ? — *Cami que va de la glieza de Sagelat al Castaniet apela de la Sala*, 1462 (Dénombrement, Belvez).

CASTANET (LE), h. c^ne de la Chapelle-au-Bareil.

CASTANET (LE), h. c^ne de Cours-de-Piles (B.).

CASTANET (LE), c^ne de Journiac. — *Al Castanet folco*, 1450 (Liv. Nof. 25).

CASTANET (LE), c^ne de Montren. — *Bordaria de Castaneto*, 1278 (Lesp. 81).

CASTANET (LE), dom. c^ne de Proissans (A. Jud.).

CASTANET (LE), h. c^ne de Salon. — *Maynam. del Castanet*, 1465 (Périg. M. H. 41, 8).

CASTANET (LE), anc. chapellenie fondée à Sarlat, 1648 (bénéf. de l'év. de Sarlat).

CASTANG, h. c^ne de Bergerac. — *Le Castan* (B.).

CASTANG, habit. c^ne de Bouniagues.

CASTANG, h. c^ne de Coux (B.). — *Mansus de Castanh*, 1463 (arch. de la Gir. Bigaroque).

CASTANG (GRAND et PETIT), h. c^ne de Saint-Marcel. — *Chastanh*, 1203 (rentes dues au seigneur de Taillefer). — Dép. du prieuré de Guillegorse.

CASTANG (LA FAYASSE), lieu-dit, c^ne d'Urval (cad.).

CASTEL, cⁿᵉ de Campagne. — 1727 (Reconn. Belvez). Anc. rep. noble. — Voy. MIGO-FOLQUIER et VIRAGOGUE.

CASTEL, lieu-dit, cⁿᵉ de Fontenilles (cad.).

CASTEL, lieu, cⁿᵉ de Manaurie.

CASTEL, h. cⁿᵉ de Mouleydier. — *El Castel*, 1602 (Acte not.). — *La Castelle* (cad.).

CASTEL, cⁿᵉ, cᵒⁿ de Saint-Cyprien. — *Eccl. de Castello, Petrag. dioc.* 1309 (bulle du pape Clément, qui l'unit au monastère de Saint-Cyprien). — *Castrum*, 1556 (panc. de l'év. de Périgueux). — *Castels* (Cal. adm. de la Dordogne).

Voc. Saint-Clair; coll. l'évêque.

CASTEL-FADAISE, habit. cⁿᵉ de Coulounieix.

CASTEL-FADAISE, grotte au lieu de Ligal, cⁿᵉ de Lanquais.

CASTEL-GAILLARD, cⁿᵉ de Saint-Aubin-de-Lanquais. — *Cast. Galhard* (terr. de Lanquais).

CASTEL-GIROUX, éc. cⁿᵉ de Tayac (A. Jud.).

CASTEL-LA-MOTE, lieu-dit, à la Poulcille, cⁿᵉ de Saint-Félix.

CASTELLAS, éc. cⁿᵉ de Razac-de-Saussignac (A. Jud.).

CASTELLENIE (LA), h. cⁿᵉ de Saint-Félix-de-Reillac.

CASTELLOUX (LES), h. cⁿᵉ de Saint-Félix-de-Villadeix (B.).

CASTEL-MALVI, lieu-dit, cⁿᵉ de Monsac. — *Bordaria de Castel Malvy* (coll. de Lanquais).

Ce tènement était d'un autre fief que la paroisse de Monsac (terr. de Lanquais). — On y remarque un retranchement, en forme de motte, produit par une coupure pratiquée à l'extrémité d'un coteau qui s'abaisse dans le vallon. Longueur totale, 35ᵐ,50; largeur, 5 mètres. — Voy. VEYRIER (LE).

CASTEL-MERLE, éc. cⁿᵉ de Capdrot (B.).

CASTELNAU, cⁿᵉ du Bugue. — Anc. rep. noble.

CASTELNAU-ET-FAYRAC, cⁿᵉ, cᵒⁿ de Dome. — *Castellum nomine Castrum novum*, 1124 (Chronicon Albigense). — *Castelnou* (Chronicon Bern. Itier). — *Castet-neuf*, 1462 (arch. de la Gir. Belvez). — *Castelnau-sur-Dordogne* (arch. de Pau, Châtell.). — *Castelnau-de-Berbières* (Tarde, *Hist. du Sarladais*). — *Castelnau-des-Mirandes*, 1625 (Acte not.).

Au xivᵉ siècle, Castelnau était le siége de l'archiprêtré nommé depuis archipr. de Daglan (pouillé du xiiiᵉ siècle; collation par Jean XXII, anno x). — Patron saint Michel; coll. l'évêque.

Châtellenie s'étendant, au xivᵉ siècle, sur 5 par.: Castelnau, la Chapelle, Feyrac, Saint-Pompon et Veyrines, 1364 (Lesp. 88).

CASTEL-NOUVEL, cⁿᵉ de Faux, assises de rochers qui semblent en partie avoir été taillées pour entrer dans une construction. — *Castrum vocatum Castel noel.*

— *Chastel noel*, 1483 (Reconn. coll. de Lanquais). — *Chasteau nouvel*, 1499. — *Castelot*, dans le pays.

CASTELOT, lieu-dit, cⁿᵉ de Colombier (A. Jud.).

CASTELOT, lieu-dit, cⁿᵉ de la Force (cad.).

CASTELOT, éc. cⁿᵉ de Saint-Aubin-de-Lanquais (S. Post.).

CASTELOT (LE) ou BELPECH, h. et font. près de la ville de Beaumont.

CASTELOT (LE), cⁿᵉ de Monclar. — *Le Peyré-de-la-Varde*, 1709 (Acte not.).

CASTELOT (LE), m. isolée, cⁿᵉ de Montagnac-la-Crempse (S. Post.).

CASTELOT (LE), h. cⁿᵉ de Saint-Avit-Senieur (S. Post.).

CASTELOT (LE), éc. cⁿᵉ de Saint-Marcel.

CASTELOT (LE), lieu-dit, cⁿᵉ de Trémolac (cad. sect. D, nᵒ 549).

CASTEL-RÉAL, h. cⁿᵉ d'Urval. — *Repayrium castri Regalis*, 1470 (arch. de la Gir. Belvez). — *Castrum Real* (*ibid.*).

CASTELS (LES), éc. cⁿᵉ de Sales-de-Belvez (B.).

CASTEL-VESI, lieu, cⁿᵉ de Cladech (cad.; voy. Antiq. de Vés. I, 186.)

CASTEL-VIEIL, h. cⁿᵉ de Saint-Pompon. — Anc. fief.

CASTILLON, ville du dépᵗ de la Gironde et autrefois en partie au Périgord. — *Castrum Castillio*, 844 (dipl. de Pépin). — *Villa de Castellione sita tam in Petragoricensi quam in Agenesio*, 1274 (Lesp.). — *Castilho de Pegort*, 1327 (*ibid.* 15).

CASTILLON, tertre, cⁿᵉ de la Monzie-Montastruc. — *Podium de Castilho*, 1475 (Liv. Nof.).

CASTILLONÈS, ville du dépᵗ de Lot-et-Garonne, dans l'anc. dioc. de Périgueux, archipr. de Bouniagues. — *Nemus Castellonesium*, 1155 (arch. de Cadouin). — *Podium de Castilhonès*, 1259 (*ibid.*). — *B. Maria de Castilhonesio* (Lesp.). — *Chastelhoneys*, xviiᵉ sᵉ.

Castillonès, en 1262, était réclamé par les évêques de Périgueux et d'Agen, comme étant du dioc. de chacun. — Annexé à la paroisse de Doyna par Clément VI. — Alphonse, comte de Poitiers, y construisit une bastide. — Baill. royal, au xivᵉ siècle (Documents français, 162).

CAT (LE), mⁱⁿ, cⁿᵉ d'Archignac.

CATALA (LE), h. cⁿᵉ de Beaumont (B.).

CATALOT (LE), éc. cⁿᵉ de Brantôme (B.).

CATIE (LA), cⁿᵉ de Monbazillac. — *La Captie*, 1730 (Acte not.).

CATIE (LA), m. isolée, cⁿᵉ de Razac-Eymet (S. Post.).

CATIE (LA), h. cⁿᵉ de Tanniès (S. Post.).

CATIES (LES), h. cⁿᵉ de Saint-Mayme-de-Perayrol. — 1640 (Acte not.). — *Les Catus* (B.).

CATILLAIRES, h. cⁿᵉ de Brantôme (S. Post.). — *Les Cathilières* (B.).

Catinhagua? c^{ue} de Fongalau. — *Catinhagua*, 1460 (arch. de la Gir. Belvez).

Catonerie (La), lieu-dit, c^{ne} de Fossemagne (A. Jud.).

Catte (La), h. c^{te} de Bergerac.

Catusse (La), h. c^{ne} de Saint-Pompon.

Caubesse, h. c^{ne} de Temniac.

Caudarie? c^{ne} de Cabans. — *Masus de la Caudaria*, 1459 (arch. de la Gir. Belvez).

Caudau (Le), ruiss. qui prend sa source dans la c^{ne} de Saint-Michel-de-Villadeix, passe à Saint-Maurice et à Clermont-de-Beauregard et se jette dans la Dordogne au-dessous de Bergerac. — *Rivus vocatus del Caudau*, 1317. — *De Cauduco*, xive siècle (Lesp.). — *Caudau*, 1462 (Liv. Nof.).

Caude-Aygue, font. c^{ne} de Bezenac (cad.). — *Rivus de Caudayga, par. de Castello*, 1489 (arch. de la Gir. Belvez).

Caude-Borie, h. c^{te} de la Bouquerie (S. Post.).

Caude-Fon, source chaude, c^{ne} de Marnac.

Caude-Fon, éc. c^{ne} de Campagnac-lez-Quercy (B.).

Caudettes (Les), taillis, c^{ne} de Rouffignac-Montignac (A. Jud.).

Caudeville, c^{ne} de Douville. — *Cauda Valata?* 1199 (cart. de Cadouin).

M. l'abbé Audierne attribue à cette ancienne grange de l'abb. de Cadouin le lieu désigné dans l'atlas de Belleyme par *abbaye ruinée*. L'abbé de Cadouin a eu longtemps sur Douville le droit de patronat, que lui disputa plus tard l'ordre de Saint-Jean-de-Jérusalem.

Caudière (Basse-), chemin, c^{ne} de Cussac (A. Jud.). — *Vallis de Bassa Calderia*, 1115 (cart. de Cadouin).

La vallée où l'abbaye de Cadouin fut construite lui a peut-être donné son nom.

Caudière (Basse-)? c^{ne} de Molières. — *Molend. de Bassa Caudiera*, 1459 (arch. de la Gir. Belvez).

Caudol, éc. c^{ne} de Saint-Pierre-de-Chignac.

Caudol (Le), h. c^{ne} de Veyrines (B.).

Caudon, vill. c^{ne} de Gaulegeac. — *Parochia de Caudon*, 1365 (châtell. de Montfort, Lesp. 88). — *Sanctus Petrus de Caudon*, 1465 (O. S. J.).

Pèlerinage; la chapelle est taillée dans le roc, sur le bord de la Dordogne.

Anc. rep. noble.

Caudollie (La), lieu-dit, c^{ne} de Saint-Alvère (cad.).

Caufour (Au), mét. c^{ne} de Beaumont (S. Post.).

Caufour (Au), lieu-dit, c^{ne} de Bouzic (cad.).

Caufour (Au), lieu-dit, c^{ne} de Castel (cad.).

Caufour (Au), lieu-dit, c^{te} de Meyrals (cad.).

Caufour (Au), lieu-dit, c^{ne} de Saint-Laurent-de-Castelnau (cad.).

Caufour (Au), taillis, c^{ne} de Saint-Romain-Montpazier (A. Jud.).

Caufour (Au), h. c^{ne} de Thenac (B.).

Caumont, c^{ne} de Cabans. — Fief relev. de l'archev. de Bordeaux (terr. de Belvez).

Caunac, taillis, c^{ne} de Tourtoyrac (A. Jud.).

Caunals (Les), éc. c^{ne} de Dome (B.).

Caunas (Las), lieu-dit, c^{ne} de Saint-Avit-Senieur. — 1714 (Acte not.).

Caunières (Les), h. c^{ne} de Montinadalès.

Calquière, h. c^{ne} de Saint-Cyprien.

Causanel? c^{ne} de Belvez. — *Mansus de Causanel*, 1469 (arch. de la Gir. Belvez).

Cause, h. c^{ne} de Carves (S. Post.).

Cause, h. c^{ne} de Montagnac-la-Crempse. — *Cause*, 1467 (Dives, 1). — *Cauze*, 1666 (Not. de Berg.).

Cause, c^{te} de Palayrac. — *Terminus del Cauze*, 1462 (reg. de Philipparie, Belvez).

Cause, lieu, c^{ne} de Saint-Aubin-de-Cadelech.

Cause, c^{ne} de Saint-Sernin-de-la-Barde. — *Tenem. del Cause*, 1477 (O. S. J.).

Cause (Al Grand), c^{ne} de Saint-Avit-Senieur.   Tén^t, 1714 (Acte not.).

Cause (Bost de), lieu-dit, c^{ne} de Lanquais (cad. B. 257).

Cause (Les), taillis, c^{ne} de Saint-André-Alas (A. Jud.).

Cause (Mas-de-), h. c^{ne} de Daglan (S. Post.).

Cause-Brulade, taillis, c^{ne} de Saint-Jory-las-Bloux (A. Jud.).

Cause-de-Clérans, c^{ne}, c^{on} de la Linde. — *Cauzia?* 1143 (cart. de Chancelade). — *Eccl. N. D. de Cauze*, 1338 (arch. de Saint-Alvère). — *Cause* (pouillé du xiiie siècle).

Voc. Notre-Dame.

Caussade, h. c^{ne} d'Atur.

Caussade, h. c^{ne} de Borrèze.

Caussade, châtaigneraie-bruyère, etc. n°s 836, 848, 849, 1143, c^{ne} de Canlillac (A. Jud.).

Caussade, c^{ne} de Trélissac. — *Castrum de Causada*, 1400 (Lesp. Homm.). — *Calciata (ibid.)*.

Anc. rep. noble relev. de la seign. de Périgueux (Dénombr. 1679).

Caussade (La), lieu-dit, c^{ne} de Carlux (cad.).

Caussade (La), lieu-dit, c^{te} de Castelnau (cad.).

Caussade (La), sect. de la c^{ne} d'Issigeac. — A pris son nom d'une voie antique dont les vestiges subsistaient près d'Issigeac et dans la commune de Saint-Germain-et-Mons: voy. Chemin ferré. — *Iter pub. voc. de la Causada*, 1465 (coll. de Lanquais). — Suivant le *chemin de la Caussade* jusqu'à Issigeac, 1757 (terr. de Lanquais). — *Chemin ancien de la Caussade*, qu'on va de Mons à Bragerac, 1582 (coll. de Lanquais).

CAUSSADE (LA), lieu-dit, c^ne de Lempzours (cad.).

CAUSSADE (LA), lieu-dit, c^ne de Thiviers. — *Las Caussadas* (cad. 581).

CAUSSE (LE), h. c^ne de Florimont (B.).

CAUSSIDE (LA), lieu-dit, c^ne de Saint-Alvère (cad.).

CAUSSINE (LA), h. c^ne de Doissac, 1744 (terr. de Saint-Pompon).

CAUTELLERIE (LA), h. c^ne de Thiviers. — *Les Grégoux* (Chron. du Périg. t. II, 175).

CAUX, anc. nom du village de Genebrières, c^ne de Manzac (Dives).

CAUX-DE-L'AGE, lieu-dit, c^ne de Corgnac (cad.).

CAUZANEL, h. c^ne de Saint-Pompon.

CAUZE, h. c^ne de Saint-Pompon.

CAVAGNAC, h. c^ne de Saint-Julien-de-Lampon (S. Post.).

CAVAILLE? c^ne de Saint-Pardoux-de-Belvez. — *Masus de las Cavalhas*, 1462 (arch. de la Gir. Belvez).

CAVAILLE (LA), h. c^ne de Saint-Laurent-des-Bâtons.

CAVALERIE, h. c^ne de Bonneville (terr. de l'archev. de Bordeaux, n° 291).

CAVALERIE, sect. de la c^ne de Capdrot (cad.). — *Cavalario* (A. Jud.).

CAVALERIE, h. c^ne de Cladech (cad.).

CAVALERIE, h. c^ne de Prigonrieu. — *Vilatge de Cavaleyria*, 1776 (Not. de Bergerac).

CAVALERIE, h. c^ne de Saint-Alvère (S. Post.).

CAVALERIE, lieu, c^ne de Saint-Martin-de-Gurson.

CAVALERIE, c^ne de Saint-Méard-de-Gurson (A. Jud.).

CAVALERIE, lieu, c^ne de Saint-Remy.

CAVALERIE, m^is, c^ne de Siorac. — *Molendinum vocatum Cavaleyrenc sive Barradenc*, 1450 (Liv. Nof. 90).

CAVALOTS, lieu, c^ne de Saint-Vincent-de-Connezac.

CAVAR, dans le dép^t de Lot-et-Garonne, anc. par. de l'archipr. de Bouniagues (bénéf. de l'év. de Sarlat).

CAVAR, h. c^be de Monferrand (S. Post.).

CAVARNAC, éc. c^ne de Veyrines-Dome (B.).

CAVE (LA), h. c^ne de Saint-Antoine-d'Auberoche. — Anc. rep. noble.

CAVE-PEYTAVINE, lieu-dit, c^ne de Lanquais.

CAVEROQUE, h. c^ne de Liorac. — *Maynam. de Cavo Rupe* (Liv. Nof.).

CAVEROQUE (FONT-DE-), lieu-dit, c^ne de Lanquais, 1773 (Not. de Lanquais).

CAVEROUSSY, h. c^ne de Saint-Félix-la-Linde (A. Jud.).

CAVEVAL? c^ne de la Canéda. — *Factum de Caveval*, 1490 (O. S. J. Condat).

CAVIGNAC, c^ne de Saint-Aquilin, 1640 (Acte not.).

CAVIGNE, h. c^ne de Saint-Félix-de-Villadeix. — *Caprignies*, 1656 (Acte not.).

CAVILLAC, h. c^ne de Trélissac.

CAVILLARDE, h. c^ne de Saint-Sauveur-de-la-Lande (B.).

CAVILLE, h. c^ne de Bergerac. — *Cavilhie*, 166 (Not. de Bergerac).

CAVILLE, h. c^ne de Saint-Jean-d'Eyraud. — *Cavilhie*, 1666 (Not. de Bergerac).

CAYRADE? c^ne de Saint-Pardoux-de-Belvez. — *Cumba de la Cayrada*, 1459 (reg. de Philipparie, 98).

CAYRAN (LE), h. c^ne de Carves (B.).

CAYRAT (LE), h. c^ne de Cours-de-Piles.

CAYRE (FONTAINE-DU-), lieu-dit, c^ne de Condat-sur-Vézère (cad.).

CAYRE (LE), h. c^ne de Calès. — *La Cayria* (arch. de l'Empire, cens de Badefol, 1290). — *Les Cayres* (S. Post.).

CAYRE (LE), lieu-dit, c^ne de Castel (cad.).

CAYRE (LE), h. c^ne de Grèze (S. Post.).

CAYRE (LE), c^ne de Mauzens. — *Al Cayre*, 1463 (Belvez).

CAYRE (LE), h. c^ne de Pazayac (B.).

CAYRE (LE), h. c^ne de Saint-Aubin-Eymet (S. Post.).

CAYRE (LE), c^ne de Saint-Julien-de-Brantôme. — *Le bois du Caire*, 1477 (Lesp. 79, Brantôme).

CAYRE (LE), c^ne de Saint-Martin-des-Combes. — *Terra voc. del Cayrou*, 1343 (Périg. M. II. 41, 4).

CAYRE (LE), c^ne de Saint-Pompon, anc. ténement. — *Les Terrières*, 1744 (terr. de Saint-Pompon).

CAYRE (LE), c^ne de Siorac. — *Al Cayre*, 1757 (Mont.).

CAYRE-BRU (A), vigne, c^ne de Grand-Castang (A. Jud.).

CAYRE-FOUR, c^ne de Mauzens, 1754 (Acte not.).

CAYRE-FOUR, m. isolée, c^ne de Pontours (S. Post.).

CAYRE-FOUR, c^ne de Saint-Aubin. — *Cayrefour et Chauffour*, 1739 (Acte not.).

CAYRE-FOUR, éc. c^ne de Saint-Cibranet.

CAYRE-FOUR, éc. c^ne de Vic (B.).

CAYRE-FOUR (LE), h. c^ne de Cazoulès.

CAYREL? ville de Périgueux. — *Hospitium de Cayrel*, 1390 (Lesp. Périgueux).

CAYREL, c^ne de Saint-Cyprien. — *Al Cayrel*, 1460.

CAYRE-LEVAT, h. c^ne de Carves (cad.). — *Lo Cayre levat*, 1462 (arch. de la Gir. Belvez).

CAYRE-LEVAT, c^ne de Sagelat? — *Confront., cum itinere quod itur ad Cayre levat*, 1462 (Dénombr. Belvez).

CAYRE-LEVAT, éc. c^ne de Siorac (cad. les n°s 50 à 56, au vill. de Bartalène, portent ce nom; dolmen à trois pierres, renversé; le n° 56 est *Font–Peyrine*).

CAYRE-ROUBERT, lieu-dit, c^ne de Saint-Laurent-des-Bâtons (A. Jud.).

CAYRES (LES), éc. c^ne de Bergerac.

CAYRES (LES), terre, c^ne de Saint-Jean-d'Estissac, 1650 (Acte not.).

CAYRES (LES), h. c^ne de Saint-Julien-de-Crempse. — *Les Qayres*, 1640 (Acte not.). — *Quayres* (B.).

8.

CAYRÉS (LES TROIS-), bois, c^ne de Villamblard, 1628 (Acte not.).

CAYRES-BRUNES, bloc de grès ferrugineux placé sur le bord d'un chemin au bas de Millac, c^ne de Mauzac. — *Cadri Bruni*, 1571 (terr. de Millac, arch. de Bordeaux). — *Peyre Brune* (B. arch. de la Gir. Bigaroque).

CAYROU (LE), éc. c^ne de Naussanes (B.).

CAZE (LA), h. c^ne de Bouillac (B.).

CAZE (LA), h. c^ne de Bourgniac, 1739 (Acte not.).

CAZELAS? une des limites entre la châtell. de Couze et la par. de Bayac. — *Cayrefour de Caselas*, 1405 (arch. de Bayac, cout. de Couze).

CAZELAS, h. c^re de Saint-Sernin-de-Reillac (A. Jud.).

CAZELAT, ruines, c^ne de Saint-Cyprien. — *Lo Caslar*, 1344 (Homm. à l'archev. de Bordeaux). — *Feudum voc. lo Casla*. 1454 (*ibid.*).
Anc. rep. noble.

CAZELES, h. c^ne de Naussanes. — *Mansus de Armyac aliàs de Cazellas*, 1489 (O. S. J.).
Anc. rep. noble. — Chapelle, 1712 (O. S. J.).

CAZELOU, h. c^ne de Saint-Sernin-de-l'Herm (B.).

CAZEMATE (LA), lieu au ténement de la Sépède, c^ne de Saint-Aubin-de-Lanquais (terr. de Lanquais).

CAZENAC réuni à BEYNAC, c^ne, c^on de Sarlat. — *Eccl. de Casnac* (pouillé du XIIIe siècle). — *Quasnac* (cart. du Bugue). — *Castrum de Casnaco*, 1333 (Gall. ch. Homm. à l'archev. de Bordeaux). — *Repaire de Cazenac*, 1498 (Recon. arch. de la Gironde).

CAZENAC, hôtel dans l'enceinte du château de Belvez. — *Domus, aula de Casnaco castri de Bellovidere*, 1478 (arch. de la Gir.).

CAZENARE, m^in, c^ne de Thonac. — *Chinchaubran*, 1655 (arch. de Bayac).

CAZES (LES), ancien ténement, c^ne de Daglan, 1744 (terr. de Saint-Pompon).

CAZETTAS, hameau, c^ne de Saint-Martin-des-Combes. — Anc. fief relevant du rep. noble de Couzens, 1301 (Lesp. 51).

CAZILLAT (LA VEYRIÈRE DE-), c^ne de Saint-Sernin-de-Reillac. — Rep. noble, 1687 (Acte not.).

CAZOULÈS, c^ne, c^on de Carlux. — Dép. de la châtell. de Carlux. — Patron : saint Laurent; coll. l'évêque.

CAZOUNEL, éc. c^ne de Lavaur (B.).

CAZY, domaine, c^ne de Saint-Meard-de-Mussidan.

CEBRADES (LES), h. c^re de Notre-Dame-de-Sanillac (A. Jud.). — *Sebrodas* (B.).

CELEBERIE (LA), h. c^ne de Saint-Germain-du-Salembre. — *La Celeriera*, 1413 (Dives, 1, 58).

CELLE, c^ne, c^on de Montagrier. — *Cella*, 1382 (P. V. M.).
Patron : saint Pierre. — Anc. prieuré dép. de celui du Peyrat (panc. de l'év. 1556) et paroisse hors châtellenie au XIVe siècle (Lesp.).

CELLERIE (LA), h. c^ne de Marsaneix. — Rep. noble.

CÉNAC-ET-SAINT-JULIEN, c^ne, c^on de Dome. — *Prioratus B. Mariæ de Senaco*, 1149 (cart. de Chancelade). — *Cenacum*, 1480 (Lesp. 15).
Patron : saint Fiacre; coll. l'évêque. — Prieuré conventuel acquis en 1090 par Aquilinus, abbé de Moissac. — Une des paroisses de la châtellenie du mont de Dome, au XIVe siècle; depuis, justice royale, 1760 (Alm. de Guy.).

CENDRIEUX, c^ne. — Voy. SENDRIEUX.

CENDRONE (LA), h. c^ne de Monsaguel.

CÉOU (LE), petite riv. de l'arrond. de Sarlat. — *Le Sceu* (B.).
Elle prend sa source à Montfaucon, dép^t du Lot, passe à Gaumiers, Bouzic, Daglan, Saint-Cibranet, et se jette dans la Dordogne au moulin de Castelnau. — Les coteaux du Céou au-dessus de Gaumiers comptent parmi les plus élevés du département.

CÉPÈDE (LA), h. c^ne de Verdon. — *La Sepède*, 1771 (Acte not.).

CEPEIRE? — *Terra de la Cepeira*, une des possessions de l'abb. du Bugue (cart. du Bugue).

CÉRANLES? — *Eccl. de Ceranles* (pouillé du XIIIe siècle). archipr. d'Excideuil). — *Serenluc* (arch. de Pau, châtell. d'Ans).

CERCLES-ET-LA-CHAPELLE-MONTABOURLET, c^ne, c^on de Verteillac. — *Circulum ubi est eccl. Sancti Eparchii*. 1169 (Lesp. 30).
Anc. prieuré conv. (Itin. de Clément V). — Voc. Saint-Cybard.

CERF-DE-MEYMI (LE), h. et vallon, c^ne de Coursac.

CERIOL, h. c^ne de Manaurie.

CERN, anc. paroisse remplacée par la Bachelerie. — *Eccl. de Carnas* (pouillé, XIIIe siècle). — *Eccl. de Cerno*, 1382 (P. V. M.). — *Cern* (arch. de Pau, Châtell.). — *La Bachelerie et le Cerf* (archipr. de Saint-Médard, État des paroisses, 1742).

CERN, ruiss. de l'arrond. de Sarlat. — *Rivus del Cern*, 1468 (O. S. J.).
Il vient d'Azerat et se jette dans la Vézère en face de Condat.

CERNILLON, taillis, c^ne de Saint-Astier (A. Jud.).

CERVAL, c^ne de Saint-Amand-de-Belvez. — Voy. SERVAL.

CERVOLE, h. c^ne de Cornille (B.).

CESSATS (LES), h. c^ne de Sainte-Innocence. — *Gressach* (ms de Wolf. n° 249).

CESSEROU, h. c^ne de Saint-Pierre-de-Cole (B.).

CETGARIE? c^ne de Neuvic. — *Boria de la Cetgaria*, 1263 (Périg. M. H. 41, 1).

CETTY, tertre très-élevé, c^ne de la Monzie-Saint-Martin.

Ceuillerie, bois, c^{ne} de Manzac (Dives).

Chabanau, h. c^{ne} de Villars (B.).

Chabanaude (La), lieu-dit, c^{ne} de Peyrignac (cad.).

Chabanas, h. c^{ne} d'Abjat-de-Nontron (B.).

Chabanas, h. c^{ne} d'Atur (cad.).

Chabanas, h. c^{ne} de Badefol-d'Ans (S. Post.).

Chabanas (Las), c^{ne} de Gabillou, ténement (terr. de Vaudre).

Chabane (La), h. c^{ne} de Bassillac, 1721 (Acte not.).

Chabane (La), h. c^{ne} de Chantérac (S. Post.).

Chabane (La), lieu-dit, c^{ne} de Cherveix (cad.).

Chabane (La), lieu-dit, c^{ne} de Ladornac (cad.).

Chabane (La), éc. c^{ne} de Léguillac-de-Lauche.

Chabane (La), c^{ne} de Naillac. — *Chabana*, 1600 (Acte not.).

Chabane (La), dom. c^{ne} de Neuvic, 1461 (Dives, 1).

Chabane (La), c^{ne} du Pizou. — *Maynam. de la Chabanes*, 1274 (Lesp. 60).

Chabane (La), h. c^{ne} de Reillac-et-Champniers (B.).

Chabane (La), lieu-dit, c^{ne} de Saint-Aquilin (cad.).

Chabane (La), c^{ne} de Saint-Jory. — Anc. rep. noble.

Chabane (La), h. c^{ne} de Saint-Romain-Saint-Saud.

Chabane (La), h. c^{ne} de Vaunac (S. Post.).

Chabanes (Hautes et Basses), h. c^{ne} d'Eyliac.

Chabanes (Les), h. c^{ne} de Blis-et-Born (B.).

Chabanes (Les), h. c^{ne} de Mensignac.

Chabanes (Les), lieu-dit, c^{ne} de Sainte-Orse (A. Jud.).

Chabanes (Les), ruines et forêt, c^{ne} de Sorges. — *Castrum de Cabanis*, 1380 (Périgueux, Rec. de tit.).

Chabanettas, h. c^{ne} de Bars.

Chabanier (Le Grand-), h. c^{ne} d'Atur.

Chabans, c^{ne} d'Agonac. — Un des châteaux construits sur la motte d'Agonac. — *Chabanis*, 1281 (Lesp. 51). — *Chapbant*, 1373 (*ibid.*). — Anc. rep. noble.

Chabans, c^{ne} de Bourdeilles (A. Jud.).

Chabans, h. c^{ne} de Jumillac. — Forêt sur le territoire de la Chapelle-Faucher et de Jumillac-de-Cole (B.).

Chabans, vill. c^{ne} de Saint-Léon-sur-Vézère. — *Eccl. de Chabans* (pouillé du XIIIe siècle, archipr. de Carves). — Anc. rep. noble ayant haute justice dans Saint-Léon et Peyzac, 1760 (Alm. de Guy.).

Chabans, h. c^{ne} de Saint-Martial-de-Valette.

Chabans, h. c^{ne} de Saint-Pancrace.

Chabaudie (La), h. c^{ne} de Saint-Romain-Nontron (S. Post.).

Chabenson (Le), h. c^{ne} du Fleix.

Chabinel, h. c^{ne} de Beleymas, 1666 (Acte not.).

Chabinel, c^{ne} de Chantérac. — *Mayn. de Chabinuel*, 1588 (inv. du Puy-Saint-Astier).

Chabirac (Haut et Bas), h. c^{ne} de Jaure. — *Mayn. de Chabirac*, 1471 (Dives, 1, 74).

Chablat, h. c^{ne} de Varagne.

Chaboin, h. c^{ne} de Petit-Bersac (B.).

Chaboussie (La), lieu, c^{ne} d'Atur. — *Locus de la Chabossie*, 1333 (Lesp. 35).

Chaboussie (La), lieu-dit, c^{ne} de Bouteilles (cad.).

Chaboussie (La), anc. m. au bourg de Chantérac. — *La Chaboussye*, 1583 (inv. du Puy-Saint-Astier).

Chaboussie (La), anc. maison au bourg de Grignol. — *Chabocenses de Granholio*, 1226. (Lesp. 70). — *La Chabossia*, 1347 (*ibid.*). — *Borie Chaboussens*. XVIe siècle (Lesp. 79).

Chaboussie (La), c^{ne} de Saint-Pardoux. — *La Chaboussie*, 1588 (inv. du Puy-Saint-Astier).

Chaboussie (La), lieu, c^{ne} de Saint-Sébastien.

Chaboussie (La), c^{ne} de Tocane. — *Tenent. de la Chabossia*, 1330 (Périg. M. H. 12. 6).

Chaboussie (La), c^{ne} de Vern. — *Territorium de Chabosset*, 1490 (Lesp. Reconn. de la Besse).

Chaboussie (La), h. c^{ne} de Villars (S. Post.).

Chabouterie, h. c^{ne} de Saint-Médard-d'Excideuil (S. Post.).

Chabrage, h. c^{ne} de Saint-Crépin-Mareuil.

Chabrasly (Le), lieu-dit, c^{ne} de Bourgnac (cad.).

Chabras (Les), h. c^{ne} de Champsevinel.

Chabras (Les), c^{ne} de Saint-Avit-de-Vialard. — 1510 (Lesp.).

Chabredies (Au), taillis, c^{ne} de Coulaures (A. Jud.).

Chabrefy, h. c^{ne} de Monclar. — *Locus de Caprefico*. 1170 (cart. de Chancelade). — *Chabrafic*, 1230 (Lesp. 51, Clerm. de Beaur.). — *Saint-Johannes de Cabrefy*, 1450 (Lesp.).

Prieuré conventuel dépendant de l'abb. de Chancelade.

Chabrefy, b. c^{ne} de Negrondes.

Chabbeillac, éc. c^{ne} de Saint-Front-la-Rivière (S. Post.).

Chabrela (La), lieu-dit, c^{ne} de Terrasson (cad.).

Chabrelie (La), h. c^{ne} de Thenon (A. Jud.).

Chabrelle (La), éc. c^{ne} de Saint-Naixent.

Chabrelles, h. c^{ne} de Saint-Just.

Chabrerie (La), h. c^{ne} de Château-l'Évêque. — Anc. maison noble (S. Post.).

Chabrerie (La), h. c^{ne} de Firbeix (S. Post.).

Chabrerie (La), c^{ne} de Saint-Germain-du-Salembre.

Chabrerie (La), lieu-dit, c^{ne} de Saint-Jean-d'Estissac. — *A la Chabreyrie*, 1642 (Acte not.).

Chabretaire, h. c^{ne} de Douchapt.

Chabreterie (La), éc. c^{ne} de Plazac.

Chabre-Vialard, lieu-dit, c^{ne} de Chavagnac (cad.).

Chabridou, lieu-dit, c^{ne} de Saint-Pierre-de-Cole (cad.).

Chabridoux (Les), h. c^{ne} d'Hautefort.

Chabrien, h. c^{ne} de Coulounieix.

Chabrier (Le), c^{ne} de Razac-Saussignac. 1774 (Acte not.).

CHABRIER (VAL-), cᵇᵉ de Brassac (Mont.).
CHABRIÈRE (LA), taillis, cⁿᵉ de Proissans (cad.).
CHABRIGNAC, lieu-dit, cⁿᵉ de Carlux (cad.).
CHABRIGNAC, h. cⁿᵉ de Terrasson.
CHABRILLE, éc. cᵇᵉ de Brantôme.
CHABRISSOU (LE), lieu-dit, cᵗᵉ de Saint-Germain-du-Salembre (cad.).
CHABROLIEYRE? — Mansus de Chabrolieyras in par. de Champanhac? 1375 (Périg. M. H. 41, 3).
CHABROUILLE (LA), terre et taillis, cᵇᵉ de Bassillac (A. Jud.).
CHABROUILLE (LA), h. et chapelle, cⁿᵉ de Saint-Barthélemy-de-Bellegarde (B.).
CHABROULEN? cⁿᵉ de Millac-de-Nontron. — Las fourets Chabroulen, 1745 (Acte not.).
CHABROULIE (LA), cⁿᵉ de Chalagnac. — Mayn. de la Chabrolia sive la Merla, 1485 (Liv. Nof. p. 50).
CHABROULIE (LA), h. cⁿᵉ de Génis (A. Jud.).
CHABROULIE (LA), cⁿᵉ de la Monzie-Montastruc. — La Cabrolia, 1485 (Liv. N. p. 23).
CHABROULIE (LA), lieu-dit, cⁿᵉ de Montclar. — Cumba Cabrola (Liv. N. 104).
CHABROULIE (LA), h. cⁿᵉ de Négrondes.
CHABROULIE (LA), h. cⁿᵉ de Reillac-et-Champniers (B.).
CHABROULIE (LA), h. cⁿᵉ de Thenon (A. Jud.).
CHABROULIES (LES), h. cⁿᵉ de Bosset. — Chabroullas, 1739 (Not. de V.).
CHABROULIES (LES), cⁿᵉ de Chantérac. — Mayn. de las Chabroulias, 1588 (inv. du Puy-Saint-Astier).
CHABROULIES (LES), h. cᵗᵉ de Montren. — Ruisseau du Petit-Naussac ou des Chabroulies (A. Jud.).
CHACOMEYRE (LA)? bois, cⁿᵉ de Sendrieux. — Nemus vocatum de la Chacomeyra, 1452 (Liv. Nof. 1).
CHADAL, lieu-dit, cᵗʳ de Beauregard-Terrasson (cad.).
CHADAL, lieu-dit, cᵗʳ de Douville, 1650 (Acte not.).
CHADAL? cⁿᵉ de Négrondes.— Lo Chadal de Peuch Nelg. 1518 (O. S. J.).
CHADAL, lieu, cⁿᵉ de Neuvic.
CHADAL, lieu-dit, cⁿᵉ de Peyrignac (cad.).
CHADAL? cᵗᵉ de Villac. — Casale voc. lo Chadal. 1500 (O. S. J.).
CHADALOU (LE), h. cⁿᵉ de Savignac-les-Églises (B.).
CHADEAU, h. cⁿᵉ de Lunas (S. Post.).
CHADEAU, h. cⁿᵉ de Saint-Geraud-de-Cors (S. Post.).
CHADEAUX (LES), h. cⁿᵉ d'Augignac (S. Post.).
CHADEAUX (LES), lieu-dit, cⁿᵉ de Saint-Jean-de-Cole (cad.).
CHADENE (LA), cⁿᵉ d'Eygurande. — Chadenia, 1300 (Lesp. vol. 79).
CHADENE (LA)? cᵇᵉ de Périgueux. — Lo forn de la Chadena, un des fours de la ville de Périgueux, XIIIᵉ siècle (Reg. de la charité, bibl. de Périg.).
CHADEPUY, lieu-dit, cⁿᵉ d'Eyliac (A. Jud.).

CHADEUIL (LE), h. cⁿᵉ de la Gemaye (S. Post.).
CHADEUIL (LE), h. cⁿᵉ de Millac-de-Nontron.
CHADIRAC, h. cⁿᵉ de Saint-Aulaye (B.).
CHADOURGNAC, h. cⁿᵉ de Thiviers. — Il est situé à la source du Favar, ruiss. qui se jette dans l'Ille devant Corgnac.
CHADOURNE, h. cⁿᵉ de Lunas.
CHADRIERS (LES), vigne, cⁿᵉ de Brantôme (A. Jud.).
CHAFAUDIE (LA)? — La Chafaudia, 1203 (Rentes dues au seigneur de Taillefer).
CHAFFINIE (LA)? cⁿᵉ de Neuvic. — La Chaffinia. 1451 (Lesp. 51).
CHAFOUR (LE), h. cⁿᵉ de Saint-Geniez (B.).
CHAFOUR (LE), éc. cⁿᵉ de Salon. — Chaffort (B.).
CHAFRELIÈRES, h. cⁿᵉ de Bourdeix (B.).
CHAGELAS, cⁿᵉ de Saint-Apre.
CHAGRONYE (LA), lieu-dit, cⁿᵉ de Mortemart, 1666 (O. S. J.).
CHAHOUT (LE), lieu-dit, cⁿᵉ de Saint-Front-de-Pradoux (cad.).
CHAILLANDES (LES), m. isol. cⁿᵉ de Montcaret (S. Post.).
CHAILLANDES (LES), h. cⁿᵉ de la Motte-Monravel (A. Jud.).
CHAILLAT, h. cⁿᵉ de Rossignol (B.).
CHALAGNAC, éc. cⁿᵉ d'Azerat (A. Jud.).
CHALAGNAC, cᵇᵉ, cᵒⁿ de Vergt. — Chalapnacum (pouillé du XIIIᵉ siècle). — Chalanhacum, 1485 (Liv. Nof. 50). — Chalaignac (B.).
Une des paroisses mouvant de la haute justice du Pariage entre le roi et le chapitre de Saint-Front. — Voc. Saint-Sernin.
CHALAIS, cⁿᵉ, cᵒⁿ de Jumillac-le-Grand. — Chalesium, 1190 (Lesp. Saint-Jean-de-Cole). — Chales (pouillé du XIIIᵉ siècle).— Calesium, 1365 (Lesp. 88, Bruzac). — Chalaix, 1760.
Anc. rep. noble mouvant au XIVᵉ siècle de la châtell. de Bruzac, depuis ayant haute justice sur partie de Chalais et de Saint-Paul, 1760 (Alm. de Guy.). — Patron: saint Aignan; coll. le prieur de Saint-Jean-de-Cole.
CHALAMARD, h. cⁿᵉ de Saint-Paul-la-Roche (B.).
CHALAMARD, éc. cⁿᵉ de Vern (B.).
CHALAMON? cⁿᵉ de Trélissac. — Chalamon, 1340 (ch. Mourcin). — Talamon, 1371 (ibid.). — Chalamo, 1450 (Périg. M. H.).
CHALAND, h. cⁿᵉ de Saint-Martial-d'Albarède (A. Jud.).
CHALANGE (LE), lieu-dit, cⁿᵉ de Couse (cad.).
CHALARD (LE), h. cⁿᵉ d'Angoisse.
CHALARD (LE), h. cⁿᵉ d'Aulbiac (S. Post.).
CHALARD (LE), habit. cⁿᵉ d'Antone (S. Post.).
CHALARD (LE), cⁿᵉ de Bergerac? — El Caylar, 1450 (Liv. N.).
CHALARD (LE), h. cⁿᵉ de Busserolles.

CHALARD (LE), h. c⁰ᵉ des Farges. — *Eccles. de Chalard*, archipr. *Sarlatensis* (pouillé du XIIIᵉ siècle). — *Par. de Caslario*, 1365 (Lesp. Châtell. de Montignac). — *Chaslarium* (Lesp. Bulle de Jean XXII).

CHALARD (LE), c⁰ᵉ de Grignol. — *Pratum voc. del Chalar*, 1481 (Dives, 1).

CHALARD (LE), h. c⁰ᵉ de Jumillac.

CHALARD (LE), c⁰ᵉ de Limeyrac. — *Eccles. del Chaslard*, archipr. d'Excid. 1382 (P. V. M.).

Anc. rep. noble, 1503 (Mém. d'Albret).

CHALARD (LE), vill. c⁰ᵉ de Ribérac. — *Eccl. del Chalar* (pouillé du XIIIᵉ siècle). — *Caslarium*, 1382 (P. V. M.). — *Chaslarium*, 1365 (Lesp. 88, Châtell.).

Prieuré (Itin. de Clément V en Périgord).

CHALARD (LE), c⁰ᵉ de Rouffignac. — *Le Cheylard*, 1740 (Acte not.). — Anc. rep. noble.

CHALARD (LE), h. c⁰ᵉ de Saint-Paul-la-Roche. — *Repayrium del Chaslar*, 1350 (Lesp. 15).

CHALARD (LE), lieu, c⁰ᵉ de Saint-Victor. — *Podium del Chalar*, 1289 (Périg. M. H. 41, n° 1).

CHALARD (LE), h. c⁰ᵉ de Savignac, c⁰ⁿ du Bugue.

CHALARD (LE), lieu-dit, c⁰ᵉ de Villac (cad.).

CHALARD (LE), lieu-dit, c⁰ᵉ de Villetoureix (cad.).

CHALARD (LE), h. — Voy. BORDAS.

CHALARDS (LES), c⁰ᵉ de Mensignac (B.).

CHALAURE (LE), ruiss. de la Double, qui prend sa source près de Saint-Michel-de-l'Écluse et se jette dans la Drone.

CHALAURE (LE), h. c⁰ᵉ de Saint-Michel-de-l'Écluse. — Anc. maison de l'ordre de Saint-Jean, dép. de la comm⁰ⁱᵉ de Bordeaux.

CHALCEDIE (LE)? — *La Chalcelia*, 1204 (Rentes dues au seigneur de Taillefer).

CHALET (LE), ruiss. c⁰ᵉ de Jumillac (B.).

CHALEY (HAUT et BAS), mét. dép. du château de Payzac (Nontron).

CHALIBAT, h. c⁰ᵉ de Saint-Remy.

CHALIS, h. c⁰ᵉ de Monsac, 1743 (Acte not.).

CHALLANDIA (LA), fief relev. de Saint-Astier? (Mém. d'Albret).

CHALMES? c⁰ᵉ de Brassac. — *Mayn. de Chalmes*, 1284 (Périg. M. H. 41, 2).

CHALOUBO, bois, c⁰ᵉ de Champsevinel. — *Nemus de Chalobo*, 1371 (ch. Mourcin).

CHALOUBO? c⁰ᵉ de Trélissac. — *Chalobo*, 1320 (Périg. M. H. 41, 2).

CHALUP (LES), h. c⁰ᵉ de Mensignac (B.).

CHALUPIE (LA), h. c⁰ᵉ d'Eyliac. — *La Chalupia*, 1503 (Mém. d'Albret).

Anc. rep. noble.

CHALUS, forêt près de Montignac-sur-Vauclaire, 1503 (Mém. d'Albret).

CHALUS, c⁰ᵉ de Vaunac. — *Mans. de Chalus*, 1460 (O. S. J.).

CHALUS, ville du dép¹ de la Haute-Vienne. — *Castrum montis Leuci*, 667 (Vie de saint Vaast).

Ce château est indiqué, dans la Vie de Saint Vaast, comme étant la limite entre le Limousin et le Périgord.

CHALUSSET, vill. c⁰ᵉ de Jumillac-le-Grand. — *Eccl. de Chaslucet* (pouillé du XIIIᵉ siècle). — *Caslussetum*, 1365 (Lesp. 88, Châtell.).

CHALUSSIE (LA), éc. c⁰ᵉ de Beauregard-Terrasson.

CHALUSSIE (LA), h. c⁰ᵉ de Savignac-les-Églises.

CHALUSTRE, h. c⁰ᵉ de Montcaret.

CHALVARIE (LA)? c⁰ᵉ de Saint-Germain-du-Salembre. — *Bord. de la Chalvaria*, 1471 (Dives, I, 58).

CHALVIA, h. c⁰ᵉ de Fossemagne, 1503 (Mém. d'Albret).

CHAMAGNE (LA), h. c⁰ᵉ du Vieux-Mareuil (S. Post.).

CHAMALY, c⁰ᵉ de Saint-Paul-de-Serre.

CHAMARAC, h. c⁰ᵉ de Beaurone.

CHAMBARAC (LE), h. c⁰ᵉ de Brantôme.

CHAMBARRIERAS (LAS), c⁰ᵉ de Vern, ténement. — 1625 (Lesp. 79).

CHAMBARY, h. c⁰ᵉ de Saint-Marcel, 1729 (Not. de Moul.).

CHAMBAUD, lieu-dit, c⁰ᵉ de Belvez (cad.).

CHAMBAUD? c⁰ᵉ de Carves. — *Terra del Cambo*, 1351 (Belvez).

CHAMBAUDIE, h. c⁰ᵉ de Saint-Laurent-des-Hommes (S. Post.).

CHAMBAUDIE, lieu-dit, c⁰ᵉ de Terrasson (cad.).

CHAMBAUDOU (LE), lieu-dit, c⁰ᵉ de Sainte-Foy-de-Belvez (cad.).

CHAMBEAUX (LES), h. c⁰ᵉ d'Ales (S. Post.).

CHAMBEAUX (LES), h. c⁰ᵉ de Bourdeilles (S. Post.).

CHAMBERLHIAC, c⁰ᵉ d'Agonac. — *Hospitium de Chambralhaco*. — *Chambarlhacum* (cart. de Chancelade). — *Chambarliat*, 1503 (Mém. d'Albret).

Anc. rep. noble mouvant de la châtell. de Bourdeilles.

CHAMBERONIE (LA), éc. c⁰ᵉ de Sanillac (B.).

CHAMBEUIL, c⁰ᵉ de Ribérac. — *Bailliva de Chambult*, 1373 (Lesp. O. S. J.). — Dépendait de la comm⁰ⁱᵉ de Combayrenche.

CHAMBON, m⁰ⁿ, près d'Excideuil (A. Jud.).

CHAMBON, h. c⁰ᵉ de Saint-Léon-Montignac (S. Post.).

CHAMBON (LE), h. c⁰ᵉ de Brantôme (S. Post.). — Anc. rep. noble.

CHAMBON (LE), m. isolée, c⁰ᵉ de Chancelade (S. Post.).

CHAMBON (LE), h. c⁰ᵉ de Condat. — *Chambo*, 1522 (O. S. J. Condat).

CHAMBON (LE), c⁰ᵉ de Gabillou, ténement (terr. de Vaudre).

Chambon (Le), h. et m^{in}, c^{ne} de Marsac. — Dépendait d'Andrivaux (O. S. J.).

Chambon (Le), métairie, c^{ne} de Montignac-sur-Vézère (S. Post.).

Chambon (Le), lieu-dit, c^{ne} de Paunac (cad.).

Chambon (Le), h. c^{ne} de Saint-Jory-las-Bloux (S. Post.).

Chambon (Le), lieu-dit, c^{ne} de Sainte-Marie-de-Chignac (A. Jud.).

Chambon (Le), h. c^{ne} de Savignac-le-Drier (S. Post.).

Chambon (Le), c^{ne} de Sourzac. — *Platea de Chambonio* (Lesp. 78; *Olim*, vol. 3).

Chambon (Le), h. c^{ne} de Tourtoyrac (S. Post.).

Chamborel, h. c^{ne} de Montren.

Chambrazes ? c^{ne} de Nadaillac. — *Capella de Chambrazes*, 1099 (cart. d'Uzerche, Lesp. 30).

Chambrelane, anc. dioc. de Périgueux, sur la rive droite de la Drone. — *Eccl. de Chambranes*, 1099 (Gall. ch. Eccl. Lem.). — Dép. de l'abb. d'Uzerche.

Chamiers, h. c^{ne} de Coulounieix.

Chamineau, c^{ne} de Chantérac, 1538 (Lesp. 60).

Chaminels ? c^{ne} de Léguillac ? — *Repayrium de Chaminels*, 1485 (Lesp. 20).

Chamizac. h. c^{ne} de Celle, 1639 (Acte not.).

Chamloulet, éc. c^{ne} de Plazac.

Champagnac, h. c^{ne} de Badefol-d'Ans (S. Post.). — *Champaignac*, 1740 (Acte not.).

Champagnac, h. c^{ne} de Bourèze.

Champagnac-de-Belair, ch.-l. de c^{on}, arrond. de Nontron. — *Campanhacum, Champanhacum*, 1380 (P. V. M.). Archipr. portant au xiiie siècle le nom d'archipr. de Condat et composé de 27 paroisses : Cantillac, Champagnac, la Chapelle-Faucher, la Chapelle-Montmoreau, Condat, Eyvirat, Jumillac-le-Petit, Lempzours, Millac, Quinsac, Romain, Saint-Angel, Saint-Clément, Saint-Clément-de-Cole, Saint-Crépin, Saint-Front-de-Champniers, Saint-Front-la-Rivière, Saint-Jean-de-Cole, Saint-Laurent-de-Gogabaud, Saint-Martin-de-Fressengeas, Saint-Nicolas-de-Rome, Saint-Pancrace, Saint-Pardoux, Saint-Pierre-de-Cole, Sensault, Vaunac et Vilars (Liste des par. du dioc. de Périgueux, du 11 décembre 1732).
Anc. rep. noble relevant au xive siècle de la châtell. de Nontron, depuis ayant haute justice sur Champagnac et Saint-Laurent-de-Gogabaud, 1760 (Alm. de Guy.). — Patron : saint Christophe.

Champagne réuni avec Fontaine, c^{ne}, c^{on} de Verteillac. — *Campana* (pouillé du xiiie siècle). — *Champanha*, 1380 (P. V. M.). — *Campania*, 1310 (L. 24). Patron : saint Martin; coll. l'évêque.

Champagne, c^{ne} de Lisle. — *Masus de Champanha*, 1150 (cart. de Chancelade).

Champagne, h. c^{ne} de Saint-Crépin-de-Richemont. — *Repayrium de Champanha*, 1495 (O. S. J.).

Champagne (La), forêt à peu de distance de la forêt de Limeyrac, c^{ne} de Saint-Pierre-de-Chignac; elle tient à la forêt de Bouillon et est d'une contenance de 116 hectares.

Champagne (La), h. c^{ne} de Nanteuil-Thiviers (B.).

Champagne (La), lieu-dit, c^{ne} de Negrondes (A. Jud.).

Champagnou, h. c^{ne} de Villetoureix (A. Jud.).

Champaubière, lieu-dit, c^{ne} des Farges (A. Jud.).

Champauda ? c^{ne} de Boulazac. — *Bordaria de Champauda*, 1282 (Périg. M. II. 41, 3).

Champ Brugeyrenc ? c^{ne} de Mauzens, 1485 (arch. de la Gir. Bigaroque).

Champ-de-Dalon, h. c^{ne} de la Feuillade (S. Post.).

Champ-de-l'Église, terre entre l'église et le château de Banes, c^{ne} de Beaumont; on y a trouvé un cimetière gallo-romain.

Champ-de-Limeuil ? — *Campus Limolii juxta ulnum d'Alcos*, 1177 (Lesp. 37).

Champ-de-Mars, h. c^{ne} de Saint-Antoine-de-Breuil (S. Post.).

Champ-de-Rente, lieu-dit, c^{ne} de Lauquais (cad.).

Champ-des-Lis, terre, c^{ne} de Lolme (A. Jud.).

Champ-des-Moines, lieu-dit, c^{ne} du Fleix. — Voy. Hermitage (le Périg. illustré).

Champ-des-Pauvres, c^{ne} de Couze (cad. sect. B, 1152-1153).

Champ-Doré, h. et m^{in} sur l'Ille, c^{ne} de Nantiat (B.).

Champdoré, h. c^{ne} de Nantiat.

Champ-du-Comte, vigne, c^{ne} de Mouleydier (A. T.).

Champeaux, éc. c^{ne} de Preyssac-d'Agonac. — *Champot* (B.).

Champeaux-et-la-Chapelle-Pommier, c^{ne}, c^{on} de Mareuil. — *Champeus* (pouillé du xiiie siècle). — *Champelli*, 1382 (P. V. M.). — *Campelli*, 1365 (Lesp. Châtell.). Voc. Saint-Martin.

Champes, h. qui a donné son nom à la c^{ne} de Born, c^{on} d'Issigeac.

Champeyroux, h. c^{ne} de Mareuil (S. Post.).

Champlouvier, h. c^{ne} de Saint-Pierre-de-Cole (B.).

Champ-Martin, mét. c^{ne} de Montplaisant.

Champ-Martin ? c^{on} de Saint-Aulaye. — *Prioratus Sancti Martini campi Martini*, 1197 (cart. de la Sauve). — *Campus Martini*, 1382 (P. V. M. arch. du Double). — *Camp Narti* (pouillé du xiiie siècle, arch. du Double). — *Notre-Dame-de-Saint-Martin-de-Champ-Martin*, xvie siècle (prieuré visité par Clément V, dans son séjour à Parcoul).

Champniers-et-Reillac, c^{ne}, c^{on} de Bussière-Badil. — *Campnerium*, 1365 (Lesp. Châtell.).
Anc. rep. noble, relevant au xive s^{e} de la châtell.

de Nontron, depuis ayant haute justice sur Champniers, Pluviers et Augignac, 1760 (Alm. de Guy.).

• CHAMP-ROUY, h. cⁿᵉ de Jaure. — *Boria de Champroy*, 1339 (Lesp. 51).

CHAMP-ROUY, h. cⁿᵉ de Manzac. — *Boria et Molend. de Champ-Roy* (Dives, 1).

CHAMP-ROUY, h. cⁿᵉ de Vallereuil. — *Campus Rubeus*, 1347 (Lesp. La Force). — *Champroueix* (Cass.).

CHAMPS (LES), h. cⁿᵉ de Chalais (B.).

CHAMPS (LES), cⁿᵉ de Léguillac-de-Lauche. — *Campi*, 1224 (Lesp. 33, la Faye).

CHAMPS (LES), éc. et chapelle, cⁿᵉ de Nontron (B.).

CHAMPS (LES), h. cⁿᵉ de Romain-Nontron (B.).

CHAMPSEVINEL, cⁿᵉ, cᵒⁿ de Périgueux. — *Chansavinel* (pouillé du xiiiᵉ siècle). — *Baylia Campi Savinelli*, 1243 (Lesp. 20). — *Champsavinel*, 1303 (P. M. H. 41, 1).— *Chanssevineau*, 1330 (inv. de Lanmary). — *Campus Savinelli*, 1382 (P. V. M.). — *Chamsavinel*, 1483 (Lesp.).— *Sanctus Marcus de Champsevinel*, 1774 (collation par le chap. de Saint-Front).

Patron : saint Marc.

CHANABAUDOU (A.), terre, cᵗᵉ du Change (A. Jud.).

CHANAC, h. cⁿᵉ de Simeyrol.

CHANALARIE (LA)? cⁿᵉ de Bourrou. — *La Chanalaria*, ténement, 1474 (Dives).

CHANALIER? cⁿᵉ de Grignol. — *En Chanalier*, 1500 (Dives, terr. p. 131).

CHANAMEIX, bois, cⁿᵉ de Coulounieix, 1461 (Lesp. vol. 35).

CHANAU, h. cⁿᵉ de Trélissac. — *Chanals*, 1320 (Périg. M. H. 41, 1; *ibid.* 1285, vol. 3). — *Chanaud* (B.).

CHANAU, cⁿᵉ de Vallereuil. — *Maynam. voc. de Chanauhaco*, 1475 (Dives, 105).

CHANAUDOUX (LES), terre, cⁿᵉ de Sales-de-Belvez (A. Jud.).

CHANAUX (LES), cⁿᵉ d'Anesse. — *Las Chaneaux*, 1736 (Acte not.).

CHANAUX (LES), h. cⁿᵉ de Lusignac.

CHANCEL, h. cⁿᵉ d'Ajat-d'Hautefort. — *Mas de Chancel*, 1348 (Gén. de la Cropte). — *Ecclesia deu Chancel*, archip. de Exidolio, 1556 (panc. de l'év.).

CHANCELADE, lieu-dit, cⁿᵉ de Bouteilles (cad.).

CHANCELADE, lieu-dit, cⁿᵉ de Cercles (cad.).

CHANCELADE, h. cⁿᵉ de Champagnac-de-Belair (S. Post.).

CHANCELADE, h. cⁿᵉ de Fossemagne, 1503 (Mém. d'Albret).

CHANCELADE (FORÊT DE) : elle était de 400 hectares en 1807 (état d'assiette); réunie maintenant à Sallegourde.

CHANCELADE-ET-BEAURONE, cᵗᵉ, cᵒⁿ de Périgueux.— Voc. Saint-Jean.

Abbaye de l'ordre de Saint-Augustin fondée en Dordogne.

1128. — *Abb. Sanctæ Mariæ de Cancellata* (cart. de Chancelade). — *Chanselada*, 1233 (*ibid.*).

Bénéfices qui en dépendaient : Cantemerle (par. du Pizou), Gal-Rostit (par. de Saint-Martial-d'Artensec), Saint-Antoine-du-Toulon, Sainte-Catherine-de-Born (Blis), Sainte-Innocence, Saint-Jean-de-Cabrefy (par. de Monclar), Saint-Jean-de-Margnac (par. de Cantillac), Saint-Jean-de-Merlande, Saint-Mamet, Sainte-Marie-de-Cubjat, Saint-Martial-de-Roquette-d'Eymet, Saint-Martin-d'Artensec, Saint-Martin-de-l'Isle, Sainte-Natalène, Saint-Saturnin-de-Beaurone, Saint-Saturnin-de-Blis, Saint-Sulpice-d'Eymet, Saint-Vincent-d'Excideuil (cart. de l'abb. de Chancelade).

Patronne : l'Assomption.

CHANCELANT, h. cⁿᵉ de Saint-Crépin-de-Mareuil.

CHANCELET, cⁿᵉ de Trélissac. — *Chancelet*, 1340 (ch. Mourcin).

CHANCELIE? cⁿᵉ de Grun. — *Maynam. de la Chancelia*, 1475 (Dives, 1, 132).

CHANCÈRE (LA), habit. cⁿᵉ de Bergerac, 1738 (Acte not.).

CHANDOS, h. cⁿᵉ de Beaupouyet. — *Chandeaux* (B.).

CHANET, h. cⁿᵉ de Saint-Vincent-d'Excideuil.

CHANET-LA-CIPIERRE, habit. cⁿᵉ du Vieux-Mareuil (B.).

CHANET-LA-LANDE, éc. cⁿᵉ du Vieux-Mareuil (B.).

CHANGE (LE), cⁿᵉ, cᵒⁿ de Savignac-les-Églises. — *Ecclesia deu Chanhere*, archip. de Exidolio ? (Lesp. Pouillé du xiiiᵉ siècle). — *Cambium*, 1400 (Lesp. Homm. 26). — *Le Chambge*, 1502 (Mém. d'Albret).

Anc. rep. noble, ayant haute justice sur la paroisse, 1760 (Alm. de Guy.). — Voc. Saint-Jean-Baptiste.

CHANGE (LE PETIT-), habit. cⁿᵉ de Coulounieix.

CHANHIERS? mⁱⁿ, cⁿᵉ de Neuvic. — *Mol. de Chanhiers*, 1471 (Dives, 1).

CHANIOT, h. cⁿᵉ de Meyral (B.).

CHANLEC? cᵒⁿ de Nontron. — *Ecclesia de Chanlec*, 1295 (Gall. ch. Eccl. Lem.).

L'archiprêtré de Nontron est aujourd'hui du dépᵗ de la Dordogne.

CHANLIE (LA), h. cⁿᵉ de Coutures.

CHANLOUBET, h. cⁿᵉ de Plazac. — Anc. rep. noble.

CHANOUX, h. cⁿᵉ de Saint-Aquilin.

CHANSARIAS (Aux), taillis, cⁿᵉ de Biras (A. Jud.).

CHANSEAU, h. cⁿᵉ d'Ajat, 1503 (Mém. d'Albret).

CHANSEAU, h. cⁿᵉ de Cherval. — *Chansaulx*, 1560 (Lesp.).

CHANSEAU, h. cⁿᵉ de Nanteuil-de-Bourzac.

CHANSEIGNE, h. cⁿᵉ de Montren. — *Chancegne* (B.).

CHANTAREL, sect. de la cⁿᵉ de Cadouin (cad.).

CHANTAUZEL, éc. cⁿᵉ de Fonroque (A. Jud.).

CHANTE-ALOUETTE, lieu-dit, cⁿᵉ de Parcoul (cad.).

Chante-Cheu, lieu-dit, c^ne de Saint-Jean-d'Estissac, 1675 (arpent. du mas Gouteyren).

Chante-Cigale, lieu-dit, c^ne de Millac-Carlux (B.).

Chante-Cor, h. c^ne de Chalais.

Chante-Cor, h. c^ne de Trélissac.

Chante-Égrijole, lieu-dit, c^ne de Bourg-de-Maisons (cad.).

Chante-Fauvette, éc. c^ne de Cumont (B.).

Chante-Faye, lieu-dit, c^ne de Bourg-de-Maisons (cad.).

Chante-Gal, m. isolée, c^ce d'Atur (S. Post.).

Chante-Geline, c^ce de Javerlhac (B.).

Chante-Geline, vill. sect. de la c^ne de Mensignac. — *Cantus Gelinæ*, 1373 (Lesp. O. S. J.). — *Cantus Gallinæ*, 1365 (Lesp. vol. 10). — *Chante-Poule* (cad.).

Maison donnée par G. de Fayolle aux hospitaliers en 1175 et qui devint une comm^rie de l'ordre de Saint-Jean).

Chante-Grel, h. c^ne de Pazayac (B.).

Chante-Grel, c^ne de Saint-Félix-de-Villadeix, 1730 (Acte not.).

Chante-Grel, c^ce de Trélissac. — *Chantagrelh*, 1325 (ch. Mourcin).

Chante-Gros, h. c^ne de Firbeix (S. Post.).

Chante-Gros, h. c^ne de Ponchat (B.).

Chantelauvette, lieu, c^ne de Douville. — *Tenentia de Chantaloba*, 1399 (Périg. M. H. 41, 5).

Chantelauvette, ancien nom de Puyviroulent, c^re de Manzac (Dives).

Chante-Loube, éc. c^ce de Clermont-de-Beauregard. — *Cantalauva*, 1463 (Lesp.).

Chante-Loube, éc. c^ne de Plazac.

Chante-Loube, h. c^ne de Reillac-et-Champniers (B.).

Chante-Loube, éc. c^te de Saint-Amand-de-Coly (B.).

Chante-Loube, c^ce de Saint-Astier, 1484 (inv. du Puy-Saint-Astier).

Chante-Loube, éc. c^ne de Villamblard. — *Tenentia de Chantaloba*, 1399 (Lesp. Estissac).

Chante-Merle, lieu, c^ne de Saint-Antoine-du-Pizou. — *Cantamerle*, 1178 (cart. de Chancelade).

Anc. prieuré dép^t de l'abbaye de Chancelade.

Chante-Merle, éc. c^te de Saint-Martin-le-Peint (B.).

Chante-Merle, m^in, c^ce de Saint-Victor (B.).

Chante-Miaule, éc. c^ne de Saint-Raphaël (B.).

Chante-Miaule, h. c^ne de Tourtoyrac (A. Jud.).

Chante-Pie, roche dans laquelle s'ouvre la grotte de Miremont.

Chante-Pinson? — *Chanta Pinso*, 1170 (cart. de Chanc. Lesp. 65, donat. de cette terre à l'abbaye).

Chante-Poule, h. c^ne de Saint-Aquilin (cad.).

Chantérac, c^te, c^on de Neuvic. — *Cantairac*, 1122. — *Chantairac*, 1104 (Lesp. vol. 27 et 30, arch. du

chap. de Saint-Astier). — *Chanteyrac* (anc. pouillé, Lesp. 27).

Anc. rep. noble, mouvant au xive s^e de la châtell. de Saint-Astier, depuis érigé en marquisat, et ayant haute justice sur Chantérac.

Siége d'un archipr., auparavant nommé *Pardusensis*, qui se composait de 13 paroisses : Beaurone, Chantérac, Douchapt, Douzillac, Puycorbier, Saint-Aquilin, Saint-Astier, Saint-Germain-du-Salembre, Saint-Jean-d'Ataux, Saint-Mer, Saint-Pardoux-de-Drone, Segonzac, Tocane (État des par. de 1732). — Patron : saint Pierre.

Chantérac, h. c^ne d'Ajat-Thenon.

Chantérac, h. c^ne de Villamblard (cad.).

Chante-Rane (Moulin de), h. c^ne de la Chapelle-Saint-Jean (A. Jud.).

Chante-Rane (Moulin de), c^re de Saint-Barthélemy-de-Bellegarde (B.).

Chanteras, h. c^ne de Javerlhac (S. Post.).

Chante-Renard, éc. c^ne de Manzac (cad.).

Chanterie (La), h. c^ne de Valeuil (S. Post.).

Chanterou, h. c^ce de Nastringues (S. Post.).

Chante-Toile, terre, c^ne de Sainte-Croix-de-Mareuil (A. Jud.).

Chantilloux (Les), taillis, c^ne de Saint-Avit-Rivière (A. Jud.).

Chantoux (Les), h. c^ne de Saint-Sauveur-de-la-Lande (B.).

Chantreix, ruiss. qui a sa source auprès de la Jaunie, passe à Chantreix et se jette dans la Drone vis-à-vis de Saint-Pardoux-la-Rivière.

Chanut, lieu-dit, c^ne de Prats-de-Carlux (cad.).

Chanzaudie, c^re de Grun. — *Borde de la Chanzaudie*, 1270 (inv. du Puy-Saint-Astier).

Chap, c^ne de Montren. — *Maynam. de Chap*, 1467 (Lesp. 63).

Chapalarias, h. c^ne de Saint-Étienne-le-Droux (S. Post.).

Chapchapt, h. c^ne d'Abjat-de-Nontron (B.).

Chap de cinq, fief, c^ne de Clermont-d'Excideuil.

Chapdeuil (Le), avec Saint-Just, c^te, c^on de Montagrier. — *Capdolium*, 1143 (donat. à Saint-Cybard d'Ang.). — *Capdolhium*, 1364 (Lesp. Châtell.). — *Chapdoill*, 1203 (cart. de Chancelade). — *Chapdueilh*, 1560 (coll. de Lanquais). — *Chapdelh* (châtell. arch. de Pau). — *Chadeul*, 1760 (Alm. de Guy.).

Voc. Saint-Astier. — Anc. châtell. composée au xive siècle de 3 paroisses : Bourg-de-Maisons, Cercles et Verteillac (Lesp. Châtell. 88).

Rep. noble, ayant haute justice sur Chapdeuil et Bourg-de-Maisons, 1760 (Alm. de Guy.).

Chapdeuil (Le), c^ne de Sencenac. — *Capdolium*, 1285 (arch. de l'Emp. K, 1170).

CHAPDEUIL (LE), m. is. c^{ne} de Siorac-Ribérac (S. Post.).

CHAPEAU-BLANC, h. c^{ne} de Saint-Michel-de-Montaigne (B.).

CHAPELAS, forge et h. c^{te} de Saint-Saud-la-Coussière.

CHAPELAS (BOIS DE), taillis, c^{ne} de Sourzac (cad.).

CHAPELAS (LA), m. is. c^{ne} de Sainte-Trie (S. Post.).

CHAPELIE, h. c^{ne} de Chantérac (B.).

CHAPELIE, h. c^{ne} de Saint-Astier (A. Jud.).

CHAPELIE (LA), h. c^{ne} de Saint-Astier. — La Babbinie, 1540 (inv. du Puy-Saint-Astier).

CHAPELIÈRE (LA), friche, c^{ne} de Bassillac (A. Jud.).

CHAPELLE (À LA), terre et pré, aux Vidaloux, c^{ne} d'Hautefort (A. Jud.).

CHAPELLE (COMBE-DE-LA-), lieu-dit, c^{ne} de la Cassagne (cad.).

CHAPELLE (COMBE-DE-LA-), lieu-dit, c^{ne} de Saint-Lazare (cad.).

CHAPELLE (DERRIÈRE LA), à l'entrée du village du Monge, c^{ne} de Lanquais. — N'existe plus (cad. n°s 456 et 455, sect. A).

CHAPELLE (DERRIÈRE-LA-), lieu-dit, c^{ne} de Saint-Laurent-des-Hommes (cad. n° 319).

CHAPELLE (LA), lieu-dit, c^{ne} de Beauregard-Terrasson (cad. n°s 429-431).

CHAPELLE (LA), c^{ne} de Beleymas, au vill. de Garmareix, 1666 (Acte not.).

CHAPELLE (LA), lieu-dit, c^{ne} de Bertric (cad. n° 576).

CHAPELLE (LA), lieu-dit, c^{ne} de Besse (B.).

CHAPELLE (LA), taillis, c^{ne} de Bezenac (cad. n° 306).

CHAPELLE (LA), terre, c^{ne} de Bourg-de-Maisons (cad.).

CHAPELLE (LA), h. c^{ne} de Champeaux (S. Post.).

CHAPELLE (LA), lieu-dit, c^{ne} de Cherveix (cad. n° 571).

CHAPELLE (LA), ham. c^{ne} de Condat-sur-Vézère (cad. n° 820).

CHAPELLE (LA), pré, c^{ne} de Corgnac (cad.).

CHAPELLE (LA), terrain auprès de Coursac (A. Jud.).

CHAPELLE (LA), chenevière à Monbayol, c^{ne} de Cubjat (A. Jud.).

CHAPELLE (LA), taillis, auprès de Brunet, c^{ne} de Cussac (cad. n°s 206, 209, 238, 239).

CHAPELLE (LA), lieu-dit, c^{ne} de Fongalau (cad.).

CHAPELLE (LA), éc. c^{ne} de Gabillou (S. Post.).

CHAPELLE (LA), friche, c^{ne} de Limayrac.

CHAPELLE (LA), lieu-dit, c^{ne} de Marsaneix.

CHAPELLE (LA), éc. c^{ne} de Maurens.

CHAPELLE (LA), h. c^{ne} de Minzac (S. Post.).

CHAPELLE (LA), lieu-dit, c^{ne} de Naussanes, 1664 (O. S. J.). — La Capelle, 1620 (ibid.).

CHAPELLE (LA), h. c^{ne} de Paulin (S. Post.).

CHAPELLE (LA), h. c^{ne} de Proissans (S. Post.).

CHAPELLE (LA), h. c^{ne} de Saint-Cyprien. — Capella, 1333 (Gall. ch. Eccl. Burd. Homm. du prieuré de

Saint-Cyprien à l'archev. de Bordeaux). — La Chapelle Saint-Reynal? arch. du Bugue, 1732 (État des par.).

CHAPELLE (LA), lieu-dit, c^{ne} de Saint-Étienne-de-Double (cad.).

CHAPELLE (LA), m. isolée, c^{ne} de Saint-Julien-de-Lampon (S. Post.).

CHAPELLE (LA), lieu-dit, c^{ne} de Saint-Martin-de-Fressengeas (cad.).

CHAPELLE (LA), lieu-dit, c^{ne} de Saint-Pardoux-la-Rivière (cad.).

CHAPELLE (LA), h. c^{ne} de Saint-Pierre-de-Chignac (A. Jud.).

CHAPELLE (LA), terre, c^{ne} de Saint-Sauveur-Bergerac. — A la Chapelle, 1602 (Acte not. confronte au chemin de Saint-Sauveur à Clarens).

CHAPELLE (LA), h. c^{ne} de Sainte-Trie (S. Post.).

CHAPELLE (LA), lieu, c^{ne} de Salagnac.

CHAPELLE (LA), h. c^{ne} de Savignac-le-Drier (S. Post.).

CHAPELLE (LA), c^{ne} de Sendrieux. — La Chapela, 1452 (L. Nof. 3). — Capella (ibid.).

CHAPELLE (LA), éc. c^{ne} de Sireuil (cad.). — Anc. maison noble.

CHAPELLE (LA), sect. de la c^{ne} de Terrasson (cad.).

CHAPELLE (LA), c^{ne} de Villamblard, près du bourg (cad.).

CHAPELLE (LA), pré, c^{ne} de Villatoureix (cad.).

CHAPELLE (LA), lieu-dit, c^{ne} de Villedieu (cad.).

CHAPELLE (LA CROIX-DE-LA-), lieu-dit, c^{ne} de Verteillac (cad.).

CHAPELLE (LE CHAMP-DE-LA-), lieu-dit, c^{ne} de Calès (cad.). — La Capelle (ibid.).

CHAPELLE (SOUS LA), h. c^{ne} de Tursac (cad.).

CHAPELLE-AU-BAREIL (LA), c^{ne}, c^{on} de Montignac. — Al Barelh (pouillé du XIIIe siècle). — Albarelh seu la Landa, 1406 (Lesp. 37).

Anc. rep. noble ayant haute justice sur la par. 1760 (Alm. de Guy.). — Patron : saint Loup.

CHAPELLE-BASSE (LA), h. c^{ne} de Carlux (S. Post.).

CHAPELLE-BASSE (LA), h. c^{ne} de la Chapelle-Castelnau.

CHAPELLE-BASSE (LA), h. c^{ne} d'Orliaguet.

CHAPELLE-CASTELNAU (LA), c^{ne}, c^{on} de Dome. — La chapelle près Saint-Laurent, 1740 (carte de Samson). — La Chapelle-Pechaud (S. Post.). Voc. Notre-Dame.

CHAPELLE DE BEDEAU (LA). — Voy. BEDAUX.

CHAPELLE DE BOULEIX (LA), c^{ne} de Montignac-sur-Vézère (B.). — Chapelle-de-Bouillon? (bénéf. de l'év. de Sarlat, 1648).

CHAPELLE-DE-LA-MOUTHE (LA), h. c^{ne} de Queyssac (cad.).

CHAPELLE-DE-MIREMONT (LA), vill. c^{ne} de Mauzens-Miremont. — La Chapelle de Miramond, 1678 (Acte not.).

CHAPELLE D'IRLAND (LA)? c^{on} de Vélines. — *Capella Irlandi*, 1081 (donat. à Saint-Florent de Saumur, arch. de la Gir. t. IV). — N'existe plus.

CHAPELLE DU GÉNÉRAL TALBOT (LA). — Voy. COLES.

CHAPELLE-DU-PUY-AURIOL, h. c^{ne} de Saint-Pierre-de-Chignac (S. Post.). — Voy. AURIOL (PUY-).

CHAPELLE-FAUCHER (LA), réuni à JUMILLAC, c^{ne}, c^{on} de Champagnac. — *Foscher, Foschier* (cart. de Ligueux). — *Ecclesia Fulcherii* (pouillé du xiiie s^e). — *Capella Fulcherii*, 1380 (P. V. M.). — *Capella*, 1518 (O. S. J.), annexe de la comm^{rie} de Saint-Paul-la-Roche.

Prieuré O. S. B. dép. de l'abb. de Charroux et de nomin. royale (Lesp. 29). — Patronne : l'Assomption.

Anc. rep. noble mouvant, au xive siècle, de la châtellenie d'Agonac, depuis ayant haute justice sur la Chapelle-Faucher.

CHAPELLE-GAILLARD, h. c^{ne} de Saint-Rabier (S. Post.). — *Chapelle-Saint-Étienne* (Cass.).

CHAPELLE-GONAGUET (LA), c^{ne}, c^{on} de Saint-Astier. — *Agonaguet* (anc. pouillé, Lesp. vol. 27). — *Capella d'Agonaguet*, 1199 (cart. de Chancelade). — *Gonaguetam*, 1380 (P. V. M.).

Anc. rep. noble mouvant, au xive siècle, du pariage entre le chap. de Saint-Front et le roi, ayant depuis haute justice sur la Chapelle-Gonaguet. — Patron : saint Michel.

CHAPELLE-GRÉSIGNAC (LA), c^{on}, c^{on} de Verteillac. — *Capella de Grasinhaco* (pouillé du xiiie siècle). — *Grosinhacum*, 1382 (P. V. M.). — *La Chapelle-Grosinhac*, xvie siècle (arch. de Pau).

Collateur : le chap. d'Aubeterre. — Patron : saint Étienne.

CHAPELLE-MADELEINE (LA), h. c^{ne} de Saint-Meard-de-Gurson (A. Jud.).

CHAPELLE-MONTABOURLET (LA), h. c^{ne} de Cercles. — *Mons Burlanus*, 1142 (cart. de Saint-Cybard). — *Monte Borlet* (pouillé du xiiie siècle). — *Montaborlet*, 1380 (P. V. M.). — *Capella prope Turrim Blancam*, 1411 (d'Hozier, reg. 4).

Dép. de Saint-Cybard de Cercles. — Patron : saint Barthélemy.

CHAPELLE-MONTMOREAU (LA), c^{ne}, c^{on} de Champagnac-de-Belair. — *Capella montis Maurelli*, 1293 (arch. de Brantôme). — *Capella montis Maurelh*, 1365 (Lesp. Châtell.).

Patron : saint Pierre-ès-Liens.

CHAPELLE-MOURET (LA), h. c^{ne} de Terrasson. — *Prioratus Cap. B. M. de Moresio* (O. S. B. coll. Clément VI).

Dép. de l'abb. de Terrasson.

CHAPELLENIE (LA), h. c^{ne} de Montagrier (S. Post.).

CHAPELLENIE (LA), h. c^{ne} de Sainte-Mundane (S. Post.).

CHAPELLE-POMMIER (LA), réuni à CHAMPEAUX, c^{ne}, c^{on} de Verteillac. — *Pomiers* (pouillé du xiiie siècle). — *Capella Pomerii*, 1382 (P. V. M.).

Voc. Saint-Fiacre.

CHAPELLES (CLOS-DES-), lieu-dit, c^{ne} de Chancelade (A. Jud.).

CHAPELLES (LES), h. c^{ne} de Saint-Sulpice-de-Roumagnac.

CHAPELLE-SAINT-ASTIEN (LA), h. c^{ne} de Saint-Astier. — *Capella Sancti Asterii*, 1276 (arch. du chap. de Saint-Astier). — Auj. *Chapelle des Vignes* (Chron. du Périg. 1856).

CHAPELLE SAINTE-CATHERINE, c^{ne} de Saint-Marcel. — *Chemin allant du bourg à la chapelle Sainte-Catherine*, 1715 (Acte not.). — Voyez CANCELADE.

CHAPELLE-SAINT-JEAN (LA), h. c^{ne} de Carlux (S. Post.).

CHAPELLE-SAINT-JEAN (LA), c^{ne}, c^{on} d'Hautefort. — *Ecclesia Sancti Johannis*, 1120 (cart. de Tourtoyrac).

Patron : saint Jean-Baptiste.

CHAPELLE-SAINT-LOUIS (LA), h. c^{ne} de Siorac-Ribérac (S. Post.).

CHAPELLE-SAINT-ROBERT (LA), h. c^{ne} de Javerlhac. — *Capella Sancti Roberti*, 1330 (titre de l'év. d'Angoulème, arch. de la Charente). — *La Chapelle-Saint-Rabier* (châtell. de Varaignes, arch. de Pau).

Patron : saint Robert. — Anc. rep. noble.

CHAPELLE-SAINT-ROCH (LA), h. c^{ne} de Condat-Terrasson (S. Post.).

CHAPELLE-SAINT-ROCH (LA), c^{ne} de Gabillou. — *L'Hermitage* (terr. de Vaudre).

CHAPELLE-SAINT-ROCH (LA), taillis, n°s 408 et suiv. c^{ne} de Marquays (A. Jud.).

CHAPELLE-SAINT-ROCH (LA), éc. c^{ne} de Sireuil.

CHAPELLE-SAINT-SICAIRE, lieu-dit, c^{ne} de Bertric (cad.).

CHAPELLE-SAINT-SOUR (LA), anc. oratoire et pèlerinage sur le rocher de ce nom, près de Terrasson.

CHAPELLE-VERLAINE (LA), h. c^{ne} de Saint-Saud (S. Post.).

CHAPELOT (LE), lieu-dit, c^{ne} de la Bachelerie (cad.).

CHAPELOU (LE), lieu-dit, c^{ne} de Carves (cad.).

CHAPEYROUX (LE CROS-), h. c^{ne} de Vaunac. — *Chapeyronie*, 1619 (O. S. J.).

CHAPISSADAS (LAS), lieu-dit, c^{re} du Temple-la-Guyon (A. Jud.).

CHAPLUCÉ, grotte à l'extrémité de la forêt de Vern, c^{ne} de Chalagnac.

CHAPOT, h. c^{ne} d'Agonac (B.).

CHAPOT? c^{ne} de Montignac-sur-Vézère. — *Feodum de lo gual do La Chaponia*, 1465 (Généal. de Rastignac).

CHAPOT? c^{ne} de Périgueux. — *Bordaria voc. Chapo*, 1288 (Périg. M. II. 41, 1).

CHAPOUILLE (LA), lieu-dit, c^ne de Sireuil (cad.).

CHAPOULETTE (LA), lieu-dit, c^ne de Beauregard-Terrasson (cad.).

CHAPOULIE, h. c^ne de Bourdeix (S. Post.).

CHAPOULIE (LA), h. c^ne de Nontron (S. Post.).

CHAPOULIE (LA), h. c^ne de Peyrignac (cad.).

CHAPOULIES (LES), lieu-dit, c^ne de Saint-Pardoux-la-Rivière (cad.).

CHAPTAL (LE), c^ne de Thonac. — Anc. rep. noble.

CHAPUDIAS (LAS), lieu-dit, c^ne de Saint-Front-de-Champniers (cad.).

CHAPUS (LES), h. c^ne de Montcaret.

CHAPUSIER (LE), anc. place publique à Périgueux. — Le Chappusier, 1512 (Liv. Jaune de Périg.).

CHAPUT (LE), h. c^ne de Saint-Laurent-sur-Manoire.

CHAPT (LE MAS-DE-), h. c^ne de Sarlande (B.).

CHARAUX (LES), h. c^ne de Saint-Médard-d'Excideuil.

CHARBONIEIRAS, h. c^ne de Condat-Champagnac. — Charbounicyras et le Mayne, 1660 (rôle pour la taille, coll. de Lanquais).

CHARBONIEIRAS, h. c^ne de Coulounieix.

CHARBONIEIRAS, fief dans le bourg de Grignol. — Ostal de Charbonieras du loc de Granhols, 1456 (Dives, 1). — Charboneras, 1537 (Lesp. 51).
Anc. rep. noble.

CHARBONIEIRAS, h. et bois, c^ne de Jaure. — Charbonerii, 1341 (Lesp. 51). — Charbonieras, 1381 (ibid.).

CHARBONNEAU, h. c^ne de Saint-Martin-de-Gurson.

CHARDELIE (LA)? c^ne d'Atur. — Bordaria de la Charelia, 1333 (Lesp. 35, Sainte-Claire).

CHARDEUIL, h. c^ne de Coulaures. — Chardeil, 1120 (cart. de Ligueux).
Anc. rep. noble.

CHARLES (ÉGLISE), ruines près du Toulon, c^ne de Périgueux. — La Glieyza Charles, 1409 (Liv. N. de Périgueux).

CHARLIE (LA)? c^ne de Saint-Léon-sur-l'Ille. — M. de la Charlia, 1277 (ch. Mourcin).

CHARMANDEYS? c^ne de Cherval. — Termin. voc. de Charmandeys, 1464 (O. S. J. terr. de Soulet).

CHARMEIX, lieu, c^ne de Brassac. — Maynam. de Chalmes, 1284 (Périg. M. H. 41, 1).

CHARMIE (LA), c^ne d'Eyvirac. — Anc. fief, 1746 (Acte not.).

CHAROUFFIE (LA), c^ne de Cherval. — Mayn. de la Charofie, 1463 (O. S. J. comm^rie de Soulet).

CHAROUFFIE (LA), h. c^ne de Ribérac.

CHAROUFFIE (LA), h. c^ne de Saint-Apre (B.).

CHAROULAS, h. c^ne de Saint-Aquilin (cad.).

CHAROUX, h. c^ne de Saint-Aquilin.

CHARPENALIE, c^ne de Millac-d'Auberoche. — Mans. de la Charpenalia, 1503 (ch. Mourcin).

CHARPENALIE? c^es de Saint-Astier. — Bordaria de la Charpenalia, 1365 (Lesp. Homm. 26).
Anc. fief.

CHARPENELARIE (LA)? anc. habit. aux environs de Périgueux. — La Charpenelaria, 1246 (plainte du Puy-St-Front à saint Louis contre le comte Hélie, Lesp.).

CHARPENET, anc. nom du vill. de Courbe, c^ne de Chalagnac (Dives).

CHARREAUX (LES), h. c^ne d'Hautefort (A. Jud.).

CHARREYROUX (LES), h. c^ne de Busserolles.

CHARRIÈRE, h. et m^in, c^ne de Périgueux. — La Suchet de Charrieyras, 1322 (limites de la jurid. de Périg. vers Auberoche).

CHARRIÈRES, h. c^ne de Chantérac, 1544 (inv. du Puy-Saint-Astier).

CHARROUX, éc. c^ne de Coulounieix. — Carrophium (cart. de Cadouin). — Carrofium, 1270 (test. d'Ét. Jovenals). — Charoff, XIIIe siècle (reg. de la Char. de Périg.). — Charrofium, 1476 (L. Nof.).
Anc. léproserie, à la rive gauche de l'Ille, au bas d'Écornebeuf.

CHARROUX, h. c^ne de Saint-Aquilin (cad.).

CHARTRONS (LES), lieu-dit, c^ne de Fonroque (A. Jud.).

CHARVAIL, h. c^ne de Bourgnac (cad.).

CHARVIGNAC, lieu-dit, c^ne de Saint-Laurent-des-Hommes (cad.).

CHASAL? c^ne de Bourg-du-Bost. — El Chasal de Chambarlhac, 12. (O. S. J. Terr. de Combayrenche).

CHASAL? c^ne de Chassagne. — Lo Chasal de la Fauria (O. S. J. Terr. de Combayrenche).

CHASSAGNE, c^ne, c^on de Ribérac. — Eccl. Sancti-Johannis quæ voc. Acasianas, 1083 (cart. de Baigne, 38). — Casianias, 1100 (ibid.). — Achassainhas, XIIIe siècle (O. S. J.). — Cassanas (pouillé du XIIIe siècle). — Cassagni, 1346 (Lesp. 26). — Chassanhas, 1382 (P. V. M.). — Chassaignes, 1760 (Alm. de Guy.).
Anc. rep. noble ayant haute justice sur la paroisse (Alm. de Guy.). — Pat. saint Jean-Baptiste.

CHASSAGNE, h. c^ne de Naillac. — Chassagnes, 1600 (A.). — Chassaignas (A. Jud.).

CHASSAGNE (LA), h. c^ne de Génis. — La Chassanha, 1450.

CHASSAGNE (LA), c^ne de Trélissac. — Mans. de la Chassanha, 1294 (ch. Mourcin).

CHASSAGNE-MURGUEIX (LA), h. c^ne de Sainte-Trie (A. Jud.).

CHASSAGNOL? c^ne de Douzillac? — Molend. voc. de Chassanhol, 1551 (ch. Mourcin).

CHASSAGNOL? c^ne de Tocane. — Rivus vocat. de Chassanuolz, 1454 (ch. Mourcin).

CHASSAING, h. c^ne d'Abjat-de-Nontron (S. Post.)

CHASSAING, h. c^ne d'Hautefort.

CHASSALOU, bois, c^ne de Chancelade (A. Jud.).

CHASSAREL, c^ne de Miran. — *Mayn. de Chassarel*, 1326 (arch. de la Gir.).

CHASSAT, lieu-dit, c^ne de Mortemart. — *Factum voc. Chassac*, 1463 (O. S. J. comm^rie de Mortemart).

CHASSENAT, h. c^ne de Granges-d'Ans. — *Casetas, Chassetas?* 1154 (cart. de Dulon).

CHASSENAT, éc. c^ne de Monsec.

CHASSENIE (LA), h. c^ne de Cherveix (S. Post.).

CHASSENS, vill. et m^in, c^ne de Naillac. — Anc. par. sous le voc. de Saint-Georges, 1414 (pap. de la localité).

CHASSENS, h. c^ne de Saint-Astier. — *Cassens*, 1161 (Lesp. Saint-Astier). — *Chassens*, 1212 (*ibid.*). Anc. rep. noble.

CHASSERIES (LES), h. c^ne d'Abjat-de-Nontron (S. Post.).

CHASSIGNOLES, h. éc^te de Paussac.

CHASSUMENIER (AL), lieu-dit, c^ne de Villamblard, 1328 (Généal. de Taillefer, cahier d'extraits de M. le Cte de Larmandie).

CHASTAING, c^ne de Celle. — *Le Chastaing*, 1639 (Acte not.).

CHASTAING? c^ne de Saint-Laurent-sur-Manoire. — *Maynam. de Chastaing*, 1591 (Dives).

CHASTANET (LE)? c^ne de Lisle, 1619 (O. S. J.).

CHASTANET (LE), anc. fief, c^ne de Marsaneix (Homm. arch. de Pau).

CHASTANET (LE), c^ne de Saint-Pierre-de-Cole. — *Le Chastanet de Bosc*, xviie siècle (O. S. J.).

CHASTAULADE (LA)? c^ne de Saint-Aquilin. — *La Chastaulade*, 1510 (ch. Mourcin).

CHASTEIGNIERS, fief mouvant d'Excideuil.

CHASTEL (LE), sect. de la c^ne de la Bachelerie (cad.).

CHASTEL (LE), h. c^ne de Plazac (S. Post.).

CHAT, font. près de Villaverney, c^ne de Neuvic (Dives).

CHAT (BOS DE), m. is. c^ne de Saint-Mesmin (S. Post.).

CHAT (LE), h. c^ne de Manzac. — *Tenentia del Chat*, 1478 (Dives, 1, p. 75).

CHAT (LE), c^ne de Thiviers. — *Hospitium Deux-Chats de Tiberio*, 1483 (Généal. de Rastignac).

CHÂTEAU (LE), habit. c^ne de Firbeix (S. Post.).

CHÂTEAU (LE), h. c^ne de Saint-Martin-de-Fressengeas.

CHÂTEAU-BIGOU, h. c^ne de Salon (S. Post.).

CHÂTEAU-BOUCHER, h. c^ne d'Angoisse. — *Château Boisset*, xviie siècle (Acte not.). Anc. rep. noble.

CHÂTEAU-BUISSON, h. c^ne de Lempzours (S. Post.).

CHÂTEAU-DE-BASTE, bruyère, c^ne de Capdrot (cad.).

CHÂTEAU-DE-PIERRE, bois et pré, c^ne de Pontchat (A. Jud.). — *Château de Peyre* (B.).

CHÂTEAUDERIE (LA), m. isolée, c^ne de Saint-Germain-des-Prés (S. Post.).

CHÂTEAU-DES-PAUVRES, lieu-dit, c^ne de Sarlat (cad.).

CHÂTEAU-DES-ROSES, *Castrum Rosarum*, 1471 (Lesp. pouillé de Charroux, dioc. de Périgueux). — *Château-de-Roses*, 1708 (*ibid.*).

CHÂTEAU-GAILLARD, lieu-dit, c^ne de Fongalau (cad.).

CHÂTEAU-GAILLARD, lieu, c^ne de la Motte-Monravel.

CHÂTEAU-GAILLARD, éc. c^ne de Saint-Aubin-de-Lanquais (S. Post.).

CHÂTEAU-GAILLARD, h. c^ne de Saint-Front-la-Rivière (S. Post.).

CHÂTEAU-GIRARD, lieu-dit, c^ne de Douville (cad.).

CHÂTEAU-GLOPILLE, éc. c^ne de Montignac-sur-Vézère (B.).

CHÂTEAU-JALAIS, éc. c^ne de Tocane (B.).

CHÂTEAU-LANDRY, h. c^ne de Boulazac (S. Post.). — *Chastel Landric*, xiiie siècle (reg. de la Charité).

CHÂTEAU-L'ÉVÊQUE-ET-PREYSSAC, c^ie, c^on de Périgueux. — *Castrum Episcopi, Episcopale*, 1329 (Lesp. 26). Voc. Saint-Julien. — Anc. résidence des évêques de Périgueux; parc de 43 hectares.

CHÂTEAU-MAÎTRE, terre, c^ne de Lusignac (cad.).

CHÂTEAU-MANQUÉ (LE), emplacement d'une ancienne fortification sur la butte de la Morinie, c^ne de Saint-Barthélemy, c^on de Nontron.

CHÂTEAU-MERLE, c^ne de Sargeac. — *Tenent. de Castro Meruli*, 1250. — *Chastel Merle*, 1290 (O. S. J.).

CHÂTEAU-MISCIER-ET-SALON, c^ie, c^on de Vergt. — *Paroch. de Castanea Messier*, 1371 (Lesp. O. S. J.). — *Castang Meytier*, 1373 (*ibid.*). — *Castel Missier*, 1520 (*ibid.*).

CHÂTEAU-NOIR OU LA BROUSSE, h. c^ne de Grignol (S. Post.).

CHÂTEAU-PAILLARD, h. c^ne de Lolme (S. Post.).

CHÂTEAU-RAYNAUD, h. c^ne de Lempzours (S. Post.).

CHÂTEAU-ROMPU, lieu-dit, c^ne de Gouts (cad.).

CHÂTEAU-ROMPU, nom de la motte sur laquelle était le château de Puy-de-Pont (Dives).

CHÂTEAU-SOLEIL, emplacement d'un château entièrement rasé, c^ne de Marsaneix (communication locale).

CHÂTEAU-TROMPETTE, éc. c^nr de Razac-sur-l'Ille.

CHÂTEAU-TROMPETTE, h. c^ne de Saint-Jean-de-Cole (S. Post.).

CHÂTEAU-TROMPETTE, lieu-dit, c^ne de Sarlat (cad.).

CHÂTEAU-VERT, h. c^ne de Beleymas (S. Post.). — *Chasteau Verd*, 1672 (Acte not.).

CHÂTEAU-VIEUX OU SOULEILLOU, h. c^ne du Fleix (A. Jud.).

CHÂTEAU-VIEUX, éc. c^ne de la Motte-Monravel. — *Pleydura situada en Castel velh*, 1461 (Monravel).

CHÂTELARD (LE), h. c^ne de la Chapelle-Faucher (S. Post.).

CHÂTELARD (LE), h. c^ne de Petit-Brassac.

CHÂTELARD (LE), h. c^ne de Teyjat (S. Post.).

CHÂTELAVIT, h. c^ne de Mialet (S. Post.).

CHÂTELET (LE), motte, c^ne de Mussidan, près de la Gravette (Dives).

CHÂTELET (LE), h. c^{ne} de Périgueux, autrement dit *Impasse Saint-Nicolas* (A. Jud.).

CHÂTELET (LE), maison isolée, c^{ne} de Siorac-Ribérac (S. Post.).

CHÂTELIER, h. c^{ne} d'Échourgnac (S. Post.).

CHÂTELLERIE, h. c^{ne} de Saint-Pierre-de-Cole. — *Chastelarias*, 1460 (O. S. J.).

CHATENET, h. c^{ne} de Grun. — *Mans. de Castanet*, 1444 (Dives, I).

CHATENET (LE), h. c^{ne} d'Abjat-de-Nontron (S. Post.).

CHATENET (LE), h. c^{ne} d'Anlhiac (S. Post.).

CHATENET (LE), h. c^{ne} de Bourgnac (cad.).

CHATENET (LE), h. c^{ne} de Brantôme (S. Post.).

CHATENET (LE), h. c^{ne} de Creyssensac (S. Post.).

CHATENET (LE), h. c^{ne} de Firbeix (S. Post.).

CHATENET (LE), h. c^{ne} de Lisle (S. Post.).

CHATENET (LE), h. c^{ne} de Manzac (S. Post.).

CHATENET (LE), h. c^{ne} de Millac-Nontron (S. Post.).

CHATENET (LE), h. c^{ne} de Montren. — Anc. rep. noble.

CHATENET (LE), h. c^{ne} de Nontron (S. Post.).

CHATENET (LE), h. c^{ne} de la Nouaille (S. Post.).

CHATENET (LE), h. c^{ne} de la Roche-Beaucourt (S. Post.).

CHATENET (LE), h. c^{ne} de Saint-Front-de-Pradoux (S. Post.).

CHATENET (LE), h. c^{ne} de Saint-Germain-des-Prés (S. Post.).

CHATENET (LE), h. c^{ne} de Saint-Martin-d'Albarède (S. Post.).

CHATENET (LE), lieu-dit, c^{ne} de Saint-Pardoux-la-Rivière (cad.).

CHATENET (LE), h. c^{ne} de Saint-Paul-de-Serre (S. Post.).

CHATENET (LE), h. c^{ne} de Saint-Paul-la-Roche.

CHATENET (LE), h. c^{ne} de Saint-Vincent-Jalmoutier.

CHATENET (LE), taillis, c^{ne} de Sencenac (A. Jud.).

CHATENET (LE), broussailles, c^{ne} de Valeuil (A. Jud.).

CHATENET (LE), lieu-dit, c^{ne} de Villac (cad.).

CHATENET (LE), c^{ne} de Villars (O. S. J.).

CHATENUDEL, h. c^{ne} de Grignol (S. Post.).

CHATENUDEL, h. c^{ne} de Vallereuil. — *Chastanudel*, 1383 (Lesp. 51).

CHATERIE (LA)? c^{ne} de Jaure. — *La Chatiaria*, 1203. — *Chatgaria, Chatjaria* (registre des rentes dues au seigneur de Taillefer). Anc. fief.

CHATERIE-DE-BEAUCHAUD (LA), h. c^{ne} de Sainte-Croix-de-Mareuil (A. Jud.).

CHATICR, h. c^{ne} de Verteillac.

CHATIGNOLLE (LA), c^{ne} de Saint-Martial-d'Albarède (A. Jud.).

CHÂTILLON, h. c^{ne} de Saint-Paul-de-Lizonne. — Anc. rep. noble.

CHÂTILLON, habit. et mⁱⁿ, c^{ne} de Verteillac (B.).

CHATONIE, sect. de la c^{ne} de Bourgnac (cad.).

CHATREIX (PETIT-), h. c^{ne} d'Angoisse (S. Post.).

CHATREN, h. c^{ne} de Saint-Clément-Thiviers.

CHATRES, c^{ne}, c^{on} de Terrasson. — *Castra*, 1025 (cart. de Tourtoyrac). — *Capella Sancti Nicholai de Castris* (pouillé du XIIIe siècle). — Voc. Sainte-Marie.

Abb. de l'ordre de Saint-Augustin, de nomination royale, ayant seize dignitaires, aujourd'hui entièrement ruinée : les prieurés qui en dépendaient étaient Bolerii? le Chalard, Guille-Gorse et Lomagne, diocèse de Périgueux; le Bosc, Doudrac et Pont-Romieu, diocèse de Sarlat (Lesp. 33). — L'abbaye avait haute justice sur la paroisse, 1760 (Alm. de Guy.).

CHATRES (LES), h. c^{ne} de Marsaneix.

CHATRES (LES), h. c^{ne} de Savignac-Nontron (S. Post.).

CHATRONIE (LA), h. c^{ne} de la Cropte (A. Jud.).

CHAUCHIER (LE), h. c^{ne} d'Antone (B.).

CHAUCHIERAS (A LAS)? lieu-dit, c^{ne} de Périgueux, XIIIe siècle (reg. de la Charité, Périgueux). — *Las Chauchieras lez Périgueux*, 1479 (inv. de Laumary).

CHAUCHOULIERAS? lieu-dit, c^{ne} de Bourrou. — *Chonceliegras*, 1483 (Dives, G.). — *Chauchoulieras*, 1541 (ibid. 3).

CHAUCHY, éc. c^{ne} de Saint-Pardoux-de-Belvez.

CHAUDEAU (LE), h. c^{ne} de Millac-de-Nontron (B.).

CHAUDELARIE (LA), c^{ne} de Saint-Martial-de-Drone. — *La Chaudelaria*, 1457 (Périg. M. H. 41).

CHAUDOUYRE, lieu-dit, c^{ne} de Terrasson (cad.).

CHAUFOUR (LE), lieu-dit, c^{ne} d'Azerat (A. Jud.).

CHAUFOUR (LE), éc. c^{ne} de Bars (B.).

CHAUFOUR (LE), h. c^{ne} de Bourg-du-Bost (B.).

CHAUFOUR (LE), taillis, c^{ne} de Chantérac (cad.).

CHAUFOUR (LE), h. c^{ne} de Corgnac (cad.).

CHAUFOUR (LE) ou LE CROS, lieu-dit, c^{ne} d'Eyzerat (cad.).

CHAUFOUR (LE), h. c^{ne} de la Linde, près de Sainte-Colombe, 1656 (Acte not.).

CHAUFOUR (LE), h. c^{ne} de Saint-Alvère (B.).

CHAUFOUR (LE), taillis, c^{ne} de Saint-Martial-d'Albarède (A. Jud.).

CHAUFOUR (LE), éc. c^{ne} de Sainte-Sabine (B.).

CHAUFOUR (LE), taillis, c^{ne} de Simeyrol. — *Chafour* (cad.).

CHAUFOUR (LE), h. c^{ne} de Sourzac.

CHAUFOUR (LE), taillis, c^{ne} de Terrasson (cad.).

CHAUFOUR (LE), h. c^{ne} de Teyjat (S. Post.).

CHAUFOUR (LE), h. c^{ne} de Valeuil.

CHAUFOUR (LE), c^{ne} de Vic (Rec. 1690).

CHAUFOURS (LES), terre, c^{ne} de Badefol-d'Ans (A. Jud.).

CHAUFOURS (LES), h. c^{ne} de Pressignac, près de Peyrelevade.

CHAUFOURS (LES), bois, cⁿᵉ de Thenon. — Autrement les *Piliers* (A. Jud.).

CHAUFRE, h. cʳᵉ de Razac-sur-l'Ille (A. Jud.).

CHAULETTE (LA), éc. cⁿᵉ de Monsac. — Voy. VERDIER.

CHAUMALISSE (LA), friche, cⁿᵉ de Coursac (A. Jud.).

CHAUMARDIE (LA), h. cⁿᵉ de Trélissac. — *Mansus de Chaumart*, 1289 (Périg. M. H, 41, 1).

CHAUMES (LES), h. cʰᵉ de Soudat (B.).

CHAUMONT, h. cʰᵉ d'Ajat (A. l.). — *Hospitium de Chalmont*, 1365 (Lesp. 26, Homm.).

Anc. fief avec haute justice sur ce village, 1760 (Alm. de Guy.).

CHAUMONT, anc. mⁱⁿ, à Bergerac. — *Mol. de Chaumon*, 1497 (Liv. N. 117).

CHAUMONT, h. cⁿᵉ de la Chapelle-Montmoreau (S. Post.).

CHAUMONT, cⁿᵉ de Corgnac. — Anc. rep. noble.

CHAUMONT, cⁿᵉ de Gardedeuil. — *Terra quæ vocat. Choumon*, 1109 (cart. de Baigne).

CHAUMONT, h. cⁿᵉ de Grignol. — *Choumon*, 1496 (Dives, 2. 52).

Anc. rep. noble.

CHAUMONT, font. cⁿᵉ de Monclar. — *Fons de Choumon*, 1450 (Liv. N. 104).

CHAUMONT, cⁿᵉ de Saint-Crépin-d'Auberoche. — Rep. noble, 1503 (Mém. d'Albret).

CHAUMONT, h. cⁿᵉ de Saint-Jory-las-Bloux (S. Post.).

CHAUMONT, cⁿᵉ de Saint-Laurent-sur-Manoire. — *Mansus de Cavo Monte*, 1450 (ch. Mourcin).

CHAUMONT, cⁿᵉ de Trélissac, 1342 (Périg. M. H, 41, 5).

CHAUMONT (TOUR DE), cⁿᵉ de Champagne. — Anc. rep. noble.

CHAUNAC, éc. cⁿᵉ de la Roque-Gajac (B.).

CHAUNE, mét. cʰᵉ de Grignol. — *Loco vocato Chaouna, aliàs la Chaonia*, 1400 (Lesp. 15). — *Chouno, Chouno lo velh.* (*ibid.*).

Fief relevant du repaire de Belet.

CHAUPIERRE (LA), lieu-dit, cⁿᵉ de Veyrignac (cad.).

CHAUPRADE (LA), h. cⁿᵉ de Conc-de-la-Barde (B.).

CHAUPRADE (LA), bois, cⁿᵉ de Douzillac. — *Las Chaupradas* (cad.).

CHAUPRADE (LA), h. cⁿᵉ d'Eyliac (A. Jud.).

CHAUPRADE (LA), h. cⁿᵉ de la Veyssière.

CHAUPRADES-DU-TREIL (LES), h. cⁿᵉ de Montren (A. Jud.).

CHAUSACHE? cᶜᵉ de Saint-Mayme-de-Péreyrol. — *Maynam. de Chausache*, 1455 (ch. Mourcin).

CHAUSANEAU, h. cⁿᵉ de Savignac-les-Églises (A. Jud.).

CHAUSANEL (TERRE DE), au-dessous du Bas-Sarrazy, cᵗᵉ de Marsac (Antiq. de Vés. I, 166).

CHAUSE, dom. cⁿᵉ d'Anihiac (A. Jud.).

CHAUSE, h. cⁿᵉ d'Antone. — Légende sur le roi de Chause (le Périgord illustré, p. 647).

CHAUSE, cⁿᵉ de Saint-Astier. — *Mayn. del Chauze*, 1507 (inv. du Puy-Saint-Astier).

CHAUSE, h. cⁿᵉ de Sargeac. — *El Chauze*, 1318 (O. S. J.).

CHAUSE (FONT-DU-), lieu-dit, cⁿᵉ de Saint-Michel-du-Double (cad.).

CHAUSE (LA), h. cⁿᵉ d'Azerat (S. Post.).

CHAUSE (LA), cⁿᵉ de Montagnac-de-Crempse. — *Mansus del Chauze*, 1280 (Périg. M. H. 41, 3).

CHAUSE (LA), h. cⁿᵉ de Saint-Paul-de-Serre. — *Chauze*, 1341 (Périg. M. H. 41, n° 5).

CHAUSE (LE), éc. cⁿᵉ d'Eyvirac.

CHAUSE (VIEUX-), h. cⁿᵉ de Saint-Aquilin. — *Chauze Vieilh*, 1476 (ch. Mourcin).

CHAUSES (LES), terres, cʰᵉ de Ladornat (A. Jud.).

CHAUSSADE, lieu-dit, cⁿᵉ d'Eyzerat (cad.).

CHAUSSADE, lieu-dit, cⁿᵉ de Lusignac (cad.).

CHAUSSELIE (LA), h. cⁿᵉ de Saint-Just-et-Chadeuil.

CHAUSSENIE (LA), éc. cⁿᵉ de Sanillac.

CHAUSSIE (LA), cⁿᵉ de Jaure. — *Mansus de la Chaussia*, 1446 (Lesp. 52).

CHAUVELIE (LA), h. cⁿᵉ de Celle. — *La Clavelia*, 1459 (O. S. J.). — *La Chouveilhe*, 1639 (Acte not.).

CHAUVERON, h. cⁿᵉ d'Antone. — *Chauveyron*, 1736 (Acte not.). — *Chalveyron* (Courcelles, Généal. de Laurière).

CHAUX, h. cⁿᵉ de Savignac-le-Drier.

CHAUZE, lieu-dit, cⁿᵉ de Fanlac. — *La Chautz*, 1471 (Généal. de Rastignac).

CHAVAGNAC, h. cⁿᵉ d'Azerat (S. Post.).

CHAVAGNAC, h. cⁿᵉ de Cherveix (A. Jud.).

CHAVAGNAC, h. cⁿᵉ de Grignol. — *Chavanhac*, 1387 (Lesp. 51).

CHAVAGNAC, h. cⁿᵉ de Saint-Cyr-lez-Champagne (S. Post.).

CHAVAGNAC, h. cⁿᵉ de Saint-Géraud-de-Corps (S. Post.).

CHAVAGNAC, cᵘᵉ, cⁿ de Terrasson. — *Vicaria de Cavaniaco* (cart. de Saint-Pierre-du-Vigeois). — *Cavanhacum* (coll. par Clément VI). — *Eccl. Sancti Pantaleonis de Chavanhaco*, 1514 (Lesp. Abb. de Terrasson).

Fief dépend. au xivᵉ siècle de la châtell. de Larche, et plus tard ayant haute justice sur Chavagnac, 1760 (Alm. de Guy.). — Patron : saint Pantaléon.

CHAVAILLAS (LAS), lieu-dit, cᵘᵉ de Saint-Étienne-du-Double (cad.).

CHAVALS? cʰᵉ de Trélissac. — *Chavals*, 1450 (Périg. M. H. 41, 4).

CHAVANAS ? cⁿᵉ de Saint-Martin (Ribérac). — Rep. noble.

CHAVANAT, h. cⁿᵉ d'Angoisse (S. Post.).

CHAVAROCHE, h. cᵗᵉ de Gouts. — *Chavarocha*, 1203 (cart. de Chancelade).

CHAY (LE), h. c^{ne} de Saint-Caprais-la-Linde. — *Boria voc. lo Chay de la Reymundia*, 1460 (L. N.).

CHAY-DU-SALIN (LE), m. c^{ne} de Couze, 1566 (arch. de la Gir. Terrier).

CHAYLARD (LE), près de Bergerac. — *Al Caylar*, 1460 (L. N.).

CHAYLARD (LE), taillis, c^{ne} de Manaurie (A. Jud.).

CHAYLARD (LE), lieu, c^{ne} de Rouffignac-Montignac.

CHAYLARD (LE), lieu-dit, c^{ne} de Terrasson (cad.).

CHAYLARD (LE), h. c^{ne} de Thenon (A. Jud.).

CHAYLO? c^{ne} de Tayac. — *Chaylo*, 1479 (Lesp. 65).

CHAYRES, h. c^{ne} de la Cassagne (B.).

CHAZAL (LE), h. sect. de la c^{ne} de Ladornac (cad.).

CHAZARDIE (LA), h. c^{ne} de Mensignac (B.).

CHAZELLE, m. isolée, c^{ne} de Razac-Eymet (S. Post.).

CHAZELLE, h. c^{ne} de Saint-Front-la-Rivière (S. Post.).

CHAZETE? c^{ne} de Tourtoyrac. — *Terra de Chazetas*, 1154. — *Cazetas* (cart. de Dalon).

CHEBAUDIE (LA), h. c^{ne} de Sainte-Marie-de-Sanillac.

CHEF-DE-LA-LANDE, h. c^{ne} de Vaunac (S. Post.).

CHEF-DE-LAYGUE, h. c^{ne} de Saint-Jean-d'Eyraud, à la source de l'Eyraud. — *Chapt, Chap-de-l'Aygue*, 1709 (Acte not.).

CHEIROUX (LES), h. c^{ne} de Brassac.

CHEMIN CONSIGNÈRE? c^{ne} de Faux. — Il sert de confrontation à une terre située au ténement de Peyre-Blanche, 1740 (Not. de Faux).

CHEMIN DE CITÉ-DE-BELLE, c^{ne} du Fleix. — Il confronte au lieu appelé *de l'Hermitage*, 1716 (Not. du Fleix).

CHEMIN DE LA FRISTAUD, c^{ne} du Fleix, 1703 (Reconn. not. du Fleix).

CHEMIN DE LA GRANDE OSCLADE? c^{ne} de Lanquais, 1773 (Not. de Lanquais, G.).

CHEMIN DE LA MESSE? c^{ne} de la Monzie. — *Al Camy de la Messe*, 1767 (Reconn.).

CHEMIN DE LA MOLE. — *Iter dict la Mola*, 1472 (L. Nof.). Chemin passant par la Fourtonie, c^{ne} de la Monzie, et allant de Bergerac à Monclar (Dives).

CHEMIN DE LA REINE BLANCHE, c^{ne} d'Ales. — *Chemin vulgairement nommé de la Reyne-Blanche*, 1791 (arch. de la Dord. Belvez).

CHEMIN DE LA REINE BLANCHE, de Cussac à Limeuil (A. Jud.).

CHEMIN DE LA REINE BLANCHE, c^{ne} de Naussanes, *limitant au midi terre du Claud, au levant terre al Pontillou* (A. Jud.).

CHEMIN DE LA REINE BLANCHE, c^{ne} de Paunac (le Périgord illustré).

CHEMIN DE L'ÉGLISE, lieu-dit, c^{ne} de Doissac (A. Jud.).

CHEMIN DE SAINT-JACQUES, c^{ne} de Manzac; allant de Vern à Grignol, passant à l'Abayou et à Dives (Dives).

CHEMIN DE SAINT-JEAN, c^{ne} de Cours-de-Piles, allant de Cours au pré de Lacour, 1735 (Not. de Bergerac). — Il confronte aux Esperrons.

CHEMIN DE SAINT-LOUIS. — Il y avait au moins deux grands chemins de ce nom : l'un allant de Saint-Astier à Saint-Louis, *Iter Sancti Ludovici quo itur de Sancto Asterio versus Sanctum Ludovicum*, 1475 (Dives, I, p. 135); l'autre traversant plusieurs communes, entre autres Neuvic, *Loco dicto la Plana, confront. cum itinere Sancti Ludovici*, 1486 (Dives, I, p. 13); Saint-Jean-d'Estissac, *Terre à Saint-Jean-d'Estissac confronte au chemin de Saint-Louis*, 1726 (Acte not.); Bourgnac. — Vill. de Peyrifol au lieu appelé *au chemin de Saint-Louis*, 1755 (Not. de Villamblard). — Enfin, il paraît qu'à Bourrou il existe encore un chemin de ce nom (Dives).

CHEMIN DES ANGLAIS, c^{ne} de Génis, c^{n} d'Exideuil.

Chemin creusé à mi-côte, dans une gorge très-resserrée, où le lit du Dalon occupe tout l'espace entre les deux pentes du vallon; on le trouve après avoir traversé l'Auvezère au moulin de Guimalet, un peu au-dessous du confluent avec le Dalon. Ce chemin pénètre dans le rocher par deux galeries souterraines, dont la première est aujourd'hui obstruée, et amène au moulin de Moruscles, ensuite devant un bassin de forme ovale formé par l'élargissement de la gorge; un monticule existe au centre de ce bassin, dont les 4/5 de la circonférence sont baignés par le Dalon : là sont les ruines du château de Moruscles (Annales littér. de la Dord. Not. par M. Morteyrol).

CHEMIN DES CUGETS, c^{ne} de Grand-Brassac. — Il est appelé chemin *processionnel* de la Guionie aux Dets (inv. de Montardit).

CHEMIN-DES-DEBUCHES, lieu-dit, c^{ne} d'Ales (A. Jud.).

CHEMIN DES ESCLAFALS?... chemin servant de limite entre Mussidan et Sourzac. — *Via dicta deus Esclafalz*, 1302 (Lesp. 47, Sourzac).

CHEMIN DES JUSTICES, c^{ne} de Couse. — Allant du bourg au vacant dit *des Justices*, situé à Bellevue, près de Saint-Front (Reconn. 1740).

CHEMIN DES MORTS, c^{ne} de Saint-Aubin-de-Lanquais, au lieu des Roubinaudes (terr. de Lanquais).

CHEMIN DE SYGARY? c^{ne} de Saint-Naixent. — *Chemin de l'Exsary*, allant de la Cone à la forêt de Piles, lequel sépare les juridictions des Piles, de Beaumont et de Saint-Naixent, 1502 (O. S. J.).

CHEMIN DE TROTE-GRUE, c^{ne} de Saint-Félix, près de la Cabane? 1656 (Acte not.).

CHEMIN DU CHEVALIER, c^{ne} de Saint-Avit-Senieur. — Il va de Faussettes au chemin de grande communication n° 67 (A. Jud.).

CHEMIN DU DET, c^{ne} de Coulounieix. — Il va de Coulon

à la Rampinsole, 1679 (Lesp. Dénomb. de la seign. de Périgueux).

CHEMIN DU FERRIÉ OU DES FERRIERS, 1791 (Acte not.). — *Al Cami ferrat*, 1855 (abornement dans la c^{ne} de Biron, chemin du village de Soulore à la forge de la Brame, 1775. Acte not.).

CHEMIN-DU-ROI, lieu-dit, c^{ne} de Boulouneix (cad.).

CHEMIN-DU-SEL (AU), taillis, c^{ne} de Beaurone (cad.).

CHEMIN FERRÉ. — Plusieurs chemins portent ce nom :

1° *Chemin ferat*, 1737, allant de Saint-Aubin à Mouleydier (not. de Lanquais). — *Vieux chemin* appelé *Chemin ferré* et le suivant jusqu'à la croix de Fenis, 1745 (terr. de Lanquais, abornement pris à Saint-Aubin-de-Lanquais).

2° *Le Chemin ferré*, allant de Cadouin à Belvez et faisant un coude pour passer à Brunet (arch. de la sous-préf. de Bergerac : délimit. de la Bessède). — Ce même chemin porte aussi le nom de *Chemin de la Reine Blanche*, et il irait de Molière à Vielvic par Bouillac, Cadouin et Urval.

Le 1er de ces chemins était encore très-visible dans la c^{ne} de Saint-Germain-et-Mons; il était construit pour la traverse de la plaine en un agger que détruisaient déjà partiellement les usurpations des voisins; sa largeur çà et là présentait encore de 7 à 8 mètres. On le reconnaissait à 200 mètres de l'ancien port du Noyer, sur la Dordogne, se dirigeant par le bas et le haut Terme, les Justices et Montbounard, jusqu'au dessous du Grand-Mons, où il disparaissait, et dans ce parcours il était connu dans la c^{ne} sous le nom de *voie Romaine*. Selon les indications données par M. Peyrot, ancien agent voyer de l'arrondissement de Bergerac, ce chemin, après Fénix, « traversait, à 700 pas « au levant de Saint-Aubin, un long plateau auj. en « culture, passait à Capeyrou, au couchant de Mont- « madalès, au levant de Ferrant, traversait la Banège « au levant d'Issigeac, passait à la Grangette, où le « propriétaire a fait détruire l'empierrement il y a « trois ans, suivait le chemin d'Issigeac à Roquepine « jusqu'au plateau de Montmarvès, tournait à droite « près du tertre qui est au couchant et des villages « de Michelot et de Romillac et descendait, en tra- « versant la forêt d'Issigeac. dans l'étroite plaine du « Drot; après avoir passé cette rivière, il se dirigeait « entre Monflanquin et Castillonès sur Villeneuve. » (Lettre de 1859.)

Ce chemin, en approchant d'Issigeac, est indiqué sous un autre nom : *Iter publicum voc. de la Caussada*, 1465 (coll. de Lanquais). — Suivant le *chemin de la Caussade jusques à Issigeac*, 1757 (terr. de Lanquais). — Une autre direction de ce chemin est établie par ce texte : *chemin ancien de la Caussade*,

qu'on va de Mons a Bragerac, 1582 (Acte not. coll. de Lanquais).

Le chemin de la Caussade près de Ferrant présentait comme bordure des assises d'énormes blocs de pierre tant à l'une qu'à l'autre. On ne trouvait pas dans la partie dite *Chemin ferré*, c^{ne} de Saint-Germain-et-Mons.

Sur une carte du duché d'Aiguillon par Du Val d'Abbeville, en 1677, ce territoire est traversé depuis Sainte-Livrade jusqu'à Aiguillon par un grand chemin nommé *Camin errat* (communic. de M. le marquis de Castelnau). Il est à croire que le camin errat de l'Agénois est la continuation du camin ferrat du Périgord, et que ce sont des parties de la voie de l'Itinéraire d'Antonin dont les stations étaient Vesunna, Trajectus (Mouleydier), Excisum, Agennum.

Cette voie antique, ayant été employée il y a trois ans pour le tracé d'un chemin de moyenne communication, est auj. détruite.

CHEMIN GLEYZIÉ, c^{ne} de Gaujac. — Il allait de la tuilière de Bonneville à l'église de Gaujac, 1703 (Reconn.).

CHEMIN GLEYZIÉ, c^{ne} de Saint-Avit-Senieur. — Il allait de la Petite-Védie à l'ancienne église Sainte-Marie-du-Vals, 1711 (Reconn.).

CHEMIN MORGAL? c^{ne} de Cadouin ? — *Iter Morgal*, 1465 (Lesp. 37, accense faite par l'abbé de Cadouin).

CHEMIN MOULINAL, c^{nes} de Lanquais et de Varennes, allant du château au port de Lanquais, 1774 (Not. de Lanquais).

CHEMIN ROMIEU, c^{ne} de Belvez. — *Cami Romiou*, va à Cadouin en passant par le Puch de la Coste, par la Malaudie, 1462 (arch. de la Gir. reg. de Philipparie. art. 37). — *Chemin Romiou*, qui va à Rocque-Amadour, passant à Saint-Amand-de-Belvez, et confronte à la Crosette (*ibid.* 42).

CHEMIN-ROYAL, lieu-dit, c^{ne} de Cherveix (B. 378. C. 270, cad.).

CHEMIN ROYAL, de Badefol à Sainte-Foy-de-Lanquais, 1692 (Reconn.).

CHEMIN ROYAL, allant de Saint-Laurent-des-Bâtons à Bergerac, 1770 (Reconn.).

CHEMIN ROYAL, c^{ne} de Saint-Pierre-de-Frugie (le Périg. illustré).

CHEMIN ROYAL, c^{ne} d'Urval. — Dans la direction de Saint-Alvère à Belvez par Castel-Réal.

CHEMINS (QUATRE-), h. c^{ne} de la Bouquerie (S. Post.).

CHEMINS (QUATRE-), h. c^{ne} de Mussidan (cad.).

CHEMINS (QUATRE-), h. c^{ne} de Périgueux.

CHEMINS (SEPT-), h. c^{ne} de la Chapelle-Gonaguet (S. Post.).

CHEMIN SALINIER, limite entre Bergerac et Prigonrieu. — *Iter Salinier*, 1470 (Liv. N. 121).

CHEMIN SALINIER, allant de Bergerac à Montpazier par

le Pic et Saint-Amand-de-Boisse, 1664 (O. S. J.), et à Biron, 1772 (arp. de Faux).

CHEMIN-VIEUX, lieu-dit, c^ne d'Eyvirat, joignant le chemin de Pizareau à Eyvirat (A. Jud.).

CHENAU, c^ne, c^on de Saint-Aulaye. — *Sanctus Petrus de Chanaor*, 1098 (cart. de Baigne, LXII). — *Canaor*, 1100, année de la dédicace de l'église, *ibid.* p. 39). — *Chanard* (pouillé du XIIIe siècle). — *Chanaura*, XIVe siècle (Lesp. 33, Aubeterre).

Voc. Saint-Pierre; coll. l'abbé d'Aubeterre.

CHENAUX (LES), h. c^ne de Villars (B.).

CHENERIE (LA), h. c^ne d'Angoisse (B.).

CHENEUIL, h. c^ne de Vanxains (B.).

CHENIL (LE), anc. rep. noble, c^ne de Saint-Antoine-d'Auberoche (Cass.).

CHENY, vill. et forêt. — Voy. PUYCHENY.

CHERCUZAC, h. c^ne de Chancelade. — *Mas de Charcuzac*, 1458 (O. S. J.). — Anc. rep. noble.

CHENTEBAUDE, terre, c^ne de Notre-Dame-de-Sanillac (A. Jud.).

CHERVAIL, h. c^ne de Bourgnac.

CHERVAL, c^ne, c^on de Verteillac. — *Charavart*, 1382 (P. V. M.). — *Charvart*, 1489 (O. S. J. Terr. de Combeyranche). — *Charavard*, 1560 (Acte not.). — *Charval*, 1760.

Voc. Saint-Martin.

Anc. rep. noble. — Justice sur la paroisse, 1760 (Alm. de Guy.).

CHERVAL (LA GRANDE FORÊT DE), taillis, c^ne de la Tour-Blanche (cad.).

CHERVEIX, lieu-dit, c^ne de Corgnac (cad.).

CHERVEIX, h. c^ne de Coulaures.

CHERVEIX avec CUBAS et SAINT-MARTIAL, c^ne, c^on d'Hautefort. — *Charves* (pouillé du XIIIe siècle).

Patrons: saint Pierre et saint Paul.

CHESITOU, h. c^ne de Cherval.

CHEVALARIAS (LAS), h. c^ne de Champagnac-de-Belair.

CHEVALERIE (LA), c^ne de Boulazac. — *La Chavalaria*, XIIIe siècle (Reg. de la Charité, Périgueux).

CHEVALERIE (LA), h. c^ne du Chapdeuil (S. Post.).

CHEVALERIE (LA), c^ne des Lèches. — *Chavalleyrie*, 1702 (Acte not.).

CHEVALERIE (LA), h. c^ne de Minzac.

CHEVALERIE (LA), c^ne de Preyssac, 1670 (Acte not.).

CHEVALERIE (LA), h. c^ne de Sainte-Marie-de-Frugie (S. Post.).

CHEVALERIE (LA), h. c^ne de Savignac-les-Églises.

CHEVALIER (LE BOS), m. isolée, c^ne d'Agonac (S. Post.).

CHEVALIER (MOULIN DU), sur la Couse, c^ne de Saint-Avit-Senieur.

CHEVALIERS (LES), lieu-dit à Sainte-Eulalie, c^ne du Breuil, 1760 (Not. du Fleix).

CHEVRIER, c^ne de Coulounieix. — Anc. rep. noble relevant de la ville de Périgueux.

CHEYCHE (LA), h. c^ne de Montcarret (S. Post.).

CHEYCHE (LES), b. c^ne de Saint-Michel (S. Post.).

CHEYCHIQUOQUEL, h. c^ne de la Chapelle-au-Bareil.

CHEYLIAC, sect. de la c^ne de Vendoire (cad.).

CHEYMARDIE (LA), m. isolée, c^ne de Génis (S. Post.).

CHEYRAC, h. c^ne de Villamblard. — Grotte profonde.

CHEYRAL (LE), terre près du bourg de Lanquais, 1746 (Acte not.).

CHEYRAT (LE), éc. c^ne de Saint-Amand-de-Coly (A. Jud.).

CHEYRIES (LES), h. c^ne d'Auriac, c^on de Montignac.

CHEYRON (LE), c^ne de Cubjat. — 1563 (Mém. d'Albret). Anc. rep. noble.

CHEYRON (LE), h. c^ne de Sarliac. — Bois de 88 hect. (A. Jud.).

CHEYRONS (LES), c^ne de Saint-Pierre-de-Cole, 1478 (Lesp. 79, Brantôme).

CHEYROU (LE), b. c^ne de Saint-Just.

CHEYROUX (LES), terre, c^ne de Bourdeilles (A. Jud.).

CHEYROUX (LES), éc. c^ne de Plazac.

CHEYSSAC, anc. fief mouvant de la justice d'Auberoche.

CHEYSSAC, territoire joignant le chemin de Périgueux vers las Mey-Gas (Lesp. Périgueux. Dénominations au XIVe siècle).

CHEZ-BAUDOU, h. c^ne de Saint-Martial-de-Viveyrol (B.).

CHEZ-BIDOU, h. c^ne de Champagne-Fontaine.

CHEZ-BILLIAC, h. c^ne de Cherval.

CHEZ-BLANCHOU, c^ne de Léguillac-de-Lauche.

CHEZ-BLANCHOU, h. c^ne de Saint-Martial-de-Viveyrol (B.).

CHEZ-BOINE, h. c^ne de Teyjat.

CHEZ-BOUCHARD, h. c^ne de Cumont.

CHEZ-BOURET, h. c^ne de Varaigne.

CHEZ-BRACOU, éc. c^ne d'Agonac.

CHEZ-BRANDY, h. c^ne de Champagne. — *Mans. de la Branda*, 1463 (O. S. J.).

CHEZ-CACAUD, h. c^ne de Lus-as.

CHEZ-CHATEAU, éc. c^ne de Saint-Laurent-du-Double.

CHEZ-COURTY, h. c^ne de Saint-Privat.

CHEZ-DAILLE, h. c^ne de Saint-Paul-Lisone.

CHEZ-DAUPHIN, h. c^ne de Nanteuil-de-Bourzac.

CHEZ-DENIS, h. c^ne de Léguillac-de-Cercles (A. Jud.).

CHEZ-DESIER, h. c^ne de Vendoire.

CHEZ-FAYE, b. c^ne de Saint-Martial-de-Ribérac.

CHEZ-FAYOLLE, h. c^ne de Bouteilles.

CHEZ-GAILLAR, h. c^ne de Teyjat.

CHEZ-GAILLARD, h. c^ne de Saint-Martial-de-Viveyrol (B.).

CHEZ-GALABERT, éc. c^ne de Cornille.

CHEZ-GATEAU, éc. c^ne de Ligueux.

CHEZ-GAURAU, h. c^ne de Vendoire.

CHEZ-GOUAUD, h. c^ne de Bussière-Badil.

CHEZ-GOUAUD, h. c^ne de Léguillac-de-Cercles.

Chez-Goual, h. cⁿᵉ de Saint-Barthélemy.

Chez-Gourjou, h. cⁿᵉ de Teyjat.

Chez-Grégoire, h. cⁿᵉ de Nanteuil.

Chez-Guerre, éc. cⁿᵉ de Journiac.

Chez-Guillou, h. cⁿᵉ de Varaigne.

Chez-Joanny, h. cⁿᵉ de Soudat.

Chez-Jucarau, h. cⁿᵉ de Nanteuil-de-Bourzac.

Chez-la-Cité ou de la Croix, taillis, cⁿᵉ de Saint-Germain-des-Prés (A. Jud.).

Chez-la-Garde, h. cⁿᵉ de Verteillac.

Chez-l'Age, éc. cⁿᵉ de Bussière-Badil.

Chez-le-Baron, éc. cⁿᵉ de Fanlac.

Chez-le-Pic, h. cⁿᵉ de Vendoire.

Chez-le-Rat, h. cⁿᵉ de Bussière-Badil.

Chez-Marcheix, h. cⁿᵉ de Léguillac-de-Cercles.

Chez-Mariaux, h. cⁿᵉ de Saint-Paul-Lizonne.

Chez-Marou, h. cⁿᵉ de Grésignac.

Chez-Martin, h. cⁿᵉ de Nontronneau.

Chez-Moreau, h. cⁿᵉ de Vanxains.

Chez-Mouton, h. cⁿᵉ de Siorac.

Chez-Parrighe, h. cⁿᵉ de Saint-Vincent-Jalmoutier.

Chez-Peynaud, h. cⁿᵉ de Busserolles.

Chez-Peyrot, h. cⁿᵉ d'Échourgnac-de-Double.

Chez-Pindray, h. cⁿᵉ de Lusignac.

Chez-Portugal, éc. cⁿᵉ de Montagnac-de-Crempse.

Chez-Pouge, h. cⁿᵉ de Nontron.

Chez-Pouyade, h. cⁿᵉ de Léguillac-de-Cercles.

Chez-Poyvou, h. cⁿᵉ de Saint-Martin-de-Ribérac.

Chez-Richard, h. cⁿᵉ d'Allemans.

Chez-Rouyaud, h. cⁿᵉ de Vendoire.

Chez-Rouyer, h. cⁿᵉ de Varaigne.

Chez-Salvain, h. cⁿᵉ de Lusignac.

Chez-Seigneurie, h. cⁿᵉ de Nanteuil-de-Bourzac.

Chez-Sermaud, h. cⁿᵉ de Saint-Pardoux-de-Mareuil.

Chez-Taradeau, h. cⁿᵉ de Ribérac.

Chez-Tève, éc. cⁿᵉ de Negrondes.

Chez-Veyssière, h. cⁿᵉ de Nontronneau.

Chez-Viger, h. cⁿᵉ de Verteillac.

Chez-Vignaud, h. cⁿᵉ d'Allemans.

Chez-Villate, h. cⁿᵉ de Ribérac.

Chez-Vivie, h. cⁿᵉ de Ribérac.

Chigepie (La), cⁿᵉ de Saint-Mayme-de-Péreyrol, tenance, 1730 (Acte not.).

Chignac, h. cⁿᵉ d'Anesse (S. Post.).

Chignac, h. cⁿᵉ de Saint-Front-d'Alemps. — *Parochia de Chanhac in quá est terra de septem Fontibus*, 1238 (Lesp. Ligueux).

Chignac, lieu-dit, cᵉ de Terrasson (cad.).

Chignac, h. et mⁱⁿ, cⁿᵉ de Vanxains (B.).

Chignac? — *Eccl. de Chignaco*, dépend. du prieuré de Saint-Cyprien, 1554 (pane. de l'évêché).

Chignac, cⁿᵉ. — Voy. Saint-Pierre-de-Chignac.

Chignac (Château-de-), lieu-dit, cⁿᵉ de Castelnau (cad.).

Chignaguet, h. cⁿᵉ de Saint-Cyr-lez-Champagne (S. Post.).

Chignaguet (Le Claud-de-), lieu, cⁿᵉ de Blis-et-Born (A. Jud.).

Chignaguet (Le Claud-de-), lieu, cⁿᵉ d'Eyliac.

Chillaudie (La), h. cⁿᵉ de Verteillac.

Chillavaux, h. cⁿᵉ de Brassac. — *Chiliavel*, 1447 (inv. de Lanmary).

Chimhac? cⁿᵉ de Saint-Naixent. — *Mayn. de Chimhac*, 1502 (O. S. J.).

Chinchaubrau, h. cⁿᵉ de Ladornac.

Chinchaubrun, mⁱⁿ, cⁿᵉ de Fanlac (B.).

Choudarie (La)? cⁿᵉ de Vern. — *Tenentia de la Choudaria*, 1460 (ch. Mourcin).

Chounot? cⁿᵉ de Tocane. — *Podium Chounot*, 1454 (ch. Mourcin).

Chourgnac-d'Ans, cⁿᵉ, cⁿ d'Hautefort. — *Eschaurniac*, 1025 (cart. de Tourtoyrac).— *Eschaurnaces* (ponillé du xiiiᵉ siècle). — *Eschornacum*, 1365 (Lesp. 88, Châtell.). — *Chournhac*, 15.. (arch. de Pau, Châtell.).

Voy. Saint-Sulpice.

Choussounie (La), h. cⁿᵉ de Vallereuil. — *La Chouchounia*, 1472 (Dives, F.). — *El Choussounene*, 1473 (*ibid.* I, 72). — *La Choussonia*, 1504 (ch. Mourcin). — *Choussouneu, appartenances de Lamirand*, 1650 (Acte not.).

Choutet (Le), h. cⁿᵉ de Paussac (B.).

Christefoul (Le)? h. cⁿᵉ de Maurens. — *Christe Foulhe*, 1675.— *El Cristefoulhe*, 1721 (Acte not.).

Cibarie (La)? cⁿᵉ du Coux. — *Mansus de la Cibaria*, 1463 (arch. de la Gir. Bigaroque).

Cigal, cⁿᵉ de Douville. — *Sigalle*, 1666 (Acte not.).

Cigal, lieu-dit, cⁿᵉ de Saint-Aquilin (cad.).

Cigal, éc. cⁿᵉ de Saint-Perdoux-Issigeac.

Cigalerie (La), éc. cⁿᵉ de Douville.

Cimeronie (La), h. cⁿᵉ de Coulaures.

Cimetière (Au), lieu-dit à Candillac, cⁿᵉ de Clérans. — *Al Sementery*, 1602 (Acte not.).

Cimetière (Au), h. cⁿᵉ du Fleix, 1783 (Acte not.).

Cimetière (Au), terre, cⁿᵉ de Saint-Barthélemy (A. Jud.).

Cimetière de la Cité, à Périgueux. — *Hospitalis de Cimiterio civitatis Petrag.* 1290 (Recueil de titres. Périg. Test. d'Est. Jovenals).

Cimetière-des-Ladres, lieu-dit, cⁿᵉ de Saint-Pierre-de-Cole (cad.).

Cimetière des Pauvres, à Périgueux, dans la par. Saint-Silain, xiiᵉ siècle (reg. de la Charité).

Cimetière-du-Diable, taillis, cⁿᵉ de Brouchaud (cad.).

Cimetière-du-Village, ancien nom du plateau qui recouvre la grotte de Badegol, cⁿᵉ de Beauregard, cᵒⁿ de Terrasson (Ann. de la Dord. Jouanet).

CINGLE, nom générique par lequel on désigne les chemins taillés dans les rochers escarpés qui tombent à pic sur le bord des rivières. — *Lo Single de Albugia*, 1465 (Liv. N.). — *Le Single de Milhac et de Roqua grossa*, 1468 (arch. de la Gir.).

CINQ-FONTS (LES), h. cⁿᵉ de Carsac-Villefranche (S. Post.).

CINQ-FONTS (LES), lieu-dit, cⁿᵉ de Saint-Michel-l'Écluse (cad.).

CINQ-PONTS, cⁿᵉ de Neuvic. — Anc. fief comp. des ten. de Brandau, la Bosse, la Colegie et le Voulon, 1672.

CINZAC? — *Masus de Cinzac, apud Campum Martini* (cart. de la Sauve).

CIPIERRE, h. cⁿᵉ de Naillac. — *Village de la Cipierre*, 1600 (Acte not.).

CIPIERRE (CHANET-LA-), éc. cⁿᵉ de Vieux-Mareuil (B.).

CIRE (LA)? cⁿᵉ de Saint-Pompon. — *Mansus de la Cira*, 1462 (arch. de la Gir. Belvez).

CIREYJOL, h. cⁿᵉ de Saint-Geniez.

CIREYJOL, habit. cⁿᵉ de Saint-Germain-et-Mons.

CIRVAUX, h. cⁿᵉ de Douzillac (B.).

CITADELLE (LA), mét. cⁿᵉ de Clérans (A. Jud.).

CITADELLE (LA), h. cⁿᵉ d'Eyvirac (S. Post.).

CITADELLE (LA), h. cⁿᵉ de Saint-Médard-de-Gurson (S. Post.).

CITADELLES (LES), cⁿᵉ de Corgnac, emplacement de forge antique (Antiq. de Vésone, t. I, 190).

CIVADE (LA), ruiss. affl. de l'Isle, qui a sa source à la Chapelle, cⁿᵉ de Chantérac.

CIZARDIE (LA), h. cⁿᵉ de la Chapelle-Faucher (B.).

CLADECH, cⁿᵉ, cᵒⁿ de Belvez. — *Clidochs* (pouillé du xiiiᵉ siècle). — *Cludois, Cludoih*, xiiiᵉ siècle (cart. du Bugue). — *Cludech*, 1269 (Test. de G. Aymon). — *Claduch*, 1293 (Lesp. 5a). — *Cladechium*, 1491 (arch. de la Gir. Belvez).

Patronne : sainte Radegonde ; coll. l'évêque.

CLADECH, h. cⁿᵉ de Vert-de-Biron (A. Jud.).

CLAIRAC, faub. de Bergerac. — *Cleyrac*, 1734, autrement *Malbourguet* (Not. de Bergerac).

CLAIRAC, aux environs de Puyguilhem-Eymet. — *Clarag, Clarage, Clarigat*, 1273 (ms de Wolf.).

CLAIRAC (PETIT-), h. cⁿᵉ de Bergerac, au delà du bourg de la Madeleine, 1624 (Acte not.).

CLAIREFON, lieu-dit, cⁿᵉ de Terrasson (cad.).

CLAIRVAU? — *Église de Clairvau, prieuré de Clervaux*, archiprêtré de Bouniagues, 1648 (bénéf. de l'év. de Sarlat).

CLAIRVILLE? cⁿᵉ de Thiviers. — *Vila voc. Clarvila* (arch. de Saint-Étienne de Limoges, Lesp. 77).

CLAMISSAT, b. cⁿᵉ de Neuvic. — *Crux de Clamissac*, 1263 (Périg. M. H. 41, 5 et 1).

CLAPERIE (LA), h. cⁿᵉ de Brantôme (A. Jud.).

CLARAC, h. cⁿᵉ de Lussas (B.).

CLAREFON, éc. et mⁱⁿ, cⁿᵉ de Soulaures. — *Hospitium de Clarefons*, 1266 (Lesp. Cadouin et Biron). — *Clairefon* (B.).

Anc. rep. noble situé à la source d'un affluent de la Lède.

CLARETIE (LA), h. cⁿᵉ de la Cropte (B.).

CLAUD (LE), lieu-dit, cⁿᵉ de Beauregard-Vern (A. Jud.).

CLAUD (LE), h. cⁿᵉ de Cunéges (B.).

CLAUD (LE), lieu, cⁿᵉ d'Eyvignes.

Anc. rep. noble ayant haute justice dans Eyvignes, 1760 (Alm. de Guy.).

CLAUD-DE-BOUCAUD (LE), lieu-dit, cⁿᵉ de Minzac (A. Jud.).

CLAUD-DE-FERIÉRAS (LE), lieu, cⁿᵉ de Vern.

CLAUD-DE-FRUGIÈRE (LE), éc. cⁿᵉ de Pezul (B.).

CLAUD-DE-LAGE (LE), h. cⁿᵉ de Saint-Sulpice-d'Exideuil (S. Post.).

CLAUD-DE-L'ÉGLISE (LE), terre, cⁿᵉ de Calviac (A. Jud.).

CLAUD-DE-L'ÉGLISE-DE-BRENAC (LE). — *Clausus eccl. de Brenac situs juxta fossatum ville de Brenac*, 1250 (Lesp. Saint-Amand-de-Coly).

CLAUD-DE-L'ESCLAPER (LE), lieu-dit, cⁿᵉ de Sainte-Sabine (A. Jud.).

CLAUD-DE-L'HÔPITAL, ténemᵗ, cⁿᵉ de Naussanes, 1712 (O. S. J. 5, 7).

CLAUD-DE-SAINT-FRANÇOIS (LE), vigne, cⁿᵉ de Saint-Avit-Rivière (A. Jud.).

CLAUD-DES-AROUX, cⁿᵉ de Gabillou, 1512 (Lesp. 79).

CLAUD-DE-TREINON (LE), taillis, cⁿᵉ de Cantillac (A. Jud.).

CLAUD-DE-VEYSSIÈRE, à Périgueux, confront. à la Maladrerie de Salvanjou, 1480 (ch. Mourcin).

CLAUD-DU-LAC (LE), taillis, cⁿᵉ de Chourgnac (A. Jud.).

CLAUD-GARDEIX (LE), taillis, cᵒⁿ de Saint-Germain-des-Prés (A. Jud.).

CLAUSADE, sect. de la cⁿᵉ de Capdrot.

CLAUSILLOU (AL), lieu-dit, cⁿᵉ de Saint-Marcel, 1678 (Acte not.).

CLAUSURE, h. cⁿᵉ de Saint-Paul-Lizone.

CLAUSUROU, habit. cⁿᵉ de Goust.

CLAUTRE, dom. cⁿᵉ de Bergerac.

CLAUTRE (LA), pré, cⁿᵉ de Cherveix (cad. S. C. 118).

CLAUTRE (LA), terre, cⁿᵉ de Fontaine (cad.).

CLAUTRE (LA), au bourg de Jumillac. — Place publique dite *de las Claustras*, 1518 (O. S. J.).

CLAUTRE (LA), place devant l'église de Saint-Front, à Périgueux. — *L'Espital sos le poi de la Claustra*, 1309 (Recueil de titres). — *Le Claustre où estait marchié public*, 1397 (Lesp. Saisie des biens du Cᵗᵉ Archambaud.)

CLAUTRE (LA), châtaigneraie, cⁿᵉ de Saint-Martin-des-Combes (A. Jud.).

Clautre (La), h. c⁻ᵉ de Saint-Mesmin (S. Post.).

Clautre (Moulin de la), un des deux moulins bannerets du Bugue. — La Claustre, 1598 (Acte not.).

Clauttes (Les), place publique à Saint-Astier (A. Jud.).

Clautreux (Les), châtaigneraie, c⁻ᵉ de Dussac (A. Jud.).

Clauzel (Le), c⁻ᵉ de Prigonrieu, 1743 (Acte not.).

Clauzel (Le), h. c⁻ᵉ de Saint-Cirq.

Clauzel (Le), h. c⁻ᵉ de Villamblard. — Le Clouzel, 1643 (Acte not.).

Clauzels (Les), h. c⁻ᵉ de Proissans (B.).

Clauzet (Le), h. c⁻ᵉ de Fanlac (B.).

Claveaux, h. c⁻ᵉ de Carsac-Villefranche.

Clavele, h. c⁻ᵉ de Minzac (B.).

Clavele (La)? c⁻ᵉ de Montravel. — Al potz de la Clavela, xiiiᵉ siècle (terr. de Montravel).

Clavelie (La), h. c⁻ᵉ de Saint-Aquilin (cad.). — Maynam. de la Clavellia, 1510 (ch. Mourcin).

Clavelie (La Grande et la Petite), h. c⁻ᵉ de Ribérac (A. Jud.).

Claverie (La), bois, c⁻ᵉ de Chancelade (A. Jud.).

Clavetier (Le), taillis, c⁻ᵉ de Carves (A. Jud.).

Clavetière (La), c⁻ᵉ de Saint-Hilaire-d'Estissac, 1620 (Acte not.).

Claverias, h. c⁻ᵉ de Sainte-Marie-de-Chignac (B.).

Cledat, dom. c⁻ᵉ de Saint-Rabier (A. Jud.).

Clède (La), bois, c⁻ᵉ de Lanquais.

Clède (La), h. c⁻ᵉ de Montagnac-la-Crempse (S. Post.).

Clédier (Les), h. c⁻ᵉ du Bugue (B.).

Clémens (Les) ou Penot, c⁻ᵉ de Montcarret, 1651 (terr. de Montcarret).

Cler, h. c⁻ᵉ de Boisse, 1738 (Acte not.).

Clérans, anc. paroisse réunie à Cause, c⁻ᵉ, c⁻ⁿ de la Linde. — Clarentium, 1158 (Lesp.). — Ecclesia de Clarens (pouillé du xiiiᵉ siècle, Lesp.). — Castrum de Clarenrs, Clarenthis, Clarentiis (Lesp. passim). — Hospitale de Clarenx (Liv. Nof. xvᵉ siècle).

Anc. châtell. dont, au xivᵉ siècle, dépend. 10 paroisses : Baneuil, Cause, Liorac, Pressignac, Saint-Caprais, Sainte-Colombe, Saint-Cybard, Sainte-Foy-de-Longa, Saint-Marcel, Vic (Châtell. Lesp. 88).

Château bâti sur motte au fond d'un vallon. Le seigneur était un des quatre barons auxquels Bertrand de Born fit appel pour la guerre contre le roi Henri. — E Clarens (Sirvente).

Communauté municipale constituée au xiiiᵉ s. — Sigillum communitatis de Clarens, 1265 (Lesp.).

Clérans, h. c⁻ᵉ de Saint-Léon, c⁻ⁿ de Montignac. — Clarentium, 1365 (Lesp. 26, Homm.). — Repaire dit de Clarens au lieu appelé de Salagorde, 1516 (Lesp.).

Clérans (Forêt de). — Foresta de Cabanac, 1485 (L. Nof. 24). — La grande forêt appelée de Cabanac, 1665 (Reconn. du Dougnon). — Forêt de Clérans appelée de Cabanac, 1667 (ibid.).

Clergie (La), lieu, c⁻ᵉ de Jayac.

Clermont-de-Beauregard, c⁻ᵉ, c⁻ⁿ de Villamblard. — Castrum de Claro Monte, 1158 (Lesp. 37). — Clarmon, Clermon, Clairmon, xviᵉ siècle (arch. de Bergerac).

Anc. ville close.

Voc. Saint-Front, auquel on avait ajouté la désignation de du Noyer, 1567 (Lesp. Clermont).

Clermont-d'Exideuil, c⁻ᵉ, c⁻ⁿ d'Exideuil. — Clarmon (pouillé du xiiiᵉ siècle). — Villa Sanctæ Mariæ Clari Montis (Chron. Gaul. Vos. 551).

La maison paternelle de Geoffroy du Vigeois, chroniqueur du xiiᵉ siècle, était dans cette petite ville.

Clissac, h. c⁻ᵉ de Sainte-Natalène.

Clopeyrat, c⁻ᵉ de Saint-Marcory. — Mans. del Clopeyrat, 1459 (arch. de la Gir. Belvez).

Clos-Chassaing ou Impasse Saint-Nicolas, dans la ville de Périgueux (A. Jud.).

Clos de Labatut, c⁻ᵉ de Périgueux. — Clausus vocatus de Labatut, 1434 (Périg. M. H. 41, 1).

Clos de la Vuige, c⁻ᵉ de Beaumont. — Voy. Peyre-levade.

Clos de l'Église ou de Leylas, c⁻ᵉ de Brantôme (cad. nᵒˢ 101, 102, sect. F) (A. Jud.).

Clos de l'Église, c⁻ᵉ de Salignac (A. Jud.).

Clos d'Henricourt, futaie, c⁻ᵉ de Valeuil (A. Jud.).

Clos d'Issigeac, terre, c⁻ᵉ de Couse (mat. cad. S. A. 447, 459).

Clos-du-Curé, pré, c⁻ᵉ de Minzac (A. Jud.).

Clos du Prêtre, c⁻ᵉ de Saint-Remy (A. Jud.).

Clos-du-Prieur, maison, c⁻ᵉ de Brantôme (S. Post.).

Clos Saint-Gervais, banlieue de Périgueux. — Clausus Sancti Gervasii, 1426 (Périg. M. H. 41, 7).

Clos-Valladat, éc. c⁻ᵉ de Coly, 1490 (O. S. J. Condat).

Une des limites entre Coly et Condat.

Clote (La), ténem. c⁻ᵉ de Grand-Castang, 1679 (Acte not.).

Clote (La)? c⁻ᵉ de Grignol. — Maynam. de la Clota, 1481 (Dives, I, 114).

Clote (La), lieu-dit, c⁻ᵉ de Jaure, 1644 (Acte not.).

Clote (La), vigne, c⁻ᵉ de Montcarret (A. Jud.).

Clote (La), c⁻ᵉ de Saint-Sauveur. — Maynam. de la Clota (L. Nof. 65). — Ten. de la Clote, 1606 (Acte not.).

Clote (La), c⁻ᵉ de Vic (Reconn. 1649).

Clotes (Les), lieu-dit, c⁻ᵉ de Chassagne (cad.).

Clotes (Les), terre, c⁻ᵉ de Pomport (A. Jud.).

CLOTES (LES), h. c^ne de Saint-Chamassy.
CLOTES-ET-NOJALS, c^ne, c^on de Beaumont. — *Clotes*, 1365 (Lesp. 88, Châtell.). — *Clotas* (arch. de Pau, justices). — *Eccl. de Clotia*, 1556 (panc. de l'év.). — *Les Clottes*, 1714 (Atlas Delisle).
Voc. Sainte-Anne.
CLOUP (LE), éc. c^ne de Campagnac-lez-Quercy (B.).
CLOUP (LE), c^ne de Champsevinel. — *Bordaria del Clup*, 1393 (Périg. M. H. 41, 4). — *Clop*, 1496 (ch. Mourcin).
CLOUP (LE), c^ne de Condat-sur-Vézère. — *Mansus del Cloup*, 1528 (O. S. J. Condat).
CLOUP (LE), c^ne d'Église-Neuve. — *Ladespens le Clop* ou *Labatut*, 1485 (coll. de Lanquais).
CLOUP (LE), c^ne d'Issac. — *Tenance del Clop*, 1715 (Acte not.).
CLOUP (LE), lieu-dit, c^ne de Marquay (cad.).
CLOUP (LE), c^ne de la Monzie. — *Al Clop*, 1695 (Acte not.).
CLOUP (LE), c^ne de Vic (Reconn.). — *Tenance du Clou*, 1692 (Acte not.).
CLUSEAU (FONTAINE DU), aux environs de Périgueux. — *Les Clouseaulx joignant la croix de Landric*, 1430 (Liv. Jaune de Périgueux).
CLUSEAU (HAUT et BAS), h. c^ne de Biras.
CLUSEAU (LE), friche, c^ne de Bouillac (A. Jud.).
CLUSEAU (LE), h. c^ne de Brassac (inv. de Montardit). — *Cluzeau* (B.).
CLUSEAU (LE), lieu-dit, c^ne de Couse, sect. B, 450.
CLUSEAU (LE), habit. c^ne de Flaugeac.
CLUSEAU (LE), h. c^ne de Lunas. — *Clusel*, 1725 (Acte not.).
CLUSEAU (LE), h. c^ne de Millac-Thenon.
CLUSEAU (LE), lieu-dit, c^ne de Neuvic, 1650 (Acte not.).
CLUSEAU (LE), h. c^ne de Proissans. — *Hospitium de Clusello*, 1497 (ch. Mourcin).
Anc. rep. noble.
CLUSEAU (LE), h. c^ne de Saint-Just.
CLUSEAU (LE), h. c^ne de Vendoire (B.).
CLUSEAU (LE), h. c^ne de Villamblard. — *Mayne del Clusel*, 1307 (Lesp. 63). — *Cumba de Clusello*, 1399 (Périg. M. H. 41, 5). — *Clouzeau*, 1690 (Acte not.).
CLUSEAUX (LES), h. c^ne de Corgnac (B.).
CLUSEAUX (LES), h. c^ne de Saint-Sulpice-de-Roumagnac (B.).
CLUSEAUX (LES), souterrains nombreux auprès du bourg de Siorac-Double (le Périg. illustré, p. 614).
CLUSEAUX (LES), sect. de la c^ne de Vern (cad.).
CLUSEL, lieu, c^ne d'Eymet.
Fontaine renommée pour ses vertus purgatives.
CLUSEL (LE), c^ne de Bassac-Beauregard. 1620 (Acte not.).

CLUSEL (LE)? c^ne de Beauregard-Terrasson.
Anc. rep. noble.
CLUSEL (LE), c^ne de Celle. — *Maynam. de Clusello*, 1269 (Lesp. 81). — *Le Cluseau*, 1670 (Acte not.).
CLUSEL (LE), h. c^ne du Coux. — *Mans. de Clusello*, 1470 (arch. de la Gir. Bigaroque).
CLUSEL (LE), c^ne de Fleurac. — *Clusellum*, 1464 (Généal. de Rastignac). — *Le Cluseau*, xviie siècle.
Anc. rep. noble.
CLUSEL (LE), c^ne de Limeyrac. — *Hospitium de Clusello*, 1400 (Lesp. Homm.).
Anc. rep. noble relev. d'Auberoche.
CLUSEL (LE), h. c^ne de la Monzie-Montastrue.
CLUSEL (LE), c^ne de Sainte-Foy-de-Belvez. — *Repayrium de Clusello*, 1470 (arch. de la Gir. Belvez).
CLUSEL (LE), lieu-dit, c^ne de Saint-Marcel, ténem. de la Becadye, 1679 (Acte not.).
CLUSEL (LE), c^ne de Saint-Mayme-de-Péreyrol. — *Maynam. del Clusel*, 1460 (ch. Mourcin).
CLUSEL (LE), h. c^ne de Sendrieux.
CLUSEL (LE), anc. rep. noble, c^ne de Sigoulès.
CLUSEL (LE), éc. c^ne de Villac (B.).
CLUSELARDS (LES), h. c^ne de Saint-Martin-de-Ribérac (B.).
CLUSELET (LE), h. c^ne de Corgnac (B.).
COBLANS, lieu-dit, c^ne de Saint-Barthélemy-de-Montpont.
CODARIE (LA)? c^ne de Brassac. — *Terra de la Codaria*. 1270 (Périg. M. H, 41, 1).
CODER (LE), h. c^ne de Romain-Saint-Pardoux (B.).
CODER (LE), h. c^ne de Saint-Germain-des-Prés (B.).
CODER (TOUR DU), anc. rep. noble, c^ne de Saint-Germain-des-Prés (B.).
CODERT (LE)? c^ne de Baneuil. — *El Codert*, 1460 (L. Nof.).
CODERT (LE), place à Périgueux. — *Platea voc. del Codert*, 1323 (Recueil de titres). — *Quodert*, 1436 (Périg. M. H. 41, 4).
CODERT (LE), h. c^ne de Sarliac (B.).
CODOGNE? c^ne de Saint-Pierre-d'Eyraud. — *Codomha*. *Condonha*, 1491 (coll. de Lanquais).
CODOGNE (LA)? c^ne de Montagrier. — *Maynam. de la Codonhia*, 1455 (Périg. M. H. 41, 4).
COFOURCHE (LA), c^ne de Liorac. — *Quadriv. voc. de la Cofforca* (Liv. Nof. p. 118).
COFOURCHE (LA)? c^ne de Saint-Léon-sur-l'Ille. — *La Cofforchia de Merchant*, 1490 (Dives, 2, 19).
COFOURCHE (LA), h. c^ne du Vieux-Mareuil (S. Post.). — *Coufourche* (B.). — Voy. CÁFOURCHE (LA).
COGÉRIE (LA)? c^ne de Vern. — *Maynam. de la Cogeria*, 1510 (ch. Mourcin).

Cogulot, c^{ne}, c^{on} d'Eymet. — *Cogulot*, 1556 (panc. de l'év.). — *Coguillot*, 1760 (Alm. de Guy.).

Patronne : sainte Madeleine ; coll. l'évêque.

Colarède, éc. c^{ne} de Preyssac-d'Agonac (B.).

Colaurive? c^{ne} de Montravel. — *En la Colauriva*, xiiie siècle (liève de Montravel).

Colauvan? c^{ne} d'Échourgnac. — *Territ. Calaviniago*, 1090 (cart. de la Sauve).

Coldebide, h. c^{ne} de la Monzie-Montastruc (A. Jud.).

Cole, c^{nes}. — Voy. Saint-Jean-de-Cole et Saint-Pierre-de-Cole.

Cole (La), ruiss. de l'arrond. de Nontron, qui descend des hauteurs de Firbeix, passe au-dessous de Mialet, traverse la plaine de Saint-Jean et, se dirigeant vers l'ouest, se jette dans la Drone à Saint-Laurent. — *Colla*, 1095 (Saint-Jean-de-Cole).

Colegie (La), c^{ne} de Neuvic, dép. du fief des Cinq-Ponts, 1671 (Généal. de Taillefer).

Coles (Plaine et Chapelle de), c^{ne} de Montravel (Guinodie, *Hist. de Lib.* vol. III). — *Sancta Maria de Colere*, 1081 (cart. de Saint-Florent de Saumur). — *Eccl. de Color* (pouillé du xiiie siècle). — *Colie*, 1122 (confirmation à Saint-Florent). — *Colets*, 1493 (terr. de Montravel, arch. de la Gir.). — *Port de Colles*, 1530. — *Coler*, 1556 (panc. de l'év.). C'est dans cette plaine que fut élevé, après la bataille de Castillon, le monument funéraire de Talbot qui portait le nom de *Chapelle de Talbot* (B.).

Cole-Vieille, c^{ne} de Gabillou (terr. de Gabillou).

Collusenche (Mas de la)? 1207 (don fait à l'abbaye de Cadouin).

Colomba, h. c^{ne} de Saint-Étienne-de-Puycorbier (A. Jud.).

Colombier (Le), h. et forge, c^{ne} de Bayac.

Colombier (Le), c^{ne} du Bugue. — *Al Colubier*, 1460 (L. Nof. 122).

Colombier (Le), h. c^{ne} de la Feuillade (Chron. du Périg. 2, 21).

Colombier (Le), c^{ne}, c^{on} d'Issigeac. — *Eccl. de Colombiera*, 1556 (panc. de l'év.).

Patrons : saint Pierre et saint Paul.

Colombier (Le), h. c^{ne} de la Roque-Gajac (B.).

Colombier (Le), c^{ne} de Sagelat. — Anc. rep. noble.

Colombier (Le), h. c^{ne} de Saint-Amand-de-Vern.

Colombier (Le), h. c^{ne} de Saint-Avit-Senieur, 1714 (Reconn.).

Colombier (Le), h. c^{ne} de Saint-Raphaël.

Colomp, ruiss. c^{ne} de Saint-Astier qui traverse la promenade du Triangle. — *Fossatus Colomp*, 1276 (Chron. du Périg. 1856).

Une des trois fourches patibulaires de la seigneurie du chapitre était à cet endroit.

Colonge, h. c^{ne} de Champagnac-de-Belair. — *Coulonge* (S. Post.).

Colonge, anc. dioc. auj. dép. du dép^t de la Charente. — *Sanctus Marcialis de Colonges*, 1556 (panc. de l'év.). — *Coulonges*, 1732 (pouillé).

Colonge, h. c^{ne} de Corgnac (S. Post.). — *Coulonges*.

Colonge, h. c^{ne} de Génis (A. Jud.).

Colonge, h. c^{ne} de Montignac. — *Castrum de Colongis*, 1116 (Lesp. O. S. J.). — *Coulonges* (B.).

Anc. rep. noble, dont la justice s'étendait sur plusieurs villages dans les paroisses d'Auriac, du Bas, du Cerf, de Fanlac et de Montignac, en 1760 (Alm. de Guy.).

Colonge? près de Périgueux. — *Capella de Colonges*, archipr. de Quinta, 1382 (P. V. M.).

Colonie (La), c^{ne} de Cercles (A. Jud.).

Colossie (La), c^{ne} de Limeyrac, ténem. 1260 (ch. Mourcin).

Colrieyre (Le)? c^{ne} de Bersac. — *La Colrieyra*, xiie siècle (O. S. J.).

Coly, forêt s'étendant entre le Coly et la Vézère jusqu'à Aubas et Saint-Amand ; autrement nommé *Bois de la Bat* (B.).

Coly, h. c^{ne} de Bergerac.

Coly, ruiss. formé par l'Hironde et la fontaine de la Dou et qui se jette dans la Vézère au bourg de Condat. — *Flumen del Coli*, 1451 (O. S. J.).

Coly, h. et forge, c^{ne} de Menesplet.

Coly, c^{ne}, c^{on} de Montignac. — *Coli*, 1450 (cart. de Saint-Amand-de-Coly).

Patron : saint Raphaël ; coll. l'abbé de Saint-Amand-de-Coly.

Coly, fief appart. à l'abbé de Saint-Amand. — *Castrum de Coly*, 1406 (Lesp. Saint-Amand-de-Coly).

Coly, h. c^{ne} de Saint-Laurent-des-Vignes (S. Post.).

Coly (Landes de), étendue de pays couvert de bruyères aux environs de Thiviers (B.).

Comarque, c^{ne} de Sireuil. — *Hospitalis de Comarco*, 1116 (Lesp. vol. 35). — *Comarchia*, 1356. — *Comarca*, 1365 (Lesp. 88, Châtell. du Périg.).

Anc. rep. noble donné au xiie siècle à l'ordre de Saint-Jean. — Une des ruines les plus imposantes du Périgord, présentant dans une même enceinte, mais séparés par un fossé profond de 8 mètres et large de 4, d'un côté le château primitif, et de l'autre une seconde construction appelée *la maison de Comarque*.

Anc. châtell. ayant au xive siècle haute justice sur 3 paroisses : Marquays, Sireuil, Tanniès.

Forêt.

Combalonie, h. c^{ne} de Saint-Félix-Mareuil (S. Post.).

Combareaux (Les), h. c^{ne} de Mensignac (B.).

COMBAREL (LE), lieu-dit, c^{ne} de Saint-Cibranet (cad.).

COMBAREL (LE), lieu-dit, c^{ne} de Saint-Martial-de-Nabirat (cad.).

COMBAREL (LE), lieu-dit, c^{ne} de Vezac (cad.).

COMBARONIE, c^{ne} de Saint-Crépin-de-Marcuil. — *Comberounie*, 1680 (Acte not.).

   Anc. rep. noble.

COMBAS, h. c^{ne} de Bourdeix (B.).

COMBAS, h. c^{ne} de Vanxains (B.).

COMBAS (LAS), h. c^{ne} de Saint-Paul-la-Roche (B.).

COMBAT, lieu appelé *au Combat*, par. de la Monzie, 1743 (Acte not.).

COMBAT? terre, c^{ne} de Vic, au *Combat des arènes* (État de sections, 1791).

COMBAUDRAN, h. c^{ne} de Saint-Privat-d'Exideuil.

COMBE (LA), c^{ne} de Beaussat, 1602 (Acte not.). — Anc. rep. noble.

COMBE (LA), h. c^{ne} de Couse.

COMBE (LA), h. c^{ne} du Coux (B.). — *Mans. de la Cumba sive el Garric*, 1463 (terr. de Bigaroque).

COMBE (LA), c^{ne} de Douchapt. — *Maynam. de las Combas*, 1510 (inv. du Puy-Saint-Astier).

COMBE (LA), bois, c^{ne} de Douzillac. — *Nemus voc. de la Cumba*, 1476 (Dives, I, 144).

COMBE (LA), h. c^{ne} de Mensignac (B.).

COMBE (LA), c^{ne} de Neuvic. — *Tenent. de las Cumbas*, 1507 (Périg. M. H. 41, 8).

COMBE (LA), c^{ne} de Sargeac. — *Mans. voc. la Comba, .Combas*, 1265 (O. S. J.).

COMBE (LA) h. c^{ne} de Sarrazac (B.).

COMBE-AU-CROS (LA), h. c^{ne} de Saint-Martin-le-Petit.

COMBE-BANERIE, anc. ténement, c^{ne} de Saint-Pompon, 1744 (terr. de Saint-Pompon).

COMBE-BARBE, lieu-dit, c^{ne} de Saint-Laurent-des-Bâtons, 1734 (Acte not.).

COMBE-BASSE, c^{ne} de Saint-Jean-d'Ataux (Lesp. Baill. vol. 95).

COMBE-BAUGIER, h. c^{ne} de Saint-Quentin-Marcillac (B.).

COMBE-BERTE? c^{ne} de Belvez. — *En Cumba Berta*, 1459 (Philipparie, 3).

COMBE-BOISSIÈRE, lieu-dit, c^{ne} de Chavagnac (cad.).

COMBE-BOUCHIÈRE, vallon, c^{ne} d'Atur. — *Comba Boschieyra*, 1343 (Périg. M. H. 41, 4). — *Combe Bochiera* (Lesp.).

COMBE-BROUSSEY, friche et bois, c^{ne} de Coursac (A. Jud.).

COMBE-BRÛLÉE, lieu-dit, c^{ne} de Villetoureix (cad.).

COMBE-BRUNE, près de Saint-Mayme, c^{ne} de Mauzac. — *Mansus voc. Comba Bruna*, 1463 (terr. de Mauzac).

COMBE-BRUNE, ruiss. et lieu-dit, c^{ne} de Saint-Aigne, auprès du village de la Rivière (Not. de Lanq. 1740).

COMBE-BRUNE, ruisseau, c^{ne} de Verdon, 1773 (Not. de Lanquais).

COMBE-CAPELLE, h. c^{ne} de Saint-Avit-Senieur (S. Post.).

COMBE-CARDINALE, lieu-dit, section D, c^{ne} de Lanquais.

COMBE-CAUSSIÈRE, lieu-dit, c^{ne} de Prats-de-Belvez (A. Jud.).

COMBE-CAVE ou COMBE-DE-GALLE, c^{ne} de Brassac (inv. du Puy-Saint-Astier).

COMBE-COUYÈRE, lieu-dit, c^{ne} de Mensignac (B.).

COMBE-D'AFFET, c^{ne} de Prats-de-Belvez (A. Jud.).

COMBE-D'AILLAT, h. c^{ne} de Gaulegeac (S. Post.).

COMBE-D'ALBERT? c^{ne} de Monestayrol. — *Maynam. voc. del Combal Albert*, 1335 (Lesp. vol. 79).

COMBE-D'ALLAT, c^{ne} d'Azerat (A. Jud.).

COMBE-D'ASTIER, lieu-dit, c^{ne} de Pressignac, 1726 (Not. de Mouleydier).

COMBE-DE-BANES, vallon, c^{ne} de Lanquais.

COMBE-DE-BANES, vallon, c^{ne} de Payzac.

COMBE-DE-BRAGUE, éc. c^{ne} de Beynac (B.).

COMBE-DE-COCHE, c^{ne} des Lèches, 1695 (Acte not.).

COMBE-DE-COMTE, taillis, c^{ne} de Meyral (cad.).

COMBE-DE-COURSAC, lieu-dit, c^{ne} de Saint Martin-des-Combes (A. Jud.).

COMBE-DE-CUGNAC, lieu-dit, c^{ne} de Saint-Avit-Senieur, 1714 (Reconn.).

COMBE-DE-DOME, lieu-dit, c^{ne} de Gaulegeac.

COMBE-DE-FAUX, éc. c^{ne} de la Linde (B.).

COMBE-DE-FAYSSOLLE, anc. ténement, c^{ne} de Saint-Pompon, 1744 (terr. de Saint-Pompon).

COMBE-DE-FERRAND, m. isolée, c^{ne} d'Ales (S. Post.).

COMBE-DE-FERRAND, c^{ne} de Celle, tenance (dénombr. de Montardit).

COMBE-DE-FONDOS? c^{ne} de Mauzac, à Millac, 1462 (Philipp. 64).

COMBE-DE-GATET, h. c^{ne} de Marcillac (B.).

COMBE-DE-GRIFFOULET, lieu-dit, c^{ne} de Paunac, 1781 (Acte not.).

COMBE-DE-GUIROU, c^{ne} de Saint-Cyprien (A. Jud.).

COMBE-DE-LA-BARDE, lieu-dit, c^{ne} de la Monzie. — *Cumba de la Barda*, 1460 (Liv. Nof. 46).

COMBE-DE-LA-CHAPELLE? c^{ne} de Grignol. — *Cumba voc. de la Chapela*, 1471 (Dives, 1).

COMBE-DE-LA-DAME, lieu-dit, c^{ne} de Couse (cad.).

COMBE-DE-L'AGLAND, taillis, c^{ne} de Saint-Georges-de-Blancanès (A. Jud.).

COMBE-DE-LAMISLAC? — *Comba de Lamislac prope pontem voc. Peyrat*, 1403 (Dives, 1).

COMBE-DE-LA-MONGIE-DU-TOULON, c^{ne} de Périgueux. — *Loco dicto la Comba de la Mongia del Tolon*, 1350 (ch. Mourcin).

COMBE-DE-LARMANDIE, c^{ne} de Pressignac. — *Combe de Larmandie*, 1726 (Acte not.).

COMBE-DE-L'AURIVAL, c^{ne} du Coux (cad.).

COMBE-DE-MALET, terr. c^{ne} de Capdrot (cad.).

Combe-de-Martel? c^{ne} de Sagelat. — *En Comba de Martel*, 1480 (Belvez).

Combe-de-Maugis, lieu-dit, c^{ne} de Saint-Avit-Senieur, 1714 (Reconn.).

Combe-de-Mauvoisin, lieu-dit, c^{ne} de Saint-Martin-de-Fressengeas (cad.).

Combe-de-Pejau, lieu-dit, c^{ne} de Castelnau (cad.).

Combe-de-Pressouillé, c^{ne} de Pressignac, 1726 (Acte not.).

Combe-de-Puch-Agudel? c^{on} de Belvez. — *Cumba de Puech Agudel*, 1351 (arch. de la Gir. Belvez).

Combe-de-Puy-Chouval? c^{ne} de Brouchaud. — *Cumba de Puy Choural*, 1457 (Lesp. 77, terr. de Vaudre).

Combe-de-Roufiac, lieu-dit, c^{ne} de Saint-Laurent-de-Castelnau (cad.).

Combe-de-Saint-François, lieu-dit, c^{ne} de Calès (cad.).

Combe-de-Salvanjou, c^{ne} de Périgueux. — *Cumba de Salvanjo*, 1247 (bibl. de Périgueux, reg. de la Charité).

Combe-de-Satan, h. c^{ne} de Vert-de-Biron (S. Post.).

Combe-des-Auvergnats, forêt d'environ 30 hectares, arrond. de Sarlat (état d'assiette de 1807).

Combe-des-Charmes, c^{ne} de Calviac. — *Cumba dels Chalpres*, 1479 (arch. de Paluel).

Combe-des-Dames, h. c^{ne} de Périgueux (A. Jud.).

Combe-des-Dames, lieu-dit, c^{ne} de Saint-Laurent-de-Castelnau (cad.).

Combe-des-Malades, aux env. de Périgueux.— *Cumba deur Malaytos* (Lesp. Dénom. au XIVe siècle).

Combe-des-Malets, c^{ne} de Vic, 1649 (Reconn.).

Combe-des-Ports, bois, c^{ne} de Blis-et-Born (A. Jud.).

Combe-de-Srève, lieu, c^{ne} de Turnac.

Combe-du-Cern, vallon, c^{ne} de Coursac. — *Combe del Sern*, 1409 (Liv. N. de Périgueux). — *Combe du Cerf* (B.).

Combe-du-Curé, c^{ne} de Beynac, à Cazenac (cad.).

Combe-du-Curé, lieu-dit, c^{ne} de Sainte-Croix-Mareuil (A. Jud.).

Combe-du-Mas, h. c^{ne} de Laroque-Gajac (A. Jud.).

Combe-du-Prieur, lieu-dit, c^{ne} de Fontaines (cad.).

Combe-Ferrée, taillis, c^{ne} de Saint-Mayme-de-Péreyrol (A. Jud.).

Combe-Ferrière, lieu-dit, c^{ne} de Couse (cad.).

Combe-Font-Bouysson, lieu-dit, c^{ne} de Saint-Amand-de-Vern (A. Jud.).

Combe-Frege, c^{ne} de Douville, 1615 (Acte not.).

Combe-Fringaud, lieu-dit, c^{ne} de Saint-Félix-de-Villadeix, 1695 (Acte not.).

Combe-Froide, h. c^{ne} de Ligueux (S. Post.).

Combe-Garissade, lieu-dit, c^{ne} de Saint-Félix (A. Jud.).

Combe-Gelade, h. c^{ne} de Marnac (B.).—*Jalade* (cad.).

Combe-Granal, grotte à 1 kil. de Dome. Elle ren-

ferme des silex taillés de main d'homme. — *Combe Grenant* (Jouannet, *Statist. de Sarlat*).

Elle s'ouvre sur le versant Est du roc Pelissié et au sommet du coteau dit *Greil* (Audierne, *l'Age de pierre en Périgord*).

Combe-Grimard, c^{ne} de Saint-Laurent-des-Bâtons, près de Cantelauvette, 1650 (Acte not.).

Combe-Jadouille, h. c^{ne} de Mauzens (B.).

Combe-Jolive, c^{ne} de Léguillac-de-Cercle (B.).

Combe-la-Belle, h. c^{ne} de Carsac-Sarlat (B.).

Combe-la-Rue, éc. c^{ne} d'Azerat (B.).

Combe-la-Salle, lieu-dit, c^{ne} de Carsac.

Combe-Longue, h. c^{ne} de Besse (B.).

Combe-Longue, h. c^{ne} de Monsaguel (B.).

Combe-Longue? c^{ne} de Razac-sur-l'Ille. — *Comba del Longeiro*, 1278 (Lesp. 81, n° 36).

Combe-Loubasse? c^{ne} du Coux. — *Comba Loba*, 1371 (ch. Mourcin). — *Vilatg. de Cumba Lobassa*, 1463 (arch. de la Gir. Bigaroque).

Combe-Loubatière, lieu-dit, c^{ne} de Saint-Cibranet, 1688 (O. S. J. Condat).

Combe-Lourdal, lieu-dit, c^{ne} de Manaurie (B.).

Combe-Louve? c^{ne} de Champsevinel.

Combe-Malbes, lieu-dit, c^{ne} de Marcillac (A. Jud.).

Combe-Male, lieu-dit, c^{ne} de Grives (cad.).

Combe-Malesse, vallon, c^{ne} de Lanquais.

Combe-Marie, h. c^{ne} de Saint-Martin-d'Albarède (S. Post.).

Combe-Marque, c^{ne} de Couse, 1685 (cad.).

Combe-Martel, c^{ne} de Campagne. — Un des trois rep. nobles entre lesquels était partagée la seign. de Campagne, 1756 (arch. de la Gir. Mém. sur cette seign.).

Combe-Maurel, lieu-dit, c^{ne} de Saint-Marcel.

Combe-Melose? c^{ne} de Sagelat. — *En Cumba Melosa*, 1472 (Belvez).

Combe-Meuge? c^{ne} de Sainte-Alvère. — *Cumba et Castel de Meuga*, 1459 (Liv. Nof.).

Combe-Meunier, h. c^{te} de Montagrier (B.).— *La Moenaria*, 1319 (Périg. M. H. 41, 2).

Combe-Molière, h. c^{ne} de Beaumont. — *Combe Moulières*, 1662 (Acte not.).

Combe-Negre, lieu-dit, c^{ne} de Bourg-de-Maisons (cad.).

Combe-Negre, c^{ne} de Limejouls. — *Combe Negra*, 1467 (arch. de Paluel).

Combe-Negre, lieu-dit, c^{ne} de Meyral (cad.).

Combe-Negre, c^{ne} de Saint-Aquilin (B.).—*Combe Nègre*, 1510 (ch. Mourcin).
Anc. fief.

Combe-Negre, c^{ne} de Saint-Félix-de-Villadeix, 1670 (Acte not.).

Combe-Negre, lieu-dit, c^{ne} de Saint-Félix-Mortemart (A. Jud.).

COMBE-NEGRE, h. c^{ne} de Tocane (B.).

COMBE-NEGRE, lieu-dit, c^{ne} de Veyrignac (cad.).

COMBE-NEGUE-TYRAN? c^{ue} du Bugue? — *Cumba Negue tiranido*, 1475 (Liv. Nof. p. 108).

COMBE-NONDOYNE? c^{ne} de Capdrot. — *Cumba dicta Nondoyna*, 1462 (Philipparie, 162).

COMBE-PEYRE, h. c^{ne} de Boulazac, 1679 (Dénombr. de Périgueux).

COMBE-PEYROUZE, lieu-dit, c^{ne} de Castelnau (C.).

COMBE-PONSONENQUE? c^{ue} du Coux. — *Cumba Ponsonenca*, 1463 (arch. de la Gir. Bigaroque).

COMBE-QUEUCHE, lieu, c^{ne} d'Aubas.

COMBE-REDONDE, h. c^{ne} de Saint-Julien-de-Bourdeille (B.).

COMBE-REDONDE, c^{ne} de Vallereuil. — *Comba Redonda*, 1299 (Périg. M. H. 1).

COMBE-ROQUE, c^{ne} de Sagelat. — *Cumba dicta de Roquo*, 1462 (arch. de la Gir. Philipparie, 97).

COMBE-R.....? c^{ne} de Mensignac. — *M. de la Comba Rossencha*, 1502 (Dives, 2).

COMBE-ROSSIGNOL, lieu-dit, c^{ne} de Meyral (cad.).

COMBEROUNIE (LA), c^{ne} de Bourdeilles, 1689 (Acte not.). — Rep. noble.

COMBEROUNIE (LA), lieu-dit, c^{ne} de Lanquais. — *A la Comberougne* (cad.).

COMBE-ROUSSAL, lieu-dit, c^{ne} de la Cassagne (cad.).

COMBE-ROUSSELLE, c^{ne} de Trélissac (Lesp. Dénom. au xive siècle). — *Mansus Rocelli*, 1285 (Périg. M. H. 41, 2).

COMBES (LES), h. c^{ne} d'Allemans (B.).

COMBES (LES), habit. c^{ue} de Beaussal.

COMBES (LES), h. c^{ne} de Castelnau (B.).

COMBES (LES), c^{ne} de Journiac. — *Factum de las Cumbas* (Liv. Nof. p. 78).

COMBES (LES), c^{ne} de Rouffignac. — *Las Cumbas*, 1350 (ch. Mourcin).

COMBES (LES), h. c^{ne} de Saint-Amand-de-Villadeix. — *Las Cumbas aliàs de Fon Marty*, 1520 (ch. Mourcin).

COMBES (LES), c^{ne} de Saint-Félix? — *Las Combas*, 1341 (Périg. M. H. 1).

COMBES (LES), h. c^{ne} de Saint-Laurent-sur-Manoire. — *Mansus de las Combas*, 1496 (ch. Mourcin).

COMBE-SAINT-MARTIN, c^{ne} de Montagnac-de-Crempse, au village de Cause, 1678 (Acte not.).

COMBE-SAINT-SOUR, c^{ne} de Terrasson, 1680, près du bois de Bonimon (O. S. J.).

COMBE-SCÔRE, vallon, c^{ne} de Vic, 1649 (Acte not.).

COMBE-SOUILLAC, lieu-dit, c^{ne} de Beauregard-Terrasson (cad.).

COMBESQUER, lieu-dit, c^{ne} du Bugue (A. Jud.).

COMBE-SUBERT, c^{ne} de Creysse. — *Comba Suberi*, 1460 (Liv. N. 123).

COMBETE, h. c^{ne} de Lavaur (B.).

COMBE-VALENTIE, anc. ténement, c^{ne} de Saint-Pompon, 1744 (terr. de Saint-Pompon).

COMBE-VERDE, lieu-dit, c^{ne} de Villetoureix (cad.).

COMBE-VEYSSIÈRE, c^{ne} de Saint-Sauveur, 1727 (Not. de Mouleydier).

COMBEYRANCHE-ET-ÉPELUCHE, c^{ne}, c^{on} de Ribérac. — *L'Espital de Cumba Ayzencha*, xiiie siècle (O. S. J.). — *Combayrencha*, 1373 (Lesp. O. S. J.). — *Combeyranchia*, 1380 (Lesp. 10).

Voc. Saint-Jean-Baptiste. — Anc. comm^{rie} de l'ordre de Saint-Jean.

COMBEYROL, h. c^{ue} de Jumillac.

COMBEYS, éc. c^{ne} de Chantérac. — *Hospitalis de Cobes*, 1178 (arch. de Saint-Astier). — *Lospital de Combeys*, 1509 (inv. du Puy-Saint-Astier). Les appartenances de cette maison hospitalière avaient les confrontations suivantes : Pertinentiæ de Puy-Feraud, pougea quo itur de Puy-Crole versus nostram Dominam de Perducex, iter quo itur de Albaterrà versus Mensuriacum (sans doute Mensignacum), et pertinentiæ de Charrieras, 1490 (O. S. J.).

COMBEYTOU, anc. nom d'une partie du bourg de Manzac (Dives).

COMBIERS, anc. dioc. de Périgueux, auj. du dép^t de la Charente. — *Combes* (pouillé du xiiie siècle). — *Comberium*, 1380 (P. V. M.).

Le chap. de la Rochebeaucourt était collateur.

COMBIERS, c^{ne} de Saint-Aquilin, 1504 (inv. du Puy-Saint-Astier).

COMBIERS, h. c^{ne} de Saint-Paul-la-Roche (S. Post.).

COMBILLE (LA), c^{ne} de Bancuil. — *Terra voc. de Combilho* (Liv. Nof. 72).

COMBILLE (LA), c^{ne} de la Chapelle-au-Bareil.

COMBINS, h. c^{ne} de Saint-Paul-de-Serre. — *Tenentia de Combeus, Cumbeus*, 1471 (Dives, 1).

COMBOUX, h. c^{ne} de Saint-Jory-de-Chalais, 1475 (Not. de Périg.).

COMBRAISE (A), terre, c^{ne} de Saint-Jory-las-Bloux (A. Jud.).

COMBREN, h. c^{ne} de Jumillac.

COMMANDERIE (LA), terre, c^{ne} de Fontenilles (cad.).

COMMANDERIES de l'ordre de Saint-Jean de Jérusalem en Périgord. Elles portaient le nom de *Præceptoria, domus hospitalis Sancti Johannis Hierosolymitani*. *Espital, Hospital*, et en français *Hôpital*. Les commanderies avaient dans leur dépendance des maisons inférieures nommées *Annexæ, Grangiæ*, et relevaient, à une seule exception près, du grand prieuré de Toulouse; elles étaient réparties sur tout le territoire. Les principales étaient : Andrivaux, la Canéda, Chante-Geline, Combeyrenche, Condat-sur-Vézère, Château-Miscier et Mortemar, Fraysse et Puylautier, Falgueyrac et Monguyard, Puymartin et Jumillac, la Roche-Saint-Paul, la Salvetat-Grasset, Saint-Naixent et ses annexes de Naussanes, Lembras et Ponthone, le Temple-la-Guyon et de l'Eau, Sargeac, Soulet et Poutarnaud, Saint-Avit-de-Fumadières et Bonneville, Saint-Michel-la-Rivière et le Temple-d'Eyssart. Il y a eu encore des maisons, mais secondaires, à Angoisse, Combeys près Chantérac, Cours-de-Piles, Molières, Sermet, Fontenilles, etc. etc.; le château de Comarque avait été donné à l'ordre au commencement du xiie siècle, mais il fut promptement aliéné.

Toutes ces maisons appartenaient dans l'origine aux Templiers; lorsqu'ils furent supprimés, au xive siècle, le roi Philippe le Bel les donna à l'ordre de Saint-Jean.

COMMANDERIES (LES CHAUMES DES), friche, sect. E, 179, cne de Saint-Pierre-d'Eyrand (A. Jud.).

COMMEYMIES (LES), cne de Périgueux (A. Jud.).

COMMINIÈRE (AL), bois taillis, cne de Capdrot (A. Jud.).

COMMUNAL? cne de Sainte-Alvère. — L'Ort Communal, 1480 (Liv. Nof. p. 93).

COMMUNAUX (LES), h. cne de Saint-Vincent-de-Paluel (B.).

COMORAN? cne de Saint-Jean-d'Ataux. — Tenem. de Comoran, 1490 (Lesp. 95).

COMPAUZIEU, h. cne de Saint-André-et-Alas (B.).

COMTAL? — Podium Comptal; Terra Comptal ultra Dordoniam, 1224 (Lesp. 70, Mais. de Périgueux).

COMTAL? — Nemus de Comptal, 1324 (Gaignères, don de Miremont).

COMTAL (ROC DE), éc. cne de Cause, au lieu-dit les Granges-de-Compte, 1684 (Acte not.).

COMTARIE (LA), h. cne d'Azerat (A. Jud.).

COMTARIE (LA), h. cne de Fouguerolles (A. Jud.).

COMTARIE (LA), h. cne de Mortemart. — Mans. de la Comtaria, 1409 (O. S. J.).

COMTE, h. cne de Saint-Marcel, 1582 (Acte not.).

COMTE (MAS LE), domaine dépendant du château de Payzac-Nontron (A. Jud.).

COMTES (LES), h. et min, cne de Saint-Crespin-Marœuil.

COMTIE, h. cne de Coulaures. — Noble Hospice de Comtia, du lieu de Coulaures, 1486 (Lesp.). — Conty, 1720 (Acte not.).
Anc. rep. noble.

COMTIE (LA), h. cne de Boisseuil (A. Jud.).

COMTIE (LA), h. cne de la Cassagne (B.).

COMTIE (LA), lieu, cne d'Estissac.

COMTIE (LA), anc. rep. noble, sur la motte du château de Grignol. — Maynam. de la Comptia, 1471 (Dives, 1, 77).

COMTIE (LA), cne d'Issac. — Le Mas de la Comtia, 1480 (Lesp. 87). — Comptie, 1712 (Acte not.).

COMTIE (LA), cne d'Issac. — Le Mas de la Comtia, 1480 (Lesp. 87). — Comptie, 1712 (Acte not.).

COMTIE (LA), h. et dom. cne de Saint-Gery (A. Jud.). — La Comptie, 1747 (Acte not.).

COMTIE (LA), h. cne de Sainte-Radegonde (A. Jud.).

COMTIE (LA), cne de Saint-Sauveur-Bergerac. — Maynam. de la Comtia, 1460 (Liv. Nof. 50).

CONCARIA, bois, cne de Villamblard.

CONCHARUM? anc. paroisse dépendant de la châtellenie de Beaumont, selon la teneur des coutumes de cette ville, 1272. — Localité inconnue.

CONCHAT, h. cne de Sainte-Trie. — Podium de Conchis (cart. de Dalon).

CONDAMINE (LA), lieu-dit, cne de Beauregard-Terrasson (cad.).

CONDAMINE (LA), cne du Bugue. — En las Condaminas, 1457 (Liv. Nof. p. 18).

CONDAMINE (LA), h. cne de Lanquais, 1603 (Acte not.).

CONDAMINE (LA), h. cne de Marquay.

CONDAMINE (LA), h. cne de Saint-Germain-des-Prés (S. Post.).

CONDAMINE (LA), h. cne de Sainte-Mundane, 1497 (arch. de Fénelon).

CONDAMINE (LA), lieu-dit, cne de Saint-Pompon, 1744 (terr. de Saint-Pompon).

CONDAT, cne, con de Champagnac. — Condat, 1175 (cart. de Chancelade). — Condacum (pouillé, Lesp. v. 27). — Condatum prope Brantholmum, 1365 (Lesp. Châtell.). — Condat-sur-Tricou; Condact, 1670 (rôle pour la taille, coll. de Lanquais). — Condac (B.).

Condat était au xiiie siècle un archiprêtré dont le titre a été porté depuis à Champagnac. — Le prieuré de Saint-Nicolas de Condat dépendait de l'abb. de Brantôme. — Paroisse hors châtellenie au xive siècle. — Patron : saint Étienne.
Anc. rep. noble mouvant de la châtell. de Nontron.

CONDAT, h. cne de Bergerac.

CONDAT-SUR-VÉZÈRE, cne, con de Terrasson. — Condac (pouillé du xiiie siècle). — Hospitalis de Condato, 1239 (arch. de Terrasson). — Condatum en Coli, 1456 (O. S. J.).

La commrie de Condat devint la maison principale de l'ordre de Saint-Jean en Périgord; elle avait haute justice sur la par. 1760 (Alm. de Guy.).
Patron : saint Roch.

CONFRÉRIE (A LA), terre, cne de Saint-Antoine-du-Breuil (arch. de la Gir. terr. de Montravel, 1624).

CONE, anc. paroisse, cne de Bergerac. — Cona, 1385 (Lesp.). — La Conne-lez-Bergerac; la Cosne, 1625 (Acte not.).

CONE (LA), ruiss. qui prend sa source à Poujol, passe

à la Barde et se jette dans la Dordogne. — *Rivus de Coma*, 1281 (coll. de Lanquais). — *Cona*, 1464 (*ibid.*).

CONE-DE-LA-BARDE, c^ne, c^on d'Issigeac. — *Campna*, 1385 (Lesp. Rôle des paroisses dépend. de la baylie de Gardone). — *Compne* (châtell. du Périgord, arch. de Pau).

Patron : saint Laurent.

CONE-MORTE, bras de la Cone, allant de la Barde à Canteloube. — *R. de Cona Vielha*, 1509 (O. S. J.).

CONES (LAS), lieu-dit, c^ne de Faux, 1771 (arpent. de Faux).

CONFOULENS, taillis, c^ne de la Chapelle-Gonaguet (A. Jud.).

CONNEZAC, c^ne, c^on de Nontron. — *S. Martinus de Conazac* (pouillé du XIIIe siècle). — *Conazacum*, 1365 (Lesp. Châtell.).

Anc. rep. noble mouv. de la châtell. de Nontron, depuis ayant haute justice sur la par. et Hautefaye, 1760 (Alm. de Guy.). — Patron : saint Laurent.

CONNEZAC (SAINT-VINCENT-DE-), c^ne, c^on de Neuvic. — *Cornazac* (pouillé du XIIIe siècle). — *Conazacum*, 1365 (Lesp. Châtell.).

Anc. rep. noble mouvant de la châtell. de Ribérac, ayant haute justice sur la par. 1760 (Alm. de Guy.).

CONOUILHADES (LES), h. c^ne du Coux. — *Mans. de las Conolhadas*, 1463 (arch. de la Gir. Bigaroque).

CONQUELARYE (LA)? c^ne de Saint-Pierre-de-Chignac. — *Tenance de la Conquelarye*, 1678 (Acte not.).

CONQUÊTE (LA HAUTE et LA BASSE), h. c^ne de Saint-Michel-du-Double (cad.).

CONQUÊTE (PAYS DE NOUVELLE), territoire sur la Dordogne comprenant les villes de Pujols, Rauzan, Sauveterre, Castillon, Sainte-Foy, Gensac (Gironde) et Montravel (Dordogne) (Chron. Bourdeloise).

CONQUÊTE (TERRE DE LA), autrement *la Double* (atlas de Blaeu).

CONQUILHAUX (LES)? c^ne de Paunac, 1755 (Acte not.).

CONRÉEN? c^ne de Rouillas. — *Bordaria Conreencha*, 1100 (cart. de Sainte-Marie de Saintes).

CONSTANCIE (LA), h. c^ne de Bergerac. — *El tenh de la Costensia; las Constantias*, 1450 (Liv. Nof. 57).

CONSTANCIE (LA), lieu-dit, c^ne de Chassagne (cad.).

CONSTANCIE (LA), h. c^ne de Saint-Félix-la-Linde. — *Ten. de las Constancias*, 1730 (Acte not.).

CONSTANCIES (LES), sect. de la c^ne de Coux. — *Las Constansias*, 1473 (arch. de la Gir. Bigaroque). Anc. rep. noble.

CONSTANTINE (LA)? — *M. de la Constantinia*, 1277 (Lesp. Donat. par la seign. de Limeuil).

CONSULAT (MAISON DU), à Périgueux. — *Domus voc. lo Cossolat*, 1332 (Rec. de tit. p. 232). — *Camera*

consulatus communitatis vill. et civ. Petrag. 1400 (Périgueux, Rec. de titres, 466).

CONTERAC, h. c^ne de Ladornac (B.).

CONTERIE (À), terre, c^ne de Fauguerolles (A. Jud.).

CONTERIE (LA), h. c^ne de Nanteuil-de-Bourzac (B.).

COQUILLE (LA), c^ne, c^on de Jumillac-le-Grand.

COQUILLE (LA), h. c^ne de Marcuil (S. Post.).

COQUILLE (LA), éc. c^ne de Périgueux. — *La Coquilhe*, 1708 (Acte not.).

COQUILLE (LA), h. c^ne de Sainte-Marie-de-Frugie (S. Post.).

COQUILLE (LA), h. c^ne de Saint-Médard-de-Gurson.

COQUILLE (LA), c^ne de Saint-Priest-les-Fougères. — *Tenem. de la Cogula*, 1311 (Lesp. Abb. de Peyrouse).

COQUILLE (LA), h. c^ne de Thiviers.

COQUILLERIE (LA), h. c^ne de Saint-Sernin-de-Reillac (B.).

COR (LE), sect. de la c^ne de Saint-Avit-Senieur (cad.). — *Cors* (B.).

CORAIL, habit. c^ne de Queyssac (S. Post.).

CORAIL? c^ne de Tocane. — *La Coralia*, 1316 (Périg. M. H. 41, 2).

CORBIAC, habit. c^ne de Lembras.

CORDAS (LA)? c^ne de Saint-Astier? — *Nemus de las Cordas*, 1298 (Périg. M. H. 41, 1).

CORDEGAYRE? c^ne du Bugue. — *La Pica de Cordegayre*, 1485 (Liv. Nof. p. 21).

CORDELIERS, éc. c^ne d'Agonac (B.).

CORES (LES), h. c^ne de Saint-Martin-de-Gurson.

CORGNAC, c^ne, c^on de Thiviers. — *Cornhac* (pouillé du XIIIe siècle). — *Cornhacum*, 1408 (Lesp. 46). — *Curnihac*, 1727 (Acte not.).

Patron : saint Front.

CORGNAC? c^ne de Puyguilhem, XIIIe siècle. — *Mansus Cornac* (Ms. de Wolf. n° 230).

CORMASAC, c^ne d'Ajat, c^on de Thenon. — *Hospicium de Cormasaco*, 1365 (Lesp. Homm.).

Anc. rep. noble.

CORN, c^ne de Bars. — *Repayrium de Cornu pro loco Sancti Michaelis*, 1396 (Lesp. Homm. 26).

Anc. rep. noble.

CORN, fief dans la ville de Montignac-sur-Vézère. — *Maison de Cornu*, 1365 (Lesp. 26, Homm.).

CORNADOR, ruelle à Périgueux (Dénom. au XIVe siècle).

CORNADOR (MAS DE), c^ne de la Cropte, 1326 (Généal. de la Cropte).

CORNALE? à Sainte-Eulalie-de-Breuil. — *Loc apelat En Cornale*, 1456 (terr. de Montravel, n° 5).

CORNAZAC, éc. c^ne de Nanteuil-de-Bourzac (B.).

CORNECUL, village. — Voy. CAMPAGNAC.

CORNE-CUL (À), emplacement contre une partie fortifiée de l'église de Beaumont.

Cornédie (La), h. cᵉ de Saint-Avit-de-Vialard. — *La Cournedie*, 1590 (Acte not.).

Corne-Guerre, h. cⁿᵉ de Brassac. — *Corneguerra* (cart. de la Sauve). — *Cornaguerra*, 1496 (Périg. M. H. 41, 1).

Anc. rep. noble.

Corneille, h. cⁿᵉ de Champagnac-de-Bel (A. Jud.).

Corneille? h. cⁿᵉ de Champagne (B.) — *Mans. de Cornuelha*, 1463 (O. S. J.).

Cornétie (La), h. cᵈᵉ d'Eyzerat.

Connières (Les). — *Les Cornières* de la rue Notre-Dame, à Montpazier (not. de Faux).

Nom générique donné aux arcades couvertes qui entourent les quatre côtés de la place publique des villes neuves ou bastides construites au xiiiᵉ siècle.

Cornil (Moulin de), cⁿᵉ de Sainte-Mundane.

Cornille, h. cⁿᵉ de Saint-Sébastien.

Cornille, cʰᵉ, cᵐ de Savignac-les-Églises. — *Cornilla* (pouillé du xiiiᵉ siècle). — *Cornilha* (P. V. M.). — *Cournilhie*, 1670 (Acte not.).

Patron : saint Chamassy; coll. l'évêque.

Cornous, h. cⁿᶜ de Baneuil. — *Maynam. de Cornoalo, Cornaolo, Corna Ola* (Liv. Nof. 61, 76, 69). — *Courniolle* (cad.).

Cornu, h. cᵉ de Genis (A. Jud.).

Cornutz (Las Costas), auprès de Septfons (Dénom. à Périgueux, au xivᵉ siècle).

Corol? cⁿᵉ de Saint-Cyprien. — *En Corol*, 1462 (arch. de la Gir. Bigaroque).

Corps, mét. cⁿᵉ de Varennes, 1685 (terr. de Lanquais). — Autrement *les Guillonets*, 1732 (Acte not.).

Corps (Fontaine de), lieu-dit, cⁿᵉ de Tanniès (cad.).

Corps-du-Christ? terre, cᵈᵉ de Trémolac. — *Pecia terræ voc. de Corpore Christi*, 1452 (Liv. Nof. 2).

Cons, cⁿᵉ. — Voy. Saint-Géraud-de-Corps.

Corsenchou, h. cⁿᵉ de Vallereuil. — *Le Pont de Corsenchou*, anc. rep. noble.

Cosaias? lieu à Saint-Maurice, cⁿᵉ de Saint-Laurent-des-Bâtons. — *Cosaias*, 1259 (Lesp. Estissac).

Cose, anc. dioc. de Périgueux, auj. du dépᵗ de la Charente. — *Eccl. de Cose* (archipr. de Pillac, pouillé du xiiiᵉ siècle).

Cossas (Las), taillis, cⁿᵉ de Mayac (A. Jud.).

Cosse, h. cⁿᵉ de Beynac (cad.).

Cosse, éc. cⁿᵉ de Carves (B.).

Cosse, bois aux environs de Périgueux, 1649 (Acte not.).

Cosse, cⁿᵉ. — Voy. Saint-Vincent-de-Cosse.

Cosse (La), cⁿᵉ de Castelnau. — Anc. rep. noble.

Cosson, éc. cⁿᵉ de Saint-Léon-sur-l'Ille (A. Jud.).

Cossoul, h. cⁿᵉ de Paunat (A. Jud.).

Cossoul-Boyen? mⁱⁿ, cⁿᵉ de la Monzie. — *Moli de Cossol Boyer*, 1450 (Liv. N.).

Cossoulie (La)? cⁿᵉ de Mensignac. — *Tenenc. voc. la Cossolia*, 1450 (Lesp. 83, nᵒ 19). — Dépend. du chap. de Saint-Front.

Costas (Las), h. cᵘᵉ d'Abjac-de-Nontron (B.).

Coste (La), cⁿᵉ de Bourrou. — *M. de la Costa*, 1485 (Dives, II, 55).

Coste (La), cⁿᵉ du Bugue. — *Mansus de la Costa d'Aillhac* (cart. du Bugue).

Coste (La)? cⁿᵉ de Carves. — *Lo Mayne de la Costa*, 1462 (Philipparie).

Coste (La), cⁿᵉ de Celle. — *Bordaria de la Costa*, 1270 (Lesp. 81, nᵒ 33).

Coste (La), h. cⁿᵉ de Cubjac (cad.).

Coste (La), h. cⁿᵉ de Fongalau, 1727 (terr. de Belvez). — Anc. rep. noble.

Coste (La), cⁿᵉ de Grignol. — *M. de la Costa*, 1471 (Dives, I, 73).

Coste (La), cⁿᵉ de Limeyrac; ténem. 1260 (Lesp.).

Coste (La), h. cⁿᵉ de Manaurie (B.).

Coste (La), h. cⁿᵉ de Nadaillac (B.).

Coste (La), cᵛᵉ de Neuvic. — *May. de La Costa*, 1297 (Périg. M. H. 41, 1).

Coste (La), cᵈᵉ d'Orliac, cᵐ de Villefranche-de-Belvez. — *Mol. de la Costa*, 1214 (cart. de Cadouin).

Coste (La)? cⁿᵉ de Sagelat. — *Lo Mayne de la Costa*, 1462 (Philipparie).

Coste (La), h. cⁿᵉ de Saint-Cirq (B.).

Coste (La), h. cⁿᵉ de Saint-Martin-des-Combes.

Coste (La), h. cᵇᵉ de Saint-Quentin-Marcillac (B.).

Coste (La), cⁿᵉ de Tocane-Saint-Apre. — *Mas de la Costa*, 1222 (Périg. M. H, 41, 1).

Coste (La), h. cᵘᵉ de Villamblard. — *Podium de la Costa*, 1399 (Périg. M. II. 41, 5).

Coste (La). — In Duplâ, *in loco voc.* à la Costa, 1307 (arch. de la Gir. terr. nᵒ 288).

Coste-Albarenque? anc. ténem. cⁿᵉ de Saint-Pompon, 1744 (terr. de Saint-Pompon).

Coste-Avinenque? cⁿᵉ de Sainte-Alvère. — *Costa Avinenca*, 1450 (Liv. Nof. 119).

Coste-Barrieyne? cⁿᵉ de Périgueux, vers Champsevinel. — *Costa Barrieyra*, 1303 (Périg. M. H. 41, 1).

Coste-Bouille (La), h. cⁿᵉ de Jumillac (S. Post.). — *Cotte Bouille* (B.).

Coste-Calve, h. cⁿᵉ de Cenac (S. Post.).

Coste-Canebaîre? — *Costa Canabeyra*, 1486 (terr. de Montravel).

Coste-Chaude, h. cⁿᵉ de Grignol. — *En Costa Calida de Granhol*, 1341 (Lesp. 51).

Coste-Chaude (La), h. cⁿᵉ de Saint-Saud (S. Post.).

Coste-Damnenque? cⁿᵉ de Sainte-Alvère. — *Costa Damnenca*, 1452 (Liv. Nof. 34).

COSTE-DE-BELHON? c^he de Belvez. — *Costa de Belhonie*, 1459 (Philipparie).

COSTE-DE-BOLOGNE? c^ne de Cabans. — *En Costa de Bologner*, 1466 (Philipparie, 66).

COSTE-DEL-GARRIC? c^ne de Larzac. — *Moulin de Coste del Guarric*, 1672 (Belvez, Homm.).

COSTE-DE-PÉRIGUEUX? c^ne de Belvez. — *Coste appel. de Perigueux*, 1727 (Acte not.) allant de Foncastel au ruisseau de la Nauze.

COSTE-DE-SINHAC? c^ne de Belvez. — *En Costa de Sinhac*, 1459 (Philipparie).

COSTE-DES-MOINES, m. isolée, c^ne de la Canéda (S. Post.).

COSTE-DES-SALLES, c^ne de Saint-Aquilin, 1519 (inv. du Puy-Saint-Astier).

COSTE-DU-FLOUQUET (LA), éc. c^ne de Dome (B.).

COSTE-DU-ROI? c^ne de Sainte-Foy-de-Belvez. — *Costa Rey*, 1351 (Belvez).

COSTE-DU-SAINT-ESPRIT, c^ne de Bergerac. — *Costa de Sen Spirit*, 1437 (Liv. N.).

La porte Bour-Barrau était au haut de cette côte.

COSTE-FOLLE, éc. c^ne de Montren.

COSTE-FOUILLADE? c^ne de Journiac. — *Costa Folhada*, 1452 (Liv. Nof. 3).

COSTE-FROIDE, h. c^ne de Castel. — *Coste Frege*, 1774 (Not. de Lanq.).

COSTE-FROIDE, h. c^ne de Grignol. — *En Costa Frigida de Granhol*. 1471 (Div. I, 64).

COSTE-GAL, c^ne de Belvez, 1462 (Philipparie).

COSTE-GRAND, c^ne de Saint-Cyprien. — *Territor. de Costa gran*, 1462 (Belvez, Homm.).

COSTE-LONGUE, h. c^ne de Montagnac-de-Crempse, 1740 (Acte not.).

COSTE-LONGUE, c^re de Saint-Pardoux-de-Drone. — *Repayrium de Costa Longa*, 1483 (ch. Mourcin).

COSTE-LONGUE, ténement, c^ne de Vic, 1649 (Reconn.).

COSTE-PERIER, habit. c^ne de la Chapelle-au-Bareil (B.).

COSTE-PEYRIER, h. c^ne de Couse (B.).

COSTE-PEYROT? c^ne de Grun. — *Mayn. voc. la Costa Peyrot*, 1499 (assence de la Danisie; bibl. de Périg.).

COSTE-PEYROUSE, h. c^ne de Jayac (S. Post.).

COSTE-RAUSTE? c^ne de Sainte-Alvère. — *Mansus de Costa del Rausta*, 1460 (Liv. Nof.).

COSTE-RIVE, lieu-dit, c^ne de Paleyrac (A. Jud.).

COSTE-ROCE-MOLE? c^ne de Journiac. — *Costa voc. Roge Mola*, 1452 (Liv. Nof. 4).

COSTE-ROUSENQUE, c^ne de Fouleix, 1740 (Acte not.).

COSTE-ROUSILLE? c^ne de Villamblard. — *Coste Rousilhe*, 1620 (Acte not.).

COSTES (LES), h. c^ne de Ribagnac (B.).

COSTE-SOUILLE, éc. c^ne de Rouffignac-Montignac (B.).

COSTE-SOUUDE, h. c^ne de Saint-Laurent-des-Bâtons.

COTES-SALES (LES), c^ne de Beleymas (B.); nom donné aux ruines du château de Montaut. — Voy. ce nom.

COTONAT (LE), h. c^ne de Servanches.

COTTE (LA), terre, c^ne de Bassillac (A. Jud.).

COTTE (LA), dom. c^ne de Biras (A. Jud.).

COTTE (LA), h. c^ne de Brantôme (B.).

COTTE (LA), éc. c^ne de Cubjat (A. Jud.).

COTTE (LA), h. c^ne de Nantiat (A. Jud.).

COTTE (LA), terre, c^ne de Saint-Pantaly-d'Exideuil (A. Jud.).

COUANES, îles dans la Dordogne, c^ne du Coux. — *Cohana sive insula*, 1463 (Philipparie). — *Couane Saint-Jean, Couane de l'Isle* (cad.).

COUBIRAC, h. c^ne de Castelnau (B.).

COUBJOURS, c^ne, c^on d'Hautefort. — *Coujours*, 1774 (Acte not.).

Patron : saint Antoine.

COUBLES (LES), h. c^ne de Sainte-Alvère. — *Boria des Cobles*, 1460 (Liv. N.).

COUBRANS (LES), éc. c^ne de la Chapelle-Grésignac (B.).

COUCHE (LA), ruiss. qui se jette dans la Serre, c^ne de Saint-Paul.

COUCHIE (LA), h. c^ne de Mialet (B.).

COUDERC (LE), h. c^ne de Paleyrac (B.).

COUDERC (LE), h. c^ne de Saint-Avit-Rivière (B.).

COUDERCUE (LA), taillis, c^ne de Grignol (A. Jud.).

COUDERCHE (LA), taillis, c^ne de Rouffignac-Montignac (A. Jud.).

COUDERCHERIE (LA), h. c^ne de Lempzours (S. Post.).

COUDERFERY, éc. c^ne de Millac-de-Nontron (S. Post.). — *Coderfeyrie* (B.).

COUDERT (LE), h. c^ne d'Alas-l'Évêque (B.).

COUDERT (LE)? c^ne du Bugue. — *Bordaria el Coderc* (cart. du Bugue). — Voy. COUDERT (LE).

COUDERT (LE), h. c^ne de Nadaillac (B.).

COUDERT (LE), h. c^ne de Lussas (B.).

COUDOL (LE), lieu-dit, c^ne de Saint-Laurent-des-Bâtons (A. Jud.).

COUDOUGNOL, h. c^ne de Saint-Avit-Rivière (A. Jud.).

COUDURIERS (LES), h. c^ne de Vallereuil.

COUENOUX (LES), m^in, c^ne de Busseroles (B.).

COUFENERIE (LA), h. c^ne de Saint-Germain-du-Salembre (B.).

COUFOURELIE (LA), h. c^ne de la Chapelle-Montabourlet (B.).

COUGERIE (LA), h. c^ne de Taniès (B.).

COUJERIE (LA), h. c^ne de Vern.

COUJOULAS (LE), h. c^ne de Naussanes (A. Jud.).

COULANDE (LA), friche, c^ne de Sainte-Foy-de-Longa (A. Jud.).

COULARÈDE (LA), h. c^ne de Château-l'Évêque (S. Post.). — Anc. rep. noble, 1586 (Généal. de Rastignac).

Coulaud, c^{ar} de Boulazac. — Anc. rep. noble.

Coulaunes (Les), h. c^{ne} d'Abjat-de-Nontron (S. Post.).

Coulaurenie (La), h. c^{ne} de Saint-Germain-des-Prés (S. Post.).

Coulaures, c^{ne}, c^{on} de Savignac-les-Églises. — *Paroch. de Colubriis* (Lesp.).

    Anc. rep. noble. ayant haute justice sur la paroisse, 1760 (Alm. de Guy.). Patron : saint Martin.

Coulaux, h. c^{ne} de Saint-Michel-de-Villadeix (B.).

Coulaux (Les), h. c^{ne} de Montpeyroux (B.).

Coulaux (Les), h. c^{ne} de Saint-Martin-de-Gurson (B.).

Couleyre, h. c^{ne} de Fougueyrolles, 1650 (Acte not.).

Couleyrie, h. c^{ne} de Pontours (S. Post.).

Couleybe, terre, c^{ne} de Saint-Seurin-de-Prats. — *La Nauze*, 1635 (terr. de Montravel).

Couliou (Le), ruiss. qui prend sa source à Fénis, c^{ne} de Faux, et se jette dans la Dordogne près des Séjournats, c^{ne} de Saint-Germain. — *Coulliou*, 1744 (terr. de Lanquais).

Coulou, h. c^{ne} de Soulaure (B.).

Coulouniac, h. c^{ne} d'Azerat (B.).

Coulounie (La), h. c^{ne} de Thenon (A. Jud.).

Coulounieix, c^{ne} (réuni à la Cité), c^{cn} de Périgueux. — *Colemphau* (pouillé du XIIIe siècle). — *Colonyes*, 1382 (P. V. M.). — *Colemnes, Colemnas*, XIIIe s^e (reg. de la Charité). — *Ecclesia nova de Colompnes*, 1346; *Colupnhes*, 1415 (Lesp. 84, 3). — *Couloigneys*, 1715.

    Voc. Saint-Michel.

Coulounieix, h. c^{ne} de Beaussat. — *Coulounieyx* (B.).

Coulour (Le), ruiss. qui se jette dans la Vézère à Trigonan (Lesp.).

Counord, h. c^{ne} de Cunéges (A. Jud.).

Coupe-Gorge, plateau très-élevé, c^{ne} de Coursac.

Coupelle (La), h. c^{ne} de Brantôme (B.).

Couquilloux (Les), h. c^{ne} de Trémolac (A. Jud.).

Cour (La), c^{ne} d'Allemans. — *La Court*, 1754 (inv. de Ribérac).

    Anc. fief.

Cour (La), c^{ne} d'Augignac. — Anc. fief.

Cour (La), h. c^{ne} de Javerlhac (B.).

Cour (La), habit. c^{ne} de la Nouaille (B.).

Cour (La), château dans la ville de Thiviers, 1651.

Cour (La), c^{ne} de Valojoulx. — Anc. rep. noble, 1400 (Lesp. 26, Montignac).

Courage (Le), ruisseau. — Voy. Cousage (Le).

Courbarieu (Le), h. c^{ne} de Saint-Perdoux-d'Issigeac. — Il donne son nom à un ruisseau qui part de ce lieu, reçoit la Sandrone et se jette dans le Drot auprès du Parc, c^{ne} de Cahusac.

Courbarieu (Le), ruiss. de la Double qui sort d'un étang près de Saint-André et se jette dans la Risone.

Courbedaisse, h. c^{ne} de Grignol. — *Corba-Vaycha*, 1400 (Périg. M. H. 41, 7). — *Corba-Vayssa*, 1471 (Dives, 1). — *Courbavaysse*, 1592 (Acte not.).

Courberie (La), h. et m^{in}, c^{ne} de Villetoureix. — *La Courdie* (B.).

Courdelle (La), h. c^{ne} de Sainte-Alvère (cad.).

Coure (Le), habit. c^{ne} de Verteillac.

Coureille (La), h. c^{ne} de Biras (B.).

Couréiou (Lo), hauteur, c^{ne} de Coulounieix, près de la Brande. — Légende sur ce lieu (Antiq. de Vésone, 2, 649).

Couret (Le), h. c^{ne} de Coutures (B.).

Couret (Le), h. c^{ne} de Siorac-Ribérac (B.).

Courière (La), éc. c^{ne} de Romains (B.).

Courivaux (Les), h. c^{ne} de Saint-Front-d'Alemps.

Courlac, anc. dioc. de Périgueux, archipr. de Pillac, auj. du dép^t de la Charente. — *Villa quæ voc. Curlac*, 1078 (pouillé de Baigne, p. 38). — *Corlac* (pouillé du XIIIe siècle). — *Curlhac*, 1319 (Généal. de Talleyrand).

Cournadellé (A la), terre, c^{ne} de Cumont (A. Jud.).

Cournaguet, lieu-dit, c^{ne} de Proissans (cad.).

Cournats (Les), h. c^{ne} de Grives (B.).

Cournazal, h. c^{ne} de Saint-Antoine-d'Auberoche.

Cournédie (La), c^{ne} de Mensignac, 1583 (Acte not.). — Anc. rep. noble.

Cournès, h. c^{ne} de Saint-Pompon. — *La Calprenade*, 1744 (terr. de Saint-Pompon).

Cournille, h. c^{ne} de Saint-Sébastien (B.).

Cournolle, lieu-dit, c^{ne} de Bancuil (cad.).

Cournoux (Champ-de-), lieu-dit, c^{ne} de Cause-de-Clérans (A. Jud.). — *Cournou*, 1651 (Acte not.).

Courouge (Lou), emplacement, c^{ne} de Faux, où est la pierre posée dite *al roc del Ser*.

Courrege (La), c^{ne} de Saint-Cyprien. — *La Correga*, 1462 (reg. de Philipparie).

Courrière (La), h. c^{ne} de Saint-Romain-Nontron.

Cours, h. c^{ne} de Saint-Georges-de-Monclar (A. Jud.).

Cours (Las), h. c^{ne} de la Chapelle-Pommier (B.).

Cours (Las), h. c^{ne} de Proissans (B.).

Coursac, c^{ne}, c^{on} de Saint-Astier. — *Corsac* (pouillé du XIIIe siècle). — *Corsacum*, 1382 (P. V. M.). — *Coursiacum* (fragm. de Petrag. Episc. apud Labbe).

    Voc. Saint-Martin. — Coursac dépendait de la mense épiscopale.

    Anc. rep. noble, ayant haute justice sur la paroisse, 1760 (Alm. de Guy.).

Coursac, c^{ne} de Chapdeuil-Saint-Just. — *Maynam. de Corsaco*, 1364 (ch. Mourcin).

Coursac, c^{ne} de Saint-Martin-des-Combes. — *Maynam de Corsaco*, 1472 (Lesp.).

Cours-de-Piles, c^{ne}, c^{on} de Bergerac. — *Cors et Pilas*, 1365 (Lesp. 88, Châtell.).

Voc. Saint-Jean-Baptiste. — Membre dép. de la comm^{rie} de Condat, 1743 (Not. de Bergerac).

Courtade (La), h. c^{ne} de Saint-Germain-des-Prés (S. Post.).

Courtarel, h. c^{ce} de Fleurac (B.).

Courtaudie, h. c^{ne} de Vandoire (B.).

Courtaudie (La), c^{ne} de Brassac. — *Maynam. de la Courtaudye*, 1467 (inv. de Lanmary).

Courtaudie (La), c^{ne} de Saint-Victor. — *Mansus de la Cortaudia*, 1289 (Périg. M. H. 4).

Courtaudie (La), c^{ne} de Tocane. — *La Cortondio*, 1520 (ch. Mourcin; afferme de Puymége).

Courtaudieyras (La), c^{ne} de Champagnac? — *Lo Quodert de Cortaudieyras*, 1436 (Périg. M. H. 41, 4).

Courtaudon, h. c^{ce} de Saint-Pierre-d'Eyraud. — 1625 (Not. du Fleix).

Courtazel, sect. de la c^{ne} de Saint-Saud (S. Post.). — *Courtazelas* (cad.).

Courte-Botte (Terre de), éc. c^{ne} d'Issigeac. — 1441 (Lesp. Issigeac).

Courteille, h. c^{ne} de Saint-Laurent-des-Bâtons (B.).

Courtiade, éc. c^{ne} d'Eymet.

Courtie (Le), éc. c^{ne} de Léparon (B.).

Courtigeas, c^{ne} de Corgnac (cad.).

Courtigeaudes, sect. de la c^{ne} de Nanteuil-Thiviers (cad.).

Courtigeaux (Les), h. c^{ce} d'Exideuil (A. Jud.).

Courtigeaux (Les), éc. c^{ne} de Nanteuil-Nontron (A. Jud.).

Courtil? c^{ne} de Beaurone. — *Bordaria deux Courtils*, 13... (O. S. J. Andrivaux).

Courtil (Le), h. c^{ne} de Saint-Quentin (B.). — *Mans. de Cortilh*, 1304 (O. S. J.).

Courtille (La), h. c^{ne} de Millac-de-Nontron (B.).

Courtis (Les), éc. c^{ne} de Monesterol (B.).

Courtissoux (Les), h. c^{ne} de Saint-Rabier.

Courty, éc. c^{ne} de Verteillac (B.).

Cousage (Le), ruiss. qui a sa source dans la c^{ne} de Saint-Avit-Senieur, arrose le vallon de Romaguet et se jette dans la Gouse en face de Banes. — Ruisseau appelé *de Couzaige*, 1714 (Reconn.). — *Courage* (B.).

Cousau (Le), ruiss. qui a ses sources à Ley-Dou, c^{ne} de Noussanes, et à Grand-Ayral, c^{ne} de Bardou, arrose le vallon de Lanquais et se jette dans la Dordogne non loin de Varennes, après un cours d'environ 12 kilomètres en ligne droite, du S. au N. — *Rivus de Cosam*, 1373 (coll. de Lanquais). — *Rivus del Couzau*, 1491. — Le moulin de l'ordre de Saint-Jean, à Naussanes, était sur ce ruisseau (O. S. J. La Canéda).

Ce ruisseau tombe dans la Dordogne par une cas-

cade de plus de 10 mètres de hauteur; à 5 ou 600 mètres en amont de la cascade, le vallon du Cousau cesse d'exister et se confond avec la vallée même de la Dordogne. Dans les temps primitifs, le Cousau avait fait une percée dans le terrain meuble de cette vallée en y laissant sur une largeur d'environ 500 mètres une alluvion de terre végétale, argileuse, connue dans le pays sous le nom de *terrefort*, et dont la couleur noire et la fertilité tranchent visiblement et à angle droit sur l'alluvion sablonneuse de la vallée du fleuve.

Couse, c^{ne}, c^{on} de Beaumont. — *Coza*, 1117 (Lesp. Charroux). — *Cosa*, 1210 (cart. de Cadouin). — *Prioratus Sancti Stephani de Cosia, vulgo de Coze, ord. Saint-Bénéd.* 1471 (pouillé de Charroux). — *Cousa*, 1474 (Lesp. passim). — *Chosa*, xvie siècle (itin. de Clément V). — *Couze* (Cal. admin.).

Prieuré de l'O. S. B. dép. de l'abb. de Charroux. — Patron : saint Étienne.

Anc. châtell. appart. aux archevêques de Bordeaux depuis le xive siècle et composée de 2 par. : Couse et Bayac. Les limites en sont ainsi données : *Lou 1er, a lou port; lou 2e, a la creu de Sainte-Chatarine; lou três, à la fon Boullyere; lou 4e, al carrefour de Cazellas; lou 5e, al pech de Carbonnier; lou 6e, à la cime de pech de Saignal; lou 7e al carrefour de Saint-Maurice*, 1471 (cout. de Couse). L'emplacement de l'ancien château sert aujourd'hui de cimetière à la commune.

Couse, carrefour sur le chemin d'Issigeac à Montmadalès. — *Quadruum voc. de Cosa*, 1465 (coll. de Lanquais).

Couse, taillis, c^{ne} de Meyral (cad.).

Couse, h. c^{ne} de Thenon (A. Jud.). — *Couze* (B.).

Couse (La), ruiss. qui a sa source dans la c^{ne} de Fongalau, reçoit le Segarel, la Beyrone et plusieurs autres affluents, passe à Bouillac, Saint-Avit-Rivière, Montferrand, l'Espinassette, St-Sernin-des-Fossés, Banes, Bayac, et se jette dans la Dordogne après avoir traversé le bourg de Couse. — *Rivus vocatus lo Causers*, 1286 (cout. de Beaumont). — *Cosa*, 1460 (terr. de Mauzac).

La direction du vallon de la Couse est E. O. jusqu'à Saint-Sernin-des-Fossés; il incline alors au N. E. Sa largeur est, en moyenne, de 200 à 250 mètres; mais devant Banes, au confluent du Cousage, il acquiert pendant 2 kilomètres une largeur quatre fois plus grande et présente comme l'emplacement d'un ancien lac. Le vallon depuis Bayac jusqu'à la rivière suit une direction parallèle à celle du Cousau de Lanquais : la distance entre eux est d'environ 2 kilomètres; mais le vallon de la Couse

DÉPARTEMENT DE LA DORDOGNE.

est à un niveau de 15 mètres au moins en contre-bas. Le Cousau n'ayant pu, pour se réunir à la Dordogne, renverser la barrière des rochers qui soutiennent la vallée à une hauteur de 10 mètres au-dessus du cours de l'eau, tombe en cascade dans la rivière, tandis que la Couse, qui a eu la puissance de se creuser un passage dans cette même falaise, s'écoule sur une pente légèrement inclinée au-dessus du niveau de la Dordogne. — Près de son embouchure, il fait mouvoir un grand nombre de papeteries.

Couse (La), ruiss. qui se jette dans la Vézère devant Larche.

Coussalandie (La), lieu-dit, cⁿᵉ de Saint-Avit-Rivière (A. Jud.).

Cousse (La), h. cⁿᵉ de Coulaures. — *Repayrium. de la Coussa*, 1446 (Lesp. Homm.). Anc. rep. noble.

Cousseil (Le), anc. fief près de Marqueyssac (Lesp.).

Cousseil (Le), h. cⁿᵉ de Saint-Naixent (B.).

Cousset (Le), lieu-dit, cⁿᵉ de Queyssac. — *Cosset* (cad.).

Cousset (Le), f. cⁿᵉ de Sainte-Croix-de-Montferrand (A. Jud.).

Coussière (Château de), lieu-dit, cⁿᵉ de Sainte-Alvère (cad.).

Coussière (La), lieu-dit, cⁿᵉ de Cherveix (cad.).

Coussière (La), h. cⁿᵉ de Saint-Saud. — *La Cossière*, (châtell. du Périgord, arch. de Pau). Anc. rep. noble, ayant haute justice sur la Coussière et Saint-Saud, 1760 (Alm. de Guy.).

Coussière (Le Grand et le Petit), h. cⁿᵉ d'Eyrenville.

Coussol (Le), m. isolée, cⁿᵉ de Brantôme (S. Post.).

Coustal (Le), lieu-dit, cⁿᵉ de Calès (cad.).

Coustal (Le), lieu-dit, cⁿᵉ de Grand-Castang, au Séguinal, 1692 (Acte not.).

Coustal (Le), lieu-dit à Boyer, cⁿᵉ de Lanquais (terr.).

Coustal (Le), h. cⁿᵉ de Lusignac (B.).

Coustal (Le), cⁿᵉ de Salignac (A. Jud.).

Coustal (Le), lieu-dit, cⁿᵉ de Sargeac.

Coustal (Le), h. cⁿᵉ de Tanniès (A. Jud.).

Coustal (Le), lieu-dit, cⁿᵉ de Terrasson (cad.).

Coustal (Le), lieu-dit, cⁿᵉ de Tursac (cad.).

Coustal (Le), anc. ténem. cⁿᵉ de Varennes.

Coustal (Le), lieu-dit, cⁿᵉ de Vern (cad.).

Coustal (Plaine du Grand-), cⁿᵉ de Ladornac (A. Jud.).

Coustal-de-Guiral, lieu-dit, cⁿᵉ de la Trape (cad.).

Coustal-de-Pouzade (Le), brouss. cⁿᵉ de Ladornac (A. Jud.).

Coustal-Verd, lieu-dit, cⁿᵉ de Condat-sur-Vézère (cad.).

Coustarelles (Les), cⁿᵉ de Baneuil. — 1727 (Acte not.).

Coustarelles (Les), terre, cⁿᵉ de Saint-Amand-de-Vern (A. Jud.).

Coustarelles (Les), cⁿᵉ de Saint-Marcel. — *Les Coustarels de la Pelouzie*, 1672 (Acte not.).

Coustètes (Les), vallon dans la forêt, cⁿᵉ de Lanquais (cad.).

Coustètes (Les), lieu-dit, cⁿᵉ de Monclar.

Coustinet (Le), éc. cⁿᵉ de Saint-Germain-et-Mons.

Cousty (Le), h. cⁿᵉ de Saint-Jean-d'Estissac, 1665 (Acte not.).

Coutal (Le), mⁱⁿ, cⁿᵉ de Terrasson.

Coutancias, h. cⁿᵉ de Beaurone (cad.).

Coutancie (La), h. cⁿᵉ d'Allemans (B.).

Coutancie (La), h. cⁿᵉ de Chassagne (B.).

Coutancie (La), h. cⁿᵉ de Mareuil (B.).

Coutancie (La), h. cⁿᵉ de Prigourieu. — *Coustantias*, 1746 (Acte not.).

Coutancie (La), h. cⁿᵉ de Saint-Crépin-de-Richemont (A. Jud.).

Coutancie (La), habitat. cⁿᵉ de Saint-Félix-Mareuil (S. Post.).

Coutarie (La), h. cⁿᵉ d'Azerat (A. Jud.).

Coutarie (La)? cⁿᵉ de Saint-Paul-de-Serre. — *La Cotaria*, 1471. Anc. fief relev. de Grignol.

Coutaudarie (La), terre, cⁿᵉ de Sainte-Alvère (A. Jud.).

Coutaudie (La), éc. cⁿᵉ de la Cropte. — *Mas de la Cotaudia* (cart. du Bugue).

Coutaudie (La)? cⁿᵉ de Saint-Aquilin. — *M. la Coutoudia*, 1510 (inv. du Puy-Saint-Astier).

Coutaudoux (Les), h. cⁿᵉ de Saint-Pierre-de-Cole (B.).

Couteille (La), anc. ténement, cⁿᵉ de Paunac. — 1781 (Acte not.).

Coutel, h. cⁿᵉ de Saint-Mayme-de-Péreyrol (B.).

Coutelières (Tertre des), friche, sect. D, 396, cⁿᵉ de Saint-Félix-de-la-Linde (A. Jud.).

Couteloux (Les), h. cⁿᵉ de Pezul (B.).

Couteloux (Les), éc. cⁿᵉ de Saint-André-du-Double (B.).

Coutels (Les), cⁿᵉ du Coux (terr. de Bigaroque).

Coutets (Les), cⁿᵉ de Creysse. — *Ten. de Leychoutet*, 1460 (Liv. N. p. 106).

Couticie (La), h. cⁿᵉ de Razac-sur-l'Ille.

Coutillas (Las), éc. cⁿᵉ de Bars (B.).

Coutille, h. cⁿᵉ de Sarrazac (A. Jud.).

Coutille (La), cⁿᵉ de Millac-de-Nontron. — *Bordaria Faïa de Cotelia*, 1241 (Lesp. 26, Test. d'Itier de Magnac).

Coutoux (Le Haut et le Bas), h. cⁿᵉ de Clérans.

Coutoux (Les), h. cⁿᵉ de Valeuil (B.).

Couty, lieu-dit, cⁿᵉ de Villamblard.

Couturas, h. cⁿᵉ de Saint-Vincent-de-Connezac (B.).

Couture (La), lieu, cⁿᵉ de Bezenac (cad.).

Couture (La), h. cⁿᵉ de Manzac. — *La Costura*, 1490 (Dives, 2). — *La Coustura*, 1760 (Acte not.).

COUTURE (LA), m. isolée, c^{ne} de Monferrand (S. Post.).

COUTURE (LA), h. c^{ne} de la Motte-Montravel.

COUTURE (LA), dom. c^{ne} de Notre-Dame-de-Sanillac.

COUTURE (LA), h. c^{ne} de Plazac.

COUTURE (LA), h. c^{ne} de Rossignol (B.).

COUTURE (LA), h. c^{ne} de Saint-Avit-Senieur (S. Post.).

COUTURE (LA), h. c^{ne} de Saint-Cyprien. — *Locus voc. la Cotura*, 1462 (Philipparie, Saint-Cyprien).

COUTURE (LA), lieu-dit, c^{ne} de Villetoureix (cad.).

COUTURES, c^{ne}, c^{on} de Verteillac. — *Coturas*, 1249 (test. de Hélie de Bourdeilles). — *Paroch. de Culturis*, 1282 (Lesp. 26). — *Cousturas* (pouillé du XIIIe s^e). Voc. Saint-Saturnin. — Paroisse hors châtellenie, 1365 (Lesp.).

Anc. rep. noble, ayant haute justice sur Coutures, Celle, Bertric, 1760 (Alm. de Guy.).

COUTURES, h. c^{ne} de Monestier. — *Eccl. quæ dicitur de Couturas*, 1086; *Parochia S^{ti} Petri de Costores*, 1135 (cart. de Sainte-Marie de Saintes, 98, 180).

Église donnée par Rainald, évêque de Périgueux, au prieuré Saint-Sylvain de la Monzie.

COUTURES (LES), lieu-dit, c^{ne} de Bertric (cad.).

COUTURES (LES), pré, c^{ne} de Cantillac (A. Jud.).

COUTURES (LES), lieu-dit, c^{ne} de Chassagne (cad.).

COUTURIE (LA), h. c^{ne} de Château-l'Évêque (S. Post.).

COUTURIE (LA), h. c^{ne} de Léguillac-de-Cercle.

COUTUROU (LE), h. c^{ne} de Sourzac.

COUTZ (LAS), lieu-dit, c^{ne} de Chalagnac. — 1735 (Acte not.).

COUTZ (LAS), c^{ne} de Grignol. — *Maynam. de las Coutz*, 1289 (Lesp. 51).

COUTZ (LAS), c^{ne} de Marsac. — *Lo Mas de las Coutz*, 1257 (Périg. M. H. 41, 2).

COUVENT (LA MÉTAIRIE DU), dom. c^{ne} de Salon.

COUVENT (LE), lieu-dit, c^{ne} de Douzillac (cad.).

COUVENT (LE), h. c^{ne} de la Force (S. Post.).

COUVENT (LE), lieu-dit, c^{ne} de Saint-Pardoux-la-Rivière (cad.).

COUVENT (LE MOULIN DU), c^{ne} de Brantôme (B.).

COUX, h. c^{ne} de Saint-Georges-de-Monclar.

COUX (LE) réuni à BIGAROQUE, c^{ne}, c^{on} de Saint-Cyprien. — *Al Cos, Alcos*, 1365 (Lesp. Châtell. de Bigaroque). Voc. Saint-Martin.

COUX (LE), h. c^{ne} de Saint-Barthélemy-de-Pluviers.

COUY (LE), h. c^{ne} d'Aigues-Parses (B.).

COUYET, h. c^{ne} d'Échourgnac (B.).

COUYETTE, h. c^{ne} de Sourzac (B.).

COUYRAC, h. c^{ne} de Bayac. — *Mansus voc. de Coyrac*, 1459 (reg. de Philipparie, Cadouin).

COUYRAGOU, éc. c^{ne} de Bayac.

COUYX (LE), h. c^{ne} de Fontenilles (cad.).

COUZARIE (LA), h. c^{ne} de Vern. — 1736 (Acte not.).

COUZEL (LE) ou LA VERGNE, terre, c^{ne} de Saint-Martin-des-Combes (A. Jud.).

COYRILLAS, h. c^{ne} de Goust (B.).

COZENS, c^{ne} de Montren. — *Mansus de Cozens*, 1281 (Lesp. 81). Anc. rep. noble.

COZENS, c^{ne} de Saint-Martin-des-Combes. — *Cozens*, 1204 (reg. des rentes dues aux seigneurs de Cozens et de Taillefer). — *Rep. de Couzens prope S. Martinum de Cumbis*, 1301 (Lesp. vol. 51, Clermont). Anc. rep. noble dont dépendaient les fiefs de la Palavizinie, Peyrelevade, Cazctas et la Griffonie, 1451 (Lesp.).

CRABANA, h. c^{ne} de Saint-Front-de-Pradoux. — *Crabanac, Crabanat* (cad.).

CRABE (LA), mét. c^{ne} de Lanquais.

CRABEFY, h. c^{ne} de Monclar. — *Sanctus Joh. de Caprefico* (cart. de Chancelade). — *Saint-Jean de Cabrefic*, 1767 (Acte not.). Prieuré dép. de l'abb. de Chancelade.

CRABEY, c^{ne} de Montcarret. — Autrement *Salleneuve*, 1603 (terr. de Montcarret).

CRABIDE, h. c^{on} de Saint-Antoine (S. Post.).

CRABIDOU (FONT DE), c^{ne} de Castel.

CRABIE, h. c^{ne} de Monsac. — *Ten. de la Fon des Crabiers*, 1581 (coll. de Lanquais).

CRABIE, h. c^{ne} de Naussanes.

CRABILLAT, lieu-dit, c^{ne} de Sireuil (cad.).

CRABILLAT, mⁱⁿ sur la Béone, c^{ne} de Tursac.

CRABILLE, h. c^{ne} de Capdrot (B.).

CRABIS (LES), éc. c^{ne} de Saint-Sulpice-de-Roumagnac (B.).

CRABOL, éc. c^{ne} de Bergerac.

CRABOL, h. c^{ne} de Saint-André-Alas (A. Jud.).

CRABOTTES (LES HAUTES et LES BASSES), taillis, c^{ne} de Rampieux (A. Jud.).

CRABOUILLE (COMBE-), c^{ne} de Monclar. — *Cumba Crabola*, 1450 (Liv. N.).

CRABOUILLE (LA), c^{ne} d'Ales. — *A las Carabouilles*, 1777 (État du rep. du Ger.).

CRABOUILLE (LA), ruiss. c^{ne} de la Force. — *Rivus de la Crabollies*, 1466 (Liv. N.). Ce ruiss. formait une des limites entre la Force et Mussidan.

CRABOUILLE (LA), h. c^{ne} de la Monzie-Montastruc. — *La Cabrolia* (Liv. N.). — *La Craboulhie*, 1721 (Acte not.). — *Crabouillie*, 1726 (*ibid.*).

CRABOUILLE (LA), lieu, c^{ne} de Queyssac.

CRABOUILLE (LA), friche, c^{ne} de Saint-Cyprien (cad.).

CRABOUILLE (LA), h. c^{ne} de Saint-Martin-des-Combes (S. Post.). — *Craboulhe*, 1635 (Acte not.).

12.

CRAMIRAC, anc. m. noble, dans le bourg de Sargeac.
— *Hospitium de Cramiraco*, 1309 (O. S. J.).
CRAMPOUX (LES), lieu-dit, c^ne de Condat-sur-Vézère
(cad.). — *Les Crompoux* (cad.).
CRAVE-DIEU, mét. c^ne de Capdrot, 1791 (9, 187, arch.
de la Dordogne).
CRAYTE, h. c^ne d'Étouars (B.).
CRÉBAUTIÉRAS, h. c^ne de Bussac.
CREMETE? c^ne de Montcarret. — *A la Cremeta*, xiiie s^n
(lièvre de Montcarret).
CREMIERAS, h. c^ne de Saint-Front-d'Alemps (A. Jud.).
— *Vicaria in villa de Craumieras*, 1243 (Gaignères,
Lesp. 33).
CREMPSE (LA), ruiss. qui a sa source auprès de Beau-
regard, baigne les c^nes de Saint-Mamès, Montagnac,
Beleymas, Issac, Bourgnac, et va se jeter dans l'Ille
au-dessous de Mussidan. — *Crempsa*, 1283 (Périg.
M. 41, 1). — *Crenssa*, 1406; *Crehempsa*, 1467
(Dives, p. 63).
Ce ruiss. forme deux bras appelés *Crempse-Vieille*
et *Crempse-Neuve* (A. Jud.). — Direct. E. O., S. N.
à son embouchure.
CREMPSOLIE (LA), ruisseau qui sépare la c^ne de Sourzac
de celle d'Issac et se jette dans la Crempse auprès de
Bourgnac.
CRESSAC (LE), h. c^nt de Monsec.
CREYPAUD, c^ne de Saint-Astier. — *Crespaud*, 1507
(inv. du Puy-Saint-Astier).
CREYSSAC, c^ne, c^on de Montagrier. — *Creyschac* (pouillé
du xiiie siècle). — *Creichac*, 1259 (Homm. au vi-
comte de Limoges par H. de Bourdeilles).— *Creys-
shac*, 1382 (P. V. M.). — *Turris de Creyssaco*,
1409 (Liv. N. de Périgueux).
Patrons : saint Barthélemy et la Nativité.
CREYSSAC, anc. tour de l'enceinte de Périgueux.
CREYSSE, c^ne, c^on de Bergerac. — *B. Maria de Creysse*,
1107; *Croicha*, 1107; *Crossia*, 1197 (cart. de la
Sauve). — *Crayscha* (pouillé du xiiie siècle). —
Creyscha, 1382 (P. V. M.).
Prieuré dépendant, ainsi que Saint-Martin-des-
Combes, du prieuré de Saint-Jacques de la Vergne,
et qui eut ensuite le patronat de Notre-Dame
d'Échourgnac, de Notre-Dame de Longchapt et de
Saint-Hilaire de Minzac (Hist. de l'abb. de la Sauve).
Patronne : Notre-Dame.
CREYSSENSAC réuni à PISSOT, c^ne, c^on de Vern. — *Crei-
chensa*, 1203 (rentes dues au s^r de Taillefer). —
Creychensacum (pouillé du xiiie siècle).
Voc. Saint-Roch et Saint-Bruno; coll. l'évêque.
CROBADIE? c^ne de Sengeyrac. — *Mansus de la Croba-
dia*, 1533 (ch. Mourcin).
CROCHERIE, h. c^ne de Cause. — 1660 (Acte not.).

CROGNAC, h. c^ne de Saint-Astier. — *Castrum Craonia-
cum* (Labbe, Chronic. Episc. Pet.). — *Turris de
Craunhac*, 1285 (donat. au chap. de Saint-Astier,
Lesp.). — *Croynak*, 1348 (Bréquigny). — *Croin-
hac*, 1555 (test. d'I. de Salegourde).
CROIX (LA), h. c^ne de Belvez. — *Loco dict. de la Crotz*,
1452 (reg. de Philipparie, 116). — *La Crout*, 1608.
Anc. rep. noble.
CROIX (LA), h. c^ne de Bezenac (S. Post.).
CROIX (LA), h. c^ne de Campsegret (S. Post.).
CROIX (LA), h. c^ne de la Chapelle-Faucher.
CROIX (LA), h. c^ne de la Chapelle-Grésignac (S. Post.).
CROIX (LA), h. c^ne de Chavagnac (S. Post.).
CROIX (LA), h. c^ne de Cladech (S. Post.).
CROIX (LA), h. c^ne de Condat-Brantôme (S. Post.).
CROIX (LA), parcelle, c^ne de Couse (cad. B. 555, 559).
CROIX (LA), h. c^ne de Daglan (B.).
CROIX (LA), lieu-dit, c^ne de Faux. — 1743 (Acte not.).
CROIX (LA), h. c^ne de Gouts (S. Post.).— *Mayn. de la
Croix Soubeyran*, xviie siècle (O. S. J.). Dépend. de
la comm^rie du Soulet.
CROIX (LA), h. c^ne de Grives (S. Post.).
CROIX (LA), parcelle, c^ne de Lanquais (sect. D, 334).
CROIX (LA), h. c^ne de Millac-d'Auberoche (S. Post.).
CROIX (LA), h. c^ne de Molières. — *Territ. voc. de la
Crotz*, 1452 (arch. de la Gir. Belvez).
CROIX (LA), lieu-dit, c^ne de Monsac. — 1742 (Acte
not.).
CROIX (LA), h. c^ne de la Monzie-Saint-Martin.
CROIX (LA), h. c^ne de Nanteuil-Bourzac.
CROIX (LA), h. c^ne de Paussac.
CROIX (LA), h. c^ne du Petit-Bersat (S. Post.).
CROIX (LA), h. c^ne de Peyzac (S. Post.).
CROIX (LA), h. c^ne de Sagelat.
CROIX (LA), h. c^ne de Sainte-Alvère (S. Post.).
CROIX (LA), h. c^ne de Saint-Aubin-de-Nabirac (S. Post.).
CROIX (LA), h. c^ne de Saint-Geniès (B.).
CROIX (LA), h. c^ne de Saint-Jean-d'Estissac (A. Jud.).
CROIX (LA), h. c^ne de Saint-Jory-de-Chalais.
CROIX (LA), h. c^ne de Saint-Romain-Nontron (S. Post.).
CROIX (LA), c^ne de Sainte-Sabine (S. Post.).
CROIX (LA), c^ne de Saint-Sauveur. — *Maynam. de La
Crox*, 1450 (Liv. N. 49).
CROIX (LA), h. et m^in sur la Lisone, c^ne de Saint-Sé-
bastien. — *Mayn. de Cruce*, 1490 (O. S. J.).
CROIX (LA), h. c^ne de Saint-Sernin-de-l'Herm (B.).
CROIX (LA), c^ne de Sourzac. — *Platea de Cruce*, 1317
(Olim, v. 3. Lesp. 78).
CROIX (LA), h. c^ne de Terrasson (S. Post.).
CROIX (LA), h. c^ne de Veyrines-Sainte-Alvère. — *Ten.
de Peccanonge* ou *Moulin de la Croix*, 1669 (Acte
not.).

Croix (Les Trois), lieu-dit, c⁰ᵉ de Couse (sect. A, 39, 40, 41).

Croix (Les Trois), carrefour, limite entre les cᵇᵉˢ de Festalens, de Saint-Privat et de Cumont (B.).

Croix (Les Trois), carrefour, c⁰ᵉ de Lanquais. — Autrement *la Malauderie*, 1755 (terr. de Lanquais).

Croix (Puy-de-la-), h. c⁰ᵉ de Brassac (S. Post.). — *Maynam. de la Crox*, 1458 (inv. de Lanmary).

Croix (Quatre-), lieu, ténem. du Roqual, c⁰ᵉ de Montmadalès.

Croix-Berty (La), h. cᵇᵉ de Périgueux (S. Post.).

Croix-Blanche (La), m. c⁰ᵉ de Monestier (S. Post.).

Croix-Blanche (La), ferme, c⁰ᵉ de Monpazier (S. Post.).

Croix-Blanche (La), h. c⁰ᵉ de Monsec (S. Post.).

Croix-Blanche (La), communal, c⁰ᵉ de Saint-Front-de-Pradoux (cad.).

Croix-Blanche (La), h. cᵇᵉ de Singleyrac (S. Post.).

Croix-Bourdière (La), h. c⁰ᵉ de Sengeyrac.

Croix-Chabrol, lieu-dit, c⁰ᵉ de Coutures.

Croix-Chevrol, éc. c⁰ᵉ de Coutures.

Croix-d'Alom, h. c⁰ᵉ de Proissans (S. Post.).

Croix-d'Alom, m. isolée, cᵗᵉ de Sarlat (S. Post.).

Croix-d'Arbouze (La), h. c⁰ᵉ de Beaurone. — *Crux Herbosa* (cart. de Chancelade). — *Croix Herbouze* (B.).

Croix-d'Aubet, lieu-dit, c⁰ᵉ de Saint-Crépin-de-Salignac (A. Jud.).

Croix-de-Baréges, lieu-dit, c⁰ᵉ de Lanquais. — 1677 (terr. de Lanquais).

Croix-de-Baréges (La), h. c⁰ᵉ de Saint-Astier (A. Jud.).

Croix-de-Basque (La), éc. c⁰ᵉ de Calès (A. Jud.).

Croix-de-Beaupuy (La), h. c⁰ᵉ de Brantôme (B.).

Croix-de-Berville, m. isolée, c⁰ᵉ de Rouquette-Eymet (S. Post.).

Croix de Blancharel, cᵗᵉ de Champsevinel, au-dessus de Beaupuy. — *Crux del Bancharel*, 1286 (limite de la jurid. de Périgueux).

Croix-de-Boèze, m. isolée, c⁰ᵉ d'Ales (S. Post.).

Croix-de-Bord, h. c⁰ᵉ de Rouquette-Eymet (S. Post.).

Croix de Cabrol, bourg de Saint-Pompon. — 1744 (terr. de Saint-Pompon).

Croix de Caniac, c⁰ᵉ de Couse. — 1709 (Reconn.).

Croix de Couse, près Sainte-Croix, c⁰ⁿ de Beaumont.

Croix-de-Dourdeaud, friche, c⁰ᵉ de Saint-Martin-de-Gurson (A. Jud.).

Croix-de-Faure, éc. c⁰ᵉ d'Agonac (B.).

Croix-de-Faye, lieu-dit, terre, cᵗᵉ de Minzac (A. Jud.).

Croix de Fer, c⁰ᵉ de Manzac ou de Neuvic. — *Crotz del Fer, Crux del Fer, la Cros del Fer*, 1481 (Dives, 1, 150).

Croix-de-Frape, éc. c⁰ᵉ de Villamblard (B.).

Croix de Fromental? c⁰ᵉ de Notre-Dame-de-Sanillac. — *Crux de Fromentals*, limites de la juridiction de Périgueux (xiiiᵉ siècle, reg. de la Charité). — *Espital de la Crotz deux Fromentals*, 1322 (cart. de Chancelade).

Croix-de-la-Boze, éc. c⁰ᵉ d'Anesse (B.).

Croix-de-la-Cofie ou Font-de-Bez, taillis, c⁰ᵉ de Saint-Gery (A. Jud.).

Croix de la Douelle (La), c⁰ᵉ de Marsalès (A. Jud.).

Croix-de-la-Douelle (La), maison, c⁰ᵉ de Molières (S. Post.).

Croix-de-la-Grèze, h. c⁰ᵉ de Cussac (S. Post.).

Croix-de-la-Grèze, m. isolée, c⁰ᵉ de Farges (S. Post.).

Croix de la Lande, c⁰ᵉ de Mensignac. — *Crux de la Landa*, 1480 (Lesp. 88, 25).

Croix-de-la-Lande, taillis n° 459, c⁰ᵉ de Sainte-Foy-de-Longa (A. Jud.).

Croix-de-la-Malaudarie, lieu-dit, c⁰ᵉ de Bergerac. — *Al tenech de La Cros de la Malaudaria*, 1474 (reg. de l'Hôtel de ville, la Caritat).

Croix-de-la-Malaudarie, lieu-dit, c⁰ᵉ du Bugue. — *Tenemen de La Crotz de la Malaudaria*, 1454 (Liv. Nof.).

Croix de Landric, c⁰ᵉ de Boulazac (Périg. Dénom. au xivᵉ siècle).

Croix de la Pacade (La), c⁰ᵉ de Bayac. — *Crux de la Pacada*, 1405 (arch. de Bayac), une des limites de la par. de Bayac.

Croix-de-la-Palme (La), taillis, c⁰ᵉ d'Urval (A.Jud.). — *Crux de la Palma supra rivum Merdier*, 1585 (arch. de la Gir. Belvez).

Croix-de-la-Peyre, c⁰ᵉ de Baneuil, ténement. — 1727 (Not. de Moul. n° 89).

Croix de la Peyre, dans la ville de Périgueux. — *La Crotz Peira, Crot Peira defors la porta de las Agulharias* (xiiiᵉ siècle, reg. de la Charité).

Croix-de-la-Peyre, h. c⁰ᵉ de Prats-de-Carlux (S.Post.).

Croix de la Potence, aux quatre chemins, sur le chemin de Montmadalès, c⁰ᵉ de Faux. — 1775 (arpent.).

Croix-de-Lastrade, m. isolée, c⁰ᵉ de Saint-Cyr-lez-Champagne (S. Post.).

Croix-del-de-Bas, parcelle, c⁰ᵉ de Lanquais, à la limite de celle de Faux (sect. C, 682).

Croix-de-l'Obadour (La), éc. c⁰ᵉ de la Boissière-d'Ans (A. Jud.).

Croix-de-Menaud, lieu, c⁰ᵉ de Saint-Julien-de-Crempse.

Croix-de-Menhaut (La), h. c⁰ᵉ de Saint-Julien-de-Crempse (Antiq. de Vésone). — *Menaud* (S. Post.).

Croix de Precegeyral? c⁰ᵉ de Mensignac. — *Crux Precegeyrals*, 1460 (Périg. M. H. 41, 7).

Croix de Pilho? c⁰ᵉ de Manzac. — *Crux de Pilho*, 1475 (Dives, I, 125). — Confrontait à Carteyret.

Croix de Rampart (La), dép. de la c^{ne} d'Azerat.

Croix de Rouby, c^{ne} de Saint-Martin-des-Combes (A. Jud.).

Croix-de-Ruchard, éc. c^{ne} de Rouffignac-Montignac.

Croix-de-Sainte-Anne, lieu-dit, c^{ne} de Cadouin (cad.).

Croix de Sainte-Valérie, c^{ne} de Bergerac. — *La Crotz de Santa Valeria*, 1409 (Liv. N.).

Croix-de-Saint-Jean, h. c^{ne} de Bourgnac (A. Jud.).

Croix-de-Saint-Jean, lieu-dit, c^{ne} de Cabans (cad.).

Croix-de-Saint-Martin (La), h. c^{ne} du Coux. — *Crux Sancti Martini*, 1463 (arch. de la Gir. Bigaroque; terr. de l'archev. 293).

Croix de Salle, c^{ne} de Saint-Léon-sur-Vézère (B.).

Croix-de-Sauriol, lieu-dit, près du bourg d'Église-Neuve-Villamblard. — 1729 (Acte not.).

Croix des Courmiaux, à la devise du chemin de Gabillon à Bauzens et à Sargeac (terr. de Vaudre).

Croix des Frères, sur une place de Belvez. — Les frères prêcheurs y furent établis en 1324.

Croix-des-Miniers (La), terre n° 1213, c^{ne} de Molières (A. Jud.).

Croix-d'Espit, h. c^{ne} de Sarlat (S. Post.).

Croix des Quartiers? c^{ne} de Grignol. — *Crux de Quarteriis*, 1243 (lim. de la jurid. de Périgueux).

Croix d'Estable, c^{ne} de Bersac-Beauregard. — *La Crotz Destable*, 1462 (O. S. J.), sur le chemin de Brives à Périgueux.

Croix-des-Tiradouyres (La), h. c^{ne} de Savignac-de-Miremont (S. Post.).

Croix des Trois-Bornes, croix plantée à la séparation des trois c^{nes} de Pezul, de Paunac et de Sainte-Alvère (B.).

Croix de Touny ou des Grauilles, c^{ne} de la Monzie-Montastruc (A. Jud.).

Croix d'Olivet (La), c^{ne} de Neuvic. — *Crux d'Olivet*, 1480 (Dives, 1, 156).

Croix-du-Bost, h. c^{ne} de Champagne-Fontaine (S. Post.).

Croix-du-Duc, h. c^{ne} de Périgueux (S. Post.). — *Crux del Duc* (anc. dénom. au xive siècle).

Croix-Duguet (La), h. c^{ne} de Peyrillac (A. Jud.).

Croix-du-Laquet, m. isolée, c^{ne} de Molières (S. Post.).

Croix du Modellout, c^{ne} de Sainte-Aulaye (B.).

Croix-du-Péage (La), lieu-dit, près de la place Saint-Front, c^{ne} de Vic (cad.).

Croix-Fermerie, h. c^{ne} de Saint-Jory-de-Chalais (S. Post.).

Croix-Ferrade (La), h. c^{ne} de Trélissac. — *Crux Ferrata* (dénom. au xive siècle).

Croix-Martre, lieu-dit, c^{ne} de Saint-Louis (cad.).

Croix-Merle, h. c^{ne} de Savignac-le-Drier (S. Post.).

Croix-Miguel, lieu, c^{ne} de Proissans.

Croix-Mondoux ou Comeynies, h. c^{ne} de Périgueux (A. Jud.).

Croix Notre-Dame, c^{ne} de Grignol. — *Crux Nostrœ Damœ*, 1524 (Lesp. 61).

Croix-Nuguet (La), h. c^{ne} de Proissans (S. Post.).

Croix-Perdue, lieu-dit, c^{ne} de Couse (sect. A. 551 à 595).

Croix-Peyre (La), h. c^{ne} d'Ajat-Thenon (S. Post.). — *La Crou Peyre*.

Croix-Peyre (La), lieu, c^{ne} de Boulazac.

Croix-Peyre (La), h. c^{ne} de Menesplet (S. Post.).

Croix Peyre (La), c^{ne} de Montferrand. — *Crux de la Peyra*, 1459 (arch. de la Gir. Belvez).

Croix Peyre (La), c^{ne} de Mortemart. — *Crux Peyra*, 1409 (O. S. J.).

Croix-Peyre (La), m. isolée, c^{ne} de Sainte-Orse (S. Post.).

Croix-Peyre (La), h. c^{ne} de Saint-Germain-du-Salembre.

Croix-Peyre (La), h. c^{ne} de Saint-Léon-sur-l'Ille (S. Post.).

Croix-Peyre (La), h. c^{ne} de Vallereuil (S. Post.).

Croix-Reginie, taillis, c^{ne} de Bouillac (A. Jud.).

Croix-Saint-Blaise, terre, c^{ne} de Rampieux (A. Jud.).

Crompe (La), h. c^{ne} de Cabans (B.).

Cronarzen, lieu-dit, c^{ne} de Bassillac (cad.).

Cropte (Devant la), friche n° 174, c^{ne} de Sainte-Foy-de-Longa (A. Jud.).

Cropte (La), c^{ne} d'Ajat, 1503 (Mém. d'Albret). — Ancien repaire noble, autrement dit *fort de la Mothe* (Généal. de la Cropte. Lesp.).

Cropte (La), domaine compris dans la terre de Sallegourde, c^{ne} de Marsac (S. Post.).

Cropte (La), mⁱⁿ sur l'Ille, près de Mussidan. — *La Crothe*, 1474 (inv. du Puy-Saint-Astier).

Cropte (La), c^{ne}, c^{on} de Vern. — *La Cropta* (pouillé du xiiie siècle).

Cros (Le), caverne, c^{ne} de Dome. — *Lo Crozo tencho*, caverne dans le rocher, du côté qui surplombe sur la rivière, à 60 pieds au-dessus du sol. C'est par là que Vivans prit Dome, le 25 octobre 1588.

Cros (Le), mⁱⁿ, c^{ne} de Montagnac-la-Crempse. — 1650 (Acte not.).

Cros (Le), h. c^{ne} de Plazac (A. Jud.).

Cros (Le), h. c^{ne} de Preyssat. — 1733 (Acte not.).

Cros (Le), dom. c^{ne} de Sainte-Marie-de-Chignac (B.).

Cros (Le), h. c^{ne} de Sainte-Mundane (B.).

Cros (Le), c^{ne} de Villamblard. — *Lo Cros d'Albarocha*, 1471 (Dives, I, 72).

Cros (Les), c^{ne} de la Monzie. — *Lieu des Cros ou Saint-Georges*, par. de la Monzie, 1774 (Acte not.).

Cros-Chapeyroux, h. c^{ne} de Vaunac (cad.).

CROS-DE-LOUP-GAROU, terre, c⁰ⁿ de Trémolac, sect. E, n° 112 (A. Jud.).

CROS-DE-MONTAIGNAC (LE), cⁿᵉ de Montaignac-d'Auberoche.

Anc. rep. noble ayant haute justice sur Saint-Antoine et Limeyrac en partie, 1760 (Alm. de Guy.).

CROS-MAGNON (GROTTE DE), près des Eyzies, cᵇᵉ de Tayac; déjà célèbre par la découverte qui y a été faite de cinq squelettes entiers dont l'étude a permis, pour la première fois, de déterminer le caractère anatomique de la race qui habitait sur les bords de la Vézère aux temps préhistoriques.

Cette grotte est constituée par un banc de calcaire crétacé qui s'avance horizontalement de 8 mètres en surplomb, avec une épaisseur de 5 mètres, sur une étendue d'environ 17 mètres. En creusant le sol pour établir les fondations d'un pilier de soutenement destiné à assurer la solidité de la voûte de l'abri, on a constaté la succession de quatre couches noirâtres de foyers superposés, dont la plus inférieure renfermait une défense d'éléphant; ces couches contiennent des charbons, des ossements brisés, brûlés et travaillés, des silex taillés suivant divers types, des flèches en os, mais aucune barbelée, des amulettes, marques de chasse, etc. Les squelettes étaient au fond et rapprochés dans un rayon de 1ᵐ,50. — Cette grotte, située à 880 mètres N. O. du village des Eyzies et à 130 mètres S. E. de la station du chemin de fer, est élevée de 15 mètres au-dessus du niveau de la Vézère et à 177 mètres de distance de la rive; elle a été découverte et déblayée en 1868. (Rapports de MM. Pruner-Bey et Louis Lartet.)

CROSANE (LA)? c⁰ⁿ du Bugue. — Nemus de la Crozana, 1485 (Liv. Nof. p. 21).

CROSE (LA), cⁿᵉ de Bourrou. — Las Crozas, 1629 (Acte not.).

CROSE (LA), cⁿᵉ, cᵒⁿ du Bugue. — E. Crosac? (cart. du Bugue). — La Crosa, 1485 (Liv. Nof. 53).

CROSE (LA), h. cⁿᵉ de Cours-de-Piles (B.).

CROSE (LA), h. cᵇᵉ d'Eyliac. — 1503 (Mém. d'Albret).

CROSE (LA), cⁿˢ de Grignol. — La Croza, 1365 (Lesp.). — Podium de la Crosa, 1499 (Dives, 2, 46).

CROSE (LA), h. cⁿᵉ de Léguillac-de-Cercle (B.).

CROSE (LA), cⁿᵉ de Limeuil. — Maynam. de La Croza, 1453 (Liv. Nof. 10).

CROSE (LA), h. cⁿᵉ de Mauzens. — Mansus de la Crosa, 1463 (arch. de la Gir. Bigaroque).

CROSE (LA), h. cⁿᵉ de Mensignac.

CROSE (LA), h. cⁿᵉ de Millac-Nontron (S. Post.).

CROSE (LA), taillis, cⁿᵉ de Saint-Germain-des-Prés (A. Jud.).

CROSE (LA), cⁿᵉ de Saint-Mcard-de-Drone. — Mayne de La Croze, 1524 (ch. Mourcin).

CROSE (LA), h. cᵇᵉ de Saint-Paul-la-Roche. — Anc. rep. noble.

CROSE (LA), h. cⁿᵉ de Saint-Priest-les-Fougères. — Anc. rep. noble.

CROSE (LA), cⁿᵉ de Saint-Victor ou de la Force (toutes les deux portant autrefois le nom de Saint-Victor dans les actes latins). — Bordaria de La Croza, 1380 (Périg. M. H. 41, 1).

CROSE (LA), éc. cⁿᵉ de Savignac-les-Églises (B.).

CROSE (LA), cⁿᵉ de Valeuil. — Tenentia de La Crosa, 1266 (Lesp. 58, Homm.).

CROSES (LES), lieu-dit, cⁿᵉ de Cladech (cad.).

CROSETTE (LA)? cⁿᵉ de Saint-Amand-de-Belvez. — 1462 (arch. de la Gir. Belvez).

CROSNIL, mⁱⁿ, cⁿᵉ de Marsac, 1181. — Molendinum de Crosnil (cart. de Chancelade).

CROSPANIC, h. cⁿᵉ de Grun. — 1444 (Dives).

CNOSSA (LA)? cᵇᵉ de Mensignac. — La Crossa, 1480 (Lesp. 83). — La Crouse (B.).

CAOUCH? friche, cⁿᵉ de Vern. — Jorio apelat lou Cruch. 1309 (Périg. M. H. 41, 6).

CROUCHARIAS (LAS), h. cⁿᵉ de Sengeyrac (A. Jud.).

CROUCHAUD, dom. cⁿᵉ de Coulounieix (A. Jud.).

CROULANDE (LA), lieu-dit, cⁿᵉ d'Urval (cad.).

CROUQUAT (LE), lieu-dit, cⁿᵉ de Villamblard, au village de Gauteyrie, 1625 (Acte not.).

CROUSSOU, h. cⁿᵉ de Thenon (A. Jud.).

CROUX, h. cⁿᵉ de Bergerac. — Crouch, 1677 (Acte not.).

CROUZEN, dom. cⁿᵉ de Bassillac (B.).

CROUZET, cⁿᵉ de Sendrieux. — Autrement la Nougarède ou la Vioule, 1699 (Acte not.).

CROUZILLADAS (LAS), terre à Colonges, cⁿᵉ de Génis (A. Jud.).

CROUZILLE (LA), taill. cⁿᵉ de Peyzac-de-Montignac (A. J.).

CROUZILLE, (LA), h. cⁿᵉ de Tourtoyrac (A. Jud.).

CROUZILLES (LES), h. cⁿᵉ de Dome.

CROUZILLOU (Lou), nom perdu, au Mayne, cⁿᵉ de Lanquois, 1608 (Not. de Lanquais).

CROYE, h. cⁿᵉ de Champeaux.

CRUBIDOUR (LE), éc. cⁿᵉ de Salignac (B.).

CRUGAU, h. cⁿᵉ de Mauzens (le Bugue).

CRUGÉLIE (LA), h. cᵇᵉ de Lembras. — 1726 (Acte not.).

CRUZET (LE), ruiss. affluent de l'Ille, dont la source est à Font-de-Lauche, cⁿᵉ de Léguillac.

CUBAS, sect. de la cⁿᵉ de Cherveix. — Monast. de Cubis, 1263 (Bull. du Limousin, 4). — Cubasium, 1411 (Lesp. 3, Fontevraud).

Patron : saint Jean-Baptiste et sainte Catherine; coll. l'évêque.

Le prieuré conventuel des religieuses de Cubas

dépendait de Fontevraud, et la paroisse, de l'abbaye de Saint-Amand-de-Coly.

CUBELET, h. c^{ne} de la Chapelle-Gonaguet (A. Jud.).

CUBES (ROC DE), c^{ne} de la Canéda. — *La Rocqua de Cubas*, 1451 (O. S. J. la Canéda). Il appartenait à la commanderie.

CUBJAT, c^{ne}, c^{on} de Savignac-les-Églises. — *Cupzac* (pouillé du x111° siècle). — *Cubzacum*, 1365 (Lesp. 88, Châtell.). — *Cubzac*, 1382 (P. V. M.). — *Cujat*.

Voc. Sainte-Marie et Saint-Roch; collat. l'abbé de Chancelade, à qui l'église avait été donnée en 1135 par l'abbé de Moissac.

Anc. rep. noble, ayant haute justice sur Cubjat en 1760 (Alm. de Guy.).

CUEZAT, h. c^{ne} de Paussac (B.).

CUGATS (LES), h. c^{ne} de Saint-Antoine, c^{on} de Vélines (S. Post.). — *Mansus del Cugal*, 1494 (terr. de Montravel, 5).

CUGET (LE). — Voy. CHEMIN DES CUGETS.

CUGNAC, c^{ne} de Cabans. — *Cunacum*, 1145 (cart. de Cadouin). — *Cunhac*, 1460 (Belvez). — *Cuniat* (cart. du Bugue).

Anc. rep. noble dont relevaient Cugnac, Bouillac et la Salvetat.

CUGNAC, c^{ne} de Sainte-Sabine. — *Castrum de Cunhac*, 1273 (Homm. de Marg. de Turenne, Justel.). — *Cunhacum*, 1367 (bulle de Jean XXII).

Anc. rep. noble; détruit.

CUGUET, c^{ne} de la Bachelerie. — *Bordaria de Cuguet*, 1477 (Généal. de Rastignac).

CUIRIADOUR (LE), h. c^{ne} de Saint-Cyr-lez-Champagne (S. Post.).

CULA-MAURANCIE? près d'Andrivaux. — *Loc. voc. Cula Maurancia*, 1378 (Rec. O. S. J.).

CULAPCHIE? c^{ne} de Trélissac. — *Mansus de la Culapchia*, 1350 (ch. Mourcin).

CUL-DE-PEY, ruiss. qui se jette dans la Drone à Villetoureix (B.).

CULEIX, h. c^{ne} d'Audrix (A. Jud.).

CULHIEYRE (LA), c^{ne} de Manzac. — *Mans. de Culhieyria*, 1458 (Lesp. Homm. au chap. de Saint-Front).

CULHIEYRE (LA), c^{ne} de la Monzie-Montastruc. — *Masus de la Culhayria* (Liv. N.). — *Ténem. de la Culhieyre*, 1665 (Acte not.).

CULIER, lieu, c^{ne} de Boisse.

CUMONT, h. c^{ne} du Bugue (B.).

CUMONT? c^{ne} de Sainte-Alvère. — *Mas de Cuc Mon*, 1297 (arch. de Sainte-Alvère).

CUMONT, c^{ne}, c^{on} de Sainte-Aulaye. — *Culmont*, 1276 (union au chap. de Saint-Front). — *Cugmont*, 1382 (P. V. M.). — *Cupmon* (panc. de l'év.). — *Cutmon*, 1559 (ch. Mourcin). — *Cumond*, 1760.

Patron : saint Pierre; coll. le chap. d'Aubeterre.

Anc. rep. noble, ayant haute justice sur Cumont, 1760 (Alm. de Guy.).

CUNÉGE (LA), terre, c^{ne} de Pressignac (cad.).

CUNÉGES, c^{ne}, c^{on} de Sigoulès. — *Quinogium*, 1365 (châtell. de Puy-Guilhem, Lesp. 88). — *Cuncria*, 1554 (panc. de l'évêché).

Patron : saint Louis; coll. l'évêque.

CUNNACUM? l'une des stations de la voie romaine d'Augustoritum à Burdigala (carte de Peutinger) : Vesunna, *Cunnaco*, Corterate, Varatedo, Burdigala. Il ne subsiste aucun vestige certain de cette voie sur le territoire pétrocorien.

Cunnacum est Saint-Vincent-de-Connezac pour d'Anville et Walckenaer; il est placé à Neuvic, en face du gué du Chalard, par le colonel Lapie (Ann. des Antiq. de France, 1850, p. 266) : cette dernière direction avait été donnée dans les *Antiq. de Vésone*, t. II, 239.

CUQUETS (LES), éc. c^{ne} de Bars.

CURADES (LES), h. c^{ne} de Calviac (A. Jud.).

CURE (LA), h. c^{ne} de Lempzours (S. Post.).

CURE (PRÉ DE LA), pré, c^{ne} de Beaussac (A. Jud.).

CURE (PRÉ DE LA), n° 670, sect. F, c^{ne} de Saint-Félix-la-Linde (A. Jud.).

CURÉ (PRÉ DU), pré, c^{ne} de Saint-Germain-des-Prés (A. Jud.).

CURE-BOURSE, h. c^{ne} de Parcoul (B.).

CURE-BUISSON, h. c^{ne} de Vieux-Mareuil (B.).

CURGUÉTIE (LA), h. c^{ne} de Lembras (A. Jud.).

CURMONT, h. c^{ne} de Sainte-Marie-de-Frugie (B.).

CURMONT, h. c^{ne} de Saint-Paul-la-Roche (S. Post.).

CUSAC? c^{ne} de Montplaisant. — *Mayne app. Cusac*, 1462 (arch. de la Gir. Belvez).

CUSE, ruisseau qui passe à Sarlat. — *Rivus de Cusa*, 1495 (O. S. J. liasse 1, la Canéda).

CUSELEIX (LE), éc. c^{ne} de la Chapelle-Gonaguet (B.).

CUSSAC, c^{ne}, c^{on} de Cadouin. — *Sanctus Petrus de Cutiaco*, 1142 (Saint-Cybard, Charente). — *Cussac*, 1281 (Lesp. arch. de Cadouin). — *Cussacum*, 1365 (Lesp. 88, Chât. de Badefol).

Patron : saint Pierre; coll. le prévôt de Trémolac.

CUSSAC, h. c^{ne} de Badefol-d'Ans (S. Post.).

CUSSAC, c^{ne} de Saint-Germain et Mons. — *Cussacum* (L. Noir, 42).

Anc. rep. noble.

CUSSAT, ruisseau qui se jette dans l'Elle à Cataly, c^{ne} de Villac.

CUSSIN, h. c^{ne} de Saint-Pierre-de-Frugie (S. Post.).

CUSSONIE (LA GRANDE et LA PETITE), h. c^{ne} de Cumont (B.).

CUZORN (LE), m. isolée, c^{ne} de Montmarvès (S. Post.).

D

DADINOU, h. c^ne de Fleurac.

DAGLAN, c^ne, c^on de Dome. — *Sanctus Martinus de Daglonio* (coll. de Jean XXII). — *Assisiæ in capite pontis de Daglanio*, 1489 (Lesp. 15). — *Dagland*, 1744 (terr. de Saint-Pompon).

Voc. Saint-Martin et Saint-Louis; coll. l'évêque. — Siége d'un archiprêtré qui, avant le xive siècle, se nommait *Archip. de Castro novo;* 16 par. ou chapelles, 1740 (carte de Samson) : Bouzic, Campagnac-lez-Quercy, Castelnau, Caudon, Cénac, Daglan, Dome, Gaulejac, Gaumier, chapelle de Notre-Dame-de-Bedeau, Saint-Cirq, Saint-Julien, Saint-Martial, Saint-Pompon, Saint-Cybranet, Veyrines.

DAGUE (GRAND et PETIT), h. c^ne d'Atur.

DAILLE, h. c^ne de Preyssac. — *Mansus de Dalha*, 1320 (ch. Mourcin). — *Dailhe*, 1499 (Agonac, Lesp.).

DAILLE (PEYRE-), h. c^ne de Beauregard-Terrasson (S. Post.).

DALA (LE), h. c^ne de Saint-Romain-Thiviers (S. Post.).

DALIDÉ, éc. c^ne de Douville (B.).

DALMEYRA? c^ne de Trélissac. — *May. de Dalmeyra*, 1520 (ch. Mourcin).

DALON, anc. forêt sur les confins du Périgord et du Limousin. — *Nemus quod Dalonium vocatur*, 1114 (Gall. Chr. abb. de Dalon).

DALON, ruisseau qui se jette dans l'Auvezère près du moulin de Guimalet, c^ne d'Anlhiac.

DALON, h. c^ne de Sainte-Trie (S. Post.). — Anc. abb. O. S. B. Elle appartenait au diocèse de Limoges et non à celui de Périgueux. — *Dalonium* (cart. de Dalon). — *B. Maria de Dalon*, 1154 (ibid.).

DALON (CHAMP-DE-), h. c^ne de la Feuillade (S. Post.).

DALOT, h. c^ne de Saint-Sernin-de-Lerm (S. Post.).

DAMAISE (LA), h. c^ne de Pluviers (S. Post.).

DAME (BOIS DE LA), bois, c^ne de Castelnau. — *Lou bos de lo Damo, lo Coumbo de lo Damo* (Documents sur la ville de Dome, p. 72). — *Nemus de las Damas*, 22 mars 1350 (ibid. p. 23).

DAME (BOIS DE LA), c^ne de Lenquais.

DAME (CHÂTEAU DE LA), bruyère n° 400, c^ne de Cantillac (A. Jud.).

DAME (COMBE DE LA), lieu-dit, c^ne de Proissans (cad.).

DAMET, h. c^ne de Montfaucon (B.).

DANDILIONE, lieu-dit, c^ne de Lenquais (terr. de Lenq.).

DANE, éc. c^ne de Brantôme (B.).

DANEYRADE (LA), éc. c^ne de Journiac (B.).

DANÈZE, lieu-dit, c^ne de Saint-Léon-sur-l'Ille (A. Jud.).

DANGOU, h. c^ne de Bassillac (Cass.).

DANISIE (LA)? c^ne de Grignol. — *Maynam. de la Danisio*, 1520 (Dives, g^d K.).

DANTOUS, h. c^ne d'Alas-de-Berbiguières (B.).

DARDALIÈS? c^ne de la Chapelle-Faucher. — *Mayn. de Dardaliès*, 1518 (O. S. J.).

DARDS (HAUT et BAS), h. c^ne de Saint-Julien-Eymet.

DAU, c^ne de Rouffignac. — *Dos*, 1739 (Acte not.). Anc. rep. noble.

DAUDEVIE, h. c^ne de Pazayac (B.). — *Mansus de la Daudevia*, 1529 (fabr. de Pazayac).

DAUDIE (LA), h. c^ne de Saint-Laurent-du-Manoire (B.).

DAUDIÈRE, h. c^ne de Saint-Aquilin (B.).

DAUDIS (LES), éc. c^ne de Mont-Caret (A. Jud.).

DAUGE (LA), h. c^ne de Grun (B.). — *Ladauge*, 1693 (Acte not.).

DAUNIE (LA), c^ne de Neuvic. — *Bordaria de la Daunia*, 1287 (Lesp. 84, n° 32).

DAUNIÈS (A), bois, c^ne de Villefranche-de-Belvez (A. Jud.).

DAUNIES (LES), h. c^ne de Sanillac.

DAUPHINARIE (LA), lieu au village de Fenis, c^ne de Saint-Aubin (terr. de Lenquais).

DAUPHINE (LA), terre, c^ne de Lolme (A. Jud.).

DAURADE (LA), c^ne de Périgueux. — Voy. SAINTE-MARIE-DE-LA-DAURADE.

DAURADE (LA), c^ne de Saint-Jean-d'Estissac (S. Post.). — *La Dourade*, 1672 (Not. de Vill.).

DAURADIE (LA), anc. fief, châtell. de Montignac-sur-Vézère. — *La Doradie*, 1541 (arch. de Périgueux, Homm.).

DAURADOU (LE), h. c^ne de Grives.

DAURANSE? h. c^ne de Tayac. — 1494 (Lesp. 65).

DAURAT (LE), h. c^ne de la Motte-Montravel. — *Dorat* (B.).

DAURIAC, anc. nom du coteau sur lequel est situé Saint-Avit-Sénieur. — *Mons de Dauriaco* (Breviarium Petrach. in fest. Sancti Aviti Sen.).

DAVALANT, lieu-dit, c^ne de Saint-Astier. — *M. de lou Davalan sive de Lacoste*, 1462 (inv. du Puy-Saint-Astier).

DAVALANT (LE VIEUX-), lieu-dit, c^ne de Saint-Michel-l'Écluse (cad.).

DAVISIE (LA), c^ne de Belvez, 1592 (Achat de Marquésie). — Anc. ténement.

DAYARDIES (LES), h. c^ne de Sarrazac (B.).

DAYETS (LES), h. c^ne de Lembras.

Defeix (Lac du), c^{ne} de Campsegret. — 1790 (Acte not.).

Defeix (Le), lieu-dit, c^{ne} de Saint-Jean-de-Cole. — *Defay* (cad.).

Defeix (Le), c^{ne} de Saint-Pierre-de-Chignac. — Ténement appelé anciennement *le Defeix*, et où sont à présent le village de Carpoces, partie de Droulhet, et le bois appelé *Beaurouchou*, 1727 (Reconn. du ténem. de Fayard).

Defeix (Le), lieu-dit, c^{ne} de Siorac (cad.).

Defès (Lac de), taillis, c^{ne} d'Urval (cad.).

Defès (Le), c^{ne} d'Auriac. — *Mans. del Deffes*, 1471 (Généal. de Rastignac).

Defès (Le), lieu, c^{ne} de la Bachelerie.

Defès (Le), un des cantons de la forêt de la Bessède. — *Defry* (Acte not.).

Defès (Le), c^{ne} de la Chapelle-Faucher. — *Mas dit lo Defeis de Puymartin*, 1460 (O. S. J.).

Defès (Le), bois, c^{ne} de Lenquais. — *Nemus del Deffes, voc. lo bos Forzes*, 1499 (coll. de Lenq. Confrontations du mas des Pailloles).

Defès (Le), taillis, c^{ne} de Manzac. — *Defey ou Font du Loup* (A. Jud.).

Defès, c^{ne} de Mortemar. — *Lo Deffès de la Galhardia*, 1409 (O. S. J.). — *Lo Deffes sive la comba Redonda* (*ibid.*).

Defès (Le), lieu-dit, c^{ne} de Saint-Amand-de-Villadeix. — *Nemus sive Deffeys*, 1474 (ch. Mourcin).

Defès (Le), lieu-dit, c^{ne} de Saint-Félix-de-Villadeix. — *La Briasse ou Deffeix*, 1656 (Acte not.).

Defès (Le), h. c^{ne} de Sainte-Foy-de-Longa. — *Defaix* (A. Jud.). — *Defey* (*ibid.*).

Defès (Le), bois, c^{ne} de Saint-Germain-et-Mons. — *Nemus del Deffes*, 1455 (coll. de Lenq.).

Les fourches patibulaires du seigneur étaient dans ce bois.

Defès (Le), bois, c^{ne} de Saint-Géry. — *Nemus vocatum lo Defès* (Périg. M. II. 41, 6).

Defès (Le), bois, c^{ne} de Villamblard. — *Nemus sive Deffes*, 1399 (ch. Mourcin).

Dejou (Le)? c^{ne} de Mauzens-Miremont. — *Mansus del Dejou*, 1280 (Gaignères, Miremont).

Delfinal, éc. c^{ne} de Dome (B.).

Demarias (Las), terre, c^{ne} de Granges-Hautefort (A. Jud.).

Demarie (La), anc. fief, châtell. d'Aubéroche (Pau).

Demarie (La), c^{ne} de Cherval. — *Mayn. de la Deymaria*, 1464 (O. S. J. terr. de Soulet). — *Las Deymarias*, xviie siècle (O. S. J.).

Demarie (La), h. c^{ne} de Rouffignac. — *Domus de la Demaria*, 1335 (Lesp.).

Anc. rep. noble (Homm. à Montignac).

Demarie (La), c^{ne} de Saint-Mayme-de-Péreyrol. — *Maynam. de la Deymaria*, 1455 (ch. Mourcin).

Demarie (La), h. c^{ne} de Saint-Médard-de-Mussidan (cad.).

Demoiselle (Combe de la), taillis de chênes, c^{ne} de Valeuil (A. Jud.).

Dendrie (La), h. c^{ne} de Coulaures.

Dentalie (La), h. c^{ne} de Rouffignac-Montignac (B.).

Dérame (La), lieu-dit, c^{ne} de Villetoureix (cad.).

Deroc (Le), h. c^{ne} de Neuvic (cad.). — *Les Derrots*, 1526 (Dives, Arrent.).

Derse (La), h. c^{ne} de Bouzic.

Désert (Le), lieu-dit, c^{ne} d'Agonac (cad.).

Désert (Le), lieu-dit, c^{ne} de Bergerac.

Désert (Le), lieu, c^{ne} du Colombier.

Désert (Le), lieu-dit, c^{ne} d'Eygurande.

Désert (Le), h. c^{ne} du Pizou.

Désert (Le), broussailles, c^{ne} de Sainte-Foy-de-Longa (A. Jud.).

Désertine, lieu-dit, c^{ne} de Chassagne (cad.).

Désertine, lieu-dit, c^{ne} de Festalens (cad.).

Dessejoux? c^{ne} des Lèches. — *Forêt de Dessejoulx* (Lesp. 10, châtell. de Montpont).

Destreguilh, h. c^{ne} de Saint-Sernin-de-Reillac (le Bugue).

Det (Le), chemin. — Voy. Chemin du Det.

Deura (La)? c^{ne} de Neuvic. — *Pheodum de lo Deura*, 1471 (Dives, I, 62).

Anc. fief, peut-être Théora.

Deusayzenc (La), anc. fief, c^{ne} de Vanxains (arch. de Pau).

Devès (Le), taillis, c^{ne} de Paleyrac (cad.).

Devès (Le), taillis, c^{ne} de Ribérac (A. Jud.).

Devès (Le), taillis, c^{ne} de Saint-Avit-Rivière (A. Jud.).

Deviade (La), bois, c^{ne} de Vézac (cad.).

Dévigne (La), habit. c^{ne} de Pomport.

Dévigne (La), h. c^{ne} de Saint-Martin-des-Combes (B.).

Deyssard (Le), h. c^{ne} de Douzillac. — *El Deyssard*, 1476 (Dives, I, 144).

Deyssards (Les), lieu, c^{ne} de Saint-Séverin-d'Estissac.

Dian, c^{ne} de Coulounieix. — *Adian*, 1760 (Lesp. Périgueux).

Anc. rep. noble qui relevait de la ville de Périgueux.

Dieusdou, tertre, c^{ne} du Coux. — 1603 (arch. de Bigaroque).

Dignac (Le), h. c^{ne} de Combeyranche. — *Daudignac*, 1540 (O. S. J. Combeyranche).

Dillerie (La), m. isolée, c^{ne} de Saint-Aubin-Eymet (S. Post.).

Dinesart? c^{ne} d'Exideuil. — *Eccl. de Dinesart* (pouillé du xiiie siècle, archipr. d'Exideuil).

DIODÉ, sect. de la c^ne de Doissac. — *Diendet* (cad.).

DIODÉ? c^ne de Sengeyrac. — *Mansus Dyode*, 1533 (ch. Mourcin, Rec. de Saint-Crespin).

DIVEIX, h. c^ne de Savignac-le-Drier (S. Post.).

DIVES, sect. de la c^ne de Manzac. — *Divo*, 1499. — *Lo grano de Divas*, 1526 (pap. de M. de Dives).

DIXME (GRANGE DE LA), maison, c^ne de Bergerac.

DIXME (GRANGE DE LA), maison, c^ne de la Rouquette-Eymet.

DIXME (SOL DU). — Voy. SOL.

DOATIE (LA)? c^ne de Montren. — *La Doattia*, 1467 (Lesp. 63).

DOGE (LA), éc. c^ne de Plazac.

DOGNON (LE), h. c^ne de Mayac.

DOGNON (LE), éc. c^ne de Négrondes (B.).

DOGNONS (LES), h. c^ne de Boissouil (S. Post.).

DOIRE (LA), m^in, c^ne de Beauregard-Bassac.

DOIRE (LA), éc. c^ne de Villamblard. — *Maynam. de la Doiria*, 1315 (Lesp. 25).

DOISSAC, c^ne, c^on de Belvez. — *Sanctus Hilarius de Doissac*, 1053 (Gall. Chr. Sarlat). — *Doychacum*, 1365 (châtell. du Périg.). — *Doyssacum*, 1372. — *Doyssac*, 1620 (Mém. de Vivans).

Voc. Saint-Hilaire; coll. l'évêque.

Anc. rep. noble, avec justice dans Doissac et dans Grives, 1760 (Alm. de Guy.).

DOMAISE (LA), h. c^ne de Pluviers. — Anc. fief relev. du château de Piégut.

DOMANOÈRE, h. c^ne de Quinsac.

DOME, ch.-l. de canton, arrond. de Sarlat. — La ville actuelle comprend 2 parties : l'une est autour de l'ancien château assiégé par Simon de Montfort en 1215; l'autre est la bastide construite par Philippe le Hardi :

1° *Doma*, 1214 (Chron. Albigens.). — *Castrum de Doma Veteri*, 1283 (ordonn. de Philippe le Hardi). — *Dome*, 1374 (sceau de Gilbert de Dome). — *Domme Vieille* (Tarde, *Hist. du Sarladais*). — Ce château relev. de l'abb. de Sarlat.

2° *Mons de Doma*, 1280 (vente par Guill. de Dome). — *Castrum de Monte Domæ*, 1283 (ordonn. de Philippe le Hardi). — *Dosme*, 1334 (collation par Benoît XII).

La châtell. du Mont de Dome comprenait dans sa juridiction la ville neuve, Vitrac et Montfort, Daglan, Cénac et Dome-Vieille, Florimont, Gaumier, Campagnac, la Roque-Gajac, Bouzic, la Canéda, Saint-Martial, Gaulegeac et Veyrignac (Châtell. du Périg. Lesp. 88).

Justice royale ressort. à la sénéch. de Sarlat.

Cour du Petit-Sceau et atelier de monnayage d'or et d'argent dont on ne connaît aucun produit,

et qui ne se prolongea probablement que peu d'années au delà du règne de Philippe le Hardi, qui l'avait accordé. Un emplacement sur la rue de *lo Rodo* portait le nom de *lo Monedo*.

Voc. Sainte-Catherine, 1365 (Lesp.). — Prieuré de l'ordre de Saint-Benoît dépendant de l'abb. de Souillac et couvent des Augustins.

Armes de la ville : *un trilobe.* — Les anciens seigneurs de Dome portaient un tourteau sur leur écu.

DOME (BORIE DE), m. isolée, c^ne d'Agonac (S. Post.). — *Borie de Doma aliàs de Monte Ardito*, 1450 (Lesp. Agonac).

DOMENGIE? c^ne de Saint-Pardoux-de-Belvez. — *Mans. de la Domengia*, 1462 (Belvez, Reg. de Philipparie).

DONDILLAUDE (À LA), terre, c^ne d'Azerat (A. Jud.).

DONE, lieu-dit, c^ne de Saint-Michel-de-Villadeix. — *Casalis voc. de la Dona*, 1482 (Lesp. 84, n. 28). Anc. fief (arch. de Pau).

DONE? c^ne de Sigoulès. — *Locus qui voc. à ventre de Dona*, 1117 (cart. de Sainte-Marie de Saintes).

DONE (BOIS DE LA), taillis, c^ne de la Bouquerie (A. Jud.).

DONE (BOIS DE LA), bois, c^ne de Saint-Jean-d'Estissac. — *Bois de la Donne*, 1672 (Acte not.).

DONEDEVIE, lieu-dit, c^ne de Saint-Jean-de-Cole (cad.).

DONEVIE, h. c^ne de Montagnac-la-Crempse. — *Maynam. de Donadevia*, 1471 (Dives). — *Dosnedevie*, 1735 (Acte not.).

DONIE (LA), c^ne d'Atur. — *Métairie de las Donias*, 1679 (Dénombr. de Périgueux).

DONIE (LA), h. c^ne de Condat-Champagnac (S. Post.).

DONIE (LA), c^ne d'Église-Neuve-d'Eyraud. — *La Doinia*, 1479 (la Balbie, arch. de Lenq.). — *Laudonya*, 1493 (Bail à fief, Desclop. ibid.).

DONIE (LA), h. c^ne de Saint-Geniès. — *La Doinie* (S. Post.).

DONIERAS, h. c^ne de Saint-Sulpice-de-Mareuil (B.).

DONIES (LES), h. c^ne d'Auriac-de-Bourzac (S. Post.).

DONIES (LES), h. c^ne de Coutures (S. Post.). — *Leydonie*, 1640 (Acte not.).

DONZATS (LES), h. c^te de Saint-Sulpice-de-Roumagnac (B.).

DORAT (LA), h. c^ne de la Motte-Montravel (B.).

DORCAL, c^ne de Sales-de-Belvez. — *Factum del Dorcal; Dorqual la Velh*, 1462 (arch. de la Gir.).

Fief dépend. du prieuré de Belvez, O. S. B.

DORDOGNE (LA), riv. — *Duranius* (Sidoine Apoll. Desc. de la maison de Leontius à Bourg). — *Doronoma fluvius* (Grégoire de Tours, liv. VII et LXXI, chap. 22 et 28). — *Dornonia*, 769 (Gest. Franc. Vita Kar. Magni), 860 (test. de Rod. arch. Bitur. *ibid.*) et 968 (dédic. de l'église de Vayrac, eccl. Caturc. Gall. Christ.). — *Fluvius Dordoniæ*, 889 (Justel. mais. d'Auvergne et preuves; 1124, cart. de Cadouin). — *Dordonæ flumen*, 1279. — *Dordonha*, 1281 (accord de l'abbé de Cadouin et Biron, cart. de Cadouin). — *Dordoigna*, 1341. — *Dordonea*, 1385 (enquête par Sorbier, coll. de Lenq.). — *Dordonne* (Froissard). — *Dordoigne, Dourdoigne, Droigne*, 1653 (Arch. hist. de la Gir. t. VII, p. 318).

La rivière qui donne son nom au département est le second grand fleuve de la région du sud-ouest de la France ; c'est le principal bassin d'écoulement pour les eaux de la partie occidentale du plateau central. La Dordogne prend sa source au mont Dor, au pied duquel elle se forme par la réunion de la Dore et de la Dogne, ruisseaux qui descendent du pic volcanique de Sancy, élevé de 1,700 mètres au-dessus de l'Océan. Après avoir arrosé les frontières du Cantal et de la Corrèze et quelques cantons du Lot, la Dordogne traverse le département, en sort à Gardone, et de là jusqu'à la Lidoire elle le sépare du département de la Gironde, où elle entre un peu au-dessus de Castillon. Son cours sinueux, dirigé d'abord de l'est à l'ouest, remonte bientôt vers le nord-ouest, et elle se réunit à la Garonne au Bec-d'Ambez. Un peu au-dessous de Libourne, la Dordogne acquiert de majestueuses proportions qui la rendent égale à la Garonne. Sa largeur, qui atteint environ 200 mètres dans tout le département, est de 280 à Libourne, de 580 au port de Cubzac et de 1,000 à son embouchure. Les deux rivières, avant de se réunir, côtoient un delta dont la base s'étend de Bordeaux à Libourne, et le nom que porte ce territoire exprime la grandeur des deux cours d'eau : il est nommé *Entre-deux-Mers*, *prepositura de Inter duo Maria*, 1363 (Documents français, p. 132).

L'immense fleuve qui résulte de ces deux masses d'eau a en soi un nom dont la plus ancienne mention se trouve sur un contre-scel du château de Lombrière à Bordeaux : au revers de l'écu royal, le champ, qui n'a que 0,02 de diamètre, offre des lignes flottées assez largement rendues pour y reconnaître le signe d'un courant d'eau ; au travers de ces lignes sont trois poissons, dont deux affrontés ; le troisième se trouve au-dessous, emblème destiné à représenter la rencontre des deux fleuves de la sénéchaussée, la Garonne et la Dordogne, et leur réunion en un seul fleuve. L'allégorie est expliquée par une légende placée en chef au-dessus des lignes flottées et qui porte en lettres parfaitement formées le mot *Gironda* (Commiss. histor. de la Gironde, 1847 : rapport de M. Rabanis, qui le premier a découvert ce sceau curieux).

La Dordogne, en raison de sa large embouchure, est sujette à un phénomène connu sous le nom de mascaret, pareil à celui que la Condamine observa à l'embouchure du fleuve des Amazones. Au confluent de la Garonne et de la Dordogne, le premier flot de la marée montante, qui s'avance sur un développement de plus de 3,000 mètres, se trouve tout à coup, à la hauteur de l'île de Casaux, réduit à 2,000 mètres ; il s'établit alors une différence de niveau entre les eaux descendantes et le flot maritime, différence qui varie en raison des marées, du vent et de la hauteur des eaux dans les deux rivières : plus l'équilibre a été rompu, plus le courant qui tend à le rétablir devient énergique. Ses effets sont plus sensibles dans la Dordogne que dans la Garonne ; ils s'étendent dans la première depuis l'embouchure jusqu'à plus de 42 kilomètres, vers Branne. Le mascaret est plus impétueux aux marées de l'équinoxe d'automne ; le flot, divisé en lames courtes et brisées hautes de plus de 15 décimètres, remonte avec fracas le fleuve, dont il laboure les rives, emportant tout ce qui fait obstacle à sa course : aussi les marins sont-ils obligés de détacher leurs embarcations, de gagner le large et de gouverner droit à la lame (Jouanet, *Statistique de la Gironde*, p. 33).

La Dordogne traverse les arrondissements de Sarlat et de Bergerac dans leur plus grande largeur, en suivant une ligne flexueuse dirigée de l'est à l'ouest. Les diverses chaînes de coteaux qui forment le partage des eaux dans les autres arrondissements ayant toutes, à leurs extrémités, une inclinaison vers le sud-ouest, il en résulte alors que la Dordogne, dont le cours les dépasse dans cette direction, reçoit successivement à peu près toutes les rivières qui arrosent le département ; il faut en excepter le Bandiat et la Tardoire, qui vont à la Charente, et le Drot, qui se jette dans la Garonne. Les principaux affluents sont sur la rive droite ; la rive gauche, à raison de la proximité du Drot, n'a pas de cours d'eau important.

Rive droite, principaux affluents immédiats : la Vézère, confluent à Limeuil, après avoir reçu le Coly et la Béone ; l'Isle, confluent à Libourne, après avoir reçu l'Auvezère et la Drone.

Rive gauche : le Céou, confluent à Castelnau ; la Nauze, confluent à Siorac ; la Couse, confluent à Couse ; la Cone, confluent en amont de Bergerac ; la Gardonette, confluent à Gardone.

La vallée de la Dordogne consiste dans une plaine de 3 à 6 kilom. de largeur jusqu'à un kilomètre au-dessus de Bergerac, et dans laquelle la rivière serpente constamment d'un bord à l'autre. La largeur est réduite à 1 kilom. en remontant jusqu'à Dome ; sur quelques points seulement elle atteint 2 kilom.

Le niveau de la plaine qui pénètre dans le département de la Gironde par 24 mètres d'altitude est généralement à 8 ou 10 mètres au-dessus de l'eau, coulant en certains endroits sous une falaise et sur un lit de rochers : là, plusieurs passes dangereuses, entre autres le saut de *la Gratusse,* en aval de la Linde; un peu plus bas, *le Pesquieyrou,* près de Saint-Caprais. Dans l'été les eaux sont tellement basses que le fond de rochers, qui est plan, mais sillonné de fentes, s'assèche, et toute l'eau s'engouffre dans un étroit canal d'une longueur d'environ 1,500 mètres. Au Pesquieyrou, le canal est en ligne courbe. Pour éviter l'interruption de la navigation dans l'été, on a construit un canal latéral qui va de Mauzac à Tuilières.

La Dordogne charrie beaucoup de sable, gravier et cailloux mêlés à des fragments de lave fournis par les pics voisins de sa source. Ses eaux sont très-limpides; dans la saison des pluies elles sont rougies par celles de la Vézère. Le courant est rapide; quelques points de l'altitude de la rivière au-dessus de la mer en donneront l'idée : sous les ponts de Gaulegeac, 80 mètres; de Siorac, 58; de Bergerac, 29; de Sainte-Foy, 5.

Le cours de la Dordogne a un développement de 490 kilomètres : du puy de Sancy à Saint-Projet, où elle commence à être navigable à la descente, sa longueur est de 114,479 mètres; de Saint-Projet au Bec-d'Ambez, navigations fluviale et maritime comprises, longueur 375,521 mètres. Avant d'entrer dans le département, son cours est de 239,321 mètres; dans le département, de 132,373 mètres; dans le département de la Gironde, de 118,306 mètres (communication de M. l'ingénieur en chef de la navigation).

Le premier acte où il est question de navigation sur la Dordogne remonte à 1194 : il est relatif à l'établissement d'une pêcherie à Bigaroque; sur tout le cours de la rivière, il y avait de toute ancienneté des concessions de pêcherie et des droits de péage. «Au XIIIᵉ siècle, il y en avait à la Linde, Badefol, Limeuil, Bigaroque, Montfort et Aillac; au XIVᵉ sᵉ, à la Motte-Montravel, Gardone, Saint-Cyprien; au XVᵉ, à Berbiguières; au XVIᵉ, aux Milandes et à Castelnau, et sans date certaine à Clérans, Beynac, Dome-Vieille, Gaulegeac, Carlux; en 1600 il y avait 19 lieux de péage.» (Dessales, *la Dordogne et ses péages.*)

Entre autres additions qui peuvent être faites à cette énumération, on peut citer : Monleydier, *Mons Leyderius,* dont le nom indique le payement d'une *leyde;* ensuite un acte du 7 mai 1440, rendu

par le comte de Hutington, gouverneur pour le roi d'Angleterre, en faveur de Jean de la Cropte, seigneur de Lenquais; il porte :

«Comme jadis aulcuns ses prédécesseurs seigneurs de Lenquays n'avoient voulu faire compliment de justice d'aulcuns malfaicteurs qui avoient comis certains crimes, certain péage et droit sur toute manière de marchandises conduites tant par eau que par terre ès seigneurie de Lenquays leur fust tollu et annulé, etc.»

La rivière pour la pêcherie et le péage était, en cette partie, partagée entre Lenquais et Clérans.

Au XIVᵉ siècle, la Dordogne eut une grande importance politique comme ligne frontière entre les rois de France et les rois d'Angleterre devenus ducs de Guyenne; leurs bastides étaient groupées près de la rivière : la Linde, Beaumont, Molières, Montpazier, Beauregard, etc. pour le roi d'Angleterre. Les bastides françaises étaient un peu plus en arrière et vers l'Agenois : Dome, Eymet, Castillonès, Villefranche-de-Belvez. Jean de Clermont, maréchal de France, se qualifiait en 1335 de *lieutenant ès pays entre Loire et Dordonhe.* En 1380, Jean, duc de Berry, était lieutenant dans le duché d'Aquitaine, *au delà de la Dordogne et non en deçà* (Hist. du Languedoc).

DORETIE (LA), h. cⁿᵉ de Lempzours (S. Post.). — *La Dauretie* (B.).

DORIE (LA), h. cⁿᵉ de Saint-Pardoux-la-Rivière (cad.).

DORILLES (LES), taillis de chênes, cⁿᵉ de Saint-Romain-Montpazier (A. Jud.).

DORIS (LES), cⁿᵉ de Saint-Laurent-des-Vignes.

DOSSE (LA), cⁿᵉ. — Voy. LADOSSE.

DOSSES (LES), lieu-dit, cⁿᵉ de Saint-Pardoux-la-Rivière (cad.).

DOT (LA), h. cⁿᵉ de Verteillac, à la source d'un affluent de la Sauvanie. — *Ladot* (B.).

DOUANIE (LA), h. cⁿᵉ de Saint-Geniez (B.).

DOUBLE (LA), contrée. — *Silva Edobola* (Frédég. Hist. de France). — *Dobla,* 1212 (Lesp. 3). — *Duplum* (cart. de la Sauve). — *Dupla,* 1365 (Lesp. 88, Châtell. du Périgord). — *Duppla,* 1366 (terr. de l'archev. de Bord. 288).

La Double, qui forme dans l'arrondissement de Ribérac la limite du département, était jadis une seigneurie, avec le titre de *vicomté de la Double* ou *de Legé,* et se nommait aussi *terre de la Conquête* (Géogr. de Blaeu).

Au XVIᵉ siècle, la justice de la Double s'étendait sur les par. de Menesplet, Monestorol, Saint-Laurent, Pizou, Saint-Géry, Saint-Barthélemy, Saint-Michel, Saint-André, Saint-Sauveur, la Gemaye,

Montignac, et en partie sur Montpont, Sainte-Aulaye et Ribérac, sur Servanches, Beaupouyet, Saint-Martial-d'Artensec (arch. de Pau, Châtell. du Périgord).

La Double formait un archiprêtré qui, au XIVe s°, prit le nom d'archiprêtré de Vanxains. Il se composait de 41 paroisses, selon l'état de 1732 :

Beaupouyet, le Bos, Bourg-du-Bost, Chassagne, Chenau, Cumont, Échourgnac, Eygurande, Faye, Festalens, Gardedeuil, la Gemaye, Lesparon, Menesplet, Miran, Monesterol, Montignac, Parcoul, le Petit-Bersat, Pont-Eyraud, Puymangou, Saint-André, Sainte-Aulaye, Saint-Barthélemy, Saint-Christophe-de-Tude, Saint-Laurent, Saint-Martial-d'Artensec, Saint-Martial et Saint-Martin de Ribérac, Saint-Michel-de-Double, Saint-Michel-la-Rivière, Saint-Michel-l'Écluse, Saint-Privat, Saint-Sauveur, Saint-Sicaire, Saint-Sulpice, Saint-Vincent-de-Connezac, Saint-Vincent-de-Jalmoutier, Servanches, Siorac et Vanxains.

La contrée connue sous ce nom s'étend dans les départements de la Gironde et de la Charente; la portion comprise dans la Dordogne est un vaste plateau, dont le périmètre est formé au sud par la rivière de l'Ille, à l'ouest par le chemin de fer de Paris à Bordeaux, au nord, dans la vallée de la Risone, par la route départementale n° 2, depuis la Roche-Chalais jusqu'à la rencontre du chemin de grande communication n° 18, et à l'est, dans la vallée de la Beaurone, par la route départementale n° 8; on y trouve 21 communes : la Gemaye, Jalmoutier, Lesparon, Ponteyraud, la Roche-Chalais, Sainte-Aulaye, Saint-Michel, Saint-Vincent, Servanches (c°ⁿ de Sainte-Aulaye); Échourgnac, Eygurande, Gardedeuil, Monesterol, le Pizou, Saint-Barthélemy (c°ⁿ de Montpont); Saint-Étienne-de-Puycorbier, Saint-Front-de-Pradoux, Saint-Laurent-des-Hommes, Saint-Martin-l'Astier, Saint-Michel-de-Double (c°ⁿ de Mussidan); Beaurone, Saint-André-de-Double, Saint-Jean-d'Ataux, Saint-Vincent-de-Connezac (c°ⁿ de Neuvic).

Son étendue est de 48,743 hectares.

Cette contrée est marécageuse et très-insalubre; plusieurs causes y contribuent : d'abord la nature du sol, qui est un terrain de l'époque miocène; la couche arable, où l'élément calcaire fait complétement défaut, se compose d'une épaisseur de sable de 20 à 40 cent. reposant sur une nappe d'argile imperméable à l'eau de 12 à 20 mètres de profondeur; le nombre des étangs, dont les digues échelonnées en travers des vallées sont un premier obstacle au libre écoulement; ensuite, c'est l'état des cours d'eau,

qui, n'ayant pas de lits déterminés, forment çà et là des marécages connus dans le pays sous le nom de *nauves*. Les étangs occupent 321 hectares : la c°ⁿ de la Gemaye en possède à elle seule 103, et Échourgnac, 63; le plus grand a 23 hectares.

La configuration du sol offre une succession de petits coteaux : les pentes sont peu rapides et les vallées étroites et tortueuses; cependant l'inclinaison naturelle permettrait d'assainir ce pays. La Double se compose, en effet, de deux versants : l'un vers la Drone; l'autre au sud, du côté de l'Ille [1].

Versant nord (principaux vallons) : vallon de Servanches : longueur, 8 kilomètres; hauteur du faîte, 107 mètres; hauteur de la Drone à Sainte-Aulaye, 30 mètres; pente par mètre, 0,0096. — Vallon de Beaurone : longueur, 9,500 mètres; hauteur du faîte, Bournat (Échourgnac), 120 mètres; hauteur de la Risone à l'embouchure du vallon (Festalens), 47 mètres; pente par mètre, 1,0076. — Vallon de Petitone : longueur, 5,800 mètres; hauteur du faîte (Saint-André-de-Double), 109 mètres; hauteur de la Risone au débouché du vallon, 82 mètres; pente par mètre, 0,0087. — Vallée de la Risone, servant de limite à la Double dans la plus grande partie de son étendue : longueur, 22 kilom.; hauteur du faîte (Tenaille), 134 mètres; hauteur de la Drone à l'embouchure, 30 mètres; pente par mètre, 0,0047. — Vallée du Chalaure : longueur de la vallée, 17 kilomètres; hauteur du faîte, la Livardie (Sainte-Aulaye), 97 mètres; hauteur de la Drone (en amont des Églisottes), 22 mètres; pente par mètre, 0,0044.

Versant sud (principaux vallons) : vallée d'Eygurande : longueur de la vallée, 17,500 mètres; hauteur du faîte (Petit-Bel-Arbre, au sud de Servanches), 83 mètres; hauteur de l'Ille à l'embouchure (Menesplet en aval), 26 mètres; pente par mètre, 0,0023. — Vallée de la Grande-Duche : longueur, 20,500 mètres; hauteur du faîte (la Lande, est de Servanches), 128 mètres; hauteur de l'Ille à l'embouchure de la Duche, 17 mètres; pente par mètre, 0,0054. — Vallée de Saint-Laurent : longueur, 13,000 mètres; hauteur du faîte, Marot (Échourgnac), 100 mètres; hauteur de l'Ille à l'embouchure, 30 mètres; pente par mètre, 0,0053. — Vallée de Saint-Michel-de-Double : longueur, 14,000 mètres; hauteur du faîte, Grosland (Saint-André), 110 mètres; hauteur de l'Ille à l'embouchure (Chandos), 30 mètres; pente par mètre, 0,0057. — Vallée de Beaurone : longueur, 17,500

[1] Ces renseignements sont extraits d'un rapport sur la Double fait à la Société d'agriculture de la Dordogne en août 1863.

mètres; hauteur du faîte, Lavergne (Saint-Sulpice-de-Roumagnac), 175 mètres; hauteur de l'Ille à l'embouchure (Saint-Louis), 32 mètres; pente par mètre, 0,0081.

Des travaux d'assainissement ont été entrepris dans cette contrée et une colonie de Trappistes s'est établie près d'Échourgnac en 1868.

DOUBLE (LE), h. c^ne de Beynac (cad.).

DOUCHAPT, c^ne, c^on de Montagrier. — *Sanctus Petrus de Dupchac*, 1178 (Saint-Astier, bulle d'Alexandre III). — *Dophcacum*, 1365 (châtell. de Saint-Astier). — *Dopchapt* (arch. de Pau). — *Dopchac*, 1365 (Lesp. Homm.).

Voc. Saint-Pierre-ès-Liens. — Notre-Dame: pèlerinage; coll. l'évêque.

DOUDRAC, anc. dioc. auj. du dép^t de Lot-et-Garonne. — *Eccles. de Diodat. archip. Bajacensis* (bénéf. de l'év.). — *Dodrac* (atlas de Blaeu). — *Priorat. de Dordato in Sarlat*. 1556 (panc. de l'év.).

Prieuré dépend. de l'abb. de Chatres.

DOUÉ (LA), ruiss. qui sort des étangs de Badeix, passe au Bourdeix et se jette dans le Bandiat près de Javerlhac; direct. N., S. O.

DOUEH (LA), h. c^ne de Saint-Lazare. — *Mansus de la Dotz*, 1461 (O. S. J. Condat). — *La Doueh*, 1528 (*ibid.*).

Belle fontaine (Jouannet, *Statist. de Saint-Lazare*).

DOUELLE (LA), lieu-dit, c^ne de Molières (cad.).

DOUELLE (LA), h. c^ne de Montazeau; de chaque côté du coteau où est situé le hameau sont des sources qui, réunies un peu plus loin, portent leur eau à la Lidoire.

DOUELS (LES), h. c^ne de Grives.

DOUEYNE (LA) et LA DOUYNE (B.), ruisseaux. — *Rivus vocat. la Doena* (cart. de Cadouin; donation de Bertrand de Mons).

La bastide de Castilhonès fut construite dans la paroisse *B. Maria de Doyna*, 1262 (*ibid.*).

Ces deux ruisseaux de la partie mérid. du diocèse de Sarlat, archipr. de Bouniagues, affluents l'un et l'autre du Drot, et ayant aussi la même direction S. N., côtoient, l'un à l'E., l'autre à l'O., la ligne de coteaux à la pointe nord de laquelle est Castilhonès et la réduisent à un col étroit près de leurs sources vers Lougrate (Lot-et-Garonne).

DOUGES (LES), éc. c^ne de Saint-Laurent-de-Castelnau, à la source d'un petit affluent de la Vallée.

DOUGNOU, h. c^ne de Paulin (B.).

DOUGNOU, c^ne de Saint-Sauveur-la-Linde. — *Douynoulx*, 1455 (Liv. Nof.). — *Les Dougnoux*, 1659 (Acte not.). — *La Fon del Dougniou*, 1665 (*ibid.*).

DOUGNOU (LE), mét. c^ne de Beaumont, à Banes.

DOUGNOU (LE), c^ne de Cherval. — *Riv. app. de Dompnhou*, XVIIe siècle (O. S. J.).

DOUGNOU (LE), c^ne de Douville. — *Le Domphou*, 1489 (O. S. J.).

Ténement dép. de la comm^rie de la Sauvetat-Grasset.

DOUGNOU (LE), lieu-dit, c^ne de Festalens (cad.).

DOUGNOU (LE), éc. c^ne de Journiac (O.).

DOEGNOU (LE), h. c^ne de Saint-Martin-des-Combes (S. Post.).

DOUGNOU (LE), h. c^ne de Vic. — 1649 (Reconn.).

DOUGUET, éc. c^ne de la Cone. — 1739 (Acte not.).

DOUILHE (LA)? c^ne de Bigaroque. — *Rivus de la Doulha*, 1463 (arch. de la Gir.). — *La Touaille*, 1603. — *El Dolhe, Doulie, Doulhe, Douille* (*ibid.* arch. de la Gir. Bigaroque).

Ruisseau près de l'anc. château de Bigaroque.

DOULCET (LE), éc. c^ne de Paleyrac (B.).

DOULEIX, h. c^ne de Saint-Martial-de-Viveyrol (A. Jud.).

DOULET, h. et m^in, c^ne de Queyssac. — *Molend. de Doulencs, Doulench, Doulens*, 1480 (Liv. Noir, 50, 61, 64). — *Doulet* (cad.). — *Moulin Doulé* (B.).

DOULOU? c^ne de Lembras. — *Ten. del Doulhou*, 1489 (O. S. J.).

DOULSAS, c^ne de Calviac. — *Factum de Doulsas*, 1513 (arch. de Paluel).

DOULTRE, éc. c^ne de Mauzac, 1679 (Acte not.). — *Dautre* (B.).

DOUMARIES (LAS), éc. c^ne de Saint-Pierre-de-Cole.

DOUMEN, h. c^ne de Brantôme (B.).

DOUNÉLIE (LA), h. c^ne de Saint-Sulpice-de-Roumagnac. — 1407 (Lesp. 52).

DOURDAINE, ruiss. qui coule du Touron-de-Fonroque et se jette dans le Drot; direct. N. S.

DOURET, taillis de chênes, c^ne de Faurilles (A. Jud.).

DOURIEUX, h. c^ne de Peyzac (S. Post.).

DOURLE, h. c^ne de Lisle. — *Hospitale*, 1211 (cart. de Chanc.). — *Paroch. de Dorla*, 1332 (O. S. J.).

Maison de l'O. de Saint-Jean, annexe d'Andrivaux. — La par. de Dourle était, ainsi que celle d'Andrivaux, hors châtellenie (État de 1365, Lesp. 88).

DOURLET, c^ne de Trélissac. — *Dourleix* (A. Jud.).

DOURNAZAC, h. c^ne de Saint-Germain-des-Prés (B.).

DOUSSAC, h. c^ne de Génis (S. Post.). — Anc. rep. noble.

DOUSSONIE (LA), lieu-dit, c^ne de Grignol. — *La Dossonia*, 1492 (Dives, I).

DOUVILLE, h. c^ne de Montferrand (S. Post.).

DOUVILLE, h. c^ne de Puy-de-Fourches (B.).

DOUVILLE, c^ne, c^on de Villamblard. — *Douvilla* (pouillé du XIIIe siècle). — *Dosvila*, 1382 (P. V. M.). — *Vicaria S. Johannis de Douillo cum ejus annexa*

Sanctæ Angelinæ, 1526 (O. S. J. Condat. Lettre à l'év. de Périgueux pour la nomin. à cette cure)? Voc. Saint-Front et Saint-Fiacre. — Collat. O. S. J. et l'abbé de Cadouin.

Doux (La), bruyère, c^{ne} d'Auriac-Montignac (A. Jud.).

Doux (La), h. c^{ne} du Bugue. — *Ladou* (B.).

Doux (La), ruiss. qui se jette dans la Vézère au Bugue. — *Rivus de Ladox* (Liv. Nof. 83). — *La Dotz* (Dessales, le Bugue; Annales de la Dordogne).

Doux (La), h. et font. c^{ne} de la Cassaigne, l'une des plus belles du département. — *Ladou* (*Haut et Bas*) (B.).

Doux (La), h. c^{ne} de Cazenac.

Doux (La), éc. c^{er} de Château-l'Évêque, à la source d'un petit ruisseau (B.).

Doux (La), font. c^{ne} de Cherveix.

Doux (La), font. au bourg de Creysse. — *Fontaine de la Doux dudit bourg de Creysse*, 1717 (Acte not.).

Doux (La), font. c^{ne} d'Issac (cad.).

Doux (La), m^{in}, c^{ce} de Maurens, sur un ruiss. qui prend sa source auprès de Font-Caudière. — *Ladou* (B.).

Doux (La), ruiss. c^{ne} de Mouleydier. — Moulin situé sur *le ruiss. de la fontaine de la Doux, audit Moleydier*, 1625 (Not. de Berg.).

Doux (La), h. c^{ne} de Puy-de-Fourches, près de la source d'un ruisseau. — *Ladoux* (Chron. du Périg. II, 175). — *Ladou* (B.).

Doux (La), ruisseau qui descend à l'étang de Saint-Estèphe, sous des blocs de granite qui encombrent son lit.

Doux (La), c^{ne} de Saint-Sauveur (B.). — *Font. vocat. de la Doux*, 1498 (L. N. 12).

Doux (La), h. c^{ne} de Saint-Vincent-de-Cosse (B.).

Doux (Le), éc. c^{ne} de Faux. — Pré appelé *du Doux*, 1775 (Acte not.).

Doux (Ley), h. c^{ne} de Bardou. — *Leydou* (B.).

Dans ce lieu, placé sur le versant Est d'un grand plateau de la rive gauche de la Dordogne, sortent plusieurs sources; elles donnent naissance au Cousau, ruiss. qui porte à la Dordogne les eaux qui descendent au N. E. de ce plateau.

Douyeras, éc. c^{ne} de Thiviers (cad.).

Douylet (Le), lieu-dit, c^{ne} de Paleyrac (cad.).

Douymé, h. c^{ne} de Saint-Rabier (communic. locale).

Douzains, anc. dioc. de Périgueux, archipr. de Bouniagues, auj. Lot-et-Garonne. — *Dosenchis* (Lesp. coll. Clément, VI). — *Dausens, alias Dosenxs* (coll. Jean, XXII). — *Dozenz*, 1560 (bén. de l'év. de Pér.).

Douze (La), h. c^{ne} de Chancelade (S. Post.).

Douze (La), ville de Périgueux. — *Maison et tour de la Douze*, dans la Cité (terr. de la Douze, Lesp. 16).

Douze (La), c^{ne}, c^{on} de Saint-Pierre-de-Chignac. — *La Doza* (pouillé du xiiie siècle). — *Fontalitium de la Douza*, 1312 (Lesp. vol. 26).

Anc. rep. noble dép. du pariage entre le roi et le chapitre de Saint-Front, puis érigé en marquisat et ayant haute justice sur la Douze, la Cropte, Saint-Félix et Saint-Sernin-de-Reillac, 1760 (Alm. de Guy.).

Patron : saint Pierre-ès-Liens; coll. l'évêque.

Douzeilles (Les), lieu-dit, c^{ne} de Verteillac (cad.).

Douzelle, h. c^{ne} de Montsaguel.

Douzelle (La), ruiss. qui prend sa source dans la c^{ne} de la Chapelle-Gonaguet et se jette dans la Drone un peu au-dessus de Lisle, après avoir passé à Notre-Dame-de-Perduceix; direct. S., N. O. — *Dozella*, 1309 (cout. de Lisle).

Douzidoux, éc. c^{ne} de Marnac (B.).

Douzillac, c^{ne}, c^{on} de Neuvic. — *Duzilac*, 1122 (Lesp. 31, Saint-Astier). — *Duzilhac* (pouillé du xiiie s^e). — *Duzilhacum*, 1481 (Dives, I, 118). — *Douzilhac*, 1665. — *Douzilhat, Douzilliac*, 1760 (A. N.).

Voc. Saint-Vincent; coll. l'évêque.

Anc. repaire noble relev. de la châtell. de Saint-Astier, depuis ayant haute justice sur la par. 1760 (Alm. de Guy.).

Draparias (Las), aux environs de Périgueux, situé sur le chemin de Trélissac (dénomin. au xive siècle).

Drayaux, vill. de la c^{ne} de la Linde. — *Draiau* (pouillé du xiiie siècle). — *Drayacum*, 1380 (P. V. M.). — *Drayac, Drayau*, 1478 (Lesp. la Linde).

Voc. Saint-Étienne; coll. l'évêque.

Dreilles, h. c^{ne} de Saint-Barthélemy-de-Bellegarde.

Dreydie (La), h. c^{ne} de Pézul (S. Post.).

Dric (Le), h. c^{ce} du Fleix. — *Dricq*, 1665 (Not. du Fleix).

Drigonzies (Les), c^{ne} de Saint-Astier. — *Las Dragonias*, 1204 (Rentes dues au s^r de Taillefer).

Drillade (La), lieu-dit, c^{ne} de Carlux (cad.).

Drille (Nauve de), lieu-dit, c^{ne} de Saint-Michel-de-Double.

Drillon, h. c^{ne} de Saint-Sulpice-de-Roumagnac (B.).

Drindinaude (Garenne de la), taillis, c^{ne} de Manzac (A. Jud.).

Drone (La), une des principales rivières du dép^t. — *Druna* (Papir. Masson, Descript. flumin. Galliæ). — *Drona*, 1215 (cart. de Baigne, 541). — *Dronne*, (B.).

La Drone sort des montagnes du Limousin près de Chalus, longe la frontière du dép^t au nord de Firbeix, entre dans l'arrond. de Nontron un peu au-dessus de Saint-Saud et le traverse dans une direction N. S. en passant à Romain, Saint-Pardoux,

Saint-Front-la-Rivière, Quinsac, Champagnac et Brantôme; là, tournant à l'ouest, elle arrose l'arrond. de Ribérac et passe à Creyssac, Lisle, Tocane, Saint-Médard, Villetoureix, Espeluche, le Petit-Bersat; tournant ensuite au sud, elle sert de séparation entre le dép[t] et celui de la Charente, et peu après être entrée dans le dép[t] de la Charente-Inférieure, elle se jette dans l'Ille à Coutras.

Principaux affluents : de la rive gauche, la Cole auprès de Brantôme, la Risone à Sainte-Aulaye et le Chalaure à la limite du dép'; de la rive droite, le Boulou, puis la Lisone, près du Petit-Bersat.

La vallée de la Drone a une largeur moyenne de 2 kilom. avec des parties plus étroites çà et là; la rivière coule dans la partie centrale jusqu'au-dessous de Ribérac, mais plus bas elle va d'un coteau à l'autre.

Altitudes du niveau de la Drone : à Saint-Médard, 8 kilom.; à l'est de Ribérac, 65 mèt.; sous le pont de la Roche-Chalais, 26 mètres.

Drot, éc. c[ne] d'Alas-de-Berbiguières (B.).

Drot (Le), rivière qui traverse une partie de l'extrémité méridionale du département, de l'est à l'ouest, et afflue à la Garonne. — *Droth Torrens*, 1004 (Abbon. de Fleury). — *Drot*, 1053 (bulle d'Eugène III, Sarlat). — *Droz*, 1095 (cart. de la Sauve). — *Drotius* (Adrien de Valois, Not. Gall.). — *Drucum*, 1554 (bénéf. de l'év.). — *Dropt* (B.).

Le Drot séparait jadis l'anc. dioc. de Sarlat de celui d'Agen; aujourd'hui, à peu de distance de sa source, c[ne] de Capdrot, dans la Dordogne, il sort du département près de Vergt-de-Biron, y rentre à Falgueyrac, passe à Serres, à Eymet, et coule ensuite dans le dép[t] de Lot-et-Garonne. Ses affluents de la rive droite sont, dans le dép[t], le Bressoux, la Bournègue, le Maurou, la Sandrone, le Mérigot et le Reveillon. Le Drot n'est navigable que hors du département, depuis Eymet jusqu'à son embouchure; distance, 88 kilomètres.

Altitudes : à Eymet, 36 mètres; Castillonès, 54 mètres; Montpazier (sur le chemin de Biron), 139 mètres.

Drouiledie (La), c[ne] de Bassillac. — *Maynam. de la Droilheda*, 1500 (ch. Mourcin).

Drouilla (Le), c[ne] de Lembras. — 1742 (Not. de B.).

Drouilla (Le), taillis, dépend. du domaine de Casy, c[ne] de Saint-Meard-de-Gurson (A. Jud.).

Drouillac (Le), taillis de chênes, c[ne] de Saint-Étienne-de-Double (cad.).

Drouillas (Las), h. c[ne] de Saint-Médard-de-Mussidan (S. Post.). — Dolmen (le Périg. ill. 584).

Drouillassou (Le), taillis, c[ne] de Sourzac (cad.).

Drouillé, taillis n°s 37, 38, 40, c[ne] de Bosset (A. Jud.).

Daouille, h. et coteau escarpé à un demi-kilomètre de Montignac-sur-Vézère.

Drouille, h. c[ne] de Saint-Amand-de-Coly. — *Drolha*, 1419 (Lesp. 37).

Drouille, landes, c[ne] de Saint-Pierre-de-Chignac. — *Les Droulhies de la Guaylhardie* (partage, 1678, Cte de Larmandie, Doc. hist. cah. 3). — *Les Droulhes de la Fargenerie*, 1727 (Acte not.).

Drouille (Chapelle de), c[ne] de Saint-Amand-de-Coly (B.); auj. détruite. — *Notre-Dame-des-Neiges* (Notre-Dame-de-France, t. I).

Drouille (Forêt de), s'étend dans les c[nes] de Dome et de Gaulegeac; la forêt auj. plaine de Born en était la continuation dans les temps anciens.

Drouille (La), friche, c[un] de Thenon (A. Jud.).

Drouille (Vieille-), h. c[ne] de Saint-Amand-de-Coly.

Drouillet? c[ne] de Gageac. — *Clausus vineæ de Druleth*, *El Drullet*, *Drulez*. — *Las Gaches de vineis de Drulet*, 1110 (don à saint Sylvain de la Mongie, cart. de Sainte-Marie de Saintes). — Peut-être le lieu appelé *le Trouillet*, même commune? (B.).

Drouillol, friche, c[ne] de Lolme (A. Jud.).

Drouillols (Les), terre, c[ne] de Sainte-Croix-Beaumont (A. Jud.).

Droulh (Le), c[ne] de la Mongie-Montastruc. — *Molend. del Drulf* (Liv. N. p. 61). — *Mansus del Drulh*, par. de la Monsia (Liv. N.).

Droulhet, bois, c[ne] de Mortemar. — *Nemus de Drolhet dict. de Lardimalia*, *lo Drolhet de la Galhardia*, 1409 (O. S. J.).

Droulhet (Ruisseau du), lieu-dit, c[ne] de Fraysse. — 1670 (Not. du Fleix).

Droux? c[ne] de Sainte-Foy-de-Belvez. — *Mayne de Droulx*, 1461 (arch. de la Gir. Belvez).

Droux (Le). — Voy. Saint-Étienne.

Druguet, bois, c[ne] de Boisse.

Dry (Le), h. c[ne] du Fleix (S. Post.).

Dubec, mét. c[ne] de la Motte-Montravel (S. Post.).

Duc (Le), h. c[ne] de Plazac.

Duchaud (Le), lieu-dit, c[ne] de Saint-Michel-de-Double (cad.).

Duche (Grande-), ruiss. de la Double, qui afflue à l'Ille. — *Rivus de la Juscha*, 1335 (Lesp.). — *Juche* (B.). — *Duche* (Rapport au Cons. gén. sur la Double).
Source au ham. de la Lande, c[ne] de Servanches; confluent en aval de Menesplet. Direct. N. S.

Duche (Petite-), ruiss. qui passe à Gardedeuil et à Eygurande et afflue à la Grande-Duche (B.).

Duellias, h. c[ne] de Saint-Martial-d'Artensec.

Duelle (La), h. c[ne] de Montazeau (S. Post.).

Dugassoux (Les), éc. c[ne] de Sorges (A. Jud.).

Dugat (La Serre-del-), h. c^ne de Tursac (B.).

Dugaud, h. et m^in, c^ne de Villac (Cass.).

Dulgarie, h. c^ne de Sarliac (S. Post.). — *La Durgerie*, 1747 (Acte not.).
Anc. rep. noble.

Dumnie (La)? *Mansus de la Dumnia*, 1192 (don à Dalon par Bertrand de Born. Lesp. 169).

Durantie (La), h. c^ne de Champagnac-de-Belair (S. Post.).

Durantie (La), h. c^ne de la Nouaille.

Durantie (La), c^ne de Paleyrac. — *La Durantia*, 1351 (arch. de la Gir. Belvez).

Durantie (La), c^ne de Rouffignac, c^on de Montignac. -- Anc. rep. noble.

Durantie (La), h. c^ne de Saint-Michel-de-Villadeix.

Durantie (La), c^ne de Saint-Sauveur. — *Maynam. de la Durantia* (Liv. Noir, p. 47, 127).

Durantières (Les), h. c^ne de Savignac-Nontron (S. Post.).

Durantiode (La), terre, c^ne de Valeuil (A. Jud.).

Durbec, h. c^ne de la Force (B.).

Dure (La), éc. c^ne de Salignac (B.).

Durestal, h. c^ne de Sendrieux. — *Durestal*, 1475 (Liv. Nof.). — *Le Restal*, 1640 (Acte not.).
Anc. rep. noble.

Duret, h. c^ne de Ligueux.

Durète (La), éc. c^ne de Monsac, à la source d'un petit ruisseau qui se jette dans le Cousau.

Durmareix, h. c^ne de Mialet (S. Post.).

Durnielie (La), h. c^ne de Siorac-Ribérac (B.), situé à la source d'un ruisseau.

Dussac, c^ne, c^an de la Nouaille. — *Duyschac*, 1337 (Généal. Chassens, Lesp. vol. 51). — *Duchacum*, 1365 (Lesp. Châtell.).
Voc. Saint-Pierre-ès-Liens; coll. l'évêque.
Anc. rep. noble.

Dussole (La), lieu-dit, c^ne de Ladornac (cad.).

Duzarche (La), éc. c^ne de Bassillac (B.).

•

E

Eau-Lourde (L'), riv. — Voy. Lourde (La).

Ebblot? c^ne de Grignol. — *Pheodus de Ebblot*, 1471 (Dives, 73).

Ébrardie (L'), anc. fief relev. d'Auberoche.

Ébrardie (L'), c^ne de Douville. — *Mas de Lebrardia*, 1489 (O. S. J.).

Ébrardie (L'), c^ne de Grignol. — *Boria Ebrardencha*, 1492 (Dives, I).

Ébrardie (L'), c^ne de Saint-Amand-de-Belvez ? — *Boaria nomine Ebrardia*, 1269 (test. de Guill. Aymon).

Ébrardie (L'), c^ne de Saint-Médard-de-Mussidan. — *Maynam. de la Ebrardia*, 1308 (Périg. M. H. 41, 1).

Ébrardie (L'), c^ne de Vanxains. — *Mayn. de Laybrardia*, 1479 (O. S. J.).

Ébraudie (L'), h. c^ne de Saint-Pierre-de-Cole.

Écuinlerie (L'), h. c^ne d'Angoisse.

Échourgnac, c^ne. — Voy. Chourgnac-d'Ans.

Échourgnac, c^ne, c^on de Montpont. — *Eschourniago*, 1090 (cart. de la Sauve). — *Sancta Maria de Scaunaco*, 1108 (*ibid.*). — *Scaurniacum*, 1197 (*ibid.*). --- *Scaurnac* (pouillé du XIIIe siècle). — *Eschornhac*, 1314 (Lesp.). — *Chornhac*, XVIe s^e (arch. de Pau, Châtell.). — *Eschurniac*, 1666 (Acte not.).
Voc. Saint-Pierre et Saint-Paul; coll. l'évêque.
Un des prieurés visités par Clément V en 1305.
Altitude : le signal à l'est, 130 mètres; l'église, 100 mètres (carte de l'État-major).

Écornebœuf, coteau, c^ne de Coulounieix, sur la rive gauche de l'Ille, en face de Périgueux. — *Escornabou*, 1163 (arch. de Cadouin). — *Hospitale de Scornaboue*, 1192 (Lesp. Gens levé pour le Saint-Siége). — *Furchæ Descornabus, Descornabiron*, XIIIe siècle (Rec. de titres, 177). --- *Montaigne de Cornebœuf*, 1650 (Not. coll. de Lenq.). — *Mote de Cornebiou le Vieilh* (Lesp. Déuombr. au XIVe siècle).
Les fourches patibulaires de Périgueux étaient en ce lieu.

Écornefute, friche, c^ne de Coursac (A. Jud.).

Écure (La Grande-), h. c^ne de Saint-Pantaly-d'Ans.

Écurie (L'), lieu, c^ne de Festalens.

Écuyers (Les), éc. c^ne de Cherval (B.).

Édon, anc. diocèse de Périgueux, archipr. de Peyrat, auj. du dép^t de la Charente. — *Edon* (pouillé du XIIIe siècle). — *Exdom*, 1380 (P. V. M.). — *Eydon d'Hautefaye*, 1732 (rôle des paroisses).

Égal (L'), h. c^ne de Fleurac.

Égal (L'), h. c^ne de Sargeac. -- *Tenent. dels Egals*, 1260 (O. S. J.).

Égals (Les), h. c^ne de Campagne (B.).

Égleyzettes (Les), lieu-dit, c^ne de Sainte-Foy-de-Belvez (cad.).

Église (Bois de l'), c^ne de Bergerac, h. de Saint-Christophe (arch. de Bergerac).

Église (Bois de l'), ténement, c^ne de Castelnau (cad.).

Église (Bois de l'), anc. ténem. c^ne de Saint-Pompon.
— *Bos de la Gleize*, 1744 (terr. de Saint-Pompon).

Église (Bois de l'), c⁰ᵉ de Vitrac (cad.).

Église (Claud de l'), terre, c⁰ᵉ de Calviac (A. Jud.).

Église (Clos de l') ou de Leylas, c⁰ᵉ de Brantôme (A. Jud.).

Église (Creux de l'), lieu-dit, c⁰ᵉ d'Issac (cad.).

Église (Font de l'), c⁰ᵉ de Boulazac. — 1739 (Acte not.).

Église (Pech de l'), lieu-dit, c⁰ᵉ d'Orliaguet (cad.).

Église (Pièce de l'), terre, c⁰ᵉ de Saint-Germain-et-Mons (A. Jud.).

Église (Pièce de l'), c⁰ˢ de la Valade.

Église (Pré de l'), c⁰ᵉ de Mauzac, à Saint-Mayme (A. Jud.).

Église (Pré de l'), c⁰ᵉ de Villefranche-de-Longchapt. — 1554 (Coll. de Lenq.).

Église (Terme de l'), taillis, c⁰ᵉ de Saint-Avit-Rivière (A. Jud.).

Église (Trou de l'), lieu-dit, c⁰ᵉ de Saint-Jean-d'Estissac (Dives).

Église-Charles, h. c⁰ᵉ de Périgueux.

Église-de-Vérel, lieu-dit, c⁰ᵉ de Saint-Laurent-de-Castelnau (cad.).

Église-Neuve, c⁰ᵉ, c⁰ⁿ de Vern. — Ecclesia Nova d'Uschel, 1346 (Lesp. Don du roi au comte de Pér.). — Silnum, 1360 (Lesp. Fouage). — Ecclesia Nova de Ussel, 1365 (Lesp. Homm. 26). — Gleize Neuve, xvii⁰ siècle (atlas de Blaeu). — Église Neufve du Sel, 1539 (Dives, M.). — Sainte-Marie-du-Sel (B.). Voc. Saint-Barthélemy.

Église-Neuve-d'Eyraud, c⁰ᵉ d'Issac, c⁰ⁿ de Villamblard. — Ecclesia Nova, 1117 (Poss. de l'abb. de Charroux). — Ecclesia Nova de Eyraudo, 1365 (Lesp. Châtell.10). — Paroch. B. Mariæ de Eyraudo; Eccles. Nova Sanctæ Mariæ, 1476 (pouillé de Charroux). Patr. saint Pantaléon et saint Pierre-ès-Liens; coll. l'évêque. — Pèlerinage le 8 septembre. Cette paroisse dépendait autrefois de l'abbaye de Charroux.

Église-Route (A l'), taillis, sect. B 235, c⁰ᵉ de Marsalès (A. Jud.).

Églises (Les), lieu-dit, c⁰ᵉ de Négrondes (cad.).

Églises-Enfoncées (Les), lieu désert entre Beleymas et Maurens, dans la forêt de Lagudal (Dives).

Écounias, h. c⁰ᵉ de Gouts (B.).

Écyptie, anc. fief, c⁰ᵉ de Saint-Sulpice-d'Exideuil.

Elbèze? c⁰ᵉ d'Église-Neuve, c⁰ⁿ de Vern. — Mas d'Elbèze, 1365 (Lesp. 26).

Elderoc? c⁰ᵉ de Sourzac? — Mansus de Elderoc, 1178 (Bénéf. du chap. de Saint-Astier, Alexandre III).

Éleix, h. c⁰ᵉ de Saint-Paul-la-Roche (B.).

Elle (L'), ruiss. qui a sa source à Ayen, dans le dépᵗ de la Corrèze, passe à Villac, à Muratel, et après avoir reçu le Gourgeou, le Cussat et le Rebeyrou, se jette dans la Vézère auprès de la Ville-Dieu. — Direct. N. S.

Ellebren, c⁰ᵉ de Boisse, c⁰ⁿ d'Issigeac.

Ellers? — Sanctus Petrus d'Ellers, 1471 (pouillé de Charroux, dans l'évêché de Périg.) — Saint Pierre d'Ellès (pouillé de Charroux, 1708).

Émarde (L'), ruiss. c⁰ᵉ de Prats-de-Belvez (A. Jud.).

Embars (Les), h. c⁰ᵉ de Gaulegeac.

Embaudie (L'), h. c⁰ᵉ de Saint-Vincent-d'Exideuil (B.).

Embaudie (L'), h. c⁰ᵉ de Saint-Vincent-Jalmoutier (B.).

Embaudie (La Grande et la Petite), h. c⁰ᵉ de Bertric. — May. de Lalbaudia, 1397 (O. S. J.).

Embeisses (Les), h. c⁰ᵉ de Villamblard (A. Jud.).

Embeix, h. c⁰ᵉ d'Archignac (B.).

Emburée, h. c⁰ᵉ de Mussidan (cad.).

Émeronie (L'), h. c⁰ᵉ de Cherval (B.).

Émeronie (L'), h. c⁰ᵉ de Négrondes.

Émounie (L'), h. c⁰ᵉ de Savignac-les-Églises (Cass.).

Empeaux (Les), h. c⁰ᵉ de Bussière-Badil (B.).

Empeaux (Les), lieu-dit, c⁰ᵉ d'Issac (cad.).

Empeaux (Les), c⁰ᵉ de Monsac, tènement (terr. de Lenq.).

Empeaux (Les), lieu-dit, c⁰ᵉ de Sainte-Alvère (cad.).

Empeaux (Les), lieu, c⁰ᵉ de Saint-Aubin-de-Lenquais (terr. de Lenq.).

Empeaux (Les), lieu-dit, c⁰ᵉ de Saint-Cybranet (cad.).

Empeyraux, h. c⁰ᵉ de Chancelade (A. Jud.).

Empié, lieu-dit, c⁰ᵉ de Doissac (cad.).

Encandie, éc. c⁰ᵉ de Saint-Laurent-des-Hommes (J.).

Enclaves d'Angoumois (Cass.). — On donnait ce nom à des territoires situés en Périgord, relevant du comté d'Angoulême pour le temporel, mais étant pour le spirituel sous la juridiction de l'évêque de Périgueux. La principale enclave était la châtellenie de la Tour-Blanche.

Le pape Pascal, confirmant en 1110 les possessions de l'évêque d'Angoulême, comprenait dans la bulle les églises de Born, Pillac, Saint-Romain, la châtell. de Bourzac, et les églises d'Auriac, Nanteuil, Vandoire, Champagne, Vieux-Mareuil (fonds de Baluze, 5,288).

L'évêché d'Angoulême avait, au xii⁰ siècle, de grandes possessions en Périgord. Par son hommage de 1243, le vicomte de Limoges reconnaît tenir de l'évêque d'Angoulême les châtell. d'Ans et de Nontron et la moitié de celles de Mareuil et de Bruzac (Lesp. 78, p. 39).

Enclos-des-Prêtres-de-la-Mission, c⁰ᵉ de Périgueux. — Paroisse de la Cité (Dénombr. de 1681).

Enfaye, h. c⁰ᵉ de Brantôme (B.).

ENFER (COMBE D')? c^ne de Mortemar. — *Cumba voc.
de Inferii*, 1409 (O. S. J.).

ENFOUNIL (L'), ruiss. qui se jette dans la Gardonette
devant le château de Bridoire; il baigne le bas de
ses murs au levant.

ENGUEUR, h. c^ne de Montren (A. Jud.).

ENGUNAUD, h. c^ne de Saint-Léon. —Voy. ANGUNAUD.

ENGUNAUD, h. c^ne de Saint-Martin-des-Combes (S.
Post.). — *Enguneau*, 1738 (Acte not.).

ENJALBERTIE, h. c^ne de Grignol. — *Maynam. de La Enjalbertia*, 1481 (Dives, I, 128). — *Lenjalbertia*
(*ibid.* 185). — *Len Jelbertie*, 1526 (Dives).
Ce village était mouvant du repaire de Villat.

ENPORT, anc. fief relev. de Nontron.

ENSALEIX, éc. c^te de Sorges (cad.).

ENTRAYGUES, h. c^ne de Bardou (A. Jud.).

ENVAUX, h. c^te d'Alas-de-Berbiguières (B.).

ENVAUX, éc. c^ne de Coursac (B.).

ÉPALOU (L'), lieu, c^ne de Valeuil (S. Post.).

ÉPALOURDIE, h. c^ne de Bussac (S. Post.).

ÉPAU (L'), h. c^ne de la Rochebeaucourt.

ÉQUILLIER (L'), h. c^ne de Millac-d'Auberoche.

ÉRISSAC (L'), h. c^ne de Saint-Naixent.

ERM (L'), h. c^ne de Rouffignac, c^on de Montignac (B.).
— *Heremus*, 1384 (Lesp. 26, Homm.). — *Hermus*,
1458 (cart. du Bugue). — *L'Herm*, 1557 (Lesp.).
— *Lher*, 1667 (Blaeu). — *L'Erms* (Cass.).
Anc. repaire noble.

ERM (L'), forêt considérable s'étendant sur les c^nes de
Sengeyrac, Rouffignac, Bars et Millac-d'Auberoche.
— *Lerm* (B.).

ESCALIER (L'), terre, c^te de Vic. — *A l'Escalier, Al
Esqualie*, 1475 (Liv. N. 27, 60).

ESCALIERS (LES), h. c^ne de la Chapelle-Castelnau.

ESCALOUS (LES), mét. c^ne de Couse.

ESCALOUS (LES), bois, ténem. des Mazades, c^ne de Lenquais (terr. de Lenq.).

ESCALOUS (LES), mét. c^ne de Varennes, autrement dite
les Guilhonets (terr. de Lenquais).

ESCARDONE (L')? éc. c^te de Cause? — *Maynam. seu
mota de Escardona*, 1456 (Liv. Nof. 56, 117).

ESCARPEDIE (L'), h. c^ne de Meyral (B.).

ESCAUDADES (LES), h. c^ne de Sainte-Sabine (A. Jud.).

ESCHAFERIES (LES)? c^ne de Saint-Front-la-Rivière. —
Las Eschafferias, 1241 (Lesp. vol. 26).
Anc. fief.

ESCHALA (LA)? anc. rue à Périgueux. — *La Eschala de
Margot*, 1376 (coll. de Lenq.).

ESCLADIS (LES), lieu-dit, c^ne de la Trape (cad.).

ESCLOTS (LES), sect. c^ne de la Chapelle-Castelnau.

ESCOIRE, c^ne, c^on de Savignac-les-Églises. — *Escoyra*,
1403 (Liv. N. de Périg.). — *Escoire*, 1760.

Anc. rep. noble avec justice sur la paroisse, 1760
(Alm. de Guy.).
Chapelle d'Escoire, annexe de Basilhac, 1543
(Autogr. coll. de Lenq.).
Voc. Saint-Joseph; coll. l'évêque.

ESCOSSON-DE-GRANGES; anc. rep. noble. — 1503 (Mém.
d'Albret).

ESCOURROU (L'), ruiss. qui prend sa source c^ne de Saint-
Julien, passe à Sainte-Innocence, Sainte-Eulalie,
Saint-Sulpice-d'Eymet, et sert ensuite de limite
au département jusqu'à son confluent avec le Drot
au-dessus de Cogulot.

ESCOURTAUDIE (L'), h. c^ne de Thonac (B.).

ESCURAS, h. c^ne de Chourguac-d'Ans.

ESCURAS, éc. c^ne de Peyzac-la-Nouaille.

ESCURAS (LAS), h. c^ne de la Chapelle-Saint-Jean.

ESCURAS (LAS), lieu, c^ne de Fontaines.

ESCURAS (LAS), c^ne de Montclar. — *Mansus de las Escuras*, 1156 (cart. de Cadouin).

ESCURAS (LAS), h. c^ne de Naillac.

ESCURAS (LAS), h. c^ne de Saint-Rabier.

ESCURAS (LAS), lieu-dit, c^te de Terrasson (cad.).

ESCURES (LES), h. c^ne d'Archignac (B.).

ESCURETAS (LAS), c^ne de Saint-Orse.— *Tenem. de las Escuretas*, autrem. *de la Forêt*, 1758 (terr. de Vaudre).

ESCUROTE (L'), h. c^ne de Fosse-Magne.

ESPAROUTIS (LES), lieu-dit, c^ne de Saint-Cybranet (cad.).

ESPAUT (L'), anc. forêt. — *Forêt de l'Espaut de la Barde*
(Lesp. 10, Forêts du comte la châtell. de Montpont).

ESPAUT (L'), c^ne d'Eygurande. — *La forêt de l'Espaut
près de Guyranda* (Lesp. 10, Forêts du comte en
la châtell. de Montpont).

ESPAUT (L'), c^ne de Fraysse. — *Preceptoria de Lespau*,
1488 (O. S. J.).

ESPAUT (L'), c^ne de Sainte-Aulaye. — *Nemus vocatum
Lespaut*, 1288 (cout. de Sainte-Aulaye).

ESPAUT (L'), anc. dioc. de Périgueux, par. de Saint-
Christophe-de-la-Tude.—*Lespaut de Sancto Christo-
phoro* (cart. de la Sauve).

ESPAUT (L'), c^ne de Saint-Michel-de-l'Écluse. — *Lespaut Sancti Michaelis de la Clusa*, 1112 (cart. de la
Sauve, don d'Aldeb. d'Aubeterre).

ESPAUT (L'), h. c^ne de Saint-Sauveur-Bergerac. —
Pertinentiæ dictæ de Lespau, 1475 (Liv. Noir, 24).

ESPAUT (L'), h. c^ne de Villefranche-de-Longchapt. —
Leypeau (Cass.).

ESPELUCHE, réuni à COMBEYRANCHE, c^ne, c^on de Ribérac.
— *Speluca*, 1109 (cart. d'Uzerche). — *Spelucha*
(pouillé du XIIIe siècle). — *Castrum d'Espelucha*,
1226 (Lesp. vol. 70). — *Vicecomitatus de Speluchia*
(*ibid.* vol. 52). — *Espeluchia* (cart. de la Sauve,

208). — *Plucha*, 1365 (Lésp. 10, Fouage). — *Eypeluche*, 1760 (Alm. de Guy.). — *Épeluches* (Bell.). Voc. Notre-Dame-Assomption.

Anc. rep. noble, avec titre de vicomté dès le XIIe siècle, ayant haute justice sur Espeluche, Combeyranche, Villetoureix et Allemans moins le bourg, 1760 (Alm. de Guy.).

Situation sur une élévation d'où l'on découvre 15 clochers.

ESPERONNIES (LES), h. cne de Saint-Marcory.

ESPERRIT, h. cne de Paleyrac (A. Jud.).

ESPERRONS, lieu-dit, cne de Cours-de-Piles. — 1375 (Not. de B.).

ESPIC (FONT-), ténem. du bourg de Saint-Aubin (terr. de Lenq.).

ESPIC (L'ARBRE), lieu, cne de Saint-Aubin-de-Lenquais.

ESPIC (REDON), h. cne de Castel. — *Priorat. de Rotundo Spino*, 1557 (panc. de l'év. de Périgueux).

Uni au prieur claustral de l'abb. de Sarlat. — Ruines d'une abbaye de filles (le Périg. ill.). — Fontaine miraculeuse, auj. abandonnée.

ESPICOU, h. cne d'Eyrenville (S. Post.).

ESPINASSAT (L'), habit. cne de Bergerac. — *La Espinassa*, 1422 (Lesp.).

ESPINASSAT (L'), cne de Mont-Caret.

ESPINASSE? — *Hospitium d'Espinatz in par. Sancti Sulpicii*, 1342 (Lesp. vol. 61).

ESPINASSE (L'), h. cne d'Église-Neuve-d'Eyraud.

ESPINASSE (L'), h. cne de Manaurie.

ESPINASSE (L'), h. cne de Saint-Germain-de-Salembre.

ESPINASSE (L'), cne de Saint-Victor. — *Terra vocat. de la Espinassa*, 1450 (ch. Mourcin).

ESPINASSE (L'), h. cne de Veyrines-Vern.

ESPINASSETTE (L'), h. cne de Font-Galau.

ESPINE (GRANDE et PETITE), h. cne de Pont-Eyraud.

ESPINE (HAUTE et BASSE), h. cne de Lusignac.

ESPINE (L'), h. près de Saint-Séverin, sur la Lizone, anc. dioc. de Périgueux, auj. du dépt de la Charente. — *La Espina*, 1341 (Lesp.). Anc. paroisse.

ESPINET (L'), h. cne de Razac-sur-l'Ille.

ESPITALIÈRE (A L'), terre n° 22, cne de Terrasson (A.J.).

ESPRIT (L'), h. cne de Lenquais.

ESQUAYRIE (L'), cne de Saint-Amand-de-Belvez.— *Factum de la Esquayria*, 1462 (Philipparie).

ESSARS, lieu, cne de Montclar.

ESSARS (L'), lieu-dit, cne de Bassillac.—*L'Eyssard* (cad.).

ESSARS (LES), anc. dioc. de Périgueux, auj. du dépt de la Charente. — *Eschars* (pouillé du XIIIe siècle). — *Eysars*, XIIIe siècle (O. S. J.). — *Preceptoria de Borno sive d'Issart*, 1373 (bulle de Grégoire XI). Anc. commrie du Temple.

ESSARS (LES), cne d'Eyvirac (cad.).

ESSARS (LES), lieu-dit, cne d'Issac (cad.).

ESSARS (LES), bois, cne de Manzac (Dives).

ESSARS (LES), cne de la Mongie.—*Tenem. dels-Ischartz*, 1452 (L. Nof. 5).

ESSARS (LES), terre, cne d'Urval. — *L'Echart* (cad.).

ESSARS-DE-LA-DAME (L'), lieu-dit, cne de Saint-Saud. — *Les Eyssards* (cad.).

ESSARS-DU-BLANC (L'), lieu-dit, cne de Saint-Saud (cad.).

ESTAMPES, h. cne de Tanniès (B.).

ESTANG (L'), h. cne de Sainte-Innocence.

ESTAT (L'), h. cne de Saint-Pompon (B.).

ESTAUBIÈRE (L'), h. cne de Douville. — *Lestaubière*, 1650 (Acte not.).

ESTEIL (LA CROIX D'), h. cne de Sainte-Natalène (cad.).

ESTELANS (LES), h. cne de Pomport. — 1704 (Lar.).

ESTÈVES (LES), h. cne de Saint-Sébastien, 1711 (Acte not.). — Anc. rep. noble.

ESTIEN, lieu-dit, cne de Beauregard-Terrasson (cad.).

ESTIES (LES), bois, cne de Plazac (A. Jud.).

ESTIEU, h. cne de Loubéjac (B.).

ESTIEU (L'), h. cne de la Bachelerie (B.).

ESTISSAC, cne de Villamblard. — *Estissacum*, 1268 (Lesp.). — *Estissak*, 1310 (Lesp. Est.).

Anc. châtellenie composée de 3 paroisses : Saint-Hilaire, Saint-Jean et Saint-Séverin, qui en ont pris le nom.

Anc. rep. noble, duché-pairie en 1737. — Il était situé près de Campagnac et dominait le vallon de la Crempse (Lesp.).

ESTISSAC, forêt. — 1670 (Acte not.).

ESTIVAL, h. cne de Saint-Crépin-Carlucet. — *Mansus d'Estival*, 1477 (arch. de Fénélon).

ESTRADE (CHEMIN D'), cne de Mouleydier, qui aboutit au port de Tuilière. — Des monnaies gauloises à deux types, celui de Rhodanusia dégénérée et un de ceux attribués aux Pictons, y ont été trouvées, au nombre de six cents, dans un pot enfoui sous terre (coll. de Lenq.).

ESTRADE (L'), ténem. cne de Faux.

ESTRADE (MOULIN DE L'), cne de Conc.

ESTRADE (SOUS-L'), terre, cne de Saint-Crépin-Carlucet, n° 627 (A. Jud.).

ESTRAS? cne de Saint-Astier. — *In Villa Sancti Asterii, a las Estras nalias Gœth* (cart. de Chancelade).

ESTRES (LES), chapelle. — *Chapelle des Estres*, 1648 (bénéfices de l'év. de Sarlat). — Peut-être la même que la *Capella de las Maestres, Petrag. dioc.* dont il est question dans une lettre de Nicolas IV en 1286 (Lesp. 26), et qui était sous le vocable de Saint-Pierre et dépendait de la par. B. Mar. de Masiaco.

Cette paroisse inconnue serait alors Sainte-Marie de Mercato à Sarlat, dont le nom aurait été altéré.

Le pape rappelle la tradition que cette chapelle avait été construite par Charlemagne.

ESTROS (L'), un des grands ruisseaux de l'arrond. de Bergerac. Il a sa source près de Ponchat, passe à Ponchat, Nastringues, Vélines, et sépare, en se jetant dans la Dordogne, les c^nes de Saint-Seurin et de Sainte-Eulalie. — *Ruisseau de Lestros*, 1472 (Lesp. 35). — *Lestrop*, 1652 (Acte not.). — *L'Estroc* (B.).

L'Estros coule de l'E. au S.-O., et depuis Vélines, N.-S.

ESTROS (L'), anc. chapelle. — *Capella de Lestros*, 1608 (terr. de Mont-Caret).

ÉTAMPA, h. c^ne de Saint-Jory-de-Chalais (B.).

ÉTANG (L'), h. c^ne de Jaure. — *Lestaingt*, 1640 (Acte not.).

ÉTANG (L'), h. c^te de Salon. — *Leztaing*, 1650.

Anc. rep. noble.

ÉTAPEAU, h. c^ne de Bussière-Badil (B.).

ÉTOUARS, c^ne, c^on de Bussière-Badil. — *Eytours*, XVIe s^e (arch. de Pau, Châtell. du Périg.).

Voc. Saint-Saturnin; coll. l'évêque.

EUCHE (L'), ruiss. qui prend sa source près de Jovelle, coule dans la vallée où sont Saint-Just et Saint-Vivien et afflue à la Drone en aval de Creyssac. Direct. N.-O. S.-E. — *Uscha*, 1360 (Lesp. 10, Fouage).

EUSCHE (LE MAINE D'), lieu-dit bois, c^ne de Creyssac.

ÉVANLADERIE (L'), éc. c^ne d'Atur.

ÉVÊCHÉ (PRÉ DE L'), c^ne de la Roque-Gajac (n° 1359, cad.).

ÉVÊCHÉ DE PÉRIGUEUX (TEMPOREL DE L'). — Les possessions de l'évêché de Périgueux, dans le moyen âge, étaient très-considérables; elles comprenaient des châtellenies, des villes, des forteresses et de simples paroisses. Au Xe siècle, pour mettre la ville épiscopale à l'abri des attaques des Normands, Frotaire fit élever les châteaux d'Agonac, Auberoche, Bassillac, Crognac et la Roche-Saint-Christophe: il est dit que, pour subvenir à ces énormes dépenses, la châtellenie d'Exideuil fut aliénée par l'évêque au XIe siècle.

Les églises de Saint-Avit-Sénieur, Saint-Jean-de-Cole, Saint-Cyprien, les châteaux de la Roche-Saint-Christophe, Auberoche, Bourdeilles, les bourgs de Plazat et de Preyssac, sont énumérés dans la bulle de protection accordée en 1169 pour les possessions de l'évêché de Périgueux (Lesp. 30).

Les châtellenies de Saint-Astier et d'Agonac, Lisle, Vernode, Mauriac, Lempzours, les Chabanes, Bassillac et Razac sont comprises au XIIIe siècle dans un dénombr. des droits de l'évêché (Lesp. 70 et 31). Il faut ajouter Sorges, Verteillac, Allemans, Coursac,

Bertric, Grezignac, qui sont dans un état de 1346 (Lesp. 21).

ÉVÊCHÉ DE SARLAT (TEMPOREL DE L'). — Cet évêché, créé au XIVe siècle, n'avait d'autres possessions qu'Alas-l'Évêque, la Roque-Gajac, Campagnac et Tenniac. Le doyenné d'Issigeac fut aussi réuni à la mense épiscopale.

ÉVÊQUE (A L'), terre, c^ne de Prats-de-Carlux (cad. 254).

ÉVÊQUE (CHÂTEAU-L'), c^ne, c^on de Périgueux. — *Castrum D. Episcopi Petrag.* 1329; *Castrum Episcopale* (Lesp. vol. 26).

Maison de plaisance des évêques de Périgueux.

ÉVÊQUE (ENCLOS DE L'), friche sect. B, n° 50, c^ne de Soulaures (A. Jud.).

ÉVÊQUE (L'), h. et m^in, c^ne de Marzac (S. Post.).

ÉVÊQUE (L'), éc. c^ne de Thenac.

ÉVÊQUE (LA CROIX-L'), lieu-dit, c^ne de Saint-Michel-l'Écluse (cad.).

ÉVÊQUE (MOULIN DE L'), c^ne de Vézac, sur le ruiss. qui se termine à Beynac.

ÉVÊQUE (PIERRE DE L'), à Périgueux. — *Ort. de la Peyra Ebesqual*, 1287; *Peyra Ebescal* (reg. de la Charité, XIIIe siècle).

ÉVÊQUE (PLACE et RUE DE L'), à Sarlat (cad.).

ÉVÊQUE (PRÉ L'), pré que la chaussée du pont Neuf de Périgueux coupe en deux. — *Pratus Episcopalis.* 1159 (Chr. Geof. du Vig.). — *Prat. Evescal* (reg. de la Charité au XIIIe siècle). — *Pré appelé de l'Evesque*, 1674 (accord, coll. de Lenq.). — *Pré Épiscopal* (anc. dénombr. de lieux au XIVe siècle à Périgueux. Lesp. vol. 50).

ÉVÊQUE (RUE DE L') à Périgueux. — *Rua Ebesqual*, 1260 (Périg. M. H. 41, 3).

EXANDIE (L'), h. c^ne de Montren (B.).

EXANDIERAS, lieu, c^ne de Saint-Médard-d'Exideuil. — Anc. rep. noble.

EXIDEUIL, réuni à SAINT-MARTIN-LA-RIVIÈRE, ch.-l. de c^on, arrond. de Périgueux. — *Exidolium*, 571 (test. de saint Yrieix). — *Issidoil*, 1100 (cart. d'Uzerche, donat. d'Ademar de Schol.). — *Monasterium Exidolii*, 1116 (cart. d'Uzerche). — *Exiduelh*, 1339 (Lesp.). — *Exidolhium*, 1360 (Lesp. Châtell. du Périgord). — *Eyssideuilh*, 1470 (prieuré de Montignac). — *Eysiffeuil*, 1635 (atlas de Blaeu). — *Exideuil* (Cass.). — *Excideuilh*, 1725 (Acte not.). — *Excideuil* (Cal. admin. de la Dordogne).

L'archiprêtré de Saint-Meard se nommait auparavant archiprêtré d'Exideuil (anc. pouillé, Lesp.); composé de 60 paroisses, il n'en comptait plus que 42 dans l'état de 1732. — Voy. SAINT-MÉDARD.

La châtell. se composait de 25 paroisses, savoir: les par. d'Angoisse, Anthiac, Clermont, Corgnac,

Coulaures, Dussat, Exideuil, Eyzerat, Jumillac, Mayac, Nanteuil, la Nouaille, Preyssac, Saint-Médard, Saint-Pierre et Saint-Germain annexés, Saint-Jory-las-Bloux, Saint-Privat, Saint-Raphael, Saint-Sulpice, Saint-Vincent, Sarlande, Sarrazac, Savignac, Thiviers, 1365 (Lesp. 88). — Les autres par. de l'archiprêtré étaient distribuées entre les châtellenies d'Ans, d'Hautefort et d'Auberoche.

Anc. rep. noble, qui fut une forteresse importante au moyen âge et fut érigé en marquisat en 1613.

Il y avait dans la ville un hôpital, ou commanderie de Saint-Antoine, un monastère de Sainte-Claire et un de Cordeliers.

La paroisse d'Exideuil avait été donnée en 1110 à l'abbaye d'Uzerche par l'évêque Guillaume d'Auberoche.

Les armes de la ville sont : *de gueules à la tour d'argent maçonnée de sable* (Chron. du Périg.).

EXIDEUIL, c^ne de Saint-Astier. — 1739 (Acte not.).

EXIDOIRE, h. c^ne de Razac. — *Exidueyra*, 1413 (Dives, II). — *Mans. d'Eysidoire*, 1516 (O. S. J.). — *La Roche*, autrement *Exydouyre*, xviie siècle (*ibid.*).

EXOSBEPEY, h. c^ne de Sainte-Eulalie-d'Ans (S. Post.).

EY (LES), lieu, c^ne de Tayac.

EYBÈNE, réuni à EYVIGNES, c^ne, c^on de Salignac. — *Vicus de Haebene*, 1322 (arch. de Fénélon). — *Eybena*, 1325 (*ibid.*).

Voc. Saint-Loup.

EYBERTERIE (L'), c^ne de Saint-Astier. — *Locus de Lalbertaria*, 1247 (Lesp. 46, Chamberlhiac).

EYBRARD ou LA ROCHÉLIE, h. c^ne du Coux. — *Rocélie*, 1574 (arch. de la Gir. Bigaroque).

EYBRARD, h. c^ne de Saint-Martial-d'Artensec.

EYCHANTEIX, lieu, c^ne de Saint-Pardoux-de-Mareuil. — *Eychantis*, en patois, signifie feux follets (Antiq. de Vésone, II, 649).

EYCHATIE (L'), terre à Monnerie, c^ne de Sourzac (A. Jud.).

EYCLUSEAU (L'), c^ne d'Eyvirat. — 1476. *Mayne*, dépend. de la prévôté de Puy-Chambeau (Lesp. Brantôme).

EYDELINIE (L'), h. c^ne d'Auriac-de-Bourzac.

EYBRAS, h. c^ne de Fouleix (A. Jud.).

EYFOURCERIE (L'), h. c^ne de Vallercuil (B.). — *Leyforcivia*, 1323 (Lesp. 51). — *Maynam de la Efforsivia*, 1386 (*ibid.*). — *Les Fourceyries* (le Périg. ill.).

Souterrains où l'on descend par plus de vingt marches taillées dans le roc et que l'on considérait comme d'anciennes prisons, une sorte de *Force*.

EYGADOUX (LES), taillis, c^ne de Flaugeac, c^on dé Sigoulès.

EYGADOUX (LES), m. isolée, c^ne de Montsaguel (S. Post.).

EYGADOUX (LES), pré, c^ne de Saint-Martin-de-Gurson (A. Jud.).

EYGADOUX (LES), c^ne de Villamblard (Acte not.).

EYGALIE (L'), h. c^ne de Millac-d'Auberoche (S. Post.).

EYGAU, h. c^ne d'Église-Neuve-d'Eyraud.

EYGAVIVAS, h. c^ne de Saint-Germain-de-Salembre. — *Eygas Vivas*, 1709 (Acte not.).

EYGA-VIVES, lieu, c^ne de Saint-Vincent-de-Connezac.

EYGLEYZEAU, taillis, c^ne de la Force (A. Jud.).

EYGONIAC, lieu-dit, c^ne de Gouts (cad.).

EYGOURGIEYROU (L'), h. c^ne de Bars.

EYGUE (L'), c^ne du Bugue. - *Cumba de Leygua*, 1462 (Liv. Nof.).

EYGUE (L'), h. c^ne de Saint-Pompon (B.).

EYGUINIE (L'), éc. c^ne de Manauric.

EYGURANDE, réuni à GARDEDEUIL, c^ne, c^on de Montpont. — *Eccl. Sancti Stephani de Ayguiranda*, xie siècle (cart. de Baigne, 48). — *Ayguranda*, 1315 (Lesp. 82, n° 26). — *Eyguranda*, 1365 (châtell. de Montpont). — *Eyguiranda*, 1382 (P. V. M.). — *Guyranda*, 15.. (Lesp. 10, Forêts du comte). — *Eyguerande* (Cal. admin.).

Voc. Saint-Étienne, 3 août; cette église fut donnée au monastère de Baigne par Rainald, évêque de Périgueux, quand il vint consacrer celle de Gardedeuil, au xie siècle.

EYLEBRAC, éc. c^ne de Falgueyrac (B.).

EYLIAC, c^ne, c^on de Saint-Pierre-de-Chignac. — *Ilhacum* (pouillé du xiiie siècle). — *Ilhacum*, 1365 (Lesp. Châtell.). — *Ilhac*, 1400 (Lesp.). — *Elyac*, 1760 (Alm. de Guy.).

Voc. Saint-Martin; coll. l'évêque.

EYLIAC (BOIS D'), lieu-dit, c^ne de Bertric (cad.).

EYMANDIE (L'), éc. c^ne de Saint-Avit-de-Vialard.

EYMARIES (LES), h. c^ne de Saint-Pierre-d'Eyraud. — 1637 (N. du Fleix).

EYMARIES (LES), h. c^ne de Tayac (A. Jud.).

EYMERIES (LES), h. c^ne de Montravel (B.).

EYMET, ch.-l. de c^on, arrond. de Bergerac. — *Aymetum*, 1308 (Trésor des ch. Templiers, Lesp. vol. 26). — *Bastida Emeti*, 1360 (Lesp. 48, Juifs). — *Aymet*, xvie siècle (Itinér. de Clément V). — *Emez* (carte Delisle, 1714).

Anc. prieuré. — Voc. Sainte-Marie-Assomption. Châtell. s'étend. sur 7 paroisses : Cogulot, Eymet, Montguyard, Rouquette, Saint-Sulpice, Serres et partie de Risac, 1364 (Lesp. Châtell. vol. 10).

Bastide fondée en 1272 par Alphonse, comte de Poitiers. — Bailliage royal.

EYMIGUIE (LA)? c^ne d'Eygurande. — *M. de la Eymiguia*, 1315 (Lesp. 82, n° 26).

EYPAU (PRÉ DE L'), terre, c^ne de Lempzours (cad.).

EYPINAS, h. c^{ne} de Saint-Sulpice-de-Roumagnac (B.).

EYPORT, h. c^{ne} de Saint-Front-de-Champniers. — Anc. rep. noble.

EYRAL (L'), éc. c^{ne} de Plazac.

EYRAL (L'), lieu-dit, c^{ne} de Saint-Amand-de-Belvez (cad.).

EYRALETS (LES), lieu-dit, c^{ne} de Saint-Cybranet (cad.).

EYRALOUX (LES), lieu-dit, c^{ne} du Coux (cad.).

EYRALOUX (LES), lieu-dit, c^{ne} de Ladornac (cad.).

EYRALS (LES), lieu-dit, c^{ne} de la Cassagne (cad.).

EYRALS (LES), lieu-dit, c^{ne} de Marquay (cad.).

EYRALS (LES), lieu-dit, c^{ne} de Sainte-Alvère. — Les Ayrals (cad.).

EYRALS (LES), lieu-dit, c^{ne} de Sireuil (cad.).

EYRALS (LES), lieu-dit, c^{ne} de Tanniès (cad.).

EYRAN (HAUT et BAS), h. c^{ne} de Calviac.

EYRAUD (L'), ruiss. de l'arrond.* de Bergerac qui prend sa source à un lieu nommé *Chef de l'eau*, passe à Saint-Jean, la Vayssière, Lunas, et se réunit au Caudau près de Gala pour se jeter dans la Dordogne; direct. N. S. O. — *Rivulus Eyrau*, 1117 (cart. de la Sauve).

EYRAUD (PAS-DE-L'), h. c^{ne} de Lunas.—*Mansus de Calce Eraldis*, 1216 (don du prévôt de Bergerac à Cadouin, Lesp.)?

EYRAUD (PECH D'), lieu-dit, c^{ne} de Saint-Martial-de-Nabirat (cad.).

EYRAUD (SAINTE-MARIE-D'), anc. paroisse.— Voy. ÉGLISE-NEUVE-D'EYRAUD.

EYRAUD (SAINT-JEAN-D'), c^{ne}, c^{on} de Villamblard. — *Sanctus Johannes d'Eyrault*, 1382 (P. V. M.).

EYRAUD (SAINT-PIERRE-D'), c^{ne}, c^{on} de la Force. — *Parochia Sancti Petri d'Euraut*, 1117 (cart. de Sainte-Marie de Saintes).

EYRAUDIE (L'), h. c^{ne} d'Exideuil.

EYRENVILLE, c^{ne}, c^{on} d'Issigeac. — *Sancta Maria de Aurevilla*, 1053 (bulle d'Eugène III, Sarlat). — *Eyrenvilla*, 1298 (Lesp. cout. d'Issigeac). — *Ayrenvilla*, 1340 (collation par Jean XXII). Voc. Sainte-Madeleine; coll. l'évêque.

EYRIAL (L'), h. c^{ne} de Lembras. — 1668 (O. S. J.).

EYRIALS (LES), h. c^{ne} de Biron.

EYRIÈRE (L'), h. c^{ne} de Cabans (B.).

EYRIGNAC, h. c^{ne} de Salignac.

EYRISSOU, h. c^{ne} de Saint-Crépin-Carlucet (B.).

EYRONZENIER (L'), lieu-dit, c^{ne} de la Jemaye.

EYSSAL et LES EYSSALS, pré, c^{ne} de la Mongie-Montastruc (A. Jud.).

EYSSART? c^{ne} de Bourg-du-Bost.—*Loc apela el Heyssart; L'Eyssart de la fon del peyriers*, 1304 (O. S. J. terr. de Combeyranche).

EYSSART? c^{ne} de Cabans. — *Al Yssart*, 1526 (arch. de la Gir. Belvez).

EYSSART (L'), lieu-dit, c^{ne} d'Atur (A. Jud.).

EYSSART (L'), lieu-dit, c^{ne} de Saint-Front-Champniers (cad.).

EYSSARTADE (L'), pré, c^{ne} de Sainte-Foy-de-Longa. — *Pratum de l'Eysartada* (Liv. Noir).

EYSSARTADE (L'), lieu, c^{ne} de Saint-Marcel.

EYSSARTIAL (L'), terre, c^{ne} de Sainte-Foy-de-Longa (A. Jud.).

EYSSARTOU (L'), éc. c^{ar} de Sorges (Cass.).

EYSSARTS (LES), lieu, c^{ne} de Bourgnac (cad.).

EYSSARTS (LES), lieu-dit, c^{ne} de la Chapelle-Grésignac. — *Les Essards* (cad.).

EYSSARTS (LES), lieu-dit, c^{ne} de Florimont (cad.).

EYSSARTS (LES), lieu, c^{ne} de Plazac.

EYSSARTS (LES), lieu-dit, c^{ne} de Saint-Aquilin (cad.).

EYSSARTS (LES), terre, c^{ne} de Saint-Caprais-Eymet (A. Jud.).

EYSSARTS (LES), lieu-dit, c^{ne} de Saint-Jean-de-Cole (cad.).

EYSSARTS (LES), lieu-dit, c^{ne} de Vern. — *Mansus del Vielh Yssard*, 1510 (Reconn. de Labatut, chartes Mourcin).

EYSSENDIERAS, anc. rep. noble, c^{ne} de Saint-Médard-d'Exideuil (S. Post.).

EYSSOUGNES (LES), lieu-dit, c^{ne} de Lenquais (cad.).

EYTERENC? c^{ne} de Grun.—*Bordaria Eyteyrencha*, 1475 (Dives, I, 124).

EYTIER CHASTEL, c^{ne} de la Chapelle-Faucher. — *Mas de Eytier Chastel*, 1510 (O. S. J.).

EYVIGNES, réuni à EYBÈNE, c^{ne}, c^{on} de Salignac. — *Parochia d'Ayguigas?* 1301 (Lesp. 25, Carlux). — *Eyvigas, Acvigas*, 1323 (arch. de Fénélon). Voc. Saint-Remy; coll. l'évêque.

EYVIRAT, c^{ne}, c^{on} de Brantôme. — *Eyviracum sive Nuiracs* (pouillé du XIIIe siècle). — *Ebiracam*, 1281. — *Esviracam*, 1460. Voc. Saint-Pierre-ès-Liens; coll. l'évêque.

EYVIRAT, c^{ne} de Chalagnac. — *Bordaria dey Virac*, 1452 (Liv. Nof. p. 4). — *Maynam. de Eyviraco* (ibid. p. 60).

EYZERAT, c^{ne}, c^{on} de Thiviers. — *Azeracum* (pouillé du XIIIe siècle). — *Eyzeracum*, 1365 (Lesp. Châtell.). — *Ayzeracum*, 1555 (panc. de l'év.). Voc. Saint-Martial; coll. l'évêque. — Forêt (cad.).

EYZIES (GROTTE DES), l'une de ces stations et abris sous roche ayant servi d'habitations pour l'homme à l'époque préhistorique qui s'échelonnent le long de la Vézère. Elle n'est pas cependant sur le bord même de cette rivière, mais à quelquescentaines de mètres sur la rive droite de la Béone, qui se jette dans la Vézère aux Eyzies. C'est auprès de l'ancienne forge que la grotte s'ouvre dans l'escarpement du rocher, qui borde le vallon à 35 mètres au-dessus du niveau de l'eau; elle est profonde : 12 mètres en face de l'ouverture, 16 mètres dans sa plus grande largeur; au centre, la voûte atteint 6 mètres de haut.

Dans le milieu, et tout autour sur les parois, sont des dépôts meubles. Le sol rocheux est recouvert d'un plancher continu de brèche osseuse, variant de 10 à 20 centimètres d'épaisseur, où sont empâtés pêle-mêle des silex taillés, des flèches barbelées, des pointes en os et en bois de renne, etc. Les amas de cendres et de charbons font reconnaître l'emplace-ment des anciens foyers dont se servaient pour pré-parer leurs repas les hommes primitifs qui l'habi-taient.

Cette grotte a été décrite pour la première fois par MM. Christy et Louis Larlet, qui, après l'avoir explorée, ont envoyé des fragments de cette brèche, enlevés au pic, à tous les musées de l'Europe.

EYZIES (LES), h. et forge sur la Béone, cⁿᵉ de Tayac. — *Locus de las Ayzias*, 1484 (arch. de la Gir. Bi-garoque). — *Les Ayzies* (B.).

Anc. rep. noble en ruines.

F

FABRIC ? cⁿᵉ de Vallereuil. — *Mans. de Fabricis*, 1337 (Périg. M. H. 41, 4).

FACHILIAT (COMBE), cⁿᵉ de Sainte-Foy-de-Longa. — 1692 (Acte not.).

FACHILIÈRES, taillis, cⁿᵉ de Queyssac. — *La Fassi-lière* (cad.). — Voy. FAJILIERAS.

FACHILIÈRES (LES), lieu-dit, cⁿᵉ de Mauzac. — *A las places de las Fachilières*, 1471 (terr. de Millac).

FACHILIÈRES (LES), taillis, cⁿᵉ de Saint-Martin-des-Combes. — *Fajilieras* (A. Jud.).

FADES (FONT DES), cⁿᵉ de Mont-Caret (terr. de Montr.).

FADES (LE CROS DES), bois, cⁿᵉ de Cladech (cad.).

FADINERIE (LA), éc. et taillis, cⁿᵉ de Fanlac. — *Aliàs Codinerie* (A. Jud.).

FAGE, h. cⁿᵉ de Saint-Sauveur. — *Bordaria Fagia*, 1454 (Liv. Nof. 40).

FAGE (GRANDE et PETITE), h. cⁿᵉ de la Mongie-Mont-astruc (B.).

FAGE (HAUTE et BASSE), h. cⁿᵉ de Mazeyrolles.

FAGE (LA), cⁿᵉ d'Atur (S. Post.).

FAGE (LA), lieu-dit, cⁿᵉ de Beynac (cad.).

FAGE (LA), h. cⁿᵉ de Campagnac-lez-Quercy (B.).

FAGE (LA), lieu, cⁿᵉ de Campagne.

FAGE (LA), h. cⁿᵉ de la Chapelle-au-Bareil (S. Post.).

FAGE (LA), cⁿᵉ de Coursac (S. Post.).

FAGE (LA), lieu, cⁿᵉ de Fleurac.

FAGE (LA), lieu, cⁿᵉ de Journiac.

FAGE (LA), h. cⁿᵉ de Leuquais.

FAGE (LA), cⁿᵉ de Mauzac. — *Mansus de la Faga*, 1459 (Philipparie).

FAGE (LA), h. cⁿᵉ de Montagnac-de-Crempse.

FAGE (LA), lieu, cⁿᵉ de Montclar.

FAGE (LA), lieu, cⁿᵉ de Nantiat.

FAGE (LA), cⁿᵉ de Natalène (cad.).

FAGE (LA), lieu, cⁿᵉ d'Orliac.

FAGE (LA), h. cⁿᵉ de Peyzac.

FAGE (LA), cⁿᵉ de Prats-de-Carlux. — *Mansus de la Faga*, 1467 (arch. de Paluel).

FAGE (LA), ville de Ribérac. — 1609 (inv. du château de Ribérac, Hommage).

FAGE (LA), lieu-dit, cⁿᵉ de Saint-Amand-de-Belvez (cad.).

FAGE (LA), cⁿᵉ de Saint-Cyprien. — *Crotz, Cunba de la Faga*, 1462 (Philipparie).

FAGE (LA), lieu, cⁿᵉ de Saint-Laurent.

FAGE (LA), lieu, cⁿᵉ de Saint-Pardoux-près-Vielvic.

FAGE (LA), h. cⁿᵉ de Saint-Sulpice-de-Mareuil (S. P.).

FAGE (LA), h. cⁿᵉ de Varennes.

FAGE (LA), éc. cⁿᵉ de Villefranche-de-Belvez.

FAGELA (COMBE-), lieu-dit, cⁿᵉ de Sainte-Foy-de-Longa (A. Jud.).

FAGEOL, h. cⁿᵉ de Mortemar.

FAGEOLE (LA), éc. cⁿᵉ de Journiac.

FAGE-PLEINE (HAUTE et BASSE), h. cⁿᵉ de Paulin.

FAGENEUIL, h. cⁿᵉ d'Aigues-Parses (B.).

FAGES, cⁿᵉ de Saint-Cyprien. — *R. de Fagis*, 1115 (cart. de Cadouin). — *La Roque de Fages*, 1653 (arch. de la Gir. Saint-Cyprien).

Anc. rep. noble, ayant basse justice dans le bourg et le patronat de l'hôpital et du collége.

FAGES, bourg de Saint-Cyprien. — *Turris dicta de Fagas*, 1287 (Lesp. arch. de Saint-Cyprien). — *Hostal de Fagis*, 1526 (arch. de la Gir. Saint-Cyprien).

FAGES, mⁱⁿ, cⁿᵉ de Saint-Cyprien. — *Molendinum Fagent*, 1460 (Philipparie, 34). — *Prat Fayen* (cad.).

FAGES, lieu, cⁿᵉ de Sainte-Natalène.

FAGES, lieu, cⁿᵉ de Salagnac.

FAGES (CHAPELLE DE), bourg de Marnac. — 1648 (bénéf. de l'év. de Sarlat).

FAGES (GRANDE et PETITE), h. cⁿᵉ de Saint-Geniès.

FAGES (LES), lieu-dit, c^{ne} de Paunac (cad.).

FAGET (BOST-DE-), lieu-dit, c^{ne} de Tanniès (cad.).

FAGET (LE), h. c^{ne} de Nadaillac (B.).

FAGET (LE), habit. c^{ne} de Pomport (S. Post.).

FAGETTE (LA), h. c^{ne} de Pressignac. — *Casale voc. de Faget*, 1475 (L. Noir, 32).

FAGETTE (LA), h. c^{ne} de Sainte-Foy-de-Longa (A. Jud.).

FAGETTE (LA), h. c^{ne} de Soulaure.

FAGNAC (LE), c^{ne} de Saint-Clément (B.).

FAGNAT, mⁱⁿ sur la Tude, c^{ne} d'Auriac-de-Bourzac (B.).

FAGOLLE (LA), h. c^{ne} de Javerlhac (S. Post.).

FAGOULET, sect. de la c^{ue} de Saint-Michel-de-Double (cad.).

FAGUAN (LES), c^{ue} de Manzac. — 1526 (Dives).

FAILLE (LA), h. c^{ne} de Saint-Sernin-de-Reillac.

FAILLÈRE (LA), terre, c^{ne} de Fontenilles (A. Jud.).

FAILLÈRES, h. c^{ne} de Cénac.

FAISSE (LE), h. c^{ne} de Rouffignac-Montignac (B.).

FAJILIERAS (LE TROU DE LAS), terre, c^{ne} de Meyral (cad. 864).

FAJILIERAS (LOU SOOU DE LAS) OU LE SOL DES FÉES, plateau en friche près de Lomagne et de l'anc. chapelle de Sainte-Quitterie, c^{ne} de Vallereuil (Antiq. de Vésone, t. I, p. 246).

FAJOLE (LA), c^{ne} de Mortemar (A. Jud.).

FAJOLE (LA), h. c^{ne} de Saint-André-Alas.

FAJOLE (LA), h. c^{ne} de Simeyrol (cad.).

FAJOT (LE), lieu, c^{ne} de Marquay.

FAJOTE (LA), anc. fief, c^{ne} d'Orliac. — 1778 (Acte not.).

FAJOTE (LA), lieu-dit, c^{ne} de Saint-Martin-de-Fressengeas (cad.).

FALASTAS (LAS), lieu-dit, c^{ne} de Mussidan (cad.).

FALASTERIAS (LAS), c^{ne} de la Mongie. — *Terræ voc. de las Falaterias* (Liv. Noir).

FALCEYRIE (LA), ténement, c^{ne} de Sainte-Alvère. — *Factum de la Falceyria*, 1333 (Lesp. 25, Limeuil).

FALCONENQUE, c^{ne} de Cause-de-Clérans. — Anc. ténement où se trouve la métairie de Mondou, 1760 (Not. de Clérans).

FALCONIE (LA), h. c^{ne} de Cabans (S. Post.).

FALCOU, h. c^{ne} de Campagne (B.).

FALEYRAC ? ténem. c^{ne} de Bonneville. — 1670 (terr. de Montravel).

FALFIE (LA), h. c^{ne} de la Douze.

FALGAYRAC, c^{ne}, c^{on} d'Issigeac. — *Falgayrac* (cart. de la Sauve). — *Hospitale de Falgueyraco*, 1282 (O. S. J.). — *Falgueyret* (B.). — *Falgayracum*, 1554 (panc. de l'évêché).

Pat. saint Jean-Baptiste; coll. l'évêque. Membre de a comm^{rie} de Montguyard.

FALGAYRAT, h. c^{ne} de Saint-Chamassy. — *Mansus de Falgairac*, 1463 (arch. de la Gir. Bigar.). — *Falgueyrac* (B.).

Anc. rep. noble.

FALGAYRET, c^{ne} de Coux. — *Al Falgayret*, 1463 (arch. de la Gir. Bigar.).

FALGAYRET, h. c^{ne} de Sainte-Alvère (B.).

FALGUEYRAT, h. c^{ne} de Cabans. — *Mansus de Falgayras*, 1524 (arch. de la Gir. Belvez).

FALLOTAS ? c^{ne} de Mont-Caret. — *Pré Batalher*, 1633 (terr. de Montravel).

FANEIX, h. c^{ne} de Jumillac (B.).

FANLAC, c^{ne}, c^{on} de Montignac. — *Fallacum* (pouillé du XIIIe siècle).

Voc. Notre-Dame. — Anc. couvent de Bénédictines sous le titre de *Notre-Dame-des-Vertus*, fondé au XVIIe siècle par le seigneur de la Bermondie.

FAR, éc. c^{ne} de Nanteuil-Thiviers (B.).

FAR (TERRE DU), c^{ne} de Saint-Jory-las-Bloux (A. Jud.).

FARABOU, h. c^{ne} de Chassagne (B.).

FARAGOUDIE, éc. c^{ne} de Saint-Pardoux-la-Rivière.

FARAILLOUX, h. c^{ne} de Bourg-des-Maisons.

FARAUTE (LA), h. c^{ne} de Saint-Chamassy (A. Jud.).

FARAVIE (LA), h. c^{ne} de Campagne (B.).

FARCERIE (LA), sect. de la c^{ne} de Saint-Étienne-de-Double (cad.).

FARCERIE (LA), h. c^{ne} de Vanxoins.

FARCIES (LES) OU BEAUPORTAUT, h. c^{te} de Bergerac.

FARDEL, h. c^{ne} de Trélissac. — *Mansus de Fardelh*, 1285 (Périg. M. II. 41, 3).

FARDOUX, h. c^{ne} de Sainte-Marie-de-Frugie, à la source d'un affluent de la Cole (B.).

FAREYRENC, c^{ne} de Queyssac. — *Podium Farreyrenc*, 1450 (L. Noir).

FAREYRIE (LA), h. c^{te} de Saint-Félix-de-Reillac (B.).

FARETRIE (LA), h. c^{ne} du Temple-la-Guyon.

FAREYROU, habit. c^{ne} d'Anesse.

FAREYROU, h. c^{ne} de Saint-Astier, 1516 (inv. du Puy-Saint-Astier). — Anc. rep. noble.

FARFAL, éc. c^{ne} de Fontenilles (cad.).

FARGADIE (LA), h. c^{ne} de Saint-Julien-de-Crempse.

FARGANAUD, h. c^{ne} de Saint-Laurent-des-Hommes.

FARGANEL, h. c^{ne} de Berbiguières (B.).

FARGANEL, c^{ne} de Sengeyrac. — *Mansus Farganel*, 1533 (ch. Mourcin).

FARGANEL, c^{ne} de Vern. — *Mansus Deux Farganels*, 1498 (ch. Mourcin, vente de la Besse).

FARGE (LA), dom. c^{ne} d'Ataux. — 1492 (inv. du Puy-Saint-Astier).

FARGE (LA), c^{ne} de Bassillac. — 1661 (Acte not.).

FARGE (LA), h. c^{ne} de Bussac (B.).

FARGE (LA), h. c^{ne} de Celle (B.).

Farge (La), tenance, c^ne de Champeaux. — 1650 (Acte not.).

Farge (La), c^ne de Chantérac. — *Maynam. de las Fargeas*, 1509 (inv. du Puy-Saint-Astier).

Farge (La), m^in, c^ne de Coulounieix. — *Mol. de Volum*, 1480 (Dives, I, 117). — Voy. Voulon.

Farge (La), h. c^ne de Ligueux (B.).

Farge (La), c^ne de Mensignac. — *Maynam. de las Fargas*, 1507 (inv. du Puy-Saint-Astier).

Farge (La), h. c^ne de Montignac-sur-Vézère (B.).

Farge (La), c^ne de Mortemar. — *Mansus de la Farga*, 1409 (O. S. J.).

Farge (La), h. c^re de Saint-Barthélemy-de-Pluviers.

Farge (La), c^ne de Saint-Caprais-la-Linde. — *Maynam. de La Farga* (Liv. Nof. p. 98).

Farge (La), h. c^ne de Saint-Médard-d'Exideuil. — Anc. rep. noble.

Farge (La), c^ne de Tourtoyrac. — Anc. rep. noble.

Farge (La), h. c^ne de Vanxains (B.).

Farge (La), c^ne de Vielvic. — *Ortale de la Farga*, 1268 (Lesp. Don à Cadouin).

Farge (Le Puy de), bois, c^ne de Sendrieux. — *Nemus vocat. lo Potz de la Farga*, 1452 (Liv. Nof. p. 1). ·

Fargeas, h. c^ne de Saint-Martial-de-Valette.

Fargeas (Las), h. c^ne de la Nouaille.

Farge-Boucharias (La), h. c^ne d'Eyliac (A. Jud.).

Fargennerye, h. c^ne de Saint-Pierre-de-Chignac. — *Les droulhes de la Fargenarye*, 1678 (Acte not.).

Fargeot, h. c^ne de Bergerac.

Fargeot, c^ne de Limeyrac.

Farges (Les), h. c^ne de Haute-Faye.

Farges (Les), éc. c^ne de Manzac (B.).

Farges (Les), c^ne, c^on de Montignac. — *Les Farges ou Cheylard*, 1732 (rôle des par.).

Farges (Les), h. c^ne de Paussac.

Farges (Les), h. c^ne de Razac-sur-l'Ille (B.).

Farges (Les), lieu, c^ne de Saint-Martin-des-Combes. — *Tenencia de Las Fargas*, 1469 (Liv. N. 51).

Farges (Les), h. c^ne de Saint-Privat (B.).

Farges (Les), c^ne de Saint-Saud (B.).

Farges (Les), h. c^ne de Sanillac.

Farges (Les), h. c^ne de Siorac-Ribérac (B.).

Farges (Les), h. c^ne du Vieux-Mareuil.

Fargetes ? c^ne de Paleyrac. — *A las Fargetas*, 1251 (arch. de la Gir. Belvez).

Fargètes (Les), h. c^ne de Limeyrac.

Fargues (Les), h. c^ne de Bergerac. — *Mayn. de las Fargas* (Liv. Noir, p. 104).

Fargues (Les), h. c^ne de Biron (B.).

Fargues (Les), h. c^ne de Carlux.

Fargues (Les), h. c^ne de Gaugeac (B.).

Fargues (Les), h. c^ne de Lembras (O. S. J.).

Fargues (Les), h. c^ne de Lenquais.

Fargues (Les). — *El Mas de las Fourgas* (Lesp. 65, don à Ligueux).

Fargues (Les), c^ne de Sagelat. — *Mans. de las Fargas*, 1469 (arch. de la Gir. Belvez).

Fargues (Les), h. c^ne de Saint-Vincent-de-Cosse.

Fargues (Les), c^ne de Tocane. — *Mayn. de las Fargas*, 1454 (ch. Mourcin).

Fargues (Les Vieilles-), h. c^ne de Coutures (B.).

Fargues-Vieilles (Les), h. c^ne d'Eybène (B.).

Farier (Le), taillis de chênes, c^ne de la Douze (A. Jud.).

Farieras, h. c^ne de Saint-Astier (A. Jud.).

Farière (Font-), éc. à la source d'un ruisseau qui se jette dans la Loue à Exideuil (B.).

Farnarie (La), c^ne de Savignac. — *Affarium de la Farnaria*, 1309 (Périg. M. H. 41, 2).

Faronie (La), h. c^ne de Celle. — *La Fournonye*, 1639 (dénombr. de Celle).

Faronie (La), c^ne de la Chapelle-Pommier. — Village *de la Farronye*, 1447 (inv. de Lanmary).

Farouillade (La), h. c^ne d'Orliaguet (cad.).

Farouillas (Las), c^ne de Vern. — *Maynam. de las Faroulhas*, 1625 (Lesp. vol. 79).

Fars, ville de Montignac. — Anc. maison noble joignant la Bouvandre, 1580 (vente, coll. de Lenq.).

Fassole (La), lieu-dit, c^ne de Saint-Front-de-Pradoux (cad.).

Fau (Le), lieu, c^ne de la Bachelerie.

Faubonitz, c^ne de Limeuil. — *Boria vec. Faubonitz*, 1367 (ch. Mourcin).

Fauchen, éc. c^ne du Fleix (B.).

Faucherie (La), h. c^ne d'Auriac-de-Bourzac.

Faucherie (La), h. c^re de Bassillac. — *Mayn. de la Foscharia sive de Podio de Gos*, 1474 (ch. Mourcin).

Faucherie (La), h. c^ne de Beaupouyet.

Faucherie (La), c^ne de Bertric. — *La Fochayria*, 12.. (O. S. J.).

Faucherie (La), c^ne de Grignol. — *La Focheyria*, 1471 (Dives, I, 66).

Faucherie (La), c^ne de Peyzac, c^on de la Nouaille. — *Turris de Focheyria*, 1408 (Lesp. 46).

Faucherie (La), c^ne de Saint-Aquilin.

Faucherie (La), c^ne de Saint-Astier. — *Foucherie*, 1483 inv. du Puy-Saint-Astier).

Faucherie (La), c^ne de Saint-Jean-d'Eyraud. — *Faucheyrie*, autrement *Minareyx*, 1725 (Acte not.).

Faucherie (La), c^ne de Vanxains. — *Mayn. de la Foscharia*, 1479 (O. S. J.).

Faucherie (La), c^ne de Villamblard. — *Maynam. de la Foscharia, voc. la Rompischola*, 1275 (Périg. M. H. 41, 1). — *La Foucheyria*, 1515 (Lesp. 8).

Fauchers (Les), h. c^ne de Beaupouyet.

Faucheyrie, h. c^ne de Pissot (B.).

Faucheyron, m^in sur le Rouet, c^ne de Chantérac. — *Focheyro*, 1481 (Dives, I, 102).

Fauconie (La), dom. c^ne de Campsegret (A. Jud.).

Fauconie (La), c^ne de Chavagnac (A. Jud.).

Fauconie (La), h. c^ne de Lempzours (cad.).

Fauconie (La), éc. c^ne de Montclar (B.).

Faucons (Les), h. c^ne de Montagnac-d'Auberoche (A. Jud.).

Faude (La), lieu-dit, c^ne de Cherveix (cad.).

Faudes (Les), taillis, c^ne de Siorac (A. Jud.).

Faugat (Le), h. c^ne de Paunac. — *Le Faugast* (A. Jud.).

Faugat (Le), h. c^ne du Port-de-Sainte-Foy.

Faugène, h. c^ne de Bars (B.).

Faugère, h. c^ne de Marcuil (B.).

Faulleries (Les), taillis, c^ne de Gabillon (A. Jud.).

Fauquetie (Le), h. c^ne d'Eyvirat (A. Jud.).

Faurbabus, maison située sur le bord de la Dordogne, au port de la Linde (B.).

Faure (La), h. c^ur de Marnac (B.).

Faure (Sound-), h. c^ne de Mont-Caret.

Faureillas, h. c^ne de la Chapelle-Faucher (B.).

Faureilles (Les), lieu-dit, c^ne de Cladech (cad.).

Faurelie (La), h. c^ne de Bars.

Faurelie (La), lieu, c^ne de Larzac. — Fief de la châtell. de Belvez, 1608.

Faurelie (La), fief de la châtell. de Montpont (arch. de Pau).

Faurelières, c^ne de Quinsac.

Faurendbie (Le), bois, c^ne d'Ajat-Thenon.

Faures (Les), h. c^ne de Campagne. — Au-dessus de cette habitation, et près de la Vézère, vestiges d'une voie antique (Antiq. de Vésone, II, 44).

Faures (Les), bois, c^ne de Douzillac (cad.).

Faures (Les), h. c^ne de Gouts (B.).

Faures (Les), c^ne de Montagnac-la-Crempse.

Faures (Les), h, c^ne de Montfaucon (S. Post.).

Faures (Les), quartier de la ville de Nontron. — Plateau très-escarpé; c'était jadis l'intervalle situé entre les deux coupures qui défendaient l'ancien château fort.

Faures (Les), h. c^ne de Parcoul (B.).

Faures (Les), c^ne de Saint-Jean-d'Ataux. — *Mainamentum Faurieras*, 1452 (Lesp. vol. 95).

Faures (Les), h. c^ne de Saint-Médard-de-Mussidan (B.).

Faures (Les), h. c^ne de Sorges. — *B. de la Fauretia*, 1256 (cart. de Ligueux).

Faures (Les), h. c^ne de Varagne (B.).

Faures (Les), vill. c^ne de Villamblard. — *Faure*. Ce lieu est compris dans le rôle des paroisses, 1734.

Fauressand, anc. nom d'une partie du bourg de Grun (Dives).

Fauret, ténem. c^ne de Farges. — 1278 (donation à Peyrouse).

Fauretie (La), c^ne de Vanxains. — *Mayn. de la Fauretia*, 1459 (O. S. J.).

Fauriaux (Les), h. c^ne de Coutures.

Faurie, h. c^ne de Lunas. — 1725 (Acte not.).

Faurie (Haute et Basse), h. c^ne de Saint-Martin-de-Fressengeas.

Faurie (La), c^ne d'Auriac-de-Bourzac. — *Vill. voc. de la Fauria*, 1460 (O. S. J.).

Faurie (La), éc. c^ne de Bergerac.

Faurie (La), c^ne de Blis-et-Born, anc. fief, châtell. d'Auberoche. — *Hosp. de la Fauria*, 1365. — *La Fourye*, 1400 (Lesp. Homm.).

Faurie (La), h. c^ne de Coulaures.

Faurie (La), c^ne d'Espeluche. — *Terra apelada la Fauria*, 1260 (terrier, O. S. J.).

Faurie (La), bourg de Journiac. — *Domus vocat. de la Fauria* (O. S. J.).

Faurie (La), h. c^ne de Lusignac. — *Mayn. de la Fauria*, 1468 (O. S. J.).

Faurie (La), bourg de Manzac. — *Domus voc. la Fouria*, 1490 (Dives, II, 10).

Faurie (La), c^ne de Mauzac. — *Mans. de la Fauria*, 1463 (arch. de la Gir. Bigaroque).

Faurie (La), h. c^ne de la Mongie-Montastruc (B.).

Faurie (La), dom. c^ne de Montsaguel (A. Jud.).

Faurie (La), h. c^ne de Mortemar. — *Mansus de la Fauria*, 1409 (O. S. J.). Anc. fief.

Faurie (La), h. c^ne de Paulin (B.).

Faurie (La), c^ne de Saint-Jean-d'Eyraud (B.).

Fauries (Les), c^ne de Calviac. — *Mans. de las Faurias*, 1749 (arch. de Paluel).

Faurille (La), éc. c^ne de Bergerac.

Faurilles, c^ne, c^on d'Issigeac. — *Faurilhas* (châtell. de Roquepine, 1365, Lesp. 88).

Voc. Saint-Martin, 1513 (Lesp. 37). — Pat. saint Barthélemy; coll. l'évêque.

Faurilloux (Moulin des), sur la Cole, c^ne de la Chapelle-Faucher.

Fauroux (Le), h. c^ne d'Orliac (B.).

Fauveau, h. c^ne de Razac-sur-l'Ille (B.).

Fauvelou, lieu-dit, c^ne de Montplaisant (cad.).

Fauverte, m. isolée, c^ne de Faurilles (S. Post.).

Faux, c^ne, c^on d'Issigeac. — *Faus*, 1283 (cout. de Beaumont). — *Faurs*, 1390 (ibid. Bréquigny). — *Eccl. Sancti Saturnini*, 1555 (panc. de l'év.).

Anc. rep. noble ayant haute justice sur la par. 1760 (Alm. de Guy.).

Faux, h. c^{ce} de la Cropte (A. Jud.).

Faux, lieu, c^{ce} de Plazac.

Faux, h. c^{ne} de Saint-Pierre-de-Frugie (S. Post.).

Faux (Grand et Petit), h. c^{ne} de Saint-Cyprien.

Faux (Lac-de-), bois, c^{ne} de Marsaneix (A. Jud.).

Faux (La Combe-de-), éc. c^{ne} de la Linde (B.).

Faux (Le), h. c^{ne} de Bouillac (S. Post.).

Faux (Le), lieu-dit, c^{ne} de Festalens (cad.).

Faux (Le), éc. c^{ne} de Saint-André-Alas.

Faux (Le Pech-du-), lieu-dit, c^{ne} de Calviac (cad.).

Faux (Les), lieu-dit, c^{ne} de Badefol-la-Linde (cad.).

Faux (Les), lieu-dit, c^{ne} de Ladornac (cad.).

Faux-Vieilles (Les), taillis, c^{ne} de Carsac (A. Jud.).

Fauzel, éc. c^{ne} de Saint-Martin-de-Ribérac (A. Jud.).

Faval (Le), lieu-dit, c^{ne} de Saint-Aubin-de-Lenquais (terr. de Lenq.).

Favar (Le), ruiss. dont la source est à Chadourgnac, c^{ne} de Thiviers; il forme le vallon d'Eyzerat et se jette dans la Drone à Corgnac.

Favabel? c^{ne} du Coux. — Al Favaral, 1509 (Reconn.).

Favarias (Les), terre, c^{ne} de Montren (A. Jud.).

Favars, c^{ne} de Tanniès. — Mansus de Favars, 1462 (Philipparie). — Fauvars (ibid.).

Favelière (La), h. c^{ne} de Saint-Julien-de-Lampon.

Faveyrols, éc. c^{ne} de Nanteuil-de-Bourzac (B.).

Favière (La), bois, c^{ce} de Sainte-Croix.

Favonasses (Les), lieu-dit, c^{ne} de Tursac (cad.).

Fayard (Haut et Bas), h. c^{ne} de Saint-Crépin-Thenon.

Fayard (Haut et Bas), c^{ne} de Saint-Pierre-de-Chignac, ténement. — 1747 (Acte not.).

Fayard (Haut et Bas), h. c^{ne} de Varagne.

Fayarde (La), bois, c^{ne} de Monthazillac (A. Jud.).

Fayardie (La), lieu, c^{ne} d'Atur.

Fayardie (La), c^{ne} de Chalagnac. — Maynam. de la Fayardia, 1458 (Liv. Nof. p. 50).

Fayardie (La), c^{ne} de Cornille. — Anc. rep. noble.

Fayardie (La), h. c^{ne} d'Église-Neuve-d'Issac (B.).

Fayardie (La), au bourg de Lisle. — La Fayardia, 1398.

Anc. rep. noble (O. S. J.).

Fayardie (La), lieu, c^{ne} de Saint-Géraud-de-Corps.

Fayas (Las), lieu, c^{ne} de Blis-et-Born.

Fayas (Las), lieu, c^{ne} de Carsac.

Fayas (Las), h. et m^{in}, c^{ne} de Celle. — Las Fayas, 1639 (dénombr. de Celle).

Fayas (Las), lieu-dit, c^{ne} d'Eyvirat (A. Jud.).

Fayas (Le Giratou), c^{ne} de Saint-Laurent-du-Manoire.

Fayats (Les), lieu-dit, c^{ne} de Saint-Michel-de-Double (cad.).

Fayaut (Bois de), taillis de chênes, c^{ne} de Saint-Caprais-d'Eymet (A. Jud.).

Faydidie (La), h. c^{ne} de Cubjac. — Affarium de la Faydidia, 1224 (Périg. M. H. 41, 1).

Faye, h. c^{ne} de Coursac.

Faye, lieu-dit, c^{ne} de la Roche-Chalais.

Faye, c^{ne} de Saint-Sauveur. — Maynam. de la Faya, 1485 (Liv. N. 25).

Faye, lieu-dit, c^{ne} de Saint-Sulpice-d'Eymet.

Faye (A la), broussailles, c^{ne} d'Eyvirat (A. Jud.).

Faye (Claud ou Moulin de), lieu-dit, c^{ne} de Saint-Front-de-Pradoux (cad.).

Faye (Grande et Petite), lieu-dit, c^{ne} de Beaurone (cad.).

Faye (Grande et Petite), c^{ne} de la Mongie. — Masus la Petita Faya et la Grant Faya, 1480 (Liv. Noir, p. 40).

Faye (Haute-), éc. c^{ne} de la Tour-Blanche.

Faye (Haute et Basse), à Sauvebœuf et à la Linde.

Faye (Haute et Basse), lieu-dit, c^{ne} de Vézac (cad.).

Faye (La), lieu-dit, c^{ne} d'Agonac (cad.).

Faye (La), h. c^{ne} d'Allemans. — Autrement Borie Pauly, 1534 (Lesp. 52).

Faye (La), anc. rep. noble avec justice dans Auriac, 1760 (Alm. de Guy.). — Fortalitium de la Faya, 1476 (coll. de Lenq.).

Faye (La), h. c^{ne} de Bertric-Burée (A. Jud.).

Faye (La), h. c^{ne} de Brantôme (S. Post.).

Faye (La), c^{ne} de Brassac. — Las Fayas (inv. de Montardy).

Faye (La), c^{ne} de Champagnac-de-Belair (B.). — Une partie se nommait jadis Livets (Dives).

Faye (La), c^{ne} de Chantérac. — 1450 (inv. du Puy-Saint-Astier).

Faye (La), h. c^{ne} de la Chapelle-Montabourlet (B.).

Faye (La), lieu-dit, c^{ne} de Chassagne (cad.).

Faye (La), deux h. c^{ne} de Celle. — May. de la Faya (ch. Mourcin).

Faye (La), h. sect. de la c^{ne} de Cercle.

Faye (La), h. c^{ne} de Jumilhac. — Fagia Jumilhiaci, 1317 (Lesp. 17). — La Faye Gaillard, archipr. de Thiviers? 1732 (bénéf. de l'év. de Périgueux).

Prieuré de l'ordre de Grandmont, et de nomination royale (Lesp. 29).

Faye (La), h. c^{ne} de Léguillac-de-Lauche. — Domus de Faya, 1219; Sancta Maria de la Faia, 1224; Fagia, 1246 (Lesp. vol. 33, prieuré de la Faye).

Hôpital pour les pauvres et prieuré fondés en 1219 par cinq frères du nom de la Faye, qui donnèrent à cet effet leur maison paternelle à Léguillac (Lesp. 33). Le prieuré, de l'ordre de Saint-Augustin, dép. de l'abb. de la Couronne.

Faye (La), h. c^{ne} de Manzac. — Anc. rep. noble.

Faye (La), h. c^{ne} de Mont-Caret.

Faye (La), c^ne de Mortemar. — *Mans. de la Faya*,
1409 (O. S. J.).

Faye (La), anc. dioc. de Périgueux, auj. du dép^t de
la Charente. — *Capella de Faya* (pouillé du xiiie s^e,
archiprêtré de Peyrat).

Faye (La), h. c^ne de Saint-André-de-Double. — *Mayne
de la Faia*, 1289 (Périg. M. H. 9138).

Faye (La), h. c^ne de Saint-Étienne-de-Puycorbier.

Faye (La), h. c^et de Saint-Julien, c^on de Brantôme.

Faye (La), bois et h. c^ne de Saint-Just. — *Mayn. de la
Faya*, 1364 (ch. Mourcin).

Faye (La), h. c^ne de Saint-Orse (bail, 1690, terr. de
Vaudre).

Faye (La), c^ne de Saint-Pierre-de-Chignac. — *Tenentia
roc. La Faya*, 1337 (Lesp. vol. 60).

Faye (La), c^ne de Sales-de-Belvez. — *Mansus de la Faia*,
1462 (Philipparie, 161).

Faye (La), c^ne de la Trape. — *Stagnum de la Faya*
(Philipparie, 162).

Faye (La), h. c^ne de Villac. — *Mansus de la Faya*,
1468 (O. S. J. Condat).

Faye (La), c^ne de Villamblard (cad.).

Faye (Pech de la), lieu-dit, c^ne de Siorac-de-Belvez
(cad.).

Faye (Vieille-), éc. c^ne d'Atur (A. Jud.).

Faye (Vieille-), h. c^ne de Peyzac.

Faye (Vieille-), lieu, c^ne de Saint-Laurent-du-Manoire.

Faye-de-Coutille (La), h. c^ne de Millac-de-Nontron. —
Bordaria Faia de Cotelia. 1241 (Lesp. testam. d'Itier
de Magnac).

Faye-de-Port (La), h. c^ne d'Angoisse.

Faye-de-Ribérac (La), h. c^ne de Ribérac. — *Eccl. de
Faya* (pouillé du xiiie siècle).
Anc. rep. noble.

Faye-Manteau (Haute et Basse), h. c^ne de Connezac.

Faye-Mendy (La), h. c^ne de Jumillac.

Fayes (Les), lieu-dit, c^ne de Saint-Aquilin (cad.).

Fayet (Le), lieu-dit, c^ne de Ladornac (cad.).

Fayetas? c^on de Gouts. — *Capella de Fayet* (ancien
pouillé, Lesp.).

Fayetas, h. c^ne de Razac-sur-l'Ille.

Fayette, h. c^ne de Borrèze.

Fayette, terre, c^ne de la Mongie-Montastruc (A.
Jud.).

Fayette, h. c^ne de Montazeau (B.).

Fayette, lieu, c^ne de Parcoul.

Fayettes (Les), bois, c^ne de la Cropte (A. Jud.).

Faye-Vigueybaud (La), c^ne de la Chapelle-Faucher.
— Prieuré dép. de l'abb. de Ligueux.

Fayolas, h. c^ne de Bouteille-Saint-Sébastien.

Fayolette, h. c^ne de Douchapt.

Fayolle, h. c^ne de Clermont-de-Beauregard. — *Fayola*,

1489 (Lesp. art. *Clermont*). — *Château de Fayeolle*,
1697 (Acte not. de Mouleydier).

Fayolle, m. isolée, c^ne de Fougueyrolles.

Fayolle, c^ne de Gardone. — 1724 (Not. de Bergerac).

Fayolle, c^ne de la Mongie-Montastruc. — *Faiolle*,
1460 (Liv. N. p. 98).

Fayolle, lieu, c^ne de Montren. — *Mayn. de Fayola*,
1408 (Lesp. vol. 79).

Fayolle, lieu, c^ne de Rouquette-d'Eymet.

Fayolle, c^ne de Saint-Astier. — *Mansus de Fayola*,
1271 (Lesp. 51).

Fayolle, c^ne de Sainte-Foy-de-Belvez. — *Mayne de
Faiol*, 1461 (Philipparie).

Fayolle, h. c^ne de Saint-Médard-d'Exideuil (S. Post.).

Fayolle, h. c^ne de Sarrazac. — Anc. rep. noble.

Fayolle, h. c^ne de Saussignac.

Fayolle, h. c^ne de Tocane. — *Capella de Fayola*, 1178
(unie au chap. de Saint-Astier par Alexandre III).
— *Repayr. de Faiola*, 1220 (Périg. M. H. 41, 1).
— *Faiol* (cart. de la Sauve).
Anc. rep. noble dont dépendaient les fiefs de Ver-
node, de la Cypierre et de Bellet, érigé en marquisat.

Fayolle, sect. de la c^ne de Villetoureix (cad.).

Fayolle (La), lieu, c^ne d'Allemans.

Fayolle (La), lieu, c^ne de Coulaures.

Fayolle (La), h. c^ne de Grange-d'Ans (S. Post.).

Fayolle (La), lieu-dit, c^on de Lusignac (cad.).

Fayolle (La), anc. fief, c^ne de Marsaneix (arch. de
Pau).

Fayolle (La), h. c^ne de Saint-Jory-las-Bloux.

Fayolle (La), lieu, c^ne de Teyjat.

Fayolle-de-la-Vidallie, rep. noble, c^ne de Bouniagues.
— 1524 (Acte not.).

Fayolles (Les), lieu-dit, c^ne d'Agonac (cad.).

Fayolles (Les), lieu-dit, c^ne de Saint-Michel-l'Écluse.

Fayot (Le), h. c^ne d'Échourgnac (S. Post.).

Fayot (Le), lieu, c^ne de Servanches.

Fayots (Les), h. c^ne de Saint-Martin-de-Gurson.

Fayotte, lieu, c^ne de Nastringues.

Fayou (Le), lieu, c^ne de Montignac-sur-Vézère (A.
Jud.).

Fayoulet, h. c^ne de Saint-Étienne-de-Puy-Corbie (B.).

Fayounas (Las), taillis, c^ne de Douzillac (cad.).

Fayrac réuni à Castelnau, c^ne, c^on de Dome. — *Afayrac*
(pouillé du xiiie siècle). — *Feyracum*, 1365 (Lesp.
Châtell.).
Anc. paroisse de l'archipr. de Capdrot, 1732. —
Prieuré (bénéf. de l'év. de Sarlat).
Anc. rep. noble.

Faysolle, h. — Voy. Torte-Feyssolle.

Fayte, h. c^ne de Mialet (B.).

Fazillac, h. c^ne de Saint-Germain-des-Prés (B.).

Féaugat, taillis, c^{ne} de Limeyrac.

Febus, h. c^{ne} de Notre-Dame-de-Sanillac (A. Jud.).

Fedou, habit. c^{ne} de Lempzours (S. Post.).

Fégeral (La Combe-), h. c^{ne} de Bersac-Terrasson.

Feis, c^{ne} de Chantérac. — *Mayne app. Feis*, 1457 (inv. du Puy-Saint-Astier).

Feix (Saint-Pardoux-de-), anc. par. c^{ne} de Brantôme. — *Fix*, 1318 (Rec. de titres).

    Patron : saint Gilles ou Égide, selon un manuscrit de 1516.

Feletz, h. c^{ne} d'Aubas. — *Feles*, 1114 (Gall. Christ. fondation de Dalon). — *Feletum*, 1462 (Lesp. 51).

    Anc. rep. noble.

Félie (La), anc. fief, c^{ne} de Génis (arch. de Pau).

Felines, h. c^{ne} de Paunac. — Anc. rep. noble.

Femmes (Les), h. c^{ne} de Siorac. — 1602 (Acte not.).

Fénage (La), vill. c^{ne} de Saint-Michel-de-l'Écluse. — *Sanctus Petrus de Fainaia circa Sanctum Michael. de Clusa*, 1112 (cart. de la Sauve). — *L'Affainage* (Cass.).

Fénelon (La Motte-), c^{ne} de Sainte-Mundane. — *Fereno?* 1190 (don de Mercader. cart. de Cadouin). — *Feleno*, 1335 (inv. du chât. de Fénélon). — *Fellenon* (Coll. Bréquigny. Serment reçu par Chandos à Gourdon).

    Anc. rep. noble ayant haute justice sur Saint-Julien et Sainte-Mundane (Alm. de Guy. 1760).

Fénelon (Le), ruiss. qui se jette dans la Dordogne près de Sainte-Mundane.

Fenestral, c^{ne} de Mayac. — *Fenestrale de Teno juxta montem de Maiac*, 1197 (cart. de Dalon).

Fenestrau, éc. c^{ne} de Coulounieix, près de l'ancien hôpital de Charroux. — *Loco voc. al Fenestral*, 1460 (ch. Mourcin). — *Combe Fenestral*, 1654 (coll. de Lenq.).

Fenestre, c^{ne} du Coux. — *Mansus de La Fenestra*, 1464 (arch. de la Gir. Bigaroque).

Fenestre, h. c^{ne} de la Cropte. — *Affarium de La Fenestra*, 1301 (Lesp.).

Fenestre, h. c^{ne} de Saint-Félix-de-Reillac.

Fenestre, b. c^{ne} de Saint-Vivien.

Fenestre, h. c^{ne} de Villamblard. — *Mayn. de La Fenestro*, 1522 (ch. Mourcin).

Fenestre (Haute et Basse), h. c^{ne} de Chantérac et mⁱⁿ dit *Fougue*. — 1540 (inv. du Puy-Saint-Astier).

Fenestre-Neuve, lieu, c^{ne} de Saint-Aquilin.

Fenestres (Les), lieu-dit, c^{ne} de Castelnau (cad.).

Fenestres (Les), lieu-dit, c^{ne} de Saint-Front-de-Pradoux (cad.).

Fenière de Piebos (La), maison du faubourg de Malbec, à Belvez, où se faisait l'exercice de la religion protestante (Lesp. Belvez).

Feniès, éc. c^{ne} de Campagnac-lez-Quercy (B.).

Fenis, h. c^{ne} de Saint-Aubin-de-Lenquais. — *Phœnix* (terr. de Lenq.). — *Fœnix* (B.).

Fenouille (La), éc. c^{ne} de Boulazac (A. Jud.).

Fenuas, près de Miran. — *Mayn. de la Fenuas*, 1326 (arch. de la Gir. Ribérac).

Feraudie (La), h. c^{ne} de Millac-d'Auberoche. — 1503 (Mém. d'Albret).

Feraudie (La), h. c^{ne} de Saint-Aquilin. — *Ferodie* (cad.).

Feraudie (La), c^{ne} de Sourzac. — *M. de la Feraudia*, 1459 (Lesp. Sourzac).

Fénédie (Haute et Basse), h. c^{ne} de Mareuil (A. Jud.).

Féreirie (La), h. c^{ne} de Bars. — *La Ferreyrie* (acte de 1675).

Feriol, éc. c^{ne} de Gageac (B.).

Féronie, h. c^{ne} de Saint-Aquilin.

Féronie (La), c^{ne} de Chantérac. — 1520 (inv. du Puy-Saint-Astier).

Féronie (La), c^{ne} de la Mongie-Montastruc. — *Mas de la Feronia*, 1475 (Liv. N. p. 40).

Ferrabout, h. c^{ne} de Chassagne (cad.).

Ferracie (La), bois, c^{ne} de Journiac (A. Jud.).

Ferracie (La), dom. c^{ne} de Sendrieux (A. Jud.).

Ferrand, h. c^{ne} d'Ales.

Ferrand, lieu-dit, c^{ne} de Douville (cad.).

Ferrand, sect. de la c^{ne} d'Issigeac, sur la voie romaine connue sous le nom de *Chemin ferré*, entre Mons et la rivière, mais qui en cet endroit s'appelle *la Causada*.

    Anc. rep. noble (Généal. de Laurière).

Ferrandie (La), c^{ne} de Jaure. — *La Ferandia*, 1270 (Lesp. vol. 51). — *Lafferaudia*, 1481 (Dives, I, 153).

Ferrandie (La), c^{ne} de Limeyrac, ténement. — 1260 (Lesp.).

Ferrandie (La), h. c^{ne} de Millac-d'Auberoche. — 1503 (Mém. d'Albret).

Ferrandie (La), h. c^{ne} de Sengeyrac. — Anc. fief (arch. de Pau).

Ferrandies (Les), h. c^{ne} de Grignol. — *Maynam. de las Ferrandias*, 1471 (Dives, I, 57).

Ferransac, anc. dioc. de Périg. archip. de Bouniagues, auj. du dép^t de Lot-et-Garonne. — *Ferrensacum*, 1363 (coll. d'Urbain III). — *Feyrasacam*, 1554 (panc. de l'év.).

Ferrat (Moli), c^{ne} du Bugue. — 1461 (Liv. Nof. p. 83).

Ferrier, éc. c^{ne} de Cumont (B.).

Ferrière (Combe-), lieu-dit, sect. A, c^{ne} de Couse.

Ferrière (La), h. c^{ne} de Gageac (B.). — *Viner apud Ferrerias; a las Ferreras*, vers 1079 (cart. de Sainte-Marie de Saintes, 136, 162. Don au prieuré de la Mongie).

Ferrière (La), h. c⁰⁰ de la Linde. — *Ferrerie*, 1673 (Act. not.).

Ferrière (La), h. et bois, cⁿᵉ de Ribérac. — 1646 (inv. de Ribérac).

　Anc. rep. noble.

Ferrière (La), mét. cᵃᵉ de Saint-Sauveur (B.).

Ferrières, h. cⁿᵉ de Font-Galau (B.).

Ferrières, h. cⁿᵉ de Montferrand.

Ferrières, taillis à la Pouleille, cⁿᵉ de Saint-Félix-la-Linde (cad.).

Ferrières, h. cᵗᵉ de Saint-Pierre-de-Cole (S. Post.).

Ferrières, h. cⁿᵉ de Savignac-les-Églises (A. Jud.).

Ferrières, cⁿᵉ d'Urval. — 1463 (hommages faits à Saint-Cyprien). — Anc. rep. noble.

Ferrières (Les), lieu-dit, cⁿᵉ de Faux.

Ferrières (Les), lieu-dit, cⁿᵉ de Font-Galau (cad.).

Ferrières (Les), h. cⁿᵉ de Grignol. — *Ferrières*, 1289 (Lesp. 51).

Ferrières (Les), lieu, cⁿᵉ de Lenquais. — 1755 (terr. de Lenq.).

Ferrières (Les), h. cᵃᵉ de Montren. — *Mas de Ferrieyras*, 1203 (cens dus à V. de Cozens, 2).

Ferrières (Les), lieu-dit, cⁿᵉ de Paunac (cad.).

Ferrières (Les), h. cⁿᵉ de Saint-Astier. — Anc. rep. noble (Dives).

Ferrières (Les), cⁿᵉ de Vallereuil. — *Ferrerii*, 1346 (Lesp. 51).

Ferroux (Les), h. cⁿᵉ de Saint-Pierre-d'Eyraud (A. Jud.).

Ferrus, h. cᵘᵉ de Beleymas.

Festal (La), h. cⁿᵉ de Manzac, 1653 (Acte not.). — *La Festal*, 1468 (Div. I, 63). — *Mayn. de la Festal*, 1480 (inv. de Lanmary).

Festalens, cᵘᵉ, cᵒⁿ de Sainte-Aulaye. — *Festelenxis* (pouillé du XIIIᵉ siècle). — *Festelens*, 1382 (P. V. M.). — *Festelens*, 1512 (inscription de cloche). — *Festelenx*, 1555 (panc. de l'év.). — *Festalemps* (Cal. admin. de la Dordogne).

　Voc. Saint-Martin; coll. le chap. d'Aubeterre.

Festugère (La), h. cⁿᵉ d'Angoisse (S. Post.).

Feuillade (Bois de la), entre Fontaine et Argentine.

Feuillade (La), h. cⁿᵉ d'Argentine.

Feuillade (La), mⁱⁿ, cⁿᵉ de Campsegret. — 1790 (Acte not.).

Feuillade (La), h. cⁿᵉ de Cherval. — Rep. noble.

Feuillade (La), lieu, cⁿᵃᵉ de Coursac. — *La Foulhade lèz Périgueux*, 1503 (Liv. N. de Périgueux). Anc. rep. noble.

Feuillade (La), cⁿᵉ de la Cropte. — *La Folhosa*, 1312 (Homm.).

Feuillade (La), h. cⁿᵉ de Limeyrac.

Feuillade (La), h. cⁿᵉ de Sainte-Foy-de-Longa.

Feuillade (La), h. cⁿᵉ de Saint-Front-de-Pradoux (cad.).

Feuillade (La), bois, cⁿᵉ de Saint-Jory-las-Bloux (A. J.).

Feuillade (La), éc. cⁿᵉ de Saint-Vincent-de-Connezac.

Feuillade (La), cᵘᵉ, cᵒⁿ de Terrasson. — *La Folhada* (pouillé du XIIIᵉ sᵉ). — *Foliata* (châtell. de Larche, 1365, Lesp. 88).

　Voc. Notre-Dame.

Feuillade (La), éc. cⁿᵉ de Chancelade (B.).

Feuilletz, anc. fief, châtell. de Génis (arch. de Pau).

Feuilleverd, h. cⁿᵉ de Parcoul (B.).

Fey, éc. et mⁱⁿ, cᵒᵉ de Chadeuil.

Feydidie, cⁿᵉ de Grignol. — *Feydidia*, 1406 (Lesp. Milon). — *Las Feydidias*, 1485 (Dives, I, 92).

Feydis (Les), dom. cᵇᵉ de Salon (A. Jud.).

Feydoux, cⁿᵉ de Lempzours. — Anc. rep. noble.

Feyfantie, éc. cᵒᵉ de Sorges.

Feyfaudes (Les), h. cᵃᵉ de Négrondes (cad.).

Feyliet (La), cⁿᵉ de Bertric. — *Espital de Felich*, XIIIᵉ sᵉ (O. S. J.). — *Præceptoria de Feliech*, 1397 (*ibid.*). — *Pheliech*, 1459 (*ibid.*).

　Anc. maison de l'O. S. J. annexe de la commᵗⁱᵉ de Combeyranche.

Feymira, lieu-dit, cⁿᵉ du Fleix (A. Jud.).

Feyne (La), lieu-dit, cⁿᵉ de Saint-Michel-de-Double.

Feysie (La), h. cⁿᵉ de Nanteuil-de-Bourzac.

Feyredie (La), h. cⁿᵉ de la Chapelle-Montabourlet.

Feyrière (La), cⁿᵉ de Cubjac. — 1503 (Mém. d'Albret).

Feysantie (La), h. cⁿᵉ de Savignac-les-Églises (B.).

Feyta (La), lieu-dit, cⁿᵉ de Mensignac (cad.).

Feytaud (La), h. cⁿᵉ de Coutures.

Feytaud (La), cⁿᵉ de Saint-Astier.

Feyte, h. cⁿᵉ de Bergerac.

Feyte, h. cⁿᵉ de Mialet.

Feyte (Le), pré, cⁿᵉ de Badefol-d'Ans (A. Jud.).

Feyx, h. cᵒᵉ de Bourg-des-Maisons.

Fialarge, h. cⁿᵉ de Brantôme (B.).

Fialeix, h. cⁿᵉ de Sainte-Trie.

Fieu, cⁿᵉ de Périgueux. — *Lo Fiou de Salus, in barria deux Plantiers*, 1446 (Lesp. Périg.).

Fieu, cⁿᵉ de Sendrieux. — *Mansus voc. los Fieux de Camblazac*, 1474 (ch. Mourcin).

Fieu (Le), h. cⁿᵉ de Maurens, cᵒⁿ de Bergerac. — *Village del Phieu* (Acte not. 1677). — *Village del Fieu* (*ibid.*). — *Fieux* (S. Post.).

Fieu (Le), cⁿᵉ de Saint-Avit-de-Vialard.

Fieux, cⁿᵉ d'Argentine. — Anc. fief relevant du château d'Argentine, situé sur les bords de la Lizone.

Fieux (Les), h. cⁿᵉ d'Anesse.

Fieux (Les), taillis, cⁿᵉ d'Atur (A. Jud.).

Fieux (Les), h. cⁿᵉ de Celle.

Fieux (Les), h. cⁿᵉ de Saint-Pierre-de-Chignac.

Fieux (Les), h. c^he de Trélissac (S. Post.).

Figairade, c^be de Trélissac. — *Mas de Figairada,*
1236 (Périg. M. II. 41, 3).

Figarède (La), éc. c^ne de Sainte-Foy-de-Belvez. —
Figuérède, 1650 (Acte not.).

Anc. rep. noble.

Figerol, h. c^ne de Lisle (B.).

Figie (La), h. c^ne de Meyrai (B.).

Figueyrasse (La), lieu-dit, c^be de Gouts (O. S. J.).

Filardière (La), h. c^ne de Chante-Geline (Cass.).

Filie (La). — *La Filia* du lieu de Ribeyrac, 1494
(arch. de Frateaux, Lesp.).

Filioulas, éc. c^ne de Sourzac (cad.).

Fillol, ville de Belvez. — *Tour, carrière del Fillol,*
1642 (Philipparie).

Fillols (Les), h. c^be de Saint-Michel-de-Double (B.).

Filoine, h. c^ne de Saint-Front-de-Champniers (B.).

Filolie (La), éc. c^ne de Boulazac. — *La Filolie-La-*
mourat, 1679 (Dénombr. de Périg.).

Anc. rep. noble relev. de la ville de Périgueux.

Filolie (La), h. c^ne de Condat-sur-Vézère. — *La Fil-*
lolye, 1643 (Acte not.). — *La Filoulye,* 1678.

Anc. rep. noble ayant haute justice sur quelques
villages dans Saint-Amand, 1760 (Alm. de Guy.).

Filolie (La), h. c^ne de Lusignac. — *La Filioulye* (O.
S. J.).

Filolie (La), h. c^be de Queyssac. — *Mansus de la*
Filholia (Liv. Noir, p. 46).

Filolie (La), h. c^ne de Saint-Chamassy.

Filolie (La), h. c^ne de Saint-Laurent-des-Hommes (cad.).

Filolie (La), h. c^re de Siorac (S. Post.). — *La Filho-*
lia, 1457 (Liv. Nof. 32).—*La Philolie,* 1602 (Acte
not.). — *La Filhoulie,* 1722 (*ibid.*).

Filolie (La), c^ne de Thiviers. — 1503 (Mém. d'Albret).
Anc. rep. noble.

Filolie (La), h. c^ne de Tocane. — *Maynam. de la Filhe-*
lia, 1330 (Périg. M. II. 41, 4).

Filolie (La), h. c^ne de Vern. — *Maynam. de la Fil-*
holia, 1457 (Liv. Nof. 79).

Filolie (Pré de la), c^ne de Marsaneix (A. Jud.).

Filolies (Les), lieu, c^ne d'Alas-l'Évêque.

Finassoux (Les), h. c^ne d'Allemans (A. Jud.).

Finsat (Haut et Bas), sect. de la c^ne de Castel.

Firbeix, c^ne, c^on de Saint-Pardoux-la-Rivière. — *Firbes*
(pouillé du XIIIe siècle).

Le pont sur la Drone forme la limite entre les
dép^ts de la Dordogne et de la Haute-Vienne.

Pat. saint Étienne; coll. l'évêque.

Anc. rep. noble avec haute justice sur la paroisse.
— Relevait de la sénéch. de Saint-Yrieix.

Fissandie (La), h. c^ne de Saint-Geniez (B.).

Fissard, h. c^ne de Vallereuil.

Fity, c^ne de Vallereuil.

Fixard, h. c^ne de Saint-Estèphe (S. Post.).

Flache (La), h. c^ne de Peyrignac (cad.).

Flache (La), h. c^ne de Sainte-Marie-de-Frugie (S.P.).

Flageas, lieu-dit, c^ne de Bauzens.

Flageat, h. c^ne de Champeaux.

Flageat, dom. c^ne de Dussac (A. Jud.).

Flageat, m. isolée, c^ne de Marquay (S. Post.).

Flageat, h. c^ne de Rouffignac.

Flageat (Le), taillis, c^ne de Saint-Martin-de-Fressengeas (cad.).

Flageat (Le), taillis, c^ne de Varennes (cad.).

Flageat (Le Haut et le Bas), h. c^ne de Sainte-Marie-
de-Chignac.

Flageolet (Le), h. c^ne de Bezenac.

Flamanchie (La), h. c^ne de Corgnac (cad.).

Flamanchie (La), c^ne de Neuvic. — *La Flamenchie,*
1460 (Courcelles, Généal. de Comarque).

Flamanchie (La), h. c^ne de Villars (B.).

Flamen, h. c^ne de Chante-Geline.

Flameyrague (La), h. c^ne de Capdrot (B.). — *Repay-*
rium de Flamayragua, 1544 (arch. de Bayac).

Flaquière (La), h. c^ne de Marquay.

Flaquière (La), h. c^ne de Tanniès.

Flaquière (Pascal La), c^ne de Belvez. — Anc. rep. noble.

Flaugeac, h. c^ne de Saint-Cyprien. — Anc. rep. noble
(Hommage, 1463).

Flaugeac, c^ne, c^on de Sigoulès. — *Flauiac,* 1555 (bénéf. de l'év. de Sarlat).

Titre d'un archiprêtré nommé *Gaiacensis* au XIIe s^e
(cart. de la Sauve). — *Gayadensis seu de Flaviaco,*
1555 (bénéf. de l'év. de Sarlat).

Il se composait de 53 paroisses ou chapelles (carte
de l'év. 1740) : Aignac, la Bastide, chapelle de Bridoire, Causaguel, Cogulot, Coutures, Cunèges, Eymet, Flaugeac, Fonroque, Gabanelle, Gajac, Lartigue, Lenville, Lestan, Lestignac, Monbos, Monestier, la Mongie-Saint-Martin, chapelle de Mont-Cuq,
le Monteil, Montguyard, Notre-Dame-de-la-Motte,
le Pertus, Pomport, Puyguilhem, Queyssel, Razac,
Rouffignac, Rouillas, la Rouquette, Sadillac, Saint-
Avit-de-Grave-Meyrou, Saint-Chalvy, Sainte-Croix,
Sainte-Eulalie, Saint-Germain, Sainte-Innocence,
Saint-Jean-de-Gardone, Saint-Julien, Saint-Laurent-
des-Vignes, Saint-Martin-de-Gardone, Saint-Maury,
Saint-Mayme, Saint-Nazaire, Saint-Nazary, Saint-
Sulpice, chapelle de Sanxet, Saussignac, Serres,
Sigoulès, Singleyrac, Thenac.

Flauque, bois, c^ne de la Linde (A. Jud.).

Flauque, bruyère, c^ne de Saint-Géry (A. Jud.).

Flauque ou le Buisson, dom. c^ne de Saint-Meard-de-
Gurson (A. Jud.).

FLAUQUE (Clos de) ou la Queyria, bruyère, c^{ce} des Lèches (A. Jud.).

FLAUQUE (La) ou la Floque, futaie, c^{ne} de Saint-Caprais-Eymet (A. Jud.).

FLAUQUE (La) ou la Floque, futaie, c^{ne} de Saint-Félix-la-Linde (A. Jud.).

FLAUVYAC, c^{ne} de Villamblard. — *Mayn. de Flauvyac*, 1513 (Lesp. 51). — *Forêt de Flauyac* (cad.).

FLAYAC, h. c^{lt} de Bourg-de-Maisons. — Anc. fief dépendant de la châtell. de la Tour-Blanche (arch. de Pau).

FLAYAC, bois entre Bourg-de-Maisons et Coutures (B.).

FLAYAC, h. c^{ne} de Brassac.

FLAYAC, h. c^{ne} de Celle (S. Post.).

FLAYRAC, lieu, c^{ne} de Saint-Raphaël.

FLECHOUX (Les), h. c^{ne} de Saint-Michel-de-Villadeix (B.).

FLECHOUX (Les), h. c^{ne} d'Urval (S. Post.).

FLÈDE (La), bruyère, c^{ne} de Cantillac (A. Jud.).

FLEIX (Le), c^{ne}, c^{on} de la Force. — *Fleis* (cart. de Saint-Martial de Lenq.). — *Fleisch* (pouillé du xiiie siècle). — *Ffleys*, 1273 (Ms. de Wolf. 143). — *Flexus*, 1364 (Lesp. Châtell.). — *El Fleys*, 1428 (coll. de Lenq.).

Voc. Saint-Étienne. — Pat. saint Pierre-ès-Liens; coll. l'évêque.

Châtell. composée de 3 par. le Fleix, Montfaucon et Ponchat.

Très-anc. monastère dép. de l'abb. Saint-Martial de Limoges. — Un lieu-dit se nomme *Champ-des-Moines*; une grotte creusée dans le rocher est dite *l'Hermitage* (Audierne, *Notes de l'État de l'Église du Périgord*, p. 260). — On ignore si c'est à ce monastère que s'appliquait la dénomination suivante : *Fratres de Tribus rivis justa lo Fleys* (cart. de Cadouin).

FLEIX (Le), h. c^{ne} de Montren.

FLETIVA, taillis, c^{ne} de Saint-Martin-des-Combes (A. Jud.).

FLEUNIE (La), h. c^{ne} de Condat-sur-Vézère (cad.). — *Mansus de la Frunya*, 1406 (terr. de Saint-Amand-de-Coly (Lesp. 37).

Anc. rep. noble, ayant haute justice sur deux villages dans Condat, 1760 (Alm. de Guy.).

FLEURAC, c^{ne}, c^{on} du Bugue. — *Floyracum* (pouillé du xiiie siècle). — *Fleurat*, 1760.

Voc. Sainte-Marie (pouillé de 1732).

Anc. rep. noble, relev. de Limeuil au xive siècle et depuis ayant haute justice sur la par. 1760.

FLEURAC, h. c^{ne} d'Issac. — *Maynam. de Floyrieras*, 1471 (Dives, I, 68).

FLEURAC (Les), h. c^{ce} de Saint-Raphaël.

FLEURIES (Les), h. c^{ne} de la Valade (S. Post.).

FLEYTES (Les), lieu-dit, c^{ne} de Bezenac (cad.).

FLEYTOULET, h. c^{ne} de Simeyrol (B.).

FLEYTOUNES (Les), taillis, c^{ne} de Saint-Aquilin (cad.). — *Flutones* (A. Jud.).

FLOIRAC, h. c^{ne} de Montplaisant. — *Mansus de Floyraco*, 1462 (Philipparie, 140). — *Floirat* (B.). — *Fleurat* (cad.).

FLOIRAC, h. c^{ne} de Queyssac (cad.).

FLOQUE (La), taillis, c^{ne} d'Issac (cad.).

FLOQUE (La), h. c^{ne} de Saint-Astier.

FLOQUE (La), taillis, c^{ne} de Saint-Michel-l'Écluse (cad.).

FLOQUES (Les), taillis, c^{ne} de Capdrot (cad.).

FLOQUES (Les), taillis, c^{ne} de la Trape (cad.).

FLOQUET (La Coste du), lieu-dit, c^{ne} de Dome (cad.).

FLORENSAC, c^{ne} de Mandacou. — Anc. rep. noble.

FLORIMONT, réuni à Gaumier, c^{ne}, c^{on} de Dome. — *Floridus Mons*, 1283 (Lesp. 46, limites de Dome). — *Florimon*, 1489 (*ibid.*).

Anc. rep. noble ayant haute justice sur la par. 1760 (Alm. de Guy.).

Pat. saint Blaise; coll. l'évêque.

FLOUQUETTE (La), taillis, c^{ne} de Saint-Géry (A. Jud.).

FLOUQUETTE (La), c^{ne} de Vic. — *La Flouquette* (Reconn. du lac de Sales, 1649).

FLOURGNAC, lieu-dit, c^{ne} de Terrasson (cad.).

FLUGEAS (Les), h. c^{ne} d'Abjat-de-Thenon (S. Post.).

FOLESSIE (La), anc. rep. noble, c^{ne} de Marquay. — 1402 (Homm. Généal. de Comarque).

FOLNOS? c^{ne} de Grignol. — *Pertinenciæ deu Folhos*, 1481 (Dives, I, 84).

FOLLAS (Las Plantas), taillis, c^{ne} de Saint-Martin-de-Gurson, sect. E, 1232 (A. Jud.).

FOLLE (La)? c^{ne} de Sainte-Alvère. — Lieu-dit *en la Folha*, 1451 (Liv. Nof. p. 30).

FOLLE (La Pièce), lieu-dit, c^{ne} de Lenquais (cad. sect. D) de 930 à 1042).

FOLLE (La Pièce), lieu-dit, c^{ne} de Saint-Aigne. — *Pesse Folle*, 1773 (Not. de Lenq.).

FOLLE-EYRE? c^{ne} de Montravel. — *A la Folas-Eyra*, 13..?

FOLORS, lieu-dit, banlieue de Périgueux. — 1363 (vente d'un jardin, Lesp. Périgueux).

FOLQUIER. — Voy. Viragogue.

FOMENGAL, h. c^{ne} de Cussac (B.). — *Foumengal* (A. Jud.).

FON-BERTAU, c^{ne} de Douzillac (Dives, I, p. 144).

FON-BERTRAND, h. c^{ne} de Grun (Dives).

FONCHY (Grand et Petit), h. c^{ne} de Bussière-Badil.

FONDATION (La), terre, c^{ne} de Sainte-Croix-Beaumont.

FONESTALVE (La), terre, c^{ne} de Pomport (A. Jud.).

Fonsegrive, c⁽ⁿᵉ⁾ de Sainte-Foy-de-Longa. — *Tenementum de Fonssagriva*, 1454 (Liv. Nof. 29).

Fonsegrive, h. c⁽ⁿᵉ⁾ de Siorac-Belvez.

Font (Chez la), h. c⁽ⁿᵉ⁾ de Villetoureix (B.).

Font (Grand-), vallon, c⁽ⁿᵉ⁾ de Lenquais.

Font (Grand-), h. c⁽ⁿᵉ⁾ de Saint-Jean-d'Eyraud (B.).

Font (Grand-), c⁽ⁿᵉ⁾ de Saint-Laurent-sur-Manoire.

Font (La), c⁽ⁿᵉ⁾ de Bassillac. — *Mansus de Fonte*, 1344 (Lesp.).

Font (La), c⁽ⁿᵉ⁾ de Cornille. — *El mas de la Fon*, 1212 (Lesp. 81, cart. de Ligueux).

Font (La), c⁽ⁿᵉ⁾ de Douzillac. — *Mansus de Fonte, alias de Mouriaco*, 1476 (Dives, G. H.).

Font (La), c⁽ⁿᵒ⁾ de Manzac. — Voy. Bel (Le).

Font (La), h. c⁽ⁿᵉ⁾ de la Nouaille (B.).

Font (La), h. c⁽ⁿᵉ⁾ de Saint-Martial-d'Artensec (B.).

Font (La), h. c⁽ⁿᵉ⁾ de Saint-Médard-de-Gurson (B.).

Font (La Grande-), h. c⁽ᵐᵉ⁾ de Gardone (B.).

Font (La Grande-), b. c⁽ⁿᵉ⁾ de Mandacou (B.).

Font (Las), h. c⁽ⁿᵉ⁾ de Besse (B.).

Font (Las), h. et m⁽ⁱⁿ⁾, c⁽ⁿᵉ⁾ de la Chapelle-Faucher (B.).

Font (Sur la), h. c⁽ⁿᵉ⁾ de Veyrignac (B.).

Fonta, font. située au nord-est de Bourdeilles. — Son bassin, assez profond, a près de 30 mètres de largeur sur 40 de longueur.

Fontade (La), anc. fort, près de Sarlat, pris en 1431 (Tarde, *Hist. du Sarladais*).

Fontagnac, h. c⁽ⁿᵉ⁾ de Brassac (B.).

Fontagnaisse (Les), petit ruiss. de la c⁽ⁿᵉ⁾ de Frugie, qui afflue à la Valouse (B.).

Fontaine, réuni à Champagne, c⁽ⁿᵉ⁾, c⁽ᵒⁿ⁾ de Verteillac. — *Locus de Fontanis*, 1130 (conf. par Innocent II). — *Fontanas*, 1254 (Lesp. Fontaine). — *Priorat. de Fontibus*, xvi⁽ᵉ⁾ siècle (P. Dupuy).

Ancien prieuré de femmes, dépendant de l'abb. de Fontevrault.

Fontaine ou Font Acxen? c⁽ⁿᵉ⁾ de Belvez. — *Territorium de Fon Acxen*, 1462 (Philipparie).

Fontaine ou Font de l'Age, pré, c⁽ⁿᵉ⁾ de Rampieux (A. Jud.).

Fontaine (Pas-de-), h. sur le bord de la Lisone, c⁽ⁿᵉ⁾ de Fontaine.

Fontaine-Bouyret, c⁽ⁿᵉ⁾ de Bardou (A. Jud.).

Fontaine de Belmont? c⁽ⁿᵉ⁾ de Saint-Félix-de-Villadeix. — *Fon de Belmont*, 1472 (Rec.).

Fontaine-de-Brassac, c⁽ⁿᵉ⁾ de Rampieux.

Fontaine de l'Amour, c⁽ⁿᵉ⁾ de Saint-Jean-de-Cole. — Elle est située au bas d'un rocher appelé *Puy-Merlier*, rendez-vous de la jeunesse (Antiq. de Vésone, I, 253).

Fontaine de l'Amourat, c⁽ⁿᵉ⁾ de Saint-Laurent-sur-Manoire; nommée aussi *Grand-Font* et *de la Filolie*.

Fontaine-de-Ribalon, c⁽ⁿᵉ⁾ de la Mongie-Montastruc (A. Jud.).

Fontaine des Deux-Amants, c⁽ⁿᵒ⁾ d'Argentine (Chron. du Périg. t. I).

Fontaine des Moines, c⁽ⁿᵉ⁾ de Cadouin. — *Fons voc. de las Mongas*, 1292 (arch. de Cadouin).

Fontaine du Baron (A la), taillis, c⁽ⁿᵉ⁾ de Saint-Cyprien (cad.).

Font-Albe, m⁽ⁱⁿ⁾, c⁽ⁿᵉ⁾ de Saint-Avit-Sénieur. — *Moulin de Gironde*, 1720 (Acte not.).

Font-Amur, lieu-dit, c⁽ⁿᵉ⁾ de Sagelat. — *Loco dicto à Font-Amure*, 1460 (Philipparie, 138).

Fontanaud, h. c⁽ⁿᵉ⁾ de Coutures (B.).

Fontanelle, c⁽ⁿᵉ⁾ de Grignol. — *Loco dicto à las Fontanelas*, 1495 (Dives, II).

Fontanelle, lieu-dit, c⁽ⁿᵉ⁾ de Lenquais (cad.).

Fontanelle, h. c⁽ⁿᵉ⁾ de Marsalès. — 1762 (Acte not.).

Fontanelle, éc. c⁽ⁿᵉ⁾ de la Trape.

Fontanelles (Les), bois de 48 hect. c⁽ⁿᵉ⁾ de Beaurone (cad.).

Fontanille, lieu-dit, c⁽ⁿᵉ⁾ de Négrondes (cad.).

Fontas, source très-abondante à Bourdeilles, qui, selon la croyance populaire, rend les brochets borgnes.

Fontas, h. c⁽ⁿᵉ⁾ de la Chapelle-au-Bareil.

Fontas, h. c⁽ⁿᵉ⁾ de Saint-Seurin-d'Estissac. — *Las Fontas*, 1695 (Acte not.).

Fontatou, h. c⁽ⁿᵉ⁾ de Fleurac.

Font-Auzelou? c⁽ⁿᵉ⁾ d'Audrix. — *Fons Auzelo*, 1454 (Liv. Nof. p. 14).

Font-Aval (A), bois, c⁽ⁿᵉ⁾ de Génis (A. Jud.).

Font Balinque, fontaine, c⁽ⁿᵉ⁾ de Sainte-Alvère.

Font-Bel? c⁽ⁿᵉ⁾ de Saint-Victor. — *Bordaria de Font Bela*, 1270 (Lesp. 78).

Font-Belisse, h. c⁽ⁿᵉ⁾ de Neuvic. — *Fon Belissa*, 1468 (Dives, I, 64).

Font-Belisse, f. c⁽ⁿᵉ⁾ de Saint-Front-de-Pradoux (cad.).

Font-Belure, pré, c⁽ⁿᵉ⁾ de Cabans (A. Jud.).

Font-Beney, h. c⁽ⁿᵉ⁾ d'Ales (S. Post.).

Font-Berlande, c⁽ⁿᵉ⁾ de Saint-Jean-d'Estissac (A. Jud.).

Font-Bente, pré, c⁽ⁿᵉ⁾ de Saint-Félix-la-Linde. — 1602 (Acte not.).

Font-Bertie, anc. fief, c⁽ⁿᵉ⁾ de Fanlac (arch. de Pau).

Font-Bessone, c⁽ⁿᵉ⁾ du Bugue (A. Jud.).

Font-Bette, c⁽ⁿᵉ⁾ d'Auriac-Montignac (A. Jud.).

Font-Beulaygue, m. isolée, c⁽ⁿᵉ⁾ de la Force (S. Post.).

Font-Bigou, h. c⁽ⁿᵉ⁾ de Granges (C.).

Font-Blanche, lieu-dit, c⁽ⁿᵉ⁾ de Montignac-sur-Vézère (A. Jud.).

Font-Blanque, h. c⁽ⁿᵉ⁾ de Villefranche-de-Longchapt (B.).

Font Blanque, font. dans le bourg de Manzac. — *Fon Blanca*, 1476 (Dives, I).

Font-Blanque, h. c^ne de la Valade (S. Post.).

Font-Bois, h. c^ne de Coursac (B.).

Font-Boisse, h. c^ne de Ribagnac (B.).

Font-Bolh? c^ne de Tayac. — A la Fon-Bolh-Maya, 1490 (Lesp. 65, Migo-Folquier).

Font Bonne, fontaine, c^ue de Grives (cad.).

Font-Bonne, c^ne de Lusignac. — Mayne de Fon-Bouneau (O. S. J.).

Font Bonne, fontaine du bourg de Saint-Aquilin. — Pèlerinage (Audierne, Notes sur le P. Dupuy).

Font Bonne, fontaine située dans la grotte de Saint-Astier.

Font-Bonne, c^ne de Saint-Félix-de-Villadeix, ténement. — 1760 (Acte not.). Anc. fief de l'église de Saint-Front.

Font-Bonne, h. c^te de Saint-Laurent-de-Castelnau (cad.).

Font-Bonne, h. c^ue de Saint-Martin-de-Gurson (S. Post.).

Font Bonne, fontaine, c^ne de Pressignac. — Moulin de Fonbounet, 1696 (Acte not.).

Font-Borrel? c^ne de Journiac. — Riparia de Fon Borrel (Liv. Nof. 120).

Font Bouillague, font. c^ne de Couse (cad. A.). — Boullyere, 1471 (cout. de Couse).

Font-Bouille, éc. c^ne de Champagne (B.).

Font-Bouldouyre, c^ne de Cabans. — Rivus fontis Bulhdoyra labentem versus fontem Carboneyra, 1459 (arch. de la Gir. Belvez).

Font-Bouldouyre, c^ne de Gaulegeac (cad.).

Font-Bouldouyre, c^te de Saint-Pardoux-et-Vielvic (cad.).

Font-Bouldouyre, c^ne de Villamblard. — Maynam. de fon Bulhdoyra, 1399 (Périg. M. H. 11, 5). — Bulidoyra, 1498 (Dives, II, 37).

Font-Bourbonaise, c^ne de Saint-Michel-l'Écluse (cad.).

Font-Bourdou, taillis, c^ne de Bouillac (A. Jud.).

Font Bourna, fontaine, c^ne de Sainte-Alvère.

Font-Bourneys, c^ne de Cabans. — Mansus de fon Borneys, 1524 (arch. de la Gir. Belvez).

Font-Bouteille, au h. de Flageat, c^ne de Sainte-Marie-de-Chignac (A. Jud.).

Font-Bracal? c^ne de Montravel. — XIIIe siècle (lieve de Montravel).

Font-Bridoire, m^io, c^ne de Cone-de-la-Barde.

Font-Bruihone? c^ne de Belvez. — Fon Bruihone, 1462 (Philipparie).

Font-Brune, éc. c^ne de Cours-de-Piles (B.).

Font Brungidouyre, fontaine, c^ne de Varennes, entre le Talinot et la Dordogne. — 1776 (Acte not. et cad.).

Font-Bulière, c^ne de la Bachelerie (cad.).

Font-Cabalenque, h. c^ne de Campsegret (A. Jud.).

Font-Cabrolle, c^ne de Calviac. — 1467 (arch. de Fénélon).

Font-Cadouyre (A la), taillis, c^ne de Saint-Laurent-des-Bâtons (A. Jud.).

Font Capelane, c^ne de Sainte-Alvère. — Fons Capelana, 1454 (Liv. Nof. 29).

Font-Capelotte, c^ne de Saint-Laurent-des-Bâtons, sect. D, 121 (A. Jud.).

Font Carbonière, c^ne de Molière. — Fons Carbonieyra, 1459 (arch. de la Gir. Bigaroque).

Font-Carteyrade, lieu-dit, c^ne de Lenquais (cad. sect. C, 654).

Font-Cassidoux, c^ne de Saint-Marcel (cad.).

Font-Gaudière, h. c^ne de Maurens, près de la source d'un affluent du Caudou.

Font-Caussade, h. c^ne de Mescoulès.

Font Cerne? c^ne de Saint-Astier. — Fons Cerne, 1465 (Dives).

Font Chabbleta? c^ne de Sendrieux. — Fons Chabbleta, 1452 (Liv. Nof. 3).

Font-Chapelle, c^ne de Saint-Rabier (cad.).

Font Chaude, c^ne de Cadouin. — Fon Caude (cad.). — Fons de Bassa Calderia? 1115 (cart. de Cadouin).

Font-Chaude, c^ne de Couse. — Fon Caude sive de saint Loup, 1461 (arch. de la Gir. Lancepleine).

Font Chaude, source minérale de Panassou, c^ne de Saint-Cyprien. — Caudaygue (cad.).

Font Chaude ou des Bains de César, fontaine minérale, c^ne de Périgueux. — Fons Calidus (propre du dioc. office de Saint-Eumachie).

Font Chaude, c^ne de Saint-Astier. — La Fon Chaude, 21 octobre 1461 (Lesp. vol. 63).

Font-Chaude, c^ne de Vaunac (cad.).

Font Chauvet, font. c^ne de Léguillac-de-Lauche.

Font-Chivet, c^ne de Lusignac, près de Bourzac, 12... (O. S. J.).

Font-Close, h. c^ne de Saint-Caprais-de-Razac.

Font-Close, h. c^ne de Saint-Jean-de-Cole. — Fonclause (S. Post.). — Fontaine processionnelle (Antiq. de Vésone, I, 251).

Font-Courbe, c^ne d'Audrix. — Fief nommé Fon Corba, 1314 (Lesp.).

Font-Courtoise, lieu-dit, c^ne des Lèches (A. Jud.).

Font-Couverte, c^ne de Molière. — Fon Cuberta, 1462 (arch. de la Gir. Belvez).

Font-Couverte, c^ne de Neuvic. — Locus voc. Foncuberta, 1450 (Dives, I, 120).

Font Couverte, fontaine, c^ne de Saint-Caprais-la-Linde. — Fon Coberteyrada, 1475 (Liv. Noir, p. 26).

Font-Couverte? c^ne de Saint-Félix-de-Villadeix. — Fon Cubertouyrade, 1473 (Rec.).

Font-Couverte, c^ne de Saint-Michel-l'Écluse (cad.).

Font-Couverte, lieu, c^ne de Savignac-les-Églises (A. Jud.).

Font-Crose, h. c^ne de Champsevinel. — *Font Croge*, 1742 (Acte not.).

Font-Crose, h. c^ve de Fouleix. — *La Fon Croze*, 1471 (Dives).

Font Crose, font. au-dessus du bourg de Lempzours.

Font-Crose, h. c^ne de Saint-Avit-Sénieur (S. Post.).

Font-Crouzille, c^ne de Bertric.

Font-d'Albaret? c^ne de Saint-Naixent. — *Fons d'Albaret*, 1487 (O. S. J.).

Font-d'Alon, c^ne de Brassac. — *Fondalon*, 1772 (A. N.).

Font-d'Argent, éc. c^ne de Montmarvès (B.).

Font-d'Artigeas, éc. c^re d'Angoisse (B.).

Font-d'Ataux, pré, sect. C, c^de de Sainte-Eulalie-d'Ans (A. Jud.).

Font-d'Aubet, éc. c^ne de Sainte-Natalène.

Font-Daudebec, c^ne de Sainte-Natalène (A. Jud.).

Font-Daumier, h. c^ne de Cénac (B.) — Anc. rep. noble.

Font-Daurade, h. c^ne de Gardone (A. Jud.).

Font-d'Aytz, c^ne de Neuvic. — *Fons d'Aytz*, 1481 (Dives, I, 156).

Font-de-Berbégias, c^ne de Sendrieux. — 1699 (Acte not.).

Font-de-Bering, au bourg d'Agonac. — 1260 (Lesp. Bourdeilles).

Font-de-Bezenou, c^ne de Gaugeac (A. Jud.).

Font-de-Bonne-Garde, c^ne de la Mongie. — 1706 (Acte not.).

Font-de-Brague, c^ne de Belvez. — *Al fon de Braguas*, 1462 (Philipparie).

Font-de-Caumont (A la), c^ne de Saint-Avit-Sénieur.

Font-de-Chabrol (A la), taillis de chênes S D, 222, c^ne de Cadouin (A. Jud.).

Font-de-Chanal (A la), c^ne de Peyzac, c^on de la Nouaille. — *Fons de la Chanal*, 1408 (assises à Exideuil, Lesp. vol. 46).

Font-de-Cussac, c^ne de Soulaure.

Font-de-Doubinas, h. c^ne de Manauric.

Font-de-Fuste, taillis, c^ne de Bouillac (A. Jud.).

Font-de-Galan (La), lieu-dit, c^ne de Saint-Cyprien (cad.).

Font-de-Gaure (A la), pré, c^ne du Fleix (A. Jud.).

Font-de-Gomme, éc. c^ne de Tayac.

Font-de-la-Baissa? c^ne de Saint-Médard-de-Gurson. — *Fons de la Baisa, alias de la Baissa* (cart. de la Sauve, don à Ligueux).

Font de la Basse-Forêt, fontaine remarquable, c^ne de Villamblard.

Font-de-la-Bouyerie, c^ne de Marquay (cad.).

Font-de-la-Chape, c^ne de Manauric (A. Jud.).

Font-de-la-Jasse, c^ne de Campsegret (A. Jud.).

Font-de-Ladière, lieu-dit, c^ne de Saint-Chamassy (cad.).

Font de l'Alba, principale fontaine de Saint-Cyprien (arch. de la Gironde, reg. de 1492).

Font-de-l'Albar, éc. c^ne de Mauzac (arch. de la Gir. Belvez).

Font-de-la-Malle, h. c^ne de Saint-Julien-de-Lampon (B.).

Font-de-la-Nau, h. c^ne d'Azerat (cad.).

Font-de-la-Queyrie? c^on de Jaure. — *Fons de la Queyria*, 1471 (Dives, I, 84).

Font de la Rive, c^ne de Tayac. — *Fons de la Ripia de Comba* (Philipp. 66).

Font-de-las-Peyras, c^ne de Sourzac (S. Post.).

Font-de-Lauche, h. c^ne de Léguillac, à la source du Cruzet, affluent de l'Itle. — *Fons Anseris*, 1490 (O. S. J.).

Anc. rep. noble.

Font-de-Lauche (A'), terre, c^ne de Négrondes (A. Jud.).

Font del Cayre, c^ne de Condat, sur le bord de la Vézère. — *Fons del Cayre*, 1451 (O. S. J. Condat).

Limite entre la juridict. de Condat et celle de la Fleunie, 1692.

Font del Coral? c^ne de Sourzac. — *Cumba fontis dicti del Çoral*, 1302 (Lesp. 47, Sourzac).

Font-de-l'Église, c^ne de Bosset. — 1743 (Acte not.).

Font-de-l'Étanchon, taillis, c^ne de Brantôme (A. Jud.).

Font de ley Merigie, fontaine, c^ne d'Angoisse. — 1560 (O. S. J. Condat).

Font-de-Leypalom, c^ne de Montignac-sur-Vézère. — *Fon de Leypalomp*, 1492 (Généal. de Rastignac).

Font-de-l'Houlme, grande fontaine au bourg de Montravel (terr. de l'archevêché, 1624).

Font-de-l'Orme? c^ne de Saint-Séverin-d'Estissac. — *Fons de Ulmo*, 1342 (Lesp.).

Font-de-Louyou, c^er de Lenquais (cad.).

Font-de-Mallas, lieu-dit, c^ne de Tanniès (cad.).

Font-de-Martin, c^ne de Bruc. — *Fon Marti*, 1334 (Périg. M. H. 41, 4).

Font de Martin, fontaine près du bourg de Lenquais.

Font-de-Marzelle, pré et taillis, c^ne de Cadouin.

Font-de-Meaux, h. c^ne de Coursac. — Autrement *Maison Haute* (cad.).

Font de Melhape? c^ne de Chantérac. — *F. de Melhapa*, 1498 (arch. de Saint-Astier).

Font de Miaou, fontaine au-dessous du vill. de la Devigne, c^ne de Pomport. — Réputée pour la guérison des enfants malades.

Font-de-Morignie? c^ne du Bugue. — *F. de Morignia*, 1410 (Liv. Nof. p. 16).

Font-de-Patau, près de Villeneuve, c^ne de Pontours.

Font-de-Paviot, c^ne de Saint-Georges-de-Montclar (A. Jud.).

Font-de-Pérat ou Font-Mazière, c^{ne} de Saint-Félix-de-Villadeix. — 1760 (arpentement).

Font-de-Peyre, c^{ne} de Saint-Mayme-de-Péreyrol (A. Jud.).

Font-de-Rouchoulle, lieu, c^{ne} de Preyssac-d'Agonac.

Font-de-Roucou, c^{ne} de Lolme.

Font-des-Ages, c^{ne} de Sarlat (cad.).

Font de Saint-Ange, près de Vern (Dives).

Font-de-Saint-Étienne, c^{ne} de la Chapelle-Grésignac (cad.).

Font de Saint-Front, au bourg de Douville.

Font de Saint-Front, faubourg de Périgueux. — *A la Tornapicha près de Fon Saint-Frontaih*, 1247 (reg. de la Charité).

Font de Saint-Julien, sur la place de Terrasson.

Font de Saint-Julien, c^{ne} de Tursac (cad.).

Font de Saint-Louis, c^{ne} de Beaupouyet, à Saint-Sernin. — 1740 (Rec.).

Font de Saint-Loup, c^{ne} de Couse. — Inconnue; elle est dite près du Chay-au-Salin dans un acte de 1566 (Reconn. arch. de la Gir.).

Font de Saint-Pierre, c^{ne} de Belvez. — *Fon Saint-Pere.* Elle confronte à la rue qui va à Peyre-Levade (Philipparie).

Font de Saint-Pierre, c^{ne} de Bertric. — *Fon Saint Peyre* (cad.).

Font de Saint-Pierre, c^{ne} de Carlux. — *Fon Saint Peyre* (cad.).

Font de Saint-Pierre, au bourg de Manzac (Dives).

Font de Saint-Pierre, bourg de Mont-Caret. — *Fon Saint-Pey* (terr. de Mont-Caret).

Font de Saint-Pierre, bourg de Neuvic.

Font de Saint-Pierre, c^{ne} de Proissans (cad.). — *Saint Peyre.*

Font-de-Saint-Pierre (Le), m. isolée, c^{ne} d'Abjat-de-Thenon (S. Post.).

Font-de-Saint-Savit, c^{ne} de Cercle (cad.).

Font-de-Sala, c^{ne} de Grignol. — *Rivus fontis de Sala*, 1459 (Dives, B.). — *Salatz*, 1526 (A.).

Font de Sanguinaygue, c^{ne} de Saint-Vivien. — 1627 (Acte not.).

Font de Sauzet? c^{ne} de Brassac. — *Fons de Sauzet*, 1285 (Lesp. vol. 23).

Font des Cinq-Canelles, à Bergerac, 1465. — *Fon Peyra, Fon Peyre* (Liv. N. 17). — *Fon de las Canelas*, 1409 (Liv. Noir). — *Fon Pierre*, 1630 (Procès-verbal de démolition des murs).

Font-des-Fièvres, c^{ne} de Sagelat (cad.).

Font des Fièvres (La), fontaine, c^{ne} de Chassagne (cad.).

Font des Fièvres (La), fontaine, c^{ne} de Minzac.

Font des Gavats, sect. A, n° 688, c^{ne} de Cadouin.

Font des Ladres, fontaine aux environs de Sarlat.

Font des Malades, c^{ne} de Sanillac, sur le bord de l'Ille, près de Périgueux (cad.).

Font-des-Marjarides, c^{ne} de Terrasson.

Font-des-Oulmes, c^{ne} de Belvez. — 1462 (Philipparie).

Font-des-Pargnans, pré, c^{te} de Saint-Martin-des-Combes (A. Jud.).

Font-des-Roumieux, taillis de chênes, sect. D, n° 304, c^{ne} de Cadouin (A. Jud.). — *Font Romieu* (cad.).

Font des Trois-Évêques, fontaine, c^{ne} de Loubéjac. — Près de cette fontaine se trouve, selon la tradition, une table en pierre où pouvaient manger ensemble, sans sortir de leurs diocèses, les évêques de Cahors, d'Agen et de Périgueux (le Périgord illustré).

Font-des-Trois-Pierres, c^{ne} de Saint-Vincent-de-Connezac.

Font-Douéro, h. c^{ne} de Menesplet (S. Post.).

Font des Trois-Rois, c^{ne} de Villamblard, près Giraudon. — Légende sur cette fontaine.

Font-d'Eylias, c^{ne} de Rouquette, c^{cn} d'Eymet. — *F. d'Helias* (B.). — *Fon d'Ylias* (S. Post.).

Font-du-Biarnès, h. c^{ne} de Cunéges (B.).

Font-du-Bourreau, c^{ne} de Beaumont, près du moulin des Justices.

Font-du-Breuil (La), éc. c^{ne} de Nabirat (B.).

Font-du-Brugidou, c^{ne} de Vic (Reconn. 1649).

Font du Buguet, c^{ne} de Grignol. — *Fons del Buga*. 1334 (Périg. M. H. 41,4). — *Fon del Buguet*, 1471 (Dives, I, 63).

Font du Caillou? dans la Bessède. — *Fon del Calhau*, 1357.

Une des limites du bois commun de Belvez.

Font-du-Chat (A), bois, c^{ne} de Fossemagne (A. Jud.).

Font-du-Cros (La), h. c^{ne} de Menesplet (B.).

Font-du-Dos, c^{ne} de Beynac (cad.).

Font-du-Dru, c^{ne} de Neuvic (cad.).

Font-du-Jard, c^{ne} de Queyssac (cad.).

Font-du-Juge (La), c^{ne} de Genestet (A. Jud.).

Font-du-Luguet, c^{ne} de Bertric (cad.).

Font-Dunal, c^{ne} de Coursac (B.).

Font-du-Parc (La), h. c^{ne} de Montazeau (B.).

Font-du-Puy, c^{ne} de Montravel. — *Fons de Podio*, XIIIe siècle (lière de Montravel).

Font-du-Rey, c^{ne} de la Douze (A. Jud.).

Font-d'Ussel, c^{ne} de Proissans (A. Jud.).

Font-du-Teulet, c^{ne} de Saint-Martin-des-Combes. — *Fon del Teulet*, 1525 (Acte not.).

Font du Touron, font. c^{ne} de Faux. — 1771 (arpent.).

Font-du-Touron, c^{ne} de Mont-Caret. — 1650 (terr. de Mont-Caret).

Font-du-Tourondel, c^{ne} de Font-Galau (Philipparie, 137).

FONT-DU-VERDURIER, taillis, c^ne de Douville (A. Jud.).

FONT-D'UZERCHE, lieu-dit, c^ne de Bassillac (cad.).

FONT-EAU, h. c^ne de Faux.

FONT-EAU, h. c^ne de Festalens, auprès duquel prend sa source le ruiss. qui se jette dans la Risone près de Ponteyraud.

FONTEILLAC, bois, c^ne de Bourg-de-Maisons.

FONTENDOULE, h. c^ne de Montbazillac (A. Jud.).

FONTENDOUZE, pré, c^on de Vert-de-Biron (A. Jud.).

FONTENELLES, h. c^ne du Pizou.

FONTENGUILLIERS (LES), h. c^ne de Saint-Perdoux-Issigeac.

FONTENILLE, dom. c^ne de Baneuil.

FONTENILLES, réuni à AIGUES-PARSES, c^né, c^on de Villefranche-de-Belvez. — Voc. Sainte-Claire et Notre-Dame.

FONTENILLES, lieu, c^ne de Bassillac. — Maynamentum de Fontanilhas, 1455 (Périg. M. H. 41, 7).

FONTENILLES, h. c^ne d'Eyliac. — Fontenilh, 1503 (Mémoires d'Albret).

FONTENILLES, c^ne de Neuvic. — Mansus de Fontanilhas, 1263 (Périg. M. H. 41, 41).

FONTENILLES, c^ne de Saint-Germain-de-Salembre. — Maynam. de La Fontanelia, 1413 (Lesp.).

FONTENILLES, h. c^ne de Saint-Médard-de-Drone. — Fontenillou (A. Jud.)
Anc. rep. noble.

FONTEPILLE, h. c^ne de Connezac (S. Post.).

FONT-ÉVÊQUE, h. c^ne de Sainte-Foy-de-Longa. — Fonteyvesque, 1680 (Acte not.).

FONT-FARIÈRE, m. isolée, c^te de Clermont-d'Exideuil (S. Post.).

FONT-FAURÈS, h. c^ne de Rampieux.

FONT-FAYE, h. c^ne d'Auriac-de-Montignac (S. Post.).

FONT-FAYE, h. c^ne de Saint-Pierre-de-Chignac. — 1747 (Acte not.).
Anc. rep. noble.

FONT-FAYOLLE, taillis, c^ne de Saint-Martin-des-Combes (A. Jud.).

FONT-FORGE (A LA), taillis, c^ne de Douville (A. Jud.).

FONT-FOUGACIÈRE, tènement de la c^ne d'Issigeac, 1682 (Lesp. vol. 37, Issigeac). — Voy. FUGASSIÈRE (LA).

FONT-FOURCADE, h. c^ne de Cadouin (S. Post.).

FONT FRAÎCHE (LA), c^ne de Sendrieux. — 1699 (Acte not.).

FONT-FRANQUE, h. à la source d'un affl. de la Crempse, c^ne de Montagnac.

FONT-FRÈDE, f. c^ne de Couse. — Fonfrege, 1680 (Acte not.).

FONT-FRÈDE, m. isolée, c^ne de Rouquette-Eymet (S. Post.).

FONT-FRÉGE, c^ne de Sagelat. — Fons Frega, 1462 (Philipparie).

FONT-FROIDE, c^ne de Saint-Aquilin (cad.).

FONT FROMAGIÈRE? c^ne de Saint-Laurent-des-Bâtons. — Rivus fontis vocati Fromatgiera, 1482 (Lesp. vol. 84).

FONT-GAILLARD, c^ne de Sales-de-Belvez (cad.).

FONT-GAL, c^ne de Belvez. — Fon Gala; Combe de font Galla, 1462 (Philipparie).

FONT-GAL, mais. c^ne de Payzac (S. Post.).

FONT-GALAU, c^né, c^on de Belvez. — Fons Galardus, 1372 (Lesp. 46, Belvez). — Parochia de Fonte Galano, 1462 (Philipp.). — Fongale (châtell. du Périg. arch. de Pau). — Fongala, 1667 (Blaeu). — Fon Galo, 1727 (terr. de Belvez). — Fongalan (Cass.). — Fontgalot (B.). — Fongalop (Cal. admin. de la Dordogne).
Pat. saint Jean-Baptiste; coll. l'évêque.
Anc. rep. noble.

FONT-GARRIGUE, c^ne de Tanniès (cad.).

FONT-GASSIER, c^ne de Sagelat. — 1452 (Philipparie).

FONT-GASSIÈRE, c^ne de Tursac (cad.).

FONT-GAUFFIER, réuni à SIOBAC, c^né, c^on de Belvez. — Fons Gayferii, Fons Gaufieri, 1095. — Fons Golferii, 1252 (Lesp. Fontgauflier).
Anc. abb. de femmes, avec haute justice dans Sagelat, 1760 (Alm. de Guy.).
Voc. Notre-Dame et Saint-Géraud (Du Tems, Hist. du clergé).

FONT-GAUFFIER, h. c^ne de Limeuil.

FONT-GAUFFIER, lieu-dit, c^ne de Montplaisant (cad.).

FONT-GAUFFIER, c^ne de Mortemar. — Mans. de Fogaffier, 1409 (O. S. J.).

FONT-GAUFFIER, sect. de la c^ne de Sagelat (cad.).

FONT-GAUFFIER, h. c^ne de Saint-Avit-Vialard.

FONT-GAULIER, h. c^ne de Saint-André-de-Double (S. Post.).

FONT-GAUMIER, c^ne de Castel (cad.).

FONT-GIBAN? — Fons Giran, 1280 (vente de Dome).

FONT-GOUGE, h. c^ne de Montignac-sur-Vézère.

FONT-GOULIOUSE, c^ne de Saint-Front-de-Pradoux (cad.).

FONT-GOURS, h. c^ne de Négrondes (A. Jud.). — Fontgoux (ibid.).

FONT-GRAULIER, c^ne de Saint-Martin-de-Fressengeas (cad.).

FONT-GRELIER, h. c^ne de Lusignac.

FONT-GRENON, habit. et bois, c^ne de Cercle.

FONT-GUGUE, h. c^ne de Razac-Saussignac. — 1641 (Acte not.).

FONT-GUILJAUME? c^ne de la Mongie-Montastruc. — Fons Guiljaumencha, près de Laularie, 1465 (L. Noir).

FONT-HAUTE (LA), h. c^ne de Cazoulès (B.).

FONT-HUGO? c^ne de Saint-Astier. — Fonthugo, 1271 (Lesp. 51).

Font-James, h. c^re de Vic.

Font-Jasse, éc. c^be de Saint-Médard-de-Mussidan.

Font-Jean, h. c^ne de Javerlhac (S. Post.).

Font-Jouanade, c^ne de Mareuil. — F. Joannada, Johanada, 1153 (cart. de Saint-Amand-de-Boisse, Lesp. 37).

Font-Jouanne, h. c^re de Sainte-Aulaye. — Fon Joine (S. Post.).

Font-Juliane, habit. c^ne de Saint-Julien-Eymet (S. P.).

Font-Ladan, lieu, c^ne de Montravel. — Font l'Adam (B.).

Font-Lade, h. c^ne de Razac-de-Saussignac (B.).

Font-Ladier, éc. c^ne de Saint-Pardoux-la-Rivière.

Font-Lardier, h. c^ne de Nontron (S. Post.).

Font-Laurent? c^ne de Gabillon. — Fon Laurens, 1457 (Lesp. 79).

Font-la-Veuve, h. c^ne de Paleyrac (B.). — Fou la Bena, 1462 (Philipparie).

Font-Leyronne, c^ne de la Mongie-Montastruc (A. Jud.). — Fons Layrono (Liv. Nof. p. 33).

Font Limon, belle fontaine dans le haut du bourg de Varaigne, dont les eaux se mêlent aussitôt au ruisseau de la Manugrie.

Font-Lionel, éc. c^ne de Saint-Chamassy (B.).

Font-Longue, c^ne de Grignol. — Tenementum voc. de la Fon Longa, 465 (Dives, II, 46).

Font-Loriol, c^ne de Fontaine (cad.).

Font-Losse, h. c^ne de Lusignac (cad.).

Font-Loubou, lieu-dit, c^ne de Tayac (cad.).

Font Luzine, fontaine, c^ne de Brassac. — 1772 (Dénombr. de Montardit, Lesp. 88).

Font-Malade, c^ne d'Issigeac (cad.).

Font-Margot, c^ne de Fontenille (cad.).

Font-Martel, c^ne de Montclar. — 1650 (Acte not.).

Font-Martine, c^ne de Varennes. — La Fon Martine, 1603 (Not. de Lenq.).

Font-Maugal, c^ne de Cussac. — Mansus de Fon Maugal, 1459 (arch. de la Gir. Belvez).

Font-Mendière, c^ne de Saint-Germain-de-Salembre. — Font Merdieira, 1262 (Périg. M. H. 9138, 13).

Font-Molle, taillis, c^ne de Marcillac (A. Jud.).

Font-Monte, h. c^ne de Montplaisant (B.).

Font-Monte, c^ne de Villamblard. — 1617 (Acte not.).

Font-Monte (Combe de la), lieu-dit, c^ne de Sainte-Foy-de-Longa. — 1670 (Acte not.).

Font-Mosse? c^ne de Mortemar. — Bord. de Fonte Mossa, 1409 (O. S. J.).

Font-Moure, sect. de la c^ne de Sourzac.

Font-Nadalès, h. c^ne de Cone-de-la-Barde. — 1625.

Font Neuve, font. c^ne de Lenquais, sect. des Pailloles.

Font-Neuve, c^ne de Saint-Laurent-des-Bâtons.

Font Niotard, c^ne de Molières (cad.). — Fons Leutardi, 1189 (cart. de Cadouin)?

Font-Niovas, h. c^ne de Sorges.

Font-Noble, lieu-dit, c^ne de Saint-Mesmin (A. Jud.).

Font-Noele, c^ne de Belvez. — Fon Noela, 1462. — Noelle, 1650 (Philipparie).

Font-Noele, c^ne de Cabans. — Fon Noela, 1489 (arch. de la Gir. Bigaroque).

Font-Noyer, h. c^ne de Calviac (B.).

Font-Oursine, lieu, c^ne de Saint-Sernin-de-la-Barde.

Font-Paravanque, c^ne de Saint-Marcel (cad.).

Font-Passanele, c^ne de Belvez. — Fon Passarela, 1462 (Philipparie).

Font-Pastourelle, c^ne de la Chapelle-Gonaguet. — 1660 (Acte not.).

Font-Pau (A), chât. c^ne de Saint-Cirq (A. Jud.).

Font-Perliche, c^ne de Manzac (Dives, 1861).

Font-Perlique, c^ne de Sainte-Alvère (cad.).

Font-Peyre, c^ne de Journiac (S. Post.).

Font-Peyre, c^ne de Ladornac (cad.).

Font-Peyre, h. c^ne de Léguillac. — Mayn. de Font Peyre, compris dans la métairie de Font Peyrine, 1482 (inv. du Puy-Saint-Astier).

Font-Peyre, h. c^ne de Lusignac (B.).

Font-Peyre, c^ne de Neuvic (cad.).

Font-Peyre, éc. c^ne de Plazac.

Font-Peyre, lieu-dit, c^ne de Saint-Julien-Brantôme. — Autrement Fumetias (A. Jud.).

Font-Peyre ou Penautie, n° 10, sect. F, c^ne de Saint-Pierre-d'Eyraud (A. Jud. Journal de Bergerac, 30 mai 1846).

Font Peyre, fontaine, c^ne de Vallercuil. — Fons Petra, 1328 (Périg. M. H. 41, 4).

Font-Peyre, c^ne de Vern (cad.).

Font-Peyrière, près du bourg de Saint-Astier. — 1652 (Procès-verbal de la prise de la ville).

Font-Peyrine, c^ne de Belvez. — Fon Peyrinha, 1462 (arch. de la Gir. Belvez).

Font-Peyrine, c^ne de Carlux (cad.).

Font-Peyrine, h. c^ne de la Chapelle-au-Barcil (S. Post.).

Font-Peyrine, sect. de la c^ne de Dome (cad.).

Font-Peyrine, c^ne de Douzillac (Dives). — Peyre (A. Jud.).

Font Peyrine, fontaine, c^ne de Fouleix.

Font-Peyrine, c^ne de Léguillac-de-Lauche. — Métairie de Font Peyrine, alias de Boudauld, 1514 (inv. du Puy-Saint-Astier).

Font Peyrine, fontaine à la Vernelle, c^ne de Saint-Félix.

Font-Peyrine, c^ne de Saint-Marcel (cad.). — Fon Peyrière (A. Jud.).

Font-Peyrine, c^ne de Siorac, n° 56; le lieu-dit Cayre-Levat est n° 50 (cad.).

Font-Peyrine, sect. de la c^ne de Tursac (cad.). — Pèlerinage.

Font-Peyronne, c^ne de Chantérac. — 1540 (inv. du Puy-Saint-Astier).

Rep. noble.

Font-Peyronne, h. c^ne de Conc-de-la-Barde (B.).

Font-Peyrouse, h. c^ne de Jayac.

Font-Peyrouse, h. c^ne de Montmarvès (B.).

Font-Pichieyrou? c^ne de Prigonrieu. — Fon Pichieyrou, 1675 (Acte not.).

Font-Pieulle, c^ne de Faux, à la Genèbre.

Font Pilosa? c^ne de Sainte-Alvère. — Fons vocatus Pilota (Liv. Nof. p. 52).

Font-Pitou, h. c^ne de Saint-Martial-de-Viveyrol. — 1508 (Acte not.).

Anc. rep. noble.

Font-Poutrou, lieu-dit, c^ne de Thenon (A. Jud.).

Font-Prigonde, h. c^ne de Boisse.

Font-Prigonde, h. et font. c^ne de Sainte-Alvère. — Factum de Fonte Profondo, 1333 (Lesp. 25, Limeuil). — Font Prionde (Acte not.).

Font-Pudie, sect. de la c^ne de Sainte-Alvère. — Fons Pudia, 1454 (Liv. Nof. p. 29).

Font-Pupin, lieu-dit, c^ne de Capdrot (cad.).

Font-Quentin, éc. c^ne de Dome (B.).

Font-Queynard? c^ne de Neuvic. — Fons Queynard (Dives, I, 89).

Font-Queyrade, h. c^ne de Born-de-Champs.

Font-Queyrade, c^ne de Millac-Sarlat (cad.).

Font-Queyrade, c^ne de Naussanes. — 1773 (Not. de Lenq.).

Font-Quillière (A la), taillis, c^ne des Lèches (A. Jud.).

Font-Réal, h. c^ne de Brassac.

Font-Réal, h. c^ne de la Roque-Gajac (cad.).

Font-Redon, c^ne de Cussac. — Fons dicta Redonis, 1459 (Philipparie).

Font-Regoulenc, c^ne de Sengeyrac (A. Jud.).

Font-Riche? c^ne de Sainte-Alvère. — Fons Richo, 1455 (Liv. Noir, p. 45).

Font-Rigaud, éc. c^ne de Mont-Caret (B.).

Font-Romive, c^ne d'Urval (cad.).

Font-Roque, c^té, c^on d'Eymet. — Parochia de Fonte Roqua (Lesp. Coll. de Clément VI).

Pat. saint Sacerdos; coll. l'évêque.

Font-Roque, h. c^ne de Mont-Caret (B.). — Fons Roqua, XIIIe siècle (lièvre de Montravel).

Font-Roque, lieu-dit, c^ne de Saint-Romain-Montpazier (A. Jud.).

Font-Roquette, h. c^ne de Nojals (A. Jud.).

Font Roudal, fontaine, c^ne de Varennes. — Fon Rodal, 1484 (coll. de Lenq.).

Font-Rouget, h. c^ne de Bars.

Font-Roumane, lieu, c^ne de Pomport.

Font-Roumanet, c^ne de Douzillac (cad.).

Font-Roumine (A), taillis, c^ne d'Urval (A. Jud.).

Font-Rousse (La), habit. c^ne de Montbazillac (S. Post.).

Font-Rousse (La), c^ne de Saint-Séverin-d'Estissac. — Fons Rossela, 1342 (Périg. M. H. 41, 5).

Font-Rouye, c^ne de Douzillac (cad.).

Font-Rouye, c^ne d'Issac (cad.).

Font-Rouyes (Les), h. c^ne de Jaure.

Font-Russone, c^ne de Belvez. — Fon Russone, 1462 (Philipparie).

Fonts (Les), h. c^ne de la Chapelle-Faucher (B.).

Fonts (Les), h. c^ne de Cours-de-Piles.

Fonts (Les), éc. c^ne de Saint-Barthélemy-de-Bellegarde (B.).

Fonts (Les), h. de la c^ne de Saint-Martial-d'Artensec.

Fonts (Les Cinq-), éc. c^ne de Saint-Martin-de-Gurson (B.).

Fonts (Les Neuf-), c^ne de Saint-Amand-de-Villadeix. — Pratum vocat. de novem Fontibus, 1510 (Reconn. de Saint-Amand, ch. Mourcin).

Fonts (Sept-). — Voy. Sept-Fonts.

Font-Sablière, lieu-dit, c^ne de Saint-Amand-de-Vern (A. Jud.).

Font Sainte-Marie, près du bourg de Bourgnac (cad.).

Font Sainte-Marie, dans la ville de Sarlat. — A pris son nom de l'église Sainte-Marie-de-Mercato.

Font Sainte-Marie, c^ne de Saint-Sulpice-de-Roumagnac, près du lieu-dit les Chapelles (Notre-Dame-de-France).

Font Saint-Georges, banlieue de Périgueux. — La Fon Saint Jorge sobre la Recluse de l'Arsaut, 1260 (testam. Périg. M. H. 41, n° 3).

Font Saint-Jean, fontaine, c^ne de Sainte-Alvère.

Font-Saint-Jean, c^ne de Tanniès (cad.).

Font Saint-Martin, c^ne de Vitrac (cad.).

Font-Saint-Vaast (La), c^ne de Chatres. — Pèlerinage.

Font-Saint-Yrieix (A la), terre, c^ne de Génis (A. Jud.).

Font-Salade, h. c^ne de Beaumont. — Ruisseau de ce nom passant à Sainte-Sabine et affluant au Drot.

Font-Salade, lieu-dit, c^ne de Saint-Martial-de-Nabirat (cad.).

Font-Sec, h. c^ne de Saint-Marcel. — Fons vocatus Secho, 1680 (Liv. Nof. 12).

Font-Sec, h. c^ne de Saint-Sauveur.

Font-Sénier, h. c^ne de Bourdeilles.

Font-Serge? — Mansus de Fonte Sergio, 1135 (cart. de Cadouin : don par B. de Bridoire).

Font-Seymole, c^ne de Saint-Martin-des-Combes. — Fons Seymolo, 1472 (Lesp. 25).

Font-Touron, c^ne de Saint-Laurent-des-Bâtons, sur la hauteur d'où sort un affluent de la Louire.

Dordogne.

17

Font-Trepierre, h. c^{ne} de Sarlat (S. Post.).

Font-Troubade, h. c^{ne} de la Cropte (A. Jud.).

Font-Troubade, anc. paroisse, c^{ne} de Lussas. — *Sancta Maria de Fonte invento*, 1556 (Lesp. Nontron).

   Anc. rep. noble avec justice sur le bourg.

Font-Troubade, terre, sect. E de la c^{ne} de Manzac-Saint-Astier (A. Jud.).

Font-Troubade, c^{ne} de Saint-Jean-d'Eyraud. — Autrement *le Bos Brula*, 1725 (Acte not.).

Font-Valeix, h. c^{ne} de Saint-Astier (A. Jud.).

Font-Vaysse, c^{ue} de Saint-Georges-de-Montclar (A.Jud.).

Font-Verne, c^{ne} de Saint-Pompon. — *Mansus de Fon Vernha*, 1462 (arch. de la Gir. Belvez).

Font-Vialane, h. c^{ne} de Journiac.

Font-Vidal, c^{ne} du Bugue. — *Fontvidal* (L. Noir).

Font-Vidal, h. c^{ne} de Saint-Cirq.

Font-Vieille, c^{ne} de Bourgnac (cad.).

Font-Vieille, c^{ne} de Condat-sur-Vézère. — *Fons Vieilhe*, 1528 (O. S. J. Condat).

Font-Vieille, lieu-dit, c^{ne} de Fraysse. — 1720 (Not. du Fleix).

Font-Vieille, lieu-dit, c^{ne} de Saint-Front-de-Pradoux (cad.).

Font-Vieille, c^{ne} de Saint-Victor. — *Fonvella*, 1455.

Font-Vieille (La), c^{ne} de Montbazillac. — Rep. noble.

Font-Vieille (La), c^{ne} de Trémolac (A. Jud.).

Font-Vive, c^{ne} de Boisseuil (A. Jud.).

Font-Vive, font. c^{ne} de Manzac. — *Boria de Fonviva*, 1260 (Périg. M. H. 41, 3).

Font-Yrieuse, ténem. c^{ne} de Sendrieux. — 1699 (Acte not.).

Force (La), ch.-l. de c^{on}, arrond. de Bergerac. — *Parochia Sancti Victoris* (pouillé du xiiie siècle). — *Forcia*, 1382 (P. V. M.). — *Ostal de La Forssa*, 1395 (Lesp.).

   Anc. rep. noble dont les premiers seigneurs étaient prévôts de Bergerac. Le nom de cette dignité devint pour eux le nom de famille sous lequel ils sont connus. — Haute justice sur Masduran, Prigonrieu, Lunas, Saint-Georges-de-Blancaneix, Saint-Pierre-d'Eyraud et la Force (arch. de Pau).

   Érection en duché-pairie en 1637.

Force (La), c^{ne} de Grignol. — *Hospitium de La Forsa*, 1471 (Dives, I, p. 74). — *Molendinum de la Prebostia*, 1490 (Not. de Grignol). — *La Prevousté de Grignoulx*, 1508 (Lesp. vol. 34).

   Anc. rep. noble dans le château de Grignol, et qui appartenait à une branche des Prévôts, seigneurs de la Force, près de Bergerac.

Force (La), c^{ne} de Jaure. — *Pheodum de la Forso*, 1481 (Dives, I, 153). — *Borie de la Force*, 1565 (Lesp. 51).

Force (La), h. c^{ne} de Jumillac (S. Post.).

Force (La), éc. c^{ne} de Ribérac (B.). — *Repaire de la Force*, 1506 (Homm. au chât. de Ribérac, inv. 1754).

Force (La), c^{ne} de Saint-Paul-Lisone. — *Quadrivium de la Forsse*, 1460 (O. S. J.).

Fordos, c^{ne} de Mauzac. — *Cumba, rivus de Fordos*, 1463 (arch. de la Gir. Bigaroque).

Foresterie (La), c^{ne} de Brantôme.

Foresterie (La)? c^{ne} de Vallereuil. — *La Forestaria*, 1331 (Périg. M. H. 41).

Forestier (Le), h. c^{ne} de Teyjat (B.).

Forestole, bois, c^{ne} de Cause-de-Clérans (A.Jud.).

Forêt, deux lieux auprès de Merlande, c^{ne} de Champsevinel.

Forêt, c^{ne} de Mayac. — *Apud grangiam de la Forest*, 1197 (cart. de Dalon).

Forêt (La), h. c^{ne} d'Agonac.

Forêt (La), h. c^{ne} de Beaurone-de-Chancelade.

Forêt (La), h. c^{ne} de Brantôme.

Forêt (La), h. entre le Bugue et Savignac-de-Miremont.

Forêt (La), h. c^{ne} de Bussac (B.).

Forêt (La), anc. fief, c^{ne} de la Chapelle-au-Bareil (arch. de Pau).

Forêt (La), bois, c^{ne} de Château-l'Évêque. — *La Forêt de Feytaud* (A. Jud.).

Forêt (La), c^{ne} de Cornille. — Anc. rep. noble.

Forêt (La), éc. c^{ne} de Cours-de-Piles (B.).

Forêt (La), éc. c^{ne} de la Cropte (A. Jud.).

Forêt (La), h. c^{ne} d'Échourgnac, auprès de la Besse.

Forêt (La), h. c^{ne} de Fleurac.

Forêt (La), h. c^{ne} de Fonroque.

Forêt (La), h. c^{ne} de Gandumas.

Forêt (La), h. c^{ne} de Genestet.

Forêt (La), deux lieux, c^{ne} du Grand-Brassac : l'un se nomme *la Forêt du Juge*.

Forêt (La), h. c^{ne} de Ligueux.

Forêt (La), h. c^{ne} de Monesterol.

Forêt (La), h. c^{ne} de Pézul.

Forêt (La), h. c^{ne} de Plazac.

Forêt (La), h. c^{ne} de Queyssac.

Forêt (La), lieu, c^{ne} de Saint-Amand-de-Vern.

Forêt (La), lieu habité, c^{ne} de Saint-Astier.

Forêt (La), h. c^{ne} de Saint-Front-d'Alemps.

Forêt (La), lieu-dit, c^{ne} de Saint-Front-de-Pradoux (cad.).

Forêt (La), h. c^{ne} de Sainte-Innocence.

Forêt (La), h. c^{ne} de Saint-Martin-de-Gurson.

Forêt (La), h. c^{ne} de Saussignac.

Forêt (La), h. c^{ne} de Servanches.

Forêt (La), h. c^{ne} de Siorac, c^{ne} de Ribérac.

Forêt (La), h. c^ne de Sireuil.

Forêt (La Haute et la Basse), c^ne de Villamblard.

Foretas, bois, c^ne de Saint-Pierre-de-Chignac (A. Jud.).

Forêt-Blanche (La), h. c^ne de Lusignac (cad.).

Forêt Chabroulen, c^ne de Millac-de-Nontron. — *Las Forets de Chabroulen de Merles*, 1742 (Acte not. Reconn. p. l'abbé de Peyrouse).

Forêt Chabroulen, c^ne de Saint-Saud. — *Las Fourets Chabroulen de Pautier*, 1742 (Acte not. Reconn. p. l'abbé de Peyrouse).

Forêt-d'Abrillac, lieu-dit, c^ne de Beynac (cad.).

Forêt de Charroux, c^ne de Chalagnac. — *Foresta Præceptoris de Garoffio*, 1456 (Liv. Nof.).

Forêt-de-chez-Nicolas, c^ne de Saint-Saud. — 1742 (Reconn. p. l'abbé de Peyrouse).

Forêt-de-la-Peyre, h. c^ne de Cadouin (cad.).

Forêt-de-la-Roussie, éc. c^ne de Château-l'Évêque (B.).

Forêt de Saint-Naixent, c^ne de Lembras. — *Boscus hospitalis Sancti Nassentii, Foret de Saint-Nessent*, 1668 (O. S. J.).

Forêt-de-Veaux, pâtis, c^ne de Saint-Mesmin.

Forêt de Villeneuve? c^ne de Chancelade. — *Silva quæ dicitur Villanova* (cart. de Chancelade, 1153).

Forêt-Mellet, h. c^ne de Saint-Romain-Saint-Clément (B.).

Forêt-Noble, h. c^ne de Saint-Mesmin (Cass.).

Forêt-Noire, taillis de chênes, c^ne de Saint-Jory-las-Bloux (A. Jud.).

Forêts (Les), lieu près de Château-Missier.

Forêts (Les), h. c^ne de Ligueux (B.).

Forêts (Les), lieu, c^ne de Saint-Amand-de-Vern.

Forêts (Les), lieu, c^ne de Sengeyrac.

Forêts (Les), lieu, c^ne de Théuac, c^on de Sigoulès.

Forêts (Les), taillis, c^ne de Trélissac (A. Jud.).

Forêts Braulades (Les), bois, c^ne de la Tour-Blanche (B.).

Forêts en Périgord. — Voy. à leurs noms particuliers.

Fongayrie, h. c^ne de Saint-Julien-de-Lampon.

Forge (La), h. c^ne de la Vayssière. — 1680 (Acte not.). Anc. maison noble.

Forgeyrene? c^ne d'Issigeac. — Ténem. de *Forgeyrene*, 1682 (Lesp. 37, Issigeac).

Foringal (Le), lieu-dit, c^ne de Saint-Jean-de-Cole (cad.).

Fornagère (Le)? c^ne de Montaut. — *Mol. de la Fornagera*, 1273 (Ms. de Wolf.).

Fornarie? une des limites entre Sourzac et Mussidan. — *Quadrivium dictum de Forneria*, 1302 (Lesp. 24).

Forneyrie? c^ne d'Exideuil. — *Domus de Forneyria*, 1408 (assises à Exideuil, Lesp. 46).

Forregentone, bois, c^ne de Marcillac (A. Jud.).

Fort-du-Gal, h. c^ne de Dome. — Emplacement d'un anc. fort situé au nord de la ville (Doc. sur Dome).

Fort-Espic, anc. ténement. — Voy. Espic (Fort).

Fort-Espine, éc. c^ne de Bergerac. — 1677 (Acte not.).

Fort-Espine, c^ne de Bigaroque. — *Fort Espyna sive de Bretenos*, 1295 (Lesp. vol. 27).

Fort-Espine, c^ne de Paleyrac. — *A Forta-Espina*, 1357 (arch. de la Gir. Belvez).

Foscheyrenche, anc. porte d'Agonac. — *Porta Foscheyrencha*, 1321 (Lesp. 51).

Fosse (Haute et Basse), c^ne de Sengeyrac (A. Jud.).

Fosse (La), c^ne d'Agonac. — *Hospitium del Fossat*, 1460 (Lesp. 51).

Fosse (La), terre, c^ne de Dussac (A. Jud.).

Fosse (La), ténem. c^ne de la Linde. — 1706 (Lesp. 91).

Fosse (La), lieu, c^ne de Marsaneix.

Fosse (La), mét. c^ne de la Mongie. — 1680 (Acte not.).

Fosse (La), lieu-dit, c^ne de Saint-Aquilin. — *Las Fossas* (cad.).

Fosse du Vivien, c^ne de Beaurone. — *Fossa Viverii*, 1222 (cart. de Chancelade).

Fosse-Landry, h. c^ne de Coulaures. — *Fossa Landric*, 1199 (donation, cart. de Chancelade, 190). Anc. rep. noble.

Fosse-Magne, c^ne, c^on de Thenon. — *Fosse Manhac* (pouillé du XIIIe siècle). — *Castrum de Fosse Manha*, 1365 (Lesp. Châtell.). — *Fossa Manha*, 1382 (P. V. M.). — *Fosse Manhe, Fosse Maigne* (XVIe siècle). Pat. Notre-Dame-du-Carmel et saint Astier; coll. le chap. de Saint-Astier.
  Anc. rep. noble relevant d'Auberoche au XIVe s^e, depuis ayant haute justice sur la paroisse (Châtell. du Périg. arch. de Pau).

Fosse-Magne, c^ne de Mortemar. — *Fasio de Fossamanha*, 1409 (O. S. J.).

Fosse-Magne, lieu, c^ne de Plazac.

Fosse-Magne, c^ne de Saint-Mayme-de-Péreyrol. — *Mayn. de Fossamayou*, 1502 (ch. Mourcin).

Fosseries (Les), lieu, c^ne de la Douze.

Fosse-Ronde, bruyère, c^ne d'Église-Neuve-Villamblard (A. Jud.).

Fosses (Les), éc. c^ne d'Azerat.

Fosses (Les), lieu-dit, c^ne de Bezenac (cad.).

Fosses (Les), h. c^ne de Brantôme (S. Post.).

Fosses (Les), lieu-dit, c^ne de Cadouin (cad.).

Fosses (Les), c^ne de Chantérac. — *Maynam. de las Fossas*, 1460 (inv. du Puy-Saint-Astier).

Fosses (Les), lieu-dit, c^ne de Festalens (cad.).

Fosses (Les), lieu, c^ne de Limeuil (cad.).

Fossés (Les) ou Hautes et Basses Fossettes, h. c^ne de Saint-Avit-Sénieur, qui avait donné son nom à l'ancienne paroisse de Saint-Sernin-les-Fossés.

Foucaud? h. c^ne du Fleix. — 1632 (Not. du Fleix).

17.

Foucaudie (La), h. c^ne de Millac-d'Auberoche? — *Hos-pitium de la Folcaudia*, 1265 (Lesp. 26). — *Les Foucaudies* (A. Jud.).

Foucaudie (La), c^ne de Monesterol. — *Maynam. de la Folcaudia*, 1335 (Lesp. 79).

Foucaudie (La), lieu, c^ne de la Nouaille (B.).

Foucaudie (La), h. c^ne de Thiviers (cad.).

Foucaudie (La), c^ne de Vielvic. — *Mansus de la Folcaudia*, 1489 (Philipparie, 66).

Foucauds (Les), h. c^ne de Saint-Sauveur-de-la-Lande.

Foucaut? h. c^ne de Grignol. — *Maynam. et moledunum de Folcaut*, 1471 (Dives, I, 127, 189).

Foucherau, près d'Aubeterre, anc. dioc. de Périgueux, auj. du dép^t de la Charente. — *Foncherig...* (cart. de la Sauve, 107). — *Fons Chairic*, 13.. (cart. de Baigne).

Fouette-Loup, lieu-dit, c^ne de Prats-de-Carlux (cad.).

Fougerac, c^ne de la Cropte. — *Affarium de Fougeyrac* (Lesp. Généal. de la Cropte).

Fougerat, h. c^ne de Mialet (B.).

Fougère, h. c^ne de Chapdeuil (B.).

Fougère, h. c^ne du Vieux-Mareuil (A. Jud.).

Fougère, h. c^ne de Villamblard. — *Maynam. de la Foucheyria*, 1515 (Dives, I).

Fougères (Saint-Priest-les-), c^ne, c^on de Jumillac. — *Sanctus Petrus de Fougerac*, 1471 (pouillé général de Charroux, in Petragor. Episcopatu).

Voc. l'Assomption.

Fougueyrolles, c^ne, c^on de Vélines. — *Fauguerollas*, 1306 (terr. de l'archev. n° 288). — *Falgayrolas*, 1324 (Lesp. Saussignac).

Patrons : saint Pierre et saint Paul; coll. l'évêque.

Anc. rep. noble. — Le seigneur était fondateur des églises de Fougueyrolles, du Tizat, du Canet et de la Rouquette (terr. de Montravel).

Fougueyrolles, h. c^ne de Saint-Romain-Thiviers (A. Jud.).

Fouilladas (Las), bois, c^ne de Saint-Vincent-sur-l'Ille (A. Jud.).

Fouillades (Les), c^ne de Sainte-Alvère.

Fouillades (Les), éc. c^ne de Sainte-Foy-de-Longa.

Fouillades (Les), taillis de chênes, c^ne de Saint-Jory-las-Bloux (A. Jud.).

Fouillades (Les), c^ne de Saint-Séverin-d'Estissac. — *Las Fouilladas* (cad.).

Fouilladou (Le), lieu-dit, c^ne de Besse (cad.).

Fouillardie (La), h. c^ne de Vern (A. Jud.).

Fouillarge (La), h. c^ne de Lusignac (cad.).

Fouillarge (La), h. c^ne de Paunac (cad.).

Fouillargues (Les), taillis, c^ne de la Force (A. Jud.).

Fouillarjou (Le), c^ne de Saint-Clément-Saint-Romain. — *Les Fouillargeaux* (A. Jud.).

Fouillèze, h. c^ne d'Eygurande (B.).

Fouillouse, c^ne d'Agonac. — *Foilosa*, 1245 (cart. de Ligueux). — *Fouilhouse*.

Anc. prieuré dép. de Ligueux.

Fouillouse, h. c^ne de Pézul (B.).

Fouillouse (La), éc. c^ne de Bosset (A. Jud.).

Fouillouse (La), h. c^ne des Lèches. — *Fouliouze*, 1632 (Acte not.).

Fouillouse (La), h. c^ne de Saint-Léon-sur-Vézère. — *Mans. de la Folhosa*, 1303 (O. S. J.).

Fouillouse (La), h. c^ne de Sainte-Marie-de-Chignac (B.).

Fouillouse (La), h. c^ne de Saint-Naixent. — *Foresta de la Folhosa*, 1487 (O. S. J.). — *La Foulhouse*, 1650 (Not. de Berg.).

Anc. rep. noble.

Fouilloux, c^ne de Grun. — *Borde appel. de Foulioux* (inv. du Puy-Saint-Astier).

Fouilloux, lieu, c^ne de Vanxains.

Fouilloux (Au), terre, c^ne de Grignol (A. Jud.).

Fouilloux (Le), h. c^ne de Saint-Pardoux-de-Drone (B.).

Fouilloux (Les), h. c^ne de Bauzens.

Fouilloux (Les), bois, c^ne de Douzillac. — *Las Fouliadas* (cad.).

Fouilloux (Les), éc. c^ne de Saint-Amand-de-Vern (A. Jud.).

Foulardey (A), bois, c^ne de Génis (A. Jud.).

Foulcra? anc. maison à Périgueux. — *Domus de Folcra, Folca*, 1382 (coll. de Lenq.).

Foulcrau? anc. logis à Bergerac. — *Hospitium de Folcrau*, 1260 (Lesp. 1re demeure des Jacobins).

Fouleix, c^ne, c^on de Vern. — *Foles* (pouillé du xiiie s^e.). — *Paroch. de Foliata*, 1400 (Homm. Lesp. vol. 26). — *Foleys* (Châtell. du Périg. arch. de Pau). — *Folesium*, 1510 (ch. Mourcin).

Voc. Saint-Pierre; coll. l'abbé de Trémolac.

Fouleix, bois, c^ne de Saint-Mesmin (A. Jud.).

Foulissard, lieu-dit, c^ne de la Linde (cad.).

Foulissard, h. c^ne de Vicq. — Autrement *vill. des Landes*, 1694 (Acte not.).

Foulquaren? c^on de Sigoulès. — *Mansus Fulcharensius*, 1117.

Dépendance du prieuré de la Mongie-Saint-Martin (cart. de Sainte-Marie de Saintes).

Foulquayrie (La), h. c^ne de Pressignac. — *Folquayrie, Folcayrie*, 1722 (Not. de Mouleydier). — *La Fourquerie* (cad.).

Foun, c^ne d'Ales. — *Mansus de Furno*, 1459 (Philipparie).

Fourcaud (Haut et Bas), h. c^ne de Grignol. — *Foulcaud*, 1595 (Acte not.).

Fourceyries (Les) ou Colombier, h. c^ne de Vallereuil.

— On y a découvert en 1846 des salles souterraines où l'on pénètre par des marches creusées dans le roc vif, à 20 mètres au-dessous du sol ; on attribue ce nom à la présence de cette prison souterraine, sorte de *Force.*

Fourches (Les)? lieu-dit, c^ne de Bergerac. — *Tenementum de las Furcias,* 1465 (L. Noir, 135).

Fourches (Les), lieu-dit, c^ne de Condat-sur-Vézère (cad.).

Fourches (Moulin des), sur la Loue, c^ne de Saint-Médard-d'Exideuil (B.).

Fourenchie (La)? c^ne de Saint-Pierre-de-Cole. — *La Fourenchie* (O. S. J.).

Fouretas, taillis, c^ne de Saint-Pierre-de-Chignac (B.).

Fouretie (La)? c^ne de Saint-Félix-de-Villadeix. — *Bois de la Fouretie,* 1730 (Acte not.).

Fourgeaud, h. c^ne de Montpont.

Fournel (Le), h. c^ne de Saint-Étienne-des-Landes. — Anc. rep. noble.

Fournels (Les), h. c^ne de Campagnac-lez-Quercy (B.). — Fief avec justice sur les Fournels, 1744 (terr. de Saint-Pompon).

Fournenq, h. c^ne d'Alas-de-Berbiguières (B.).

Fournerie (La), h. c^ne de Saint-Amand-de-Belvez (B.).

Fournet (Le), h. c^ne de Saint-Michel-de-l'Écluse.

Fourneyrie (La), h. c^ne de Vézac.

Fournil, h. c^ne de Beaupouyet ; pont sur l'Ille (cad.). — *Les Fornils,* anc. fief, chât. de Montpont (arch. de Pau).

Fournillon, éc. c^ne de Beaupouyet (B.).

Fouronie (La), dom. c^ne de Celle (A. Jud.).

Fourque, éc. c^ne de Siorac-de-Belvez (cad.). — *Portus de Forcas de Sieurac.* — *Portus de Furches, de Furcis,* 1462 (Philipparie).

Fourque (La), lieu-dit, c^ne de Mauzens-Miremont (cad.).

Fourquet (Le), h. c^ne de Saint-Michel-de-Montaigne.

Fourqueyries (Les), anc. ténem. c^ne de Saint-Pompon.

Fourtonie (La), h. c^ne de la Mongie-Montastruc (S. Post.). — *La Fortonia,* 1460 (L. Noir, 80).

Fourtonie (La), c^ne de la Motte-Montravel. — *La Forthonie,* 1510 (terr. de l'archev.). Anc. rep. noble.

Fourtoul, éc. c^ne de Montagrier (B.).

Foussal, h. c^ne de Saint-Amand-de-Belvez.

Fousseyraux, éc. c^ne de Millac-de-Nontron (B.).

Foussie (La Bonne-), h. c^ne de Sarlande.

Foussigne, h. c^ne de Saint-Amand-de-Coly (B.).

Fradasques (Les), h. c^ne de Belvez. — Anc. fief, 1608.

Frageat, c^ne de Grand-Castang, ténement. — 1680 (Acte not.).

Fraiche-Rode, section de la c^ne de Saint-Martin-l'Astier (cad.). — *Mansus de Fracto Rota,* 1090 (cart. de Saint-Jean-d'Angely). — *Molend. de Fracta Rota* (cart. de la Sauve, 167).

Frajat, h. c^ne de Bouzic (B.).

Frambaudie (La), h. c^ne de la Douze.

Francèse (La), anc. rue à Saint-Cyprien. — *Carriera dicta de la Francesa,* 1489 (Philipparie).

Francesquie (La), anc. fief, châtell. de Montignac (Homm. 1400). — *Franceschia,* xvie siècle (arch. de Pau).

Franchènes, h. c^ne de Léguillac-de-Cercle (B.).

Francherie (La), h. c^ne de Champniers. — Étang traversé par le Trieux.

Auprès est la pierre branlante connue sous les noms de *Pot-Perdu* ou de *la Francherie.* C'est une longue table de granite posée horizontalement sur deux autres blocs de granite superposés. Longueur, 5^m,75 ; largeur, 3^m,15 ; épaisseur, 1^m,25. L'oscillation a lieu dans le sens de la longueur (nord-sud), par le seul effort de la main. Le groupe du roc branlant s'élève de 3^m,75, tandis que dix-huit autres blocs qui l'entourent n'ont pas 1 mètre au-dessus du sol. Tout auprès, à 5^m,50 de distance, existe une ceinture semi-circulaire d'autres blocs de granite.

Francies (Les), bois, c^ne de Saint-Sernin-de-Reillac (A. Jud.).

Francille (La), h. c^ne de Naillac. — *Francilhe,* 1740 (Acte not.).

Francilloux (Les), dom. c^ne de Bourdeilles (A. Jud.).

Francoiseau, h. c^ne de Bourg-de-Maisons.

Franconie, c^ne de Belvez. — *Masus de la Franconia,* 1459 (arch. de la Gir. Belvez).

Franconie, c^ne de Sendrieux. — *Maynamen. de la Franconia,* 1452 (L. Nof. 1).

Francs-de-la-Magdeleine (Les), h. c^ne de Saint-Pompon. — 1744 (terr. de S. A.).

Franquie (La), h. c^ne de Bouzic (B.).

Franval, h. c^ne de Saint-Félix-de-Reillac (B.).

Frateaux, h. c^ne de Neuvic. — *Capella sanctæ Mariæ de Frausteus,* 1123 (Lesp. 30, donat. au chap. de Saint-Astier). — *Fortalitium de Frausteus,* 1264 (arch. de la M. de Talleyrand). — *Locus de Frastellis sive de Ripayrio,* 1343 (Lesp.). — *Frestraulx, Frasteaux,* 1690 (Acte not.). Voc. Sainte-Madeleine, 1627 (Lesp. 52). Anc. rep. noble.

Frateaux, forêt. — 1690 (Acte not.).

Fraux, c^ne de Font-Galau, ténem. —1650 (Courcelles. Généal. de Vassal).

Fraux? c^on de Sigoulès. — *Bordaria de Fraus et alia*

pars terræ quæ voc. Fraus, inter mansum Canongals et bordaria Gavalenca, 1117 (cart. de Sainte-Marie de Saintes, 124, 157).

Dépend. du prieuré de la Mongie-Saint-Martin.

FRAUX (Bos DU), taillis, c^ne de Proissans (cad.).

FRAUX (LES), h. c^ne de la Bachelerie (Cass.).

FRAUX (LES), h. c^ne de Millac-Carlux (cad.).

FRAUX (LES), h. c^ne de Saint-Martin-de-Fressengeas (Cass.).

FRAYSSE, c^ne, c^on de la Force. — *Frayce* (pouillé du XIIIe siècle). — *Fraxinus prope Mussidanum*, 1364, (Lesp. 10, Chât.). — *Frayssinus*, 1440 (ch. Mourcin).

Patron : saint Martin ; coll. l'évêque.

FRAYSSE, lieu-dit, c^ne d'Eymet (A. Jud.).

FRAYSSE, éc. c^ne de Montignac-sur-Vézère (B.).

FRAYSSE, h. c^ne de Saint-Cybranet.

FRAYSSE (LE), h. c^ne de Cumont (B.).

FRAYSSE (LE), anc. rep. noble, c^on de Terrasson.— Salle appelée *del Fraysse*, 1560 (arch. de Terrasson).

FRAYSSE (LE), h. c^ne de Valojouls.

FRAYSSET (LE), h. c^ne de Manzac. — *Maynam. del Fraysset*, 1471 (Dives, I, 80).

FRENESTRARIE (LA), lieu-dit, c^ne de Montclar. — 1650 (Acte not.).

FRÈRES (Bois DES), c^ne de Font-Galau. — 1727 (Acte not.).

FRESSENS, h. c^ne de Romain-Saint-Pardoux (A. Jud.).

FRESSIGNAC, h. c^ne de Connezac.

FRESSIGNAS, h. c^ne de Sarrazac (A. Jud.).

FRESTAL (LA), éc. c^ne de Sainte-Foy-de-Longa.

FREUNIE (LA), h. c^ne de Montagnac-sur-Crempse. — *Frugne*, 1739 (Not. de Lenq.). — *Frugnie*, 1742.

FREUNIE (LA), h. c^ne de Mussidan (cad.). — *La Freugne* (B.).

FREUNIE (LA), h. c^ne de Saint-Sauveur-Bergerac. — *Maynam. de Laufrenia*, 1460 (L. Noir, 120). — *La-Ffrenia (ibid.* 15).

FREYSSE, h. c^ne de Borrèze (B.).

FRIGIÈRE, c^ne de Cabans. — *Loc. dict. à Fregueyra*, 1459. — *Territ. voc. de Fregiera*, 1524 (Philipparie).

FRIGIÈRE (LA), sect. de la c^ne d'Issigeac (cad.). — *Fregeira, Frageira*, 1268 (cout. d'Issigeac). — *Maison de la Fregière*, 1482 (Lesp. 37).

Anc. rep. noble.

FRIGIÈRE (LA), c^ne de Montsaguel. — *La Fregère* (S. Post.).

FRINGALAND, h. c^ne de Bussière-Badil.

FRINGAUX (LES), éc. c^ne de Saint-Angel. — *Fringau* (S. Post.).

FRIOLET (LE), h. c^ne de Savignac-les-Églises (A. Jud.).

FROIDE-FOND, h. c^ne de Bussière-Badil. — *Bordaria de Frigido Fonte*, 1212 (cart. de Dalon).

FROIDE-FOND, lieu-dit, c^ne de Marquay (cad.).

FROIDE-FOND, mét. c^ne de Saint-Astier. — *Froy de Fond*, 1321 (inv. du Puy-Saint-Astier).

FROMENTAL, sect. de la c^ne de Bouillac (cad.).

FROMENTAL, h. c^ne de Cornille.

FROMENTAL, c^ne de Notre-Dame-de-Sanillac. — *L'Espital de la Crotz deus Fromentals*, 1247 (Périg. Reg. de la Charité).

FROMENTAL, c^ne de Saint-Vincent-de-Paluel. — *Mansus de Cam-Pinso, alias de Fromentals*, 1351 (arch. de Paluel).

FROMENTAL. — *Lo Cap et el fachs des Fromentals*, 1351 (arch. de la Gir. abornem. de la Bessède).

FROMENTEAU, h. c^ne de Saint-Privat.

FROMENTIÈRES, h. c^ne de Vern (B.).

FRONSAC, h. c^ne de Bouillac (A. Jud.).

FRONSAC, dom. c^ne de Clermont-de-Beauregard (A. Jud.).

FRONTAL, h. c^ne de Saint-Jean-d'Eyraud.

FRONTIE, lieu, c^ne de Bassillac.

FROTIER? c^ne de Bergerac. — *Terra quod dic. Froterii juxta castellum de Brageyrach.* — *Masus Froterencs, Li mas Froterenc*, 1117.

Don au prieuré de Saint-Sylvain-de-la-Mongie (cart. de Sainte-Marie de Saintes, 108, 110, 115).

FROTIER, c^ne de la Cropte. — *Mas de Frotier*, 1326 (Lesp. la Cropte).

FROUCIDONEYRAS (LAS), lieu-dit, c^ne de Brouchaud (cad.).

FRUCHAUDIÈRES, h. c^ne de la Chapelle-Montmoreau.

FRUGIE ou SAINT-PIERRE-DE-FRUGIE, c^ne, c^on de Jumilhac-le-Grand. — *Eccl. de Fracto Jove* (pouillé du XIIIe s^e). — *Frégène*, XVIe siècle (Châtell. du Périg. arch. de Pau). — *Frugène*, 1616 (lettres pat. pour l'érection d'un marché).

Anc. rep. noble, ayant haute justice sur les paroisses de Saint-Pierre et de Sainte-Marie.

FRUGIER (LE), éc. c^ne de Javerlhac (S. Post.).

FRUGIER (LE), h. c^ne de Saint-Mesmin, c^on d'Exideuil (A. Jud.). — *Frugière* (S. Post.).

FRUGIÈRE (LE CLAUD DE), éc. c'^e de Pézul.

FUAS (LAS), éc. c^ne de Saint-Martial-de-Viveyrol (B.).

FUCHONÉE (LA), h. c^ne de Pressignac. — 1582 (Périg. M. H. 41, 8).

FUGASSIÈRE (LA), h. c^ne de Chantérac. — *La Fougassarie*, 1450 (Lesp. Chantérac).

FUMAT (LE), c^ne d'Atur. — *Mansus voc. Fumat*, 1350 (ch. Mourcin).

FUMAT (LE), h. c^ne de Montpeyroux.

FUMAT (LE), h. c^ne de Saint-Laurent-des-Vignes.

FUMOUSE, h. c^ne de Sourzac (Jounet).— *Fonmoure* (B.).

FURGOU (LE), h. c^ne de Montaut.

G

GA (LE), cne de Douzillac. — *Al Ga*, 1480 (Dives, I). — *Al Got de Moriac*, 1692 (Acte not.).

GABANELLE, h. cne de Saint-Laurent-des-Vignes. — *Hospitale, oratorium de Gamanella*, 1247 (Lesp. 37, Bergerac). — *Gomanelle prope Bergeracum*, 1286 (Lesp. 75). — Paroisse *Saint-Sernin-de-Guabanelles*, 1625 (Acte not.).

GABARDEAU, h. cne de Mareuil (S. Post.).

GABARET, étang d'où sort le Laveau, cne de Jumillac.

GABARET, éc. cne de Montplaisant (B.).

GABARIE (LA), mét. cne de Limeuil. — *Métairie dite de Gaubari*, 1675 (Acte not.).

GABARIE (LA), h. cne de Saint-Germain-et-Mons. — Ténem. de *La Guabarrie*, 1625 (Acte not.).

GABAROU, h. cne de Saint-Aubin-de-Lenquais.

GABARRE (A), lieu-dit, cne de Cherveix (cad.).

GABARRE (A), pré, cne de Saint-Astier (A. Jud.).

GABARRE (A), châtaigneraie, cne de Sainte-Eulalie-d'Ans (A. Jud.).

GABARRE (GRANDE-), h. cne de Montsaguel (S. Post.).

GABARRE (LA) ou LA BOISSIÈRE, lieu-dit, cne de Coulounieix (A. Jud.).

GABARTOU, h. cne de Montfaucon (A. Jud.).

GABAT, h. cne de Dome (B.).

GABATOU, h. cne de Saint-Laurent-des-Hommes (A. Jud.).

GABAUDEL, h. cne de Besse (B.).

GABERNAT, h. cne de Cussac (B.).

GABILLONNE (LA), lieu-dit, cne de Douville (cad.).

GABILLOU, cne, c{om} de Thenon. — *Monasterium de Boon Gabilho* (pouillé du XIIIe siècle). — *Turris de Gabilhono*, 1496 (Lesp. 79). — *Prepositura de Gabilhon*, XVIe siècle (P. Dupuy). — *Guabilhou*, 1625 (Lesp. 79).

Ce prieuré était dans la paroisse de Brouchaud, 1453 (Lesp. 79). — Patron : saint Jacques; coll. l'évêque.

Anc. rep. noble relevant au XIVe siècle de la châtell. d'Ans, et ayant depuis haute justice sur la par. 1760 (Alm. de Guy.).

GABILLOU, lieu-dit, cne de Beauregard-Terrasson (cad.).

GABILLOU, h. cne de Mussidan (cad.).

GABILLOU (BOIS), friche, cne de Proissans (cad.).

GABILLOUX (LES), h. cne de Jaure (B.).

GABIROLLES (TERME-DES-), lieu-dit, cne de Proissans (cad.).

GABOU, lieu-dit, cne de Condat-sur-Vézère (cad.).

GABOLLE (LA), lieu-dit, cne de Beaurone (cad.).

GABOULADE (LA), lieu-dit, cne de Terrasson (cad.).

GABOUSSIE, h. cne d'Église-Neuve-d'Issac (S. Post.).

GABOUSSIER, h. cne de Saint-Jean-d'Eyraud. — 1650 (Acte not.).

GABRIERS (LES), lieu-dit, cne de Jaure. — *Les Grabiaux* (B.).

GABRIOLLE, h. cne d'Issac (A. Jud.). — *Grabiolle* (*ibid.*).

GABY, lieu-dit, cne de Sireuil (cad.).

GACHAS (LAS), h. cne d'Agonac.

GACHAULA (LA), lieu-dit, cne de la Villedieu (cad.).

GACHE (LA), lieu, cne de Preyssac-d'Agonac.

GACHER (LE GRAND-), h. cne de Bosset (S. Post.).

GACHERIE (LA), sect. de la cne de Festalens (cad.).

GACHERIE (LA), h. cne de Gandumas.

GACHERIE (LA), h. cne de Saint-Médard-d'Exideuil (S. Post.).

GACHERIE (LA), h. cne de Saint-Sébastien. — Anc. rep. noble.

GACHERIES (LES), h. cne de Champagne.

GACHIAS (LAS), broussailles, cne de Millac-d'Auberoche (A. Jud.).

GACHIS (LE), taillis de chênes, cne des Lèches.

GACHON (LE), h. cne de Beynac (S. Post.).

GADALARAS (LAS), cne de Vallereuil. — 1650 (Acte not.).

GADALE (LA)? cne de Trélissac, 1560 (inv. de Lanmary). — Tenance de *la Gadelle*, 1679 (dénombr. de Pèrig.).

GADARIAS (LAS), terre, cne de Lisle (A. Jud.).

GADEAUX (LES), h. cne de Saint-Jory-de-Chalais.

GA DE LA BEYLIE, cne de Champsevinel. — *Gua de la Beylia*, 1430 (Pèrig. M. II. 41, 9).

GA-DE-LA-FOURET (AL), lieu-dit aux Mazades, cne de Lenquais (terr. 1765).

GA-DE-LOBARIS, dans la Bessède. — *Lo-Gua Lobaris*, 1325 (arch. de la Gir. Belvez).

GADENAU (LE), h. cne de Peyrillac (B.).

GA-DE-ROUBY, cne d'Eymet, près de Blis. — Dans ce lieu, au-dessous du roc de Salomon, le Drot formait autrefois une île. C'est là que furent trouvés les bronzes antiques déposés au musée de Périgueux (le Pèrig. ill.).

GADES, sect. de la cne de Loubejac (cad.).

GADIFÉ, h. cne de Dome (B.).

GADONEIX, lieu, cne de Firbeix.

GADONS (LES), éc. cne de Gageac (B.).

GADOU (AL), éc. cne d'Archignac.

GAFFA? éc. c^ue de Sainte-Alvère. — *Solum de Gaffa*, xve siècle (Liv. Nof.).

GAFFAU, h. c^ne de Saint-Sauveur (B.). — *Guafau*, 1605 (Acte not.).

GAFFERIE (LA), lieu-dit, c^ne de Sireuil (cad.).

GAFFETIE (LA), h. c^ne de la Linde (cad.). — *La Guaffetye*, 1706 (arp. de Sainte-Colombe).

GAFFOU, dom. c^ne de Pomport (A. Jud.).

GAFFRINIE (LA)? c^ue de Saint-Martin-de-Ribérac. — *Hospicium de la Gaffrinia*, 1455 (Lesp. vol. 52).

GAGEAC, réuni à ROUILLAS, c^ne, c^on de Sigoulès. — *Archipresbyterat. Gaiacensis*, 1109 (cart. de la Sauve). — *Forteresse de Gaiac*, 1377 (arch. de Bergerac). — *Gayadensis*, 1555 (bénéf. de l'év. de Sarlat). — *Gajat*, 1760.

Gageac, au xiie siècle, avait donné son nom à l'archiprêtré qui depuis a pris celui de Flaugeac. Voc. Notre-Dame.

Anc. rep. noble ayant haute justice sur Gageac, 1760 (Alm. de Guy.).

GAGERIE (LA), h. c^ne de Plazac.

GAGERIE (LA), m. isolée, c^ne de Rouquette-d'Eymet.

GAGIE (LA), lieu-dit, c^ne de Bouniagues.

GAGNEPOT, h. c^ne de Villetoureix (B.).

GAGNOLLE, sect. de la c^ne de Cercle (cad.).

GAHATTE (LA), éc. c^ne de Saint-Laurent-de-Double (B.).

GAILLA (LA) ou GAILLAT, terre, c^ne de Paleyrac (A. Jud.).

GAILLANE (LA), lieu-dit, c^ne d'Ales (cad.).

GAILLARD, h. c^ne de Maurens. — *Galhard*, 1666 (Acte not.).

GAILLARD, h. c^ne de Menesplet.

GAILLARD, h. c^ne de Saint-Martin-de-Viveyrol (B.).

GAILLARD (Bos), taillis, c^ne d'Urval (cad.).

GAILLARD (CHÂTEAU-), h. c^ne de la Motte-Montravel.

GAILLARD (CHÂTEAU), éc. c^ne de Pizou (B.).

GAILLARD (CHÂTEAU-), lieu-dit, c^ne de Saint-Front-la-Rivière (cad.).

GAILLARD (GRAND et PETIT), m. isolées, c^ne d'Eymet (S. Post.).

GAILLARD (LA CHAPELLE-), h. — Voy. CHAPELLE-GAILLARD (LA).

GAILLARD (ROC DE), lieu-dit, c^ne de Condat-sur-Vézère (cad.).

GAILLARDE, h. c^ne de Villars (B.).

GAILLARDE (LA), m^ia, c^ne de Rouffignac (B.).

GAILLARDIE (LA), éc. c^ne de Cantillac (B.).

GAILLARDIE (LA), lieu-dit, c^ne de Gouts. — *La Gaillardias* (cad.). — *Gaillard* (B.).

GAILLARDIE (LA), h. c^ne de Lenquais. — *La Gayrardia*..... 1301 (arch. de Lenq.). — *La Galhardia*,

1484 (arch. de Lenq. Bert. de la Cropte). — *Mansus de la Gualhardia*, 1499. — *La Gualardie* (terr. de Lenq. 1755).

GAILLARDIE (LA), c^ne de Mortemar. — *Pheudus de la Galhardia*, 1409 (O. S. J.).

GAILLARDIE (LA), c^ne de Pressignac. — *La Gualhardia*, 1455 (Liv. Nof.).

GAILLARDIE (LA), ancien fief, c^ne de Saint-Crépin-d'Auberoche. — *La Galhardie*, 1503 (Mém. d'Albret).

GAILLARDIE (LA), dom. c^ne de Saint-Laurent-des-Hommes (A. Jud.).

GAILLARDIE (LA), c^ne de Saint-Léon-sur-l'Ille. — *La Galhardia*, 1203 (rentes dues au seign. de Taillefer).

GAILLARDIE (LA), lieu-dit, c^ne de Sireuil (cad.).

GAILLARDOT, h. c^re de Sigoulès.

GAILLARDOU, h. c^ne de la Roque-Gajac (S. Post.).

GAILLARDOUX (LE), h. c^ne de Saint-Pierre-d'Eyraud (S. Post.).

GAILLE (MAYNE-DE-), h. c^ne de Sainte-Alvère.

GAILLE-DE-MALAUDIE, lieu-dit, c^ne de Proissans (cad.).

GAILLET, h. c^ne de Rouffignac-Montignac (A. Jud.).

GAILLOTE (LA), éc. c^ne de Besse (B.).

GAILLOU, éc. c^ne de Saint-Martin-de-Ribérac (B.).

GAINÈRES (LES), h. c^ne. du Fleix.

GAJAC, sect. de la c^ne de la Roque-Gajac. — Voy. ROQUE-GAJAC (LA).

GAJOLE, lieu, c^ne de Montaut.

GAL (CANTE), terre. — Voy. CANTEGAL.

GAL (CROIX-DU-), c^ne de Doissac (cad.).

GAL (FON), terre. — Voy. FONT-GAL.

GAL (FORT-DU-), h. — Voy. FORT-DU-GAL.

GAL (LE), h. c^ne de Paleyrac.

GAL (LE), lieu, c^ne de Rouffignac.

GAL (LE), éc. c^ne de Sireuil (cad.).

GAL (LE GRAND-), c^ne de Vicq. — *Fon-del But*, 1649 (Reconn. de Vicq).

GAL (MERI), h. — Voy. MERI-GAL.

GALA, h. c^ne de Bergerac. — *Tenensa de la Galaya*, 1464 (arch. de Berg.). — *Galas*, 1743 (Acte not.).

GALA, h. c^ne de Saint-Chamassy.

GALABERT, h. c^ne de Villefranche-de-Belvez (B.).

GALABERT (BOIS DE), lieu-dit, c^ne d'Agonac (cad.).

GALAFRE (LE), lieu-dit, c^ne de Lenquais (cad. D, 288).

GALAGE (LA), c^ne de la Chapelle-Montabourlet.

GALAGE (LA), lieu, c^ne du Fleix.

GALAN, éc. c^ne de Soulaure (B.).

GALAN (GARDE-), h. — Voy. GARDA-GALAN.

GALAND, h. c^ne de Menesplet.

GALAND, ruiss. qui se jette dans l'Ille près de Coly. — *Riou del Gualant*, 13.. (Lesp. 82, p. 23).

GALBENTE (LA), éc. c^ne de la Rouquette-Eymet.

GALBERT, h. c^ne de Mazeyrolles.

GALBRUN, sect. de la c^ne de Lesparon.

GALEIX (LES), h. c^ne de Thiviers.

GALEND (LA)? lieu-dit, c^ne de Brassac. — *Terra de la Galena*, 1270 (Périg. M. H, 41, 1).

GALENGAUD, h. c^ne d'Agonac (cad.).

GALENQUE (FONTAINE DE LA), c^ne de Vicq, 1649 (Acte not.). — *Ley Galenque*, 1791 (Vente).

GALEPECH, h. c^ne de Bouzic (A. Jud.).

GALÈS (A), h. c^ne de Cogulot (S. Post.).

GALET, h. et m^in sur un affluent du Caudou, c^ne de Fouleix (B.).

GALEY, h. c^ne de Villamblard. — *Gualet*, 1684 (Not.). — *La Guallaye*, 1620 (Not. de Villamblard).

GALIARDET, h. c^ne de Maurens (Not. de Bergerac, 1724).

GALIBE (LA), terre, c^ne de Maurens (A. Jud.).

GALIBE (LA), h. c^ne de Saint-Julien-de-Crempse.

GALIBE (LA), h. c^ne de Saint-Lazare.

GALIBE (LA), h. c^ne de Villac (cad.).

GALIBERT, h. c^ne de Daglan. — *Gualibert*, 1744 (Saint-Pompon).

GALIBES (LES), lieu-dit, c^ne de Terrasson (cad.).

GALIFÈRE (LA), terre, c^ne de Sainte-Sabine (A. Jud.). — *Galifelle*, 1791 (Vente).

GALINA, bois, c^ne de Campsegret (A. Jud.).

GALINA, terre, c^ne de Montaut-Issigeac (A. Jud.).

GALINA, h. c^ne de Tanniès. — Anc. rep. noble avec haute justice sur deux villages dans Tanniès (Alm. de Guy. 1760).

GALINAS, h. c^ne d'Orliaguet (S. Post.).

GALINEIX, bois, c^ne de Sorges (A. Jud.).

GALINERIE (LA), h. c^ne de Proissans.

GALINIE (LA), h. c^ne de la Chapelle-au-Bareil (S. Post.).

GALINIER (LE), sect. de la c^ne de Loubéjac (cad.).

GALINIÈRE (LA), mét. c^ne d'Eymet. — 1777 (vente du chât. d'Eymet).

GALINIÈRE (LA), terre devant la porte du château de Bridoire, c^ne de Rouffignac.

GALINIERS (LES), h. c^ne de Villefranche-de-Belvez.

GALINOTTES (LES), éc. c^ne de Cazoulès (B.).

GALINOU (LE), h. c^ne de Gageac (S. Post.).

GALINOU (LE), h. c^ne de Pomport (S. Post.).

GALINOUX (HAUT et BAS), h. c^ne de Bergerac.

GALINQUE (LEY), h. près Saint-Mayme, c^ne de Mauzac.

GALIS (LES), h. c^ne de Faux. — *Souloyre* (terr. de Lenq.). — *Gualy*, 1739 (Not.).

GALLE (LE MAYNE DE), lieu-dit, c^ne de Ste-Alvère (cad.).

GALLET, terre, c^ne de Prigonrieu (A. Jud.).

GALLEY (LE), h. c^ne d'Allemans (B.).

GALLIER, h. c^ne de Rouffignac-Montignac.

GALMIER, m. isolée, c^ne de Sainte-Natalène (S. Post.).

GALMINON, m. isolée, c^ne de Montignac-sur-Vézère (S. Post.).

GALOCHE (LA), h. c^ne de la Chapelle-Gonaguet (S. Post.).

GALOCHE (LA), h. c^ne de Montguyard.

GALOFRE, lieu-dit, c^ne de Tanniès (cad.).

GALOP, h. c^ne de Fougueyrolles. — *Gallau*.

GALOP, ferme, c^ne de Soulaure (S. Post.).

GALOTTE (LA), dom. c^ne de Monestier (A. Jud.).

GALOUCHALE (A LA), c^ne de Champsevinel. — 1345 (inv. de Lanmary).

GALUBE (LA), h. c^ne de Fanlac.

GALVENTE (LA), maison, c^ne de Rouquette-d'Eymet (S. Post.).

GALY (LE PETIT-), h. c^ne de Gouts (S. Post.).

GAMANSON, section de la c^ne de Saint-Laurent-des-Hommes.

GAMANSON (PETIT-), lieu-dit, c^ne de Saint-Étienne-de-Double (cad.).

GAMARDE, c^ne d'Atur.

GAMARDIE (LA), h. c^ne de Saint-Marcory (B.).

GAMBARDIE (LA), bois, c^ne de Grignol. — *Nemus voc. de la Gambardia*, 1490 (Dives, II, 53).

GAMBARRIT, éc. c^ne de Limeuil. — *Gambarry*, 1465 (Liv. Nof. p. 95).

GAMBUSSAC, h. c^ne de la Nouaille (A. Jud.).

GAMODIE (LA), c^ne d'Eyliac. — *Maynam. de la Gamodia*, 1350 (ch. Mourcin).

GANAGE, h. c^ne de Vertcillac.

GANAT (LE), h. c^ne de Thenon (A. Jud.).

GANDIL, h. c^ne de Tocane (B.).

GANDILIE (LA), c^ne d'Eyliac, anc. fief, châtell. d'Auberoche (arch. de Pau).

GANDILLAC, h. c^ne de Saint-Martial-de-Viveyrol. — *Mayn. de Gandilhac*, 1463 (O. S. J.). Dépend. de la comm^ie du Soulet.

GANDUMAS, vill. c^ne de Dussac. — *Monasterium de Grandalinac* (pouillé du XIIIe siècle). — *Prioratus de Guandalmai*, 1252 (Lesp. 94, test.). — *Gandelinar*, 1503 (Mém. d'Albret). — *Gaudonias* (le P. Dupuy, *État de l'Égl. du Périgord*). Voc. Saint-Loup. — Anc. prieuré dép. de l'abb. de Ligueux.

GANE (LA), ruiss. c^ne du Fleix (A. Jud.).

GANE (LA), lieu, ténem. de la Gaillardie, c^ne de Leuquais. — *La Guane* (terr. de Lenq. 1755).

GANE (LA), h. c^ne de Manaurie.

GANE (LA), h. c^ne de Naillac (A. Jud.).

GANE (LA), lieu-dit, c^ne de Sainte-Alvère (cad.).

GANE (LA), lieu, c^ne de Saint-Aubin-de-Lenquais.

GANE (LA), lieu-dit, c^ne de Saint-Marcel. — *La Guane*, 1670 (Acte not.).

GANE (LA), lieu-dit, c^ne de Saint-Michel-Lesparon (cad.).

GANE (LA), éc. c^ne de Thiviers.

GANE (LA), ruiss. affl. du Drot; il prend sa source à Rampieux et se jette dans le Bressoux.

GANES (LES), lieu-dit, c^ne d'Agonac (cad.).

GANES (LES), éc. c^ne de Saint-Pierre-de-Cole.

GANES (LES), lieu-dit, c^ne de Vern (cad.).

GANET, h. c^ne de Saint-Front-de-Champniers.

GANETRIE (LA), h. c^ne de Sainte-Aulaye.

GANFARD, lieu-dit, c^ne de Sourzac (cad.).

GANILLAS, lieu-dit, c^ne de Saint-Laurent-des-Hommes (cad.).

GANILLE (LA), h. c^ne de Sadillac (A. Jud.).

GANISSOU, pré, c^ne de Sainte-Croix (A. Jud.).

GANMARET, sect. de la c^ne de Beleymas. — *Parochia de Galinarès*, 1310 (Lesp. 24). — *Galinares*, 1321 (Lesp. Estissac). — *Golmarest*, 1479 (la Balbie, arch. de Lenq.). — *Guarmarès, Guarmarey*, 1620 (Not. de Berg.). — *Gunmareix* (A. Jud.).
Voc. Saint-Martial.

GANMAREY ? c^ne de Villamblard. — *Repaire de la Motte-Guarmareys-lèz-le-Château-de-Villamblard*, 1622 (Acte not.).

GANTOU, h. c^ne de Saint-Julien-de-Crempse (B.).

GAPE-LÈBRE, lieu-dit; c^ne d'Issac (cad.).

GAPIROU, h. c^ne de Saint-Michel-l'Écluse, et m^in sur le Chalaure.

GAR (COMBE-DE-), c^ne de Vicq. — 1649 (Acte not.).

GARADE (A LA), terre, c^ne de Saint-Astier (A. Jud.).

GARANAGA ? c^ne de Belvez. — *Quadrivium de Garanagara*, 1469 (arch. de la Gir.) L'acte porte que ce carrefour était situé entre le chemin de Belvez à Berliguières et celui de Belvez à Dome, en passant par la tour de Sinhac.

GARAUBIE (LA), h. c^ne de Saint-Martin-des-Combes.

GARAUBIER (LE), lieu-dit, c^ne de Saint-Front-de-Pradoux (cad.).

GARAUBIÈRE (LA), c^ne d'Atur. — *Bois de la Garobière*, 1652 (Acte not.).

GARAUBIÈNES (LES), h. c^ne de Brouchaud (cad.).

GARAUDIE (LA), c^ne de Fanlac. — *Mansus de la Garaudia*, 1467 (Généal. de Rastignac).

GARAUDIE (LA), anc. fief, c^ne de Millac ? 1550.

GARAUDIE (LA), c^ne de Saint-Victor (?). — *La Costa de la Garaudia*, 1446 (ch. Mourcin).

GARAVÉTIE (LA), h. c^ne de Saint-Germain-des-Prés (A. Jud.).

GARBERIE (LA), c^ne de Saint-Pierre-d'Eyraud. — *Tenem. de la Garbeyria*, 1489 (coll. de Lenq.).

GARD (LE), h. c^ne de Calviac. — *Gart, Gard*, 1455 (arch. de Fénélon).

GARDA-BLANCA (LA), m^in, c^ne du Change, 1503 (Mém. d'Albret). — Appart. à l'abb. de Chancelade.

GARDA-GALAN, h. c^ne d'Ajat. — 1503 (Mém. d'Albret). Prieuré dépend. de l'abb. de Ligueux.

GARDAS (LAS), lieu-dit, c^ne de Saint-Germain-des-Prés (A. Jud.).

GARDE, éc. c^ne d'Atur (A. Jud.).

GARDE, mét. c^ne de Clermont-de-Beauregard. — *Maynament*, 1480 (Lesp.).

GARDE (COMBE-DE-LA-), c^ne de Pézul, près de la forêt. — 1682 (Acte not.).

GARDE (FORÊT DE) ou PETITE-FORÊT, c^ne d'Ajat. — 1740 (Dénombr.).

GARDE (HAUTE et BASSE), h. c^ne du Bugue.

GARDE (LA), c^ne d'Ales. — *Mas de la Garda*, 1459 (arch. de la Gir. Belvez).

GARDE (LA), c^ne de Beaussat.

GARDE (LA), h. c^ne de Carsac-Villefranche (B.).

GARDE (LA), c^ne de Cornille. — Anc. rep. noble.

GARDE (LA), éc. c^ne de Coutures.

GARDE (LA), c^ne de Cussac. — *Masus de la Garda*, 1459, appartenant à l'abb. de Cadouin (arch. de la Gir. Belvez).

GARDE (LA), dom. c^ne d'Eyliac. — 1717 (Acte not.).

GARDE (LA), h. c^ne de Grives (B.).

GARDE (LA), c^ne de Jaure. — 1460 (inv. du Puy-Saint-Astier).

GARDE (LA), font. c^ne de Lempzours. — *Fontaine de Bournac* (Chroniq. du Périg. t. II, p. 175).

GARDE (LA), c^ne de Mont-Caret. — *A la Garda*, XIIIe s^r (terr. de Mont-Caret).

GARDE (LA), c^ne de Périgueux. — *Domus Gardiæ*, 1482 (Lesp. 34). — *Notre-Dame-de-la-Garde*, unie à l'abb. de Peyrouse en 1462.

GARDE (LA), h. c^ne du Petit-Bersat (S. Post.).

GARDE (LA), c^ne de Saint-Lazare. — *Podium de la Garda*, 1461 (O. S. J. Condat).

GARDE (LA), éc. c^ne de Saint-Michel-de-Double.

GARDE (LA), éc. c^ne de Saint-Pierre-de-Cole.

GARDE (LA), c^ne de Saint-Privat. — *Mayn. de la Guardia*, 1316 (arch. de la Gir.).

GARDE (LA), h. c^ne de Saint-Saud.

GARDE (LA), éc. c^ne de Siorac-Ribérac (B.).

GARDE (LA), lieu-dit, c^ne de Villetoureix (cad.).

GARDE (LA) ? — *Parochia Saint-Guy de la Garda* (Lesp. 10. Liste des paroisses inconnues lors de l'établissement du fouage au XIVe siècle).

GARDE (LA), anc. dioc. de Périgueux, auj. du dép^t de la Charente. — *Eccl. de la Garda* (pouillé du XIIIe siècle). — *Ygardia*, 1380 (P. V. M.).
Justice qui ressort. de Villebois-Lavalette (Stat. de l'Angoumois).

GARDE (MAS-DE-LA-), c^ne de Montbazillac. — 1677 (Acte not.).

GARDE (MOULIN DU PIED-DE-), m^in à vent, c^ne d'Issigeac.

GARDE (PRÉ DE LA), pré à la Garavétie, c^on de Saint-Germain-des-Prés (A. Jud.).

GARDE-BELLEVUE (LA), c^ne de Lisle (A. Jud.). — Anc. rep. noble.

GARDEDEUIL-ET-EYGURANDE, c^ne, c^on de Montpont. — *Sanctus Leonardus de Gardadel*, 1099 (cart. de Baigne). — *Prieuré de Gardadels*, xvie siècle (Itin. de Clément V).

    Patron : saint Léonard; coll. l'évêque. — Le prieuré de Gardedeuil avait été donné à l'abb. de Baigne au xiie siècle.

GARDÈLE (LA), c^ne du Bugue. — *La Guardelle*, 1697 (Acte not.).

GARDÈLE (LA), h. c^ne de Gaulegeac.

GARDÈLE (LA), c^ne de Saint-Laurent-de-Castelnaud. — *Turris de la Gardela prope rivum de Grives*, 1459 (Philipparie). — *Mansus de la Gardela*, 1462.

    Dépendait du prieuré de Beaulieu.

GARDERIE (LA), h. c^ne de Celle (B.).

GARDETTES (LES HAUTES et BASSES), c^ne de Varennes. — *Hautes Gardettes*, autrement *Talinot*, 1674 (Acte not.).

GARDIE (HAUTE et BASSE), c^ne de Mensignac. — *Pheodus de la Guardia*, 1312 (Lesp. 26, Homm.). Fief.

GARDONE, c^ne, c^on de Sigoulès. — *Ecclesia sancte Fidis de castro de Gardona*, 1104 (cart. de Sainte-Marie de Saintes). — *Sanctus Johanes de Gardona*, 1484 (arch. de Bergerac, sénéchaussée).

    Voc. Saint-Jean-Baptiste; coll. l'évêque. — La chapelle Sainte-Foi du château de Gardone fut donnée au monastère de Sainte-Marie de Saintes en 1104.

    La baillivie de Gardone s'étendait, en 1385, sur les par. de Compne, Conc, Monestier, Piles, Razac, Saint-Aigne, Sainte-Croix, Saint-Germain-le-Dros, Saint-Naixent, Sanis? Sobareda et les Tours.

    Anc. rep. noble, dép. au xive siècle de la châtell. de Bergerac ou Mont-Cuq, et ayant depuis haute justice sur la par. 1760 (Alm. de Guy.).

GARDONE (GRAND et PETIT), h. c^ne de Coulounieix.

GARDONE (GRAND et PETIT), h. c^ne de Montagnac-de-Crempse. — 1666 (Acte not.).

GARDONETTE (LA), ruiss. qui prend sa source sur les confins de la c^ne de Bouniagues, au pied du coteau dit *le Petit-Tuquet*, passe à Pomport et se jette dans la Dordogne au-dessus de Gardone. — *Ripa de Gardoneta*, 1226 (cart. de Cadouin).

GARDONIÈRE, terre, c^ne d'Atur (A. Jud.).

GARDOUNÈCHE, h. c^ne de Mandacou (S. Post.).

GAREILLE (LA), h. c^ne de Siorac.

GARELIE (LA), c^ne de Bertric. — *Mayn. de la Garelia*, 1462 (O. S. J.).

GARELIE (LA), dom. c^ne de Coulounieix (A. F.).

GARELIE (LA), h. c^ne de Millac-Nontron (S. Post.).

GARELOUP (LE), h. c^ne de Coulounieix.

GARELOUP (LA), h. c^ne de Montclar (S. Post.).

GARELOUP (LE), h. c^ne de Saint-Angel (S. Post.). — *Garloup, Guareloup* (Cal. admin. de la Dord.).

GAREN, éc. c^ne d'Eyvirac.

GARENCA? anc. porte à Sainte-Alvère (Liv. Nof. 119).

GARENIE (LA), h. c^ne de Gaulegeac (B.).

GARENIE (LA), c^ne de Molières. — *A la Gaurenia*, 1465 (arch. de la Gir. Belvez).

GARENIE (LA), h. c^ne de Paleyrac. — Anc. rep. noble.

GARENNE (LA), h. c^ne de Beaupouyet.

GARENNE-VERTE, bois de chênes verts, c^ne de Lenquais. — 1603 (Not. de Lenq.).

GARGALINES (LES), h. c^ne de Saint-Saud (S. Post.).

GARGAUDIE, h. c^on de Coulounieix.

GARHAS? c^ne de Sainte-Marie-de-Chignac. — *Maynamentum de las Garhas*, 1322 (une des limites de la jurid. de Périgueux).

GARLANDIE (LA), terre, c^ne de Fanlac (A. Jud.).

GARLANDIE (LA), c^ne de Jumillac.

GARLENCHIE (LA), h. c^ne de Savignac-les-Églises (B.).

GARMANDIE (LA), lieu, c^ne de Bourrou. — *Maynam de la Garmodia*, 1329 (Périg. M. H. 41, 4).

GARMANDIE (LA), h. c^ne d'Eyliac.

GARNAUDIE (LA), h. c^ne de Borrèze.

GARNERIE (LA), h. c^ne de Beleymas. — *La Guarneyrie*, 1647 (Acte not.).

GARNESC (LA)? — *Mansus de la Garnesc, apud Bragairacum*, 1167 (Lesp. vol. 37, Don du comte Rudel).

GARRAT, h. c^ne de la Force (B.).

GARRAUBE, c^ne de Douzillac. — *Tenentia voc. de Garrabe*, 1480 (Dives, I, 157).

GARRAUBE, habit. c^ne de Liorac. — *Mansus voc. de las Marias, et non Garrauba*, 1456 (L. Noir, p. 62). — *La Garraubia, la Garrauba*, 1460 (L. Nof. 56).

GARREAU, h. c^ne de Mont-Caret (B.).

GARRIC (LE), h. c^ne de Campagnac-de-Quercy.

GARRIC (LE), h. c^ne de Gaulegeac (B.).

GARRIC (LE), taillis, c^ne d'Hautefort (A. Jud.).

GARRIC (LE), h. c^ne de Montclar.

GARRIC (LE), h. c^ne de Turnac (B.).

GARRICS (LES), c^ne de Beaurone-de-Chancelade.

GARRIDUS (LE), taillis, c^ne de Montclar (A. Jud.).

GARRIGUE, éc. c^ne de Bergerac.

Garrigue, c^{ne} du Bugue. — *E la Garriga* (cart. de l'abb. du Bugue).

Garrigue, c^{ne} de Carves. — *Pons de la Garrigua*, 1351 (arch. de la Gir. Belvez).

Garrigue, c^{ne} de Chavagnac. — 1180 (Lesp. 35. Viguerie de Chavagnac).

Garrigue, c^{ne} de Couse. — *Garigues sive Toutyfaut*, 1471 (cout. de Couse).

Garrigue, maison, c^{ne} de Cussac (S. Post.). — *Mansus de la Garrigua*, 1459 (Philipparie, 69).

Garrigue, h. c^{ne} de Fonroque.

Garrigue, h. c^{ne} de Saint-André-Sarlat (B.).

Garrigue, h. c^{ne} de Salon.

Garrigue (Haute et Basse), h. c^{ne} de Prats-de-Carlux.

Garrigue (La), lieu, c^{ne} de Léguillac-de-Lauche. — 1482 (inv. du Puy-Saint-Astier).

Garrigue (La), lieu, c^{ne} de Lenquais.

Garriguette, éc. c^{ne} de Saint-Léon-sur-Vézère (B.).

Garriole (La), h. c^{ne} de Saint-Geniez. — 1776 (Acte not.).

Garripade (La), lieu, c^{ne} de Sendrieux (A. Jud.).

Garripade (La), lieu-dit, c^{ne} de la Trape (cad.).

Garris (Les), h. c^{ne} de Chancelade (B.).

Garris (Les), lieu-dit, c^{ne} de Neuvic (cad.).

Garrissade, c^{ne} de Saint-Caprais. — *Maynam. de Garrissada*, 1475 (L. Nof.).

Garrissade, c^{ne} de Saint-Léon, c^{on} de Neuvic. — *Las Garisadas*, 1625 (Acte not.).

Garrisson, c^{ne} de Sainte-Foy-de-Belvez. — *Maynam. de Garrisson*, 1412 (arch. de la Gir. Belvez).

Garrissoux (Les), h. près de Campagnac (Villamblard).

Garrit, c^{ne} de Carves. — *Mans. del Guarric*, 1462 (arch. de Belvez).

Garrit, h. c^{ne} de Castelnau (S. Post.).

Garrit, c^{ne} de Cussac. — *Mansus del Garric*, 1459 (Philipparie).
Une des possess. de l'abb. de Cadouin.

Garrit, h. c^{ne} de Saint-Cyprien. — *Tenem. del Guary sive las Cabanes*, xviie siècle (terr. de Bigaroque).

Garrit, c^{ne} d'Urval. — *Lou Garritz del Rey*, 1462 (Philipparie).

Garrit (Bel), lieu-dit, c^{ne} de Beynac (cad.).

Garrit (Combe de), lieu-dit, c^{ne} de Pressignac (A. Jud.).

Garry (Combe du Grand-), c^{ne} de Sarlat (A. Jud.).

Garry (Gros-), lieu-dit, c^{ne} de Besse (cad.).

Garry (Le), lieu-dit, c^{ne} de Berbiguières (cad.).

Garry (Le), h. c^{ne} de Gageac (S. Post.).

Garry (Le), h. c^{ne} de Gaulegeac (S. Post.).

Garry (Le), h. c^{ne} de Montclar (S. Post.).

Garry (Le), lieu-dit, c^{ne} d'Orliaguet (cad.).

Garry (Le), h. c^{ne} de Puyguilhem. — *Les Garry*, 1190 (Acte not.).

Garry (Le), lieu-dit, c^{ne} de Saint-Amand-de-Belvez (cad.).

Garry (Le), lieu-dit, c^{ne} de Saint-Martial-de-Nabirat (cad.).

Garry (Le Grand-), lieu-dit, c^{ne} de Cantillac (cad.).

Garry (Le Grand-), lieu-dit, c^{ne} de Douville (cad.).

Garry (Le Peuch-du-), h. — Voy. Peuch (Le).

Garsio, m^{in} détruit, c^{ne} de Varennes. — *Molend. de Garsio, subtus eccles. de Lencaysseto*, 1373 (assises de Lenq.).

Garvel? ruiss. c^{ne} de Limeuil. — *Rivus de la Garvel*, 1465 (Liv. Nof. 95).

Garveyne (La)? ruiss. c^{ne} de Villamblard. — *Rivus de la Garveyna*, 1457 (L. Nof.).

Garveyrie (La), m^{in} et h. c^{ce} de Beleymas. — 1682 (Acte not.).

Gascherie, 1650 (Acte not.).

Gascherie (La), c^{ne} de Saint-Just. — *Mayn. de la Gas cheria*, 1324 (Lesp. Reconn.).

Gasne (La), h. c^{ne} d'Eyliac.

Gaspine, lieu-dit, c^{ne} de Tursac (cad.).

Gasquerie (La), h. c^{ne} de Meyral.

Gasques? c^{ne} de Belvez. — *La couste de Guasques*, 1465.

Gasques, c^{ne} de Doissat. — *Repayrium motæ de Rauziac als. de Gasques*, 1412 (arch. de la Gir.). — *La Motte Haute*, 1744 (terr. de Saint-Pompon). Anc. rep. noble.

Gasques? c^{ne} de Montplaisant. — *Loc appel. à Gasques*, 1462. — *Moli de Gasque*, 1465 (Philipparie).

Gasquies, h. c^{ne} de Liorac. — *Arveus de Gaschis*, 1160 (Lesp. 37, cart. de Cadouin)? — *La Gasquie*, 1603 (Acte not.).

Gassas, anc. dioc. de Périgueux, auj. du dép^t de Lot-et-Garonne. — *Sanctus Vincentius de Agassano, Sarlatens. dioc.* (coll. p. Jean XXII).

Gassouiller, lieu-dit, c^{ne} de Saint-Michel-Lesparon (cad.).

Gastaudie (La), lieu-dit, c^{ne} d'Auriac-de-Bourzac. — *Gastaudias*, 1460 (O. S. J.).

Gastaudie (La), h. c^{ne} de la Linde. — *Le Mas Gastaud*, à Sainte-Colombe, 1460 (L. Nof.).

Gastaudie (La), c^{ne} de Sainte-Alvère. — *Maynam. de La Gastaud* (L. Nof. p. 45).

Gastaudie (La), h. c^{ne} de Saint-Amand-de-Villadeix. — *Mayne de Gastaudie*, 1512 (ch. Mourcin).

Gaste-Blac, c^{ne} de la Tour-Blanche.

Gaste-Bois, dom. c^{ne} de la Force. — 1724 (bail de la Force).

Gaste-Bourse, h. c^{ne} d'Eyrenville (S. Post.).

Gaste-Pont, lieu-dit, c^{ne} de Douville (cad.).

Gaste-Soleil, m. isolée, c^{ne} de Ste-Eulalie (S. Post.).

GASTINAUX (LES), h. c^ne de Saint-Martin-de-Gurçon.

GASTINE, h. c^ne de Ponchat.

GASTINE (LA), c^ne de Saint-Apre. — 1772 (Tenance, inv. de Montardit).

GASTINELIE, h. c^ne de Mialet (S. Post.).

GASTON (LE), m. isolée, c^ne de Montaut-d'Issigeac (S. Post.).

GASTOUZE (LA), ruiss. de la Bessède, qui se jette dans la Dordogne à Cabans.

GATET (FON et COMBE DE), c^ne de Saint-Jean-d'Estis-sac.

GATIER, lieu-dit, c^ne de Bosset. — Grand Gatier, 1744 (not. de B.).

GAU (LE), forge sur l'Auvezère, c^ne de Peyzac.

GAUBE (LE), lieu-dit, c^ne de Beynac (cad.).

GAUBERT, h. c^ne de Campsegret.

GAUBERT, h. c^ne de Saint-Jory-de-Chalais. — Anc. rep. noble, 1745.

GAUBERT, h. c^ne de Tayac.

GAUBERT, h. c^ne de Terrasson. — Anc. rep. noble avec haute justice sur quelques villages de la par. de Terrasson (Alm. de Guy. 1760).

GAUBERTE (LA), c^ne de la Mongie-Saint-Martin. — 1675 (Acte not.).

GAUBERTIE (LA), h. c^ne de la Mongie-Montastruc. — Mansus nunc. de La Gaubertia, 1452 (L. Nof. 33).

GAUBERTIE (LA), c^ne de Saint-Martin-des-Combes. — La Gasbertia, 1431. — La Gaubertia (Liv. N.). — La Borie, 1738 (Acte not.). Anc. rep. noble.

GAUBERTIE (LA), lieu-dit, c^ne de Vicq. — 1697 (Rec.).

GAUBERTOU, lieu-dit, c^ne de Paunac. — Gobertou (cad.).

GAUBESSE, lieu-dit, c^ne de Saint-Sernin-de-Reillac. — Gobesse (A. Jud.).

GAUCEL (MOULIN DE), sur la Louire, c^ne de Saint-Félix-de-Villadeix.

GAUCHER (LE), h. c^ne de Bonneville.

GAUCHIER, h. c^ne de Rampieux. — Gauchez (S. Post.).

GAUD (LE), éc. c^ne d'Agonac.

GAUD (LE), lieu-dit, c^ne de Bourgnac. — Gaude (cad.).

GAUD (LE), h. c^ne de Mazeyrolles. — Got (A. Jud.).

GAUD (LE), m. isolée, c^ne de Saint-Front-d'Alemps (S. Post.).

GAUD (MAGNE), taillis, c^ne de Gaulegeac (cad.).

GAUDAL (PECH-), h. — Voy. PECH-GAUDAL.

GAUDÉ (LE), lieu-dit, c^ne de Ladornac (cad.).

GAUDELARIAS (LA), lieu-dit, c^ne de Neuvic (cad.).

GAUDERIE (LA), h. c^ne de Notre-Dame-de-Sanillac. — Rep. noble dép. de la ville de Périgueux (Dénombr. 1684).

GAUDETS (LES), h. c^ne de Château-l'Évêque (A. Jud.).

GAUDIE (LA), h. c^ne du Bugue (S. Post.). — E la Rigaudie (Lesp. 23, cart. du Bugue)?

GAUDIE (LA), h. c^ne de Savignac-le-Drier (S. Post.).

GAUDIES (LES), h. c^ne d'Agonac (S. Post.).

GAUDIGNAC, h. c^ne de Celle (S. Post.).

GAUDIL, h. c^ne de Tocane.

GAUDILIE? c^ne d'Eyliac. — Hosp. de Gaudilhia, 1365 (Homm. à Auberoche. Lesp. vol. 26). — Gandilhie (arch. de Pau).

GAUDINIE (LA), h. c^ne de Celle.

GAUDINIE (LA), h. c^ne de Ribérac (S. Post.).

GAUDON, m^in, c^ne de Saint-Pompon.

GAUDOT (LE), h. c^ne de Sales-de-Belvez (cad.).

GAUDOUNEIX, h. c^ne d'Angoisse (S. Post.).

GAUDOUNES (LES), h. c^ne de Saint-Avit-Senieur (S. Post.).

GAUDRA (MOULIN), c^ne de Bergerac, sur le Caudou, appart. à la ville. — 1605 (arch. de Bergerac).

GAUFARIAS (LAS), h. c^ne de Blis-et-Born (A. Jud.).

GAUFFREYE (LA)? c^ne de Saint-Amand-de-Vern. — Comba voc. de la Gauffreya, 1510 (ch. Mourcin).

GAUFRERIE (LA), c^ne de Sainte-Alvère. — Cumba et nemus de la Gauffreyria, 1454 (L. Nof. 29).

GAUFRERIE (LA), ténem^t, c^ne de St-Martin-des-Combes, 1328.

GAUFREYE (LA)? c^ne de Saint-Laurent-des-Bâtons. — Bouriage-de-la-Gaufreigne, 1680 (Acte not.).

GAUIDIE (LA), près de Vernode? — Nemus de la Gauidia (Lesp. vol. 81, p. 31).

GAUILLASSES (LES), h. c^ne de Nastringues (A. Jud.).

GAUILLE, pré, c^ne de Siorac (A. Jud.).

GAUILLE (LA), pré, c^ne de Cadouin (A. Jud.).

GAUILLE (LA), pré, c^ne de Fraysse (A. Jud.).

GAUILLE (LA), friche, c^ne de Saint-Remy (A. Jud.).

GAUILLE (LA), taillis, c^ne de Saint-Remy (A. Jud.).

GAUILLE (LE MAINE DE), mét. c^ne de Sainte-Alvère (A. Jud.).

GAUILLE (RUISSEAU DE), c^ne de Maurens.

GAUILLES (AUX), pré, c^ne de Périllac (A. Jud.).

GAUILLES (LES), pré, c^ne de Belvez (cad.).

GAUILLES (LES), pré, c^ne de Douzillac. — Las Gauillas (cad.).

GAUILLES (LES), pré, c^ne d'Issac (cad.).

GAUILLES (LES), pré, c^ne de Saint-Laurent-des-Hommes. — Las Gaulias (cad.).

GAUILLES (LES), pré, c^ne de Saint-Médard-Mussidan. — Las Gaulias (cad.).

GAUILLES (LES), pré, c^ne de Saint-Séverin-d'Estissac (cad.).

GAUGEAC, c^ne, c^on de Montpazier. — Sanctus Petrus de Gaviac, 1153 (bulle d'Eugène III. Sarlat). — Gayac (pouillé du XIIIe siècle). — Gaugeacum, 1317 (collation de Jean XXII). — *Gauiat*, 1555 (panc. de l'év.). — *Gaugeac* (B.). — *Gaujat* (Cass.).

Patron : saint Pierre-ès-Liens.

L'église de Gaugeac fut unie en 1317 à la collégiale de Capdrot.

GAUJARD, h. c^ne de Grives (S. Post.).

GAUJAT, h. c^re de Montferrand.

GAUJAT, h. c^ne de Saint-Romain-Moutpazier (S. Post.).

GAULANDIE (LA), h. c^ne de Saint-Front-d'Alemps (S. Post.).

GAULASSE (LA), lieu-dit, c^ne de Ladornac (cad.).

GAULE, anc. rep. noble, c^ne de Veyrignac (Généal. de Vassal).

GAULEGEAC, étang le plus considérable de l'arrond. de Sarlat. — Son étendue est d'environ 40 arpents (Jouanet, *Statistique de la Dordogne*).

GAULEGEAC ou GAULEJAC, c^ne, c^on de Dome. — *Gaulegac*, 1152. — *Gaulejacum*, 1283 (ord. de Philippe le Hardi, Dome). — *Gaulciacum*, 1283 (une des limites du ressort du château de Dome, Lesp. 46). — *Gaujac*, 1555 (panc. de l'év.). — *Gaulejac*, 1640 (atlas de Blaeu); 1753 (état des paroisses). — *Graulejac*, 1733 (carte de Jaillot). — *Golejac* (B.). — *Grolegeac* (Cass.).

Voc. Saint-Louis. — Patron : saint Léger; coll. l'évêque.

Rep. noble ayant haute justice sur la par. 1760 (Alm. de Guy.).

GAULEJAC, h. c^ue de Montignac (S. Post.).

GAULERIE (LA), lieu-dit, c^be d'Issac (cad.).

GAULERIE (LA), lieu, c^ne de Saint-Félix-de-Mareuil. — Un ruisseau, affluent du Boulou, et sur lequel est le moulin de la Berterie, y prend sa source.

GAULERIES (LES), taillis, c^ne de Beaurone (cad.).

GAULERIES (LES), h. c^ue de Grignol (S. Post.).

GAULES (LES) ou PONT-DES-REYX, bois n° 1082, S. E. de la c^ne de Maurens (A. Jud.).

GAULET (LE), terre, c^ne du Change (A. Jud.).

GAULIAC, lieu, c^ne de Molières.

GAULIAC (LE), lieu-dit, c^ne de Montfaucon. — *Gaulhiac*, 1617 (Not. du Fleix).

GAULIAS (LAS), lieu-dit, c^ne d'Anlhiac (A. Jud.).

GAULIAS (LAS), pré, c^ne de Douville (A. Jud.).

GAULIAS (LAS), lieu-dit, c^ne d'Hautefort (A. Jud.).

GAULIASSOU, taillis, c^ne d'Issac (A. Jud.).

GAULIE (LA), mét. c^ne de Cumont (S. Post.).

GAULIE (LA), c^ne de Montmadalès. — *Terre à la Gaulhie* (ténem. du Roqual, arch. de Lenq.).

GAULIE (LA), lieu au vill. de Fenix, c^ne de Saint-Germain-et-Mons.

GAULIE (LA), h. c^ne de Saint-Géry.

Là est la source du ruiss. qui sépare les c^nes de

Saint-Géry et de Beaupouyet et se jette ensuite dans l'Ille.

GAULIER, lieu-dit, c^ne de Cadouin (cad.).

GAULIER, h. c^ne de Montsaguel.

GAULIER (LE), lieu-dit, c^ne de Nanteuil-Thiviers (cad.).

GAULIER (LE), terre, c^ne de Saint-Astier (A. Jud.).

GAULIER (LE), taillis, c^ne de Saint-Géraud-de-Corps (A. Jud.).

GAULIER (LE), lieu-dit, c^ne de Saint-Pardoux-la-Rivière (cad.).

GAULIÈRE (LA), h. c^ne de Vanxains (B.).

GAULIES (LES), h. c^ne de Ribérac (S. Post.).

GAUMARD, h. c^ne d'Anlhiac (S. Post.). — *Les Gaumards* (Cass.).

GAUMARD, h. c^ne de Doissac (S. Post.).

GAUME, éc. c^ne d'Église-Neuve-d'Eyraud.

GAUMERIE, h. c^ne de Grun (Dives). — *Gomerie* (carte de Cass.).

GAUMERIE, c^ne de Rouillas.

GAUMERIE, c^ne de Saint-Laurent-des-Bâtons (Acte not.).

GAUMES (LES), h. c^ne de Saint-Mayme (A. Jud.).

GAUMGALIE (LA)? c^ne de Saint-Astier. — *Nemus de la Gaumgalia*, 1360 (Lesp. Hommages).

GAUMI, h. c^ne de Notre-Dame-de-Sanillac (Dives).

GAUMIER, réuni à FLORIMONT, c^ne, c^on de Dome. — *Gaumerium*, 1283 (ordonn. de Philippe le Hardi, Dome). — *Gaumiers*, 1489. — *Goumyers*, xvie siècle (arch. de Pau, Châtell. du Périgord).

GAUMIÈRE (LA), taillis, c^ne de Saint-Romain-Montpazier (A. Jud.).

GAUMIES (LES), éc. c^ne de Sanillac.

GAUMIES (LES), bois de 32 hect. c^ne de Vern (cad.).

GAUMINE (LA), c^ne de Monsac, dépend. du ténem. de Malbrunie ou Ponchet.

GAUMONDIÈRES, rep. noble, c^ne de Nontron.

GAUNIES (LES), h. c^ne d'Antone. — *Hospitium de las Gaunias alias de Fontibus*, 1365 (Lesp. vol. 34).

GAUNISSOUX (LES), h. c^ne de Font-Galau (A. Jud.).

GAURE (LE), h. c^ne de Neuvic.

GAURENNE, h. et m^in, c^ne de Marquay.

GAURIAS (LAS), lieu-dit, c^ne de Neuvic (cad.).

GAURY, dépend. de la c^ne de Mussidan. — *Gorry* (cad.).

GAUSSEDAL? c^ne de Sengeyrat. — Terres appelées *Gausedal*, 1687.

GAUSSELANDIE (LA), c^ne de Font Galau. — Anc. rep. noble (Courc. Généal. de Vassal).

GAUSSEN, h. c^ne de Beynac (S. Post.).

GAUSSEN, h. c^ne de Montplaisant.

GAUSSEN, h. c^ne de Saint-Vincent-de-Cosse (cad.).

GAUSSES (LES), terre, c^ne de Sainte-Croix, c^on de Beaumont (A. Jud.).

GAUSSIL (LE), ruiss. cⁿᵉ de Borrèze; il prend sa source à Envals et se jette à Borrèze dans le ruisseau de ce nom.

GAUSSINEL, h. cⁿᵉ de Gaumier. — *Le Gaussinet* (S. Post.).

GAUTAYE (LA), lieu-dit, cⁿᵉ de Bourgnac (cad.).

GAUTEREAU, h. cⁿᵉ de Nanteuil-Verteillac.

GAUTEREN? cⁿᵉ de la Mongie-Saint-Martin. — *Bordaria Gauterenca*, 1117 (cart. de Sainte-Marie de Saintes).

GAUTERIE (LA), h. cⁿᵉ de la Chapelle-Grésignac (cad.).

GAUTERIE (LA), h. cⁿᵉ de Léguillac-de-Cercle.

GAUTERIE (LA), habit. et mⁱⁿ, cⁿᵉ de Mareuil.

GAUTERIE (LA), h. cⁿᵉ de la Nouaille.

GAUTERIE (LA), h. cⁿᵉ de Prats-de-Carlux. — *Mansus de la Gauteries*, 1467 (arch. de Paluel).

GAUTERIE (LA), h. cⁿ de Saint-Félix-de-Reillac.

GAUTERIE (LA), h. cⁿᵉ de Villamblard. — *Maynam. de la Gauteyra*, 1485 (Dives, II, 148). — *Gauteyrie*, 1617 (Acte not.). — *Gaulteyrie*, 1620 (Not. de Villamblard). — *Gaulteyrie*, 1631 (Acte not.).

GAUTERIES (LES), bois de 40 hectares, cⁿᵉ de Beaurone (cad.). — *Goutieras* (cad.).

GAUTERIES (LES), h. cⁿᵉ de Bruc-de-Grignol.

GAUTERIES (LES), h. cⁿᵉ de Prats-de-Carlux.

GAUTEY, h. cⁿᵉ de Mensignac (B.).

GAUTEYX (LAS), h. cⁿᵉ d'Anlhiac. — *Gauteix* (A. Jud.).

GAUTIER, h. cⁿᵉ de Belvez (S. Post.).

GAUTIER, ruiss. cⁿᵉ de Faux, faisant séparation du ténement de la Genèbre de celui de Saint-Cybro (terr. de Lenq.).

GAUTIER, h. cⁿᵉ de Montmarvès.

GAUTIER, friche, cⁿᵉ de Montsaguel (A. Jud.).

GAUTIER, h. cⁿᵉ de Sainte-Croix-de-Beaumont (S. Post.).

GAUTIER, éc. cⁿᵉ de Saint-Géry.

GAUTIER, h. cⁿᵉ de Saint-Pardoux-de-Belvez.

GAUTIER (COMBE-DE-PUY-), cⁿᵉ de Marsac. — Voy. PUY-GAUTIER.

GAUTIER (LE), lieu-dit, cⁿᵉ de Villetoureix (cad.).

GAUTY (LA), h. cⁿᵉ de Varagnac.

GAUVENTS (CARREFOUR DE), à Périgueux, du côté de Saint-Georges (Lesp. Dénom. au XIVᵉ siècle).

GAUVENTS (LES), lieu-dit, cⁿᵉ d'Eyvirat (A. Jud.).

GAUZARD (LE), lieu-dit, cⁿᵉ de Doissac (cad.).

GAVACHOUX (LES), m. isolée, cⁿᵉ de Montclar (S. Post.). — *Guavachoux*, 1738 (Not. de M.).

GAVACHOUX (LES), h. cⁿᵉ de Sainte-Radegonde.

GAVANE (LA PETITE-), terre, cⁿᵉ de Montsaguel (A. Jud.).

GAVARDIES (LES), lieu-dit, cⁿᵉ de Saint-Médard-Mussidan (cad.).

GAVARROUX (LES), h. cⁿᵉ de Saint-Aubin-de-Lenquais.

GAVATS (COMBE, MAISON et FONTAINE DES), cⁿᵉ de Cadouin (A. Jud.).

GAVAUDUN, anc. dioc. de Périgueux, auj. du dép' de Lot-et-Garonne. — *Gavaldun* (cart. de la Sauve). — *Gavaudun*, 1160 (épitaphe de J. d'Asside, évêque de Périgueux).

GAVELA? cⁿᵉ de la Mongie-Saint-Martin. — *Bordaria Gavela, Bordaria Gavalenca*, 1117 (cart. de Sainte-Marie de Saintes).

Don de ce lieu au prieuré de la Mongie-Saint-Martin.

GAVERDIER (LE), lieu-dit, cⁿᵉ de Berbiguières (cad.).

GAVINIE (LA), cⁿᵉ de Trélissac (S. Post.).

GAVIRAC? cⁿᵉ de Gardone. — *Riparia de Gavirac*, 1206 (cart. de Cadouin). — *Virac*, 1226 (*ibid.*).

GAVISIE (LA), éc. cⁿᵉ de Fouleix (B.).

GAY, cⁿᵉ de Rouffignac. — *Bos de Gay* (A. Jud.).

GAY (LE), h. cⁿᵉ de Capdrot.

GAY (LE), éc. cⁿᵉ de Razac-Eymet.

GAY (LE), h. cⁿᵉ de Razac-sur-l'Ille.

GAY (LE), éc. cⁿᵉ de Rouquette-d'Eymet (S. Post.).

GAYAC, anc. fief, cⁿᵉ de Marsaneix (arch. de Pau).

GAYE (LA), lieu, cⁿᵉ de Capdrot.

GAYE (LA), fontaine, cⁿᵉ de Saint-Aubin-de-Lenquais.

GAYE (LA), lieu, cⁿᵉ de Saint-Clément.

GAYET (LA GRÈZE-DE-), lieu-dit, cⁿᵉ de Paunac (cad.).

GAYETTAS (LAS), lieu-dit, cⁿᵉ de Saint-Aquilin (cad.).

GAYRAT (PECH-), lieu-dit, cⁿᵉ de Doissac (cad.).

GAYRIGALIE (LA)? lieu-dit, cⁿᵉ de Saint-Astier. — *Mas de la Gayrigalie*, 1400 (Homm. Lesp.).

GAYRILLARDE (LA), h. cⁿᵉ de Saint-Martial-d'Artensec.

GAZAILLE (LA), cⁿᵉ de Carsac-de-Carlux, près de Saint-Rome. — Anc. rep. noble.

GAZELLE, maison isolée, cⁿᵉ de Montaut (S. Post.).

GAZY, h. cⁿᵉ de Coulounieix (B.).

GEGNIOT (LA), cⁿᵉ de Sendrieux. — 1699 (Acte not.).

GELADE (LA), h. cⁿᵉ de Bergerac.

GELADE (LA), lieu-dit, cⁿᵉ de Villac (cad.).

GELADES (LES), h. cⁿᵉ de Connezac.

GELADES (LES), h. cⁿᵉ de Ladosse (S. Post.).

GELARIE (LA), lieu-dit, cⁿᵉ de Neuvic. — *Locus voc. de la Gelaria*, 1341 (Périg. M. H. 41, 5).

GELATEN? — *El mas Gelatene*, 12.. (O. S. J. Combeyranche).

GELIBERT, h. cⁿᵉ d'Allemans (B.).

GELIE (LA), cⁿᵉ de Saint-Félix-de-Reillac. — *La Gellie*, 1687 (Acte not.).

Anc. rep. noble.

GELIME (LA), cⁿᵉ de la Mongie. — *Mayne de la Gelima*, 1459 (L. Nof. 44). — *La Zelima* (*ibid.*). — *La Gélivie*, 1741 (Acte not.).

GELINERIE (LA), h. cⁿᵉ de Manzac (S. Post.).

GEMAYE (LA), c^ne, c^on de Sainte-Aulaye. — *Paroch. de la Vuiana*, 1365 (Lesp. Châtell. de Montpont). — *La Franagge archip. de Duppla* (pouillé du XIIIe siècle). — *La Franayge* (panc. de l'év.). — *La Jaumarie*, XVIe siècle (paroisses de la justice de la Double, arch. de Pau). — *La Jamaye* (cad.). — *Lajemaye* (Cal. admin. de la Dordogne).

La Gemaye et *Saint-Legis*, ou *vicomté de Double*, anc. rep. noble, ayant haute justice dans la Gemaye, 1760 (Alm. de Guy.).

Patrons : saint Vivien (ms. de 1514) et saint Jean-Baptiste; coll. l'évêque.

GEMAYE (LA), h. c^ce de Saint-Pardoux-la-Rivière.

GEMAYOLLE (LA), ruiss. de la Double, qui traverse plusieurs étangs et se jette dans la Risone en face des Farges.

GEMEAUX (LES), h. c^ne de Saint-Léon-sur-l'Ille (Cass.).

GENDILLIONE (LA), pièce de terre, c^ne de Lenquais (cad. D, 894-904).

GENDONIE (LA), éc. c^ne de Sarlat (A. Jud.).

GENDRAU (RIOU DE), ruiss. c^ne de Parcoul; il afflue à la Drone (B.).

GENÈBRE (LA), h. c^ne de la Cassagne (B.).

GENÈBRE (LA), h. c^ne de Chassagne (B.). — *La Genebra*, 1466 (O. S. J.).

GENÈBRE (LA), h. c^ne de Faux.

GENÈBRE (LA), h. c^ne d'Hautefort.

GENÈBRE (LA), h. c^ne de Quinsac (B.).

GENÈBRE (LA), c^ne de Sargeac. — *Mans. de la Genebra*, 1265 (O. S. J.).

GENEBRIAS, h. c^ne de Grignol. — *Maynam. de la Genebria*, 1457 (Dives, I).

GENESSIE (LA), h. c^ne d'Archignac (B.).

GENEST (LE), c^ne de Saint-Pierre-de-Cole. — *Maynam. deu Genest*, 1476 (Lesp. Brantôme).

Dép. de la prévôté de Puy-Chambaud.

GENESTE (LA), c^ne de Mauzens. — *Mansus de la Genesta*, 1463 (arch. de la Gir. Belvez).

GENESTE (LA), h. c^ne de Saint-Astier. — *La Genesta*, 1255 (Lesp. Saint-Astier).

GENESTE (LA), c^ne de Saint-Laurent-du-Manoire. — *La Genesta*, 1496 (ch. Mourcin).

GENESTE (LA), c^ne de Vern. — *Maynam. de las Genestas*, 1510 (ch. Mourcin, afferme de Labatut).

GENESTET, c^ne, c^on de la Force. — *Sanctus Jacobus de Genestet* (pouillé du XIIIe siècle). — *Genestetum*, 1491. — *Sanctus Paulus de Genestet*, 1555 (panc. de l'évêché).

Coll. l'évêque.

Près de Genestet est le point culminant de la route entre Bergerac et Mussidan; altitude, 145 mèt.

GENESTRIE (LA), h. c^ne de Saint-Paul-la-Roche.

GENIHAC?, c^ne de Saint-Quentin. — *Mansus de Genihac*, 1304 (Périg. M. H. 1, 37) (peut-être Clissac?).

GÉNIS, c^ne, c^on d'Exideuil. — *Genitz*, 1362.

Voc. Sainte-Marie.

Châtellenie, autrement dite *de Moruscles* (Lesp. vol. 71); elle n'était pas de la sénéch. de Périgord.

GENOUILLAC, vill. anc. dioc. de Périgueux, auj. dépend. du dép^t du Lot. — *Monasterium Genoliacense in territorio Petrocorensi* (bréviaire de Sarlat, office de saint Sour).

GENOUILLAC, éc. c^ne de Saint-Médard-de-Gurson.

GENTE (LA), éc. c^ne de Beaumont (B.).

GENTIAL, h. c^ne de Liorac.

GER (LE), sect. de la c^ne d'Ales. — *Repaire du Gern*, 1777 (Acte not.).

GERALDENGE? anc. forêt, c^on de Sainte-Aulaye. — *Sylva Geraldenge apud Campum S. Martinum* (cart. de la Sauve).

GERARDENE? c^ne de Monbos. — *Mansus Gerardene*, 1273 (ms. de Wolf.).

GÉRARDIE (LA), h. c^ne des Lèches (A. Jud.).

GERAUDIE (LA), h. c^ne de Génis (S. Post.).

GERAUDIE (LA), c^ne de Vern. — *Maynam. de la Geraudia*, 1510 (ch. Mourcin).

GÉRAUX (LES), h. c^ne de Siorac-Ribérac (B.).

GERBAUDIE (LA), m. isolée, c^ne de Naillac (S. Post.).

GERBAUDIE (LA), h. c^ne de Valeuil (B.).

GERIAC, h. c^ne de Ladosse (S. Post.).

GERIAS (LE), h. c^ne de Connezac.

GERIE (LA), lieu-dit, c^ne de Cercle (cad.).

GERIE (LA), h. c^ne de la Chapelle-Montabourlet.

GERMANDIAS (LAS), lieu-dit, c^ne de Saint-Jean-d'Estissac (Acte not.).

GERMANIE (LA), c^ne de Creysse. — *Mansus de la Germenia*, 1450 (L. Noir, 94).

GERMANIE (LA)? c^ne de Sagelat. — *Tenementum de Germanias*, 1672 (Homm. à Belvez).

GERMANIE (LA)? c^ne de Saint-Félix-de-Villadeix. — *Lieu de la Germinia*, 1472 (Rec.).

GERMANIE (LA), h. c^ne de Saint-Just-et-Chapdeuil.

GERMANIE (LA), anc. fief, châtell. d'Ans, c^ne de Sainte-Orse (arch. de Pau).

GERMANIE (LA), c^ne de Thiviers. — *Hospitium de Germanie*, 1483 (Généal. de Rustignac).

Anc. rep. noble.

GERMILLAC, h. c^ne de Montaut-Issigeac (R.).

GÉRONIE (LA), éc. près de Terrasson. — Ce nom rappelle celui de l'anc. abbaye, *Monasterium Sancti Suri vocabulo Geredia*, 940 (ch. de Bernard, comte de Périg.).

GERBINE, m. isolée, c^ne de Saint-Sulpice-d'Eymet (S. Post.).

GEYRAC? anc. par. c^on de Montpont. — *Eccl. de Geyrac*, archipr. de Duppla (pouillé du xiiie siècle). — *Villa de Sancto Bartholomeo de Geyrans en Périgord*, 1318 (rôles gascons). — *Beyrac*, 1555 (église portée comme inconnue, panc. de l'évêché, archipr. de la Double).

Geyrac ou Geyrans paraît avoir été anciennement joint au nom de Saint-Barthélemy avant celui de Belle-Garde que cette petite ville porte aujourd'hui.

GEYRAUDIE (LA), h. c^ne de Sarlande (Acte not.).

GEYRAUDS (LES), lieu-dit, c^ne de Chancelade (A. Jud.).

GEYRIAS, h. c^ne de Beaussat (B.).

GEYRIE (LA), lieu-dit, c^ne de Bourgnac (cad.).

GEYRIE (LA), lieu-dit, c^ne de Sourzac (cad.).

GIAUX, dom. c^ne de Saint-Remy (A. Jud.).

GIBARDEL, lieu-dit, c^ne de la Villedieu (cad.).

GIBIAS, dom. c^ne de Trélissac. — 1450 (ch. Mourcin).

GIBLONDE, h. c^ne de Terrasson (A. Jud.).

GIBOULIE (LA), h. c^ne de Coulaures (A. Jud.).

GICOUX (LES), h. c^on de Font-Gauffier (B.).

GICQUET, anc. fief, c^ne de Sarrazac (ch. Mourcin).

GIGAL (LE), taillis, c^on de Beynac (cad.).

GIGONDY, h. c^ne de Montignac-sur-Vézère (B.).

GILANDIEIX (LES), h. c^ne de Coursac (B.).

GILARDIE (LA), h. c^ne de la Boissière-d'Ans.

GILARDIE (LA), sect. de la c^ne de Brouchaud (cad.).

GILARDIE (LA), h. c^ne de Chalais (B.).

GILARDIE (LA), h. c^ne de Coursac. — *Les Gilardies* (B.).

GILARDIE (LA), éc. c^ne de Sainte-Aulaye.

GILARDIE (LA), éc. c^ne de Saint-Sulpice-de-Romagnac (B.).

GILARDIE (LA), éc. c^ne de Vanxains.

GILBERT, h. c^ne de Trélissac, 1450. — *Maynam. de Gilbert* (Périg. M. H. 13).

GILETS (LES), mét. c^ne de Bergerac.

GILETS (LES), h. c^ne de Saint-Vincent-Jalmoutier (B.).

GILOU ou GILLOU (PLANT DE), taillis, c^ne de la Force (A. Jud.).

GILOU, h. c^ne de Javerlhac (B.).

GILOU, terre, c^ne de Saint-Avit-Rivière (A. Jud.).

GIMEL, h. c^ne de Saint-Léon-sur-l'Ille — *Mans. de Gemel*, in par. *Sancti Leonis*, 1279 (ch. d'Hélie de Talleyr.). — *Les Gémeaux* (Cass.).

GINDONIE (LA), éc. et m^in, c^ne d'Alas (A. Jud.).

GINESTE (LA), dom. c^ne de Saint-Cyprien.

GINIE (LA), h. c^ne de Saint-Hilaire-d'Estissac. — 1652 (Acte not.).

GINONIE (LA), h. c^ne de Lempzours (S. Post.).

GIPPOUX (LES), h. c^ne d'Ales-de-Cadouin (S. Post.).

GIPPOUX (LES), h. c^ne d'Eyzerat.

GIRAGNE (LA), dom. c^ne de la Canéda (A. Jud.).

GIRAL (LE), h. c^ne d'Ales-de-Cadouin (S. Post.).

GIRANDOUX (LES), dom. c^ne de la Linde (A. Jud.).

GIRANGUE? porte au château de Sainte-Alvère. — *Porta Giranga*, 1455 (L. Noir).

GIRARDES (LES), h. c^ne de Brassac (B.).

GIRARDIE (LA), c^ne de Pizou. — *Mayn. Girardia*, 1272 (don d'Archambaud III, Lesp.).

GIRARDIE (LA), c^ne de Saint-Aquilin. — *Maynam. de la Girardia*, 1510 (ch. Mourcin).

GIRARDIE (LA)? c^ne de Sargeac. — *Fasio de la Girardia*, 1304 (O. S. J.).

GIRAUDIE (LA), h. c^ne d'Angoisse.

GIRAUDIE (LA), h. c^ne de Chantérac, 1538. — *Girauldie* (partage de J. de la Cropte, Lesp. 60).

GIRAUDIE (LA), h. c^ne de Creyssensac (A. Jud.).

GIRAUDIE (LA), c^ne d'Issac. — *La Giroudie*, 1603 (Acte not.).

GIRAUDIE (LA), c^ne de Monesterol. — *La Giraudia*, 1335 (Lesp. vol. 79).

GIRAUDIE (LA), c^ne de Saint-Médard-de-Mussidan. — *Maynamentum de la Giraudia*, 1308 (Périg. M. H. 41, 1).

GIRAUDIE (LA), lieu, c^ne de Segonzac.

GIRAUDIE (LA), h. c^ne de Vern. — *Mayn. de la Giraudia*, 1460 (L. Nof. 79).

GIRAUDIE (LA), anc. dioc. archipr. de Pillac, auj. du dép^t de la Charente. — *Eccl. de Giraudia* (pouillé du xiiie siècle).

GIRAUDOUX (LES), bois, c^ne d'Agonac. — *Nemus voc. de Giraudo*, 1338 (Périg. M. H. 41, 4).

GIRAUDOUX (LES), h. c^ne de Saint-Michel-de-Montaigne.

GIRONDE, éc. c^ne de Champsevinel, près de Borie-Petit. — *Boria apelada de Girounda*, 1205 (cart. de Chancelade). — *Gironda*, 1211 (*ibid.*).

GIRONDEAU, h. c^ne de Léguillac-de-Lauche (Cass.).

GIRONIE (LA), dom. c^ne de Pomport.

GIROU, h. c^ne d'Anesse (B.).

GIROU, h. c^ne de Siorac-Ribérac (B.).

GIROUX (LES), h. c^ne de Saint-Avit-Sénieur. — 1711 (Rec.).

GIROUX (LES), h. c^ne de Sarliac (B.).

GIRVARIE (LA), éc. c^ne de Plazac.

GISSONIE (LA), lieu-dit, c^ne de Sireuil (cad.).

GISTONIE (LA), c^ne de Sagelat. — *Masus de la Justonia*, 1462 (Philipparie). — *Gistounie*, 1477. Anc. rep. noble.

GIT (LE), h. c^ne d'Azerat (A. Jud.).

GIVERZAC, h. c^ne de Dome (B.).

GIVERZAC, lieu, c^ne de Mauzens.

GIVERZAC, h. c^ne de Rouffignac-Montignac. — *Givarzacum*, 1341 (Lesp.). — *Castrum de Javersaco*, 1370

(Lesp. Limeuil, Homm.). — *Gyversac* (lettres de Henri IV).

GIVERZAC, lieu, c^ne de Saint-Aigne (terr. de Lenq.).

GLANDAL (LA), lieu-dit, c^ne de Lenquais (cad.). — *Aglandal*, 1760 (Acte not.). — Auj. *les Oliviers*.

GLANDE (LA), m. isolée, c^ne d'Eyrenville (S. Post.).

GLANDIE (LA), m. isolée, c^ne de Millac-Nontron.

GLANE, h. c^be de Coulaures. — *Glana*, 1471 (ch. Mourcin).

Anc. rep. noble.

GLAUTERIE (LA), h. c^ne de Château-l'Évêque. — *La Glosterie*, 1725 (Acte not.).

GLEIZEDAL, vill. c^ne de Nojals. — *Priorat. Alsona*, dioc. Sarlat.? (cart. de Chancelade). — *Cure d'Als*, 1556 (bénéf. de l'év. de Sarlat). — *Gleize d'Als*, 1679 (carte du Périg. par Samson).

GLÉNON, h. c^ne de Léguillac-de-Lauche. — *Mas de Glanon*, 1514 (inv. du Puy-Saint-Astier).

GLÉNON, c^on de Ribérac. — *Territorium de Glenonio*, 1090 (cart. de la Sauve).

GLEYZE-ROUTE, c^ne de Nojals. — Emplacement d'une anc. chapelle.

GLISSAC, h. c^ne de Dome (B.).

Go (LE), c^ne de Condat-sur-Vézère. — *Territor. del Guo*, 1521 (O. S. J. Condat).

Go (LE), gué, c^ne de Grignol. — *Lo Go de la Rossa*, 1485 (Dives, II, 143).

Go (LE), gué, c^ne de Neuvic. — *El Go de Planeza*, 1471 (Dives, I, 67).

Go (LE), h. c^ne de Saint-Pompon. — *Le Guo*, 1744 (terr. de Saint-Pompon).

GOAUDIE (LA), arrond. de Ribérac, près de la Drone.— *Nemus de la Goaudia*, 1266 (Lesp. 79, Malayoles).

GO-DE-ROUMAGIERAS, c^ne de Saint-Martin-l'Astier (cad.).

GODOFFRE (CHÂTEAU DE), un des châteaux qui entouraient Périgueux, au sud de la cité. — *Castrum Gothefredi*. — *Château des Thermes* (Antiq. de Vésone).

Construit jadis sur l'emplacement des thermes romains, il est auj. détruit.

GOFFONIE (LA), c^ne de Saint-Antoine-de-Breuil. — 1614 (terr. de Montravel).

GOGABAUD (SAINT-LAURENT-DE-), anc. par. c^ne de Condat (B.). — *Guot Guabaud*, 1671 (rôle pour la taille).

GOINAUD, h. c^ne de Saint-Paul-la-Roche (A.Jud.).

GOINE, h. c^ne de la Feuillade (B.).

GOIRANDIE (LA), h. c^ne de Badefol-d'Ans (A.Jud.).

GOLCE, h. c^ne de Pontchat.

GOLMESIE (LA)? c^ne de Chatres? — *Bordaria de la Golmesia*, 1130 (Lesp. 33, Chatres).

GOLSARIE (LA), h. c^ne d'Eyliac.

GOLSE? c^ne de Villamblard. — *Maynam. de la Golsa*, 1471 (Dives, I, 72).

GONAGUET? c^ne de la Chapelle-Gonaguet. — *Bordaria deux Cortils sive d'Agonaguet*, 1252 (O. S. J.). Dép. de la comm^tie d'Andrivaux.

GONDAT, h. c^ne de Saint-Estèphe-Nontron (S. Post.).

GONDAUD, c^ne de Bassillac. — Anc. rep. noble.

GONDE (LA), h. c^ne de Blis-et-Born (B.).

GONDIE (LA), h. c^ne de Saint-Martial-d'Albarède (A. Jud.)

GONGAUDIE (LA), anc. fief, c^ne de Saint-Astier (arch. de Pau).

GONIE (LA)? ruiss. c^ne de la Mongie. — *Rivus de Gonia*, 1460 (L. Nof. 16).

GONISSON, h. c^ne de Villefranche-de-Belvez (B.).

GONTERIE (LA), c^ne de Bouloucix. — Chapelle sous le nom de *Sainte-Marie*.

Anc. rep. noble, sur un pic isolé.

GONTERIE (LA), c^ne de Grignol. — *Boria de las Gonteyrias*, 1481 (Dives, 87). — *Repaire nommé las Gonterias* ou *la Borie de Bellet*, 1664 (Lesp. 51).

GONTERIE (LA), h. c^ne de Léguillac-de-Cercle (S. Post.).

GONTERIE (LA), h. c^ne de Peyzac (S. Post.).

GONTERIE (LA), c^ne de Saint-Mayme-de-Péreyrol. — *Repayrium de la Gonteyria*, 1455 (ch. Mourcin).

GONTERIE (LA), h. c^ne de Saint-Sulpice-de-Mareuil (S. Post.).

GONTOLMIE (LA)? c^ne du Coux. — *Mansus de la Gontolmia*, 1467 (arch. de la Gir. Lancepleine).

GORGE-D'ENFER, grotte, c^ne de Tayac, sur la rive droite de la Vézère, en face du vill. des Eyzies. — Station de l'âge préhistorique, dont les instruments en bois de renne, non barbelés, paraissent se rapporter à la même période que ceux trouvés au Cros-Magnon (Reliquiæ Aquitanicæ, 97, planche B, 13).

GORRE (LE), ruiss. affl. de l'Ille, c^on de Montpont; il sépare, en cet endroit, le dép^t de la Dordogne d'avec celui de la Gironde.

GORSADE (LE)? c^ne de Brassac. — *El mas de la Gorsade*, XIIIe siècle (Rentes dues au seig^r de Taillefer, donat. à l'abb. de Ligueux). — *Ligorse* (B.).

GORSE, h. c^ne de Sainte-Croix-Beaumont (A. Jud.). — *Gorso* (S. Post.).

GORSE (LA), h. c^ne de Cénac (B.).

GORSE (LA), sect. de la c^ne de Marquay. — *Gorsse* (cad.).

GORSE (LA), h. c^ne de Pazayac. — *Mans. de la Gorssa*, 1529 (fabr. de Pazayac).

GORSE (LA), h. c^ne de Sainte-Eulalie, c^on d'Eymet.

GORSE (LA), c^ne de Tocane. — *Tenentia de la Gorsa*, 1330 (Périg. M. H. 41, 4).

GORSE (LA), c^ne de Vélines. — Anc. maison noble. 1682 (Acte not.).

Gorse (La), sect. de la c^{ne} de Villamblard (cad.). — La Guorce, 1633 (Acte not.).

Gorse (La), h. c^{ne} de Villars. — La Gorse (B.).

Gorse (La), c^{ne} de Vitrac. — Mansus de la Gorssa, 1475 (O. S. J.).

Gorses (Les), lieu-dit, c^{ne} de Varennes (cad. 187, 188).

Gorseval, sect. de la c^{ne} de Limeuil (cad.). — En Gorsabal, Gorsabau, 1450 (L. Nof. 121).

Gossard? c^{ne} de Campagne. — Maynam. de Gossard, 1471 (arch. de la Gir. Bigaroque).

Got (Cap du), lieu-dit, c^{ne} de Carsac-Sarlat (A. Jud.).

Got (Garenne du), futaie à Corbiac, c^{ne} de Bergerac (A. Jud.).

Got (Le), bois, c^{ne} de la Chapelle-Gonaguet. — La Gruaude (A. Jud.).

Got (Le), h. c^{ne} de Lusignac (cad.).

Got (Le) ou Go, lieu, c^{ne} de Marquay.

Got (Le), h. c^{ne} de Mazeyrolles (B.).

Got (Pré du), taillis, c^{ne} de Bouillac (A. Jud.).

Got (Pré du), pré, c^{ne} de Sourzac (cad.).

Got (Terme du), lieu-dit, c^{ne} de Festalens (cad.).

Got-du-Loup (Le) et le Petit-Got, lieu-dit, c^{ne} de Saint-Louis (cad.).

Gothe (La), c^{ne} de Nontron (S. Post.).

Goudal, h. c^{ne} de Beynac.

Goudal, h. c^{ne} de Lavaur (B.).

Goudaraux (Les) ou Coudert-Haut, terre, c^{ne} de Cadouin.

Goudaud, h. c^{ne} de Bassillac.

Goudeix (Les), h. c^{ne} de Saint-Germain-de-Salembre (B.).

Goudelie (La), h. c^{ne} de Saint-Pompon.

Goudelie (La), lieu-dit, c^{ne} de Tursac (cad.).

Goudou, c^{ne} d'Alas-de-Berbiguières. — Godo, 1449 (Lesp. 46, Cadouin).

Anc. rep. noble, avec haute justice sur quelques maisons dans Alas. — 1760 (Alm. de Guy.).

Goudou, lieu-dit, c^{ne} de Tursac (cad.).

Goudoulie (La), h. c^{ne} de Campagnac-lez-Quercy (B.).

Goudouneix (La), h. c^{ne} d'Angoisse (B.).

Goudounesche (La Grande et la Petite), h. c^{ne} de Mandacou.

Goudoun, h. c^{ne} de Condat-sur-Vézère (cad.). — Mansus del Goudour, 1528 (O. S. J. Condat).

Goudour, h. c^{ne} de Sarlande (B.).

Goudoux, c^{ne} de Trélissac.

Gouffal, h. c^{ne} de Plazac (B.).

Gouffal, h. c^{ne} de Saint-André-Alas (B.).

Gouge (Le), h. c^{ne} de Veyrines, c^{on} de Dome (B.).

Gouillac, h. c^{ne} de Saint-Julien-de-Lampon (S. Post.). — Gouliac (Acte not.).

Gouille (La), taillis, c^{ne} de Saint-Géraud-de-Corps (A. Jud.).

Gouine, h. c^{ne} de Bergerac. — Gouyne, 1670 (Not. de Bergerac).

Gouine (La), ruiss. qui passe à Genestet et se jette dans la Dordogne en face de Saint-Nazaire.

Gouinie (Haute et Basse), h. c^{ne} de Bourdeilles.

Gouissie (La), éc. c^{ne} de Montignac-sur-Vézère.

Goujatou, mét. c^{ne} de Coursac. — 1735 (Acte not.).

Goujoula (Le), h. c^{ne} de Naussanes (B.).

Goulandie (La), c^{ne} de Chantérac. — La Gollandye, 1514 (inv. du Puy-Saint-Astier).

Goulandie (La), lieu-dit, c^{ne} de la Chapelle-Faucher.

Goulandie (La), h. c^{ne} de Saint-Front-d'Alemps.

Gouleix, taillis, c^{ne} de Grignol (A. Jud.).

Goulet (Le), terre, c^{ne} du Change (A. Jud.).

Goulet d'Urval (Le) ou de Milhac, c^{ne} de Mauzac; confronte au chât. de Millac (terr. 1666, arch. de la Gir.). — Locus Goulet de Urval, 1463 (arch. de la Gir. Bigaroque).

Goulfeyri, sect. de la c^{ne} de Paunac (cad.).

Goulha (La)? c^{ne} de Grignol. — Pecia terræ voc. la Goulha, 1490 (Dives, II, 85).

Goulières, h. c^{ne} de Vanxains (B.).

Goulpat, h. c^{ne} de Capdrot (cad.).

Goumardière, m. isolée, c^{ne} de Nontron (S. Post.).

Goumente ou Fon-Morte, terre, c^{ne} de Sainte-Foy-de-Longa (A. Jud.).

Goumoure, sect. de la c^{ne} de Sourzac (cad.).

Gouneau, h. c^{ne} de la Force (S. Post.).

Gouneaux (Les), h. c^{ne} de Saint-Léon-sur-l'Ille.

Gouneaux (Les), h. c^{ne} de Saint-Vincent-de-Connezac (R.).

Gounetas (Las), lieu-dit, c^{ne} de Saint-Laurent-des-Hommes (cad.).

Gounis (Les), h. c^{ne} de Mensignac (B.).

Gounissoux, h. c^{ne} d'Ajat-Thenon.

Gounissoux (Les), h. c^{ne} d'Ajat (A. Jud.).

Gounou, éc. c^{ne} de Villefranche-de-Belvez (B.).

Gour (Le), bois de 52 hect. c^{ne} de Beaurone (cad.).

Gour (Le), bois, c^{ne} de Blis-et-Born (A. Jud.).

Gour (Le), pré, c^{ne} de Saint-Cyprien (cad.).

Gourbeilleras, m. isolée, c^{ne} de Nontron (S. Post.).

Gourd (Le), h. c^{ne} de Beauregard (Cass.).

Gourd (Le), c^{ne} de Pazayac (B.).

Gour-de-l'Arche (Le), mét. c^{ne} de Périgueux. — Lo Gore de l'Archa, 1409 (L. Noir de Périg.).

Gourdis, h. c^{ne} de Beaurone-Neuvic (B.).

Gourdon (Grand et Petit), c^{ne} de Mont-Caret (S. Post.).

Gourdonie (La), h. c^{ne} de Campagnac-lez-Quercy (B.). — Gourdounie (terr. de Saint-Pompon).

Gourdonie (La), h. c^{ne} d'Eyvirac. — Anc. rep. noble.

Gourdoux, c^{ne} de Brantôme (S. Post.).

Gourdoux (Les), c^{ne} de Peyrignac.

Gourdoux (Les), lieu-dit, c^{ne} de Trélissac.

Gour-du-Grand-Chemin (Le), bois, c^{ne} de Fosse-Magne (A. Jud.).

Gourgeon (Le), ruiss. qui se jette dans l'Elle à Villac.

Gourgousson, h. c^{ne} de Saint-Avit-Sénieur (S. Post.).

Gourgue, lieu-dit, c^{ne} de Saint-Front-de-Pradoux (cad.).

Gourgue, h. c^{ne} de Saint-Vivien-Bonneville.

Gourgue (La), c^{ne} de Saint-Aubin. — Ténement (terr. de Lenq.).

Gourgue-de-Peynol (La), gouffre dans la Dordogne, près du port de Lenquais.

Gourgueil (La Fon-de-), c^{ne} de la Linde (A. Jud.).

Gourichou, h. c^{ne} de Saint-Martin-de-Ribérac (B.).

Gourie (La), éc. c^{ne} de la Tour-Blanche.

Gourjou, éc. c^{ne} d'Agonac (B.).

Gournerie (La), éc. c^{ne} de Saint-Geniès (B.).

Goursac, h. c^{ne} de Bersac-Beauregard. — Eccles. de Gornhac archip. de Exidolio? (pouillé du XIIIe siècle).

Goursac, h. c^{ne} de Montignac-sur-Vézère (B.).

Goursac, h. c^{ne} de Sainte-Orse (A. Jud.).

Goursac, h. c^{ne} de Tourtoyrac (S. Post.).

Goursolas, h. c^{ne} de Saint-Jory-de-Chalais (B.).

Gousa? c^{ne} de Saint-Martial-de-Drone. — Nemora de Gousa, 1457 (Périg. M. H. 41, 7).

Gouso? c^{nr} de Chalagnac. — Nemus voc. de Gouso, 1470 (Liv. Nof. 89).

Goussinoux (Les), h. c^{ne} d'Ajat (A. Jud.).

Goute-Blave, h. c^{ne} du Change (A. Jud.).

Goute-Nègre, h. c^{ne} du Bugue. — Gota-Negra, 1454 (L. Nof. 125).

Goute-Rine? c^{ne} de Mont-Caret. — Al rio gota rina, gota rino, XIIIe siècle (terr. de Mont-Caret).

Gouteyrex (Le Mas-), h. c^{ne} de Saint-Jean-d'Estissac. — La Goteyria, 1342 (Périg. M. H. 41, 5). — La Gouteyria, 1471 (Dives, I, 68).

Goutoulet (Le), h. c^{ne} de Naillac.

Gouts, réuni à Rossignol, c^{ne}, c^{on} de Verteillac. — Guz, ;^{e} siècle (cart. de Saint-Cybard). — Goz, 1100 (arch. de Saint-Astier, Bonzac). — Gus (pouillé du XIIIe siècle). — Gots, 1365 (châtell. du Périgord). — Guotz, 1380 (P. V. M.). — Gotz, 1555 (panc. de l'év.). — Gour, XVIe siècle (arch. de Pau, Châtell. du Périg.). — Goust, 1732 (état des paroisses).

Voc. Saint-Étienne.

Gouts était le siége d'un archipr. qui est nommé archiprêtré de Bost dans un pouillé du XIVe s^e (Lesp.).

Gouttes (Les), ruiss. qui se jette dans le Moiron aux Grands-Briands.

Gouvra, h. c^{ne} de Tourtoyrac.

Gouyas (Haut et Bas), h. c^{te} de Montagrier.

Gouyat, éc. c^{ne} de Brassac (B.).

Gouyat, bois, c^{ne} de Marsaneix (A. Jud.).

Gouyat, éc. c^{ne} de Ponchat.

Gouyet, h. c^{ne} de Saint-Michel-de-Double (B.).

Gouyou, h. c^{ne} de Fontaine (cad.).

Gouyou, h. c^{ne} de Soulaures (S. Post.).

Gouyssie (La), h. c^{ne} de Montignac-sur-Vézère (B.).

Gouze? c^{ne} de Montagrier. — Vilatg. et Podium de Gouze, 1496 (Périg. M. H. 41, n° 1).

Gouzot, c^{ne} d'Urval (S. Post.).

Gouzou (Le), ruiss. qui se jette dans la Dordogne à Cénac.

Gouzou (Le), ruiss. qui passe à Saint-Aubin-de-Lenquais et se jette dans la Conc (terr. de Lenq.).

Goyrandie (La), h. c^{ne} de Badefol-d'Ans. — 1774 (Acte not.).

Goyas, c^{ne} de Brassac. — Tenance de Goyas, autrement Bouygas, 1772 (inv. de Montardit).

Goyas, fle, c^{ne} de Saint-Médard-de-Drone. — Insula voc. de Goyas, 1270 (Lesp. 81).

Goyas, h. c^{ne} de Vélines. — 1530 (terr. de Montravel).

Grabiolle (La), h. c^{ne} d'Issac.

Gracerie, éc. c^{ne} de Salon (A. Jud.).

Grafar, bois, c^{ne} d'Eyliac (A. Jud.).

Grafet (Le), h. c^{ne} de Terrasson (cad.).

Grafeuil, h. c^{ne} de Mialet (S. Post.).

Grafeuil, h. c^{ne} de Saint-Amand-de-Belvez (B.).

Grafeuillades (Les), m. isolée, c^{ne} de Saint-Sand (S. Post.).

Gralaux (Les), h. c^{ne} de Saint-André-de-Double.

Grambaudie, h. c^{ne} de Peyzac-Montignac (B.).

Gramensac, h. c^{ne} de Gaugeac (S. Post.). — Anc. rep. noble.

Gramont, h. et m^{in} sur un tertre très-élevé, c^{ur} d'Eyrenville.

Gramont, font. c^{ne} d'Issigeac. — Fons voc. de Granmon, 1465 (coll. de Lenq.).

Grand-Castang, c^{ne}, c^{on} de Sainte-Alvère. — Locus de Grandi Castanho, 1244 (Lesp.). — Grand Castang (pouillé du XIIIe siècle). — Grandis Castanea, 1365 (Lesp. Châtell. du Périg.). — Commanderie du grand Chastaigner (comm^{ries} de Saint-Antoine en Guyenne; Bibl. Imp.).

Voc. Saint-Clou.

Grandefon, h. c^{ne} de Montfaucon. — 1621 (Not. du Fleix).

Grand-Font, h. c^{ne} de Saint-Jean-d'Eyraud, à la source d'un affluent de l'Eyraud.

Grand-Font, lieu-dit, c^{ne} de Saint-Laurent-sur-Manoire (A. Jud.).

Grandie (La), h. c^{ne} de Bars (A. Jud.).

Grandval, mét. c^{ne} de Bergerac.

GRAND-VAL (LA), forêt qui s'étendait sur les c^{nes} de Rouffignac, Bars et Fosse-Magne. — *Forest de Grant Val*, 1397 (Lesp. Montignac).
Contenance d'environ 200 hectares.

GRAND-VAL (LA), h. c^{ne} de Tursac.

GRANGE-DE-JARRIC (LA), éc. c^{ne} de Château-l'Evêque (B.).

GRANGE-DES-BEDOTS (LA), éc. c^{ne} de Château-l'Évêque (B.).

GRANGE-DU-BOST, éc. c^{ne} de Montagrier (B.).

GRANGE-DU-MONGE (LA), éc. c^{ne} de Sainte-Croix.

GRANGE-DU-PRÊTRE (LA), mét. c^{ne} de Bergerac.

GRANGE-JULIANE (LA), sect. de la c^{ne} d'Agonac (cad.).

GRANGES (LES), mét. auj. détruite, c^{ne} de Lenquais. — *Vill. des Granges*, 1730 (Acte not.).

GRANGES (LES), hauteur dans l'arrond. de Nontron. — Son sommet forme un des points limites du département (Jouannet, *Stat. de l'arrond. de Nontron*).

GRANGES (LES), h. c^{ne} de Sainte-Aulaye (B.).

GRANGES (LES), h. c^{ne} de Saint-Seurin-de-Prats (B.).

GRANGES (LES), h. c^{ne} de Valeuil (S. Post.). — Anc. rep. noble.

GRANGES (LES), h. c^{ne} de Villefranche-de-Belvez (B.).

GRANGES-D'ANS, c^{ne}, c^{on} d'Hautefort. — *Eccl. in honore S^{ti} Martini, quæ voc. A Grangias*, 1025 (Lesp. Tourtoyrac). — *Præpositura de Grangiis*, 1120 (Lesp. 27, Tour.). — *Granias* (pouillé du xiiie s^e). — *Eccl. de Grangüs*, 1382 (P. V. M.).
Voc. Saint-Martin. — Prieuré avec titre de prévôté, à la collation de l'abbé de Tourtoyrac.

GRANIE (LA), c^{ne} de Coly. — *Mansus de la Grana*, 1460 (O. S. J.).

GRANIE (LA), éc. c^{ne} de Douchapt.

GRANIE (LA)? lieu-dit, c^{ne} de Grignol. — *Las Granas*, 1457 (Dives, g^d D.).

GRANIE (LA), c^{ne} de Sargeac. — *Garriga de la Grania*, 1318 (O. S. J.).

GRAND-DE-DIVES (LO), terre, c^{ne} de Manzac. — 1526 (Dives).

GRANOLIEYRAS (LAS), c^{ne} de Saint-Laurent-des-Bâtons. — *M. de las Granolhieyras*, 1450 (L. Nof. 77).

GRANOS (LOS)? c^{ne} de Saint-Cyprien. — *A los Granos*, 1462 (Philipparie).

GRAPAL? c^{ne} de Mauzac. — *Combe de Grapal*, 1463 (terr. de Mauzac).

GRAS (LE), place de Périgueux, improprement nommée *du Greffe*; cimetière de Saint-Front jusqu'à l'année 1584. — *Sobre Lastaigia deu Gras*, xiiie siècle (reg. de la Charité).

GRASSAVAL, h. c^{ne} de Saint-Front-d'Alemps (B.).

GRASSEL (LE), h. c^{ne} de Thenac (S. Post.).

GRASSIO, h. c^{ne} de Vanxains (B.).

GRATADE (LA), h. c^{ne} de Fraysse (S. Post.).

GRATADE (LA), éc. c^{ne} de Mayac (A. Jud.).

GRATADE (LA), lieu-dit, c^{ne} de la Villedieu (cad.).

GRATE-CAP, section de la c^{ne} de Saint-Amand-de-Belvez.

GRATE-CHABRE, taillis, c^{ne} de Saint-Aignan-d'Hautefort (A. Jud.).

GRATE-CHAT, éc. c^{ne} de Beauregard-Terrasson (cad.).

GRATE-CHAT, lieu-dit, c^{ne} de Gouts (cad.).

GRATE-COMBE, c^{ne} de Saint-Cyprien. — *En Grate Cumba*, 1462 (arch. de la Gir. Saint-Cyprien).

GRATE-CÔTE, h. c^{ne} de Saint-Jean-d'Estissac (S. Post.). — *La Beylie*, autrement *Grate Coste*, 1673 (Acte not.).

GRATE-GALINE, h. c^{ne} de Saint-Julien-Carlux. — *Mansus de Grata Gualina*, 1429 (arch. de Fénélon).

GRATE-LÈBRE, lieu-dit, c^{ne} de Terrasson (cad.).

GRATE-LOUP, c^{ne} du Bugue. — *Podium de Grata Lop*, 1460 (L. Nof. 22).

GRATE-LOUP, habit. c^{ne} de Creysse.

GRATE-LOUP, mⁱⁿ, c^{ne} de Falgueyrat (S. Post.).

GLATE-LOUP, mⁱⁿ, c^{ne} de Mandacou (S. Post.).

GRATE-LOUP, c^{ne} de Saint-Sauveur. — *Territ. voc. d. Ostra Lop*, 1460 (L. Noir, 40).

GRATE-LOUVE, bois de châtaigniers, c^{ne} de la Boissière-d'Ans (A. Jud.).

GRATE-LOUVE, h. c^{ne} de Sainte-Marie-de-Frugie (B.).

GRATE-PERDRIX, éc. c^{ne} de Castelnau (cad.).

GRATE-RANE, c^{ne} de Sainte-Alvère, près de Rata-Volp. — *Terra voc. de Grata-Rana*, 1465 (Liv. N.).

GRATE-SAUME, lieu-dit, c^{ne} de la Cassagne (cad.).

GRATIOUNIE (LA), h. c^{ne} de Bosset. — *La Grassiounc*, 1744 (Not. de Berg.). — *La Gratione* (Cass.).

GRATISOUNIE (LA)? h. — *La Grasisounia*, 1203 (Rentes dues au seig^r de Cozens).

GRATUSSE (LA), rapide très-dangereux, dans la Dordogne, entre la Linde et Couse.

GRAULE (LA), c^{ne} de Belvez. — *Podium de la Graula*, 1465 (Philipparie).

GRAULE (LA), mét. c^{ne} de Lenquais.

GRAULE (LA), h. c^{ne} de Mandacou (B.).

GRAULE (LE), ruiss. de la Double, qui prend sa source dans la c^{ne} de Saint-André, près du vill. des Gralaux, traverse les c^{nes} de Saint-Étienne et de Saint-Michel et se jette dans l'Ille près de Gamanson.

GRAULE (PORT DE), anc. port sur l'Ille, à Périgueux.

GRAULET, h. c^{ne} de Fraysse. — *Maynamentum de Graulet*, 1488 (O. S. J.).

GRAULET (LA), éc. c^{ne} de Bergerac.

GRAULET (LA), h. c^{ne} de Mandacou. — 1675 (Acte not.).

GRAULET (LA), lieu, c^{ne} de Rouffignac.

GRAULET (LA), h. c^{ne} de Saint-Aubin-de-Lenquais.

GRAULET (LA), c^ne de Sainte-Eulalie-d'Eymet. — 1739 (Acte not.).

GRAULET (LA), friche, c^ue de Villetoureix (cad.).

GRAULET (LE), lieu entre Périgueux et Agonac. — *Al loc de la Graulet*, 1322 (limite de la juridiction de Périgueux du côté d'Agonac).

GRAULGES (LES). — *Monasterium de Grangis, archip. de Maiolio* (pouillé du xiii° siècle). — *Grangii*, 1382 (P. V. M.). — *Croix des Goulges*, près le bourg des Granges, 1551 (Pau. La Roche-Beauc.).—*Sanctus Projectus de Granges, archip. de V. Marolio*, 1555 (ponc. de l'év.). — *Les Grauzes*, 1740 (Alm. de Guy.).
Anc. rep. noble, ayant haute justice sur la paroisse.

GRAULIER, anc. maison noble dans le bourg d'Agonac.

GRAULIER (LE), sect. de la c^ne de Lesparon (cad.).

GRAULIOT, lieu-dit, c^ne de la Mongie-Montastruc (A. Jud.).

GRAULISSAC, h. c^ue de Lunas (A. Jud.).

GRAUSSE (LA), lieu-dit, c^ne de Badefol-la-Linde (cad.).

GRAUSSE (LA), h. c^ue de Bouteille. — *Mansus voc. la Graussa*, 1466 (O. S. J.).

GRAUSSES (LES), lieu-dit, c^ne de Saint-Avit-Sénieur (cad.).

GRAVALIE (LA)? c^ne de Grun. — *La Gravalia*, 1475 (Dives, I, 134).

GRAVAT, h. c^ue de Saint-Médard-de-Gurson (A. Jud.).

GRAVE (HAUTE-), h. c^ue de Mauzac. — Autrement *la Peyre*, 1721 (terr. de Millac).

GRAVE (LA), c^ue du Coux.—*Mansus de la Grava*, 1423 (arch. de la Gir. Bigaroque).

GRAVE (LA), h. c^ne de Grignol. — *Maynam. de las Gravas*, 1490 (Dives, II, 45).

GRAVELLE (LA), h. c^ue d'Anesse (B.).

GRAVETTE (LA), ruiss. qui se dirige de Sarlat par la vallée de Vitrac et se jette dans la Dordogne devant Dome (B.).

GRAVIÈRES (LES), quartier de la ville de Périgueux. — *Las Gravieras*, 1450 (Lesp.).

GRAVIERS (LES), c^ne de Saint-Astier. — *Las Graverias*, 1276 (chap. de Saint-Astier, Chron. du Périg. 4).

GRAVILLAC, h. c^ne de Prigonrieu.— 1677 (Not. de Bergerac).

GRAVOUSE (LA), lieu-dit, c^ue de Bergerac, s'étendant entre Valette et l'Ormière. — *Pas de Glaniac*, joignant le cimetière appelé *de Sainte-Clémence*, 1680 (not. de Bergerac). — *Pas de Glanias*, autrement *la Gravouse*, 1743 (Acte not.).
Recluses de la Gravouse, 1776 (Acte not.).

GRÉGES (LES), dom. c^ne de Saint-Jean-d'Ataux.—*Maynam. de Gregias*, 1452 (bail, Lesp. 95).

GREGORIE (LA)? c^ne de Périgueux. — *La Gregoria : Greguoria; las Gregorias*, 1360 (ch. Mourcin).
Joignant le chemin de Boulazac vers *Pratum Novum* (Lesp. Dénomin. au xiv° siècle).

GREGUEYROUX (LES), dom. c^ne de Menesplet (A. Jud.).

GREIL, lieu, c^ne de Larzac.

GREIL (COSTE DE), taillis, c^ue de la Mongie-Montastruc (A. Jud.).

GREIL (LE), h. c^ne de Dome (B.).

GREILLE (LA), lieu-dit, c^ue de Saint-Félix. — 1640. (Acte not.).

GREILS (LES), lieu, c^ne de Saint-Martin-des-Combes.

GRELAU, c^ue de Calviac. — *Mansus de Grelau*, 1479 (arch. de Paluel).

GRELAU, m^in, c^ue de Saint-Martin-des-Combes. — *Lo Moli Grelau*, 1300 (Périg. M. H. 41, 4).

GRELERIE (LA), h. c^ue de Sengeyrac. — *La Grólarje*, 1685 (Acte not.).

GRELETINERIE (LA), lieu, c^ne de Manaurie.

GRELIER (LE), h. c^ue de Saint-Circq.

GRELIÈRE (LA), h. c^ne d'Angoisse (S. Post.).

GRELIÈRE (LA)? anc. rep. noble relevant de l'évêché d'Angoulême. — *La Greiliera*, 1243 (Homm. Lesp. vol. 78).

GRELIÈRE (LA), c^ne de Mauzac. — *Mayne de Grelaria*, autrement *de Baucous*, 1463 (terr. de Mauzac).

GRELIÈRE (LA), m. isolée, c^ne de Millac-Nontron (S. Post.).

GRELIÈRE (LA), c^ue de Saint-Amand-de-Villadeix. — *Tenentia de la Grelicyra*, 1510 (ch. Mourcin).

GRELIÈRE (LA), c^ne de Saint-Cyprien. — *Barrium de la Grelaria, confrontans cum la Tor grossa dicti loci*, 1462 (Philipparie, Rec. de Virazel).

GRELIÈRE (LA), h. c^ue de Soudat (B.).

GRELIÈRE (LA), h. c^ne de Vallereuil. — *Maynam. de la Grelaria*, 1337 (Périg. M. H. 41, 4).

GRELIÈRE (PEYRE), lieu-dit, c^ne de Cherveix (cad.).

GRELIÈNES (LES), h. dans la forêt de Paussac. — *Les Greslières*, 1603 (Acte not.).

GRELIERS (LES), c^ue de la Linde. — *Les Poutal*, 1706 (Lesp. arpent. de Pressignac).

GREMIE (LA), lieu-dit, c^ue de Mouleydier (cad.).

GRENERIE (LA), h. c^ne de Verteillac. — Anc. rep. noble.

GRENIE (LA), c^ne de Gaulegeac.— *Mansus voc. de la Grenia*, 1464 (O. S. J. Condat).

GRENIE (LA), lieu-dit, c^ne d'Issac (cad.).

GRENIE (LA), h. c^ne de Saint-Jory-de-Chalais (B.).

GRENIE (LA), c^ue de Saint-Pardoux-de-Drone. — *Métairie de la Grenie*, 1522 (Lesp. 52, Généal. Mellet).

GRENIE (LA), h. c^ue de Thiviers.

GRESSACHE? c^ne de Puyguilhem. — *Mansus de Gressache*, 1273 (Ms. de Wolf.).

Grez (Les), lieu, c^ne de Larzac.

Grezal (La), m^in et clos, c^ne de Monsac (terr. de Lenquais).

Grezal (Le), h. c^ne de Carsac-Sarlat (S. Post.).

Grezalou (Al), dép. du Ger, c^ne d'Ales (état de 1777).

Grezas (Las), h. c^ne de Sainte-Eulalie-Hautefort (S. Post.).

Grezaudie (La), h. c^he d'Ajat-de-Thenon (S. Post.).

Grezaux (Les), h. c^ne de Saint-Étienne-de-Puy-Corbier (S. Post.).

Grèze (Champ de), n° 405 A, c^ne de Sainte-Sabine (A. Jud.).

Grèze (La), h. c^ne d'Azerat (A. Jud.). — La Gresa, 1455 (Lesp. 95, chap. de Saint-Front).

Grèze (La), lieu, c^ne de Cussac.

Grèze (La), lieu, c^ne de Daglan.

Grèze (La), h. c^ne d'Eyrenville, c^on d'Issigeac.

Grèze (La), h. c^ne de la Feuillade (S. Post.).

Grèze (La), h. c^ne de Marquay (S. Post.).

Grèze (La), c^ne d'Orliac. — Mansus de la Gresa, 1467 (arch. de la Gir. Belvez).

Grèze (La), h. sect. de la c^ne de Paunat (cad.). — Greze de Gayet (A. Jud.).

Grèze (La), lieu, c^ne de Proissans.

Grèze (La), h. c^ne de Saint-Astier (A. Jud.).

Grèze (La), lieu-dit, c^ne de Saint-Aubin-de-Lenquais, 1744 (Acte not.). — Grèzes (A. Jud.).

Grèze (La), h. c^ne de Saint-Crépin-de-Richemont.

Grèze (La), c^no de Saint-Lazare.

Grèze (La), h. c^ne de Saint-Martial-de-Nabirac (S. Post.).

Grèze (La), lieu, c^ne de Saint-Quentin-et-Marcillac.

Grèze (La), m. isolée, c^ne de Salignac (S. Post.).

Grèze (La), lieu près de la ville de Sarlat et du Breuil.

Grèze (Pré de la), pâtis, c^ne de Rampieux (A. Jud.).

Grèze-de-l'Age, lieu-dit, c^ne de Ladornac (cad.).

Grezel, lieu, c^ne de Borrèze.

Grezel, terre, c^ne de Naussanes (A. Jud.).

Grezel (Le) ou les Grèzes, lieu-dit, c^ne de Couse (cad.).

Grezelie (La), h. c^ne de Marquay (S. Post.).

Grezelle, c^ne de Saint-Cybranet (S. Post.).

Grezelles (Les), lieu, c^ne de la Chapelle-Castelnau. Auprès est une anc. chapelle dite la Magdeleine.

Grezelou, terre, c^ne de Saint-Martial, c^on de Dome (A. Jud.).

Grezelous (Les), lieu, c^ne de Sainte-Orse.

Grezelous (Les), lieu, c^ne de Trélissac (B.).

Grèzenie (La), h. c^ne d'Anesse (S. Post.).

Grèzenie (La), h. c^ne de Léguillac-de-Lauche. — La Grezeria, 1263 (Périg. M. H, 41, 3).

Grèzes, c^er, c^on de Terrasson. — Sanctus Petrus de

Gresas, xe siècle (Lesp. 35, cart. de Terrasson). — Grezas (pouillé du xiiie siècle).
Voc. Saint-Pierre. — Patron : saint Jean-Baptiste; coll. l'évêque.

Grèzes (Combe, Camp des), lieu-dit, c^he de Saint-Romain-Montpazier (A. Jud.).

Grèzes (Hautes et Basses), c^ne de Marnac.

Grèzes (Hautes et Basses), c^ne de Vic.

Grèzes (Les), lieu, c^ne d'Ales.

Grèzes (Les), lieu, c^ne d'Audrix.

Grèzes (Les), terre et vigne, c^ne de Bourdeilles (A. Jud.).

Grèzes (Les), lieu-dit, c^ne de Cantillac (cad.).

Grèzes (Les), lieu-dit, c^ne de la Cassagne (cad.).

Grèzes (Les), h. c^ne de Cercle (S. Post.).

Grèzes (Les), h. c^ne de Chancelade.

Grèzes (Les), lieu-dit, c^ne de Cours-de-Piles (A. Jud.).

Grèzes (Les), lieu-dit, c^ne de Faux. — Les Grèzes-Badoux, 1771 (Arpentement de la seig^rie de Faux). — Tenement de Peuch de Grezes (ibid.).

Grèzes (Les), lieu, c^ne de Florimont.

Grèzes (Les), terre, c^ne de la Linde (A. Jud.).

Grèzes (Les), c^ne de Manzac (A. Jud.).

Grèzes (Les), bois, c^ne de Monsac.

Grèzes (Les), terre, c^ne de Négrondes (A. Jud.).

Grèzes (Les), lieu-dit, c^ne de Queyssac (cad.).

Grèzes (Les), h. c^ne de Saint-Aubin-de-Nabirat (S. Post.).

Grèzes (Les), h. c^ne de Saint-Chamassy.

Grèzes (Les), h. c^ne de Sainte-Foy-de-Longa (S. Post.).

Grèzes (Les), lieu-dit, c^ne de Saint-Pardoux-la-Rivière. — Las Grezas (cad.).

Grèzes (Les), lieu, c^ne de Siorac. — Anc. rep. noble.

Grèzes (Les), lieu-dit, c^ne de Tanniès (cad.).

Grèzes (Les), lieu, c^he d'Urval.

Grèzes (Les), lieu-dit, c^ne de Villetoureix (cad.).

Grèzes (Rouges-), h. c^ne de Vert-de-Biron (S. Post.).

Grezignac, h. c^ne de Cherval. — Castrum de Grezinidco, 1243 (Lesp. 78). — Grizinhac, Grezinhac, xvie siècle (Pau, Châtell.). — Greziniac, 1740 (Acte not.).

Anc. rep. noble relevant de l'évêché d'Angoulême et ayant au xvie siècle haute justice sur la Chapelle-Grezignac, Cumont, Cherval (arch. de Pau, Paroisses du Périgord).

Il ne reste plus qu'une motte de terre en forme de cône tronqué, ayant 350 pieds de circonférence et 90 de hauteur, mesurée obliquement, et qui est placée sur une terrasse élevée, également en terre, et de forme ovale (Antiq. de Vésone, I, 197).

Grezignac, anc. rep. noble, c^ne de Saint-Jean-d'Estissac. — Grezignat, 1730 (Acte not.).

GREZIGNAC, h. c^{ne} de Sarliac. — Anc. rep. noble.

GREZILLE (LA), lieu-dit, c^{ne} de Boulouneix (cad.).

GREZILLE (LA), h. c^{ne} de Saint-Angel.'

GREZILLES (LES), lieu-dit, c^{ne} de Saint-Front-de-Champniers (cad.).

GREZILOU, h c^{ne} de Cherval (S. Post.).

GRÉZOL (TERME DE), taillis de chênes, c^{ne} de Bouillac (A. Jud.).

GREZOTTE (A LA), c^{ne} de Montagnac-la-Crempse. — 1666 (Acte not.).

GREZOTTE (LA), h. c^{ne} de Manzac.

GREZOTTE (LA), lieu, c^{ne} de Saint-Aubin-de-Lenquais (terr. de Lenquais).

GREZOU (LE), taillis, c^{ne} de Faurilles (A. Jud.).

GREZOU (LE), friche, c^{ne} de Trémolac (A. Jud.).

GRIBAUDIE (LA)? c^{ne} de Saint-Michel-de-Villadeix. — *Maynam. de la Gribaudia*, 1315 (ch. Mourcin).

GRIFEUIL (LE), h. c^{ne} de Saint-Crépin-d'Auberoche.

GRIFFONIE (LA), h. c^{ne} de Peyzac (S. Post.).

GRIFFOUIL, h. c^{ne} de la Canéda. — *Griffolium*, 1491 (O. S. J. la Canéda).

    Anc. rep. noble.

GRIFFOUIL, h. c^{ne} de Saint-Sernin-de-l'Erm (B.).

GRIFFOUIL, h. c^{ne} de la Valade (S. Post.). — Autrement *Darde*, 1760 (Acte not.).

GRIFFOUIL (LE), lieu-dit, c^{ne} de Cadouin (cad.).

GRIFFOUILLER (LE), h. c^{ne} de Paunat (A. Jud.).

GRIFFOUILLÈRES, lieu-dit, c^{ne} de Carlux (cad.).

GRIFFOUILLIE, h. c^{ne} de Cours. — *Griffouillie*, 1739 (Not. de Bergerac).

GRIFFOUILLIÈRES, lieu-dit, c^{ne} de Faux. — *Les Griffouillières*, 1776 (Acte not. F.).

GRIFFOUILLIÈRES, lieu-dit, c^{ne} de Loubéjac (cad.).

GRIFFOUN, éc. c^{ne} d'Agonac (B.).

GRIFFOUILLADES (LES), lieu-dit, c^{ne} de Saint-Germain-et-Mons (A. Jud.).

GRIGNE, h. c^{ne} de Thonac.

GRIGNOL, c^{ne}, c^{on} de Saint-Astier. — *Granol*, 1072 (cart. d'Uzerche, 528). — *Grainol*, 1099. — *Granolium*, 1135 (Généal. de Tall.). — *Granolh* (Sirvente de B. de Born). — *Granholium* 1245 (cart. de Chancelade). — *Graynol*, 1287 (Généal. de Tall.). — *Greniols*, *Graynald*, 1310. — *Grenhox*, 1404 (Lesp. Grignol). — *Grignaux*, *Granhous*, 1450. — *Graignolium*, 1483 (Dives, G.). — *Granolhium*, 1487 (Dives). — *Grignoulx*, *Grouignoulx*, 1503 (Lesp. vol. 34). — *Grinioulx*, 1675 (Acte not.). — *Grignols* (Cal. admin. de la Dordogne). — En patois *Grognou* (Dives).

    Ce nom sert à désigner plusieurs localités voisines: 1° Le bourg de Bruc, sur la rive droite du Vern, et qui est réuni à Grignol, se nomme auj. *Bruc-*

de-Grignol, et son église, dédiée à saint Front, est devenue l'église paroissiale de la commune: le bourg de Grignol, qui est sur la rive gauche, avait deux chapelles : Sainte-Foi, *Ecclesia Sanctæ Fidis de Granholio*, 1481 (Dives, I, 15), et Notre-Dame-de-la-Croix, *Capella Beatæ Mariæ de Granholio* (Dives, I, 88). Toutes les deux n'existent plus.

2° L'ancien château de Grignol porte dans le pays le nom de *Gri-Neuf* (*Gnou*, *gnol*, en patois, signifiant nouveau), et dans les anciens actes, celui de *Castrum Novum de Granholio*, 1278 (Lesp. Généal. de Tall.) : aussi est-ce par une ancienne altération que depuis l'on a écrit *Grignols*. Le château neuf, auj. en ruines, est placé à l'extrémité d'un coteau qui se prolonge le long de la vallée du Vern, de l'E. à l'O., et finit en ce lieu comme un promontoire escarpé de trois côtés, au-dessus du bourg. Cet emplacement est très-allongé ; la partie la plus basse de l'enceinte formait une cour, égale en largeur aux deux extrémités, d'une longueur de 150 m. ; elle était entourée de murs et de tours, restes de ces logis nobles qui, dans les actes anciens, sont énoncés comme étant *in Castro de Granholio*. Elle était séparée du bâtiment du château par une coupure; après le château, de forme triangulaire, qui présentait son angle au coteau, sont deux coupures de 6 mètres de largeur, entaillées dans le roc, qui défendaient la fortification contre les attaques de ce même côté, le seul accessible.

    C'est là le Grignol du moyen âge, apanage d'une branche des comtes de Périgord et siège d'une châtellenie qui, au xive siècle, se composait de dix paroisses : Bourrou, Bruc, Gran, Jaure, Manzac, Neuvic, Saint-Léon, Saint-Paul-de-Serre, Valereuil et Villamblard.

3° A la distance de 2 kilomètres, un lieu porte le nom de *Gri-Vieux*. — *Chastel Vieilh*, 1258 (arch. de Saint-Astier, Homm.). — *Castrum vetus de Granholio*, 1271 (ibid. Lesp. 34). — *Château-Vieux*, xviie siècle. — A partir de la porte du château Neuf, on suit à gauche un petit chemin qui conduit à Pontou et à Soutena. A la sortie de ce dernier hameau, on aperçoit, sur le prolongement de cette magnifique rampe qui descend au vallon du Vern, un immense ouvrage en terre. Dans une étendue d'environ 600 mètres, à distance égale et du sommet du coteau et de sa base, trois fortes mottes arrondies en forme de cones tronqués, et se suivant l'une après l'autre dans la direction S. N. de la pente, surgissent au milieu d'un champ de vignes. Égalité environ dans les dimensions des mottes, dans la largeur du fossé de séparation entre chacune; égalité de hauteur aussi, car l'élévation de chacune est tellement en plan avec la déclivité du terrain, que, comme on l'a fort bien fait observer (Antiq. de Vésone, II, 650), une ligne droite inclinée, allant du sommet de la première motte au sommet de la troisième, serait tangente au sommet de la deuxième. Il n'y a aucun mur, aucun amas de pierres. Les fossés n'existent qu'entre les mottes, et peut-être en a-t-il toujours été ainsi, parce que l'ouvrage ayant été construit dans une partie de la rampe qui, dans cet endroit, fait une étroite saillie et est resserrée entre le petit vallon qui remonte à Soutena et celui qui va à Puy-la-Garde, les côtés latéraux se trouvaient être en escarpement.

A quelque distance au-dessus de la plus haute motte on trouve, en remontant le coteau, une tour en pierre, de moyen appareil, ayant 6 mètres carrés; peut-être est-ce là un dernier débris du *Castrum Vetus* du moyen âge. Quoique ce nom s'applique aux mottes, il paraît difficile de considérer comme château un ouvrage qui n'a de rapport avec aucun des lieux de défense connus élevés dans les Gaules, soit à l'époque de la conquête, soit avant et depuis le xᵉ siècle. Il est plutôt à croire que ce qui porte le nom de Château-Vieux de Grignol est un monument qui aurait été consacré à la mémoire d'un antique combat: ce seraient alors des mottes funéraires, des tombelles, et non des mottes féodales.

GRILHIE (A LA) ou COMBE DE CUGNIAC, cᵉ de Saint-Avit-Sénieur. — 1676 (Acte not.).

GRILLAUDS (LES), dom. cᵉ de Montpont (A. Jud.).

GRIMARD, h. cᵉ de Montazeau (S. Post.).

GRIMARD ou RABARD, mⁱⁿ, cᵒⁿ de Saint-Félix-de-Villadeix. — 1760 (Acte not.).

GRIMARDÈNE? cᵉ de Limeuil. — Anc. rep. noble.

GRIMARDET (LE), h. cᵉ de Saint-Pompon (terr. de Saint-Pompon). — *Grimardès* (B.).

GRIMARDIE (LA), cᵉ de Maurens, 1724.

GRIMARDIE (LA), cᵉ de la Mongie. — *Mansus de la Grimardia*, 1460 (L. Nof. 37).

GRIMARDIE (LA), h. cᵉ de Sireuil. — 1603 (Acte not.).

GRIMARDIE (LA), taillis, cᵉ de Vern (cad.).

GRIMAS, h. cᵉ de Saint-Marcel. — 1730 (Acte not.).

GRIMAUD (GRAND et PETIT), h. cᵉˢ de Vanxains (S. Post.).

GRIMAUDIE (LA), h. cᵉ de Bars.

GRIMAUDOU, h. cᵉ de Sales-de-Belvez (S. Post.).

GRIMOARD, cᵉ de Neuvic. — *Grymoard*, 1523 (Dives, N.). — *La Tour de Grimoire* (B.).

Anc. rep. noble près du ruisseau du Biac. — Tour carrée démolie en 1808.

GRIMOARDIE (LA), dom. cᵉ de Montagnac-la-Crempse. — *Maynam. de la Grimoardia*, 1471 (Dives, I, 63).

GRIMOARDIE (LA), dom. cᵉ de Neuvic. — *Boaria voc. de la Grimoardia*, 1481 (Dives, I, 150).

GRIMORIE (LA), lieu-dit et mⁱⁿ, cᵉ de Saint-Martin-des-Combes. — *Moulin Grimauren*, 1343 (Reconn. 1299, Lesp.).

GRIVES, cᵉ, cᵒⁿ de Belvez. — *Grivas* (pouillé du xiiiᵉ siècle).

GROCMAURE? — *Gorcmauro*, 1199 (lettres d'Aliénor à l'abb. de Cadouin). — *Capella, Heremitis de Grocmauro* (Lesp. vol. 37).

Maison conventuelle dép. de l'abb. de Cadouin.

GROFOLIÈRES (LES), lieu-dit, cᵉ de Terrasson (cad.).

GROGEAS, h. cᵉ de Sarlat (A. Jud.).

GROLHIER, h. cᵉ de Saint-Martial-de-Valette (S. Post.).

GROSEL (LE), taillis de chênes, cᵉ de Saint-Jory-las-Bloux (A. Jud.).

GROSELAUD, h. cᵉ de Saint-Michel-de-Double.

GROTTE DU SERPENT, cᵉ de Saint-Avit-Sénieur, près du roc de la Justice. — Tradition locale sur ce lieu.

GROUFFAUD (LE), h. cᵉ de Gageac (S. Post.).

GROUL (LE), éc. cᵉ de Plazac.

GROULET, cᵉ de Rouffignac. — *Locus de Groulet*, 1474 (ch. Mourcin).

GROULHIER, un des étangs les plus considérables de l'arrond. de Nontron; il couvre une étendue de plus de 80 arpents, entre les bois de Puy-Rocher et le gué du Bost. — On y remarque une chaussée que l'on suit de chaque côté de l'étang, et que l'on aperçoit aussi sous les eaux quand elles sont basses.

GROULHIER (VILLE-), h. cᵉ de Coursac, en patois *las Groulieras, lo vilo Grouliero*. — Ruines romaines (Antiq. de Vésone, I, 451).

GROULIOT, taillis, cᵉ de la Mongie-Montastruc (A. Jud.).

GROULOU, cᵉˢ de Grignol. — *Podium de Groulo*, 1471 (Dives, I, 131).

GROULOU, mⁱⁿ, cᵉ de Saint-Laurent-du-Manoire (B.).

GROUSSIE (LA), h. cᵉ de Campsegret (Acte not. 1705).

GRUA (LA)? cᵉ de Villamblard. — *Mansus de la Grua*, 1331 (Périg. M. H. 41, 41).

GRULIE (LA), h. cᵉ de Sorges.

GRULIE (LA)? — *Bordaria de la Gruelia*, xiiᵉ siècle (cart. de Ligueux).

GRUN, cᵉ, cᵒⁿ de Vern. — *Girunh* (pouillé du xiiiᵉ sᵉ). — *Grunh*, 1268 (cout. de Beauregard). — *Grung*, 1444 (Dives).

Voc. Notre-Dame.

GRUPILLIÈRES (LES), lieu-dit, cᵉ de Tanniès (cad.).

GUA, cᵉ de Saint-Pompon. — *Masus del Gua*, 1462 (arch. de la Gir. Belvez).

GUA (LA)? lieu-dit, cᵉ de Grignol. — *La Gua*, 1471 (Dives, I, 65).

Dordogne.

20

Guacha (La)? lieu-dit, cⁿᵉ de Bergerac. — *Tenh de la Guacha*, 1437 (L. Noir).

Guadaleyre, cⁿᵉ de Carlux. — *Locus de la Guadaleyre*, 1473 (arch. de Paluel).

Guadonet? cⁿᵉ de Mouleydier. — Lieu appelé *de Guadonet* au ténem. de la Pontounie près Saint-Cybard, 1706 (not. de Bergerac).

Guaffaleyre (A la), cⁿᵉ de Montravel. — 1461 (reg. de Belvez).

Gual (Le), cⁿᵉ de Montignac-sur-Vézère. — *Pheodum voc. Lo Gual de la Chaponia*, 1492 (Généal. de Rastignac). Anc. fief.

Gualafre (Al), lieu-dit, cⁿᵉ de Lenquais (terrier de Lenq.).

Gualandou, h. et chemin tendant de la Linde à Birol, 1748 (Acte not.). — *Gallandous* (cad.).

Gualofre, m. isolée, cⁿᵉ de Tanniès (S. Post.).

Gualy, h. cⁿᵉ de Beleymas. — *Gually alias de la Grange*, 1549 (Acte not.).— *Gali*, 1602 (*ibid.*).

Guamane, cⁿᵉ de Saint-Médard-de-Dronc. — *Ruisseau de Guamane*, 1474 (inv. du Puy-Saint-Astier).

Guangarie (La), cⁿᵉ de Molières. — *Mansus de la Guangaria*, 1459 (Philipparie, 71).

Guarloup, h. cⁿᵉ de Saint-Front-de-Champniers, auprès duquel est la source de la Nizone.

Guarne? — *Locus de Guarno*, 1176 (cart. de Chancelade, don à l'abbaye).

Guarnie (La)? cⁿᵉ d'Issac. — *Ten. de la Guarnia*, 1302 (ch. Mourcin).

Guarounie (La), cⁿᵉ de Cause. — *Ten. de la Guarrounie*, 1576 (Acte not.).

Guaschaire (Rue de la), à Brantôme. — 1476 (Lesp.).

Guasconie (La)? cⁿᵉ de Cause. — *Ten. de la Guasconie*, 1677 (Acte not.).

Guasses, cⁿᵉ de Saint-Martin-des-Combes. — *Tenem. de las Guassas*, 1317 (Périg. M. H. 41, 2).

Guastal, lieu-dit, cⁿᵉ de Couse (cad.).

Guaud (La)? cⁿᵉ de Montbazillac. — *Mas de la Guaud*, 1682 (Acte not.).

Gubelarie (La)? cⁿᵉ de Villamblard. — *Maynam. de la Gubelaria*, 1400 (Périg. M. H, 5).

Gué, cⁿᵉ de Larzac. — *Al Gua, en la ribiere de Nauze*, 1462 (Philipparie).

Gué, cⁿᵉ de Saint-Pompon. — *Masus del Gua*, 1467 (Philipparie, 127).

Gué-de-Bost, h. près de l'étang Groulier, cⁿᵉ de Champniers.

Gué-de-Charrières, lieu-dit, cⁿᵉ de Bassillac (cad.).

Gué-de-la-Roque, grotte, cⁿᵉ de la Mongie-Montastruc.

Gué de la Tuilière, cⁿᵉ du Coux. — *Lo gua de las Teulieras*, 1462 (arch. de la Gir. Lancepleine).

Gué-de-Villadet, pré, cⁿᵉ de la Mongie - Montastruc (A. Jud.).

Gueil (Borie del), cⁿᵉ de Couse.—1709 (terr. de Couse).

Gueil (Le), h. cⁿᵉ de Prigonrieu. — *Tenem. vocat. de Guel* (L. Noir, p. 44).

Guel (Fontaine-del-), cⁿᵉ de Vic (Reconn. 1649).

Guéline (La), h. cⁿᵉ de Lesparon.

Guélingau, éc. cⁿᵉ d'Agonac.

Guéranchie (La), cⁿᵉ de Corgnac. — Anc. rep. noble.

Guéraude (La), ruiss. cᵒⁿ de Vélines (A. Jud.).

Guébène (La), h. cⁿᵉ de Saint-Sulpice-d'Eymet.

Guébènes (Grandes-), lieu auprès de Fénis, cⁿᵉ de Saint-Aubin.

Guébènes (Les), bois, cⁿᵉ de Lenquais.

Guéridone (La), éc. cⁿᵉ de Saint-Léon-sur-l'Ille (A. J.).

Guérinchie (La), anc. rep. noble, cⁿᵉ de Thiviers (cad.).

Guerlerie (La), lieu-dit, cⁿᵉ de Paunac (cad.).

Guerles (Les), h. cⁿᵉ de Saint-Aubin-de-Lenquais.

Guermandie (La), h. cⁿᵉ d'Eyliac (A. Jud.).

Guénone (La), cⁿᵉ de la Douze. — Rep. noble, 1688.

Guerne, pré, cⁿᵉ de Vélines (A. Jud.).

Gueybauds (Les), h. cⁿᵉ de Gardone. — 1640 (Not. du Fleix).

Gueuffier (Le Roc), lieu-dit, cⁿᵉ de Condat-sur-Vézère. — *Roche de Gueyffiers*, 1490 (O. S. J.).

Gueylamil, cⁿᵉ de Journiac. — 1699 (Acte not.).

Gueylardie (La), h. cⁿᵉ de Montbazillac.

Gueynau, h. cⁿᵉ de Saint-Martial-d'Albarède (A. Jud.).

Gueyzat, h. cⁿᵉ de Bourdeilles (A. Jud.).

Gueyzat (La Baisse de), taillis de chênes, cⁿᵉ de Valeuil (A. Jud.).

Guiandie (La)? cⁿᵉ de Millac-d'Auberoche — *Mayn. de la Guiandia*, 1533 (ch. Mourcin).

Guibaudie (La), h. cⁿᵉ de Biras.

Guibaudie (La), h. cⁿᵉ de Saint-Germain-de-Salembre.

Guibaudière (La), terre et taillis, cⁿᵉ de Saint-André-Alas (A. Jud.).

Guibauds (Les), h. avec un pont sur le Moiron, cⁿᵉ de Gardone (A. Jud.). — *Gueybauds*, 1724 (Acte not. de Bergerac).

Guibauds (Les), h. cⁿᵉ de Saussignac. — *Gueybauds*, 1630 (not. du Fleix).

Guibert, h. cⁿᵉ d'Issac.

Guibert, h. cⁿᵉ de Mazeyrolles (B.).

Guichardie (La), bois, cⁿᵉ de Grignol. — *Nemus voc. La Guichardia*, 1497 (Acte not.).

Guichardie (La), éc. cⁿᵉ de Saint-Médard-d'Exideuil.

Guichardie (La), h. cⁿᵉ de Saint-Pierre-de-Cole.

Guichards (Les), éc. cⁿᵉ de Brassac (B.).

Guichards (Les), h. cⁿᵉ de Paussac.

Guichards (Les), h. cⁿᵉ de Saint-Germain-et-Mons. — *Les Guischards* (Acte not.).

GUICHOUX (LES), h. c^ne de Saint-Pierre-de-Chignac (A. Jud.).

GUIDARVIEILLE (COMBE-DE-), c^ne de Marquay (A. Jud.).

GUIDE (LA), h. c^ne de Cherval.

GUIGANNE (LA), terre, c^ne de Minzac (A. Jud.).

GUIGNÉ, friche, c^ne du Colombier (A. Jud.).

GUILARDIE (LA), h. c^nr de Rouffignac-Sigoulès.

GUILASSE (GRAND-), h. c^ne de Nastringues (S. Post.).

GUILBAUDIE (LA), h. c^ne de Montignac-sur-Vézère (S. Post.).

GUILHALMÈNE, bois, c^ne de Villamblard, 1513 (Lesp. 51).

GUILHANDS (LES), h. c^ne de Monesterol.

GUILHASSE, h. c^ne de Nastringues.

GUILHASSOU, h. c^ne de Neuvic.

GUILHAUCHE, h. c^ne de Sainte-Eulalie-Hautefort (S. Post.).

GUILHAUMIAS, lieu, c^ne de Coursac.

GUILHAUMIE, h. c^ne de Notre-Dame-de-Sanillac.

GUILHAUMIE (LA), h. c^ne de Montren.

GUILHAUMIE (LA), h. c^ne de Saint-Léon-sur-l'Ille. — *Mayn. de las Guilhalmias*, 1471 (Dives, 1).

GUILHE (BONNE), c^ne de Montplaisant. — *A bona Guilha*, 1462 (arch. de la Gir. Belvez).

GUILHE (BOS-DE-LA-), c^ne de Vic.

GUILHE (LA), h. sect. de la c^ne d'Eymet.

GUILHE (LA), c^ne de Grignol. — *Terra voc. Lo Guilho*, 1492 (Dives, Rec. de la Doussonie). — *Las Guillas* (A. Jud.).

GUILHEBOUX, lieu, c^ne du Grand-Brassac.

GUILHEN (LE), terre, c^ne de Saint-Germain-et-Mons.

GUILHERMENC? c^ne de Jaure. — *Maynam. de Guilhermenc*, par. de Jaure, 1460 (inv. du Puy-Saint-Astier).

GUILHGORSE, h. c^ne de Saint-Laurent-des-Bâtons. — *Gilhgorsa*, 1340 (Lesp. 33, Chatres). — *Guilhgorsia* (ibid.). — *Guilhgorsa*, 1382 (P. V. M.). — *Guilgorsa*, 1470 (L. Nof. 77).
Prieuré dépend. de l'abb. de Chatres.

GUILHME, h. c^ne de Plazac.

GUILHONET, lieu, c^ne de Celle.

GUILHONET, c^ne de Tocane-Saint-Apre. — *Maynem. de Guilhounet*, 1540 (inv. du Puy-Saint-Astier).

GUILHONETS (LES), h. c^ne de Mayral.

GUILHONETS (LES), deux dom. c^ne de Varennes : l'un dit autrement *les Escaloux*, 1750 (terr. de Lenq.); l'autre, *Repaire du Corps*, autrement *Guilhonets*, 1732 (Acte not.).

GUILHOUNETERIE (LA), h. c^ne de Sargeac.

GUILHOUNIE (LA) ou LA GUILLONIE, h. c^ne de Rouffignac-Sigoulès. — 1650 (A. Jud.).

GUILIARDOU, c^ne de Bayac. — *Bois au lieu-dit la Combe de Guiliardhou*, 1738 (Acte not.).

GUILLADE (LA), terre, c^ne du Fleix (A. Jud.).

GUILLALMET, sect. de la c^ne de Fontenilles (cad.).

GUILLANDOUX (LES), partie du bourg de Couse, auprès de l'ancien gué de la Frigière.

GUILLARDIE (LA), h. c^ne de Montbazillac (S. Post.).

GUILLASSOU, h. c^ne de Saint-Léon-sur-l'Ille (A. Jud.).

GUILLATIERS, taillis, c^ne de Saint-Marcel.

GUILLAU (LE), lieu, c^ne de la Cropte (A. Jud.).

GUILLAUDIE (LA), h. c^ne de Meyral (cad.).

GUILLAUDIÈRE (LA GRANDE-), taillis, c^ne de Saint-André-Alas (A. Jud.).

GUILLAUMETTES (LES), taillis, c^ne de Pontours (A. Jud.).

GUILLAUMIES (LES), h. c^ne de Saint-Priest-les-Fougères.

GUILLAUMOT, h. c^ne de Saint-Julien-de-Lampon. — *Guilhaumot* (B.).

GUILLAUMY, h. c^ne de Beaumont. — *Tenement app. de Saint-Cibro*, et à présent *de Guillaumy*, 1597 (comte de Larmandie, acte Chamillac).

GUILLAUMY, éc. c^ne de Saint-Avit-Sénieur.

GUILLE (CROS DE LA) ou CROS DEL BOSQ, taillis, c^ne du Colombier (A. Jud.).

GUILLEBONET, lieu-dit, c^ne de Saint-Séverin-d'Estissac (cad.).

GUILLEBOUEYROU (LA), friche, c^ne de Saint-Pierre-de-Chignac (A. Jud.).

GUILLELMIE (LA), lieu, c^ne d'Auriac, c^on de Verteillac.

GUILLELMIE (LA), anc. rep. noble, c^on de Campagnac (S. Post.).

GUILLELMIE (LA), h. c^ne de Campagne. — *Mansus de la Guilhalmia*, 1463 (arch. de la Gir. Lancepleine).

GUILLELMIE (LA), éc. c^ne de Montren. — *Maynem. de las Guillelmas*, 1467 (Lesp. vol. 63).

GUILLEM (HAUT-), h. c^ne de Douzillac (S. Post.).

GUILLEM (LE REPAIRE-), éc. c^ne de Verteillac.

GUILLE-MOTTE, h. près de la chapelle de Saint-Augutre, c^ne de Coulounieix.

GUILLEN-NADAL, h. c^ne de Marsac. — 1660 (not. de P.).

GUILLESTE (A LA), châtaigneraie, c^ne de Montagnac-la-Crempse (A. Jud.).

GUILLÈRE (LA), lieu-dit, c^ne de Baneuil (cad.).

GUILLERIES (LES), h. c^ne de Saint-Aubin-de-Cadelech (A. Jud.).

GUILLERMIE (LA), c^ne d'Auriac-de-Bourzac (S. Post.).

GUILLERMIE (LA), éc. c^ne du Change (A. Jud.). — *Guilhermie* (ibid.).

GUILLERMIE (LA), m. isolée, c^ne de Sarlat (S. Post.).

GUILLERNIE (LA), c^ne de Lusignac. — Anc. rep. noble (Chron. du Périg. II, 179).

GUILLEUMOT, h. c^ne de Beaumont (S. Post.).

GUILLIOT (COMBE DE), dépend. du ténem. des Roques, c^ne de Lenq. (terr.).

Guilloche, cᵇᵉ de Saint-Pantaly.

Guillomète (La), cⁿᵉ de la Boissière-d'Ans.

Guillone (La), taillis, cᵇᵉ de Minzac (A. Jud.).

Guilloneaux (Les), h. cⁿᵉ de Vélines.

Guillot (Le), éc. cᵘᵉ de Lempzours (A. Jud.).

Guillots (Les), h. cⁿᵉ d'Eyrenville.

Guillots (Les), h. cⁿᵉ de Rampieux (S. Post.).

Guillotte (La), lieu-dit, cⁿᵉ de Saint-Pardoux-la-Rivière (cad.).

Guillou (Gros-), éc. cⁿᵉ de Saint-Pardoux-la-Rivière.

Guillou (La Combe de), lieu-dit, cⁿᵉ de Badefol (cad.).

Guillou (La Fon-de-Gros-), cᵇᵉ de Fonroque. — 1724 (not. de Bergerac).

Guillou (Le), m. isolée, cⁿᵉ de Naillac (S. Post.).

Guillou (Le Cros de), lieu-dit, cⁿᵉ de Saint-Pierre-d'Eyraud (A. Jud.). — Guilhou (ibid.).

Guillou (Le Plan de), taillis, cᵇᵉ de Saint-Géry (A. Jud.).

Guilloux (Les), h. cⁿᵉ de Saint-Front-d'Alemps (S. Post.).

Guilloux (Les), h. cⁿᵉ de Vern (A. Jud.).

Guilloux (Les Grands-), h. cⁿᵉ de Sainte-Eulalie-Hautefort (S. Post.).

Guilmal, h. cⁿᵉ de Daglan.

Guimalet, mˡⁿ, cⁿᵉ de Génis.

Guimandie, h. cⁿᵉ de Maurens (A. Jud.).

Guimard, h. cⁿᵉ de Doissac (B.).

Guimpoux, éc. cᵇᵉ de Bergerac.

Guinal, h. cⁿᵉ de Carlucet.

Guinassou, dom. cⁿᵉ de Terrasson (A. Jud.).

Guines (Les), h. cⁿᵉ de Saint-Crépin-de-Carlux (S. Post.).

Guinet, h. cᶜᵉ de Minzac (B.).

Guinet (Bos de), bruyère, cⁿᵉ de Pressignac (A. Jud.).

Guinet (Fon de), cᵇᵉ de Saint-Foy-de-Longa (A. Jud.).

Guingalia (La), anc. fief, cⁿᵉ de Saint-Astier (arch. de Pau).

Guinguette (A la), friche, cⁿᵉ de Saint-Pantaly-d'Ans (A. Jud.).

Guinie, h. cⁿᵉ de Saint-Cybranet.

Guinot, cⁿᵉ de la Valade, cⁿ de Montpazier (A. Jud.).

Guinot (Bos de), éc. cᵇᵉ de Marquay (A. Jud.).

Guinot (Claud de), bois, cⁿᵉ de Lenquais. — 1674 (Acte not.).

Guinots (Les), h. cⁿᵉ de Biras (S. Post.).

Guinots (Les), éc. cⁿᵉ de la Douze.

Guinots (Les), h. cᵇᵉ de Nabirat.

Guinotte (La), h. cⁿᵉ de Montsaguel. — 1774 (not. de Lenq.).

Guinotte (La), éc. cⁿᵉ de Sargeac.

Guinotte (Le Bos), vigne, cⁿᵉ de Pressignac (A. Jud.).

Guionie (La), lieu, cⁿᵉ de Burée.

Guionie (La), h. cⁿᵉ du Grand-Brassac. — La Guyonie, 1772 (inv. de Montardit).

Guionie (La), anc. rep. noble, cⁿᵉ de Lempzours (cad.).

Guionie (La), m. isolée, cⁿᵉ de Montignac-sur-Vézère (S. Post.).

Guionie (La), éc. cⁿᵉ de Saint-Amand-de-Coly.

Guionie (La), h. cⁿᵉ de Saint-Crépin, cⁿ de Dome.

Guionie (La), sect. de la cⁿᵉ de Villetoureix (cad.).

Guionies (Les), vill. cⁿᵉ de la Chapelle-Faucher. — La Guionie (cad.). — Guyonies (B.).

Guionies (Les), éc. cⁿᵉ de Montignac-sur-Vézère.

Guionnes (Les), h. cⁿᵉ de Lembras. — 1722 (not. de Mouleydier).

Guionoux (Les), h. cⁿᵉ de Montmadalès.

Guiradelle (La), pièce de terre au Monge, cⁿᵉ de Lenquais (cad.).

Guiral (Combe de la), terre, cⁿᵉ de Beaumont (A. Jud.).

Guiral (Coustal de), taillis, cᵇᵉ de la Trape (cad.).

Guiral (Mestre-), maison et taillis, cⁿᵉ de Cabans (A. Jud.).

Guiral (Pech de), lieu-dit, cⁿᵉ de Calviac (cad.).

Guiralette, h. et taillis, cⁿᵉ de Saint-Cyprien (cad.).

Guiral-Laval, h. cⁿᵉ de Sarlat (S. Post.).

Guiralpot, maison, cⁿᵉ de Grives (S. Post.). — Guiralpeau (ibid.).

Guiraudière (A la), taillis de chênes, cⁿᵉ de Saint-Géry (A. Jud.).

Guirmandie, cⁿᵉ d'Issac.

Guirmandie (La), h. cⁿᵉ de la Douze. — 1687 (Acte not.).

Guirot, h. cⁿᵉ de Belvez.

Guirou (Combe de), friche, cⁿᵉ de Saint-Cyprien (cad.).

Guisat (La), h. cⁿᵉ de Château-l'Évêque.

Guitard, h. cⁿᵉ de Razac-sur-l'Ille.

Guittes (Les), lieu-dit, cⁿᵉ de Pontchat (A. Jud.).

Guizardie (La), h. cⁿᵉ de Saint-Martial-de-Valette (S. Post.).

Gurat, anc. dioc. de Périgueux, archipr. de Peyrat, auj. du dépᵗ de la Charente. — Avguracam (anc. pouillé, Lesp.). — Exguratam, 1380 (P. V. M.).

Anc. rep. noble, avec justice ressortissant de Villebois-la-Valette-en-Angoumois (Statist. de l'Angoumois).

Gunson ou Gunçon, h. cⁿᵉ de Carsac-Villefranche-de-Longchapt. — Gorzom, 1105 (donat. de Saint-Médard-de-Gurson). — Gorsson, 1122 (cart. de la Sauve, p. 216). — Castrum de Gorson, 1192 (cens payé au Saint-Siège, arch. du Vat. Lesp.). — Curzum, 1254 (rôles gascons). — Gorsonium, 1366 (Châtell. du Périg.). — Gursonium, 1371 (Homm. à l'archev. de Bordeaux). — Compté de

Gursson, 1618 (not. du Fleix). — *Gurçon* (Calend. admin. de la Dord.).

Châtell. composée de 5 par. : Carsac, Montazeau, Saint-Géry, Saint-Martin et Saint-Médard.

Son territoire s'étendait au nord jusqu'au Puy-de-Chalus, qui était partagé par moitié entre les châtell. de Gurson et de Montpont.

La chapelle du château de Gurson était sous le voc. de Saint-Oriçe. — *Sanctus Oricius*, 1122 (cart. de la Sauve). — *Sanctus Orichius*, 1192 (*ibid.*). — *Sanctus Ulricius*, 1197 (*ibid.*). — Elle forma un prieuré par son union avec l'église par. de Gurson.

Il y avait aussi un autre prieuré qui dépendait de la Sauve. — *Sanctus Nicolaus de Gurson*, 1197 (cart. de la Sauve).

Gurson (Le Petit-), h. cᵐᵉ de Montazeau.

Anc. rep. noble (Homm. à l'archev. de Bordeaux, 1624).

Gusadou (Le Roc-), taillis, cᵐᵉ de Pressignac (A. Jud.).

Gut (Le), éc. cᵐᵉ de Saint-Michel-de-Double.

Guy (Le), h. cᵐᵉ de Savignac-le-Drier (S. Post.).

Guyot, h. près de Saint-Michel-Rivière.

Gy (Le), cᵐᵉ de Bauzens.

Gylles (Les), terre, cᵐᵉ de Ladornac (A. Jud.).

H

Habirolers (Les), lieu-dit, cᵐᵉ de Saint-Cyprien (cad.).

Halas (Bois de), cᵐᵉ de la Tour-Blanche.

Halens, h. cᵐᵉ de la Force.

Haons (Les), h. cᵐᵉ de Saint-Laurent-des-Vignes.

Haute-Faye, cᵐᵉ, cᵐ de Nontron. — *Alta-Faya*, 1330 (év. d'Angoulême, arch. de la Char.). —*Alta Fagia*, 1365 (Lesp. 88). — *Aultefaye*, xvɪᵉ siècle.

Voc. l'Assomption.

Dépend., au xvɪᵉ siècle, de la justice de Javerlhac (arch. de Pau, Châtell. du Périg.).

Haute-Faye, bois, cᵐᵉ de Razac-d'Eymet. — *Nemus de Alta Faga* (cart. de la Sauve).

Haute-Faye, éc. cᵐᵉ de la Tour-Blanche.

Hautefort, réuni à la Nouaille, cᵐᵉ, cᵐ de Périgueux. — *Villa Hautafort*, 1197 (Chr. Ber. Itier). — *Castel Autafort* (sirvente de Bertr. de Born). — *Altofortis*, 1270 (Rec. de tit. Homm. à saint Louis). — *Altofort*, 1364 (Lesp. Homm.). — *Altafortis, Altefort*, 1365 (Lesp. Châtell. 10 et 88).

Deux chapelles sous le voc. de Saint-Éloi et de Saint-Jean, annexes de Saint-Aignan au xvɪᵉ siècle.

Châtell. s'étendant sur 9 par. : Azerat, Cherveix, Cubas, Hautefort, Naillac, le Pont-Saint-Martial, Saint-Aignan, Saint-Martial et Thenon.

Haute-Gente, éc. cᵐᵉ de Coly (B.).

Hebrail, h. cᵐᵉ du Coux. — *Mansus de Hebrail*, 1463 (arch. de la Gir. Bigaroque).

Hebrardie (La)? cᵐ de Saint-Pierre-de-Chignac ? — *Hospitium de la Hebrardia*, 1365 (Homm. à Auberoche, Lesp. v. 26).

Heliana? ténement, cᵐᵉ de Sourzac. — *Heliana*, 1496 (Lesp. Sourzac).

Helies (Les), anc. fief dans le bourg de Bourdeilles. — *Hospitium de Helias*, 1451 (Lesp. Bourdeilles).

Héran (Haut et Bas), h. cᵐᵉ de Calviac.

Hermies (Les), h. cᵐᵉ de Saint-Vincent-de-Paluel.

Hermignac (L'), h. cᵐᵉ d'Issigeac.

Hermitage (Gué de l'), h. cᵐᵉ de Mussidan (cad.).

Hermitage (L'), cᵐᵉ de Couse (cad.).

Hermitage (L'), lieu-dit, cᵐᵉ du Fleix. — 1716 (Acte not.).

Hermitage (L'), éc. cᵐᵉ de Fouleix, près de Font-Peyrine (B.).

Hermitage (L'), h. cᵐᵉ de Ligueux.

Hermitage (L'), h. cᵐᵉ de Périgueux (S. Post.).

Hermitage (L'), lieu, cᵐᵉ de Plazac.

Hermitages (Les), taillis, cᵐᵉ de Vitrac (cad.).

Hermite (L'), éc. cᵐᵉ de Dome.

Hermites (Les), h. cᵐᵉ d'Église-Neuve-d'Eyraud. — *Las Hermitas*, 1479 (la Balbie, arch. de Lenquais). — *Gammarey las Hermitas* (Reconn. 1621). — *Las Ermitas*, 1709 (Acte not.).

Heuil, cᵐᵉ de Cussac. — *Masus del Heuil*, 1459 (Philipparie).

Une des possessions de l'abb. de Cadouin.

Hieras, h. cᵐᵉ de Clermont-de-Beauregard.

Hieras, place publique à Périgueux.

Hierle (La), lieu-dit, cᵐᵉ d'Ales (A. Jud.). — Autrement *Carra* (*ibid.*).

Hierse (La), éc. cᵐᵉ de Brantôme (A. Jud.).

Hironde, éc. cᵐᵉ de Saint-Geniès (A. Jud.).

Hirondelle (L'), h. cᵐᵉ de Mont-Caret.

Holas (Las), anc. fief, chât. de Bourdeilles.

Hommes (Les), h. cᵐᵉ de Saint-Martin-de-Ribérac. — *Les Holmes*, 1503 (Homm. à Ribérac).

Anc. fief qui a donné son nom à la commune. — *Hommes* est ici une corruption de *Houlmes, Ulmi*, arbre hommeau, 1636 (Acte not.).

Hôpital, chapelle, cᵐᵉ de Celle, à l'extrémité du vill. de Saint-Mandé.

HÔPITAL (A L'), cⁿᵉ de Belvez. — *Loc apela a l'espital velh; Ort sur l'ospital*, 1462 (arch. de la Gir.).

HÔPITAL (CLAUX DE L'), lieu-dit, cⁿᵉ de Saint-Naixent. — 1712 (O. S. J.).

HÔPITAL (CROIX DE), cⁿᵉ de Saint-Léon-sur-Vézère.

HÔPITAL (L'), lⁱ. cⁿᵉ d'Angoisse.

HÔPITAL (L'), cⁿᵉ de Bertric. — *Mayn. voc. de Lospital*, 1478 (O. S. J.).

HÔPITAL (L'), lieu-dit, cⁿᵉ du Bugue. — *Domus, retro Hospitale*, 1460 (L. Nof. 25).

HÔPITAL (L'), lieu-dit, cⁿᵉ de Capdrot (cad.).

HÔPITAL (L'), lieu-dit, cⁿᵉ de Cherveix, sect. C, 23 (cad.).

HÔPITAL (L'), lieu-dit, cⁿᵉ d'Eymet, situé au midi de la ville, dont il est séparé par le ruisseau de l'Escourrou (cad.).

HÔPITAL (L'), lieu-dit au port du Fleix. — 1648 (not. du Fleix).

HÔPITAL (L'), éc. cⁿᵉ de Hautefort (Cass.).

HÔPITAL (L'), lieu-dit, cⁿᵉ d'Issigeac (cad.).

HÔPITAL (L'), h. cⁿᵉ de Molières. — *Claud de l'Espital* (cad.).

HÔPITAL (L'), maison dans le bourg de Saint-Avit-Sénieur. — 1785 (Acte not.).

HÔPITAL (L'), h. cⁿᵉ de Saint-Étienne-des-Landes (S. Post.).

HÔPITAL (L'), maison près du bourg de Saint-Sébastien. — *Loc apelat l'Espital*, 1256 (O. S. J.). — *Mayn. voc. de l'Hospital*, 1448 (ibid.).

HÔPITAL (L'), h. cⁿᵉ de Segonzac (B.).

HÔPITAL (L'), cⁿᵉ de Servanche. — *Loc apelat Lespital de Servenchas*, 1460 (O. S. J. Combeyranche).

HÔPITAL (L'), terre, cⁿᵉ de Villac. — *A l'Espital*, 1500 (O. S. J.).

HÔPITAL (LA FON-DE-), cⁿᵉ de Négrondes.

HÔPITAL (PORTE-DE-), cⁿᵉ de Saint-Louis (cad.).

HÔPITAL (PRÉ DE), cⁿᵉ de Douville. — 1489 (O. S. J.).

HÔPITAL (PRÉ DE L'), n° 583, cⁿᵉ de Paunac (cad.).

HÔPITAL (TERRE DE L'), lieu-dit, cⁿᵉ de Coutures (cad.)

HÔPITAL (TERRE DE L'), lieu-dit, cⁿᵉ de Saint-Martin-l'Astier (cad.).

HÔPITAL-DE-VIC (A L'), deux ténements, cⁿᵉ de Vic : l'un, fief de Longa, est compris entre les chemins de Grand-Castang à la Linde et de Vic à Trémolac; l'autre ténement, dit aussi *de l'Hôpital de Vic*, fief de Clérans, est situé entre les chemins de Vic à la Linde, de Vic à Sainte-Foy, et depuis le dernier chemin de Vic à Saint-Mayme jusqu'au chemin de Limeuil à Bergerac (1649, Reconn.).

HÔPITAL-VIEUX (L'), lieu-dit, cⁿᵉ de Montravel. — *Caminus qui ducit ab Hospitali*, 1362 (lière de Montravel). — Autrement *la Borie du Pin*, 1624 (terr. de Montravel n° 305).

HÔPITAUX EN PÉRIGORD. — Le nom d'hôpital, *hospitale*, a été donné indistinctement aux maisons de l'ordre de Saint-Jean (voy. COMMANDERIES), à celles de l'ordre de Saint-Antoine qui étaient à Aubeterre, Bergerac, Exideuil, Grand-Châtaignier, Saint-Antoine-de-Pizou, et aux établissements exclusivement fondés pour les pauvres malades. Ceux-ci, en leur réunissant les maisons dites *maladreries, léproseries*, étaient répandus au moyen âge dans tout le territoire, tant auprès d'abbayes et de prieurés conventuels que dans les villes et même les villages (voy. MALADRERIES).

Des actes anciens ont conservé le souvenir de quelques-uns de ces derniers hôpitaux. A Périgueux : *Hospital hors la porte de l'Aiguilharia*, 1240. — *Hespital de la Daurada*. — *Hospit. de Salvanjo*. — *Hospit. du Toulon*. — *Hospit. de Saint-Hippolyte*, 1245. — *Hospitalis de cemeterio civitatis Petrog.* 1260. — *Hospital de la Clautre*, 1262. — *Hospitalis de capite pontis lapidei*, 1265, ou *Hôpital Saint-Jacques*, puis *Sainte-Claire*. — *Hospitalis de Caroffio* ou de *Scornaboue*, 1270. — *Domus de Beorona*, 1284. — *Hospitalis Sancti Petri*, 1311. — *Hospitalis de arduo saltu*, 1360. = A Notre-Dame-de-Sanillac, *Espital del crotz del Fromentals*, 1220. — Au XIVᵉ sⁱ, *Hôpital Brunet*, près du moulin de Saint-Front. = A Bergerac, *Hospitalis Pedolha; Hospit. Sancti-Spiritus; Malaudaria.* = A Sarlat, maladrerie fondée par saint Louis et un hôpital au faubourg de la Bouquerie. = A Montignac, 1342; — Montpont, 1154, *Domus elecmosynaria;* — Mussidan, 1354. — Nontron, 1252, *Domus eleemosynaria;* — Belvez, Saint-Amand-de-Belvez, Saint-Pompon, 1250; — Loubéjac, 1264; — Biron, Issigeac, Eymet, Clérans, Vic, le Bugue, Saint-Cyprien. — A Bigaroque, en 1317, *Hospitalis pauperum*, etc. — Voyez ces noms.

Ces maisons détruites en partie à la suite des guerres du XVᵉ et du XVIᵉ siècle, de nouvelles fondations d'hôpitaux furent faites au XVIIᵉ siècle, entre autres, à Périgueux, à Bergerac, les maisons connues sous le nom de Sainte-Marthe; à Montpont, l'hôpital dû à Mˡˡᵉ Henriette de Foix. Il y en eut aussi à Saint-Avit-Sénieur, Issigeac, Montpazier, Beaumont, etc.

Un arrêt du Conseil, de 1641, réorganisa le service des hôpitaux en France; un état dressé en exécution du décret royal compte sous le nom d'hôtels-Dieu les hôpitaux de Périgueux, Bergerac et Sarlat; sous celui de maladreries, la maison de la Roche-Beaucourt, qui était de fondation seigneuriale, et celles de Nontron, Mussidan, Beynac, Lenquais, la Force, Montravel et Eymet, toutes de fondation commune.

En 1696, les biens des maladreries de la Roche-Beaucourt, Bruzac et Millac-de-Nontron furent réunis à l'hôpital des pauvres malades de Périgueux; ceux de Beaumont à l'hôpital de Sarlat. (Maladreries de France. Ms. de la Bibl. Imp. et État des réunions faites en vertu de l'édit de 1693; Paris, 1705.)

Aujourd'hui il y a dans le département 21 hôpitaux : Beaumont, Belvez, Bergerac, Brantôme, Dome, Exideuil, Eymet, Hautefort, Mareuil, Montignac, Montpazier, Montpont, Mussidan, Nontron, Périgueux, Ribérac, Saint-Astier, Sarlat, Terrasson, Thiviers et Villefranche-de-Belvez.

6 hospices aussi existent, mais ne sont pas classés : Bourdeilles, Bourrou, le Bugue, Fouleix, Sainte-Alvère et Sainte-Aulaye.

Hôpitaux (Les), lieu-dit, cⁿᵉ de Trélissac (A. Jud.).

Hons (Les), cⁿᵉ de Cours-de-Piles.

Hons (Les), terre et friche, cⁿᵉ de Saint-Pantaly-d'Ans (A. Jud.).

Hospital (L'), h. cⁿᵉ de Chantérac.—Voy. Combeys.

Hospital (Pré de l'), cⁿᵉ de Savignac-les-Églises, à l'entrée du bourg.

Hospitalet (Chemin de), cⁿᵉ de Terrasson. — Pauperes hospitalis Terracinensis, 1260 (Legs dans le testam. d'Hel. Viguier, Lesp.).

Hôtel de Ville de Bergerac, tour et maison de Malbec (cout. de Bergerac, XIIIᵉ siècle).

Hôtel de Ville de Périgueux. — Domus consulatus existens infra villam pod. Sancti Frontonis (traité de 1240). — Turris et Arce Communis, 1293 (arrêt du Parlement).

Houstaloux (L'), éc. cⁿᵉ de Florimont (B.).

Huberte, lieu-dit, près de Sauvebeuf, cⁿᵉ de la Linde (A. Jud.).

Hucles (Les), h. cⁿᵉ de Sᵗ-Laurent-des-Hommes (cad.).

Huguenots (Bois des), à la Vergne, cⁿᵉ du Petit-Bersat (le Périgord illustré).

Huguenots (Les), cⁿᵉ de Capdrot — Al cros des Huguenots, 1791 (arch. de la Dord. Belvez).

Huguenots (Les), h. cⁿᵉ de la Linde (B.).

Hurtaven, h. cⁿᵉ de Paunac.

Hyronde, petite riv. de l'arrond. de Sarlat, qui prend sa source au-dessous de Saint-Geniez, coule du sud au nord, reçoit les eaux de la fontaine de la Doux, passe à Coly, dont il prend le nom, et se jette à Condat dans la Vézère.

I

Ile (Couanne de l'), île plantée en aubier dans la Dordogne, cⁿᵉ du Coux.

Île d'Abzac, île, cⁿᵉ du Coux (B.).

Île Noire, cⁿᵉ du Coux.

Îles du Large, du Milieu et Grand Îlot, trois îles dans la Dordogne, cⁿᵉ du Coux (cad.).

Illarets (Les), h. cⁿᵉ de Saint-Michel-de-Montaigne.

Ille (L'), la seconde riv. du dépᵗ de la Dordogne. — Fluvius Elle, 1090 (cart. de Saint-Jean-d'Angely). — Hela, 1107 (cart. de Chancelade). — Ella, 1160 (cart. de la Sauve, p. 107). — Aqua de la Esla, 1182 (cart. de Chancel.). — Laela, 1247 (reg. de la Charité). — Ilia, 1281 (Lesp. 42, Saint-Astier). Insula, 1305 (Ms. de Wolf.). — Aelle, 1335 (fondation de Vauclaire). — Fluv. Aellis, 1475 (Div. H.). — Ael, 1481 (Dives, 1, 116). — Layelle, XVIᵉ siècle (Lesp.). — Isle, 1560 (Livre Jaune de — Périg. 196). — En vieux patois Laillo.

L'Ille prend sa source dans l'arrond. de Saint-Yrieix (Haute-Vienne), qu'elle sépare pendant quelques kilomètres du dépᵗ de la Dordogne, depuis le Chalard jusqu'auprès de Chalusset; traversant ensuite l'arrond. de Nontron dans une direction N. E.-S. O., il forme le vallon entre Thiviers et Exideuil, passe à Périgueux, Saint-Astier, Mussidan et Montpont. Depuis ces derniers points jusqu'à sa sortie du dépᵗ l'Ille a une direction E. O., et son cours est parallèle à celui de la Dordogne; mais après Coutras, où il a reçu la Drone, il tourne vers le S. O. et se réunit à la Dordogne devant Libourne.

La direction du cours de cette rivière dans le centre du dépᵗ est déterminée par une chaîne de collines de troisième ordre, sur la rive droite, qui offre quelques sommets dominants, le Puy-Saint-Astier, Sept-Fonts, Goudoux; la chaîne se divise en remontant vers le confluent de l'Ille et de l'Auvezère et forme le haut plateau qui d'Escoire s'étend vers Cubzac et Exideuil.

La vallée présente un élargissement d'une myriam. environ depuis la jonction de l'Ille avec la Dordogne, entre Libourne et Coutras; au-dessus elle a une largeur moyenne de 4 kilom. qui se réduit à 2 depuis Mussidan jusqu'au delà de Périgueux.

Le lit de l'Ille est généralement profond, étroit, et le courant peu rapide. Points d'altitude : sous le pont de Périgueux, 80 mètres; au pas de l'Anglais, 72 mètres; sous le pont de Mussidan, 46 mètres; à Montpont, 31 mètres.

La vallée, assez semblable à celle de l'Auvezère par ses gracieuses mais un peu monotones plantations d'arbres, ne présente ni les aspects pittoresques de la Drone entre Bourdeilles et Brantôme ou de la Vézère entre Condat et les Eyzies, ni les magnifiques tableaux si multipliés dans la vallée de la Dordogne; le mouvement que l'on rencontre sur tous les points de la grande rivière du département, et qui s'y est perpétué depuis les temps les plus reculés, ne s'est produit que depuis peu d'années sur l'Ille; des tentatives ont été souvent faites pour rendre cette rivière navigable, mais ce n'est qu'à la suite des travaux entrepris en 1827 que les bateaux ont pu remonter jusqu'à Périgueux. On a construit 31 écluses : la première dans le dép', qui est la neuvième depuis Laubardemont, est à Coly-Gaillard. Elles se suivent dans l'ordre suivant : Menesplet, Marcillac, Monesterol, Chandeau, Viguerie, Duellas, Bénévent, Chandeau-du-Maine, Saint-Martin-l'Astier, Longa, Labiterne, la Caillade, Coly-Lamelette, Font-Peyre, Mauriac, Neuvic, Moulin-Brûlé, Beauséjour, la Massoulie, Saint-Astier, le Puy-Saint-Astier, Taillepetit, Anesse, Moulineau, la Roche, Chambon, l'Évêque, Salegourde, Toulon, Périgueux.

Affl. de l'Ille sur la rive droite : la Rochille, qui vient de Saint-Paul-la-Roche; le Favär, dont le confluent est devant Corgnac; la Grande-Duche, qui descend de la Double, et la Drone, qui s'y jette hors du département; sur la rive gauche, le Ravillon; la Loue, qui passe à Angoisse et a son confluent près d'Exideuil; l'Auvezère, dont le confluent est entre Antone et Trigonan.

ILLIAS, forêt donnée en 1251 à l'abb. de Tourtoyrac. — Foresta de Illias, 1252 (cart. de Tourtoyrac).

ILLIAS (LAS), lieu-dit, cⁿᵉ de Saint-Martin-l'Astier. — Illats (cad.).

INJAS, h. cⁿᵉ d'Orliaguet (cad.).

INTAYE (LES), lieu-dit, cⁿᵉ de Bourgnac (cad.).

IONANIE (LA)? cⁿᵉ de Vern ? — Tenement. de la Jonania, 1310 (Périg. M. H. 41, 2).

IONIE OU L'ANTIQUARIE, h. cⁿᵉ de Sourzac (S. Post.). — Las Jonias, 1666 (Acte not.).

IONIE (LA), h. cⁿᵉ de Mensiguac (B.).

ISÈS, près de Lusier, cⁿᵉ de Beaumont.

ISSAC, cⁿᵉ, cᵒⁿ de Villamblard. — Yssacum (pouillé du XIIIᵉ siècle). — Eychacum, 1342 (M.). — Yssac, 1365 (Lesp. 10, Fouage). — Ischat, 1382 (P. V. M.). — Eyssac, XVIᵉ siècle (Pau, Châtell. du Périgord).

Voc. Saint-Avit.

ISSANS (LES), lieu-dit, cⁿᵉ de Millac-Peyrillac (cad.).

ISSARS (LES), h. cⁿᵉ de Paunac.

ISSAUDON (PRÉ D'), pré, cⁿᵉ de Salagnac-Exideuil (A. J.).

ISSIGEAC, ch.-l. de cⁿ, arrond. de Bergerac. — Monasterium Sigiacense, Issigiacense, 1053 (Gall. Chr. Bulle d'Eugène III, Sarlat). — Issigiacum, 1179 (cart. de Cadouin). — Yssijat, 1179 (cart. de Cadouin, don. de G. de Mons.). — Isagrien, 1192 (Lesp. cens du Saint-Siége). — Ichigiacum, Eychigiacum, Exigacum, 1365 (Lesp. Chât. du Périg. 10 et 88). — Yssigiacum, 1465 (coll. de Lenq.). — Yschigiacum, 1555 (panc. de l'év.). — Eyssigeac, XVIᵉ sᵉ Pau, Châtell. du Périg.).

Abbaye, puis doyenné uni à l'év. de Sarlat.

Église collégiale de Saint-Félicien. — Hôpital fondé en 1760 par J. de Montesquiou, év. de Sarlat.

Châtellenie ayant au XIVᵉ siècle haute justice sur Issigeac, Eyrenville, Montsaguel, Montaut, Saint-Perdoux, Boisse et Montmarvès.

Armes : d'argent à 4 lions cantonnés, de gueule, couronnés de même; brisé en cœur d'un bâton écoté d'azur, raccourci et péri en bande (Lesp.).

ITEYRENCHE? cⁿᵉ de Grun. — Bordaria Iteyrencha, 1332 (P. M. H. 41, 4).

IZARNS (LES), h. et carrière, cⁿᵉ de Coulounieix (S. Post.).

J

JABOTS (LES), lieu-dit, cⁿᵉ de Vern (cad.).

JABOYS (LES), dom. cⁿᵉ de Cherval. — La Croix-Panche, XVIIᵉ siècle (O. S. J.).

Dép. de la commᵘᵉ de Soulet.

JACFÉTIE (LA)? cⁿᵉ de Chantérac. — Maynem. de la Jacfetia, Jafetia (inv. du Puy-Saint-Astier).

JACONIA, lieu-dit, cⁿᵉ de Saint-Laurent-des-Bâtons (A. Jud.).

JAGES (LES), lieu, cⁿᵉ de Goust.

JAIDARIE (LA), anc. fief, cⁿᵉ de Marsaneix.

JAILLADES (LES), bois et bruyères, cⁿᵉ de Pluviers.

JAILLAT, habit. cⁿᵉ de Ligueux.

JAILLAT, h. cⁿᵉ de Sorges (S. Post.).

JAILLEY, h. cⁿᵉ de la Bachelerie. — Jalhetz, Jalhès, 1483 (Généal. de Rast.). — Repayrium de Jaleys (ibid.).

Anc. rep. noble.

JALA (LA), lieu-dit, cⁿᵉ d'Antone.

JALADE (COMBE-), lieu-dit, c^{ne} de Marnac (cad.).

JALADE (COMBE-), lieu-dit, c^{ne} de Vitrac (cad.).

JALADIAS, lieu-dit, c^{ne} de Saint-Laurent-des-Hommes (cad.).

JALADIER (GRANGE-), c^{ne} de Saint-Saud. — 1460 (Acte not.).

JALAGE (LA), lieu, c^{ne} de Saint-Paul-la-Roche.

JALAGER (LE), h. c^{ne} de Liorac (A. Jud.).

JALAI (LE), h. c^{ne} de Vitrac (A. Jud.). — Jalay (B.).

JALAIE, c^{ne} de Brassac. — Maynement Jalaia, 1270 (Périg. M. H. 41, 1).

JALAIX, lieu, c^{ne} de la Canéda.

JALAJOUX (LES), h. c^{nes} de la Chapelle-Gonaguet (Cass.).

JALASIE (LA), sect. de la c^{ne} de Nanteuil-Thiviers.

JALAT (LE), lieu, c^{ne} de Pressignac.

JALAU (PUY-). — Voy. PUY.

JALEBROU, éc. c^{ne} de Léguillac-de-Lauche.

JALET (VILLE-), h. — Voy. VILLE-JALET.

JALEVIE (LA), h. c^{ne} de Naillac, xviie siècle. — Jallavie (Acte not.).

JALI, h. c^{ne} de Douchapt. — Mansus de Jali, 1455 (ch. Mourcin).

JALI, h. c^{ne} de Grignol. — Maynam. de Jaly, 1475 (Dives, I, 129).

JALIER (LE), éc. c^{ne} d'Auriac-Montignac (S. Post.).

JALINIE (LA), éc. c^{ne} d'Eyzerat.

JALINIER (LE), taillis, c^{ne} de Sainte-Sabine (A. Jud.).

JALINIÈRE (LA), h. c^{ne} de Beaupouyet (S. Post.).

JALLETS (LES), h. c^{ne} de Turnac.

JALMOUTIER, c^{ne} de Saint-Vincent, c^{on} de Sainte-Aulaye. — Gallus Tostus, 1364 (Lesp. 10, Châtell. de Montpont). — Gal Rostit (Lesp. Bénéf. dép. de Chancelade). — Gal Monstier, 1364 (Lesp. 10, Châtell. de Ribérac). — Gallus Assatus, archipr. de Duppla, 1382 (P. V. M.). — Gallus Rosticus, archipr. de Duppla, 1555 (panc. de l'év.).
Prieuré dépendant de Chancelade, et ensuite de Vauxclaire; il a donné son nom à la c^{ne} de Saint-Vincent.

JALONIAS (LA), h. c^{ne} de Sorges (A. Jud.).

JALOP (LE), h. c^{ne} de Trélissac. — Mansus Jal, 1320 (Périg. M. H. 41, 2). — Tenance des Jalots, 1745 (Acte not.).

JAMANDIER, h. c^{ne} de Villamblard.

JAMAYE, h. c^{ne} de Saint-Pardoux-la-Rivière (cad.).

JAMBRIANT, h. c^{ne} de Saint-Hilaire-d'Estissac.

JAMEAU, h. c^{ne} de Biras.

JAMEAU, c^{ne} de Coulounieix, fontaine dans un vallon au-dessous de la mét. de Vieille-Cité. — En Jamels, 1525 (Périg. M. H. 41, 9). — Gimeaulx, Gémaux, Gimels, 1560 (L. Jaune de Périg. 200).

JAMEAU, c^{ne} de Neuvic. — Maynam. de Jamels, 1471 (Dives, I, 62).

JAMMETS (LES), éc. c^{ne} d'Antone (B.).

JANCOUPY, h. c^{ne} de Vélines.

JANEZET? anc. dioc. de Périgueux, auj. du dép^t de la Charente. — Capella de Janezet, archip. de Villabone (anc. pouillé, Lesp.).

JANGOULIES (LES) ou LES JAUGOULIES, h. c^{ne} du Change (A. Jud.).

JANINCO? c^{ne} de Fanlac. — Hospitium de Janinco, 1365 (Homm. Lesp. vol. 26).

JANISSOUX (LES), h. c^{ne} de Nanteuil-Thiviers (B.).

JANISSOUX (LES), bois de 29 hectares, c^{ne} de Neuvic (cad.).

JANOLS, h. c^{ne} de Montfaucon (B.).

JANOUNET, h. c^{ne} de Villefranche-de-Belvez (B.).

JAP (LE), taillis, c^{ne} de Saint-Avit-Rivière (A. Jud.).

JAPHÉ (PALU DE), lieu-dit, c^{ne} de Beleymas.

JAPHET, c^{ne} de Saint-Jean-d'Estissac. — Combe des Jaffets, 1620 (Acte not.).

JAPHET (MOULIN DE), sur la Crempse, c^{ne} de Saint-Hilaire-d'Estissac. — Moulin de Japhet, 1666 (Acte not.). — Jaffet, 1672 (ibid.).

JAPHET (PONT DE), nom d'un anc. pont de Périgueux qu'on présume avoir existé dans le lieu où est le pont situé sur la route de Lyon. — Au xiie et au xiiie siècle, Pons Lapideus civitatis, depuis pont de Saint-Jacques, pont de Saint-Hilaire, pont des Minorisses.

JAPILLERIE (LA), h. c^{ne} de Champeaux.

JAQUEMAR, éc. c^{ne} de Dome.

JAQUEPEYRONNERIE (LA), h. c^{ne} de Jayac.

JAQUETOT (LE), h. c^{ne} de Thénac.

JARBONIE (LA), h. c^{ne} de Villars.

JARD (FONT-DU-), lieu-dit, c^{ne} de Queyssac (cad.).

JARD (GRAND et PETIT), h. c^{ne} de Saint-Michel-l'Écluse (cad.).

JARD (LE), c^{ne} de Montazeau (B.).

JARD (LE), lieu-dit, c^{ne} de Saint-Aquilin (cad.).

JARD (LE GRAND-), affl. de la Lidoire; il séparait la juridiction de Gurson de celle de la Force (O. S. J. Fraisse).

JARDES (LES), lieu-dit, c^{ne} de Limeyrac (A. Jud.).

JARDONIE (LA), h. près du Vieux-Mareuil.

JARDONIE (LA)? — In Petragorico Jarduna, xiie siècle (Rec. des Hist. de France, XII, 422).

JARD-RUINÉ (LE GRAND-), h. c^{ne} de Servanches.

JARGAGNAC, lieu-dit, c^{ne} de Bourgnac (cad.).

JARGOUGUE (LA), bois de 19 hect. c^{ne} de Neuvic (cad.).

JARICALREY (LE), h. c^{ne} de Thenon.

JARJALESSE, sect. de la c^{ne} de Bassillac (cad.). — Jarjelaisse (A. Jud.).

JARJAVAY, h. c^{ne} de Grun.

Dordogne.

Jarnage, éc. c^{ne} de Genestet.

Jarric (Le), h. c^{ne} de Bosset (S. Post.).

Jarric (Le), c^{ne} de Neuvic. — *Mayn. del Jarric*, 1480 (Dives, I, 156).

Jarric (Le Gros-), h. c^{ne} de Villamblard. — 1661 (Acte not.). — *Au Jarric Droulh*, 1671 (*ibid.*).

Jarricie (La), m. isolée, c^{ne} de Cubjat (S. Post.).

Jarrigal? c^{ne} de Manzac. — *Mayn. de Jarrigal*, 1467 (Généal. de Taillef. Lesp.).

Jarrige (La), c^{ne} de Brassac. — *Quercus sive lo Jarric Cunnum*, 1284 (Périg. M. H. 140, 1).

Jarrige (La)? c^{ne} de Cherval. — *Mayn. de la Jarriga* (O. S. J. terr. du Soulet).

Jarrige (La), c^{ne} de Grignol. — *Mayn. de la Jarriga*, 1471 (Dives, I, 72).

Jarrige (La), habit. et dom. c^{ne} de Montagrier.—*Boria de la Jarrige*, 1496 (Périg. M. H. 41, 1).

Jarrige (La), h. c^{ue} de Montren. — *Mainament de la Jarriga*, 1272 (Lesp. 51).

Jarrige (La), h. c^{ne} de Saint-Martin-de-Gurson.

Jarrige (La), c^{ne} de Saint-Rabier. — *Mayn. del Jarric*, 1471 (Généal. de Rastignac).

Jarrige (La), h. c^{ne} de Saint-Remy.

Jarrige (La), h. c^{ne} de Sorges (S. Post.).

Jarrige (La), h. c^{ne} de Tocane.

Jarrige (Tour de la), ruine d'une tour et d'une salle voûtée, c^{ne} de Saint-Martial-de-Valette.

Jarrigeau, h. c^{ne} de Champsevinel (B.).

Jarriges (Les), taillis, c^{ne} de la Chapelle-au-Bareil (A. Jud.).

Jarripiguier (Le), h. c^{ne} de Thenon.

Jarrissade (La), taillis, c^{ne} de la Chapelle-Saint-Jean (A. Jud.).

Jarrissade (La), taillis de chênes, c^{ne} de Saint-Jory-las-Bloux (A. Jud.).

Jarrissade de Madame, taillis de chênes, c^{ne} de la Douze (A. Jud.).

Jarrissades (Les), lieu-dit, c^{ne} de Saint-Germain-de-Salembre (A. Jud.).

Jarrissades (Les), taillis, c^{ne} de la Veyssière (A. Jud.).

Jarrissadie (La), vill. c^{ne} de Vendoire (B.).

Jarisse (La), terre, c^{ne} de Saint-Martin-de-Fressengeas (cad.).

Jarisse (La), taillis, c^{ne} de Saint-Pierre-de-Cole (cad.).

Jarisse (La), lieu-dit, c^{ne} de Valeuil (A. Jud.).

Jarrissoux (Les) ou Cros-de-Chabanas, c^{ne} d'Hautefort.

Jarrissoux (Les), lieu-dit, c^{ue} de Terrasson (cad.).

Jarrit (Au Grand-), terre, c^{ne} de Sencenac. — Autrement dit *Chez-Bourret* (A. Jud.).

Jarroussas (Las), bois, c^{ne} de Douzillac (cad.).

Jarrousse (La), h. c^{ne} d'Angoisse.

Jarroussie (La), c^{ne} de Gabillou. — 1758 (terr. de Vaudre).

Jarrouty (Les), h. c^{ne} de Montpont.

Jarry (Le), h. c^{ne} de Peyzac-la-Nouaille (S. Post.).

Jarry (Le), bois au vill. de Gauterie, c^{ne} de Villamblard, 1620 (Acte not.). — *Le gros Jarry* (cad.).

Jarry (Le Gros-), lieu-dit, c^{ne} de Négrondes (cad.).

Jarry (Le Gros-), lieu-dit, c^{ne} de Saint-Michel-Mussidan (cad.).

Jarry-Bonne, lieu près de Chercuzac, c^{ne} de Chancelade (A. Jud.).

Jarrys (Les Quatre-), lieu-dit, c^{ne} de la Chapelle-Montmoreau (cad.).

Jarthe (La), lieu-dit, c^{ne} d'Agonac (cad.).

Jarthe (La), c^{ne} de Brouchaud (terr. de Vandre).

Jarthe (La), lieu-dit, c^{ne} de Chassagne (cad.).

Jarthe (La), lieu et font. c^{ne} de Coulounieix. — *Locue de la Jarte, banleucæ villæ Petrag*. 1488. — *Motte de la Jarte ou de Périgueux* (Antiq. de Vésone, II, 649).

Jarthe (La), c^{ne} de Coursac. — Anc. rep. noble dépend. de la seigneurie de Périgueux (Dénombr. de 1681).

Jarthe (La), lieu-dit, c^{ne} de Douzillac (cad.).

Jarthe (La), h. c^{ne} de Monesterol.

Jarthe (La), h. c^{ne} de Mortemar.

Jarthe (La), taillis, c^{ne} de Saint-Jory-las-Bloux (A. Jud.).

Jarthe (La), lieu-dit, c^{ne} de Saint-Laurent-des-Hommes (cad.).

Jarthe (La), h. c^{ne} de Saint-Vivien-Bonneville.

Jarthe (La), c^{ne} de Trélissac.

Jarthe (La), h. c^{ne} de Vallereuil. — Anc. rep. noble.

Jarthes (Les), terre, c^{ne} de Cadouin (A. Jud.).

Jarthes (Les), étang dans la Double, près d'Échourgnac.

Jarthes (Les), champ, c^{ne} de Manzac (Dives).

Jarthes (Les), bois de 32 hect. c^{ne} de Saint-Aquilin (cad.).

Jarthes (Les), taillis, c^{ne} de Saint-Germain-des-Prés (A. Jud.).

Jarthes (Les), lieu-dit, c^{ne} de Saint-Pardoux-la-Rivière (cad.).

Jarthes (Les), c^{ne} de Saint-Saud. — *Tenance de las Jartas*, autrement *Petites landes de Beynac*, 1745 (Acte not.).

Jarthes (Les), lieu-dit, c^{ne} de Saint-Sernin-de-Reillac. — *Las Jartas*, 1687 (Acte not.).

Jarthes (Les), lieu-dit, c^{ne} de Thiviers (cad.).

Jartounet, h. c^{ne} de Saint-Germain-de-Salembre (B.).

Jartre (La), lieu-dit, c^{ne} de Saint-Michel-Mussidan (cad.).

JARTRES (Les), pré, c^{ne} de Festalens. — *Las Jartras* (cad.).

JARTRES (Les), lieu-dit, c^{ne} de Fontaine (cad.).

JARTRISSOU (Le), h. c^{ne} d'Échourgnac. — 1666 (Acte not.).

JASSAC, lieu-dit, c^{ne} d'Angoisse. — *Jassat* (S. Post.).

JASSARIAS (Las), taillis, c^{ne} de Saint-Aquilin (cad.).

JASSE (La), lieu-dit, c^{ne} de Badefol-la-Linde (cad.).

JASSE (La), h. c^{ne} de Biron (S. Post.).

JASSE (La), lieu-dit, c^{ne} de Calès (cad.).

JASSE (La), mét. c^{ne} de Capdrot (S. Post.).

JASSE (La), h. c^{ne} de Chourgnac-d'Ans (cad.).

JASSE (La), h. c^{ne} de Doissac (S. Post.).

JASSE (La), h. c^{ne} de Faux.

JASSE (La), lieu, c^{ne} de Montpazier.

JASSE (La), forêt, c^{ne} de Saint-Avit-Rivière (B.).

JASSE (La), c^{ne} de Saint-Léon-sur-l'Ille. — *Tenentia de Jasse Garbe*, 1486 (Lesp. 84, n. 32).

JASSE (La), h. c^{ne} de Saint-Sernin-de-l'Erm (S. Post.).

JASSE (La), taillis, c^{ne} de Siorac (cad.).

JASSE (Pré de la), terre, c^{ne} de Sainte-Sabine (A. Jud.).

JASSOU (Bois), taillis, c^{ne} de Saint-Géry (A. Jud.).

JASSOUNIES (Les), h. c^{ne} de Nanteuil-Thiviers (S. Post.).

JAUBARTIE, h. c^{ne} de Saint-Aquilin.

JAUBERT, m^{in}, c^{ne} de Montravel (A. Jud.).

JAUBERT (Roc de), lieu-dit, c^{ne} de Négrondes (cad.).

JAUBERTIE (La), c^{ne} d'Atur. — 1735 (Acte not.).

JAUBERTIE (La), c^{ne} du Colombier. — *Joubertio* (en patois).

Anc. fief, qui relevait de Montbazillac.

JAUBERTIE (La), c^{ne} de Marsac. — *Lo Mas de la Jaubertia*, 1257 (Périg. M. H. 41, 2).

JAUBERTIE (La), h. c^{ne} de Meyral.

JAUBERTIE (La), sect. de la c^{ne} de Neuvic (cad.). — *La Jaubertia*, 1450 (Dives, II).

JAUBERTIE (La), lieu-dit, c^{ne} de Saint-Aquilin (cad.).

JAUBERTIE (La), c^{ne} de Saint-Jean-d'Estissac. — *Mansus de la Jaubertia*, 1300 (Périg. Mon. Hist. 41, n° 3).

JAUBERTIE (La), h. c^{ne} de Saint-Mayme-de-Péreyrol. — *Jobertie* (B.).

JAUBERTIE (La), h. c^{ne} de Sorges. — *Domus de la Jaubertia*, 1408 (Lesp. Homm. aux assises d'Exideuil).

JAUBERTIES (Les), h. c^{ne} d'Allemans. — *Joubertie* (B.). Anc. rep. noble.

JAUBERTIES (Les), tenance, c^{ne} de Celle (Dénombr. de Montardit). — *Las Joubertias*, 1636 (Acte not.).

JAUBERTIES (Les), h. c^{ne} de la Cropte (A. Jud.).

JAUBERTIES (Les), h. c^{ue} de Saint-Martin-de-Ribérac.

JAUBINARIAS (Las), éc. c^{ne} de Saint-Remy.

JAUFRE, anc. maison noble, cité de Périgueux. — *Hospitium de Jaufre..... situm in civit.* Petrag. 1405 (arch. du chap. de Saint-Front).

JAUFRENIE, h. c^{ne} de Bourdeilles.

JAUFRENIE, h. c^{ne} de Gurat. — Anc. diocèse.

JAUFRENIE (La), sect. de la c^{ne} de Champagne.

JAULA (Le), terre, c^{ne} de Chancelade (A. Jud.).

JAULA (Le), enclos près du bourg de Gabillou, appelé autrefois *le grand jardin de la Peyre* (terr. de Vandre).

JAUMARIE (La), c^{ne} de Celle. — *La Jaumaria*, 1319 (Périg. M. H. 41, 2). — *Joumarias*, 1639 (Acte not.).

JAUMARIE (La), dom. c^{ne} de Cubjat (A. Jud.).

JAUMARIE (La), c^{ne} d'Issac. — *La Jaumaria*, 1480 (Lesp. 89, n° 229).

JAUMARIE (La), c^{ne} de Saint-Géraud-de-Corps. — *La Jaumaria* (Périg. M. H. 9,138).

JAUMARIE (La), h. c^{ne} de Saint-Germain-de-Salembre. — *La Jaumaria*, 1298 (Périg. M. H. 41, 1).

JAUMARS (Les), h. c^{ne} de Limeuil.

JAUMART, c^{ne} de Neuvic.

JAUNIAS, h. c^{ne} de Saint-Front-d'Alemps (S. Post.).

JAUNIAS (Las), h. c^{ne} de la Douze (A. Jud.). — *Jounias* (ibid.).

JAUNIE (La), h. c^{ne} de Beleymas. — *La Jonie*, 1670 (Acte not.).

JAUNIE (La)? c^{ne} de Jaure? — *Maynam. de las Johannias*, 1481 (Dives, I, 84).

JAUNIE (La), h. c^{ne} de Mensignac. — *May. de las Johanias*, 1501 (Périg. M. H. 41, 9). — *La Jaunie* (cad.).

Anc. rep. noble.

JAUNIE (La), h. c^{ne} de Millac-Nontron (S. Post.).

JAUNIE (La), c^{ne} de la Mongie-Montastruc. — *Mayn. de las Johanias* (L. Nof. p. 25). — *Jeunie* (B.).

JAUNIE (La), h. c^{ne} de Saint-Sauveur. — *La Johanie*, 1602 (Acte not.). — *La Jeunie* (B.).

JAUNIES (Les), sect. de la c^{ne} de Chantérac (cad.).

JAUNIES (Les), h. c^{ne} de Saint-Laurent-des-Bâtons. — *Les Jaunies*, 1600 (Lesp. 15, Généal. de Pons). — *Les Jeonies*, 1730 (Acte not.). — *Les Jonies* (B.).

Anc. fief relev. de Saint-Maurice.

JAUNIES (Les), lieu-dit, c^{ne} de Saint-Séverin-d'Estissac (cad.). — *Jeunies* (Cass.).

JAUNIES (Les), h. c^{ne} de Sourzac. — *Mayn. de las Johanias*, 1450 (Dives, I).

JAUNOUR, domaine, c^{ne} de Boulazac (A. Jud.).

JAURE, forêt. — *Nemus de Jaure*, 1490 (Dives, II, 61).

JAURE, h. c^{ne} de Lembras (B.).

JAURE, c^{ne}, c^{om} de Saint-Astier. — *Jaure*, 1380 (P. V. M.).

21.

Voc. Saint-Firmin. — Fontaine dans le bourg, renommée pour la guérison des enfants.

Anc. rep. noble.

JAUBE (PETIT-), h. c^{ne} de Bergerac. — *Landrivie*, 1177 (Acte not.).

JAUBE (PETIT-), éc. c^{ne} de Saint-Léon-sur-Vézère.

JAURI, ruiss. c^{ne} d'Anesse. — *Rivus voc. Jauri*, 1457 (baill. de Talhapetit. Lesp. 82).

JAURIAC, bois de 41 hect. c^{ne} de Saint-Aquilin (cad.).

JAURIAS, h. c^{ne} de Goust.

JAURIE (LA), h. c^{ne} d'Angoisse.

JAURIE (LA), h. c^{ne} de Saint-Astier (A. Jud.).

JAURINASSOUS, taillis, c^{ne} de Sainte-Foy-de-Longa (A. Jud.).

JAUNOUTY, chapelle, c^{ne} de Montpont (B.).

JAUVEDERIE, h. c^{ne} de Saint-Front-la-Rivière (S. Post.). — *Jauviderie* (B.).

JAUVENIAS (LAS), h. c^{ne} de Jaure. — *Jouvegnas (Les)*, 1640 (Acte not.). — *Juvenias* (B.). — Voy. JU-VÉNIE (LA).

JAUVENS, vill.. c^{ne} de Saint-Jean-de-Cole (S. Post.). — *Capella Sancti Leonardi de Jauvenc*, 1192 (Lesp. Prieuré de Saint-Jean-de-Cole).

JAUVIAC, éc. c^{ne} de Saint-Aquilin.

JAVANAUD, h. c^{ne} de Saint-Jory-de-Chalais (A. Jud.).

JAVANDINIE ? c^{ne} de Grignol. — *Mas de la Javandinia*, 1213 (Généal. de Taillefer. Lesp.).

JAVARDEL, taillis, c^{ne} de Sainte-Alvère (A. Jud.).

JAVELA, lieu-dit, c^{ne} de Fougueyrolles (A. Jud.).

JAVERLHAC, réuni à LA CHAPELLE-SAINT-ROBERT, c^{ne}, c^{on} de Nontron. — *Javerlhac, Lemovic. dioces.* 1264 (collation, arch. du Vatican). — *Javerlac*, 1288 (légende d'un sceau figuré dans la Statistique de l'Angoumois, 96).

Voc. Saint-Étienne.

Anc. rep. noble relevant de la châtell. de Nontron au xive siècle, avec titre de marquisat, et ayant haute justice sur Javerlhac et Feuillade, 1760 (Alm. de Guy.).

JAVERZAC, h. c^{ne} de Clermont-Exideuil (S. Post.). — *Javarzac* (B.).

JAVOLLE, h. c^{ne} de Montfaucon. — 1625 (not. du Fleix).

JAVONDIE ? c^{ne} de Grignol. — *Tenem. de la Javondia*, 1213 (Généal. de Taillefer. Lesp.).

JAY, c^{ne} de Montren. — *Mayn. de Jeay*, 1467 (Lesp. 63).

JAY, c^{ne} de Saint-Léon-sur-l'Ille. — *Bordaria del Jay*, 1486 (Lesp. 84, n° 32).

JAYAC, c^{ne}, c^{on} de Salignac. — *Gayac, archipresb. Sarlatensis* (Lesp. Pouillé du xiiie siècle). — *Jayac*, 1251 (test. de R. C. de Turenne, Justel.).— *Géac*, 1447 (lettre du duc de Penthièvre, Lesp.).

Voc. Saint-Julien; coll. l'évêque.

Anc. rep. noble relevant au xive siècle de la châtell. de Larche, et depuis ayant haute justice dans Jayac et Archignac, 1760 (Alm. de Guy.).

JAYAC (FORÊT DE), bois de 31 hect. c^{ne} de Ladornac (cad.).

JAYAC (LE), h. c^{ne} de Quinsac (B.).

JAYAS (LES), lieu, c^{ne} de la Douze.

JAYAT, éc. c^{ne} de Saint-Martial-de-Valette.

JAYE (LA), h. c^{ne} de Blis-et-Born. — *La Jaya*, 1503 (Mém. d'Albret).

JAYE (LA), lieu, c^{ne} de Saint-Vincent-Jalmoutier.

JAYRE (CROS DU), pièce de terre, c^{ne} de Lenquais (cad. C, 641).

JAZERDAT, h. c^{ne} de Vanxains (B.).

JEAN (GRAND-), h. c^{ne} de Creysse. — *Grand Jehan*, autrement *les Calianchières*, 1605 (Acte not.).

JENDUFFE, h. c^{ne} de Saint-Martin-de-Gurson.

JEOMELIÈRES (LES), h. c^{ne} de Javerlhac. — *Jommeliéres* (S. Post.).

Anc. rep. noble.

JERSAS (A LAS), châtaigneraie, c^{ne} de Coursac (A. Jud.).

JÉSUITES (ÉTABLISSEMENT DES), à Périgueux. — Il existait sur l'emplacement de l'anc. hôtel de la préfecture, près du pont Neuf.

JEYVA, éc. c^{ne} de Saint-Astier (A. Jud.).

JIGEOLLES (LES) ou POPICOT, taillis, c^{ne} de Beaussat (A. Jud.).

JOLIBERT, lieu-dit, c^{ne} de Terrasson (cad.).

JOLIVIE (LA), dom. c^{ne} de la Mongie. — *La Gelivie*, 1741 (not. de Bergerac).

JOLIVOUX (LES), h. c^{ne} de Montmarvès (B.).

JORIE (LA), c^{ne} de Celle. — *Tenance de la Jorie* (Dénombr. de Montardit).

JORIE (LA), c^{ne} de Saint-Médard-d'Exideuil. — Manoir de *la Joarie*, 1494 (arch. de l'Emp. M. 703). — *La Jorye* (lettre de Henri IV).

JORS, domaine, c^{ne} de Saint-Léon-sur-Vézère (A. Jud.).

JOUANADE (LA) ? c^{ne} de Douville. — *Lo Puech de la Joanada* (O. S. J.).

Dép. de la comm^{rie} de la Sauvetat.

JOUANASSE, h. c^{ne} de Dome (B.).

JOUANASSE, h. c^{ne} de Lolme.

JOUANAUDOUX (LES), h. c^{ne} de Sales-de-Belvez (B.).

JOUANDE (COMBE-), lieu-dit, c^{ne} de Sainte-Alvère (cad.).

JOUANERY, bois, c^{ne} de Cause. — 1676 (Acte not.).

JOUANES, h. près de Banes, c^{ne} de Beaumont.

JOUANES (LES), h. c^{ne} de Mortemar. — *Maynam. de la Johanna in par. de Monestayrol*, 1335 (Lesp. vol. 79). — *Mans. de las Johanias*, 1409. — *Las Jhounias*, 1666 (O. S. J.).

Jouanette (La), lieu-dit, c^{ne} de Saint-Avit-Sénieur (cad.).

Jouanie (La)? c^{ne} de Grun. — *Bordaria de la Jouania*, 1332 (Périg. M. H. 41, n° 4). — *La Johania*, 1475 (Dives, I, 124).

Jouanis (Les), h. c^{ne} de Saint-Marcory, — *Ecclesia de Jouanies*, prieuré, archipr. de Capdrot (bénéfices de l'év. de Sarlat).

Jouanissou, c^{ne} de Belvez. — Fief (Homm. à l'archev. de Bordeaux, 1608).

Jouanne, c^{ne} de Monesterol.

Jouanyna? c^{ne} de Montpont. — *Jouanynas*, 1566 (ch. Mourcin).

Joubenie (La), anc. ténem. c^{on} de Saint-Pompon.

Joubertias (Las), h. c^{ne} de Savignac-le-Drier (S. Post.).

Joubertie (La), h. c^{ne} de Saint-Jory-de-Chalais (S. Post.).

Jouffrenie (La), c^{ne} de Chantérac (inv. du Puy-Saint-Astier).

Jouffrenie (La)? c^{ne} de Jaure. — *La Jouffreynia*, 1490 (Dives, II, 95).

Jouglar? c^{ne} de Brantôme. — Lieu-dit *lo Riou-Jouglar*, 1474.

Une des possessions de l'abb. de Brantôme (Lesp.).

Joumard, lieu-dit, c^{ne} de Saint-Laurent-des-Bâtons (A. Jud.).

Jourbelas (La), éc. c^{ne} de Mensignac (B.).

Jourde (La), h. c^{ne} de Firbeix (S. Post.).

Jourdonières, h. c^{ne} de la Chapelle-Montmoreau.

Jourdonnie (Forêt de la), lieu-dit, c^{ne} de Mensignac (cad.).

Jourdounie (La), c^{ne} de Lenquais. — Nom perdu. — Ténement de *la Jourdounye haute*, 1608 (Acte not.).

Jourdounie (La), h. c^{ne} de Mensignac. — *La Jordania*, 1502 (Périg. M. H. 41, 8). — *La Jourdonnie*, 1747 (Acte not.).

Jourdounie (La), c^{ne} de Saint-Victor. — *Mayn. de la Jordonia*, 1518 (ch. Mourcin). — *La Jordonnye*, 1524 (*ibid.*).

Jourdounie (La), h. c^{ne} de Vieux-Mareuil. — *La Jordonie* (S. Post.).

Jourget (Le), h. c^{ne} de Mont-Caret.

Journiac, c^{ne}, c^{on} du Bugue. — *Jornhac* (pouillé du XIIIe siècle). — *Castrum de Jornacho*, 1370 (Lesp. Limeuil). — *Jornhacam*, 1382 (P. V. M.).

Journiac, c^{ne} de Coursac. — *Maynement. de Jornhac*, 1521 (inv. de Lanmary).

Jourvaux (Les), lieu-dit, c^{ne} de Saint-Front-la-Rivière (cad.).

Jousselimeyrie (La), c^{ne} de Chantérac. — 1451 (inv. du Puy-Saint-Astier).

Jousselinye (La), c^{ne} de Champsevinel. — 1331 (inv. de Lanmary).

Joussonelie (La), c^{ne} de Chantérac. — *La Joussonelie*, 1469 (inv. du Puy-Saint-Astier).

Joutade (La), h. c^{ne} d'Exideuil (B.).

Jovelle, h. c^{ne} de Léguillac-de-Cercle. — Anc. rep. noble.

Jovelle (Forêt de), taillis, c^{ne} de la Tour-Blanche (cad.). — Elle tient aux forêts Brulades.

Joven, h. c^{ne} de Saint-Jean-de-Cole (B.).

Jovenal, c^{ne} de Saint-Amand, c^{on} de Vern. — *Nemus vocatum Jovenal*, 1510 (M.).

Juberie (La), h. c^{ne} de Bussac (S. Post.).

Jubertie (La), h. c^{ne} de Saint-Jory-de-Chalais (B.).

Jubetie (La), h. c^{ne} de Chapdeuil (A. Jud.).

Jugal, m^{in} sur la Loue, c^{ne} de Saint-Médard-d'Exideuil.

Jugie (La), lieu-dit, c^{ne} de Sainte-Mundane (cad.).

Juillac, c^{ne} de Brassac. — *Jullyac*, 1467 (inv. de Lanmary).

Juillac, h. c^{ne} de Creyssac. — *Julhac*, 1324 (coll. de Lenq.). — *Julhiac*, 1650 (*ibid.*). — *Juilliac* (B.).

Juillac, sect. de la c^{ne} de Saint-Laurent-de-Castelnau.

Juille, h. c^{ne} de Sagelat.

Juillerie (La), h. c^{ne} d'Église-Neuve (B.). — *La Juglarie*, 1539 (Dives, M.). — *La Juglerie*, 1679 (Dénombr. de Périg.).

Juilleries (Les), h. c^{ne} de Romain-Saint-Pardoux.

Juilleries (Les), h. c^{ne} de Saint-Romain-Nontron (S. Post.).

Jumillac, h. c^{ne} de Montaut, c^{on} d'Issigeac (A. Jud.).

Jumillac-de-Cole, sect. de la c^{ne} de la Chapelle-Faucher. — *Jumilhacum* (pouillé du XIIIe siècle). — *Jumillac le Petit*, 1734 (rôle des paroisses).

Membre de la comm^{rie} de Puymartin (O. S. J.).

Jumillac-le-Grand, ch.-l. de c^{on}, arrond. de Nontron. — *Diocesis Gemiliacensis*, 580 (lettre de Roric, év. de Limoges, à Chronope II, év. de Périg.). — *Gemiliacus*, VIIe siècle (triens du Cab. imp. des médailles). — *Jumilhacum*, 1365 (Lesp. Châtell. d'Exideuil). — *Sanctus Mauritius de Jumiliaco*, 1515 (O. S. J.).

Anc. rep. noble relevant au XIVe siècle de la châtellenie d'Exideuil, érigé depuis en marquisat en 1656 et ayant haute justice sur Jumillac, 1760 (Alm. de Guy.).

Jumille (La), h. c^{ne} de Veyrignac (S. Post.).

Juniac, anc. dioc. de Périgueux, auj. dans le dép^t de la Charente. — *Junniac* (pouillé du XIIIe s^e, archipr. de Pillac). — *Sanctus Nazarius de Juniaco* (Lesp. 30; cart. de Saint-Jean-d'Angély). — *Jupnhac*, 1382 (P. V. M.).

Junies (Les), h. c^{ne} de Prigourdeu. — 1710 (Not. de Bergerac).

Junie (La), m. isolée, c^{ne} de Saint-Saud (S. Post.).

Juscles (Les), lieu-dit, c^{ne} de Villac (cad.).

Justice (La), m. isolée, c^{ne} de Boisse (S. Post.).

Justice (La), lieu-dit, c^{ne} de Cénac (cad.).

Justice (La), lieu, c^{ne} de Fleurac.

Justice (La), c^{ne} de Saint-Martin-de-Fressengeas (cad. 940).

Justice (Roc de la), roc escarpé qui domine le vallon qui descend de Saint-Avit-Sénieur.

Justices (Les), m^{in} à vent près de la ville de Beaumont, sur un monticule, à la bifurcation de quatre chemins menant aux villages voisins. — On y a fait la découverte d'un trésor composé de plus de 700 monnaies gauloises au type cruciforme, dit *de Vieille-Toulouse*.

Justices (Les), éc. c^{ne} de Beauregard-Bassac (B.).

Justices (Les), lieu-dit, c^{ne} de Cladech (cad.).

Justices (Les), c^{ne} de Couse. — *Vacant app. des Justices*, au lieu de Bellevue, par. de Saint-Front, 1740 (arch. de la Gironde. Reconnaissance générale de Couse).

Justices (Les), h. c^{ne} de la Force (A. Jud.).

Justices (Les), lieu-dit, c^{ne} d'Issigeac (cad.).

Justices (Les), mét. c^{ne} de la Linde.

Justices (Les), éc. c^{ne} de Molières. — *A las Justissas*, 1460 (arch. de la Gir. Belvez).

Justices (Les), anc. ténement, c^{ne} de Mont-Caret. — 1658 (Reconn. de Montravel).

Justices (Les), c^{ne} de Montravel. — *Puch de las Justicias*, 1461 (arch. de la Gir. reg. de Belvez).

Justices (Les), c^{ne} de Parcoul (cad.).

Justices (Les), h. c^{te} de Saint-Germain-et-Mons. — *Terra quo es de la laygua a las Justicias*, 1466 (arch. de Bergerac, table des liasses, la Caritat).

Justices (Les), lieu-dit, c^{ne} de Saint-Romain-Thiviers. — *Las Justissas* (A. Jud.).

Juvénie (La), h. c^{ne} d'Abjat-Nontron (S. Post.).

Juvénie (La), éc. c^{ne} de Creyssensac (B.).

Juvénie (La), h. c^{ne} de Douville. — *La Jouvenie*, 1666 (Acte not.).

Juvenil, habit. c^{ne} de Peyzac (S. Post.).

L

Labadiat, h. c^{ne} de Javerlhac.

Labadie, éc. c^{ne} de Thonac (Cass.).

Labat, éc. c^{ne} de Léguillac-de-Lauche.

Labat, bois, c^{ne} de Montignac-sur-Vézère (Cass.). — Autrement *forêt de Coly*.

Labat, h. c^{ne} de Razac-sur-l'Ille.

Labatut, h. c^{ne} d'Audrix. — Anc. rep. noble ayant haute justice dans Saint-Chamassy et Audrix, 1760.

Labatut, c^{ne} de Beleymas. — Ruines portant ce nom près de Gammarey, *divisiones terrar. de Labatut et de Montreal*, 1479 (Dives, Bail de la Balbie, coll. de Lenq.).

Labatut, c^{ne} de Cadouin, près Regagnac? — *Labatut*, 1199 (cart. de Cadouin, ch. d'Aliénor)? Maison-conventuelle dép. de l'abbaye.

Labatut, h. c^{ne} de Clottes.

Labatut, h. c^{ne} de Cubjat (A. Jud.).

Labatut, mét. c^{ne} d'Église-Neuve. — *Hospitium de Labatut*, 1414 (Lesp. Homm. à l'év. de Périg.).

Labatut, c^{ne} de Mensignac. — *M. de Labatut*, 1460 (M.).

Labatut, c^{ne} de Minzac (A. Jud.).

Labatut, c^{ne} de Montferrand (S. Post.).

Labatut, h. c^{ne} de Neuvic. — *Mans. de Labatut*, 1336 (Périg. M. H. 41, 4.)

Labatut : plusieurs lieux portaient ce nom dans la c^{ne} et ville de Périgueux. — *Nemus voc. de Labatut de Salis*, 1286 (arch. de Périg.). — *Ostal de Labatut*, 1368 (L. Noir de Périg. 46). — *Clausus de Labatut*, près Sainte-Eulalie, 1436 (Périg. M. H. 41, 1). — *Molend. de Labatut*, 1455 (Rec. de titres). Ses confrontations sont : Mansus Minorissarum sororum et eyguale qui labitur *versus rivum* de Limeys.

Labatut, h. c^{ne} de Sainte-Foy-de-Longa.

Labatut, éc. c^{ne} de Saint-Laurent-des-Bâtons.

Labatut, c^{ne} de Saint-Vincent-sur-l'Ille (A. Jud.).

Labatut, c^{ne} de Saint-Vivien (A. Jud.).

Labatut, h. c^{ne} de Sargeac. — 1744 (terr. de Saint-Pompon).

Labatut, c^{ne} de Vern. — *Repayr. de Labatut*, 1510 (ch. Mourcin).

Labatut, bois, c^{ne} de Villamblard. — 1632 (Not. de Villamblard).

Labatut (Haut et Bas), h. c^{ne} de Fleurac.

Labescot, c^{ne} de Sainte-Alvère. — *Clusellum de Labescot*, 1460 (Liv. N.).

Labro, h. c^{ne} de la Roque-Gajac. — Anc. rep. noble en ruines sur un tertre qui domine la Dordogne.

Labrode, lieu, c^{ne} de Sagelat.

Lac (Le), h. c^{ne} de Champagne, c^{on} de Verteillac.

Lac (Le), lieu, c^{ne} de Genestet.

Lac (Le), lieu près de Sainte-Eulalie-d'Ans.

Lac (Le Bost-du-), h. c^{ne} de Beauronne-de-Chancelade.

Lac (Le Tuquet-du-), h. c⁣ᵉ de Sainte-Innocence.

Lac (Rieu-du-), h. près de Font-Roque.

Lacanau, dom. cⁿᵉ d'Eymet (A. Jud.).

Lacand, h. cⁿᵉ des Graulges (B.).

Lacasse (La), lieu-dit, cⁿᵉ de Besse (cad.).

Lacassou (Al), lieu-dit, cⁿᵉ de Capdrot (A. Jud.).

Lacau, h. cⁿᵉ d'Antone (B.).

Lacau, lieu-dit, cⁿᵉ de Beauronc. — Lacaud (cad.).

Lacau, h. cⁿᵉ de Cornille.

Lacau, éc. cⁿᵉ de Montren.

Lacau, lieu-dit, cⁿᵉ de Saint-Martin-de-Fressengeas (cad.).

Lacau (Meynié-), h. cⁿᵉ de Coulounieix.

Lac-Baize, dom. cⁿᵉ de Coulounieix (A. Jud.).

Lac-Chardel, h. cⁿᵉ de Limeyrac.

Lac-de-Barrière, lieu-dit, cⁿᵉ de Saint-Cyprien (A. Jud.).

Lac-de-la-Rite, bruyère, cⁿᵉ de Cantillac (A. Jud.).

Lac de Lebrou, un des étangs des landes de Lagudal.

Lac-de-Neuillac, h. cⁿᵉ de Bars.

Lac-de-Rey, lieu, cⁿᵉ de Montclar.

Lac-de-Sales, h. cⁿᵉ de Vic.

Lac des Miracles, petit étang, cⁿᵉ de Mortemar.

Lac-de-Thève, lieu-dit, cⁿᵉ de Douville (A. Jud.).

Lac-du-Figuier, taillis de chênes, cⁿᵉ de Vajeuil (A. Jud.).

Lac-du-Juge, taillis, cⁿᵉ de Saint-Julien-de-Crempse (A. Jud.).

Lac-Ferier, h. cⁿᵉ de Blis-et-Born.

Lac-Ferier, h. cⁿᵉ de Faniac.

Lac-Gendre (Le), forêt, cⁿᵉ de Thenon, attenant à la forêt Barrade (Cass.).

Lachaterie-de-Beauchaud, h. cⁿᵉ de Sainte-Croix-de-Mareuil (A. Jud.).

Lachaux, terre, cⁿᵉ de Cubjac (A. Jud.).

Lachaux, taillis, cⁿᵉ de Montagnac-d'Auberoche (A. J.).

Lachère, éc. cⁿᵉ de Chavagnac (A. Jud.).

Lacherie, mⁿ, cⁿᵉ de la Douze (A. Jud.).

Lachigel? cⁿᵉ de Festalens. — Mayn. de Lachigel, 1326 (arch. de la Gir. Reconn.).

Lac-Majou (Le Grand-), bois de châtaigniers, cⁿᵉ de Boulazac (A. Jud.).

Lac-Marcelle, bois, cⁿᵉ de Saint-Antoine-d'Auberoche.

Lac-Maria, cⁿᵉ de Cubjat. — Bordaria voc. Lac Maria, 1282 (Lesp. 82).

Lac-Nègre, h. cⁿᵉ du Change. — Nemus voc. del Lac Negre, 1433 (Périg. M. H. 41, 7).

Lac-Nègre, cⁿᵉ de Cubjac. — Affarium de Lac Nègre, 1224 (Périg. M. H. 41, 1).

Lac-Nègre, h. cⁿᵉ de Millac-d'Auberoche (A. Jud.).

Lac-Noir (Au), taillis, cⁿᵉ de Salon (A. Jud.).

Laconie (La), taillis, cⁿᵉ de Manzac (A. Jud.).

Lacoste, h. — Voy. Coste (La).

Lacouaille, taillis, cⁿᵉ de Sainte-Croix-Beaumont (A. Jud.).

Lacour, cⁿᵉ de Blis-et-Born. — Maynam. de la Cura, 1508 (ch. Mourcin).

Lacour, h. cⁿᵉ de Sarlande (B.).

Lacouyau (Le), lieu, cⁿᵉ de Montagnac-d'Auberoche.

Lacquet (Bois de), taillis, cⁿᵉ de Capdrot (A. Jud.).

Lac-Romy, lieu, cⁿᵉ de Saint-Pompon.

Lac-Sauzet, lieu à Beaurone. — Lacus Sauzet, 1222 (cart. de Chancelade).

Lac-Tondu (Le), cⁿᵉ d'Urval (cad.).

Lacurade? cⁿᵉ de Périgueux. — En Lacurado, prope vill. de Petrag. 1485 (Lesp. 84, n° 36).

Lac-Viel, h. cⁿᵉ de Sengeyrac.

Ladailha, cⁿᵉ d'Eyliac. — 1503 (Mém. d'Albret).

Ladauge, bois, cⁿᵉ de Grun.

Ladeuil, h. cⁿᵉ de la Douze (A. Jud.).

Ladevigne, h. cⁿᵉ de Pomport. — Autrement Nouville (Vente, 1656).
   Anc. rep. noble.

Ladevigne, h. cⁿᵉ de Villamblard. — La Davignic. 1666 (Acte not.).

Ladeyssie, cⁿᵉ de Villamblard. — 1633 (Acte not.).

Ladignac, h. cⁿᵉ de Proissans (cad.).

Ladoinie, h. cⁿᵉ de Saint-Geniès (S. Post.).

Ladomaise, cⁿᵉ de Pluviers. — Anc. fief dép. de Piégut.

Ladornac, cⁿᵉ, cⁿᵒⁿ de Terrasson. — Villa Lodorniac Dellalbuga, xiᵉ siècle (cart. du Vigeois). — Codornac (pouillé du xiiiᵉ siècle). — La Dournac, xviiᵉ sᵉ (Dict. géog. du Périgord). — Ladournac (B.).
   Voc. Notre-Dame.
   Prévôté dép. de l'abb. de Terrasson, 1555 (panc. de l'év.). — Commᵗⁱˢ, xviᵉ siècle (Itin. de Clément V).

Ladosse, cⁿᵉ, cⁿᵒⁿ de Beaussat. — La Dousse, xviᵉ siècle (arch. de Pau).
   Patron : saint Jean-Baptiste; coll. l'évêque.
   Anc. rep. noble.

Ladou, h. — Voy. Doux (La).

Ladres (Cimetière-des-), lieu-dit, cⁿᵉ de Saint-Pierre-de-Cole (cad.).

Ladres (La Fon-des-), lieu-dit, cⁿᵉ de Villetoureix (cad.).

Ladres (Les), lieu-dit, cⁿᵉ de Coulounieix (cad.).

Ladreyrie, h. cⁿᵉ de Pézul. — Mansus de la Ladraria, 1470 (arch. de la Gir. Belvez).

Ladreyrie, h. cⁿᵉ de Saint-Pierre-de-Cole (S. Post.).

Ladrieu, éc. cⁿᵉ de Saint-Amand-de-Coly.

Lafinou, cⁿᵉ de la Linde. — Latalinde, 1706 (Lesp. 91, arp. de Sainte-Colombe).
   Anc. rep. noble.

Lafinou, h. c^{ne} de Mauzens-Miremont (S. Post.).

Lagazou? c^{ne} de Bergerac. — *Rivus vocatus Lagazo*, 1322 (privil. de Bergerac).

Lageard, h. c^{ne} de Coutures (B.).

Lageard (Moulin de), près de la ville de Mareuil (B.).

Lageas (Las), éc. c^{ne} de Mensignac.

Lagelie, vill. c^{ce} de la Douze (A. Jud.).

Lagerie (La), h. c^{ne} de Cercle (cad.).

Lagerie (La), lieu, c^{ne} de Ligueux.

Lagianarde? c^{ne} de Saint-Médard-de-Mussidan. — *B. de Lagianarda*, 1308 (Périg. M. H. 41, 1).

Lagounat (Pré de), lieu, c^{ne} de Bosset (A. Jud.).

Lagoyrie (La), h. c^{ne} de Savignac-les-Églises (B.).

Lagrafel, lieu-dit, c^{ne} de Mouleydier (cad.).

Lagrafel, h. c^{ne} de Sainte-Radegonde (S. Post.).

Laguasso, c^{ne} de Naussanes. — *Rivus de Laguasso*, 1460 (O. S. J.).

Lagudal, landes entrecoupées d'étangs qui s'étendent sur le territoire des communes de Maurens, Saint-Julien, Montagnac, Beleymas et Saint-Jean-d'Eyraud. — *Lagudau*, 1741 (Not. de Bergerac).

Lagudal? c^{ne} de Fontaine. — *Agudella*, 1150 (cart. de Fontevrault. Lesp. 30).

Lagudal? ville de Périgueux. — *Locus voc. la Gudale de la Ville*, 1518 (O. S. J.).

Laguliou, terre, c^{ne} de la Linde (A. Jud.).

Laguliou? c^{ne} de Trélissac. — *Laguilhou de Puy Abric*, 1484 (inv. de Lanmary).

Laguliou, h. c^{ne} de Vallereuil (S. Post.).

Lagut, lieu-dit, c^{ne} des Lèches. — Anc. rep. noble.

Lagut, h. c^{ne} de Saint-Front-de-Pradoux (S. Post.).

Lagut, h. c^{ne} de Saint-Michel-de-Double (S. Post.).

Laiguillou, sect. de la c^{ne} de Besse (cad.). — *Laguilhou* (B.).

Lailoulie, h. c^{le} de Mauzens. — *Maison de Lailholie*, 1480 (Lesp. 37, Limeuil).

Lajat, h. c^{ne} de Valojoux.

Lalatière, lieu-dit, c^{ne} de Proissans (cad.).

Lalatière, h. c^{ne} de Sainte-Aulaye.

Lalbaudie? c^{ne} de Celle. — *Bordaria de Lalbaudia*, 1320 (ch. Mourcin).

Lalburague, dom. c^{ne} de Génac (A. Jud.).

Lalchivie, h. c^{ne} de Saint-Paul-de-Serre. — *Maynam. de las Sivia*, 1485 (Dives, II, 158).

Lalot, h. c^{ne} de Journiac. — *Lalo*, 1460 (L. Nof. 101).

Lalot, h. c^{ne} de Saint-Germain-des-Prés. — *Lalo* (A. Jud.).

Lambaudie, c^{ne} de Verteillac. — *Maynam. voc. Lambaudia*, in paroch. de Feliech, 1459 (O. S. J.).

Lambertie, h. c^{ne} d'Angoisse.

Lambertie, h. c^{ne} du Bugue.

Lambertie, h. c^{ne} de Mialet. — Anc. rep. noble.

Lambertie, sect. de la c^{ne} de Vern (cad.). — *Mansus de Lembertia*, 1498 (ch. Mourcin. Vente de la Besse).

Lambertie (La), h. c^{ne} de Mensignac. — *Feudus voc. de la Lambartia*, 1312 (Lesp. 26, Homm.).

Lamiban, h. c^{ne} de Jaure. — *Lamirand*, 1650 (Acte not.).

Lamon, h. c^{ne} de Bouteilles.

Lamone, lieu-dit, c^{ne} de Lenquais.

Lamoure, taillis, c^{ne} d'Agonac (A. Jud.).

Lamy, h. c^{ne} d'Atur. — 1701 (Acte not.).

Lancelie? c^{ne} de Tocane. — *B. de la Lancelia*, 1342 (ch. Mourcin).

Lancepleine, h. c^{ne} du Coux. — *Mansus de Lansaplena*, 1463 (arch. de la Gir. Bigaroque).

Lancinada, lieu-dit, c^{ne} de Mensignac. — *Lancinade* (cad.).

Lancinade, c^{ne} de la Chapelle-Gonaguet (B.). — *Bosc Dancinada*, 1222 (cart. de Chancelade).

La forêt de Lancinade, d'abord partagée entre l'abb. de Chancelade et la commanderie d'Andrivaux, appartenait tout entière à l'abbaye en 1775 (O. S. J.).

Landais (Le), h. c^{ne} de Saint-Pierre-d'Eyraud. — *Podium de la Landa*, 1491 (L.).

Lande (La), c^{ne} d'Ales. — *Boria de la Landa*, 1459 (arch. de la Gir. Belvez).

Lande (La), habit. c^{ne} d'Anesse (B.).

Lande (La), sect. de la c^{ne} de Bassillac (cad.).

Lande (La), h. c^{ne} de Bourg-du-Bost (B.).

Lande (La), h. c^{ne} de Bouteilles.

Lande (La), c^{ne} de Brassac? — *Lo prior de la Landa*, 12.. (terr. de l'O. S. J.).

Lande (La), lieu-dit, c^{ne} du Bugue. — *Cazal de la Landa* (cart. du Bugue, xiiie siècle).

Lande (La), h. c^{ne} de Bussac (B.).

Lande (La), h. c^{ne} de la Canéda. — *Mansus de la Landa*, 1491 (O. S. J. Condat).

Lande (La), anc. nom de la c^{ne} de la Chapelle-au-Bareil. — *Albarelh seu la Landa*, 1406 (Lesp. 37). — *Les Landes* (B.).

Lande (La)? éc. c^{ne} de la Chapelle-Gonaguet. — *Locus de Landia* (cart. de Chancelade). — *Les Landes* (A. Jud.).

Lande (La), h. c^{ne} de la Force, 1601 (Acte not.).

Lande (La), c^{ne} de Grand-Castang. — *Ten. de la Lande et Frageat*, 1692 (Rec.).

Lande (La), étendue d'environ 6,000 hect. incultes dans le canton de Mareuil et jusqu'à Saint-Crépin (Ann. d'agric. de la Dord.).

Lande (La), dom. c^{ne} de Marsac. — 1646 (Acte not.).

LANDE (LA), h. cⁿᵉ de Menesplet.

LANDE (LA), forêt, cᵒⁿ de Montpont. — *La forêt de la Landa* (Lesp. 10).

LANDE (LA), lieu-dit, cⁿᵉ de Mortemar, 1666 (O. S. J.). — *Les Landes* (A. Jud.).

LANDE (LA), lieu-dit, cⁿᵉ de Saint-Léon-sur-l'Ifle. — *La Lando*, 1471 (Dives, I).

LANDE (LA)? lieu, cⁿᵉ de Saint-Martin-des-Combes. — *Maynam. de la Landa*, 1472 (ch. Mourcin).

LANDE (LA), sect. de la cⁿᵉ de Saint-Michel-l'Écluse (cad.).

LANDE (LE CHEF-DE-), h. cᵇᵉ de Vaunac.

LANDE-DE-SIRGUET (LA), h. cⁿᵉ de Gaulegeac.

LANDEGARIE?— *Bordaria de Landgaria* (cart. de Chancelade).

LANDÉGEYRIE, cⁿᵉ de Mortemar. — *Mans. de Landegeyria*, 1409 (O. S. J.).

LANDEMARIE, h. cⁿᵉ de Nanteuil-Thiviers.

LANDEROUSE, m. isolée, cⁿᵉ de Saint-Julien-Eymet (S. Post.).

LANDES (LES); dom. cⁿᵉ d'Agonac.

LANDES (LES), cⁿᵉ de Bassillac. — *Maynam. de las Landas*, 1500 (ch. Mourcin).

LANDES (LES), bois de 60 hectares, cᵇᵉ de Beaurone (cad.).

LANDES (LES), h. cʳᵉ de Celle. — *Lᵖⁱˢ Landas*, 1643 (Acte not.).

LANDES (LES), lieu-dit, cⁿᵉ de Chassagne (cad.).

LANDES (LES), h. cᵇᵉ de Cumont (B.).

LANDES (LES), h. et mⁱⁿ, cⁿᵉ de Grignol. — *Maynam. de la Orgelia sive las Landas* (Dives, I, 72).

LANDES (LES) ou FOND-DE-BIO, taillis, cⁿᵉ des Lèches (A. Jud.).

LANDES (LES), dom. cⁿᵉ de la Linde. — *Le Peuch de la Linde* (Cⁱᵉ de Larmandie, 1ᵉʳ cah. 72). — *Maison noble des Landes*, 1743 (Not. de Bergerac).

LANDÉS (LES), cⁿᵉ de la Mongie-Montastruc. — *Loco dicto en las Landas* (L. Nof. p. 42).

LANDES (LES), éc. cⁿᵉ de Montfaucon (B.).

LANDES (LES), cⁿᵉ de Neuvic. — *Tenementum de las Landas*, 1344 (Dives, I, 70).

LANDES (LES), lieu-dit, cⁿᵉ de Proissans (cad.).

LANDES (LES), bois de 60 hectares, cⁿᵉ de Saint-Aquilin (cad.).

LANDES (LES), lieu-dit, cⁿᵉ de Saint-Étienne-de-Double (cad.).

LANDES (LES), h. cⁿᵉ de Saint-Jean-d'Estissac.

LANDES (LES), éc. cⁿᵉ de Saint-Mayme-de-Péreyrol (B.).

LANDES (LES), lieu-dit, cⁿᵉ de Saint-Pardoux-la-Rivière (cad.).

LANDES (LES), lieu-dit, cⁿᵉ de Saint-Saud (cad.).

Dordogne.

LANDES (LES), h. cⁿᵉ de Salon.

LANDES (LES), cⁿᵉ de Sendrieux. — 1699 (Acte not.). Ténem. dépend. du château de la Mothe-Saint-Maurice.

LANDES (LES), lieu-dit, cⁿᵉ de Sourzac (cad.).

LANDES (LES), lieu-dit, cⁿᵉ de Tursac (cad.).

LANDES (LES), cⁿᵉ de Vic. — *Vill. des Landes* ou *Foulissart*, 1692 (Acte not.).

LANDES (LES), lieu, cⁿᵉ de Villamblard.

LANDES-DE-SAINT-HILAIRE (LES), h. cⁿᵉ de Jumillac (S. Post.).

LANDES-GOURDONAISES (LES), lieu-dit, cⁿᵉ de Veyrignac.

LANDET, anc. dioc. de Périgueux, auj. du dépᵗ de la Charente, dans Saint-Christophe-de-la-Tude. — *Domus leprosorum de Landet*, 1319 (Généal. de Talleyrand).

LANDIE (LA), cⁿᵉ de Thenon (A. Jud.).

LANDIOU, cⁿᵉ de Clotes. — Anc. rep. noble.

LANDOARDIE (LA)? cⁿᵉ de Villamblard? — *La Landoardia*, 1304 (Lesp. 51).

LANDOUGNE, h. cⁿᵉ de Cone-de-la-Barde.

LANDOUX (LES), lieu-dit, cⁿᵉ de Marquay (cad.).

LANDOYNIE (LA), cⁿᵉ de Monesterol. — *Maynam. de la Landoynia*, 1335 (Lesp. 79).

LANDRALE, éc. cⁿᵉ de Beaumont (S. Post.).

LANDRÉ, éc. cⁿᵉ de Sarlat (A. Jud.).

LANDRE (LE), h. cⁿᵉ de Simeyrols.

LANDRENARIE? cⁿᵉ de Montravel. — *A Landrenaria*, 1340 (lièvè de Montravel).

LANDRERIE, h. cⁿᵉ de la Douze (A. Jud.).

LANDRERIE, h. cⁿᵉ de Pézul. — *Landreyrie* (B.). — *Ladreyrie*, 1750 (Acte not.).

LANDRIVARIE? cⁿᵉ de Bonneville. — *A Landrivaria*, 1340 (lièvè de Montravel).

LANDRIVIE, mét. cⁿᵉ d'Antone (Acte not.).

LANDRIVIE, lieu-dit, cⁿᵉ de Beaurone (cad.).

LANDRIVIE, h. cⁿᵉ de Boulouneix.

LANDRIVIE, h. cⁿᵉ de Brantôme (S. Post.).

LANDRIVIE, lieu-dit, cⁿᵉ du Bugue. — *Eyrale voc. de Landrivia, in par. Sancti-Marcelli, retro hospitale*, 1460 (L. Nof.).

LANDRIVIE, h. cⁿᵉ de Coutures.

LANDRIVIE, cⁱᵉ de la Cropte. — *Mans. de Landrivia*, 1409 (O. S. J.).

LANDRIVIE, taillis, cⁿᵉ d'Issac (A. Jud.).

LANDRIVIE, lieu-dit, cⁿᵉ de Liorac. — 1602 (Acte not.).

LANDRIVIE, h. et mⁱⁿ, cⁿᵉ de la Mongie-Montastruc. — 1730 (Acte not.).

LANDRIVIE, lieu, cⁿᵉ de Mortemar.

LANDRIVIE, h. cⁿᵉ de Peyzac.

LANDRIVIE, h. cⁿᵉ de Proissans.

22

LANDRIVIE, éc. c^ne de Queyssac.

LANDRIVIE, anc. rep. noble, c^ne de Reillac. — 1460 (Lesp.).

LANDRIVIE, terre, c^ne de Sainte-Foy-de-Longa (A. Jud.).

LANDRIVIE, h. c^re de Saint-Jean-d'Ataux.

LANDRIVIE, éc. c^ne de Sarlande (B.).

LANDRIVIE, porte de ville et faubourg à Sarlat. — *Porta de Landrevya*, 1397 (Reg. de l'Hôtel de ville de Sarlat).

LANDRIVIE, h. c^ne de Sengeyrac (A. Jud.).

LANDRONYE, lieu-dit, c^ne de Sengeyrac. — 1635 (Acte not.).

LANDRY, lieu-dit, c^ne de Badefol-la-Linde (cad.).

LANDRY, éc. c^ne de Boulazac. — *Landricum*, 1480 (arch. de l'Hôtel de ville de Périgueux).

LANDRY, m^in, c^ne de Chantérac (A. Jud.).

LANDUSSE (LA), h. anc. diocèse, archipr. de Bouniagues, auj. du dép^t de Lot-et-Garonne. — *Mons Latus*, *alias de la Landusse* (coll. par Clément VI).

LANDUZIÈRE (LA), c^ne de Faux. — Fief de Lenquais, 1771 (arpent. de Faux).

LANERIE, dom. c^ne de Montpont (A. Jud.).

LANGEIN, anc. porte et rue à Eymet.

LANGLADE, h. c^ne d'Anesse (B.).

LANGLADE, anc. fief, c^re de la Chapelle-au-Bareil.

LANGLADE, sect. de la c^ne de Proissans (cad.). — Anc. rep. noble.

LANGLADE, h. c^ne de Saint-Amand-de-Belvez (A. Jud.).

LANGLADERIE-LA-JOUSSADE, h. c^ne de Saint-Amand-de-Belvez (A. Jud.).

LANGLE, h. c^ne du Coux. — *Mansus de Lengles*, 1463 (arch. de la Gir. Bigaroque).

LANGLE, h. c^ne de Tayac.

LANGON, h. c^ne de Carlux. — *Ranua de Lengan*, 1447 (arch. de Paluel).

LANMARY, c^ne d'Antone. — *Lacmari*, 1397 (arch. de Terrasson). — *Domus de Lacu Marino*, 1466 (Lesp.). — *Lac Mary*, 1503 (Alb.).

Anc. rep. noble, avec justice dans les par. de Sorges et d'Antone, 1760 (Alm. de Guy.).

LANMARY, forêt (B.).

LANQUAIS, c^ne. — Voy. LENQUAIS.

LANSSADE, h. c^ne de Prigonrieu.

LANUSSE, h. c^ne d'Eymet.

LANZAC? anc. forge, c^ne de Tocane. — *Fauria de Lanzac*, 1222 (cart. de Chancelade).

LANZIN, éc. c^ne de Manzac (Dives).

LAPÈZE, h. c^ne de Douville.

LAQUEN, h. c^ne de Sengeyrac (B.).

LAQUET (AU), bois, c^ne de Capdrot. — 1791 (Belvez, arch. de la Dordogne).

LAQUET (LA CROIX-DU-), h. c^ne de Cadouin (A. Jud.).

LAQUET (LE), h. c^ne de Beaumont. — *Laquay* (S. Post.).

LAQUET (LE), lieu-dit, c^ne de la Douze (A. Jud.).

LAQUET (LE), lieu-dit, c^ne de Douzillac (cad.).

LAQUET (LE), lieu-dit, c^ne de Sainte-Alvère. —*Laquys*, (cad.).

LAQUIAL (LE), lieu dans la forêt de Montclar.

LAQUOY, lieu-dit, c^ne de Saint-Martin-des-Combes (A. Jud.).

LARBOUGNE, taillis à la Pouleille, c^ne de Saint-Félix (cad.).

LARBOUGNE, h. c^ne de Saint-Pierre-d'Eyraud. — *Mayn. de Narbonia?* 1491 (Coll. de Lenq.). — *Larbournye*, 1640 (O. S. J.).

LARCELLYRE? c^ne de Saint-Martin-des-Combes. — *Tenem. de Larcellyra*, 1317 (Périg. M. II. 1).

LARCHAMBAUDIE? c^ne de Trélissac. — *Mansus de Larchambaudia*, 1332 (ch. Mourcin).

LARCHE, c^ne du dép^t de la Corrèze, arrond. de Brives. — *Castrum de Archia*, 1251 (test. de R. de Turenne). — *Larche*, 1360 (Lesp. Châtell. du Périg.). — *L'Arche*, 1760 (Alm. de Guy.).

La châtell. de cette petite ville du Limousin ressortissait de la sénéchaussée du Périgord, et plus tard de la sénéchaussée et du présidial de Sarlat; les paroisses qui en dépendaient étaient en Périgord : Chavagnac, la Feuillade, Grèzes, Ladornac, Nadaillac, Pazayac. — Larche était un membre de la vicomté de Turenne.

LARCHER, h. c^ne de Saint-Sernin-de-l'Erm (B.).

LARCHÈRE, lieu et m^in, c^ne de Sigoulès.

LARCHERIE, c^ne de Beleymas. — *Larcharia*, 1386 (Homm.). — *Larcheyric*, 1650 (Acte not.).

Anc. rep. noble, relev. de la châtell. de Vern.

LARCHERIE, c^ne de Bourrou. — *Maynam. de Larcharia*, 1474 (Dives, G. E.).

LARCHERIE, h. c^ne de la Douze. — *Larcharia*, 1451 (Généal. de Rastignac). — *Larchieyra* (ibid.).

LARCHET, h. c^ne de Coutures.

LARCHEYRON, h. c^ne de Fontenilles (B.).

LARD (BOIS DE), taillis, c^ne de Mont-Caret (A. Jud.).

LARDAILLER, h. c^ne de Champagnac-de-Bel-Air.

LARDAU, h. c^ne de Bergerac. — *Lardaou*, 1460 (L. Noir, 104).

LARDAU, c^ne de Fougueyrolles (A. Jud.). — *Lardoust* (ibid.).

LARDE (LA), h. c^ne de Firbeix.

LARDET, lieu-dit, c^ne de Saint-Martial-d'Albarède (A. Jud.).

LARDIALE, m. isolée, c^ne de Clermont-Exideuil (S. Post.).

LANDIDIE, h. c^ne d'Atur (A. Jud.).

LARDIE (LA), h. c^ne de Bars.

LARDIE (LA), lieu-dit, c^ne de Cercle (cad.).

LARDIE (LA), h. c^ne de Champeaux, à l'entrée des bois de Puycheny.

LARDIE (LA), h. c^ne d'Eyliac (S. Post.). — *Maynam. de la Lardia*, 1330 (ch. Mourcin).

LARDIE (LA), bois, c^ne d'Issac (Acte not.).

LARDIE (LA), lieu-dit, c^ce de Montagnac-la-Crempse.

LARDIE (LA), h. c^ne de Saint-Martin-de-Fressengeas.

LARDIE (LA), lieu-dit, c^ne de Saint-Paul-la-Roche. — 1550 (O. S. J.).

LARDIE (LA), h. c^ne de Saint-Romain (S. Post.).

LARDIE (LA), h. c^ne de Verteillac (cad.).

LARDIMALIE, c^ce de Saint-Pierre-de-Chignac. — *Capella de Lardimalia* (pouillé du XIIIe siècle). — *Urdimalia, Ardimalia*, 1384 (Lesp. 26, Homm.). — *Lardymalye*, 1540 (lettre de Henri IV).

Anc. rep. noble, relev. d'Auberoche au XIVe siècle, ayant depuis haute justice sur Saint-Crespin, Saint-Pierre, Eyliac, Born et Blis, 1760 (Alm. de Guy.).

LARDIN, h. et mine de houille, c^ne de Beauregard, c^on de Terrasson.

LARDIN (LE), h. c^ne de Villac (cad.).

LARDITS (LES), h. c^ne de Razac-de-Saussignac.

LARDOU (LE), c^ne de Puy-de-Fourches. — *Le Ladou* (Cass.).

Anc. rep. noble, 1717 (Acte not.).

LARGUZE, c^ue de Coursac. — *Lauguzie*, 1486 (inv. du Puy-Saint-Astier). — *Largulie*, 1717 (Acte not.).

LARJASSOU, friche, c^ne du Grand-Brassac (A. Jud.).

LARMALAUDIE, h. c^ce de Saint-Paul-Lisone (S. Post.).

LARMANDIE, maison au bourg de Limeuil.

LARMANDIE, h. c^ne de Mauzens. — *Larmandia*, 1401 (Lesp. 51).

Anc. rep. noble.

LARMANDIE, lieu-dit, c^ne de Pressignac. — *Larmandia*, fonds de terre dépend. de l'église de Pressignac (L. Noir, 1482, 36 et 60).

LARMANDIE, h. c^ne de Salon. — *Mas de Larmandie*, 1466 (Lesp. 51).

LARMANDIE (BOIS DE), lieu-dit, c^ne de Sainte-Alvère, auprès du Mayne. — 1732 (not. de Vill.).

LARMANDIE (HAUTE et BASSE), c^ne de Savignac-Miremont, près de la source du Vern. — Anc. rep. noble.

LARBE, h. c^ne de Génis.

LARBY, h. c^ne de Saint-Vincent-de-Cosse.

LARSIT, h. c^ne de Marcillac-et-Saint-Quentin. — *Mans. de Larsitz*, 1304 (O. S. J.).

LARTAUDIE? c^ne de Saint-Laurent-de-Pradoux. — *M. de Lartaudia*, 1288 (Lesp. 53).

LARTÉ, h. c^ne de Gaugeac-Montpazier.

LARTIGE, h. c^ne de Saint-Laurent-des-Hommes.

LARTIGIAUX, lieu, c^ne de Millac-d'Auberoche. — 1318 (Lesp.).

LARTIGUE, lieu-dit, c^ne de Berbiguières (cad.).

LARTIGUE, h. c^ne de la Mongie-Montastruc.

LARTIGUE, h. c^ne de Pézul.

LARTUNE? c^ne de Saint-Paul-de-Serre. — *Lartuna*, 1471 (ch. Mourcin).

LARTUSIE, lieu-dit, c^ne de Queyssac (cad.).

LARZAC, c^ce, c^on de Belvez. — *Larzac* (pouillé du XIIIe siècle). — *Larzacum*, 1372 (Lesp. Belvez).

Patron : saint Victor; coll. l'évêque.

LARZAC (TUQUE-DE-), lieu-dit, c^ne de Saint-Pardoux-Vielvic (A. Jud.).

LASCANDIE, c^ce de Mortemar. — *Mans. de Lascardia*, 1409 (O. S. J.).

LASCAUD, dom. c^ne de Blis-et-Born (A. Jud.).

LASCAUX, taillis, c^ne de Bourdeilles (A. Jud.). — *Lascaud (ibid.)*.

LASCAUX-BOUTIZAN, c^ne de Millac-Nontron. — Anc. fief dép. du château de Piégut.

LASCAUX-JANET, h. c^ne de Saint-Estèphe (S. Post.).

LASCHENAL, h. c^ne d'Anesse (B.).

LASCOPAS, lieu-dit, c^ne de Valeuil (A. Jud.).

LASCOUS, lieu, c^ne de Montclar.

LASCOUS, c^ne de Montignac-sur-Vézère. — *Hôtel de Las Coulx*, 1400 (Lesp. 26, Hommages).

Anc. rep. noble.

LASCOUS, c^ne de Montren. — *Maynam. de Las Coulx*, 1455 (ch. Mourcin).

LASCOUS, h. c^ne de Saint-Laurent-des-Bâtons. — *Las Coutz*, 1452 (L. Nof. 39).

LASCUDARIAS, terre, c^ne de Lisle (A. Jud.).

LAS FEU (À), terre, c^ne de Sorges (A. Jud.).

LASMONIE, h. c^ne de Saint-Jory-las-Bloux.

LASNAINA? c^ne de Champsevinel. — *Maynam. de las Naina*, 1480 (Lesp. 23).

LASSARIE? c^ne de Sainte-Alvère. — *Factum de Lassaria*, 1453 (L. Nof. 30).

LASTAQUE, lieu, c^ne de Larzac.

LASTARIE? c^ne de Manzac. — *Lastaria*, 1485 (Dives, II, 121).

LASTIRAS, h. c^ne de Vendoire.

LASTOUNS, m^on sur la Nauze, c^ne de Saint-Amand-de-Belvez. — *Las Tors*.

LAS VAUX, c^ne de Mensignac. — *Las Vals*, 1413 (Lesp. 84, p. 25). — *M. de Las Vaux*, 1480

LATALBARIE, lieu-dit, c^ue de Grignol. — *Terra dicta de Latalbaria*, 1287 (Périg. M. H. 41, 1).

LATEIRA? c^ne de Beaurone-de-Chancelade? — *Locus de Lateira*, 1178 (cart. de Chancelade).

LATET (LE), h. c^ne de la Cropte (B.).

LATISSODIÈNES, h. c^ne de Génis.

Laubanelie, h. c^{ne} de Léguillac-de-Cercle.

Laubanie, h. c^{ne} d'Augignac.

Laubanie, éc. c^{ne} de Saint-Front-de-Pradoux. — Laubénie (cad.).

Laubanie, habit. c^{ne} de Saint-Georges-de-Blancanès (A. Jud.). — Laubaignie, 1677 (Acte not.).

Laubanie, h. c^{ne} de Sarrazac. — Anc. rep. noble.

Laubarie (La), c^{ne} d'Eyvirac. — Anc. rep. noble.

Lauberie, lieu, c^{ne} de Puymangou.

Laubicherie, h. c^{ne} de Sarlande.

Laubière, h. c^{ne} de Saint-Astier. — Nemus voc. la Lobaria, 1365 (Lesp. 26, Homm.).

Laubrecourt, sect. de la c^{ne} de Saint-Martial-de-Nabirat (cad.).

Laubresset, h. c^{ne} de Razac-sur-l'Ille.

Lauche, h. c^{ne} de Léguillac, anc. par. — Eccl. paroch. de Lauchas, 1471 (pouillé de Charroux). — Egl. paroissiale de Moniac des Loches, 1708 (ibid.).

Lauche, h. c^{ne} de Saint-Lazare (cad.).

Laucher, éc. et m^{in}, c^{ne} de Bassac.

Laucher, c^{ne} de Saint-Martin-des-Combes. — Tènement (acte de 1325).

Lauchie, h. c^{ne} de Saint-Amand-de-Coly.

Lauchou, taillis, c^{ne} de Doissac (cad.).

Laudebertarie? c^{ne} de Saint-Médard-de-Drone. — Tenementum de Laudebertaria, 1455 (Lesp.).

Laudebertie? c^{ne} de Festalens. — Maynem. de Laudebertia, 1326 (arch. de la Gir. Belvez).

Laudebrandie, h. c^{ne} de Nanteuil-de-Bourzac.

Laudegarie? c^{ne} de Journiac. — Terminum de Laudegaria (L. Nof. p. 101).

Laudegarie, c^{ne} de Saint-Chamassy. — Mans. de la Audeguaria (L. Nof. 85). — M. de la Londegaria (ibid.).

Laudemarie, sect. de la c^{ne} de Nanteuil-Thiviers (cad.).

Laudine, h. c^{ne} de Castel (cad.).

Laudinie, h. c^{ne} de Fleurac.

Laudinie, h. c^{ne} de Ligueux.

Laudinie, h. c^{ne} de Sorges (A. Jud.).

Laudonerie (La), h. c^{ne} de Marcillac-et-Saint-Quentin.

Laudonie? c^{ne} de Chancelade. — M. de Loudoynia, 1474 (O. S. J.).

Laudonie, h. c^{ne} de Coursac. — L'Audounie (B.).

Laudonie, lieu-dit, c^{ne} de Sainte-Orse (A. Jud.).

Laudonie, h. c^{ne} de Teyjat (S. Post.).

Laudonie, h. c^{ne} de Tourtoyrac (A. Jud.).

Laudonie (Les Pradels-de-), sur le Caudou, c^{ne} de la Mongie-Montastruc. — 1606 (Acte not.).

Laudriginie, c^{ne} d'Église-Neuve-d'Issac. — Laudriginia-Lamarterias, 1479 (bail à fief). — Laudrinie (accense de 1497, arch. de Lenq.).

Laugerie, h. c^{ne} de Coursac.

Laugerie, lieu, c^{ne} de Journiac.

Laugebie, mét. c^{ne} de Montazeau.

Laugerie (Haute et Basse), h. c^{ne} de Tayac. — Dans chacun de ces hameaux il existe une station de l'âge préhistorique, et leur longueur est d'environ 850 mètres.

Le foyer de Laugerie-Haute est caractérisé par les têtes de lance en silex, finement taillées aux deux extrémités. — A Laugerie-Basse, on rencontre jusqu'à cinq foyers superposés et séparés par des couches de débris, détachés de l'escarpement qui les surmonte. Le premier, qui s'élève à 12 mètres au moins au-dessus du niveau de la Vézère, est reconnaissable à la couleur que le charbon a donnée au terrain; le deuxième et le troisième sont les plus riches en bois de renne gravés et sculptés (Massénat et la Lande).

Lauginie, lieu, c^{ne} de Thonac.

Laulaine, sect. de la c^{ne} de la Bachelerie (cad.). — Laularie (A. Jud.).

Laulaine, lieu, c^{ne} de Marquay.

Laulaire, lieu, c^{ne} de Saint-Géry.

Laulaine, c^{ne} de Sengeyrac. — Borde dite Loularie (Homm. 1295, Lesp. 57).

Laulanhe? c^{ne} de Brassac. — Bordaria de Laulanha, 1455 (Périg. M. H. 41, 2).

Laulivarie, h. c^{ne} de Saint-Germain-de-Berbiguières.

Laulurie, h. c^{ne} de Sainte-Alvère (B.).

Laumade? forêt, c^{ne} de Mensignac. — Foresta de Lausmada, 1480 (Lesp. 84, 25).

Laumède, c^{ne} de Belvez. — L'Olmède, 1672 (arch. de la Gir. Belvez).

Laumède, h. c^{ve} de Bezenac. — Loulmède (B.).

Laumède, h. c^{ne} de Grives.

Laumède, habit. c^{ne} de la Linde.

Laumède, h. c^{ne} de Quinsac (B.).

Laumède, h. c^{ve} de Saint-Chamassy. — Mansus de la Olmeda, 1463 (arch. de la Gir. Bigaroque).

Laumède, h. c^{ne} de Saint-Laurent-de-Castelnau (S. Post.).

Laumetie? c^{on} de Neuvic. — Bordaria de Laumetia, 1203 (Rentes dues au seigneur de Cozens).

Laumont, c^{ne} de Prats-de-Carlux. — Mansus de Loumon, 1467 (arch. de Paluel).

Laumont, h. c^{ne} de Saint-Vincent-de-Paluel.

Laumont, h. c^{ne} de Veyrines-Dome (B.).

Lauquerie, anc. dioc. de Périgueux, auj. du dép^{t} de Lot-et-Garonne, c^{ne} de Lauzun. — Anc. rep. noble.

Lauquerie (Haute et Basse), h. c^{ne} de Clermont-de-Beauregard. — Tenem. de Laudebria, 1322 (vente à P. Gaubert de Clermont).

Laurabou, h. c^{ne} de Saint-Martin-le-Peint.

LAURDISSAC, lieu-dit, cⁿᵉ de Villamblard, 1625 (Acte not.).

LAURELIE, h. cⁿᵉ de Sengeyrac.

LAURENCE (LA), ruiss. cᵒⁿ de Montignac, qui arrose le plateau où sont situées les ruines de la ville d'Olivoux (Jouannet).

LAURIE (LA), h. cⁿᵉ de Mensignac (B.).

LAURIE (LA), mét. cⁿᵉ de Vic.

LAURIERAS (A LAS), bruyère, cᵛᵉ d'Auriac-Montignac (A. Jud.).

LAURIERAS (LAS), lieu-dit, cⁿᵉ de Thiviers (cad.).

LAURIÈRE, h. cⁿᵉ d'Antone (S. Post.).

LAURIÈRE, cⁿᵉ de Limeyrac. — *Lauriera*, 1463 (Lesp. Homm.).
Anc. rep. noble.

LAURIÈRE (BOIS DE), taillis, cⁿᵉ de Minzac (A. Jud.).

LAURIÈRE (FONT), aux environs de Périgueux. — Autrement *Fontaine de Sainte-Sabine*.
Le clergé et les autorités de la ville s'y rendaient en procession dans les temps de sécheresse (Antiq. de Vésone, 1311).

LAURIÈRE (ROC, BORGNE DE), lieu-dit, cⁿᵉ de Génis (A. Jud.).

LAURIEBORTE, taillis, cⁿᵉ de Carsac-Carlux (A. Jud.).

LAURIOL, cⁿᵉ de Larzac. — *Molend. de Lauriol sup. riv. de Noasa*, 1462 (arch. de la Gir. Belvez).

LAURISSOL, éc. cⁿᵉ de Belvez, fief (terr. de l'archev. de Bordeaux).

LAURIVAL, forêt, cⁿᵉ de Saint-Félix, dépend. de la terre de Montclar. — 1696 (Vente, acte not.).

LAUSSEL, h. cⁿᵉ de Marquay. — *Laucel*, 1463 (Lesp. Homm. à Montignac). — *L'Aussel* (B.).
Anc. rep. noble.

LAUSSINE, h. cᵗᵉ de Varennes.

LAUTERIE, éc. cⁿᵉ d'Agonac (B.).

LAUTERIE, cⁿᵉ du Change.

LAUTERIE, h. cⁿᵉ de Cornillé. — Anc. rep. noble, relev. de la ville de Périgueux.

LAUTERIE, dom. cⁿᵉ d'Escoire (A. Jud.). — *Lauderie*, 1669 (Acte not.).

LAUTERIE, h. cⁿᵉ de Teyjat.

LAUVADIE, lieu, cⁿᵉ de Léguillac-de-Lauche. — *Bordaria de Lauvadia*, 1219 (Lesp. 33, Fondation du prieuré de la Faye).

LAUZELIE, h. cⁿᵉ de Jory-de-Chalais (S. Post.).

LAUZUN, petite ville du dépᵗ de Lot-et-Garonne.
Anc. châtell. dép. de la sénéchaussée de Bergerac, 1414 (règlem. sur l'étendue du ressort du sénéchal de Bergerac, arch. de la ville), comprenant les par. de Saint-Nazaire, Saint-Macaire, Queyssel, Saint-Maurice et Queyssaguel, annexe de Serres (*ibid.*).

LAVADOUR, h. cⁿᵉ de Sainte-Marie-de-Chignac.

LAVAL, lieu-dit, cⁿᵉ d'Azcrat. — *Mas de Laval*, 1278 (Généal. de la Cropte).

LAVAL, h. cⁿᵉ de Grèzes (B.).

LAVAL, h. cⁿᵉ de Jayac (A. Jud.).

LAVAL, sect. de la cⁿᵉ de Sireuil (cad.).

LAVALADE, h. — Voy. VALADE (LA).

LAVASTRE (LA), cⁿᵉ de Sarrazac. — Anc. rep. noble.

LAVAUR, cⁿᵉ, cⁿᵉ de Villefranche-de-Belvez. — *Parochia de Vauro*, 1310 (Lesp. 24, informat. sur les usurp. du roi de France). — *La Vaure* (Blaeu).
Voc. Saint-Avit.
Anc. rep. noble ayant haute justice sur Lavaur et Fontenilles, 1760 (Alm. de Guy.).

LAVAUX, h. cⁿᵉ de Chalais.

LAVEAU (LE), ruiss. qui sort de l'étang de Gabaret, cⁿᵉ de Jumillac, sépare la cⁿᵉ de Sarrazac de celle de Nantiat et se jette dans l'Ille.

LAVIADOU (AL), fontaine, cⁿᵉ de Naussanes. — 1656 (enquête, O. S. J.).

LAVIEL, cⁿᵉ de Saint-Cassien.

LAVIT? h. cⁿᵉ de Saint-Géraud-de-Corps. — *Lo mas de Lavit*, 1289 (Lesp. 53).

LAXION, cⁿᵉ de Corgnac. — *Lacxio*, 1476 (Lespine, Homm.).
Anc. rep. noble avec titre de marquisat et ayant haute justice sur Corgnac, Eyzerat, Nanteuil, Saint-Jory et Vaunac, 1760 (Alm. de Guy.).

LAYASSOU, friche, cⁿᵉ de Saint-Cyprien (cad.).

LAYE (LA), lieu, cⁿᵉ de Saint-Sernin-de-Reillac.

LAYOTTE, h. cⁿᵉ de Minzac (A. I.).

LAYRAL, h. cⁿᵉ de Saint-Amand-de-Belvez.

LAYSSE (LA), lieu-dit, cⁿᵉ de Besse (cad.).

LAYSSE (RIEU DE), ruiss. affluent de la Dordogne, qui arrose la partie sud de la cⁿᵉ de la Mongie-Saint-Martin, cᵒⁿ de Sigoulès. — *Aissoa, Aisoa, Ausoa, rivulus qui voc. Laissoa, fluvius Alsoa*, commencement du XIIᵉ siècle (cart. de Sainte-Marie de Saintes, 109, 112, 118, 119, 120). — En patois *lo riou de la Laysse*.

LAZERIE, h. cⁿᵉ de Biras (B.).

LÈBRE (LA), éc. cⁿᵉ de Lenquais.

LEBROU (LAC DE), étang, cⁿᵉ de Saint-Julien-de-Crempse. — *Lac Lebroux*, près de la Sudrie, 1660 (Acte not.).

LÈCHES (LES), cⁿᵉ, cᵒⁿ de la Force. — *Las Leschas*, 1125. — *Las Lescas*, 1130 (cart. de Sainte-Marie de Saintes). — *Las Leychas*, 1632 (Acte not.). — *Château de la Mothe des Lèches*, 1748 (*ibid.*).
Patron : saint Laurent.
Anc. rep. noble relevant de la châtell. de Mussidan.

LECHOU (LA), friche, c^{ne} de St-Meard-de-Gurson (A. J.).

LECHOU (LE), ruiss. qui prend sa source dans la c^{ne} de Montfaucon et va se jeter dans la Lidoire auprès de Saint-Remy (B.). — *La Lachou*, 1634 (not. du Fleix).

LECHOU (LE), autre affluent de la Lidoire qui prend sa source dans la c^{ne} de Saint-Martin-de-Gurson; son confluent est près de Bonefare (B.).

LECUNE (LA), h. c^{ne} de Saint-Pompon. — Fief avec justice sur les vill. de Romegouse et de l'Escolle, 1744 (terr. de Saint-Pompon).

LEDIER, sect. de la c^{ne} d'Eyzerat (cad.).

LEDRIER, c^{ce}. — Voy. SAVIGNAC-LEDRIER.

LEDRIER (LE), lieu-dit, c^{ne} de Beleymas (cad.). .

LEDRIER (LE), éc. c^{ne} de Belvez (cad.).

LÉGAL, h. c^{ne} de Fleurac.

LÉGÉ, bourg, c^{ne} de la Gemaye, chef-lieu du pays de la Double et portant en cette qualité le titre de vicomté (Acte not. de 1745, inv. du chap. de Ribérac). — *Saint-Legis* ou *vicomté de Double*, 1760 (Alm. de Guy.).

LÉGÈRE, lieu, c^{ne} de Chourgnac-d'Ans.

LÉGÈRE (LA), h. c^{ne} de Saint-Jean-d'Estissac. — *La Legière*, 1695 (Acte not.).

LÉGÈRES (LES), lieu au h. de la Meyronnie, c^{ne} de Sainte-Orse.

LÉGUILLAC-DE-CERCLE, c^{ce}, c^{on} de Mareuil. — *Laguilhacum* (pouillé du XIIIe siècle). — *Lagulhacum*, 1382 (P. V. M.). — *L'Agulhacum*, 1382 (Rec. de lit. 441). — *L'Aiguillat*, 1714 (carte de Delisle). — *Le Guilhac de Sercles*, 1760 (Alm. de Guy.).

Patrons : sainte Marie et saint Maurice. — Anc. rep. noble ayant haute justice sur la par. 1760.

LÉGUILLAC-DE-LAUCHE, c^{ce}, c^{on} de Saint-Astier. — *Paroch. de Lagulac*, 1219 (La Faye). — *Lagulhacum*, 1389 (Lesp. 34, *ibid.*). — *Lenguilhacum*, 1350 (*ibid.*). — *L'Aiguillat de Lauche*, 1596 (Chron. du Périg. 4). — *Leguilhac*, XVIe siècle (Pau, Châtell. du Périg.). — *Le Guilhac, fon de Lauche*, 1760 (Alm. de Guy.).

Patron : saint Grégoire.

Anc. rep. noble relev. de la châtell. de Saint-Astier au XIVe siècle, et ayant depuis haute justice sur la par. 1760.

LÉGUILLERIE, rue de Périgueux. — *La Gulharia*, 1318 (Rec. de lit. 177). — *L'Eguillerie*, XVIIe siècle.

Anc. porte de ville.

LÉMANCE (LA), ruiss. qui a sa source près de Saint-Étienne-des-Landes, reçoit le Ménoire, qui vient de Saint-Sernin, et le Tourtillon, qui descend de Villefranche, puis entre dans le dép^t de Lot-et-Garonne auprès de Lavaur.

LEMBOUSCADE, lieu, c^{ne} de Saint-Orse.

LEMBRAS, c^{ne}, c^{on} de Bergerac. — *Lembras* (pouillé du XIIIe siècle). — *Grangia de Lembraco*, 1373 (Lesp. O. S. J.).

Patron : saint Jean-Baptiste.

Maison de l'ordre de Saint-Jean-de-Jérusalem, dép. de la comm^{rie} de Saint-Naixent.

LEMOZINE (MAS-), c^{ne} de Rouffignac.

LEMPECTADIS, h. c^{ne} d'Urval (cad.).

LEMPZOURS, c^{ne}, c^{on} de Thiviers. — *Lempzor* (pouillé du XIIIe siècle). — *Lemsor* (cart. de Ligueux). — *Lempzorium*, 1365 (Lesp. 88, Châtell.). — *Ecclesia de Lempzac* (panc. de l'év. de Périgueux).

Patronne : sainte Marie; coll. le prieur de Saint-Jean-de-Cole. — Anc. rep. noble.

LENA, c^{on} de Baneuil. — *Lenac*, 1465 (L. Nof. 103). Point sur la rive droite de la Dordogne correspondant au port de Lena, rive gauche.

LENA (CARRIÈRE DE), c^{ce} de Varennes. — *Portus de Lenaco*, 1470 (Coll. de Lenq.). — *Lenac*, 1536 (terr. de Couze). — Chemin de Beaumont au port de *Lena* (terr. de Lenquais, ténem. de la Fage).

Anc. port sur la Dordogne, au-dessous de Couze.

LENCLAVE? c^{ne} de Saint-Martial-de-Drone. — *Lenclava*, 1506 (Mém. d'Albret).

LENDIERAS, c^{ne} de Cabans. — *Mans. de Lendieras*, 1489 (arch. de la Gir. Bigaroque).

LENGUABAUDIE? c^{ce} de Saint-Pierre-de-Chignac. — *Tènement de Lenguabaudye*, 1678 (Acte not.).

LENGUILH? c^{ne} de Sales-de-Belvez. — *Mansus de Lenguilh*, 1462 (arch. de la Gir. Belvez).

LENQUAIS ou LANQUAIS, c^{ce}, c^{on} de la Linde. — *Linicassiu* (Rabanmaur, Martyrol. de Saint-Front). — *Linquaychs*, 1276 (union de l'église au chap. de Saint-Front de Périgueux). — *Lincays*, 1286 (cout. de Beaumont). — *Lencasium*, 1320 (Homm. de Gauthier de Mons. Coll. de Lenq.). — *Lencais*, 1359 (quitt. du seigneur de Pestilhac, Bibl. Imp.). — *Lencayschs*, 1361 (arch. de Sainte-Alvère, la Pradelle). — *Lencays*, 1363 (Homm. de Gauthier de Mons. Coll. de Lenq.). — *Lancays*, 1469 (Homm. par Jean de la Cropte). — *Sancta Maria de Lancasio*, 1476 (testam. Coll. de Lenq.). — *Lencaysium*, 1522 (*ibid.*). — *Lencaysch* (archipr. Bajacensis, 1554; panc. de l'év.). — *Lencaye* (patois). — *Lanquais* (Cat. admin. de la Dordogne).

Anc. rep. noble, dépend. de la châtell. de Beaumont; détaché au XIVe siècle, pour former une châtell. composée de 4 paroisses : Lenquais, Lenquaysset, auj. Varennes, Montmadalès et Saint-Aubin.

Maladrerie de fondation commune (maladreries de France. Ms. de la Bibl. Imp.).

Lenquais, lieu-dit, c^ne de la Linde.

Lenquais (Forêt de), c^ne d'Ajat. 1760.—(Coll. de Lenquais).

Lenquais (Forêt de), c^ne de Lenquais (B.). — Contenance de bois : 130 hectares.

Lenteuil, éc. c^ne de Beaumont (S. Post.).

Lenteyrie (La), lieu-dit, c^ne de Douville, dép. de la Sauvetat (O. S. J.).

Lentignac, h. c^ne de Saint-Paul-la-Roche (S. Post.).

Lentignac, h. c^ne de Terrasson (cad.).

Lenty, c^ne de Sarlande (Lesp. vol. 68). — Anc. rep. noble.

Lenvége (Les Tours de), ruines, c^ne de Saussignac. — Locus de Lembeya, 1472 (Philipparie, arrentement d'Artiguelongue).

Lenville, h. c^ne de Flaugeac. — Sanctus Martinus de Lenvilla, 1053 (Gall. Chr. Eccl. Sarlatensis).

Léonards (Les), h. c^ne de Siorac-Ribérac.

Léotardie (La), h. c^ne de Montclar, 1602 (Acte not.). — Lieutardie, 1669 (Acte not.). — Liautardie, 1680. — La Liotardie, 1697 (Acte not.). Forge sur le Caudou.

Léotardie (Pont-de-), h. c^ne de la Mongie-Montastruc.

Lepallou, c^ne de Neuvic. — Fons de Lepalop, 1297 (Périg. M. H. 41, 1). — Pradelle de Lepalou, 1625 (Acte not.).

Lerm, h. et forêt. — Voy. Erm (L').

Lescat, lieu, c^ne de Beaupouyet.

Lescaussou, h. c^ne d'Eymet.

Lescaut, h. c^ne de la Mongie-Montastruc.

Leschirpelade? c^té de Saint-Vincent-d'Exideuil. — Leschirpelada, 1433 (Périg. M. H. 41, 7).

Lescolle, h. c^ne de Saint-Pompon. — 1744 (terr. de Saint-Pompon).

Lescourrou, éc. c^ne d'Eymet.

Lescourrou, ruiss. qui sépare les c^nes de Flaugeac et de Mescoule de celle de Saint-Julien et devient, après avoir reçu le Gangoulège, la limite entre le dép^t de la Dordogne et celui de Lot-et-Garonne. Il se jette dans le Drot au sud de la ville d'Eymet, auprès de Cogulot.

Lescura, c^ne de Festalens. — Mayn. de Lescura, 1326 (arch. de la Gir.).

Lescura, c^ne de Saint-Pardoux-de-Belvez. — Bosc apela Lescura, 1461 (arch. de la Gir. Belvez).

Lescurade, lieu-dit, c^ne d'Audrix (cad.).

Lescurade, lieu-dit, c^ne de Lenquais (cad.).

Lescurade, lieu-dit, c^ne de Saint-Cybranet (cad.).

Lescuras, h. c^ne de Gabillou (A. Jud.).

Lescuras (Les Baysses-de-), h. c^ne de Saint-Pantaly-d'Ans (A. Jud.).

Lescurne, lieu-dit, c^ne de Bezenac (cad.).

Lescure, lieu, c^ne de Biras.

Lescure, h. c^ne de Celle. — 1639 (Acte not.).

Lescuretie, h. c^ne de Maurens.

Lescurette, lieu-dit, c^ne de Saint-Médard-de-Drone. — Maynam. voc. de las Curas, 1518 (ch. Mourcin)?

Lescurote, lieu-dit, c^ne de Ladornac (cad.).

Lescurou, h. c^ne de la Chapelle-au-Bareil (B.).

Lespare, h. c^ne de Celle. — 1639 (Acte not.).

Lespare, h. c^ne de Manaurie.

Lespare, lieu, c^ne de Sainte-Foy-de-Longa.

Lespare, taillis, c^ne de Tursac (cad.).

Lesparon, réuni à Saint-Michel-l'Écluse, c^ne, c^on de Sainte-Aulaye. — Sanctus Paulus de Sparo, xiie s^e (cart. de Baigne). — Sparro (pouillé du xiiie s^e). — Esparvo, 1319 (Généal. de Talleyrand). — Leparon (Cal. admin. de la Dordogne).

Lespéron (Lac de), lieu-dit, c^ne de Négrondes (cad.).

Lespic, lieu, c^ne de Saint-Michel-l'Écluse-et-Lesparon.

Lespinassac, c^ne de Bergerac. — Espinazac, 1115 (donat. à l'ordre de Saint-Jean, cart. de Cadouin)? — Lespinassa, 1484 (arch. de Bergerac).

Lespinassat, h. c^ne de Bonneville.

Lespinassat, c^ne de Bruc.—Lespinassa, 1278 (Lesp. 51).

Lespinassat, dom. c^ne de Mont-Caret (A. Jud.).

Lespinasse, lieu-dit, c^ne de Carves (cad.).

Lespinasse, h. c^ne d'Issac.

Lespinasse, mét. c^ne de Molières. — Lespinassa, 1462 (arch. de la Gir. Belvez).

Lespinasse, h. c^ne de Saint-Germain-de-Salembre. — Chat. de Lespinasse, 1736 (Acte not.).

Lespinasse, h. c^ne de Saint-Léon-sur-l'Ille. — Mansus de Laspinassa, 1262 (Périg. M. H. 9138 n° 13). — Lespinassa, 1471 (Dives, I, 123).

Lespinasse, lieu-dit, c^ne de Tursac (cad.).

Lespinassette, h. c^ne de Saint-Jean-d'Ataux. — Maynam. de Laspinadia (Lesp. vol. 95, bail).

Lespital, h. c^ne de Saint-Étienne-des-Landes.

Lespoutal, h. c^ne de la Linde. — Les Greliers, 1706 (arpent. de Sainte-Colombe, Lesp. vol. 91).

Lestang, c^ne de Limeyrac. — Anc. maison noble.

Lestang, c^ne de Saint-Mayme-de-Péreyrol. — Tenance de Lestangt, 1730 (Acte not.).

Lestang-de-Veyrines, c^ne de Salon. — 1652 (Acte not.). Anc. rep. noble.

Lestaut, c^ne de Grignol. — Maynam. de Lestaut, 1481 (Dives, I, 85).

Lestenaque, éc. c^ne de la Mongie-Saint-Martin.

Lestignac, c^ne, c^on de Sigoulès. — Lestinhac, 1395 (Lesp. Sarlat). — Lestilhacum, 1554 (panc. de l'év.). — Lestiniac, 1648 (bénéf. de l'év. de Sarlat). — L'Estignac (B.). Patron : saint Michel; coll. l'évêque.

LESTRADE, c^{ne} de Chourgnac. — 1738 (terr. de Gabillon).

LESTRADE, h. c^{ne} de Montignac-sur-Vézère (A. Jud.).

LESTRADE, c^{te} de Salignac, sect. de Toulgon. — Territor de la Estrada, 1318 (arch. de Fénélon).

LESTRADE, c^{ne} de Terrasson (cad.).

LESTRADE, ténement. — Voy. ESTRADE (L').

LESTRADE (CHEMIN DE), c^{ne} de Mont-Caret. — Près la glieza de la Mota, confront. am lo Camin de Lestrada, et am lo pon de Lestros, 1461 (arch. de la Gir. reg. de Belvez).

LESTRADE, lieu-dit, c^{ne} de Saint-Laurent-de-Castelnau (cad.).

LESTRIDADE, lieu-dit, c^{ne} de Lenquais (cad. C. 535, 540, 541).

LEUSIEUTEY, h. c^{ne} de Sengeyrac (A. Jud.).

LEUTARDIE, fontaine, c^{ne} de Villamblard. — 1513 (Lesp. 51).

LEVINAC, c^{ne} de Carves. — Mansus de Levinhac, 1462 (Philipparie).

LEYBARDIE, c^{br} de Saint-Astier. — Barda, 1276 (arch. de Saint-Astier; Chron. du Périg. 1856).

LEYBARDIE, h. c^{re} de Saint-Crépin-d'Auberoche. — 1503 (Mém. d'Albret).

LEYBARDIE, c^{ne} de Saint-Jean-d'Estissac. — Maynement de Lou Bardie, 1550 (inv. du Puy-Saint-Astier).

LEYBARELIE, éc. c^{ne} de Saint-Crépin-d'Auberoche.

LEYBERTARIE, c^{ne} de Vanxains. — Maynamentum de Leybertaria, 1397 (Rec. O. S. J.).

LEYBERTARIE (PUY DE), c^{ne} de Saint-Léon. — 1653 (Acte not.).

LEYBOTIE, taillis, c^{ne} de Sainte-Foy-de-Belvez (A. Jud.).

LEYBUSSIE, mét. c^{ne} de la Cropte. — 1321 (Généal. de la Cropte).

LEYCHATIE, h. c^{ne} de Sourzac (B.).

LEYCHEYRIE, h. c^{ne} de Cabans. — Mansus de Leycheyria, 1459 (arch. de la Gir. Belvez).

LEYCHEYRIE, h. c^{ne} de Sargeac. — Locus de Layscheyria, 1318 (O. S. J.).

LEYCHIE, c^{ne} de Tocane. — Léyhschia, 1330 (Lesp.).

LEYCLUSEAU, h. c^{re} d'Eyvirac. — Maynem. 1476 (dép. de l'abb. de Brantôme, Lesp. 79).

LEYCOUSSAUDIE, h. c^{ne} de Beaussat (B.).

LEYCURA? lieu-dit, c^{ne} de Grignol. — Terra voc. Leycura Dossa, 1471 (Dives, I, 77).

LEYCURE, taillis, c^{ne} de Saint-Agnan-d'Hautefort (A. Jud.).

LEYDIERAS, c^{ne} de Cabans. — Mansus de Leydieras, 1458 (Philipparie).

LEYDO? c^{ne} de Saint-Géraud-de-Corps. — Mayne de Leydoyria, 1290 (Lesp. 62, Vente au comte Archamb. III).

LEYDONIE, h. c^{ne} d'Auriac-de-Bourzac (S. Post.).

LEYDONIE, h. c^{ne} de Coutures.

LEYDROUSE (NOTRE-DAME-DE-). — B. Maria de Lesdrosa (arch. de Périg.).

Anc. église de la Cité, à Périgueux; elle était située dans le bas de la rue Romaine, près de la maladrerie. — Auj. ruinée.

LEYFOURCIVIE, h. c^{ne} de Vallereuil. — Tenentia de Leyforcivia, 1475 (Dives, I, 140). — Voy. FOURCEYNIES (LES).

LEYFOUSSADE, taillis, c^{ne} de Cause-de-Clérans (A. Jud.).

LEYGADOUR, h. c^{ne} de Coursac.

LEYGADOUR, pré, c^{ne} de Saint-Laurent-des-Bâtons (A. Jud.).

LEYGALA, taillis, c^{ne} d'Atur (A. Jud.).

LEYGE, lieu-dit, c^{ne} de Ladornac (cad.).

LEYGLIZOLE, h. c^{ne} de Daglan (cad.).

LEYGOLIE? c^{ne} de Millac? — Bordaria de Leygolia, 1533 (ch. Mourcin).

LEYGONIE, habit. c^{ne} de Montagnac-de-Crempse.

LEYGONIE, c^{ne} de Saint-Sernin-de-Reillac. — Vill. de Lei Gonnie, 1687 (Acte not.).

LEYGONIE, m^{in}, c^{ne} de Saint-Vincent-de-Connezac. — 1750 (inv. de Ribérac).

LEYGONIE, h. c^{ne} de Vanxains (B.).

LEYGONIE, c^{ne} de Vern. — Village de Lezgonnie, 1650 (Acte not.).

LEYGOURE (FON DE), c^{ne} de Lenquais (cad. C. 38).

LEYGUALLIO, h. c^{ne} de Millac-d'Auberoche. — 1687 (Acte not.).

LEYGUE, c^{ne} du Bugue. — Comba de Leygua, 1465 (L. Nof. 22).

LEYGUE, h. c^{ne} de Loubéjac (A. I.).

LEYGUE, h. c^{ne} de Saint-Pompon. — L'Eygue (B.).

LEYGUE, c^{ne} de Saint-Vincent-de-Paluel. — Feudus de Leyga, 1473 (arch. de Paluel).

LEYGOURAT, lieu, c^{ne} de Pluviers. — Anc. fief de la châtell. de Piégut.

LEYJAL, bois, c^{ne} de Paunac (A. Jud.).

LEYJONIE, lieu-dit, c^{ne} de Chassagne (cad.).

LEYLAPIO, lieu-dit, c^{ne} de Bezenac (cad.).

LEYMARIE, h. c^{ne} de Festalens.

LEYMARIE, h. c^{ne} de Maurens. — 1666 (Acte not.).

LEYMARIE, h. c^{te} de Saint-Amand-de-Coly (B.).

LEYMARIE, h. c^{ne} de Saint-Jory-las-Bloux (S. Post.).

LEYMARIE, h. c^{ne} de Saint-Privat. — Mayn. de Leymaria, 1467 (O. S. J.).

LEYMAY, h. c^{ne} de Besse (cad.).

LEYMERIGIE, c^{ne} de Belvez. — Territorium de Leymeriguia, 1462 (arch. de la Gir. Belvez).

LEYMERIGIE, anc. fief, c^{ne} de Sainte-Orse.

LEYMEROUNIE, sect. de la c^{ne} de Corgnac (cad.).

LEYMIADE? c^ne de Grignol. — *Pecia terræ voc. Ley-miada*, 1471 (Dives, I, 79).

LEYMONIE, h. c^ne d'Agonac. — *Leymounie*, 1736 (Acte not.).

LEYMONIE, éc. c^ne de Castel. — *Leymougne* (cad.).

LEYMONIE, c^m de Ribérac? — *Leymoine*, 1486 (Lesp.).

LEYMONIE, terre, c^ne de Saint-Jory-las-Bloux (A. Jud.).

LEYMONIE, h. c^ne de Vern.

LEYMONIE-DE-MAUPAS, h. c^ne d'Issac. — *Leymougnie*, 1666 (Acte not.).

LEYMONIE-DE-MAZIÉRAS, h. c^ne d'Issac. — *Leymougnie de Mazières*, 1666 (Acte not.).

LEYMONIÈRE, lieu-dit, c^ne de Queyssac (cad.).

LEYPARAT, h. c^ne de Boulazac (A. Jud.).

LEYPARRE, h. c^ne de Celle. — *Maynem. de Leypare*, 1758 (Dénombr. de Montardit).

LEYPERTISSE, h. c^ne de Coursac (A. Jud.).

LEYRACHE, c^m d'Exideuil. — *Sanctus Marcialis de Grache?* (pouillé du XIIIe siècle et P. V. M.).

   Prieuré à la nomin. de l'abb. de Saint-Martial de Limoges (Baudel, *Culte de saint Martial*).

LEYRAL, lieu-dit, c^ne de Calviac (cad.).

LEYRAL, lieu-dit, c^ne de Saint-Amand-de-Belvez (cad.).

LEYRAT, hauteur à pic sur le bord de la Dordogne, au-dessus des rochers de Sorn, c^ne d'Ales. — *Castrum de Alayraco*, 1363 (Lesp. 15, Limeuil). — *Layrac* (Tarde, *Hist. du Sarladais*).

   Le château qui la surmontait est entièrement détruit.

LEYRAT? lieu-dit, c^ne de Notre-Dame-de-Sanillac. — *Locus voc. prope Alayracum*, 1322 (une des limites de la jurid. de Périg.).

LEYRAUD (PIC-DE-), h. c^ne de Mussidan (cad.).

LEYRAUDIE, h. c^ne de Saint-André-de-Double (S. Post.).

LEYRAUDIE, h. c^ne de Terrasson (cad.).

LEYRISSAC, dom. c^ne de Saint-Naixent (A. Jud.). — *Leyssac*, 1780 (Acte not.). — *L'Erissac* (B.).

LEYRISSE (LA), c^ne de Peyzac.

LEYRISSOU, h. c^ne de Saint-Jean-de-Cole.

LEYROL (CHAMP-DE-), lieu-dit, c^ne de Pressignac (A. Jud.).

LEYROUDIE, c^ne de Grignol. — *Mayn. de Leyroudia*, 1490 (Dives, II, 53).

LEYROUDIE, lieu-dit, c^ne de Manzac (cad.).

LEYROUDIE, h. c^ne de Villamblard. — *Maynam. de Leyroudia*, 1457 (Dives, I, 124).

LEYROUSSEAU, ruiss. qui se réunit à l'Eyrand devant le bourg de Lunas, après avoir formé le vallon de Graulissac. — 1670 (Acte not.).

LEYSARGNOLES, lieu-dit, c^ne de Tursac (cad.).

LEYSIOUTET, h. c^ne de Baneuil. — Autrement *la Combe de Marot*, 1690 (Acte not.).

LEYSIOUTET, h. c^ne de Sengeyrac. — Rep. noble de *Leysintet*, 1687 (Acte not.).

LEYSSAC, c^ne de Saint-Aquilin. — *Maynement*. 1504 (inv. du Puy-Saint-Astier).

LEYSSALES, bois, c^ne de Castel (A. Jud.).

LEYSSALEN, lieu-dit, c^ne de Saint-Martial-de-Nabirat (cad.).

LEYSSALINADE, pré, c^ne de Saint-Geniès (A. Jud.).

LEYSSALISSOU, friche et bruyère, c^ne de Génis (A. Jud.).

LEYSSALUNE? c^ne de Grignol. — *Tenentia, fons de Leyssaluna*, 1455 (Dives, I, 131). — *Leyssaligne* (A. Jud.).

LEYSSANDIE, h. c^ne de Montren. — *Leysandio*, 1407 (Lesp. vol. 79). — *Mayn. de Leyssandia*, 1471 (Dives, p. 60). — *Leyzendie* (cad.).

LEYSSANDIE (FORÊT DE), vallon boisé au même endroit.

LEYSSANDONIE, h. c^ne de Douville. — *Leyssandounie*, *Leyrandounie*, 1678 (Acte not.).

LEYSSARD, c^ne de Saint-Jean-d'Estissac. — 1660 (Acte not.).

LEYSSARD, c^ne de Sarrazac.

LEYSSARD, lieu-dit, c^ne de Villetoureix (cad.).

LEYSSARTADE, h. c^ne de Sainte-Alvère. — *Tenem. de Leyssartada*, 1454 (L. Nof.).

LEYSSANTROU, h. c^ne de Saint-Jory-las-Bloux (S. Post.).

LEYSSET, lieu, c^ne de Montpeyroux (A. Jud.).

LEYSSONIE, h. c^ne de Celle (Acte not.).

LEYSSOULIE, lieu-dit, c^ne de Sainte-Natalène (cad.).

LEYTARIE, h. c^ne de Saint-Astier. — 1544 (inv. du Puy-Saint-Astier).

LEYTERIE, h. c^ne d'Allemans (B.).

LEYTERIE, h. c^ne de Marsaneix.

LEYTERIE, h. c^ne de Saint-Pardoux-de-Drone. — *Maynem*. 1573 (Dives).

LEYTERIE, h. c^ne de Salon (A. Jud.).

LEYTIÈRE (COMBE-DE-), c^ne de Coursac.

LEYZARNIE, c^ne de Manzac. — *La Ysarnia*, 1397 (ch. Mourcin). — *Maynam. de Leyzarnia*, 1467 (Dives, I, 30). — Vill. de *Ley Sarniho*, 1537 (Dives, Rec.).

LEYZIE? c^ne de Montren. — *Mayn. de Leyzia*, 1455 (ch. Mourcin).

LEZENOU, fontaine et communal, à Montpazier. — 1687 (Acte not.).

LIANDOUX (LES), lieu-dit, c^ne de Couse (cad.).

LIAUBOUT, h. c^ne de Nabirat (B.).

LIAUDOU, h. c^ne de Saint-Martial-d'Albarède (S. Post.).

LIBARDE, h. c^ne de Nastringues.

LIBAUDIE (LA), h. c^ne de Château-l'Évêque.

LIBERSAC, éc. c^ne de Fanlac (B.).

LIBERSAC, c^ne de Saint-Caprais-d'Eymet. — *Lubersacum*, 1365 (Lesp. 88, Châtell. de Bergerac). Anc. rep. noble.

LIBOURSET, h. c^ne de Trélissac. — 1679 (Dénombr. de Périgueux).

LICHANTE, h. c^ue de Clermont-d'Exideuil. — *Leychanti* (B.).

LIDOIRE (LA), ruiss. qui prend sa source au pied des coteaux de Bosset, reçoit le Léchou aux confins du dép^t et va se réunir à la Dordogne au-dessus de Castillon. — *Lydouyre*, 1674 (O. S. J.).

LIDOIRE (LA), h. c^ne de Carsac.

LIDOIRE (LA), h. c^ne de Saint-Vivien.

LIDROUZE? c^ne de Saint-Maurice. — *Mas de Lidrouze*, 1259 (Lesp. Estissac).

LIETTES (LES), lieu-dit, c^ne de Beleymas (A. Jud.).

LIEU-DIEU, c^ne de Boulazac. — *La Baconia alias Liou Diou*, 1390 (Périg. Liv. Vert).

Anc. rep. noble relevant de la ville de Périgueux.

LIEU-MÉTAT (LE), h. c^ne du Coux (B.).

LIFERNEL, h. c^ne de Négrondes (S. Post.). — *Lisernet*.

LIGAL, mét. c^ne de Lenquais. — *Tenem. de Barrière*, au lieu app. *Ligual*, 1745 (Acte not.).

LIGAL, broussailles, c^ne de Saint-Martial-de-Nabirat (cad.).

LIGAL, lieu-dit, c^ne de Tursac (cad.).

LIGAL (A), châtaigneraie, c^ne de la Chapelle-au-Bareil (A. Jud.).

LIGAL (CHAMP-DE-), lieu-dit, c^ne de Couse (Reconn. 1709).

LIGAL (LE PECH-), lieu-dit, c^ne de Castel (cad.).

LIGERIE (LA), h. c^ne de Celle.

LIGERIE (LA), h. et forêt, c^ne de Ligueux. — *Ligeyrie* (cad.).

LIGIER (LE), lieu-dit, c^ne de Saint-Michel-de-Double (cad.).

LIGNIÈRES, h. c^ne de Saint-Just (B.).

LIGOLÉE? c^ne de Brassac. — *Mayn. de Ligolée* (inv. de Montardit).

LIGON, h. c^ne de Saint-Paul-Lisonne.

LIGONAC, h. c^ne de Chancelade (S. Post.).

LIGUEUX, c^ne, c^on de Savignac-les-Églises. — *Abbatia B. Mariæ de Ligurio*, 1115 (cart. de Ligueux). — *Bigor*, 1249 (test. d'H. de Bourdeilles). — *Logurs*, XIIIe siècle (Lesp. vol. 39). — *Leguors*, 1252 (test. de Guill. de Maignac). — *Ligures* (pouillé du XIIIe s^e). — *Liguex*, 1495 (Dives, II, 120).

Patrons de la par. : saint Pierre et saint Thomas.

Abbaye royale de Bénédictines de la congrégation de Cluny. Les prieurés suivants en dépendaient : Belaygue, Brunesxart, Fouillouse, Gandumas, Garda-Galan, Mas-Robert, Pont-Eyraud, Proenchères, Sablonnières, Siourac, le Toulon, Tresseyroux et Vérines (1245, bulle de confirmation par Innocent IV).

LIGUEUX (FORÊT DE).—*Sylva Liguriacensis*, 1115 (cart. de Ligueux, Lesp. 34). — Voir dans le vol. IV des *Mém. des Antiq. de France* un art. où M. de Loche propose l'identité entre cette forêt et celle désignée sous le nom de *Sylva de Ligurio* dans le capitul. de Quierzy; une brochure sous ce nom a été publiée par moi, en 1863, pour soutenir l'opinion contraire.

LIMAGNES (LES), dom. c^ne de Thiviers (A. Jud.).

LIMÉJOULS, anc. par. sect. de la c^ne de Carlux. — *Parochia de Limegol*, 1473 (arch. de Paluel).

Voc. Notre-Dame.

LIMEUIL, c^ne, c^on de Sainte-Alvère, au confluent de la Dordogne et de la Vézère. — *Castrum Limolium*, 1179. — *Capella Limoliensis*, 1226 (cart. de Cadouin). — *Limol, Limosh*, 1285 (Lesp. 37). — *Limelium, Lymuilh*, 1358 (*ibid.* 10). — *Limolhium*, 1490 (cout. de Limcuil). — *Lunel* (branche des royaux lignaiges).—*Limeil, Limeilh*, XVIe siècle.

Patronne : sainte Catherine.

Anc. châtell. du XIVe siècle, formée d'un démembrement de la seigneurie de Montignac. Elle était composée de 15 paroisses, 1364 (Lesp. vol. 10) : Audrix, Fleurac, Journiac, Manaurie, Miremont, Pézul, Saint-Avit, Saint-Chamassy, Saint-Cyr, Saint-Marcel du Bugue, Saint-Martin de Limeuil, Saint-Pierre, Saint-Sulpice du Bugue, Sendrieux et Trémolac.

LIMEUIL, h. c^ne de Dome (B.).

LIMEUIL? c^ne de Périgueux.— *Deversus Limolium usque Aturs*, 1322 (indication d'une limite de la juridict. de Périgueux, Rec. de titres).

LIMEUIL, un des anc. châteaux construits sur l'enceinte romaine de la Cité, à Périgueux; il confrontait, à l'est, le château dit *de Bourdeilles*, 1679 (Dénombr. de Périg.), et occupait la place du dépôt de mendicité auprès de la *porte Romaine*.

LIMEUIL? ruiss. qui se jette dans l'Ille à Périgueux. — *Rivus de Limeys*, 1455 (Rec. de tit.). — Voy. LABATUT.

LIMEUIL, éc. c^ne de Saint-Crépin-de-Bourdeilles.

LIMEUIL, anc. nom de Saint-Médard-de-Mussidan. — Voy. ce nom.

LIMEUIL, lieu, c^ne de la Trape.

LIMEYRAC, c^ne, c^on de Thenon. — *Limeyrac* (pouillé du XIIIe siècle). — *Limeracum*, 1396 (arrêt, contre-arch.).

Voc. Notre-Dame. — Pèlerinage le 8 septembre. — Patron : saint Hilaire; coll. l'évêque.

Anc. rep. noble avec justice sur la paroisse, 1760 (Alm. de Guy.).

LIMEYRAC, une des belles forêts du dép^t, s'étendant sur

les c⁰ˢ de Thenon et de Saint-Antoine et composée de 402 hectares.

LIMEYRAS, cⁿᵉ de Saint-Martin-des-Combes. — *Mayn. de Meyras*, 1472 (ch. Mourcin).

LIMOGEANE, rue à Périgueux. — *Quarteria de Lemoricana*, 1412 (O. S. J.).

LIMOUSINIE (LA), h. cⁿᵉ de Saint-Sernin-de-Reillac.

LINARS, cⁿᵉ de Campagne. — *Repayrium de Linars*, 1470 (arch. de la Gir. Belvez).

LINARS, cⁿᵉ de Coursac. — 1409 (L. Noir de Périg. fᵒ 72).

LINARS, h. cⁿᵉ de Montignac-sur-Vézère (B.).

LINAS, cⁿᵉ de Bourrou. — *Tenentia deux Linals*, 1472 (Dives, g. E.).

LINAS, cⁿᵉ de Carves. — *Mansus de Linas*, 1462 (arch. de la Gir. Belvez).

LINDE (LA), ch.-l. de cⁿᵉ, arrond. de Bergerac. — *Castrum de la Lynde*, 1270 (ch. des coutumes). — *La Lindia*, 1289 (rôles gasc.). — *Villa Lyndeye*, 1316 (Rymer.). — *Lindia, vocatum in vulgari la Linda*, 1351 (rôles gasc.).

Patron : saint Pierre; coll. l'évêque.

La Linde n'est pas, comme on l'avait annoncé, le *Diolindum* de l'Itinéraire romain (Société des Antiq. de France, notice sur la carte de Peutinger). — Bastide construite par Édouard II, roi d'Angleterre, auprès d'une ancienne paroisse de ce nom, préexistante; elle fut érigée en châtell. et avait dans sa dépendance 7 paroisses : Bourniquel, Drayaux, la Linde, Pontours, Sainte-Colombe, Saint-Front et Saint-Sulpice. — Justice royale.

Au XIVᵉ siècle, il y eut peut-être un pont sur la Dordogne devant la Linde. — *De barra super constructione pontis concessa consulibus de la Linde* (rôles gascons).

LINDE (LA), h. cⁿᵉ de Bezenac (cad.).

LINDE (LA), h. cⁿᵉ de Saint-Geniès (S. Post.).

LINDE (LA), h. cⁿᵉ de Saint-Sauveur-de-Double (S. Post.).

LINGAYNE (LE), lieu-dit, cⁿᵉ de Villetoureix. — *Linquayne* (cad.).

LINIÉRAS, h. cⁿᵉˢ de Saint-Étienne-le-Droux (B.).

LIOMAR, h. cⁿᵉ de la Bouquerie.

LIOXS (LES), h. cⁿᵉ de Vanxains (A. Jud.).

LIORAC, cⁿᵉ, cⁿⁿ de la Linde. — *Leurat* (pouillé du XIIIᵉ siècle). — *Leoratum*, 1326 (arch. de Sainte-Alvère). — *Leuracum*, 1382 (P. V. M.). — *Liouratum*, 1454 (L. Nof. 37). — *Liora*, 1723 (Acte not.).

Patrons : saint Martin, saint Côme et saint Damien.

LIORAC (LE VIEUX-), éc. cⁿᵉ de Liorac.

LIOTIER, h. cⁿᵉ de Villamblard. — *Lhiouteyria*, 1494. — *Maynam. de la Lhouteyria*, 1481 (Div. I, 108). — *La Liouteyrie*, 1620. — *Lioutier*, 1665 (Acte not.).

LIRONNERIE (LA), h. cⁿᵉ de la Cropte. — *Luronarie*, 1687 (Acte not.).

LISLE, cⁿᵉ, cⁿⁿ de Brantôme. — *Leylla, Leyla*, 1171 (cart. de Chancelade). — *Eccl. Sancti Martini de Lailla* (*ibid.*). — *Castellum de la Isla*, 1211 (*ibid.*). — *Insula*, 1211 (cart. de Chancelade, coutumes de la ville). — *Layelle*, 1400 (arch. de Bourdeilles). — *Lisle* (Cal. admin. de la Dordogne).

Patron : saint Martin.

Lisle, ayant été cédée par ses seigneurs au roi Philippe le Bel, devint une ville close de murs et reçut des coutumes en 1309. Elle est au nombre des paroisses hors châtellenies dans le rôle de 1365 et fut le siège d'un bailliage royal.

LISONE (LA), petite rivière de l'arrond. de Nontron, qui prend sa source près de Saint-Front-de-Champniers, dans les bois de Guareloup, coule de l'est à l'ouest, baigne le pied des Granges, puis tourne au sud, divise le bourg de la Roche-Beaucourt en deux parties, dont celle de l'est appartient à la Charente et celle de l'ouest à la Dordogne, se partage en plusieurs ruisseaux jusqu'à son embouchure dans la Drone et sépare le dép⁴ de la Dordogne de celui de la Charente. — *Fluvius Nisona*, 781 (præcept. Caroli Magni pro monast. Sancti Eparchii) et 1080 (Gall. Christ. eccl. Petrach. p. 1460). — *La Lizonne*, 1485 (Lesp. 55, Mellet).

LISONE (LA), cⁿᵉ de Villefranche-de-Belvez. — *Lizonne*.

LISSAC, h. cⁿᵉ de la Rouquette-Eymet (A. Jud.).

LISSARLET, cⁿᵉ de Marsalès, ténement. — 1742 (Acte not.).

LISSARTOU, lieu-dit, cⁿᵉ de Saint-Cybranet (cad.).

LISSOULEIX (LES), h. cⁿᵉ de Saint-Laurent-des-Bâtons. — *Lussolerii*, 1199 (cart. de Cadouin, ch. d'Aliénor). — *Grangia de Lussoleiras*, 1206 (*ibid.*). — *Lissoleys* (S. Post.).

Maison conventuelle dép. de l'abb. de Cadouin.

LITOU, h. cⁿᵉ de Minzac.

LIVETS, anc. nom d'une partie du vill. de la Faye, cⁿᵉ de Manzac (Dives).

LODERIE (LA), h. cⁿᵉ d'Abjat-de-Nontron.

LOGADOYRE, anc. porte de la ville de Bergerac. Elle était située au débouché de la Grande rue sur le Mercadilh. — En patois, *Lougadouyre*. — *Logadoyra*, 1437 (L. N.). — *Porte Louguadoyre*, 1625 (Acte not.).

LOUE (LA), h. cⁿᵉ de Nojals (S. Post.).

LOGE (LA), m. isolée, cⁿᵉ de Siorac-Ribérac (S. Post.).

23.

LOGEMER, m^in, c^ne de Saint-Martin-des-Combes. — *Logemer*, 1321 (Périg. M. H. 6).

LOGES (LES), h. c^ne de Menesplet.

LOGES (LES), h. c^ne du Petit-Bersat.

LOGES (LES), lieu-dit, c^ne de Saint-Louis (cad.).

LOGES (LES), m. isolée, c^ne de Saint-Vincent-Jalmoutier (S. Post.).

LOGES (LES), h. c^ne de Varagne.

LOIRAT, h. c^ne de Montren.

LOL, h. c^ne de Sainte-Foy-de-Longa (S. Post.).

LOL, sect. de la c^ne de Saint-Martial-de-Nabirat (cad.).

LOLM (PLACE DE), à Bigaroque; confronte avec le ruisseau de la Touaille. — 1603 (arch. de la Gir. Bigaroque).

LOLME, c^be, c^on de Montpazier. — Voc. Sainte-Marie. — Prieuré.

LOMAGNE, c^be de Saint-Jean-d'Estissac. — *Lomanha*, 1310 (Lesp. 27, Chatres). — *Loumagne*, 1670 (not. de Bergerac).

Voc. Sainte-Quitterie. — Prieuré dépend. de l'abb. de Chatres.

LOMAGNE, dom. c^ne de Vern. — *Lomania*, 1460 (ch. Mourcin).

LOMBARDIÈRE, habit. c^ne de Lussas.

LOMBARTIE, h. c^ne de Saint-Aquilin.

LOMBREAU, h. c^ne de Brantôme (B.).

LONCHARIE? dom. c^ne de Montren. — *Maynam. voc. de Loncharia*, 1481 (Dives, I, 118).

LONDAL (LE), pâtis, c^ne de Saint-Laurent-des-Bâtons (A. Jud.).

LONDIT, h. c^ne de Lavaur (B.).

LONGA, c^ne de Sainte-Foy. — *Longacum*, 1156 (donation à Cadouin, cart.). — *Castrum de Longar*, 1270 (cout. de la Linde). — *Capella Sanctæ Mariæ Magd. de Longo Vado*, 1306 (arch. de Sainte-Alvère (Cep.). — *Long-Vau*, xvie siècle (le P. Dupuy). — *Lonegual* (arch. de l'Emp. Lomagne).

Anc. rep. noble avec titre de marquisat.

LONGA, h. c^ne de Saint-Médard-de-Mussidan (S. Post.). — *Mol. de Longua* (cart. de Chancelade).

Anc. rep. noble.

LONGA? — *Terra de Longo Vado, sita prope molendinum de Petrosa*, 1247 (cart. de Ligueux, Lesp. V, 34).

LONGCHAPT, c^be de Saint-Médard-de-Drone. — *Mayn. de Long Val* (Reconn. 1597, ch. Mourcin).

LONGCHAPT, c^ne de Villefranche, xiie s^e (cart. de la Sauve). — *Lopiag* (ibid.). — *Sancta Maria de Lopchac* (ibid.). — *Loupchacum* (ibid.). — *Loupxat* (pouillé du xiiie siècle). — *Lopiacum*, 1301. — *Lopchat*, 1382 (P. V. M.). — *Louchat* (B.).

L'église de Longchapt fut donnée en 1117 par Guillaume, évêque de Périgueux, à l'abbaye de la Sauve, avec un lieu voisin où très-anciennement il y avait eu un oratoire de Saint-Romain. Les moines de la Sauve y construisirent un prieuré, qui a donné son nom à la bastide fondée par Philippe le Bel, et que l'on nomma *Bastida de Lopiaci*, dite *Villefranche*, 1301.

LONGEAS (LA), lieu, c^ne de Saint-Sulpice-d'Exideuil.

LONGE-COSTE, h. et m^in sur le Salembre, c^ne de Chantérac. — *Longue Coste*, 1460 (inv. du Puy-Saint-Astier).

LONGIER, h. c^ne de la Roque-Gajac.

LONGIS (LES), h. et m^in, c^ne de Saint-Michel-de-Villadeix.

LONGUE-COSTE, dom. c^ne de Saint-Astier. — Autrement *le Devalan*, 1488 (inv. du Puy-Saint-Astier).

LONGUEVAL, lieu-dit, c^ne de Simeyrols (cad.).

LONGUEVILLE, h. c^ne de Bouteilles.

LONGUEVILLE, h. c^ne de Champsevinel (Acte not.).

LOPGIATE, anc. dioc. auj. du dép^t de Lot-et-Garonne. — *Lopgiate*, 1361 (Lesp. 18).

Anc. par. près de la bastide fondée à Castilhonès.

LOQUEYSSIE, h. c^ne de Granges-d'Ans (S. Post.).

LORDIOULE, fontaine, c^ne de Grun.

LOREILLE, m^in dans le bourg de Villamblard. — 1781 (Acte not.).

LORSARIE, h. c^ne de Naillac.

LORTAL, h. c^ne de Manaurie (A. Jud.).

LORTIGE, h. c^ne de la Chapelle-Grésignac.

LOSSE, ville de Montignac-sur-Vézère. — *Domus de Lossa*, 1299.

Elle était située du côté du bout du Pont (Lesp. Cordeliers de Montignac).

LOSSE, c^ue de Saint-Cyprien. — *Hospitium voc. de Lossa, reverend. archiepiscopi Burdigal.* 1462 (Philipparie, Saint-Cyprien). — *Campus, voc. de Lossa* (ibid. Reconn. de Virazel).

LOSSE, c^ne de Thonac. — *Losche*, 1399 (inv. de Montignac). — *Hospitium de Lossa, in par. de Brenacv*, 1400 (Lesp. 51). — *Lausse* (ibid.). — *L'Osse* (B.).

Anc. rep. noble ayant haute justice sur Thonac, 1760 (Alm. de Guy.).

LOSTE, h. c^ne de Prats-de-Belvez (B.).

LOUBA (AL), ténem. c^ne de Saint-Aubin, c^on d'Issigeac (terr. de Lenq.).

LOUBARIE (LA), h. c^ne d'Eyvirat.

LOUBATIÈRES (LES), lieu, c^ne de Saint-Pierre-de-Chignac.

LOUBAUX (LES), h. c^ne de Saint-André-de-Double.

LOUBE (LA), h. c^ne de Biras (B.).

LOUBÉJAC, c^be, c^on de Villefranche-de-Belvez. — *Saint-Pierre de Lobejac*, 1260 (cout. de Villefranche). — *Lou Bejac*, 1714 (carte de l'Isle). —

L'hôpital de Loubéjac et la Tourn étaient dans

la bourdarie de la Vejarie, et non compris dans la bastide de Villefranche, 1260 (cout. de Villefranche-de-Belvez).

Loubert (Champ'), domaine, cⁿᵉ de Plazac (A. Jud.).

Loubeyrat, h. cⁿᵉ d'Abjat-de-Nontron.

Loubeyrat, mⁱⁿ, cⁿᵉ de Champsevinel. — Moulin *Loubeyrac del Tolon*, 1235 (inv. du Puy-Saint-Astier).

Loubier, h. cⁿᵉ de Saint-Laurent-des-Bâtons (A. Jud.).

Loubière (Combe-), taillis, cⁿᵉ de la Bouquerie (A. Jud.).

Louche, dom. cⁿᵉ de Celle. — *Louche*, autrement *Lovie* (inv. de Montardit).

Loue (La), petite riv. de l'arrond. de Périgueux, divisée d'abord en deux branches : la haute et la basse. La basse Loue, dans une direction N.-S., sépare les cⁿᵉˢ de Sarlande et de Dussac d'avec celle d'Angoisse; la haute Loue, plus à l'ouest, traverse les cⁿᵉˢ d'Angoisse et de la Nouaille. Le confluent des deux branches est devant Gandumas; la Loue passe ensuite à Exideuil et, se dirigeant au S. O., se jette dans l'Ille près de Coulaure. — *Loulour*, xvııᵉ siècle (Dict. géog. du Périgord?).

Lougardes (Les), lieu-dit, cⁿᵉ de Beynac (cad.).

Louiller, h. et mⁱⁿ sur le Caudou, cⁿᵉ de Saint-Laurent-des-Bâtons (B.). — *Loulier*, 1682 (Acte not.).

Louire (La), ruiss. qui prend sa source un peu au-dessus de Sainte-Alvère, forme le vallon où sont situés Longa, Sainte-Foy, Saint-Félix, Liorac, Bellegarde, et se jette dans le Caudou en face de Grateloup. — *Rivus lo Loyra*, 1268 (cout. de la Linde, Lesp. 51). — *La Loyre*, 1625 (Acte not.).

Loulier, h. cⁿᵉ de Saint-André-Alas (B.).

Loulme, h. cⁿᵉ de Nanteuil-Thiviers (B.).

Louon? — *Louon. super fluvium Lisonam*, 781 (præceptum Caroli Magni pro monast. Sancti Eparchii, Lesp. vol. 67).

Louradou, terre, cⁿᵉ de Saint-Aubin-de-Lenquais. — Confronte le chemin d'Issigeac à Bergerac (terr. de Lenq.).

Louradou (Pech-), anc. ténement, cⁿᵉ de Trémolac. — *Puch la Cabane*, 1743 (Acte not.).

Lourde (La), petite riv. qui prend sa source dans la cⁿᵉ de Badefol-d'Ans, reçoit la Beuze à Saint-Aignan et se jette dans l'Auvezère.

Lourde (La), h. cⁿᵉ de Boisseuil.

Lourde (La), h. cⁿᵉ de Thonac.

Lourdière-de-Pichotière, h. cⁿᵉ de Génis (Lesp. 71).

Louron (Le), h. cⁿᵉ de Carsac-Sarlat (B.).

Louuser, cⁿᵉ de Lisle.

Loussaupte, h. cⁿᵉ d'Alas-de-Berbiguières (B.).

Loussu (La), ruiss. qui prend sa source près de Campagnac-de-Quercy, reçoit le Merdalou à Saint-Pompon et se jette dans le Céou près de Daglan.

Loustagne, h. cⁿᵉ de Saint-Pardoux-de-Belvez (B.).

Loustal, lieu-dit, cⁿᵉ d'Urval (cad.).

Loustau, h. cⁿᵉ d'Issac. — *Loustal*, 1744 (Acte not.).

Louvatiers, friche et futaie, cⁿᵉ de Valeuil (A. Jud.).

Louyet, lieu, cⁿᵉ de Mayac (A. Jud.).

Louyou, fontaine,' cⁿᵉ de Lenquais.

Louzelhie, h. cⁿᵉ de Saint-Hilaire-d'Estissac. — 1667 (Acte not.).

Louzier (Pech-), h. cⁿᵉ de la Roque-Gajac.

Loybesse, h. et mⁱⁿ, cⁿᵉ de Saint-Marcel. — *La Ilibesse*, 1670 (Acte not.). — *La Guibesse*, 1772 (*ibid.*). Anc. rep. noble.

Loylassal, cⁿᵉ de Molières. — *Pheodus dict. Loy lassal*, 1462 (arch. de la Gir. Belvez).

Loyrol, pré, cⁿᵉ de Saint-Amand-de-Belvez (A. Jud.).

Loys (Les), éc. cⁿᵉ de Saint-Aubin-de-Cahuzac.

Loys del Bos, mⁱⁿ sur le Courbarieu, cⁿᵉ de Falgueyrac.

Loys del Bos, h. cⁿᵉ de Lenquais.

Luc (Le), h. cⁿᵉ du Bugue. — *Lo Luc* (cart. du Bugue).

Luc (Le), h. cⁿᵉ de Campsegret.

Luc (Le), habit. cᵘᵉ de Champagne.

Luc (Le), h. cⁿᵉ de Douville.

Luc (Le), h. cⁿᵉ de Liorac. — *Lo Luc*, 1454 (L. Nof. 37).

Luc (Le), cⁿᵉ de Manzac. — *Al Tudeyrio, alias al Luc*, 1537 (Dives, L.).

Luc (Le), mⁱⁿ, cᵘᵉ de Montagnac-la-Crempse. — 1758 (Acte not.).

Luc (Le), h. cⁿᵉ de Saint-Avit-de-Tizac.

Luc (Le), h. cⁿᵉ de Vézac.

Lugagnac, lieu-dit, cⁿᵉ de Marnac (cad.).

Lugat, h. cⁿᵉ de Cénac.

Lugot, taillis, cⁿᵉ de Baneuil (A. Jud.).

Lumeix, h. cⁿᵉ de Saint-Crépin-de-Richemont.

Luminade (La), cⁿᵉ de Cornille. — Anc. rep. noble uni aux fiefs de Valeux, de la Garde et des Bretoux, pour être érigé en baronnie en 1655.

Lunas, cⁿᵉ, cᵒⁿ de la Force. — *Sanctus Johannes de Lunas*, 1117 (donat. par Guillaume, év. de Périgueux, à l'abb. de la Sauve, cart. de la Sauve). — *Lonasium* (*ibid.*). — *Lunatz*, 1383 (P. V. M.).
   Patron : saint Barthélemy; coll. l'évêque.
   Dép. de l'abb. de la Sauve.

Lunaut? cⁿᵉ de Festaleus. — *Maynam. de Lunaut*, 1326 (arch. de la Gir. Belvez).

Lunel? cⁿᵉ de Coutures. — *Mayn. apelas Lunel*, 1224 (O. S. J. Combeyranche).

Lunerie (La), éc. cⁿᵉ d'Allemans (A. Jud.).

Lunoge, bruyère, cⁿᵉ de Saint-Romain-Montpazier (A. Jud.).

Luquet (Le), h. c^{ne} de Fouleix. — 1740 (Acte not.).

Luquet (Le), h. c^{ne} d'Issac (cad.).

Luquet (Le), h. c^{ne} de Saint-Laurent-des-Bâtons. — *Mota del Luquet*, 1459 (L. Nof. 39).

Lurdebidie, ténement, c^{ne} de Sendrieux. — 1699 (Acte not.).

Losiers ou Luziers, c^{ne} de Beaumont. — *Luserium*, 1402 (Lesp. 35).

Anc. rep. noble ayant haute justice sur Moncany, 1760 (Alm. de Guy.).

Lusiers, lieu-dit, c^{ne} de Castel (cad.).

Lusiers, lieu-dit, c^{ne} de Condat-sur-Vézère (cad.).

Lusignac, c^{ne}, c^{on} de Verteillac. — *Luginhacum* (pouillé du XIIIe siècle). — *Luginhac*, XVIe siècle (Pau,

Châtell. du Périg.). — *Luziniat*, 1760 (Alm. de Guy.).

Patrons : saint Pierre et saint Eutrope; coll. l'év. Anc. rep. noble, ayant haute justice sur Lusignac, 1760.

Lussac, anc. par. c^{ne} de Campagne, c^{on} du Bugue. — *Eccles. de Lussac* (pouillé du XIIIe siècle).

Lussas, réuni à Nontronneau, c^{ne}, c^{on} de Nontron. — *Lussat*, 1760.

Patron : saint Étienne; coll. l'évêque. Anc. rep. noble ayant haute justice sur Lussas et Font-Troubade, 1760 (Alm. de Guy.).

Lusson, sect. de la c^{ne} de Saint-Front-la-Rivière (cad.).

Lutardias, h. c^{ne} d'Argentine.

M

Maberout, h. c^{ne} de Saint-Saud (S. Post.).

Macerou, h. c^{ne} d'Atur.

Machanley, bois, c^{ne} de Manzac (Dives).

Machardie, h. c^{ne} de Sainte-Trie (S. Post.).

Machenet, h. c^{ne} de Parcoul (B.).

Machine (La), éc. c^{ne} de Saint-Mayme-de-Péreyrol (B.).

Machinie (La), lieu-dit, c^{ne} d'Issac (cad.). — *Massinie* (*ibid.*).

Machinie (La), c^{ne} de Manzac. — *La Massinhia*, 1262 (Lesp. 96, n° 12). — *La Machinia*, 1475 (Dives, II, 155).

Anc. rep. noble.

Machinie (La), c^{ne} de Marsac. — *Eygale de la Meschinia in fluvio Aelle*, 1459 (Périg. M. II. 41). — *La Michinie*, autrement *le Verdier*, 1530 (Dives, Reconn.).

Anc. rep. noble.

Machonie (La), h. c^{ne} de Condat-sur-Vézère (A. Jud.).

Macle (La), lieu-dit, c^{ne} de Saint-Pierre-de-Cole (cad.).

Madalary, h. c^{ne} de Veyrignac.

Madalary (El), c^{ne} de Montaut. — 1658 (Acte not.).

Madelafon, lieu-dit, c^{ne} de Beauregard-Terrasson (cad.).

Madeleine, lieu près de Montignac-sur-Vézère.

Madeleine (La), h. c^{ne} de la Bachelerie (Cass.).

Madeleine (La), faub. de Bergerac, situé sur la rive gauche de la Dordogne. — *Burgus apud pontem Brageriaci*, 1209 (arch. de Cadouin). — *Burgus Magdalenæ Brageriaci*, 1344 (Lesp. 29). — *La Magdaleine de Berg.* 1487 (arch. de Cadouin). —

Sancta Maria Magdalena, archip. Bajanensis, 1555 (panc. de l'év.).

Coll. l'abbé de Cadouin.

Madeleine (La), sect. de la c^{ne} de Cherveix (cad.).

Madeleine (La), h. c^{ne} de Minzac (S. Post.).

Madeleine (La), h. c^{re} de Montpont.

Madeleine (La), éc. c^{ne} de Saint-Cybranet. — *Chapelle de la Magdeleine*, membre de la comm^{rie} de Condat, 1688 (O. S. J.).

Madeleine (La), h. c^{ne} de Tursac. — L'une des stations de l'âge préhistorique sur les bords de la Vézère. Elle a fourni les ouvrages en bois de renne où l'art de cette époque a atteint son plus haut perfectionnement, les longues aiguilles avec chas, les pointes barbelées et les instruments ornés de figures d'animaux et percés de larges trous symétriques, auxquels on a donné le nom de *bâton de commandement*. C'est là que fut trouvée la grande plaque d'ivoire sur laquelle est gravée la figure du mammouth, avec sa touffe de longs crins pendants entre la trompe et les jambes.

Madelin, anc. dioc. de Périgueux, auj. du dép^t de la Charente. — *Sanctus Maximus de Montmalainac*, 1143 (cart. de Saint-Cyb.). — *Mon Malen, Mons Malignus, archip. de Pilhaco* (pouillé du XIIIe siècle). — *Mont Maleys*, 1382 (P. V. M.).

Coll. le chap. d'Aubeterre.

Madillac, lieu-dit, c^{ne} de Bourgnac (cad.).

Madillac, h. c^{ne} de Saint-Louis (cad.). — *Madillac*, 1260 (Lesp. 96, n° 12).

Madone, éc. près d'Aigues-Parses, c^{ne} de Fontenilles (B.).

Madrazès, h. c^{ne} de la Canéda.

Mafraulet, h. c⁰ᵉ d'Abjat (S. Post.).

Magal, éc. cⁿᵉ de Beaumont.

Magardeaux (Les), h. cⁿᵉ de Villefranche-de-Longchapt (B.).

Magau, h. cⁿᵉ de Grives (S. Post.).

Magau, h. cⁿᵉ de Saint-Pompon. — *Magot* (S. Post.).

Magaude (La), lieu-dit, cⁿᵉ de Montren (A. Jud.).

Magaudier (Le), h. cⁿᵉ de Firbeix (S. Post.).

Mage (Al Claud del), taillis, cⁿᵉ de Soulaure (A. Jud.).

Magenasserie, lieu, cⁿᵉ de Salaignac.

Magiaux (Haut et Bas), h. cⁿᵉ de Saint-Mesmin (A. Jud.).

Magiaux (Les), h. cⁿᵉ d'Angoisse.

Magie (La), cⁿᵉ de Calviac. — *Mansus de la Magia*, 1490 (arch. de Paluel).

Magie (Le), lieu-dit, cⁿᵉ de Villetoureix (cad.).

Maginat, lieu, cⁿᵉ de Négrondes. — Repaire relevant de l'év. de Périgueux (Chron. du Périg. II, 178).

Magnac, h. cⁿᵉ de Corgnac.

Magnac, h. cⁿᵉ de Millac-de-Nontron (B.). — *Manhac*, 1344 (arch. de Ligueux, Lesp. 34). Anc. rep. noble.

Magnac, h. cⁿᵉ de Saint-Remy (A. Jud.).

Magnadas (Les), h. cⁿᵉ de Champeaux (B.).

Magnagot, h. cⁿᵉ de Saint-Jory-las-Bloux. — Anc. rep. noble.

Magnanie, cⁿᵉ de Belvez, 1775 (Homm.). — Anc. fief.

Magnassou (Le), h. cⁿᵉ de Sainte-Aulaye (B.).

Magnonie (La), cⁿᵉ de Mayac (A. Jud.).

Magnou, h. cⁿᵉ de Neuvic. — 1739 (Acte not.).

Magondau, h. cⁿᵉ de Chalais.

Magril, h. cⁿᵉ de Simeyrol (A. Jud.).

Magril (Pech-), taillis, cⁿᵉ de Proissans (cad.).

Maiade, h. cⁿᵉ de Neuvic.

Maignats (Les), h. cⁿᵉ de la Linde. — *Magniags*, 1650 (not. de Lenq.). — *Manias* (B.).

Mail (Le), cⁿᵉ de Montclar.

Mailhonerie (La), h. cⁿᵉ de Sorges.

Maillac (La Borie-de-), h. cⁿᵉ de Sainte-Natalène.

Maillan, lieu-dit, cⁿᵉ de Cherveix (cad.).

Maillerie, h. cⁿᵉ de Fleurac.

Maillerie (Haute et Basse), h. cⁿᵉ de Manaurie.

Maillerie (La) ou Pont-Roudier, h. cⁿᵉ de Saint-Avit-Sénieur.

Maillette (La), taillis, cⁿᵉ de Villamblard (A. Jud.).

Maillol, cⁿᵉ de Cherveix. — *Maynem. app. de Maillol*, 1450 (O. S. J. Andrivaux, 2).

Maillol, h. cⁿᵉ de Montclar. — *La grande maison de Maliol*, 1760 (Acte not.).

Mailloles (Les), taillis, cⁿᵉ de Liorac (A. Jud.).

Maillonerie (La), h. cⁿᵉ de Savignac-les-Églises (B.).

Maillotier, sect. de la cⁿᵉ de Saint-Laurent-des-Hommes (cad.).

Maillots (Les), lieu, cⁿᵉ de Saint-Pierre-de-Chignac.

Maisognie, lieu-dit, cⁿᵉ de la Linde (cad.).

Maison (Route-), lieu-dit, cⁿᵉ de Dome (cad.).

Maison-des-Pauvres (La), éc. cⁿᵉ de Sireuil.

Maison-de-Ville (La), éc. cⁿᵉ de Périgueux, près des Gravières.

Maisons, cⁿᵉ. — Voy. Bourg-de-Maisons.

Maisons (Les), h. cⁿᵉ de Saint-Jory-las-Bloux (A. Jud.).

Maitre-Helias, h. cⁿᵉ de Brassac (B.).

Majouan, h. cⁿᵉ de Fougueyrolles (S. Post.).

Majourdin (Le), lieu-dit, cⁿᵉ de Chancelade (Acte not.).

Majoureaux (Les), lieu-dit, cⁿᵉ de Sainte-Orse (A. Jud.).

Maladorie, h. cⁿᵉ de Jumillac.

Malacombe (La), lieu-dit, cⁿᵉ de Daglan (cad.).

Malacosse (La)? — *Tenentia de Malacossa* (Lesp. 37. Saint-Cyprien).

Maladarse, h. cⁿᵉ de Mouleydier (S. Post.).

Malades (Combe des), aux environs de Périgueux. — Confronte au chemin de Périgueux à Vern (Dénomin. au xivᵉ siècle, Lesp.).

Malades (Fontaine des), cⁿᵉ de Sanillac, nᵒ 476 et suiv. (cad.).

Malades (Pré des), aux environs de Bergerac. — *Pratum deuz Malaudes* (L. Noir, p. 105).

Maladrerie (La), lieu auprès d'Aubeterre, anc. dioc. de Périgueux.

Maladrerie (La), lieu-dit, cⁿᵉ de Beaumont, au sud-est de la ville (B.).

Maladrerie (La), cⁿᵉ de Bergerac. — *Ténem. de la Cros de la Malaudaria*, 1466 (la caritat de Bergerac).

Maladrerie (La), lieu, cⁿᵉ de Bourdeix (B.).

Maladrerie (La), cⁿᵉ du Bugue. — *Ténem. de la Crotz de la Malaudaria* (L. Nof. p. 18).

Maladrerie (La), cⁿᵉ de Campagne. — *Ténem. de la Malaudarie*, 1756 (arch. de la Gir. mém. sur la seign. de Campagne).

Maladrerie (La), h. cⁿᵉ de Cercle. — *La Maladrerie* (S. Post.).

Maladrerie (La), cⁿᵉ de Lenquais, nom perdu. — *Ténem. de la Maladirie, Malladerye*, 1608 (not. de Lenq.). — *La Malauderie*, ténem. des Bourbous, 1773 (*ibid.*). — *Les Trois-Croix*, autrement *Malauderie*, 1775 (terr. de Lenq.).

Maladrerie (La), éc. cⁿᵉ de Millac-de-Nontron.

Maladrerie (La), h. cⁿᵉ de Nontronneau (B.).

Maladrerie (La), anc. nom, cⁿᵉ de Sainte-Alvère — *La Malaudaria*, 1465 (L. Nof. 119).

MALADRERIE (LA), c⁰ᵉ de Saint-Avit-Sénieur, une des quatre parcelles entre lesquelles était divisé le ténement de la Cabane. — *Le Champ de la Malaudarye*, 1716 (Reconn.).

MALADRERIE (LA), cⁿᵉ de Saint-Martin-le-Peint (B.).

MALADRERIE (LA), h. et mⁱⁿ, cⁿᵉ de Sarlat. — *Malaudie* (S. Post.). — *Maladrie* (Cass.). — *Malaudarie* (B.). Fondée par saint Louis en 1264, elle était située près d'une fontaine qui a pris le nom de *Fontaine des Ladres* (Tarde, *Hist. du Sarladais*).

MALAFAYE, dans la Bessède ? — *xx sexter. in silva de Malafaia juxta Salvitatem*, 1115 (Don. par Rudel).

MALAFORME (LA), dom. cⁿᵉ de Bourrou. — *Tenentia de la Malaforma*, 1474 (Dives, E.).

MALAGADE, h. cⁿᵉ de Sarlat.

MALAGNAC, h. cⁿᵉ de Bars, cᵒⁿ de Thenon (A. Jud.).

MALAMAT, h. près de Cavar. — Anc. diocèse.

MALAMORT, lieu-dit, cⁿᵉ de la Linde.

MALAMORT, h. cⁿᵉ de Vic.

MALANDRE, taillis, cⁿᵉ de Vert-de-Biron (A. Jud.).

MALANGIER, lieu-dit, cⁿᵉ de Bergerac.

MALAPERA? cⁿᵉ de Belvez. — *Masus de Malapera*, 1462 (arch. de la Gir. Belvez).

MALARAUDE, lieu-dit, cⁿᵉ de la Linde (cad.).

MALARD (LE), bois, cⁿᵉ de Saint-Martin-des-Combes (A. Jud.).

MALARDELLE, éc. cⁿᵉ de Chancelade (A. Jud.).

MALARDIÈRE (LA), terre, cⁿᵉ de Marsac (A. Jud.).

MALARIAS, éc. cⁿᵉ de Razac (B.).

MALAROCHE, h. cⁿᵉ de Saint-Avit-Sénieur (S. Post.).

MALAROUNIE, lieu-dit, cⁿᵉ d'Issac (cad.).

MALARTIGUE, h. cⁿᵉ de Sarlat (S. Post.).

MALARTRIE (LA), h. cⁿᵉ de Vézac (S. Post.).

MALARTRIE (LA), éc. cⁿᵉ de Vézac.

MALASTIIVE? — *Molendinum de Malastiva* (cart. du Bugue).

MALATIE (LA), h. cⁿᵉ de Nontron (S. Post.).

MALAUDIE (AUX GAILLES DE), pâtis, cⁿᵉ de Proissans (cad.).

MALAUDIE (CROIX DE LA), lieu-dit, cⁿᵉ de Belvez (cad.). — *A Malaudia*, 1462 (arch. de la Gir. Belvez). Ancien cimetière de lépreux, selon la tradition; la croix de la Malaudie était sur le chemin de Belvez à Cadouin et près de la chapelle de Capelou, 1672 (Acte not.).

MALAUDIE (LA), h. cⁿᵉ de Carsac-Carlux (S. Post.).

MALAUDIES (LES), lieu-dit, cⁿᵉ de Tursac (cad.).

MALAVAL, h. cⁿᵉ de Coursac.

MALAVAL (LE VIGNAUD-), lieu-dit, cⁿᵉ de Sainte-Orse (A. Jud.).

MALAVAUX, h. cⁿᵉ de Vern; bois de 10 hect. (cad.). — *Mansus de Mala Val*, 1426 (Périg. M. H. 41, 7).

MALAVERT (LE), lieu-dit, cⁿᵉ de Sainte-Alvère (cad.).

MALAVIEILLE (LA), lieu-dit, cⁿᵉ de Montfaucon (A. Jud.).

MALAYOLLES, cⁿᵉ de Monesterol. — *Malaïolas*, 1287 (Lesp. Montpont). — *Maison de Malayolas* ou *Mazerolas*, 1560 (Lesp. 16). Anc. rep. noble.

MALAYOLLES, cⁿᵉ de Tocane. — *Bordaria de Malaolis*, 1231 (prieuré de la Faye).

MALAYOLLES, h. cⁿᵉ de Trélissac. — *Mansus de Malayola*, 1320 (Périg. M. H. 41, 2). — *Maslayolles*, 1670 (Acte not.).

MALAYOLLES (BAS-), éc. cⁿᵉ d'Antone (S. Post.).

MALBEC, un des faubourgs de la ville de Belvez. — *Carrieyra de Mala-Beto*, 1665 (Philipparie).

MALBEC, maison du Consulat à Bergerac. — *La grande tour de Malbec avec la grande cloche qui est dedans*, 1385 (arch. de Bergerac). — *Porta de la Barbacana de Malbec*, près Montauriol (L. Noir, 70).

MALBEC, anc. rep. noble, cⁿᵉ de Fleurac (S. Post.).

MAL-BOISSON, cⁿᵉ de Belvez. — *Tenem. de Mal-Boisson*, 1672 (Acte not.).

MALBRENAT, h. cⁿᵉ de Creysse. — *Mal Bernard*, 1624 (not. de Bergerac). Anc. fief.

MAL-BRUNET, cⁿᵉ de Belvez. — *A Malbrunet*, 1462 (arch. de Belvez).

MALBRUNET, éc. cⁿᵉ de Pézul.

MALBRUNET, h. cⁿᵉ de Trémolac.

MALBRUNIE (LA), cⁿᵉ de Monsac; autrement dit *le Poncher* (terr. de Lenq.).

MAL COUSTAL? cⁿᵉ de Mortemar. — *Mal Coustal*, 1666 (O. S. J.).

MALE (LA COMBE-), lieu-dit, cⁿᵉ de Grives (cad.).

MALE (LA TERRE-), lieu-dit, cⁿᵉ de Sainte-Alvère (cad.).

MALE (LA TERRE-), lieu-dit, cⁿᵉ de Saint-Avit-Sénieur, près de la Cabane. — *Las terres Males*, 1714 (Acte not.).

MALE (LA TERRE-), lieu-dit, cⁿᵉ de Villamblard. — *Malle*, 1612 (Acte not.).

MALEBRAND (LE), lieu-dit, cⁿᵉ de Saint-Pierre-de-Cole (cad.).

MALECOURSE, lieu-dit, cⁿᵉ de Bouzic (cad.).

MALECOURSE, h. cⁿᵉ de Puyguilhem.

MALECOURSE, lieu-dit, cⁿᵉ de Sagelat (cad.).

MALECTIE (LA), cⁿᵉ de Pissot. — 1722 (Acte not.).

MALEDEN, h. cⁿᵉ de la Chapelle-Gonaguet (S. Post.).

MALEDEN, h. cⁿᵉ de Saint-Martial-de-Valette.

MALEFAGE, sect. de la cⁿᵉ de Larzac. — Peut-être ce lieu a-t-il conservé le nom d'une ancienne forêt, *Silva de Malafaia*, citée en 1116 dans le cart. de

Cadouin? — *Mansus de Malafagia, alias de la Martinia*, 1462 (arch. de la Gir. Belvez). — *Malafage* (cad.).

MALEFAGE, m^{in}, c^{ne} de Sainte-Croix, sur la Couse. — 1508 (Lesp.).

MALEFAGE, lieu-dit, c^{ne} de Saint-Vincent-de-Cosse (cad.).

MALEFON, h. c^{ne} de Saint-Avit-Vialard.

·MALEGADE, h. c^{ne} de Sarlat (S. Post.).

MALEGAGNE, lieu-dit, c^{ne} de Sainte-Alvère (cad.).

MALEGAT, éc. c^{ne} de Saint-Vincent-de-Cosse (cad.).

MALEGRAULE, éc. c^{ue} de Sorges (S. Post.). -- *Millegraule* (cart. de Ligueux).

    Anc. prieuré dép. de Ligueux.

MALÈGUE, h. c^{ne} de Busserolles (B.).

MALÈGUE, h. c^{ne} de Rouffignac-Montignac (B.).

MALEGUISE, éc. c^{te} de Lavaur (cad.).

MALEITIAS (Puy-de-las-), c^{ne} de Naillac. — Anc. hôpital, selon la tradition.

· MALEIX (Les), lieu-dit, c^{ne} de Cherval (cad.).

·MALEMORT, c^{ne} de Cone. — *Ténement de Mallemort*, 1739 (not. de Bergerac).

MALEMORT, friche, c^{ne} de Saint-Cyprien (cad.).

MALEMORT, c^{ne} de Saint-Cyprien. — *Podium de Malamort*, 1462 (Philipparie).

MALEMORT, c^{ne} de Vic. — *Ténement de Mallemort*, 1649 (Acte not.).

MALEMORT, lieu-dit, c^{ne} de Villamblard (cad.).

MALEMORT (Combe de), lieu-dit, c^{ne} de Bassillac (cad.).

MALEPEYRE, c^{ne} de Belvez. — *Masus de Malapera*, 1462 (arch. de la Gir. Belvez).

MALEPEYRE (A), broussailles, c^{ne} de Proissans (cad.).

MALERET, h. c^{ne} de Sainte-Aulaye (B.).

MALESTYEU, lieu-dit, c^{ne} de Besse (cad.).

MALET (Combe de), c^{ne} de Capdrot (cad.).

MALET (Pech-de-), lieu-dit, c^{ne} de Vitrac (cad.).

MALET (Pré de), c^{ne} de Saint-Germain-des-Prés, sect. 1, n° 290 (A. Jud.).

MALETERIE (La), lieu-dit, c^{ne} de Lempzours (cad.).

MALETERIE (Lac de la), lieu-dit, c^{ne} de Négrondes (cad.).

MALETERRE, c^{ne} de Chantérac. — *Mallaterre* (inv. du Puy-Saint-Astier).

MALETERRE, h. c^{ne} de Saint-Léon-sur-l'Ille (S. Post.).

MALETERRE, lieu-dit, c^{ne} de Saint-Martin-l'Astier (cad.).

MALETERRE? c^{ne} de Vern. — *Ortus voc. de Malaterre prope burgum B. Mariæ de V.* 1510 (chartes Mourcin).

MALETIE (Haute et Basse), éc. c^{ne} de Notre-Dame-de-Sanillac (cad. n° 279).

MALETIE (La), éc. c^{ne} de Bars (S. Post.).

MALETIE (La), lieu-dit, c^{ne} de Bersat-Beauregard (cad. n°s 340, 345, 478). — *A la Malaptia Vielha*, 1528 (O. S. J. Condat).

MALETIE (La), h. c^{ne} de Fouleix. — 1740 (Acte not.).

MALETIE (La), h. c^{ne} de Lusignac.

MALETIE (La), bois et friche, c^{ne} de Manzac. — *Mayn. de la Malletia*, 1502 (Dives, Reconn.).

    La partie basse de ce ténement se nommait *la Feytal*, et la partie haute, *la Limouzine* (Dives); tout auprès, un lieu se dit *las Crebas*, en français *les Morts.*

MALETIE (La), h. c^{ne} de Millac-Nontron (S. Post.). — *La Malletie*.

MALETIE (La), lieu-dit, c^{ne} de Saint-Chamassy (cad. n° 509).

MALETIE (La), éc. près de Mont-Cuq, c^{ne} de Saint-Laurent-des-Vignes.

MALETIE (La), éc. c^{ne} de Saint-Léon-sur-Vézère (S. P.).

MALETIE (La), c^{ne} de Saint-Paul-de-Serre. — *Ténement app. la Malletie*, 1329 (inv. du Puy-Saint-Astier).

MALETIE (La), c^{ne} de Terrasson. — *La Maletias* (cad.). — *Le Malet* (*ibid.*).

MALETIÈRE, h. c^{ne} de Quinsac. — *Malletière* (B.).

MALETRIE (La), h. c^{ne} de Creyssensac (S. Post.).

MALETS (Les), lieu-dit, c^{ne} de Saint-Martin-de-Fressengeas (cad.).

MALETS (Les), c^{ne} de Vic. — *Ténemens des Malets et de la Combe des Malets*, autrement *la Brousse*, 1649 (Reconn.).

MALEU, h. c^{ne} de la Villedieu (S. Post.).

MALEYRANT, lieu-dit, c^{ne} de Saint-Michel-l'Écluse(cad.).

MALEYSSART, h. c^{ne} de la Mongie. — *Terminus voc. l'Osme de Malyssars*, 1455 (I. N. 41). — *Masus de Maleschart* (L. Nof. 24).

MALEYSSIE (Le), h. c^{ne} de Saint-Privat.

MALFAURIE (Le)? c^{ne} de Queyssac. — *Ténement de la Malfauria* (L. Noir, 88).

MALFINARIE (La)? c^{ne} de Jaure. — *Maynam. de la Malfinaria*, 1471 (Dives).

MALFOURAS, h. c^{ne} de Montbazillac (B.).

MALGALIE (La), c^{ne} de Belvez — *Mayne de la Malgalie*, 1462 (arch. de la Gir. Belvez).

MALHOLE, anc. fief, c^{ne} de Tanniers (arch. de Pau).

MALHULIE, h. c^{ne} d'Issac (B.). — *Malulie*, 1679 (Acte not.). — *Mallaulie* (cad.).

MALIAS, c^{ne} de Saint-Michel. — Anc. maison noble, 1603 (arch de la Gir. Montravel).

MALIBAT, h. c^{ne} de Teyjat (B.).

MALIBAT (Grand-), h. c^{ne} de Saint-Martial-de-Valette (S. Post.).

MALIBERT, h. c^{ne} de Savignac-Nontron (S. Post.).

MALIGNAC, h. c^ne de Bassillac (cad.).
MALIGNAS, h. c^ne de Mareuil (Cass.).
MALIGNAS (TERME DE LAS), lieu-dit, c^ne de Bars (A. J.).
MALIGNE (LA), lieu-dit, c^ne de Saint-Germain-du-Salembre (cad.).
MALIGNE (LA), habit. c^be d'Abjat (S. Post.). — Malinie (B.).
MALIGNIES (LES), sect. de la c^ne de Chassagne (cad.).
MALINAS (LES), h. c^re de Coutures (B.).
MALIOU (LE), h. c^ne de Saint-Raphaël.
MALIVERT, h. c^ne du Fleix.
MALIVERT, lieu-dit, c^ne de Sainte-Alvère (cad.).
MALLARD, chapelle, c^ne de Sargeac (B.). — Malac, Mallac, 1619 (O. S. J.).
MALLAS (PECH-DE-), lieu-dit, c^ne de Tanniès (cad.).
MALLECROIX, h. c^ne de Cazoulès (B.).
MALLEVILLE, h. c^ne de Cabans (S. Post.).
MALLEVILLE, éc. c^ne de Dome (B.).
MALLEVILLE, h. c^ne de Saint-Privat-de-Double (B.).
MALLEVILLE, h. c^ne de Saint-Sulpice-d'Exideuil.
MALLIE (HAUTE et BASSE), h. c^ne de Lusignac (cad.).
MALMERCHAT, lieu-dit, c^ne de Sourzac (cad.).
MALMONT, h. c^ne de Salignac.
MALMUSSON, h. c^ne du Bugue. — Malmusso, 1206 (Lesp. Cadouin).
MALONIE (LA), sect. de la c^ne de Sarlat (cad.).
MALONLAY, c^ne de Brassac.
MALOU (PECH-), lieu-dit, c^ne de Berbiguières (cad.).
MALOUVIERS, h. c^ne d'Eyvignes (B.).
MALPAS, lieu-dit, c^ne de Beauregard-Terrasson (cad.).
MALPAS, h. c^ce de Beynac (cad.).
MALPAS, h. c^ne de Bourniquel (S. Post.).
MALPAS ou LA NOUGUEYRADE, c^ne de Faux (arpent. de Faux, 1771).
MALPAS, h. c^ne de Montazeau (S. Post.).
MALPAS (LE), lieu-dit, c^ne de Beaumont.
MALPAS (LE), taillis, c^ne de Tursac (cad.).
MALPERIER? c^ne de Cherval. — Las Peyrieyras de Mal Rival, 1464 (O. S. J. terr. de Soulet).
MALPERIER, h. c^ne de Tursac.
MALRACHIE (LA)? c^ne de Lisle. — Bordaria de la Malrachia (cart. de Chancelade).
MALRIGIE? c^on de Thiviers. — Malrigia, 1486 (Généal. de Rastignac).
    Anc. rep. noble. — Voy. MAUREGIUM.
MALROUMEY, h. c^ne d'Issac. — Maleroumet, 1662 (Acte not.). — Malaroumé, 1747 (ibid.).
MALROUSSY, h. c^ne de Cause-de-Clérans. — Tenement de Malroussie, 1742 (Acte not.).
MALROUSSY, éc. c^ne de Couse.
MALSABRAT, terre, c^ne de Bergerac. — Malsara, 1728 (not. de Mouleydier).

MALSINTAT, habit. c^ne de Lembras. — Malcintat, 1505. — Mas de la Crabière, autrement Malsentat, 1651 (Acte not.).
MALTRAHO? c^ne de Boisseuil. — La Sola de Maltrahu, 1279 (arch. de l'Emp. abb. de Dalon J, 397, n° 8).
MALUSSANT, h. c^ne de la Douze (B.).
MALUT, h. c^ne de Beaussat (B.).
MALVARS, h. c^ne de Coursac. — 1649 (Acte not.).
MAL-VERGNE, h. c^re de Saint-Vincent-de-Paluel.
MALVERT, h. c^ne d'Alas-de-Berbiguières (S. Post.).
MALVEYRAN, c^ne de Rouillac. — Mas Beurant, 1496 (comte de Larmandie, arrentement de Moulong). — Mal Veyren, 1704 (ibid.).
MALVEYSSET, éc. c^ne de Sainte-Alvère.
MALVIE, pré, c^ne de Marsac. — 1566 (ch. Mourcin).
MALVIE (LA), sect. de la c^ne de Cladech. — Mansus de la Malvi, 1463 (arch. de la Gir. Belvez). — Malvie (A. Jud.). — Mallevie (B.).
MALVIE (LA), ténement, c^ne de Mauzens.
MALVIEL (LA), ancien grand chemin de Sainte-Foy à Mussidan.
MALVINIE (LA), h. c^ne de Saint-Julien-de-Crempse (A. Jud.). — La Malvigne, 1743 (Acte not.).
    Anc. rep. noble.
MALVINIE (LA), h. c^ne de Vern. — Viridarium de la Malavinia, 1510 (ch. Mourcin. Reconn. de Labatut).
MAME (LE), h. c^ne de Saint-Sulpice-d'Exideuil (B.).
MAMIE, h. c^ne de Cabans (B.).
MAMOUNETS (LES), h. — Voy. MONTETS (LES).
MAMOUSEAUX (LES), lieu-dit, c^ne de Chassagne (cad.).
MAMOUX (LE), h. c^ne de Cladech (B.).
MANAURIE, c^ne, c^on du Bugue. — Manauria, 1382 (P. V. M.).
    Patron : saint Pierre-ès-Liens ; coll. l'évêque.
    Anc. rep. noble.
MANAURIES (LES), h. c^ne de Saint-Cyprien (B.).
MANAUSTRIGEAS, h. c^ne d'Auriac, c^on de Montignac.
MANCELIERS (LES), h. c^ne de Saint-Jean-de-Cole (B.).
MANDACOU, c^ne, c^on d'Issigeac. — Mandaco, 1464 (coll. de Lenq.).
    Patron : saint Pierre-ès-Liens ; coll. l'évêque.
MANDAGA (LE), h. c^ne de Mareuil (B.).
MANDEGOU, h. c^ne de Borrèze (A. Jud.).
MANDEREAU, h. c^ne de Saint-Pardoux-la-Rivière (B.).
MANDIES (LES), h. c^ne de Saint-Martin-de-Gurson (B.).
MANDROUX (LES), h. c^ne de Bergerac (A. Jud.). — Les Mandrons (B.).
MANELOU, h. c^ne de la Mongie-Saint-Martin.
MANENTIE (LA)? c^ne de Festalens. — Mayn. de la Manentia, 1280 (terr. de l'O. S. J.).
MANÈTES (LES)? c^ne d'Eygurande. — Maynam. de las Manetas, 13 (Lesp. 82, n° 21).

MANEYROL, sect. de la cᵗᵉ de Pazayac (cad.).

MANGOUR, mⁱⁿ, cᵗᵉ de Sainte-Alvère. — *Mol. de Mangorse*, 1456 (L. Nof. 58).

MANGOUR, h. cⁿᵉ de Saint-Paul-de-Serres. — *Maynam. de Mangor*, 1485 (Dives, I, 158). — *Les Mangour, les Mangeoux*, 1639 (Acte not.).

MANHANIE (LA), cⁿᵉ de la Cropte. — *Mans. de la Manhania*, 1409 (O. S. J.).

MANHANIE (LA), cⁿᵉ d'Espeluche. — *La Manhania*, 1280 (terr. de l'O. S. J.).

MANHANIE (LA)? cⁿᵉ de Palayrac. — *En la Manhania*, 1362 (arch. de la Gir. Belvez).

MANHANIE (LA), cⁿᵉ de Saint-Crépin-Carlucet. — *Mansus de las Manhanias*, 1472. — *Las Manhnianas*, 1480 (Lesp. 47).

MANHANIE (LA), cⁿᵉ de Saint-Félix-de-Villadeix. — *La Manania*, 1284 (Lesp.).

MANHANIE (LA), cⁿᵉ de Saint-Remy. — *Mayn. de la Manhania*, 1289 (arch. de Pau, Leydet, 1, Recueil. Lesp. 62).

MANHANIE (LA), cⁿᵉ de Veyrines. — *Nemus vocat. la Manhenia*, 1455 (Périg. M. H. 41, 7).

MANHONIE, cⁿᵉ de Champsevinel. — *Bordaria de Manhonia*, 1460 (Lesp. 82, n° 4).

MANIGOT, h. cⁿᵉ de Turnac.

MANINIE (LA), h. cⁿᵒ de Saint-Léon-sur-Vézère (A. J.).

MANNION? cⁿᵉ de Montren. — *Mans. de Manhnon*, 1278 (Lesp. vol. 81, n° 36).

MANOBRE, sect. de la cᵗᵉ de Sainte-Mundane (cad.).

MANOIRE (LE), ruiss. de l'arrond. de Périgueux qui a sa source au pied de Thenon, coule de l'est à l'ouest, passe à Fosse-Magne, Saint-Antoine-d'Auberoche, Saint-Crépin, Saint-Pierre-de-Chignac, Saint-Laurent, longe la route de Périgueux à Lyon et va se jeter dans l'Ille. — *Manor* (pouillé, archipr. de la Quinte).

MANOU, éc. cⁿᵉ de Coursac (S. Post.). — Anc. rep. noble.

MANOU, lieu-dit, cⁿᵉ de Grand-Castang. — 1680 (Rec.).

MANOURIE (LA)? cⁿᵉ de Blis-et-Born. — *Mans. de la Manouria*, 1508 (M.).

MANSAC, éc. cⁿᵉ de Montignac-sur-Vézère (B.).

MANSAC, h. cⁿᵉ de Saint-Amand-de-Coly (B.).

MANUGRIE (LA), ruiss. qui sort du dépᵗ de la Haute-Vienne et se jette dans le Bandiat près de Varaigne.

MANZAC, cⁿᵉ, cᵒⁿ de Saint-Astier. — *Menzac*, 1243 (arch. du chap. de Saint-Astier). — *Manzac*, 1382 (P. V. M.). — *Manzacum*, 1471 (Dives, I, 175). Voc. Saint-Pierre. — Prieuré dont la maison était dans le bourg (Dives, I).

MANZAC, cⁿᵉ de Saint-Martin-de-Fressengeas. — *Manzacum*, 1450 (Lesp. Saint-Jean-de-Cole). Anc. rep. noble.

MARAFRER, h. cʰʳ de Chalais.

MARAFY, éc. cⁿᵉ de Vieux-Mareuil. — Anc. rep. noble.

MARAFY, forêt. — *Bois de Marrafy* (B.).

MARAGNAC, habit. cⁿᵉ de Serres-Eymet.

MARAGON, forêt *de Masragon*, 1503 (Mém. d'Albret). — Appartenait au comte de Périgord.

MARAGON (GRAND et PETIT), h. cⁿᵉ de Monesterol. — *Bordillum de Marrago*, 1335 (Lesp. 79).

MARAIS (LE), m. isolée, cⁿᵉ de Cussac (S. Post.).

MARAIS (LE), éc. cⁿᵉ de Mont-Caret (B.).

MARAIS (LE), éc. cⁿᵉ de Saint-Chamassy. — Anc. rep. noble.

MARAN, h. cⁿᵒ de Gaugeac. — 1678 (Acte not.).

MARANCET, h. cⁿᵉ de Bars.

MARANCHIE (LA), h. cʰʳ de Saint-Germain-des-Prés.

MARAT, h. cⁿᵉ de Beaussac (B.).

MARAVAL, h. cⁿᵉ de Coursac (S. Post.).

MARAVAL, h. cⁿᵉ de Saint-Médard-Mussidan (cad.).

MARAVAL (LES), lieu-dit, cⁿᵉ de Cladech (cad.).

MARAVAL (LES), lieu-dit, cⁿᵉ de Saint-Laurent-des-Hommes (cad.).

MARAVAU (MOULIN), cⁿᵉ de Nastringues (B.).

MARBOIS, h. cⁿᵉ de Sengeyrac (A. Jud.).

MARBU, h. cⁿᵉ de Saint-Pierre-d'Eyraud. — *Marbue*, 1639 (not. du Fleix).

MARBU? — *Boscus vocatus Marbu*, 1224 (prieuré de la Faye, Lesp. 33).

MARCARY, h. cⁿᵉ de Sainte-Radegonde.

MARCENEIX, h. cⁿᵉ de Sainte-Trie (S. Post.).

MARCHA? — *Brolium de la Marcha*, 1254 (cart. de Chancelade).

MARCHADIS (LE), h. cⁿᵉ de Vendoire.

MARCHAPT, h. cⁿᵉ de Savignac-les-Églises (A. Jud.).

MARCHAY, h. cⁿᵉ de Nojals (S. Post.).

MARCHEIBEIX (LES), h. cʰʳ d'Anlhiac (Cass.).

MARCHEIX (LE), h. cⁿᵉ de Saint-Laurent-du-Manoire.

MARCHEIX (LE), h. cⁿᵉ de Saint-Vincent-d'Exideuil.

MARCHES (LES), h. cⁿᵉ de Prigonrieu. — 1675 (Acte not.).

MARCILLAC, h. cⁿᵉ de Belvez. — *Marsillac* (B.).

MARCILLAC, cᵒⁿ de Saint-Pierre-de-Chignac. — *Hospitium de Marcillaco*, 1400 (Lesp. Homm.).

Anc. fief de la châtellenie d'Auberoche (arch. de Pau).

MARCILLAC-ET-SAINT-QUENTIN, cⁿᵉ, cᵒⁿ de Sarlat. — *Curia de Marciliaco*, 1053 (Gall. Chr. bulle d'Eugène III pour les possessions de l'abb. de Sarlat). — *Marcilhacum*, 1348 (Lesp. 15). — *Marsilhacum*, 1411 (Lesp. 37, Saint-Amand-de-Coly).

Coll. au xvᵉ siècle : l'abbé de Saint-Amand-de-Coly. Anc. rep. noble, relev. de la châtell. de Saint-Amand.

MARCILLAGUET, h: c^{ne} de la Canéda (S. Post.).

MARCILLAU (AU), lieu-dit, c^{ne} de Salon.

MARCINIE (LA), anc. fief, c^{ne} de Mensignac.

MARCODIE (LA), éc. c^{ne} de Douville.

MARCOMÉTERIE (LA), h. c^{ne} de Naillac (Cass.).

MARCONTAUX (LES), lieu-dit, c^{ne} de Fosse-Magne (A. Jud.).

MARCOUEL (MOULIN DE), c^{ne} de Beauregard-Terrasson.

MARCOUGNAS (LAS), lieu-dit, c^{ne} de Bourgnac. — 1760 (Acte not.).

MARCOUGNE (LA), h. c^{ne} d'Issac (cad.).

MARCOUDIVE (LE), ruiss. qui prend sa source à la Crayte, près d'Étouars, et se jette dans le Bandiat près de Teyjat.

MARÉGIE (LA), h. c^{ne} de Marsaneix.

MARÉGIE (LA), lieu-dit, c^{ne} de Naussanes. — 1490 (O. S. J.).

MARCEILLEDAS, h. c^{ne} de Saint-Angel (B.).

MAREIX (LE), h. c^{ne} de Saint-Médard-de-Gurson (B.).

MARESCOT (LE), ruiss. c^{ne} du Fleix (not. du Fleix).

MARET, h. c^{ne} d'Agonac (B.).

MAREUIL, ch.-l. de c^{on}, arrond. de Nontron. — *Maroll*, 1109. — *Maroill*, 1151 (cart. d'Uzerche). — *Marolium*, 1243 (Lesp. 78, Homm. à l'év. d'Angoul.). — *Monaster. Sancti Laurenti et cap. Sanctæ Mariæ* (pouillé du XIIIe siècle). — *Marolhum*, 1364 (Lesp. Châtell.). — *Mareulh*, XVIe siècle (Pau, Châtell.). — *Mareul-Neuf*, XVIe siècle. — *Mareuil-sur-Belle* (S. Post.).

Prieuré dép. de l'abb. de Brantôme.

Châtell. ayant le titre de première baronnie du Périgord et composée de 11 paroisses : Argentine, Beaussac, Gouts, les Graulges, la ville de Mareuil, Monsec, Pontarnaud, Sainte-Croix, Saint-Pardoux, Saint-Priest-de-Mareuil et Vieux-Mareuil.

MAREUIL, h. c^{ne} de Coursac.

MAREUIL, font. c^{ne} de Saint-Julien-de-Lampon. — *Fons de Maruelh*, 1429 (arch. de Fénélon).

MAREUIL, h. c^{ne} de Saint-Médard-de-Drone (B.).

MAREUIL (VIEUX-), h. c^{ne} de Mareuil. — *Vetus Marolium* (pouillé du XIIIe siècle). — *Eccl. de Veteri-Marcolo*, 1510 (Lesp. Confirm. en faveur de l'Église d'Angoulème). — *Vielh Mareulh*, XVIe siècle (Pau, Châtell.).

Pat. saint Pierre-ès-Liens; coll. l'évêque.

L'archiprêtré de Vieux-Mareuil se composait de 22 paroisses : Beaussac, Bourg-de-Maisons, Cercles, Champeaux, Chapdeuil, la Chapelle-Montabourlet, la Chapelle-Pommier, Connezac, Coutures, la Garde, les Graulges, Ladosse, Léguillac-de-Cercle, Mareuil, Monsec, Puyrenier, Rossignol, Sainte-Croix, Saint-Félix, Saint-Sulpice, la Tour-Blanche et Vieux-Mareuil (pouillé du XIIIe siècle).

MAREYNOU, dom. c^{ne} de Razac-sur-l'Ille (A. Jud.).

MAREYSSAL, terre, c^{ne} de la Mongie-Montastruc (A. J.).

MAREYTAS (LAS), h. c^{ne} de Burée (B.).

MARFAGE, h. c^{ne} de Saint-Amand-Vern. — 1602 (Acte not.).

MARFAUD (LE CAMP-DE), lieu-dit, c^{ne} de Besse (cad.). — *Malfaud* (ibid.).

MARFEUIL, anc. maison noble à Bergerac. — *Ostel de Marfeuil*, 1448 (Lesp.).

Donnée pour la fondation d'une chapelle à Saint-Jacques.

MARFON, éc. c^{ne} de Plazac.

MARGAROUX (ENCLOS DE), dom. c^{ne} des Lèches (A. Jud.).

MARGAROUX (LES), taillis de chênes, c^{ne} de Beaussac (A. Jud.).

MARGELY, h. c^{ne} de Douchapt.

MARGÈS, h. c^{ne} d'Ales (B.).

MARGNAC, h. c^{ne} de Cantillac. — Voy. MARNAC.

MARGNAC, lieu-dit, c^{ne} de Cornac (cad.).

MARGNAC, c^{ne} de Tocane.

MARGNERS (LES), taillis, c^{ne} de Saint-Michel-Mussidan (cad.).

MARGNOL, bois, c^{ne} de Sendrieux.

MARGOT, h. c^{ne} de Douchapt (B.).

MARGOT (LA), h. c^{ne} de Saint-Sernin-Issigeac (S. Post.).

MARGOT (ROC-DE LA-), lieu-dit, c^{ne} de Saint-Julien-de-Lampon (cad.).

MARGOTIE (LA), h. c^{ne} de Montagnac-d'Auberoche (Cass.).

MARGOTS (LES), h. c^{ne} de Sainte-Radegonde.

MARGOTTAS (LAS), h. c^{ne} de Millac, c^{on} de Thenon.

MARGOUGNES (LEY), lieu, c^{ne} d'Eymet.

MARGOUSIES (LES), ruiss. dans la c^{ne} de Sainte-Alvère. — *Rivus de las Margousias*, 1471 (arch. de la Gir. Couse).

MARGUILLER, terre, c^{ne} de la Mongie-Montastruc (A. Jud.).

MARIDOUX (LES), éc. c^{ne} de Rouffignac-Montignac (B.).

MARIE, ruiss. affl. du Caudou; il passe à Queyssac et à la Ribeyrie. — *Riu Mari*, 1455 (L. Noir, p. 45).

MARIGNOL, terre, c^{ne} de la Mongie-Montastruc (A. Jud.).

MARIMA ? c^{ne} de Sainte-Alvère. — *Mayn. de la Marima*, 1455 (L. Nof. p. 45).

MARIMONTS (LES), lieu-dit, c^{ne} de Thiviers (cad.).

MARIOTS (LES), h. c^{ne} de Biron (B.).

MARITOU, éc. c^{ne} de Château-l'Évêque (B.).

MARIVAU, h. c^{ne} de Marsac.

MARJAYSSOLS (LES), lieu-dit, c^{ne} de Ladornac (A. Jud.).

MARJOU, h. c^{ne} de Sainte-Aulaye.

MARLO ? c^{ne} de Trélissac. — *Mansus del Marlo*, 1230 (Périg. M. H. 41, 2).

MARMAIL, ruiss. c^{ne} de Saussignac (A. Jud.).

MARMALIMAT, éc. c^{ne} de Bouniagues. — *Marmelina* (A. Jud.).

MARMEIX (LE), h. c^{ne} de Romain-Nontron (S. Post.).

MARMET, h. c^{ne} de Razac-sur-l'Ille (A. Jud.). — Autrement *les Marmeix*.

MARMISSE-RUINÉE (LA), éc. c^{ne} de Puymangou.

MARMONT, h. c^{ne} d'Alas-l'Évêque.

MARMONTES? territoire autour de Cadouin, ayant eu le titre d'archiprêtré au XIIe siècle. — *Terra Marmontensis in qua fundatum est hoc cœnobium*, 1154 (consécrat. de l'église de Cadouin). — *Archipresb. de Marmuntes*, 1193 (Epist. 147 d'Innocent III). — *Marmontestesium*, 1273 (Homm. de Marg. de Turenne, Justel).

Au XIIIe siècle, ce nom d'archiprêtré n'existait plus et était remplacé par celui de Capdrot.

MARNAC, h. c^{ne} de Cantillac. — *Marnacum* (cart. de Chancelade). — *Marniac, Margnac* (A. Jud.).

Voc. Saint-Jean. — Prieuré dép. de l'abb. de Chancelade.

MARNAC, c^{nr}, c^{m} de Saint-Cyprien. — *Saint-Sernin-de-Marniac* (pouillé du XIIIe siècle). — *Marnacum*, 1365 (Lesp. 88, Châtell. de Berbig.).

Patron : saint Antoine ; coll. l'évêque. - - Prieuré séculier dép. de l'abb. du Bugue.

MARNAC, anc. fief, châtell. de la Tour-Blanche. — *Marnhac* (arch. de Pau).

MARNOIRE, ruiss. c^{ne} de Mont-Caret ; il coule du pont du Prieuré aux Palanques. — 1651 (terr. de Mont-Caret).

MAROC, h. c^{ne} de la Roche-Beaucourt.

MARONIE? c^{ne} de Fraysse. — *Mayn. de las Maronias*, 1460 (Reconn. de Fraysse, ch. Mourcin).

MARONIE (LA), h. c^{ne} d'Allemans. — *La Maronie*, 1754 (inv. de Ribérac).

MAROT, h. c^{ne} de Castel (B.).

MAROT, h. c^{ne} de Montravel.

MAROU, h. c^{ne} d'Issac.

MAROU, h. c^{ne} de Villefranche-de-Belvez (B.).

MAROU (LE), lieu-dit, c^{ne} de Carves (cad.).

MAROUATE, c^{ne} de Creyssac. — *Maroata*, 1303 (Lesp. vol. 51). — *Maroite*... (le Périg. ill.).

Anc. rep. noble. — Fief de la châtell. de Montagrier.

MAROUATE, forêt s'étendant à l'ouest du château, vers les bois de la Faye (B.).

MAROUTIE (LA), h. c^{ne} de Cours-de-Piles.

MAROUTINS (LES), h. c^{ne} de Saint-Aubin-de-Lenquais.

MAROUX, h. c^{ne} de Sainte-Alvère.

MAROUX, h. c^{ne} de Saint-Jean-d'Ataux.

MAROUX (LES), sect. de la c^{ne} de Grives (cad.).

MARQUAND, h. c^{ne} de Mandacou (B.).

MARQUAY, c^{ne}, c^{on} de Sarlat. — *Marquais* (pouillé du XIIIe siècle). — *Marquaysium*, 1320 (Lesp. Collat. de Jean XXII). — *Marcaych*, 1365 (*ibid.* Chât. de Comarque). — *Marquessium*, 1386 (*ibid.* 26, Homm.). — *Marcasium*, 1397 (*ibid.* Homm. à l'év. de Sarlat).

Second archidiaconé de l'év. de Sarlat. — Patron : saint Pierre-ès-Liens ; coll. l'évêque.

MARQUAY, h. c^{ne} de Chavagnac.

MARQUAY (LE), lieu-dit, c^{ne} de Condat-sur-Vézère.

MARQUE, éc. c^{ne} de Badefol. — *Then de Marcaissol*, 1243 (cens dû au seigneur de Badefol). — *Marquès* (cad.). — *Les Marques* (A. Jud.).

MARQUE-DE-BETOU (LA), h. c^{ne} de Marnac (B.). — *Mansus de la Marca*, 1459 (arch. de la Gir. Belvez).

MARQUEL (CLAUD DU), c^{ne} de Saint-Laurent-des-Bâtons (A. Jud.).

MARQUEMONT-LEZ-LENQUAIS, maison d'habit. bourg de Lenquais. — 1750 (terr.).

MARQUÈS, place à Périgueux. — *Quadrivium voc. del Marquès*, 1483 (Rec. de tit.).

MARQUÈS, h. c^{ne} de Pontours (S. Post.).

MARQUET, h. c^{ne} de Bergerac.

MARQUET, prés, c^{nes} de Lenquais et de Varennes. — *Las Marques*, 1603 (Acte not.).

MARQUETERIE (LA), dom. c^{ne} du Bugue (A. Jud.).

MARQUEY (LE), châtaigneraie, c^{ne} de la Douze (A. J.).

MARQUEYRIE (LA), lieu-dit, c^{ne} de Douville (cad.).

MARQUEYSIE, lieu-dit, c^{ne} de Belvez. — *Marquesie*, 1608 (terr. de l'archev. de Bordeaux).

Anc. fief.

MARQUEYSSAC, h. et m^{in}, c^{ne} de Saint-Pantaly-d'Ans. — *Marcaschacum*, 1337 (Lesp. vol. 27). — *Marquessac*, 1760 (Alm. de Guy.).

Anc. rep. noble ayant haute justice sur Brouchaud, Chourgnac, Montbayol, Sainte-Eulalie, Saint-Pantaly et Saint-Pardoux, 1760 (Alm. de Guy.).

MARQUEYSSAC, éc. c^{ne} de Vézac. — 1463 (Homm. à Saint-Cyprien, arch. de la Gir.).

Anc. rep. noble.

MARQUEYSSOL, lieu, c^{ne} de St-Romain-de-Montferrand.

MARQUISAT (LE), éc. c^{ne} d'Antone (B.).

MARQUISAT (LE), maison à Limeuil.

MARQUISSOU, h. c^{ne} de la Douze (A. Jud.).

MARROUX (LES), h. c^{ne} de Carves.

MARROUX (LES), h. c^{ne} de Fosse-Magne.

MARROUX (LES), c^{ne} de Montpeyroux. — *Les Marroux*, à présent *le Mathe-Colom*, 1602 (terr. de l'archev. de Bordeaux, 305).

MARS, sect. de la c^{ne} de Molières (cad.). — *Molend. de Marti*, 1460 (arch. de la Gir.).

Mans, anc. place à la Cité de Périgueux. — *Plesdura vocata de Marte, infra muros civitatis Petragoræ,* 1458 (Antiq. de Vésone, II, 188).

Mans, h. c^{ne} de Preyssac. — 1730 (Acte not.).

Mans, h. c^{ne} de Quinsac (S. Post.).

Mans, c^{ue} de Saint-Amand-de-Belvez. — *Factum de Martis,* 1462 (arch. de la Gir.).

Marsac, c^{ne}, c^{on} de Périgueux. — *Marszac,* 1181 (cart. de Chancelade).

Voc. Saint-Saturnin.

Fontaine renommée par l'intermittence de ses eaux, qui ne serait ni périodique ni réglée (Jouanet, *Statist. de l'arrond. de Périg.* 1819).

Marsac, h. c^{ne} de Brassac (S. Post.).

Marsaguet, h. c^{ne} de Razac-Saint-Astier. — Anc. rep. noble.

Marsal, h. c^{ne} de la Force (S. Post.).

Marsal, anc. place de Périgueux. — *Cofforcha de Marsal,* 1317 (Reg. de la Charité).

Marsal (El Bosc), dom. c^{ne} de Bergerac. — 1676 (Acte not.).

Marsal (Roq de), c^{ne} de Campagne. — 1756 (Mém. sur la seign. de Campagne).

Marsale (La), bois de châtaigniers, c^{ne} de la Boissière-d'Ans (A. Jud.).

Marsalès, c^{ne}, c^{on} de Montpazier. — *Marsalesium,* 1249 (arch. hist. de la Gir. t. X, p. 49). — *Burgus voc. Marsales,* 1286 (Lesp. 21, Belvez).

Patron : saint Loup; coll. l'év. — Anc. rep. noble.

Marsalet (Le), h. c^{ne} de Saint-Laurent-des-Vignes. — *Les Marsalès* (B.).

Marsaneix, c^{ne}, c^{on} de Saint-Pierre-de-Chignac. — *Marsanex* (pouillé du xiiie siècle). — *Marsaneys,* 1312 (Lesp. 26). — *Marsènes,* 1365.

Patron : saint Gilles; une des paroisses du Pariage. Anc. rep. noble avec haute justice sur la par. 1760 (Alm. de Guy.).

Marsaneix (Haut et Bas), h. c^{ne} d'Antone.

Marsau, h. c^{ne} de Besse (B.).

Marsaud-Gaillard, h. c^{ne} de Saint-Remy.

Marselingues (Les) ou Terres-Basses, lieu-dit, c^{ne} de Trémolac (A. Jud.).

Marsingeas, h. c^{ne} de Naillac (A. Jud.).

Marsol, h. c^{ne} de Montbazillac (A. Jud.).

Marsouille (La), c^{ne} de Paunac, tén. — 1730 (A. not.).

Marteaux, h. c^{ne} de Gagnac (B.).

Marteille ? c^{ne} de Chalagnac. — *Mayn. de la Martelia,* 1457 (L. Nof. 50).

Marteille, h. c^{ne} de Marsaneix.

Marteille, h. c^{ne} de Saint-Privat. — *Mayn. de la Martelia,* 1467 (O. S. J.).

Marteille (La), h. c^{ne} de Cercles.

Marteille (La), h. c^{ne} de Saint-Sulpice-de-Roumagnac (A. Jud.).

Marteille (La), h. c^{ne} de Vézac. — *La Martelle* (cad.).

Martel, h. c^{ne} de Bezenac (cad.).

Martel, h. c^{ne} de Mauzens (B.). — *Mansus de Martel,* 1463 (arch. de la Gir. Bigaroque).

Martel, c^{ne} de Sagelat. — *En cumba des Martel,* 1462 (arch. de la Gir. Belvez).

Martelie (La), h. c^{ne} de Grives (B.).

Marterie (La), h. c^{ne} de Mortemar. — *La Martaria,* 1409 (O. S. J.).

Martignas (Las), c^{ne} de Campsegret. — 1790 (A. not.).

Martignas (Las), m. isolée, c^{ne} de Mussidan (cad.).

Martigne (La), h. c^{ne} de Montagnac-de-Crempse (S. Post.).

Martigne (La), h. c^{ne} de Mouleydier (S. Post.).

Martigne (La), h. c^{ne} de Saint-Jory-de-Chalais. — *La Martignie,* 1745 (Acte not.).

Martigne (La), c^{ne} de Saint-Martin-des-Combes (A. Jud.).

Martigne (La), c^{ne} de Saint-Sauveur. — *Tenem. de la Martinia,* 1460 (L. Nof.).

Martil, h. c^{ne} de Chenau.

Martilie (La), mét. c^{ne} de Saint-André-Alas (A. Jud.).

Martillac, h. c^{ne} de Fosse-Magne. — *Castrum de Martilhaco,* 1483 (Généal. de Rastignac). — *Martilhac,* 1503 (Mém. d'Albret). — *Martilliac,* 1760 (Acte not.).

Anc. rep. noble.

Martillac, h. c^{ne} de Saint-Michel-l'Écluse.

Martillac, h. et m^{in}, c^{ne} de Villamblard.

Martine, h. c^{ne} de Verteillac.

Martine (Tertre de la), taillis, c^{ne} de la Chapelle-au-Bareil (A. Jud.).

Martines (Les), taillis, c^{ne} de Marcillac (A. Jud.).

Martinet (Le), c^{ne} de Bergerac. — 1675 (Acte not.).

Martinet (Lu), terre, c^{ne} de Varennes. — *Al Martinet,* 1675 (Acte not.).

On y a trouvé d'anciennes substructions et des recoupures de métal de Lillon.

Martinie (La), h. c^{ne} d'Agonac (B.).

Martinie (La), c^{ne} de Bourrou. — *Maynam. de la Martinia,* 1460 (Dives, g. E.).

Martinie (La), c^{ne} de Campsegret. — *Tenem. de la Martinia,* 1485 (ch. Mourcin).

Martinie (La), c^{ne} de Cornille. — Anc. rep. noble (inv. de Lanmary).

Martinie (La), c^{ne} d'Église-Neuve. — *Mayn. de la Martinia,* 1479 (coll. de Lenq. la Balbie).

Martinie (La), h. c^{ne} de Liorac. — *Mansus de la Martinia,* 1478 (Liv. Noir, 33). — *La Martignie,* 1721 (Acte not.).

Martinie (La), h. c^ne de Lisle (S. Post.).

Martinie (La), lieu-dit, c^ne de Manzac-Saint-Astier (Dives).

Martinie (La), c^ne de Mensignac. — *Feudus de la Martinia*, 1312 (Lesp. 26, Homm.).

Martinie (La), h. c^ue de la Mongie-Montastruc.

Martinie (La), bourg, c^ne de Sainte-Alvère. — *Solum de la Martinia prope eccl. de Sancta Alvera*, 1459 (Liv. Noir).

Martinie (La), h. c^ne de Saint-Martin-de-Fressengeas. — 1749 (Acte not.).

Martinie (La), c^ne de Saint-Pierre-de-Cole (O. S. J.). — Dép. de la comm^rie de Puymartin.

Martinie (La), c^ne de Saint-Sauveur-Bergerac. — *Tenementum de la Martinia*, 1472 (Liv. Noir).

Martinie (La), c^ne de Sargeac. — *Mansus de la Martinia*, 1490 (O. S. J.).

Martinie (La), h. c^ne de Ségonzac. — Anc. rep. noble.

Martinière (La), c^ne de Chantérac. — 1477 (inv. du Puy-Saint-Astier).

Martinières (Les), c^ne de Champagne. — *Martigneras*, 1460 (O. S. J.).

Martinies (Les), h. c^ne de la Douze (A. Jud.).

Martinies (Les), h. c^ne de Montren. — *Mayn. de las Martinias*, 1467 (Dives, I).

Marton, h. c^ne de Vallereuil. — 1317 (Lesp. 51).

Martonie (La), h. c^ne de Millac-Nontron (S. Post.). — *La Marthonie* (B.).

Martonie (La)? c^ne de Monesterol. — *Mayn. de la Martonia*, 1335 (Lesp. 79).

Martonie (La), c^ne de Saint-Pierre-de-Cole. — Anc. rep. noble.

Martonie (La), c^ne de Thiviers. — *Locus de la Martonia*, 1439 (Généal. de Rastignac). — Anc. rep. noble.

Martonie, h. c^ne de Bosset (S. Post.).

Martonie, h. c^ne de Celle.

Martonie, c^ne des Lèches. — *Maynem. de la Martorie*, 1470 (Lesp. vol. 93, n° 19).

Martres (Combe-des-), lieu-dit, c^ne de Saint-Félix-de-Villadeix. — 1670 (Acte not.).

Martres (Les), h. et m^in, c^ne de Marquay.

Martres (Les), h. c^ne de Montazeau (S. Post.).

Martres (Les), c^ne de la Roche-Beaucourt.

Martres (Les), c^ne de Saint-Laurent-des-Vignes. — Vill. de *Martras*, 1744 (Acte not.).

Marty-Chandou, h. c^ne de Saint-Aubin-de-Lenquais.

Marvalies (Les), h. c^ne de Saint-Germain-des-Prés (A. Jud.).

Marville, éc. c^ne de Prigonrieu.

Marvol, h. c^ne de Bourdeilles.

Marzac, h. c^ne de Tursac. — *Marzac* (cart. du Bugue). — *Domus de Marsaco*, 1400 (Lesp. Homm. au duc d'Orléans à Montignac). — Anc. rep. noble.

Marzac (Petit-), anc. rep. noble en ruines, c^ne de Tursac.

Marzat, h. c^ne de Monesterol.

Mas (Le), h. c^ne d'Agonac (B.).

Mas (Le), h. c^ne d'Archignac (B.).

Mas (Le), h. c^ne de Biras (B.).

Mas (Le), h. c^ne de Bouniagues (B.).

Mas (Le), h. c^ne de Calviac (B.). — *Mansus voc. le Mas*, 1486 (arch. de Paluel).

Mas (Le), h. c^ne de Carves (B.).

Mas (Le), c^ne de Corgnac. — *Mayn. de Manso*, 1362 (Lesp. 80).

Mas (Le), c^ne de Couse. — *Mansus del Mas alias de Louptrolo*, 1468 (coll. de Lenq.). — *Louptrote, sive d'Escouloup*, 1564 (terr. de Couze). — *Les Escaloux* (B.).

Mas (Le), h. c^ne de Grignol, 1484. — *Mayn. del Mas* (Dives, I, 99).

Mas (Le), h. c^ne de Jumillac-le-Grand (B.).

Mas (Le), c^ne de Larzac. — *Factum de Manso*, 1462 (arch. de la Gir.).

Mas (Le), c^ne de Queyssac, 1460. — *Bor. del Mas*, 1465 (L. N. 45). — Anc. rep. noble.

Mas (Le), h. c^ne de Sainte-Alvère. — *Pecia terræ voc. lo Mas*, 1454 (L. Nof. 29).

Mas (Le), éc. c^ne de Saint-Front-d'Alemps (S. Post.).

Mas (Le), dom. c^ne de Saint-Jean-d'Estissac. — *May. de Manso*, 1300 (Périg. M. H. 41, 3).

Mas (Le), c^ne de Saint-Julien-de-Crempse.

Mas (Le), c^ne de Saint-Marcory. — *Mansus del Mas Sancti Mercorii*, 1459 (arch. de la Gir.).

Mas (Le), c^ne de Saint-Martial-d'Artensec. — 1744 (Acte not.). — Anc. rep. noble.

Mas (Le), maison noble du xiiie siècle, sise au bourg de Saint-Privat. — *Mayn. de Manso*, 1280 (arch. de la Gir.).

Mas (Le), h. c^ne de Saint-Quentin-Marcillac (A. Jud.).

Mas (Le), h. c^ne de Saint-Sauveur. — *Maynam. voc. lo Mas*, 1463 (L. Nof. 65).

Mas (Le), h. c^ne de Saint-Sernin-de-l'Herm (B.).

Mas (Le), h. c^ne de Valeuil (S. Post.).

Mas (Le Grand-), h. c^ne de Chalais (B.).

Mas-Adreix (Le), h. c^ne de Sarlande (B.).

Masaly, h. c^ne de Millac-de-Nontron (B.).

Mas-Astayrenc (Le)? c^ne d'Allemans, 1228 (terr. de l'O. S. J.).

Mas-Aubert (Le), h. c^ne de la Gemaye (B.).

Mas-au-Comte (Le), h. c^ne de Payzac.

Mas-Augier? c^ne de Saint-Germain-du-Salembre. — *Mas Augier*, 1297 (Lesp. 52, Mellet).

Masaurie, c^be de Queyssac. — *Tenentia de la Masauria*, 1470 (Liv. Noir).

Mas-Baronet, h. c^ae de Campagnac-lez-Quercy (B.).

Mas-Bas (Le), h. c^ne de Manaurie.

Mas-Beroux (Le), h. c^ns de Saint-Saud (B.).

Mas-Bonet, m^in sur la Beaurone, c^ne de Saint-Jean-d'Astaux. — 1280 (inv. du Puy-Saint-Astier).

Mas-Buisson (Le), h. c^ne de Saint-Jean-d'Estissac.

Mas-Bunel, h. c^ne de Fougueyrolles. — Autrement *Dauphelle* (S. Post.).

Mascaud, dom. c^ne de Sainte-Natalène (A. Jud.).

Mascaud (Les), terre, c^te de Sarlat (A. Jud.).

Mas-Chevalier (Le), éc. près de Sarlat.

Mas-Coulet, éc. c^ne de Saint-Crépin-Carlucet (A. Jud.).

Mas-Coutans (Le), h. c^ne de Sarlande (B.).

Mas-d'Anglars, c^ne de Négrondes. — 1620 (Not. de Vill.).

    Anc. rep. noble.

Mas-de-Brugières? c^ne de Saint-Martin-le-Peint. — *Mas de Brugeriis*, 1255 (Lesp. 62, Nontron).

Mas-de-Cause, sect. de la c^ne de Daglan (cad.).

Mas-de-Forgas? c^ne de Lussas-et-Nontronneau. — *Mas de Forgas*, 1255 (Lesp. Nontron).

Mas-de-la-Fon, c^ne de Bersat-Beauregard. — *Rivus voc. del Mas de la Fon*, 1460 (O. S. J.).

Mas-de-la-Garde, h. c^ne du Bugue. — 1521 (Acte not.).

Mas-de-la-Peyzie, c^ne d'Auberoche. — 1400 (Lesp. Homm. fait à Auberoche).

Mas-de-la-Roche, h. c^ne de Nontron.

Mas-de-la-Roque, h. c^ne de Saint-Martin-des-Combes. — 1766 (Acte not.).

Mas-de-las-Chabras, bois, c^ne de Saint-Avit-de-Vialar. — 1510 (Lesp. 65).

Mas-de-la-Serre, h. c^ne de Brantôme (B.).

Mas-del-Sartre, h. c^ne de Nadaillac.

Mas-de-Pons? c^ne de Neuvic. — *Mansus voc. le Mas de Pons*, 1471 (Dives, I, 69).

Mas-de-Poyot? c^ne de Sendrieux. — *Maynem. del Mas Poyoti*, 1634 (Larm. Brugière).

Mas-de-Rauzet (Le), éc. c^be de Naussanes.

Mas-de-Saint-Sardos, c^ne de Sales-de-Carves. — *Mas de Sant Sardos*, 1462 (arch. de la Gir.).
    Fief du recteur de Belvez.

Mas-de-Tenchoux, h. c^ne de Vaunac.

Mas-de-Trencha-Peyra, c^ne de Saint-Martin-le-Peint. — 1255 (Reconn. de P. Tizonis, Lesp. 62).

Mas-de-Valette, c^ne de Saint-Martial-de-Valette. — 1255 (Lesp. 62, Nontron).

Mas-du-Bost, h. c^ne de Saint-Paul-de-Lisone.

Mas-du-Puy, c^ne de Manzac. — *Mas del Puey*, 1496 (Dives, II, 11).

Masduran, h. c^ne de Saint-Pierre-d'Eyraud. — *Mansus Durandi*, 1345 (ch. Mourcin). — *Masus Durandi*, 1499 (coll. de Lenq.).
    Anc. rep. noble.

Mas-Ecclésiastique? c^ne de Chancelade. — *Mansus ecclesiasticus* (cart. de Chancelade).

Mas-Eymeric? c^ne de Sainte-Orse. — *Mas Eymeric*, 1470 (terr. de Vaudre).

Mas-Gerimenh, c^ne de la Cropte. — 1367 (Lesp. 60, la Cropte).

Mas-Giraud, h. c^ne de Fougueyrolles (B.).

Mas-Goubert, h. c^ne de Mialet (S. Post.).

Mas-Goubert, lieu-dit, c^ne de Peyrignac. — *Mas Gaubert* (cad.).

Mas-Gouteyren (Le), h. c^ne de Saint-Jean-d'Estissac. — 1692 (Acte not.).

Mas-Grimoard, c^ne de la Cropte. — 1347 (Lesp. 60, la Cropte).

Mas-Janeau (Le), h. c^ne de Nantiat (B.).

Mas-Jaubert, sect. de la c^ne de la Gemaye (cad.).

Masjondin, h. c^ne de Chancelade. — Autrement *Fromental* (A. Jud.).

Mas-Jouan, h. c^ne de Fougueyrolles (B.).

Mas-Lambert? c^ne de Salon. — *Tenentia de Mas Lambert*, 1465 (Lesp. Homm.).

Mas-la-Peyre, c^ne de Campagnet. — 1751 (Mém. sur la seign. de Campagne).

Mas-Lavaux, h. c^ne d'Angoisse (B.).

Mas-la-Vergne, h. c^ne de Saint-Vincent-de-Paluel (B.).

Mas-le-Rousset, h. c^ne de Sarlande (B.).

Mas-Loubier, h. c^ne de la Nouaille (B.).

Mas-Mayzen, c^ne de Marsac. — *Mas Mayzen*, 1570 (cart. de Chancelade).

Mas-Montet, h. c^ne de Vélines (B.).

Mas-Moysset, c^ne de Saint-Mayme-de-Péreyrol. — *Mas Moysset*, 1510 (M.).

Mas-Nègre (Le), h. c^ne d'Église-Neuve-d'Eyraud. — *Mannègre*, 1760 (Acte not.).
    Plateau ayant 163 mètres d'altitude.

Mas-Nègre (Le), c^ne de Valojoux. — *El Mas Negre*, 1496 (O. S. J. Sargeac).
    Anc. rep. noble relevant de la comm^rie de Condat.

Mas-Neuf (Le), bourg du Fleix. — *Maison noble*, 1618 (not. du Fleix).

Mas-Neuf (Le), h. c^ne de Saint-Pierre-de-Chignac (A. Jud.).

Mas-Neuf (Le), h. c^ne de Saint-Saud (Acte not.).

Mas-Perdu, lieu-dit, c^ne d'Urval (cad.).

Mas-Poitevin (Le), lieu, c^ne de Saint-Vincent-de-Connezac. — Anc. rep. noble, 1543.

MAS-RÉAL, éc. c^{ne} de Saint-Laurent-du-Manoire (B.).

MAS-RECHIC? c^{ne} de Saint-Laurent-du-Manoire. — *Lo Mas Rechico*, 1591 (ch. Mourcin).

MAS-REYNOU (LE), c^{ne} de Razac-sur-l'Ille. — Anc. rep. noble.

MAS-ROBERT, éc. c^{ne} de Vitrac (cad.).

MAS-ROBERT? — *Domus Mansi Roberti*, 1245 (cart. de Ligueux).

Prieuré dépend. de l'abb. de Ligueux.

MAS-ROUSSET? c^{ne} de Saint-Astier.— *Lou Mas Rousset*, 1510 (inv. du Puy-Saint-Astier).

MAS-ROUSTIC, c^{ne} de Saint-Astier. — *Mas Rustie*, 1510 (inv. du Puy-Saint-Astier).

MASSAC, h. c^{ne} de Servanches.

MAS-SAINT-GEORGES (LE), c^{ne} de Périgueux? — *Mansus Sancti Georgii*, 1399 (arrêt contre Archambaud V).

MASSAVIT, h. c^{ne} de Mialet (S. Post.).

MASSERIES (LES), c^{ne} de Campsegret. — *Las Masserias*, 1693 (Acte not.).

MASSERIES (LES), h. c^{ne} de Montagnac-la-Crempse. — *Las Masserias*, 1661 (Acte not.).

MASSIGNE (LA), lieu-dit, c^{ne} de Bourgnac (cad.).

MASSIGNE (LA), c^{ne} de Villamblard. — *Nemus voc. Massinhene*, 1457 (ch. Mourcin).

MASSOUBRAS, h. c^{ne} de Millac-d'Auberoche. — 1667 (Acte not.).

MASSOULEY, h. c^{ne} de Besse (cad.).

MASSOULHS, mét. c^{ne} d'Aubas. — Autrement *Felets* (Lesp. Montignac).

MASSOULIE (LA), bois, m^{in} et dom. c^{ne} de Bourrou. — *Tenentia de la Massolia*, 1474 (Dives, E.).

MASSOULIE (LA), anc. maison noble dans le fort de Grignol. — *Hospitium de la Massolia*, 1406 (Lesp. Massole).

MASSOULIE (LA), h. c^{ne} de Mensignac (B.).

MASSOULIE (LA), éc. c^{ne} de Proissans (S. Post.).

MASSOULIE (LA), h. c^{ne} de Saint-Astier.

MASSOUNIE (LA), h. c^{ne} de Condat-sur-Vézère. — *La Machonia*, 1528 (O. S. J. Condat). — *Massorie* (B.).

MASSOUX (LES), h. c^{ne} de Saint-Aubin-de-Cadelech (B.).

MAS-VALEIX, h. et forge sur la Valouse, c^{ne} de Chalais. — Anc. rep. noble, ayant haute justice sur la paroisse, 1760 (Alm. de Guy.).

MAS-VILLARD, c^{ne} de Léguillac (inv. du Puy-St-Astier).

MAT (LA), lieu-dit, c^{ne} de Montpeyroux (A. Jud.).

MATEGUERRE, la seule tour qui subsiste de l'enceinte de Périgueux; la première pierre fut posée en mai 1470 (arch. de Périgueux).

MATELINS (LES), h. c^{ne} de Montravel (B.).

MATEBORSE, terre, c^{ne} de Couse (cad.).

MATINIE (LA), c^{ne} de Faux. — *Tenem. de la Mathinia, las Mathinias*, 1499 (coll. de Lenq.).

Ce ténement, qui était de la fondalité de Lenquais, confrontait au mas des Pailloles.

MATIVIE (LA), h. c^{ne} de Saint-Julien-de-Lampon. — *Mas de la Matavie*, 1479 (arch. de Fénélon).

MATIVIES (LES), h. c^{ne} de Sainte-Natalène. — *Mathevies* (cad.).

MATRAS (LAS), h. c^{ne} de Fosse-Magne.

MATRAULLET, h. c^{ne} d'Abjat (B.).

MATTAS (LAS), lieu-dit, c^{ne} d'Issigeac (cad.).

MAUBONNET (LE), lieu-dit, c^{ne} de Sourzac (cad.).

MAUBOURGUET, anc. nom du faubourg de Bergerac qui s'étend du côté de la route de la Linde. — *Malbourguet, Malburguet*, 1668 (not. de Bergerac).— *Cleyrac*, 1734 (*ibid.*).

MAUBOURGUET? terre, c^{ne} de Saint-Germain-et-Mons. — *Al Mabourguet*, 1606 (Acte not. Confronte au chemin de Saint-Germain à Saint-Aigne).

MAUBURADE, c^{ne} de Saint-Michel, c^{on} de Montpont. — Anc. rep. noble, 1740 (Acte not.).

MAUCHAPT (LE), h. c^{ne} de Saint-Martin-de-Fressengeas. — *Mauchat*, 1745 (Acte not.).

MAUCITÉ, h. c^{ne} de Champagnac-de-Belvez (B.).

MAUCONTY, h. c^{ne} de Beaussat (cad.).

MAUGIGNAC, c^{ne} de Mortemar. — 1668 (O. S. J.).

MAUGORSE? c^{ne} de Sainte-Alvère. — *Molend. de la Maugorsia*, 1462 (arch. de la Gir.).

MAUHONIE? c^{ne} de Blis-et-Born. — *Maynam. de la Mauhonia*, 1509 (ch. Mourcin).

MAUJU, éc. c^{ne} de Fraysse (B.).

MAULARDIER, h. c^{ne} de Burée-et-Bertric.

MAUMASSON, h. c^{ne} de Verteillac (cad.).

MAUMONT, h. c^{ne} d'Hautefort. — *Prepositura de Malo Monte*, 1556 (panc. de l'év. de Périgueux). — *Malmon*, 1621 (O. S. J.).

Anc. prieuré.

MAUMONT, h. c^{ne} de Millac-de-Nontron.

MAUPAS, h. c^{ne} de la Motte-Montravel. — Anc. rep. noble situé à l'endroit où eut lieu la bataille de Castillon en 1453 (archev. de Bordeaux, n° 305).

MAUPAS (LE), sect. de la c^{ne} d'Issac (cad.). — Anc. rep. noble.

MAUPAS (LE), h. c^{ne} de Saint-Germain-et-Mons. — 1602 (Acte not.).

MAUPAS (LE), c^{ne} de Villamblard. — *Mau Pas*, autrement *Al-Rayssé*, 1620 (Acte not.).

MAUPAS (LES), lieu-dit, c^{ne} de Vern (cad.).

MAUPUY, h. c^{ne} de Savignac-Nontron (S. Post.).

MAURANDIE (LA), h. c^{ne} de Chancelade. — *En la Maurandia*, 1344 (ch. Mourcin).

MAURANDIE (LA), h. c^{ne} de Saint-Paul-la-Roche.

MAURANDIE (LA), h. c^{ne} de Saint-Pierre-de-Chignac (A. Jud.).

MAURE (LA), lieu près de Campagnac, c⁰ⁿ de Vern.

MAURE (LA), h. cⁿᵉ de Campsegret (A. Jud.).

MAURE (LA), lieu-dit, cⁿᵉ de Lenquais.

MAURECOUR, cⁿᵉ de Saint-Vincent-de-Cosse. — Anc. rep. noble relev. de Beynac.

MAUREGIUM? lieu, dans les environs de Thiviers, où, selon le bréviaire de Sarlat, saint Avit, venant en Périgord, aurait séjourné quelque temps. Peut-être le même que *Malrigia*? (Voy. ce nom.)

MAURELADE, lieu-dit, cⁿᶜ de Condat-sur-Vézère. — *Morelade* (cad.).

MAURELIE (LA), cⁿᵉ de Cornille. — *Morelie* (B.).

MAURELIE (LA), éc. cᵉˢ de Mareuil. — *Morelie* (S. Post.).

MAURELIE (LA), éc. cⁿᵉ de Plazac.

MAURELIE (LA), h. cⁱᵉ de Saint-Cyprien.

MAURELIEYRAS, h. cⁿᵉ de Quinsac (B.).

MAURELIEYRAS, h. cⁿᵉ de Saint-Angel. — *Maureillères* (B.).

MAURELLOUX, h. cⁿᵉ de Saint-Apre (B.).

MAURELS? cⁿᵉ de Beaurone. — *Mol. de Maurels*, 1143 (cart. de Chancelade).

MAURÉNIE (LA), h. cⁿᵉ de Ladornac. — *La Morénie* (cad.).

MAURÉNIE (LA), lieu-dit, cⁿᵉ de Sainte-Alvère (cad.).

MAURÉNIE (LA), lieu-dit, cⁿᵉ de Sainte-Foy-de-Longa. — 1676 (Acte not.).

MAURENS, cᵏᵉ, cⁿ de Villamblard. — *Sancta Maria de Marenes* (pouillé du XIIIᵉ siècle). — *Maurencum*, 1365 (Lesp. Châtell. de Bergerac). — *Maurenx*, *Maurenxs*, 1382 (P. V. M.). — *Mourens*, 1680 (not. de Bergerac).

Anc. châtellenie, dépendant d'abord de celle de Bergerac; au XVIᵉ siècle elle renfermait les paroisses de Genestet, Lembras, Maurens, Queyssac, la Veyssière, et partie de Campsegret et de Sainte-Foy (Pau, Châtell. du Périg.).

MAURENS, h. cⁿᵉ de Montbazillac. — *Fon de Maurens*, 1467 (terr. O. S. J.).

MAURENY (BOIS), lieu-dit, cⁿᵉ de Proissans (cad.).

MAURET, h. cⁿᵉ de Saint-Front-d'Alemps (S. Post.).

MAURETIE, lieu-dit, cⁿᵉ de Sarlat.

MAURETIE (LA), h. cⁿᵉ de la Canéda.

MAURETIE (LA), lieu-dit, cⁿᵉ de Cherveix (cad.).

MAURETIE (LA), h. cⁿᵉ de la Cropte (A. Jud.).

MAURETIE (LA), h. cⁿᵉ de Saint-Privat, cⁿ de Sainte-Anlaye.

MAURÉZIE (LA), h. cⁿᵉ de la Chapelle-Grésignac (S. Post.).

MAURIAC, h. cⁿᵉ de Douzillac. — *Mota de Mauriac*, 1258 (cart. de Chancel.). — *Castrum de Mouriaco*, 1262 (Lesp. 96, n° 12). — *Moriac*, 1660 (A. not.). Anc. rep. noble sur le bord de l'Ille.

MAURIAC, lande, cⁿᵉ de Saint-Aquilin (cad.).

MAURIAL, lieu-dit, cⁿᵉ de Molières (cad.).

MAURIAL, taillis, cⁿᵉ de Saint-Avit-Sénieur. — 1648 (Acte not.).

MAURIAL (LE), terre, cⁿᵉ de Trémolac. — Autrement *la Baudonie* (A. Jud.).

MAURIAT, h. cⁿᵉ de Verteillac.

MAURICHOUX (LES), cⁿᵉ de Creysse. — 1705 (not. de Bergerac).

MAURIGNAC, lieu-dit, cⁿᵉ de Douville (cad.). — *Maurillac*.

MAURIGNE (LA), h. cⁿᵉ de Razac, cⁿ de Sigoulès.

MAURIGOU, h. cⁿᵉ de Bergerac.

MAURILLAC, h. cⁿᵉ de Flaugeac. — *Maurelhac*, 1363 (Homm. au prince de Galles à Bergerac). — *Maurilhac* (not. de Bergerac).
Anc. rep. noble.

MAURILLOUX (LES), h. cⁿᵉ de Trélissac (S. Post.).

MAURIMONT, lieu-dit, cⁿᵉ de Prats-de-Carlux (cad.).

MAURINET? cⁿᵉ de Maurens. — *May. de la Maurynia*, 1370 (Lesp. 52).

MAURINET, lieu-dit, cⁿᵉ de Saint-Pardoux-la-Rivière (cad.).

MAURIS (LES), mét. cⁿᵉ de Couse.

MAURIS (LES), h. cⁿᵉ de Naussanes. — 1745 (Acte not.).

MAURISSONE (AU), lieu-dit, cⁿᵉ de Queyssac (cad.).

MAURIVAL, h. cⁿᵉ de Salignac.

MAURIVAL (HAUT et BAS), h. cⁿᵉ de Condat sur-Vézère (S. Post.). — *Maurival*, 1451 (O. S. J. Condat).

MAURON (LE), h. cⁿᵉ de Born (Cass.).

MAURONIE (LA), h. cⁿᵉ de Mayac.

MAURONIE (LA), h. cⁿᵉ de Sarrazac.

MAUROU (LE), éc. cⁿᵉ de Biron (B.).

MAUROU (LE), ruiss. affl. du Drot, dont la source est aux Gabarroux, cⁿᵉ d'Eyrenville.

MAUROUSSIE, h. cⁿᵉ de Couse. — *Maurussie*, 1743 (Acte not.).

MAUROUSSIE, h. cⁿᵉ de Saint-Jory-de-Chalais (B.).

MAUROUTY, h. cⁿᵉ de Beaussat (B.).

MAUROUX, h. cⁿᵉ de Campsegret (S. Post.).

MAUROUX, m. isolée, cⁿᵉ d'Eyrenville (S. Post.).

MAUROUX, éc. cⁿᵉ de Trélissac.

MAUROUX (BOIS), lieu-dit, cⁿᵉ de Proissans (cad.).

MAUROUX (FONTAINE DE), lieu-dit, cᵉ de Terrasson (cad.).

MAUROUX (GRAND-), h. anc. dioc. de Sarlat, cⁿᵉ de Castillonès. — *Mansus Maurinent juxtà ripam Droti*, 1179 (cart. de Cadouin).
Anc. prieuré établi par l'abb. de Cadouin dans le terrain donné par G. de Mons.

MAUROUX (LE), papeterie sur l'Ille, cⁿᵉ de Nantiat.

MAUROUX (LES), h. cⁿᵉ de Blis-et-Born (A. Jud.).

MAUROUX (LES), châtaigneraie, cⁿᵉ de Cherveix (A. Jud.).

Maunoux (Les), h. c^ne de Liorac. — 1725 (not. de Mouleydier).

Maury, h. c^ne de Saint-Jory-de-Chalais.

Maury, h. c^ne de Saint-Sulpice-d'Exideuil (S. Post.).

Mausset (Le), h. c^ne de Montfaucon.

Mauval (Le), lieu-dit, c^ne de Sainte-Alvère (cad.).

Mauvert, h. c^ne de Vert-de-Biron (S. Post.).

Mauvoisin (Combe-de-), c^ne de Saint-Martin-de-Fressengeas (cad.).

Maux, m. isolée, c^ne de Monbos (S. Post.).

Mauzac, réuni à Saint-Mayme-de-Rozan, c^ne, c^on de la Linde. — Mauzac, 1382 (P. V. M.). —Mausacum, 1471 (terr. de l'archev. de Bordeaux).

    Voc. Saint-Roch.

    Lieu où commence le canal latéral de la Dordogne, qui s'étend jusqu'à Tuilière.

Mauzac, h. c^ne de Saint-Martin-de-Fressengeas.

Mauzen, lieu-dit, c^ne de Tursac (cad.).

Mauzens, réuni à Miremont, c^ne, c^on du Bugue — Mauzen (cart. du Bugue). — Mauzens (pouillé du xiiie siècle). — Mozens, 1333 (Gall. Chr. Saint-Cyprien). — Mouzens, xvie siècle (Pau, Châtell. de Bigaroque).

    Voc. Saint-Martin.

    Anc. rep. noble.

Maximmen, h. c^ne de Biron (B.).

Mayac, c^ne, c^on de Savignac-les-Églises. — Sanctus Saturninus de Majac, 1120 (cart. de Tourtoirac). — Mayacum (pouillé du xiiie siècle).

    Patron : saint Saturnin; coll. l'évêque.

    Anc. rep. noble, ayant haute justice sur la par. 1760.

Mayac, lieu, c^ne d'Archignac.

Mayac, c^ne d'Azerat. — Mansus de Mayaco, 1455 (Lesp. 95, n° 110).

    Anc. fief, châtell. d'Ans (arch. de Pau).

Mayac, éc. c^ne de Bourg-du-Bost (B.).

Mayac, bois, c^ne d'Eyliac (A. I.).

Mayac, éc. c^ne de Fougueyrolles (B.).

Mayac, h. c^ne de Grignol. — Mansus de Mayac, 1300 (Périg. M. H. 41, 3). — Mol. de Mayaco, 1490 (Dives, II, 50).

Mayac, éc. c^ne de Millac-de-Nontron.

Mayac, c^ne de Trélissac. — Mansus de Mayac, 1258 (Lesp. 34).

Mayac, lieu-dit, c^ne de Villetourcix (cad.).

Mayade, c^ne d'Ales. — Las Mayades, 1777 (Acte not.).

Mayade, c^ne de Chantérac.— 1538 (Lesp. 60, la Cropte).

Mayade, c^ne de Neuvic.

Mayade, h. c^ne de Plazac.

Mayat, h. c^ne de Payzac, c^on de la Nouaille.

Mayet, lieu-dit, c^ne de Saint-Médard-Mussidan (cad.).

Mayets (Les), h. c^ne de Saint-Perdoux-Issigeac (A. Jud.).

Mayguinie (La)? c^ne de Grun. — Mayn. de la Mayguinia, 1499 (arch. de Périgueux).

Maynar, c^ne de Villac. — Mans. de Mainar, 1500 (O. S. J.).

Maynard (Le), éc. c^ne de Saint-Germain-de-Salembre (A. Jud.).

Maynardie (La), c^ne de Lusignac. — Maynam. de la Maynardia, 1280 (O. S. J.).

Maynassé, dom. c^ne de Biras (A. Jud.).

Mayne (Le), éc. c^ne d'Antone (B.).

Mayne (Le), h. c^ne de Biras (B.).

Mayne (Le), h. c^ne de Carsac-Villefranche (B.).

Mayne (Le), h. c^ne de Chancelade. — Maine (A. Jud.).

Mayne (Le), h. c^ne de la Chapelle-Saint-Jean (A. Jud.).

Mayne (Le), h. c^ne de Chassagne. — Autrement le Volveix, 1603 (O. S. J.).

Mayne (Le), h. c^ne de Clermont-de-Beaurey (B.).

Mayne (Le), dom. c^ne de Cubjac (A. Jud.).

Mayne (Le), h. c^ne de Cunéges (B.).

Mayne (Le), h. c^ne de Cussac (B.).

Mayne (Le), vill. c^ne de Douchapt (B.).

Mayne (Le), h. c^ne de Fosse-Magne (A. Jud.).

Mayne (Le), h. c^ne de Gageac (B.).

Mayne (Le), h. c^ne de la Gemaye (B.).

Mayne (Le), h. c^ne de Lenquais. — Autrement lou Crouzillou, 1603 (Acte not.).

Mayne (Le), éc. c^ne de Montagrier (B.).

Mayne (Le), h. c^ne de Mont-Caret (B.).

Mayne (Le), h. c^ne de Prats-de-Belvez (B.).

Mayne (Le), h. c^ne de Sainte-Alvère (B.).

Mayne (Le), vill. c^ne de Saint-Germain-du-Salembre.

Mayne (Le), h. c^ne de Saint-Pardoux-la-Rivière.

Mayne (Le), vill. c^ne de Saint-Pompon.

Mayne (Le), h. c^ne de Saint-Victor (B.).

Mayne (Le), h. c^ne de Sarlat (B.).

Mayne (Le), éc. c^ne de Siorac-Ribérac (B.).

Mayne (Le Pey-du-), h. c^ne de Douchapt (B.).

Mayne-Baneau (Le), h. c^ne de Menesplet.

Mayne-Boucaud, h. c^ne de Minzac (A. Jud.).

Mayne-Bregou (Le), h. c^ne de Monesterol.

Mayne-Chambard (La), h. c^ne d'Étouars (B.).

Mayne-Chevalier (Le), c^ne de Mandacou. — Mas Chevalier, 1675 (Acte not.).

Mayne-d'Eau (Le), h. c^ne de Sainte-Sabine (A. Jud.).

Mayne-de-Bary (Le), tenance, c^ne d'Agonac.

Mayne-de-Gaille (Le), h. c^ne de Sainte-Alvère (B.).

Mayne-de-la-Fon (Le), h. c^ne de Saint-Julien-de-Crempse (A. Jud.).

Mayne-de-la-Garde (Le), h. c^ne de Saint-Martin-de-Ribérac (B.).

Mayne-de-Lardimalie, h. c^ne de Saint-Pierre-de-Chignac (A. Jud.).

MAYNE-DEL-GOT (LE), h. c^{ne} de Naillac (Cass.).

MAYNE-DEL-REY (LE), h. c^{ne} de Rampieux.

MAYNE-DES-QUINTINS (LE), h. c^{ne} de Mareuil (B.).

MAYNE-DE-TALUS (LE), h. c^{ne} de Château-l'Évêque.

MAYNE-DUBLA (LE), h. c^{ne} de Gardedeuil (B.).

MAYNE-DU-BOST (LE), h. c^{ne} d'Auriac-de-Bourzac (B.).

MAYNE-DU-BOST (LE), h. c^{ne} du Grand-Brassac.

MAYNE-DU-BOST (LE), h. c^{ne} de Pluviers (B.).

MAYNE-DU-BOST (LE), h. c^{ne} de la Tour-Blanche (B.).

MAYNE-DU-BOST (LE), h. c^{ne} de Villetoureix (B.).

MAYNE-DU-FAURE (LE), h. c^{ne} de Mareuil (B.).

MAYNE-DU-FOUR (LE), motte près de la Roche-Chalais (Dives).

MAYNE-DU-SOL (LE), h. c^{ne} de Saint-Privat (B.).

MAYNE-FOUCAUD (LE), section de la c^{ne} de Bertric (B.).

MAYNE-GROS-BOS, h. c^{ne} de Montpeyroux (A. Jud.).

MAYNE-L'EUCHE (LE), lieu, c^{ne} de Saint-Vivien.

MAYNE-LEVAT (LE), h. c^{ne} de Fraysse (B.).

MAYNEMENT (LE), lieu-dit, c^{ne} de Villetoureix (cad.).

MAYNE-NEUF (LE), h. c^{ne} de Parcoul (B.).

MAYNE-NOIR (LE), h. c^{ne} de Bourg-de-Maisons (B.).

MAYNE-ROUSSET (LE), h. c^{ne} de Connezac (S. Post.).

MAYNES (LES), h. c^{ne} de Négrondes. — 1503 (Mém. d'Albret).

MAYNES (LES PETITS-), h. c^{ne} de Château-l'Évêque (B.).

MAYNE-SAINTE-LUCE (LE), h. c^{ne} de Cone-de-la-Barde.

MAYNE-VIGNOU (LE), h. c^{ne} de Fontaine (B.).

MAYNEYX (LES), c^{ne} de Beaurone-de-Chancelade. — 1725 (Acte not.).

MAYNIAS (LAS), h. c^{ne} de Jumilhac-le-Grand (B.).

MAYNIEUX (LE), h. c^{ne} de Saint-Pancrace (B.).

MAYNISSOU (LAS)? c^{ne} de Saint-Léon-sur-l'Isle. — Mayn. del Maynissou, 1470 (Dives, II, 18).

MAYNOT (LE), h. c^{ne} de Font-Galau (B.).

MAYNOT (PETIT-), h. c^{ne} de Coudat-Brantôme.

MAYOLLES, h. c^{ne} de Champsevinel. — Majolinus, 1284 (Vet. anal. Mabill.-Visitatio Simonis archiepisc. Bitur.).

Anc. prieuré dép. de Saint-Martial de Limoges.

MAYRAL, c^{ne}, c^{on} de Saint-Cyprien. — Mayral, 1309 (coll. de Clément V). — Mayrallum, 1365 (Lesp. 88, Châtell. de Beynac).

Patron : saint Eutrope.

Prieuré séculier de l'O. de Saint-Augustin, dép. du prieuré de Saint-Cyprien.

MAZAC, ténem. c^{ne} de Sendrieux. — 1634 (Acte not.).

MAZADE (LA), h. c^{ne} de la Mongie-Montastruc.

MAZADES (LES), c^{ne} d'Agonac. — Autrement Puy Rongier (Lesp. Dénomin. au xiv° siècle).

MAZADES (LES), c^{ne} de Champsevinel. — Las Mazadas, 1660 (Acte not.).

MAZADES (LES), h. c^{ne} de Lenquais.

MAZADES (LES), h. c^{ne} de Saint-Laurent-de-Castelnau.

MAZADREIX (LE), h. c^{ne} de Sarlande (S. Post.).

MAZAGOT, h. c^{ne} de Saint-Julien-Eymet.

MAZARDIE, anc. rep. noble, c^{ne} d'Atur.

MAZAUDS (LES), c^{ne} de la Mongie. — 1705 (not. de Bergerac).

MAZAUPIN (HAUT et BAS), h. c^{ne} de Boisseul.

MAZAURIE (LA), c^{ne} de Saint-Mayme-de-Péreyrol. — Majorie, 1538 (Lesp. la Linde).

Anc. rep. noble.

MAZAURIES (LES?) c^{ne} de Chenau. — Ad Masuerios juxtà Podium Girbertum, 1085 (cart. de Baigne).

MAZEAUX (LES), h. c^{ne} de Bassac. —1621 (Acte not.).

MAZEAUX (LES), quartier de Bergerac où étaient situées les anciennes boucheries. — Magna carreria dels Mazels, 1409 (Liv. Noir, 134).

MAZEAUX (LES), éc. c^{ne} de Rouffignac-Montignac.

MAZERAT, h. c^{ne} d'Auriac-Montignac (A. Jud.).

MAZERATS (LES), h. c^{ne} de Ribérac. — Lieu d'une anc. villa romaine, selon Jouanet (Statist. de la Dordogne).

MAZERAY (A), taillis, c^{ne} de Saint-Aignan-d'Hautefort (A. Jud.).

MAZEROUX, h. c^{ne} de Millac-de-Nontron (B.).

MAZENS (LES), sect. de la c^{ne} de Vitrac (cad.).

MAZET (LE), éc. c^{ne} de Sainte-Mundane (B.).

MAZEYROLLES, c^{ne} de Pressignac. — Tenem. de Maseroliis, 1470 (L. N. 39).

MAZEYROLLES, h. c^{ne} de Vaunac. — Mazerollas (S. Post.).

MAZEYROLLES, c^{ne}, c^{on} de Villefranche-de-Belvez. — Mazeyrolas, 1281 (cout. de Beaumont).

MAZIE (LA), lieu-dit, c^{ne} de Calviac (cad.).

MAZIÈRE (LA), h. c^{ne} de Bars (B.).

MAZIÈRES, m. isolée, c^{ne} de Bouniagues (B.).

MAZIÈRES, anc. fief, c^{ne} d'Exideuil (arch. de Pau).

MAZIÈRES, c^{ne} de Montravel. — Mazeyras, 1238 (cart. de Cadouin). — Mazeras, 1363 (Homm. à Bergerac rendu au prince de Galles).

Anc. rep. noble, 1530 (terr. de Montravel).

MAZIÈRES, h. c^{ne} de Peyzac (S. Post.).

MAZIÈRES, lieu, c^{ne} de Saint-Saud, c^{on} de St-Pardoux.

MAZIÈRES, h. c^{ne} de la Veyssière (S. Post.). — Mansus de Masieras, 1466 (Lesp.).

Une des limites entre la Force et Mussidan.

MAZIÈRES, anc. dioc. auj. du dép^t de Lot-et-Garonne. — Mazeyras, 1117 (Lesp. 57, Charroux). — Mazeras, 1470 (pouillé de Charroux). — Eccl. de Mazeriis, archipr. de Palayraco, 1555 (panc. de l'év.).

MAZIÈRES-SUR-CREMPSE, lieu-dit, c^{ne} d'Issac (cad.).

MAZILLOU, h. c^{ne} de Journiac.

MAZIVERT, éc. c^{ne} de Fougueyrolles (S. Post.).

MAZURIE, h. c^{ne} de Fougueyrolles (B.).

Mealhades? c^ne de Baneuil. — *En las Mealhadas*, 1454 (L. Naf.).

Mégarie (La), c^ne de Millac-de-Nontron. — 1745 (Acte not.).

Mégie (La), c^ne de la Cropte. — *Mans. de la Mecgia*, 1409 (O. S. J.).

Mégie (La), c^ne de Douville (O. S. J.). — Dép. de la Sauvetat.

Mégie (La), vill. c^ne de Saint-Sernin-de-Reillac (B.).

Meiane? *La bornha de Bigaroq. confr. cum insula quæ ingreditur de Dordonea en la Meiana*, 1469 (arch. de la Gir. Bigaroque).

Meilhaux (Les), h. c^ne de Marsaneix.

Meille (Ville de), c^ne du Fleix, emplacement d'une villa romaine selon le Périgord illustré.

Meillet (Le), h. c^ne d'Échourgnac.

Mejas (Les), h. c^ne de Saint-Geniez (B.).

Méjat, éc. c^ne de Genestet.

Melcerie (La), éc. c^ne de Plazac.

Melestin, c^ne de Sendrieux. — 1634 (Acte not.).

Melet, sect. de la c^ne de Beauregard, c^on de Terrasson. — *Melez* (pouillé du xiiie siècle). — *Repayrium de Meleto*, 1467 (Lesp. Melat).
Anc. rep. noble.

Melette (La), c^ne de Sourzac. — *La Molette*, 1680 (Acte not.).

Mellier (Le), lieu-dit, c^ne de Saint-Michel-Mussidan (cad.).

Melodie (La), éc. c^ne de Belvez.

Melonie (La), h. c^ne de Mauzens (B.).

Melonie (La), b. c^ne de Saint-Chamassy. — *Maynam. de la Melonia*, 1450 (L. Naf.).

Menaud, h. c^ne de Saint-Amand-de-Belvez (B.).

Menaud, h. c^ne de Saint-Martin-de-Fressengeas (S. Post.).

Menaux (Les), h. c^ne de Saint-Sulpice-Ribérac (B.).

Menbos, h. c^ne de Marsaneix. — *Maynam. voc. Mambo et Mambo lo Vielh*, 1468 (Périg. M. H. 41, 9).

Menesplet, c^ne, c^on de Montpont. — *Sanctus Joh. de Menespleth*, 1122 (Lesp. 30, Saint-Astier). — *Menesplet* (pouillé du xiiie siècle).
Voc. St-Jean-Baptiste; coll. le chap. de St-Astier.

Menesplet, h. c^ne d'Eyvirac (S. Post.).

Menesplier, h. c^ne de Saint-Michel-l'Écluse.

Menesplier (Haut et Bas), h. c^ne d'Agonac. — *Mesplier*, autrement *Menesplet* (Chron. du Pér. I, 184).
Anc. rep. noble.

Menesplier (Le), h. c^ne d'Abjut-de-Nontron.

Menichie (La), éc. c^ne de Preyssac-d'Exideuil. — *La Maynichie*.

Ménoire (La), ruiss. qui passe à Saint-Sernin-de-l'Herm et se jette dans la Lémance (B.).

Mensignac, c^ne, c^on de Saint-Astier. — *Mensinac*, 1219 (prieuré de la Faye). — *Mensinhacum* (pouillé du xiiie siècle). — *Mensinhac*, 1284 (Lesp. vol. 84). — *Manssinhacum*, 1312 (Lesp. vol. 25 et 26).
Voc. Saint-Pierre.
Anc. rep. noble avec titre de marquisat et ayant haute justice sur Beaurone, Douzillac et Mensignac, en partage avec le chapitre de St-Front (arch. de Pau).

Mensignac, h. c^ne de la Mongie-Saint-Martin.

Mensignac, h. c^ne de Prigonrieu. — 1716 (Acte not.).

Mensignac, c^ne de Saint-Jean-d'Ataux (Lesp. vol. 95).

Menusse (La), h. c^ne de Mortemar. — *La Menussa*, 1409 (O. S. J.).

Mercadial (Le), h. c^ne de Paunac.

Mercadie? c^ne de Belvez. — *La Moïo de la Mercadaria*, 1350 (Belvez).

Mercadil, anc. quartier à Bergerac à l'est, en dehors de l'enceinte murée, et où se tenait le marché de la ville. — *Mercadillum Brageriaci*, 1437 (L. Noir). — *Faubourg Mercadil*, 1743 (not. de Bergerac).
Près de là étaient la maison des frères prêcheurs, l'église Sainte-Catherine, etc.

Mercadil, bourg de Mont-Caret. — *Loc. voc. al Mercadilli*, 1250 (lièv de Montravel).

Merchadoux (Les), h. c^ne d'Ajat (A. Jud.).

Merchandie (La), c^ne de Grignol. — *Iter quo itur de la Merchandia*, 1481 (Dives, I, 99).

Merchat (Le), h. c^ne de Savignac? — *Bordaria del Merchat*, 1309 (Périg. M. H. 41, 8).

Mercière? à Périgueux. — *Carriera dicta Mercieyra*, 1287 (Périg. M. H. 91, 38).

Merculot, h. c^ne de Marnac (B.).

Mercurot, h. c^ne de Borrèze (B.).

Merdalou (Le), ruiss. qui passe à Saint-Pompon et se réunit ensuite à la Lousse (B.).

Merdansou, ville de Périgueux. — *Porta de Merdanso*, 1314 (Lesp. 73).

Merdansou (Le), ruiss. c^ne de Javerlhac (B.).

Merdansou (Le), ruiss. qui se jette dans le Ravillon devant Saint-Germain-des-Prés (B.).

Merdassou (Le), ruiss. qui forme le vallon à l'O. de Saint-Cyprien et se jette dans la Dordogne. — *Rivus de Merdaso*, 1462 (Philipparie).

Mer-de-Fer, taillis, c^ne de Liorac (A. Jud.).

Mer-de-Fer, lieu-dit, c^ne de Saint-Cybranet (cad.).

Mer-de-Fer, lieu-dit, c^ne d'Urval.

Mer-de-Fer, lieu-dit, c^ne de Vic.

Merdier, ruiss. qui était une des bornes de la Bessède de Belvez. — *Rivus Merdier*, xive siècle (arch. de la Gir. Belvez).

Mèreboeuf, h. c^ne de Jaure.

Méric, h. c^ne de Mazeyrolles (B.).

Mérigal, h. c^{ne} de la Villedieu (S. Post.).

Mérigaude, font. à Fenix, c^{ne} de St-Germain-et-Mons.

Mérigeaux (Peyre-), bois, c^{ne} d'Issigeac (cad.).

Mérigie (Ley), éc. c^{ne} de Brantôme.

Mérigie (Ley), h. c^{ne} du Bugue. — *Ley Merigia*, 1470. — *L'Eymerigia* (L. Nof. 115, 121).

Mérigie (Ley), c^{be} de Lisle. — *Ortus de Leymerigia*, 1489 (O. S. J.).

Mérigie (Ley), mét. c^{ne} de Preyssac-d'Agonac. — *Leymérigie* (B.).

Mérigie (Ley), mét. c^{ue} de Valeuil. — *La Emerigie* (S. Post.).

Mérigie (Ley), anc. fief. — Voy. Leymérigie.

Mérignac, h. c^{ne} d'Anlhiac (S. Post.).

Mérignac, h. c^{ne} de Rouffignac-Montignac (B.).

Mérignague (La), éc. c^{ne} d'Issigeac.

Mérigot, h. c^{ne} de la Chapelle-Castelnau (B.).

Mérigot, h. c^{ne} de Villamblard.

Mérigote (Le), ruiss. qui se jette dans le Drot en face de Serres.

Mérigots (Les), lieu-dit, c^{ne} de Condat-sur-Vézère (cad.).

Mérigounaud, h. c^{ne} de Notre-Dame-de-Sanillac.

Mérigourd, h. c^{ne} de Saint-Étienne-le-Droux(S. Post.).

Mérigoux (Les), h. c^{ne} de Gabillou.

Mérigoux (Les), h. c^{ne} de Genestet (S. Post.).

Mérigoux (Les), h. c^{ne} de Jaure.

Mériguet, h. c^{ne} de Saint-Michel-de-Double.

Mérillé (Le Pech-), lieu-dit, c^{ne} de Saint-Jean-de-Cole (cad.).

Mérillère (La), terre, c^{ne} de Pressignac (A. Jud.).

Mérillères (Les), éc. c^{ne} de Cubjat (A. Jud.).

Mérilles (Les), h. c^{ne} de Bergerac. — *Boaria de la Merella*, 1238 (Lesp. Don à Cadouin par P. de la Vernha). — *Rivus de la Merelha*, 1467 (terr. O. S. J.). — *La Merilhe, parois. de la Madeleine*, 1743 (not. de Bergerac).

Mérilles (Les), h. c^{ne} de Campsegret. — *Ley Merilles* (S. Post.).

Mérilles (Les), h. c^{ne} de Saint-Caprais-la-Linde.

Mérilliers (Les), h. c^{ne} du Fleix.

Mérillou, h. c^{ne} de Sainte-Trie (A. Jud.).

Mériol, vill. c^{ne} de Sarlande (S. Post.). — Anc. prieuré (panc. de l'év. de Périgueux, 1554).

Merlac? c^{on} de Cadouin. — *Mansus de Merlac*, 1167 (Lesp. 37, Don au prieuré d'Aillas).

Merland, h. c^{ne} de Léguillac-de-Lauche.

Merland, h. c^{ne} de la Linde. — 1726 (not. de Moul.).

Merland, champ, c^{ne} de Mauzac (Dives).

Merland, c^{ne} de Saint-Astier. — *Maynam. de Merlan*, 1480 (inv. du Puy-Saint-Astier). — *Foret de Merlan*, 1554 (*ibid.*).

Merland, c^{ne} de Saint-Paul-de-Serre. — *Mans. de Merlant*, 1471 (Lesp. 34).

Merland (Puy-de-), h., c^{ne} de Léguillac-de-Lauche.

Merlande, vill. c^{ne} de la Chapelle-Gonaguet. — *Merlandia*, 1172 (cart. de Chancelade).

Anc. prieuré et paroisse. — Voc. Saint-Jean; coll. l'abbé de Chancelade.

Le prieuré avait haute justice dans Merlande, 1760 (Alm. de Guy.).

Merlande, h. c^{ne} de Notre-Dame-de-Sanillac.

Merlande, h. c^{ne} de Saint-Amand-de-Vern (B.).

Merlande, c^{ne} de Saint-Martin-des-Combes.

Merlande, forêt s'étendant sur les c^{nes} de Vern, de Saint-Amand et de Chalagnac. — *Foresta de la Merlanda*, 1456 (L. Nof. 109, 118). — *Nemus deux Merlandas*, 1520 (ch. Mourcin).

Par un arrêt de 1328, elle appartenait au comte de Périgord.

Merlande (La), bois, c^{ne} de Baneuil (cad.).

Merlandie, h. c^{ne} de Montazeau (S. Post.).

Merlandie (La), h. c^{ne} de Douzillac.

Merlandie (La), h. c^{ne} de St-Michel-de-Villadeix (B.).

Merlandie (La), c^{ne} de Sourzac. — *May. de la Marlandia*, 1295 (Homm. au P. de Sourzac, Lesp.). — *Merlandia*, 1481 (Dives, I, 116). — *Las Merliandas* (cad.).

Merlandou, h. c^{ne} de Trélissac (S. Post.).

Merlandou (Le), ruiss. affluent de la Drone à l'est de Faye-de-Ribérac.

Merlat, h. c^{ne} de Vanxains.

Merle, h. c^{ne} de Montfaucon (B.).

Merle (Le), h. c^{ne} de Chalagnac (A. Jud.).

Merle (Le), dom. c^{ne} de Mouleydier. — *Mais. noble des Merles*, 1677 (Mém. du duc de la Force).

Merlenc? c^{ne} de Cadouin. — *Territ. voc. locus Merlenc* (arch. de la Gir. B.).

Merlerie (La), lieu-dit, c^{ne} de Saint-Aquilin (cad.).

Merletie, habit. c^{ne} de Millac-d'Auberoche.

Merletie (La), c^{ne} de Sendrieux, ténem. — 1634 (Acte not.).

Merlie? ville de Périgueux. — *Coforcha de Merli* (Dénombr. au xive siècle).

Confrontait à la rue allant de la rue Neuve à la Clautre.

Merlie (La), c^{ne} de Font-Galau. — *A la Merlia*, 1361 (Belvez).

Merlie (La), c^{ne} de Larzac. — *Terra de la Merlia*, 1467 (Belvez).

Merlie (La), c^{ne} de Lisle. — *Cumba de la Merlia*, 1489 (O. S. J.).

Merlie (La), h. c^{ne} de la Nouaille (S. Post.).

Meschevie, h. c^{ne} de la Nouaille.

Mescoulès, c^{ne}, c^{on} de Sigoulès. — *Paroch. Sancti Martini de Mescola*, 1131 (cart. de Sainte-Marie de Saintes, 166). — *Moscola*, 1365 (Châtell. de Puyguilhem, Lesp. 88). —*Mascolle* (arch. de Pau, Châtell. du Périg.).

Voc. Saint-Martin, 1765 (Acte not.).

Mesnau (Le), éc. c^{ne} de Saint-Martin-de-Fressengeas (B.).

Mesnil (Le), lieu-dit, c^{ne} de Cherval (cad.).

Mespoulet, éc. c^{ne} de Gaulegeac (B.).

Mespoulet, c^{ne} de Saint-Amand-de-Belvez. — *Mansus de Mespola*, 1462 (Philipparie). — *Tènement de Mespouil en Mareil*, 1737 (Acte not.).

Mespoulet, éc. c^{ne} de Saint-Pompon. — *Reparium de Mespoleto*, 1269 (Lesp. Belvez, test. de G. Aymon). Anc. rep. noble. — Tour dite de *Saint-Maurice*, 1498 (arch. de Saussignac), du nom des seigneurs de Pons-Saint-Maurice, qui ont possédé Mespoulet.

Mespoulet (Le), éc. c^{ne} de Sireuil.

Mespoulet (Les), h. c^{ne} de Saint-Étienne-des-Landes.

Mesquis?c^{ne}de Saint-Astier.—*Mesquis*, 1400 (Homm. au duc d'Orléans).

Messelie (La), h. c^{ne} de Saint-Paul-la-Roche.

Mestrenal, h. c^{ne} de Fleurac (B.).

Mey-Courby, sect. de la c^{ne} de Bassillac (cad.).

Meyfrenie (La), h. c^{ne} de Verteillac. — *La Mefrenie* (S. Post.).

Meymaux (Les)? — *Repaire de Meymaulx*, 1503 (Généal. de Rastignac). Anc. rep. noble.

Meymi (Bois de), friche, c^{ne} de Boisseuil (A. Jud.).

Meymi (Le Cerf-de-), h. c^{ne} de Coursac; il a donné son nom à la Combe-du-Cerf, qui s'étend de Razac jusqu'au delà d'Atur.

Meymi (Les), h. c^{ne} de Bourdeilles (S. Post.).

Meynard, h. c^{ne} du Coux (B.).

Meynardie, éc. c^{ne} d'Agonac (B.).

Meynardie (La), c^{ne} de Beaussac.— 1738 (Acte not.).

Meynardie (La), h. c^{ne} de Granges (A. Jud.).

Meynardie (La), c^{ne} de Jumilhac (A. Jud.). — Anc. maison noble.

Meynardie (La), h. c^{ne} de Lusignac (O. S. J.).

Meynardie (La), éc. c^{ne} de Notre-Dame-de-Sanillac (B.). — *La Mainardie* (B.).

Meynardie (La), h. c^{ne} de Saint-Privat. —Anc. rep. noble, 1609 (inv. de Ribérac).

Meynardie (La), h. c^{ne} de Sarlande (B.). — *La Mainardia*, 1248 (Lesp. Brantôme).

Meynardie (La), habit. c^{ne} de Siorac-Ribérac. —*La Menardie* (S. Post.).

Meynardie (La), c^{ne} de Vanxains.— *May. de la Maynardia*, 1479 (O. S. J.).

Meynards (Les), h. c^{ne} du Saint-Germain-de-Salembre.

Meynards (Les), h. c^{ne} de Saint-Martin-de-Ribérac (B.).

Meynasse (Le), h. c^{ne} de Biras (B.). — *Meynassen*, 1670 (Reconn.).

Meyniaux, h. c^{ne} de Montagnac-la-Crempse (B.).

Meyniaux (Les), h. c^{ne} d'Eyzerat (B.).

Meynichoux (Les), h. c^{ne} d'Argentine.

Meynichoux (Les), h. c^{ne} de Coulaures. — *Meynichou*, 1493 (Lesp. Homm. au duc d'Orléans).

Meynichoux (Les), h. c^{ne} de Coursac.

Meynichoux (Les), h. c^{ne} de Négrondes(cad.).

Meynichoux (Les), h. c^{ne} de Saint-Aquilin.—Anc.rep. noble.

Meynichoux (Les), éc. c^{ne} de Saint-Laurent-de-Castelnau. — *Meynissou* (cad.).

Meynichoux (Les), c^{ne} de Saint-Léon-sur-l'Ille. — *Maynam. del Maynisso alias la Bosquet*, 1490 (Dives, II, 18).

Meynichoux (Les), h. c^{ne} de Tourtoirac (S. Post.).

Meynicot (Le), h. c^{ne} de Vern (B.).

Meynieux (Le), h. c^{ne} de Quinsac (B.).

Meyninie (La), anc. ténem. c^{ne} de Saint-Pompon.

Meynot, éc. c^{ne} de Saint-Cyprien.

Meynots, h. c^{ne} de la Veyssière (S. Post.).

Meyral, h. c^{ne} d'Eyvirac (S. Post.).

Meyral, c^{ne}. — Voy. Mayral.

Meyrand, h. c^{ne} de Cunéges (B.).

Meyrignac, h. c^{ne} de Saint-Perdoux-Issigeac (B.).

Meyrolie (La), dom. c^{ne} de Mauzens. — *Ten. de la Merolie*, 1479 (arch. de la Gir.).

Meyron, lieu-dit, c^{ne} de Tanniès (cad.).

Meyronie (La), h. c^{ne} de Sainte-Orse (A. Jud.). — *Lo Mas de la Meyronia*, 1457 (terr. de Vaudre). — *Mansus de la Meyrounia* (Lesp. vol. 77).

Meyroulet, lieu-dit, c^{ne} de Berbiguières (cad.).

Meyssandie (La), h. c^{ne} de Rouffignac-Montignac (B.). — Colline près de la grotte de Miremont (le Périgord ill.).

Meysselie (La), sect. de la c^{ne} de Brouchaud (cad.).

Meyssès, sect. de la c^{ne} de Sarlat (cad.). — Anc. rep. noble.

Meytadiers (Les), h. c^{ne} de Saint-Pierre-d'Eyraud (B.).

Meyzarou (Le), h. c^{ne} de Saint-Romain, c^{on} de Thiviers.

Mezières, h. c^{ne} du Canet. — Anc. rep. noble où Louis XIII s'est arrêté dans son voyage en Guyenne, en 1622.

Miaille, bois, c^{ne} de Maurens (A. Jud.).

Miailles (Les), h. c^{ne} de Villefranche-de-Belvez (B.).

Mialandre, h. c^{ne} de Ladornac.

MIALET, c^r, c^{on} de Saint-Pardoux-la-Rivière. — *Melet* (pouillé du xiii° siècle).—*Meletum*, 1365 (Lesp. 88). Paroisse hors châtellenie au xiv° siècle. — Voc. Notre-Dame. Anc. rep. noble ayant haute justice dans Mialet, 1760 (Alm. de Guy.).

MIANNE? c^{ne} de Grignol. — *Mayn. de la Mianna*, 1471 (Dives, I, 131).

MIAUDOU (LE), h. c^{ne} de Saussignac, à la source d'un affluent du Moiron (B.).

MICALETTE ou MIQUALETTE, h. c^{ne} de Saint-Aubin (terr. de Lenquais).

MICALIE (LA), h. c^{ne} de Faux. — *La Miquaillie*, 1742 (Acte not.).

MICHE (LA)? ruiss. c^{ne} de Pizou. — *Rivus vocatus la Mycha*, 1272 (Lesp. 49). — *La Micha* (*ibid.*).

MICHIAL (LE), sect. de la c^{ne} de St-Julien-de-Lampon.

MIGAL (LE), éc. c^{ne} de Goust.

MIGAL (LE), taillis, c^{ne} de Liorac (A. Jud.).

MIGAUDIE (LA), h. c^{ne} de Saint-Jory-las-Bloux (S. Post.).

MIGAUDIE (LA), h. c^{ne} de Sorges.

MIGAUX, h. c^{ne} de Sainte-Eulalie-Hautefort (S. Post.).

MIGAY, h. c^{ne} de Cours-de-Piles. — *Miguay*, 1712 (not. de Bergerac).

MIGAY, h. c^{ne} de Saint-Amand-de-Villadeix.

MIGAYOU, h. c^{ne} de Saint-Amand-de-Villadeix (B.).

MIGO-FOLQUIER, ruines.—Voy. VIRAGOGUE (CASTEL DE).

MIGOLS (LES), c^{ne} de Sainte-Eulalie-d'Ans.

MIGONAC? c^{on} de Saint-Pierre-de-Chignac, 1365 (Lesp. 26, anc. fief, châtell. d'Auberoche).—*Migonac* (arch. de Pau). — *Hospitium de Mignonac* (Lesp. 26).

MIGONNEUX, anc. nom d'une partie du vill. de Pinquat, c^{ne} de Mauzac (Dives).

MIGOUNETS (LES), h. c^{ne} de Ribagnac (B.).

MIGOUX (LES), c^{ne} de Saint-Antoine-d'Auberoche.

MILHASSARIE (LA)? c^{ne} de Grignol. — *Nob. hospitium de la Milhassaria*, 1382 (Lesp. 51, Test. de Jean d'Engunau).

MILHASSIE (LA)? c^{ne} de Villamblard. — *Maynam. de la Milhassia*, 1312 (Lesp. 51).

MILHAID (LE), lieu-dit, c^{ne} d'Issigeac (cad.).

MILHAUD (LE), h. c^{ne} de Saint-Michel-Mussidan. — *Le Millaud* (cad.).

MILHE (LA), h. c^{ne} de la Tour-Blanche.

MILHEYROLIE (LA)? c^{ne} de Saint-Front-d'Alemps. — *Maynam. de la Milheyrolhia*, 1451 (Fæti, I, 12).

MILIADE (LA), lieu-dit, c^{ne} de Cherveix (cad.). — *Las Miliadas* (*ibid.*).

MILIAL (LE), lieu-dit, c^{ne} de Beaurone (cad.).

MILIAL (LE), lieu-dit, c^{ne} de Sainte-Alvère (cad.).

MILIAL (LE), lieu-dit, c^{ne} de Sainte-Mundane (cad.).

MILIARSSERIE (LA), lieu-dit, c^{ne} de Grand-Castang. — 1672 (Rec.).

MILLAC, vill. c^{ne} de Mauzac. — *Miliacum*, 1115 (charte de la fond. de Cadouin). — *Castrum Ameliacum*, 1156 (donat. à Cadouin, Lesp. vol. 37). — *Ameilhac*, 1216 (cart. de Cadouin). — *Melhac*, 1243 (cens de Badefol). — *Eccl. de Milhaco*, 1471 (terr. de l'archev. de Bordeaux). — *Milhac*, 1478 (*ibid.*). Anc. châtell. avec haute justice sur Mauzac et Saint-Mayme-de-Rausan; elle appartenait à l'archevêché de Bordeaux.

MILLAC, sect. de la c^{ne} de Peyrillac. — *Parrochia de Milhaco*, 1345 (arch. de Fénélon). — *Milhac le Sec* (B.).

MILLAC, lieu, c^{ne} de Sainte-Natalène.

MILLAC-D'AUBEROCHE, c^{ne}, c^{on} de Saint-Pierre-de-Chignac. — *Villa quæ dicitur Miliacus in centena Albucense.* — *Eccl. nova, in honore Sancte Radegundis constructa*, 856 (Lesp. Don à Saint-Martial de Limoges). — *Milliacus, pagi Petrag.* 956 (*ibid.*). — *Milhacum* (pouillé du xiii° siècle). — *Milhac*, xvii° siècle. Patron : sainte Radegonde; coll. l'abbé de Saint-Martial, puis l'abbé du Dorat, en Limousin.

MILLAC-DE-NONTRON, c^{ne}, c^{on} de Saint-Pardoux-la-Rivière. — *Millats, archip. de Condaca* (pouillé du xiii° siècle). — *Milhac*, 1252 (Lesp. Test. de Guill. de Magnac). Maladrerie réunie à celle de Périgueux (arrêt du conseil d'État, 1696).

MILLAUDES (LES), h. c^{ne} de Carsac-Villefranche (B.).

MILLE-GRAULES, h. c^{ne} de Mensignac.

MILLERIE (LA), lieu-dit, c^{ne} de Brouchaud (A. I.).

MINARD (TOUR DE), enceinte fortifiée de Bergerac, xvii° siècle (Plan de la ville).

MINTET (LE), h. c^{ne} de Carsac-Villefranche (B.).

MINZAC, c^{ne}, c^{on} de Villefranche-de-Longchapt. — *Sanctus Hilarius de Minzac*, 1121 (cart. de la Sauve). — *Menzac*, 1773 (Lesp. 85, n° 60). Église dépend. du prieuré de Longchapt. Patron : saint Blaise; coll. l'évêque.

MINZAC, h. c^{ne} de Sainte-Croix (S. Post.).

MIQUALETTE, h. — Voy. MICALETTE.

MIRABEL, c^{ne} d'Auberoche. — *Mirabel*, 1322 (une des limites de la jurid. de Périgueux).

MIRABEL, sect. de la c^{ne} de Marnac (cad.).

MIRABEL, c^{ne} de Veyrines. — *Mayn. de Mirabel*, 1455 (Périg. M. H. 41, 7).

MIRABEL (FON-DE-), lieu-dit, c^{ne} de Sainte-Alvère (cad.).

MIRABILIES (LES), m. isolée, c^{ne} de Chalagnac (B.).

MIRAL, c^{ne} de Larzac. — *A la Miralia*, 1727 (terr. de Belvez).

MIRAMBEAU, h. c^{ne} de Saint-Germain-des-Prés (B.).

MIRAMONT, éc. c^{ne} de Sainte-Mundane (B.).

MIRAMONT (LE), dom. c^{ne} de Monbos.

MIRAN, sect. de la c^{ne} de Cumont. — *Eccl. de Mirant* (pouillé du xiiie siècle). — *Miran*, 1382 (P. V. M.).

MIRANDES (LES), h. c^{ne} de Castelnau. — *Les Milandes* (B.). — *Les Millandes*, 1740 (carte de Samson). Anc. rep. noble.

MIRANDES (LES), h. c^{ne} d'Eyrenville (A. Jud.).

MIRANDOU (LE), h. c^{ne} de Saint-Vincent-de-Cosse (cad.).

MIRAS (LA)? c^{ne} de Saint-Aquilin. — *Maynamentum de la Miras*, 1510 (inv. du Puy-Saint-Astier).

MIREMONT, sect. de la c^{ne} de Mauzens-et-Miremont. — *Miremund*, 1253; *Castrum de Miro Monte*, 1278 (Lesp. 53). — *Miramonte*, 1452 (L. Nof. p. 7).

Châtell. démembrée de la sirerie de Bergerac au xive siècle, érigée en baronnie en 1574, et ayant haute justice sur les par. de la Chapelle-Saint-Raynald, Maurens, Mortemar et Savignac, 1365 (Lesp. 88). — Altitude : 197 mètres.

MIREMONT, h. et forge, c^{ne} de la Nouaille (S. Post.).

MIREMONT (GROTTE DE), la plus belle grotte du dép^t; 1,067 mètres de profondeur; connue d'abord sous le nom de *trou de Granville*. — Un ruisseau coule à l'extrémité.

MIREMONT (LE), h. c^{ne} de Monbos (S. Post.).

MISSELAS (LAS), h. c^{ne} de Mussidan (cad.).

MISSELASSE (LA), taillis, c^{ne} de Saint-Avit-Rivière (A. Jud.).

MISSOUS (FONTAINE DES), c^{ne} de Mussidan (cad.).

MISTONIE (LA)? c^{ne} d'Agonac. — *Bordaria de la Mistonia*, 1257 (Lesp. Agonac).

MITANÈS (LE), h. c^{ne} de Saint-Pompon.

MITRAUD, dom. c^{ne} d'Eyvirac (A. Jud.).

MOINAIRE (LA) ou LA MOYNARIE, h. c^{ne} de Saint-Geniès.

MOINE (CHAMP DU), terre, c^{ne} de Prats-de-Carlux (cad. 280).

MOINE (LE), lieu-dit, c^{ne} de Bancuil (cad.).

MOINE (LE), éc. c^{ne} de Grun.

MOINE (PUY-DU-), bois, c^{on} de Mouleydier (cad. § B. 124).

MOINES (COSTE DES), éc. c^{ne} de la Canéda (S. Post.).

MOINES (LA GRANDE COMBE DES), située sur le chemin de Belvez à Moulinal. — 1791 (arch. de la Dord. vente).

MOINES (PIÈCE DES) ou REFOSSÉ AU CHÂTEAU VIEUX, c^{ne} du Fleix (A. Jud.).

MOIRON (LE), branche du Segnal qui sert de limite au département, prend sa source à Gardone, près du Grand-Marais, et se jette dans la Dordogne en face de la Rouquette-de-Sainte-Foy. — *Mosron*,

1199 (lettre d'Aliénor en faveur de l'abbé de Cadouin). — *Moiro*, 1285 (cart. de Cadouin).

Il a donné son nom au bourg de Saint-Avit, qui s'est formé autour d'une maison conventuelle dép. de l'abb. de Cadouin.

MOISSAC, lieu-dit, c^{ne} de Coursac (Antiq. de Vésone, I, 451).

MOISSARIE (LA), éc. c^{ne} de Bussac (S. Post.).

MOISSARIE (LA)? — *Tenensa de la Moysaria*, 1203 (Cens dû au seigneur de Cosens).

MOISSERIE (LA), dom. c^{ne} de Biras (A. Jud.).

MOISSERIE (LA), h. c^{ne} de Mauzens.

MOISSIE (LA), c^{ne} de Belvez. — *La Moyssia* (arch. de la Gir. Belvez). — *La Moichie* (cad.). Anc. rep. noble.

MOISSIÈRE (LA), mét. c^{ne} de Saint-Sauveur. — *La Moysiera, Moyssieyra, la Moyssieyra*, 1460 (L. Noir, 47, 108)

MOLARDIER, h. c^{ne} de Bertric.

MOLE (LA), h. c^{ne} d'Église-Neuve. — *Vil. de Las Molas*, 1652 (not. de M.).

MOLE (LA), c^{ne} de Saint-Cyprien. — *Territ. de las Molas*, 1462 (Philipparie).

MOLE (LA), h. c^{ne} de Villamblard. — *Fon de la Molle*, 1740 (not. de M.).

MOLÈNES (MOULIN DE), c^{ne} de Saint-Geniez (B.).

MOLETTE (LA), c^{ne} de Sourzac. — 1680 (Acte not.).

MOLHAC? c^{ne} de Sargeac. — *Fasio de Molhac*, 1304 (O. S. J.).

MOLIÈRE (LA), c^{ne} d'Ataux. — *La Moulière*, 1492 (inv. du Puy-Saint-Astier).

MOLIÈRE (LA), h. c^{ne} de Baneuil. — *La Molieyra*, 1480 (L. Nof. 89).

MOLIÈRE (LA), h. c^{ne} de Bergerac. — *La Moliera*, 1460 (L. Noir, 1).

MOLIÈRE (LA), c^{ne} du Bugue. — *La Molière*, 1480 (L. Nof. 53).

MOLIÈRE (LA), c^{ne} de Calviac. — *Terra de la Molieyra*, 1483 (arch. de Paluel).

MOLIÈRE (LA), h. c^{ne} de la Chapelle-au-Bareil. — *Mansus de Moleyras*, 1408 (Lesp. 37, Assises d'Exideuil, arch. de Pau). Anc. fief.

MOLIÈRE (LA), c^{ne} de Millac-de-Nontron. — *Las Moulieras de Queyroy*, 1745 (enquête sur l'abbaye de Peyrouse).

MOLIÈRE (LA), lieu-dit, c^{ne} de Mouleydier (cad.).

MOLIÈRE (LA), h. c^{ne} de Sainte-Aulaye. — *La Moulière* (B.).

MOLIÈRE (LA), h. c^{ne} de Saint-Martial-de-Nabirac (B.).

MOLIÈRE (LA), c^{ne} de Sales-de-Carves. — *La Molieyra de Puech-Beto*, 1480 (Philipparie). Fief dépendant de Pech-Audier.

MOLIÈRES, cᵉ, cᵒⁿ de Cadouin. — *Molerii*, 1115 (donation à Cadouin, Spic. d'Achery). — *S. Jo de Molieras*, 1292 (Lesp. Mol.). — *Molerias, Motlerias, Moliers*, 1315 (rôles gascons). — *Eccl. B. Mariæ apud Molieras*, 1316 (Lesp. Radefol). — *Moulieres*, 1482 (arch. de Cadouin, donat. de Louis XI).

Édouard Iᵉʳ, roi d'Angleterre, y fit construire une bastide en 1286 et lui donna des coutumes.

La justice de Molières a été cédée au roi en 1272, en échange de la justice de Sigoniac. Devenue royale, elle s'est étendue sur les par. de Bouillac, Molières et la Salvetat, et par appel sur les justices de Campagne, Gaumier et Groslegeac (Châtell. du Périg. arch. de Pau).

Saint-Jean est le voc. de l'église du bourg, qui existait avant la construction de la bastide. — Sainte-Marie, voc. de l'église de la bastide. — Patron : saint Jean ; coll. l'évêque.

MOLINASSE (LA), cⁿᵉ de Villamblard. — *Al Cros de la Molinassa*, 1481 (Dives, I, 108).

MOLINIE (LA)? cⁿᵉ de Coulaures. — *Fazio de la Molinia*, 1275 (arch. de Tourtoirac).

MOLINIE (LA), éc. cⁿᵉ de Sainte-Mundane (B.).

MOLIS (LA)? bourg, cⁿᵉ du Bugue. — *Domus de Molis*, 1460 (L. Nof. 18).

Anc. fief.

MOLOLASSA, cⁿᵉ de Cadouin? — *Vallis de Mololassa*, 1189 (cart. de Cadouin) : vallée descendant jusqu'au pré qui était devant la porte de Cadouin.

MOLQUES (LES), anc. fief, cⁿᵉ de Salon (arch. de Pau).

MON, mⁱⁿ, cⁿᵉ du Bugue. — *Molendinum Mon*, 1460 (L. Nof.).

MONARIAS (LES), h. cᵘᵉ de Sourzac (B.).

MONBADONE, taillis, cⁿᵉ de Minzac (A. Jud.).

MONBASTIER, h. cⁿᵉ d'Eymet.

MONBAUVAL, lieu-dit, cⁿᵉ de Sainte-Alvère (cad.).

MONBAYOL, vill. cⁿᵉ de Cubjat. — *Eccles. de Monbayol* (pouillé du XIIIᵉ siècle). — *Mons Bayolus*, 1355 (Lesp. Châtell. d'Ans).

MONBETTE, h. cⁿᵉ de Cénac. — *Monbeta*, 1491 (O. S. J. la Canéda).

Anc. rep. noble.

MONBICOU, h. cⁿᵉ de Condat (Ch.). — *Montbicou* (B.).

MONBOS, cⁿᵉ, cᵒⁿ de Sigoulès. — *Manbos*, 1135 (cart. de la Sauve). — *Monbo*, 1226 (cart. de Cadouin). — *Monbos*, 1273 (Gaign. Homm. au roi d'Angleterre). — *Monbosc*, XVIᵉ sᵉ (arch. de Pau, Châtell. du Pér.).

Patron : saint Pierre-ès-Liens ; coll. l'évêque.

Altitude aux moulins du sud : 190 mètres.

MONBOUCHER, cⁿᵉ de la Mongie-Saint-Martin. — *Maison noble de Monboucer*, 1744 (not. de Bergerac).

MONBRUN, mⁱⁿ, cⁿᵉ de Bayac. — Était de la mouvance du seigneur de Lenquais, à l'exception de certains fonds mouvants du seigneur de Bayac, 1774 (Acte not.)

MONBRUN, maison noble, cⁿᵉ de Verdon.

MONCHEURE ? cⁿᵉ de Queyssac. — *Ten. de la Monchure*, 1480 (L. Noir).

MONCOUCHE, h. et mⁱⁿ sur la Couche, cⁿᵉ de Saint-Paul-de-Serre (B.).

MONDAU, éc. cⁿᵉ de Vern (B.).

MONDESIN, habit. cⁿᵉ de Villefranche-de-Longchapt (S. Post.).

MONDEVIS, h. cⁿᵉ de Saint-Félix-de-Bourdeilles (B.).

MONDIGNÉRAS, chât. ancienᵗ construit sur l'emplacement de l'église du Breuil, cᵒⁿ de Vern, et dont la chapelle a été conservée lors de la construction de cette église (Antiq. de Vésone, t. I, p. 188).

MONDINE (LA), h. cⁿᵉ de Biron (B.).

MONDINES (LES), éc. cⁿᵉ de Cabans (B.).

MONDINES (LES), h. cⁿᵉ de Marsac (S. Post.). — *Las Mondinas*, 1740 (Acte not.).

MONDIOL (LE), h. cⁿᵉ de Doissac. — Anc. rep. noble.

MONDIOL (LE), h. cⁿᵉ de Mouzens.

MONDIS (LES), h. cⁿᵉ de Saint-Jean-d'Estissac (B.).

MONDIS (LES), h. cⁿᵉ de Saint-Martin-des-Combes. — *Mondix* (B.).

MONDONEL, cⁿᵉ de Couse. — *Repaire des Mondonel*, 1709 (terr. de Couse).

MONDONEL (LES), h. cⁿᵉ de Bouniagues.

MONDOUNAS (LES), lieu-dit, cⁿᵉ de Festalens (cad.).

MONDOUX, h. cⁿᵉ de Mensignac (B.).

MONDOUX (LES), cⁿᵉ de Cause-de-Clérans. — *Borie de Mondou*, ténem. de Falconenque, 1760 (not. de Clérans).

MONDOUX (LES), h. cⁿᵉ de Dussac.

MONDOUX (LES), lieu-dit, cⁿᵉ de Ladornac (cad.).

MONDOUX (LES), h. cⁿᵉ de Larzac. — *Mondots*, 1755 (Acte not.).

MONDOUX (LES), h. cⁿᵉ de la Linde.

MONDOUX (LES), h. cⁿᵉ de Périgueux (S. Post.).

MONDOUX (LES), h. cⁿᵉ de Prats-de-Belvez (B.).

MONDOUX (LES), h. cⁿᵉ de Sainte-Foy-de-Belvez. — *Mayne de Mondiou*, 1645 (Acte not.).

MONDOUX (LES), h. cⁿᵉ de Sᵗ-Georges-de-Montclar (B.).

MONDOUX (LES), h. cⁿᵉ de Saint-Julien-de-Lampon.

MONDOUX (LES), lieu-dit, cⁿᵉ de Vern (cad.).

MONDY, h. cⁿᵉ de Montagrier (B.).

MONEDO (LO), lieu-dit sur la place de lo Rode, à Dome. — Anc. lieu de fabrication de la monnaie royale (Lascoux, *Recherches sur Dome*).

MONEIS, h. et mⁱⁿ, cⁿᵉ d'Aubas. — *Mones*, 1288 (Lesp. Montignac, 37).

Anc. rep. noble.

Moneis, h. c^ne de Saint-Raphaël. — *Mouneys* (Cass.).

Monesterol, réuni à Montignac, c^ne, c^on de Montpont. — *Monesteirol*, 1083 (cart. de Baigne). — *Sanctus Petrus de Monestayrol*, 1122 (Lesp. 30, arch. de Saint-Astier). — *Monestairol* (pouillé du XIIIe siècle). — *Menestérol* (Cal. admin.).

Patron : saint Pierre-ès-Liens.

Église donnée en 1083 à l'abbaye de Baigne (cart. 53) et en 1122 au chap. de Saint-Astier.

Monestier, c^ne, c^on de Sigoulès. — *Sanctus Petrus de Monasterio*, 1053 (Gall. Chr. Bulle d'Eugène III, Sarlat). — *Prieuré des Mostiers*, 1304 (Itin. de Clément V). — *Monasterie*, 1365 (Châtell. de Puyguilhem, 88).

Patron : saint Laurent; coll. l'évêque.

Monfet (Au Bourg de), taillis de chênes, à Maret, c^ne d'Agonac (A. Jud.).

Monfrauleau, anc. rep. noble, c^ne d'Agonac (Chron. du Périgord, II, 177). — *Mayn. de Montframbaut*, 1478 (Chamberlhiac).

Monfrongieu, éc. c^ne de Dome.

Monfrouilloux, c^ne de Montclar. — *Monfrouillou*, 1691 (Acte not.).

Monfurgou, c^on de Monsac. — Chemin allant du village de *Montfurgou* à Grand-Font, 1488 (coll. de Lenq.); auj. détruit.

Monfurgou, c^ue de Montaut. — *Monfourgou*, 1739 (Acte not.).

Mon-Gaut? lieu-dit, c^ne du Bugue. — *Al Mon Gaut* (L. Nof. 15).

Monge, h. c^ne d'Eyzerat (S. Post.).

Monge (Le), h. c^ne de Lenquais. — *Mongie*, 1665 (not. de Lenq.). — *Derrière la Chapelle* (n° 456, S. A. du cadastre).

Monge (Le), bruyère, c^ne de Marsalès (A. Jud.).

Monge (Le), h. c^ne de Saint-Romain-de-Montferrand (A. Jud.).

Monge (Le), h. c^ne de Saint-Seurin-de-Prats (B.). — anc. chapelle, 1492 (bail par le prieuré de Tresseyroux).

Mongealle (La), îlot dans la Dordogne, à l'embouchure de l'Estros. — 1472 (Comte de Larmandie, 3e cah. bail par le prieuré de Tresseyroux).

Monges (Combe des), c^ne de Belvez. — 1462 (Philipp.).

Monges (Les), lieu-dit, c^ne de Festalens (cad.).

Monges (Les), h. c^ne de Sarlat (S. Post.).

Monges (Les Trente-), taillis, c^ue de Sainte-Alvère. — *Taillis de Trente-Mongie*, 1761 (arch. de la Dordogne, Belvez).

Mongey, éc. c^ne d'Eyzerat (B.).

Mongeyas (Las), c^ne d'Ales. — 1459 (arch. de la Gir. Belvez).

Mongias (Sous-), lieu-dit, c^ne de Calès (cad.). — *Monzias* (B.).

Mongiaux, h. c^ne de Cherveix.

Mongie (A la), dom. c^ne de Saint-Jory-las-Bloux, sect. J, 264 (A. Jud.).

Mongie (La), bois et champ, c^ne de Bourrou. — *Maynam. de la Mougia*, 1474 (Dives, g. E).

Mongie (La), h. aux environs de Périgueux, c^ne de Champsevinel. — *Comba de la Monsia del Tolon*, 1460 (Périg. M. H, 41, 1).

Mongie (La), éc. c^ne de Château-l'Évêque. — *La Monzie* (B.).

Mongie (La), c^ne de Coursac. — *Mansus de la Monsia*, 1255 (accord entre l'archevêque et le chap. de Saint-Étienne).

Mongie (La), h. c^ne d'Orliac (S. Post.).

Mongie (La), éc. c^ne de Sarlat (A. Jud.).

Mongie (La), h. c^ne de Sarlat (S. Post.).

Mongie (La), éc. c^ne de Saussignac (B.).

Mongie (La), lieu-dit, c^ne de Sireuil (cad.).

Mongie (Lac de la), c^ne de Château-l'Évêque (A. Jud.).

Mongie (Le), h. c^ne de la Mongie-Saint-Martin (A. Jud.).

Mongie (Maynement de la), c^ne de Chantérac (inv. du Puy-Saint-Astier).

Mongie-Montastruc (La), c^ne, c^on de Bergerac. — *La Monzia, archip. de Villades* (pouillé du XIIIe siècle). — *La Monsia*, 1450 (L. Nof. 43).

Voc. l'Assomption.

Anc. prieuré; collat. le chap. de Sarlat.

Mongie-Saint-Martin (La), c^ne, c^on de Sigoulès. — *Canobium Sancti Sylvani*, 1131 (Lesp. cart. de Sainte-Marie de Saintes). — *Domus de la Monsia supra Dordoniam*, 1363 (bulle du pape Urbain V, Gall. Chr.). — *Privatus Sancti Sylvani de Mongia*, XVIe siècle (cart. de Sainte-Marie de Saintes). — *La Monzia* (ibid.).

Voc. l'Assomption.

Monastère fondé par le comte Boson et donné en 1074 à l'abb. de Sainte-Marie de Saintes.

Monginie (La), lieu, c^ne de Mortemar. — *Ten. de las Monginias*, 1463 (O. S. J.).

Mongra, h. c^ne de Biron (S. Post.).

Moninie, h. c^ne de Saint-Amand-de-Villadeix (B.).

Monjat, h. c^ue de Sendrieux (A. Jud.).

Monloys, anc. fief, châtell. de Vern (arch. de Pau).

Monnerie, h. et m^in, c^ne de Sourzac. — *Mounerie*, 1650 (Acte not.).

Monnerie (La), h. c^ne de Lisle (S. Post.).

Monnerie (La), éc. c^ne de Paussac (B.).

Monnerie (La), h. c^ne de Saint-Félix-de-Bourdeilles (B.).

Monplaisir, dom. et m^{in}, c^{ne} de Bayac. — 1650 (Acte not.).

Monplaisir, habit. c^{be} de Condat (S. Post.).

Monplaisir, éc. c^{ne} d'Exideuil (B.).

Monrany, h. c^{ne} de Cornille (B.).

Monribot, h. c^{ne} de Saint-Sernin-de-Reillac (B.).

Monrival, h. c^{ne} d'Eymet (S. Post.).

Monrival, h. c^{ne} de Salignac. — *Baylia de Monrival*, 1411 (cart. de Saint-Amand-de-Coly). — Voy. Maurival.

Monroudier, h. c^{ne} de Belvez. — 1612 (Acte not.).

Monroudier, anc. tén. c^{ne} de Saint-Pompon. — 1745 (terr. de Saint-Pompon).

Mons, h. c^{ne} d'Archignac. — *Mons*, 1168 (Lesp. 30).

Mons, h. c^{ne} de Sainte-Eulalie-d'Ans, 1688 (Lesp. 30).

Mons, sect. de la c^{ne} de Saint-Germain. — *Parochia de capella de Montibus* et chapelle de Montz, 1290 (Champollion-Figeac, Lettres du roi, I, 370). — *Sainte Marie de Mons*, 1746 (not. de Lenq.).

Mons (Grand-), c^{ne} de Saint-Germain. — *Castrum de Montibus*, 1273 (Ms. de Wolf.).

Tour en ruine. — Fief relevant de la châtell. de Bergerac.

Mons (Petit-), c^{ne} de Saint-Germain. — Anc. rep. noble ayant haute justice sur la par. 1760 (Alm. de Guy.).

Mons (Puy-de-), lieu-dit, c^{ne} de Chourgnac. — 1688 (O. S. J. Condat).

Monsac, c^{ne}, c^{on} de Beaumont. — *Monsac*, 1286 (cout. de Beaumont).

Patron : saint Pierre; coll. l'abbé de Cadouin.

Anc. rep. noble relevant, au xive siècle, de la châtell. de Beaumont; depuis ayant haute justice dans la paroisse (Alm. de Guy. 1760).

Monsac, h. c^{ne} de Coursac (S. Post.).

Monsac, lieu, c^{ne} de Neuvic. — *Mansus de Monsac*, 1298 (Périg. M. H. 41, 1).

Monsac, forêt, c^{ne} de Vallereuil. — *Nemus vocatum lo Rampnolfent seu nemus de Monsaco*, 1331 (Périg. M. H. n° 4).

Monsac (Haut et Bas), h. c^{be} de la Mongie-Montastruc.

Monsac (La Borie-de-), h. c^{ne} de Vallereuil.

Monsacou, mét. c^{ne} de Varennes.

Monsalut, sect. de la c^{ne} de Vendoire (cad.).

Monsanha ? — *Monsanha*, 1286 (cout. de Beaumont). Par. inconnue dép. de la jurid. de Beaumont.

Monsec, c^{ne}, c^{on} de Mareuil. — *Mons Siccus* (pouillé du xiiie siècle).

Voc. Notre-Dame.

Monsec, sect. de la c^{ne} de Mouzens, c^{on} de Sarlat. — *Mons Sicus*. — *Podium Siccum* (Lesp.).

Anc. rep. noble.

Monsec, c^{ne} de Saint-Aquilin. — *Château de Monset*, 1715 (Acte not.).

Monséjoux, habit. c^{ne} de Nastringues (S. Post.).

Monsiaud, h. c^{ne} de Bourrou. — *Maynam. voc. de Monsiaud*, 1474 (Dives, g. E.).

Monsignac, h. c^{ne} de Saint-Romain-de-Montferrand.

Monsigoux, h. c^{ne} de Saint-Pierre-de-Frugie. Altitude du coteau : 434 mètres.

Montagnac, sect. de la c^{ne} de Saint-Saud (cad.).

Montagnac-d'Auberoche, c^{ne}, c^{on} de Thenon. — *Montanhacum* (pouillé du xiiie siècle). — *Montaignac*. Patron : saint Marc.

Montagnac-la-Crempse, c^{ne}, c^{on} de Villamblard. — *Montanhac*, 1268. — *Montaniacum de la Crempsa*. 1282 (Périg. M. H. 41, 1). — *Montanhacum* (pouillé du xiiie siècle). — *Saint-Martin-de-Montagniac*. 1666 (Acte not.).

Montagne-des-Quatre-Chemins, lieu-dit, entre Maurens et Saint-Julien-de-Crempse (B.).

Montagnier, c^{ne} d'Ales, ténement. — 1299 (Lesp.).

Montagnier, ch.-l. de c^{on}, arrond. de Ribérac. — *Castrum Montagrerium*, xie siècle (Vie de sainte Foy de Conques). — *Mota de Montagrer*, 1150 (cart. de Chancelade). — *Mons Agrerius*, 1382 (P. V. M.). Patron : sainte Madeleine; coll. l'évêque. Prieuré dépendant de l'abb. de Brantôme.

Châtell. composée au xive siècle de 3 paroisses : Brassac, Montagrier et Saint-Victor. Altitude : 134 mètres.

Montagu, h. c^{ne} de Pluviers.

Montagu, anc. dioc. de Périgueux, auj. du dép^t de la Charente. — *Capella de Montagut* (arch. de Pilhaco, Lesp. Pouillé du xiiie siècle).

Montaigne, c^{ne} de Saint-Michel-et-Bonnefare. — *Montanea*, 1364 (terr. de Montravel n° 288).

Anc. rep. noble qui fut l'habitation de Michel de Montaigne.

Montaigrier, h. c^{te} de Brantôme (B.).

Montaillac, h. c^{ne} de Paunac (cad.).

Montaillac, c^{ne} de Puyguilhem. — *Parochia de Hemailhac* (Ms. de Wolf.).

Montalbanie (La), c^{ne} de Creysse. — *Mayn. de la Montalbania* (L. Noir, p. 81).

Montalieu (Haut et Bas), h. c^{ne} de Saint-Cybranet.

Montamas, h. c^{ne} de Saint-Apre (B.).

Montamas (Les), h. c^{ne} de Bourdeilles (B.).

Montardit, sect. de la c^{ne} de Gouts (cad.). — *Montardy* (B.).

Montardit, vill. c^{ne} du Grand-Brassac; anc. paroisse. — *Mol. de Montardit, parochia de Montardit*, 1285 (Périg. M. H. 41, 3).

Anc. rep. noble.

MONTARDIT, anc. maison dans le bourg de Montagrier. — 1772 (Dénombr. de Montardit).

MONTARDIT, h. c^ne de Saint-Paul-la-Roche. — Anc. rep. noble.

MONTAREL, h. c^te de Saint-Georges-de-Blancanès (B.).

MONTASSA? lieu-dit, c^ne de Savignac. — Montassa, 1309 (ch. Mourcin).

MONTASSOT, h. c^ne de Mayac. — Église ruinée (Cass.).

MONTASTIER, h. c^ne de Nojals (S. Post.).

MONTASTRUC, c^ne de la Mongie. — Reppayrium de Monte Astruco, 1437 (L. N.). — Montastrucus, 1401 (Lesp. 16).

Anc. rep. noble, bâti au XIIIe siècle, puis reconstruit, en vertu de lettres patentes de Louis XI, en 1475 ; il est élevé sur des rochers taillés à pic, et entouré au nord et à l'ouest de fossés pleins d'eau, et à l'est, d'une profonde coupure dans le roc.

MONTAUBAN, lieu-dit, c^ne de Belvez (cad.).

MONTAUBAN, lieu-dit, c^ne de Carves (cad.).

MONTAUBAN, taillis, c^ne de Villamblard (A. Jud.).

MONTAUDIER, h. c^ne de Bourrou (B.).

MONTAUDOU, éc. c^ne de Burée (B.).

MONTAUFT, h. c^ne de Montagrier (B.).

MONTAUGOU, h. c^ne de Corgnac.

MONTAUGOU, h. c^ne d'Eyzerat (B.).

MONTAURIOL, anc. faub. de la ville de Bergerac; s'étendait sur le chemin de Campréal (table des liasses, arch. de Bergerac). — Mon Auriol (L. Noir, 70).

MONTAURIOL, éc. c^ne de Clérans.

MONTAUT, c^te, c^on d'Issigeac. — Monteacon in Baianesio, 1273 (Ms. de Wolf.). — Eccl. de Montedalto, 1278. — Mons Altus, 1298 (cout. d'Issigeac, Lesp.).

Patron : saint Vincent; coll. le doyen d'Issigeac.

MONTAUT, chât. en ruines, c^ne de Beleymas. — Castrum Montis Alti, 1220 (cart. de Cadouin, Lesp. 37). — Aula de las Sallas, 1485 (Lesp. Mussidan). — La salle de Montaut, 1580 (vente par H. de Clermont, ibid.). — Montault (Châtell. du Périg. arch. de Pau). — Monteaud, 1760 (Alm. de Guy.). — Les Côtes Salles (B.).

Siége, au XVIe siècle, de la châtell. dont Roussille, au XIVe siècle, avait le titre. Il en dépendait 5 paroisses : Beleymas, Douville, Montagnac, Roussille et Saint-Julien (Châtell. du Périg. arch. de Pau).

MONTAUT, h. c^ne de Boulouneix (S. Post.).

MONTAUT-DE-BERBIGUIÈRES, h. c^ne de Marnac.

MONTAUZEL, c^ne du Bugue. — Cumba de Montozel, 1475 (L. Nof. 22).

MONTAUZEL, h. c^ne d'Eymet (S. Post.).

MONTAYENS (LES), h. c^ne de Saint-Mayme-de-Péreyrol (B.).

MONTAZEAU, c^ne, c^on de Vélines. — Sanctus Martinus de

Montazeux, 1122 (Gall. Chr. p. 1463). — Montazeus, 1145 (arch. de Tourtoirac). — Montescuys, 1178 (cart. d'Uzerche). — Montazet, 1382 (P.V.M.).

Patron : saint Martin. — L'église dépendait du prieuré de Saint-Médard.

Anc. rep. noble relevant de la châtell. de Gurson.

MONTAZEL, h. c^ne de Sainte-Natalène.

MONTBAZILLAC, c^ne, c^on de Sigoulès. — Mons Bazalha, 1555 (panc. de l'év.). — Decima vini de monte Bazalano, 1480 (Lesp. Prieuré de Saint-Martin de Bergerac). — Montbazaliat, 1692 (Acte not.).

Patron : saint Martin; coll. l'évêque.

Anc. rep. noble, avec titre de vicomté, ayant haute justice sur 3 paroisses : Colombier, Montbazillac et Saint-Christophe. C'était la quatrième partie de la châtell. de Mont-Cuq, dont elle a été démembrée en 1600.

La côte de Montbazillac, dont l'altitude est de 170 mètres, a donné son nom à un cru de vin blanc très-renommé (il s'étend depuis Mont-Cuq, Peyronnette et la Salagre jusque vers Saint-Naixent), ce qui lui avait fait donner les noms de Côte d'Or et de Terre de Feu. On la divisait jadis en plusieurs quartiers : les Thibeaux, le Marsalet, les Raulis, le Poulvère, le Tourou, la Fonrousse, la Queylardie, les Barses, etc. (Comte de Larmandie, reg. V). La dîme des vins de Montbazillac et de Saint-Laurent-des-Vignes appartenait au prieuré de Saint-Martin de Bergerac.

MONTBEAY, anc. rep. noble, par. de Puy-de-Fourches.

MONTBICON, h. c^ne de Condat-Champagnac (B.).

MONT-BLANC, h. c^ne de Meyral (B.).

MONTBOUNARD, h. c^ne de Saint-Germain-et-Mons.

MONTBRETON, éc. c^ne de Mareuil (B.).

MONTBRUN, mét. c^ne de Montravel (S. Post.). — Mons Brunus, 1306 (terr. de Montravel). — Tour noble de Montbrun, 1609.

Confronte aux terrasses du chât. de Montravel (Vente à l'archev. de Bordeaux).

MONTCALOU, h. c^ne de Gaumier. — Montcalous (B.).

Anc. rep. noble ayant haute justice dans Gaumier (Alm. de Guy. 1760).

MONTCANY, vill. c^ne de Beaumont (S. Post.). — Prioratus secularis de Montanino (coll. Clém. VI). — Sanctus Martinus de Monte Canino, 1378 (coll. Clém. VII).

Anc. prieuré.

MONTCANY, lieu-dit, c^ne de Bergerac. — Tenem. de Moncany, 1430 (L. Noir). — Moucam? 1460 (ibid.).

MONT-CARET, c^ne, c^on de Vélines. — Mons Caretus, 1081 (Lesp. Donat. de Sourzac à Saint-Florent). — Montkaret, XVIe siècle.

Prieuré conventuel au XIIe siècle, avec école publique dans le prieuré. — Dép. de Saint-Florent de Saumur.

Montcaseau, h. c^ne du Fleix (B.).

Mont-Chabroulet, h. c^ne de Mialet (B.).

Montchapeix, h. c^ne de Firbeix (B.).

Montcheuil, h. c^ne de Saint-Martial-de-Valette. — — Château de Montcheuil, 1620 (Acte not.).

Montclar, c^ne de Saint-Paul-de-Serres. — Boaria de Monclar, 1471 (Dives, I).

Montclar, c^ne, c^on de Villamblard.— Castrum de Monte Claro, 1288 (rôles gascons). — Castellania de Monte Clarentio, 1364 (Lesp. vol. 10). — Monclard, xvie siècle (Acte not.).

Anc. rep. noble et châtell. comprenant 9 paroisses : Campagnac, Campsegret, la Mongie, Pont-Saint-Mamet, Saint-Félix, Saint-Georges, Saint-Laurent, Saint-Martin-des-Combes, Saint-Maurice (Châtell. Lesp. 88). — Le château, bâti sur motte dans le vallon, appartenait aux sires de Bergerac.

Montclar (Forêt de), c^ne de Montclar (B.).

Montclar (Saint-Georges-de-), c^no, c^on de Villamblard. — Eccl. Sancti Georgii (pouillé du xiiie siècle, Lesp. 27).

Consulat élu par les habitants en 1288 (rôles gascons). — Léproserie, 1321.

Mont-Chabot, h. c^he de Castel (B.).

Mont-Cuq, point culminant près de Belvez, sur lequel était située l'église Sainte-Marie, devenue plus tard l'église paroissiale de la ville.— Eccl. Sanctæ Mariæ de Moncuq, 1083 (bulle d'Eugène III. Sarlat). — Muncuq, 1156 (cart. de Cadouin). — Podium de Moncuq, 1459 (arch. de la Gir.). — Portal de Montcuq, 1462 (Philipparie).

Montcuq, h. c^ne de Saint-Laurent-de-Castelnau.

Mont-Cuq, ruines, c^ne de Saint-Laurent-des-Vignes.— Capella de Montcuc, 1143 (confirm. des possess. de l'abbaye de Trémolac). — Mons Acutus, 1273 (test. de M. de Turenne).— Castrum Montis Cuci, Montis Cuqui, 1365 (Lesp. Châtell. de Bergerac).

Châtell. s'étend. sur 12 paroisses : Colombier, la Mongie, Monbazillac, Monteil, Pomport, Rouffignac, Rouillac, Saint-Christophe, Saint-Laurent, Saint-Martin, Saint-Mayme, Saint-Sernin (arch. de Pau, châtell. du Périg.). Au xive siècle elle était connue aussi sous le nom de châtell. de Bergerac (Lesp. 88, Châtell.).

Montcut, h. c^ne de Mialet (B.).

Mont-de-Neyrac, h. c^ne de Bergerac.

Montegrebie-de-la-Massoulie, h. c^ne de Saint-Astier (A. Jud.).

Monteil (Le), h. c^ne de Badefol-d'Ans (S. Post.).

Monteil (Le), lieu-dit, c^ne de Condat-sur-Vézère (cad.).

Monteil (Le), h. c^ne de Cornille.

Monteil (Le), paroisse, c^ne de la Mongie-Saint-Martin. — Montils, Montels, Montelz, 1117 (cart. de Sainte-Marie de Saintes). — Eccl. de Montelhs (panc. de l'év.). — Le Monteilh, 1640 (Acte not.).

Monteil (Le), lieu-dit, c^ne de Saint-Laurent-de-Castelnau.

Monteil (Le), h. c^ne de Saint-Sulpice-d'Exideuil (S. Post.).

Monteil (Le), lieu, c^ne de Valojoux.

Monteil (Le Grand-), h. c^ne de Gouts. — Eccles. de Montelh, 1310 (Lesp. 24).

Monteix (Au), bois, c^ne de Sorges (A. Jud.).

Montencès, c^ne de Montren. — Mons Incensus, 1081 (Lesp. Donat. de Sourzac à Saint-Florent). — Vadum de Montancès, 1168 (cart. de Chancelade). — Mountencès. — En la sala verta de Montencès, 1217 (Lesp. Généal. de Saint-Astier). — Capella de Monte Inciso, 1287 (cart. de Chancelade). — Montanccir, 1760 (Alm. de Guy.). — Montancey (B.).

Anc. rep. noble relevant, au xive siècle, de la châtell. de Saint-Astier, depuis ayant haute justice sur Montren.

Montericou, h. c^ne de Mialet (B.).

Montestève, lieu-dit, c^ne de Saint-Vincent-de-Cosse (cad.).

Montestiva, anc. nom du fort de Vitrac (le Périg. ill.).

Montet, c^ne de Puy-Mangou. — Villa quæ voc. Montet, 1083 (cart. de Baigne, LXIII).

Montet (Le), h. c^ne de Biras (B.).

Montet (Le), h. c^ne de Mialet.

Montet (Le), h. c^ne de Saint-Pardoux-de-Belvez (B.).

Montets (Les), h. c^ne de Faux. — Les Mamounets, 1771 (arpent. de la S. de Faux?).

Montex (Les), h. c^ne de Vern.

Montfaucon, c^ne, c^on de la Force. — Monfalco (pouillé du xiiie siècle). — Prioratus Monsfalconis, 1382 (P. V. M.). — Montfaulcon, xviie siècle (Acte not.). Patron : la Fête-Dieu; coll. l'abb. de Paunac.

Prieuré régulier dép. du monastère de Saint-Martial de Limoges.

Montfalcon, h. c^ne de Villamblard. — Montfalco, 1490 (Dives, II, 42). — Montfaulcon, Montfoucon, 1610 (Acte not.).

Montferrand, c^ne, c^on de Beaumont. — Castrum de Monte Ferrando, 1272 (cout. de Beaumont). Patron : saint Christophe.

Anc. rep. noble placé, au xiiie siècle, dans la jurid. de la bastide de Beaumont, et châtell. dont dépend. au xive siècle 5 paroisses : Saint-Avit-Rivière, Saint-Christophe, Sainte-Croix, Saint-Romain et Lolme, Soulaure (Lesp. 88).

Le château, protégé à l'O., au N. et à l'E. par la pente rapide du terrain, est isolé du coteau par deux coupures dans le roc. Il se compose de deux enceintes séparées par la seconde coupure. Le château proprement dit, avec son donjon carré à trois étages, placé contre la coupure, a la forme d'une demi-circonférence à pans coupés, ayant 140 mètres de long, N.-S., et 80 mètres de large; l'enceinte entière a 275 mètres de long sur 155 mètres de large. (Drouyn, *Châteaux du moyen âge.*)

MONTFERRIER, c^on de Journiac. — *Monferrier*, 1452 (L. Nof. 8).

MONTFERRIER, h. c^ne de Sengeyrac. — Anc. rep. noble.

MONTFORT, sect. de la c^ne de Vitrac. — *Castrum de Monte Forti*, 866 (lettre de Nicolas Ier à l'abbé de Sarlat).

Église Sainte-Madeleine ruinée.

Anc. rep. noble et châtellenie unie, au xive siècle, avec celle d'Aillac; elles avaient haute justice sur Aillac, Carsac, Caudon, Proissans, Sainte-Natalène, Saint-Vincent, et dépendaient de la vicomté de Turenne.

MONTGAILLARD, h. c^ne de Coulounieix. — Anc. rep. noble dépend. de la ville de Périgueux (Dénombr. 1760).

MONTGEOFFROY, h. c^ne de Saint-Jean-de-Cole (cad.).

MONTGUEYRAL ? éc. c^ne de Naussanes. — *Repayrium de Montgayras*, 1489 (O. S. J.).

MONTGUYARD, réuni à SERRES, c^ce, c^on d'Eymet. — *Sanctus Perdulphus de Monte Guiardo*, 1467 (O. S. J.). — *Mons Guirdus*, 1554 (panc. de l'év. de Périg.). — *Sanctus Petrus de M.* 1679 (O. S. J.).

Comm^rie de l'ordre de Saint-Jean, annexée à celle de Falgueyrac.

MONTIBUS, h. c^ne de Mialet (B.).

MONTIGNAC, ch.-l. de c^on, arrond. de Sarlat. — *Castellum Montiniacum*, xie siècle (Vita sancti Sacerdotis). — *Montinac*, 1072 (cart. d'Uzerche, f° 523). — *Montinhac* (pouillé du xiiie siècle). — *Montinhacum*, 1365 (Lesp. Châtell.). — *Montignacum*, 1382 (terr. de l'abb. de Saint-Amand-de-Coly).

Anc. rep. noble avec titre de châtell. dont 14 par. dépendaient au xive siècle : Aubas, Auriac, la Bachelerie, Bars, Brenac, le Chalard, Condat, Fanlac, Saint-Léon, Saint-Pierre et Saint-Thomas de Montignac, Sargeac, Thonac, Valojoulx (Lesp. 88).

Le château, auj. en ruines, était bâti sur un promontoire très-étroit et à pic de trois côtés. Pour en isoler la pointe, trois coupures ont été pratiquées dans le roc. L'enceinte était divisée en deux parties : d'abord une terrasse, sans aucun reste de construction, entre les deux premières coupures; puis le

château proprement dit, ayant 113 mètres de long sur 45 de large. Le donjon, carré roman, a été élevé près de la pointe du promontoire, sur une motte circulaire. (Drouyn, *Châteaux du moyen âge.*)

Il y avait anciennement à Montignac trois paroisses, Sainte-Marie, Saint-Pierre et Saint-Thomas, toutes trois ruinées. La chapelle de Blot devint paroisse sous le nom de Saint-Pierre. — Prieuré de l'ordre de Saint-Benoît dép. de l'église de Sarlat. 1364. — Cordeliers. — Hôpital auquel Renaud de Pons donna, en 1227, la terre sur laquelle l'hôpital et l'église avaient été construits; salle dans l'hôpital, dite *de Saint-Jean-l'Évangéliste* (Lesp. 37. Testament du seigneur de Montignac).

Pont sur la Vézère, «en piliers de pierre, couverts, 200 ans sont passés.» (Enquête sur sa destruction, après le siège de Montignac, en 1580. Lesp. Montignac.)

MONTIGNAC, réuni à MONESTEROL, c^ne, c^on de Montpont. — *Montanhac* (pouillé du xiiie siècle). — *Villa Montaniaci*, 1281 (cout.). — *Castellum de Montignacum, dictum le Petit*, 1399 (arrêt de confiscation du comté de Périgord). — *Petit Montinhac*, 1533 (enquête pour la dame de Montrésor). — *Montignac-sur-Vauclaire* (B.).

Voc. Saint-Martin.

MONTIGNAC-LE-COQ, anc. dioc. de Périgueux, aujourd'hui du dép^t de la Charente. — *Montanhac* (pouillé du xiiie siècle, archipr. de Pillac). — *Montainac*, 1143.

MONTIGNAGUET, h. c^ne de Montignac-sur-Vézère.

MONTILLARD, h. c^ne de Puymangou (B.).

MONTILLON (LE), éc. c^ne de Dome.

MONTIRAT, h. c^ne de Pressignac.

MONT-JAMY, terre et bruyère, c^e de Cantillac.

MONTJAU ? c^ne de Montren ? — *Montjau*, 1243 (Rec. de tit.).

Les limites de la jurid. de Périgueux, de ce côté, allaient jusqu'au Saut du Chevalier.

MONTLONG, h. c^ne de Pomport. — *Mons Longus*, 1273 (Gaig. Homm. au roi d'Angl.). — *L'Ostau de Monlonc*, 1496 (c^te de Larmandie, pap. Grenier). — *Monlong*, 1704 (Acte not.). — *Monlon* (B.).

Fief de la jurid. de Mont-Cuq.

MONT-LONG (LE), plateau, c^ne de Boisse (le Périgord illustré).

MONT-LONGAY ? c^ne de Brassac. — *Tenem. de Montlongay*, 1313 (Périg. M. H. 41, 2).

MONTMADALÈS, c^ce, c^on d'Issigeac. — *Montmadalet*, 1273 (cout. d'Issigeac). — *Mont Magdalès et Montanea de Momagdalès*, 1465 (coll. de Lenq. Enquête contre l'év. de Sarlat). — *Mons Magdalasius*, 1475.

— *Mons Magdalesius*, 1502. — *Mons Maladesius*, 1554 (panc. de l'év.). — *Sainte-Madelaine de Mont-madalais*, 1773 (not. de Lenq.).

Voc. Sainte-Madeleine.

Prieuré de femmes dép. de l'abb. du Bugue.

Montmadit, c^ie de Corgnac. — *Repaire de Momadit*, 1492 (Lesp. Homm. à Exideuil). — *Montmady* (Cass.).

Mont-Marvès, c^ne, c^on d'Issigeac. — *Monmarvès*, 1298 (cout. d'Issigeac). — *Mons Mirvesius*, 1312 (Lesp. 37, Issigeac). — *Mons Marvesius*, 1365 (Lesp. 88, Châtell. du Périg.).

Coll. le doyen d'Issigeac.

Mont-May, taillis et bruyère, c^ne de Cantillac (A. Jud.).

Montmége, h. c^ne de Chalagnac.

Montmége, c^ne de Terrasson. — *Montmeganus*, 1490 (Lesp. 27).

Anc. rep. noble ayant haute justice sur quelques villages dans la paroisse de Terrasson, 1760 (Alm. de Guy.).

Montmie, h. c^ne de la Nouaille.

Montmiral, c^ne de Cénac. — Anc. rep. noble avec justice sur quelques maisons dans Cénac (Alm. de Guy. 1760).

Montmoreau, h. c^te de Saint-Médard-de-Gurson (B.).

Montouseix, h. c^ne de Bussière-Badil (B.).

Montozon, éc. c^ne de Vieux-Mareuil (B.).

Montpazier, ch.-l. de c^on, arrond. de Bergerac. — *Castrum Montis Pazerii*, 1293.

Patron : saint Dominique; coll. l'évêque.

Bastide construite par Édouard II, roi d'Angleterre, sur un terrain désert qui lui fut donné par P. de Biron, en 1284, au ténement de la Boursie, et pour laquelle on employa le bois de la forêt de Boussoul, c^ce de Capdrot. La ville actuelle est encore telle qu'elle fut construite, sans aucune altération apportée au plan primitif : la place au centre, entourée d'allées couvertes et traversée aux quatre coins par quatre rues parallèles qui se coupent à angles droits; toutes les rues droites et parallèles, les maisons ouvrant d'un côté sur une de ces rues et de l'autre sur une ruelle parallèle pratiquée pour le service des maisons (voy. aux Annales archéologiques de Didron le Mémoire de M. Félix de Verneilh sur cette bastide et le plan qui l'accompagne). L'église fut d'abord annexe de Capdrot; Jean XXII y établit un chapitre de 12 chanoines qui concouraient avec les religieux de Sarlat à l'élection de l'évêque. Les églises de Marsalès et de Gaugeac furent unies pour la dot de la nouvelle collégiale, et le chapitre de Capdrot fut transféré à Montpazier par Innocent XIII en 1491.

Hôpital sous le nom de *Maison de charité*, fondé en 1775. — Récollets en 1644.

Montpazier était le siége d'une justice royale qui s'étendait sur Capdrot, Gaugeac, Marsalès, Montpazier et la Valade (Alm. de Guy.).

Montpeyroux, c^ne, c^on de Villefranche-de-Longchapt. — *Sanctus Petrus de Monte Petroso*, 1140 (Lesp. 33, donat. à Saint-Florent). — *Monpeyrot* (pouillé du xiiie siècle). — *Montpeyros*, 1484 (Lesp. Sénéchal de Bergerac).

Patron : saint Pierre-ès-Liens; collat. l'abbé de Saint-Florent de Saumur.

Montpeyroux (Forêt de). — Elle s'étend sur Montpeyroux et Saint-Clau, confronte à l'E. les vill. de Papessus et de la Garde et au N. Saint-Clau. La contenance en est de 110 journaux, 1602 (terr. de Montravel, 288).

Montplaisant, c^ne, c^on de Belvez. — *Munplacens*, 1156 (Lesp. 37, don de G. de Biron). — *Monplazenc* (pouillé du xiiie siècle). — *S. Joh. Baptista de Monte Placensio*, 1305 (Lesp. 33, don à Font-Gauffier). — *Mons Plasenc*, 1478 (Homm. à l'archev. de Bordeaux, Belvez).

Patron : saint Victor; coll. l'abbesse de Font-Gauffier.

Montplaisant, h. c^ne de Cadouin (S. Post.).

Montpont, ch.-l. de c^on, arrond. de Ribérac. — *Castellum de Montpao en la Sala Comtal*, 1170 (cart. de Chancelade). — *Montepavo*, 1178 (conf. des bénéf. de Saint-Astier par Alexandre III). — *Monpao* (pouillé du xiiie s^e). — *Montepao*, 1273. — *Montpouns* (cart. de la Sauve, p. 103). — *Monspavo*, 1364 (Châtell. Lesp. 10). — *Castellum Monponis*, 1439 (Lesp. Bail à Ataux). — *Montpaon*, 1533 (grands jours tenus à Périgueux).

Voc. Notre-Dame. — Patron : saint Jean-Baptiste; coll. l'évêque.

Anc. châtell. dite *de Montpont* ou *du Puy-de-Chalas*, compr. 18 paroisses : Beaupouyet, Buzès, Galrostit, Menespiet, Monesterol, Montiguac, Saint-Antoine-de-Pizon, Saint-Barthélemy, Saint-Laurent-de-Pradoux, Saint-Martial-de-Drone, Saint-Michel-de-Double, Saint-Remy, Saint-Sauveur-de-la-Lande, Saint-Sernin-du-Puy, Saint-Vivien, Servanches, la Vigenne et Montpont.

Montravel, bourg, c^on de Vélines. — *Capella Sanctæ Mariæ et Sancti Sepulchri de Monte Revelli*, 1137 (arch. de Saint-Florent). — *Castrum Monrevel* (cart. de la Sauve, p. 105). — *Monte Revellum*, 1273 (Homm. Instel. preuves de la maison d'Auvergne). — *Mons Revellum, Montis Revellum*, 1306 (terr. 288, arch. de la Gironde). — *Montis Ravel-*

lum (ibid.). — *Mont Revel,* 1456 (aveu, arch. de Bordeaux, n° 5). — *Casted nea de Montrevel confronte am lo muro de la vila, apela anticament lo mur deu Capelan,* 1461 (arch. de la Gir. reg. Belvez).

Anc. châtell. dépendant, jusqu'au xɪvᵉ siècle, des sires de Bergerac; achetée en 1307, ainsi que Belvez, par Arn. de Canteloup, archev. de Bordeaux, elle était composée de 19 paroisses : Bonnefare, Bonneville, le Breuil, le Canet, Colles, Fougueyrolles, Montpeyroux, Montravel, la Mothe, Nastringues, la Rouquette, Sainte-Aulaye, Saint-Avit-de-Fumadières, Saint-Avit-de-Tizac, Saint-Claud, Saint-Michel, Saint-Seurin, Saint-Vivien, Vélines.

Le château, placé sur la pointe d'un promontoire très-allongé et étroit, est comme isolé de toutes parts, en raison des fossés qui l'entourent entièrement. Cette enceinte considérable mesure de l'E. à l'O., en y comprenant les fossés, 300 mètres, sur 130 dans sa plus grande largeur; elle est divisée en deux portions à peu près égales, entre lesquelles est un reste de motte. Il ne subsiste des constructions qu'une partie de tour romane, placée au S. de la première cour, et qui domine tous les environs comme un immense phare. (Drouyn, *Châteaux du moyen âge.*)

Montravel avait donné son nom, jusqu'au xɪvᵉ s*, à un archipr. qui fut nommé depuis l'archipr. de Vélines. — Maladrerie de fondation commune (maladreries de Fr. Bibl. imp.).

Montravel, lieu-dit, cⁿᵉ de Saint-Laurent-de-Castelnau (cad.).

Montravel (Forêt de). — Elle fut rachetée en 1608 per l'archevêque de Bordeaux.

Montravel (Le), h. cⁿᵉ de Daglan (cad.).

Montréal, cⁿᵉ d'Issac. — *Mons Regalis,* 1363 (donat. d'Édouard, prince de Galles, au comte de Périgord: arch. de la Charente). — *Monreyal,* 1379 (L. Noir de Périg.).

Anc. rep. noble et châtell. composée de la par. d'Église-Neuve-d'Eyraud (Lespine, Châtell. 88).— En 1790, la justice de Montréal s'étendait sur Issac, Église-Neuve, Saint-Jean-d'Eyraud et la Veyssière (Alm. de Guy.).

Forêt, 1471 (Dives, I, 68).

Montréal-le-Vieux, h. cⁿᵉ d'Église-Neuve-d'Issac.

Montren, cⁿᵉ, cⁿ de Saint-Astier. — *Montrent* (pouillé du xɪɪɪᵉ siècle). — *Montrenc,* 1365 (Lesp. 10, Fouage). — *Sanctus Petrus de Montrenco,* 1490 (Dives, II, 20). — *Montrem* (Cal. admin.).

Patron : saint Pierre; coll. l'évêque.

Montrenaud, anc. fief, ch.-l. de Bourdeilles. — *Ph. de Monte Regnalis,* xvɪᵉ siècle (arch. de Pau).

Dordogne.

Monts (Les), h. cⁿᵉ de Sainte-Marie-de-Frugie (B.).

Montsaguel, cⁿᵉ, cⁿ d'Issigeac. — *S. Maria de Monsaguel,* 1053 (bulle d'Eugène III, Sarlat, Gall. Ch.). — *Montsaguel,* 1268 (ms. de Wolf.). —*Mons Saguellus,* 1298 (cout. d'Issigeac, Lesp.). — *Mons Sagellus,* 1365 (Lesp. 88, Chât. du Périgord).

Patron : saint Barthélemy; coll. le doyen d'Issigeac.

Mont-Saint-Jau (Bos de), taillis, cⁿˢ de Cladech (cad.).

Mont-Saint-Jean, éc. cⁿᵉ de Cantillac (S. Post.).

Mont-Saint-Jean, cⁿᵉ de Pressignac, 1690. — *Tén. du baradis de Monsenjean* (Acte not.).

Mont-Saint-Jean, lieu-dit, cⁿᵉ de Saint-Amand-de-Belvez (cad.).

Mont-Saint-Jean, lieu-dit, cⁿᵉ de Saint-Félix-de-Villadeix. — *Vigne de Mont-Saint-Jean,* 1760 (arpent.).

Mont-Saint-Jean (Claud du), lieu-dit, cⁿᵉ de Meyral (cad.).

Mont-Vert, éc. cⁿᵉ de Saint-Seurin-de-Prats. — Anc. rep. noble (Courcelles, Généal. vol. 8).

Mont-Vert? cⁿᵉ de Trémolac. — *Terra voc. de Mon Vert,* 1452 (L. Nof. 3).

Monzie (La), lieux divers. — Voy. Mongie (La).

Moras? cⁿᵉ de Sales-de-Belvez. — *Mansus dels Moras,* 1462 (arch. de la Gir.).

Moratie (La), h. cⁿᵉ de Paulin (B.).

Moratie (La)? cⁿᵉ de Sargeac. — *Fasio de la Moratia,* 1304 (O. S. J.).

Une des limites de la commᵗⁱᵉ de Sargeac.

Morellon, h. cⁿᵉ de Vélines (B.).

Morézies (Les), h. cⁿᵉ de Rouffignac, cⁿ de Montignac.

Morgal? cⁿᵉ de Belvez. — *Ort Morgal,* 1461 (arch. de la Gir.). — *Coste Morgal,* 1727 (ibid.).

Morière, h. cⁿᵉ de Quinsac (S. Post.).

Morinie (La), h. cⁿᵉ d'Eyliac. — *La Morénie* (A. Jud.).

Morinie (La), h. cⁿᵉ de Saint-Barthélemy, cⁿ de Bussière-Badil. — Voy. Château-Manqué (Le).

Morinie (La), éc. cⁿᵉ de Saint-Laurent-des-Bâtons (B.).

Mornhac, anc. fief, châtell. de Saint-Astier (arch. de Pau).

Mort (Terme-de-la), lieu-dit, cⁿᵉ de Lolme.

Mortefont, h. cⁿᵉ de Saint-Amand-de-Coly (B.).

Mortemar-et-Saint-Félix-de-Reillac, cⁿᵉ, cⁿ du Bugue. — *Mortamar* (pouillé du xɪɪɪᵉ siècle). — *Hospitalis, Præceptoria de Mortuo Mari,* 1409 (O. S. J.).

Anc. commᵗⁱᵉ de l'ordre de Saint-Jean.

Morterieu, bruyère, cⁿᵉ de Saint-Jean-d'Estissac.— 1670 (Acte not.).

Mortier (Le), sect. de la cⁿᵉ de Queyssac (cad.).

Mortiers, cⁿᵉ d'Ajat. — *Hospitium de Morteriis,* 1400 (Lesp. Homm. au duc d'Orléans). — *Les Mourtiers,* 1580 (Acte not.).

Anc. rep. noble.

27

MORTIERS, c^{ne} de Manzac. — *Mayn. de Mortier, de Morteriis*, 1526 (Dives).

MORTIERS, h. c^{ne} de Vic. — *El Mourtier*, 1649 (Reconn.).

MORTIERS (LE GROS-DE-), h. c^{ne} de Fosse-Magne.

MORTIERS (LES), h. et m^{in}, c^{ne} de Tanniès.

MORUSCLES, c^{ne} de Génis, c^{on} d'Exideuil. — Anc. rep. noble sur motte, entouré de trois côtés par les eaux du Dalon (Ann. agric. et littér. de la Dordogne).

　Siège d'une châtell. appelée aussi *de Génis*, et qui était de la sénéch. de Limoges.

MOS (LA), h. c^{ne} de la Linde (B.).

. MOSATEIRE (LA), c^{ne} de Millac-de-Nontron.—*Bordaria de la Mosateira*, XIIIe siècle (cens dû à Clarac).

MOSCHAL? c^{on} d'Exideuil. — *Monasterium de Moschal, archip. de Exidolio* (pouillé du XIIIe siècle).

MOSCHARIE (LA)? c^{ne} de Grun. — *Tenentia de la Moscharia*, 1475 (Dives, I).

MOT-DÉMONTÉ, prairie, c^{ne} du Petit-Bersat (le Périgord illustré).

MOTHE [1] (BASSE-), h. c^{ne} d'Orliac (terr. de Saint-Pompon).

MOTHE (Bos), taillis, c^{ne} d'Urval (cad.).

MOTHE (HAUTE et BASSE), h. c^{ne} de Doissac. — *Reppayrium mote de Rauriac, als de Gasques*, 1463 (Belvez).— *La Motte Haute, autrement de Gasques*, 1744 (terr. de Saint-Pompon).

MOTHE (HAUTE et BASSE), lieu-dit, c^{ne} de Mouleydier.

MOTHE (HAUTE et BASSE), lieu, c^{ne} de Sainte-Radegonde. — *Mota de Roquespine justa Issigiacum, et justa quam altera mota* in qua est turris quædam, *in loco de Bromega*, 1270 (Gaign. II, col. 772, fol. 52).

MOTHE (LA), c^{ne} d'Alas-l'Évêque. — *Bois de la Motte* (Antiq. de Vésone). — Tumulus.

MOTHE (LA), h. c^{ne} de Belvez (S. Post.). — *La Mote Mercat, la Mothe Mercat*, 1462 (Homm. à l'archev. de Bordeaux (Philipparie).

　Anc. rep. noble.

MOTHE (LA), c^{ne} de Bergerac. — *Pratum in paroch. Sancti Martini B. in tenemento de la Malaudaria, confr. cum Motha domini de Ponte ex una* (L. Noir, p. 42). — *La Mouthe* (B.).

MOTHE (LA), dom. c^{ne} de Breuil, c^{on} de Vern. — *La Mouthe* (B.).

　Il est situé sur une butte circulaire de 40 pieds de hauteur et de 250 pieds de circonférence, sur laquelle est aussi l'église de Breuil, et où plus anciennement se trouvait un château appelé *Mondigneras* (Antiq. de Vésone, I, 188).

---

[1] Ce nom et les suivants sont écrits avec un *h*, selon l'orthographe de tradition : il vaudrait mieux écrire MOTE. *

MOTHE (LA), h. c^{ne} du Bugue. —*La Mouthe* (B.).

MOTHE (LA), h. c^{ne} de la Chapelle-Faucher (S. Post.).

MOTHE (LA), éc. c^{ne} de Chatres.

MOTHE (LA), lieu-dit D, n° 94, c^{ne} de Clérans (A. Jud.).

MOTHE (LA), h. c^{ne} de Creysse. — *La Mouthe* (B.).

MOTHE (LA), h. c^{ne} de la Cropte (S. Post.). — *Fort de la Mothe* (Lesp. Général. de la Cropte). — *La Mouthe* (B.).

　Anc. rep. noble.

MOTHE (LA), h. c^{ne} de Cubjat. — *La Mouthe* (S. Post.).

MOTHE (LA), h. c^{ne} de Dussac (S. Post.).

MOTHE (LA), lieu, c^{ne} de Fleurac.

MOTHE (LA), h. c^{ne} de Font-Galau (S. Post.).

MOTHE (LA), h. c^{ne} de Genestet (S. Post.).

MOTHE (LA), lieu-dit, c^{ne} de Grand-Castang. — *Tén. de la Mothe et Bonne Mine*, 1680 (Rec.).

MOTHE (LA), éc. c^{ne} de Grignol. — *Mota*, 1368 (Lesp. Fratcaux). — *Maison noble de Charbonieras*, autrement *de la Mothe*, 1521 (Dives, Reconn.).

MOTHE (LA), h. c^{ne} de Grives (cad.).

MOTHE (LA), c^{ne} d'Hautefort. — Anc. fief situé dans la par. de Saint-Aignan-d'Hautefort.

MOTHE (LA), c^{ne} de Jumillac. — Tumulus (le Périgord ill. 497).

MOTHE (LA), lieu, c^{ne} de Larzac.

MOTHE (LA), c^{ne} de Limeuil, sur le bord de la Vézère.— Il y existe un tumulus.

MOTHE (LA), taillis, c^{ne} de Marcillac (A. Jud.).

MOTHE (LA), h. c^{ne} de Marquay.

MOTHE (LA), éc. c^{ne} de Marsancix (B.).

MOTHE (LA), c^{ne} de Mauzac. — *Mayne de la Mote*, 1480 (terr. de Mauzac).

MOTHE (LA), c^{ne} de Monesterol. — Moulin appelé *dessous la Mothe*, 1450 (Lesp. Montpont).

MOTHE (LA), éc. c^{ne} de la Mongie-Saint-Martin.

MOTHE (LA), c^{ne} de la Mongie-Saint-Martin. — Anc. rep. noble, 1737 (Acte not.).

MOTHE (LA), c^{ne} de Montpont. —*La Mothe Eycencha*, près du m^{in} de Montpont, 1257 (Lesp. Montpont). — *A Montpont, trois Mothes*, habit. de 3 chevaliers, 1533 (Chron. de Périg. II, 138).

MOTHE (LA), lieu, c^{ne} de Mouzens. — *Podium de la Mota*, 1463 (arch. de la Gir. Bigaroque).

MOTHE (LA), mét. c^{ne} de Naussanes (S. Post.).

MOTHE (LA), h. c^{ne} de Nontron (S. Post.).

MOTHE (LA), éc. c^{ne} de Palayrac.

MOTHE (LA), h. c^{ne} de Pontours. — *La Mouthe*, 1741 (Acte not.). — *La Mothe de Bousseran*.

　Un tumulus d'une grande élévation est au milieu du village.

MOTHE (LA), lieu, c^{ne} de Prigonrieu. — 1677 (Acte not.).

Mothe (La), bourg, c^{ne} de Queyssac. — *La Mouthe de Flouyrac*, 1680 (not. de Bergerac).

Mothe (La), h. c^{ne} de Queyssac. — *La Mouthe* (B.).

Mothe (La), h. c^{ne} de Ribérac. — *Maison de la Mothe*, située dans le château de Ribérac, 1457 (Lesp. Ribérac).

Mothe (La), éc. c^{ne} de Rouffignac-Montignac (B.).

Mothe (La)? c^{ne} de Rouffignac-Montignac, près de Taboyssie. — *A La Mothe*, 1573 (coll. de Lenq.).

Mothe (La), éc. c^{ne} de Sainte-Alvère (B.).

Mothe (La), éc. c^{ne} de Saint-André-de-Double (S. Post.).

Mothe (La), h. c^{ne} de Saint-Avit-de-Vialard.

Mothe (La), h. c^{ne} de Saint-Avit-Rivière.

Mothe (La), h. et moulin à vent, c^{ne} de Saint-Barthélemy-de-Bellegarde (B.).

Mothe (La), h. c^{ne} de Sainte-Eulalie-de-Puyguilhem.

Mothe (La), h. c^{ne} de Sainte-Foy-de-Belvez. — *Mansus de la Mota*, (Philipparie, 27).

Mothe (La), h. c^{ne} de Saint-Germain-et-Mons. — 1744 (Acte not.).

Mothe (La), h. près de Saint-Martin-l'Astier.

Mothe (La), h. c^{ne} de Saint-Martin-l'Astier (cad.).

Mothe (La), h. c^{ne} de Saint-Méard-de-Drone. — Tumulus (le Périgord ill.).

Mothe (La), lieu-dit, c^{ne} de Saint-Michel-l'Écluse (cad.).

Mothe (La), lieu-dit, c^{ne} de Sainte-Natalène (cad.).

Mothe (La), c^{ne} de Saint-Pantaly. — Anc. rep. noble.

Mothe (La), c^{ne} de Saint-Pantaly-d'Ans. — *Château de la Mouthe Saint-Pantaly Marqueyssac*, 1536 (acte de partage).

Mothe (La), h. c^{ne} de Saint-Paul-de-Serre (S. Post.).

Mothe (La), maison, c^{ne} de Saint-Perdoux-Issigeac (S. Post.).

Mothe (La), h. c^{ne} de Saint-Remy.

Mothe (La), c^{ne} de Saint-Sauveur, c^{on} de Bergerac. — *Mansus voc. de la Mota*, 1460 (L. Noir, 24).

Mothe (La), c^{ne} de Saint-Seurin. — *La Mothe de Prats*, 1680 (Acte not.).
Anc. rep. noble.

Mothe (La), b. c^{ne} de Sendrieux. — *La Mouthe* (B.).

Mothe (La), h. c^{ne} de Tanniès (B.). — *La Mouthe* (cad.).

Mothe (La), h. c^{ne} de Tayac (B.).

Mothe (La), lieu-dit, c^{ne} de Terrasson (cad.).

Mothe (La), h. c^{ne} de Thenon. — *Hospitium de Mota*, 1484. — *Mota de Choumoy* (Généal. de Rastignac).
Anc. rep. noble ayant haute justice sur partie de Thenon (arch. de Pau, Châtell. du Périgord).

Mothe (La), pré, c^{ne} de Vern. — *Pratum, voc. La Motha, in ripar. del Vernh.* 1510 (ch. Mourcin).

Mothe (La), h. c^{ne} de Villac. — *Mansus de la Motac* 1465 (O. S. J. Condat). — *La Mothe de Villa* (Courcelles, Généal. d'Hautefort). — Vigne dite *Vieille Mothe* (cad. sect. B. 85).
Anc. rep. noble.

Mothe (Notre-Dame-de-la), anc. dioc. archipr. de Flangeac (carte de l'év. par Samson, 1740). — Magnifique tumulus élevé au milieu du vallon, sur la route d'Eymet à Lauzun, et sur lequel était construite une église.

Mothe (Sol de la), taillis, c^{ne} de Montpeyroux.

Mothe-Barail (La), éc. c^{ne} de Saint-Paul-de-Lisone.

Mothe-de-Bourzac (La), c^{ne} de Nanteuil. — La plateforme de cette motte a 40 p. de diamètre; des murs de soutenement sur les côtés, en blocs de pierre bruts, divisent la motte en deux terrasses (Antiq. de Vésone, II, 215).

Mothe-de-Faye (La), friche, c^{ne} de Gardone (A. Jud.). — *Les Mothes*, 1625 (Acte not.).

Mothe-de-Faye (La), lieu-dit, taillis de chênes, c^{ne} de Minzac (A. Jud.).

Mothe-de-Ganmarey (La), c^{ne} de Villamblard.

Mothe-de-Montpeyran (La), anc. rep. noble dans le dioc. de Sarlat.

Mothe-d'Empine (La), c^{ne} de Trélissac (Cass.). — *Grande Mothe* (S. Post.).

Mothe-de-Salignac (La), c^{ne} de Salignac. — *Mota de Saleinac*, 1226 (cart. de Cadouin).

Mothe-Fénélon (La), c^{ne} de Sainte-Mundane. — *Mota Fenelonis*, xvie siècle (Acte not.).

Mothe-Gratin (La), à Sainte-Eulalie, c^{ne} du Breuil. — Anc. rep. noble.

Mothe-Montravel (La), c^{ne}, c^{on} de Vélines. — *Mota Sancti Paycon*, 1279 (Lesp. Cadouin, lettre de Simon, archev. de Bordeaux. — *Saint-Paisent* (Lesp. 23, Chron. en patois, xiiie siècle). — *Mota archiepiscopalis Sancti Paxentii*, 1364 (terr. de l'archev. de Bordeaux, 288). — *Castrum de Mota Sancti Paxencii*, 1441 (terr. de Montravel). — *La Motha Saint Paixent*, 1476 (ibid.). — *Prioratus de la Motha Saint Paixens*, 1476 (ibid. n° 5). — *Puy de l'archevêque*, 1624 (Homm. n° 305). — *Château vieux*, 1730 (terr. de Montravel).

Ce fief de la châtellenie de Montravel était situé sur l'emplacement d'un ancien prieuré de l'ordre de Saint-Benoît fondé par Charlemagne, selon une chronique : c'est aujourd'hui la mairie et l'école.
Patron : saint Paixent.

Mothe-Rayet (La), c^{ne} de Bussac. — *Mayne*, 1660 (Acte not.).

Mothes (Les), h. c^{ne} de Bourdeilles.

Mothes (Les), lieu-dit, c^{ne} de la Cassagne (cad.).

MOTHES (LES), lieu, c^ne de Chavagnac.

MOTHES (LES), lieu-dit, c^ne de Cladech (cad.).

MOTHES (LES), lieu, c^ne d'Église-Neuve.

MOTHES (LES), lieu, c^ne d'Eyliac.

MOTHES (LES), lieu-dit, c^ne de Saint-Michel-Mussidan (cad.).

MOTHES (LES), lieu-dit, c^ne de Terrasson (cad.).

MOTHES (LES), lieu-dit, c^ne de Thiviers (cad.).

MOTHES (LES), m. isolée, c^ne de Trémolac (S. Post.).

MOTHE-SAINT-MARTIAL (LA), anc. rep. noble près de Ribérac (Cte de Larmandie).

MOTHE-SAINT-MAURICE (LA), anc. fief dans le bourg de Sendrieux, 1611. — La Mothe Poujade, 1600 (Lesp. Généal. de Pons).

MOTHE-SAINT-PRIVAT (LA), c^ue de Saint-Privat. — Fief relev. de la seigneurie de Ribérac.

MOTHE-TERSANNE (LA), anc. rep. noble.

MOTRINNA (LA), anc. fief, chât. de Saint-Astier (arch. de Pau).

MOUCHARDIE (LA), h. c^ne de Plazac (B.).

MOUCHE-CHAT, h. c^ne de Saint-Caprais-d'Eymet (B.).

MOUCHOUSES (LES), h. c^ne de Champsevinel. — Las Mouchauzas, 1730 (Acte not.).

MOULCEYROUX, anc. dioc. archipr. de Capdrot, auj. du dép^t de Lot-et-Garonne (bénéfices de l'év.).

MOULETTE (LA), h. c^ne de Bergerac. -- Tenh de la Moleta, 1409 (L. Noir).

MOULETTE (LA), c^ue de Saint-Sauveur-Bergerac. -- Tenem. de la Moulette-Gafan, 1665 (not. de Clérans).

MOULEYDIER, c^ns, c^on de Bergerac. — Monleyder, 1213 (Rymer). — Castrum de Monte Leyderio, 1215 (Homm. à Sim. de Montfort). — Muntlidyer, Montleder, 1364 (Ms. de Wolf.). — Du Camp devant Montleydier, 12 mars 1375 (lettre du connétable Du Guesclin). — Mouleydier, 1409 (livre du consulat de Bergerac).

Mouleydier était de la paroisse de Saint-Cybard, aujourd'hui détruite, dont l'église est devenue la sienne.

MOULEYDIER (GRANDE ET PETITE FORÊT DE). — Elle s'étendait sur les c^nes de Mouleydier, de Saint-Sauveur et de Liorac; 118 hect. environ.

Elle dépend. du chât. de Clérans, et peut-être ne faisait qu'un seul massif avec les forêts de Clérans et la forêt dite de Liorac, foresta de Cabanac, au xve siècle (carte de l'État-major).

MOULINAL (LE), h. c^ne de Besse (B.).

MOULINAL (LE), lieu, c^ne de Saint-Pardoux-de-Belvez. — Fief, 1608 (Homm. à l'archev. de Bordeaux).

MOULINE (LA), dom. c^ne de Bergerac.

MOULINE (LA), h. c^ne de Clermont-de-Beauregard. — Anc. prieuré dont les religieux desservaient Saint-Florent lettre de M. de la Vernelle).

MOULINE (LA), m^in sur la Couse, c^ne de Montferrand (B.).

MOULIN FERRÉ? c^ne du Bugue. — Terra del Moli Ferrat (cart. du Bugue). — Une des possessions de l'abb. du Bugue.

MOUNAC, h. c^ne de Brassac (B.).

MOUNAR? c^ne de Bourg-du-Bost. — Luoc apela lo Mounar del hespital, 1250 (O. S. J. terr. de Combeyranche).

MOUNAR (LE), éc. c^ne de Biron.

MOUNAR (LE), mét. c^ne de Lenquais.

MOUNAR (LE), h. c^ne de Trélissac.

MOUNARS (LES), lieu-dit, c^ne de Lolme (A. Jud.).

MOUNEDAS, h. c^ne de Saint-Amand-de-Villadeix (B.).

MOUNEIX, c^ne de Chervoix. — Mones, 1489; Mosnier, 1551 (O. S. J.).

Maison d'habitation dite l'Ancienne Chapelle (A. Jud.).

MOUNERIE (LA), h. c^ne de Lisle (B.).

MOUNEYRIE (LA), éc. c^ne de Saint-Cyprien (B.).

MOURCINQ, h. c^ne de Coursac. — Morcinq (Fragm. de Petrag. episc. apud Labbe, ad annum 991).

C'est le lieu où Frotaire, évêque de Périgueux, fut assassiné.

MOURE (LA), éc. c^ne d'Agonac (B.).

MOUREAUX (LES), h. c^ne de Cantillac (B.).

MOURÈNE (LA), h. c^ne de Thiviers (S. Post.).

MOUREOUNES (LES), lieu-dit, c^ne d'Urval. — Las Moureynas (cad.).

On trouve en ce lieu des cercueils en pierre (lettre de M. le marquis de Comarque).

MOUNÈS, h. c^ne de Saint-Léon-sur-Vézère (B.).

MOURETIE (LA), h. c^ne de Saint-Paul-la-Roche (B.).

MOURETS (LES), h. c^ne de Saint-Front-d'Alemps (B.).

MOURICHOUX (LES), h. c^ne de Vic (états de sect. 1791).

MOURICLES (LES), lieu-dit, c^ne de Saint-Michel-Mussidan (cad.).

MOURIER (LE), h. c^ne de Cumont.

MOURIER (LES), h. c^ne de Saint-Martin-des-Combes (S. Post.). — Le Mourier, 1487 (Lesp.).

Anc. rep. noble.

MOURLIAC (LE), ruiss. qui prend sa source au lieu-dit Ancienne Abbaye ruinée, coule dans une direction N.-S. et se jette dans la Crempse au-dessous de Douville. — Mourlhac, 1620 (not. de Villamblard).

MOUROUX (LES), lieu-dit, c^ne de Nanteuil-Thiviers (cad.).

MOUSSERIES (LES), éc. c^ne de Queyssac (cad.). — Mouysseries (B.).

MOUSSIDIÈRE, h. près de Sarlat.

MOUSSIGAUX, h. c^ne de Jumillac (S. Post.).

Moustier (Le), vill. cⁿᵉ de Fleurac. — *Parochia Monasterii*, 1300 (Lesp. arch. de Sainte-Alvère).

Anc. paroisse.

Moustier (Le), en face de la localité précédente et sur la rive gauche de la Vézère, cⁿᵉ de Peyzac, est une station de l'âge préhistorique, qui est devenue classique. Dans le catalogue qui a été fait du musée de Saint-Germain, la première époque des cavernes est désignée sous le nom d'*époque du Moustier*. Très-pauvre en ossements, même à l'état naturel, cette caverne est très-riche en silex taillés : on y a trouvé en grand nombre les haches taillées, type dit *de Saint-Acheul*; les formes les plus caractéristiques sont : 1° les lames de silex terminées en pointe, désignées sous le nom spécial de pointes, type du Moustier, ayant une seule cassure franche d'un côté et retaillées sur l'autre face; 2° les grands racloirs, dont la majeure partie reste brute, mais ayant un des bords retaillés qui décrit une large courbe. (Mortillet, *Promenades au Musée de Saint-Germain*, 455.)

La présence de silex taillés analogues à ceux recueillis dans les alluvions de la Somme a fait considérer comme primitive l'époque où la caverne du Moustier a été habitée. Mais comme les types caractéristiques au Moustier se rencontrent tous et identiquement les mêmes, dans beaucoup de localités, à *la surface du sol*, notamment au Crôs (Matériaux, janvier 1869), à Mont-de-Neyrac (environs de Bergerac) et à Lenquais, où ils sont aussi mêlés aux haches, dites *type de Saint-Acheul*, etc. l'époque du Moustier pourrait bien être l'époque de transition pendant laquelle le travail de la pierre, renfermé jusqu'alors dans les cavernes des bords de la Vézère, s'étendit dans toute la contrée; alors elle se rapprocherait davantage des temps historiques, et ce qui appuierait cette présomption, c'est qu'au Moustier on ne travaillait déjà plus les bois de renne.

Moustier (Le), h. au S.-E. de Montignac, à 1 kilom. de la ville (Jouannet, *Statist. de l'arrond. de Sarlat*).

Moustier-Ferrier (Le), anc. par. de Nontron. — Les ruines de l'église se voient encore dans la Grande rue. — *Parochia de Mostier Ferrier*, 1365 (châtell. du Périg. Lesp. 83).

Collat. : l'abb. de Saint-Martial de Limoges.

Moutaude (La), taillis de chênes au vill. des Rejoux, cⁿᵉ de Mayac (A. Jud.).

Moutête (La), h. cⁿᵉ de Bosset (not. de Berg. 1677).

Moutête (La Haute et la Basse), lieu-dit, cⁿᵉ de Lenquais. — *La Moteta*, 1484 (coll. de Lenq.).

Moutias (Las), éc. cⁿᵉ de Blis-et-Born (A. Jud.).

Moutilhoux (Les), h. cⁿᵉ de Saint-Martin-de-Drone. — Alias *Chabvans* (Lesp. Généal. de Chabans).

Moutine (La), ruisseau qui se jette dans la Dordogne près de Sainte-Eulalie-de-Montravel (B.).

Mouyaux (Les), h. cⁿᵉ de la Tour-Blanche.

Mouzém (Les), taillis, à Cubas (A. Jud.).

Muandie (La)? cⁿᵉ de Saint-Privat. — *Mayn. de la Muandia*, 1327 (arch. de la Gir.).

Muget (Le), cᵉ de Bancuil. — Anc. repaire, 1727 (not. de Mouleydier).

Mulet (Rieu de), ruiss. qui sépare la cⁿᵉ de Dussac de celle d'Angoisse et se jette dans la basse Loue en face de la Durantie (B.).

Mun, h. cⁿᵉ de Thiviers (B.). — *Mansus de Murs*, 1200 (cart. de Dalon).

Muratel, h. et mⁱⁿ sur l'Elle, cⁿᵉ de Beauregard-Terrasson. — *Muratellum*, 1446 (Généal. de Rastignac).

Sur le promontoire escarpé qui domine le confluent du Rebeyrou et de l'Elle sont les ruines du château de Muratel. Il ne subsiste qu'une enceinte de très-hauts murs formant 12 angles; il a dû y en avoir 18. On n'aperçoit ni portes ni fenêtres. À l'intérieur, le diamètre est de 29 mètres de longueur et 21 de largeur. Le périmètre, au bas du mur, à l'extérieur, sur un chemin de ronde élevé de 3 mètres au-dessus du sol, est de 113 mètres.

Murats (Les), h. cⁿᵉ de Villars-Nontron (B.).

Mureau, h. cⁿᵉ de Sainte-Tric. — Étang et ruisseau qui va se perdre dans le Dalon.

Muret, h. cⁿᵉ de Saint-Privat-Sainte-Aulaye. — *Maynam. de Murello*, 1326 (arch. de la Gir. Belvez).

Muridat, h. cⁿᵉ de Mont-Caret (S. Post.).

Muscles (Les), h. cⁿᵉ de Calès (cad.).

Muscles (Les), sect. de la cⁿᵉ de Campagne (cad.).

Musolz, anc. fief, chât. de Montignac (arch. de Pau.).

Mussidan, ch.-l. de cᵒⁿ, arrond. de Ribérac. — *Mulcedonum*, 830 (Vie de saint Géraud d'Aurillac)? *Moysida* (Gaign. vol. 558). — *Dux Moxedanensis* (Ademar de Chabanois, v. 1038). — *Castrum de Muxidanii*, 1081 (donat. de Sourzac à Saint-Florent). — *Muissida*, 1094 (arch. de Saint-Astier). — *Moisedanum*, 1100. — *Moysidanum*, 1115 (donat. à l'abb. de Cadouin). — *Mussidanum*, 1210 (donat. à l'abb. de la Sauve). — *Muyschidanum* (pouillé). — *Muschidanum*, 1319 (Lesp. Saisie du chât. de Mussidan). — *Muschidan*, 1365 (reg. du consul. à Bergerac). — *Moyschida*, 1376 (*ibid.*). — *In urbe Mussidanti*, 1496 (bail de Saint-Jean-d'Ataux, Lesp. 95). — *Mucidan*, XVIᵉ siècle (*passim*). — *Mussidant*, 1732 (rôle des par.).

Châtellenie, dont dépendaient, au XIVᵉ siècle, 8 paroisses : Bosset, Bourgnac, Fraysse, les Lèches, Saint-Georges, Saint-Gilles, Sourzac et Tresseroux, (Lesp. vol. 10). — Les limites entre la châtellenie de Mussidan et la seigneurie de la Force étaient celles-ci : «De podio vocato *Puech maigre* versus mansum vocatum *de Masieras*, et de hinc usque prope motam vocatam *de Puech pinsos*; et de hinc usque ad quemdam rivum vocatum *de la Crabollies*, et de hinc usque ad quemdam tuquetum vocatum *Blausset*, in quo quidem podio solebat esse quadam arbor vocata *sorbier*, et prope quemdam fontem vocatum *de Beausset* et de hinc ad divisionem terræ de Fraxino.» 1466 (Lesp.). Un acte de 1478 donne ces limites avec quelque différence de nom (Lesp. La Force).

Voc. Saint-Georges. — La chapelle du château, dite *Notre-Dame du Roq*, *Notre-Dame du Chastel* (1555), devenue une paroisse de la ville, puis rui-

née et remplacée par une croix, 1648 (arrêt du parlement de Bordeaux. Lesp. 93).

Hôpital, dans lequel une chapelle fut fondée en 1350 (Lesp. 47).

Maladrerie de fondation commune (Maladr. de Fr. Bibl. Imp. ms.).

Ville close de murs avec quatre portes, 1319 (saisie du chât. de Mussidan).

Coutumes accordées à la ville en 1255. — Concession de quatre foires, d'un marché et d'une halle en 1497.

Muzardie (La), h. c^ne de Campagne, c^on du Bugue. — *El mas de la Musarelia, alias Musardia* (anc. cart. du Bugue, xiie siècle).

Muzardie (La), éc. c^ne des Farges (A. Jud.).

N

Nabinal, c^ne de Campagne. — *Mansus de Nabinals*, 1463 (arch. de la Gir. Bigaroque).

Nabinal, c^ne de Condat-sur-Vézère. — *Mansus de Nabinal*, 1411 (Lesp. 37, Saint-Amand-de-Coly).

Nabinal, c^ne de Sargeac. — *Tenent. de Nabinals*, 1290 (O. S. J.).

Nabinaux, près d'Aubeterre, anc. dioc. de Périgueux, auj. du dép^t de la Charente. — *Nabinaus* (cart. de la Sauve).

Nabinaux, c^ne du Pizou. — *Métairie de la Peyrie*, à présent appelée *Nabinaud* et *la Mothe*, 1581 (Cte de Larmandie, papiers Grenier).

Nabirat, c^ne, c^on de Dome. — *Ebiracum*, 1283 (Lesp. 46, Mont-de-Dome). — *Nabirac*, 1489 (*ibid.*).

Voc. la Nativité; coll. l'évêque.

Nadaillac, c^ne, c^on de Salignac. — *Nadaillac*, 1099 (cart. d'Uzerche). — *Nadailhac* (pouillé du xiiie siècle). — *Nadailhacum*, 1411 (Lesp. Saint-Amand-de-Coly). — *Nadalhacum* (coll. de Clément VI). — *Nadaillac le Sec* (B.).

Voc. Saint-Denis; coll. l'abbé de Saint-Amand-de-Coly.

Relevait de la châtell. de Larche.

Nadaillac, lieu, c^ne de la Roche-Beaucourt (S. Post.).

Nadaillères (Les), h. c^ne de Champeaux (B.).

Nadalie, h. c^ne de Bouzic. — *Nadalhie*, 1744 (terr. de Saint-Pompon).

Nadalie, c^ne de Journiac. — *La Nadalia* (L. Nof. p. 101).

Nadalie, champ, c^ne de Manzac (Dives).

Nadalie (La), h. c^ne de Dussac (B.).

Nadalou, éc. c^ne de Montignac-sur-Vézère (B.).

Nadals (Les), h. c^ne de Sainte-Radegonde.

Nadou, h. c^ne de Sadillac (A. Jud.).

Nafacha? ville de Périgueux. — *La Coforcha Nafachat*, 1247 (Rentes de la charité. Bibl. de Périgueux).

Naillac, c^ne, c^on d'Hautefort. — *Sanctus Stephanus de Naillac*, 1120 (cart. de Tourtoirac). — *Noalhac* (pouillé du xiiie s^e). — *Nalhacum*, 1382 (P.V.M.). — *Nalhac*, 1382 (*ibid.*). — *Nalliacum* (le P. Dupuy). — *Nouaillac*, xvie s^e (Itin. de Clément V). — *Nulhac d'Aulurache*, 1760 (Alm. de Guy.).

Voc. Saint-Étienne, 3 août. — Anc. prieuré avec titre de prévôté, dépend. de l'abb. de Tourtoirac.

Anc. rep. noble avec justice sur Naillac, 1760 (Alm. de Guy.).

Naillac, h. c^ne de Bergerac. — *Nailhat*, 1648 (Acte not.).

Anc. rep. noble.

Naillac, h. c^ne de Monesterol.

Naillac (Treille de), vigne, c^ne de Montbazillac (A. Jud.).

Na-Johanna? ville de Périgueux. — *Campus voc. Na-Johanna*, 1263 (Lesp. 82, n° 1.)

Nalès, lieu-dit, c^ne de Mouleydier (cad.).

Nandole, h. c^ne de Nanteuil-de-Bourzac.

Nandole-Durat, c^ne d'Auriac-de-Bourzac.

Nane (La), h. c^ne de Millac-d'Auberoche (Cass.).

Nanteuil, c^ne, c^on de Thiviers. — *Nantolium* (pouillé du xiiie siècle). — *Nantholiam*, 1380 (P. V. M.).

Vocables : Saint-Benoît et Saint-Étienne; coll. l'évêque.

Nanteuil, h. c^ne de Busserolles (B.).

Nanteuil, c^ne de Molières. — *Masus de Nantuelh*, 1462 (arch. de la Gir. Bigaroque).

Nanteuil-de-Bourzac, cⁿᵉ, cᵒⁿ de Verteillac. — *Nantulh*, 1250 (O. S. J.). — *Nantolium* (pouillé du xiiiᵉ siècle). — *Nantholiam*, 1382 (P. V. M.).
Voc. Saint-Jacques; coll. l'évêque.

Nantiat, cⁿᵉ, cᵒⁿ de la Nouaille. — *Nantiac* (pouillé du xiiiᵉ siècle). — *Nantiat*, 1380 (P. V. M.). — *Domus de Nanthiaco*, 1408 (Lesp. Exideuil).
Voc. Exaltation de la Sainte-Croix; coll. l'évêque. Anc. rep. noble avec haute justice sur Nantiat, 1710 (Alm. de Guy.).

Nanzac? cⁿᵉ de Tocane. — *Forga de Nanzac*, 1222 (cart. de Chancelade).

Narbone, vigne, cⁿᵉ de Lenquais, 1628 (coll. de Lenq.).

Narbone, mét. cⁿᵉ de Saint-Félix-de-Villefranche, 1770 (Reconn.). — *Fons, repayrium voc. Narbonae*, 1494 (Liv. N.).

Narbone, cⁿᵉ de Saint-Just. — Anc. rep. noble.

Narbone, h. cⁿᵉ de Vendoire (B.).

Narbone (Tours de), lieu-dit, cⁿᵉ de Naillac, ancien camp, retranchements (communic. de M. l'abbé René Bernaret, missionnaire).

Nardou, cⁿᵉ de Fraysse, à la source d'un petit affluent de la Lidoire (B.).

Nardoux (Les), h. cⁿᵉ de Naussanes (S. Post.).

Nardoux (Les), h. cⁿᵉ de Trémolac (B.).

Naresse, anc. dioc. auj. du dép⁺ de Lot-et-Garonne. — *Eccl. d'Anaressas*, arch. *Bajacensis* (panc. de l'év.).

Narvel? cⁿᵉ de Saint-Félix-de-Villadeix. — *Mansus de la Narnelha Velha*, 1341 (Périg. M. H. 41, 1).

Nastringues, cⁿᵉ, cᵒⁿ de Vélines. — *Matarengas* (pouillé du xiiiᵉ siècle). — *Par. de Natrijengis*, 1365 (châtell. de Montrevel, L. 88). — *Vacarengas*, 1382 (P. V. M.). — *Maison de la Brousse, paroisse des Tarangiers* (arch. de la Gir. terr. de Montravel).
Voc. Sainte-Marie, la Nativité.

Nau (La Fond-del-), h. cⁿᵉ de Bauzens (Cass.).

Naucon, lieu-dit, cⁿᵉ de Bezenac (cad.).

Naud (Bois de), taillis, cⁿᵉ de Boisse (A. Jud.).

Naudigarre, h. cⁿᵉ de Saussignac.

Naudilloux (Les), éc. cⁿᵉ de Saint-Louis (cad.).

Naudonet, h. cⁿᵉ de Saint-Martial-de-Valette (B.).

Naudou, h. cⁿᵉ de Lavaur (B.).

Naudounie, h. cⁿᵉ de Daglan.

Naudoux (Les), taillis, cⁿᵉ de Conc. — 1739 (Acte not.).

Naudoux (Les), h. cⁿᵉ de Saint-Caprais-d'Eymet (B.).

Naudoux (Les), h. cⁿᵉ de Trémolac, située à la source du ruisseau de Trémolac (B.).

Naudy, lieu-dit, cⁿᵉ de Peyrignac (cad.).

Naufons, h. cⁿᵉ de Cladech, situé à la source d'un ruisseau qui se jette dans la Vallée (B.).

Naufons (Las), lieu-dit, cⁿᵉ de Saint-Martin-l'Astier (cad.).

Naupech (A), terre, cⁿᵉ de Saint-Cyprien (A. Jud.).

Nauphie (La), h. cⁿᵉ de Sarrazac.

Nausis? — *Prioratus de Nausis*, 1197 (cart. de la Sauve).
Anc. prieuré en Périgord, dépend. de la Sauve.

Naussanes, cⁿᵉ, cᵒⁿ de Beaumont. — *Naussanes*, 1286 (cout. de Beaumont). — *Naussanas*, 1289 (rôles gascons). — *Nauxanes*, 1773 (not. de Lenq.).
Voc. Saint-Jean-Baptiste.
Membre dépend. de la commⁿᵉ de Saint-Naixent.

Nauve (La), lieu-dit, cⁿᵉ de Bourgnac (cad.).

Nauve (La), dom. cⁿᵉ de Creysse. — Anc. rep. noble, 1625 (Acte not.).

Nauve (La), bois, cⁿᵉ de Grun (Dives).

Nauve (La), aux environs de Périgueux. — Confronte au chemin allant du cimetière des pauvres vers le pré Épiscopal (Dénomin. au xivᵉ siècle).

Nauve (La), taillis, cⁿᵉ de Saint-Martin-de-Gurson (A. Jud.).

Nauve (La). — *Nauva-Faulhosa.* — *Nauva apelada de laiga de Ocanal*, 1451. — Une des confrontations de la Bessède du côté de Bouillac (arch. de la Gir.).

Nauves (Hautes et Basses), ténem. cⁿᵉ de Palayrac.

Nauves (Les), cⁿᵉ d'Anesse. — *Pratum voc. de las Nauvas*, 1278 (Lesp. 81, n° 36).

Nauves (Les), cⁿᵉ de Beaupouyet. — *Domus Sancti Nicholaï de las Nauvas* (cart. de la Sauve, 104).

Nauves (Les), cⁿᵉ de Daglan. — *Capella B. Mariæ de las Nauvas* (collat. de Jean XXII).
Annexe de la chapelle de Bedeau.

Nauves (Les), taillis, cⁿᵉ de Douzillac (cad.).

Nauves (Les), lieu-dit, cⁿᵉ de Saint-Étienne-des-Landes (cad.).

Nauves (Les), étang dans la Double, cⁿᵉ de Servanches (cad.).

Nauves (Les) et les Nauvettes, h. cⁿᵉ de Manzac.

Nauves-de-Burgondie (Les), lieu-dit, cⁿᵉ de Neuvic (cad.).

Nauves-de-Faye (Les), h. cⁿᵉ de Minzac (A. Jud.).

Nauves-de-Faye (Les), lieu-dit, cⁿᵉ de Saint-Michel-l'Écluse (cad.).

Nauves-du-Bois (Les), h. cⁿᵉ de Minzac (A. Jud.).

Nauves-du-Loup-aux-Levées (Les), taillis, cⁿᵉ de Saint-Géry (A. Jud.).

Nauves-du-Maine (Les), lieu-dit, cⁿᵉ de Saint-Michel-l'Écluse (cad.).

Nauves-du-Prêtre (Les), lieu-dit, cⁿᵉ de Saint-Laurent-des-Hommes (cad.).

Nauvie (La), h. cⁿᵉ d'Eyzerat (S. Post.).

Nauze (La), h. cⁿᵉ de Capdrot (B.).

Nauze (La), cⁿᵉ de Montpeyroux.

Nauze (La), petite rivière de l'arrond. de Sarlat, qui prend sa source à Sales-de-Belvez, forme le vallon où sont Larzac et Font-Gauffier, passe entre Sagelat et Belvez et se jette dans la Dordogne au port de Siorac. La Nauze a plusieurs affluents assez importants : sur sa rive droite, d'abord la Beuze, qui passe devant Sainte-Foy et dont les branches arrosent les vallons d'Orliac et de Doissac; puis le Vallec, qui vient de Saint-Laurent-de-Castelnau et forme le vallon de Grives. Sur la rive gauche, l'affluent le plus fort est le ruisseau qui coule devant Saint-Pardoux-de-Belvez et Montplaisant.— *Rivus de Naosa, Noasa*, 1460 (Dénombr. pour Belvez). — *Nausa*, 1462; *Riou velh de Nausa (ibid.)*.

NAVARIE, h. c⁰ˢ de Manaurie.

NAVARIE, h. c⁰ˢ de Sarlande (B.).

NAVASINCHERT, c⁰ⁿ de Montpont? — *Silva de Navasinchert*, 1112 (grand cart. de la Sauve, 107).

NAVOYE (LA), éc. c¹ᵉ d'Eyzerat (B.).

NAZAC, h. c⁰ᵉ de Nantiat.

NÉA (LE), ruiss. qui sort du Cluseau, c⁰ᵉ de Proissans, forme le vallon où sont Sainte-Natalène et Saint-Vincent-de-Paluel et se jette dans la Dordogne; direction N. S.— *Rivus de Nea*, 1467 (arch. de Paluel). — *Hénra* (B.).

NÉAUTONE (LAC DE LA), c¹ᵉ de Liorac. — *La Niautonne*, 1729 (not. de Mouleydier).

NÉAUTOUNEIX (LES), h. c⁰ᵉ de Douzillac. — *Nioutounes*, 1665.— *Nioutouneys*, 1666 (Acte not.). — *Niotouneys* (B.).

Anc. rep. noble.

NÉBOU, c⁰ᵉ de Bergerac.

NEBOUL, h. c⁰ᵉ de Boisseuil (A. Jud.).

NEBOUTS (LES), h. c¹ᵉ de Chatres.

NEGOURDOUCIE (LA), éc. c⁰ᵉ de Fanlac. — *Nigourdonie* (A. Jud.).

NEGRARIAS (LAS), h. c⁰ᵉ de la Chapelle-Faucher (B.).

NEGRE BOLE? c⁰ᵉ de Millac-de-Nontron. — *Bailia de Negra Bola*, xııᵉ siècle (cens dû à Clarol).

NÈGRE-COMBE, h. c⁰ᵉ de Saint-Pardoux-la-Rivière (B.).

NÈGREDOL, c⁰ᵉ de Sendrieux.— 1699 (Acte not.).

NÈGREFONT, h. c⁰ᵉ de Manzac (cad.).

NÉGRONDES, c⁰ᵉ, c⁰ⁿ de Savignac-les-Églises. — *Negrondes* (pouillé du xıııᵉ siècle).

Voc. Saint-Pierre-ès-Liens; coll. le prieur de Saint-Jean-de-Cole.

NEGUASCHIE? c⁰ᵉ de Sainte-Aulaye. — *Mansus voc. la Neguaschia*, 1326 (Lesp.).

NEGUEBIO, h. c⁰ᵉ de Gaugeac.— Ossements, tradition d'une bataille (Communic. locale).

NEGUR-SAUME, lieu-dit, c⁰ᵉ de Lenquais, 1535 (Acte not.).

NEIX (LE), mét. c⁰ᵉ de Saint-Pierre-d'Eyraud (B.).

NENTILLAC, h. c⁰ᵉ de Bourrou. — *Mentilhac*, 1695 (Acte not.).

NEROLIER (LE), h. c¹ᵉ de Bosset (B.).

NEPT (LE), h. c⁰ᵉ de Fontaines.

NEPTE (LE), h. c⁰ᵉ de Saint-Géraud-de-Corps (B.). — *Nesple*, 1650 (not. du Fleix).

NÉRIEUX (LE), terre, c⁰ᵉ de Cantillac (A. Jud.).

NEÙ (LA)? c⁰ᵉ de Vaunac. — *Mans. de la Noal*, 1494. Dép. de la c⁰ᵉ de Puymartin.

NEUBARADE? forêt de 50 hectares, c⁰ᵉ de Saint-Michel-de-Double (A. Jud.).

NEUFONS, lieu-dit, c⁰ᵉ de Bourgnac (cad.).

NEUFONS, lieu-dit, c¹ᵉ de Carves (cad.).

NEUFONS, c⁰ᵉ de Clermont-de-Beauregard. — Auprès sont des ruines considérables appelées *las Bastidas* (M. de la Vernelle).

NEUFONS, dom. c¹ᵉ de la Mothe-Montravel (S. Post.).

NEUFONS, c⁰ᵉ de Saint-Amand-de-Villadeix. — *Pratum vocat. de novem Fontibus*, 1510 (ch. Mourcin).

NEUFONS (FONTAINE DES), c⁰ᵉ de Cladech (cad.).

NEULAS (LAS)? pré, c⁰ᵉ de Lisle.— *En las Neulas*, 1489 (O. S. J.).

NEULIE (LA), h. c¹ᵉ de Nanteuil-de-Bourzac.

NEULIE (LA), h. c⁰ᵉ de Sainte-Croix-de-Mareuil (B.).

NEOLIE (LA)? c¹ᵉ de Saint-Marcory. — *A la Noelia*, 1369 (Belvez). — *Noylia*, 1459 (ibid.).

NEURRAT? — *Mansus de Novoprato, in Baiavilla*, 1135 (cart. de Cadouin).

NEUVIC, ch.-l. de c⁰ⁿ, arrond. de Ribérac.—*Archipresbyt. Novicensis*, 1090 (Lesp.).—*Sanctus Petrus de Novo Vico*, 1099 (don au chap. de Saint-Astier).—*Nouvic*, 1203 (cens dû au seigneur de Taillefer). — *Neuf-Vic*, 1760 (Acte not.).

Ce nom a fait penser que Neuvic a remplacé une ancienne paroisse qui était près de Puy-de-Pont et qui dans la Vie de saint Astier par le P. Dupuy est appelée *Sanctus Petrus de Arce*. Cette translation remonterait aux incursions des Normands sans doute, car au xıᵉ siècle Neuvic avait déjà le titre d'archiprêtré, qu'il perdit plus tard et qui passa à Villamblard.

Voc. Saint-Pierre; coll. le chap. de Saint-Astier.

Anc. rep. noble, qui dépendait au xıvᵉ siècle de la châtell. de Grignol; détaché en 1520, et érigé depuis en marquisat, il avait haute justice sur Neuvic, 1760 (Alm. de Guy.).

NEUVILLE, h. c⁰ᵉ de Saint-Jean-de-Cole (B.).

NEY (LE), h. c⁰ᵉ de Saint-Pierre-d'Eyraud (A. Jud.).

NEYRAC, h. c⁰ᵉ de Mont-Caret (S. Post.).

NEYRAUT, h. c⁰ᵉ de Mauzac (B.).

NICLE (LA), quartier de la ville de Terrasson (A. Jud.).

NIEU-DE-GAT, h. c⁰ᵉ de Cimeyrol (B.).

NINEYROL, c⁰ᵉ de Bauzens (Cass.).

NIOPEYRE, h. c⁰ᵉ de Clérans.— *La Puey de Nuel Peyra*,

1478 (L. Nof. 6). — *Nual Peyre*, 1602 (Acte not.).

NIVENSAC, h. c^ne de Saint-Laurent-du-Manoire (B.).

NOBADIE (LA), c^ne de Sengeyrac. — *Lo mas de la Nobadia*, 1533 (ch. Mourcin).

NOBLE (LE), éc. et m^in, c^ne de la Roche-Beaucourt.

NODIN (LE), h. c^ne de Mont-Caret.

NOGARÈDE (LA)? aux environs de Badefol. — *El tenh de la Nogareda*, 1243 (cens dû à Badefol. Arch. de l'Emp.).

NOGARÈDE (LA), c^ne de Montravel. — *A la Nogareda*, XIIIe siècle (terr. de Montravel). — *Nogaret*, 1750 (Acte not.)?

NOGARET, c^ne de Montagrier. — *El Nogaret*, 1496 (Périg. M. H. 41, 1).

NOISSAC, ruiss. c^ne de Montren. — *Rivus de Noissac* (L. Nof. p. 74).

NOJALS-ET-CLOTTES, c^ne, c^on de Beaumont. — *Eccl. de Noyala*, 1556 (bénéf. de l'év. de Sarlat).

Voc. Notre-Dame. — Coll. l'abbé de Cadouin, 1487 (arch. de Cad.); sur la liste des bénéfices de Sarlat, ce serait le prieur de Saint-Avit.

NONDOYNE? c^ne de Capdrot. — *Terra dicta de Nondoyna*, 1462 (arch. de la Gir. Belvez).

NONTRON, ch.-l. d'arrond. et de c^on. — *Castrum Netronense*, 785 (Don du comte Roger de Limoges pour la fondation de Charroux). — *Nontronium, Nantronum, Nancronum*, VIIIe siècle (Introduct. au cart. de Beaulieu, 177). — *Centena Nontronensis*, 921 (cart. de Saint-Martin de Tours). — *Villa Nuntrum*, 1199 (Chronic. Bern. Itier). — *Castellania de Nontronio*, 1365 (Lesp. 88, Châtell. du Périgord).

À l'époque mérovingienne, Nontron était le chef-lieu d'une des 4 centaines du Limousin; il devint le siége d'un des 26 archiprêtrés de ce diocèse et d'une châtellenie; mais à ce dernier titre Nontron figure dès le XIVe siècle dans les comptes de la sénéchaussée du Périgord. 50 paroisses environ en dépendaient : depuis la division de la France en départements et l'incorporation de Nontron au dép^t de la Dordogne, plusieurs de ces paroisses appartiennent à celui de la Haute-Vienne; celles qui ont été placées dans le dép^t de la Dordogne sont les communes suivantes : Ajat, Augignac, Busseroles, Champniers, la Chapelle-Montmoreau, Connezac, Javerlhac, Millac, Nontron, Nontronneau, Pluviers, Quinsac, Reillac, Romain, Saint-Angel, Saint-Barthélemy, Saint-Étienne, Saint-Front-de-la-Rivière, Saint-Martial, Saint-Martin-le-Peint, Saint-Pardoux, Saint-Robert, Saint-Saud, Teyjac et Varaigne, 1365 (Lesp. 88).

Le château, placé à l'extrémité d'un promon-

Dordogne.

toire, était séparé de la hauteur sur laquelle la ville est assise par deux coupures éloignées l'une de l'autre de 120 mètres : la première, qui est actuellement dans la ville, avait 10 mètres de large, et la deuxième en avait 20; l'intervalle qui les sépare, nommé *Fort* ou *Faure*, est aujourd'hui couvert de maisons. Le donjon était sur le bord de la 2e coupure. Tout cet ensemble a 300 mètres de long sur 100 mètres de large. (Drouyn, *Châteaux du moyen âge*.) — Sur le plateau dit *aux Faures* était une abbaye de Bénédictins dont l'église est devenue la paroisse de la ville. — Hôpital pour les pauvres, connu dès le XIIIe siècle, *Domus eleemosynaria de Nontronio*, 1252 (Lesp. Testam. de Guill. de Maignac). — Couvent de Cordeliers, auj. sous-préfecture; couvent de Sainte-Claire, auj. collège. — Maladrerie de fondation commune (Maladr. de France, ms. de la Bibl. imp.).

Voc. Saint-Étienne-l'Assomption; coll. l'évêque.

Les armes de la ville sont : *d'azur à une tour d'argent maçonnée de sable, accostée de deux fleurs de lys d'or* (Chroniq. du Périgord).

NONTRONELLES (LES), bruyère, c^ne de Saint-Saud (cad.).

NONTRONNEAU, vill. c^ne de Lussas (S. Post.). — *Eccl. de Nontronello*, 1252 (Lesp. Testam. de Guill. de Maignac).

NORMANDE (PORTE), une des portes de la Cité, à Périgueux. — *Porta Boarella* (congrès de Périg. p. 54).

NOTRE-DAME, chapelle près de Bourdeilles (B.).

NOTRE-DAME, anc. chapelle, c^ne de Castel (B.).

NOTRE-DAME, c^ne de Castelnau (B.).

NOTRE-DAME, chapelle près du bourg de Limeuil (B.).

NOTRE-DAME, chapelle près de la ville de Sarlat (B.).

NOTRE-DAME-DE-BONNE-ESPÉRANCE, chapelle près d'Azerat, à l'entrée du vallon de Lacoste, sur le bord du Cern (Notre-Dame de F. dioc. de Périg.).

NOTRE-DAME-DE-LA-CROIX, chapelle domestique au Périer-Saint-Valery? (Lesp. vol. 27).

NOTRE-DAME-DE-PENDUCEIX, chapelle. — Voy. PERDUCEIX (NOTRE-DAME-DE-).

NOTRE-DAME-DE-PENDUS, chapelle. — Voy. TOCANE.

NOTRE-DAME-DE-PITIÉ, c^ne de Génis (abbé Pierrefite).

NOTRE-DAME-DE-PITIÉ, chapelle près du bourg de Plazac (B.).

NOTRE-DAME-DE-PITIÉ, c^ne de la Tour-Blanche (B.). — Anc. chapelle.

NOTRE-DAME-DES-CLERCS, chapelle dans la ville de Nontron. — Lieu d'anciennes processions.

NOTRE-DAME-DES-NEIGES, anc. chapelle à Saint-Martial-de-Viveyrol.

NOTRE-DAME-DES-REIBES, chapelle dans le hameau du Reclus, auprès de Brantôme (B.).

Notre-Dame-des-Vertus ou Notre-Dame-de-Sanillac, cᵉ, cᵒⁿ de Saint-Pierre-de-Chignac.

Anc. pèlerinage : la ville de Périgueux y faisait une procession, en reconnaissance de la délivrance de la ville qu'occupaient alors les protestants (reg. de l'hôtel de ville de Périgueux).

Notre-Dame-de-Vieil-Siourac, anc. paroisse près de laquelle fut cédé, en 1260, un terrain sur lequel Alphonse, comte de Toulouse, fit jeter les fondements de la bastide de Villefranche-de-Périgord (cout. de Villefranche).

Nouaillac, h. cⁿᵉ de Sagelat. — *Mansus de Noalhac*, 1462 (Philipparie). — *Noualhac, Noulhiac*, xviiᵉ sᵉ. — *Noualhac lou vielh*, 1727 (terr. de Belvez).

Nouaillac, h. cⁿᵉ de Saint-Astier (B.).

Nouaillarie (La), cⁿᵉ de Sarlande. — *Maynam. de la Noalharia*, 1490 (Dives, II, 22 et 37).

Nouaille (La), ch.-l. de cᵒⁿ, arrond. de Nontron. — *Nobilia*, 1487 (Lesp.). — *La Noaille*, xviᵉ siècle (Pau, Châtell. d'Excideuil). — *La Nouailhe*, 1652 (Acte not.). — *La Noilie*, 1742 (*ibid.*).

Patron : saint Pierre-ès-Liens ; coll. l'évêque.

Nouaille (La), h. cⁿᵉ de Nontron (S. Post.).

Nouaille (Mayne-de-), lieu, cⁿᵉ de Cunéges. — 1716 (not. de Bergerac).

Nouaillette (La), h. cⁿᵉ d'Hautefort. — *Noalheta* (pouillé du xiiiᵉ siècle). — *La Noalheta*, 1382 (P. V. M.). — *La Noaillette*, xviᵉ siècle (Pau, Châtell. d'Hautefort).

Voc. Saint-Pierre.

Nouaillettes (Les), h. cⁿᵉ de Saint-Perdoux-Issigeac.

Nouarlie (La), h. cⁿᵉ de Sarlande (B.).

Nougarède (La), h. cⁿᵉ du Fleix (B.).

Nougerol, h. cᵗᵉ de Cumont (B.).

Nouhaud (Le), h. cᵗᵉ de Dussac. — *Nouaud* (B.).

Noujarède, h. cⁿᵉ de Chancelade (B.).

Noujarel (Le), terre, cᵗᵉ de Génis (B.).

Nouradou (Le), éc. cᵒⁿ de Reynal (Cass.).

Nousillou (Lou Casso), pierre branlante, cⁿᵉ de Saint-Estèphe-Nontron.

Nouzet, h. cⁿᵉ d'Eyzerat. — *Nozetum*, 1461 (O. S. J.).

Noviac? — *Ecclesia de Noviaco*, 1471 (pouillé de l'abb. de Charroux).

Noyer (Le), cⁿᵉ de Champagnac. — *Terra del Nogier grossal*, 1364 (Lesp. 51).

Noyer (Le), cⁿᵉ de Montravel. — *Loco voc. al Noguey*, 1494 (terr. de Montravel).

Noyer (Le), h. cⁿᵉ de Saint-Martin-des-Combes (B.).

Noyer (Pont de), cⁿᵉ de Saint-Germain-et-Mons, sur la Dordogne, devant Mouleydier. — 1775 (Acte not.).

Nozou (Le), ruisseau dont la source est dans le dépᵗ de la Haute-Vienne ; il sert de limite à l'arrond. de Nontron au nord-est et se jette dans le Trieux au mᵗⁿ de Leymeyrounie.

Nuel, h. cⁿᵉ de Corgnac. — Anc. fief.

Nugansou? cᵒⁿ de Saint-Pierre-de-Chignac? — *Maison de Nugansou*, 1400 (Lesp. Hommages).

Nursas, cⁿᵉ de Condat-sur-Vézère? — 1447 (Lesp. Terrasson).

O

Obertias, h. cⁿᵈ de Gouts (B.).

Obra? cⁿᵉ de Belvez. — *Duo ayralia de la Obra*, 1462 (arch. de la Gir. Belvez).

Obscuras? — *Mansus de Obscuris*, 1156 (cart. de Cadouin, don fait à Millac).

Oche, h. cⁿᵉ de Saint-Priest-les-Fougères (B.).

Offrerie (L'), h. cⁿᵉ de Saint-Sernin-de-Reillac (B.).

Olarie? lieu, cⁿᵉ de Ligueux. — *Olaria* (cart. de Ligueux, près de Ramafort).

Olarie (L'), cⁿᵉ de la Mongie-Montastruc. — *Mansus de la Olaria*, 1487 (Liv. Noir, p. 25). — *Holaria, Hoularia* (*ibid.* p. 47). — *Loularie* (*ibid.* 117).

Olivarie (L'), cⁿᵉ de Chalagnac. — *Mayn. de la Oliveyria* (Liv. Nof. p. 89).

Olivarie (Le Tuquet de L'), éc. cⁿᵉ d'Eyvirac. — *Mayn. de l'Olivaire*, 1476 (Lesp. 79, abb. de Brantôme).

Oliviers (Les), h. cⁿᵉ de Bonneville (B.).

Oliviers (Les), h. cⁿᵉ de Lenquais.

Oliviers (Les), h. cⁿᵉ de Saint-Vincent-de-Paluel (le Périg. ill. 639).

Oliviers (Les), h. cⁿᵉ de Sarlat.

Oliviers (Les), section de la cⁿᵉ de Manzac (cad.).

Olivoux (Les), h. cⁿᵉ de Montmarvès (S. Post.).

Olivoux (Les), h. cⁿᵉ de Pomport (A. Jud.).

Olivoux (Ville d'), cⁿᵉ de Montignac-sur-Vézère. — Ruines d'une villa romaine (Jouannet, *Statist. de Sarlat*).

Ombradours (Les), h. cⁿᵉ de Saint-Marcory.

Ombras (Las), h. cⁿᵉ de Thiviers. — *Les Ombreaux* (cad.).

Ombrette (L'), éc. cⁿᵉ de Carsac-Villefranche (B.).

Ons, mét. cⁿᵉ de Saint-Laurent-des-Vignes. — *Hons*, 1450 (Lesp.). — *Ozon* (B.).

ORADOUR (L'), aux environs de Bergerac, près de Saint-Martin. — *Orador*, 1409 (Liv. N.).

ORADOUR (L'), m. isolée, c^ne de Saint-Martin-le-Peint (B.). — *Parochia de Oratorio*, 1365 (Châtell. de Nontron, Lesp. 88).

ORADOUR (L'), terre, c^ne de Saint-Raphaël (A. Jud.).

ORGOLET, aux environs d'Issigeac? — *Terra inter viam de Orgollet et bardam Sancti Cypriani* (cart. de la Sauve).

ORIMON, h. c^ne de Gouts (B.).

ORIVAL, h. c^ne de Plazac. — *Orval* (B.).

ORIVAL, éc. c^ne de Saint-Sernin-de-Reillac (B.).

ORIVAL (L'), forêt, ç^ne de Monclar.

ORLÉQJE (L'), h. c^ne de Bars (B.).

ORLIAC, c^ne, c^on de Villefranche-de-Belvez. — *Orlhac* (pouillé du XIIIe siècle). — *Orlhacum*, 1364 (Lesp. 88, Châtell. de Belvez). — *Orliacum*, 1372 (Lesp. 46). — *Dourlhac*, 1555 (bénéf. de l'év.). Patron : saint Pierre-ès-Liens; coll. l'évêque.

ORLIAGUET, c^ne, c^on de Carlux. — *Aurlhaguetum*, 1328. — *Orlhaguetum*, 1346 (arch. de Fénélon). Voc. Saint-Étienne; coll. l'évêque.

ORME (L'), c^ne de Bigaroque. — *Infra locum de Biga-rupe, prope ulmum, confrontans cum platea publica dicti ulmi*, 1463 (arch. de la Gir. Bigaroque).

ORME (L'), c^ne de Clérans.— *Hæc omnia, apud Clarens, sub ulmo*, 1209 (cart. de Cadouin).

ORME (L'), c^ne du Coux. — *Terra, apud ulmum d'Al-cos, inter viam et terminum*, 1179 (cart. de Cadouin).

ORME (L'), c^ne de Mauzac.—*Apud castrum Ameliacum, sub ulmo*, 1156 (cart. de Cadouin).

ORME (L'), c^ne de Montravel. — *Ante ecclesiam castri Montis Ravelli, subtus ulmum*, 1306 (terr. de Montravel, 288).

ORMES. — Voy. HOMMES (LES), LAUMÈDE, MALEYSSART.

ORMES (LES), c^ne de Bourg-du-Bost. — *Terra dels holmes*, 1256 (O. S. J.).

ORMES (LES), l'un des quartiers de la ville de Dome (Docum. sur la ville de Dome).

ORMES (LES), c^ne de Saint-Astier. — *Inter pontem Sancti Asterii et ulmos*, 1238 (Lesp. 78).

ORMES (LES), à Pelvezy, c^ne de Saint-Geniès. — *Sub ulmis veteribus de Pelevezy* : c'est la suscription d'une charte attribuée à saint Louis, portant jugement entre l'abbé et les consuls de Sarlat.

Il y avait encore en 1845 deux ormeaux aux troncs fort noueux, sillonné de fissures, et les racines très-déchaussées formant une sorte de butte de laquelle le tronc sort droit jusqu'à une hauteur de 3 mètres. L'élévation des arbres est de 100 pieds; les branches ont 30 pieds de rayon autour des arbres. A 1 mètre au-dessus de l'épatement des racines, qui est l'endroit le plus mince, l'un a $7^m,20$ de tour; l'autre en a $9^m,65$.

ORMIÈRES (LES), c^ne de Boisseuil? — *Las Olmieras*, 1297 (cart. de Dalon, J. 397).

ORSARIE (L'), h. c^ne de Naillac.

ORSARIE (L'), h. c^ne de Saint-Martin-l'Astier (cad.). — *Ourserie* (B.).

ORSINIE (L'), h. c^ne de Fanlac (B.).

ORTESSOU, h. c^ne de Sainte-Foy-de-Longa. — Autrement dit *Bounotte*, 1740 (Acte not.).

OSTRE (LA)? c^ne de Millac-de-Nontron. — *La Ostra, una pessa de terre josta lo Cemeteri*, XIIe siècle (cens dû à Clarol).

OUDRNEIX, h. c^ne de Firbeix (B.).

OURIAC, c^ne de Douzillac. — *Mayn. de Ouriaco*, 1481 (Dives, I, 118).

OURIAC? c^ne de Terrasson. — *Uriacum* (Vie de saint Sour).

OURSINE (FONT-), h. c^ne de Montsaguel (B.).

OURTOUS (LES), lieu-dit, c^ne de Cherveix (cad.).

OUSTAL-DEL-LOUP (L'), lieu-dit, c^ne de Marsalès.

OUZEBIES (LES), habit. c^ne de Négrondes (Cassini).

OVIDE, c^ne de Montagnac-la-Crempse. — *Ovide*, 1666 (Acte not.).

OZAN, h. c^ne de Castelnau (B.).

OZELOUX (LES), h. c^ne de Saint-Léon-sur-l'Ille (A. Jud.).

P

PABROUILLET, éc. c^ne de Saint-Martin-le-Peint (S. Post.).

PACALIE (LA), dom. c^ne de Biras (A. Jud.).

PACAUD (LE), h. c^ne de Parcoul (B.).

PACHOTS (LES), h. c^ne de Rouffignac-Montignac (B.).

PACQUIE (LA), h. c^ne d'Allemans (B.).

PADARTALH (LE), h. c^ne de Sainte-Mundane.

PAFAURAT, éc. c^ne de Saint-Laurent-du-Manoire (A. Jud.).

PAGENAL, h. c^ne de Lussac.

PAGÉSIE (LA), c^ne de Sagelat. — *Territor. voc. de la Paiesia*. — *Paiosia*, 1467 (Philipparie).

PAGÉSIE (LA), h. c^ne de Sarlat (cad.).

PAGÉSIE (LA), h. c^ne de Thonac.

Pagésie (La), h. c^ne de la Villedieu (cad.).

Pagésies (Les), h. c^ne de Rouffignac-Montignac (B.).

Pagnac, h. c^ne de Condat-Champagnac.

Pagnon, h. c^on de Saint-Mesmin (Cass.).

Pailho? c^on de Mussidan. — La Pailho, 1603 (Lesp. art. Mussidan).

Pailla ou la Paillole, h. c^ne de Grives.

Paillangeix, taillis, c^ne de Saint-Amand-de-Vern (A. Jud.).

Paillard (Château-), h. c^ne de Lolme (S. Post.).

Paillé (Le), h. c^ne de Dome (S. Post.).

Paillé (Roc du), terre, c^ne de Saint-André-Alas (A. Jud.).

Paillerie (La), lieu-dit, c^ne de Saint-Médard-Mussidan (cad.).

Paillet (Le), h. c^ne d'Atur (A. Jud.).

Pailletau, lieu-dit, c^ne des Lèches (B.). — Les Croses de Pailleteau (A. Jud.).

Paillole (La), h. c^ne de Saint-Laurent-de-Castelnau (cad.).

Paillole (La), m^in, c^ne de Saint-Pompon, sur le ruiss. de la Lousse.

Paillole (Pré de), pré, c^ne de Colombier (A. Jud.).

Pailloles (Les), c^ne de Belvez. — A les Pailloles, 1650 (Acte not.).

Pailloles (Les), taillis, c^ne de Font-Galau. — Riperia del Palholal, Palholas, 1462 (Philipparie). — Paillol (cad.).

Pailloles (Les), mét. à l'extrémité de la forêt, c^ne de Lenquais. — Mansus de las Palholas, 1506 (coll. de Lenq.).

Pailloles (Les), lieu, c^te de Lolme.

Pailloles (Les), h. c^ne de Montaut (A. Jud.).

Pailloles (Les), c^ne de Montplaisant. — Loc apelat en las Palholas (Acte not.).

Pailloles (Les), c^ne de Sagelat. — Tenentia de las Palliolas, 1462 (Philipparie). — Las Palhiolhs, 1672 (Acte not.).

Pailloles (Les), h. c^ne de Saint-Étienne-des-Landes.

Pailloles (Les), c^ne de Tursac, taillis au lieu-dit le Grand-Bois (cad.).

Pailloulal (Le), lieu-dit, c^ne de Font-Galau (cad.).

Pal (Le), éc. c^ne de Mouzens (B.).

Paladre, h. c^ne de Manzac.

Palafique, éc. c^ne de Saint-André-de-Double (B.).

Palaires (Les), h. c^ne de Saint-Saud (S. Post.).

Palanchie (La), h. c^ne de Vern. — Mansus de la Palenchia, 1510 (ch. Mourcin. Reconn. du Treuil).

Palanque (La), anc. fief, c^ne d'Agonac.

Palavizinie (La), h. c^ne de Saint-Martin-des-Combes. — Dépendance, avec Peyrelevade et la Griffonie, du fief de Couzens, 1451 (Lesp.).

Palaybac, c^ne, c^on de Cadouin. — Palairacs (pouillé du XIIIe siècle). — Castrum de Palayraco, 1372 (Lesp. Limeuil).

Voc. Notre-Dame. — Palayrac, depuis le XIVe siècle, avait le titre d'un archiprêtré qui se nomma d'abord archiprêtré de Carves et aussi archiprêtré de Bellovidere, et qui se composait de 26 par. (carte de l'év. 1740) : Alas, Belvès, Berbiguières, Bigaroque, Cabans, la Chapelle près Saint-Laurent, Cladech, Cussac, Fayrac, Font-Gauffier, Grives, Larzac, Marnac, les Mirandes, Montplaisant, Orliac, Palayrac, Saint-Amand, Sainte-Foi, Saint-Germain, Saint-Laurent, Saint-Pardoux, Sales, Siorac, la Trape, Urval.

Anc. rep. noble ayant haute justice sur Palayrac (Alm. de Guy. 1760).

Armes de Palayrac : d'azur à la croix d'argent, couronné de quatre pals d'or.

Palayrac, h. c^ne de Coulaures.

Palayrac, h. c^ne d'Issigeac (A. Jud.).

Palayraquet, c^ne de Sales-de-Belvez. — Tenentia de Palairaguet, 1580 (Belvez).

Palayras (Las), terre, c^ne de Beleymas (arp. 1740).

Palem, lieu, c^ne de Notre-Dame-des-Vertus (B.).

Palem, h. c^ne de Savignac-les-Églises (A. Jud.).

Palem (Le), lieu-dit, c^ne de Beaurone (cad.).

Palem (Les), lieu-dit, c^ne de Villac (cad.).

Palen, ruiss. c^ne de Saint-Saud; il sort d'un étang de la forêt de Peyrouse, se dirige du nord au sud et se jette dans le ruiss. de Queue-d'Âne devant l'abb. de Peyrouse. — Cumba Palenosa, 1168 (cart. de Peyrouse).

Palenchie, c^ne de Vern. — Vill. de la Palenchie, 1677 (Acte not.).

Palendry (Ley-), h. c^ne d'Atur (S. Post.).

Palengas? — Capella de Palengas (arch. de Brantôme.)

Prieuré avec titre de prévôté, dépend. de l'abb. de Brantôme.

Palenous, tenance, c^ne d'Escoire. — 1669 (Acte not.).

Paler, h. c^ne de Saint-Saud, au confluent du ruiss. de Queue-d'Âne et du Palert.

Paleterre? c^ne de Cherval. — Maynam. de Paleterra, 1454 (O. S. J. Soulet).

Paletie, lieu-dit, c^ne de Bezenac (cad.).

Paley, h. c^ne d'Azerat. — Paleys (A. Jud.).

Palhassarie (La), c^ne du Coux. — Vilatg. de la Palhassaria, 1463 (arch. de la Gir. Bigaroque).

Palinaudou (A), terre, c^ne de Breuil-Vern (A. Jud.).

Paliolal, c^ne de Molières.

Paliolo (Lo), nom d'un quartier de la ville de Dome (Docum. sur Dome).

PALISAYRES (LES), h. c⁰ᵉ d'Église-Neuve-d'Issac.

PALISSE, h. c⁰ᵉ du Petit-Bersat. — *Palissac*, 1518 (O. S. J.).

PALISSE (CHAPELLE DE), au cimetière de Larzac.— 1556 (bénéf. de l'év. de Sarlat).

PALISSONNES (LES), bois de 38 hect. c⁰ᵉ de Saint-Aquilin (cad.).

PALISSOU, éc. c⁰ᵉ de Biras (B.).

PALISSOUX, éc. c⁰ᵉ de Gardone (B.).

PALISSOUX (LES), h. c⁰ᵉ de Sorges.

PALLE (LA), taillis, c⁰ᵉ de Beaumont (A. Jud.).

PALLIER, h. c⁰ᵉ de Saint-Laurent-des-Vignes. — *Pailhé*, 1675 (Acte not.).

PALME? lieu-dit, c⁰ᵉ de Belvez, sur le chemin de Belvez à Cadouin. — *La Crotz debat Palme.* — *Las tors debat Palmes.* — *Al puch de la Paulme.* — *A les tours Bapaumes.* — *Les tours dessous les Palmes*, xvᵉ et xviiᵉ siècle (Philipparie et terr. de Belvez).

PALME, c⁰ᵉ de Saint-Amand-de-Belvez. — *La Balmada*, 1450. — *Assis en la Paulme*, xviᵉ siècle (Acte not.).

PALOU (LA), lieu-dit, c⁰ᵉ de Paunac (cad.).

PALOU (LEY), éc. c⁰ᵉ de Valeuil.

PALOUMIÈRE, c⁰ᵉ de Marcillac. — *Palomière*.
  Anc. rep. noble, ayant haute justice sur un vill. dans la par. de Saint-Quentin (Alm. de Guy. 1760).

PALUAU, anc. dioc. auj. du dép' de la Charente. — *Mol. de Paluel*, 1044 (cart. de Saint-Cybard). — *Palual*, arch. de *Pilhaco* (pouillé du xiiiᵉ siècle). — *Paluellam*, 1380 (P. V. de P. des M.).

PALUEL, anc. rep. noble, c⁰ᵉ de Saint-Vincent, qui en a pris le nom. — *Paluellum*, 1279 (Lesp. 51).

PALUÈLE (LA), c⁰ᵉ de Saint-Vincent-de-Paluel. — *Mayn. de la Paluelia*, 1279 (Lesp. 51).

PALUS (LA), h. c⁰ᵉ de Saint-Félix-la-Linde.

PALUS (LA), h. c⁰ᵉ de Tourtoirac. — *La Palue* (A. Jud.).

PALUS (LE), h. c⁰ᵉ de Tocane (B.).

PALVEZY (BOST DE) ou PUY-BELLY, c⁰ᵉ de Saint-Germain-des-Prés (A. Jud.).

PAMAFON? c⁰ᵉ de Neuvic. — *Locus vocatus Pamafon*, 1337 (Périg. M. H. 41, 2).

PANARDIE (LA), h. c⁰ᵉ de Génis.

PANASSAC, h. c⁰ᵉ de Coulaures (S. Post.).

PANASSOUX, font. minérale, c⁰ᵉ de Saint-Cyprien. — Lieu célèbre par ses boues; on leur attribue à peu près les mêmes vertus qu'aux boues de Saint-Amand.

PANASSOUX, h. c⁰ᵉ de Saint-Vincent-de-Cosse.

PANISSAL, h. c⁰ᵉ de Montignac-sur-Vézère (B.).

PANISSAU, anc. rep. noble, c⁰ᵉ de Sigoulès. — *Panissas*, 1363 (Homm. au prince de Galles dans le chât. de Bergerac).

PANISSAUD, c⁰ᵉ de Pressignac. — *Terra del Panissal*, 1455 (Liv. Nof. 44).

PANISSAUD, c⁰ᵉ de Saint-Félix-de-Villadeix.

PANISSAUD, h. c⁰ᵉ de Thénac (A. Jud.). — *Maison noble de Panissau*, 1603 (Acte not.).

PANTARDIE (LA), h. c⁰ᵉ de Bertric.

PAPAROC? c⁰ᵉ de Saint-Martin-des-Combes. — *Tenementum del Paparoc*, 1298 (Périg. M. H. 1, 7).

PAPASSOL, pré, c⁰ᵉ de Périgueux (Dénomb. au xivᵉ sᵉ).

PAPERDU? c⁰ᵉ de Molières. — *Locus voc. à Paperdut*, 1462 (arch. de la Gir. Bigaroque).

PAPESSUS, h. c⁰ᵉ de Montpeyroux.

PAPEYROUX (LES), éc. c⁰ᵉ de Bars (A. Jud.).

PAPIA? — *Maynamentum de la Papia*, 1406 (in honorio de Granholio, vel de Sancto Asterio, inv. de Jean Milon).

PAPINOU (LE), lieu-dit, c⁰ᵉ de Saint-Michel-Mussidan (cad.).

PAPONIE (LA), h. c⁰ᵉ de Calviac. — *Mansus de la Paponia*, 1455 (arch. de Fénelon).

PAPONIE (LA), h. c⁰ᵉ de Jumillac (S. Post.).

PAPONNATS (LES), h. c⁰ᵉ de Saint-Avit-de-Moiron.

PAPOU (FON-DE-), lieu-dit, c⁰ᵉ de Carves (cad.).

PAPUS, c⁰ᵉ de Saint-Félix. — *Tenem. de Papus*, 1456 (Liv. Nof. p. 53).

PAPUSSONE (LA), éc. c⁰ᵉ de Marsaneix.

PAQUETIE (LA), h. c⁰ᵉ de Gabillou. — *Tenem. de las Paquetias* (terr. de Vaudre).

PARADEL, mᵁⁿ, c⁰ᵉ de Marquay. — 1325 (Généal. de Comarque).

PARADIS, lieu-dit, c⁰ᵉ de Saint-Saud (cad.).

PARADIS (FONTAINE DU), à Fouleix (Dives).

PARADOL, h. c⁰ᵉ de Saint-Jory-de-Chalais (B.).

PARADOU (LE), dom. et forge, c⁰ᵉ de Saint-André-Alas (A. Jud.).

PARAIX (LA), éc. c⁰ᵉ de Sainte-Marie-de-Chignac (B.).

PARANQUET, anc. dioc. archipr. de Capdrot, auj. du dép' de Lot-et-Garonne.— *Ecclesia de Porcello cocto*, 1276 (union avec le chap. de Saint-Front, Lesp. vol. 27). — *Berranquet*, 1679 (carte du Sarladais, par Samson).

PARATGIES (LES), c⁰ᵉ de Vitrac (Dessales, *Notice sur le Bugue*. — *A las Pararias entre Montfort et Sarlat*, 1170 (cart. du Bugue)? — *Mol. voc. de las Pararias*, 1475 (O. S. J.).

PARAUD, éc. c⁰ᵉ de Coulounieix. — *Pareau* (B.).

PARAUD, éc. c⁰ᵉ de Prats-de-Belvez (B.).

PARAUX (LES), h. c⁰ᵉ de Nontron (A. Jud.).

PARAYS (LES), h. c⁰ᵉ de Sainte-Marie-de-Chignac (S. Post.).

PARBRAZAT, lieu-dit, c⁰ᵉ de Villedieu (cad.).

PARC (LA BRUYÈRE-DU-), éc. c⁰ᵉ de la Cassagne (A. Jud.).

Parc (Le), lieu-dit, c^ne de Beynac (cad.).

Parc (Le), h. c^ne de Bourdeilles (A. Jud.).

Parc (Le), lieu-dit, c^ne de Fontaine (cad.).

Parc-de-Broc, h. c^ne de la Gemaye (B.).

Parcillac, h. c^ne de Mareuil.

Parcot (Le), h. c^ne d'Échourgnac (B.).

Parcoul, c^ne, c^on de Sainte-Aulaye. — *Paracol*, 1117 (Lesp. 57, Confirm. des possess. de l'abb. de Charroux). — *Paracollam*, 1319 (Généal. de Talleyrand). Voc. Saint-Martin. — Prieuré, ordre de Saint-Benoît, dépendant de l'abb. de Charroux; nomination royale (Lesp. 29). Anc. rep. noble.

Parcoul, c^ne d'Urval? — *Abyssus sive Gorga de Paracol*, 1482 (arch. de la Gir. Procès de l'archev. de Bordeaux). — *Riou qui tire de la Besséde au bouilh de Parcol* (*ibid.* Bigaroque).

Parcs (Les), h. c^ne de Chalais (B.).

Pardaillan, terre, c^ne de Saint-Martin-des-Combes (A. Jud.).

Parditz ou le Petit Pont, sur la Dordogne, à Bergerac; tour et porte de ce nom dans l'ancienne enceinte de la ville, xviie siècle (Plan de la ville).

Parducie (La)? c^ne d'Allemans. — *Sobre lo mas de la Parducia*, xiie siècle (terr. O. S. J.).

Pareillènes, h. c^re de la Chapelle-Montabourlet (B.).

Parencie? c^ne de Tocane. — *Maynam. de la Parencia*, 1342 (ch. Mourcin).

Paret (Haut et Bas), h. c^ne de Saint-Paul-de-Serre. — *Mayn. de la Paretia*, 1462 (ch. Mourcin). — *Les Paretz*, 1526 (Dives, Arrent.).

Pargailloux, h. c^ne de Thenon.

Pariage, juridiction commune entre le roi et le chapitre de Saint-Astier, qui s'étendait sur les bourgs et vill. de Saint-Astier, Saint-Germain, Saint-Aquilin, Segonzac, Douchapt, et toute la juridiction du chapitre. — *Pariagium le Roi*, 1314 (Rec. de titres). — *Communq Pariage*, 1623 (Acte not.).

Pariage, juridict. commune entre le comte de Périgord, puis le roi et le chapitre de Saint-Front; étendue : par. de Notre-Dame-de-Sanillac, le Sel, Marsaneix, Pissot, la Cropte, Sainte-Marie-de-Chignac, Saint-Laurent-du-Manoire, le Breuil, Chalagnac, Creyssensac, Saint-Mayme et la Douze, 1365 (Châtell. Lesp. vol. 88). — *Parrigium inter nos et abb. et cap. Sancti Frontonis*, 1341 (Ordonn. du roi, Recueil de titres). — *Pariatgium comitis Petrag. et cap. Sancti-Frontonis*, 1400 (*ibid.*).

Pariarias? anc. rue à Périgueux. — *Guachia de Pariarias*, 1319 (Rec. de titres).

Paricaud, h. c^ne de Brantôme. — 1720 (Acte not.).

Pariot, h. c^ne de Saint-Front-de-Pradoux (cad.).

Paris, h. c^ne du Bugue (B.).

Paris (Petit-), h. c^ne de Grignol (S. Post.).

Paris (Petit-), domaine, c^ne de Montbazillac (A. Jud.). — Autrement *Sigalas*, 1741 (not. de Bergerac).

Paris (Puy de), c^ne de Château-l'Évêque. — *Mota de Parisiis*, 1322 (limites de la jurid. de Périgueux).

Parisot, anc. dioc. auj. du dép^t de Lot-et-Garonne (B.). — *Église de Paris, archip. de Capdrot* (bénéf. de l'év. de Sarlat). — *Paris* (Atlas de Blaeu, Sarlat).

Parisot, h. c^ne de Cabans.

Parnassac, h. éc. c^ne de Coulaures (B.).

Parnet (Le), éc. c^ne de Sorges (A. Jud.).

Parniandie (La), lieu-dit, c^ne de Saint-Martin-des-Combes. — 1693 (Acte not.).

Parots (Les), h. c^ne de Douzillac (B.).

Parouty, h. c^ne de Beleymas. — *Porouty* (Audierne, *l'Age de pierre en Périgord*). — *Perouty*, 1758 (Acte not.).

Paroury, h. c^ne du Grand-Brassac. — *La Paroutie* (A. Jud.).

Parouty, h. c^ne de Queyssac. — *Peroty Filhol*, 1602 (Acte not.). — *Paroutifiliol*, 1743 (not. de Bergerac).

Parouty, éc. c^ne de Saint-Cybranet. — *Porouty* (Acte not.).

Parouty, h. c^ne de Sourzac (B.).

Parouty (Clos de), c^ne d'Eyvirac (A. Jud.).

Parricaud, h. c^ne de Chancelade (B.).

Parsou (Le), éc. c^ne de Font-Roque (A. Jud.).

Pascauds (Les), h. c^ne de Saint-Michel-Montagne (B.).

Pascaut, c^lle de Chapdenil-Saint-Just. — *Mayn. de Pascaut*, 1364 (ch. Mourcin).

Pas-d'Artas, c^ne de Sainte-Mundane. — *Pas del Tras*, 1398 (arch. de Fénélon).

Pas-de-Croze, éc. c^ne de Mouzens (B.).

Pas-de-Fontaine, c^ne de Fontaine. — C'est le point où la route de Périgueux à Saintes traverse la Lizone; un peu plus bas, au moulin de la Vergne, est le Pas-Vieux.

Pas-de-Glaignac, c^ne de Bergerac. — Voy. Gravouse (La).

Pas-de-la-Lande, éc. c^ne de Gaulegeac.

Pas-de-l'Eyraud, h. c^ne de la Vayssière.

Pas-de-Molle, c^ne de Bergerac. — *Village de Pas de Molle*, par. de la ville de Bergerac (Acte not. 1643).

Pas-de-Molle, h. c^ne de la Rouquette-d'Eymet. — Vestiges bien conservés d'un grand chemin qui de Font-Roque passe à Eylias et, par Pas-de-Molle, se dirige sur Puyguilhem.

Pas-de-Poumagal, lieu-dit, c^ne de Fouleix. — 1740 (Acte not.).

Pas-de-Richard, auj. les Nicoulauds, c^ne de Lenquais (terr. 1755).

Pas-des-Angles (Le), h. c^{ne} de Chancelade (B.). — *Pas de l'Angloys*, 1458 (O. S. J.). — *Pas de la Gleyze*, 1514 (Testam. de R. de Sallegourde).

Pas-du-Breuil, c^{ne} de Vallereuil. — *Passus del Bruelh*, 1492 (Dives, I, 100).

Pas-du-Loup, c^{ne} de la Force. — *Passus voc. del Lop*, 1491 (coll. de Lenq.). — *Pas del Truc* (S. Post.).

Pas-Étroit (Rue du), à Belvez. — *Carreria del Pas estrech, al castel de Belvez*, 1461 (arch. de la Gir.).

Pas-Nègre (Le), lieu-dit, c^{ne} de Ladornac (cad.).

Pasquarie? c^{ne} de Grignol. — *Tenencia de la Pasquaria in par. de Bruco*, 1475 (Dives, I, 141).

Pasquelie (La), h. c^{ne} de Génis.

Pasques (Les), h. c^{ne} de Creyssensac (B.).

Pasques (Les), anc. maison noble, c^{ne} de Montagnac-de-Crempse. — 1655 (Acte not.).

Pasquet, h. c^{ne} de Grignol. — *Comba de Pasquet*, 1485 (Dives, II, 131).

Pasqueyrie (La), h. c^{ne} d'Orliac (S. Post.).

Pasquols, h. c^{ne} de Belvez. — *Pascal la Flacquière*, fief (Homm. à l'archev. de Bordeaux).

Passadou (La Fon du), c^{ne} d'Issac. — 1747 (Acte not.).

Passadou (Le), ruiss. c^{ne} d'Anesse. — *Rivus vocatus deu Passador*, 1457 (Lesp. 84, 12).

Passadou (Le), lieu-dit, c^{ne} de Cantillac (cad.).

Passadou (Le), lieu-dit, c^{ne} de Doissac (cad.).

Passadou (Le), lieu-dit, c^{ne} de Fanlac (A. Jud.).

Passadou (Le), lieu-dit, c^{ne} de Grignol, 1460. — *Lo Passador* (Dives, II).

Passadoux (Les), c^{ne} de Neuvic. — *Al Passadoux*, 1374 (ch. Mourcin). — *Passadou* (cad.). — *Passe de Neuvic* (S. Post.).

Passadoux (Les), pré, c^{ne} de Pressignac (A. Jud.).

Passage (Le), h. c^{ne} de Firbeix (S. Post.).

Passerou, h. c^{ne} de Lavaur (B.).

Passorie, c^{ne} de Négrondes. — *Mayn. de la Passoria*, 1510 (O. S. J.).

Patac? anciens fossés d'Issigeac. — *A Fossis dictis de Patac*, 1465 (Lesp. Issigeac).

Patac, h. c^{ne} de Saint-Georges-de-Montclar. — 1660 (Acte not.).

Patey, h. c^{ne} de Manaurie (B.).

Patouly (Le), taillis, c^{ne} de Font-Roque (A. Jud.).

Patoury (La), h. c^{ne} de Lempzours (B.).

Patraudie (La), dom. c^{ne} de Chantérac. — 1457 (inv. du Puy-Saint-Astier).

Patreaux, h. c^{ne} de la Chapelle-Gonaguet (B.).

Patron (Le), lieu-dit, c^{ne} de Monbazillac (A. Jud.).

Patrone (Bois de la), taillis, c^{ne} de Saint-Germain-et-Mons (A. Jud.).

Paty, h. c^{ne} de Pontours. — *Paty*, 1662 (Acte not.). Anc. repaire noble.

Pauche-Vialle, h. c^{ne} de Jumilhac (B.).

Paugnac, h. c^{ne} de Saint-Romain-Nontron (S. Post.).

Pauliac, h. c^{ne} de Celle. — *Poulhac*, 1639 (Acte not.).

Pauliac, h. c^{ne} de Dome. — *Paulhac*, 1489 (Lesp. 15).

Anc. rep. noble, avec justice sur 3 villages dans Daglan, 1760 (Alm. de Guy.).

Pauliac, h. c^{ne} de Gabillou (S. Post.).

Pauliac, h. c^{ne} de Peyzac-la-Nouaille (A. Jud.).

Paulin, c^{ne}, c^{on} de Salignac. — Anc. rep. noble avec haute justice dans la par. (Alm. de Guy. 1760).

Patron : saint Pierre-ès-Liens; coll. l'évêque.

Pauly (Le), h. c^{ne} de Bourg-du-Bost.

Paunat, c^{ne}, c^{on} de Sainte-Alvère. — *Possessio Palnatensis* (cart. de Saint-Cybard). — *Monasterium nomine Palmatus* (epist. Agionis, abb. Vabrens.). — *Paunac* (cart. de la Sauve). — *Paonat, Pounat, Eccl. B. Mariæ de Palnaco* (pouillés). — *Prepositura Sanctæ Trinitatis de Palnato*, 1542 (Lesp. Paunac).

Patron : l'Assomption.

Les prieurés du Fleix, de Tayac, Ribagnac, Saint-Nazaire et Montfaucon dépendaient de l'abbaye de Paunat, qui était soumise à Saint-Martial de Limoges.

Paunac appartenait au vi^e siècle à saint Cybard, qui donna cette possession à l'abbaye qui porte son nom, à Angoulême. — Le bourg avait anciennement le titre de ville, *Communitas villæ de Palnaco*, 1316 (Lettres des rois, Champollion-Figeac).

Anc. rep. noble qui relevait de la châtell. de Limeuil.

Pauniat, éc. c^{ne} de Cornille (B.).

Paupio (La) ou la Popio, ruines au midi du bourg de Saint-Avit-Sénieur, 1780 (Acte not.). — *La Popia*, 1351 (Dénombr. des habitants de Belvez). — *La Popeia*, 1398 (nomin. du capitaine de la Roque-Gajac pour l'évêque de Sarlat, Lesp.). — *Rochers et appartenances du château appelé de la Popio*, 1714 (Reconn. au bourg de Saint-Avit).

Papiol, l'écuyer dont parle Bertrand de Born dans une sirvente, tirait peut-être son nom de ce lieu, ou de Papia, près de Saint-Astier?

Paurias (Les), lieu-dit à la Garavetie, c^{ne} de Saint-Germain-des-Prés (A. Jud.).

Pause (La), c^{ne} de Celle (B.).

Pausie (La), c^{ne} de Sagelat. — *Territor. de la Pausia* (Philipparie, 35)

Paussac, réuni à Saint-Vivien, c^{ne}, c^{on} de Montagrier. — *Perusac* (pouillé du xiiie siècle). — *Paussacum*, 1365 (Lesp. Fouage). — *Pausacum*, 1382 (P. V. M.). — *Paoussac*, 1400 (Lesp. Brantôme).

Patron : saint Timothée; coll. l'évêque.

Paussac (Forêt de), au nord de la c^ne du même nom (B.).

Pautardie (La), h. c^ne de Sarlande (B.).

Pautardie (La), éc. c^ne de Sengeyrac (A. Jud.).

Pautie (La), éc. c^ne de Fontenilles (B.).

Pautier, h. c^ne de Saint-Martin-de-Fressengeas (B.).

Pauvert (Le), h. c^ne de Cogulot (S. Post.).

Pauvres (Cimetière et Pré des), situé à l'est du chemin actuel des Barris à Périgueux (Dessalles, *les Comtes de Périgord*, p. 155).

Pauvres (Pré des), pré, c^ne de Daglan (cad.).

Pauvres (Taillis des), bois au Scarpat, c^ne de Cabans (A. Jud.)

Pauvres (Terre des), champ, c^ne du Coux (cad. n°s 534 à 536).

Pauvres (Terre des) ou Croix de Bureau, terre, c^ne de Mouleydier (cad. S. A, 724).

Pauzac, h. c^ne de Sadillac (A. Jud.).

Paventir (La), h. c^ne de Chantérac (A. Jud.).

Pavillon (Le), c^ne de la Chapelle-Gonaguet. — *Repaire noble du Pavillon*, 1677 (Acte not.).

Pavillon (Le), éc. c^ne de Savignac-les-Églises (B.).

Payans (Les), éc. c^ne de Château-l'Évêque (B.).

Payement, h. c^ne de Celle (B.).

Payets, taillis, c^ne de la Mongie-Montastruc (A. Jud.).

Paysac, c^ne. — Voy. Peyzac.

Pays-Fort (Le), lieu-dit, c^ne de Razac, c^on de Sigoulès (A. Jud.).

Pazayac, c^ne, c^on de Terrasson. — *Pazayacum*, 1365 (Lesp. 88, Châtell. de Larche). — *Pasaihac*, 1568. — *Pazaiac*, 1612 (pap. de la fabr. de Pazayac). Patron : saint Blaise. — Anc. rep. noble.

Pazejou, lieu-dit, c^ne de Besse (cad.).

Pazerie (La), ténement, c^ne de Mauzac. — 1679 (Acte not.).

Pecanille, vigne, c^ne de Saint-Félix-la-Linde (A. Jud.).

Pecanille, c^ne de Vitrac. — *Nemus voc. de Pecanil*, 1475 (O. S. J.).

Pecany, dom. c^ne de Pomport.

Pecany, h. c^ne de Saint-Chamassy.

Pecany (Fond-de-), terre, c^ne de Cabans (A. Jud.).

Pec-de-Cial (Le), h. c^ne de Borrèze (B.).

Pech (Le), h. c^ne de la Chapelle-au-Bareil. — Anc. chapelle.

Pech (Le), h. c^ne de Clermont-de-Beauregard (B.).

Pech (Le), c^ne de Couse. — *Ténement de Pech* (Reconn. de 1709).

Pech (Le), éc. c^ne de Gaulegeac (B.).

Pech (Le), h. c^ne de Miremont (B.).

Pech (Le), h. c^ne de Saint-André-Alas (B.).

Pech (Le), h. c^ne de Saint-Geniès.

Pech (Le), h. c^ne de Saint-Martial-de-Nabirat (B.).

Pech (Le), h. c^ne de Saint-Pardoux-de-Belvez (B.).

Pech (Le), sect. de la c^ne de Saint-Vincent-de-Cosse (cad.).

Pech (Le), h. c^ne de Sendrieux (A. Jud.).

Pech-Abiliet, c^ne de Prats-de-Belvez. — *Mansus de Peuch* ou *Pech Abiliet*, 1677 (Belvez, Homm.). Un des fiefs relevant du château de Prats.

Pechabrol, h. c^ne de Ribagnac.

Pech-Agou, éc. c^ne de Millac-et-Peyrillac (B.).

Pech-Agrier, h. c^ne du Bugue (B.).

Pech-Agudel, une des limites de la Bessède. — *La Cumba de Puech Agudel*, 1351 (arch. de la Gir.).

Pech-Agut, c^ne du Coux. — *Mansus de Peuch-Agut*, 1463 (arch. de la Gir. Bigaroque).

Pech-Alac, anc. ténement, c^ne de Trémolac. — 1779 (Acte not.).

Pech-Alifour, c^ne de Saint-Cyprien (cad.).

Pech-Alivet, h. c^ne de Tursac (B.).

Pech-Alvès, éc. c^ne de Gaugeac (B.).

Pech-Alvet, éc. c^ne de Fleurac (B.).

Pech-Ambert, h. c^ne de Vic.

Pech-Antony, éc. c^ne de Saint-Chamassy (B.).

Pech-Any, h. c^ne d'Aubas (B.).

Pechard, h. c^ne de la Valade (B.).

Pech-Armant, h. c^ne de Bergerac. — *Puech Arma*, 1496 (Liv. Noir).

Pech-Arny, h. c^ne de Sagelat. — *Pecherni*, 1095 (fondat. de Font-Gauffier). — *Mayne de Puch-Arny*, 1450 (Belvez). — *Pessarny* (cad.).

Pechary, h. c^ne d'Aubas.

Pechaud, anc. rep. noble, c^ne de la Chapelle-Castelnau, qui a pris le nom de *la Chapelle-Pechaud* (S. Post.).

Pechaude (La), h. c^ne d'Archignac.

Pech-Audier, à Belvez. — *Hostel de Puch-Audyer*, 1470 (Belvez).

Pech-Audier, h. c^ne de Saint-Cybranet (B.).

Pech-Audier, h. c^ne de Saint-Germain-de-Berbiguières. — *Podium Auderii*, 1462 (Reg. Belvez, I).

Pech-Aubieu, éc. c^ne de Fougueyrolles (B.).

Pech-Auriol, lieu-dit, c^ne de Daglan (cad.).

Pech-Auriol, h. c^ne de Sarlat (cad.).

Pech-Autier, éc. c^ne de Saint-Cyprien (B.).

Pech-Berty, éc. c^ne de Saint-Geniès (B.).

Pech-Beto, c^ne de Sales-de-Belvez. — *Mansus la Faia de Puech-Beto*, 1463 (Philipparie, 16).

Pech-Bezigot, lieu-dit, c^ne d'Orliaguet.

Pech-Brenon, anc. ténem. c^ne de Bigaroque. — *Pech-Breno*, 1450.

Les fourches patibulaires de la seigneurie de Bigaroque étaient à la Plégade, lieu le plus haut de ce tertre (terr. de l'archev. de Bordeaux).

Pech-Calvet, c^ne de Saint-Pompon. — 1745 (Acte not.).

Pech-Canut, h. c^ne de Beynac (cad.).

Pech-Chembert, h. c^ne de Gaumier. — *Puech Imbert*, 1489 (Lesp. 15).
Anc. fief.

Pech-Cournu, lieu-dit, c^ne de Tursac (cad.).

Pech-Dambirou, h. c^ne de Sarlat.

Pech-d'Artus (Le), lieu-dit, c^ne de Cadouin (cad.).

Pech-d'Artus (Le), lieu-dit, c^ne de Saint-Avit-Sénieur. — 1714 (Acte not.).

Pech-d'Auge (Le), lieu-dit, c^ne de Badefol-la-Linde (cad.).

Pech-d'Aurance (Le), lieu-dit, c^ne de Proissans (cad.).

Pech-de-Belvez, lieu-dit, c^ne de Marsalès (A. Jud.).

Pech-de-Carbonnier, c^ne de Couse. — 1474, une des limites de la châtellenie (cout. de Couse).

Pech-de-Caumont, lieu-dit, c^ne de Cénac (cad.).

Pech-de-Cinquhandit, lieu-dit, c^ne de Carlux (cad.).

Pech-de-Conques, éc. c^ne de Gaugeac (B.).

Pech-de-Coulau, h. c^ne de Turnac (B.).

Pech-de-Jou, h. c^ne de Carsac.

Pech-de-Jou, h. c^ne de Saint-Vincent-de-Paluel.

Pech-de-la-Grave, à Saint-Martin, c^ne de Bergerac. — *Tenem. del Puech de la Grava* (Liv. N. 123).

Pech-de-l'Aze, h. c^ne de Carsac, c^on de Sarlat.

Pech-de-l'Église, lieu-dit, c^ne d'Orliaguet (A. Jud.).

Pech-de-l'Or, éc. c^ne de Florimont (B.).

Pech-de-Loup, éc. c^ne de Lavaur (B.).

Pech-del-Rat, h. c^ne de Capdrot (B.).

Pech-de-Malès, h. c^ne de Vitrac (B.).

Pech-d'Épeluche, lieu-dit, c^ne de Dome (cad.).

Pech-de-Saunier, éc. c^ne de Daglan (Cass.).

Pech-de-Seignal, lieu, c^ne de Couse. — Une des limites de la châtellenie, 1474 (cout. de Couse).

Pech-de-l'Estève, h. c^ne de Sainte-Mundane (B.).

Pech-des-Yllets, lieu-dit, c^ne de Proissans (cad.).

Pech-de-Tarde, éc. c^ne de Vézac (B.).

Pech-d'Eynou, c^ne de Condat-sur-Vézère. — *Croix de Pecheyrou*, 1490 (Lesp. Montig.).
Anc. limite entre les par. de Coly et de Condat (O. S. J. Condat).

Pech-Dorat, h. c^ne de Boisse (S. Post.).

Pech-Doual, domaine, c^ne de Saint-Sernin-de-Biron (A. Jud.).

Pech-Doumen, h. c^ne de Sainte-Alvère. — *Podium Domeuc*, 1453 (Liv. Nof.). — *Puey Domenc* (ibid.).

Pech-du-Sourd, taillis, c^ne de Sainte-Natalène (cad.).

Pech-du-Ussel, taillis, c^ne de Proissans (cad.).

Pechegut, éc. c^ne de Saint-André-Sarlat (B.).

Pechenval, h. c^ne de la Mongie. — 1602 (Acte not.).

Pecher? c^ne de Millac-de-Nontron. — *Claus deu Pescher*, xiie siècle (cens dû à Clarol).

Dordogne.

Pechère (La), c^ne de Chantérac. — *La Peycherie*, 1460 (inv. du Puy-Saint-Astier).

Pechère (La), lieu-dit, c^ne de la Roque-Gageac. — *La Peyssire* (cad.).

Pechère (La), bois de 37 hect. c^ne de Saint-Aquilin. — *Peychière las Feytaux* (cad.).

Pechère (La)? c^ne de Saint-Martin-de-Ribérac. — *Maynam. de Peycharia*, 1457 (Périg. M. H. 41, 7).

Pecherie (La), font. de la ville de la Linde. — *Fons de la Piscaria*, 1318. — *Fontaine del Pesquié*, autrement *de la Basinye*, 1680 (Acte not.).

Pêcherons (Les), rapide très-dangereux de la Dordogne devant Saint-Cuprais-de-la-Linde. — *Les Pesqueyroux*, 1620 (Acte not.).

Pêcherons (Les), c^ne de Couse. — *Les Pey Cayroux*, 1639. — *Hermitage aux Pesqueyroux*, 1709 (terr. de Couse).

Pechevy, h. c^ne de Prats-de-Belvez. — *Peyschavia*, 1459 (Belvez).

Pech-Eyrol? c^ne de Sagelat. — *A Puech-Eyrol*, 1369 (Belvez).

Pech-Eyssat, h. c^ne de Cadouin (S. Post.). — *Pech Eyssu* (A. Jud.).

Pech-Eyssat, c^ne de Saint-Amand-de-Vern. — *Mayn. de Peuch Eyssau*, 1511 (Reconn. de Saint-Amand, ch. Mourcin).

Pech-Gaudal, h. c^ne de Saliguac (S. Post.).

Pech-Gaudon, ancien repaire noble, c^ne de Belvez. — *Puygaudon*, 1614. — *Pegaudon*, 1668 (Acte not. L.).

Pech-Gaudon? c^ne de Saint-Marcory. — *Puech-Gaudo*, 1351 (Belvez).

Pech-Gaurès, h. c^ne de Saint-Chamassy. — *Pey et Peuch Gaurès* (terr. de Bigaroque).

Pech-Gauthier, lieu-dit, c^ne de Sarlat (cad.).

Pech-Gayrat, lieu-dit, c^ne de Doissac (cad.).

Pech-Gential, c^ne de Mortemar. — *Fact. de Puech Gential*, 1409 (O. S. J.).

Pech-Grand? c^ne de Palayrac. — *Puech-Gran*, 1459 (arch. de la Gir. Bigaroque).

Pech-Granet, h. c^ne de Simeyrols (cad.).

Pech-Granoux, c^ne de Limeuil. — 1636 (Acte not.). Anc. fief.

Pech-Gros, h. c^ne de Saint-Julien-de-Lampon. — *Pegro*, 1479 (ch. de Fénélon).

Pech-Guilhen, h. c^ne de Castel.

Pech-Guillou, h. c^ne de Montmarvès.

Pech-Guinot, éc. c^ne de Sales-de-Belvez. — 1720 (Acte not.).

Pech-Hardit, h. c^ne de Saint-Léon-sur-Vézère. — *Bordaria de Podio Ardit*, 1304 (O. S. J.).

Pech-Imbédu, h. c^ne de Sendrieux.

29

Pech-Imbert, c^ne du Bugue. — *Mas de Pug Imbert*, 1463 (Généal. de Larmandie).

Pech-Jaunat, c^ne de Sagelat. — 1791 (arch. de la Dordogne).

Pech-Johan, c^ne de Pressignac. — *Tenem. de Pech Johan* (L. N. 31).

Pech-Joyeux, h. c^ne de Fontenilles (B.).

Pech-Jusclat, h. c^ne de Fontenilles (B.).

Pech-la-Braume, c^ne de Prats-de-Carlux (cad.). — Dans le pays *Pech Labrune*.

　　Extrémité du vallon où aurait été situé l'étang du monast. de Calabrum? (Notice de M. Marmier sur Calabrum.)

Pech-la-Crade, éc. c^ne de Saint-Vincent-de-Paluel.

Pech-la-Faille, sect. de la c^ne de Sarlat (cad.).

Pech-la-Fière, éc. c^ne de Sarlat (B.).

Pech-la-Gal, ténem. c^ne de Vic. — 1649 (Reconn.).

Pech-Levade, c^ne de Belvez. — 1614 (Acte not.).

Pech-Long, h. c^ne de Dome (B.).

Pech-Lozier (Le), lieu-dit, c^ne de-Vitrac (cad.).

Pech-Maigre (Le), c^ne de Lunas. — *Puech Maigre*, 1466 (limite entre la Force et Mussidan, Lesp.).

Pech-Malou, lieu-dit, c^ne de Berbiguières (cad.).

Pech-Maly (Clusel de), lieu-dit, c^ne de Saint-Marcel. — 1676 (Acte not.).

Pech-Matussou, anc. tén. c^ne de Saint-Pompon. — 1744 (terr. de Saint-Pompon).

Pech-Mège, h. c^ne de Sainte-Foy-de-Belvez.

Pech-Melou, éc. c^ne de Sainte-Alvère.

Pech-Melou, h. c^ne de Saint-Chamassy.

Pech-Mirol, h. c^ne de Florimont (B.).

Pech-Montier, lieu-dit, c^ne de Carlux (cad.).

Pech-Mugo? c^ne du Bugue. — *Mansus de Puech Mugo*, 1460 (Liv. Nof. 87).

Pech-Nadal, mét. c^ne de Lenquais. — *Peuch Nadal*, 1603 (Acte not.).

Pechourieu, lieu, c^ne de la Rouquette, c^on de Vélines. — *Tuque* appelée *de Pichaurie* (terr. de l'archev. de Bordeaux, 291).

Pecupeirou, h. c^ue de Bars. — *Podium Petrosum, domus de Puypeyroux*, 1365 (Lesp. 20, Homm.). — *Pepeirou* (B.).

　　Anc. rep. noble.

Pech-Pelissou, éc. c^ne de Saint-André-Sarlat (B.).

Pech-Redon, ténem. c^ne de Saint-Pompon. — 1744 (terr. de Saint-Pompon).

Pech-Rome, lieu-dit, c^ne d'Orliaguet (cad.).

Pech-Sec, sect. de la c^ne de Belvez (cad.).

Pech-Sec, éc. c^ne de Colombier (B.).

Pech-Vie, h. c^ne de Prats-de-Belvez (Cass.).

Pech-Vieil (Le), lieu-dit, c^ne de Beynac (cad.).

Pécie (La), h. de Sarrazac (B.).

Pecoral, h. c^ne de Couse. — *Pechoral*, 1650 (A. not. L.).

Pecoral (Pré), c^he de Montclar (A. Jud.).

Pecoula, h. c^ne de Pomport.

Pécoulie (La), habit. c^ne de Saint-Mayme-de-Péreyrol. — *Maynam. de la Pecolia*, 1455 (ch. Mourcin).

Pecoutal, h. c^ne de Mazeyrolles (B.).

Pect, lieu, c^ne de Sendrieux.

Pédage, éc. c^ne de Bars.

Pédaurat, h. c^ne de Montmarvès (B.).

Pédolha? anc. hôpital dans la ville de Bergerac. — *Hospital voc. Pedolha*, 1409 (Liv. N.).

Pegassonie (La), h. c^ne de Génis. — *Las Peigassonias*, autrement *le Vigier* (A. Jud.).

Pégaud, h. c^ne de Bezenac (cad.).

Pégerine (La), anc. fief, c^ne de Saint-Léon (arch. de Pau).

Pegeval, c^ne de Tayac. — *Mansus de Pegeval*, 1489 (arch. de la Gir. Belvez).

Pegontier, dom. c^ne de Pomport.

Pegouil, h. c^ne d'Archignac (B.).

Pegouyran, h. c^ne de Nadaillac (B.).

Pegrieu, h. c^ne de Carsac-Sarlat.

Peiga (Le), ruiss. du c^on de Thiviers qui fait aller la forge des Fenières.

Peix (Grand-), h. c^ne de Mensignac. — *Le Pey Cheys*, 1672 (Acte not.).

Peix (Petit-), éc. c^ne de Château-l'Évêque (B.).

Péjalard, h. c^ne de Saint-Marcel. — *Peuch Jalard*, 1656 (Acte not.). — *Puyalard*, 1687 (*ibid.*). Tenance du chap. de Saint-Front de Périgueux.

Pejorel, h. c^ne de Journiac (B.).

Pejouan, h. c^ne d'Archignac (B.).

Pejouan, h. c^ne de Cladech (B.).

Pel, h. c^ne de Sainte-Orse (A. Jud.).

Pelachapt, c^ne de Saint-Paul-de-Serre. — *Maynem.* 1329 (inv. du Puy-Saint-Astier).

Peladour (Le), lieu-dit au vill. du Bost, c^ne de Douville. — 1680 (Acte not.).

Pelafaille, h. c^ne de Sarlat (A. Jud.).

Pelandal, h. c^ne de Marsalès (B.).

Pelat (Le), lieu, c^ne de Saint-Barthélemy-de-Bellegarde.

Pel-Champ, lieu-dit, c^ne de Saint-Laurent-de-Castelnau.

Pelegranes (Les), h. c^ne de Notre-Dame-de-Sanillac. — *Les Pelligrannes* (B.).

Pelegrenie? c^ne de Saint-Priest-les-Fougères. — *Repayrium de Pelegrenia*, 1484 (Périg. M. H. 41, 6).

Pelegrenier, h. c^ne de Soudat (B.).

Pelegry, anc. porte et quartier à Bergerac. — *Porta de Pelegri*, 1457 (Liv. N. 5). — *Carreyra del Pelegry* (*ibid.* 77). — *Prieuré Saint-Nicolas de Pelegry* (Lesp. 27, archipr. de Villamblard).

PELEGRY, friche, cⁿᵉ de Ladornac (cad. n° 454).

PELET, anc. mⁱⁿ, cⁿᵉ de Journiac. — *Mol. voc. Pelet*, 1452 (Liv. Nof. 4).

PELETERIE (LA), h. cⁿᵉ de Sorges (A. Jud.).

PELETIE (LA), h. cⁿᵉ de Saint-Félix-de-Villamblard. — 1692 (Acte not.).

PELEVESY, cⁿˢ de Saint-Geniez. — *Palavesi*, 1312 (arch. de Sarlat). — *Pelvisi*, 1328 (art. Limeuil, Lesp.). — *Castrum de Pelevesi*, 1530 (arch. de Lenq.).

Anc. rep. noble, anciennement entouré par des fossés remplis d'eaux vives et auprès duquel étaient d'antiques ormeaux dont un subsiste encore, et sous lesquels saint Louis signa, dit-on, une charte avec cette inscription : *sub ulmis veteribus de Pelevesi*. Il avait haute justice sur quelques villages de Saint-Geniez et de la Chapelle, 1760 (Alm. de Guy.).

PELEYROUX, h. cⁿᵉ de Pézul.

PELICHIES (LES), habit. cⁿᵉ de Puy-de-Fourches.

PELIN (LE), m. isolée, cⁿᵉ de Lenquais.

PELIN (LE), ténem. cⁿᵉ de Saint-Aubin-de-Lenquais.

PELINGUE (LA), h. cⁿᵉ d'Urval (S. Post.).

PELISSERIE (LA), h. cⁿᵉ de Saint-Julien-de-Crempse.

PELISSERIE (LA), lieu-dit, cⁿᵉ de Saint-Marcel. — 1693 (Acte not.). — *Pellissarie*.

PELISSERIE (LA), tén. cⁿᵉ de Saint-Martin-des-Combes. — 1750 (Reconn.).

PELISSERIE (LA)? cⁿᵉ de Villamblard. — *Maynam. de la Pelissaria*, 1471 (Dives, I).

PELISSES, château situé dans la ville de Thiviers, en face de l'église de Notre-Dame. — *Hospitium de Pelisses*, 1503 (Généal. de Rastignac).

PELISSOU, h. cⁿᵉ de Creysse. — 1722 (not. de Mouleydier).

PELLAURY, taillis, cⁿᵉ de Fontenilles (cad.).

PELONDIE (LA)? cⁿᵉ de Calès. — 1297 (Lesp. 37).

PELONIE (LA), h. cⁿᵉ de Font-Galau (cad.).

PELONIE (LA), cⁿᵉ de Saint-Antoine-d'Auberoche. — *Mansus de la Pelonia*, 1467 (Généalogie de Rastignac).

PELONIE (LA), cⁿᵉ de Saint-Léon-sur-l'Ille. — *Maynam. de las Pelonias*, 1460 (Dives, I).

PELOU, éc. cⁿᵉ de Tayac.

PELOUZIE (LA), h. cⁿᵉ de Saint-Marcel.

PEMALET, h. cⁿᵉ de Campsegret.

PEMÉJOT, cⁿᵉ de Sainte-Foy. — Anc. fief (terr. de Belvez).

PÉMOURET (TERTRE DE), cᵗᵉ de Cause. — Confronte la place des Justices, 1669 (Acte not.).

PÉMOUSTIER-VIEUX, h. cⁿᵉ de Saint-Sernin-de-la-Barde. — *Pech Monstier*, 1525 (Reconn.).

PENABOU, éc. cⁿᵉ de Ghassagne (A. Jud.).

PENADA (TERTRE DE LA), lieu, cⁿᵉ de Vern (A. Jud.).

PENALOU, h. cⁿᵉ de Savignac-le-Drier (S. Post.).

PENASSOUX (LES), h. cⁿᵉ de Nanteuil-Thiviers.

PENATOUT (LE), lieu-dit, cⁿᵉ de Prats-de-Carlux.

PENAUD, lieu-dit, cⁿᵉ de la Chapelle-Faucher (cad.).

PENAUD, h. cⁿᵉ de Limeyrac.

PENAUD, terre, cⁿᵉ de Saint-Aignan-d'Hautefort (A. Jud.).

PENAUD, lieu-dit, cⁿᵉ de Saint-Jean-de-Cole (cad.).

PENAUD, m. isolée, cⁿᵉ de Sainte-Trie (S. Post.).

PENAUD, lieu-dit, cⁿᵉ de Verteillac.

PENAUD (CLOS-DE-), lieu-dit, cⁿᵉ de la Trape (cad.).

PENAUD (LE), lieu-dit, cⁿᵉ de Corgnac (cad.).

PENAUD (LE), h. cⁿᵉ de Saint-Saud (cad.).

PENAUD (PETIT-), h. cⁿᵉ de Fougueyrolles (B.).

PENAUD (PRÉ-DU-), lieu-dit, cⁿᵉ de Nanteuil-Thiviers (cad.).

PENAUDIE (LA), mⁱⁿ sur la Borrèze, cⁿᵉ d'Eybènes.

PENAUDS (LES), lieu-dit, cⁿᵉ de Saint-Front-la-Rivière (cad.).

PENAUTIER, cⁿᵉ de Saint-Pierre-d'Eyraud, autrement *Fon Peyre* (cad. F. 10).

PENDUDE (LA), cⁿᵉ de Sainte-Eulalie-d'Ans. — *La Penduda*, 1120 (cart. de Tourtoirac).

PENDUDE (VOIX-)? dom. cⁿᵉ de Temple-la-Guyon. — 1621 (O. S. J.).

PENDUDES (LES), lieu-dit, cⁿᵉ de Carlux (cad.).

PÈNE (ROC DE LA), rocher au-dessus du village des Eyzies, d'une forme pittoresque, qui est due aux érosions de la gelée sur le calcaire dénudé qui le constitue (Annales d'agric. de la Dordogne).

PENELIE (LA), h. cⁿᵉ de Journiac.

PENELIE (LA), h. cⁿᵉ de Limeuil (cad.).

PENELIE (LA), h. cⁿᵉ de Tanniès (S. Post.).

PENELLE (BOIS DE LA), lieu-dit, cⁿᵉ de Badefol-d'Ans (cad.).

PENELOTTE (LA), friche n° 296, cⁿᵉ de Saint-Martin-des-Combes (A. Jud.).

PENELOU (LE), lieu-dit, cⁿᵉ de Négrondes (cad.).

PÉNÉLOUX (LES), h. cⁿᵉ de Saint-Pierre-de-Cole (cad.).

PENENOU, lieu-dit, cⁿᵉ de Naillac (A. Jud.).

PENET, éc. cⁿᵉ de Saint-Sernin-de-l'Herm (B.).

PÉNÉTIE (LA), éc. cⁿᵉ de Mauzens (B.).

PÉNÉTIE (LA), h. cⁿᵉ de Paunac, ténem. où est le lieu de *Peyre-Levade*, 1675 (Act. not.).

PENIÈS (LA), h. cⁿᵉ de Campagne-lez-Quercy.

PENIQUET, h. cⁿᵉ de Celle (B.).

PENLÉON, taillis, cⁿᵉ de la Bouquerie (A. Jud.).

PENLET, h. cⁿᵉ de la Mongie-Montastruc (B.).

PENOT, h. cⁿᵉ de Beleymas (S. Post.).

PÉNOT, h. cⁿᵉ d'Eymet. — *Penaud* (S. Post.).

PENOT, h. cⁿᵉ de Mont-Caret. — Ténem. des *Clémens ou Penot*, 1651 (Act. not.). — *Penau* (S. Post.).

Pénot (Le), terre E 358, c^ne de Bergerac (A. Jud.).

Penot (Le), lieu-dit, c^ne de Cercles (cad.).

Pénot (Le), éc. c^ne de Villefranche-de-Belvez.

Penot (Le Grand et le Petit), h. c^ne de Saint-Antoine-de-Breuil (B.).

Penot (Pré-de-), lieu-dit, c^ne de Preyssac (A. Jud.).

Penoterie (La), h. c^ne de Montignac-sur-Vézère (A. Jud.).

Penot-les-Justices, anc. ténement, c^ne de Doissac. — 1604 (Belvez, Homm. n° 7).

Penots (Les), h. c^ne d'Église-Neuve-d'Issac. — 1702 (Acte not.).

Penots (Les), c^ne de Queyssac (B.).

Penots (Les), h. c^ne de Saint-Sulpice-de-Roumagnac (B.).

Penots (Les Pierres-), h. c^ue d'Eyrenville, c^on d'Issigeac.

Pentirac (Le), h. c^ne de Campagne-lez-Quercy (B.).

Pentiraguet (Le), h. c^ne de Campagne-lez-Quercy (B.).

Peplet (Le), terre, c^ne d'Auriac-Montignac (A. Jud.).

Perance (Le), h. c^ne de Saint-Laurent-de-Castelnau (B.).

Perbélie (La), h. c^ne de Montignac-sur-Vézère (B.).

Perboutou-les-Brandes, h. c^ne d'Allemans (B.).

Percasset, h. c^ne de Villamblard, 1690 (Acte not.). — Perquasset, 1740 (ibid.).

Perdeillotte, mét. c^ne de Lisle (S. Post.).

Perdigal, h. c^ne de Prats-de-Belvez.

Perdigal (Le), lieu-dit, c^ne de Carlux (cad.).

Perdigalie (La), c^ne de Saint-Caprais-la-Linde. — Mayn. de la Perdigalia, 1455 (Liv. Nof. 42).

Perdigat, h. c^ue de Limeuil. — Hospitium sire boria de Perdigat, 1460 (Liv. Nof. 60).

Perdissie (La), h. c^ne de Jumillac.

Perdissou (La Serre-de-), h. c^ne de Sireuil (Cass.).

Perduceix (Notre-Dame-de-), chapelle, c^ue de Bussac (B.). — Capella de Perducio, 1293 (arch. de l'abb. de Brantôme).

C'était l'une des 4 prévôtés dép. de Brantôme.

Père (Terre-du-), lieu-dit, sect. A, c^ne de Négrondes (A. Jud.).

Pereyrol, c^ue du Bugue? — El mas de Perairols, xiiie s^c (cart. du Bugue).

Pereyrol, h. c^ue de Cabans. — Pereyrolle (A. Jud.). — Pérérol (Cass.).

Pereyrol, c^ne de Saint-Mayme, c^on de Vern.

Pergerez (Las), anc. fief, châtell. de Montignac, c^ne de Saint-Léon (arch. de Pau).

Periguie, lieu-dit, c^ne de Ladornac (cad.).

Pericot, h. c^ne de Saint-Léon-sur-Vézère (B.).

Pericoune (La), éc. c^ne de Saint-Meard-de-Mussidan. — 1683 (Acte not.).

Périer (Le), h. c^ne de Bassac-Beauregard. — Ten. de Pyru ou du Périer, 1321 (ch. Mourcin).

Périer (Le), c^ne de Grignol. — Hospitium del Perier, 1490 (Dives, II, 53).

Anc. fief.

Périer (Le), h. c^ne de Lembras. — Le Périer Saint-Valery ou Chapelle Notre-Dame de la Croix (Lesp. 27, suppl. à l'archipr. de Villamblard?). — Voy. Sainte-Valérie.

Périer (Le), c^ne de Marsac. — Al Perier de la Boyna, 1322 (lim. de la jurid. de Périg. cart. de Chancel.).

Périer (Le), dom. c^ne de Maurens (A. Jud.).

Périer (Le), anc. fief, c^ne de Mayac. — Pheod. de Piru (arch. de Pau)?

Périer (Le), sect. de la c^ne de Saint-Michel-de-Double (cad.).

Périer (Le), c^ne de Salon. — Maynam. vocatum del Périer, 1465 (Périg. M. H. 41, 7).

Anc. fief, chât. de Vern (arch. de Pau).

Périers (Les), h. c^ne d'Archignac (B.).

Périgaux (Les), éc. c^ne de Saint-Géry.

Périgord, province dont le territoire a formé celui du dép^t de la Dordogne. — Petrocorii (Comment. de César, liv. IV, ch. ii, et Strabon, Géogr. liv. IV, ch. ii). — Petrucor (médaille d'argent, Bouteroue et Eckel, est inscrit. au musée de Périgueux, n° 237 du catalogue). — Petrucorius (Muratori, t. II, p. 1069). — Petrogori (Pline, liv. IV, ch. xix). — Civitas Petrocoriorum (Notitia provinc. et civil. Galliæ). — Civit. Petrorecorum (capitul. de nom. regni Galliæ). — Petrogorensis (Chronic. Bern. Guidonis). — Civit. Petrogorica, 667 (Vie de saint Vaast). — Civit. Petrogoricum, Petrogoricorum, Petrogoriorum (Grég. de Tours, liv. VI). — Pagus Petragoricus, 781 (Præcept. Car. Magni pro loco Sancti Eparchii). — Pagus Petrocorecus (Frédégaire). — Petrocia, 797 (Éginhard). — Pagus Petrocius, 823 (Præcepta Ludov. Pii pro Lamberto). — Pagus Petrogoricas (Moine de Saint-Denis, Gesta Dagob.). — Petrachoricensis (Chronic. Caroli Calvi). — Pagus Petrachoricensis, 886. — Petrugorica ecclesia, 1083 (cart. de Baigne, 276). — Peiregore, xiie siècle (cens dû à Clarol). — Pagus Petragoricensis, 1181 (ordonn. de Philippe Ier en faveur de Garin, évêque de Sarlat). — Petragorium, 1203 (Rec. de tit.). — Petragoricum, 1227 (traité entre Louis VIII et Richard). — Peiregor, Peiregort, Pierregord, Pierreguys, Peregors, 1253 (Recueil de titres pour la ville de Périgueux, passim). — Petragoricinium, 1290. — Petraguoricinum, 1360 (arch. de Sarlat, quittance d'Archambaud). — Idiome vulgaire, Peiragors (Bertrand de Born).

PÉRIGORD (COMTÉ DE). — *Petrocoriensis comes*, 920 (Est. Hist. Aquit. 3). — *Comitatus Petragoricensis*, 1010 (cart. de Sainte-Marie de Saintes). — *Dux civitatis Petragoricæ*, 1074 (ch. fund. Sancti Sylvani, Gall. Christ. t. II). — *Petragoricensium consulatus*, 1099 (arch. du chap. de Saint-Astier, don de Neuvic).

Voyez l'*Introduction* pour tout ce qui concerne l'étendue du Périgord, ses divisions ecclésiastiques et féodales, ainsi que les juridictions établies par l'autorité royale.

PÉRIGORD-BLANC ou HAUT-PÉRIGORD, partie du Périgord où sont situées les villes de Périgueux et de Bergerac; c'est celle qui, lors de la création de l'évêché de Sarlat, a formé le nouveau dioc. de Périgueux, qui se termine au midi à la Vézère et à la Dordogne.

PÉRIGORD-NOIR ou BAS-PÉRIGORD, contrée. — Voy. SARLADAIS.

PÉRIGUEUX, ch.-lieu du département. — Cette ville a remplacé la capitale des Petrocorii, la cité gallo-romaine qui portait le nom d'*Augusta Vesuna* (Inscr. n° 238, catalogue du musée de Périgueux).

La ville actuelle se compose de deux villes qui avaient une existence municipale distincte jusqu'au traité de réunion de 1240.

La première, connue sous le nom de *la Cité*, est sur l'emplacement de la ville romaine. — *Petrocorii* (Sid. Ap. l. VII, Epist. vi). — *Petrochoras.* — *Petrochoricum* (Grég. de Tours, liv. III). — *Petrocorica* (Fortunat, de Chronopio). — *Petrocoris civitate* (tiers de sol. cab. de M. de G.). — *Petragoras* (martyrologe de Rabanmaur, Saint-Front). — *Petrocoriorum urbs* (Acta sanctorum, Boll. t. I, p. 7). — *Urbs Petragorica*, 1153 (cart. de Baigne, 67).— *Civitas Petragoricensis* (traité de 1240).

La seconde ville est construite autour du monastère de Saint-Front, apôtre du Périgord. — *Podium Sancti Frontonis Petragoricensis*, 1188. — *Villa Podii Sancti Front; Petragorarum*, 1223. — *Castrum Sancti Front*, 1246. — *Villa del Poi sen Front, le Puy Saint-Front* (Mém. pour la ville de Périgueux, *passim*, et serment de fidélité à Philippe Auguste, 1204).

Depuis le traité de réunion : *Villa et civitas Petragoricensis*, 1240. — *Universitas Petragoricensis* (sceau pour la nominat. de délégués aux États de Tours. Trésor des chartes, carton 415, n° 210). — *Villa et civitas Petragorica*, 1260. — *Petragorici*, 1275. — *Villa Petragorarum*, 1315. — *Petragore*, 1326. — *Petragorium*, 1326 (Mém. pour la ville de Périgueux, et Lesp. *passim*). — *Communitas villæ et civitatis Petragoricensium*, 1336. — *Petra-*

gorii, 1353. — *Petragoricum*, 1365. — En langue vulgaire, *Pierreguys* (traité de Brétigny). — *Vila et ciptat de Pereguès* (Liv. Noir, f° 102). — *Periguhès*, 1466 (arch. de Bergerac, liv. de la Charité). — *Ville de Périgord*, 1392.

On ne connaît pas de sceau particulier à la Cité : celui appendu à la charte portant le serment de fidélité juré par les «hommes de Périgueux» à Philippe Auguste en 1204, par lequel ils s'engagent à lui livrer *totam villam de Petragoris integre*, représente un aigle éployé dans le champ, avec cette légende : *Sigillum majoris confratriæ Petragoricensis* (Arch. de l'Emp. carton 627.) On a pu croire que pour représenter tous les hommes de Périgueux on avait ajouté à l'aigle, emblème de la Cité, la légende particulière à la nouvelle ville; car sur un sceau d'Agen, de la même époque, on retrouve cette même pensée d'association : dans le champ, un aigle, et autour : *Sigillum comunitatis civitatis Agenui* (Arch. de l'Emp. 136 *bis*). Mais dans une charte de 1247 les chevaliers et habitants de la Cité, *milites et cives*, déclarent qu'ils n'ont pas de sceaux authentiques, tandis que le maire et la commune du Puy-Saint-Front font apposer leur sceau (Rec. de titres pour la ville de Périg. p. 54). Dès 1228, l'aigle avait disparu; dans le champ un sergent d'armes, en tenue de combat, casque en tête, visière à ventaille, l'épée haute, couvert d'un écu à la croix. Légende : *Sigillum Burgensium de Petrag*. Revers : Saint Front, debout tenant une croix. Légende : *Secretum de Petragoris*. (Arch. de l'Emp. cart. 627, n° 6.) Plus tard. le champ du droit présente : saint Front assis, bénissant, foulant aux pieds le dragon. Légende : *Sigillum universitatis Petragoricensis*. Revers : Porte de ville flanquée de tours crénelées. Légende effacée. (Arch. de l'Emp. cart. 415, n° 210.)

Les armes de la ville, depuis, sont : *de gueules à 2 tours d'argent jointes par un entre-mur de sable avec porte, à la champagne de sinople, et entre les deux tours une fleur de lys d'or*; couronne murale avec cette devise : *Fortitudo mea civium fides* (Chroniqueur du Périgord).

Périgueux paraît n'avoir jamais perdu son indépendance, comme le témoigne le serment de fidélité que le maire et les habitants firent à Philippe Auguste en 1204, en même temps que le comte de Périgord prêtait serment pour le comté. L'hommage était direct et la ville était ainsi tenue en fief immédiat de la couronne. — La ville tenait en arrière-fiefs un certain nombre de châteaux et de domaines : les maisons de Bourdeilles, de Barrière et de Limeuil, situées dans l'enceinte de la Cité; le monastère de la Visitation, le rep. noble de la Gauderie (paroisse Saint-Pierre-Lanès), le rep. noble de la Rampinsole (Coulounieix), le rep. de Montgaillard, le rep. noble de Beaufort (Coulounieix), les rep. de Chevrier, d'Adian, de Pronsaud, de Pouzelande, de Barat, de Boulazac, le rep. noble du Lieu-Dieu, les rep. de la Filolie-l'Amourat, de Trélissac, de Bori-Porte, les rep. nobles de la Motte et de Caussade, les rep. de Lauterie, de Borie-Boudit ou Borie-Petit, de la Roussie, de Borie-Bru ; le rep. noble de la Rolphie, situé dans la par. Saint-Étienne de la Cité ; le rep. noble de la Jarte (Chroniqueur du Périgord, t. II, p. 47, seigneurie de Périgueux, aveu de 1679).

Dans l'enceinte murée de Périgueux il y avait 12 portes, dont les noms étaient pris des principales rues et des 7 quartiers de la ville : Porte des Boucheries, *Porta Bochariæ*, 1240 ; *de Brocharias*, 1319 ; — porte du Pont, *de Ponte* ; — porte de Taillefer, *de Thalhaffer* ; — porte du Plantier, *deux Plantiers* ; — porte des Farges, *las Fargas* ; — porte Limogeanne, *Lemotgana, Lemovitana* ; — porte de Saint-Roch ou de l'Aubergerie, *las Arbegarias, l'Albergaria* ; — porte de Saint-Silain, *Sancti Silani, Sen Sila* ; — porte de l'Arsault, *de Arduo Saltu* ; — porte de l'Aiguillerie, *Agulharia* ; — porte de Merdanso ; — porte del Gischet. (1314, afferme des portes de la ville.)

Il y avait 12 hôpitaux avant leur fusion en un seul sous le nom d'hôpital Sainte-Marthe. — Les paroisses étaient aussi au nombre de 12 : dans la Cité, Saint-Étienne, qui fut la première cathédrale, Saint-Pierre l'Ancien, Saint-Jean, Sainte-Eulalie, Saint-Gervais, Saint-Eumache, Saint-Hilaire, Saint-Jacques ; dans la nouvelle ville, Saint-Front, qui devint cathédrale à la suite de la fusion des deux chapitres de Saint-Étienne et de Saint-Front, Saint-Silain, Saint-Martin, contre les murs ; Saint-Georges, au delà des Barris. — Vocable de la cathédrale : Saint-Front. — Saint-Étienne, à la Cité.

Couvents de Cordeliers et de Dominicains ; Dames de Sainte-Claire, de la Visitation et de la Foi.

PÉRIGUEUX (CHÂTEAU DE), à la Cité. — *Castrum Petragoricum* (Gauf. Vos. Chron.). — *Hospitium de Petragoris*, 1405 (arch. du chap. de Saint-Front). — *Maison de Périgueux*, vulgairement *les Peyronnes* (Leydet, arch. de la Douze).

Il avait été élevé au moyen âge sur le mur de la citadelle romaine, à l'est de l'église Saint-Étienne, comme les châteaux de Bourdeilles, de Limeuil et de Barrière le furent sur d'autres points de l'enceinte.

PÉRIGUEUX (CHÂTELLENIE DE), composée de 19 par. — *Onor Petragoricensis*, 1243 (arch. de Pau, comtes du Périgord). — *Honorium de Petragoras*, 1322 (procès entre le comte et l'abbé de Chancelade). — *Castellania de Petragoricum* (Châtell. 1365).

La juridiction de la châtell. de Périgueux comprenait la ville, avec les par. de Saint-Front, Saint-Silain, Saint-Hilaire, Saint-Martin, Saint-Georges, Boulazac, Coulounieix, Atur, Trélissac, Champsevinel, Saint-Pierre-Lanès, Saint-Jean-de-Chancelade, Merlande, Beaurone, Marsac, Razac, Bassillac et Sainte-Eulalie (Lesp. vol. 88). Les limites de cette juridiction étaient énoncées dans l'acte suivant :

« Honorium de Petragoras.

« Quod quidem comes habuerit infra muros et clausuram dicti villæ, castrum suum, vulgariter appellatum, *La sala al compte*.

« Item, quod castrum et villa prædictæ habuit ab antiquo certum honorium ; quod quidem se extendit ex parte fluvii Ellæ versus montem Incisum, usque ad locum vocatum al Perier de la Boyna. Dividitur ab honorio Burdeliæ usque ad crucem quæ est ante maynamentum de la Brunia.

« Dividitur ab honore castri de Agonaco ad locum vocatum Al loc de la Graula.

« Dividitur cum honore Albærupis ad locum vocatum lo Suchet de Charrieyras, usque ad castaneam quæ est in maynamento de las Garlas, in parochia de Chignaco ; et deversus Limolium, usque ad cumbam appellatam Cumba de Verneuil ; et deversus Senelhacum, usque ad locum vocatum prope Alayracum, in parochia de Senelhac ; et deversus Granholium, usque ad certa loca.

« Et infra istos decos, civitas habuit omnimodam jurisdictionem videlicet usque ad Saltum militis deversus Mons-Jau, et deversus Burdeliam usque ad crucem Herboza, et deversus Agonacum usque ad crucem lapideam de campo Savinelli et usque ad crucem quæ est supra trolium vocatum de Septem fontibus, et deversus Granholium usque ad crucem de Quarteriis, et deversus Senelhacum usque ad crucem de Fromentals, et ecclesiam de Colonnies et deversus Vernhium usque ad boariam de Tralpat, et deversus Limolium usque Aturs, et deversus Albam rupem usque ad molendinum de Ruschas et usque ad molam de Parisiis et usque ad ecclesiam de Bolazac et usque ad podium de Tiracuol et usque de Mirabel. — 1322. » (Lesp. Procès entre l'abbé de Chancelade et le comte de Périgord.)

PÉRIGUEUX (COSTE DE), c^{ne} de Belvez. — Va de Fon-Castel à la Nauze, 1672 (Belvez, Homm.).

PÉRIMA, éc. c^{ne} d'Agonac (B.).

Péritoux, h. c^{ne} d'Agonac (B.).

Perlijoux (Les), lieu-dit, c^{he} de Coulounieix (A. Jud.).

Perlurie (La), m. isolée, c^{ne} de Saint-Front-d'Alemps (S. Post.).

Pérol, h. c^{ne} d'Église-Neuve-d'Issac. — *Maynam. de Perol*, 1479 (bail de la Balbie, coll. de Lenq.).

Péronne, ténement, c^{ne} de Sendrieux. — 1634 (Acte not.).

Péroudal, éc. c^{ne} de Bergerac.

Pérouille (Le), éc. c^{ne} de Fontenille (B.).

Pérouille (Le), c^{ne} de Liorac. — *Vill. de las Perou- lhas*, 1661 (Acte not.).

Pérounies (Les), h. c^{ne} de Saint-Marcory (B.). — *Mansus de la Peytavinia, alias de las Speronias*, 1459 (Belvez).

Péroutasse (La), domaine, c^{ne} d'Audrix. — 1675 (Acte not.).

Perpézac, c^{ne} de Chantérac. — *Maynem.* 1521 (inv. du Puy-Saint-Astier). — *Perbessac (ibid.).*

Perpigne, h. c^{ne} de Villamblard. — *Perpignie*, 1606 (Acte not.).

Perpignerie (La), éc. c^{ne} de Plazac (B.).

Perron, c^{ne} de Gageac. — Anc. fief.

Pertissies (Les), éc. c^{ne} de Saint-Front-d'Alemps.

Pertus, vill. c^{ne} de Sigoulès. — *Parochia de Percusio*, 1352 (Ms. de Wolf. n° 238).

Péruga, broussailles, c^{ne} de Marcillac (A. Jud.).

Péruga (La), c^{ne} de Sales-de-Belvez. — *Factum de la Peruga*, 1462 (Belvez).

Péruzel, h. c^{ne} de Daglan. — *Perussellam*, 1489 (Lesp. vol. 15). — *Peyruzel*, 1760 (Acte not.). Anc. rep. noble ayant haute justice sur un village dans Daglan, 1760 (Alm. de Guy.).

Pervanche (La), h. c^{ne} de Vanxains (B.).

Pervindoux (Le), h. c^{ne} de Génis (A. Jud.).

Pessel, h. et font. c^{ne} d'Urval (cad.).

Pessestié, h. c^{ne} de Capdrot (B.).

Pessoulat, éc. c^{ne} de Sainte-Foy-de-Longa.

Pessoutie (La), h. c^{ne} de Saint-Amand-de-Vern.

Pestillac, h. c^{ne} d'Eymet (S. Post.).

Pésul, c^{ne}. — Voy. Pézul.

Petigné, h. c^{ne} de Coutures (B.).

Petiterie, b, c^{ne} de Saint-Amand-de-Belvez (B.).

Petitias (Las), lieu-dit, c^{ne} de Vern (cad.).

Petitone, c^{ne} de Combeyranche. — 1613 (O. S. J.).

Petitone, section de la c^{ne} de la Gemaye (cad.) et un des vallons de la Double, qui commence au vallon des Bigouties, c^{ne} de Saint-André, et se termine en face du château des Farges au ruisseau de la Risone; il contient le plus grand étang de la Double.

Petitou, h. c^{ne} de Saint-Géry.

Pètre, h. de Saint-Germain-de-Berbiguières (B.).

Petreus, métairie, c^{ne} de Montsaguel. — Anc. repaire noble.

Peuch (Le), h. c^{ne} de Clermont-de-Beauregard.

Peuch (Le), c^{ne} de la Cropte. — *Le Pouch*, 1687 (Acte not.).

Peuch (Le), terre, c^{ne} d'Eylias (A. Jud.).

Peuch (Le), h. c^{ne} de Fleurac. — *Locus de Podio*, 1451 (Généal. de Rastignac). Ancien repaire noble, avec haute justice sur le Moustier, 1760 (Alm. de Guy.).

Peuch (Le), h. c^{ne} de Fouleix. — 1766 (Acte not.).

Peuch (Le), h. c^{ne} de Paulin (Cass.).

Peuch (Le)? c^{ne} de Queyssac. — *Tenementum de Peuch Farreyrenc*, 1460 (Liv. N. 45).

Peuch (Le), c^{ne} de Rouffignac-Sigoulès. — *Le Puch* (B.).

Peucu (Le), h. c^{ne} de Saint-Amand-de-Coly.

Peuch-Arneau, h. c^{ne} de Saint-Étienne-le-Droux. — *Puscharnaud* (B.).

Peuch-de-Gounsac, c^{ne} de Bersat-Beauregard. — Co- teau dans lequel est ouverte la grotte de Badegol.

Peuch-de-Roucou (Le), h. c^{ne} de Ladornac (S. Post.).

Peuch-de-Saint-Sour, h. c^{ne} de Tayac. — *Podium Sancti Sori* (Vie de saint Sour).

Peuch-Girard, h. c^{ne} de la Cassagne (Cass.).

Peuch-Godal? c^{on} du Bugue. — *La Costa de Puh Godal* (cart. du Bugue).

Peuch-Ser (Le)? — *El Mas de Puch Ser* (cart. du Bugue).

Peulade (La), h. c^{ne} de Besse.

Peupliers (Aux). — *Riberia de Chanaor, quæ dicitur Ad Populos, quæ clauditur fossatis in tribus lateribus et in quarto clauditur Drona* (cart. de Baigne, 541).

Pey (Le), h. c^{ne} de Château-l'Évêque (B.).

Pey (Le), h. c^{ne} de Douchapt.

Pey (Le), h. c^{ne} de la Douze (Acte not.).

Pey (Le), h. c^{ne} de Manzac. — *Pey Allegret*, 1451 (Dives, 1). Un deuxième nom a disparu.

Pey (Le), h. c^{ne} de Saint-Jean-d'Eyraud. — 1705 (Acte not.).

Pey (Le), lieu-dit, c^{ne} de Villetoureix (cad.).

Pey (Le Grand-), h. c^{ne} de Cubjat (A. Jud.).

Pey (Petit-), h. c^{ne} de Montpeyroux (B.).

Pey (Petit-), h. c^{ne} de Ribagnac (B.).

Pey-Acut, lieu-dit, c^{ne} de Saint-Severin-d'Estissac (cad.).

Pey-Acut, lieu-dit, c^{ne} de Sourzac (cad.).

Pey-Aissu, h. c^{ne} de la Douze (B.).

Pey-Amen, h. c^{ne} de Celle. — *Puy Amen*, 1639 (Acte not.).

Pey-Bérou, éc. c^{ne} de Saint-Cirq.

Pey-Blanc, lieu-dit, c^{ne} de Grignol (A. Jud.).

Pey-Blanc, c^{ne} de Mortemar. — 1666 (O. S. J.).

Pey-Boutier, h. c^{ne} de Meyral (B.).

Pey-Bretours, lieu-dit, c^{ne} de Grignol (A. Jud.).

Pey-Bubla, c^{ne} de la Rouquette, c^{on} de Vélines.

Pey-Buzat, friche, c^{ne} d'Auriac-Montignac (A. Jud.).

Pey-Chabaneix, lieu-dit, c^{ne} de Brouchaud (cad.).

Pey-Chabot, lieu-dit, c^{ne} de Sourzac (cad.).

Pey-Chauveau, lieu-dit, c^{ne} de Mortemar. — 1666 (O. S. J.).

Peyché, terre, c^{ne} de Ladosse (A. Jud.).

Pey-Cheix, h. c^{ne} de Beaurone. — 1670 (Acte not.).

Pey-Cheix (Le), ruiss. qui a sa source dans la c^{ne} de Segonzac et se jette dans la Drone auprès de Saint-Martial-de-Drone (B.).

Pey-Cherel, coteau inculte, c^{ne} de Manzac (Dives).

Pey-Cheviller, h. c^{ne} de Prats-de-Belvez (B.).

Pey-Chichou, éc. c^{ne} de Lussas (B.).

Pey-Chieynou (Le), lieu-dit, c^{ne} de Vitrac (cad.).

Pey-Chimbérie, lieu-dit, c^{ne} de Sendrieux. — 1699 (Acte not.).

Pey-Cluseau, lieu-dit, c^{ne} du Temple-la-Guyon (A. Jud.).

Pey-d'Auchou, h. c^{ne} de Boulazac.

Pey-de-la-May, lieu-dit, c^{ne} de Saint-Pantaly-d'Ans (A. Jud.).

Pey-de-l'Aze, grotte, c^{ne} de la Canéda. — Les fouilles qui y ont été déjà faites ont produit, en ossements d'animaux, les débris de la faune primitive et les instruments de silex taillé offrent les deux types caractéristiques de la grotte du Moustier (Mortillet, Bull. de la Soc. géol. xxvi).

Pey-d'Estève, c^{ne} de Sainte-Mundane. — Mosaïques.

Pey-du-Mayne, h. c^{ne} de Douchapt (B.).

Pey-Festal, h. c^{ne} de Monbos.

Pey-Gulier, lieu-dit, c^{ne} de Saint-Laurent-des-Hommes (cad.).

Pey-Lou, éc. c^{ne} de Rouffignac-Montignac.

Pey-Loulpat, h. c^{ne} de Grignol (Acte not.).

Pey-Majou, h. c^{ne} de Jayac (B.).

Pey-Maly, friche, c^{ne} de Calès (A. Jud.).

Pey-Masson, ténement, c^{ne} de la Rouquette, c^{on} de Vélines.

Pey-Mey (Le)? c^{ne} du Bugue. — Mayn. de Podio Meya, 1460 (Liv. Nof.). — Le Puech del Meya (ibid.).

Pey-Mey (Le), h. c^{ne} de Naillac (A. Jud.).

Pey-Mié, h. c^{ne} de Tocane. — Mayn. de Podio Meya, 1339 (Lesp. 83, n° 3). — Puy Meye, 1524 (chartes Mourcin).

Pey-Milou, h. et chapelle, c^{ne} de Prigonrieu (A. Jud.).

Peymy, h. c^{ne} de Saint-Jean-de-Cole (S. Post.).

Pey-Naudine, lieu-dit, c^{ne} de Limeuil (cad.).

Pey-Pialat (Au), terre, c^{ne} de Saint-Pantaly-d'Exideuil (A. Jud.).

Pey-Pinsson, h. c^{ne} de Bosset (A. Jud.). — Mota de Puech Pinsso, 1466 (limites entre la Force et Mussidan, Lesp.).

Pey-Pissot, h. c^{ne} de Saint-Aquilin (cad.).

Peyrabel, c^{ne} d'Atur (Dénombr. 1679).

Peyrac, coteau, c^{ne} de Saint-Paul-de-Serre. — May. de Peyrac, 1471 (Dives, I).
La métairie n'existe plus.

Peyrade (La), h. c^{ne} d'Eyliac.

Peyrades (Les), lieu-dit, c^{ne} de Saint-Martial de-Nabirat (cad.).

Peyrafon, sect. de la c^{ne} de Vern (cad.).

Peyrajou, h. c^{ne} de Saint-Michel-de-Double (S. Post.).

Peyral (Le), h. c^{ne} de Cussac (B.).

Peyras, h. c^{ne} de Mussidan.

Peyras, h. c^{ne} de Saint-Martial-d'Artensec.

Peyras, h. c^{ne} de Saint-Pierre-de-Cole (B.).

Peyras (Fontaine de las), c^{ne} de Sourzac (S. Post.).

Peyrasse (La), h. c^{ne} de Sorges (S. Post.).

Peyrat, anj. du dép^t de la Charente. — Anc. prieuré conventuel de l'ordre de Saint-Augustin, prioratus Sancti Euparchii de Peyrat, 1252. — Archiprêtré de l'ancien dioc. de Périgueux, nommé d'abord archip. de Villabone (pouillé du xiii° siècle), puis archip. de Peyrato (pouillé, 1382).

Les par. formant l'archiprêtré sont presque toutes dans le dép^t de la Charente; ainsi : Blanzaquet, Combiers, Édon, Faye, la Garde, Gurat, Roncenac, Saint-Cybard, Saint-Romain, Vals et Villebois. — La Roche-Beaucourt, qui seule était sur la rive gauche de la Lisone, est resté dans la Dordogne.

Peyrat, éc. c^{ne} d'Agonac (B.).

Peyrat, h. c^{ne} de Bergerac. — Ten-del Peyrat, 1437 (Liv. N.).

Peyrat, h. c^{ne} de Minzac (A. Jud.).

Peyrat, h. c^{ne} de Montagnac-sur-Crempse.

Peyrat, h. c^{ne} de Pluviers.

Peyrat, c^{ne} de Saint-Paul-de-Serre. — Maynam. de Peyrac, 1471 (ch. Mourcin).

Peyrat, h. c^{ne} de Saint-Paul-la-Roche.

Peyrat, h. c^{ne} de Valeuil (A. Jud.).

Peyrat (Le), h. c^{ne} d'Abjat-Nontron (S. Post.).

Peyrat (Le), lieu-dit, c^{ne} de Beaurone (cad.).

Peyrat (Le), h. c^{ne} de Campagne (S. Post.).

Peyrat (Le), h. c^{ne} de Carlux (S. Post.).

Peyrat (Le), lieu-dit, c^{ne} d'Issigeac (cad.).

Peyrat (Le), h. c^{ne} de Mescoulès (S. Post.).

Peyrat (Le), h. c^{ne} de Négrondes (S. Post.).

Peyrat (Le), h. c^{ne} de Palayrac (A. Jud.).

PEYRAT (LE), h. c^{ne} de Peyzac (S. Post.).

PEYRAT (LE), h. c^{ne} de Prats-de-Carlux (S. Post.).

PEYRAT (LE), lieu-dit, c^{ne} de Saint-Louis (cad.).

PEYRAT (LE), lieu-dit, c^{ne} de Villamblard.

PEYRATEL? aux environs de Périgueux. — *Peyratel*, 1307 (Périg. M. H. 41, 7).

Près de la font. des Malades (Dénombr. au xiv°s°).

PEYRATI, h. c^{ne} de Bars (A. Jud.).

PEYRATOU, h. c^{ne} de Grignol.

PEYRAUT, b. c^{ne} de Chancelade (B.).

PEYRAUX (LES), c^{ne} de Saint-Lazare. — *Peyrals*, 1411 (Lesp.). — *Castrum de Peyralibus*, 1486 (Lesp. 37, assises d'Exideuil). — *Peyraulx* (xvi° siècle, arch. de Pau).

PEYRAVON, éc. c^{ne} de Limeuil. — Altitude : 180 mètres. Anc. rep. noble.

PEYRE, éc. c^{ne} de Fougueyrolles (B.).

PEYRE (Bois DE LA), taillis n°s 59, 78, 79, 81, 89, c^{ne} du Fleix (A. Jud.).

PEYRÉ (CROIX-DU-), lieu-dit, c^{ne} de Prats-de-Belvez (A. J.).

PEYRE (FORÊT DE LA), lieu-dit, c^{ne} de Cadouin (cad.).

PEYRE (LA), dépendance d'Andrivaux (O. S. J.).

PEYRE (LA), h. et mⁱⁿ, c^{ne} d'Angignac.

PEYRE (LA), h. c^{ne} d'Antone (S. Post.).

PEYRE (LA), h. c^{ne} d'Azerat (S. Post.).

PEYRE (LA), lieu-dit, c^{ne} de la Bachelerie (cad.).

PEYRE (LA), c^{ne} de Boulazac. — *Mansus de la Peyra*, 1282 (Périg. M. H. 41, 2).

PEYRE (LA), h. c^{ne} du Bugue (S. Post.).

PEYRE (LA), h. c^{ne} de Campagnac-lez-Quercy.

PEYRE (LA), lieu-dit, c^{ne} de Castelnau (cad. 1623).

PEYRE (LA), c^{ne} de Celle (Dénombr. de Montardit).

PEYRE (LA), h. c^{ne} de la Chapelle-au-Bareil. — Altitude : 234 mètres.

PEYRE (LA), lieu-dit, c^{ne} de Chassagne (cad.).

PEYRE (LA), h. c^{ne} d'Eyzerat (B.).

PEYRE (LA), h. c^{ne} de Florimont.

PEYRE (LA), enclos, c^{ne} de Gabillon. — *Le grand jardin de la Peyre*, aujourd'hui *le Jaulat*, 1500 (terr. de Vaudre).

PEYRE (LA), lieu, c^{ne} d'Hautefort.

PEYRE (LA), anc. fief, chât. d'Hautefort (arch. de Pau).

PEYRE (LA), h. c^{ne} de Manzac. — *Pratum de la Peyra*, 1468 (Dives, I, 63).

PEYRE (LA), h. c^{ne} de Marnac, c^{on} de Saint-Cyprien.

PEYRE (LA), c^{ne} de Mauzac. — Autrement *la Haute-Grave* (terr. de Milhac, n° 299).

PEYRE (LA), terre, c^{ne} de Meyral (cad. 814).

PEYRE (LA), c^{ne} de Millac-de-Nontron. — *Maizo de la Peira*, xii° siècle (cens dû à Clarac).

PEYRE (LA), c^{ne} de Négrondes. — *Mayn. del Peyro*, 1457 (tit. de Chamberlhiac).

PEYRE (LA), h. c^{ne} de Ribagnac. — 1680 (Acte not.).

PEYRE (LA), lieu-dit, c^{ne} de la Roque-Gageac (cad.).

PEYRE (LA), c^{ne} de Sagelat. — *Al Puch de la Peyre.* — *Podium de Petra*, 1460 (arch. de la Gir. Belvez).

PEYRE (LA), h. c^{ne} de Saint-Aquilin. — 1520 (inv. du Puy-Saint-Astier).

PEYRE (LA), h. c^{ne} de Saint-Barthélemy-de-Bussière-Badil.

PEYRE (LA), faubourg de Saint-Cyprien. — *Barrium de la Peyra*, 1462 (Philipparie).

PEYRE (LA), h. et mⁱⁿ près de l'étang de Saint-Estèphe, c^{on} de Nontron.

PEYRE (LA), h. c^{ne} de Saint-Lazare. — *Territorium de la Peyra*, 1466 (ch. Mourcin).

PEYRE (LA), h. c^{ne} de Saint-Michel-Lesparon (S. Post.).

PEYRE (LA), coteau, c^{ne} de Saint-Paul-de-Serre. — *La Peira*, 1253 (Lesp. 34, Saint-Astier).

Altitude : 157 mètres.

PEYRE (LA), c^{ne} de Saint-Pierre-de-Chignac. — *Mansus de la Peira*, 1365 (Lesp. 26, Auberoche).

PEYRE (LA), h. c^{ne} de Salignac (S. Post.).

PEYRE (LA), h. c^{ne} de Salon (S. Post.).

PEYRE (LA), c^{on} de Thiviers. — *Repaire de la Peyre*, 1503 (Généal. de Rastignac).

PEYRE (LA), lieu-dit, c^{ne} de Vern (cad.).

PEYRE (LA), c^{ne} de Verteillac. — *Mansus de la Peyra*, 1245 (Lesp. v. 81, n° 21).

PEYRE (LA), h. c^{ne} de Veyrines-Dome (S. Post.).

PEYRE (LA), lieu-dit, c^{ne} de Villetoureix (cad.).

PEYRE (LA FONT-), lieu, c^{ne} de Douzillac.

PEYRE (LA FONT-DES-TROIS-), c^{ne} de Saint-André-de-Double.

PEYRE (LA GROSSE-), lieu, c^{ne} d'Argentine.

PEYRE (LA GROSSE-), dom. situé c^{ne} de Boisse (A. Jud.).

PEYRE (LA GROSSE-), terre, c^{ne} de Carlux (cad. sect. A, 547, 549).

PEYRE (LA GROSSE-), terre, c^{ne} d'Eyzerat (cad. 350).

PEYRE (LA GROSSE-), h. c^{ne} de Lolme.

PEYRE (LA GROSSE-), h. c^{ne} de Mussidan (cad.).

PEYRE (LA GROSSE-), h. c^{ne} de Nabirat (S. Post.).

PEYRE (LA GROSSE-), lieu-dit, c^{ne} de Nanteuil-Thiviers (cad.).

PEYRE (LA GROSSE-), taillis n° 156, c^{ne} de Pressignac (A. Jud.).

PEYRE (LA GROSSE-), taillis, c^{ne} de Saint-Avit-de-Vialard (A. Jud.).

PEYRE (LA GROSSE-), m. isolée, c^{ne} de Saint-Léon-Issigeac (A. Jud.).

PEYRE (LA GROSSE-), c^{ne} de Saint-Léon-sur-l'Ille, près de la Garidone. — Auj. détruite.

PEYRE (LA GROSSE-), broussailles, c^{ne} de Trémolac (cad. sect. A. 683, 689).

Peyre (Le Bos-la-), lieu-dit, au vill. de Montabailh, c⁰ᵉ du Fleix. — 1617 (not. du Fleix).

Peyre (Le Bost-de-la-), m. isolée, c⁰ᵉ de Mussidan (cad.).

Peyre (Le Cors-de-), lieu, c⁰ᵉ de Saint-Astier.

Peyre (Le Mayne-), h. près de Saint-Avit-de-Vialard.

Peyre (Le Mayne-), lieu-dit, c⁰ᵉ de Saint-Michel-Mussidan (cad.).

Peyre (Le Moulin de la), c⁰ᵉ de Grignol.— Rencontre en cet endroit entre les catholiques et les huguenots, en 1588.

Peyre (Le Moulin de la), à 1 kilom. du château de Marouattes.

Au bord du ruisseau est couchée sur le sol une pierre longue de 3 mètres sur 1 mètre de largeur (Note de M. L. Drouyn).

Peyre (Le Nau de la), c⁰ᵉ de Vielvic.

Peyre (Le Sol-de-la-), lieu-dit, c⁰ᵉ de Baneuil (cad.).

Peyre (Mas la), c⁰ᵉ de Campagne. — Mansus de la Peyra, 1469 (arch. de la Gir. Bigaroque).

Peyre (Pelas), lieu-dit, c⁰ᵉ de Besse (cad.).

Peyre (Petit-), lieu-dit, c⁰ᵉ de Saint-Amand-de-Belvez (cad.).

Peyre (Plan-), h. c⁰ᵉ de Ligueux. — Maynamentum de Plan Peyro, 1487 (tit. de Chamberlhiac, 20).

Peyre (Pont-de-la-), h. c⁰ᵉ de Bergerac.

Peyre (Pont-de-la-), h. c⁰ᵉ de Villefranche-de-Longchapt.

Peyre (Pué de la), c⁰ᵉ de Palayrac (A. Jud. s. A, 499, 502, 503, 504, 505).

Peyre (Raysses-de-la-), lieu-dit, c⁰ᵉ de Saint-Cybranet (cad.).

Peyre (Terme-de-la-), lieu-dit, c⁰ᵉ de Carves (cad.). — Mansus de Petra-Levata, 1460 (arch. de la Gir. Belvez).

Peyre-Bize, lieu-dit, c⁰ᵉ de Beleymas (cad.). — Peyras Bizas, 1690 (Acte not.).

Peyre-Bize, carrière de pierres à bâtir, c⁰ᵉ de Bergerac.

Peyre-Blanche, lieu-dit, c⁰ᵉ de Beleymas (cad.).

Peyre-Blanche, terre, c⁰ᵉ de Bosset (A. Jud.).

Peyre-Blanche, c⁰ᵉ de Faux, 1771 (arp. de Faux). — Peire Blanche, 1740 (Acte not. 128).

Peyre-Blanche, bois, c⁰ᵉ de Grignol (A. Jud.).

Peyre-Blanche, h. c⁰ᵉ de St-Romain-Nontron (S. Post.).

Peyre-Blanche, éc. c⁰ᵉ de Saussignac.

Peyre-Blanche, lieu, c⁰ᵉ de Sireuil.

Peyre-Blanche, h. c⁰ᵉ de Tayac (S. Post.). — Peyre Blanque (Acte not.).

Peyre-Blanche, lieu-dit, c⁰ᵉ de Thiviers (cad.).

Peyre-Blanche, lieu-dit, c⁰ᵉ de Villamblard. — 1666 (A. not.).

Peyre-Bouine, m. isolée, c⁰ᵉ de Vern (S. Post.) — Peyre Borne (cad.). — Peyre Boine (B.).

Peyre-Boyne, c⁰ᵉ d'Agonac. — Territor. de la Peyro-Boyna, 1582 (tit. de Chamberlhiac, 273).

Peyre-Bride, taillis, c⁰ᵉ d'Agonac (cad.).

Peyre-Brulade, éc. c⁰ᵉ de la Canéda (cad.).

Peyre-Brune, terre n° 782, c⁰ᵉ de Beaumont (A. Jud.).

Peyre-Brune, c⁰ᵉ de Blis-et-Born. — Peyras-Brunas (A. Jud.).

Peyre-Brune, h. c⁰ᵉ de la Chapelle-Faucher.

Peyre-Brune, h. c⁰ᵉ de Clermont-d'Exideuil (S. Post.). — Il y a 20 ans, deux cents blocs étaient encore sur pied sur le chemin d'Exideuil à Saint-Sulpice (Antiq. de Vésone, I, 175).

Peyre-Brune, h. c⁰ᵉ d'Eymoutier-Ferrier.

Peyre-Brune, lieu-dit, c⁰ᵉ d'Eyzerat (cad.).

Peyre-Brune, c⁰ᵉ de Marsaneix. — Peyro Bruno, près de Pouchouneix.

Peyre-Brune, c⁰ᵉ de Mauzens (cad.). — Iter de Petris Brunis versus portum de Furchis, 1463 (arch. de la Gir. Bigaroque). — Roc de Peyre Brune, 1717 (terr. de l'archev. n° 292).

Peyre-Brune, h. c⁰ᵉ de Rouffignac-Montignac. — Fazio de Peyras Brunas, 1520 (M.). — Pierres Brunes (B.).

Peyre-Brune, h. c⁰ᵉ de Saint-Amand-de-Vern.

Peyre-Brune, lieu-dit, c⁰ᵉ de Saint-Aquilin, dans le bois de Bellet (cad.). — Roquebrune (Jouanet). Dolmen.

Peyre-Brune, h. c⁰ᵉ de Saint-Michel-de-Villadeix.

Peyre-Brune, c⁰ᵉ de Sainte-Orse (S. Post.). — Boria de Peyra-Bruna, 1470 (Lesp. 79). Anc. rep. noble (terr. de Vaudre).

Peyre-Brune, lieu-dit, c⁰ᵉ de Saint-Pierre-de-Cole.

Peyre-Brune, lieu-dit, c⁰ᵉ de Thiviers (cad.).

Peyre-Brune, c⁰ᵉ de Vern. — Petro Bruno, 1312 (Lesp. 26, Homm.).

Peyre-Brune (Roc-de-), c⁰ᵉ d'Audrix. — Blocs près du vill. de Saint-Georges.

Peyre-Buly, h. c⁰ᵉ de Léguillac-de-Cercle.

Peyre-Castan, habit. c⁰ᵉ de Montpazier. — 1605 (Acte not.).

Peyre-Cave, c⁰ᵉ de Baneuil. — Maynam. de Peyra Cava, 1461 (Liv. Nof. 61).

Peyre-Chamade, c⁰ᵉ de Gabillou. — Territoire de Peyro Chamade, 1500 (terr. de Vaudre).

Peyre-Chaude, h. c⁰ᵉ de Besse (E. M.). — Altit. 301 m.

Peyre-Combe, h. près d'Atur.

Peyre-Cou (Sous-), lieu-dit, c⁰ᵉ de Naillac (A. Jud.).

Peyre-d'Aille, h. c⁰ᵉ de Beauregard-Terrasson (S. Post.).

Peyre-d'Aillot, h. c⁰ᵉ de Lavaur.

Peyre-de-Baconaille (La), h. c⁰ᵉ de Marsaneix.

PEYRE-DE-GUILLEMBOIS, c⁹ᵉ de Brantôme. — Autrement *Peyre de Vignas Viellas*, 1478 (Lesp. vol. 79).

PEYRE-DE-L'HOSTE, h. c⁹ᵉ de Lavaur (B.).

PEYRE-DE-LILLE, lieu-dit, c⁹ᵉ de la Villedieu (cad.).

PEYRE-DE-MENBOT (LA), c⁹ᵉ de Marsaneix. — *Maynam. voc. la Peyra*, 1468 (Périg. M. H. 41, 8).

PEYRE-DE-SAINT-FRONT, lieu-dit, c⁹ᵉ de Corgnac (cad.).

PEYRE-DES-NEUF-TOURS, c⁹ᵉ de Marsac, dans la combe de Puy-Gautier. — *Peyro daus Neu Tours* (Antiq. de Vésone, I, p. 166).

PEYRE-DOSE, éc. c⁹ᵉ de Coubjours (cad.).

PEYRE-DROITE, terre n° 898, sect. D, c⁹ᵉ de la Mongie-Montastruc (A. Jud.).

PEYRE-DU-RACHAUT, broussailles, c⁹ᵉ de Saint-Amand-de-Belvez (A. Jud.).

PEYRE-FICHE, h. c⁹ᵉ de Mensignac.

PEYRE-FICHE, h. c⁹ᵉ de Saint-Paul-la-Roche. — *Peyra Fiche*, 1550 (O. S. J.).

PEYRE-FICHE, h. c⁹ᵉ de Thiviers (S. Post.).

PEYRE-FICHE, c⁹ᵉ de Villamblard. — *Peyra Ficha, alias de Montfolco*, 1490 (Dives, II, 42).

PEYRE-FICHE, lieu-dit, c⁹ᵉ de Vitrac. — Altit. 120 mèt.

PEYRE-FICHE (HAUT et BAS), lieu-dit, c⁹ᵉ de Florimont (cad. 79).

PEYRE-FITE, m. isolée, c⁹ᵉ de Razac-Eymet (S. Post.).

PEYRE-FOL, h. c⁹ᵉ de Bourgnac (A. Jud.). — *Puyrifol* (B.). — *Vill. de Peyrifol*, 1666 (Acte not.).

PEYRE-GONAUD, m. isolée, c⁹ᵉ de Naillac (S. Post.).

PEYRE-GONDE, h. c⁹ᵉ de Firbeix (B.).

PEYRE-GRAN, c⁹ᵉ de Mandacou (B.).

PEYRE-GRAN, c⁹ᵉ de Thénac (A. Jud.).

PEYRE-GRELIÈRE, sect. de la c⁹ᵉ de Cherveix (cad.).

PEYRE-GRUE (A), taillis, c⁹ᵉ de Saint-Mayme-de-Péreyrol (A. Jud.).

PEYRE-GUDE, lieu-dit, c⁹ᵉ de Beynac (cad.).

PEYRE-GUDE, h. c⁹ᵉ de la Valade. — À 300 mètres du village, sur un plateau dominant le pays, pierre plantée de 2ᵐ,50 en hauteur et de 6 mètres de circonférence (Légende, commun. de M. de Lescure).

PEYRE-HAVE, h. c⁹ᵉ de Gabillon (terr. de Vaudre).

PEYRE-LADE, c⁹ᵉ de Brassac. — Anc. repaire noble, 1560 (inv. de Lanmary).

PEYRE-LADE, c⁹ᵉ de Calviac. — *Podium de Peyre Lado*, 1487 (arch. de Paluel).

PEYRE-LADE, h. c⁹ᵉ de Coulouniéix. — Fief.

PEYRE-LADE (LA), lieu-dit, c⁹ᵉ de Carlux (cad.).

PEYRE-LADE (LA), lieu-dit, c⁹ᵉ de Condat-sur-Vézère (cad.).

PEYRE-LÈRE, friche, c⁹ᵉ de Beynac (cad.).

PEYRE-LEVADE, nom généralement donné dans le pays à tous les dolmens.

PEYRE-LEVADE, dolmen, c⁹ᵉ de Beaumont, au ham. du Blanc (la Guyenne monumentale, t. I, p. 6). — Autrement *Clos de la Vuige* (Ann. de la Dordogne).

PEYRE-LEVADE, h. c⁹ᵉ de Beleymas (Acte not.).

PEYRE-LEVADE, rue et faubourg de Belvez. — *Carreyria de Peyra Levada de Bellovidere* (Reconn. 1491, pap. Lanauve).

PEYRE-LEVADE, h. c⁹ᵉ de Bergerac. — *Tenem. voc. de Peyra Levada*, 1409 (Liv. N.).

PEYRE-LEVADE, c⁹ᵉ de Bigaroque. — Autrement *El Communal*, 1717 (terr. de Bigaroque, n° 292).

PEYRE-LEVADE, h. c⁹ᵉ de Borrèze (S. Post.).

PEYRE-LEVADE, h. c⁹ᵉ de Bouillac (S. Post.). — *Mansus de Petra Levata*, 1189 (cart. de Cadouin).

PEYRE-LEVADE, dolmen, c⁹ᵉ de Bourdeilles, sur le chemin de Mareuil. — La table, qui repose encore sur deux pierres, a 2ᵐ,56 de longueur.

PEYRE-LEVADE, lieu-dit, c⁹ᵉ de Brantôme. — Dolmen : la table repose sur trois supports et a 5ᵐ,10 de long sur 2ᵐ,90 de large.

PEYRE-LEVADE, c⁹ᵉ du Bugue, 1215. — Bord. de *Peira Levada* (cart. du Bugue).

PEYRE-LEVADE, c⁹ᵉ de Cause. — *Tenentia de Peyra Levata*, 1460 (Liv. Nof. 104).

PEYRE-LEVADE, domaine, c⁹ᵉ de Cone (A. Jud.).

PEYRE-LEVADE, h. c⁹ᵉ d'Eyliac (S. Post.).

PEYRE-LEVADE, m⁹ⁿ sur le Drot, c⁹ᵉ d'Eymet.

PEYRE-LEVADE, c⁹ᵉ de Faux. — *Peire Levade, tenem. de camp Guilhem*, 1771 (arp. de la seign. de Faux). Dolmen.

PEYRE-LEVADE, c⁹ᵉ de Faux. — Dolmen à l'est du précédent, à la Robertie.

PEYRE-LEVADE, taillis, c⁹ᵉ de Limeyrac (A. Jud.).

PEYRE-LEVADE, ténement, c⁹ᵉ de Manaurie (Antiq. de Vésone, I, 256).

PEYRE-LEVADE, lieu-dit, c⁹ᵉ de Montbazillac (A. Jud.).

PEYRE-LEVADE? lieu-dit, c⁹ᵉ de Montravel. — *Vinea de Peyra-Leva*, XIIIᵉ siècle (lève de Montravel). — *Pey Valent ou Peyre Lève*, 1624 (terr. de Montravel, 305).

PEYRE-LEVADE, c⁹ᵉ de Mussidan, sur le coteau qui domine la ville (Delfau, *Statist. de la Dordogne*, et Antiq. de Vésone, 257). — Drouillas (Garraud, *Notes sur Villamblard*).

PEYRE-LEVADE, m. isolée, c⁹ᵉ de Négrondes (S. Post.).

PEYRE-LEVADE, lieu-dit, c⁹ᵉ de Paunac, dans le ténem. de la Pénétie. — 1755 (Acte not.).

PEYRE-LEVADE, terre n° 688, 692, sect. D, c⁹ᵉ de Pressignac (A. Jud.).

PEYRE-LEVADE, h. c⁹ᵉ de Rampieux (S. Post.).

PEYRE-LEVADE, lieu près de Salces, c⁹ᵉ de la Roque-Gageac. — Dolmen (Calend. de la Dord. Statistique de Sarlat).

Peyre-Levade, lieu-dit près du vill. de Fenis, c⁹ᵉ de Saint-Aubin (terr. de Lenq.).

Peyre-Levade, c⁹ᵉ de Saint-Chamassy. — *Bordaria de Peyra Levada*, 1215 (cart. du Bugue). — *Tench de Peyra Levada*, 1462 (arch. de la Gir. Bigar.).

Peyre-Levade, lieu-dit, cⁿᵉ de Saint-Front-la-Rivière (cad.).

Peyre-Levade, taillis, c⁹ᵉ de Saint-Laurent-de-Castelnau (cad. n° 1564).

Peyre-Levade, lieu-dit, cⁿᵉ de Saint-Marcel, sect. A, 21 (cad.).

Peyre-Levade, c⁹ᵉ de Saint-Marcory. — *Tenementum de Petra levada usque ad petram levatam, faciens divisionem terrarum de Bello-Videre, Montis-Ferrandi et Montis-Pazieri* (Acte not.).

Peyre-Levade, h. cⁿᵉ de Saint-Saud (cad.).

Peyre-Levade, c⁹ᵉ de Sendrieux. — *Tenem. de Peyre Levade*, 1634 (Acte not.).

Peyre-Levade, château, c⁹ᵉ des Teillots, c⁹ᵘ d'Hautefort (cad.).

Peyre-Levade, h. cⁿᵉ de Terrasson (cad.).

Peyre-Levade, dolmen près du château de Grésignac, c⁹ᵉ de Verteillac, au bout de la prairie qu'arrose la Tude, tertre factice sur lequel sont les blocs qui portent ce nom (Antiq. de Vésone, I, 195).

Peyre-Levade, lieu, c⁹ᵉ de Vézac.

Peyre-Levade, lieu, c⁹ᵉ de Viélvic. — Auprès est *Peyre Longue* (cad.).

Peyre-Levade, sect. de la c⁹ᵉ de Villamblard (cad.).

Peyre-Levade, h. cⁿᵉ de Vitrac (S. Post.).

Peyre-Levade (A LA), terre, c⁹ᵉ de la Bouquerie (cad. sect. B, 442, 451).

Peyre-Levade (Mayne de), c⁹ᵉ d'Agonac (terr. de la Roche-Pontissac).

Peyrelie (La), m. isolée, c⁹ᵉ de Notre-Dame-de-Sanillac (S. Post.).

Peyre-Lomende, lieu-dit, cⁿᵉ de Pluviers.

Peyre-Longue, une des limites de la Bessède. — *Peira-Longua*, xiiiᵉ siècle (Belvez).

Peyre-Longue, lieu-dit, c⁹ᵉ de Doissac (cad.).

Peyre-Longue, c⁹ᵉ de Lembras. — *Tenem. de Peyra Longa*, 1476 (O. S. J.).

Peyre-Longue, terre, c⁹ᵉ de Saint-Laurent-de-Castelnau (cad. n° 1764).

Peyre-Longue, terre à la Chassagne, c⁹ᵉ de Sainte-Trie (A. Jud.).

Peyre-Lou, h. c⁹ᵉ de Tocane (E. M.).

Peyre-lou-doun-Gouillou, lieu, c⁹ᵉ d'Eymet (cad.).— Plaine située dans la section de Saint-Aulaire.

Peyre-Lune, taillis, c⁹ᵉ de Tursac (cad.).

Peyre-Male, éc. c⁹ᵉ de la Chapelle-Montabourlet (B.).

Peyre-Mevigeaux, bois, c⁹ᵉ de Douzillac (cad.).

Peyre-Mole, h. c⁹ᵉ de Carsac-Carlux (S. Post.).

Peyre-Mole, h. c⁹ᵉ de la Mongie-Saint-Martin.

Peyre-Mont, h. c⁹ᵉ de Lempzours (S. Post.).

Peyre-Nègre, dom. joignant le château de Biron. — *Peyras Negras*, 1500 (Acte not.).

Peyre-Nègre, terre n° 253, sect. A, c⁹ᵉ de la Bouquerie (A. Jud.).

Peyre-Nègre, lieu-dit, c⁹ᵉ de Font-Galau (cad.).

Peyre-Nègre, sect. de la c⁹ᵉ de Ladornac (cad.).

Peyre-Nègre, dolmen, c⁹ᵉ de Nojals.

Peyre-Nègre, lieu, c⁹ᵉ de la Nouaille (S. Post.).

Peyre-Nègre, h. c⁹ᵉ d'Orliac (B.).

Peyre-Nègre, m. isolée, c⁹ᵉ de Proissans (S. Post.).

Peyre-Nègre, pièce n° 487, sect. B, c⁹ᵉ de Saint-Laurent-des-Bâtons (A. Jud.).

Peyre-Nègre, lieu-dit, c⁹ᵉ de Saint-Martin-de-Fressengeas (cad.).

Peyre-Nègre, taillis, c⁹ᵉ de Saint-Romain-Montpazier (A. Jud.).

Peyre-Nègre, h. c⁹ᵉ de Sarlat (S. Post.).

Peyrenie, h. c⁹ᵉ d'Ajat, c⁹ⁿ de Thenon.

Peyre-Pincade, lieu-dit, c⁹ᵉ de Capdrot (cad.).

Peyre-Pincade, lieu-dit, c⁹ᵉ de Font-Galau (cad.).

Peyre-Pincade, lieu-dit, c⁹ᵉ de Loubéjac (cad. 1102).

Peyre-Plantade, taillis, c⁹ᵉ de Meyral (cad. 1403).

Peyre-Plantade (A LA), terre n° 182, sect. A, c⁹ᵉ de Montaut-Issigeac (A. Jud.).

Peyre-Plantade (A LA), bruyère n° 2449, c⁹ᵉ de Saint-Meard-de-Gurson (cad.).

Peyre-Plate, h. c⁹ᵉ de Borrèze (S. Post.).

Peyre-Plate, lieu, c⁹ᵉ de Saint-Barthélemy-de-Pluviers.

Peyre-Plate, lieu-dit, c⁹ᵉ de Saint-Pierre-de-Cole (cad.).

Peyre-Prat, lieu, c⁹ᵉ de Bardou.

Peyre-Prat, lieu-dit, c⁹ᵉ de Fontenilles (cad.).

Peyre-Rousse, lieu-dit, c⁹ᵉ de Sᵗ-Martin-l'Astier (cad.).

Peyre-Route (La), c⁹ᵉ de Faux, au ténement de la Roubertie. — 1771 (arp. de la seign. de Faux).
Ancien nom peut-être de la Peyre-Levade qui est à la Robertie ?

Peyre-Rouyas, lieu-dit, c⁹ᵉ de Goûts (cad.).

Peyre-Rouyère (A LA), terre, c⁹ᵉ de Rampieux (cad. A. 1470).

Peyres (Les), h. c⁹ᵉ d'Eyvignes. — Altitude: 261 mèt.

Peyres (Les), lieu-dit, c⁹ᵉ de Valeuil (A. Jud.).

Peyres-de-Delphes (Les), ancienne construction à Montfaucon, c⁹ᵉ de Villamblard.—On lui donne aussi le nom de *Péça de Jauré* (Garraud, Villamblard).

Peyre-Sinagoga? c⁹ᵉ de Festalens. — *Terra voc. la Peyra Sinagoga*, xiiiᵉ siècle (O. S. J.).

Peyre-Six? — *Priorat. de Peyresix*, xviᵉ siècle (le P. Dupuy, *État de l'Église du Périgord*).

Peyres-Rouges (Les), près de Mareuil, dans le bois de la Jarthe (Antiq. de Vésone).

Peyret, lieu-dit, cⁿᵉ de Tursac (cad.).

Peyret (Le), h. cⁿᵉ de Mazeyrolles (B.).

Peyre-Taillade, taillis, cⁿᵉ de Beynac (cad.).

Peyre-Taillade, lieu-dit, cⁿᵉ de Prats-de-Carlux (cad. 1169).

Peyre-Taillade, lieu, cⁿᵉ de Saint-Cybranet.

Peyre-Taillade, h. cⁿᵉ de Thonac. — *Hospitium de Peyra Talhada*, 1478 (Lesp. 51).

Peynère, lieu-dit, cⁿᵉ de Font-Galau (cad.).

Peyretou, m. isolée, cⁿᵉ d'Agonac. — *Peyritou* (S. Post.).

Peyretou, h. près des Andrix, cⁿᵉ d'Eymet (S. Post.).

Peyretou, éc. cⁿᵉ de Grignol (B.).

Peyretou, lieu-dit, cⁿᵉ de Sanillac (cad.).

Peyretou, métairie, cⁿᵉ de Tocane (S. Post.).

Peyretou (Le), h. cⁿᵉ de Sigoulès (S. Post.).

Peyretoune (La), cⁿᵉ de Lenquais, aux Mazades (terr. de Lenq.).

Peyre-Trache, h. cⁿᵉ de Tanniès (cad.).

Peyre-Trancade, pièce de terre, cⁿᵉ de Belvez, sur la rivière de Nauze. — 1612 (Acte not.).

Peyre-Troquade, lieu-dit, cⁿᵉ de Minzac (A. Jud.).

Peyre-Villère, lieu-dit, cⁿᵉ de Besse (cad.).

Peyriche (La), h. cⁿᵉ de Bourdeilles (S. Post.).

Peyriches (Les), h. cⁿᵉ de Saint-Pierre-de-Cole. — *May. de las Peyrichas*, 1450 (O. S. J.).

Peyrichous (Les), cⁿᵉ de Faux. — *Prés de Peyrichoux* (terr. de Lenq.).

Peyrichous (Les), h. cⁿᵉ de Saint-Mayme (S. Post.).

Peyrie (La), anc. métairie. — Voy. Nadinaux.

Peyrie (La), anc. fief, châtell. d'Auberoche (arch. de Pau).

Peyrier, h. cⁿᵉ de Salon (B.).

Peyrieras (La), cⁿᵉ de Cherval. — *Locus voc. En las Peyrieras de Mal-Rival*, 1454 (O. S. J. Soulet).

Peyrieras (Las), lieu-dit, cⁿᵉ de Saint-Pantaly-d'Ans (A. Jud.).

Peyriche (La), h. cⁿᵉ de Saint-Geniès (B.).

Peyrigade (La), lieu-dit, cⁿᵉ de Saint-Pierre-de-Cole (cad.).

Peyrignac, cⁿᵉ, cᵒⁿ de Terrasson. — *Peyrinhacum* (pouillé du xiiiᵉ siècle). — *Perrinhacum*, 1450 (Lesp. 15).

Patron : saint Louis; coll. l'évêque.

Peyrignac, h. cⁿᵉ de Coursac. — 1717 (Acte not.).

Peyrignac, lieu-dit, cⁿᵉ de Sarlat (cad.).

Peyrignac (Bois-de-), lieu-dit, cⁿᵉ de Sainte-Natalène (cad.).

Peyrigne (La), h. cⁿᵉ de Saint-Amand-de-Villadeix. — *Maynam. de la Peyrignie*, 1520 (ch. Mourcin).

Peyrignoles, cⁿᵉ de Bergerac. — Lieu-dit, par. de la Magdeleine, 1710 (not. de Bergerac).

Peyrignoles, h. cⁿᵉ de Grignol (B.).

Peyrillac, réuni à Millac, cⁿᵉ, cᵒⁿ de Carlux. — Patronne : sainte Anne; coll. l'évêque.

Peyrillas (Las), terre, cⁿᵉ de Sainte-Orse (A. Jud.).

Peyrillaud, h. cⁿᵉ de Celle (S. Post.). — *Peyrilhaud*, 1639 (Acte not.).

Peyrique, terre, cⁿᵉ de Cause-de-Clérans (A. Jud.).

Peyrol, h. cⁿᵉ de Négrondes (B.).

Peyrols (Les), cⁿᵉ de Varennes, anc. tén. qui finit au moulin Brugal. — 1608 (not. de Lenq.).

Peyronenche? cⁿᵉ de Grun. — *Ten. voc. Peyronencho*, 1499 (arch. de Périgueux, assence de la Danisie).

Peyrone-Petite, cⁿᵉ de Saint-Léon-sur-l'Ille. — *Maynam. de la Peyrona petita*, 1490 (Dives, II, 18).

Peyronie (La), cⁿᵉ de Bouillac. — *Mansus de la Peironia*, 1189 (cart. de Cadouin).

Peyronie (La), anc. rep. noble, dans le château de Grignol. — *Hospicium de la Peyronia loci de Granholio*, 1474 (Dives, I, 78). — Dans la même commune, un autre lieu qui portait ce nom, *las Peyronias*, aujourd'hui se dit las Brandas, 1531 (Dives, III).

Peyronie (La), h. et mⁱⁿ, cⁿᵉ de Manzac. — *Repayrium de la Peyronia*, 1499 (Dives, II, 101). — *La Peyrounie*, 1742 (Acte not.).

Peyronie (La), h. cⁿᵉ de Marcillac (S. Post.).

Peyronie (La), cⁿᵉ de Saint-Léon-sur-Vézère. — *Hôtel de la Peyronie* (Lesp. Homm. 1312, Montignac).

Peyronie (La), h. cⁿᵉ de Saint-Pardoux-la-Rivière (cad.).

Peyronie (La), h. cⁿᵉ de Sendrieux (S. Post.). — Anc. rep. noble, 1687 (Acte not.).

Peyronie (La), cⁿᵉ de Tocane. — *Mayn. de la Peyronia*, 1339 (Lesp. 83, n° 3).

Peyronie (La), lieu, cⁿᵉ de Verteillac. — *Bordaria de la Pirronia*, 1282 (Lesp. Homm.).

Peyronnes (Les). — Voy. Périgueux (Château de).

Peyrot, h. aux environs de Bergerac.

Peyrot, h. cⁿᵉ de Besse.

Peyrot, h. cⁿᵉ de Loubéjac.

Peyrot, cⁿᵉ de Saint-Paul-de-Serre. — *Maynam. de Peyrot*, 1485 (Dives, II, 158).

Peyrotes (Les), éc. cⁿᵉ de Saint-Chamassy (B.).

Peyrotes (Les), lieu-dit, cⁿᵉ de Vic.

Peyrou, h. cⁿᵉ de Beaumont.

Peyrou (Le), h. cⁿᵉ de Négrondes. — *Puteus del Peyrou*, 1481 (tit. de Chamberlhiac).

Peyrou (Le), place au centre de Sarlat, en avant et à côté de la cathédrale (Mém. pour le chapitre, aux Archives de l'Emp.).

Peyroudier, éc. c^{ne} de Vitrac.

Peyroulate, métairie, c^{ne} de Fougueyrolles (S. Post.).

Peyrouleix, h. c^{te} d'Eymet.

Peyroulet, c^{ne} de Bergerac. — 1777 (not. de Bergerac).

Peyroulet (Al), c^{ne} de Faux. — 1771 (arp. de la seign. de Faux).

Peyroune (Bos de la), c^{ne} de Saint-Aubin-de-Lenquais, près de la Cépède (terr. de Lenq.).

Peyrousas, h. c^{ne} d'Issigeac.

Peyrouse, anc. four à Périgueux, près de la rue Limogeanne. — *Lo forn de Peirosa que apela hom lo forn Darmahac* (reg. de la Charité).

Peyrouse, c^{ne} de Saint-Rabier? — *Abbas de Petrosa archip. Sarlat*, 1382 (P. V. M.). — *Peyruzat*, 1460 (O. S. J.).

Peyrouse, abb. de l'ordre de Cîteaux, c^{ne} de Saint-Saud. — *Petroza* (pouillé du xiiie siècle). — *Peirosa* (cart. de Ligueux).

Peyrouse (Abbaye de), dans la Cité de Périgueux, le palais épiscopal construit au xvie siècle, aujourd'hui établissement de la manutention militaire.

Peyrouse (Forêt de), c^{ne} de Saint-Saud (B.).

Peyrouse (Forêt de), c^{te} de Vaunac. — *Nemus antiquitus de Peirosa*, 1460 (O. S. J.).

Peyrouse (La), c^{ne} de Celle. — *Nemus de Petrosa*, 1269 (Lesp. 81, n° 18). — *Molendinum de Petrosa*, 1270 (Périg. M. H. 41, 1). — *Peyroze*, 1597 (ch. Mourcin).

Peyrouse (La), h. c^{ne} de Saint-Félix-la-Linde. — *Peyrosa*, 1452 (Liv. Nof.). — *Repaire noble de la Garde-Peyrouse*, 1646 (Acte not.).

Peyrouse (La), h. aux environs de Sarlat.

Peyrouse (Petite-), h. c^{ne} de Coulounieix. — *Las Peyrousas* (inv. de Lanmary).

Peyrouse-du-Boucher (La), h. c^{ne} de Fouleix (E. M.).

Peyroutel, éc. c^{ne} de Capdrot (B.).

Peyroutet (Le), h. c^{ne} de Sigoulès.

Peyrouteü (Lou), bloc à Écornebeuf, c^{re} de Coulounieix. — Les débris sont près de la coupure qui séparait du coteau l'emplacement de la forteresse gauloise (Antiq. de Vésone, I, 204).

Peyroutine (La), lieu-dit, c^{ne} de Castelnau (cad. 432).

Peyroutoux, h. près de Drayaux, c^{ne} de la Linde.

Peyroutoux, éc. c^{ne} de Villefranche-de-Belvez (B.).

Peyroux (Le), h. c^{ne} de Carsac-Sarlat.

Peyroux (Le), h. c^{ne} de Saint-Romain-Thiviers (B.).

Peyroux (Les), h. près de Limeyrac.

Peyrugue (La), h. c^{ne} de Beaumont (S. Post.).

Peyrugue (La), c^{ne} de Cubjat. — *Affarium de la Peyrucha*, 1316 (Périg. M. H. 41, 3).

Peyrugue (La), lieu-dit, c^{ne} de Fontenilles (cad.).

Peyrugue (La), lieu-dit, c^{ne} de Lavaur (cad.).

Peyrugue (La), coteau fort élevé dominant le bourg de Lenquais.

Peyrugue (La), lieu-dit, c^{ne} de Paunac (cad.).

Peyrugue (La), lieu-dit, c^{ne} de Proissans (cad.). — *Le Peyruguet* (A. Jud.).

Peyrugue (La), h. c^{ne} de Simeyrol.

Peyrugue (La), lieu-dit, c^{ne} de Siorac-Belvez (cad.).

Peyruscles? c^{ne} de Montignac? — *Domus Leprosorum de Peyrusclas*, 1251 (Lesp. Saint-Amand-de-Coly).

Peyrusen, éc. c^{ne} de Vieux-Mareuil (B.).

Peyruseu, éc. c^{ne} de Monesterol.

Peyruze (A la), bois, c^{ne} de Saint-Hilaire-d'Estissac. — 1678 (Acte not.).

Peyruze (La), h. c^{ne} de Bars.

Peyruze (Le), lieu-dit, c^{ne} de Bassillac (cad.).

Peyruzel, h. sect. de la c^{ne} de Daglan (cad.). — Anc. rep. noble, ayant haute justice sur partie de Daglan (Alm. de Guy. 1760).

Peyruzel, c^{ne} de Saint-Léon-sur-l'Ille, près de la Valade (Dives).

Peysal? c^{ne} de Grignol. — *Molendinum Peysal*, 1460 (Dives, II).

Peyse (La), lieu-dit, c^{ne} de Saint-Étienne (cad.).

Peyse (La), h. c^{ne} de Saint-Pierre-de-Cole (cad.).

Peysie (La), h. c^{ne} de Boulazac (Dénombr. de Périg. 1679).

Peysie (La), c^{ne} de Champsevinel. — *Mansus de la Payzia*, 1260 (Périg. M. H. 41, 2).

Peysie (La), c^{ne} d'Issac. — *Terre de la Peyzia*, 1286 (Périg. M. H. vol. 9138).

Peysie (La), h. c^{ne} de Lisle (S. Post.).

Peysie (La), h. c^{ne} de Saint-Paul-la-Roche.

Peysie (La), lieu, c^{ne} de Saint-Pierre-de-Chignac. — *Landes de la Peyzie*, 1747 (Acte not.).

Peysie (La), h. c^{ne} de Sarrazac (S. Post.).

Peysie (La), c^{ne} de Verteillac. — *Mans. de la Peyzia*, 1236 (Lesp. 81, n° 21).

Peysie (La), h. c^{ne} de Villars-Nontron (S. Post.).

Peyssavit, éc. c^{ne} de Mensignac (B.).

Peytavie (La), c^{ne} de Combeyranche. — *Maynem.* 1560 (O. S. J. Combeyranche).

Peytavin? c^{ne} de la Mongie-Saint-Martin. — *Mansus Pictavinensis*, xiie s^e (cart. de Ste-Marie de Saintes).

Peytavinie (La), anc. maison dans le bourg du Bugue. — *Ortus de la Peytavinia*, 1454 (Liv. Nof. 16).

Peytavinie (La), c^{ne} de Font-Galau. — *Mansus de la Peytavinia*, 1459 (Philipparie, 136).

Peytavinie (La), c^{ne} de Saint-Marcory. — *Mansus de la Peytavinia, alias de las Speronias*, xvie siècle (arch. de la Gir. Procès de l'archevêque).

Peytavinie (La), h. c^{ne} de Saint-Paul-Lisone (S. Post.). — *La Poytavinie*, 1503 (Mém. d'Albret).

PEYTAVINIE (LA), c^{on} de Terrasson. — *Repay. de la Peytavinia*, 1467 (Lesp. Mellet).

PEYTAVINS (LES), h. c^{ne} du Fleix. — 1617 (not. du Fleix). — *Peytavit* (S. Post.).

PEYTAVIT, c^{ne} de Couse. — *Les Peytavits*, 1670 (Acte not.).

PEYTAVIT, dom. c^{ne} de Mandacou.

PEYTAVIT, éc. c^{ne} de Savignac-les-Églises (B.). — *Peytavy*.

PEYTE, h. c^{ne} de Sainte-Natalène.

PEYTELIE (LA), h. c^{ne} de Savignac-les-Églises (A. Jud.).

PEYTIRAL, mⁱⁿ, c^{ne} de Flaugeac (S. Post.).

PEYTIVIE (LA GRANDE et LA PETITE), h. c^{ne} de la Chapelle-au-Bareil.

PEYTOL (LE), h. c^{ne} de Veyrines-Dome.

PEYTOUR, taillis, c^{ne} de la Chapelle-Gonaguet (A. Jud.).

PEYTOUR (BOIS-), lieu-dit, c^{ne} de Villac (cad.).

PEYTOUR (LE GRAND-), h. c^{ne} de Saint-Saud (cad.).

PEYTOURET, h. c^{ne} de Saint-Saud. — 1742 (Rec. pour l'abbé de Peyrouse, not. de Périg.).

PEYVERDU, lieu-dit, c^{ne} de la Gemaye (cad.).

PEYVEZY, h. c^{ne} de Montren. — Tradition locale qu'il y avait en ce lieu un château plus ancien que celui de Montencès (note de M. de Dives).

PEYX (LE), h. c^{ne} de Saint-Jean-d'Eyraud. — 1747 (Acte not.).

PEYZAC, c^{ne}, c^{on} de la Nouaille. — *Peyzacum*, 1408 (Lesp. 46, Ass. d'Exideuil). — *Hospitalis de Peyschaco* (*ibid.*). — *Payzac* (Cal. admin.).

Patronne : la Transfiguration.

PEYZAC-DE-MONTIGNAC, c^{ne}, c^{on} de Montignac-sur-Vézère. — *Sanctus Petrus de Peysaco*, 1555 (Bénéf. de l'év. de Sarlat). — *Paysacum* (*ibid.*).

Patron : saint Pierre; coll. l'abbé de Saint-Amand-de-Coly.

PEZALAT, h. c^{ne} de Sainte-Foy-de-Longa. — 1735 (Acte not.).

PÈZE (LA), h. c^{ne} de Douville. — Autrement *la Paponhie*, 1489 (O. S. J.). — *Peyse* (cad.).

PÈZE (LA), h. c^{ne} de Dussac (S. Post.).

PÈZE (LA), h. c^{ne} de la Mongie-Saint-Martin. — 1677 (Acte not.).

PÈZE (LA), h. c^{ne} de Montignac (S. Post.).

PÈZE (LA), c^{ne} de Saint-Julien-de-Lampon. — *Mas de la Pèze*, 1459 (arch. de Fénélon).

PEZELIÈRES (LES), taillis, c^{ne} de Saint-Astier (A. Jud.).

PEZIL, lieu-dit, c^{ne} de Saint-Martial-de-Nabirat (cad.).

PEZIN, h. c^{ne} de Saint-André-Alas (B.).

PEZIOL (AL), friche, c^{ne} de Saint-Amand-de-Coly (A. Jud.).

PÉZUL, c^{ne}, c^{on} de Sainte-Alvère. — *Pesulium, Parochia de Pesulio*, 1283 (Lesp. Sainte-Alvère). — *Castrum de Pesuli*, 1370 (Lesp. Homm. à Limeuil).

Patronne : sainte Anne.

Anc. rep. noble relevant de Limeuil.

PÉZUL, mét. c^{ne} de Fouleix. — *Maynam. del Pezulh, tenentia del Petit Pezulho*, 1471 (Périg. M. H. 41, 7).

PHÉBUS, éc. c^{ne} de Notre-Dame-de-Sanillac (B.).

PHÉLIPPONS (LES), h. c^{ne} de Siorac (B.).

PHILITIE (LA), h. c^{ne} de la Chapelle-au-Bareil (B.).

PHOLCOENCHE? (LA)? c^{ne} de Mensignac. — *Terra de Pholcoencha* (cart. de Chancelade).

PIACHE, lieu-dit, c^{ne} de Saint-Étienne (cad.).

PIAGUT, h. c^{ne} de Celle (S. Post.).

PIALADE (COSTE), lieu-dit, c^{ne} de Baneuil (cad.).

PIALADES (LES), lieu-dit, c^{ne} de Bassillac (cad.).

PIALADES (LES), lieu-dit, c^{ne} de Millac-Peyrillac (cad.).

PIALADES (LES), terre à Pommier, c^{ne} de Savignac-les-Églises (A. Jud.).

PIALEM, lieu-dit, c^{ne} d'Urval (cad.).

PIALOT, lieu, c^{ne} d'Hautefort.

PIAL-VEZY, terre, c^{ne} de Saint-Germain-et-Mons. — 1752 (terr. de Lenq.).

PIANGAUD, h. c^{ne} de Saint-Pierre-de-Frugie (B.).

PIC (LE), lieu, c^{ne} de Bassac. — *Ten. vocat. de Picu*, 1321 (Périg. M. H. 41, n° 4).

PIC (LE) ou LE GRAND-CLOS, h. c^{ne} des Lèches (A. Jud.).

PIC (LE), vill. c^{ne} de Naussanes. — *Sanctus Sulpitius de Pico*, 1053 (Gall. Christ. bulle d'Eugène III pour Sarlat). — *Podium de Pico*, 1273 (Gaign. vol. II, Don au roi d'Angleterre).

PIC (LE), h. c^{ne} de Nontron (A. Jud.).

PIC (LE), h. c^{ne} de Notre-Dame-de-Sanillac (B.).

PIC (LE), h. c^{ne} de Saint-Amand-de-Vern (B.).

PIC (LE), h. c^{ne} de Saint-André-Sarlat (B.).

PIC (LE), h. c^{ne} de Vaunac (A. Jud.).

PICAINE, h. c^{ne} de la Chapelle-Montmoreau (B.).

PICANELLE, éc. et port, c^{ne} de Marnac. — *Portus de Picanulh*, 1490 (arch. de la Gir. Belvez).

PICANELLE, h. c^{ne} de Saint-Caprais. — 1678 (Acte not.).

PICANTS (LES), h. c^{ne} de Saint-Amand-de-Vern (B.).

PICHAGNE, h. c^{ne} de la Feuillade (B.).

PICHAGNE, éc. c^{ne} de Nadaillac (A. Jud.).

PICHARDIE (LA), h. c^{ne} de Saint-Médard-de-Drone (B.).

PICHARONIE (LA)? c^{ne} de Chalagnac. — *Mayn. de la Picharonia*, 1452 (Liv. Nof. 4).

PICON? — *Eccl. de Picone*, 1122 (Lesp. 33, Confirmation à Saint-Florent).

PICOUNEAUX (LES), h. c^{ne} de Montpeyroux (B.).

PIÈCE-BARRADE et CHAUME-LEDRIER, taillis de chênes, c^{ne} de Bosset (A. Jud.).

PIEDROY (LE), h. c^ne de Saint-Jean-de-Cole (B.).

PIÉGUT, anc. nom du hameau de Carteire, c^ne de Manzac (Dives).

PIÉGUT, vill. c^ne de Pluviers. — *Municipium voc. Montagut* (Chr. Gauf. Vos. p. 239). — *Puy Agu*, XVIe s^e (arch. de Pau, Châtell. du Périgord).

Voc. Notre-Dame, 1706 (Courc. Généal. de...).

Anc. fort relevant de Nontron au XIVe siècle, depuis châtellenie composée des par. de Pluviers, Saint-Barthélemy et Saint-Étienne-le-Droux (arch. de Pau).

Le donjon, circulaire, est entouré d'une enceinte de murailles flanquées de tours qui toutes sont sur la pente du pic; le donjon seul est au point culminant. Sa hauteur est de 30 mètres environ. Il est composé de trois étages, voûtés en coupole ogivale et octogone. Les escaliers, pratiqués dans l'épaisseur du mur, sont interrompus à chaque étage : il faut une échelle pour atteindre la porte, et l'employer encore pour monter au premier étage; chaque distance est d'environ 4 mètres de hauteur. (Drouyn, *Châteaux du moyen âge.*)

PIERRE (A LA GROSSE-), lieu-dit, c^ur de la Gemaye (cad.).

PIERRE-BŒUF (A), châtaigneraie, c^ac de Saint-Crépin-d'Auberoche (A. Jud.).

PIERRE-ÉPAISSE (A), taillis, c^ne de Sarliac (A. Jud.).

PIERRE-FRANCHE, lieu-dit, c^ne de Négrondes (cad.).

PIERRE-LONGUE, h. c^ne de Razac-Eymet (S. Post.).

PIERRE MARTINE, anc. borne, c^ne de Lempzours, faisant division entre les justices de l'év. de Périgueux et du fief de la Martonie (Chron. du Périg. II, p. 125).

PIERRE-PENOT, h. c^ne d'Eyrenville (S. Post.).

PIERRES (LES TROIS-), éc. c^ne de Champeaux (B.).

PIERRE-TROUÉE, lieu-dit, c^ne de Sainte-Alvère (cad.).

PIGARDIE (LA)? c^ne de Chalagnac. — *Maynam. de la Pigardia*, 1458 (Liv. Nof. p. 50).

PIGARDIE (MAS DE LA), c^ne de Sorges. — 1301 (Chamberlhiac).

PIGASSONIE (LA), h. c^ne de Sorges (E. M.).

PIGAT (GRAND et PETIT), h. à l'entrée de la forêt d'Issigeac.

PIGEARDS (LES), h. c^ne de Ribagnac. — Altitude : 134 mètres.

PIGERIES (LES), h. c^ne de Saint-Pardoux-la-Rivière.

PIGNARDIE (LA), h. c^ne de Saint-Front-de-Champniers, 1451 (Acte not.). — *La Pinardie (ibid.)*.

PIGNE (LA), h. c^ne de Liorac. — *Maynam. de la Pinia*, 1454 (Liv. Nof. 41). — *La Pignie*, 1721 (not. de Mouleydier).

PIGOU, h. c^ne de Saint-Médard-de-Gurson (B.).

PIGOU (LE), h. c^ne d'Allemans (B.).

PIGOU (LE)? c^ac de Mouleydier. — *Village del Piguaud*, 1669 (Acte not.).

PILE (LA), massif d'anc. fortification au milieu du bourg de Sourzac (Jouannet, *Notice sur Sourzac*).

PILES, anc. m^in à Bergerac. — *Molendinum de Pilis*, 1497 (Liv. Nof. 113).

Il était situé sur le Caudou, ainsi que les moulins de Bellegarde et de Chaumont, vers le petit port.

PILES, réuni à Couns, c^ac, c^on de Bergerac. — *Parochia de Pillis*, 1385 (Lesp.).

Anc. rep. noble.

Forêt, 1493 (O. S. J.).

PILES, c^ne de Neuvic. — *Maynam. del Pile*, 1471 (Dives, I, p. 69).

PILES (LES), h. c^ne d'Antone (A. Jud.).

PILES (LES), h. c^ne de Cornille (B.).

PILES (LES), bois, c^ne de Douville (A. Jud.).

PILES (LES), h. c^ne de Saint-Pierre-de-Cole (B.).

PILES (LES TROIS-), éc. c^ne de Villefranche-de-Belvez.

PILET (LE), h. c^ne de la Force (A. Jud.).

PILIENS (LES), h. c^ne de Saint-Laurent-de-Castelnau (cad.).

PILLAC, archipr. de l'anc. dioc. de Périgueux, composé de paroisses situées au delà de la Lisone; auj. du dép^t de la Charente. — *Vicaria Piliacensis*, 1015 (cart. de Saint-Cybard). — *Piliacum*, 1117 (Lesp. 34, arch. de Saint-Astier). — *Espital de Pilhac*, XIIe siècle (O. S. J. terr.). — *Pilhacum* (pouillé du XIIIe siècle).

PILLAC, anc. fief, c^ne de Tanniès (arch. de Pau).

PILLEUY, éc. c^ne de Sarlande.

PILLIARDOU, lieu-dit, c^ne de Vic (Reconn. 1649).

PIMPIDOUX (LES), pré, c^ne de Saint-Saud (cad.).

PIN (LE), c^ne de Brantôme. — *Mas de Pinu*, 1260 (Généal. de Bourdeilles).

PIN (LE), c^ne de Palayrac. — *Sanctus Petrus de Pinu*, 1199 (lettres d'Aliénor en faveur de Cadouin). — *Prioratus de Pinu*, archip. de Paleyrac (panc. de l'évêché).

PINAC? — *Ecclesia de Pinac*, archip. de Villades (anc. pouillé, Lesp.).

PINALIE-DE-MONTAGNAC, h. c^ne de Saint-Saud (S. Post.).

PINASSEAUX (LES), h. c^ne de Gardone (B.).

PINE (MAS DE LA), h. c^ne de Campsegret (B.).

PINEL, h. c^ne de Bezenac (B.).

PINEL, h. c^ne de Sales-de-Cadouin (B.).

PINÉLIE (LA)? c^ne d'Agonac. — *Maynam. de la Pinelia*, 1481 (Périg. M. H. 41, 7).

PINÉLIE (LA)? c^ne du Bugue. — *Mayn. de la Pinelia*, *La Pinoelhia*, 1460 (Liv. Nof. 37, 16).

PINÉLIE (LA)? c^ne de Mortemar. — *Factum de la Pinelhia*, 1409 (O. S. J.).

PINET, c^{ne} de Montren. — *Maynam. de Pynet*, 1408 (Lesp. 79).

PINET, c^{ne} de Mouleydier. — *Ten. de Pynet*, 1721 (not. de Mouleydier).

PINETARIE (LA)? c^{ne} de Liorac. — *Mayn. de la Pinetaria*, 1452 (Liv. N.).

PINETIE (LA), h. c^{ne} de Trémolac (B.).

PINGOT, éc. c^{ne} de Verteillac.

PINIER (LE), h. c^{ne} de Bussière-Badil (B.).

PINIER (LE), c^{ne} de Cause-de-Clérans. — *Maynam. vocatum de la Pinia*, 1457 (Liv. N.).

PINIER (LE), h. c^{ne} de Thénac (B.).

PINIER (LE), h. c^{ne} de Vézac (B.).

PINOLIE (LA), h. c^{ne} de Limeyrac (E. M.).

PINOLIE (LA), c^{ne} de Tanniès. — *Factum de la Pinolia*, 1469 (arch. de la Gir. Belvez).

PINQUAT, h. c^{ne} de Manzac, c^{on} de Saint-Astier. — Une partie se nommait *Migonneux* (Dives).

PINQUELY (LES), h. c^{ne} de Saint-Romain-Nontron (S. Post.).

PINSAC, h. c^{ne} de Font-Gauffier (B.).

PINSAC, h. c^{ne} de Pazayac.

PINSEGUERRE, éc. c^{ne} du Colombier (A. Jud.).

PINSEGUERRE, éc. c^{ne} de Queyssac (B.).

PINSONIE (LA), h. c^{ne} de Mayac (A. Jud.).

PINSONIE (LA), c^{ne} de Rouffignac. — *Mansus de la Pinsonie*, 1474 (ch. Mourcin).

PINSONIE (LA), c^{ne} de Trélissac. — *Las Pinsonias*. C'était un fief qui relevait de l'abb. de Peyrouse, 1670 (Acte not.).

PIOGEAT, h. c^{on} de Millac-de-Nontron.

PIOLADE (LA), mét. c^{ne} de Notre-Dame-de-Sanillac. — *Bordaria de la Pelada*, 1143 (cart. de Cadouin, don fait à l'abbaye).

PIOLENC (LE), ruiss. qui prend sa source auprès du Grand-Boisset et se jette dans l'Ille.

PIOLET, h. c^{ne} de Jumillac (S. Post.).

PIORIOL, h. c^{ne} de Lempzours (S. Post.).

PIQUARIE (LA)? c^{ne} de Saint-Laurent-des-Bâtons. — *Ten. de la Picquarie*, 1680 (Acte not.).

PIQUE, taillis, c^{ne} de Sainte-Foy-de-Longa (A. Jud.).

PIQUE, h. c^{ne} de Vic.

PIQUE (LA), c^{ne} de Tayac. — *La Piqua, mas de la Pique*, 1535 (Lesp. 65).

PIQUE (LA COSTE DE LA), c^{ne} de Pressignac. — *Mayn. voc. las costas de la Piqua*, 1482 (Liv. N.).

PIQUE-CAILLOU, h. c^{ne} de Bergerac.

PIQUEFORT, habitation, c^{ne} de Paussac (S. Post.).

PIQUEYNAC, h. c^{ne} de Saint-Médard-de-Mussidan (B.).

PIS, h. c^{ne} d'Étouars (B.).

PISSAC? c^{ne} de Bergerac, faub. de la Madeleine. — *Ten. de Pissaca* (Liv. N. 122).

PISSOT, sect. de la c^{ne} de Creyssensac, anc. paroisse. — *Pihsot*, 1247 (ch. de Périg.). — *Pischot*, 1365 (Lesp. Fouage). — *Ecclesia nova de Pischol*, 1382 (P. V. M.).

Voc. Saint-Cloud ; coll. l'évêque.

PIT (LE), mⁱⁿ, c^{ne} de Siorac-Belvez (A. Jud.).

PITRAY, c^{ne} de Saint-Seurin-de-Prats. — Ancien repaire noble.

PIVOULADE, lieu-dit, c^{ne} de Bezenac (cad.).

PIZAREAU (GRAND et PETIT), h. c^{ne} d'Eyvirat (A. Jud.).

PIZOU, lieu, c^{ne} de Clermont-de-Beauregard.

PIZOU (LE), c^{ne}, c^{on} de Montpont. — *Sanctus Martinus Pizonis*, 1107 (cart. de la Sauve). — *Piso*, 1197 (*ibid.*).

Prieuré dép. de la Sauve. — Patron : l'Assomption.

PLACE, lieu-dit, c^{ne} de Nanteuil-de-Bourzac. — *La Plazio*, 1450 (O. S. J. Soulet).

PLACE (GRAND et PETIT), h. c^{ne} de Minzac (B.).

PLACE-LADE (LA), lieu-dit, c^{ne} de Bourgnac (cad.).

PLACE-LADE (LA), lieu-dit, c^{ne} de Douzillac (cad.).

PLACES (LES), lieu-dit, c^{ne} de Beaurone (cad.).

PLACES (LES), c^{ne} de Chantérac. — *Mayn. de las Plassas*, 1468 (inv. du Puy-Saint-Astier).

PLACES (LES), h. c^{ne} de la Chapelle-Gonaguet. — Anc. *Puy de la Croix*, XVIe siècle (O. S. J.).

PLACES (LES), c^{ne} du Coux. — *Territ. de las Plassas* (arch. de la Gir. Bigaroque).

PLACES (LES), c^{ue} de Grignol. — *Ten. voc. de las Plassas*, 1471 (Dives, reg. 1).

PLACES (LES), h. c^{ne} de Molières.

PLACES (LES), lieu-dit, c^{ne} de Queyssac (cad.).

PLACES (LES), lieu-dit, c^{ne} de Saint-Avit-Sénieur. — 1714 (Acte not.).

PLACES (LES), lieu-dit, c^{ne} de Saint-Jean-d'Estissac. — *A las Plassas*, 1620 (Acte not.).

PLACES (LES), lieu-dit, c^{ne} de Varennes.

PLACE-SAINT-FRONT (LA), h. c^{ne} de Vic. — *Platea Sancti Frontonis*, 1479 (Liv. N. p. 26). — *La Place* (B.).

PLACIAL (LE), lieu-dit, c^{ne} de Faux.

PLACIAL (LE), lieu-dit, c^{ne} de Molières. — *Al Plassat* (Leydet).

PLACIAL (LE), h. c^{ne} de Montplaisant. — *Le Plassial*, 1740 (Acte not.).

PLACIAL (LE), lieu-dit, c^{ne} de Tursac (cad.) .

PLAIGNAC, vill. c^{ne} de Carsac-de-Villefranche. — Maison conventuelle de Minimes. Le repaire noble de Plaignac fut donné, en 1615, pour cette fondation.

Voc. Sainte-Marie.

PLAIGNE, dom. c^{ne} de Saint-Cyr (A. Jud.).

PLAIGNE (LA), h. c^{ne} de Cantillac.

PLAIGNE (LA), champ, c^{ne} de Manzac (Dives).

PLAIGNE (LA), h. c^ne de la Nouaille. — Anc. fief, châ-tell. d'Exideuil (arch. de Pau).

PLAIGNES (LES), h. c^ne de Saint-Sulpice-Exideuil. — Anc. rep. noble.

PLAISSAC, h. c^ne de Razac-sur-l'Ille. — Le Pleyssac, 1723 (Acte not.).

PLAISSAC (LE), c^ne de Brassac. — Le Plessac, 1772 (Dénombr. de Montardit).

PLAISSAC (LE), c^ne de Faux. — Ténem. appelé depuis de Peyré Blanc las Caussignères, 1771 (arp. de la seign. de Faux).

PLAISSAC (LE), h. c^ne de Saint-Crépin-de-Richemont (B.). — Forge.
Anc. rep. noble.

PLAISSAC (LE), friche, c^oe de Saint-Laurent-des-Bâtons (A. Jud.).

PLAISSAC (LE), h. c^ne de Saint-Vivien-de-Bourdeilles (B.).

PLAISSADE, c^ne de Baneuil. — Ten. de la Pleyssade, 1686 (Acte not.).

PLAISSADE ou PLEYSSADE, h. c^ne de Mescoulès (A. Jud.). — Anc. rep. noble.

PLAISSADE (LA GRANDE-), h. c^ne de Sainte-Innocence.

PLAISSIER (LE), h. c^ne de Puy-Mangou. — Le Plaissier (B.).

PLAMBOST (LE REPAIRE DE), h. c^ne de Beaussat (B.).

PLAME (LA)? aux environs de Périgueux. — Bordaria voc. la Plama, 1288 (Périg. M. H. 41, n° 1).

PLAMONT, h. c^ne de Saint-Geniès (B.).

PLAMONT, h. c^ne de Saint-Germain-des-Prés (S. Post.).

PLAMONT, c^ne de Sarlat. — Planus Mons, 1330 (Rec. Hôtel de ville de Sarlat).

PLANCASSAGNE, h. c^ne de Sainte-Natalène (B.).

PLANCHE, éc. c^ne de Saint-Sulpice-de-Roumagnac (B.).

PLANCHE (LA), c^ne de Chantérac. — Iter de Planchia Boissonencha usque fontem de Muelhapo, 1481 (Dives, 102).

PLANCHE (LA), c^ne de Grignol. — Boaria de las Plan-chas, 1475 (Dives, 110). — Planchia Vernhü, 1481 (ibid. 102).

PLANCHE (LA), c^ne de Jaure. — Iter antiquum quo itur de Planchia Johanencha versus Granholium, 1481 (Dives, 110).

PLANCHE (LA), h. c^te de Pazayac (B.).

PLANCHE (LA), c^te de Saint-Léon-sur-l'Ille. — Iter de Sancto Leone versus Planchiam, 1471 (Dives, I, 62).

PLANCHE (LA), c^te de Vallereuil. — Iter quo itur de Planchia de Mayaco versus Muyschidanum (Dives, reg. 2).

PLANCHE-DE-MARCADY, h. c^ne de Sainte-Radegonde (A. Jud.).

PLANCHES, h. c^ne de Coulounieix.

PLANCHES (LES), c^ne de Chalagnac. — Anc. chapelle sous le vocable de Saint-Jacques (Dives), auj. dé-truite.

PLANE, h. c^ne de Saint-Avit-Rivière (E. M.).

PLANE (LA), h. c^ne d'Eybènes (B.).

PLANE (LA), c^ne de Neuvic. — Locus dictus La Plana, 1450 (Dives, I).

PLANEAUX, mét. c^ne de Thiviers. — 1503 (Mémoires d'Albret).

PLANE-COSTE, h. c^ne d'Issac.

PLANÈZE, lieu-dit, c^ne de Beaurone (cad.).

PLANÈZE, lieu-dit, c^ne de Tursac. — Planége (cad.).

PLANÈZE (GRANGE-DE-), h. c^ne de Neuvic. — Aresus de Planeza, 1262 (Périg. M. H. 9138, n° 13). — Planége (A. Jud.).

PLANITREIX, h. c^ne de Saint-Germain-des-Prés (S. P.).

PLANNER? c^ne de Monsec. — Terra voc. dels Planners, 1455 (O. S. J. Pont-Eyraud).

PLANPEYRE, éc. c^ne de Sorges. — Mayn. de Planpeyre, 1487 (Lesp. 20).

PLANSONIE (LA), h. c^ne d'Azerat (A. Jud.). — Mansus de la Plansonia, 1455 (Lesp. 95, chapitre de Saint-Front).
Grotte remarquable.

PLANTADE (LA), h. c^ne de Sendrieux (B.).

PLANT-DU-PRÊTRE, lieu-dit, c^ne de Beleymas (A. Jud.).

PLANTE-FÈVE, dom. c^ne d'Eyvirat (A. Jud.).

PLANTIER (LE), h. c^ne de Brassac (B.).

PLANTIER (LE), quartier de la ville de Périgueux et faubourg. Cette partie se nommait anc^t Verdunum (Lesp. Dénomin. au xive siècle).

PLANTIER (LE), h. c^ne de Saint-Médard-d'Exideuil (B.).

PLANTIER (LE), promenade à Sarlat, ancien jardin de l'abbé de Sarlat.

PLAPECH, lieu-dit, c^ne de Saint-Martial-de-Nabirat (cad.).

PLAS, c^te de Monsec. — Podium voc. lo Plat d'Algua, 1455 (O. S. J. Pont-Eyraud).

PLAS, c^ne de la Roche-Beaucourt. — Mayn. voc. de Plas in par. de Argentina, 1452 (O. S. J. Soulet).

PLAS (As), h. c^ne de Saint-Amand-de-Coly. — Asplas (B.).

PLAS (LES), h. c^ne d'Auriac-Verteillac. — Altitude : 141 mètres.

PLAS (LES), anc. rep. noble, c^ne de Bouteille.

PLAS (LES), h. de Négrondes. — Maynam. de Plas, 1428 (titres de Chamberlhiac).
Anc. rep. noble.

PLASADOUR (LE), lieu-dit, c^ne de Tursac (cad.).

PLASSADE (LA), vill. c^ne de Saint-Pardoux-la-Rivière.

PLATIEN, h. c^ne de Montagnac-la-Crempse (B.).

PLAUD, h. c^{ne} de Saint-Michel-de-Montaigne.

PLAULES (LES), bois, c^{ne} de Bars (A. Jud.).

PLAUX, éc. c^{ne} de Villefranche-de-Belvez.

PLAVARD, h. c^{ne} de Bouzic.

PLAZAC, c^{ne}, c^{on} de Montignac. — *Plazat*, 1169 (bulle de Nicolas IV pour l'év.). — *Fortalitium de Plazaco*, 1477 (Généal. de Rastignac).

Patron : saint Blaise; coll. l'évêque.

PLEINE-FAGE, h. c^{ne} de Paulin (B.).

PLEINE-SELVE, h. c^{ne} de Cumont (B.).

PLEINE-SERVE, h. c^{ne} d'Échourgnac (B.).

PLEYSSADE, h. — Voy. PLAISSADE.

PLUMARDIE (LA), lieu-dit, c^{ne} de Sainte-Alvère (cad.).

PLUMEGAL, h. c^{ne} de Saint-Georges-de-Montclar (A. J.).

PLUMENCIE (LA), h. c^{ne} de Celle. — *La Plumentie*, 1639 (Acte not.).

PLUMETS (LES), h. c^{ne} de Saint-Pierre-de-Cole (B.).

PLUVIERS, c^{ne}, c^{on} de Bussière-Badil. — *Pleuveys*, 1365 (Lesp. Châtell. de Nontron).

Patron : saint Étienne, premier martyr.

POBOTAS (LAS), terre, c^{ne} de Sainte-Orse (A. Jud.).

POCHON, h. c^{ne} de Sainte-Aulaye (B.).

PODUDA? anc. place dans la Cité de Périgueux. — *Platea voc. inter Poduda*, 1314 (Rec. de titres).

POGNIÈRE? sur un chemin aux environs d'Issigeac. — *Lapis voc. Pogniera*, 1465 (enquête pour l'évêque de Sarlat, collect. de Lenq.).

POIRIER (LE), h. c^{ne} de Parcou. — *Territorium de Poiveriis*, 1319 (procès de G. de Tall.)?

POLANÉSIE (LA), c^{ne} de Sainte-Foy-des-Vignes. — *Lo Mayne de la Polanenia*, 1450 (Liv. Nof.).

POLIGNAT, h. c^{ne} de Grignol. — *Paoulinhac*, 1203 (cens dû au seigneur de Taillefer). — *Paulinhacum*, 1348. — *Poulinhacum, Poulinhac*, 1495 (Dives, I). — *Paulighnac*, xvie siècle. — *Paulignac* (S. Post.).

POLIGNAT, c^{ne} de Journiac. — *Factum de Polinhac*, 1459 (Liv. Nof.).

POMALIÈRE (LA), ténement, c^{ne} de Boulazac (Dénomb. 1679).

POMARÈDE, h. c^{ne} de Mayac.

POMARÈDE (LA), éc. et mⁱⁿ, c^{ne} du Coux. — *Repayrium de la Pomareda*, 1463 (arch. de la Gir. Bigaroque).

POMARÈDE (LA), c^{ne} de Grignol. — 1288 (Lesp. 51).

POMARÈDE (LA), c^{ne} de Tayac. — *Villatg. de la Pomareda*, 1489 (arch. de la Gir. Bigaroque).

POMARÈDE (LA)? — *Pomareta, Sanctus Petrus de Pomareda* (cart. de la Grande-Sauve, don fait à Gurson).

POMARÉLIE, h. c^{ne} de Trélissac. — *Poumarelio* (E. M.).

POMBOL, h. c^{ne} de Saint-Front-la-Rivière (S. Post.).

POMÉGAL, éc. c^{ne} de Saint-Félix-de-Villadeix (A. Jud.).

POMÉGUIRAL, c^{ne} du Coux. — *Mansus de Poumiéguiral*, 1463 (arch. de la Gir. Bigaroque).

POMEYSSAC? c^{ne} d'Audrix. — *Pomays*, 1369 (Lesp.). — *Trou de Pomeyssac*, abîme près du Bugue.

POMIER DE TAILLEFER (LE), dom. c^{ne} de Neuvic. — *Terra del Pomier Talhaferenc*, 1203 (cens dû au seigneur de Taillefer).

POMIERS, h. c^{ne} de Champeaux, qui a donné son nom à l'anc. paroisse de la Chapelle-Pomiers. — *Præpositura de Pomeriis* (Lesp. 33, anc. panc. de l'év.). — *Pomiers* (pouillé du xiiie siècle).

Une des 4 prévôtés dépendait de l'abb. de Brantôme.

POMIERS, h. c^{ne} de Fraysse (B.).

POMIERS, anc. fief, c^{ne} de Mensignac. — *Maynam. de Pomeriis*, 1290 (Lesp. Homm. au duc d'Orléans).

POMIERS, h. c^{ne} de Parcoul (B.).

POMIERS, vallon aux environs de Périgueux, en face de Pronsault.

POMIERS, h. c^{ne} de Savignac-les-Églises (A. Jud.).

POMPANIE (LA), h. c^{ne} de Saint-Geniez (B.).

POMPEIGNE, h. c^{ne} de Champagne (A. Jud.).

POMPEIGNE, gué sur la Lisone.

POMPEYRA, h. c^{ne} de Saint-Antoine, c^{on} de Vélines (S. Post.). — *Pompeyret*, 1494 (terrier de Montravel, 5).

POMPIDOUR, h. c^{ne} de Saint-Saud (S. Post.).

POMPIDOUX (LES), h. c^{ne} de Verteillac (B.).

POMPIS (LES), anc. repaire noble, c^{ne} de Saint-Front-d'Alemps.

POMPORT, éc. c^{ne} de Clermont-de-Beauregard.

POMPORT, bois de châtaigniers, c^{ne} de la Linde (A. Jud.).

POMPORT, c^{ne}, c^{on} de Sigoulès. — *Sanctus Petrus de Pomport*, 1142 (cart. AAA de l'abb. de Saint-Cybard, tit. 32, arch. de la Charente). — *Pomporn, Pompornium*, 1494 (Lesp.).

Prieuré régulier dépend. de Trémolac. — Patron : saint Pierre-ès-Liens.

PONBANOT, h. c^{ne} de Saint-Front-d'Alemps (B.).

PONBUZAT, h. c^{ne} de Manzac. — *Penburata*, 1208 (cens dû au seigneur de Taillefer). — *Ponbuzatum*, 1480 (Dives, I, 157).

PONCET, h. c^{ne} de Saint-Laurent-des-Vignes. — Altitude : 37 mètres.

PONCET, h. c^{ne} de Saint-Pompon.

PONCET, h. c^{ne} de Saint-Romain-Thiviers.

PONCHAT, c^{ne}, c^{on} de Vélines. — *Sanctus Petrus de Punchac*, 1122 (Gall. Chr. eccl. Pet.). — *Prunhiac*, 1178 (cart. d'Uzerche). — *Ponchacum*, 1360 (Lesp. 10). — *Ponchapt*, 1635 (not. du Fleix).

Patrons : saint Pierre et saint Barthélemy. — Cette église avait été donnée, en 1122, à l'abbaye d'Uzerche.

Anc. rep. noble relevant de Montravel.

31.

Ponchat? c^{ne} de Vallereuil. — *Ten. de Ponchat*, 1350 (Lesp. 51).

Poncheix (Les), h. c^{ne} de Saint-Sulpice-de-Roumagnac (B.).

Ponchet, h. c^{ne} de Monsac.

Ponchet, sect. de la c^{ne} de Veyrignac.

Poncie (La), hôtel dans la ville de Bergerac. — *Carreria quæ ducit del Prebostal ad domum voc. la Poncia*, 1489 (Liv. N.).

Poncie (La), h. c^{ne} de Saint-Jean-d'Estissac. — Anc. rep. noble.

Ponhac, c^{ne} de Cornille. — *Mayn. vulg. voc. lo Vieil Pounhac*, 1478 (titres de Chamberlhiac).

Ponhantie? c^{ne} de Périgueux, anc. par. de Saint-Gervais. — *Bordaria voc. la Ponhantia*, 1288 (Périg. M. H. 41, 1).

Ponherie (La)? c^{ne} de Périgueux, anc. par. de Saint-Gervais. — *Lo Ponheria Avenencha*, 1329 (Périg. M. H. 41, 1).

Ponherie (La)? c^{ne} de Salon. — *La Ponheyria*, 1465 (Périg. M. H. 41, 7).

Ponlapiche, h. c^{ne} de Font-Galau. — *La Capelle Pont la Piche*, 1608.

Anc. rep. noble relevant de Belvez.

Ponponiat, vill. c^{ne} de la Boissière-d'Ans. — *Capella de Pomponhac* (pouillé du xiiie siècle). — *Pompouniat*, 1738 (Acte not.).

Ponsonie (La), h. c^{ne} d'Antone (S. Post.). — Anc. rep. noble.

Ponsonie (La), h. c^{ne} de Pomport. — 1605 (Acte not.).

Pont (Le), m^{in}, c^{ne} de Grignol. — *Molendinum dict. de Ponte*, 1308 (Lesp. 51).

Pont (Le), h. c^{ne} de Montagrier (B.).

Pont (Le), lieu, c^{ne} de Neuvic. — *Mansus de Ponte*, 1471 (Dives, I). — *Mansus voc. le Mas de Pons* (ib.).

Pont (Le), h. c^{ne} de Saint-Germain-de-Salembre (S. Post.).

Pont (Le), c^{ne} de Saint-Just (B.)

Pont (Le), h. c^{ne} de Vallereuil. — *Repayr. de Ponte*, 1440 (Dives, I). — *Domus nob. del Pon*, 1501 (Lesp. 51). — *Le Pont de Corsenchou* (ibid.).

Pont (Moulin du), c^{ne} de Sagelat. — 1469 (Philippparie, 138).

Pontardie (La), h. c^{ne} de la Gemaye (B.).

Pontarie, champ, c^{ne} de Manzac (Dives).

Pontarie (La), c^{ne} de Saint-Laurent. — *Mansus de la Pontaria, alias de Bazes*, 1460 (Liv. N. 35).

Pont-Arnaud, h. c^{ne} de Monsec. — *Præceptoria Pontis Arnaudi*, 1373 (Lesp. O. S. J.).

Cette commanderie de l'Ordre de Saint-Jean était annexée à celle du Soulet; ses appartenances étaient situées entre le chemin de la Tour-Blanche à Non-

tron, celui de Saint-Crépin à la Chapelle-Pommier, le gué Peyroux et le chemin de Saint-Crépin à Monsec, 1452 (O. S. J. Pont-Arnaud, I).

Pont-Bazet, h. c^{ne} de Saint-Michel-de-Montaigne (E. M.).

Pont-Bone, vill. et m^{in}, c^{ne} de Lembras. — *Grangia de Pontis Bono*, 1373 (Lesp. O. S. J.). — *Pontem Bono, Pon Bono*, 1465 (Liv. N.).

Chapelle (Lesp. vol. 27, suppl. à l'archiprêtré de Villamblard).

Pont-Bone dép. de la comm^{rie} de Saint-Naixent.

Pont d'Anglars? — *Iter quo itur de ponte d'Anglars versus la Saumaria*, 1489 (O. S. J. Andrivaux).

Pont-de-Benne, h. c^{ne} de la Chapelle-au-Bareil (A. Jud.).

Pont de Coly. — *Iter quo itur de Ponte de Coly versus fontem de Boer*, 1460 (O. S. J. Condat).

Pont-de-la-Beaurone, h. c^{ne} de Chancelade. — *Pons de Beaurona*, 1115 (cart. de Chancelade). — *Leprosia de Beurona*, 1284 (Lesp. Test. de R. Porta). Anc. léproserie.

Pont-de-Laile, h. c^{ne} de la Villedieu (A. Jud.).

Pont-de-la-Peyre, h. près du Caudou, c^{ne} de Bergerac (rive droite).

Pont-de-la-Peyre, c^{ne} de Bergerac (rive gauche), près de Saint-Christophe. — *Usque ad rivum de la Merelha eundo versus pontem de la Peyra*, 1467 (terr. O. S. J.).

Pont-de-la-Risonne, h. c^{ne} de Saint-Privat (B.).

Pont de Saint-Martin, c^{ne} d'Agonac. — *Rivus qui labitur de molend. de las Bordas versus pontem Sancti Martini*, 1367 (titres de Chamberlhiac, 207).

Pont-de-Vey, h. c^{ne} de Coulaures, au confluent de l'Ille et de la Louc.

Pont-du-Cerf, éc. c^{ne} de Notre-Dame-de-Sanilhac.

Pont du Monastère, à Brantôme. — 1474 (arch. de l'abb. de Brantôme, Lesp.).

Ponteix, ruiss. et h. c^{ne} de Boulazac. — *Pontelhs*, 1323 (ch. Mourcin).

Ponterie, c^{ne} de Saint-Sauveur-Bergerac. — *Mansus de la Pontaria* (Liv. N. 24).

Pontet (Le), ruisseau qui passe à Bergerac derrière l'hôpital avant de se jeter dans la Dordogne.

Pontet (Le), h. c^{ne} de Castel. — 1687 (Acte not.).

Pontet (Le), ruiss. c^{ne} de Faux. — 1650 (Comte de Larmandie, Procès pour la possession de Banes).

Pontet (Le), c^{ne} de Saint-Astier. — 1310 (inv. du Puy-Saint-Astier).

Pontet (Le), ruiss. c^{ne} de Saint-Cyprien. — *Rivus voc. del Pontet*, 1462 (arch. de la Gir. Saint-Cyprien).

Pontet (Le)? — *Prior. secul. de Pontet*, 1556 (bénéf. de l'év. de Sarlat, archipr. Sarlatens.).

Pontet (Le), h. c^ne de Vélines (S. Post.).

Pontets (Les), c^ne de Beaurone-Neuvic (B.).

Pont-Eyraud, c^ne, c^on de Sainte-Aulaye. — *Domus de Ponte Airaut*, 1245 (bulle d'Innocent IV pour Ligueux). — *Pontis Ayraudi*, 1295 (test. d'Archambault III). — *Pont Eyraut*, 1382 (P. V. M.).

Voc. Saint-Pierre et Saint-Barthélemy.

Prieuré de femmes dépend. de Ligueux.

Pont-Eyraud, anc. rep. noble avec justice sur Pont-Eyraud, c^ne de la Gemaye (S. Post.).

Pont-Fermier, éc. c^ne de Saint-Paul-la-Roche. — *Eccl. de Ponfram, arch. de Biras* (anc. pouillé, Lesp.).

Pontillou, h. c^ne de Vallereuil.

Pontillou (Le), ruiss. de l'arrond. de Périgueux, qui prend sa source auprès du vill. de Javarzac, arrose le vallon de Clermont-d'Exideuil et se jette dans la Loue au moulin de l'Abbesse.

Pontissac, h. c^ne de Saint-Front-d'Alemps. — Voy. Roche-Pontissac (La).

Pont-la-Peyre, h. c^ne de Villefranche-de-Longchapt.

Pontonie (La), h. c^ne de Mouleydier. — *Mansus de la Pontonia* (Liv. Nof. 58).

Pontou, h. c^ne de Grignol. — *Pontou-lez-Grigniers*, 1603 (Acte not.).

Pontou? c^ne de Vern. — *Mayn. de Pountos*, 1510 (Reconn. du Treuil, ch. Mourcin).

Pontours, c^ne, c^on de Cadouin. — *Parochia de Saint-Vincent de Pontos*, 1281 (Lesp. Cadouin). — *Portus de Pomos*, 1286 (Lesp. Cout. de Molières). — *Sanctus Martinus de Pontous*, 1315 (Lesp. 88, Cadouin). — *Pountors*, 1319 (rôles gascons).

Patron : saint Martin; coll. l'évêque.

Pont Pastoul? sur la Drone. — *Pons qui dicitur Pastoul*, xiie siècle (cart. de Chancelade).

Pont Peyrat? pont sur le Vern. — *Pons voc. Peyrat*, 1403 (Lesp. Neuvic).

Pont-Robert, h. c^ne de Bergerac. — *Pons Robbert*, 1460 (Liv. Nof. 124).— *Pont de Caville* (Acte not.).

Pont-Rocher? c^ne de Belvez. — *Iter de Bello Videre versus Pontem Rochum*, 1462 (Philipparie).

Pont-Roudier, h. c^ne de la Bouquerie (S. Post.).

Pont-Roumieu, lieu-dit, sur l'Auvezère, c^ne d'Antone (le Périg. ill.).

Pont-Roumieu? c^ne de Belvez. — *Iter quo itur de Pon Romiou versus portam Levatam*, 1489 (Philipparie).

Pont-Roumieu, c^ne de Saint-Germain-et-Mons. — *Parochia de Ponte Remigio, Pont Remyge*, 1290 (Champollion, Lettres, I, 370; pétit. des cons. de Beaumont). — *Priorat. Pontis Romeni*, 1354 (arch. du Vatican).

Anc. prieuré, dépendant de l'abbaye de Châtres, ordre de Saint-Augustin.

Pont-Roumieu, h. c^ne de Vern. — *Podium Remuen*, 1460 (ch. Mourcin). — *Pond Roumeu*, 1625 (Reconn. à Vern, Lesp. 79).

Altitude : 124 mètres.

Pont-Roux, h. c^ne de Bergerac.

Pont-Saint-Mamet, vill. c^ne de Douville.— *Parochia de Ponte Sancti Mameti*, 1310 (Lesp. 24, Usurp. du roi de France).

Anc. prieuré.

Pont Saint-Martial. — Voy. Saint-Martial-d'Hautefort.

Pont Saint-Martin? — *Iter quo itur de Charvard versus pontem seniorem Sancti Martini* (O. S. J.).

Argentine et Champeaux ont le même vocable de Saint-Martin : de quel côté était ce pont?

Pont-Saint-Sacerdos, h. c^ne de Sarlat (cad.).

Pont-Vezy, c^ne de Vic (ténem. 1649). — *Pouvezy*, 1692 (Acte not.).

Ponts, h. c^ne d'Archignac. — Anc. chapelle.

Ponts (Anciens) dans le département :

Sur la Dordogne :

A Bergerac : *Burgus apud pontem Brageriaci*, 1209; *Pons Brivairacensis*, 1254 (Estiennot, xi). — *Pro constructione pontis Brajeraci*, 1254 (test. d'H. Rudel, 1, don.). — Le Parlement de Paris rendit un arrêt en 1290 relativement à la réparation de ce pont (Reg. Olim).

Sur la Drone :

A Tocane : *Molendini de ponte de Pardutz*, 1150 (cart. de Chancelade).

Sur l'Ille :

A Montignac-le-Petit : *Pons transversanus fluvii Iliæ*, 1281 (Cout. de la ville). == A Montpont : *Domum super pontem de la Mota de Montpaon*, 1376. — *Devez le pont de l'Ille*, 1533 (Lesp.). == A Périgueux, il y en aurait eu 6 sous les Romains, selon les *Antiquités de Vésone*, II, 10; une partie seulement a subsisté au moyen âge : 1° à l'ouest, au-dessous des Isarns, à environ 100 mètres de l'embouchure du petit vallon; 2° au sud, le pont de la Cité, *Pons Civitatis*, 1485 (Lesp. 84), sur l'ancienne route de Bordeaux; 3° à Campniac; 4° auprès du pont Neuf; 5° au nord-est : *Pont Vieux*, le Pont, 1287 (reg. de la Charité). — *Pont de Tournepiche*, 1602 (reg. de l'Hôtel de ville) : il faisait communiquer la ville avec le faubourg des Barris; détruit en 1860; 6° au sud-est, le pont de la Pierre : *Ecclesia Sanctæ Mariæ Deauratæ juxta Pontem*, 1206. — *Pons de Petra*, 1269 (arch. du chapitre de Saint-Front). — *Pons Lapideus* (*ibid.*). — *Pons Sororum minorissarum*, 1420. — *Pont de Sainte-Claire, Pont des Nonnains, Pont Saint-Jacques*, et

peut-être *Pont de Japhet* (Antiq. de Vésone, II, 12).
— *Pons Sancti Hilarii*, 1363 (arch. de Sainte-Claire); pont dans le faubourg des Barris. — *Pont du Marquis* (Antiq. de Vésone, I, 2). == A Puy-de-Pont, c^{ne} de Neuvic : *Podium de Ponte.* — Voy. Puy-de-Pont. Cet ancien pont pouvait être sur le ruiss. de Salembre, qui coule de l'autre côté du coteau. == A Saint-Astier : *In suburbiis juxta pontem*, 1293 (*Olim* du Parlement, II).

Sur la Vézère :

Au Bugue : *Iter quo itur de portu de Vic versus pontem de Albugia*, 1463 (arch. de la Gir. Bigaroque). — *Pons Viserœ de Albugia*, 1481 (Liv. Nof. 22). == A Montignac : *pont et piliers de pierre couvert*, 200 ans sont passés, 1581 (Lesp. vol. 37). == A Terrasson : *Pons de Terrassono* (Chron. Gauf. Vos. cap. 8). — *Edificio pontis de Terrassonio*, 1333 (legs dans le test. de B. de Fraysse).

PONTS (LES CINQ-), c^{ne} de Neuvic. — *Pontes de Boysset*, 1480 (Dives, I, 156).

Anc. fief composé des tenances de Brandau, la Collégie, la Bosse et le Voulon (1672, Généal. de Taillefer).

PONTS DE LA PÉGÉZIE? sur la Tude. — *Pontes de la Pejjezie sive de Chalès*, 1319 (Notice sur la maison de Talleyrand).

PONTYS, h. c^{ne} de Sorges, 1607 (Lesp.). — Anc. fief.

PONCHÈRES, h. c^{ne} de la Chapelle-Gonaguet. — *Pourchières*, 1724 (Acte not.).

PONCHÈRES? ou LE POUBCAL, h. c^{ne} de la Mongie-Saint-Martin. — *Mansus Porchairenes, Porchairenxus, Porcairencus*, XIIe siècle (cart. de Sainte-Marie de Saintes).

PONCHERIE (LA), c^{ne} de Saint-Chamassy. — *La Porquaria*, 1314 (Lesp.).

PONCHERIE (LA), h. c^{ne} de Saint-Saud (S. Post.).

PONCHEYRAC, h. c^{ne} de Cumont (B.).

PONCHIEN? c^{ne} d'Agonac. — *Terrœ voc. de Porchiers*, 1478 (titres de Chamberlhiac).

PONRE, h. c^{ne} de Journiac. — *Mayn. de la Parra*, 1452 (Liv. Nof. 4).

PONT (LA FAYE-DE-), h. c^{ne} de Jumillac (B.).

PONTIFÉ, c^{ne} du Change. — *Hospitium de Portafide*, 1400 (Lesp. Auberoche). — *Portefoy* (*ibid.*).
— Maison noble dite *Chanteyrac*, 1502 (Mémoires d'Albret).

PONTAIL (LE), à Belvez. — *Carreria de Portali*, 1460. — *Del Portal* (O. S. J. Philipparie).

PONTAIL (LE), h. c^{ne} de Campagne. — *Pourtel* (B.). Anc. rep. noble.

PONTAIL (LE), c^{ne} de Combeyranche. — *Pourtal*, 1613 (O. S. J.).

PORTAIL (LE), h. c^{ne} de Tourtoirac (E. M.).

PORTAIL-SAINT-JEAN, h. c^{ne} de Bergerac.

PONT-DE-LENQUAIS, mét. c^{ne} de Varennes. — *Boriage de Baratz*, XVIe siècle (Acte not.).

PONT-DE-LENQUAIS (MOULIN DU), mⁱⁿ sis à la chute du Cousau dans la Dordogne. — *Moulin Brugual* (terrier de Lenq.).

PONT-DE-SAINTE-FOY, c^{ne}, c^{on} de Vélines, bourg qui est la continuation de la ville, au bout du pont, sur la rive droite de la Dordogne. — Voc. Notre-Dame.

PORTE (LA), c^{ne} d'Agonac. — Anc. rep. noble.

PORTE (LA), h. c^{ne} de Beynac.

PORTE (LA), anc. fief à Exideuil (arch. de Pau).

PORTE (LA), mⁱⁿ, c^{ne} de Naussanes. — 1656 (O. S. J.).

PORTE (LA), c^{ne} de Sarlande. — *Mansus la Porta*, 1248 (Périg. M. H. t. VII).

PORTE (LA), h. c^{ne} de Sergeac (B.).

PORTE-CONGNE, h. c^{ne} d'Atur.

PORTE D'ITIER, à Périgueux. — *Porta voc. Iterii de Petrag., per quam, plus quam per aliam portam civitatis, consuetum est ire et intrare de dicta villa ad dic. civitatem*, 1314 (Lesp. Sommation aux consuls de la Cité).

PORTE-LACGIÈRE, éc. c^{ne} de Saint-Avit-Sénieur. — 1714 (Acte not.).

PORTE-LÈDRE, c^{ne} d'Agonac. — *Locus voc. de Porta Lebre*, 1478 (titres de Chamberlhiac).

PONTELIÈRES (LES), lieu-dit, c^{ne} de Mouleydier (cad.).

PORTE-LOUBE, friche, c^{ne} de Saint-Amand-de-Coly (A. Jud.).

PORTE NORMANDE, à Périgueux. — *P. Boarella.*

PORTE ROMAINE, à Périgueux. — *Barrium de Porta Romana*, 1363 (Lesp. arch. de Sainte-Claire).

PORTES (LES), h. c^{ne} de Vic.

PORT-MOREAU, lieu-dit, c^{ne} de Saint-Jory-las-Bloux (A. Jud).

PORTUGAL, lieu-dit, c^{ne} de Mouleydier (A. Jud.).

PORTUGAL, h. c^{ne} de Saint-Germain-et-Mons.

POSCAUD? c^{ne} de Saint-Just. — *Maynam. de Poscaud*, 1324 (Lesp.).

PORÉ, h. c^{ne} de la Rouquette-Eymet. — *Maison de Pothet*, 1677 (Acte not.). — *Poutet* (E. M.).

POTENCE (À LA), terre, c^{ne} de Faux, sur le chemin d'Issigeac. — 1740 (not. de Faux).

POTENCE (LA), terre n° 795, c^{ne} de Gaujac (A. Jud.).

POTENCE (LA), c^{ne} de Mouleydier. — *Mansus de la Potenca*, 1488 (Liv. N. 5).

POTENCE (LA), lieu-dit, c^{ne} de Négrondes (cad. n° 1049).

POTENCES (LES), éc. c^{ne} de Clérans (B.). — *Place des Justices aux Coutous bas*, 1686 (Acte not.).

POTENCES (LES), c^{ne} de Léguillac-de-Cercle.

Potences (Les), h. c^ne de Sainte-Marie-de-Chignac (S. Post.).

Potences (Les), éc. c^ne de Sorges (A. Jud.).

Potences (Les), lieu, c^ne de Vieux-Mareuil (S. Post.).

Potières (Les), h. c^ne de Saint-Meard-de-Gurson (A. Jud.).

Potuderie (La), ruines, c^ne de Beauregard-Terrasson (le Périg. ill.).

Pouch (Le), sect. de la c^ne de Chavagnac.

Pouch (Le), ténement, c^ne de Vic (Reconn. 1649).

Pouchardem, lieu-dit, c^ne de Bassillac (A. Jud.).

Pouch-bel-Bos, lieu-dit, c^ne de Ladornac.

Pouchetie (La), éc. c^ne de Mensignac (E. M.).

Pouchillou (Le), pré, c^ne de Cause-de-Clérans (A. Jud.).

Pouchou, h. c^ne de Besse.

Pouchou, h. c^ne de Campagnac-lez-Quercy. — Altitude : 335 mètres.

Pouchou, h. c^ne de Dome (B.).

Pouchou, h. c^ne de la Force.

Pouchou, h. c^ne de Veyrignac (B.).

Pouchouneix (Le), h. c^ne de Marsaneix. — *Poussouneix* (B.).

Pouchounet, éc. c^ne de Rouffignac-Montignac (B.).

Poudelbos, h. c^ne de Ladornac (E. M.).

Poudrier (Le) ou Tout-y-Faut, éc. c^ne de Saint-Raphaël.

Poueix (Grand-), h. c^ne de Bussière-Badil.

Pouge (A la), terre, c^ne de Saint-Amand-de-Coly, n° 376 (A. Jud.).

Pouge (A la), c^ne de Sainte-Foy-de-Belvez, sur le chemin de la Trape. — 1650 (Acte not.).

Pouge (Casse), c^ne de Baneuil. — *Mansus de Cassa-Pogia,* 1462 (Liv. Nof. 60).

Pouge (Claud de la), h. c^ne de Saint-Jean-d'Ataux.

Pouge (La), h. c^ne de Brantôme (S. Post.).

Pouge (La), éc. c^ne de Cantillac.

Pouge (La), h. c^ne de Douville (S. Post.). — Altitude : 190 mètres.

Pouge (La), h. c^ne d'Eyrenville. — *Poure* (E. M.).

Pouge (La), bruyère, c^ne de Maurens, sect. A, 1049 (A. Jud.).

Pouge (La), c^ne de Monesterol. — *Maynam. voc. de la Posga,* 1330 (Lesp. 79).

Pouge (La), c^ne de la Mongie-Montastruc. — *Maynam. de la Pogia,* 1460 (L. N. 25).

Pouge (La), h. c^ne de Saint-Aquilin (S. Post.).

Pouge (La), h. c^ne de Saint-Étienne-le-Droux (S. Post.).

Pouge (La), h. c^ne de Saint-Jory-de-Chalais (S. Post.).

Pouge (La), h. c^ne de Saint-Jory-las-Bloux (S. Post.).

Pouge (La), éc. c^ne de Saint-Léon-sur-l'Isle.

Pouge (La), h. c^ne de Saint-Martin-de-Fressengeas (cad.).

Pouge (La), h. c^ne de Sarrazac (S. Post.).

Pouge (La), h. c^ne de Ségonzac.

Pouge (La Petite-), chemin, c^ne de Négrondes (A. Jud.).

Pougerie (La), h. c^ne de Tourtoirac (E. M.). — Altitude : 209 mètres.

Pouges (Les), m. isolée, c^ne de Clermont-Exideuil (S. Post.).

Pouges (Les), c^ne de Saint-Saud (cad.).

Pouges (Les), c^ne de Sencenac. — *Loco voc. en Posgas Blanchas,* 1345 (ch. Mourcin).

Pouges (Les Hautes-), h. c^ne de Gouts (S. Post.).

Pouges (Les Hautes et Basses), h. c^ne de Carves (S. Post.).

Pouget (Le), h. c^ne de la Bouquerie. — Altitude : 143 mètres.

Pouget (Le), h. c^ne de la Canéda (E. M.).

Pouget (Le), h. c^ne de Dussac (S. Post.).

Pouget (Le), h. c^ne de Larzac.

Pouget (Le), h. c^ne de Loubéjac.

Pouget (Le), h. c^ne de Montbazillac. — *Lo Poget,* 1487 (O. S. J.).

Pouget (Le), c^ne de Montignac-sur-Vézère. — *Locus de Pojeto prope Montinhacum,* 1321 (Trésor des chartes. Procès de Pons, 61, 298).

Pouget (Le), h. c^ne de Peyzac-de-Montignac.

Pouget (Le), lieu-dit, c^ne de Sainte-Alvère.

Pouget (Le), h. c^ne de Saint-Avit-Sénieur.

Pouget (Le), h. c^ne de Sainte-Innocence. — Altitude : 127 mètres.

Pouget (Le), h. c^ne de Sainte-Mondane.

Pouget (Le), c^ne de Saint-Naixent. — *Le Poget,* 1487 (O. S. J.).

Pouget (Le), h. près de Sarlat.

Pouget (Le) ou le Pouzet, h. et grotte, à 1,500 mètres de Terrasson. — La grotte est sur le bord de la Vézère, à 60 mètres au-dessus du niveau de l'eau, et ouverte à l'est; 5^m,70 d'ouverture, 7 mètres de profondeur; divisée en deux chambres; silex empâtés dans la gangue des concrétions calcaires, bois de renne, etc. Elle a été explorée par M. Lalande en 1868.

Pouget (Le), h. c^ne de Veyrines-Dome (S. Post.).

Pouget (Le). — *Vilatg. voc. del Poget,* 1489 (arch. de la Gir. Bigaroque).

Pouget (Tour du), c^ne de la Bachelerie. — *Pogetum,* 1512. — *Le Poget,* 1538 (Généal. de Rastignac). Anc. rep. noble.

Pouget de Maubron ou Magron (Le), partie du pech de Sainte-Radegonde, c^ne de Calviac (cad.).

Pougouler, ténement, c^{er} de Naussanes. — 1712 (O. S. J.).

Pouillat, h. c^{ne} de Fleurac.

Pouillat, h. c^{ne} de Peyzac-sur-Vézère.

Pouille (Bois de), lieu-dit, c^{ne} de Chavagnac (cad.).

Pouille (La), h. c^{ne} de Faurilles. — Altitude : 134 mètres.

Poujade (La), h. près de Belvez.

Poujade (La), h. c^{ne} de Chavagnac. — Altitude : 281 mètres.

Poujade (La), h. c^{ne} de Fleurac.

Poujade (La), h. c^{ne} de Liorac. — La Poyada (Liv. Nof.).

Poujade (La), h. c^{ne} de Marquay.

Poujade (La), h. c^{ne} de Palayrac. — In Pojade, 1192 (cart. de Cadouin, charte d'Aliénor)?
Maison conventuelle dépendante de l'abbaye de Cadouin.

Poujade (La), h. c^{ne} de Saint-Laurent-des-Bâtons. — Maynam. de las Poiadas, Poyadas, 1560 (Liv. Nof. p. 51).

Poujade (La), h. c^{ne} de Sendrieux. — Pojade, Pouyade, 1634 (Acte not.).

Poujade (La), dom. c^{ne} d'Urval.

Poujade (La)? — Domus de la Poyada, 1406 (Hommage au chap. de Saint-Astier).

Poujol, h. c^{ne} de Bourniquel (S. Post.).

Poujol, c^{ne} de Carlux ; butte avec ermitage (Pér. ill.).

Poujol, h. c^{ne} de Fanlac. — Loco voc. al Pogol, 1471 (Généal. de Rastignac).

Poujol, h. c^{ne} de Florimont.

Poujol, h. c^{ne} de Sainte-Alvère. — Lo Poujolio (B.).

Poujol, vill. c^{ne} de Saint-Sernin-de-la-Barde. — Eccl. de Poyolio (bénéf. de l'év. de Sarlat).

Poujol, h. c^{ne} de Sergeac. — El Poiol, 1318 (O.S.J.).

Poujol, c^{ne} de la Tour-Blanche. — Noble rep. de Pouzols (Courcelles, VIII).

Poujol (Le), h. c^{ne} de Saint-Crépin-Carlucet (B.).

Poujoulou, coteau très-élevé, c^{ne} de Saint-Lazare.

Poulbounie (La), éc. c^{ne} de Bergerac. — 1677 (A. N.).

Poulec (Le), terre, c^{ne} de Coulounieix (A. Jud.).

Pouleille (La), h. c^{ne} de Saint-Félix-de-la-Linde. — La Poulélie, 1671 (Acte not.).
Anc. fief.

Poulete (La)? ruiss. c^{ne} de Saint-Félix-de-Bourdeilles. — Rivus voc. la Pouleta, 1475 (O. S. J.).

Poulgue (La), h. c^{ne} de Sarlat (cad.).

Poulignac, h. c^{ne} de Boulazac. — Altitude : 138 mètres.

Pouliquet, h. c^{ne} d'Agonac. — Altitude : 161 mètres (E. M.).

Poulissiers (Les), m. isolée, c^{ne} de Boisse (A. Jud.).

Poulvelerie (La), h. c^{ne} de Fosse-Magne. — La Polvelaria, 1497 (Généal. de Rastignac). — La Pouvellerie (A. Jud.).
Altitude : 253 mètres.

Poulvelerie (La), h. c^{ne} de Ligueux. — Polvereiras (cart. de Ligueux). — Polvelhieras, 1495 (Dives, II, 120). — Pouvericras (E. M.).

Poulvelerie (La), h. c^{ne} de Proissans (cad.). — Polvererie (B.).

Poulvère, h. c^{ne} de Montbazillac.

Poulvereix, c^{ne} de Saint-Just. — Polvezes, 1324. — Poulvèzes, Poulvaizes, 1652 (Acte not.).

Poulvérouse, h. c^{ne} de Campagne (B.). — Altitude : 203 mètres.

Poumeyrie, h. c^{ne} de Saint-Laurent-des-Hommes.

Poumeyrol, h. c^{ne} de Monbos. — 1738 (Acte not.).

Poumissou, h. c^{ne} de Vélines (B.).

Pounazel (A), terre, c^{ne} de Bassillac (A. Jud.).

Pouquet, c^{ne} de Chantérac. — Château de Poucquet. 1538 (Lesp. La Cropte).

Pourades (Les), éc. c^{ne} d'Agonac (B.).

Pouradier (Le), h. banlieue de Périgueux.

Pourcaille (La), dom. c^{er} de Maurens (A. Jud.).

Pourcal (Le), h. c^{ne} de la Mongie-Saint-Martin. — Voy. Porchères.

Pourcal (Le), h. c^{ne} de Vert-de-Biron (S. Post.).

Pourcaux (Les), h. c^{ne} de Saint-Martin-de-Gurson (B.).

Pourcaux (Les Petits), h. c^{ne} de Villefranche-de-Longchapt (B.).

Poureil, lieu-dit, c^{ne} de Monsac (terr. de Lenq.).

Pouretie (La), h. c^{ne} de Brassac. — La Poureytie (B.). — Pourélie (E. M.).

Pouretie (La), h. c^{ne} de Trélissac (S. Post.).

Pouretou, h. c^{ne} de la Linde (E. M.).

Pourgal (La), h. c^{ne} de Prigonrieu. — 1724 (not. de Bergerac).

Pourieu, h. c^{ne} de Montren (E. M.).

Pouroulet (Le), h. c^{ne} de Marsaneix. — Ruines (commun. par M. le curé de Marsaneix).

Pourrou, éc. c^{ne} de Campagne. — Les Pourroux (B.). Altitude : 206 mètres.

Pourroux (Les), h. c^{ne} de Pressignac (A. Jud.).

Pourten, h. c^{ne} de Montren (B.).

Poussière (La), lieu-dit, c^{ne} de Vern (cad.).

Poussilloux (Les), éc. c^{ne} de Sorges (A. Jud.).

Poussoneix, h. c^{ne} de Marsaneix (E. M.).

Poustours (Les), h. c^{ne} de Nadaillac. — Altitude : 285 mètres.

Pouteil (A), lieu-dit, c^{ne} de Saint-Lazare (A. Jud.).

Poutet, dom. c^{er} de Sainte-Sabine.

Poutine (La), éc. c^{ne} d'Orliac.

Poutine (La), h. c^{ne} de Sainte-Croix-de-Montferrand.

Poutou-Fagolle, h. c⁻ᵉ de Château-Miscier.

Pou-Vezey, h. cⁿᵉ du Grand-Brassac. — Altitude : 202 mètres.

Poux, h. cⁿᵉ d'Archignac.

Poux, éc. cⁿᵉ de Sorges. — Altitude : 188 mètres.

Poux (Le), h. cⁿᵉ de la Chapelle-Pommier.

Poux (Le), h. près de Château-Miscier.

Poux (Le), h. cⁿᵉ de Fontaine.

Poux (Le), h. cⁿᵉ de la Linde.

Poux (Le), h. cⁿᵉ de Sainte-Alvère. — *Lou prats deu Pous*, 1471 (terr. de Couse).

Poux (Le), bois, cⁿᵉ de Saint-Astier (A. Jud.).

Poux (Le), h. cⁿᵉ de Saint-Aubin-de-Lenquais. — *Vill. del Pouch*, 1742 (terr. de Lenquais). — *Pouche* (E. M.).

     Altitude : 112 mètres.

Poux (Le), h. cⁿᵉ de Saint-Sulpice-de-Mareuil.

Poux (Le), lieu, cⁿᵉ de Vitrac (cad.).

Poux (Les), h. cⁿᵉ de Saint-Martin-de-Gurçon.

Poux (Les), lieu, cⁿᵉ de Thenon.

Pouyade (La), cⁿᵉ d'Agonac. — 1660 (terrier de la Roche-Pontissac).

Pouyade (La), h. cⁿᵉ de Chalais.

Pouyade (La), h. cⁿᵉ de Chenau.

Pouyade (La), h. cⁿᵉ de Cherval.

Pouyade (La), cⁿᵉ de Dussac (E. M.).

Pouyade (La), sect. de la cⁿᵉ de Festalens (cad.).

Pouyade (La), h. cⁿᵉ de Génis (S. Post.).

Pouyade (La), h. cⁿᵉ de Naillac. — *Mansus de la Poyada*, 1463 (O. S. J. Condat).

     Fief dépend. de la comm^rie de Condat.

Pouyade (La), cⁿᵉ de Négrondes. — 1660 (terr. de la Roche-Pontissac).

Pouyade (La), cⁿᵉ de la Roche-Beaucourt (O. S. J.). — Dépend. de la comm^rie du Soulet.

Pouyade (La), h. et chapelle, cⁿᵉ de Saint-Angel (B.).

Pouyade (La), h. cⁿᵉ de Saint-Jory-de-Chalais (S. Post.).

Pouyade (La), h. cⁿᵉ de Saint-Laurent-sur-Manoire (E. M.).

Pouyade (La), lieu, cⁿᵉ de Vallereuil. — *La Poyada*, 1307 (Périg. M. H. 41, 1).

Pouyade (La), h. cⁿᵉ de Villetoureix. — *La Poyade* (cad.).

Pouyade-d'Artis (La), h. cⁿᵉ de Saint-Paul-la-Roche (A. Jud.).

Pouyade-de-Vaux (La), h. cⁿᵉ de Jumillac (S. Post.).

Pouyades (Les), lieu-dit, cⁿᵉ de Saint-Julien-Brantôme (A. Jud.).

Pouyalou, h. cⁿᵉ de Saint-Jean-d'Eyraud (E. M.).

Pouyalou (Le), taillis, cⁿᵉ de Sainte-Marie-de-Chignac (A. Jud.).

     Dordogne.

Pouyau, h. cⁿᵉ de Fraysse (B.).

Pouyau, ruiss. qui vient de Gammarey et se jette dans la Crempse en face d'Issac. — *Pouyaud* (B.).

Pouyau, h. cⁿᵉ de Saint-Georges-de-Blancaneix.

Pouyau, h. cⁿᵉ de Saint-Géry. — Altitude : 129 mètres.

Pouyau, sect. de la cⁿᵉ de Saint-Médard-de-Mussidan (cad.).

Pouyau (Le), h. cⁿᵉ de Saint-Angel. — Altitude : 221 mètres.

Pouyau (Le), h. cⁿᵉ de Villamblard. — Souterrains taillés dans le roc.

Pouyaus (Les), lieu-dit, cⁿᵉ de Trélissac. — 1723 (Liv. Nof.).

Pouye (La), h. cⁿᵉ de Faurilles.

Pouyet (Le), éc. cⁿᵉ de Bassillac.

Pouyet (Le), bois, cⁿᵉ de Mayac (A. Jud.).

Pouyet (Le), éc. cⁿᵉ de Négrondes (E. M.). — Altitude : 203 mètres.

Pouyou, h. cⁿᵉ de Villamblard, — 1660 (Acte not.).

Pouyou, h. cⁿᵉ de Ribérac (E. M.). — Altitude : 138 mètres.

Pouyou (Le), tumulus, cⁿᵉ de Dome (le Périg. ill.).

Pouyouleix (Les), h. cⁿᵉ de Saint-Jory-de-Chalais.

Pouyoulet (Le), cⁿᵉ de Saint-André-de-Double. — Anc. rep. noble.

Pouyoulet (Le), lieu-dit, cⁿᵉ de Saint-Front-de-Pradoux (cad.).

Pouyoulou, h. cⁿᵉ de Beauregard-Bassac (E. M.).

Pouzade (La), h. cⁿᵉ de Ladornac (E. M.).

Pouzateau (Haut et Bas), h. cⁿᵉ de Cornille.

Pouze (La), h. cⁿᵉ de Chapdeuil (S. Post.).

Pouzelande, b. cⁿᵉ de Sanillac. — *Pouzalande*, 1539 (Dives, charte gr. M.).

     Anc. rep. dépend. de la ville de Périgueux.

Pouzinie (La) ? cⁿᵉ d'Agonac. — *Maynam. de la Posinia*, 1478 (titres de Chamberlhiac).

Pouziol (Combe de), sect. C de la cⁿᵉ de Valeuil (A. Jud.).

Pouzol, h. cⁿᵉ d'Augignac (S. Post.).

Pouzol, bois tenant à la forêt de Saint-James, cⁿᵉ de Cercle.

Pouzol, h. cⁿᵉ de Corgnac (A. Jud.). — Altitude : 172 mètres.

Pouzol (Le), h. cⁿᵉ de Ladornac (A. Jud.).

Pouzols, cⁿᵉ de la Tour-Blanche. — Anc. rep. noble (Courcelles, VIII).

Pouzoulou, éc. cⁿᵉ de Calviac.

Pradaches, cⁿᵉ de Périgueux. — *Loc. voc. las Pradachas*, 1354 (ch. Mourcin).

Pradal (Le), h. cⁿᵉ du Coux (B.).

Pradal (Le), h. cⁿᵉ d'Eyliac. — *Mayn. del Pradal*, 1474 (ch. Mourcin).

     32

Pradal (Le), h. c^ne de Naussanes. — 1744 (Acte not.).

Pradayroud, h. c^ne de Cumont (B.).

Prade (La), anc. dioc. de Périgueux, auj. du dép^t de la Charente. — *Eccl. de la Prada* (pouillé du xiiie siècle, archipr. de Pillac). — *Prata*, 1382 (P. V. M.).

Prade (La), h. c^ne de Monsec (B.).

Pradeau (Le), h. c^ne d'Angoisse (B.).

Pradeaux, h. c^te de Saint-Pardoux-de-Drone (E. M.).

Pradel (Le), h. c^ne du Coux. — *Mansus del Pradel; Pradal*, 1463 (arch. de la Gir. Bigaroque).

Pradelas, h. c^ne de Pazayac. —1529 (fabr. de Pazayac).

Pradelle (La), h. c^ne de Beaumont. — *Hôtel noble de la Pradelle*, 1469 (Homm. au duc de Guyenne).
Fief mouvant de la seign. de Lenq. 1787 (A. N.).

Pradelle (La), c^ne d'Exideuil. — *Pratella*, 1303 (Lesp. 47, Montaut). — *La Pradela*, 1408 (assises d'Exideuil).
Anc. fief.

Pradelle (La), c^ne de Verteillac. — *La Pradela*, 1282 (Lesp. 81).

Pradelles, éc. c^ne de Sainte-Alvère.

Pradelles (Les), bois, c^ne de Douzillac (cad.).

Pradelous (Les), h. c^ne de Montagnac-la-Crempse. — 1678 (Act. not.).

Praderie (La), h. c^ne du Coux (A. Jud.).

Pradeyrol, c^te de Chassagne. — *Mayn. de Pradeyrols*, 1326 (arch. de la Gir.).

Pradines (Ville de), c^ne de Saint-Vincent-de-Cosse. — Nom donné aux ruines romaines de Constaty (Cal. de la Dord. Jouannet, *Statist. du Sarladais*).

Pradoux (Le), lieu-dit, c^ne de Saint-Front-de-Champniers (cad.).

Pradoux (Le), h. c^ne de Saint-Front-Mussidan. — Voy. Saint-Laurent.

Pragelier, h. c^ne de Tourtoirac (S. Post.).

Prandie (La), h. c^ne de Valojoux.

Praroumye (La), c^ne de Saint-Astier. — 1506 (inv. du Puy-Saint-Astier).

Prat, h. c^ne de Montren (B.).

Prat, c^ne de Négrondes. — *Mansus de Prato*, 1281 (titres de Chamberlhiac).

Prat (Neu)? arrond. de Bergerac. — *In Baia villa, mansus de Novo Prato?* 1135 (cart. de Cadouin).

Pratalenc? pré, c^ne de Grignol. — *Loco dict. Pratalenc*, 1490 (Dives, II, 57).

Prats, h. c^ne de Montren (E. M.).

Prats, sect. de la c^ne de Saint-Seurin-de-Prats.

Prats-de-Belvez, c^te, c^on de Villefranche-de-Belvez. — *Sancta Maria de Pratis*, 1053 (Gall. Chr. Sarlat).
Anc. rep. noble. — Altitude : 263 mètres.
Patrons : sainte Claire et saint Maurice; coll. l'évêque.

Prats-de-Carlux, c^ne, c^on de Carlux. — *Prati*, 1479 (arch. de Paluel).
Patron : sainte Croix; coll. l'évêque.

Precillac, h. c^ne de Villars (B.).

Pregère (La), h. c^ne de Boulazac. — *La Pregeyra*, 1273 (Lesp. Saint-Front). — *La Pregiere*, 1693 (Acte not.).

Pregère (La), lieu, c^ne de Sanillac.

Premillac, h. c^ne d'Exideuil. — *Premilhac*, xvie siècle (arch. de Pau).
Anc. rep. noble.

Prendavaux, taillis, c^ne de Sainte-Croix-de-Mareuil (A. Jud.).

Prends-ti-Garde, lieu-dit, c^er de Castelnau (cad.).

Prends-ti-Garde, lieu-dit, c^ne de Sarlat (cad.).

Prends-ti-Garde, h. c^ne de Vélines (S. Post.).

Preneyrie? c^ne d'Agonac. — *Tenentia voc. la Preneyria*, 1481 (titres de Chamberlhiac, 271).

Preratguie? c^ne de Sarlat. — *Locus voc. al Preratguie*, 1363 (arch. de Paluel). — Voy. Paratgies (Les).

Presbytère (Terre du), B, n° 443, c^ne de Saint-Julien-de-Crempse (A. Jud.).

Pressac, h. c^ne de Thenon.

Pressegeyrols, c^ne de Mensignac. — *Mayn. de Pressegeyrols*, 1276 (O. S. J.).

Pressezer, éc. c^ne de Biras (B.).

Pressignac, c^ne, c^on de la Linde. — *Prescinhac* (pouillé du xiiie siècle). — *Pressinhacum*, 1382 (P. V. M.). — *Presingnhac*, 1582 (Acte not.).
Anc. rep. noble avec justice sur la paroisse, 1760 (Alm. de Guy.).
Voc. Notre-Dame.

Pressouillet, vallon, c^ne de Pressignac (A. Jud.).

Prêtre (L'Îlot du), c^ne de Serres (cad.).

Prêtres (Combe des), taillis, c^ne de la Mongie-Montastruc (A. Jud.).

Prévost, anc. fief à Exideuil (arch. de Pau).

Prévostal, anc. porte et quartier de la ville de Bergerac. — *El Prebostal*, 1437 (Liv. N.). — C'était là qu'était l'hôtel des premiers seigneurs de la Force, qui, ayant la charge de prévôts de Bergerac, en avaient pris le nom. — *Galhardus Prepositi, donzellus castri de Forssia*, 1345 (Lesp.).

Prévosté (La), c^ne de Grignol. — *Mol. de la Prebostia*, 1481 (Dives, II, 103). — *Nob. domus de la Prevousté de Grignaux sita infra castrum de Grouignoulx*, 1503 (Lesp. 34, La Force).
Un très-ancien grand chemin, en partie subsistant, conduisait de la Force à Grignol (communic. de l'agent voyer de l'arrond. de Bergerac).

Preyssac, vill. c^ne de Château-l'Évêque. — *Eccles. de Preisat*, 1169 (bulle pour l'év. de Périg.). — *Prei-*

shac, 1247 (Châtell. de Périgueux). — *Leprosia de Preysac*, 1318; *Prechat*, 1325 (titres de Chamberlhiac). — *Preychacum* (pouillé du xiv° siècle). — *Preyschacum*, 1382 (P. V. M.). — *Preysat*, 1665 (Acte not.).

Voc. Saint-Jean-Baptiste; coll. l'évêque.

Preyssac-d'Exideuil, c^ne, c^on d'Exideuil. — *Freischacs* (pouillé du xiii° siècle, Exideuil). — *Preyschac*, 1382 (P. V. M.).

Patronne : Notre-Dame (Purification); coll. l'évêque.

Prézac (Haut et Bas), h. c^ne de Paussac.

Prieur (Borie du), éc. c^ne de Saint-Chamassy (B.).

Prieur (Forêt du), bois de 80 hect. c^ne de Sourzac (cad.).

Prieur (Le), h. c^ne de Maurens (E. M.). — Altitude : 134 mètres.

Prieur (Le), h. c^ne de Sainte-Croix-Beaumont (S. Post.).

Prieur (Moulin du), sur le Cruzet, c^ne d'Anesse (B.).

Prieur (Moulin du), c^ne de Mareuil.

Prieur (Moulin du), c^ne de Saint-Cyprien.

Prieur (Moulin du) sur la Risone, c^ne de Saint-Vincent-Jalmontier.

Prieur (Pré du), c^ne de Douville (cad. C, n° 881).

Prieuraux, h. c^ne de Pluviers (B.).

Prieuré (Le), h. c^ne de Bourdeix (B.).

Prieuré (Le), éc. près de Bourzac-Verteillac.

Prieuré (Le), h. c^ne de Saint-Romain-Saint-Clément (S. Post.).

Prieuré (Le), lieu-dit, c^ne de Siorac-Belvez (cad.).

Prigonrieu, c^ne, c^on de la Force. — *Eccl. de Prionriu. Quatuor mol. ad portum de Prionrui*, xii° siècle (cart. de Sainte-Marie de Saintes, 158). — *Eccl. de Profundo rivo*, 1382 (P. V. M.). — *Prigondrieu, Priguontrieu*, 1677 (not. de Bergerac).

Voc. Notre-Dame.

Prigonrieu, taillis, c^ne de la Mongie-Montastruc (A. Jud.).

Priolat, lieu sur le Drot, c^ne d'Eymet.

Priorat (Le), h. c^ne de Saint-Martin-de-Gurson (S. Post.).

Priorau (Le), c^ne de Thenac.

Prioraux (Les), c^ne de Cours-de-Piles.

Prioret, h. c^ne de Bourdeix (S. Post.).

Prioulie (La), lieu-dit, c^ne de Tanniès (cad.). — *Factum de la Prinolia*, 1462 (arch. de la Gir. Belvez). — *Priaulie* (B.).

Prisaudie, c^ne de Boulazac. — *Loc. voc. la Primsaudia*, 1353 (ch. Mourcin).

Prisaudie (Grande et Petite), h. c^ne d'Escoire. — 1693 (Act. not.).

Prisse, h. c^ne de Rouffignac-Montignac. (A. Jud.).

Prisse, éc. c^ne de Saint-Seurin-de-Prats (E. M.).

Privadie (La), h. c^ne de Millac-Nontron (S. Post.).

Privats (Les), h. c^ne de Coursac (B.).

Privol (Le)? pré, c^on de Cause-de-Clérans. — *Pratum voc. El Privol*, 1452 (L. Nof. 7). •

Profondval? c^on de Mareuil. — *Eccl. de Profunda Valle* (pouillé du xiii° siècle, archipr. de Vieux-Mareuil).

Proissans, c^ne, c^on de Sarlat. — *Proissanxs*, 1365 (Lesp. Châtell. de Montfort). — *Proysens*, 1483. — *Prichans*, 1556 (bénéf. de l'év. de Sarlat).

Anc. rep. noble ayant haute justice sur Proissans, 1760 (Alm. de Guy.).

Voc. Notre-Dame; coll. l'évêque.

Altitude : 205 mètres.

Pronchéras, h. c^ne de Manzac. — *Nemus quod dic. Proencheres*, 1178 (Lesp. Chap. de Saint-Astier). — *Ecclesia de Pronchieyras*, 1301 (Périg. M. H. 41, 2). — *Prompchieyras; Fons Prompcheyrencha*, 1471 (Dives, I, 61). — *Poncheras* (B.).

Prieuré dépend. de Ligueux. — L'église était dédiée à sainte Quitterie.

Le chapitre de Saint-Astier avait le droit de prendre du bois pour les besoins de la communauté dans la forêt de Pronchéras : le bois de chêne, dans les huit jours qui précédaient la fête de saint Astier, et le bois de châtaignier, pendant tout le temps de l'Avent, et autant que deux ânes pouvaient en transporter en un jour (bulle d'Alexandre III, chap. de Saint-Astier).

Pronchères, h. c^ne de Beaussat (B.).

Pronsalt, h. et carrière, c^ne d'Atur. — *Promsaud*, 1679 (Dénombr. de Périg.). — *Pronceau* (B.).

Proriol (A), terre, c^ne de la Chapelle-Gonaguet (A. Jud.).

Proudebault? — *La chapelle appelée Proudebault*, 1551 (arch. de Pau, limites de la paroisse de la Roche-Beaucourt).

Proumerelie? c^ue de Bussac. — *Ten. de la Proumeyrelhie*, xvi° siècle (O. S. J.).

Prousien, h. c^ne d'Eyliac (E. M.). — Anc. rep. noble.

Prule (A la), taillis, c^ne de Sendrieux (A. Jud.).

Prunarède (La), c^ne de Tayac. — *Mansus de la Prunareda*, 1462 (Philipparie, 166).

Prunède (La), anc. fief, c^ne de Marsaneix (arch. de Pau.).

Prunerède (La), h. c^ne de Brouchaud (E. M.).

Prunelrade (La), ténem. c^ne de Saint-Médard, 1344 (A. Jud.).

Pruneyrie (La), h. c^ne de Marsac (A. Jud.).

Pruneyrie (La), c^ne de Pizon. — *Mayne de la Prunayric*, 1300 (Lesp. 79).

Prunier (Le), c^{ne} de Liorac. — *Mayn. del Prunari*, 1454 (Liv. Nof. 37).

Pruniers (Les)? c^{ne} de Brantôme. — *Prepositura de Pruneriis*, 1382 (P. V. M.).

    Prieuré dépend. de l'abb. de Brantôme.

Pruniers (Les)? h. c^{ne} d'Eygurande.

Pruniers (Les)? auprès de Ribérac.

Pudesède? c^{ne} de Sergeac. — *Tenent. de la Pudeseda*, 1290 (O. S. J.).

Pueylie (La)? c^{ne} de Mussidan? — *La Pueylia*, 1458 (ch. Mourcin).

Pugeac (A), terre, c^{ne} de Ladornac (A. Jud.).

Pugnet, c^{ne} d'Agonac. — *Maynam. de Punhet*, 1478 (titres de Chamberlhiac).

Puiffe, h. c^{ne} de Firbeix. — Altitude du coteau qui le domine : 378 mètres.

Puisse-Chien, éc. c^{ne} de Firbeix. — Altitude : 454 mètres.

Puisset, h. c^{ne} de Condat.

Puits de Bontemps (Le), c^{ne} de Brouchaud. — Trou muré du fond duquel jaillit la source principale du Blame pendant sept à huit mois de l'année, et dont les eaux s'élèvent quelquefois à plus d'un mètre au-dessus de la margelle. Cette source principale tarit souvent dans l'été sans que le vallon soit à sec, parce que le lit du Blame est alimenté par les sources de six vallons (Ann. agric. de la Dordogne, 1869).

Pujol de l'Agnou (Au), terre, c^{ne} d'Urval (cad.).

Pujols de las Gnéous (Las), c^{ne} d'Urval (cad.).

Pupie (La)? c^{ne} de Pressignac. — *Lo Claux et Cotz de la Pupia*, 1462 (Liv. N. 52). — Voy. Paupio (La).

Purecet, c^{ne} de Marcuil. — Anc. rep. noble (Généal. Vassal).

Purelie (La)? c^{ne} du Bugue. — *Mansus de la Purelia*, 1480 (Liv. Nof.).

Puridien (Le), h. c^{ne} de Saint-Sernin-de-Reillac. — 1687 (Acte not.).

    Altitude : 266 mètres.

Purigier (Le), taillis, c^{ne} des Lèches (A. Jud.).

Purille (La), éc. c^{ne} du Bugne (E. M.).

Purne (La), taillis, c^{ne} de Prigonrieu (A. Jud.).

Puy (Gnos-), h. c^{ne} d'Abjat (B.).

Puy (Le), anc. rep. noble dans le bourg d'Agonac. — *Molend. de Pot*, 1325; *Del Pot in Puch de Agonac*, 1336; *Hospitium de Potz*, 1425 (titres de Chamberlhiac, 194, 233).

Puy (Le), h. c^{ne} d'Ajat. — 1503 (Mém. d'Albret). Altitude : 223 mètres.

Puy (Le), h. c^{ne} d'Azerat (B.). — Altitude : 184 mètres.

Puy (Le), c^{ne} de Beaupouyet. — Voy. Saint-Sernin. Altitude : 130 mètres.

Puy (Le), h. c^{ne} de Beleymas. — 1666 (Acte not.).

Puy (Le), h. c^{ne} de Cantillac (B.).

Puy (Le), h. c^{ne} de Chalagnac (E. M.).

Puy (Le), h. c^{ne} de Chalais (B.).

Puy (Le), c^{ne} de Champsevinel. — *Mansus de Podio*, 1328 (Périg. M. H. 41, 4). — *El Puey*, 1434 (*ibid.*).

Puy (Le), h. c^{ne} de la Chapelle-Gonaguet.

Puy (Le), c^{ne} de Cornille. — *Maynam. de Podio; Lou Mas del Puey*, 1320 (titres de Chamberlhiac).

Puy (Le), c^{ne} du Coux. — *Cumba de Puteo*, 1463 (arch. de la Gir. Bigaroque).

Puy (Le), c^{ne} de Cubjac. — Anc. rep. noble (Mém. d'Albret).

Puy (Le), h. c^{ne} d'Eyliac (E. M.). — Altitude : 306 mètres.

Puy (Le), h. c^{ne} de Gouts (E. M.).

Puy (Le), h. c^{ne} de Granges (B.).

Puy (Le), h. c^{ne} d'Issac. — 1617 (Acte not.).

Puy (Le), h. c^{ne} de Léguillac-de-Cercle. — *Mansus de Podio*, 1263 (Périg. M. H. 41, 2).

Puy (Le), c^{ne} de Manzac. — *Mas del Puey*, 1490 (Dives, II).

Puy (Le)? c^{ne} de Marcillac-et-Saint-Quentin. — *Mans. de Podio*, 1304 (O. S. J.).

Puy (Le), c^{ne} de Millac-d'Auberoche. — *Mansus voc. de Puteo*, 1533 (ch. Mourcin). Anc. fief (arch. de Pau).

Puy (Le), c^{ne} de Monesterol. — *Maynam. voc. de Podio*, 1335 (Lesp. 79).

Puy (Le), c^{ne} de la Nouaille (B.).

Puy (Le), place à Périgueux devant la cathédrale, autrement *le Puy Saint-Front*. — *Podium Sancti Frontonis, El Poy* (reg. de la Charité, p. 7). — *Poi de la Claustra* (*ibid.*).

Puy (Le), c^{ne} de Peyrignac (le Périg. ill.).

Puy (Le), c^{ne} de Saint-Astier. — 1323 (inv. du Puy-Saint-Astier). — *In Podio Abia* (arch. de Pau).

Puy (Le), c^{ne} de Saint-Jean-d'Estissac. — *Tenem. de Podio*, 1358 (Périg. M. H. 41, 5).

Puy (Le), h. c^{ne} de Saint-Léon-sur-l'Ille. — *Le mas deu Poy*, 1203 (cens dû au seigneur de Taillefer).

Puy (Le), h. c^{ne} de Saint-Martial-de-Valette. — Altitude : 240 mètres.

Puy (Le), c^{ne} de Saint-Paul-de-Serre. — *Mansus de Podio*, 1343 (Périg. M. H. 41, 2).

Puy (Le)? c^{ne} de Saint-Pierre-de-Chignac. — *Loco de Podioli*, 1327 (Périg. M. H. VII).

Puy (Le), h. c^{ne} de Saint-Pierre-de-Frugie. — Hauteur du coteau contre lequel il est adossé : 398 mètres (E. M.).

Puy (Le), h. c^{ne} de Saint-Sulpice-de-Romagnac (E. M.).

Puy (Le), c^{ne} de Saint-Victor. — *Mansus de Puteo*, 1308 (ch. Mourcin). Altitude : 135 mètres.

Puy (Le), cⁿᵉ de Sales-de-Belvez. — *Mansus del Puech*, 1462 (arch. de la Gir. Belvez).

Puy (Le), cⁿᵉ de Salon. — *Maynam. del Puech*, 1465 (Périg. M. H. 41, 7).
Anc. fief (arch. de Pau).

Puy (Le), h. cⁿˢ de Savignac-les-Églises.

Puy (Le), cⁿᵉ de Sorges. — *Maynam. de Podio*, 1346 (titres de Chamberlhiac, 18½).

Puy (Le), h. cⁿᵉ de Vanxains. — Altitude : 149 mètres.

Puy (Le), h. cⁿᵃ de Villamblard (E. M.). — Altitude : 197 mètres.

Puy (Le Mayne du), éc. cⁿᵉ de Saint-André-de-Double. — Altitude : 184 mètres.

Puy-Abby, éc. cⁿᵉ de Champsevinel. — Autrement *Croix Ferrade* (A. Jud.).

Puy-Agut, h. cⁿᵉ de Breuil, cⁿ de Vern (cad.). — Altitude : 206 mètres.

Puy-Agut, h. cⁿᵉ de Celle (E. M.).

Puy-Agut, h. cⁿᵉ de Manzac (S. Post.).

Puy-Agut, cⁿᵉ de Millac-de-Nontron ? — *Baylia de Puihagut*, xiiᵉ siècle (cens. de Clarol).

Puy-Agut, cⁿᵉ de Monesterol. — *Mans. de Podio Agut*, 1335 (Lesp. 79).

Puy-Agut, lieu-dit, cⁿᵉ de Mortemar. — 1666 (O. S. J.).

Puy-Alboy? cⁿᵉ de Neuvic. — *Podium Alboy*, 1491 (Dives, reg. 1).

Puy-Allegret (En), lieu-dit, cⁿᵉ de Manzac. — 1526 (Dives, Arrentement).

Puy-Ambert, h. cⁿᵉ de Chantérac. — *Puyembert* (B.). Anc. rep. noble.

Puy-Ardit, h. cᵗᵉ de Brantôme (E. M.). — Altitude : 162 mètres.

Puy-Ardit, cⁿᵉ de Champagnac-de-Bel-Air.

Puy-Arnen, cⁿᵉ de Saint-Laurent-des-Bâtons. — *Podium Arnen*, 1482 (Lesp. 83).

Puy-Astier, h. cⁿᵉ de Neuvic. — *Mansus del Poi Aster* (cart. de la Sauve). — *Peu Astier, Podium Astier*, 1480 (Dives, I, 24).

Puy-Atier, cⁿᵉ de Sarliac (inv. de Lanmary).

Puy-au-Blanc (La Forêt de), cⁿᵉ de Montpont. — *Pogol Blanc*, xviᵉ siècle (Lesp. Forêts du comte de Périg.).

Puy-Audi, aux environs de Périgueux. — *Locus de la Deaurada prope Podium Audi*, 1307 (Périg. M. H. 41, 2). — *Lo Poy Audy* (reg. de la Charité).

Puy-Audry, cⁿᵉ d'Atur. — *Mansus de Podio Audry*, 1350 (ch. Mourcin).

Puy-Audry, cⁿᵉ d'Église-Neuve-d'Issac. — *Maynam. de Puy Audry*, 1479 (bail de la Balbie).

Puy-Audry, h. cⁿᵉ de Saint-Jean-d'Eyraud (A. Jud.). — *Puy Audric*, 1666 (Acte not.).

Puy-Augier, cⁿᵉ de Saint-Germain-de-Salembre. — *Mas de Podio Augier*, 1297 (Lesp. 52, Mellet).

Puy-Auriol, éc. cⁿᵉ de la Chapelle-Gonaguet. — *Puy Oriol* (O. S. J.).

Puy-Auriol, cⁿᵉ de la Douze. — *Capella de Podio Auriol* (pouillé du xiiiᵉ siècle, archipr. de la Quinte). — *Foresta de Podio Auriol*, 1341 (ch. Mourcin).

Puy-Auriol? — *Podium Auriol*, 1150 (Lesp. Transaction entre Chatres et Dalon).

Puy-Auriol? — *Curia de Podio Aurioli*, 1556 (panc. de l'év. de Sarlat).
Dépend. du prieuré de Saint-Cyprien.

Puy-Auriol (Mas de), cⁿᵉ de Biras. — 1286 (titres de Chamberlhiac).

Puy-Autenant, cⁿᵉ d'Agonac (terr. de la Roche-Pontissac).

Puy-Autier, h. cⁿᵉ de Marsaneix.

Puy-Autier, h. cⁿᵉ de Saint-Pierre-de-Chignac.

Puy-Avre? cⁿᵉ de Grun. — *Tenent. de Puey Avre*, 1475 (Dives, I, 134).

Puy-Banquet? cⁿᵉ de Grignol. — *Chemin nommé de Puy Banquet*, 1521 (Dives, Reconn.).

Puy-Barbeau, h. cⁿᵉ de Nantiat (B.).

Puy-Baroneau, h. cⁿᵉ de Champniers.

Puy-Barteleix, h. cⁿᵉ de Sarlande (B.).

Puy-Bartre, h. cⁿᵉ de Cantillac. — *P. Bertro* (S. Post.).

Puy-Basti, cⁿᵉ d'Église-Neuve-d'Issac (Act. not.).

Puy-Baudau, h. cⁿᵉ de Chantérac.

Puy-Bazet, h. cⁿᵉ de Miremont.

Puy-Begou, h. cⁿᵉ d'Augignac (S. Post.).

Puy-Bely (Haut et Bas), cⁿᵉ de Cubas.

Puy-Berard? cⁿᵉ de Saint-Cyprien. — *Podium Berart*, 1462 (Philipparie).

Puy-Beraud, tenance, cⁿᵉ de Chantérac (inv. du Puy-Saint-Astier).

Puy-Beraud, sect. de la cⁿᵉ de Saint-Front-de-Champniers (cad.).

Puy-Berlay? cⁿᵉ de Preyssac? — *Puy Berlay*, 1480 (Périg. M. H. 41, 7).

Puy-Bernard, h. cⁿᵉ de Firbeix (S. Post.).

Puy-Bernard? cⁿᵉ de Périgueux. — *Poi Bernart*, 1257 (vente devant les consuls de Saint-Front, Périg. M. H. 41, 2).

Puy-Bertrand, h. cⁿᵉ de Valeuil (A. Jud.).

Puy-Berty, mét. cⁿᵉ de Vern. — *Lo Potz Berti*, 1267 (Périg. M. H. 41, 7).

Puybeton, forêt située dans la cⁿᵉ de la Bouquerie (B.). — Altitude : 196 mètres.

Puybeton, h. cⁿᵉ de Nojals (S. Post.). — *Puybeton*, 1286 (cout. de Beaumont). — *Baronnie de Puybeton-Landion*.
Anc. rep. noble ayant haute justice sur Clottes, Rampieux et la Bouquerie (Alm. de Guy. 1760).

Puy-Bezon, h. cⁿᵉ d'Augignac (E. M.).

Puy-Bialy, h. cᵉ de Saint-Mesmin (Cass.).

Puy-Bilier, h. cⁿᵉ d'Église-Neuve, cᵒⁿ de Vern.

Puy-Blanc, h. cⁿᵉ d'Agonac (cad.). — *Cumba voc. de Puey-Blanc*, 1478 (titres de Chamberlhiac).

Puy-Blanc, h. cⁿᵉ de Brantôme.

Puy-Blanc? cⁿᵉ du Bugue. — *Loc. voc. in Podio Albo* (Liv. Nof.).

Puy-Blanc, m. cᵘᵉ de Condat-Brantôme (S. Post.).

Puy-Blanc, cⁿᵉ de Grignol. — *Maynam. de Puey Blanc*, 1490 (Dives, II, 65).

Puy-Blanc, lieu-dit, cⁿᵉ de Saint-Saud (cad.).

Puy-Blanc, h. cᵗᵉ de Salon (B.).

Puy-Boazelenc? cⁿᵉ de Saint-Front-d'Alemps. — *Podium Boazelenc*, 1228 (titres de Chamberlhiac).

Puy-Boissier, h. cᵗᵉ de Fosse-Magne. — Altitude : 234 mètres.

Puy-Bony, cⁿᵉ de Saint-Pierre-de-Chignac (Acte not.). — *Podium Bonium, Podium Bonionis*, 1426. — *Præceptoria de Puy bon, Petrag. dioc.* 1501 (O. S. J. Condat)?

Voc. Notre-Dame.

Puy-Bondelais, cᵗᵉ de Grignol. — *Podium Bordaleys*, 1471 (Dives, I, 77).

C'est la partie du plateau située entre le château neuf de Grignol et le lieu de Pontou.

Puy-Bonel, cⁿᵉ d'Agonac. — *Maynam. de Podio-Bourel*, 1460 (titres de Chamberlhiac).

Puy-Boucher, cⁿᵉ de Brouchaud. — *Podium Bocherii* (cart. de Peyrouse). — *Boucheix* (A. Jud.). Altitude : 236 mètres.

Puy-Boudel, cⁿᵉ de Chantérac. — 1455 (inv. du Puy-Saint-Astier).

Puy-Bournet, h. cⁿᵉ de Marsac (B.).

Puy-Boynant? cᵗᵉ de Beaurone. — *Podium Boynant*, 1290 (Lesp. Homm. de Begon).

Puy-Braulet, lieu-dit, cⁿᵉ de Sainte-Orse (A. Jud.).

Puy-Brely, h. cⁿᵉ de Fosse-Magne (Cass.).

Puy-Bru, éc. cⁿᵉ de Nanteuil-de-Bourzac (B.).

Puy-Brun, cᵘᵉ de Boisseul. — *Villa Podii Bruni*, 1279 (Dalon, Arch. de l'Emp. J. 397).

Puy-Busa? cᵗᵉ de Sainte-Orse. — *Podium Busa*, 1402 (Périg. M. H. 41, 7).

Puy-Cabrier, h. cⁿᵉ de Savignac, cᵒⁿ du Bugue. — *Cumba de Cabri Pes*, 1472 (Liv. Nof. 78).

Puy-Canonique? cⁿᵉ de la Vayssière. — *Mansus de Podio Canonico, in par. de Vaicha, in honorio de Vernhio*, 1312 (Lesp. 26, Homm.).

Anc. fief (châtell. de Vern).

Puy-Cause, cᵘᵉ de Grun. — 1512 (inv. du Puy-Saint-Astier).

Puy-Chabrol, cⁿᵉ de Saint-Crépin-d'Auberoche. — Anc. rep. noble, 1503 (Mém. d'Albret).

Puy-Chabrol, h. cⁿᵉ de Saint-Front-la-Rivière (S. Post.). — Altitude : 187 mètres.

Puy-Chambaud, h. cⁿᵉ de Bourdeilles. — *Podium Chambaudi* (arch. de l'abb. de Brantôme). — *Podium Archibaudi* (pouillé, Lesp.).

Prieuré avec titre de prévôté, dépend. de l'abb. de Brantôme.

Puy-Chambaud, taillis, cⁿᵉ de Sendrieux (A. Jud.).

Puy-Chambert, cᵘᵉ du Bugue. — *Mas de Puich Audebert* (cart. de l'abb. du Bugue, XIIᵉ siècle).

Puy-Changit? cᵖᵉ de Vallereuil. — *Podium Changit*, 1331 (Périg. M. H. 41, 4).

Puy-Chantu, h. cⁿᵉ d'Eyvirac (B.).

Puy-Chanvaux, éc. cⁿᵉ de Breuil-Vern (B.).

Puy-Chapot, cⁿᵉ de Négrondes (terr. de la Roche-Pontissac).

Puy-Chapot, h. cⁿᵉ de Saint-Germain-des-Prés (B.).

Puy-Chapou, h. cⁿᵉ de Saint-Jory-las-Bloux.

Puy-Chardie, h. cⁿᵉ de Villars (B.).

Puy-Charnaud, h. cⁿᵉ de Saint-Étienne-le-Droux. — Anc. rep. noble.

Puy-Charoux, h. cⁿᵉ de Saint-Aquilin.

Puy-Chassien, sect. de la cⁿᵉ d'Agonac (cad.). — *Maynam. de Peu-Chassier*, 1493 (tit. de Chamberlhiac). — *Podium Chassey*, 1502 (Feti, I, 15).

Puy-Château, éc. cⁿᵉ de Bussac (B.).

Puy-Chaud, h. cⁿᵉ de Léguillac-de-Lauche. — *Nemus de Poichaus*, 1172 (cart. de Chancelade).

Puy-Chaussat, h. cⁿᵉ de Saint-Astier. — *Puy Chouchat*, 1504 (inv. du Puy-Saint-Astier). Altitude : 164 mètres.

Puy-Chauvaux, h. cⁿᵉ de Monsec. — *Puey Chalvet*, 1452 (O. S. J.).

Dépend. de la commⁿᵉ de Pont-Arnaud.

Puy-Chauvet, cᵘᵉ de Tocane. — 1526 (ch. Mourcin).

Puy-Cheny, h. et forêt, cⁿᵉ de Champeaux. — *Picheny* (E. M.).

Altitude : 198 mètres.

Anc. rep. noble.

Puy-Cheny, h. cⁿᵉ de Fosse-Magne (A. Jud.). — Altitude : 249 mètres.

Puy-Cheny, h. cⁿᵉ de Notre-Dame-de-Sanillac.

Puy-Cheriffel, h. cⁿᵉ de Grignol. — *Puey Chariffel*, 1496 (Dives, II, 52).

Puy-Chevalier (Le), éc. cⁿᵉ de Montsaguel (B.).

Puy-Chevalier (Le), h. cⁿᵉ de Saint-Barthélemy-de-Bussière-Badil.

Puy-Cheyrie, h. cⁿᵉ de Champeaux. — Altitude : 145 mètres.

Puy-Cheyrou, h. cⁿᵉ d'Allemans (B.).

Puy-Chicou, h. cⁿᵉ de Chalagnac (E. M.). — Altitude : 219 mètres.

Puy-Chissoux, h. c^ne de Lussas (E. M.).

Puy-Chounot? c^ne de Tocane. — *Podium Chounot*, 1454 (ch. Mourcin). — *Puy Chounet*, 1573 (Dives).

Puy-Choutet? c^ne d'Eyvirac. — *Podium-Choutet*, 1475 (titres de Chamberlhiac, 44).

Puy-Chouvol? c^ne de Sainte-Orse. — *Peuy Chouvol*, 1457 (Lesp. 79).

Puy-Claud, h. c^ne de Condat (S. Post.).

Puy-Cogul, c^ne de Chantérac. — 1417 (inv. du Puy-Saint-Astier).

Puy-Comtal, c^ne de Grignol. — *Podium Comtal*, 1471 (Dives, I, 131).

Puy-Constant? c^ne de Sourzac. — *Tenentia de Podio Constans*, 1481 (Dives, I, 116).

Puy-Corbeau, c^ne d'Atur (Dénombr. 1679). — *Pey Corbon* (atlas de Blaeu). — *Puy Courbeau.*

Puy-Corbier, c^ne, c^on de Mussidan. — *Poi Corber* (pouillé du XIIIe siècle). — *Corbene*, 1382 (P. V. M.). — *Podium Corbier*, 1556 (panc. de l'év.).

Puy-Cornu, c^ne de Génis, sommet le plus élevé de l'arrond. de Périgueux (Jouannet, *Statistique*).

Puy-Cort, h. c^ne de Varagne, où le Bandiat sort du département.

Puy-Coureau, h. c^ne de Hautefaye (S. Post.).

Puy-Cousin, h. c^ne de Savignac-les-Églises (B.). — Altitude : 148 mètres.

Puy-Coussat, h. c^ne de Granges-d'Ans.

Puy-Couteau, éc. c^ne de Trélissac. — Altitude : 221 mètres.

Anc. rep. noble.

Puy-Couvaul, h. c^ne de Thenon (A. Jud.).

Puy-d'Aguillou, c^ne de Douzillac. — Vigne appelée *de Podio Agulhier*, 1481 (Dives, I, 118).

Puy-d'Aguillou, h. c^ne de Sanillac. — 1748 (Acte not.).

Puy-d'Ajot, éc. c^ne de Thenon.

Puy d'Amont, pic très-élevé, c^ne du Bugue. — *Puy Domon* (E. M.).

Signal : 248 mètres.

Puy-d'Audrimont, c^ne de Saint-Pierre-de-Chignac. — Signal : altitude, 210 mètres.

Puy-Dautard, éc. c^ne de Brassac (E. M.).

Puy-d'Auta-Roche? c^ne de Mauzens. — *Podium d'Auta Rocha*, 1277 (Lesp. Limeuil).

Puy-d'Auzon, lieu-dit, c^ne de Chavagnac. — Altitude : 354 mètres.

Puy-de-Baud, h. et m^in, c^ne de Chalais.

Puy-de-Beaumont, h. c^ne de Combeyranche. — Altitude : 154 mètres.

Puy-de-Bord, h. c^ne d'Anlhiac (S. Post.).

Puy-de-Bord, h. c^ne de Cubas (Cass.).

Puy-de-Bruc, c^ne de Grignol. — Signal : altitude, 186 mètres.

Puy-de-Castillon, c^ne de la Mongie-Montastruc. — *Podium de Castilho*, 1479 (Liv. N.). — *Puch de Castillion*, 1727 (not. de Mouleydier).

Puy de Chalus, pic isolé, c^ne de Montpont. — *Podium de Caslutz seu Chaslutz*, mai 1273 (transaction sur les limites de Gurson et de Montpont, Man. de Wolf.). — *Castrum de Poy Chaluz*, 1376 (Recueil de tit.). — *Podium de Chaluz*, 1399 (arrêt contre Archamb.). — *Castellonia Montis Pavonis, sive de Podio Caslucii*, 1362 (Lesp. Châtell. du Périg.).

Ce point, où existait une des forteresses des comtes de Périgord, était la séparation entre la châtellenie de Montpont et celle de Gurson; chacune avait le versant qui était de son côté. — Signal : altitude, 120 mètres.

Puy-de-Chause, h. c^ne d'Anlhiac (S. Post.).

Puy de Conches? — *Podium de Conchis*, 1189 (Lesp. 52, Don de B. de Ribérac à l'abb. de Dalon).

Puy-de-Fourches-et-Sengenac, c^ne, c^on de Brantôme. — *Podium Furcarum*, 1293 (arch. de l'abb. de Brantôme). — *Puey de Forchas*, 1460 (O. S. J. Combeyranche).

Altitude : 235 mètres.

Puy-de-Gaud, éc. c^ne d'Agonac (E. M.).

Puy-de-Guilhou, h. c^ne de Sanillac. — Altitude : 157 mètres.

Puy-de-la-Croix, h. c^ne de Brassac (S. Post.).

Puy-de-la-Croix, éc. c^ne de Chourgnac-d'Ans (E. M.).

Puy-de-la-Crose, c^ne de Grignol. — *Podium de la Crosa*, 1490 (Dives, II, 66).

Puy de la Farge? c^ne de Sendrieux. — *Nemus voc. lo Polz de la Farga*, 1452 (Liv. Nof. 1).

Puy de Lagrafeuil? c^ne du Bugue. — *Podium de Lagrafoilh* (Liv. Nof. 22).

Puy de l'Agulhe, c^ne de Mauzac. — 1450 (terr. de Mauzac). — *Podium de la Gulho*, 1463 (arch. de la Gir. Bigaroque).

Puy-de-l'Arche, h. c^ne de Chancelade (S. Post.).

Puy de l'Archevêque, c^ne de Montreval, 1624 (Hommage, n° 305). — Voy. Mothe-Montraval (La).

Puy-de-la-Reynie, lieu, c^ne de Siorac.

Puy-de-la-Reynie, c^ne de Vern. — *Podium de la Raynia*, 1273 (Lesp. Possess. du chap. de Saint-Front).

Puy-de-la-Roque, c^ne de la Linde. — *Puteus de la Roca*, 1467 (Liv. Nof. 96).

Puy de las Maletias, c^ne de Naillac. — On y a trouvé des cercueils.

Puy de l'Essart, c^ne de Vanxains. — *Le Poy de les Hart* (arch. de Pau, Hommages).

Puy de Liège, c^ne d'Eyvignes. — Altit. : 292 mètres.

Puy-de-Longa, c^ne de Saint-Laurent-des-Bâtons. — *Podium de Longa in tenem. del Luguet*, 1454 (Liv. Nof. 40).

Puy-de-Merland, lieu, c^ne de Saint-Astier (A. Jud.). — Altitude : 172 mètres.

Puy-de-Merlande, h. c^ne de la Chapelle-Gonaguet (B.).

Puy de Mons, c^ue de Chourgnac. — 1688 (O. S. J.).

Puy-de-Paris, éc. c^ne de Preyssac-d'Agonac. — Voy. Paris (Puy-de-). Altitude : 191 mètres.

Puy-de-Pont, h. c^ne de Neuvic (S. Post.). — Tenguda de Puidepon, 1203 (cens dû au seig^r de Taillef.). — Puey de Pons, 1471 (Dives, I, 69). — Fortalitium Podii de Ponte, xvie siècle (Lesp.). Ancienne ville; il y a encore apparence de quatre portes (terr. de Lieu-Dieu, 330). Altitude : 129 mètres.

Puy-de-Rége, h. c^ne de Pézul. — Podium Daregas, 1343 (Lesp. 35, Sainte-Alvère). — Castrum de Podio Dariegas, dicto de Sancta Alvera (ibid.). Anc. rep. noble et forêt, 1750 (Acte not.). Coteau dominant le vallon arrosé par la Rége ou ruiss. de Trémolac.

Puy de Salomon? c^ne de Pésul. — Podium Salomonis, 1283 (Lesp. Trémolac).

Puy-des-Angles, éc. c^ue de Beaurone (B.).

Puy-de-Siorac, h. c^ne de Saint-Jean-d'Ataux (S. Post.). — Podium Siorati, 1440 (Lesp. 75).

Puy des Molières? c^ne de Sergeac. — Podium de las Molieras, 1260; de la Molieyra, 1290 (O. S. J.).

Puy-d'Esparmon? c^ne de Périgueux, vers Auberoche. — Poy d'Esparmon, 1274 (Périg. M. H. 41, 3).

Puy-d'Espinous, c^ne d'Agonac. — Iter antiquum per quod fit processio in die Ram. palmarum, ascendens ad Podium Despinos, 1474 (titres de Chamberlhiac).

Puy d'Estremont? c^ue de Pizou. — Mayn. antiquitùs voc. Podium Estremont, 1272 (acte d'Archamb. III, Lesp.).

Puy des Trois Évêques (Le), colline entre Ferrières, Gignac et Nadaillac, servant de limites entre le Périgord et le Quercy (atlas de Blaeu et Dessales, archipr. du Périgord).

Puy-des-Vignes, c^ne de Mensignac, tenance dépend. d'Andrivaux (O. S. J.).

Puy-de-Vallos? c^ue du Bugue? — Podium de Vallos (Liv. Nof. 25).

Puy-de-Vaure? c^ue de Sergeac. — Podium de Vauris, Potz de Vauris, 1318 (O. S. J.).

Puy-de-Versac, sect. de la c^ne de Champagne.

Puy-d'Olivet, h. c^ne de Nanteuil-Verteillac.

Puy-Dorat, habit. c^ne de Camp-Segret (A. Jud.). — Altitude : 145 mètres.

Puy-d'Ouillou, éc. c^ne de la Chapelle-Faucher.

Puy-Doyeux, sect. de la c^ue de Saint-Saud (cad.). — Altitude : 322 mètres.

Puy-d'Ozon, h. c^ne de Chavagnac (S. Post.).

Puy-du-Mayne, h. c^ne de Douchapt (B.).

Puy-du-Raysse, éc. c^ne de Jumillac (B.).

Puy-du-Rey, lieu, c^ne de Vanxains.

Puy-du-Rocher, c^ne de Condat. — Podium del Rocho et de las Friches, 1495 (O. S. J. Condat). Lieu des fourches patibulaires de la seigneurie de Condat.

Puy-du-Septy, h. c^ne de Saint-Laurent-des-Vignes.

Puy-Eyraut? c^ne de Grun. — Tenentia de Puey Eyraut, 1475 (Dives, I, 134).

Puy-Fagnou, h. c^ue de Lussas.

Puy-Falcon? c^ne de Champsevinel. — Bordaria de Poi Falco, 1260 (Périg. M. H. 41, n° 2).

Puy-Fanrel? c^ne de Grun. — Podium Fanrel, 1499 (arch. de Périg.).

Puy-Fauchard, h. c^ne de Cantillac (S. Post.). — Altitude : 220 mètres.

Puy-Faure, h. c^ne de Beaussat (B.).

Puy-Fayard, h. c^ne de Villars. — Altitude : 224 mètres.

Puy-Fayol, h. c^ne de Condat-Nontron (S. Post.).

Puy-Fermier, h. c^ne de Capdrot (cad.).

Puy-Fermiguier, h. c^ne de Capdrot (cad.).

Puy-Ferrat, m^in, c^ne de Grignol.

Puy-Ferrat, h. c^ne de Saint-Astier. — Poiferrat, (cart. de Chancelade). Altitude : 92 mètres. Anc. rep. noble.

Puy-Ferrier, h. c^ne de Saint-Pierre-de-Chignac.

Puy-Feybert, h. c^ne de Corgnac (S. Post.). — Altitude : 203 mètres.

Puy-Feyteau, h. c^ne de Saint-Martial-de-Valette.

Puy-Fier, c^ne de Queyssac. — Masus de Puyfier (Liv. N. 45).

Puy-Fier, c^ne de Saint-Astier. — 1462 (inv. du Puy-Saint-Astier).

Puy-Fol, c^ne de Négrondes. — Vineœ dictœ de Podio-Fol, 1282 (titres de Chamberlhiac). — Puey-Fol, 1457 (ibid.).

Puy-Forest, éc. c^ne de Saint-Laurent-sur-Manoire (B.).

Puy-Foucaud, h. c^ne de Brantôme (S. Post.).

Puy-Foucaud, anc. dioc. de Périgueux, auj. du dép^t de la Charente. — Ecclesia de Podio Folcaudi (pouillé du xiiie siècle, Pillac). Prieuré (Itinér. de Clément V).

Puy-Fourneau, h. c^ne de Lussas (S. Post.).

Puy-Fournier, c^ne de Brantôme (Lesp. 79).

Puy-Franc, h. c^ne de Saint-Sulpice-d'Exideuil (B.).

Puy-Fromage, h. c^ne de Paussac. — Altitude : 161 mètres.

Puy-Fromental, h. c^ne d'Abjat-Nontron (S. Post.).

Puy-Fromental, m. isolée, c^ne de Saint-Barthélemy-Nontron (S. Post.).

Puy-Gaillard, bois, c^ne de Thenon.

Puy-Gabent, h. c^ne de Saint-Pardoux-de-Drone (E. M.).

Puy-Gastier, c^ne de Neuvic. — Signal : altitude, 180 mètres (E. M.).

Puy-Gaud, h. c^ne de Lusignac.

Puy-Gaufier, c^ne de Saint-Crépin-d'Auberoche. — Maison noble de Puygolfier, 1503 (Mém. d'Albret). — Puy Guaufier, 1673 (Acte not.). Altitude : 140 mètres (E. M.).

Puy-Gautier, h. c^ne de Marsaneix.

Puy-Gautier, éc. c^ne de Saint-Martin-de-Ribérac.

Puy-Gautier (Combe de), c^ne de Marsac (Antiq. de Vés. I, 166).

Puy-Genard ? c^ne de Saint-Front-d'Alemps. — Maynam. de Podio-Genard, 1228 (titres de Chamberlhiac).

Puy-Genetraud, h. c^ne d'Atur.

Puy-Gbol, h. c^ne de Saint-Léon-sur-l'Ille.

Puy-Gert, h. c^ne de Jumillac (B.).

Puy-Gilot, c^ne de Sainte-Orse. — 1366 (Lesp. 60).

Puy-Girbert ? c^ne de Chenau ? — Terra quæ voc. a Podio Girberto (cart. de Baigne).

Puy-Gombert, h. c^ne de Brantôme (S. Post.).

Puy-Gombert, h. c^ne de Léguillac-de-Cercle (S. Post.).

Puy-Gonent, h. c^ne de Douchapt (B.).

Puy-Gouaud, m. et m^{in}, c^ne de Lusignac.

Puy-Graulau, c^ne de Grignol, près de Mayac. — Podium Groulo (Dives, I).

Puy-Guilhem, c^ne, c^on de Sigoulès. — Poiguilem, 1209 (Généal. de Talleyr.). — Castrum de Podio Willelmi, 1265 (ms. de Wolf.). — Pugh Wuilhem, 1265 ; Podium Guillelmi, 1324 (Lesp. 1). — Podium Guilhermi, 1365 (Lesp. 88).
Patron : saint Jean-Baptiste.
Châtell. dont dépendaient 13 par. : la Bastide, Coutures, Cunéges, Fonroque, Lestignac, Mescoulès, Monbos, Monestier, Puyguilhem, Sainte-Innocence, Saint-Julien, Sigoulès, Thenac (arch. de Pau, Châtell. du Périg.).
Altitude : 177 mètres.

Puy-Guilhem, c^ne de Grignol. — Maynam. de Puyguilhem ou Varenas, 1502 (Périg. M. H. 41, 7).

Puy-Guilhem, h. c^ne de Villars, c^on de Nontron.
Altitude : 200 mètres.
Anc. rep. noble. — Voy. sur ce monument de la Renaissance le congrès archéol. de Périgueux, 1859.

Puy-Guillien, sect. de la c^ne de Saint-Germain (cad.).

Puy-Guinot ? c^ne de Mont-Caret. — Potz. Guinho, XIIIe siècle (lièvre de Montravel).

Puy-Guyon, anc. dioc. de Périgueux, auj. du dép^t de la Charente. — Repayrium de Podio Guidonis, in paroch. Sancti Quintini, Petrag. dioc. 1307 (arch. de la Gir. Homm. du Poitou, Aubeterre).

Puy-Hardy, h. c^ne de Saint-Saud. — Altit. 305 mètres.

Puy-Hardy, h. c^ne de Valeuil. — Altitude : 145 mètres.

Puy-Henry, h. c^ne de Cantillac. — Altitude : 170 mètres.

Puy-Herbaud, c^ne de Saint-Aquilin. — Puy Arbaud, 1504 (inv. du Puy-Saint-Astier).

Puy-Imbert ? h. c^ne de Chantérac. — 1523. Anc. maison noble (Généal. de la Cropte).

Puy-Imbert, c^ne de Villamblard ? — Podium Ymberti 1399 (Périg. M. II. 41, 5).

Puy-Jalon, h. c^ne de Villars (S. Post.).

Puy-Janaud, m. isolée, c^ne de Saint-Front-d'Alemps (S. Post.).

Puy-Jaret ? environs de Périgueux. — Lo Potz Jareta (reg. de la Charité, XIIIe siècle).

Puy-Jassounie, h. c^ne de Savignac-les-Églises (B.).

Puy-Jaubert, h. c^ne de Brantôme.

Puy-Jean, h. c^ne de Saint-Pierre-de-Cole (B.). — Altitude : 181 mètres.

Puy-Joli, c^ne d'Eyvirat (A. Jud.).

Puy-Joubert, h. c^ne de Brantôme. — Altitude : 171 mètres.

Puy-Jubert, c^ne de Saint-Pantaly, c^on d'Exideuil. — Podium Wiberti (Chron. du Périg. II, 21). Anc. comm^rie de l'ordre du Temple (ibid.)?

Puy-la-Barde, bois taillis, c^ne de Sainte-Trie (A. Jud.).

Puy-la-Barrieyre, c^ne du Bugue. — Podium de la Barrieyra (Liv. Nof. 121).

Puy-la-Brame, h. c^ne de Sainte-Eulalie-d'Ans (Cass.). — Altitude : 181 mètres.

Puy-la-Brune, éc. c^ne de Gabillon.

Puy-la-Brune, anc. fief, chât. de Montpont. — In Podio Bruni (arch. de Pau).

Puy-la-Cassade, un des points les plus élevés du département, c^ne de Naillac (Statist. de l'arrond. de Périg.).

Puy-la-Faye, éc. c^ne d'Eyvirac. — Podium de la Faya, 1282 (titres de Chamberlhiac). — Le Cheyron-Puy-la-Faye (terr. de la Roche-Pontissac).

Puy-la-Faye, éc. c^ne de Sarlat (B.).

Puy-la-Fon, éc. c^ne de Champagnac-de-Belair (B.).

Puy la Garde, c^ne d'Archignac. — Altit. 386 mètres.

Puy-la-Garde, lieu, c^ne de Carlux. — Louil-la-Garde (E. M.).

Puy-la-Garde (Le), h. c^ne de Grignol.

Puy-la-Grange, éc. c^ne de Brassac (B.). — Altitude : 209 mètres.

Puy-Lannor ? c^ne de Saint-Léon-sur-Vézère. — Mans. de Podio Lannor, 1303 (O. S. J.).

Puy-la-Porte, c^on de Nanteuil-Thiviers. — Maynam. de Puey las Portas, 1455 (Lesp.).

Puy-la-Roque, anc. repaire noble ayant justice sur la par. de Moustier (arch. de Pau, Châtell. du Périg.).

Puy-la-Tour, éc. c^{ne} d'Eyvirac.

Puy-Lauby, c^{ne} d'Azerat.

Puy-Laurent, h. c^{ne} d'Agonac (B.).

Puy-Laurent, h. c^{ne} de Brantôme (S. Post.). — Altitude : 160 mètres.

Puy-Laurent, h. c^{ne} d'Eyvirac.

Puy-Lautier, c^{ne} de Saint-Pierre-d'Eyraud.

Anc. chapelle et comm^{rie} de l'ordre de Saint-Jean. — Le ténement de Puy-Lautier confronte au ruisseau de l'Eyrau de deux côtés et au chemin qui va de Lartigue au Fleix : étendue, 22 journaux (Reconn. de 1673, O. S. J.). — Un pré, à la Graulet, c^{ne} de Fraysse, se nomme la Commandière (A. Jud.).

Puy-la-Vaysse, h. c^{ne} de Coubjours. — Podium de la Vayssa, 1150 (Lesp. 34, cart. de Chatres).

Puy-la-Vayssière, c^{ne} de Saint-Rabier. — Podium la Vayssiere, 1483. — Puey de las Veyssieras, 1491 (Généal. de Rastignac).

Puy-Léger, h. c^{ne} de Saint-Privat (B.).

Puy-Libaut, h. c^{ne} de Saint-Crépin-de-Richemont.

Puy-Lignon, éc. c^{ne} d'Angoisse.

Puy-Long, éc. c^{ne} de Château-l'Évêque (B.).

Puy-Loubard, h. c^{ne} de Beaussat.—Altit. 173 mètres.

Puy-Loubetz, éc. c^{ne} de Cantillac.

Puy-Loupa, h. c^{ne} de Manzac (B.).

Puy-Malet, h. c^{ne} de Camp-Segret (B.).

Puy-Mangou, c^{ne}, c^{on} de Sainte-Aulaye. — Sanctus Stephanus de Podio Mangore, 14 fév. 1083 (cart. de Baigne). — Poi Mangor (pouillé du xiiie siècle). — Pech Magal (Itin. de Clément V). — Puy Mango (Dupuy, Égl. du Périg.).

Anc. prieuré; patron : saint Étienne.

Ce lieu fut donné à l'abb. de Baigne pour y établir une église, une maison de moines et un marché (cart. de Baigne, LXIII).

Altitude : 136 mètres.

Puy-Manson, éc. c^{ne} de Saint-Germain-de-Salembre. — 1484.

Puy-Marteau, h. c^{ne} de Brantôme. — Altit. 162 mètres.

Puy-Martin, c^{ne} d'Alas-l'Évêque.

Anc. rep. noble ayant moyenne justice dans le bourg de Saint-Cyprien, et en 1760, haute justice dans plusieurs villages des paroisses de Marquay et de Saint-André.

Altitude : 239 mètres.

Puy-Martin, h. c^{ne} de la Chapelle-Faucher (cad.). — Praeceptoria de Podio Sancti Marti, 1373 (Lesp. O. S. J.). — Podium Martini (ibid.).

Comm^{rie} de l'ordre de Saint-Jean, annexée à celle de la Roche-Saint-Paul, 1373 (ibid.)

Forêt de Puymartin, dite la Brousse.

Altitude : 206 mètres.

Puy-Martin, h. c^{ne} de Javerlhac (B.).

Puy-Mas, éc. c^{ne} de Biras (A. Jud.).

Puy-Massou, h. c^{ne} de la Rouquette-Sainte-Foy (B.).

Puy-Mau, h. c^{ne} de Saint-Aquilin (E. M.).

Puy-Mauger, h. c^{ne} de Javerlhac.

Puy-Maurin, h. c^{ne} de Bourdeilles (S. Post.).

Puy-Maurin, h. c^{ne} de Lisle. — Poi Mauri, 1211 (cart. de Chancelade).

Puy-Maurin, c^{ne} de Saint-Front-d'Alemps. — Anc. fief, 1607 (Lesp. 34).

Puy-Mauzat, éc. c^{ne} de Verteillac (B.).

Puy-Mége? c^{ne} de Bassac-Beauregard. — Ten. de Podio Medio (Périg. M. H. 41, 2).

Puy-Mége, c^{ne} de Clermont-de-Beauregard. — Ten. de Podio Meia, 1328 (Périg. M. H. 41, 4).

Puy-Mége, c^{ne} de Sainte-Foy-de-Belvez. — Podium Meianum; Masus de Puech-Meia (Philipparie, 102). — Pech-Mejot, Pé-Mejot, 1778 (Acte not.).

Anc. rep. noble.

Puy-Mége, c^{ne} de Saint-Martin-de-Ribérac. — 1541 (Homm. Lesp.).

Anc. rep. noble.

Puy-Mége? c^{ne} de Thiviers? — Podium Medium, 1483 (Généal. de Rastignac).

Anc. rep. noble.

Puy-Merlier, rocher, c^{ne} de Saint-Jean-de-Coly (Antiq. de Vés. 4).

Puy-Meziers, h. c^{ne} de Saint-Angel.

Puy-Mirat? c^{ne} de Saint-Mayme-de-Péreyrol. — Tenguda de Podio Mirat, Poy Mirat, 1203 (censier de Cozens).

Puy-Miraumont, h. c^{ne} de la Nouaille. — Puy Mirammond, 1440 (Lesp. 65).

Puy-Mogier, h. c^{ne} de Javerlhac.

Puy-Moischo? c^{ne} de Saint-Paul-de-Serre. — Nemus voc. de Puey Moischo, 1342 (Périg. M. H. 41, 2).

Puy-Montagut, c^{ne} de Beleymas.— 1680 (Acte not.).

Puy-Montozel? c^{ne} du Bugue. — Podium de Montozel (Liv. Nof. 22).

Puy-Mortier, h. c^{ne} de Manzac. — Mayn. de Podio Mortier, 1406 (Lesp. inv. de Milon).

Puy-Nadal, h. c^{ne} de Brantôme. — Altitude : 174 mètres.

Puy-Narascla? c^{ne} de Grignol. — Podium Narascla, 1460 (Dives, I, 20).

Puy-Nau, h. c^{ne} de Grun.— Altitude : 208 mètres.

Puy-Navarre, éc. c^{ne} de Sarlande. — Altitude : 336 mètres.

Puynédet, h. c^{ne} d'Issac. — Puynède, 1666 (Acte not.).

Puy-Ojerard, h. c^{ne} de Montren (B.).

Puy-Ortela? c^{ne} de Bergerac. — Puech Ortela (Liv. N. 74).

Puypefort, h. c^ne de Ladosse, autrement *Ley Cous-saudie* (A. Jud.).

Puy-Pela, c^ne de Grignol. — *Puey Pelas*, 1440; *Podium Pelat* (Dives, II, 90).

Puy-Pela, h. c^ne de Saint-Jory-de-Chalais.

Puy-Pelat, h. c^ne de Saint-Pardoux-la-Rivière. — Altitude : 155 mètres.

Puy-Peyre? c^ne de Sagelat. — *Podium de Petra*, 1462 (arch. de la Gir. Belvez).

Puy-Peyrier? c^ne de Bertric. — *Bordaria de Puey-Peyrier*, xiiie siècle (O. S. J. terrier).

Puy-Peyroux, h. c^ne de Saint-Félix-Mareuil. — *Vadum Peyroux*, 1451 (O. S. J.). — *Podium Peyros*, 1455 (*ibid.*).

Puy-Peyroux, c^ne de Sendrieux.— 1634 (Acte not.).

Puy-Pezat, h. c^ne de Bergerac.

Puy-Pinet, h. c^ne de Tocane-Saint-Apre (A. Jud.).

Puy-Pinhol, c^ne de Mont-Caret. — *Al Potz Pinhol*, xiiie siècle (lière de Mont-Caret).

Puy-Pinsou, h. c^ne de Bosset. — *Mota de Puech Pinsso*, 1466 (Lesp. Mussidan). — *Mayn. de Puey Pinso*, 1490 (Dives, II, 18). — Voy. Mussidan.

Puy-Pisse, h. c^ne de Saint-Aquilin (B.).

Puy-Ponchet, c^ne de Saint-Astier. — 1317 (inv. du Puy-Saint-Astier).

Puy-Poncbet, h. c^ne de Tocane (B.). — Altitude : 120 mètres.

Puy-Potier, h. c^ne de Bars (A. Jud.).

Puy-Pouzy, sect. de la c^ne d'Agonac (cad.). — *Tenem. de Podio-Pozy*. — *Puey de Pouzi*, 1496 (Périg. M. H. 41, 1).

Puy-Pruneau, h. c^ne d'Issac (B.).

Puy-Rajou, h. c^ne de Saint-Jory-de-Chalais.

Puy-Rajou, sect. de la c^ne de Saint-Michel-de-Double.

Puy-Rampnou? c^ne de Preyssac.— *Puey Rampnaut*, 1430 (ch. Mourcin).

Puyrance, éc. c^ne de Grun. — *Podium Ranoulf?* dom.

Puy-Raseau, c^ne de Pluviers. — *Podium Rasum*, 1382 (rec. de tit. 442). — *Peyrasellum* (Lesp.).

Fief relevant de Piégut et situé sur le sommet du plateau qui sépare les deux bassins de la Tardouère et du Bandiat.

Puy-Rateau, mét. c^ne de Périgueux (A. Jud.).

Puy-Raud, h. c^ne de Mialet (B.).—1499 (arch. de Périg.).

Puy-Raynon? c^ne de Champsevinel. — *Podium Rayno*, 1328 (ch. Mourcin).

Puy-Réal, lieu-dit, c^ne de Sourzac (cad.).

Puy-Rebulh? c^ne de Saint-Front-d'Alemps. — *Tenem. dict. el puey Rebulhic*, 1325 (titres de Chamberl.).

Puy-Redon, h. c^ne de Coubjours (S. Post.).

Puy-Redon, c^ne de Preyssac-d'Exideuil. — 1328 (titres de Chamberlhiac).

Puy-Redon, lieu-dit, c^ne de Sainte-Alvère (cad.). — *Podium Redon*, 1343 (Périg. M. H. 41, 2).

Puy Redon, pic très-élevé, c^ne de Saint-Perdoux-d'Issigeac. — *Podium Rotundum*, 1342 (ms. de Wolf.). — *Château de Puiredon*, jurid. de Cahusac, 1683 (Acte not.).

Puy-Renier, c^ne, c^on de Mareuil. — Patron : saint Jean-Baptiste.

Puy-Requien? c^ne d'Eyvirac. — *Bordaria de Podio-Requien*, 1475 (titres de Chamberlhiac).

Puy-Reynon, aux environs de Périgueux. — *En Puey Reyno*, 1409 (Liv. N. de Périg.).

Puy-Rial, h. c^ne de Millac-Nontron.

Puy-Rial, h. c^ne de Monsec-Mareuil.

Puy-Rifol, h. c^ne de Bourgnac (cad.).

Puy-Rigaud, h. c^ne de Chalais.

Puy-Rigaud, c^ne de Montignac-sur-Vézère. — *Mayn. de Podio Rigaudi*, 1279 (Lesp. 51).

Puy-Robert, éc. c^ne de Montignac-sur-Vézère (B.).

Puy-Robert, c^ne de Mussidan. — *Podium Roberti*, 1295 (Lesp. Sourzac).

Puy-Robert, c^ne de Sergeac. — *Podium Rotbert*, 1265 (O. S. J.).

Puy-Robert (Mas de), c^ne de Sorges. — 1307 (titres de Chamberlhiac).

Puy-Rocher, bois considérables entre Busseroles et Pluviers, c^on de Nontron (B.).

Puy-Roger, c^ne de Champsevinel. — *Podium Rotger*, 1468 (Périg. M. H. 41, 8). — *Poy Rotgier* (reg. de la Charité).

Puy-Roufiac, c^on de Mussidan? — *Podium Roffiac*, 1364 (Lesp. Homm. d'Aug. de Montaut, 26).

Puy-Rouge, c^ne de Cadouin? — *A vico Sancti Aviti apud vadum et inde usque ad Podium Rubeum*, 1189 (cart. de Cadouin).

Puy-Rougier, h. c^ne de Grun (B.).

Puy-Rousse, h. et m^in, c^ne de Villetoureix (B.).

Puy-Rousseau (Grand et Petit), h. c^ne de Périgueux. — *Podium Rossel*, 1282 (Lesp. Périg.). — *Puey Rossel, paroch. Sancti Stephani* (*ibid.*).

Puy-Roux, h. c^ne de Saint-Pierre-de-Frugie.

Puy-Royal, taillis de chênes, c^ne de Maurens (A. Jud.).

Puy-Rozis? c^ne de Grun. — *Podium de Rozis*, 1475 (Liv. N. 132).

Puy-Ruffet, éc. c^ne de Brassac (B.).

Puy-Ruffet, h. c^ne de Villars.

Puy-Ruffier, h. c^ne de Belvez. — 1451 (terr. de Belvez).

Puy-Saint-Astier, h. c^ne de Saint-Astier. — *Podium Sancti Asterii*, 1340 (Périg. M. H. 2-47).

Anc. rep. noble avec justice sur un vill. dans la par. de Saint-Astier, 1760 (Alm. de Guy.).

Puy-Saint-Bartholomé, c^ne de Saint-Astier.

Puy-Saint-Front, c⁰ᵉ de Journiac. — *Podium Sancti Prontonis*, 1471 (Liv. Nof. 71).

Puy-Saint-Front. — Voy. Périgueux.

Ce nom a servi à désigner la ville de Périgueux, le coteau sur lequel l'abbaye de Saint-Front a été construite et la place publique qui était située devant la porte principale de l'église.

Puy-Saint-Jean, h. cᵉᵉ de Nanteuil-Thiviers.

Puy-Saint-Marc, h. cⁿᵉ de Gouts (S. Post.).

Puy Saint-Raphaël, une des sommités les plus élevées de l'arrondissement de Périgueux, cⁿᵉ de ce nom. — Altitude : 283 mètres.

Puy-Saint-Sicaire, cⁿᵉ de Périgueux, au-dessus du grand séminaire. — *Puy-Saint-Sicaire-lès-Périgueux*, 1566 (Acte not.). — *Puy Saint Sicary*, près Périgueux, 1539 (Échange, Dives, g. M.).

Puy-Saint-Sicaire, terre, cⁿᵉ de Tourtoirac (cad. B. 425).

Puy-Saint-Vincent, cⁿᵉ d'Eyvirac. — *Iter quo itur de puteo Sancti Vincentii versus mayn. de la Cadochia*, 1372 (titres de Chamberlhiac).

Il confronte au mayne del Prat, 212.

Puy-Sanso? près de Saint-Florent, cⁿᵉ de Saint-Félix. — *Podium Sansso*, 1341 (Périg. M. H. 41, 1).

Puy-Savi, cⁿᵉ de Mensignac. — *Pui Savi*, 1247 (Périgueux, reg. de la Charité).

Puy-Sec, h. cⁿᵉ de la Chapelle-Montmoreau.

Puy-Segeix, h. cⁿᵉ de Vaunac.

Puy-Segenais, h. cⁿᵉ de Clermont-d'Exideuil (Cass.).

Puy-Sembert, h. cⁿᵉ de Bourrou (E. M.).

Puy-Sertal, h. cⁿᵉ de Journiac (B.).

Puy-Servier, h. cⁿᵉ de Cantillac (S. Post.).

Puy-Servi, éc. cⁿᵉ de Savignac-les-Églises (B.).

Puy-Sichoux, cⁿᵉ de Lussas (S. Post.).

Puy-Silhou, cⁿᵉ d'Abjat-Nontron (S. Post.).

Puy-Silhou (Le), éc. cⁿᵉ de la Gemaye (B.).

Puy-Sonier, h. cⁿᵉ de Celle. — 1639 (Acte not.).

Puy-Tranchy, cⁿᵉ de la Roche-Beaucourt. — 1551 (arch. de Pau, limites de la par. de la Roche-Beaucourt).

Puy-Traud, h. cⁿᵉ de Nanteuil-Thiviers (B.).

Puy-Tronquet, cⁿᵉ d'Eyvirac. — *Podium, Puey-Tronquet*, 1460 (Périg. M. H. 41, 8).

Puy-Valentin, éc. cⁿᵉ de Fleurac.

Puy-Vallier, cⁿᵉ de Saint-Germain-d'Exideuil. — Anc. rep. noble.

Puy-Vendran, h. cⁿᵉ de Savignac-de-Mireu. — Altitude : 178 mètres.

Puy-Vieux, cⁿᵉ de Saint-Astier.

Puy-Vigard, h. cⁿᵉ de Nontron (E. M.).

Puy-Vigier, h. cⁿᵉ de Chenau (E. M.).

Puy-Vignaud, bois, cⁿᵉ d'Hautefort (A. Jud.).

Puy-Virouleu, sect. de la cⁿᵉ de Manzac (cad.). — Une partie se nommait *Chante-Lauvette* (Dives).

Pys, m. isolée, cⁿᵉ de Javerlhae (S. Post.).

Q

Quatre, h. cⁿᵉ de Bezenac (E. M.).

Quatre-Bornes, cⁿᵉ de Montagnac-la-Crempse. — Signal : altitude, 201 mètres.

Quatre-Bornes, lieu, cⁿᵉ de Sorges. — Anc. division entre les justices de l'év. de Périgueux, de Sorges, de Roussary et de Laxion (Chron. du Périgord, II).

Quatre-Cantonées, lieu-dit, cⁿᵉ de Calviac, près de Sainte-Radegonde.

Quatre-Chemins, h. cⁿᵉ de Périgueux.

Quatre-Milhie, h. cⁿᵉ de Saint-Félix-de-la-Linde. — 1660 (Acte not.).

Quatre-Queyries, h. cⁿᵉ de Nadaillac (E. M.).

Queille (Frappe), éc. cⁿᵉ de Born-de-Champs. — Altitude : 115 mètres.

Quersaguet, cⁿᵉ de Saint-Naixent. — 1712 (O. S. J.).

Queu (Bois de la), à la Petite-Tamiserie, cⁿᵉ de Château-l'Évêque (A. Jud.).

Queuche (Combe), h. cⁿᵉ d'Aubas.

Queue-d'Ane, ruiss. dont la source est à Courtazel, cⁿᵉ de Saint-Jory de-Chalais, et qui, après un cours

à peu près parallèle à celui de la Cole, se jette dans cette rivière près de Saint-Martin-de-Fressengeas.

Queue-d'Ane, sect. de la cⁿᵉ de Saint-Martin-de-Fressengeas (cad.).

Quey (Bos-de-), h. cⁿᵉ de Saint-Médard-de-Mussidan. — *Casale de Quey*, 1459 (ch. Mourcin).

Queylenie (La), h. cⁿᵉ de Journiac (B.).

Queylle, h. cⁿᵉ de Bouillac.

Queylou (Le), éc. cⁿᵉ de Tayac.

Queynat, éc. cⁿᵉ de Limeuil (B.).

Queyran (Le), h. cⁿᵉ de Carves (cad.).

Queyrau-Torte, lieu-dit, cⁿᵉ de Saint-Laurent-des-Bâtons (A. Jud.).

Queyrefour, h. cⁿᵉ d'Exideuil (S. Post.)

Queyrefour, lieu-dit, cⁿᵉ de Loubéjac (cad.).

Queyrefourche, lieu-dit, cⁿᵉ de Villetoureix (cad.).

Queyre-Levat, sect. de la cⁿᵉ de Limeuil (cad.).

Queyrelie (La), lieu-dit, cⁿᵉ de Bertric (cad.).

Queyrelie (La), éc. cⁿᵉ de Limeuil. — *La Querrelie* (B.).

Queyrelie (La), h. et m^{in}, c^{ne} de Valojoux, situé à l'endroit où le Teranson se jette dans la Vézère.

Queyrelie (La Haute et la Basse), c^{nes} de Manaurie. — Queirelie (B.).

Queyretie, éc. c^{ne} de Montaut (E. M.). — Altitude : 135 mètres.

Queyret (Le), ruiss. de la Double, qui passe à Beaurone.

Queyrie (La), pré, c^{ne} de Calviac (A. Jud.).

Queyrie (La), h. c^{ne} de Fanlac. — Boaria de la Queyria, 1491 (Généal. de Rastignac).

Queyrie (La), éc. c^{ne} de Sainte-Alvère. — Les Cheyria, 1454 (Liv. Nof. 29).

Queyrie (La), c^{ne} de Sarlat, près de Caminade. — Altitude : 302 mètres.

Queyrie (La), h. c^{ne} de Sarlat, près de Madrazès (E. M.). — La Queyzie (cad.).

Queyrie (La), h. c^{ne} de Trémolac (A. Jud.).

Queyries (Les), h. c^{ne} de Jayac (E. M.).

Queyrinac, h. c^{ne} de la Chapelle-Pechaud. — 1744 (Acte not.).

Queyrolle (La), éc. c^{ne} de Florimont (S. P.).

Queyrouil, h. c^{ne} de Saint-Géraud-de-Cors (A. Jud.).

Queyroulé, ruiss. du moulin de Cavalerie, c^{ne} de Capdrot. — 1690 (Acte not.).

Queyroux (Le)? éc. c^{ne} de Grignol. — Maynam. del Queyrolh, 1485 (Dives, II, 150).

Queyroux (Les), h. c^{ne} de Bourèze (B.).

Queyroux (Les), h. c^{ne} de Nabirat. — Altitude : 183 mètres.

Queyroüx (Les), h. c^{ne} de Saint-Marcel. — Ten. de Queyrou del Peuch, 1672 (Acte not.).

Queyroux (Les), h. c^{ne} de Sainte-Trie (A. Jud.).

Queyroux (Petit-), h. c^{ne} de Ginestet (S. Post.).

Queyroux-du-Pech (Les), lieu-dit, c^{ne} de Saint-Félix (A. Jud.).

Queyrolze (La), c^{ne} de Liorac. — La Queyrouze, 1738 (Acte not.).

Altitude : 106 mètres.

Queyroy (Le), h. c^{ne} de Sarlande (B.).

Queyssac, c^{ne}, c^{on} de Bergerac. — Corssac (pouillé du xiiie siècle). — Quayssacum, 1382 (P. V. M.). Voc. Saint-Pierre-ès-Liens; coll. l'évêque.

Queyssel, bourg, juridiction de Lauzun, audit Périgord (Acte not. 1677); auj. du dép^t de Lot-et-Garonne.

Queysserie (Moulin de la), c^{ne} de Queyssac.

Queyssiols, h. c^{ne} de Bouzic. — Altitude : 291 mètres.

Queyssy? c^{ne} de Prigonrieu. — Lieu de Queyssy, 1743 (Acte not.).

Queytival, h. c^{ne} de Sainte-Natalène (cad.).

Queyzaguet, lieu, c^{ne} d'Eymet. — Ancienne église auj. détruite (tradition locale).

Queyzaguet, anc. ténem. c^{ne} de Naussanes. — 1620 (Rec. O. S. J.).

Queyzie (La), h. c^{ne} de Saint-Chamassy. — Anc. rep. noble.

Queyzie (La), éc. c^{ne} de Saussignac. — La Quaissie (B.).

Quigassel, éc. c^{ne} de Liorac. — Maynam. voc. de Quigassal, 1487 (Liv. N. 82.)

Quillac, h. c^{ne} de Teyjat (S. Post.).

Quilleries (Les), h. c^{ne} d'Audrix.

Quinsac, c^{ne}, c^{on} de Champagnac-de-Belair. — Quinciacum, 1151 (cart. d'Uzerche). — Quinsac (pouillé du xiiie siècle).

Voc. Saint-Saturnin. — Église donnée par R., év. de Périgueux, à l'abbaye d'Uzerche en 1151.

Anc. rep. noble avec justice sur la par. (Alm. de Guy.).

Quinsac, anc. rep. noble situé dans le bourg de Saint-Martin-de-Ribérac. — 1750 (Acte not.).

Quinte, nom de l'archiprêtré dont Périgueux est le chef-lieu. — Archipresbyteratus de Quinta, 1226 (Lesp. 70, Arch. du chap. de Saint-Astier).

Cet archiprêtré se composait des 42 paroisses suivantes : Saint-Front, Saint-Georges, Sainte-Marie-de-la-Cité, Saint-Martin, Saint-Silain; Agonac, Andrivaux, Antone, Atur, Bassillac, Beaurone, Boulazac, Breuil, Chalagnac, Champsevinel, la Chapelle-Gonaguet, Château-Missier, Cornille, Coulounieix, Creyssensac, la Cropte, Église-Neuve, Escoire, Eyliac, Grun, Manzac, Marsaneix, Merlande, Montren, Pissot, Preyssac, Razac, Saint-Crépin-d'Auberoche, Saint-Hilaire, Saint-Laurent-sur-Manoire, Sainte-Marie-de-Chignac, Saint-Paul-de-Serre, Saint-Pierre-de-Chignac, Saint-Pierre-ès-Liens, Sanillac, Trélissac, Trigonan (État des paroisses, 1732).

Quinte (Ville de), lieu-dit, c^{ne} de Cénac. — Restes d'une villa romaine; poteries, médailles du haut empire (Jouannet, Statist. de l'arrond. de Sarlat; Cal. de la Dordogne, 1817).

Quintin (Grand et Petit), h. c^{ne} de Monestier.

Quintinie (La), c^{ne} de Chalagnac. — Maynam. de la Quintinia, 1457 (Liv. Nof. 50).

Quintinie (La), h. c^{ne} de Saint-Apre (B.).

Quintinie (La), h. c^{ne} de Saint-Mesmin (A. Jud.).

Quiquaux (Les), h. c^{ne} de Saint-Sauveur-la-Lande.

Quiquiresqui (Le), friche, c^{ne} d'Issigeac (cad.).

R

RABARD, h. et m^{in} sur la Louire, c^{ne} de Saint-Félix-de-la-Linde.

RABAUDON, éc. c^{ne} de Saint-Sulpice-de-Nontron (B.).

RABENCHE? c^{ne} de Gageac. — *Bordaria de Rabencha juxta vineas de Drulet*, 1079 (cart. de Sainte-Marie de Saintes, 176).

RABETTE, h. c^{ne} de Dome (B.).

RABINAL (LE), lieu-dit, c^{ne} de Montclar. — 1693 (Acte not.).

RABOUIN, h. c^{ne} de la Roche-Chalais.

RABOUTIE (LA), h. c^{ne} de Montagnac-la-Crempse. — 1666 (Acte not.).

RACOU, m^{in} sur la Drone, c^{ne} de Champagnac.

RACOUNOT? c^{ne} de Valojoulx. — *Hospitium Raconot*, 1365 (Lesp. 26, Homm. à Montignac).

RADE, h. c^{ne} d'Atur (E. M.).

RADOUX (LES), h. c^{ne} de Saint-Victor (E. M.).

RAFAILLAC, h. c^{ne} de Badefol-d'Ans (A. Jud.).

RAFFARY, h. c^{ne} de Saint-Vincent-Jalmoutier.

RAFFIGNE (LA), h. c^{ne} de Liorac (A. Jud.). —Altitude : 131 mètres.

RAFFIGNE (LA), h. c^{ne} de Saint-Sauveur. — *La Raffinia*, 1467 (Liv. N.). — *La Rafinye*, 1602 (Acte not.). — *La Refrenie*, 1704 (*ibid.*). — *La Raffignie* (Cass.). — *La Rafreyne*, 1786 (Acte not.).

RAFFINIE (LA), éc. c^{ne} d'Agonac (S. Post.).

RAFFINIE (LA), h. c^{ne} d'Eyliac (A. Jud.). — *Maynam. de la Raffinia*, 1474 (ch. Mourcin).

RAFFINIE (LA), c^{ne} d'Issac. — *Mayn. de la Raffinia*, 1342 (ch. Mourcin).

RAFFY, h. c^{ne} de Bourdeix (S. Post.).

RAFOL? anc. dioc. de Périgueux, auj. du dép^t de la Charente. — *Capella de Rafol* (pouillé du XIIIe siècle, arch. de Villabone).

RAGE (LE), h. c^{ne} de Nanteuil-Thiviers (S. Post.).

RAGNAC (CROIX DE), lieu-dit, c^{ne} de la Linde (cad.).

RAMADA, terre, c^{ne} d'Auriac-Montignac (A. Jud.).

RAMADE (LA), éc. c^{ne} de Florimont (E. M.).

RAMAIL (LE), h. c^{ne} de Badefol-d'Ans (S. Post.). — *Ramal*, 1746 (Acte not.).

RAMARONE, c^{ne} de Tocane? — *Via quæ ducit de Ramaronna versus Parducum*, 1316 (Périg. M. H. 41, 1).

RAMAS (LES), h. c^{ne} de Sourzac (B.).

RAMBAUDIE (LA), h. c^{ne} de Blis-et-Born.

RAMBAUDIE (LA), h. c^{ne} de Cercle.

RAMBAUDIE (LA), h. c^{ne} de la Chapelle-Grésignac.

RAMBAUDIE (LA), c^{ne} de Coursac.

RAMBAUDIE (LA), h. c^{ue} de Saint-Martial-de-Viveyrol.

RAMBAUDIE (LA), c^{ne} de Vern. — *Tenentia de la Rambaudia* (Liv. Nof. 79), près de Toyrac.

RAMBAUTIE (LA)? c^{ne} de Chassagne. — *Mayne de la Rambautia* (O. S. J. Terr. de Combeyranche).

RAMEFORT, c^{ne} de Saint-Front-d'Alemps. — *Les Brosses*, 1474 (terr. de la Roche-Pontissac).

RAMEFORT, h. c^{ne} de Saint-Sébastien.

RAMEFORT, h. c^{ne} de Valeuil. — *Ramafort*, XIIIe siècle (cart. de Ligueux).

Anc. rep. noble.

RAMELADOUX (LES), lieu-dit, c^{ne} de Terrasson (cad.).

RAMELO (LA), pré, c^{ne} d'Urval (cad.).

RAMIÈRES (LES), h. c^{ne} de Dussac (E. M.).

RAMINE, mét. c^{ne} de Saint-Avit-Vialard (A. Jud.).

RAMISSAROU, h. c^{ne} de Turnac (B.).

RAMNAUX (LES), h. c^{ne} de Nanteuil-Thiviers (B.).

RAMOULY, h. c^{ne} de Saint-Privat (B.).

RAMOUNEIX, h. c^{ne} de Mensignac (B.).

RAMPIEUX, c^{ne}, c^{en} de Beaumont. — *Rampio*, 1286 (cout. de Beaumont).

Par. hors châtell. en 1365 ; elle dépend. de Puybeton, en 1782. — Vocable : Saint-Pierre-ès-Liens.

RAMPINSOLE (LA), h. c^{ne} de Coulounieix. — *Mansus de la Foscharia voc. la Rompischola*, 1275 (Périg. M. H. 41, 1).

Ancien rep. noble relev. de la ville de Périgueux.

RAMPSOLFENC, c^{ne} de Sorges. — *Lo Fious Rampnolfenc*, 1290 (titres de Chamberlhiac, 7).

RAMPNOLFENC? c^{ne} de Vallereuil. — *Sire nemus de Monsaco*, 1331 (Périg. M. H. 4.)

RANDOLENIE (MAS DE LA), c^{ne} d'Agonac.—1316 (titres de Chamberlhiac).

RAPEVACHE, h. c^{ne} de Saint-Martial-de-Valette. — Altitude : 214 mètres.

RAPHAL, h. c^{ne} de Badefol-d'Ans (S. Post.).

RAPIROU, h. c^{ne} de Marsaneix (E. M.).

RAPY, h. c^{ne} de Bourdeix (B.).

RASCLABIE (LA)? c^{ne} de Grignol. — *Iter de la Rasclaria*, 1465 (Dives, I, 60).

RASSOLIÈRES? c^{ne} de Belvez. — *Loc. voc. à las Rassolières*, 1462 (arch. de la Gir. Belvez).

RASTIGNAC, c^{ne} d'Azerat. — *Hospitium de Rastinhaco*, 1483 (Généal. de Rastignac).

Anc. rep. noble ayant haute justice sur la Bachelerie, Saint-Rabier et Peyrignac, en 1760 (Alm. de Guy.).

Rastugie (La), lieu-dit, c⁰ᵉ de Tursac (cad.).

Rat (Combe du), taillis à la Poulcille, cⁿᵉ de Saint-Félix-de-la-Linde. — 1760 (Acte not.).

Rat (Combe du), lieu-dit, cⁿᵉ de Sainte-Foy-de-Longa (A. Jud.).

Rat (Haut et Bas), h. cⁿᵉ de Paleyrac (A. Jud.).

Rat (Le), cⁿᵉ de Biras. — *Bordaria del Rat*, 1466 (Lesp.).

Rat (Le), h. cⁿᵉ de Chancelade (B.).

Rat (Le), cⁿᵉ de Grignol ? — *Mayn. del Rat*, 1406 (Lesp. inv. de J. Milon).

Rat (Le), cⁿᵉ de la Linde, près de Sainte-Colombe (B.).

Rat (Le), éc. cⁿᵉ de Lusignac.

Rat (Le), cⁿᵉ de Mensignac. — *Bordaria del Rat*, 1351 (Lesp.).

Rat (Le), cⁿᵉ de Négrondes. — *Territor. voc. Al Rat*, 1457 (titres de Chamberlhiac).

Rat (Le), éc. cⁿᵉ de Notre-Dame-de-Sanillac.

Rat (Le), cⁿᵉ de Preyssac. — *Tén. del Rat*, 1430 (Lesp.).

Rat (Le), cⁿᵉ de Sainte-Alvère. — *Crux del Rat* (Liv. Nof. p. 119).

Rat (Le), cⁿᵉ de Saint-Chamassy. — *Mayn. del Rat*, 1475 (Liv. Nof. 115), près de la Mélonie.

Rat (Le), dom. cⁿᵉ de Sarlat (A. Jud.).

Rat (Le), cⁿᵉ de Vic. — *Fons del Rat*, 1460 (Liv. N. 61).

Rat (Pech del), h. cⁿᵉ de Capdrot (E. M.).

Rateau, dom. cⁿᵉ de Montravel (A. Jud.).

Rateau, h. cⁿᵉ de Verteillac.

Ratebouil, h. et mⁱⁿ, cⁿᵉ de Sainte-Alvère. — *Ratavolp*, 1460 (Liv. Nof. 108). — *Ratavol*, 1489 (Lesp. 15, Saussignac).
Anc. rep. noble.

Ratebouil, h. cⁿᵉ de Sainte-Foy-de-Belvez. — *Mayne de Ratavolp*, 1462 (arch. de la Gir. Belvez). — *Rattavoul* (B.).

Ratelem (Le), terre, cⁿᵉ de Bussac (A. Jud.).

Rathias (Les), cⁿᵉ du Breuil, c⁰ⁿ de Vern. — Restes d'une forge à bras que M. de Taillefer croit du moyen âge et non antique (Antiq. de Vésone, I, 188).

Ratougnac, h. cⁿᵉ de Genestet. — *Ratougnias*, 1717 (Acte not.).

Rats (Les), lieu-dit, cⁿᵉ d'Audrix (cad.).

Rau, éc. cⁿᵉ de Rouquette-Eymet (A. Jud.).

Rauchon (Tuquet de), châtaigneraie, cⁿᵉ de Négrondes (A. Jud.).

Raufet, h. cⁿᵉ de la Chapelle-Pechaud (S. Post.).

Raufias (Grand et Petit), h. cⁿᵉ de Mareuil, près de Saint-Priest.

Raufie ou Roffie, h. et grotte, cⁿᵉ de Sainte-Natalène. — *Roffy* (E. M.).

Raufie (La), lieu, cⁿᵉ de Bauzens.

Raufie (La), h. cⁿᵉ de Coulounieix (S. Post.). — *Roffie* (E. M.).

Raufie (La), lieu, cⁿᵉ de Fanlac.

Raufie (La), cⁿᵉ de Lunas. — *Ten. de la Rauphie, lieu de las Levadas*, 1735 (Acte not.).

Raufie (La), h. cⁿᵉ de la Mongie-Montastruc, près de la grotte du gué de la Roque (E. M.). — 1606 (Acte not.).

Raufie (La), h. cⁿᵉ de Montren. — *Roffies* (B.).

Raufie (La), cⁿᵉ de Sainte-Orse. — *La Rauffie* (terr. de Vaudre).

Raufie (La), h. cⁿᵉ de Saint-Pierre-d'Eyraud (A. Jud.).

Raufie (La), h. cⁿᵉ de Sengeyrac (S. Post.).

Raufinie (La), cⁿᵉ d'Agonac. — *Mansus de la Roffinia*, 1478 (tit. de Chamberlhiac). — *Ruffinie* (cad.).

Raufinie (La), h. cⁿᵉ d'Eyliac.

Raufinou, lieu-dit, cⁿᵉ de Tursac (cad.).

Raulet (Le), h. cⁿᵉ de Razac-Saint-Astier.

Raulie (La), cⁿᵉ de Mauzac, près de Saint-Mayme. — *Mansus de la Raulia*, 1459 (arch. de la Gir. Belvez).

Raulis (Les), h. cⁿᵉ de Montbazillac (A. Jud.).

Raumel (Le), ruisseau venant de Valadésie, qui passe au Buisson et se jette dans la Dordogne en face de Bigaroque. — *Raumel*, xvıᵉ siècle (arch. de la Gir. Bigaroque).

Raumoltet ? cⁿᵉ de Font-Galau. — *Masus del Raumoltet*, 1462 (arch. de la Gir. Belvez).

Raunel, ruisseau qui traverse les communes de Saint-Pardoux-de-Belvez et de Montplaisant, du S. au N.-E., et se jette dans la Nauze. — *Rivus de Roanel*, 1460 (arch. de la Gir. Belvez). — *Ronnel, Rouanel*, 1791 (Acte not.).

Raure (La), mⁱⁿ, à Saint-Mayme-de-Rauzan, cⁿᵉ de Mauzac.

Rausel (Le), h. cⁿᵉ de Marcillac. — *Prioratus de Rausello* (Lesp. Collat. par Clément VI).
Prieuré de l'ordre de Saint-Augustin. — La chapelle du Pech, qui est proche du village, est peut-être un reste de cette maison.

Rausel (Le), cⁿᵉ de Saint-Naixent. — 1776 (not. de Bergerac).

Rausel (Le), h. cⁿᵉ de Salaignac (S. Post.).

Raute-Sac, mⁱⁿ, cⁿᵉ du Bugue, à Pech-Agrier (B.). — *Rotesac* (Cass.).

Raute-Sac ? cⁿᵉ de Coly. — *Molend. de Auta Sata*, 1460 (O. S. J.).

Raute-Sac, mⁱⁿ, cⁿᵉ de la Linde. — 1742 (Acte not.). — *Rotersac* (nom vulgaire).

RAUZAN, h. c^{ne} de Vic. — *Sanctus Maximus de Rosano*, 1380 (P. V. M.). — *Rausan*, 1649 (Acte not.). — *Rozens* (*ibid.*).

Ce hameau a donné son nom à la par. de Saint-Mayme.

RAUZE (CROIX DE LA), c^{ne} de Vic (ét. de sect. 1791).

RAUZEL, anc. fief, c^{ne} de Saint-Amand-de-Belvez.

RAUZELOU, h. sect. de la c^{ne} de Sourzac (cad.), sur les bords de l'Ille.

RAUZES, c^{ne} de Pazayac. — *Territ. de las Rauzas*, 1529 (fabr. de Pazayac).

RAUZET, anc. dioc. de Périgueux. — *Ecclesia de Rauzet*, 1382 (P. V. M. archipr. de Peyrat).

RAUZIERAS (CLAUD DE LAS), pré, c^{ne} de Génis (A. Jud.).

RAUZIERAS (LAS), lieu-dit, c^{ne} de Tanniès (cad.).

RAUZIERAS (LAS), pré, c^{ne} de Tayac. — 1511 (Lesp. 65).

RAUZIERAS (LAS), c^{ne} de Tursac (cad.).

RAUZIÈRE (LA), h. c^{ne} de Paulin (B.).

RAUZIÈRES (LES), friche, c^{ne} de Brouchaud (A. Jud.).

RAUZIÈRES (LES), c^{ne} de Sainte-Eulalie-de-Breuil (B.).

RAVEL, h. c^{ne} de Bergerac.

RAVEL, taillis, c^{ne} de Cause-de-Clérans (A. Jud.).

RAVILLON, h. c^{ne} de Saint-Sulpice-d'Exideuil.

RAVILLON (LE), ruiss. qui prend sa source près de Saint-Sulpice-d'Exideuil, arrose la vallée où est situé Saint-Germain-des-Prés et afflue à la Loue.

RAVILLON (LE), anc. chapelle à Sarlat. — *Capella de Ravillon in eccl. cath.* Sarlat. 1557 (Résignation d'Ét. de la Boétie, coll. de Lenq.).

RAVILLON (ROC-DE-), éc. c^{ne} de Saint-Sulpice-d'Exideuil (B.).

RAYER, c^{on} de Saint-Astier. — *Stagnum Rayer*, 1465 (Dives, Accense faite par le chapitre).

RAYET, anc. dioc. de Périgueux, auj. du dép^t de Lot-et-Garonne (cartes de Blaeu et de Sanson). — *Silva, allodium de Rajeto.* (cart. de la Sauve) ?

RAYMOND ? c^{ne} de Beaurone-de-Chancelade. — *Stagnum Raimondeno* (cart. de Chancelade).

RAYMONDIE (LA), terre, c^{ne} de Bancuil. — *La Raymondia* (Liv. Nof.).

RAYMONDIE (LA), c^{ne} de Camp-Segret. — 1790 (Acte not.).

RAYMONDIE (LA), c^{ne} de Clérans. — *Mansus voc. la Raymundia*, 1160 (cart. de Cadouin).

Anc. rep. noble.

RAYMONDIE (LA), c^{ne} de Combeyranche. — *Mayn. de la Raymondie*, 1560 (O. S. J. Combeyranche).

RAYMONDIE (LA), c^{ne} de Cornille. — *Maynam. de la Raymondie*, 1460 (inv. de Lanmary).

RAYMONDIE (LA), logis dans le château de Grignol. — *Domus dicta Raymondencha in castro de Granholio*, 1318 et 1462 (Lesp. 63).

RAYMONDIE (LA), c^{ne} d'Issac. — *Lo mayne de la Raymondia*, 1480 (Lesp. 87, n° 229).

RAYMONDIE (LA), anc. fief, ville de Montignac.

RAYMONDIE (LA), h. c^{ne} de Saint-Astier. — *Mayn. de la Reymondia*, 1495 (Dives, II, 121).

RAYMONDIE (LA), dom. c^{ne} de Saint-Caprais-de-la-Linde. — *Boria voc. lo Chay de la Reymundia* (Liv. N.).

RAYMONDIE (LA), c^{ne} de Tocane. — *La Raymondia*, 1316 (Périg. M. H. 41, 1). — *La Reymondye*, 1478 (inv. de Lanmary).

RAYMONDIE (LA), c^{ne} de Vallereuil. — *Maynam. de la Raymondia*, 1333 (Périg. M. H. 41, 4).

RAYNALDS (LES), éc. c^{ne} de Chancelade (B.).

RAYNNON ? c^{ne} de Saint-Laurent-sur-Manoire. — *Mansus Raynonenc*, 1496 (cb. Mourcin).

RAYRE, h. c^{ne} de Colombier.

RAYSSANIE (LA), c^{ne} de Saint-Martin-de-Ribérac. — 1508 (inv. du Puy-Saint-Astier).

RAYSSE (LA), lieu-dit, c^{ne} de Bezenac (cad.).

RAYSSE (LE), lieu-dit, c^{ne} d'Alas-de-Berbiguières (cad.).

RAYSSE (LE), lieu-dit, c^{ne} de Beaurone (cad.).

RAYSSE (LE), h. c^{ne} de Cazoulès (B.).

RAYSSE (LE), éc. c^{ne} de Saint-Laurent-de-Castelnau (A. Jud.).

RAYSSE (LE), lieu-dit, c^{ne} de Sainte-Natalène (cad.).

RAYSSE (LE), c^{ne} de Sergeac. — *Tenent. del Rayche*, 1290 (O. S. J.).

RAYSSE (LE), lieu-dit, c^{ne} de Tursac (cad.).

RAYSSES (LES), lieu-dit, c^{ne} de Sainte-Alvère (cad.).

RAYSSES DE L'ALBARÈDE, DE CAMILLE, DE LA PEYRE, DU ROC DE BADEAU, DE SEREINE, lieux-dits, c^{ne} de Saint-Cybranet (cad.).

RAYSSET, h. c^{ne} de Saint-Avit-Sénieur (B.).

RAYSSET (SUR LE), taillis, c^{ne} de Saint-Germain-des-Prés (A. Jud.).

RAYSSOUX (LES), h. c^{ne} de la Chapelle-Gonaguet (B.). — Autrement *Courtis*, XVIIe siècle (O. S. J.).

RAZAC, lieu, c^{ne} de Cause-de-Clérans. — *Village de Rageat*, 1669 (Acte not.).

RAZAC, h. c^{ne} de Larzat.

RAZAC-DE-SAUSSIGNAC, c^{ne}, c^{on} de Sigoulès. — *Eccl. de Rezaco*, 1555 (bénéf. de l'év. de Sarlat).

Patron : saint Barthélemy; coll. l'évêque.

RAZAC-D'EYMET, c^{ne}, c^{on} d'Eymet. — *Paroch. Sancta-Maria de Resach.* vers 1117 (cart. de Sainte-Marie de Saintes, 191). — *Ressacum*, 1556 (bénéf. de l'év. de Sarlat, archipr. Gayadensis).

Patronne : l'Assomption.

Forêt de Razac (B.). — *Silva de Rajeto?* (cart. de la Sauve). Ce texte s'applique à Razac plutôt qu'à Rayet.

RAZAC-SUR-L'ILLE, c^{ne}, c^{on} de Saint-Astier. — *Razacum* (pouillé du XIIIe siècle, arch. de Quinta). — *Rezac.*

1278 (Lesp. 81, n° 36). — *Resac*, 1312 (Lesp. 26). — *Rasak*, 1348 (Lesp. 78, Périgueux). — *Rezacum*, 1360 (Lesp. Châtell. du Pér.). — *Turris et aula de Raszac*, 1397 (Liv. N. de Périg.).

Anc. rep. noble relevant de la châtell. de Périgueux au XIVe siècle; ayant, en 1760, haute justice sur Razac.

Voc. Sainte-Marie.

RAZAC-SUR-LA-COLE, h. cne de Thiviers, avec un moulin sur la Cole. — Altitude : 280 mètres.

Anc. fief.

RAZINIÈRE (LA), lieu-dit, cne de Saint-Aquilin. — 1661 (Acte not.).

RAZOIRE (LA), cne de Naillac (S. Post.). — *La Razoire*, 1632 (Acte not.).

Anc. rep. noble.

RÉAL (LA), cne de Sencenac. — *L'Arial* (B.).

Anc. fief dépend. de la terre de la Vialle.

RÉALIE (LA), cne d'Eyvirac. — *Bordaria de la Realia*, 1282 (tit. de Chamberlhiac).

REBIERRE, bois, cne de Grignol (A. Jud.).

RECAUDIE (LA)? cne de Sergeac. — *Bord. de la Recaudia*, 1304 (O. S. J.).

RECHIGNAC, h. cne de Chalais (S. Post.).

RECLAUD (LE), habit. cne de Bourg-de-Maisons.

RECLAUD (LE), terre, cne de la Chapelle-Saint-Jean (A. Jud.).

RECLAUD (LE), lieu-dit, cne de Neuvic. — 1653 (Acte not.).

RECLAUD (LE), éc. cne de Paunac.

RECLAUD (LE), cne de Saint-Cyprien. — *En Reclos*, 1462 (terr. de l'archev. de Bordeaux).

RECLAUD (LE GRAND-), bruyère, cne de Cantillac (A. Jud.).

RECLAUSOU, terre, cne de Naillac (A. Jud.).

RECLAUSOU (AU), cne de Saint-Julien-de-Crempse (A.J.).

RECLAUZEL, lieu-dit, cne de Vic.

RECLUS (LE), vill. et chapelle, près de la ville de Brantôme. — 1482 (abb. de Brantôme, Lesp. 79).

RECLUSE (LA), enclos dans la banlieue de Bergerac. — *Ten. de la Reclusa*, 1465 (Liv. Nof.).

Il y en avait plusieurs : une était située entre le chemin de Bergerac à Saint-Martin et le chemin de Bergerac à l'Orador, 1409 (Liv. N.). — *Recluse des Pères Jacobins*, 1743 (Acte not.). — *Recluse des Pères Carmes*, 1760 (ibid.). — *Recluse de M. de Pis*, à la Gravouse, au chemin des Frères, 1743 (Acte not.). — *Recluse de Valette*, 1776 (not. de Bergerac).

RECLUSE (LA), faubourg de Périgueux. — *La Reclusa de Larsault*, 1476 (Lesp. Périgueux).

RECLUSE D'EXIDEUIL (LA), chapelle. — Voy. SAINT-JEAN.

RECLUSEL, éc. cne de Saint-Pierre-de-Chignac (B.).

RECLUSOU, une des anc. portes de Limeuil. — 1480 (Lesp. 37).

RECLUSOU, bourg de Saint-Cyprien. — *In barrio de la Recluyou*, 1462 (Virazel, arch. de Bordeaux).

RECOUX, cne de Belvez. — *Fons del Recos*, 1469 (arch. de la Gironde).

RECOUX (LES), h. cne de Mauzens. — *Mansus de Recos*, 1463 (arch. de la Gironde).

RECUR, h. cne de la Force (B.).

REDAT, lieu, cne de Saint-Amand-de-Belvez. — *Redun*, 1608 (homm. de ce fief à l'archev. de Bordeaux)?

REDELMON? cne de Saint-Paul-de-Serre. — *Repayrium de Redelmon?* 1333 (Périg. M. H. 41, 4).

REDON, anc. rep. noble, cne de Grange-d'Ans (S. Post.).

REDON, h. cne de Veyrignac (B.).

REDONDIE, h. cne de Sourzac. — 1635 (Acte not.).

REDOULET, lieu-dit, cne de Queyssac (cad.).

REDOULIE (LA), h. cne de Lenquais.

REDOURTOUX (LES), lieu, cne de Marsaneix; retranchements (communic. du curé de Marsaneix).

REDRON, min, cne du Change. — 1503 (Mém. d'Albret). — *Redrol* (A. Jud.).

REFOLIE, cne de Vern. — *Tenentia de la Reffolia*, 1460 (ch. Mourcin).

REFOSSÉS (LES), anc. fossés qui entouraient Bergerac en dehors de la première ligne de fossés sur laquelle étaient les portes de Malbec, Clairac, Bourbarrau, 1630 (procès-verbal de démolition qui indique leur direction). — *Lo Rey valat vieilh*, 1409 (Liv. N.). — *Confront. cum Rey valatum ville Brag.* (ibid. 124).

REFOUSSA (AU), lieu-dit, cne de Coux (cad.).

REGAGNAC, h. cne de Montferrand (S. Post.).

REGAGNON, lieu-dit, cne de Sarlat (cad.).

REGALIE, lieu-dit, cne de Neuvic (cad.).

RÉGAT (BOIS DE), taillis, cne de Pressignac.

REGAUDIE, h. cne de Carlux (B.).

RÉGAUTIER (LE), dom. cne de Montazeau (A. Jud.).

RÈGE (LA) ou RUISSEAU DE TRÉMOLAT, ruiss. qui prend sa source au-dessus de Pézul, passe à Trémolat et se jette dans la Dordogne.

La partie basse du ruiss. a la propriété de laisser échapper des bulles de gaz inflammable quand on remue le fond vaseux sur lequel elle repose.

RÈGE (LA), h. cne de Cours-de-Piles.

RÈGE (LA), h. cne de Mauzens (Cass.).

REGESSIE (LA), h. cne de Bouteilles (B.)

RÉGOU, h. cne de la Bouquerie.

REIGNAC, cne de Campagne. — *Mansus de Relhaco*, 1463 (arch. de la Gir. Bigaroque).

REIGNAC, h. cne de Carlux (cad.). — Anc. rep. noble.

REIGNAC, h. cne de Saint-Cyprien. — *Reyniacum*, 1333 (Gall. Ch. Eccl. Burd.). — *Locus de Renhaco*, 1500 (arch. de la Gironde, Saint-Cyprien. Transact. sur la jurid. de ce lieu entre le prieur et le seigneur de Fages).

REIGNAC, c^{ce} de Tursac (B.). — *Rinhacum*, 1386 (Lesp. 96, Homm.). — *Rignac*, xvie siècle.
Anc. rep. noble.

REILLAC, h. c^{ne} d'Ales (S. Post.).

REILLAC, h. c^{ne} de Grignol. — *Mayn. de Relhaco*, 1485 (Dives, II, 114).

REILLAC, logis dans le château de Grignol. — *Hospitium de Relhac situm in castro de Granholio* (Dives, II, 114).

REILLAC, anc. nom du vill. de Jeansille, c^{ne} de Manzac (communic. de M. de Dives).

REILLAC, réuni à Saint-Front-de-Champniers, c^{ne}. — *Relhacum*, 1365 (Lesp. Châtell. de Nontron). Patron : saint Paul; coll. l'évêque.

REILLAC, châtell. au xive siècle composée des c^{nes} de Saint-Sernin-de-Reillac et de Saint-Félix-de-Reillac. — *Reliacum*, 1160. — *Reliac* (pouillé du xiiie siècle). — *Castrum de Relhac*, 1273 (Lesp. 53, Arch. III). — *Raillacum*, 1287. — *Relliacum*, *Rilhacum*, xive siècle (Lesp.).
Au xvie siècle, Reillac n'était plus qu'un fief relevant du marquisat de la Douze.

REILLAC (BOIS DE), c^{ne} de Vern (A. Jud.).

REILLAC (HAUT et BAS), lieu-dit, c^{ne} de Neuvic (cad.).

REILLAC (SAINT-FÉLIX- DE-), réuni à Mortemart, c^{ne}, c^{on} du Bugue. — Voy. SAINT-FÉLIX-DE-REILLAC ET MORTEMART.

REILLAC (SAINT-SERNIN-DE-), c^{ne}, c^{on} du Bugue.— Voy. SAINT-SERNIN-DE-REILLAC.

REILLANES? c^{ne} de Manzac. — *Ten. del Relhannès*, 1485 (Dives, II, 156).

REILLE (LA), anc. fief, c^{ne} de Coulaures.

REINE (AL CLAU DE LA), lieu-dit, aux Mazades, c^{ne} de Lenquais (terr. de Lenquais).

REJAILLAC, terre, c^{ne} de Champsevinel (A. Jud.).

REJASSIE (LA), h. c^{ne} de Bouteilles (S. Post.).

REJIMBELLES (LES), taillis, c^{ne} de Lolme.

REJOVIE, h. c^{ne} de Celle. — *Rejouy* (B.).

REJOU, h. c^{ne} de la Bouquerie (A. Jud.).

REJOUX (LES), h. c^{ne} de Mayac (A. Jud.).

RELAUMIER (LE), lieu-dit, c^{ne} de la Canéda (cad.).

RELEGIE (LA), lieu, c^{ne} de Cubjat (A. Jud.).

REMEGOUSE, h. c^{ne} de Siorac (B.).

REMENSIGNAC, h. c^{ne} de Bourg-du-Bost (S. Post.). — Anc. rep. noble, 1693 (Acte not.).

REMGEAS (LAS), lieu-dit, c^{ne} de Sourzac (cad.).

REMINYE (LA), dom. c^{ce} de Montignac-sur-Vézère. — 1503 (Mém. d'Albret).

REMISSOU (AU), taillis, c^{ne} de Coulounieix (A. Jud.).

REMS, h. c^{ne} de Saint-Germain-de-Salembre. — *Mas de Renxs*, 1297 (Lesp. 52, Mellet). — *Rens*, 1508 (Lesp. 61, Taillefer).

RENAMONT, h. c^{ne} de Brassac. — *Vilatgium de Regnamont*, 1496 (Périg. M. H. 41, 1).

RENARDIE (LA), c^{ne} de Belvez. — *Mansus de la Renardias*, 1470 (arch. de la Gir. Belvez).

RENARDIE (LA), c^{ne} de Montplaisant. — *Mansus dictus de la Renardia*, 1460 (arch. de la Gir. Belvez).

RENARDIE (COSTE DE LA), c^{ne} de Brassac, tenance (Dénombr. de Montardit).

RENAUDIE (LA), c^{ne} de Camp-Segret. — *Mansus de la Renaudia*, 1283 (Lesp.).

RENAUDIE (LA), c^{ne} de Cornille. — *Maynam. de la Renaudie*, 1460 (inv. de Lanmary).

RENAUDIE (LA), c^{ne} de Coulounieix. — 1679.

RENAUDIE (LA), c^{ne} de Génis.

RENAUDIE (LA)? c^{ne} de Grignol. — *Mayn. de la Renaudia in honore de Granholio*, 1406 (Lesp. Inv. de Milon).

RENAUDIE (LA), c^{ne} d'Hautefort. — *Repaire de la Reynaulldie* (Lesp. 51)..

RENAUDIE (LA), anc. rep. noble, c^{ne} de Lembras. — 1664 (Acte not.).

RENAUDIE (LA), h. c^{ne} de Lempzours (S. Post.).

RENAUDIE (LA), habit. c^{ne} de Montagrier. — Anc. rep. noble.

RENAUDIE (LA), h. c^{ne} de Pluviers (S. Post.).

RENAUDIE (LA), h. c^{ne} de Saint-Crépin-d'Auberoche.

RENAUDIE (LA), h. c^{ne} de Saint-Front-la-Rivière. — *Regnaudie*, 1513 (arch. de Pau). — *Reynaudie*, xvie siècle.
Anc. rep. noble dépend. de la châtell. de Nontron au xive siècle et ayant, au xvie, haute justice sur Saint-Front-la-Rivière et Quinsac.

RENAUDIE (LA), h. c^{ne} de Saint-Jory-las-Bloux (S. Post.).

RENAUDIE (LA), c^{ne} de Saint-Léon-sur-l'Ille. — *Lou Fiou de la Raynaudia*, 1203 (cens de Taillefer).

RENAUDIE (LA), c^{ne} de Saint-Naixent. — *Ten. de la Reynaudia*, 1530 (O. S. J.).

RENAUDIE (LA), h. c^{ne} de Saint-Vivien-Vélines (S. Post.).

RENAUDIE (LA), c^{ne} de Salignac.— *Las Reynaudias* (S. Post.).
Anc. rep. noble.

RENAUDIE (LA), h. c^{ne} de Sanillac.

RENAUDIE (LA PETITE-), lieu-dit, c^{ne} de Villetoureix (cad.).

RENAUDIES (LES), h. c^{ne} de Nanteuil, c^{on} de Thiviers.

RENAULPHIE (LA), h. c^{ne} de Beaurone. — *Renolphie* (cad.).

RENAULPHIE (LA), c^{ne} d'Issac. — *Mas de la Rampnolffia*, 1480 (Lesp. 87, n° 229).

RENAUPHIE (LA), h. c^ne de Saint-Paul-la-Roche (S. Post.).

RENAUPHIE (LA), lieu-dit, c^ne de Beauregard-Terrasson (cad.).

RENFORT (LE), côte très-roide, c^ne de Montbazillac. — Découverte d'antiquités (Cte de Larmandie, reg. V).

RENFREYE (LA), c^ne de Bassac. — La Renfraya, 1321 (ch. Mourcin).

RENJEARD, h. c^ne de Saint-Mayme-de-Péreyrol. — Rengard, 1666 (Acte not.).

RENJEARDIE (LA), h. c^be de Cumont (B.).

RENONCES, c^on de Bergerac. — Mansus de Renonces prope la Garnesc, 1167 (Lesp. 37, Rudel).

RENSEJAC, h. c^ne de Sainte-Foy-de-Belvez (B.).

REPAIRE (HAUT et BAS), h. c^ne de Celle (B.).

REPAIRE (LE), dom. c^ne d'Agonac (A. Jud.). — Hospitium vocatum del Repayre, 1370 (titres de Chamberlhiac).

Il était situé sur la motte d'Agonac, près des maisons de Chabans et de Potz (Feti, 1).

REPAIRE (LE), lieu-dit, c^ne de Bezenac (cad.).

REPAIRE (LE), bruyère, c^ne de Château-l'Évêque (B, 233, A. Jud.).

REPAIRE (LE), lieu-dit, c^ne de la Linde (cad.).

REPAIRE (LE), c^ne de Lussac. — Ostal del Reppayre, 1450 (Lesp. 51).

REPAIRE (LE), c^ne de la Mongie-Montastruc; détruit (communic. de M. de La Vernelle).

REPAIRE (LE), lieu-dit, c^ne de Négrondes (A. Jud.).

REPAIRE (LE), taillis, c^ne de Saint-Aubin-de-Nabirat (A. Jud.). — Anc. rep. noble.

REPAIRE (LE), lieu, c^ne de Saint-Barthélemy-de-Pluviers.

REPAIRE (LE), h. c^ne de Saint-Front-d'Alemps. — Le Repaire-Vieux (B.).
Anc. rep. noble.

REPAIRE (LE), à la Salvie, c^ne de Saint-Julien-de-Lampon. — 1407 (arch. de Fénélon).

REPAIRE (LE), fief, c^ne de Saint-Privat. — El Repayre Brunet, 1494 (Lesp. Frateaux).

REPAIRE (LE), sect. de la c^ne de Tayac (cad.).

REPAIRE (LE), h. c^ne de Thiviers (B.).

REPAIRE (LE), éc. c^ne de Vic. — Le Cazal du Repaire, (états de section, 1791).

REPAIRE-DE-SAINT-PARDOUX (LE), c^ne de Saint-Pardoux-de-Mareuil.

REPAIRE DU BOS (LE), c^ne de Saint-Martin-des-Combes. — Anc. fief, 1742 (Acte not.).

REPAIRE-MARTEL (LE), c^ne de Bourg-du-Bost. — 1739 (Acte not.).

REQUEYRIE (LA), h. c^ne de Montignac-sur-Vézère (B.).

RESIDON, h. c^ne de Saint-Aquilin. — Recidon, 1471

(pap. de Solminhac). — Reyssidon, 1504 (ibid.). — Repayrium de Ressidon, 1510 (ch. Mourcin).

RESTARIE (LA), dom. c^ne de Liorac (A. Jud.).

RESTARIE (LA), m^in, c^ne de la Mongie-Montastruc.

RESTARIE (LA), c^ne de Saint-Paul-de-Serre. — Mayn. de la Restaria, 1471 (ch. Mourcin).

RESTE-SAUME (LA), nom d'un chemin de la Fargennerye à Saint-Pierre-de-Chignac. — 1747 (Acte not.).

RESTOLENC? aux environs de la Mongie-Saint-Martin. — Mansus Brunet pel meniar Restolenc (cart. de Sainte-Marie de Saintes, 144).

RETOURNELLE (LA), chapelle, c^ne d'Archignac (B.).

REUGEARDIÈNES (LES), taillis, c^ne de Saint-Avit-Sénieur (A. Jud.).

REVEILLE, h. c^ne d'Eyzerat (S. Post.).

REVEILLE, h. c^ne de Saint-Aquilin. — Maynam. de las Revelhias, 1499 (inv. du Puy-Saint-Astier). — Las Revelhas, 1665 (not. de Villamblard).

REVEILLE (LA), nom de diverses chapelles fondées dans le dioc. de Sarlat par Jean de Reveillon, évêque de Sarlat de 1371 à 1393 (Gallia Christ.). — Voy. RAVILLON (LE).

REVEILLON, anc. rep. noble, c^ne de Rozac-d'Eymet.

REVEILLON (LE), ruiss. affluent du Drot, qui prend sa source à Font-Close et forme le vallon entre Font-Roque et Montguyard.

REY (AL BRANDES DEL), c^ne de Faux. — 1771 (cad.).

REY (BOS DEL), lieu-dit, c^ne de Sarlat (cad.).

REY (L'ALBA, LE LOUNGARISSE, LONGAUNÉ DEL), terres, c^ne d'Urval (cad.).

REY (LE), h. c^ne de Campagnac-de-Quercy.

REY (LE MAINE DEL), éc. c^ne de Rampieux.

REYAL, c^ne de Boulazac. — Mansus voc. Reyal, 1320 (ch. Mourcin).

REYALIE (LA), anc. fief, c^ne de Coulaures.

REYALIE (LA), c^ne de Plazac. — Maison de la Reyalie, 1400 (Lesp.).
Fief relev. de la Roche-Saint-Christophe.

REYGASSE, h. c^ne de Beauregard-Villamblard (B.).

REYGEAUD, h. c^ne de Beleymas. — Reygaud, 1666 (Acte not.).

REYJARDIE (HAUTE et BASSE), h. c^ne de Lisle.

REYJAU, h. c^ne de Rouquette-Eymet (S. Post.).

REYLIE, éc. c^ne de Villamblard (B.).

REYNAL, h. c^ne de Villefranche-de-Belvez (B.).

REYNALE (LA), h. c^ne de Saint-Vincent-de-Paluel (B.).

REYNERIE, h. c^ne de Saint-Pierre-de-Cole. — Anc. rep. noble, 1565 (Lesp. 51).

REYNIE (LA), h. c^ne de Bourèze (B.).

REYNIE (LA), h. c^ne de la Cassagne (B.).

REYNIE (LA), c^ne de Douville, une des possessions de la comm^rie de la Sauvetat (O. S. J.).

34.

Reynie (La), éc. c^{er} de Millac-d'Auberoche (A. Jud.).

Reynier, h. c^{ne} de Saint-Vivien-Bonneville.

Reynieras (Las), h. c^{ne} de Coursac (Antiq. de Vésone, I, 451).

Reynoux (Les), fontaine, c^{ne} de Saint-Aigne.

Reyra (La), c^{on} de Vélines? — La Reyra, 1306 (terr. de Montravel).

Reyssat, h. c^{ne} de Fouleix (B.).

Reyssons (Les), h. c^{ne} de la Chapelle-Gonaguet (B.).

Reytarie (La), lieu-dit, c^{ne} de la Linde. — Retarie (cad.).

Reytarie (La), h. c^{ne} de Liorac (A. Jud.).

Reytarie (La), h. c^{ne} de Saint-Astier. — La Restaria, 1360 (Lesp. 26). — Reyterie (B.). Anc. fief.

Reyte (A la), taillis, c^{ne} d'Atur (A. Jud.).

Rhins, h. c^{ne} d'Abjat-Nontron (S. Post.). — Rheims (B.).

Riaux (Les), éc. c^{ne} de Vélines (B.).

Riauzal, éc. c^{ne} de Villefranche-de-Belvez.

Ribadias (Las), lieu-dit, c^{ne} de Boulazac. — 1739 (Acte not.).

Ribagnac, c^{ne}, c^{on} du Sigoulès. — Ribanac, xiie siècle (Lesp. Paunac). Prieuré conventuel dépend. de l'abb. de Paunac.

Ribardieras, h. c^{ne} d'Augignac (S. Post.).

Ribassol? c^{ne} de Saint-Cyprien. — 1462 (Philipparie, Saint-Cyprien).

Ribaudie (La), sect. de la c^{ne} de Chavagnac (cad.).

Ribérac, ch.-lieu d'arrondissement. — Castellum Ribbairac, xe siècle (Gaignères, vol. 558). — Ribairacum, 1090 (cart. de Cadouin). — Raymundus de Ribeirac, vice comes, 1180 (cart. de Chancelade). — Eccl. Sancti Martialis de Ribbayraco (reg. du pape Innocent VI, arch. du Vatic.). — Arribeyrac, xiiie siècle (test. de Rose du Bourg, archives de la Gir. t. I). — Ribeyrac, xviiie siècle.

La châtell. de Ribérac se composait des paroisses suivantes : Allemans, Bersat, Bourg-du-Bost, le Chalard, Combeyranche, Espeluche, la Faye, Festalens, Saint-André, Saint-Martial-de-Drone, Saint-Martin-le-Peint, Saint-Sulpice, Saint-Vincent-de-Connezac, Saint-Vincent-de-Jalmoutier, Siorac, Vanxains, Villetoureix.

Il y avait un chapitre de 6 chanoines qui partageaient la dîme avec le curé de Saint-Martial. Vocable : l'Assomption; coll. l'évêque.

Les armoiries de la ville de Ribérac sont : d'or à 3 fasces de sinople et un sautoir d'argent, brochant sur le tout, chargé en cœur d'une étoile d'azur (Chroniqueur du Périgord).

Ribertraguet (Le), ruiss. qui se jette dans la Drone au Chalard, c^{on} de Ribérac.

Riberyrie (La Haute et la Basse), h. c^{ne} de Queyssac (cad.). — Motte et ruines d'un anc. fief de la comm^{rie} de Lembras.

Ribeyrolie (La), c^{ne} de Savignac? — Affarium de la Ribeyrolia, 1309 (Périg. M. H. 41, 2).

Ribeyrolle, h. c^{ne} du Change. — Anc. rep. noble, 1503 (Mém. d'Albret).

Ribeyrolle (La), h. c^{ne} de Sarrazac (B.).

Ribona, h. c^{ne} de Saint-Front-de-Pradoux.

Riboulie (La), lieu-dit, c^{ne} de Cherveix (cad.).

Riboulie (La), h. c^{ne} de Saint-Paul-la-Roche. — La Rivolie (A. Jud.).

Ricardie (La), h. c^{ne} de Liorac. — Tenem. de la Ricardia, 1470 (Liv. N. 78).

Richardie (La), habit. c^{ne} de Bouteilles.

Richardie (La), anc. fief, c^{ne} de Cherval.

Richardie (La), h. c^{ne} de Saint-Romain-Saint-Clément (S. Post.).

Richardieras, éc. c^{ne} de Saint-Martin-le-Peint (B.).

Richemont, c^{ne} de Saint-Crépin. — Château construit par Brantôme. Anc. rep. noble, ayant haute justice sur Saint-Crépin et sur Montmoreau (Alm. de Guy. 1760).

Richignac, éc. c^{ne} de Brantôme.

Rieu, h. c^{ne} de Saint-Geniez (B.).

Rieu (Le Petit-), ruisseau de la Double qui se dirige du sud au nord, passe au Buzet et se jette dans l'Ille au port de Menesplet. — Village, c^{ne} de Menesplet (E. M.).

Rieublanc, h. c^{ne} d'Issac. — Rieubland, 1617 (Acte not.). — Rieublancq, 1712 (ibid.).

Rieu-Buisson, ruiss. qui passe à Dussac et afflue à la Loue.

Rieudepey, h. c^{ne} de Sainte-Sabine. — Riodepey (B.).

Rieupet-Barre, h. c^{ne} d'Église-Neuve-d'Eyraud (coll. de Lenq. Bail de la Balbie). — Voy. Rolandie (La).

Rieu-Pouzadou, lieu-dit, c^{ne} de Sireuil (cad.).

Rieu-Rouge, ruiss. sortant de Font-Peyrine au bas de la plaine de Born, c^{ne} de Dome (B.).

Rieutor, c^{ne} de Fraysse. — Motte près du chemin dit la Male Viele (communic. de M. de Dives).

Rigal, h. c^{ne} de Calès (S. Post.).

Rigal, h. c^{ne} de Clérans (A. Jud.). — Boria de Rigal, 1485 (Liv. N.).

Rigale (La), h. c^{ne} de Saint-Jean-d'Estissac. — Anc. rep. noble, 1672.

Rigale (La), h. et mⁱⁿ sur la Drone, c^{ne} de Villetoureix. Anc. rep. noble relev. de la châtell. de Ribérac (Lesp. Hommages, 1436). — Dans les constructions du château moderne se relie une tour ronde antique analogue, dans de moindres proportions, à la tour de Vésone : huit mètres de diamètre. Elle est bâtie en petites pierres carrées avec cordons de briques au sommet; une ligne circulaire de petites ouvertures carrées existe aussi dans la partie supérieure. (Congrès de Périgueux, xxv° session.)

Rigaudel, h. c⁰ᵉ de Montbazillac. — *Rigaudel*, 1661 (Acte not.).

Rigaudie (La), lieu-dit, c⁰ᵉ de Marquay (cad.).

Rigaudie (La), h. et forge, c⁰ᵉ de Saint-Hilaire-d'Estissac. — Anc. rep. noble.

Rigaudie (La), un des faubourgs de Sarlat.

Rigaudie (La), c⁰ᵉ de Thiviers. — *Hospitium de la Rigoudie*, 1503 (Mém. d'Albret).

Rigaureix, h. c⁰ᵉ de Marsaneix (B.).

Rigaux (Le Grand et le Petit), h. c⁰ᵉ de Montaut-Issigeac.

Rigaux (Les), h. c⁰ᵉ de Calès.

Rigaux (Les), h. c⁰ᵉ de Creysse.

Rigeardie (La), h. c⁰ᵉ de Bourdeilles. — Anc. rep. noble, 1618 (pap. de Solminhac).

Rigondet, lieu-dit, c⁰ᵉ de Bezenac (cad.).

Rigou, h. c⁰ᵉ de Saint-Pierre-de-Chignac. — *Rigoux*, 1747 (Acte not.).

Rigou, éc. c⁰ᵉ de Villefranche-de-Belvez.

Rimolas, éc. c⁰ᵉ de Preyssac-d'Agonac (B.).

Rimocrarie (La), h. c⁰ᵉ de la Cropte.

Rindal (Le), lieu, c⁰ᵉ de Cadouin.

Ringalies, bois, c⁰ᵉ de Saint-Amand-de-Vern (A. Jud.).

Ringour, lieu-dit, c⁰ᵉ d'Orliac (A. Jud.).

Riol (Le), lieu-dit, c⁰ᵉ de Condat-sur-Vézère (cad.).

Riol (Le), lieu-dit, c⁰ᵉ de Saint-Martial-de-Nabirat (cad.).

Riols, h. c⁰ᵉ de Paulin (B.).

Riols (Le), ruiss. affluent du Céou (B.).

Rione (La), ruiss. qui a sa source près de la Filolie et se jette dans la Vézère devant Montignac (B.).

Riou-Mort (Combe de), c⁰ᵉ de Vern (Reconn. 1615, Lesp. 79).

Riou-Peyre (Combe de), c⁰ᵉ d'Issac. — *Moli de Riou Peyre*, 1480 (Lesp. 87, n° 229).

Ripagay? ancienne porte du bourg d'Agonac. — *Iter de porta de Ripagay versus molend. de las Bordas*, 1395 (tit. de Chamberl.). — *In barrio de Agonaco extra pontem de Ripagay*, 1448 (ibid.). — *Iter quo itur de porta Rippagay versus plateam de la Pinelia*, 1507 (Feti, 33).

Ripaille, lieu-dit, c⁰ᵉ de Tursac (cad.).

Risone (La), petite riv. qui traverse la Double de l'est à l'ouest; elle prend sa source au hameau de Tenaille, c⁰ᵉ de Saint-André-de-Double, passe à Ponteyraud et à Saint-Vincent et se jette dans la Drone auprès de Sainte-Aulaye, après un cours de 22 kilomètres. Les principaux affluents, tous sur la rive gauche, sont les ruiss. de Courbarieu, Petitone, Beaurone et Servanches.

Rispe, lieu-dit, c⁰ᵉ de Beauregard-Terrasson (cad.).

Rispe, h. c⁰ᵉ de Siorac (B.).

Rispolle, lieu-dit, c⁰ᵉ de Tursac (cad.).

Rivarie, h. c⁰ᵉ de Lempzours (S. Post.).

Rivarie (La), h. c⁰ᵉ de Saint-Pierre-de-Cole (S. Post.). — *Rivaurie*, xiii° s° (Chron. du Périgord, II, 175).

Ce hameau dépendait autrefois de la prévôté de Puy-Chambaud.

Rivaud (Le), h. c⁰ᵉ du Pizou.

Rive (La), m¹ⁿ, c⁰ᵉ de Montignac-sur-Vézère. — *Mol. de Ripa*, 1485.

Dépend. de la comm¹ᵉ de Condat.

Rive (La), c⁰ᵉ de Neuvic. — *Mansus la Riba*, 1458 (homm. au chap. de Saint-Front).

Rive (La), h. c⁰ᵉ de Trémolac.

Rivelle, h. c⁰ᵉ de Bergerac (B.). — *Les Rauvels*, 1625 (Acte not.).

Rivels, h. c⁰ᵉ de Marnac (B.).

Rives, anc. dioc. de Périgueux, auj. du dép¹ de Lot-et-Garonne. — *Sⁿ Bertdi de Clarens Pⁱ⁵ de Ripis*, xv° siècle (sceau appartenant à M. Carré de Bergerac). — *Rippas*, 1556 (bénéf. de l'év. de Sarlat, arch. de Palayrac). — *Ribes* (ibid.). — *Rius*, xvi° siècle (Itin. de Clément V).

Anc. prieuré de l'ordre de Saint-Benoît.

Rives, h. c⁰ᵉ du Bugue.

Rivet (Le)? c⁰ⁿ de Vélines? — *Lo Rivet*, 1494 (terr. de Montrevel, 5).

Rivière, anc. rep. noble, c⁰ᵉ de Bergerac (A. Jud.).

Rivière, c⁰ⁿ de Cadouin. — *Grangia voc. Riparia*, 1199 (cart. de Cadouin). — Voy. Saint-Avit-Rivière.

Rivière, c⁰ᵉ de Cornille. — Anc. rep. noble.

Rivière, h. c⁰ᵉ de Ladornac (B.).

Rivière (La), h. c⁰ᵉ de Beleymas. — *Mayn. de Ripperia*, 1304 (Lesp. 51). — *La Rebière* (B.), 1625 (Acte not.).

Rivière (La), h. c⁰ᵉ de Calviac (B.).

Rivière (La), h. c⁰ᵉ de Grignol.

Rivière (La), sect. de la c⁰ᵉ de Sainte-Aigne. — *Mansus de la Ribiera, parochie de Lencaysset*, 1499 (coll. de Lenq.).

Rivière (La), habit. c⁰ᵉ de Saint-Sulpice-d'Exideuil (S. Post.).

Rivières (Les), c⁰ᵉ de Preyssac-d'Agonac. — Anc. rep. noble, 1733 (Acte not.).

Rivières (Les), c⁰ᵉ de Saint-Pierre-de-Chignac. — Anc. rep. noble, 1741 (Acte not.).

Roalhe (La)? bois, c⁰ᵉ de Grignol. — *La Roalha*, 1485 (Dives, II, 92).

Confrontait avec la Via charretière.

Robertie (La), c⁰ᵉ de Coursac. — 1717 (Acte not.).

Robertie (La), h. c⁰ᵉ de Dussac.

ROBERTIE (LA), mét. de la c^ne de Faux. — *La Rouber-tie*, 1662 (Acte not.).

ROBERTIE (LA), h. c^ne de Font-Gauffier.

ROBERTIE (LA), h. c^ne de Jumillac (S. Post.).

ROBERTIE (LA), h. c^ne de Marsaneix.

ROBERTIE (LA), h. c^ne de Maurens-Miremont (S. Post.).

ROBERTIE (LA), h. c^ne de la Mongie-Montastruc. — *Mayn. voc. de la Robbertia*, 1435 (Liv. Nof.).

ROBERTIE (LA), lieu-dit, c^ne de Neuvic (cad.). — *Mayn. de la Robbertia*, 1451 (Lesp. 52).

ROBERTIE (LA), lieu-dit, c^te de Pressignac. — *La Raubertie*, 1731 (Acte not.).

ROBERTIE (LA), h. c^ue de Ribérac. — Anc. rep. noble au lieu du Chalard, 1506 (inv. de Ribérac).

ROBERTIE (LA), h. c^ne de Saint-Paul-Lizone.

ROBERTIE (LA), h. c^ne de Salignac (S. Post.).

ROBERTIE (LA), lieu-dit, c^ne de Thiviers. — *La Roubertie* (cad.).

ROBERTIE (LA), c^ne de Tocane. — *Mayn. de la Robbertia*, 1342 (ch. Mourcin). — *Robbertie*, 1524 (*ibid.*).

ROBERTIE (LA), c^te de Vern. — *Mayn. de la Robbertia* (Liv. Nof. 19).

ROBERTIE (LA), lieu-dit, c^te de Villetoureix. — *La Roubertie* (cad.).

ROBERTIES (LES), lieu-dit, c^ne de Beaurone (cad.).

ROBERTS (LES), h. c^ne de Saint-Avit-Sénicur. — *Roubert*, 1711 (Reconn.).

ROBERTS (LES), éc. c^ne de Sendrieux.

ROBINE (LA)? lieu-dit, c^ne de Saint-Sauveur-de-Bergerac. — *Robina*, 1485 (Liv. N. 12).

ROBINIE (LA), h. c^ne de Millac-Nontron.

ROBIS (LES), h. c^ne du Sigoulès. — 1724 (Acte not. de Bergerac).

ROC (HAUT et BAS), h. c^ne de Condat-Champniers.

ROC (LE), c^ne de Champsevinel. — *Boaria de Rupe*, 1328 (Périg. M. II. 41, 4).

ROC (LE), c^ne de Faux. — Le repaire noble appelé *de Larmandie* anciennement, et à présent *du Roc*, situé dans la paroisse de Faux, consistant en un château; le principal manoir relevant en foi et hommage du comté de Beaumont (acte de 1777, Cte de Larmandie).

ROC (LE), h. c^ne de Montagrier (B.).

ROC (LE), c^ne de Saint-Avit-Sénicur. — *Ten. del Rocq*, 1714 (Reconn.).

ROC (LE), c^ue de Saint-Paul-de-Serre. — *Terra de Rupe*, 1253 (Lesp. Estissac).
Anc. rep. noble.

ROC (LE), dom. c^ne de Saint-Vivien.

ROC (LE), h. c^te de Trémolac. — *Castrum de Rupe*, 1328 (Lesp. Limeuil). — *Le Roch*, 1525.
Anc. rep. noble.

ROC (SUR LE), c^te de Couse. — *Rupes voc. los Rocols*, 1463 (arch. de la Gironde, Bigaroque). — Voy. ROCOUILLES (LES).

ROCAMILH (A), terre, c^ne de Tayac. — 1479 (Lesp. Migo-Folquier).

ROCANDON, h. c^ne de Limeuil. — Anc. rep. noble (Généal. de Vassal).

ROC-BLANC, éc. c^ne de Veyrignac (B.).

ROC-CALHAU? c^ne de Grignol. — *Al Ros Calhau*, 1485 (Dives, II, 123).

ROC DE BADE, lieu, c^ne de Saint-Julien, c^ne de Carlux.

ROC-DE-CAPELOT, c^ne de Capdrot. — 1656 (Acte not.).

ROC-DE-CAUSE, c^ne de Cugnac-Saint-Léon. — Dolmen au nord de la forêt de Cugnac, à 300 mètres du château.

ROC-DE-COSTAVY, h. c^ne de la Mongie-Montastruc.

ROC-DE-FOURCHES, près de Braulen, c^te de Calviac. — *Parva Rupes in qua solebant esse justitie castri de Paluello*, 1467 (arch. de Paluel).

ROC-DE-JAUBERT, lieu-dit, c^ne de Négrondes (cad.).

ROC-DE-MADONE, éc. c^ne de Plazac.

ROC-DE-POUSSOUS, c^ne de la Roche-Beaucourt. — 1555 (arch. de Pau, la Roche-Beaucourt).

ROC-DE-RABIÉ, carrière, c^ne de Lenquais. — 1738 (Acte not.).

ROC-DE-RAFFY, c^ne de Larzac.

ROC-DE-RAVILLON, m^in, c^ne de Corgnac (S. Post.).

ROC-DE-SALOMON, lieu-dit, c^ne d'Eymet.

ROC-D'ESPRIT, éc. c^ne de Mont-Caret (B.).

ROC-DE-TRAVERS, c^ne de Besse.

ROC-DE-VIN, ténem. c^ne de Thenon (A. Jud.).

ROC-DU-DIABLE (LE), rocher, c^ne de Vezac (le Périg. ill. 639).

ROC-FROMAGE, lieu-dit, c^ne de Berbiguières (cad.).

ROC-GYRAL, éc. c^ne du Bugue.

ROCH (LE), c^ne d'Alas-Saint-André (S. Post.). — Anc. rep. noble.

ROCHAT, h. et m^in, c^ne de Champagne. — *Rouchat*, 1618 (O. S. J.).

ROCHE, h. c^ne de Verteillac. — *Roches* (B.).

ROCHE (LA), c^ne d'Anesse-et-Beaulieu. — 1513 (Homm. Pau).
Anc. rep. noble.

ROCHE (LA), c^ne de Chalagnac. — *Mayn. de la Rocha*, 1456 (Liv. Nof.).

ROCHE (LA), h. c^ne de Jaure.

ROCHE (LA), h. c^ne de Liorac.

ROCHE (LA), h. c^ne de Montignac-sur-Vézère (B.).

ROCHE (LA), anc. fief relev. de Morusclès.

ROCHE (LA), c^ne de Saint-Médard-de-Mussidan. — 1780 (Acte not.).
Anc. rep. noble.

Roche (La), anc. fief, c^ne de Saint-Pantaly.

Roche (La), anc. rep. noble avec justice sur un quart de la par. de Sorges (Alm. de Guy.).

Roche-Abeille (La), lieu-dit, c^ne de Condat-sur-Vézère (cad.).

Roche-Alibert, lieu-dit, c^ne de Terrasson (cad.).

Roche-Bassillac, h. — Voy. Rognac.

Roche-Baudy, c^ne de Chantérac. — 1521 (inv. du Puy-Saint-Astier).

Roche-Beaucourt-et-Argentine (La), c^ne, c^on de Mareuil. — Sanctus Theodorus de Roca Boucort, 1121 (Gall. Christ. Eccl. Petr.). — Rocha Bovis Curti, 1163 (ibid.). — Rupes Bovis Curti (pouillé du xiiie siècle). — Apud Rupem in claustro, 1318 (Lesp. la Roche-Beaucourt).

Le bourg est traversé par la Lisone : la partie de l'est a été conservée au dép^t de la Dordogne, celle de l'ouest a été donnée à celui de la Charente.

Anc. église collégiale. — Le chapitre se composait d'un prévôt, 24 chanoines, 24 prébendes, etc. 1556 (bénéf. de l'évêché de Périgueux).

Maladrerie de fondat. seigneuriale (Hôtels-Dieu de France, Bibl. Imp.).

Châtell. partie en Périgord et partie en Angoumois, dont dépendaient Édon, Combiers, Hautefaye, Rougnac (Statist. de la Charente). Elle s'étendait jusqu'à une naufve au-dessus de la fontaine de Sauzet, le milieu de cette naufve (où étaient sangliers, cerfs et biches) faisait la séparation des terres d'Aubeterre et de la Roche, suivait le chemin ancien jusques à Saint-Sicaire, laissait l'église à droite et tirait vers la motte de Vaudune, xviie siècle (Enquête sur les limites de la Roche et de Sainte-Aulaye : arch. de l'Emp. K 1170).

Roche-Boubou, lieu-dit, c^ne de Saint-Jean-de-Cole (cad.).

Roche-Cualais (La), c^ne, c^on de Sainte-Aulaye. — Vocable : l'Assomption ; coll. l'évêque.

Roche-Chapelane, coteau très-escarpé, c^ne de Condat, qui sépare le bassin de la Vézère du vallon du Cern.

Roche-Courbe, habit. c^ne de Vezac.

Roche-de-la-Tour (La). — Hospitium de Rupe de la Tour, 1365 (Homm. à Auberoche, Lesp. 26).

Roche-de-Pautis (La), h. c^ne de Savignac-les-Églises (B.).

Roche-Doeh? — Paroch. de Rocha Doeh (cart. de Cadouin).

Roche-du-Bois, anc. maison noble, c^ne de Vitrac (S. Post.).

Roche-Florent, sect. de la c^ne de Terrasson (cad.).

Roche-Folet, h. c^ne de Léguillac-de-Cercle.

Rochefort, c^ne de Saint-Crépin-d'Auberoche. — Anc. rep. noble, 1503 (Mém. d'Albret).

Rochefort, éc. c^ne de Fougueyrolles (B.).

Rochefort, h. c^ne de Savignac-les-Églises (B.).

Roche-Guetfier, coteau élevé, c^ne de Condat-sur-Vézère (O. S. J.).

Roche-Joubert, c^ne de Saint-Pantaly. — Repayrium de Rupe Jauberti, 1464 (Lesp. 51).

Roche-Joubert, c^ne de Saint-Sulpice-d'Exideuil. — Anc. fief, 1476 (Lesp. Hommages).

Roche-Land, c^ne de Chantérac (inv. du Puy-Saint-Astier).

Rochelle (La), c^ne du Coux. — Mansus de la Rochelia, 1463 (arch. de la Gir. Bigaroque). — Rouchelie, anc. nom du village d'Eybrard, 1672 (Acte not.).

Roche-Malière (La), h. c^ne d'Aubas (A. Jud.).

Roche-Marty, c^ne d'Agonac. — Locus dictus, en Rocha-Marti, 1367 (titres de Chamberlhiac, 206). — Iter voc. Roche-Marty, 1461 (Feti, 1, 22). — Chemin de servitude passant aux barris de l'hôpital d'Agonac, xviie siècle.

Roche-Mazelies, lieu, c^ne de la Feuillade.

Roche-Morin, h. c^ne de Saint-Front-d'Alemps. — Anc. rep. noble.

Roche-Noire, c^ne d'Eyvignes. — Dolmen (le Périg. ill.).

Roche-Pontissac (La), h. c^ne de Saint-Front-d'Alemps. — Rupes de Pontissaco, 1512 (Feti, 2).

Anc. rep. noble. — Le château entouré de fossés remplis d'eaux vives.

Roches (Les), h. c^ne de Salon (B.).

Roche-Saint-Christophe (La), vill. c^ne de Peyzac, c^on de Montignac. — Castrum Sancti Christophori (Labbé, frag. Ep. Petrach). — Roca Sancti Christophori, 1187 (bulle pour l'év. de Périg.). — Rupes Sancti Christophori, 1400 (Lesp. Homm. au duc d'Orl.). — Le Peuch la Roque Sancti Christophe, 1460 (Lesp. 33, Sainte-Alvère).

Anc. prieuré et paroisse (état de 1732).

Le château de la Roche-Saint-Christophe avait été construit au xe siècle par Frotaire, évêque de Périgueux, pour servir de défense contre les invasions des Normands.

Roche-Saint-Léon (La), c^ne de Saint-Léon-sur-Vézère. — Hospitium de Rupe Sancti Leontii, 1365 (Homm. Lesp. 26).

Rochette, h. c^ne de Lisle. — Rochetta? 1382 (Lesp. Comtes de Périgord).

Rochette (La), lieu-dit, c^ne d'Eyliac (A. Jud.).

Rochette (La), c^ne de Naillac. — La Rouchotte, 1740 (Acte not.).

Rochette (La), h. c^ne de Verteillac (B.).

Roque-Videau (La), sect. de la c^ne de la Chapelle-Faucher (B.).

ROCHEYREL, h. c^{ne} de Bourdeilles. — *Mounar de Rocheirel, Rochairel,* 1129 (cart. de Chancelade).

ROCHILLE (LA), ruisseau qui prend sa source à Saint-Priest-les-Fougères, forme le vallon où se trouve Saint-Paul-la-Roche et se jette dans la Valouse.

ROCHILLE (LA), ruiss. de la c^{ne} de Saint-Marcel, affluent de la Louire, dans laquelle il se jette auprès de Tiregan. — *Rivus del Rocheilh,* 1454 (Liv. Nof. 51).

ROCHOUL, éc. et mⁱⁿ, c^{ne} de Saint-Sébastien.—*Rochola,* 1451 (O. S. J.).

    Dépend. de la comm^{rie} de Soulet.

ROC-LOMIER, près de Sarlat.

ROC-MOL, c^{ne} de Sarlat, un des coteaux les plus élevés de l'arrondissement (Jouannet, *Statistique*).

ROC-NOIR, ténem. c^{ne} de Monsac. —1789 (Acte not.).

ROCOLIÈRES, ténem. c^{ne} du Bugue, 1397.

ROCOUILLES (LES), c^{ne} de Saint-Cyr; restes de dolmen. — Le hameau de Sale-Pinson était auprès (Antiq. de Vésone, II, 651).

ROCQUEYRIE (LA), c^{ne} de Saint-Amand-de-Belvez. — *Masus de la Rocqueyria,* 1462 (arch. de la Gir. Belvez).

ROCS (LES), éc. c^{ne} de Coulounieix, près du passage de l'Ilie à Campniac. — Restes d'un dolmen (Antiq. de Vésone).

RODAS, dom. c^{ne} de Cubjut. — *Rhodas* (A. Jud.).

RODAS, bourg de Saint-Cyprien. — *Tor et hostal noble de Rodas,* 1462 (Philipparie).

RODAS (MOULIN DE), c^{ne} de Trélissac (B.).

RODAS (PUY DE), limite des pêcheries de Cabans et de Palayrac (Philipparie).

RODE (LA), h. et étang dans la Double.

RODE (LA), éc. c^{ne} de la Rouquette–Eymet.

RODE (LA), c^{ne} de Saint-André-Alas. — Anc. rep. noble.

RODE (LA), lieu-dit, c^{ne} de Valeuil (A. Jud.).

RODE-MIEULE, h. c^{ne} de Château-l'Évêque (S. Post.).

RODE-MIEULE, lieu-dit, c^{ne} de Grignol. — *Roda Miola,* 1289 (P. 41, 1).

RODE-MIEULE, lieu, c^{ne} de Journiac. — *Roda Miola,* 1247 (cart. du Bugue).

RODE-MIEULE, c^{ne} de Molière. — *Mas de Roda Miola,* 1459 (arch. de la Gir. Belvez).

RODE-MIEULE, lieu-dit, c^{ne} de Neuvic. — *Rede Mieulot* (cad.).

RODE-MIEULE, lieu, c^{ne} de Sanillac. — *Roda Muela, Roda Muila,* 1247 (reg. de la Charité).

RODES (LE CLAUX DE), c^{ne} de Périgueux (Dénombr. au xıv^e siècle). — Confronte au chemin allant de la rue Limogeane à la Croix-de-Landric.

RODES (LES), mⁱⁿ et deux écarts, c^{ne} de Ribagnac. — *Rhodes* (Cass.).

RODES (LES), h. c^{ne} de Sarlat (S. Post.).

RODOSSOL, h. c^{ne} d'Espeluche-et-Combeyranche.

ROELIE (LA)? c^{ne} de Neuvic. — *M. de la Roelia,* 1468 (Lesp.). Peut-être le même que *la Roalhe,* c^{ne} de Grignol?

ROFFIE, h. — Voy. RAUFIE, ROLPHIE, RUFFIE.

ROGER, h. c^{ne} de Saint-Jean-d'Estissac. — *Domus Rogerii,* 1498 (Liv. Jaune de Périg.).

    Anc. fief.

ROGER, h. c^{ne} de Saint-Laurent-des-Bâtons (Acte not.).

ROGÈRE (LA), dom. c^{ne} de Minzac (A. Jud.).

ROGERIE (LA)? c^{ne} de Saint-Jean-d'Ataux. — *Mansus Rogeti, Magnus Rogetus,* 1440 (Lesp. 95).

ROGERIE (LA), h. c^{ne} de Tayac.— *Mayn. de la Rogeyria,* 1490 (Lesp. 65, Migo-Folquier).

ROGEYRENC? c^{ne} de Saint-Félix-de-Villadeix. — *Mansus de Rogeyrenc,* 1494 (Reconn.).

ROGNAC, h. c^{ne} de Bassillac. — Voy. BASSILLAC.

    Anc. fief relev. d'Auberoche.

ROLANDIE (LA), ancien nom de Rieupet-Barre, h. c^{ne} d'Église-Neuve-d'Eyraud. — *La Rolandia,* 1479 (Bail de la Balbie).

ROLANDIE (LA), anc. fief, châtell. d'Exideuil.

ROLHIET? c^{ne} de Liorac. — *Clausus terræ voc. de Rolhiet,* 1454 (Liv. Nof. 41).

ROLPHIE, c^{ne} de la Mongie. — *Mansus de la Raulphia; la Raulfia; la Ruolphia,* 1465 (Liv. Nof. 96, 25). — *La Raoulphie,* 1569 (Acte not.).

ROLPHIE, c^{ne} de Neuvic. — *Maynam. de la Reuolffie,* 1507 (ch. Mourcin).

ROLPHIE, c^{ne} de Saint-Jean-d'Estissac. — *Maynamentum de la Ruolphia,* 1490 (Dives, II, 22).

ROLPHIE (LA), h. c^{ne} de la Chapelle-Faucher. — *La Rouffie,* 1494 (O. S. J.). — *La Raulphie* (cad.).

ROLPHIE (LA), h. c^{ne} de Coulounieix. — 1679 (Dénombr. de Périg.).

    Anc. rep. noble.

ROLPHIE (LA), lieu, c^{ne} de Coursac (Antiq. de Vésone, I, 451).

ROLPHIE (LA), h. c^{ne} d'Eyliac.

ROLPHIE (LA), éc. c^{ne} de Grange-d'Ans (S. Post..)

ROLPHIE (LA)?—*Bordaria de la Rolphia,* 1277 (Lesp. Donat. par le seigneur de Limeuil).

ROLPHIE (LA), Cité de Périgueux. — *Castrum de Radulphia,* 1247 (Rec. de titres, serm. du comte au roi). — *Rolfia,* 1247 (ibid.). — *La Raouffie,* xıv^e siècle (ibid.). — *Cacarotas,* xvı^e siècle (Zinzerling). — *Château des arènes* (Antiq. de Vésone, II, 24).

    Château construit par Boson, comte de Périgord, sur l'emplacement de l'amphithéâtre romain, et rasé au xıv^e siècle. Ce fut dans ce lieu que fut bâti le couvent de la Visitation, en 1644.

ROLPHIE (LA), h. c^ne de Sainte-Orse (S. P.).

ROMAGUET, font. et vall. c^ne de Beaumont. — *Fons vocatus Romeget*, 1286 (cout. de Beaumont).

ROMAGUET, lieu-dit, c^ne de Sainte-Alvère. — *Roumeguet* (cad.).

ROMAGUIE, terre, c^ne de Pressignac (A. Jud.).

ROMAIN, c^ne, c^on de Saint-Pardoux-la-Rivière. — *Sanctus Avitus* (pouillé du XIIIe siècle). — *Sanctus Romanus*, 1365 (Lesp. Châtell. de Bruzac). — *Romanh*, 1382 (P. V. M.). — *Romains*, 1490 (Lesp. Flamenc). — *Romaing.*, XVIe siècle, Pau.

Voc. Saint-Avit.

Anc. rep. noble relev. de la châtell. de Bruzac.

ROMAINS, h. c^ne de Périgueux (B.).

ROMANHA, anc. fief, c^ne de Paussac, mouvant de la châtell. de Bourdeilles.

ROMANY (LE), lieu-dit, c^ne de Tursac (cad.).

ROMEFORT, éc. c^ne de Thénac (S. P.).

ROMEGOUX? c^ne de Négrondes. — *Terra voc. Champs Romegos*, 1462 (Feti, I).

ROMEGOUX, c^ne de Saint-Sernin-de-l'Herm. — *Repayrium de Romegos*, 1462 (Philipparie).

Anc. rep. noble.

ROMEGOUX (LES), bruyère, c^ne de Jaure. — *Remejous* (A. Jud.).

ROMEJAC, h. c^ne de Sainte-Foy-de-Belves.

ROMEJOULX, h. c^ne de Bourdeix (S. P.).

ROMPINOU ou LA BRANDE, ténem. c^ne de Pressignac. — 1665 (Acte not.).

RONCENAC, anc. dioc. de Périgueux, auj. du dép^t de la Charente. — *Roscenacum*, 1090 (cart. de Saint-Jean-d'Angély). — *Decanatus sancti Joh. de Roncenaco*, 1143 (Lesp. 30). — *Rochenac*, 1143 (*ibid.*). — *Rocenas* (pouillé du XIIIe siècle). — *Rossehacum*, 13.. (Lesp. 30). — *Domus de Ronseco* (bulle de Jean XXII, ordonn. de Guy.).

Le doyenné de Roncenac était soumis à la règle de Cluny; collat. le prieur de Peyrat.

La justice, partagée entre le seigneur et le doyen, ressortissait à la châtell. de la Valette (Statist. de la Charente); les prieurés de Villegarde et d'Anesse lui étaient soumis (Lesp.).

RONCESILLE, éc. c^ne de Saint-André (B.).

RONCÈRE, h. c^ne de Villac (B.).

RONHAC, anc. fief relevant d'Ans.

ROQUAL (LE), h. et m^in, c^ne de Montmadalès. — Autrement *Madoupy* (terr. de Lenquais).

ROQUAL-DE-CUGNAC (LA), h. c^ne de Sainte-Sabine. — 1742 (Acte not.).

ROQUE (BOIS DE LA), bois, c^ne de Biron (B.).

ROQUE (LA), h. c^ne de Campagnac-lez-Quercy (B.).

ROQUE (LA), c^ne de Gaujac. — *La Roque Gramansac*,

1678 (Acte notarié). — *La Roque Griffoul*, 1728 (*ibid.*).

Anc. rep. noble.

ROQUE (LA), c^ne de Lenquais. — Anc. fief.

ROQUE (LA), c^ne de Meyral. — *Castrum Rupis Pedagiorum*, 1487 (Lesp. 15). — *La Roche des Péagers*, *La Roque de Meyral*, 1760 (Acte not.).

Anc. rep. noble ayant, avec ceux du Touron et de Puymartin, justice moyenne sur le bourg de Saint-Cyprien; en 1760, il avait haute justice sur Castel et Meyral, qui au XIVe siècle dépendaient de Beynac.

Lieu de naissance et d'exil du vénérable Christophe de Beaumont, archevêque de Paris.

ROQUE (LA), habit. sur le bord de la Dordogne, auprès du passage, c^ne de Mouleydier. — *Château de la Roque de Moledier*, 1717 (Acte not.). — *La Roche de Moledier*, 1750 (pap. de MM. Pourquery).

On y a trouvé des débris de statuettes, des monnaies du haut et du bas Empire, et dans celles du moyen âge, une pièce figurée par Pellerin dans les Rois d'Arménie, conservée avec soin par M. Javerzac.

ROQUE (LA), c^ne de Saint-Antoine-de-Breuil. — *Châteaux de la Rocque-Vigneron et de la Roque du Breuil*, séparés par 1,000 pas, 1723 (terr. de Montravel. 288). — *Roque-Haute*, 1742 (Homm. arch. de la Gironde).

ROQUE (LA), bourg de Saint-Cyprien. — *Turris de Fagas, dicta quondam de la Roqua*, 1287 (Lesp. prieuré de Saint-Cyprien).

ROQUE (LA), anc. rep. noble dans le château de Salignac. — *Hospitium de la Roqua*, 1383 (test. au chât. de Fénelon).

ROQUE (LA), c^ne de Sergeac. — *Mans. de la Roca*, 1265 (O. S. J.).

ROQUE (LA), h. c^ne de Varennes.

ROQUE-BÉRAL (LA), éc. c^ne de Tursac.

ROQUE-BESSON (LA), lieu-dit, c^ne de Sireuil (cad.).

ROQUE-BEYSSÈTE (LA), h. c^ne de Castel.

ROQUE-BRART (LA), coteau, c^ne de Cause-de-Clérans. — *La Roqua de Brart*, 1452 (Liv. Nof. 7).

ROQUE-BRUNE (LA), pré, c^ne de Sainte-Alvère (A. Jud.). — *Pratum voc. la Rocha Bruna*, 1454 (L. Nof. 29).

ROQUE-DE-PUY-MALET (LA), c^ne de Camp-Segret.

ROQUE-FOURNIÈRE (LA), grotte, c^ne de Saint-Cyprien. — Selon une tradition locale, cette grotte serait celle où habita saint Cyprien.

ROQUE-GAJAC (LA), c^ne dont le nom est formé de la réunion de deux villages, la Roque et Gajac. — *Rupes de Gajaco*, 1280 (Lesp. Év. de Sarlat). — *Castrum Rupis Gaiaci*, 1451 (*ibid.*).

Patr. saint Donat; collat. l'évêque

Au sommet d'un rocher s'élevant à pic sur la

Dordogne, sont les ruines de deux châteaux, dont l'un était aux évêques de Sarlat et l'autre à la maison de Fénelon.

Roque-Laure (La)? c^{ne} de Queyssac. — *Tenementum de Rocqua-Laura*, 1435 (L. N.).

Roque-Mauron, ancien ténem. c^{ne} de Campagnac-lez-Quercy. — 1744 (terr. de Saint-Pompon).

Roque-Maury, éc. c^{ne} de Dome (B.).

Roque-Mioule, h. c^{ne} de Castel. — Signal : 194 mèt.

Roque-Moret, c^{ne} de Campagne (bail de 1465).

Roque-Nadel, h. c^{ne} de Veyrignac. — *Rocnadel* (Cassini).

Anc. rep. noble avec justice sur quelques villages de Veyrignac, qui au xive siècle relevait du Mont de Dome.

Roquepine, h. c^{ne} de Bosset (A. Jud.).

Roquepine, h. c^{ne} de Saint-Avit-Rivière (S. P.).

Roquepine, la c^{ne} de Sainte-Radegonde. — *Mota de Recapina, Roquespines*, 1270 (Homm. Gaignères, t. II). — *Roquapina*, 1281 (*ibid.*). — *Villa de Rupispina*, 1318 (Rôles gascons). — *Arroquepine*, 1381 (*ibid.*). — *Racopina* (Ms. de Wolf. n° 238). — *Rochepine*, 1590.

Bastide fondée, au xiiie siècle, par les rois d'Angleterre avec titre de châtellenie ayant justice sur Boisse, Faurilles, Saint-Amand, Saint-Léon, Sainte-Radegonde (Lesp. Châtell. du Périg. 88).

Bailliage royal.

Roque-Reigade (La), h. c^{ne} de Tursac.

Roques (Les Hautes et Basses), h. c^{ne} de Lenquais.

Roque-Taillade, place publique à Montignac, devant le château, 1392 (Lesp. Siége de Montignac par Boucicault).

Roquette, h. c^{ne} de Bassillac (A. Jud.).

Roquette (La), c^{ne} de Saint-Martin-des-Combes. — *Tenementum de la Roqueta*, 1374 (Périg. M. H. 41, 2).

Rosas, h. c^{ne} de Sainte-Orse. — *Mansus de Rosas*, 1470 (Lesp. 79).

Rosas? *Monasterium de Castro Rosarum*, 1471 (pouillé de Charroux, Petrag. episcop.). — *Chateau de Roses*, 1708 (pouillé de Charroux).

Rose Combe-Escure (La), bois, c^{ne} de Mauzac (A. J.).

Roseyrade, lieu-dit, c^{ne} de Saint-Marcel (cad.).

Rosier, c^{ne} de Blis. — *Molendinum de Rosiers*, 1508 (Mém. d'Albret).

Rosier, h. c^{ne} de Saint-Laurent-des-Bâtons (A. Jud.). — *Mayn. del Rosier*, 1456 (Liv. Nof. 51).

Rosier (Au), h. c^{ne} de Tourtoirac (B.).

Rosier (Le), lieu-dit, c^{ne} de Condat-sur-Vézère. — *Rozier* (cad.).

Rosier (Le), h. c^{ne} de Pressignac (B.).

Rosière ou bois Lavaud, bois et terre, c^{ne} de Génis (A. Jud.).

Rosières (Les), h. c^{ne} de Clermont-d'Exideuil (S. Post.).

Rosiers (Les), éc. c^{ne} de Paunac.

Rosiers (Les), h. c^{ne} de Peyzac (S. P.).

Rosiers (Moulin des), c^{ne} de Cubjat (B.).

Rossatie (La)? c^{ne} d'Agonac. — *Bordaria de la Rossatia*, 1303 (titres de Chamberlhiac).

Rosse (La)? c^{ne} de Grignol. — *Lo go de la Rossa*, 1485 (Dives, II, 143).

Rosselie (La)? c^{ne} de Saint-Astier. — *Maynamentum de la Rosselia*, 1407 (Lesp. 51).

Rosses? c^{ne} de Ligueux ou de Brassac? — *Mas de Rossis*, xiiie siècle (Lesp. Don à Ligueux).

Rosses, anc. maison à Périgueux. — *Maison app. de Rosses près le Consolat* (Leydet, 16, arch. de la Douze).

Rossignol, friche, c^{ne} de Bezenac (cad.).

Rossignol, c^{ne}, réunie à Gouts, c^{on} de Verteillac. — *Rossignol* (pouillé du xiiie siècle). — *Rossinholium*, 1382 (P. V. M. archipr. de Mareuil). — *Rossinhol*, xvie siècle.

Rossignol relevait de Bourzac.

Voc. Saint-Pierre.

Rossignol, h. c^{ne} de Saint-Avit-Sénieur.

Rossignol, éc. c^{ne} de Villetoureix (B.).

Rossignol (La Combe), h. c^{ne} de Meyral (A. Jud.).

Rossignol (Le), h. c^{ne} de Bergerac.

Rossignolie (A la), c^{ne} de Creyssensac (A. Jud.).

Rossignolie (La), h. c^{ne} de Chalagnac. — *Maynamentum de la Rossinholia*, 1465 (Liv. Nof. 89).

Anc. rep. noble.

Rossinagesium? territoire, canton de Dome? — *Terra quam dominus de Castro novo tenere consueverat in Rossinagesio*, 1322 (Lesp. Remise du chât. de Castelnau au comte de Périgord).

Rouay, h. c^{ne} de Bergerac (A. Jud.). — *Roays*, 1409 (Liv. Nof. 124). — *Rouaix* (B.).

Roubalt, h. c^{ne} d'Atur. — 1780 (Acte not.).

Roubans, lieu-dit, c^{ne} de Calviac (A. Jud.).

Roubardie (La), h. c^{ne} de Pézul.

Roubardie (La), h. c^{ne} de Trémolac.

Roubaries? c^{ne} de Manzac. — *Mansus de las Roubarias*, 1471 (Dives, I, 135).

Inconnu aujourd'hui.

Rouberie (La), h. dépend. de la c^{ne} de Prats-de-Carlux (A. Jud.).

Rouberousse (La), lieu-dit, c^{ne} de Tursac (cad.).

Rouberte (La), taillis, c^{ne} de Saint-Martin-de-Guisson (A. Jud.).

Roubertie (La), h. c^{ne} de Douville.

Roubertin, mⁱⁿ, c^{ne} de Villamblard. — *Roubertou-lèz-le-bourg*, 1671 (Acte not.).

Roubertine (Haute et Basse), terre, c^{ne} de Colombier (A. Jud.).

Roubertrinques (Les), lieu-dit, c^{ne} de Sainte-Alvère (cad.).

Roubette (La), h. c^{ne} d'Eyliac (A. Jud.).

Roubeyras, h. c^{ne} de Gouts (B.).

Roubeyrolles, h. c^{ne} de Saint-Martin-le-Peint.

Roubeyrou, c^{ne} de Saint-Avit-Sénieur. — *Al bos de Roubeyrou*, 1704 (Acte not.).

Roubies (Les), h. c^{ne} de Millac-d'Auberoche.

Roubilloux (Les), taillis, c^{ne} de Saint-Jory-las-Bloux (A.J.).

Roubinaude (La), h. c^{ne} de Saint-Aubin-de-Lenquais.

Roubine (La), lieu-dit, c^{ne} de Saint-Avit-Sénieur.

Roubinie (La), h. c^{ne} de Prats-de-Carlux (S. P.).

Roubinie (La), h. c^{ne} de Saint-Amand-de-Coly.

Rouby, h. c^{ne} de Capdrot.

Rouby, h. bois et fontaine, c^{ne} de Clermont-de-Beauregard. — 1694 (Acte not.).

Rouby, taillis, c^{ne} de Monsac (A. Jud.).

Rouby (Claud), lieu-dit, c^{ne} de Coly (cad.).

Rouby (Go de), à Blis, c^{ne} d'Eymet.

Roucaillou (Le), lieu-dit, c^{ne} de Paunac (cad.).

Roucal (Al), lieu-dit, c^{ne} de Cladech (cad.).

Roucal (Al), bois, c^{ne} de Montignac-sur-Vézère (A.J.).

Rouchail (Le), h. c^{ne} de la Villedieu (cad.).

Rouchardie (La), h. c^{ne} de la Douze (A. Jud.).

Rouchat, h. c^{ne} d'Angoisse (S. P.).

Rouchay, lieu-dit, c^{ne} de la Gemaye (cad.).

Rouchele (La), chemin, c^{ne} d'Anlhiac. — *Iter voc. de la Rouchela*, 1446 (O. S. J.).

Allant d'Anlhiac à Preyssac.

Roucheloux (Les), h. c^{ne} de Saint-Laurent-des-Bâtons (A. Jud.).

Rouchetou, h. c^{ne} de Vieux-Mareuil (S. P.).

Roucheyrolles (À), autrement Derrière le Bos, friche, c^{ne} de Monsac. — 1788 (Acte not.).

Rouchie (La), h. c^{ne} de la Chapelle-au-Bareil (B.).

Rouchière (La), lieu-dit, c^{ne} d'Agonac. — 1670 (Acte not.).

Rouchillas, éc. c^{ne} d'Anlhiac (S. Post.). — Voy. Rouchele (La).

Rouchillon (Le), lieu-dit, c^{ne} de Saint-Laurent-des-Hommes (cad.).

Rouchou, h. c^{ne} d'Allemans (B.).

Rouchou, éc. c^{ne} de Château-l'Évêque (S. P.).

Rouchou, h. c^{ne} de Mussidan.

Rouchou, c^{ne} de Sourzac (S. P.).

Rouchou (Bois de), c^{ne} de Sergeac. — 1650 (O. S. J.).

Rouchou (Bost), anc. tenance, c^{ne} d'Agonac. — 1750 (Acte not.).

Rouchou (Le), lieu-dit, c^{ne} de Bourgnac (cad.).

Rouchou (Le), lieu-dit, c^{ne} de Condat-sur-Vézère (cad.).

Rouchou (Le), lieu-dit, c^{ne} de Fontaine (cad.).

Rouchou (Tuquet de), châtaigneraie, c^{ne} de Négrondes (A. Jud.).

Roucou, h. c^{ne} de Journiac.

Roucou (Al), lieu-dit, c^{ne} de Tanniès (cad.).

Roucou (Le), lieu, c^{ne} de Lolme.

Roucou (Peuch du Haut et Bas), h. c^{ne} de Ladornac (cad.).

Roucoux (Les), h. c^{ne} de Sainte-Foy-de-Longa.

Rouculier ? c^{ne} de Belvez. — *Locus voc. de Rouculier*, 1462 (arch. de la Gir. Belvez).

Roudalet, h. c^{ne} de Villamblard.

Roudarie (La), c^{ne} de Lisle. — 1619 (O. S. J.).

Roudarie (La), h. c^{ne} de Saint-Saud (S. P.).

Roudeline, h. c^{ne} du Coux (B.). — *Mansus de Rudolmas*. — *Rodolinas*, 1463 (arch. de la Gironde, Bigaroque).

Roudeloux, lieu-dit, c^{ne} de Saint-Laurent-des-Hommes (cad.).

Rouderie (La), h. c^{ne} de Romains. — Altit. : 318 mèt.

Roudery, anc. ténement, c^{ne} de Capdrot. — 1657 (Acte not.).

Roudeyroux, h. c^{ne} de Vitrac (cad.).

Roudier (Le), éc. c^{ne} de Fleurac.

Roudigou, éc. c^{ne} de Mont-Caret (B.).

Roudigou (Le), lieu-dit, c^{ne} de Bourgnac (cad.).

Roudou, éc. c^{ne} de Tanniès (cad.).

Rouelles (Les), lieu-dit, c^{ne} de Calviac (cad.).

Rouer (Le), ruisseau qui passe à Chantérac et se jette dans le Salembre un peu au-dessus du bourg de Saint-Germain. — *Rivus del Roy*, 1451 (Dives, I, 58).

Roufeyri (Les), h. c^{ne} de Nabirat (S. P.).

Rouffignac, c^{ne}, c^{on} de Montignac. — *Saint-Félix-de-Roffinhac*, 1335 (Lesp. Reillac). — *Roffignac de Laye*, 1714 (carte du Périgord).

Patron : saint Germain. — Rouffignac était une paroisse hors châtellenie en 1365 (Lesp.).

Anc. rep. noble, ayant haute justice sur Rouffignac, 1760 (Alm. de Guy.).

Rouffignac, h. c^{ne} de Manzac (B.).

Rouffignac, c^{ne}, c^{on} du Sigoulès. — *Roffinhac*, xvie s^e (Pau, Châtell. de Mont-Cuq).

Patron : saint Clair; collat. l'évêque.

Rouffignac, h. c^{ne} de Tanniès.

Rouffillac, éc. c^{ne} de Carlux (cad.). — Anc. rep. noble.

Rouffinon, c^{ne} de Sireuil. — Ancien fief avec justice sur quelques villages dans Sireuil et Tursac, 1760 (Alm. de Guy.).

Rouffon, h. c^ue d'Issac. — 1693 (Acte not.).

Rolfiac, h. c^ne d'Angoisse. — Forêt de ce nom, 44 hectares (A. Jud.).
Anc. rep. noble.

Rolfiac, c^ne de Carsac, c^on de Sarlat. — Anc. rep. noble.

Roufiac, h. c^ne du Change.

Roufiac, c^ne de Queyssac (S. P.). — *Boria de Rauffiac* (Liv. Nof. 45).

Roufiac (Le), lieu-dit, c^ue de la Villedieu (cad.).

Roufiac (Le Jeune et le Vieux), c^ne du Grand-Brassac. — *Rouffie* (Dénombr. de Montardit).

Roufie (La), h. c^re de la Mongie-Montastruc.

Roufie (La), h. c^ue de Saint-Julien-du-Crempse. — 1694 (Acte not.).

Roufie (La), h. c^ne de Saint-Pierre-d'Eyraud (A. Jud.). — *La Ruffie*, 1624 (Not. du Fleix). — *La Rouphie*, 1635 (*ibid.*). — *La Roufie* (B.).

Roufilier, h. c^ne de Lisle (S. P.).

Roufinie (La), éc. c^ne d'Agonac (B.). — Voy. Raufinie (La).

Rouflaguet, dom. dépendant de Roufiac, c^ne d'Angoisse (A. Jud.). — *Rouffiaguet* (S. P.).

Rouflat, h. c^ne de Cornille. — 1350 (titres de Chamberlhiac).

Rouflat, h. c^ne de Montignac-sur-Vézère (S. P.).

Rouflat, éc. c^ne de Négrondes. — *Nemus de Rofflat*, 1282 et 1507 (Feti).

Rougeal (Le), h. c^ne de Paunac.

Rougerie (La), h. c^ne de Saint-Astier (B.).

Rougerie (La), h. c^ne de Saint-Front-d'Alemps (S. P.).

Rouget (Le), taillis, c^ne de Bosset (A. Jud.).

Rouget (Le), h. c^ne de Carsac-Sarlat.

Rouget (Le), taillis, c^ne de Saint-Pierre-d'Eyraud (A. Jud.).

Rouget (Le), garenne, c^ne de Valeuil (A. Jud.).

Rougie (La), h. c^ue de Palayrac (S. P.).

Rougier (Le), h. c^ne de Saint-Astier (B.).

Rougurade (La), friche, c^re de Sainte-Foy-de-Longa (A. Jud.).

Rouigne (Basse-), tén. c^ne de Bergerac. — 1677 (Acte not.).

Rouigne (Combe), vallon, c^ne de Lenquais. — *A la Combe-Roune, sous les oliviers*, 1750 (Acte not.).

Rouillac, h. c^ne de Plazac (S. P.).

Rouillac, h. c^ne de Puy-Mangou (B.).

Rouillas (Les), éc. c^ne de Gouts (B.).

Rouillas (Les), c^ne de Saint-Antoine-du-Breuil. — Ce nom était autrefois celui du village qui a porté depuis le nom de *Gascon*.

Rouillas-et-Gageac, c^ne, c^on du Sigoulès. — *Sancta*

Maria de Rolas, 1110 (cart. de Sainte-Marie de Saintes). — *Beata Maria de Rolhanis*, 1374 (coll. de Grégoire XI). — *Rolhas* (coll. de Jean XXII). — *Rolhac, Arolhac*, 1496 (C^tr de Larmandie, Montlong). — *Rolhans*, xvie siècle (Pau, Châtell. de Mont-Cuq).
Voc. Notre-Dame.
Anc. rep. noble, avec justice sur Rouillas, 1760.

Rouillat, h. c^ue de Peyzac.

Rouilledinat, lieu-dit, c^ne de Saint-Laurent-des-Hommes (cad.).

Rouilledinat, h. c^ne de Saint-Michel-de-Villadeix (S. P.).

Rouille-Merinde, éc. c^ne de Preyssac-d'Exideuil (S. P.).

Rouillou (Combe), lieu-dit, c^ne de Condat-sur-Vézère (cad.).

Rouillou (Le), éc. c^ne de Beaupouyet.

Rouilloux (Claud), taillis de chênes, c^ne de Bourdeilles (A. Jud.).

Roujabol (Le), lieu-dit, c^ne de Paunac (cad.).

Rouland, h. c^ne de Siorac-Belvez (S. P.).

Roulandie (La), h. c^re de Saint-Jory-de-Chalais (S. P.).

Roulandie (La), h. c^ne de Sainte-Marie-de-Chignac.

Roulandiers (Les), terre, c^ne de Limeuil (A. Jud.). — *La Rolandie* (cad.).

Roulandiers (Les), h. c^ne de Paunac.

Roulède, h. c^ne de Corgnac (S. P.).

Roules (Les), éc. c^ne de Lempzours.

Roulet, h. c^ne de la Cropte. — 1687 (Act. not. F.).

Roulet, h. c^ue de Mouzens (B.).

Roulet (Le), h. c^ne de Saint-Mayme-de-Pereyrols (A. Jud.).

Roullède, h. c^ue de Nantiat (B.).

Roumagier (Le), lieu-dit, c^ne de Terrasson (cad.).

Roumagiéras (Go de), c^ne de Grun (inv. du Puy-Saint-Astier).

Roumagiéras (Go de), lieu-dit, c^ue de Saint-Martin-l'Astier (cad.).

Roumagiéras (Le Tuquet), taillis, c^ne de Beleymas (A. Jud.).

Roumagière, lieu-dit, c^ne de Boulouneix (cad.).

Roumagière, h. c^ue de Saint-Julien-de-Crempse (S. P.). — *Romagère* (B.). — *Roumayère* (A. Jud.).

Roumagière, lieu-dit, c^ne de Saint-Saud (cad.).

Roumagou (La), lieu-dit, c^ne de Sengeyrac. — 1697 (Acte not.).

Roumaguil, lieu-dit, c^ne de Baneuil (cad.).

Roumaguil, lieu-dit, c^ne de Pressignac (cad.).

Roumaillac, éc. c^ne de Montmarvès (S. P.).

Roumanerie, h. c^ue de Bergerac.

Roumanet (La Fontaine), lieu-dit, c^re de Douzillac (cad.).

Roumanie, c^ne de Cours. — 1723 (not. de Bergerac).

Roumanie (Claud de), taillis, c^on de Saint-Martin-l'Astier (cad.).

Roumanières, h. c^ne de Bergerac.

Roumanou, lieu, c^ne de Boisse.

Roumega, taillis, c^ne de la Linde. — *Roumegua* (cad.).

Roumega (La), lieu-dit, c^ne de Paunac (cad.).

Roumégade (La), lieu-dit, c^ne de Badefol-la-Linde (cad.).

Roumégade (La), lieu-dit, c^ne de Saint-Avit-Sénieur (cad.).

Roumégade (La), lieu-dit, c^ne de Saint-Cybranet (cad.).

Roumégade (La), lieu-dit, c^ne de Saint-Martial-de-Nabirat (cad.).

Roumegal (Le), lieu-dit, c^ne de Saint-Marcel (cad.).

Roumegal (Le), lieu, c^ne de Saint-Pompon.

Roumegal (Le), c^ne de Vic. — 1649 (Acte not.).

Roumégeal, lieu, c^ne de Pressignac. — 1725 (not. de Mouleydier).

Roumegène, c^ne de Bourrou. — 1512 (inv. du Puy-Saint-Astier).

Roumegère? c^ne du Bugue? — *La Romegueira* (cart. du Bugue).

Roumegère? — *Mansus de Romegeira*, 1140 (Lesp. Don par l'abbaye de Font-Gauffier à celle de Cadouin).

Roumegère, c^ne de Champsevinel. — 1371 (ch. Mourcin). — *Nemora de la Romegieyra*, 1371 (ibid.).

Roumegère, h. c^ne de Montignac-sur-Vézère (S. P.).

Roumegier, h. c^ne de Millac-d'Auberoche (S. P.).

Roumegieras (Las), lieu-dit, c^ne de Tanniès (cad.).

Roumegou, lieu-dit, c^ne d'Audrix (cad.).

Roumegouse (La), lieu-dit, c^ne de Ladornac (cad.).

Roumegouse (La), h. c^ne de Saint-Pompon. — Anc^t dit *Carbounet*, 1744 (terr. de Saint-Pompon). — *Roumegoux* (A. Jud.).

Roumegoux, taillis, c^ne de la Cassagne (cad.).

Roumegoux, h. c^ne de Saint-Sernin-de-l'Erm (S. P.).

Roumegoux, h. c^ne de Siorac-Belvez (S. P.).

Roumegoux, c^ne de Vitrac. — 1580 (Acte not.). Anc. rep. noble.

Roumejoux, lieu, c^ne d'Augignac.

Roumelience, c^ne de Boulazac. — Métairie (Dénombr. 1679).

Roumerie (La), lieu-dit, c^ne de Beauregard-Terrasson. — *Roumery* (cad.).

Roumerie (La), h. c^ne de la Douze (B.).

Roumet, éc. c^ne de Preyssac-Exideuil (S. P.).

Roumevier (Les), h. c^ne de Saint-Crépin-Salignac (S. P.).

Roumies (Les), c^ne de Gabillou. — *Las Roumies* (terr. de Vaudre).

Roumieu (Champ), lieu-dit, c^ne de Sarlat (cad.).

Roumieu (Chemin), lieu-dit, c^ne de Saint-Martial-de-Nabirat (cad.).

Roumieu (Fontaine), lieu-dit, c^ne de Cadouin (cad.).

Roumigieras (Las), bois, c^ne de Sainte-Orse. — 1578 (terr. de Vaudre).

Rouna, h. c^ne de Saint-Félix-de-Linde. — 1746 (Acte not.).

Rouncivau, vallon et ruine d'une chapelle, c^ne de Grignol (communic. de M. de Rouméjoux).

Rouquet, éc. c^ne de Paunac.

Rouquet, h. c^ne de Turnac (B.).

Rouquète, lieu-dit, c^ne de Cladech (cad.).

Rouquète, h. c^ne d'Eyliac. — 1760 (Acte not.).

Rouquète, lieu-dit, c^ne de Manaurie.

Rouquète, h. c^ne de Saint-Pompon (B.).

Rouquète, éc. c^ne de Sendrieux (A. Jud.).

Rouquète (La), c^ne, c^on d'Eymet. — *La Roqueta*, 1364 (Lesp. Chât. d'Eymet). — *Sanctus Marcialis*, 1555 (arch. de l'abb. de Chancelade). — *Saint-Martial de Roquette d'Aimet*, 1751 (ibid.).

Patron : saint Martial et auj. saint Michel; collat. l'abbé de Chancelade.

Rouquète (La), c^ne, c^on de Vélines. — *La Roketa*, 1273 (Gaign. II, Homm. au roi d'Angleterre). — *La Roqueta*, 1371 (terr. de Montravel, 288).

L'église, sous le vocable de Saint-Martin, avait été fondée par le seigneur de Fougueyrolles, 1306 (terr. de l'archev. de Bordeaux).

Rouquets (Les), h. c^ne de la Feuillade (A. Jud.).

Rouseille (La), dom. c^ne de Brantôme (cad.).

Rouses (Les), lieu-dit, c^ne de Villac (cad.).

Rousien (La), éc. c^ne de Saint-Sauveur-la-Lande.

Roussac (Haut et Bas), h. c^ne de Cornille.

Roussarie (La), c^ne d'Agonac. — *La Rossaria*, 1485 (ch. Mourcin). — *Forêt appelée de la Rossarie*, (Lesp. 51).

Roussarie (La), h. c^ne de Champagnac-de-Bel-Air. — 1650 (Acte not.). Fief dépend. de la jurid. de Puy-Guilhem.

Roussarie (La), h. c^ne de Millac-Nontron (S. P.).

Roussarie (La), c^ne de Mussidan. — *La Rossaria*, 1203 (cens dû au seigneur de Taillefer).

Roussarie (La), h. c^ne de Peyzac.

Roussat (Le), c^ne d'Agonac. — 1516 (Feti, I, 32).

Roussat (Le), h. c^ne de Brantôme (B.).

Roussaudie (La), mét. c^ne de Saint-Avit-de-Tizac (S.P.).

Rousseau, h. et m^in sur l'Ille. — *Moli de Ruschas, près del Puey d'Espermon*, 1247 (reg. de la Charité)? — Voy. Ruschas.

Rousseau, c^ne de Trélissac. — *Mansus Rossel*, 1294 (ch. Mourcin).

Rousseau (Puy-), h. c^{ne} de Périgueux. — *Puey Rossel*, 1247 (Périg. M. II. 41, 1).

Roussecilh, c^{ne} de Corgnac. — 1503 (Mém. d'Albret). Anc. rep. noble.

Roussecilh, lieu-dit, c^{ne} de Sarlat (cad.).

Rousseille (Haut et Bas), h. c^{ne} de Montagrier (B.). — *La Rousselie* (cad.).

Rousseille (La), h. c^{ne} de Saint-Martin-de-Viveyrol (B.).

Roussel (Le), sect. de la c^{ne} de Cabans. — *Vilagt. del Rossel*, 1524 (arch. de la Gir. Belvez).

Roussel (Le), h. c^{ne} de Capdrot (S. P.).

Roussel (Le), éc. c^{ne} de Cladech (S. P.).

Roussel (Le), h. c^{ne} de Montpazier.

Roussel (Le), h. c^{ne} de Rampieux (S. P.).

Roussel (Le), lieu-dit, c^{ne} de Sales-de-Belvez (cad.).

Rousselas (Las), lieu, c^{ne} de Coulounieix. — Faisait partie de la paroisse de Saint-Jean-de-la-Cité, 1721 (Acte not.).

Roussèle (La), c^{ne} de Bersac-Ribérac. — *Maynam. de la Rocelia*, 1326 (arch. de la Gir. Reconn.).

Roussèle (La), m^{in}, c^{ne} de Marsalès (A. Jud.).

Roussèle (La), c^{ne} de Saint-Géry.

Rousselet, mét. c^{et} de Boulazac (Dénombr. 1679).

Rousselie, sect. de la c^{ne} de Saint-Laurent-des-Hommes (cad.).

Rousselie (La), bois, c^{ne} de Brassac (Dénombr. de Montardit).

Rousselie (La), h. c^{ne} de Brouchaud (A. Jud.).

Rousselie (La), h. c^{ne} de Bussac (S. P.).

Rousselie (La), c^{ne} de Coursac. — Anc. maison noble.

Rousselie (La), h. c^{ne} de Gabillou.

Rousselie (La), lieu-dit, c^{ne} de Ladornac (cad.).

Rousselie (La), taillis, c^{ne} de Manaurie (A. Jud.).

Rousselie (La), h. c^{ne} de Plazac (S. P.).

Rousselie (La), h. c^{ne} de Rouffignac-Montignac.

Rousselie (La), éc. c^{ne} de Saint-Cyr.

Rousselie (La), h. c^{ne} de Saint-Martial-de-Viveyrol.

Rousselie (La), h. c^{ne} de Sencenac (S. P.).

Rousselière, h. c^{ne} de Saint-Crépin-de-Richemont.

Rousselière (La), h. c^{ne} de la Dosse (S. P.). — Anc. rep. noble.

Rousselis (Les), éc. c^{ne} d'Agonac (S. P.).

Rousselot (Le), h. c^{ne} de Montpeyroux (B.).

Rousselly, h. c^{ne} de Bergerac. — *Rousselet*, 1763 (Acte not.).

Rousselly, éc. c^{ne} de Saint-Caprais-Eymet (S. P.).

Rousserie (La), h. c^{ne} de Nabirac (B.).

Rousserie (La), h. c^{ne} de Peyzac.

Roussetie (La), terre, c^{ne} de Liorac (A. Jud.).

Roussetier (Haut et Bas), lieu-dit, c^{ne} de Mussidan (cad.).

Rousseyrol, lieu-dit, c^{ne} de Lenquais (cad. B., 948 à 965).

Roussiaud, h. c^{ne} de Beaussat.

Roussie (La), éc. c^{ce} du Bugue (A. Jud.).

Roussie (La), h. c^{ne} de Cazoulès (S. P.).

Roussie (La), c^{ne} de Chalagnac.— *Maynam. de la Rocia*, 1457 (Liv. N. 50).

Roussie (La), c^{ne} de Champsevinel. — Fief relevant de la ville de Périgueux (aveu 1679).

Roussie (La), c^{ne} du Change. — 1669 (Acte not.). Anc. rep. noble.

Roussie (La), h. c^{re} de la Chapelle-au-Bareil.

Roussie (La), c^{ne} de Celle. — *Bordaria de la Rossia*. 1320 (ch. Mourcin).

Roussie (La), h. c^{re} de Fosse-Magne (S. P.).

Roussie (La), h. c^{ne} de Lusignac.

Roussie (La), c^{ne} de Monesterol. — *Maynam. de la Rocia*, 1335 (Lesp. 79).

Roussie (La), c^{ne} de Neuvic. — 1397 (Lesp. 52).

Roussie (La), h. c^{ne} de Proissans. — *Loc. de la Rossia*, 1355 (hôtel de ville de Sarlat). Anc. rep. noble.

Roussie (La), h. c^{ne} de Razac-Eymet.

Roussie (La), h. c^{ne} de Sainte-Marie-de-Frugie (B.).

Roussie (La), lieu, c^{ne} de Saint-Pardoux-de-Belvez. — *Factum voc. la Rossia*, 1462 (arch. de la Gironde, Belvez).

Roussie (La), h. c^{ne} de Thenon.

Roussie (La), bruyère, c^{ne} de Valeuil (A. Jud.).

Roussie (La), éc. c^{ne} de Vieux-Mareuil.

Roussier (Le), terre et taillis, c^{re} de la Douze (A. J.).

Roussière (La), h. c^{ne} de Bussac. — Anc. rep. noble.

Roussigat, éc. c^{ne} de Rouffignac, c^{on} de Montignac. — *Roussigeac* (S. P.).

Roussignat, lieu-dit, c^{ne} de Tanniès (cad.).

Roussigne (La), éc. c^{ne} de Tursac.

Roussil (Le), h. c^{ne} de Journiac.

Roussilhas (Las) ou les Pey-Peilloux, anc. tenance, c^{ne} d'Agonac. — 1560 (Feti).

Roussille, h. c^{ne} de Cause-de-Clérans. — *Rossilho* (Liv. Nof.). — *Roucilh*, 1602 (Acte not.). Fief relev. de Montastruc (Acte not.).

Roussille, c^{ne} de la Chapelle-Faucher. — *Mansus de Rossilla*, 1460 (O. S. J.).

Roussille, h. c^{ne} de Douville. — *Castrum de Russel*, 1287. — *Rocilia*, 1364 (Lesp. 38, Châtell.). — *Roussilia*, 1396. — *Rouilha, Rossilha, Rocilha, Rossilhia*, xive siècle. — *Roussilhie*, 1666 (not. de Bergerac).

La châtell. de Roussille, au xive siècle, comprenait 6 paroisses : Beleymas, Douville, Montagnac, Roussille, Saint-Julien et la Salvetat-Grasset (Lesp.

20). Plus tard, cette juridiction fut transportée au château de Montaut.

Roussille, h. c^ne de Montpazier.

Roussille (La), lieu-dit, c^ne de Boulouneix (cad.).

Roussille (La), terre, c^ne du Coux. — 1670 (Acte not.).

Roussille (La), m^in, c^ne des Lèches. — *Rossilhe*, 1470 (Lesp. 93, 9).

Roussille (La), lieu-dit, c^ne de Saint-Lazare (cad.).

Roussille (La), lieu-dit, c^ne de Saint-Pardoux-la-Rivière (cad.).

Roussille (La), h. c^ne de Saint-Sulpice-d'Exideuil (S. P.).

Roussille (La), h. c^ne de Savignac-le-Drier (S. P.).

Roussilles (Les), lieu-dit, c^ne de Bergerac.

Roussillias, lieu-dit, c^ne de Cherveix (cad.).

Roussillon, éc. c^ne de Beleymas (S. P.).

Roussillon (Le), taillis, c^ne de la Mongie-Montastruc (A. Jud.). — *Feodum de Rossilho* (L. Nof. 91).

Roussillon (Le), lieu-dit, c^ne de la Trape (cad.).

Roussilloux (Les), h. c^ne de Saint-Jean-d'Estissac. — *Roussilhoux*, 1670 (Acte not.).

Roussilloux (Les), lieu-dit, c^ne de Vitrac (cad.). — Métairie *des Roussilhoux, autrement la Forêt*, 1662 (Acte not.).

Roussinaire, pâtis, c^ne d'Auriac-Montignac (A. Jud.).

Roussinal (Au), bois, c^ue de Saint-Hilaire-d'Estissac. — 1670 (Acte not.).

Roussou, h. c^ne d'Issac. — 1666 (Acte not.).

Roussoule (La), éc. c^ne de Château-l'Évêque (S. P.).

Roussy, h. et m^in, c^ne de Vert-de-Biron (S. P.).

Roussy (Le), taillis, c^ne d'Église-Neuve-Villamblard (A. Jud.).

Roussy (Le Cap-de-), h. c^ne de Saint-Cyr.

Roustedie (La), c^ne de Saint-Astier, 1480. — *Rastoudie* (inv. du Puy-Saint-Astier).

Rousty, h. c^ne de Rouffignac (S. P.).

Route (Grange), broussailles, c^ne de Tursac (cad.).

Route (L'Église-), taillis. — Voy. Église-Route (A l').

Rouvé, lieu-dit, c^ne de Nadaillac (B.).

Rouveille, h. c^ne de Brassac (B.).

Rouvelades (Les), éc. c^ne de Cubjat (A. Jud.).

Rouvenat (Le), lieu-dit, c^re de Saint-Médard-Mussidan (cad.).

Rouveradas (Las), h. c^ne de Fosse-Magne (S. P.).

Rouveradas (Las), taillis, c^ne de Saint-Aignan-d'Hautefort (A. Jud.).

Rouveradas (Las), éc. c^ne de Teillots (S. P.).

Rouveral (Le), lieu-dit, c^ne de Beauregard-Terrasson (cad.).

Rouveral (Le), lieu-dit, c^ne de Bergerac. — 1625 (Acte not.).

Rouveral (Le), bois de châtaigniers, c^ne de Coubjours (A. Jud.).

Rouveret (Le), terres au Bost-de-Sarazignac, c^ne de Valeuil (A. Jud.).

Rouvenol, h. c^ne de Cherveix (S. P.).

Rouvenol, h. c^ne de Saint-Martial-d'Albarède.

Rouvenol, h. c^ne de Salignac (S. P.).

Roux (Les), lieu-dit, c^ne de la Bachelerie (cad.).

Roux (Les), h. c^ne de la Rouquète-Eymet (S. P.).

Roux (Moulin du), c^ne de Prats-de-Belvez (A. Jud.).

Rouyaud (Le), pièce de terre, c^ne de Saint-Astier (A. J.).

Rouygeal (Le), vigne, c^ne de Saint-Laurent-des-Bâtons (A. Jud.).

Rouyjal (Le), bois, c^ne de Veyrines-Vern (A. Jud.).

Rouyol, h. et fontaine, c^ne de Douzillac (cad.).

Rouzade, h. c^ne de Bergerac.

Rouzel (Au perié), c^ne d'Ales. — 1777 (État du repaire de Ger).

Rotzelou, h. c^ne de Sourzac.

Rouzenier (Le), taillis, c^ne de Saint-Remy (A. Jud.).

Rouzet (Le), h. c^ne de Saint-Sernin-de-Biron, 1645. — Anc. maison noble.

Rouzette, h. c^ne de Bergerac. — *Rouzellon*, 1645 (Acte not.).

Rouzettes (Les), lieu-dit, c^ne de Lenquais.

Rouzier (Le), lieu-dit, c^ne de Ladornac (cad.).

Rouzier (Le), éc. c^ne de Peyzac.

Rouzière (La), lieu-dit, c^ne de Sainte-Alvère (cad.).

Rouziers, m^in, c^ne de Cubjat.

Rouzignac, h. c^ne de Tanniès.

Rouzin (Le), taillis de chênes, c^ue de Cantillac (A. J.).

Rouziol (Le), terre, c^ne de Saint-Martin-des-Combes (A. Jud.).

Rouzique (La), lieu-dit, c^ne de Couse.

Rouzique (La), h. c^ne de Saint-Laurent-des-Bâtons (S. P.).

Rouzonzou, lieu-dit, c^ne de Saint-Laurent-des-Bâtons (A. Jud.).

Roy (Le), c^ne de Vallereuil. — *Nemus vocat. de Rege*, 1303 (Périg. M. H. 41, 4).

Roy (Le), ruisseau qui passe à Villamblard et se jette peu après dans la Crempse. — *Rivus lo Roy*, 1304 (Périg. M. H. 41, 7).

Royaux (Les), terre, c^ne de Valeuil (A. Jud.).

Roye, éc. c^ne de Sendrieux. — 1634 (Acte not.).

Royène, h. c^ne de Grange-d'Ans (S. P.).

Royères (Les), h. c^ne de Razac-Eymet (A. Jud.).

Rozas, h. c^ne de Sainte-Orse (B.).

Rozols (Les), lieu-dit, c^ne de Terrasson (cad.).

Ruas (Las), lieu-dit, c^ne de Cherveix (cad.).

Ruat (Le), chemin, c^ne de Bourgnac (A. Jud.).

Rubé, fontaine minérale, c^ne de Beaumont.

Ruchas? — *Bordaria de Ruchas*, 1168 (cart. de Ligueux).

Ruchel (Le), c^ne de Condat-sur-Vézère.— *Locus voc. en Ruches*, 1451 (O. S. J.).

Rudalet, lieu, c^ne de Douville.

Rudeau, h. c^ne de Conazac (Chapelle, Bell.).

Rudeau, bois considérable tenant aux forêts de Beaussac et de Puycheny, autrement dit *Grand Bois* (A. J.).

Rudeaux (Les), h. c^ne de Saint-Julien-de-Bourdeilles.

Rudebert, lieu, c^ne de Saint-Pompon.

Rudel? c^ne de la Mongie-Saint-Martin. — *Bordaria Rudelli*, 1100 (cart. de Sainte-Marie de Saintes).

Rudelle (La), ténem. en bois, c^ne de Lenquais.

Rudelle (La), h. c^ne de Puy-Guilhem.

Rudelou, h. c^ne de Manzac (Saint-Astier). — *Mayn. del Rudolo*, 1471 (Dives, I, 135). — *Les Rudlets*, 1526 (*ibid.*).

Rudeuil, h. c^ne de Trélissac (S. P.).

Rudigoux (Le), lieu-dit, c^ne de Saint-Jean-d'Estissac, 1670 (Acte not.). — *Roudigoux* (*ibid.*).

Rudou (Le), éc. c^ne de Castel.

Rue (La), c^ne d'Agonac. — *Ripperia de la Rua*, 1512 (Feti, II).

Rue (La), lieu-dit, c^ne de Beauregard-Terrasson (cad.).

Rue (La), h. c^ne de Boisse. — 1739 (Acte not.).

Rue (La), h. c^ne de Fleurac.

Rue (La), h. c^ne de Gabillou.—1758 (terr. de Vaudre).

Rue (La), h. c^ne de Jumillac (B.).

Rue (La), c^ne de la Linde. — *Reue*, 1479 (Lesp. Millhac). — *Repayrium de la Rue*, 1502 (*ibid.*). Anc. rep. noble relevant de Millac, 1502. — Voy. Sigoniac.

Rue (La), c^ne de Neuvic. — *Bordaria de la Rue*, 1263 (Périg. M. H. 41, 1).

Rue (La), h. c^ne de Pazayac. — *Mans. de la Rue*, 1529 (fabr. de Pazayac).

Rue (La), h. c^ne de Saint-Jory-de-Chalais (S. P.).

Rue (La), friche, c^ne de Saint-Laurent-des-Bâtons (A. Jud.).

Rue (La), h. c^ne de Saint-Mayme-de-Pereyrols.

Rue (La), sect. de la c^ne de Sainte-Mundane (cad.).

Rue (La), h. c^ne de Tocane (B.).

Rue (La), h. c^ne de Veyrignac (B.).

Rue (Le Mas de la), lieu-dit, c^ne de Villetoureix (cad.).

Rue (Tour de la), tour de l'enceinte de Sarlat (Siège de Sarlat, 1587).

Rufaut, c^ne de Pizou. — *Lo riou Rufaut*, 13.., pièce en patois (Lesp. 82, 23).

Ruffenc (Le), c^ne de Campagnac-et-Vielvic. — *Repayrium del Ruffenc.—Mansus del Ruffenc sive de Soyssials.* — *Ruffenc vielh*, 1459 (arch. de la Gir. Belvez). — *Campaignac du Ruffenc*, 1612 (*ibid.*). Anc. rep. noble.

Ruffet, lieu-dit, c^ne de Doissac (cad.).

Ruffet, h. c^ne de Saint-Avit-Sénieur (S. P.). — *In loco de Ruffiaco, et in denso nemore, cellulam subterraneam Avitus construit* (Propre des saints, saint Avit).

Ruffet, h. c^ne de Sainte-Croix (S. P.).

Ruffet, c^ne de Villamblard. — *Ruffet*, 1661 (Acte not.).

Ruffie (La), éc. c^ne de Saint-Félix-de-Villadeix.

Ruffière (La), lieu-dit, c^ne de Vic. — *La Rufurie*, 1649. — *Bois de Ruffet* (cad.).

Rugeal (Le), lieu-dit, c^ne de Tursac (cad.).

Ruilloux (Les), pièce de terre, sect. de la c^ne des Lèches (A. Jud.).

Ruine (À la), lieu-dit, c^ne de Minzac (cad. n° 571).

Rumhien? c^ne d'Agonac. — *Maynam. de Rumpnhier*, 1474 (titres de Chamberlhiac, 24).

Ruschas? aux environs de Périgueux. — *Moli de Ruschas*, 1247 (reg. de la Charité). C'était la limite de la juridiction de Périgueux vers Auberoche, et dès lors ce n'est pas le moulin de Rousseau qui est à l'ouest de Périgueux.

Ruschel (Le), ruiss. qui passe à la Bleynie, c^ne de Saint-Félix-de-Villadeix, et afflue au Caudau. — *Rivus vocatus del Ruschel*, 1341 (Lesp. 41, 1). — *Russel* (Liv. N. 88).

Russac, m^in, c^ne de Saint-Aigne. — *Russas*, 1738 (Acte not.).

Russaulme (La), h. c^ne d'Agonac (cad.).

Russel, h. c^ne de Prigonrieu (A. J.). — *Bordaria quæ est a Ruissel*, 1079? (cart. de Sainte-Marie de Saintes, 179 : don à Saint-Sylvain de la Mongie).

Russies (Les), h. c^ne de Pézul (S. P.).

Rut (Le), lieu-dit, c^ne de Tursac (cad.).

S

Sabadelle, h. c^ne de Saint-Laurent-de-Castelnau.

Sabalande (Le), bois, c^ne de Badefol-d'Ans. — *Sabalade* (A. Jud.).

Sabalot, terre, c^ne d'Eyvirat (A. Jud.).

Sabana, métairie, c^ne de la Rouquête-Eymet (S. P.).

Sabatarie (La), c^ne de Font-Galau. — *Mansus de la Sabaterie*, 1459 (arch. de la Gir. Belvez). — *L'Ortal Sabatier* (*ibid.* 136).

SABATIE (LA), h. c^{ne} de Saint-Martin-des-Combes.

SABATIE (LE), bois, c^{ne} de Saint-Julien-de-Crempse. — 1740 (not. de Bergerac).

SABATIER (LE), h. c^{ne} de Montpeyroux (S. P.). — *Les Sabatiers* (B.).

SABBATIÈRE (LA), h. c^{ne} de Capdrot (S. P.).

SABBATIÈRE (LA), c^{ne} de Faux. — 1771 (arpent. de la seign. de Faux).

SABBATIÈRE (LA), h. c^{ne} de la Linde.

SABBAUDIE (LA)? c^{ne} de Bassillac. — *Bordaria de la Sabbaudia*, 1344 (ch. Mourcin).

SABINES (BOIS DES), lieu-dit, c^{ne} de Proissans (cad.).

SABINES (LES), lieu-dit, c^{ne} de Capdrot (cad.).

SABLA (LE), métairie, c^{ne} de Canet (S. P.).

SABLADEL (LE), lieu-dit, c^{ne} de Paunac (cad.).

SABLADES (LES), lieu-dit, c^{ne} de Font-Galau (cad.).

SABLAS (A LAS), bois, c^{ne} de la Mongie-Montastruc, à la Martigne (A. Jud.).

SABLAT (LE), lieu-dit, c^{ne} de Saint-Michel-Mussidan (cad.).

SABLAZONE ou SABLIONE, c^{on} de Nontron. — *Salanosa*. Prieuré-cure en 1310, prieuré simple en 1612; vocable: Notre-Dame (Nadaud).

SABLE (COMBE DU), bois, c^{ne} de Saint-Félix-de-la-Linde (cad.).

SABLE (LE), c^{ne} de Cause-de-Clérans. — Lieu *du Sablet*, ténem. de Malroussy, 1723 (not. de Mouleydier).

SABLÉ (LE), éc. c^{ne} du Fleix (S. P.).

SABLE (LE), h. c^{ne} de Prigonrieu. — 1774 (not. de Bergerac).

SABLE (LE), h. c^{ne} de Rouffignac-Montignac (S. P.).

SABLE (LE), éc. c^{ne} de la Rouquète-Eymet (S. P.).

SABLE (MOULIN-DU-), h. c^{ne} de Saint-Remy (S. P.).

SABLENIÈRES, éc. c^{ne} de Savignac-de-Miremont (S. P.).

SABLES (AUX), lieu-dit, c^{ne} de Minzac (A. Jud.).

SABLES (LES), lieu-dit, c^{ne} de Breuil-Vern (cad.).

SABLES (LES), lieu-dit, c^{ne} de Festalens (cad.).

SABLES (LES), lieu-dit, c^{ne} de la Roque-Gajac (cad.).

SABLES (LES), lieu-dit, c^{ne} de Saint-Aquilin (cad.).

SABLES (LES), lieu-dit, c^{ne} de Saint-Laurent-des-Hommes (cad.).

SABLES (LES), h. c^{ne} de Saint-Michel-de-Villadeix (S. P.).

SABLIER (LE), lieu-dit, c^{ne} de Doissac (cad.).

SABLIER (LE), h. c^{ne} de Saint-Pierre-d'Eyraud (S. P.).

SABLIÈRE (LA), lieu-dit, c^{ne} de Douzillac (cad.).

SABLIÈRE (LA), éc. c^{ne} d'Eymet (S. P.).

SABLIÈRE (LA), c^{ne} de Lenquais. — Anc. nom de *Bidou* (terr. de Lenquais).

SABLIÈRE (LA), h. c^{ne} de Manaurie (S. P.).

SABLIÈRE (LA), lieu-dit, c^{ne} de Neuvic (cad.).

SABLIÈRES (LES), lieu-dit, c^{ne} de la Chapelle-Faucher (cad.).

SABLIÈRES (LES), lieu-dit, c^{ne} de Saint-Front-de-Pradoux (cad.).

SABLIÈRES (LES), lieu-dit, c^{ne} de Vern (cad.).

SABLON (LE), taillis de chênes, c^{ne} de Brantôme (A. Jud.). — *Les Sabloux* (ibid.).

SABLON (LE), h. c^{ne} de Grives (S. P.).

SABLON (LE), h. c^{ne} de Saint-Front-la-Rivière (S. P.).

SABLON (MOULIN DU), c^{ne} de Vieux-Mareuil (B.).

SABLONIÈRE? — *Domus de Sabloneres*, 1245 (cart. de Ligueux). Une des possessions de l'abbaye de Ligueux.

SABLONIÈRES, c^{ne} de Chalagnac. — *Maynam. de Sablonieyras* (Liv. N. 50).

SABLOU (FON-DE-), h. c^{ne} de Chalagnac (S. P.).

SABLOU (LE), h. c^{ne} d'Aubas (S. P.).

SABLOU (LE), taillis, c^{ne} de Beaurone (cad.).

SABLOU (LE), h. c^{ne} de la Cassagne (S. P.).

SABLOU (LE), lieu, c^{ne} de Fleurac. — *El Sablou*, 1471 (Généal. de Rastignac). Anc. rep. noble.

SABLOU (LE), éc. c^{ne} de Sainte-Alvère (B.).

SABLOU (LE), h. c^{ne} de Vieux-Mareuil (S. P.).

SABLOU (LE LAC-), h. c^{ne} d'Ajat-Thenon (S. P.).

SABLOUX (LES), h. c^{ne} de Blis-et-Born (S. P.).

SABLOUX (LES), éc. c^{ne} de Saint-Aubin-Eymet (S. P.).

SABORINIE (LA)? c^{ne} de Vallereuil. — *La Saborinia*, 1380 (Lesp. 51).

SABOUTIE (LA), éc. c^{ne} de Valeuil (S. P.).

SABOUX (LES), éc. c^{ne} de la Linde (B.).

SABRIER, h. c^{ne} de Vanxains (B.).

SAC, c^{ne} d'Atur. — Autrement *Basniac*, 1679 (Dénombr. de Périgueux).

SAC (LE), anc. prieuré dépend. de l'abb. de Chancelade. — *Saccus*, 1178 (cart. de Chancelade). — *Prioratus de Sacco*, Sarlat. diœc. 1556 (panc. de l'évêché).

SAC (LE), h. c^{ne} de Gardone (B.).

SACABOUILLE, h. c^{ne} de Chapdeuil-et-Saint-Just.

SACALA, éc. c^{ne} de Saint-Julien-de-Crempse (S. P.).

SADILLAC, c^{on}, c^{on} d'Eymet. — *Sadelhac*, 1363 (Lesp. Châtell. de Bergerac). — *Sedalhacum* (collat. Innocent VI). — *Sedilhac*, XVIe siècle (Itinéraire de Clément V). — *Cherchiliac, archip. de Flaviac*, 1648 (bénéf. de l'év. de Sarlat). Prieuré de l'ordre de Saint-Benoît. Patronne: sainte Anne; collat. le prieur de Sadillac.

SADROC, h. c^{ne} de Ste-Alvère (S. P.). — *Le Sadrot* (cad.).

SAFFRA (LE SAUT-DE-), métairie, c^{ne} de Bergerac. — *Al Saffra*, 1475 (Liv. N. 14).

Sagelat, c^ne, c^on de Belvez. — *Sanctus Victor de Sage-
laca*, 1306 (Lesp. 33, Font-Gauffier).

Patron : l'abbesse de Font-Gauffier, à qui cette
église avait été donnée, en 1306, par Clément V.
Sagelat (Le), h. près de Lussac, c^ne du Bugue.
Sagelat (Le), lieu-dit, c^ne de Cantillac (cad.).
Sagournac, vill. c^ne de Chavagnac. — Ruines de l'her-
mitage de Saint-Gaucher, à 300 mètres du village
· (communic. de cette tradition par M. Pergot, curé
de Terrasson).
Sahuc, nom d'un anc. faubourg de Périgueux, au delà
de la porte de l'Aubergerie. — *Barrium del Sahuc*,
1317 (ch. Mourcin).
Saigne (La), prés, c^ne de Badefol-d'Ans. — 1740 (Acte
not.).
Saigne (La), h. c^ne de la Chapelle-au-Bareil. — *La
Sanha*, 1365 (Lesp. Montignac).
Saigne (La), pré, c^ue de Doissac (cad.).
Saigne (La), c^ne de Montagnac-de-Crempse. — *M. de
Saunha*, 1283 (Périg. M. H. I, 41).
Saigne (La), lieu-dit, c^ne de Saint-Amand-de-Belvez
(cad.).
Saigne (La), h. c^ne de Saint-André-Alas.
Saigne (La), lieu-dit, c^ne de Saint-Laurent-de-Castel-
nau (cad.).
Saigne (La), h. c^ne de Saint-Saud (cad.).
Saigne (La), pré, c^ne de Sarlat. — *Lassagne* (cad.).
Saigne (La), lieu-dit, c^ne de Terrasson (cad.). — *La
Seigne*.
Saigne (La), h. c^ne de Vitrac. — Autrefois *le Logis*
(le Périg. ill. 638).
Saigne (Le Bos de la), c^ne de Naussanes. — Anc.
ténem. 1620 (O. S. J.).
Saigne-Beu? c^ne d'Agonac. — Locus voc. *Sainha-Baou*,
1507 (Feti, I, 4). — *Saignhe-Beou*, xviie siècle
(*ibid.*).
Saignes (Les), prés, c^ne de Bouillac (cad.).
Saignes (Les), terre et pré, c^ne de Cantillac (A. Jud.).
Saignes (Les), lieu-dit, c^ne de Festalens. — *Les Sei-
gnas* (cad.).
Saignes (Les), lieu-dit, c^ne de Grives (cad.).
Saignes (Les), pré, c^ne de Mont-Caret (A. Jud.).
Saignes (Les), lieu-dit, c^ne de Saint-Front-de-Pradoux.
— *Las Saignas* (cad.).
Saignole (La), ruiss. qui sépare la c^ne de Valojoux de
celle de Tanniès, passe au Mas-Nègre et se jette dans
la Vézère auprès de la Voulparie.
Saignolles (Les), éc. c^ne de Mont-Caret (S. P.).
Saillac, h. c^ne de Peyzac.
Saillac, h. c^ne de Sergeac.
Saint-Abre, c^ne. — Voy. Saint-Afre-et-Togane.
Sainte-Agathe, h. c^ne de Coulounieix (A. Jud.).

Sainte-Agathe, anc. égl. à Sainte-Aulaire-de-l'Angle.
c^ne d'Eymet (tradition à la Rouquète).
Saint-Aignan, un des quartiers de Mussidan (cad.).
Saint-Aignan-d'Hautefort, vill. c^ne d'Hautefort. —
Sanctus Anianius (pouillé du xiiie siècle). — *Saint-
Anhe*, xvie siècle (arch. de Pau, Châtell. du Périg.).
— *Saint-Agnan* (not. de Périgueux).
Collat. l'abb. de Chatres; au xiie siècle, le prieuré
d'Avreil, en Limousin.
Patron : saint Aignan.
Saint-Aigne, c^ne, c^on de la Linde. — *Sanctus Anianus,
Saint-Anyan*, 1290 (Champollion, Lettre du roi
d'Aragon aux consuls de Beaumont). — *Sanctus Ani-
ceus*, 1385 (Lesp. une des paroisses de la baillie de
Gardone)? — *Saint-Aygnan*, 1595 ; *Saint-Agnan*,
1685 (Acte not.). — *Saint-Anhe*, xvie siècle (Pau,
Châtell. du Périgord). — *Saint-Agnie*, 1745 (Acte
not.).
Anc. prieuré.
Patron : saint Aignan ; collat. l'évêque.
Saint-Aigne (Fontaine-), lieu-dit, c^ne de Corgnac. —
Saint-Agne (cad.).
Saint-Aigulin, anc. dioc. de Périgueux, auj. du dép^t
de la Charente. — *Sanctus Agolinus*, 1112 (cart. de
la Sauve). — *Sanctus Agelinus*, 1319 (Généalogie
de Talleyrand).
Sainte-Alvère, chef-lieu de c^on, arrond. de Bergerac.
— *Sancta Alvera* (pouillé du xiiie siècle). — *Sancta
Alveria*, 1333 (Lesp. 27, Limeuil).
Égl. unie au chap. de Saint-Avit ; voc. Sainte-
Marie. — Patron : saint Pierre-ès-Liens ; collateur,
l'évêque.
Ville close, dont une des portes se nommait *Ga-
renca*, 1460 (Liv. Nof. 118).
Anc. rep. noble, relevant au xvie siècle de la châ-
tellenie de Limeuil ; depuis ayant haute justice sur
Sainte-Alvère et le titre de marquisat (Alm. de Guy.).
Saint-Amadou, rue dans la ville d'Eymet.
Saint-Amand, c^ne, c^on de Vern. — *Sen Chaman* (pouillé
du xiiie siècle). — *Sanctus Amandus*, 1382 (P. V.
M.). — *Saint-Amand de Villadeix* (B.). — *Saint-
Amand de Verg*, 1730 (Acte not.).
Patron : saint Amand ; collat. le chap. de Saint-
Front.
Saint-Amand, anc. paroisse, c^ne de Boisse. — *Sanctus
Amandus*, 1556 (panc. de l'év.). — *Saint-Chamans*,
1664 (O. S. J.).
Saint-Amand, vill. c^ne de Mauzens (S. P.).
Saint-Amand, éc. c^ne de Millac-Nontron. — *La eccles.
de Sant-Amant ; Bordaria de Sant-Amant*, xiie siècle
(cens dû à Carol).
Tenance de l'abb. de Peyrouse, 1745 (Acte not.).

SAINT-AMAND, h. c^ne de Sainte-Eulalie-de-Puyguilhem (B.).

SAINT-AMAND-DE-BELVEZ, c^ne, c^on de Belvez. — *Sanctus Amandus* (pouillé du xiiie siècle).

Hôpital, xiiie siècle. — *Lego hospitali sancti Amandi*, 1269 (Testam. de G. Aymon).

Patron : saint Amand.

SAINT-AMAND-DE-COLY, c^ne, c^on de Montignac. — *Sanctus Amandus prope Montinhacum*, 1364 (Lesp. Châtell.).

Anc. abbaye, ordre de Saint-Augustin, de nomination royale. — Bénéfices qui en dépendaient : Archignac, Aubas, Brenac, la Cassagne, Coly, Marcillac, Nadaillac, Peyzac, Saint-Geniez, Saint-Lazare, Saint-Pierre-de-Montignac, Salignac, Thenon, Thonac et Vitrac, 1411 (Lesp. 37).

Patron : saint Amand.

SAINT-AMAND-DE-MONTMOREAU, anc. dioc. de Périgueux, auj. du dép^t de la Charente. — *Sanctus Amandus* (pouillé du xiiie siècle)

SAINT-ANDRÉ, réuni à ALAS-L'ÉVÊQUE, c^ne, c^on de Sarlat. — *Sanctus Andreas.*

Patron : saint André.

Siége d'un archiprêtré lors de l'érection, au xive siècle, de l'évêché de Sarlat. Il fut formé de l'ancien archiprêtré nommé *Sarlatensis*, dont on retira plusieurs paroisses qui restèrent dans le diocèse de Périgueux, et fut composé des paroisses ou chapelles suivantes : Aillac, Alas, Archignac, la chapelle Aubareil, Aubas, Bézenac, Breuac, Campagnac, la Canéda, Carsac, la Cassagne, Castel, Chavagnac, Coly, Condat, la chapelle de Fages, la Feuillade, Grèses, Jayac, Ladornac, Marcillac, Marquays, la chapelle de Marsac, Meyral, Montfort, Montmége, Nadaillac, Paluel, Pazayac, la chapelle de Pelevesy, Peyzac, Proissans, la chapelle du Rausel, la chapelle de la Roque, la Roque-Gajac, la Roque-Saint-Christophe, Saint-Amand, Saint-André, Saint-Cyprien, Saint-Donat, Saint-Geniez, Sainte-Natalène, Saint-Quentin, Saint-Vincent-de-Cosse, Saint-Vincent-de-Paluel, Sarlat, Sauvebeuf, Sergeac, Sireuil, Tanniès, Temniac, Terrasson, Tursac, Valojoux, Vezac, Vitrac (État des paroisses, 1740).

SAINT-ANDRÉ, taillis, c^ne de Fontenilles, n° 268 (cad.).

SAINT-ANDRÉ, anc. cimetière à Périgueux. — *Lo cemeter Sent Andrea* (reg. de la Charité).

SAINT-ANDRÉ, terre, c^ne de Pomport (A. Jud.). — Anc. chapelle auprès du bourg.

SAINT-ANDRÉ, vill. c^ne de Saint-Germain-des-Prés. — *Sanctus Andreas* (pouillé du xiiie siècle). — *Saint-Andrieux* (Cassini).

SAINT-ANDRÉ-DE-DOUBLE, c^ne, c^on de Neuvic. — *Sanctus Andreas* (pouillé du xiiie siècle).

Patron : saint Germain ; collat. l'évêque.

SAINT-ANGE, lieu-dit, c^ne de Vern (Dives).

SAINT-ANGEL, c^ne, c^on de Champagnac. — *Dono in pago Lemovicensi castrum Sancti Angeli cum monasterio*, 986 (Test. du comte Rog. de Limoges).

Patron : saint Michel ; collat. l'abbé d'Uzerche, à qui l'église fut donnée en 1163 par Jean, évêque de Périgueux.

Anc. rep. noble, relevant au xive siècle de la châtellenie de Nontron et ayant haute justice sur la paroisse, 1760 (Alm. de Guy.).

SAINT-ANGEL, vill. c^ne de Beaurone-de-Chancelade (S. P.).

SAINTE-ANGELINE? c^ne de Douville. — *Sancta Angelina annexa Sancti Joh. de Douillio*, 1526 (O. S. J.). — Voy. SALVETAT (LA).

SAINTE-ANNE, vill. c^ne de Cadouin (S. P.).

SAINTE-ANNE, pré, c^ne d'Exideuil (cad. n° 213).

SAINTE-ANNE, h. au port de Couse, rive droite, et, à côté, fontaine, c^ne de la Linde, au-dessous de l'église de Saint-Sulpice. — Voy. SAINT-SULPICE.

SAINTE-ANNE, h. c^ne de Saint-Astier (S. P.).

SAINT-ANTOINE, anc. comm^rie au faubourg de la Madeleine, à Bergerac. — *Fach jurar sobre l'autar de sen Antoni*, 1405 (Lesp. Livre de ville, de 1300 à 1675).

Un ex-voto est porté par les consuls dans cette église lors de la peste de 1501 (Chron. du Périg. II, 88). — Hôpital subsistant en 1648 (bénéf. de l'évêché).

SAINT-ANTOINE, c^ne d'Exideuil (A. Jud.). — *Terre de la Commanderie* (cad.).

Anc. comm^rie, 1481 (Test. de Françoise de Bretagne).

SAINT-ANTOINE, h. c^ne du Petit-Bersat. — *Sanctus Anthonius*, 1466 (O. S. J.). — *Saint-Antoine-du-Privat*, 1733 (Jaillot, carte de Guy.).

SAINT-ANTOINE-D'AUBEROCHE, c^ne, c^on de Saint-Pierre-de-Chignac. — *Sanctus Antonius*, 1380 (P. V. M.).

Patron : saint Antoine.

SAINT-ANTOINE-DE-BREUIL, vill. c^ne de Sainte-Eulalie, c^on de Vélines. — *Sanctus Anthonius prope Brollium*, 1456 ; *Senct Antony*, 1464 (terr. de Montravel, n° 5, arch. de la Gironde).

SAINT-ANTOINE-DU-PIZOU, vill. de l'ancien diocèse de Périgueux, auj. du dép^t de la Gironde. — *Sanctus Antonius de Pizone*, 1360 (Lesp. 10, Châtell. du Périgord). — *Hospitalis Sancti Antonii*, 1310 (Lesp. 24, Usurp. du roi de France).

Comm^rie de l'ordre de Saint-Antoine.

SAINT-ANTOINE-DU-TOULON, hôpital, près de Périgueux (Lesp. Bénéfices de l'abb. de Chancelade).

36.

SAINT-APRE-ET-TOCANE, c^{ne}, c^{on} de Montagrier. — *Sanctus Asprus de Perducio*, 1365 (Lesp. Châtell.). — *Sanctus Asperus*, 1380. — *Sanctus Aprus de Perducio*, 1382 (P. V. M.).

Patron : saint Apre.

Anc. repaire noble, relevant au xive siècle de la châtellenie de Saint-Astier et ayant au xvie haute justice sur la paroisse.

SAINT-AQUILIN, c^{ne}, c^{on} de Neuvic. — *Donum factum ante vitream Sancti Aquilini*, 1129 (cart. de Chancelade). — *Saint-Aguli*, xvie siècle (Pau, Châtell. du Périgord). — *Saint-Acquelin*, 1537 (inv. du Puy-Saint-Astier). — *Saint-Agulin*, 1640 (not. de Périg.).

Patron : saint Eutrope ; collat. l'évêque.

La fontaine de Saint-Aquilin, *Foun boni*, a une grande renommée (Audierne, *Notes sur le P. Dupuy*, 257).

SAINT-ASTIER, ch.-l. de c^{on}, arrond. de Périgueux. — *Sanctus Astherius*, 1013 (Lesp. arch. de Saint-Astier). — *Capella Sancti Asterii*, 1172. — *Sanctus Chasterius*, 1399 ; *Saint-Chastier*, *Saint-Chastey*, xvie siècle (arch. de Saint-Astier ; Lesp.).

Abbaye et église collégiale, qui doit son origine à la grotte de saint Astier, solitaire au viie siècle. Le chapitre avait sur la châtellenie et sur la ville une haute justice, dont les limites sont mentionnées dans une vente de 1276 (Chron. du Périgord, 4) : «Securitas seu losdes villæ vestræ... scilicet à fonte S^{ti} Martini usque ad barrieram terratam quæ est in viâ per quâ itur ad capellam S^{ti} Asterii, item a dictâ barrierâ protenditur ad Bardam (village de Leybardie) et à Bardâ usque ad Graverias, et inde usque ad Crucem Petream, et protenditur ad fossatum dictum Colomp, et transit per fluvium Eslæ usque ad Pontet, et inde circuit ad mansum de Verniâ (mas des Vergnes) et redit ad fontem superius nominatum» (Contrat de vente par le comte de Périgord au chapitre, en 1276). — Il y avait trois fourches patibulaires : l'une au vieux chemin de Crognac, près de Saint-Martin ; la seconde au ruisseau de Colomp, près du Triangle, qui était le cimetière des pauvres ; la troisième sur le chemin de la Massoulie, près du village de la Grange (Chron. du Périgord). — Cette justice, qui était commune entre le chapitre et le comte de Périgueux sous le nom de *Pariage*, fut partagée en 1314 avec le roi de France (Tr. des ch. reg. 50).

Les bénéfices du chapitre, confirmés en 1178 par Alexandre III, sont ainsi mentionnés dans la bulle : « Videlicet, villam in quâ ecclesia sita est, et quascumque ecclesias scilicet : capellam Sancti Stephani de Bonsac, capellam Sancti Barthol. de la Garda, eccles. Sanctæ Mariæ de Parduz, capellam de Faiola, eccles. Sancti Petri de Dupchat, capellam de Vernodio, eccles. Sancti Mart. de Segonzac, 40 libras monete quam habet dicta eccles. in hospitale de Cobes, eccles. Sancti Aquilini, capellam castri de Sancto Asterio, eccles. Sancti Leonis, Sancti Petri de Novo-Vico, duodecim solidos in eccles. Sancti Medardi de Limoil, eccles. Sancti Martini Laster, eccles. de Monestariol, utramque capellam de Montepavonis, 5 solidos quam habetis annuatim in capellâ de Valas, eccles. Sancti Joh. de Menesplet, 110 solidorum quem prior de Sorzaco debet vobis annuatim pro manso de Elderoc. In parrochialibus ecclesiis quas habetis, liceat vobis personas eligere et episcopo presentare.»

Ville close. — Pont sur l'Ille : voy. PONTS (ANCIENS).

Bailliage royal. — Anc. châtellenie dont dépendaient 18 paroisses : Anesse, Astaut, Beaurone, Chante-Geline, Chantérac, Douchapt, Douzillac, Léguillac, Mensignac, Montren, Saint-Apre, Saint-Aquilin, Saint-Astier, Saint-Germain, Saint-Perdoux-de-Drone, Ségonzac, Tocane, Yssac ? 1384 (Lesp.).

Patron : saint Astier. — Couvent des Dames de la Foi.

Armes du chapitre : *de gueules à une cloche d'or, accolée d'une branche de palme à la droite et une branche de laurier de même.*

SAINT-ASTIER, anc. église à Agonac. — *Ecclesia Sancti Asterii d'Agonac* (Lesp. 51). — *Chemin de la porte Foscheyrencha, vers la chapelle Saint-Astier dudit château*, 1321 (ibid.).

Les ruines étaient au delà du pont, près de Saint-Martin-d'Agonac, 1774 (Leydet).

SAINT-ASTIER, anc. chapelle, c^{ce} de Grignol. — *Sen. Chatier* (Lesp. 27, Lomagne).

Unie à la cure de Saint-Jean-d'Estissac.

SAINT-ASTIER, anc. église située dans la Cité de Périgueux, à l'ouest de Notre-Dame de Leydrouse. — *Eccl. Sancti Asterii*, 1556 (panc. de l'év. archipr. de la Quinte).

SAINT-AUBIN-DE-CADELECH, c^{ne}, c^{on} d'Eymet. — *Sanctus Albinus in Banesio*, 1273 (Homm. de Mons. coll. de Lenq.). — *S. Alb. in Barsancio*, xive s^e (Ms. de Wolf. 19). — *S. Alb. de Rezaco*, 1365 (Lesp. Châtell. de Bergerac). — *De Rasaco* (collat. de Clément VI). — *Saint-Aubin-de-Cahusac*, 1750 (Acte not.).

Patron : la Nativité.

Prieuré de l'ordre de Saint-Benoît.

SAINT-AUBIN-DE-LENQUAIS, c^{ne}, c^{on} d'Issigeac. — *Sanctus Albinus de Montibus*, 1365 (Lesp. 88, Châtell.

de Bergerac). — *Saint-Albi*, 1520 (O. S. J.). — *Saint-Chalbi* (atlas de Blaeu). — *Saint-Aubin-de-Lanquais*, xvii⁰ siècle (terr. de Lenquais). — *Saint-Aubin-d'Issigeac* (Cal. de la Dordogne).

Patron : saint Aubin.

Saint-Aubin-de-Nabirat, c^ne, c^on de Dome. — Patron : saint Aubin.

Saint-Augutre, c^ße de Coulounieix. — Anc. chapelle sur le coteau de ce nom, près du Saut-du-Chevalier : lieu de pèlerinage (Antiq. de Vésone, I).

Sainte-Aulaire-de-l'Angle, section de la c^ne d'Eymet (cad.). — Autrement *Peyretou* (A. Jud.).

Sainte-Aulaye, ch.-l. de c^on, arrond. de Ribérac. — *Bastida de Sancta Eulalia* (Lesp. Coutumes données en 1288 par P. Bermond).

Patronne : sainte Eulalie.

Anc. rep. noble, qui avait sur une paroisse, Saint-Michel-le-Bost, moyenne justice ressortissant à la sénéchaussée d'Angoulême (Statist. de la Charente). Maladrerie de fondation commune; collat. l'év. d'Angoulême.

Saint-Avit, anc. dioc. de Périgueux, auj. du dép^t de Lot-et-Garonne. — *Sanctus Avitus de Senesellis*, *Sarl. diœc.* (Collat. d'Innocent VI).

Saint-Avit, vill. c^ne de Nanteuil (cad.).

Saint-Avit, c^ne de Neuvic? — *Sanctus Avitus*, *archipresbyt. do Novo-Vico* (pouillé du xiii⁰ siècle). — *Iter quo itur de Sancto-Michaele-de-Villadès versus Sainct-Chauvit*, 1483 (Lesp. 82, n° 30).

Lieu inconnu : c'est peut-être Saint-Chabit, c^ar de Saint-Sernin-de-Reillac?

Saint-Avit, vill. c^ne de Saint-Pierre-de-Cole. — *Eccles. Sancti-Aviti*, *archipresbyt. de Condaco* (pouillé du xiii⁰ siècle). — *Saint-Chavit* (cad.).

Saint-Avit, éc. c^ne de Saint-Sernin-de-Reillac. — *Saint-Chabit* (E. M.).

Tout près de ce lieu, dans la c^ne voisine de Rouffignac, est un village nommé *les Maurégies* (E. M.) et *les Morésies* (B.). Ici, les deux noms de Saint-Avit et de Maurégie sont conservés; il y aurait ensuite en faveur de cette attribution d'être mieux dans l'itinéraire du saint, puisqu'on est moins éloigné de Saint-Avit-Sénieur, le lieu où il vécut dans une grotte que l'on voyait encore, avant la construction d'un chemin de grande communication, il y a deux ans.

Saint-Avit (Haut et Bas), vill. c^ne de Thiviers. — *Eccl. Sancti Aviti*, *archipresbyt. de Tiborio* (pouillé du xiii⁰ siècle). — *Repaire de Saint-Chevie*, 1466 (Lesp. 59). — *Saint-Chavis* (B.). — *Saint-Avy* (S. P.). — *Saint-Savy* (cad.).

Serait-ce le nom nouveau qui a remplacé celui de *Mauregium*, où saint Avit, revenant en Périgord,

perdit son compagnon Benedictus et où l'on éleva ensuite une église en son honneur? (voy. le propre du diocèse). Il y a de l'analogie entre ce nom et celui du fief de *Malrigia*, près de Thiviers, appartenant au seigneur de Laxion, 1486 (Généal. de Rastignac); cependant *Mauregium* pourrait être retrouvé près d'un autre Saint-Avit qui précède et dépend de la c^ne de Saint-Sernin-de-Reillac.

Saint-Avit-de-Bessède, éc. et taillis, c^ne de Bouillac. — *Domus leprosorum Sancti Aviti Senioris*, 1290 (cout. de Beaumont)?

Anc. rep. noble (Homm. 1450).

Saint-Avit-de-Fumadière, h. et m. c^ne de Bonneville. — *Præceptoria Sancti Aviti de Fumaderiis*, 1372 (O. S. J.).

Comm^rie de l'ordre de Saint-Jean, dépendant d'Andrivaux.

Saint-Avit-de-Moiron, h. c^ne de Gardone. — *Salvitas sancti Aviti de Mosrou*, 1199 (Lesp. Cadouin). — *Salvitas sancti Aviti de Moiro*, 1285 (ibid.). — *Saint-Avys-de-Moyre*, 1474 (sénéch. de Bergerac). — *Saint-Avid Grave Moiron*, 1634 (not. du Fleix). — *Saint-A. de Gravemeyrou*, 1648 (bénéf. de l'év.).

Maison conventuelle dépendant de l'abb. de Cadouin.

Saint-Avit-de-Tizac, vill. c^ße de Port-de-Sainte-Foy. — *Sanctus Avitus de Tyzac*, 1273 (Ms. de Wolf.). — *Sanctus Avitus de Tizac*, 1382 (P. V. M.).

Saint-Avit-de-Vialard, c^ne, c^on du Bugue. — *Sanctus Avitus de Balares*, 1053 (bulle d'Eugène III pour l'abb. de Sarlat). — *Sanctus Avitus de Vilars*, 1143 ; *Sanctus Avitus de Villaribus*, 1365 (Lesp. Châtell. de Limeuil). — *S. Chauvit*, 1483 (Lesp. 84).

Patron : saint Sour; collat. le prévôt de Trémolac.

Saint-Avit-Rivière, c^ne, c^on de Cadouin. — *Domus de Riparia*, 1199 (Lesp. Cadouin). — *Sanctus Av. de Ripia*, 1556 (panc. de l'év.).

Maison dépend. de l'abb. de Cadouin.

Saint-Avit-Sénieur, c^ne, c^on de Beaumont. — *Sanctus Avitus*, 1097 (Lesp. Don à Saint-Sernin de Toulouse). — *Sanctus Avitus Senior*, 1124 (cart. de Cadouin). — *Saint-Avit le Vieux*, xvi⁰ siècle (Itin. de Clément V). — *Mont-Avit*, 1793 (arch. de la Dordogne, Belvez).

Abbaye, puis chapitre collégial de chanoines de Saint-Augustin, réuni au chapitre de la cathédrale en 1690.

Église élevée au xi⁰ siècle pour y transférer le tombeau de saint Avit, déposé après la mort du saint ermite dans l'église de Sainte-Marie-du-Val. Le lieu choisi fut le coteau qui dominait cette petite église; il se nommait alors *locus de Ruffiaco, in monte de Dauriaco* (Propre du diocèse).

Patron : saint Michel.

SAINTE BARBE, friche, c^{ne} de Saint-Martial - de - Nabirat (cad.).

SAINT-BARTHÉLEMY, c^{ne}, c^{on} de Bussière-Badil. — *Par. Sancti Bartolomei*, 1365 (Lesp. 88, Châtell. de Nontron). — *Saint Bartholmieu*, xvie siècle (Pau, Châtell. du Périgord).

Patron : saint Barthélemy ; collat. l'évêque.

SAINT-BARTHÉLEMY-DE-MONTPONT, c^{ne}, c^{on} de Montpont. — *Capella Sancti Bartholomei de Chamilac*, 1122 (Lesp. 30, Saint-Astier)? — *S. Bart. de la Garda*, 1178 (Lesp. Bulle d'Innocent III). — *S. Bartholomœus de Geyraus en Perigort*, 1318 (Rôles gascons)? — *S. Bartholmieu*, xvie s^e (arch. de Pau). — *S. B. de Bellegarde* (Cassini).

Patron : saint Barthélemy; collat. l'abbé de la Sauve, 1556 (panc. de l'év.). — Cette église fut donnée en 1153, par R. évêque de Périgueux, au prieur de Gardedeuil et à l'abbaye de Baigne (cart. de Baigne, 67).

SAINT-BENOÎT, c^{be} de Périgueux. — Prieuré dépend. de l'abb. de Ligueux, bâti au xvie siècle dans la paroisse Saint-Hilaire de la Cité (not. de Périgueux).

SAINT-BENOÎT, anc. église à Sarlat, près de la cathédrale (plan de la ville, 1624, Tarde).

SAINT-BERNARD, lieu-dit, c^{ne} de Coulaures (A. Jud.).

SAINT-BERNARD (MAISON), éc. c^{ne} de Cadouin (cad.). — *Vigne de Saint-Bernard*, 1760 (livre de compte de l'abb.).

SAINT-BEROU? c^{ne} d'Agonac. — *Territorium voc. Sainct-Berou*, 1509 (Feti, I, 35).

SAINT-BLAISE (A), taillis, c^{ne} du Coux (cad. n° 12); auj. détruit. — *Eccl. B. Blasii de Bigarupe*, 1311 (Lesp. Bigaroque).

SAINT-BLANCHOT, h. c^{ne} de Cadouin (S. P.).

SAINT-BRICE? — *Par. Sancti-Brici* (Lesp. 10, État des paroisses pour le fouage). == Inconnu.

SAINT-CAPRAIS, anc. dioc. de Périgueux, auj. du dép^t de Lot-et-Garonne. — *S. Caprasius* (Lesp. 88, Châtell. de Villefranche-Sarlat.).

SAINT-CAPRAIS-DE-LA-LINDE, c^{ne}, c^{on} de la Linde. — *S. Caprasius*, archipr. *Villadensis* (pouillé du xiiie siècle).

Patron : saint Caprais.

SAINT-CAPRAIS-D'EYMET, c^{ne}, c^{on} d'Eymet. — *S. Caprasius, archip. Bajanensis*, 1556 (panc. de l'évêché). — *St-Capraise* (Cal. adm.).

Patron : saint Caprais; collat. le doyen d'Issigeac.

SAINT-CASSIEN, c^{ne}, c^{on} de Montpazier. — *Eccl. S. Gassiani*, 1556 (panc. de l'évêché).

Patron : saint Louis; collat. l'évêque.

SAINTE-CATHERINE, église détruite, à Bergerac, et qui a laissé son nom à une rue. — *S. Cathelina, Cathalina*, 1409 (Liv. N.). — *S. Catharina Brageriaci*, 1527 (Lesp. Prieuré de Saint-Martin).

La nouvelle église est construite à peu près sur son emplacement.

SAINTE-CATHERINE, chapelle à Chancelade. — *B. Catherina de Cancellata*, 1252 (Testam. Lesp. 94).

SAINTE-CATHERINE, c^{ne} de Couse. — *Oratorium S. Catharinæ*, 1471 (terr. de l'archev. de Bordeaux). — *Crux Sanctæ-Catharinæ ; Chemin allant de la croix de Sainte-Catherine à Beaumont*, xve siècle (*ibid.*).

Inconnu.

SAINTE-CATHERINE, vill. c^{ne} de Dome (S. P.).

SAINTE-CATHERINE, anc. chapelle dont relevait un pré, à Perel, c^{ne} de Saint-Marcel. — 1583 (Acte not.).

SAINTE-CATHERINE, anc. église. — Voy. BELVEZ.

SAINT-CHABIT, lieu, c^{ne} de Saint- Sernin - de - Reillac (E. M.). — Voy. SAINT-AVIT.

SAINT-CHALIES, anc. dioc. de Périgueux, auj. du dép^t du Lot. — *Eccl. Saint-Chalié, archip. de Palayraco* (bénéf. de l'év. de Sarlat).

SAINT-CHAMASSY, c^{ne}, c^{on} de Saint-Cyprien. — *Sanctus Eumachius* (pouillé du xiiie siècle). — *Sen Amachii*, 1365 (Lesp. Châtell. de Limeuil). — *Sen Chamaci*, xvie siècle (arch. de Pau, châtell. de Bigaroque).

Patron : saint Chamassy.

SAINT-CHAUBRAIN, vill. c^{ne} de Ladornac (cad.).

SAINT-CHAVIS, terre, c^{ne} de Cabans (cad. B. 80).

SAINT-CHAVIS, éc. c^{ne} de Thiviers (B.). — Voy. SAINT-AVIT.

SAINT-CHRISTOPHE, h. c^{ne} de Bergerac. — *Boaria Sancti-Christophori*, 1238 (Lesp. Don à Cadouin). — *Par. eccl. S. Christophori Bergeraci*, 1376 (coll. par Urbain V, 1238; Lesp. 38, Cadouin). — *Sent Christofol*, 1466 (arch. de Bergerac, la Caritat).

SAINT-CHRISTOPHE, paroisse détruite, ville de Périgueux. — *Sanctus Christophorus*, 1373 (Lesp. 35, Périgueux).

SAINT-CHRISTOPHE, vill. c^{ne} de Peyzac. — Voy. ROCHE-SAINT-CHRISTOPHE (LA).

SAINT-CHRISTOPHE, anc. paroisse de l'archip. de Pillac, auj. dans le dép^t de la Charente. — *S. Christofle de Tude*, 1732 (Paroisses de l'év. de Périgueux). — *Saint-Christophe-de-Double* (B.).

SAINT-CHRISTOPHE, chapelle, c^{ne} de Savignac-les-Églises (B.).

SAINT-CHRISTOPHE-DE-MONTBAZILLAC, vill. c^{ne} de Saint-Naixant. — Anc. paroisse.

SAINT-CIBRANET, c^{ne}, c^{on} de Dome. — *S. Cyprianet*, 1489 (Lesp. 15).—*S. Cyprianetus*, 1556 (panc. de l'év.). — *Le Prieur de Saint-Cibran*, 1560 (Phi-

lipparie). — *S. Cybranet* (Blaeu). — *S. Sibranet,
S. Cibrané,* 1688 (Condat, O. S. J.).— *S. Sipranet,*
1744 (terr. de Saint-Pompon).

SAINT-CIBRANET, anc. dioc. de Périgueux, archipr. de
Daglan, auj. du dép.t de Lot-et-Garonne. — *S. Cybranet du Drot* (bénéf. de l'év.). — *S. Cybranet, près
de Villéréal* (Blaeu). — *S. Sibournet* (B.).

   Patrons : saint Marc et saint Ferréol ; collat. l'év.

SAINT-CIR, c.ne, c.on du Bugue. — *S. Ciricus* (pouillé
du xiiie siècle). — *S. Cir du Buguo,* 1732 (rôle des
paroisses). — *Saint-Cirq* (Cal. adm.).

   Patron : saint Blaise ; collat. l'évêque.

SAINT-CLAIR (BOIS DE), lieu-dit, c.ne de Saint-Avit-
Sénieur (cad.).

SAINT-CLAIR (CROIX DE), lieu-dit, c.ne de Sainte-Mun-
. dane (cad.).

SAINTE-CLAIRE, couvent du même ordre, à Exideuil.
— 1556 (panc. de l'év.).

SAINTE-CLAIRE, tenance, c.ne d'Eymet.

SAINTE-CLAIRE, sect. de la c.ne d'Eyzerat (cad.).

SAINTE-CLAIRE, lieu-dit et m.in sur l'Ille, c.ne de Périgueux. — Son nom lui vient d'un couvent fondé
en 1293, *conventus Sororum minorissarum, ord. B.
Claræ prope Petrag.* 1311 (Lesp. 82, arch. du chap.
de Périgueux), et dont l'emplacement est ainsi désigné : *Apud locum contiguum pontis Lapidi Petragorarum ex una parte et viæ publicæ per quá itur de
dicto ponte ad civitatem Petrag. et viæ publicæ per
quam itur de dicto ponte ad podium st Frontonis et
muris Fratrum minorum villæ ejusdem* (Lettres de
Philippe le Bel). Ce couvent, situé par Saint-Jean-
de-la-Cité, confrontait au moulin de Labatut, 1455
(Périg. M. H. 41, 7).

SAINTE-CLAIRE, vill. et chapelle, c.ne de Thiviers (B.).
— *Saint-Claricq,* 1503 (Mém. d'Albret).

SAINT-CLAR, m.in, aux environs de la ville de Sarlat.

SAINT-CLAR (BOST DE), lieu-dit, c.ne de Tanniès (cad.).

SAINT-CLAU, vill. c.ne de Montpeyroux. — *Saint-Clau,*
1602 (arch. de la Gironde, 288).

   Voc. Saint-Jean.

   Forêt de Saint-Clau ou *Bretomard* (la Bessède,
sous-préfecture de Bergerac, an x).

SAINTE-CLÉMENCE? dans la banlieue de Bergerac. —
Nom d'un cimetière en 1680 : voy. GRAVOUSE (LA).

SAINT-CLÉMENT, section de la c.ne de Saint-Romain-et-
Saint-Clément. — *Sanctus Clemens,* 1192 (bulle du
pape Célestin Ier, Saint-Jean-de-Cole).

   Patron : saint Clément ; collat. le prieur de Saint-
Jean-de-Cole.

SAINT-CLOUD, ancienne chapelle en dehors de la Cité
de Périgueux et à l'est de la léproserie de Charroux
(Antiq. de Vésone, II, 587).

SAINT-CLOUD (AU CHÂTEAU), lieu-dit, c.ne de Douzillac.
(cad. sect. G, 68).

SAINTE-COLOMBE, c.ne de Douville (cad.). — Anc. chapelle.

SAINTE-COLOMBE, vill. c.ne de la Linde. — *Sancta Columba* (Don à l'abb. de Charroux de cette église,
en 1117, par W. évêque de Périgueux).

   Anc. paroisse ; patronne : sainte Colombe ; collat.
l'abbé de Charroux. — Prieuré à nomination royale,
ordre de Saint-Benoît (Lesp. 29).

SAINT-CRÉPIN, section de la c.ne de Carlucet-et-Saint-
Crépin.

   Patron : saint Martial. — Anciennement était du .
diocèse de Cahors.

SAINT-CRÉPIN, c.té, c.on de Mareuil. — *Sanctus Cris-
pinus, archip. de Condato* (pouillé du xiiie siècle). —
Sanctus Crispinus prope Brantholmium, 1382 (P.
V. M.). — *Saint-Crespin-de-Richemont,* xviie siècle
(Acte not.).

   Patron : saint Crépin ; collat. l'évêque.

SAINT-CRÉPIN, terre, c.ne de Saint-André-Alas (cad.45).

SAINT-CRÉPIN, c.ne, c.on de Saint-Pierre-de-Chignac. —
Sanctus Crispinus (pouillé du xiiie siècle). —
Saint-Crespi, 1400 (Lesp. 26, Auberoche). — *Saint-
Crépin d'Auberoche.*

   Patron : saint Front ; collat. l'évêque.

   Anc. rep. noble.

SAINTE-CROIX, c.ne, c.on de Beaumont. — *Sancta Crux,*
1286 (cout. de Beaumont).

   Patronne : sainte Croix ; collat. le chap. de Saint-
Avit-Sénieur, auquel Clément V l'unit en 1312.

   Anc. rep. noble et forge de la Mouline.

SAINTE-CROIX, h. c.ne de Manaurie (A. Jud.). — Anc.
chapelle.

SAINTE-CROIX, c.té, c.on de Mareuil. — *Paroch. Sanctæ
Crucis, archip. de Marolio* (pouillé du xiiie siècle).

   Patrons : Exaltat. et saint André ; collat. l'évêque.

SAINTE-CROIX, h. c.ne de Monestier. — *Par. Sanctæ
Crucis,* 1385 (Lesp.).

   Dépendait du baill. de Gardone au xive siècle.

SAINTE-CROIX, anc. dioc. de Périgueux, auj. du dép.t
de la Charente. — *Capella Sanctæ Crucis, archip.
de Pilhaco* (pouillé du xiiie siècle).

SAINT-CYBARD, paroisse détruite, c.ne de Mouleydier, et
dont l'église seule est restée et est devenue celle de
Mouleydier, distant d'un kilomètre. — *Sen Chibard*
(pouillé du xiiie siècle). — *Sanctus Euparchius*
(pouillé du xive siècle). — *Saint-Ybard,* 1474
(Lettres de J. Sorbier, coll. de Lenquais).— *Burgus
Sancti Euparchii,* 1480 (Liv. Nof. 120).

   Patron : saint Cybard.

   Le point de séparation entre la châtell. de Clérans et celle de Mouleydier était au milieu du bourg, 1462 (Liv. Nof. 120).

SAINT-CYBARD, paroisse de l'archipr. de Peyrat, auj. du dép[t] de la Charente. — *Sanctus Euparchius d'Eyras in suburbio ville de Villeboys*, 1495 (terr. du Soulet, O. S. J.).

SAINT-CYPRIEN, ch.-l. de c[on], arrond. de Sarlat. — *Locus B. Cypriani*, 1076 (don de cette église à Saint-Sernin de Toulouse). — *Saint-Sibra* (cart. du Bugue). — *Sen-Cibra*, 1380 (reg. de Philipparie).

Ville close de murs. — Portes: *Porta del Salvier, Porta de Lavit*, 1492 (reg. de Philipparie, arch. de la Gir.).

Faubourgs : *Barrium de la Recluya*, où étaient : *Hospitium de Fages, hospitium del Toron, hospitium de Lossa ; — Barrium de la Peyro*, confront. cum itinere quo itur de S° Cip. versus Siouracum ; — *Barrium de Vila-Nova ; — Barrium de la Grelaria*, confr. cum la Tor grossa, 1461 (arch. de la Gir. Reconn. de B. de Virazel).

Patrons: saint Laurent et saint Cyprien. — Prieuré conventuel de l'ordre de Saint-Augustin : un doyen et six prébendes. Il dépendait de la châtell. de Bigaroque, appartenant à l'archev. de Bordeaux, qui y avait haute justice; la justice inférieure était partagée entre les seigneurs de Fages, du Bousquet, de la Roque, du Touron et de Puy-Martin, 1565 (Transact. entre le chap. et l'archev. de Bordeaux).

Entre autres antiquités, on y a découvert, il y a deux ans, un bassin circulaire en pierre, ayant des marches pour y descendre : M. le comte Aym. de Beaumour en a conservé quelques débris. Semblable baignoire avait été trouvée près de Saint-Vincent-de-Paluel, à *la Salvie*, et l'identité de ce nom avec celui de la *porte del Salvier* permet de penser que, dans l'antiquité, il y eut à Saint-Cyprien un établissement de bains. — Voy. SALVIE (LA).

SAINT-CYPRIEN, h. c[ne] de Beaumont. — *Saint-Cibro*, 1597. — Aujourd'hui ce lieu se nomme *Guillaumy* (Cie de Larmandie, Reconn. de Chamillac).

SAINT-CYPRIEN, éc. c[ne] d'Éyrenville (E. M.).

SAINT-CYPRIEN, lieu-dit, c[ne] de Faux. — *Sain Cibro*, 1771 (arpent. de Faux et terr. de Lenquais).

SAINT-CYPRIEN, prieuré aujourd'hui détruit, c[ne] d'Issigeac. — *Seant Sibra*, 1268 (ms. de Wolf. 83). — *Saint-Sibranet*, 1286 (cout. de Beaumont). — *Sanctus Cyprianus*, 1298 (cout. d'Issigeac). — *Eccl. Sancti Cypriani prope Ischigiac*, 1556 (pancarte de l'évêché.).

Collat. le doyen d'Issigeac.

SAINT-CYPRIEN, taillis, c[ne] de Saint-André-Alas. — *Combe de S. Cyprien* (cad. F, 204).

SAINT-CYR, éc. c[ne] de Besse (B.).

SAINT-CYR-LES-CHAMPAGNES, c[ne], c[on] de la Nouaille. — Patrons : saint Cyr et sainte Julitte.

SAINT-DIZIER, anc. dioc. de Périgueux, archipr. de Bouniagues, auj. du dép[t] de Lot-et-Garonne. — *Eccl. Sancti Desiderii*, 1556 (panc. de l'év. Collat. le doyen d'Issigeac).

SAINT-DONAT, c[on] de Sarlat. — *Ecclesia de Donat, archip. Sarlatensis* (pouillé du XIIIe siècle). — *Saint-Donat* (Blaeu et Delisle, 1724).

Saint-Donat, inconnu auj., était de l'archiprêtré de Saint-André; il est placé entre Vitrac et la Roque-Gajac sur les cartes.

SAINT-DRAMONT, h. c[ne] de la Chapelle-au-Bareil.

SAINT-ÉLOI, anc. église dans le bourg d'Hautefort. — *Eccl. sancti Aniauii cum capellâ S[ti] Eligii de Alto forti* (collat. de Jean XII).

Elle a été englobée en 1650 dans les nouvelles constructions du château. C'était dans cette église qu'était le tombeau des seigneurs d'Hautefort (Testam. de Jean d'Hautefort, gouverneur du Périgord et Limousin, 1525, qui ordonna 200 prêtres pour le jour de son enterrement (Dict. de La Chesnaye).

SAINT-ESPRIT, pré, n° 150, c[ne] de Saint-Georges-de-Blancanès (A. Jud.).

SAINT-ESPRIT (HÔPITAL DU), à Bergerac. — *Hospitalis Sancti Spiritus*, 1198 (Epist. Innoc. III papæ, I, 97). — *La costa del Sant-Sperit*. 1409 (Liv. N.). — *Sant-Esprit*, 1446 (terr. du prieuré de Saint-Martin). — *Saint-Esperict*, 1625 (not. de Bergerac).

Cet hôpital, un des premiers fondés en France, et dont une rue rappelle le souvenir et non l'emplacement, était situé un peu au delà du jardin public, sur la route de Périgueux, en avant de la porte Bourg-Barrau.

SAINT-ESTÈPHE, c[ne], c[on] de Nontron. — Voy. SAINT-ÉTIENNE-LE-DROUX.

Il y a un des plus beaux étangs de l'arrond. de Nontron, d'une étendue de 30 hectares. — On y voit aussi le roc de Saint-Estèphe, vulgairement nommé *Casso-Noussillou*, placé en dehors et au commencement d'un petit vallon encombré de blocs granitiques, au-dessous desquels coule un ruisseau qui se jette dans l'étang. C'est une énorme boule de granit posée debout sur un bloc de même nature, horizontal et saillant hors du sol d'environ 40 centimètres. La hauteur du roc est de 4[m],50 ; sa largeur, de 3[m],50. Il oscille E. O. sous la simple pression d'un doigt.

SAINT-ÉTIENNE, ancienne paroisse de la partie de la ville de Nontron désignée sous le nom de Fort.

SAINT-ÉTIENNE, église de la Cité, à Périgueux. — *Claustrum Sancti Stephani*, 1226 (Lesp. 70, arch. 2).

Première cathédrale de Périgueux. Le chapitre de Saint-Étienne a été réuni à celui de Saint-Front au xvi° siècle.

Saint-Étienne (Fontaine-), c^ne de la Chapelle-Grésignac (cad.).

Saint-Étienne (La Chapelle-), h. c^ne de Saint-Rabier (B.).

Saint-Étienne-de-Puy-Corbier, c^ne, c^on de Mussidan. — Saint-Estephe-de-Puy-Corbier (Pau, Châtell. de Mussidan). — Voy. Puy-Corbier.

Patron : saint Étienne.

Saint-Étienne-des-Landes, c^ne, c^on de Villefranche-de-Belvez. — Par. Sancti Stephani, castell. Villefr. (Lesp. 88).

Saint-Étienne-le-Droux, anc. paroisse, c^ne de Bourdeix. — Sanctus Stephanus deus Ledros, 1253 (Lesp. 62, Magnac). — Sanctus Stephanus Ledrier, 1365 (Lesp. 88, Châtell. de Nontron). — Saint-Étienne-le-Droux (B.).

Patrons : saint Étienne et saint Jean porte Latine.

Sainte-Eulalie, c^ne, c^on d'Eymet. — Sancta Eulalia, 1053 (poss. de l'abb. de Sarlat, Gall. Chr.). — Sainte-Aulaye, xvi° siècle (Itin. de Clément V). — Sainte-Eularie (Blaeu). — Sainte-Aulaire, 1760 (Alm. de Guy.). — Sainte-Eulalie-de-Puyguilhem (B.).

Patronne : sainte Eulalie.

Bastide construite en 1265 par Henri II, roi d'Angleterre.

Sainte-Eulalie, église de Périgueux, située où est le collége (Antiq. de Vés.). — Sancta Eulalia, 1309 (arch. du chap. de Périg.). — Sent Aulaia, Aoloia, Eulaia (reg. de la Charité).

Sainte-Eulalie, vill. c^ne de Saint-Antoine-de-Breuil. — Sancta Eulalia, 1081 (arch. de Saint-Florent de Saumur). — Sancta Eulalia supra Dordoniam, 1124 (Lesp. 33, Don à Saint-Florent). — Senct Eulaya, 1464 (terr. de l'archev. de Bordeaux). — Sainte-Aulaye-de-Breuil, 1723 (ibid. et E. M.).

Patr. saint Henri; collat. l'abbé de Saint-Florent de Saumur, à qui cette église fut donnée, en 1124, par R. évêque de Périgueux (Lesp. 53).

Sainte-Eulalie-et-Saint-Pardoux-d'Ans, c^ne, c^on d'Hautefort. — Sancta Eulalia, 1120 (bulle du pape Calixte pour Tourtoirac). — Sainte-Eulaye, xvi° siècle (Itin. de Clément V). — Sainte-Eulée, (Pau, Châtell. du Périgord). — Sainte-Yolée, 1688 (O. S. J. Condat).

Patronne : sainte Eulalie. — Prieuré rég.; collat. l'abbé de Tourtoirac.

Saint-Eumars, église de Périgueux, auj. détruite. — Sanctus Eumachius, archip. de la Quinta (pouillé du xiii° siècle).

Saint-Expédit. — Ecclesia Sancti Expediti, archipresb. de Exidolio (pouillé du xiii° siècle et panc. de l'év. 1556).

Nom entièrement inconnu.

Saint-Félicien, anc. église et quartier de la ville d'Issigeac. — Sanctus Felicianus, 1298 (cout. d'Issigeac). — Saint-Phélicien, 1652 (not. de Bergerac).

La collégiale d'Issigeac a pris le vocable de cette église.

Saint-Félix, c^ne, c^on de la Linde. — Sen Felis (pouillé du xiii° siècle). — Eccl. Sancti Felicis, 1382 (P. V. M.). — Saint-Félix de Villadeix (B.).

Patronne : sainte Marthe; collat. l'évêque.

Saint-Félix, forêt, dépendance de la terre de Montclar. — Forest. de Saint-Phélix, 1696 (not. de Faux).

Saint-Félix (Bois de), lieu-dit, c^ne de Saint-Avit-Sénieur (cad.).

Saint-Félix-de-Mareuil, c^ne, c^on de Mareuil. — Félix (Lesp. Fouage). — Felis, 1382 (P. V. M.). — Phelis, 1732 (État des paroisses). — Saint-Félix-de-Bourdeilles (B.).

Patron : saint Martin; collat. l'évêque.

Saint-Félix-de-Reillac-et-Montemart, c^ne, c^on du Bugue. — Sanctus Felix, 1273 (Lesp. 53, Archambaud III).

Patron : saint Macaire.

Saint-Ferréol (Fontaine de), c^ne de Saint-Hilaire-d'Estissac. — Lieu de pèlerinage, dit Roumivage.

Saint-Firmin, fontaine du bourg de Jaure.

Saint-Florent, vill. c^ne de Clermont-de-Beauregard. — Sanctus Florencius; Sen Florent (Lesp. pouillés du xiii° et du xiv° siècle).

Sainte-Foy, vill. c^ne de Bergerac. — Sancta Fides de Vineys, 1365 (Lesp. 88). — Sancta Fides, 1382 (P. V. M.). — Sainte-Foy de Vineris (pouillé du xiv° siècle). — Sancta Fe de las Vinhas, 1452 (Liv. N.).

Sainte-Foy, c^ne de Gardone. — Eccl. Sanctæ Fidis de Castro de Gardona (Donat. par G. év. de Périgueux, à Sainte-Marie de Saintes, cart. de Sainte-Marie, 134).

Sainte-Foy, église détruite à Grignol. — Sancta Fides de Granholio, 1381 (Lesp. 63, Test. de Taillefer).

Sainte-Foy. — Eccl. Sanctæ Fidis et monasterium de Fita, 1053 (bulle d'Eugène III en faveur de Sarlat).

Ces deux églises réunies, comprises dans les possessions de l'abb. de Sarlat, sont inconnues.

Sainte-Foy-de-Belvez, c^ne, c^on de Belvez. — Sancta Fidier, archipresb. de Carves (pouillé du xiii° siècle). — Sancta Fides, 1372 (Lesp. 46, Belvez).

Sainte-Foy-de-Longa, c^ne, c^on de la Linde. — Santa Fé (pouillé du xiii° siècle). — Sancta Fides de Longo Vado, 1382 (P. V. M.). — Sancta Fides de Longa, 1556 (panc. de l'évêché). — Sainte-Foy-de-Long-

vau, xvi° siècle (Dupuy). — *Sainte-Foy-de-Longua* (Pau, Châtell. du Périgord).

Patron : saint Bruno.

Prieuré dépendant de l'abb. de Brantôme.

Anc. rep. noble. — *Fortalitium de S. Fide*, 1370 (Lesp. Homm. à Limeuil.).

SAINTE-FOY-DES-VIGNES, sect. de la c°° de Ginestet (cad.).

SAINT-FRONT, anc. paroisse de l'archipr. de Bouniagues, auj. du dép¹ de Lot-et-Garonne. — *Sanctus Fronto prope Castilhones, archipr. Bajacensis,* 1556 (panc. de l'évêché).

Collat. le doyen d'Issigeac.

SAINT-FRONT, vill. et m¹ⁿ, c°° de Dome. — *Par. Sancti Frontonis de Brust*, 1395 (Lesp. Dome).

SAINT-FRONT, ville de Périgueux. — *Magnum Monasterium Sancti Frontonis* (Ep. Pet. Labbe). — *Monasterium Vetulum* (Chron. de l'Égl. de Périg. I).

Abbaye élevée auprès du tombeau de l'apôtre du Périgord, et autour de laquelle s'est formée la ville du Puy-Saint-Front, auj. Périgueux. On attribue sa fondation à Chronope II, évêque de Périgueux vers 520; détruite par les Normands, elle fut rebâtie en 934 par Frotier de Gourdon. L'église de cette abbaye est devenue la cathédrale de Périgueux.

SAINT-FRONT, archipr. de Vélines. — *Sanctus Fronto de Vestionibus*, 1130 (Lesp.). — *Vestitos* (pouillé du xiii° siècle).

Église donnée à Saint-Florent de Saumur par G. évêque de Périgueux; elle est entièrement inconnue.

SAINT-FRONT (FONTAINE DE), près de Douville.

SAINT-FRONT (GRENIER DE). — *Domus bladagii Sancti Frontonis quæ erat in claustro* (fragm. epist. Petr.).

SAINT-FRONT (LA MOTHE-), h. c°° de Pontours. — Tumulus d'une dimension remarquable : superficie, 15 ares; élévation, 20 mètres. La zone d'incinération paraît avoir été à moitié de la hauteur.

SAINT-FRONT (LA PEYRE-), pré, c°° de Corgnac (cad.).

SAINT-FRONT (LE PARIAGE-). — Voy. PARIAGE.

SAINT-FRONT (LE PUY-). — Voy. PÉRIGUEUX.

SAINT-FRONT (MOULIN DE), sur l'Ille, devant Périgueux. — *Mol. de Sen Fron*, 1412 (Périg. M. H. 41, 1).

SAINT-FRONT (PLACE), vill. c°° de Vic. — *Platea Sancti Frontonis*, 1479 (Liv. N. 26).

SAINT-FRONT-D'ALEMPS, c°°, c°ⁿ de Brantôme. — *Sanctus Fronto de Lemps* (pouillé du xiii° siècle). Patron : saint Front; collat. l'abbé de Terrasson.

SAINT-FRONT-DE-CHAMPNIERS, c°°, c°ⁿ de Nontron. — *Ecclesia Sancti Frontonis de Chanhiers* (pouillé du xiii° siècle). — *Sanctus Fronto de Capneriis*, 1365 (Lesp. 88, Châtell. de Nontron).

Patron : saint Front.

Église isolée sur une motte artificielle et près d'une fontaine, au milieu des bois (le Périg. ill. 597).

SAINT-FRONT-DE-PRADOUX, c°°, c°ⁿ de Mussidan. — *Eccl. don Front* (pouillé du xiii° siècle). — *Saint Front de la Cremsa*, 1310 (Lesp. 10, Usurp. du roi de France). —*Sanctus Fronto prope Muchydanum*, 1364 (Lesp. 10).

Patron : saint Front; collat. l'évêque.

SAINT-FRONT-DU-NOYER OU DE CLERMONT-DE-BEAUREGARD, vill. — 1567 (Lesp. 51, Clermont).

SAINT-FRONT-ET-COUZE, c°°, c°ⁿ de la Linde. — *Sanctus Fronto al corols*, 1276 (union au chap. de Saint-Front de Périgueux).—*Sanctus Fronto super flumine de Dordonia*, 1289 (rôles gascons). — *Sanct Fronto de Corolio prope Lindiam* (collat. de Jean XXII). — *Saint-Fronto de Corols*, 1471 (terr. de l'archev. de Bordeaux). — *Saint Front de Colors*, 1471 (cout. de Couze). — *Saint Front de Colloreis*, 1742 (not. de Lenquais).

Patron : saint Front; collat. le chap. de la cath.

Église isolée construite au haut d'un rocher escarpé au-dessus de la Dordogne, en face de la Linde. Son surnom *al Corol* (*al Coluber*) lui a été donné en mémoire du miracle opéré en ce lieu par saint Front, selon la tradition. En-dessous du mur de l'église, dans la falaise, s'ouvre la grotte où se retirait le dragon que le saint fit périr; dans le sanctuaire, un chapiteau du xi° siècle offre l'image du serpent présentant à Ève le fruit défendu et d'un personnage, derrière lui, tenant une crosse de la main gauche et 'de la droite élevant la croix, qui pourrait être la représentation de l'apôtre du Périgord opérant le miracle.

Sur le plateau, à droite de la porte, le terrain est couvert, du haut jusqu'en bas, d'une prodigieuse quantité de scories de fer, qui dénote l'existence d'une forge antique sur cette hauteur.

SAINT-FRONT-LA-RIVIÈRE, c°°, c°ⁿ de Saint-Pardoux. — *Sanctus Fronto de Ripperia* (pouillé du xiii° siècle). —*Saint Front de Ribeiria*.

Patrons : saint Front et saint Pierre.

Prieuré dépendant de Saint-Jean-de-Cole.

Anc. rep. noble; la maison de Las Boudie fut érigée en 1454 en château, avec justice sur Saint-Front et sur Quinsac (Lesp. 52).

SAINT-GABRIEL, c°° de la Nouaille. — *Sanctus Gabriel archipr. de Exidolio* (pouillé du xiii° siècle). — *Prieuré reg. de Saint-Gabriel-en-la-Nouaille*, 1556 (panc. de l'év.).

Collat. l'abbé de Tourtoirac.

SAINT-GENIEZ, c°°, c°ⁿ de Salignac. — *B. Maria de Sancto Genesio*, 1178 (Lesp. Don à l'abbé de Saint-

Amand-de-Coly). — *Saint-Genyès*, xvi⁰ siècle (Pau, Châtell. du Périgord).

Patron : saint Roch.

Prieuré de l'ordre de saint Augustin ; collat. l'abbé de Saint-Amand-de-Coly. — L'église paroissiale à la collat. de l'évêque.

Anc. rep. noble ayant titre de marquisat et justice sur la paroisse, 1760 (Alm. de Guy.).

SAINT-GENIEZ, vill. c⁰ de Trémolac (S. P.).

SAINT-GENIEZ (HAUT et BAS), vill. c⁰ˢ de Besse (S. P.).

SAINT-GENIEZ (LE CHAPITRE DU PONT-), 1550 (Lesp. 52, Dénombr de la châtell. de Ribérac)?

SAINT-GEORGES, vill. c⁰ᵉ d'Audrix (Antiq. de Vés. I, 188).

SAINT-GEORGES, vill. c⁰ᵉ de la Chapelle-Faucher, près de Pierre-Brune (S. P.). — Altitude : 146 mètres.

SAINT-GEORGES, vill. c⁰ᵉ de Coux. — *Sanctus Georgius archip. de Palayrac*, 1556 (panc. de l'év.). — Voy. CADÈNE-SAINT-GEORGES.

Collat. l'évêque. — Signal : 250 mètres.

SAINT-GEORGES, c⁰ᵉ de la Mongie. — Voy. CROS (LES).

SAINT-GEORGES, un des quartiers de la ville de Mussidan (cad.).

SAINT-GEORGES, mⁱⁿ et lieu-dit, c⁰ᵉ de Naussanes. — 1743 (not. de Faux).

SAINT-GEORGES, domaine, c⁰ᵉ de Notre-Dame-de-Sanillac (A. Jud.).

SAINT-GEORGES, faubourg de Périgueux, à l'extrémité de celui des Barris. — *Sanctus Georgius arch. de la Quinta* (pouillé du xiii⁰ siècle). — *Masus Sancti-Georgii*, 1399 (Lesp. Arrêt contre le C⁰ᵉ Archambaud).

SAINT-GEORGES, lieu-dit, c⁰ᵉ de Saint-Pierre-de-Cole (cad.).

SAINT-GEORGES (FONT-), h. c⁰ᵉ d'Ajat (S. P.).

SAINT-GEORGES (FONTAINE), c⁰ᵉ de Manzac, près l'église Saint-Pierre (Dives).

SAINT-GEORGES (LA FORÊT DE), lieu-dit, c⁰ᵉ de Bosset (cad.).

SAINT-GEORGES (PLAN), h. c⁰ᵉ de Montbazillac.

SAINT-GEORGES-DE-BLANCANÈS, c⁰ᵉ, c⁰ⁿ de la Force. — *Sanctus Georgius de Blancanes*, 1276 (union au chap. de Saint-Front). — *Blanquanes*, 1382 (P. V. M.). — *Blancaneis*, 1556 (panc. de l'év.).

Patron : saint Georges ; coll. l'évêque.

SAINT-GEORGES-DE-MONTCLAR, c⁰ᵉ, c⁰ⁿ de Villamblard. — *Sanctus Georgius archipr. de Villades* (pouillé du xiii⁰ siècle). — *Saint-Gorgo*, 1691 (Acte not.). — Voy. MONTCLAR.

Patron : saint Georges ; collat. l'évêque.

SAINT-GÉRAUD (LA CROIX DE), c⁰ᵉ de Boisseuil (A. Jud.).

SAINT-GÉRAUD-DE-CORPS, c⁰ᵉ, c⁰ⁿ de Villefranche-de-Longchapt. — *Capella Sancti Geraldi*, 1035 (cart. d'Uzerche). — *Sanctus Gerardus Curvus*, 1295

(Lesp. Test. d'Archambaud III). — *Saint-Gérault*, (Pau, Châtell. du Périgord). — *Saint-Géraud-de-Cors*, 1732 (liste des paroisses).

Patron : saint Géraud ; coll. le chap. de Saint-Émilion.

SAINT-GERMAIN, c⁰ᵉ, c⁰ⁿ de Belvez. — *Sanctus Germanus, arch. de Carves* (pouillé du xiii⁰ siècle). — *Saint-Germain-de-Berbières*, 1760 (Alm. de Guy.).

Patron : saint Germain.

Anc. rep. noble ayant justice sur la paroisse.

SAINT-GERMAIN, h. c⁰ᵉ de Gaujac. — *Sanctus Germanus*, 1243 (cens. de Badefol, Arch. de l'Emp.).

Anc. rep. noble. — *Grimoardus de Sancto Germano, volens adire Jerusalem*, 1124 (cart. de Cadouin, don du mas de Dacnairade).

SAINT-GERMAIN, bois, c⁰ᵉ de Gaulegeac? (Antiq. de Vés. I, 176).

SAINT-GERMAIN, maison près du presbytère de Sainte-Mundane, dont les fondements sont considérables (Communic. locale)?

SAINT-GERMAIN, vill. c⁰ᵉ de Sainte-Sabine. — *Saint-Germain, près Sainte-Sabine*, 1684 (bénéf. de l'év. de Sarlat). — *Saint Germain de Boisse* (B.).

SAINT-GERMAIN, vill. c⁰ᵉ de Saussignac. — *Sanctus Germanus le Dros*, 1365 (Lesp. Châtell. de Bergerac). — *Sanctus G. le Drop*, 1385 (Lesp. Baill. de Gardone). — *Saint-Germain-lou-Lepdroux*, 1648 (bén. de l'év.).

Collat. l'abbé de Saint-Augustin de Limoges.

SAINT-GERMAIN ou LE BOST-SAINT-GERMAIN, vill. c⁰ᵉ de Thiviers. — *Sanctus Germanus de Bosc* (pouillé du xiii⁰ siècle).

SAINT-GERMAIN-DES-PRÉS, c⁰ᵉ, c⁰ⁿ d'Exideuil. — *Sanctus Germanus in castell. de Exidolio*, 1249 (cart. de Dalon).

Voc. Saint-Pierre-ès-Liens. — Patron : saint Germain ; coll. l'abbé de Saint-Augustin de Limoges.

SAINT-GERMAIN-DU-SALEMBRE, c⁰ᵉ, c⁰ⁿ de Neuvic. — *Sanctus Germanus de Salembre*, 1104 (Lesp. Saint-Astier).

Patron : Saint Germain.

SAINT-GERMAIN-ET-MONS, c⁰ᵉ, c⁰ⁿ de Bergerac. — *Sanctus Germanus*, 1290 (Champol. Lettre aux cons. de Beaum.). — *Saint-Germain-de-Pontroumieu* (B.).

Patr. la Nativité.

Justice sur Saint-Germain et Pontroumieu, 1760 (Alm. de Guy.).

SAINT-GERVAIS, rue à Périgueux, ayant le nom d'une anc. par. de la ville. — *Sanctus Gervasius*, 1382 (P. V. M.).

SAINT-GERY, c⁰ᵉ, c⁰ⁿ de la Force. — *Sanctus Egidius* (pouillé du xiii⁰ siècle).

Patron : saint Gilles.

SAINT-GERY, lieu-dit, c^ne de Saint-Laurent-de-Castelnau (cad. n° 1583).

SAINT-GERY, pré, c^ne de Saint-Médard-Mussidan
(cad.).

SAINT-GILLAS (A), terre, c^ne de Chancelade (A. Jud.).

SAINT-GINIERS (HAUT et BAS), h. c^ne de Villefranche-
de-Belvez (B.).

SAINT-GRÉGOIRE, anc. dioc. de Périgueux, archipr. de
Bouniagues, auj. du dép' de Lot-et-Garonne. —
Saint-Grégoire près Cahusac (bénéf. de l'év. de Sar-
lat, 1648)*.

SAINT-GRÉGOIRE, lieu-dit, c^ne de Négrondes (cad.
n° 642).

SAINT-GRÉGOIRE, taillis, c^ne de Palayrac (cad. n°s 319 et
404). — Ancienne paroisse (1648, archipr. de Capdrot).

SAINT-GRÉGOIRE, aux environs de Périgueux? — Iter per
quod itur de dicta villa usque ad Sanctum Gregorium,
1388 (Périg. Recueil de titres).

SAINT-GRINGAUD, vill. et m^in, c^ne de Lolme (B.). — Anc.
paroisse, vocable de Saint-Pierre (Commun. locale.)

SAINT-GUY? — Saint-Guy-de-la-Garde, xiii° siècle
(Lesp. Paroisses inconnues lors du fouage).

SAINT-GYRÉ (LA CROIX DE), lieu-dit, c^ne de Paunac
(cad.).

SAINT-HILAIRE, banlieue de Périgueux, au N. E. et
près de Saint-Jacques. — Sanctus Hilarius prope
Petrag. 1258 (don à Ligueux). — Sanctus Ylarius
(pouillé). — Sent Alary (reg. de la Charité).

Au S. E. de Périgueux le pont de la Pierre traversait l'Ille devant Saint-Hilaire, Pons Sancti Hylarii,
1363 (arch. de Sainte-Claire).

SAINT-HILAIRE, anc. dioc. de Périgueux, archipr. de
Pillac, auj. du dép' de la Charente.—Sanctus Hilarius in Petragorico (cart. de Saint-Cybard).

SAINT-HILAIRE, vill. et m^in, c^ne de Tourtoirac (S. P.).
— Ecclesia Sancti Hylarii, quæ adjacet ipsi loco Tus-
turiacensi, 1025 (Donat. à l'abb. de Tourtoirac, Gall.
Ch.).

SAINT-HILAIRE, anc. église paroissiale de Trémolac,
auj. en ruine. — Sanctus Hylarius, 1218 (Lesp. 35,
Donat. par le prévôt de Trémolac). — Sanctus-Illa-
rius de Tremolaco, 1452 (Liv. Nof. 3).

SAINT-HILAIRE-D'ESTISSAC, c^ne, c^on de Villamblard. —
Sanctus-Hilarius d'Estissaco, 1318'(Lesp. 29).
Patron : saint Hilaire.

SAINT-HIPPOLYTE, fontaine, près de la chaussée du Pont-
Neuf, à Périgueux. — La fon Sen Politi (reg. de la
Charité). — Fontaine des Malades (Antiq. de Vé-
sone, I).

Au N. O. de la fontaine étaient une des quatre

léproseries de Périgueux et une église. — Leprosia
Sancti Hypoliti, 1284 (Lesp. 30, Test. de Porta).
— Gleiza Sen Politi (reg. de la Charité).

SAINT-HUBERT, h. c^ne de Saint-Gery. — Saint-Hubert-
aux-Roudeix, taillis, c^ne de Saint-Gery (A. Jud.).

SAINTE-INNOCENCE, c^ne, c^on d'Eymet. — Sancta Innocentia
(cart. de Chancelade). — Sancta Ignocentia, 1162
(ibid.). — S. Innoscencie, 1365 (Lesp. 88, Châtell.
de Puy-Guilhem). — En patois : Sainte-Odenence.
Patron : saint Jean-Baptiste; collat. l'abbé de
Chancelade.

SAINT-JACQUES, chapelle, à Bergerac. — Capella Sancti
Jacobi, 1136 (donat. à Saint-Florent de Saumur
par Urbain III).—Saint Jeammes, 1430 (Liv. N.).
— Saint Jasme, 1448 (arch. de Bergerac).
Elle dépendait du prieuré de Saint-Martin de Bergerac et fut donnée avec lui à Saint-Florent de Saumur.

SAINT-JACQUES, chapelle, c^ne de Chalagnac, dans la forêt
de Vern.

SAINT-JACQUES, taillis, c^ne de Millac-Peyrillac (cad. n°
485).

SAINT-JACQUES, c^ne de Périgueux, ancien hôpital cédé
par le chapitre de Saint-Front pour l'établissement
du couvent de Sainte-Claire. — Hospitale ad caput
pontis de Petra, 1271 (Lesp. Chap. de Saint-Front).

SAINT-JACQUES, anc. dioc. de Périgueux, archipr. de
Pillac, auj. du dép' de la Charente.—Capella, heremita Sancti Jacobi (pouillé du xiii° siècle).

SAINT-JACQUES, chapelle, à Saint-Cyprien. — 1556
(bénéf. de l'év.).

SAINT-JACQUES, vill. c^ne de Saint-Privat-Sainte-Aulaye.
— Saint-Jac (S. P.).

SAINT-JACQUES (CHEMIN DE), c^ne de Manzac. — Voy.
CHEMIN DE SAINT-JACQUES.

SAINT-JACQUES (COMBE DE), lieu-dit, c^ne de Dome
(cad. n° 1241).

SAINT-JACQUES (LA), terre, c^ne de la Douze (A. Jud.).

SAINT-JACQUES (LA FONTAINE), lieu-dit, c^ne de la Tour-
Blanche (cad.).

SAINT-JACQUES (PRÉS et CROIX DE), lieu-dit, c^ne de Thiviers (cad.).

SAINT-JACQUES-D'AUBETERRE, anc. paroisse de l'archipr.
de Peyrat, auj. du dép' de la Charente. — Capella
et heremita Sancti Jacobi (pouillé du xiii° siècle).

SAINT-JACQUES-DE-LAVERGNE ou DE SAINT-MARTIN-DES-
COMBES. — Prioratus de Vernia (cart. de la Sauve).
— Voy. VERGNE (LA).

SAINT-JAMANTE, terre, c^ne de Millac-Peyrillac (cad.
n° 26).

SAINT-JAMES, chapelle, c^ne de la Chapelle-Montabourlet
(B.).

Saint-James, hameau et forêt s'étendant entre Cercle et Léguillac : 220 hectares (état d'assiette en 1812).

Saint-Janit (Champ de), terre, c⁰ᵉ de Saint-Cassien (A. Jud.).

Saint-Jau (Mont), lieu-dit, c⁰ᵉ de Cladech (cad.).

Saint-Jauvent, vill. c⁰ᵉ de Saint-Clément-Saint-Romain. — *Sanctus Leonardus de Jauvenc*, 1192 (possessions de Saint-Jean-de-Cole, bulle du pape Célestin).

Prieuré dépend. de Saint-Jean-de-Cole. — Pèlerinage (Antiq. de Vésone, I, 253).

Saint-Jean, chapelle, à Belvez, 1556 (panc. de l'év.).

Saint-Jean, pièce de terre, c⁰ᵉ de Boisse (cad. sect. A, n° 178).

Saint-Jean, c⁰ᵉ de Condat-sur-Tricou. — *Hôpital de la Trappe*, 1480; *Capella B. Johannis de la Trape*, 1515 (O. S. J.).

Membre de la comm⁰ⁱᵉ de Puymartin.

Saint-Jean, chapelle ruinée près du pont d'Exideuil. — *Capella Sancti Johannis de la Reclusa*, 1490 (O.S.J.).

Dép. de la comm⁰ⁱᵉ du Temple de la Guyon.

Saint-Jean, chapelle sise dans le bourg d'Hautefort, annexée avec Saint-Éloi à Saint-Aignan. — *Duo capellæ de Altoforte* (pouillé du xiii⁰ siècle).

Saint-Jean, h. près du bourg de Molières. — *Saint Jo. de Molieras*, 1292 (Lesp. Molières).

Église ruinée qui avait donné son nom à la bastide construite en 1286 par le roi d'Angleterre.

Saint-Jean, lieu-dit, c⁰ᵉ de Sainte-Alvère (cad.).

Saint-Jean, chapelle, à Saint-Dizier (panc. de l'év.).

Saint-Jean, écart, c⁰ᵉ de Saint-Michel-l'Écluse (S. P.).

Saint-Jean, ancienne église à Sarlat, située près de la cathédrale (plan de Sarlat, 1624).

Saint-Jean, lieu, c⁰ᵉ de Servanches.

Saint-Jean (Chapelle de), située à gauche de l'avenue de l'abb. de Chancelade. — Fut consacrée en 1147.

Saint-Jean (Claud de), c⁰ᵉ de Besse (cad.).

Saint-Jean (Claud de), terre, c⁰ᵉ de Fontaine (cad.).

Saint-Jean (Croix de-), lieu-dit, c⁰ᵉ de Bourgnac (cad.).

Saint-Jean (Fon-de-), lieu-dit, c⁰ᵉ de Tanniès (cad.).

Saint-Jean (La Chapelle), c⁰ᵉ de Chatres. — *Capella sancti Johannis juxta Castra* (pouillé du xiii⁰ siècle).

Saint-Jean (La Chapelle), ruine, c⁰ᵉ de Naillac. — *Capella sancti Johannis*, 1650 (Acte not.).

Il y subsiste une niche formée de grosses pierres sur lesquelles on porte les enfants malades (Communic. du curé de Naillac).

Saint-Jean (Le Bost-), pré, c⁰ᵉ de la Linde (cad.).

Saint-Jean (Le Portail-), pont près de Bergerac et hameau. — *La portal de Sen Johan*. — *La glieysa de Sen Johan de Bragueyrac*, 1409 (Liv. N.).

Saint-Jean (Les Couannes-), lieu-dit, c⁰ᵉ du Coux (cad., sect. de Bigaroque).

Saint-Jean (Mont-), lieu-dit, c⁰ᵉ de Saint-Amand-de-Belvez (cad.).

Saint-Jean (Pas-de-), lieu-dit, c⁰ᵉ de Terrasson (cad.).

Saint-Jean (Puy-), h. c⁰ᵉ de Nanteuil-Thiviers (cad.).

Saint-Jean-d'Ataux, c⁰ᵉ, c⁰ⁿ de Neuvic. — Voy. Ataux (Saint-Jean-d').

Saint-Jean-d'Aubeterre, auj. du dép¹ de la Charente (bénéf. de l'évêché de Périgueux, 1648).

Saint-Jean-de-Cole, c⁰ᵉ, c⁰ⁿ de Thiviers. — *Sanctus Joh. de Cola* (pouillé du xiii⁰ siècle). — *Saint Jean d'Escole*, xvi⁰ siècle (le P. Dupuy). — *Saint Jehan de Colle*, xvi⁰ siècle (Pau, Châtell. du Périgord).

Patron : saint Jean-Baptiste.

Prieuré conventuel de l'ordre de Saint-Augustin : 16 chanoines. Ses possessions, confirmées en 1173, comprenaient l'église de Saint-Pierre-de-Cole, la chapelle Saint-Saturnin de Bruzac, les églises Saint-Martial de Villars, Saint-Front-la-Rivière, Saint-Anian et Saint-Georges-de-Chalez, Saint-Saturnin de Trigonan, Saint-Martin-de-Fressengeas, et la chapelle Saint-Léonard de Jauvens. — Le prieur avait haute justice sur Saint-Jean et Saint-Pierre-de-Cole, 1760 (Alm. de Guy.).

Saint-Jean-de-la-Lande, c⁰ᵉ de Celle. — Ancien prieuré, 1772 (Dénombr. de Montardit).

Chapelle isolée au milieu des bois, fontaine vénérée, pèlerinage le 6 mai et le 23 juin (Communic. par M. du Rieu).

Saint-Jean-de-Livan, c⁰ᵉ de Douville (Lesp.)? — *Eccl. par. sancti Johannis de Douillio*, 1526 (O. S. J.). — Voy. Sauvetat (La).

Membre de la comm⁰ⁱᵉ de Condat.

Saint-Jean-de-Margnac, c⁰ᵉ de Cantillac. — *Mont-Saint-Jean ?* (cad.).

Anc. prieuré dépend. de l'abb. de Chancelade.

Saint-Jean-d'Estissac, c⁰ᵉ, c⁰ⁿ de Villamblard. — *Sanctus Joh. d'Estissaco* (pouillé du xiii⁰ siècle).

Patron : saint Jean-Baptiste ; collat. l'évêque.

Saint-Jean-d'Eyraud, c⁰ᵉ, c⁰ⁿ de Villamblard. — *Sanctus Joh. d'Eyraut*, 1380 (P. V. M.).

Collat. le chap. de Saint-Astier.

Saint-Jean-du-Chezar, chapelle (panc. de l'év.).

Saint-Jean-l'Évangéliste, ancien hôpital à Montignac, 1342 (Lesp. 37, Testam.).

Saint-Jean-l'Évangéliste, ancienne église, rue Saint-Pierre-ès-Liens, à Périgueux. — *Sanctus Johannes juxta eccl. Sancti Petri alta* (pouillé du xiii⁰ siècle). — *Claustrum Sancti Johan. Evangel. inter podium et civitatem*, 1243 (accord entre Hélie VI et le chap. de Saint-Astier, signé en ce lieu).

Saint-Jory-de-Chalais, c⁰ᵉ, c⁰ⁿ de Jumillac. — *Sanctus Georgius de Chalesio*, 1192 (Lesp. Saint-Jean-de-

Cole). — *S.-G. de Chalez*, 1382 (P. V. M.). — *S.-G. de Calesio*, 1556 (panc. de l'év. de Périg.).

Patrons : la Fête-Dieu et saint Georges; collat. le prieur de Saint-Jean-de-Cole.

SAINT-JORY-LAS-BLOUX, c^{ne}, c^{on} d'Exideuil. — *Sanctus Georgius de las Blos* (pouillé du XIIIe siècle). — *S. G. de las Blotz*, 1275 (Lesp.). — *S. G. de Blodiis*, 1382 (P. V. M.).

Patron : saint Georges; collat. l'évêque.

SAINT-JULIEN, c^{ne}, c^{on} de Brantôme. — *Sanctus Julianus*, *archip. de Biras* (pouillé du XIIIe siècle).

Patron : saint Julien.

SAINT-JULIEN, c^{ne}, c^{on} d'Eymet. — *Sanctus Julianus*, châtell. de Puy-Guilhem (Lesp. 88).

Patron : saint Laurent.

SAINT-JULIEN, écart, c^{ne} de Millac-de-Nontron (S. P.).

SAINT-JULIEN, h. près du bourg de Saint-Félix-de-Reillac (B.).

SAINT-JULIEN, communal, c^{ne} de Singleyrac (A. Jud.).

SAINT-JULIEN, c^{ne} de Terrasson, anc. prieuré. — XVIe siècle (Itin. de Clément V).

Fontaine sur la place du bourg, auj. couverte.

SAINT-JULIEN (FONTAINE DE), lieu-dit, c^{ne} de Tursac (cad.).

SAINT-JULIEN-DE-CREMPSE, c^{ne}, c^{on} de Villamblard. — *Sanctus Jul. la Crempssa*, 1365 (Lesp. 10, Châtell. de Roussille). — *Sanctus Julianus*, *archipr. Villamb.* 1382 (P. V. M.). — *S. Juilhe*, XVIe siècle (Pau, Châtell.). — *S. Julhien*, 1746 (not. de Bergerac).

Patron : saint Jean-Baptiste.

Anc. rep. noble.

SAINT-JULIEN-DE-LAMPON, c^{re}, c^{on} de Carlux. — Paroisse du dioc. de Cahors.

Patron : saint Jacques.

SAINT-JULIEN-ET-CÉNAC, c^{ne}, c^{on} de Dome. — *Sanctus Julianus*, *arch. de Castronovo*, 1556 (panc. de l'év.). — *Saint-Julien-de-Laygue* (arch. de Pau, Châtell. de Castelnau). — *Saint-Julien-de-Castelnau* (Cal. adm. de la Dordogne).

SAINT-JUST, réuni à CHAPDEUIL, c^{ne}, c^{on} de Montagrier. — *Sanctus Justus* (pouillé du XIIIe siècle).

Patron : saint Jacques; collat. l'évêque.

SAINT-JUST, vill. c^{ne} de Brouchaud (S. P.). — *S. Jus*, 1758 (terr. de Vaudre).

SAINT-LAURENT, h. c^{ne} de Saint-Chamassy. — *Iter de capella sancti Laurentii versus Bigarupem*, 1461 (arch. de la Gir. Bigaroque).

SAINT-LAURENT, h. c^{ne} de Savignac-les-Églises. — *Prioratus Sancti Laurentii de Combis*, 1317 (anc. panc. de l'évêché).

Chapelle dépend. de l'abb. de Brantôme.

SAINT-LAURENT, section de la c^{ne} de Vieux-Mareuil

(A. Jud.).—*Monasterium Sancti Laurentii, in castro de Marolio* (pouillé du XIIIe siècle).

Anc. prieuré.

SAINT-LAURENT-DE-CASTELNAU, c^{ne}, c^{on} de Dome. — *Eccl. Sancti Laurentii*, *Sarl. diœc.* (collat. par Jean XXII).

Patron : saint Laurent.

Saint-Laurent est le point de séparation des eaux du canton de Belvez; le Merdassou, la Beuze et la Nauze s'écoulent en sens opposé avant de se jeter dans la Dordogne.

SAINT-LAURENT-DE-GOGABAUD, c^{ne} de Brantôme, anc. paroisse ruinée, annexe de Condat.— *Gagobeaud*, 1689 (O. S. J.).

Anc. fief relevant de Champagnac, 1760 (Alm. de Guy.).

SAINT-LAURENT-DES-BÂTONS-ET-SAINT-MAURICE, c^{ne}, c^{on} de Sainte-Alvère. — *Sanctus Laurentius*, *archip. de Villades* (pouillé du XIIIe siècle). — *Sanctus Laurentius de Guilhgorsa*, 1365 (Lesp. 88, Châtell. de Montclar). — *S. L. du Baston*, 1730 (Acte not.).

Patron : saint Laurent.

Altitude du plateau entre Saint-Laurent et Louiller : 208 mètres.

SAINT-LAURENT-DES-HOMMES, c^{ne}, c^{on} de Mussidan. — *Sanctus Laurentius ppe. bastidam Beneventi*, 1295 (test. d'Archambaud III). — *Sanctus Laurentius de Pradoux* (pouillé du XIIIe siècle). — *S. L. de Prador*, 1325. — *Saint-Laurent-de-Double* (Blaeu).

Patron : saint Laurent.

SAINT-LAURENT-DES-VIGNES, c^{ne}, c^{on} de Bergerac. — *Sanctus Laurentius prope Brageriacum* (collat. de Clément VI). — *Sanctus Laurentius de Vineis*, 1495 (Lesp. Saint-Martin de Bergerac).

Patron : saint Laurent; collat. le chap. de Saint-Front de Périgueux.

SAINT-LAURENT-SUR-MANOIRE, c^{ne}, c^{on} de Saint-Pierre-de-Chignac. — *Sanctus Laurentius de Manore*, 1365 (Lesp. 60, Fouage).

Patron : saint Sauveur.

Anc. rep. noble, avec justice sur la paroisse (Alm. de Guyenne, 1760).

SAINT-LAZARE, c^{ne}, c^{on} de Terrasson. — *Sanctus Lazarus* (pouillé du XIIIe siècle). — *Sanctus Lazarus prope Peyrals*, 1411; *Saint-Lazer*, XVIe siècle (Lesp. Saint-Amand-de-Coly).

Patron : saint Lazare; collat. l'abbé de Saint-Amand-de-Coly.

SAINT-LAZARE, h. c^{ne} de Monesterol (E. M.).

SAINT-LÉGER, c^{ne} de la Gemaye. — *Saint-Lezier*, 1365 (Lesp. 10, Fouage). — *Saint-Legis ou vicomté de Double*, 1665 (Blaeu).

SAINT-LÉGER, c^{ne} de Saint-Martial-d'Artensec. — *La*

Chapela S. Letger en la parofia Sen Marsal, 1228 (cart. de Chancelade).

SAINT-LÉON, prieuré de l'ordre de Saint-Benoît, à Belvez (panc. de l'év. de Sarlat, 1556).

SAINT-LÉON, c^ne, c^on d'Issigeac. — *Paroch. St Leonis* (Lesp. 88, Châtell. de Roquepine).

Patron : saint Léon.

SAINT-LÉON, c^ne de Saint-Astier. — *Codert de Saint-Léon* (A. Jud.).

SAINT-LÉON-SUR-L'ILLE, c^ne, c^on de Saint-Astier. — *Sen Leo*, 1203 (cens. de Taillefer).

Patron : saint Léonce; collat. le chap. de Saint-Astier.

SAINT-LÉON-SUR-VÉZÈRE, c^ne, c^on de Montignac. — *Sanctus Leontius, archipresb. Sarlatens.* (pouillé du xiiie siècle).

Patronne : Sainte-Croix.

Dépend. de l'abb. de Sarlat, 1053 (bulle d'Eugène III en faveur de l'abb. de Sarlat).

SAINT-LÉONARD, c^ne de Saint-Jean-de-Cole. — *Prioratus Sancti Leonardi de Jauvenc*, 1192 (bénéfices de Saint-Jean-de-Cole).

Auprès se trouvent le village de Jauvens et la fontaine de l'Amour, lieu de grande réunion pour la jeunesse le jour de Pâques. — En patois on nomme *maou jauven* un homme qui porte malheur (Antiq. de Vésone, I, 253).

SAINT-LÉONARD, c^on de Terrasson? — Prieuré (Itin. de Clément V).

SAINT-LIBIAIRE? — *Ecclesia Sancti Libiarii, archipresb. de Montrevel* (pouillé du xiiie siècle).

Auj. inconnu.

SAINT-LIBIAN, h. c^ne de Tourtoirac (S. P.).

SAINT-LOUIS, c^ne, c^on de Mussidan. — *Villa franca Sancti Ludovici*, 1310 (Lesp. 10, Usurp. du roi de France). — *Saint-Loy*, 1376.

Bastide et baill. royal au xiiie siècle. — Annexe de Sourzac.

Anc. rep. noble, ayant haute justice sur Saint-Louis, 1760 (Alm. de Guy.).

SAINT-LOUIS, anc. chapelle à Périgueux, dans la rue qui en porte le nom (Antiq. de Vésone, II, 583).

SAINT-LOUIS, chapelle, c^ne de Siorac, c^on de Ribérac (B.).

SAINT-LOUIS (BOIS DE), lieu-dit, c^ne de Saint-Avit-Sénieur (cad.).

SAINT-LOUIS (CHEMIN DE). — Voy. CHEMIN DE SAINT-LOUIS.

SAINT-LOUIS (FON DE), c^ne de Beaupouyet, à Saint-Sernin. — 1740 (Acte not.).

SAINT-LOUIS (MAISON DE), anc. construct. dans le bourg de Saint-Avit-Sénieur. — 1742 (Acte not.).

SAINT-LOUP (CROIX ET FONTAINE DE), c^ne de Couse. —

Saint-Loupt, 1471; *Font Caude sive de Saint-Loup*, 1531 (arch. de la Gir. Couse).—Voy. TROT-À-LOUP.

Cette croix était à l'embranch. des chemins qui vont à Beaumont et à l'église de Couse (arch. de la Gir.); c'est là qu'est *la Font-Chaude*.

SAINTE-LUCE, anc. par. section de la c^ne de Saint-Sernin-de-la-Barde, c^on d'Issigeac. — *Prioratus Sanctæ Luciæ, in diœc. Sarlat.* 1488 (Lesp. 27).

Collat. l'abbé de Brantôme.

SAINTE-LUCE? — *Sainte-Lucie près de Clarens;* ancien pèlerinage (Testam. de Guill. de Grimoard, 1387. Cte de Larmandie, 1 cah. de généal.).

SAINT-MACAIRE, anc. dioc. de Périgueux, auj. du dép^t de Lot-et-Garonne.—*Sanctus Macarius archip. Gayadensis*, 1556 (panc. de l'év.). — *Saint-Marchary*, 1648 (bénéf. de l'év.).

SAINTE-MADELEINE, faub. de Bergerac, de l'autre côté de la Dordogne. — *Parochia B. Mariæ Magdelenæ de Brageraco*, 1495 (Lesp. Bergerac).

SAINTE-MADELEINE, anc. chapelle à Longa. — *Capella sanctæ Mariæ Magdelenæ de Longo Vado*, 1463 (Lesp. 5, 15).

SAINTE-MADELEINE, c^on de Montpont, anc. comm^rie de Saint-Antoine (Lesp. 5, 15).

SAINTE-MADELEINE. — *Vicaria B. Mariæ Magdalenæ in Calesio*, 1471 (Périg. M. H. 41, 8).

SAINT-MAMET, vill. c^ne de Douville. — *Sanctus Mamès* (pouillé du xiiie siècle). — *Sanctus Mametus*, 1380 (P. V. M.).—*Priorat. Sancti Mammetis* (Dupuy).— *Saint-Masme*, 1648 (not. de Bergerac). — *Le pont Saint-Mamet*, 1732 (rôle des paroisses).

Prieuré dépend. de l'abb. de Chancelade.

Signal : altitude, 204 mètres.

SAINT-MANDÉ, vill. c^ne de Celle (B.).

SAINT-MARC (LA CROIX), lieu-dit, c^ne de Vendoire (cad.).

SAINT-MARC (LE PUY-), h. c^ne de Verteillac (S. P.).

SAINT-MARCEL, anc. paroisse, au Bugue.

SAINT-MARCEL, c^ne, c^on de la Linde. — *Sanctus Marcellus*, 1382 (P. V. M.). — *Saint-Marsel-de-Villedeyx*, 1695 (Acte not.).

Saint-Marcel avait donné son nom à un archiprêtré portant, avant le xive siècle, celui d'archipr. de *Villades;* 36 paroisses, selon l'État des paroisses du diocèse de 1732 : Baneuil, Cause, Clermont, Creysse, Drayaux, Fouleix, Grand-Castang, la Linde, Liorac, Mauzac, la Mongie, Pressignac, Sainte-Alvère, Saint-Amand, Saint-Caprais, Saint-Cibar, Sainte-Colombe, Saint-Félix-de-Villadeix, Saint-Florent, Sainte-Foy-de-Longa, Saint-Georges-de-Montclar, Saint-Hilaire-de-Trémolac, Saint-Jean-de-Vern, Saint-Laurent-des-Bâtons, Saint-Marcel, Sainte-Marie-de-Vern, Saint-Martin-des-Combes, Saint-Maurice,

Saint-Michel-de-Villadeix, Saint-Nicolas-de-Trémolac, Saint-Sauveur, Saint-Sulpice, Salon, Sandrieux, Veyrines, Vic.

Saint-Marcory, cⁿᵉ, cᵒⁿ de Montpazier. — *Sanctus Mercarius*, 1372 (Lesp. 46, Belvez).

    Collat. l'évêque.

Sainte-Marguerite, lieu-dit, cᵉᵉ de Sarlande (Dives).

Sainte-Marie, ville de Belvez. — *Sancta Maria de Moncuq, parochia de Belvez*, 1053 (Lesp. Bulle d'Eugène III, Sarlat). — *Eccl. de Moncuq*, archip. de Carves (pouillé du xiiiᵉ siècle).

Sainte-Marie, anc. église à Bergerac. — *Conventus B. Mariæ de Brajeraco* (Gall. Chr. Eccl. Petrag.). — *Capella Castri de Bragerac*, 1226 (Lesp. 70). — *Conventus B. Mariæ de Carmelo Brag.*, 1303 (Lesp. Test. de B. de Longa). — *Notre-Dame-du-Château*, xviiiᵉ siècle (le P. Dupuy).

    D'abord couvent de filles de l'ordre de Fontevrault, puis chapelle du château de Bergerac, elle fut comprise par Archambaud II, en 1226, au nombre des possessions de la maison de Périgueux ; détruite par suite de l'abandon que Louis XIII fit aux Récollets du château de Bergerac.

Sainte-Marie, éc. cᵘᵉ de Coubjours (Cass.).

Sainte-Marie, chapelle près du bourg de Montagnac-la-Crempse (B.) ; auj. ruinée.

Sainte-Marie, ville de Mussidan. — *Notre-Dame-du-Roc*, anc. église paroissiale, proche le château ; réunie à Saint-Georges en 1470, supprimée par arrêt du parlement de Bordeaux, 1648 (Lesp. 5, 93).

Sainte-Marie, anc. église détruite, dans la Cité de Périgueux. — *Sancta Maria Lesdrosa ; Sainte-Marie-de-la-Cité*, arch. de la Quinte (État des par. 1732).

Sainte-Marie, anc. dioc. de Périgueux, auj. du dépᵗ de la Charente. — *B. Maria de Bosco, archipresbyt. de Pilhaco*, 1382 (P. V. M.).

Sainte-Marie-du-Sel, bourg de Vern. — *Sancta Maria de Ver* (pouillé du xiiiᵉ siècle, collat. l'évêque).

    Église détruite pour faire une place publique à l'entrée du bourg (le Périg. ill.).

Sainte-Marie. — Voy. Notre-Dame.

Sainte-Marie (Chapelle de), château de Mareuil (pouillé du xiiiᵉ siècle).

Sainte-Marie (Fon-), près du bourg de Bourgnac (cad.).

Sainte-Marie (Fontaine), dans le faub. de la Rigaudie, à Sarlat ; a pris son nom d'un ancien prieuré. — *Sancta Maria de Mercato*, 1053 (Gall. Ch. Sarlat). — *Priorat. B. Mariæ Sarlatensis*, 1556 (panc. de l'év.). — *Église Sainte-Marie, joignant le Cloître* (Ms sur Sarlat, Bibl. imp.). — *Notre-Dame-de-Sarlat*, xviiᵉ siècle (Itin. de Clément V).

Sainte-Marie (Grotte de), cᵘᵉ de Peyrillac (cad.).

Sainte-Marie (Peuch), anc. ténement, cⁿᵉ de Trémolac. — 1743 (Acte not.).

Sainte-Marie-de-Capelou, cᵒⁿ de Belvez ; pèlerinage. — *Sancta Maria de Capella*, 1053 (Gall. Ch. Bulle d'Eugène III, Sarlat)?

Sainte-Marie-de-Chignac, cⁿᵉ, cᵒⁿ de Saint-Pierre-de-Chignac. — *Sancta Maria de Chinhac* (pouillé du xiiiᵉ siècle).

    Patr. l'Assomption et saint Eutrope ; collat. le chap. de Saint-Front.

    Signal sur un orme : 245 mètres.

Sainte-Marie-de-Frugie, cⁿᵉ, cᵒⁿ de Jumillac. — *S. Maria de fracto Jove* (pouillé du xiiiᵉ siècle, Lesp.). — *Parroch. sancte Marie Affrougier*, 1499 (Dives, II, 108). — *Sainte-Marie-de-Frugère*, 1560 (O. S. J. Condat). Patr. l'Assomption ; collat. l'évêque.

Sainte-Marie-de-Grignol, auj. grange. — *B. Maria de Granholio*, 1481 (Dives, I, 88).

Sainte-Marie-de-la-Daurade, près de Périgueux. — *Sancta Maria deaurata quæ est sita in riparia Ellæ prope pontem Petragor.* 1206 (Lesp. Cadouin). — *Sancta Maria de Daurata de Petragoris*, 1209 (*ibid.*).

    Les dépendances de ce prieuré, donné à Cadouin, étaient la Brosse, Fénestral, Font-Colombe, la Grégorie et Puech-Audy (Lesp.).

Sainte-Marie-de-la-Garde, à Périgueux. — *La Guarda*, 1280 (Test. d'H. Rudel). — *B. Maria de la Garda*, 1318 (Rec. de titres). — *Domus Gardiæ ppe Petrag.* 1480 (Lesp. 34).

    Maison conventuelle de femmes, réunie à Peyrouse en 1409.

Sainte-Marie-de-Viel-Sieurac, à Villefranche-de-Belvez. — *Sancta Maria de Villafranca* (bulle de Nicolas, 4 décembre 1289, Lesp. 47). — *B. Maria de Siuraco, prope Villiam francam Sarl. dioc.* 1350, (bulle de Clément VI).

Sainte-Marie-du-Sel, cⁿᵉ. — Voy. Église-Neuve.

Sainte-Marie-du-Val, cᵘᵉ de Saint-Avit-Sénieur. — *Sancta Maria de Valle*, 1053 (Gall. Ch. 3, Sarlat). — *Sancta Maria de Vallibus*, 1347 (Lesp. 51, Biron). — *Notre-Dame-de-Veaux*, 1711 (arch. du chap. de Saint-Avit).

    Église où fut enterré saint Avit, et d'où son corps fut transféré, en 1016, dans l'église actuelle de Saint-Avit-Sénieur. Inscription dans l'église. Son emplacement se reconnaissait encore il y a quelques années, près de la fontaine, dans le vallon au bas du bourg de Saint-Avit.

Sainte-Marthe, anc. hôpital à Bergerac. — 1743 (Acte not. Lesp.).

Sainte-Marthe, ancienne paroisse annexe d'Eymet. — 1760 (Alm. de Guy.).

Sainte-Marthe, hôpital fondé, dans la ville de Périgueux, au xiv° siècle (Dénombr. 1679).

Saint-Martial, lieu-dit, c^ne de Beynac. — *Bois de sen Marsal* (cad. n° 798).

Saint-Martial, pré, c^ne de Bouzic, n° 1461 (cad.).

Saint-Martial (Pré de), aux environs du bourg de Paunac. — *Saint-Marsal* (cad.).

Saint-Martial-Cubas-et-Cherveix, c^ne, c^on d'Hautefort. — *Sanctus Marcialis de Autafort* (pouillé du xiii° siècle). — *Eccl. de ponte sancti Marcialis*, 1365 (Lesp. Châtell. d'Hautefort). — *Sanctus Marcialis inter aquas*, 1556 (panc. de l'évêché). — *Saint-Martial-la-Borie* (*ibid.*).

Membre de la comm^rie du Temple de l'Eau, O. S. J.

Patron : saint Martial.

Saint-Martial-d'Albarède, c^ne, c^on d'Exideuil. — *Eccl. sancti Martialis, quæ juxta Castrum Exidolii*, 1157 (cart. d'Uzerche). — *S. Martial. de Exidolio* (pouillé du xiii° siècle). — *S. Martial de Layrache*, arch. de *Exid.* 1382 (P. V. M.). — *S. Mart. d'Albarede*, 1732 (état des par. du dioc. de Périgueux).

Patron : saint Martial; annexe d'Exideuil.

Saint-Martial-d'Artensec, c^ne, c^on de Montpont. — *S. Mart. de Artencia*, 1148 (Lesp. 27). — *S. Marsal d'Artensa*, 1228 (cart. de Chancelade). — *S. M. de Arthenssa* (*ibid.*).

Patron : saint Martial; collat. l'abbé de Chancelade, à qui cette église fut donnée en 1148.

Saint-Martial-de-Drone, vill. c^ne de Saint-Martin-de-Ribérac. — *Sanctus Marcialis de Gallo Tosto*, 1364 (Lesp. 10, Châtell. de Montpont). — *Sanctus Marcialis de Ribeyraco*, 1556 (panc. de l'évêché). — *Saint-Martial-de-Ribérac* (Bell.).

Anc. rep. noble, avec justice sur la paroisse (Alm. de Guy. 1760).

Saint-Martial-de-Gammarey, h. c^ne de Beleymas. — Voy. Ganmarey.

Saint-Martial-de-Nabirat, c^ne, c^on de Dome. — *Sanctus Martialis ppe montem Domæ* (coll. par Clément VI, Lesp. 46).

Collat. l'évêque.

Anc. rep. noble, ayant haute justice sur Bouzic, Saint-Martial, la Verdalie (Pau, Châtell. du Périg.).

Saint-Martial-de-Valette, c^ne, c^on de Nontron; anc. dioc. de Limoges.

Patron : saint Martial; collat. l'évêque.

Anc. rep. noble ayant justice sur la paroisse, 1760.

Saint-Martial-de-Viveyrol, c^ne, c^on de Verteillac. — *S. Mart. de Vivayrols*, 1341 (Lesp.). — *S. M. de Viveyrolis*, 1556 (panc. de l'évêché). — *S. M. de Viverols*, 1488 (Lesp. 24; recette du Périgord). —

De Vieyrol, 1503 (Mém. d'Albret). — *S. M. de Viveyroulx*, 1540 (ch. Mourcin).

Patron : saint Martial; collat. le chap. d'Auberterre. — Bailliage royal.

Anc. rep. noble ayant justice sur la paroisse, 1760.

Saint-Martin, vill. c^ne de Bergerac. — *Sanctus Martinus de Bragerac*, 1186 (Lesp. 83, Don. à Saint-Florent). — *Prioratus sancti Martini in Mercadilh*, 1336 (*ibid.*). — *Sent Marty*, 1444 (*ibid.*).

Le prieuré de Saint-Martin dépendait de l'abb. de Saint-Florent de Saumur; ses possessions étaient : Blanquies, Boan, Campréal, Claustre, Costes, Grisons, Martial-del-Bosq, Petit-Jaure, Vergnes, Versannes (arch. du prieuré, 1623).

Au xii° siècle, Saint-Martin était l'unique paroisse de Bergerac et de tous ses environs.

Saint-Martin, c^ne de Cherval? — *Iter de Charvard versus pontem seniorem Sancti Martini*, 1463 (O. S. J.).

Saint-Martin, lieu-dit, c^ne de Daglan (cad.).

Saint-Martin, fontaine, c^ne de Grignol. — *Fons voc. S. Marty*, 1460 (Dives, II, 147). — *Iter quo itur de cruce de mercatu usque fontem sancti Martini*, 1475 (*ibid.*).

Saint-Martin, section de la c^ne de Limeuil. — *Sanctus Martinus de Limolio*, 1382 (P. V. M.).

Collat. l'évêque.

Saint-Martin, réuni à la Mongie-Saint-Martin, c^ne, c^on de Sigoulès. — Voy. Mongie-Saint-Martin (La).

Patron : saint Martin.

Anc. rep. noble, ayant justice sur Saint-Martin, la Mongie et Saint-Laurent (Alm. de Guy. 1760).

Saint-Martin, bourg dans la banlieue de Périgueux. — *Sanctus Martinus juxta Petrag.*, 1192 (pancte Saint-Jean-de-Cole). — *Paroisse de Saint-Martin-de-Voulon*, près la ville de Périg. 1738 (Acte not.).

Deux églises de ce nom hors la ville, *Sancti Martini Ambæ* (pouillé du xiii° siècle) : l'une, qui était un prieuré dépendant de Saint-Jean-de-Cole, fut donnée aux Dominicains pour leur établissement et devint la chapelle de l'infirmerie; l'autre appartient au chap. de Saint-François (D. Martenne, Dominicains).

Saint-Martin, fontaine et métairie, c^ne de Saint-Astier. — *Fons Sancti Martini*, 1276; *Métairie du Bateau* (Chron. du Périgord, 1856; note sur la vente au chap. de Saint-Astier).

Saint-Martin, c^ne de Saint-Germain-et-Mons? —Lieu appelé *de Saint-Martin*, autrement *Faugeral*, par. de Pontroumieu, 1739 (not. de Bergerac).

Saint-Martin, terre, c^ne de Saint-Laurent-de-Castelnau (cad.).

Saint-Martin, mét. c^ne de Varennes, 1755 (Acte not.).

SAINT-MARTIN ou MOULIN BAS, c^{ne} de Vitrac (cad.).

SAINT-MARTIN? — *Prioratus sancti Martini Campi Martini*, 1197 (Lesp. Bulle de Célestin III).
Prieuré dépend. de l'abb. de la Sauve.

SAINT-MARTIN (À LA FONTAINE-DE-), pré, c^{ne} de Saint-Avit-Sénieur (cad. 1530).

SAINT-MARTIN (COMBE-), lieu-dit, au h. de Cause, c^{ne} de Montagnac-la-Crempse. — 1672 (Acte not.).

SAINT-MARTIN (FON-), lieu-dit, c^{ne} de Tursac (cad.).

SAINT-MARTIN (LA CROIX-), h. c^{ne} du Coux (cad.). — *Iter quo itur de cruce Sancti-Martini versus mansum de la Rochelia*, 1463 (arch. de la Gir. Bigaroque).

SAINT-MARTIN (LE PECH-), lieu-dit, c^{ne} de Millac-Peyrillac (cad.).

SAINT-MARTIN (MAS DE), c^{ne} d'Agonac. — *Mansus Sancti-Martini*, 1433; *Lo mas Sanct-Marty*, 1465 (titres de Chamberlhiac).
Mouvant du chap. de Saint-Étienne de Périgueux. — Chapelle (E. M.).

SAINT-MARTIN (PIÈCE-DU-), terre, c^{ne} de Saint-Germain-des-Prés (cad.).

SAINT-MARTIN-DE-DROT, anc. dioc. de Périgueux, auj. du dép^t de Lot-et-Garonne. — *Ecclesia sancti Martini de Drot*, 1053 (bulle d'Eugène III en faveur de l'abb. de Sarlat). — *Sanctus Martinus de Druco, archip. de Palcyraco*, 1556 (panc. de l'évéché).

SAINT-MARTIN-DE-FRESSENGEAS, c^{ne}, c^{on} de Thiviers. — *Sant Marty de Freycenjas*, xıııᵉ siècle (cens dû à Clarol). — *Sanctus Martinus de Frayschens* (pouillé du xıııᵉ siècle). — *Sanctus Martinus de Frayschenguas; Freycengas*, xvıᵉ sᵉ (Pau, Châtell. du Pér.).
Voc. Saint-Martin; collat. le prieur de Saint-Jean-de-Cole.

SAINT-MARTIN-DE-GURSON, c^{ne}, c^{on} de Villefranche-de-Longchapt. — *S. Mart. Lerns.* — *De Lerni*, 1273 (Ms. de Wolf.). — *S. Mart. de Hom.* (pouillé du xıııᵉ siècle). — *S. Mart. a Lerni*, 1365 (Lesp. 10, Fouage). — *S. M. de Heremo*, 1382 (P. V. M.). — *S. Mart. de l'Air*, 1615 (Lesp. Plaignac).
Collat. le chap. de Saint-Astier.

SAINT-MARTIN-DE-RIBÉRAC, c^{ne}, c^{on} de Ribérac. — *Sanctus Martinus de Pictu*, 1276 (union au chap. de Saint-Front). — *S. M. in honorio de Ribayrac*, 1295 (test. d'Archambaud III). — *S. M. Pictus*, arch. de Dupla, 1382 (P. V. M.).
Collat. le chap. de Saint-Front.
Anc. rep. noble ayant justice sur la par. 1760.

SAINT-MARTIN-DES-COMBES, c^{ne}, c^{on} de Villamblard. — *S. M. de Combis*, 1197 (cart. de la Sauve). — *S. M. in honorio Montisclari*, 1295 (testament d'Archambaud III). — *Saint-Martin-de-Serollot, de Seyrollot*, 1679 (carte de Samson).

Collat. l'abbé de la Sauve, auquel l'église avait été donnée en 1169 (Lesp. 51).

SAINT-MARTIN-DE-TRANSFORT, anc. dioc. de Périgueux, archipr. de Bouniagues, auj. du dép^t de Lot-et-Garonne, 1781 (Liste des paroisses, 1053).

SAINT-MARTIN-LA-RIVIÈRE, sect. de la c^{ne} d'Exideuil. — *Sanctus Mart. de la Roqua* (pouillé du xıııᵉsiècle). — *S. M. de Rupe*, 1254 (arch. de Tourtoirac). — *Saint-Martin-la-Roche*, 1732 (État des par. du dioc. de Périgueux).

SAINT-MARTIN-L'ASTIER, c^{ne}, c^{on} de Mussidan. — *Sanctus Martinus de Laster*, 1144 (Lesp. 33, Saint-Astier). — *S. M. subtus Moissida*, 1224, Lesp. (*ibid.*). — *Saint-Mart.-l'Astier*, 1382 (P. V. M.). — *Saint-Martin-Gastier*, xvııᵉ siècle (Dict. géog. du Périgord).
Collat. le chapitre de Saint-Astier, auquel Saint-Martin avait été donné en 1144 par R. évêque de Périgueux.

SAINT-MARTIN-LE-PEINT, c^{ne}, c^{on} de Nontron. — *Sanctus Martinus Pictus*, 1252 (Lesp. Testam. de Guillaume de Maignac). — *Saint-Martin-le-Pin*, 1760.
Anc. rep. noble, ayant justice sur la paroisse (Alm. de Guy. 1760).

SAINT-MARTIN-LE-PETIT, c^{ne} de Saint-Martial-de-Valette. — *Saint-Martin-la-Rivière* (B.).
Église en ruines; pèlerinage pour les malades, le jour de l'Ascension, à deux sources au-dessous de l'église (communic. de M. de Verneilh).

SAINT-MARTINE, lieu-dit, c^{ne} de Corgnac (cad.).

SAINT-MARTINE ou DU PETIT-MAYNE (CHAMP DE), c^{ne} de la Linde (cad. A, 1074).

SAINT-MARTINET, anc. église de Périgueux. — *Ecclesiola Sancti Martinet quæ est juxta muros Petragora*, 1192 (Lesp.).
Collat. le prieur de Saint-Jean-de-Cole.

SAINTE-MASSE (CHAMP-DE-), terre, c^{ne} de Font-Roque (A. Jud.).

SAINT-MATHIEU (COMBE-), taillis, c^{ne} de la Douze (A. J.).

SAINT-MAURICE, taillis, c^{ne} de Doissac (cad.).

SAINT-MAURICE, anc. paroisse de l'archipr. de Flaugeac. — *Notre-Dame de la Motte*, 1740 (carte de Samson). — Voy. MOTHE (NOTRE-DAME-DE-LA-).

SAINT-MAURICE, éc. c^{ne} de Fontaine (Cassini).

SAINT-MAURICE, sect. de la c^{ne} de Saint-Laurent-des-Bâtons. — *S. Mauritius*, 1310 (Lesp. 15).
Anc. rep. noble, ayant justice sur deux paroisses, Saint-Maurice et Saint-Laurent-des-Bâtons, 1760 (Alm. de Guy.).

SAINT-MAURICE (CARREFOUR DE), nom perdu d'une des limites de la châtell. de Couse (cout. de Couse).

SAINT-MAURICE (TOUR DE), tour du château de Mespoulet, c^{ne} de Sireuil.

SAINT-MAYME, vill. c^{be} de Pomport. — *Sanctus Maximus sive S. Mayme pp^e Montem Cucum*, 1340 (coll. de Clément VI). — *Sanctus Maximianus*, 1556 (panc. de l'év.).

SAINT-MAYME-DE-PEREYROLS, c^{ne}, c^{on} de Vern. — *Sanctus Maximus de Perols*, 1268 (Lesp. Vern). — *S. M. de Pereyrols*, 1380 (P. V. M.). — *S. Maine devers Douville*, 1406 (Lesp. Mussidan). — *S. M. de Perayrols*, 1455 (ch. Mourcin). — *S. Maisme*, 1679 (Acte not.).

Patron : saint Bernard; collat. l'évêque.

Anc. rep. noble, avec justice sur la par. 1760 (Alm. de Guy.).

SAINT-MAYME-DE-RAUZAN-ET-MAUZAC, c^{ne}, c^{on} de la Linde. — *Sanctus Maximus de Rosano*, 1382 (P. V. M.). — *Sanctus Max. de Rausaco*, 1488 (Lesp. 33). — *Saint-Mayne-de-Rozens* (B.).

Prieuré dépendant de Font-Gauffier; collat. l'abbesse de Font-Gauffier.

SAINT-MÉARD-DE-DRONE, c^{ne}, c^{on} de Ribérac. — *S. Medardus archipr. Pard.* (pouillé du XIIIe siècle). — *S. Meard de Dronne*, XVIe siècle (Pau, Châtell. du Périgord). — *S. Mer*, 1721 (Acte not.). — *S. Medard de Dr.* (B.).

Patron : saint Médard.

Anc. rep. noble, avec justice sur la par. 1760 (Alm. de Guy.).

SAINT-MÉARD-DE-GURSON, c^{ne}, c^{on} de Villefranche-de-Longchapt. — *Monast. S. Medardi abbatiæ*, 1122 (Gall. Chr.). — *S. Medardus de Abbatia*, arch. de *Velines*, 1382 (P. V. M.). — *S. Méard l'abbatial*, 1657 (collat. de l'évêque de Périgueux, collect. de Lenquais).

Prieuré conventuel dont dépendaient les églises de Ponchat et de Montazeau; collat. l'abb. d'Uzerche, à laquelle il fut donné en 1122.

Patron : saint Médard. — Voy. au supplément ABBAYE (L').

SAINT-MÉDARD, anc. paroisse à Exideuil. — *Cella in honore S. Medardi, et vulgo Exidolium nuncupatur*, 571 (test. de saint Yrieix, qui en fit donation à Saint-Martin de Tours). — *Capella S. Medardi infra muros Exidolii*, 1120 (Gall. Chr. Tourtoirac).

Anc. par. qui, au XIVe siècle, avait donné son nom à l'archiprêtré d'Exideuil, le plus grand du diocèse : 62 paroisses, chapelles ou abbayes dans le pouillé du XIIIe siècle; 56 par. dans l'état de 1732, qui suit :

Ajat, Angoisse, Anlhiac, Azerat, la Bachelerie et le Cerf, Badefol, Bauzens, Beauregard et Bersat, la Boissière, Born et Blis, Brouchaud, le Change, Chatres, Cherveix, Chourgnac, Clermont, Couleures, Cubas, Cubjat, Dussac, Exideuil, Fosse-Magne, Ga-

billou, Gandumas, Granges, Limeyrac, Mayac, Monbayol, Montagnac, Naillac, la Nouaille, la Nouaillette, Peyrignac, Preyssac, Saint-Agnan-d'Hautefort, Saint-Antoine, Sainte-Eulalie, la chapelle Saint-Jean, Saint-Lazare, Saint-Martial, Saint-Martial-d'Albarède, Saint-Martin-la-Roche, Saint-Médard, Sainte-Orse, Saint-Pantaly, Saint-Pantaly-d'Ans, Saint-Pardoux, Saint-Privat, Saint-Rabier, Saint-Raphaël, Saint-Vincent, Sarlande, le Temple-de-l'Eau, le Temple-le-Sec, Tourtoirac, Villac.

SAINT-MÉDARD, c^{ne}, c^{on} de Mussidan. — *S. Medardus de Limul*, 1117 (Lesp. 57, Charroux). — *S. Med. de Limoil*, 1144 (don à Saint-Astier; Martenne, I, 864). — *S. Med. de Limolio pp^e Moyssidanum*, 1455 (Périg. M. H. 41,8). — *S. Meard de Limeul*, 1612 (Acte not.).

Prieuré de l'ordre de Saint-Benoît, de nomination royale (Lesp. 29).

Patron : saint Médard; collat. le chap. de Saint-Front, depuis l'union au chapitre, en 1276.

SAINT-MÉDARD, quartier de Mussidan (cad.).

SAINT-MÉDARD? — *S. Medardus de Albugia*, 1367 (Périg. M. H. 41, 5).

Inconnu.

SAINT-MESMIN, c^{ne}, c^{on} d'Exideuil, ancien diocèse de Limoges. — *Saint-Mesmin* (Cal. adm.).

Voc. Saint-Polycarpe.

SAINT-MICHEL, vill. c^{ne} de Bars. — *S. Michael*, 1396.

Anc. rep. noble (Lesp. 26, Homm.).

SAINT-MICHEL, anc. par. dans le bourg de Biron. — *S. Michel de Biron* (Pau, Châtell.).

SAINT-MICHEL, chapelle au bourg de Bourdeix (B.).

SAINT-MICHEL, chapelle, c^{ne} de Cantillac (B.). — Anc. rep. noble.

SAINT-MICHEL, chapelle près de Lussas (B.).

SAINT-MICHEL, h. c^{ne} de Sainte-Eulalie-d'Ans. — *Sanctus Michael de la Penduda*, 1120 (Gall. Chr. Tourtoirac). — *S. Micheau la Penduda*, 1552 (Lesp. 51).

Prieuré régulier. — Collat. l'abbé de Tourtoirac.

SAINT-MICHEL, anc. dioc. de Périgueux, auj. du dép^t de la Charente. — *Præcept. S. M. de Riparia, de Rippia, in patr. Petrag.*, 1460 (O. S. J. Condat). — *Saint-Michel-la-Rivière*, arch. de Vauxains, 1648 (bénéf. de l'év. de Pér.). — *S. Michel-des-Rivières* (B.).

Membre de la comm^rie de Chante-Geline.

SAINT-MICHEL-DE-DOUBLE, c^{ne}, c^{on} de Mussidan. — *S. Michael in honorio Montisparonis*, 1295 (test. d'Archambaud III). — *S. Michael de Duppla*, 1382 (P. V. M.).

Anc. rep. noble.

SAINT-MICHEL-DE-THENAC, c^{ne} de Rouillas. — Ancienne maison noble, 1724 (not. de Bergerac).

38.

Saint-Michel-de-Villadeix, c^{ne}, c^{on} de Vern. — *S. Michael de Villadès*, 1364 (Lesp. 10, Châtell.).
Patr. saint Michel et sainte Valérie; collat. l'év.

Saint-Michel-et-Bonefare, c^{ne}, c^{on} de Vélines. — *S. Michael, arch. de Velhinis*, 1382 (P. V. M.). — *S. Michel de Montaigne* (B.).

Saint-Michel-l'Écluse-et-Lesparon, c^{ne}, c^{on} de Sainte-Aulaye. — *S. Michael de la Clusa*, 1112 (cart. de la Sauve). = Anc. prieuré.

Saint-Mont, h. c^{ne} de Journiac (B.). — *Siccus Mons.* — *Sec Mon*, 1475 (Liv. Nof. 78).

Saint-Morezi, h. c^{ne} de Champagne (S. Post.).

Sainte-Mundane, c^{ne}, c^{on} de Carlux. — *Sancta Mundana*, 1053 (bulle d'Eugène III, Sarlat). — *Sainte Mondane* (Cal. adm.).
Patron : saint Jean-Baptiste. — Dépendait anc^t du dioc. de Cahors.

Saint-Naixent, c^{ne}, c^{on} de Bergerac. — *S. Naxentius*, 1295 (test. d'Archambaud III). — *S. Nassentius*, 1385 (Lesp.). — *S. Neyssen*, xve siècle (hôtel de ville de Bergerac). — *S. Nexens*, xvie siècle (Pau, Châtell. du Périg.) — *S. Nayssans*, 1560 (O. S. J.). — *Saint-Naissant* (B.). — *Saint-Nexans* (Cal. adm.).
Patron : saint Jean-Baptiste.
Comm^{rie} de l'ordre de Saint-Jean, ayant justice sur la paroisse. — Saint-Naixent était ville close au xve siècle : *Balatum et muralhia ejusd. loci*, 1490 (O. S. J.).
La grande forêt de Saint-Naixent contenait 28 hect. et la petite 10, 1750 (terr. de l'O. S. J.).

Saint-Naixent, c^{ne} de Cause. — Lieu appelé *Saint-Nessent*, au vill. de Borde, 1726 (not. de Mouleydier, n° 21).

Sainte-Natalène, c^{ne}, c^{on} de Sarlat. — *Sancta Magdalena*, 1283 (test. de Marg. de Turenne, Justel.). — *Sancta Natalitia* (Gall. Chr. év. de Sarlat). — *Sancta Nadalena*, 1365 (châtell. de Montfort, Lesp. 88). — *Sancta Nathalena*, 1556 (panc. de l'év. de Sarlat). — *Sainte Madalène*, 1648 (Blaeu et bénéf. de l'év.). — *La Magdelene*, 1733 (carte de la Guy. par Jaillot).
Patr. Pâques; collat. l'évêque.

Sainte-Natalène, pré, c^{ne} de Prats-de-Carlux (cad. 217).

Saint-Nazaire, anc. dioc. de Périgueux, auj. du dép^t de la Gironde. — *Sanctus Nazarius*, 1556 (panc. de l'év.). — *Saint-Nazary*, 1648 (bénéf. de l'év. de Sarlat). Prieuré dépend. de l'abb. de Paunac.

Saint-Nicolas, c^{ne} de Chatres. — *Capella S. Nicolai de Castris* (pouillé du xiiie siècle).

Saint-Nicolas, c^{ne} de Saint-Félix-de-la-Linde.

Saint-Nicolas, h. c^{ne} de Saint-Romain-Thiviers. — *Sanctus Nicholaus* (P. V. M. Champagnac). — *Prieuré Saint-Nicolas*, près *Saint-Romain*, 1648 (bénéfices

de l'év.). — *Saint-Nicolas-de-Rome* (ibid. archipr. de Champagnac). — *Le Prieuré* (B.).

Saint-Nicolas, h. c^{ne} de Sarlat (cad.).

Saint-Nicolas, au bourg de Trémolac. — Église en ruine; collat. le prévôt de Trémolac.

Saint-Nicolas, anc. église. — *Eccl. Sancti Nicolai, in Duppla* (pouillé du xiiie siècle). — Inconnue.

Saint-Nicolas (Pont-), éc. c^{ne} de Périgueux. — Anc. chapelle sur la route d'Angoulême, au lieu-dit *le Pavillon*.

Saint-Nicolas-de-Pelegri, c^{ne} de Bergerac. — *Hôpital des Ladres* (Lesp. 27).

Saint-Nizier ou Saint-Dizier, c^{ne} de Bergerac; métairie près des Blanquies, appelée *de Saint-Nizier*, 1660 (Cte de Larmandie-Bergues).

Sainte-Orse, c^{ne}, c^{on} de Thenon. — *Sancta Ursa*, 1072 (cart. d'Uzerche).
Patrons : saint Germain et sainte Marie-Nativité.

Saint-Paixent, anc. prieuré. — Voy. Mothe-Montravel (La).

Saint-Pancrace, c^{ne}, c^{on} de Champagnac-de-Belair. — *Sanctus Pancrasius*, 1382 (P. V. M.) — *Saint-Pancrazy*, xvie siècle (Pau, Châtell. du Périg.).
Collat. le prieur de Saint-Jean-de-Cole.

Saint-Pantaly-d'Ans, c^{ne}, c^{on} de Savignac-les-Églises. — *Sanctus Pantalius d'Ans* (pouillé du xiiie siècle). — *S. Panthaléon de Lentilhac, près le lieu d'Ans*, 1518 (Lesp.).

Saint-Pantaly-d'Exideuil, c^{ne}, c^{on} d'Exideuil. — *Sanctus Pantaleo*, 1120 (Gall. Chr. Eccl. Petragor.). — *Sanctus Pantalius* (pouillé du xiiie siècle). — *S. Panthaly*, xvie siècle (Pau, Châtell. du Périgord).
Voc. Saint-Jean.

Saint-Pardoux, vill. c^{ne} de Brantôme. — *Sanctus Pardulphus*, arch. de *Biras* (pouillé du xiiie siècle). — *Saint-Pardoux-de-Feix*, 1613 (O. S. J.).
Collat. le prieur de Peyrat.

Saint-Pardoux-d'Ans-et-Sainte-Eulalie, c^{ne}, c^{on} d'Hautefort. — *Sanctus Pardulphus, arch. d'Exidolio* (pouillé du xiiie siècle). — *Sanctus Perdulcis pp. Villam Petrag.*, 1399 (arrêt contre Archambaud).
Patron : saint Barthélemy; collat. l'évêque.

Saint-Pardoux-de-Drone, c^{ne}, c^{on} de Ribérac. — *Sanctus Pardulphus prope Vernodium*, 1276 (union au chap. de Saint-Front). — *Sanctus Perdulphus de Drona*, 1365 (Lesp. 10, Fouage).
Anc. rep. noble, avec justice sur la par. 1760.

Saint-Pardoux-et-Mareuil, c^{ne}, c^{on} de Mareuil. — *Sanctus Purdulphus, arch. de Vet. Marolio*, 1382 (P. V. M.). — *Saint Perdoulx*, xvie siècle (Pau, Châtell. du Périgord).
Patron : saint Bruno; collat. l'évêque.

Saint-Pardoux-et-Vielvic, c^ne, c^on de Belvez. — *Sanctus Pardulfus, arch. de Carves* (pouillé du xiii° s°). — *Sanctus Perdonus*, 1372 (privil. de Belvez). — *Saint Pardoulx*, xvi° siècle (Pau, Châtell. du Périg.).

Patron : saint Pardoux.

Saint-Pardoux-la-Rivière, ch.-l. de c^on, arrond. de Nontron. — *Sanctus Pardulphus* (pouillé du xiii° s°). — *Sanctus Perdulphus de Riperia*, 1231 (Lesp. 52). — *Sanctus Pardulphus de Ripperia*, 1294 (Lesp. Archambaud III). — *Saint-Perdoulx-la-Riv.* xvi° siècle (Pau, Châtell. du Périgord).

Patron : saint Pardoux.

Prieuré de religieuses, ordre de Saint-Dominique, de nomination royale (Lesp. 29).

Saint-Pasteur, anc. dioc. de Périgueux, auj. du dép^t de Lot-et-Garonne. — *Eccl. Sancti Pastoris, in archip. Gaiacensi*, 1109 (cart. de la Sauve). — *Saint Pastour*, 1648 (bénéf. de l'év. de Sarlat).

Prieuré.

Saint-Paude, lieu-dit, c^ne de Saint-Martin-de-Fressengeas (cad.).

Saint-Paul, chapelle, près de Thiviers (B.).

Saint-Paul-de-Serre, c^ne, c^on de Vern.— *Sanctus Paulus de Sera* (pouillé du xiii° s°). — *Sanctus Paulus de Seris*, 1312 (Lesp. 26, Hommages).— *Saint Pol de Sere; san Poul*, 1542 (Lesp. 79, Mauriac). — *S. Paulus de Serra*, 1556 (panc. de l'év.).

Patrons : saint Pierre et saint Paul.

Anc. rep. noble, avec justice sur la par. (Alm. de Guy.).

Saint-Paul-la-Roche, c^ne, c^on de Jumilhac. — *Sanctus Paulus de Rupe*, 1382 (P. V. M.).

Patrons : saint Pierre et saint Paul; collat. le prieur de Saint-Jean-de-Cole.

Comm^rie de l'ordre de Saint-Jean : *Preceptoria de Rupe Sancti Pauli;* elle était annexée à celle de Puy-Martin.

Anc. rep. noble, avec justice sur la par. 1760.

Saint-Paul-Lizone, c^ne, c^on de Verteillac. — *Sanctus Paulus de Lizona*, 1365 (Lesp. Châtell. de Bourzac). — *Sanctis Paulus de Drone*, 1399. — *Saint Paul de Nizone*, xvi° siècle (Pau, Châtell. du Périgord).

Patr. saint Pierre et saint Paul ; collat. l'évêque.

Saint-Perdoux, c^ne, c^on d'Issigeac. — *Sanctus Pardulphus*, 1298 (cout. d'Issigeac). — *Saint Perdhou de Causac*, 1742 (Acte not.).

Patron : saint Clair; collat. le doyen d'Issigeac.

Saint-Perry (Combe-de-), lieu-dit, c^ne de Marquay (cad.).

Saint-Pey.— Voy. Saint-Pierre.

Saint-Pierre, fontaine, c^ne de Belvez. — *Chemin qui va à la fontaine Saint-Père* (Philipparie).

Saint-Pierre, h. et anc. paroisse auprès de Montignac-sur-Vézère (B.).

Saint-Pierre, église ruinée près du bourg de Naussanes (B.).

Saint-Pierre, c^ne de Négrondes? — *Tenance app. de Saint-Pey de Benigrave, fondalité du curé de Negrondes* (terr. de la Roche-Pontissac).

Saint-Pierre, c^ne de Neuvic. — *Eccl. de arce Sancti Petri* (Chron. du Périg.). — *S. Petr. de Novovico*, 1099 (Lesp. Saint-Astier).

Anc. église paroiss., située sur la montagne près de la gare. — Une fontaine, près de l'église Saint-Martin, dans le bourg actuel, conserve le nom de Saint-Pierre.

Saint-Pierre, sect. de la c^ne de Notre-Dame-de-Sanillac. — *S. P. les Liens* ou *S. Pey* (B.), église auj. ruinée.

Patronne : sainte Constance; collat. l'évêque.

Saint-Pierre, très-anc. église hors la Cité de Périgueux. — *Sanctus Petrus, in cemeterio civitatis* (pouillé du xiii° siècle). — *Sanctus Petrus Lanès*, 1346 (Rec. de titres).

C'est de cette église que partait la procession lorsque les évêques faisaient leur entrée solennelle à Périgueux.

Saint-Pierre, éc. c^ne de Rampieux, — *S. Peyre* (B.).

Saint-Pierre, grange, c^ne de Saint-Astier, à une fort petite distance de la fontaine (Audierne, *Not. sur Saint-Astier*).

Saint-Pierre, vill. c^ne de Saint-Germain-des-Prés (B.). — *Par. S. Petri* (Lesp. 88).

Annexe de Saint-Germain.

Saint-Pierre, éc. c^ne de Saint-Seurin-de-Prats (S. P.). — *S. Pey* (B.).

Saint-Pierre, bois, c^ne de Sourzac (Lesp. Sourzac). — *Nemus dictum de Sancto Petro*, 1302 (Lesp. Accord entre le prieur de Sourzac et le seigneur de Mussidan.)

Dépendait du prieuré de Sourzac.

Saint-Pierre, chapelle auprès du bourg de Vanxains (B.).

Saint-Pierre (Bois de), châtaigneraie, c^ne de Manzac-Saint-Astier (cad. E, n° 427).

Saint-Pierre (Combe-de-), lieu-dit, c^ne de Vendoire (cad.).

Saint-Pierre (Fon-), lieu-dit, c^ne de Carlux. — *Fon S. Peyre* (cad.).

Saint-Pierre (Fon-), c^ne de Mont-Caret. — *Saint-Pey* (le Périg. ill.).

Restes d'aqueduc et de bains dont on a fait un lavoir public (*ibid.*).

Saint-Pierre (Fon et Croix), c^ne de Bouteilles.—*Saint-Pey* (cad.).

SAINT-PIERRE (FONTAINE DE), au nord du bourg de Bertric. — *S. Pey* (cad.).

On y allait autrefois processionnellement dans les grandes sécheresses (Communic. par M. du Rieu).

SAINT-PIERRE (FONTAINE DE), au bourg d'Église-Neuve-d'Issac. — *Fon Saint-Pey* (E. M.).

SAINT-PIERRE (MONT-), terre, c^{ne} de Saint-Pierre-d'Eyraud (cad. F, n° 64).

SAINT-PIERRE (PRAIRIE-DE-), lieu-dit, c^{ne} de Saint-Avit-Sénieur (cad.).

SAINT-PIERRE-DE-CHIGNAC, ch.-l. de c^{on}, arrond. de Périgueux. — *Sanctus Petrus de Chinhaco*, 1365 (Lesp. Châtell.). — *Sanctus Petrus de Chignaco*, 1556 (panc. de l'év.).

Patron : saint Pierre-ès-Liens.

SAINT-PIERRE-DE-COLE, c^{ne}, c^{on} de Thiviers. — *Sanctus Petrus de Cola*, 1192 (Lesp. Saint-Pierre-de-Cole). — *Saint-Pey-de-Cole*, XVIIe siècle.

Patron : saint Pierre-ès-Liens.

Prieuré uni au prieuré conventuel de Saint-Jean-de-Cole.

SAINT-PIERRE-DE-FRUGIE, c^{ne}, c^{on} de Jumillac. — *Sanctus Petrus de fracto Jove*, 1382 (P. V. M.). — *Sanctus Petrus de Fougerac ?* 1471 (pouillé de Charroux). — *S. P. de Frégène*, XVIe siècle (Pau, Châtell. du Périgord).

Patrons : saint Pierre et saint Paul.

SAINT-PIERRE-D'EYRAUD, c^{ne}, c^{on} de la Force. — *Paroch. Sancti Petri Deuraut*, XIIe siècle (cart. de Sainte-Marie de Saintes, 199). — *S. Petrus d'Eyraut*, 1382 (P. V. M.). — *S. Pet. de Eyraudo*, 1496 (Coll. de Lenquais).

Patrons : saint Pierre et saint Paul ; collat. le prévôt de Paunac.

SAINT-PIERRE-ÈS-LIENS, anc. église à la Cité, au sud-est de Saint-Étienne, dans l'anc. cimetière des Pendus, rue Saint-Pierre-ès-Liens. — *Eccl. Sancti Petri alta* (pouillé du XIIIe siècle).

SAINT-POMPON, c^{ne}, c^{on} de Dome. — *Sen Pomponch* (Lesp. 86, Châtell. de Castelnau). — *Hospitalis de Sancto Pomponio*, 1269 (Lesp. Test. de G. Aymon de Belvez). — *S. Pompoing*, XVIe siècle (Pau, Châtell. du Périgord). — *Fort de Saint-Pompon*, 1744 (terr. de Saint-Pompon). — *S. Plaimpon* (Cassini).

Patron : saint Jean, évangéliste ; collat. l'évêque.

Hôpital au XIIIe siècle.

Anc. rep. noble, ayant justice sur la par. 1760.

SAINT-POMPON, h. c^{ne} de Saint-Cyprien.

SAINT-PRIEST, vill. c^{ne} de Mareuil. — *Sanctus Projectus, arch. de Marolio* (pouillé du XIIIe siècle).

Patron : saint Projet ; collat. le chap. de la Roche-Beaucourt.

SAINT-PRIEST? — *Ecclesia paroch. Sancti Cypriani de sancto Projecto*, 1471.

Autre église du nom de Saint-Priest, portée dans le même pouillé de l'abb. de Charroux pour le diocèse de Périgueux.

SAINT-PRIEST-LES-FOUGÈRES, c^{ne}, c^{on} de Jumillac. — *Sanctus Prieth*, XIIe siècle (cens dû à Clarol). — *S. Projectus, arch. de Tiborio* (pouillé du XIIIe siècle). — *S. Projectus de fracto jove de Freina*, 1471 (pouillé de Charroux). — *S. Priech-lez-Fougières*, 1555 (Pau, Châtell. du Périgord). — *S. Projet de Frévien*, 1708 (pouillé de Charroux).

Voc. Notre-Dame : Assomption ; collat. l'abb. de Charroux.

Anc. rep. noble, ayant haute justice sur la par. 1760.

SAINT-PRIVAT, c^{ne}, c^{on} de Sainte-Aulaye. — *Sanctus Privatus*, 1180 (cart. de la Sauve, p. 108). — *S. Privat-d'Aubeterre*, 1760 (Alm. de Guy.).

Prieuré conventuel de l'ordre de Saint-Benoît à la collation de l'abbé d'Aurillac, 1556 (panc. de l'év.).

Patron : saint Privat ; collat. le prieur de Saint-Privat.

SAINT-PRIVAT, vill. c^{ne} de Saint-Vincent-d'Exideuil. — *Sanctus Privatus, arch. de Exidolio* (pouillé du XIIIe siècle). — *Saint-Privat-de-Mayac*, 1760 (Alm. de Guy.). — *Saint-Privat-d'Excideuil* (Cassini).

Anc. rep. noble, ayant justice sur la par. 1760.

SAINT-QUENTIN, c^{on} de Champagnac. — *Sanctus Quintinus archip. de Champagnaco*, 1382 (P. V. M.).

SAINT-QUENTIN, anc. dioc. de Périgueux, auj. du dép^t de la Charente. — *Sanctus Quintinus, archip. de Pilhaco* (pouillé du XIIIe siècle).

SAINT-QUENTIN, anc. dioc. de Périgueux, auj. du dép^t de Lot-et-Garonne. — *Sanctus Quintinus, arch. Bajacensis*, 1556 (panc. de l'évêché).

SAINT-QUENTIN-ET-MARCILLAC, c^{ne}, c^{on} de Sarlat. — *Sanctus Quintinus, arch. Sarlatensis* (pouillé du XIIIe s^e).

Patron : saint Quentin.

Prieuré (Itin. de Clément V).

SAINTE-QUITERIE (CHAPELLE DE), près du prieuré de Lomagne, c^{ne} de Saint-Jean-d'Estissac.

Près de cette chapelle, un emplacement en friche est nommé *lou saou de las Fadas*, le sol des Fées (Antiq. de Vésone, I, 240).

SAINTE-QUITTERIE, c^{ne} de Saint-Marcel (B.). — Située dans le *tenement del Guel sur Barbeyrol*, 1785 (Acte not.).

Ancienne chapelle dont la fête votive, célébrée le 22 mai, a été transportée à Saint-Marcel (Communic. de M. de la Vernelle).

SAINT-RABIEN, c^{ne}, c^{on} de Terrasson. — *Sanctus Rabe-*

rius, 1053 (bulle d'Eugène III, Sarlat). — *Sanctus Ribberius* (pouillé du xiii° siècle). — *Sanctus Ripperius*, 1382 (P. V. M.).

Patrons : saint Pierre et saint Paul; collat. le chap. de Sarlat.

Anc. prieuré.

SAINT-RABIER, lieu-dit, c°° de Festalens (cad.).

SAINTE-RADEGONDE, c°°, c°° d'Issigeac. — *Sancta Radegundis*, 1365 (Lesp. 88, Châtell. de Roquepine).

Annexe de Roquepine.

SAINTE-RADEGONDE, h. c°° de Calviac; nom de l'église paroissiale de *Calviazès*, auj. en ruines, 1579 (arch. de Fénelon). — Voy. FÉNELON (LA MOTTE-).

SAINTE-RADEGONDE, anc. église à Millac-d'Auberoche. — *Ecclesia in honore sanctæ Radegundis constructa*, 856 (Lesp.).

Collat. l'abbé de Saint-Martial de Limoges, à qui elle fut donnée en 856.

SAINTE-RADEGONDE, chapelle détruite à Neuvic (Lesp. 27, supplément à l'archipr. de Villamblard).

SAINT-RAPHAEL, c°°, c°° d'Exideuil. — *Monasterium Sancti Raphaelis* (pouillé du xiii° siècle). — *Prepositura de Sancto Raphaele Archangelo* (P. V. M.). — *Saint-Raphaël en saint Agnan*, 1556 (bénéf. de l'év.).

Patron : saint Raphaël; collat. l'abbé de Tourtoirac, à qui Saint-Raphaël fut donné en 1120.

SAINT-RAPHAEL, c°° de Beaupouyet. — *S. Raphael* (cart. de la Sauve, donation de Sainte-Foy et de Saint-Raphaël, dépendant de Saint-Sernin-de-Blancanès, à l'abb. de la Sauve, par le comte Rudel).

SAINT-RAPHAEL, anc. chapelle et h. c°° de Meyral (B.).

SAINT-RAPHAEL, lieu, c°° de Servanches, dans la Double; en patois, *Rafau* (Dives). — *Raphau* (S. Post.).

SAINT-REMY, c°°, c°° de Villefranche-de-Longchapt. — *Sanctus Remigius* (pouillé du xiii° siècle). — *Sen Remedy*, 1289 (Lesp. 52, Archambaud). — *Sanctus Remerius*, 1365 (Lesp. 10, Fouage). — *S, Remede*, xvi° siècle (Pau, Châtell. du Périgord).

Patron : saint Remy; collat. l'abbé d'Uzerche.

SAINT-REMY, chapelle, c°° d'Auriac-Montignac. — Altitude : 214 mètres.

SAINT-REMY, lieu-dit, c°° de Gabillou (Cassini).

SAINT-ROBERT, c°° de Fleurac. — *Locus de Sancto Roberto*, 1314 (Lesp. Homm. du seign° de Limeuil à H. Rudel).

SAINT-ROBERT (LA CHAPELLE-), vill. c°° de Teyjac. — *Parochia Sancti Roberti*, 1365 (Lesp. 88, Châtell. de Nontron).

Patron : saint Robert; collat. l'évêque.

SAINT-ROBY, h. c°° de Champagne-Fontaine (S. Post.).

SAINT-ROCH, chapelle sur le même coteau que le château des Bernardières (B.).

SAINT-ROCH, chapelle près d'Eymoutier-Ferrier, c°° de Bussière-Badil (B.).

SAINT-ROCH, chapelle auprès du bourg de la Chapelle-Faucher (B.).

SAINT-ROCH, anc. chapelle, c°° de Condat-sur-Vézère (S. Post.).

SAINT-ROCH, lieu, c°° de Gabillou.

SAINT-ROCH, chapelle sur un plateau élevé entre Lisle et la Chapelle-Gonaguet (B.).

SAINT-ROCH, c°° de Paulin (B.).

SAINT-ROCH, chapelle, près de Rouffiguac.

SAINT-ROCH, lieu, c°° de Saint-Lazare.

SAINT-ROCH, chapelle auprès du bourg de Saint-Pardoux-la-Rivière.

SAINT-ROCH (CROIX-DE-), terre, c°° de Loubéjac (cad.).

SAINT-ROMAIN, c°°, c°° de Montpazier. — *Sanctus Romanus*, archip. de *Paleyraco*, 1556 (bénéf. de l'év. de Sarlat). — *Saint Rome*, xvi° s° (Pau, Châtell. de Montferrand). — *Saint Romain de Monferrand* (B.). — *S. R. de Montpazier* (Cal. adm.).

Patron : saint Romain; collat. l'évêque.

SAINT-ROMAIN, éc. c°° de Soudat. — *Eccl. de Romanh*, 1365 (Lesp. Châtell. de Nontron)?

SAINT-ROMAIN, c°° de Villefranche-de-Longchapt. — *Oratorium S. Romani eccl. de Lupiaco* (cart. de la Sauve, 193).

SAINT-ROMAIN, anc. dioc. de Périgueux, auj. du dép° de la Charente. — *Sanctus Romanus*, archip. de *Villabone* (pouillé du xiii° siècle).

SAINT-ROMAIN-ET-SAINT-CLÉMENT, c°°, c°° de Thiviers.— *Sanctus Romanus* (pouillé du xiii° siècle, Condat).

Patron : saint Romain.

SAINT-ROME, c°° de Carsac, c°° de Carlux (Jouanet, *Statist. de l'arrond. de Sarlat*).

Anc. rep. noble.

SAINT-ROME, c°° de Champagnac? — *Eccl. de Sen Roma*, archip. de *Condaco* (pouillé du xiii° siècle). Inconnu.

SAINTE-SABINE, c°°, c°° de Beaumont. — *Sancta Sabina*, 1342 (Lesp. Collations). — *Eccl. Sancti Aviniani*, archip. *Bajacenci*, 1556 (panc. de l'év.)? — *Municipalité de Sainte-Sabine, Saint-Germain et le Bel réunis*, 1791 (arch. de la Dordogne).

Patronne : sainte Madeleine; collat. l'évêque.

Paroisse de la juridict. de Villeréal, en Agenais, 1760 (Alm. de Guy.).

SAINTE-SABINE (FONTAINE DE), c°° de Castel (S. Post.). — Hameau et ancien fief dont le domaine s'étendait dans les paroisses de Saint-Cyprien et de Castel.

SAINTE-SABINE (FONTAINE DE), c°° de Périgueux, près du moulin du Rousseau. — *Font. Laurière* (B.).

Le clergé et les autorités de la ville s'y rendaient

en procession dans les temps de sécheresse. — Pèlerinage et procession (Antiq. de Vés. I, 124).

SAINT-SACERDOS? c^{ne} de Sales-de-Carves. — *Le Mas de Sant Sardos*, 1460 (arch. de la Gir.).
Fief du prieur de Belvez.

SAINT-SACERDOS (PONT-), vill. c^{ne} de Sarlat.

SAINT-SAUD, c^{be}, c^{on} de Saint-Pardoux-la-Rivière. — *Sanctus Petrus de sen Saut* (pouillé du XIIIe siècle). — *Sensaut*, 1382 (P. V. M.).
Patron : saint Étienne.

SAINT-SAURY, lieu-dit, c^{be} de la Linde (A. Jud.).

SAINT-SAURY, CHAMP DE BURRIÉ ou DU BREUILH, c^{ne} des Lèches (cad. sect. D, 884).

SAINT-SAUVEUR, c^{ne}, c^{on} de Bergerac. — *Sanctus-Salvator-de-la-Mongia*, 1517 (Dives, I). — *Saint-Sauveur-de-Clairans*, 1737 (Cte de Larmandie, Reg. 1).
Patr. la Transfiguration; collat. l'évêque.

SAINT-SAUVEUR-DE-LA-LANDE, c^{be}, c^{on} de Montpont. — *Sanctus Salvator de Landas*, 1117 (Lesp. 57, pouillé de Charroux). — *S. Salveur*, XVIe siècle (Pau, Châtell. du Périgord).
Patr. la Transfiguration; collat. l'abb. de Charroux.

SAINT-SAVI, lieu-dit, c^{ne} de Verteillac (cad.).

SAINT-SAVI (FONT-DE), lieu-dit, c^{ne} de Cercle (cad.).

SAINT-SAVY, éc. c^{ne} de Nanteuil-Thiviers (cad.).

SAINT-SÉBASTIEN-ET-BOUTEILLES, c^{be}, c^{on} de Verteillac. — *Sanctus Sebastianus* (pouillé du XIIIe siècle).
Patron : saint Sébastien.

SAINT-SELIER (CHAUME DE), terre, c^{ne} de Saint-Martial-d'Albarède (cad. sect. D, 179).

SAINT-SÉPULCHRE, chapelle dans la ville de Bergerac, dépend. du prieuré de Saint-Martin (Lesp. 27, pouillé). — Auj. détruite.

SAINT-SÉPULCHRE, chapelle à Montrevel. — *Capella sancti Sepulchri de Monterevelli*, 1124 (don à Saint-Florent de Saumur).

SAINT-SERNIN, h. c^{ne} de Beaupouyet. — *Sanctus Saturninus de Puteo* (cart. de la Sauve). — *Saint-Saturnin-du-Puch*.
Prieuré dont dépendaient Beaupouyet et Lunas. — Collat. l'abbé de Cadouin.

SAINT-SERNIN, lieu-dit, près de Cahusac.

SAINT-SERNIN? chapelle à Calviac, au-dessous du cimetière, 1525 (Acte not.). — N'existe plus.

SAINT-SERNIN, section de la c^{ne} de Neuvic (cad.). — Chapelle auprès du bourg de Neuvic (B.).

SAINT-SERNIN, h. c^{ne} de Saint-Avit-Sénieur. — *Saint-Serny*, XVIe siècle (Pau, Châtell. de Beaumont). — *Saint-Sarny* (Blaeu).—*Saint-Sernin-des-Fossés* (B.). — *Saint-Cerny-de-Beaumont*, XVIIe siècle (Dict. géogr. du Périgord).

SAINT-SERNIN, vill. c^{ne} de Vert-de-Biron (S. Post.). — *Sanctus Saturninus prope Biron*, 1556 (pancarte de l'év.). — *Saint Sarnin de Biron*, 1740 (carte de Samson).

SAINT-SERNIN-DE-GABANELLE, h. c^{ne} de Saint-Laurent-des-Vignes. — *Sanctus Saturninus Brageraci*, 1556 (panc. de l'év.). — *Saint-Cernin-de-Gamanelle* (bénéf. de l'év.). — *Saint-Cerny*, XVIIe siècle (arch. de Bergerac). — *Saint-Sarny-de-Guabanelles*, 1675 (not. de Bergerac). — Voy. GABANELLE.

SAINT-SERNIN-DE-LA-BARDE, c^{ne}, c^{on} d'Issigeac. — *Sanctus Saturninus prope Bardia*, 1365 (Lesp. 88, Châtell.). — *Saint-Saturnin près Sainte-Lucie*, XVIIe siècle (Lesp. 65). — *Saint-Cerny-de-la-Barde*, 1760 (Alm. de Guy.). — *Saint-Cernin* (Cal. adm.).
Patron : saint Saturnin.
Anc. rep. noble, avec justice sur Saint-Sernin, Cone, Poujol, Sainte-Luce et Bouniagues, 1760.

SAINT-SERNIN-DE-L'HERM, c^{ne}, c^{on} de Villefranche-de-Belvez. — *Sanctus Saturninus de Heremo, Sarl. dioc.* (coll. de Jean XXII). — *Saint-Sarnin-de-l'Hermitage*, 1740 (carte de Samson). — *Saint-Cernin* (Cal. adm.).
Patron : saint Saturnin; collat. l'évêque.

SAINT-SERNIN-DE-REILLAC, c^{ne}, c^{on} du Bugue.— *Sanctus Saturninus*, 1273 (Lesp. 53, Archambaud III). — *Sanctus Saturninus de Relhaco*, 1380 (P. V. M.). — *De Railhaco* (pouillé, Lesp. 27). — *Saint-Sernin-de-Reliac* (Lesp. 27). — *Saint-Cernin* (Cal. adm.).
Patron : saint Jean-Baptiste.

SAINT-SEURIN-DE-PRATS, c^{ne}, c^{on} de Vélines. — *Sanctus Severinus*, 1494 (terr. de Montravel). — *Saint-Severin-du-Prat*, 1743 (état des paroisses du dioc.).
Patron : saint Séverin.

SAINT-SEVERIN, anc. dioc. de Périgueux, auj. du dép^t de la Charente, près d'Aubeterre. — *Sanctus Severinus, archip. de Pilhaco* (pouillé du XIIIe siècle). - *S. Sev. de Pavansellas* (cart. de la Sauve)?

SAINT-SÉVERIN-D'ESTISSAC, c^{ne}, c^{on} de Neuvic. — *Sanctus Severinus, archip. de Novovico* (pouillé du XIIIe siècle). — *Sanctus Saturninus castell. d'Estissaco* (Lesp. 10, Fouage). — *Saint-Seurin*, 1670 (not. de Bergerac). Collat. l'abbé de Chancelade.
Forêt, 1488 (Lesp. 24; recette du Périgord).

SAINT-SICAIRE, anc. chapelle, c^{ne} de Bertric-et-Burée (Communic. de M. E. du Rieu).

SAINT-SICAIRE, c^{ne} de Brantôme. — *Sant-Sicari de Brantolme*, XIIe siècle (cens dû à Clarol).

SAINT-SICAIRE, c^{ne} de Cherval. — *Burg. sancti Sicarii de Charvallo*, 1490 (O. S. J.).

SAINT-SICAIRE, h. c^{ne} d'Eygurande.

SAINT-SICAIRE, h. c^{ne} de Lesparon. — *Sanctus Sicarius*, *archipresb. de Duppla* (pouillé du xiii° siècle). — *S. Sicarius de Vasdic*, 1364 (Lesp. 10, Fouage)? Auj. ruiné.

Saint-Sicaire (Ferme de), h. c°° de Périgueux, anc. chapelle sur un coteau qui porte son nom. — *Puy-Saint-Sicary*, 1539 (Dives, M.).

Saint-Silain, anc. paroisse de Périgueux, qui avait donné son nom à un hôpital, à une porte et à une tour du Puy-Saint-Front. — *Sanctus Silanus* (pouillé du xiii° siècle). — *Sen Sila* (reg. de la Charité).

La place Saint-Silain est sur son emplacement.

Saint-Sorn? — *Saint-Sorn-de-la-Bayssa*, 1365 (Lesp. 10, Liste des paroisses inconnues pour le fouage).

Saint-Sour, lieu-dit, c°° d'Eygurande (Cass.).

Saint-Sour (Combe-de-), lieu-dit, c°° de Condat-sur-Vézère (cad.). — *Combe-Saint-Sour*, 1680 (O. S. J. Condat).

Saint-Sulpice, vill. c°° de la Linde. — *Sanctus Sulpicius, archip. de Villadès* (pouillé du xiii° siècle). — *Sanctus Supplicius*, 1365 (Lesp. 88, Châtell.).

Au-dessous de l'église, fontaine Sainte-Anne, où l'on allait processionnellement dans les temps de sécheresse (Communic. du curé de la Linde).

Saint-Sulpice-de-Mareuil, c°°, c°° de Mareuil. — *Sanctus Sulpitius, arch. de Vet. Marolio* (pouillé du xiii° siècle). — *Eccl. Sancti Sulpicii super Dronam* (cart. de la Sauve).

Patron : saint Sulpice; collat. l'abbé de la Sauve.

Saint-Sulpice-de-Roumagnac, c°°, c°° de Ribérac. — *S. Suplis archip. de Duppla* (pouillé du xiii° siècle). — *Sanctus Sulpitius*, 1382 (P. V. M.). — *Saint-Supplice de Romanhæ* (Pau, Châtell. du Périgord).

Patron : saint Sulpice; collat. l'évêque.

Saint-Sulpice-d'Exideuil, c°°, c°° de la Nouaille. — *Sanctus Sulpitius de Salis, archip. de Tiborio* (P. V. M.).

Patron : saint Césaire; collat. le prieur de Sales-en-Limousin.

Saint-Sulpice-d'Eymet, c°°, c°° d'Eymet. — *Sanctus Sulpitius dioc. Sarl.* (cart. de Chancelade). — *Saint-Supplice*, 1675 (Acte not.).

Patron : saint Sulpice; collat. l'abbé de Chancelade.

Saint-Sulpice-du-Bugue, anc. paroisse. — *Sanctus Sulpitius de Albugia* (pouillé du xiii° siècle).

Saint-Thibaud, chapelle ruinée, c°° de Tourtoirac (B.).

Saint-Thomas, c°° de Montignac-sur-Vézère. — *Prioratus sancti Thomæ de Montinhiaco, archipr. Sarlatensis*, 1236 (Lesp. Montignac).

Le prieuré, auj. ruiné, était sur la rive droite de la Vézère.

Saint-Thomas (Croix-de-), lieu-dit, c°° de Verteillac (cad.).

Sainte-Trie, c°°, c°° d'Exideuil. — Patronne : sainte Marie-Madeleine.

Sainte-Ursule, faubourg de Périgueux qui a pris son nom d'un ancien couvent dont l'église sert d'annexe à la manutention militaire. Il était situé dans la paroisse Saint-Jean-de-la-Cité (not. de Périg.).

Sainte-Valérie, anc. chapelle ruinée, c°° de Badefol-d'Ans (Cassini).

Sainte-Valérie, c°° de Bergerac. — *Crotz de santa Valeria*, 1409 (L. N.). — *Sainte-Vallerie, par. Saint-Martin*, 1680 (not. de Bergerac).

Sainte-Valérie (Fontaine de), c°° de Grignol, sur laquelle existe une légende. — Une chapelle de ce nom existait hors des murs de Grignol (Dives).

Saint-Victor, c°°, c°° de Montagrier. — *Saint-Victor, arch. de Avavolio*, 1382 (P. V. M. Lesp. 30).

Patron : saint Victor.

Saint-Victor, nom donné autrefois à la paroisse de la Force. — *Sanctus Victor* (pouillé du xiii° siècle). — *Saint-Victor, duché de la Force*, 1677 (not. de Bergerac).

Saint-Vincent, anc. par. de Badefol-la-Linde, dont le titre fut réuni à l'église de Pontours. — *Parochia de Saint-Vincens de Pontos*, 1281 (arch. de Cadouin).

L'anc. église de Saint-Vincent était sur le coteau et bien au-dessus du château de Badefol. Dans un défrichement, il y a une vingtaine d'années, on a retrouvé en ce lieu une statuette du saint patron en diacre, une de la sainte Vierge, avec longue robe flottante et aumônière, et une petite pierre tumulaire dont l'inscription paraît appartenir à l'époque mérovingienne; elle est gravée à la pointe sur deux côtés, et commence par ces mots : *Anniberto centenario...*; la fin est à peu près illisible (objets donnés par M. Dubal).

Saint-Vincent? c°° d'Eyvirac. — *Territorium Sancti Vincentii, in par. de Eyviraco*, 1482 (tit. de Chamberl. 273).

Saint-Vincent-de-Connezac, c°°, c°° de Neuvic. — *Sanctus V. de Conezac*, 1360 (Lesp. 10, Fouage). — *Sanctus Vencencius de Conazaco*, 1365 (Lesp. 88, Châtell. de Ribérac).

Patron : saint Vincent.

Saint-Vincent-de-Cosse, c°°, c°° de Saint-Cyprien. — *Sanctus Vincentius de Cossa*, 1365 (Lesp. 88, Châtell. de Beynac).

Patron : saint Vincent.

Saint-Vincent-de-Pallel, c°°, c°° de Sarlat. — Patron : saint Vincent.

Saint-Vincent-d'Exideuil, c°°, c°° de Savignac-les-Églises. — *Sanctus Vincentius, arch. de Exidolio* (pouillé du xiii° siècle).

Anc. rep. noble, ayant justice sur la paroisse, 1760.

SAINT-VINCENT-JALMOUTIER, c^{se}, c^{on} de Sainte-Aulaye.
— *Sanctus Vincentius de Gal Moustier*, 1364 (Lesp.
10, Ribérac).— Voy. JALMOUTIER, prieuré qui a
donné son nom à Saint-Vincent.

Patron : saint Vincent.

SAINT-VINCENT-ROUCHOUX et LE CLOU, c^{ne} d'Agonac.—
Tenances (terr. de la Roche-Pontissac).

SAINT-VIVIEN, c^{ne}, c^{on} de Vélines. — *Sanctus Bibianus*
arch. de Velhinis, 1382 (P. V. M.).

Patron : saint Vivien.

SAINT-VIVIEN, vill. c^{ne} de Bourdeilles. —*Sanctus Bi-*
bianus de Uscha, *archip. de Biras*, 1365 (Lesp, 10,
châtell. de Bourdeilles). — *Par. S. Viviani de Uscha,*
cast. de Burdelia (Lesp. 10).

Anc. prieuré; collat. l'abbé de Brantôme.

SAINT-VIVIEN, anc. dioc. de Périgueux, auj. du dép^t de
la Charente. — *Sanctus Vivianus, archip. de Pil-*
haco (pouillé du XIIIe siècle).

SAINT-VIVIEN? — *Sanctus. Vivianus archip. de Duppla*
(pouillé du XIIIe siècle). — *Sanctus Bibianus de*
Dupla (Lesp. 10, Fouage).

SAINT-YRIER (FONT-), bois, c^{ne} de Génis (A. Jud.).

SAINT-YVES, ancien pèlerinage à Montignac, 1387
(Testam. de Guill. de Grimoard, comte de Larmandie, 1 cah. de généal.).

SAINTONGÉS (LES), vill. et mⁱⁿ, c^{ne} de Bergerac (A.
Jud.). — *Les Xaintongers* (B.). — *Saint-Ongers,*
1743 (Acte not.).

SAINTONGÉS (LES), c^{ne} de Brassac. — *Tenance de Saint-*
Onge, paroisse de Brassac, 1772 (Dénombr. de
Montardit).

SAINTONGÉS (LES), habitation, c^{ne} de Saint-Sernin-d'Issigeac.

SAINTONGÉS (LES), lieu-dit, c^{ne} de Villamblard. —*Saint-*
Onge.(cad.).

SAINTS-MARSELLES (LES), lieu-dit, c^{ne} de Mauzac. —
XVIe siècle (terr. de Mauzac).

SALADE, h. c^{ne} de Prigonrieu (Acte not. 1642).

SALADIE (LA), h. c^{ne} de Lusignac. — Anc. rep. noble,
avec titre de baronnie.

SALADIE (LA), éc. c^{ne} de Montignac-sur-Vézère.

SALAGNAC, c^{ue}, c^{on} d'Exideuil. —*Salanac*, 1219 (donat.
à Dalon : cart. de Tourtoirac).

Anc. fief, châtell. de Moruscles (arch. de Pau).

SALAGNAC, h. c^{ne} de Tanniès.

SALAGNE-DE-SAINT-MAYME (LA), lieu, c^{ne} de Pomport
(not. de Bergerac, 1739).

SALAJOUIE? c^{ne} de Cherval. —*Maynam. de la Salajouya,*
1463 (O. S. J.).

SALAMONIE (LA), h. c^{ne} de Bourèze.

SALAMONIE (LA), c^{ne} de Cornille, 1478.

SALAMON-RUINÉ, lieu, c^{ne} de Servanches.

SALANHAGUE? c^{ne} du Coux, 1463 (arch. de la Gir. Bigga-
roque).

SALAVERT, h. c^{ne} de la Bouquerie (S. Post.).

SALAVERT, h. c^{ne} de Bourèze (S. Post.).

SALAVERT, lieu-dit, c^{ne} de Clérans. —1602 (Acte not.).

SALAVERT, lieu-dit, c^{ne} de Corgnac (cad.).

SALAVERT, h. c^{ne} de Sarlat (S. Post.).

SALAZARD, h. c^{ne} de la Force.

SALAZIE (LA), h. c^{ne} de Nanteuil-Thiviers (B.).

SALCES, h. c^{ne} de Carsac.

SALE (AL CASTEL-DE-LA-), bois, au Bourdial, c^{ne} de
Saint-Marcel. — 1676 (Acte not.).

SALE (LA), c^{ne} de Baneuil. —*Nemus de la Sala*, 1485
(L. N. 59).

SALE (LA), anc. fief, châtell. de Bourdeilles (arch. de
Pau).

SALE (LA), sect. de la c^{ne} de Cunéges (cad.).

SALE (LA), c^{ne} de Fanlac, anc. fief (arch. de Pau).

SALE (LA), c^{ne} de Gabillou. — *La Salle*, 1606 (Acte
not.).

Anc. rep. noble.

SALE (LA), h. c^{ne} de Lempzours, 1420. — Anc. rep.
noble.

SALE (LA), c^{ne} de Montplaisant. — *Combe de la Sale,*
1462 (arch. de la Gir. Belvez).

SALE (LA), c^{ne} de Rouffignac, anc. fief (arch. de Pau).

SALE (LA), c^{ne} de Sagelat. —*Mansus de la Sala*, 1462
(arch. de la Gir. Belvez).

SALE (LA), c^{ne} de Saint-Germain-d'Exideuil.— Anc.
fief (arch. de Pau).

SALE (LA), c^{ne} de Saint-Lazare. — Anc. rep. noble.

SALE (LA), h. c^{ne} de Saint-Léon-sur-Vézère.

SALE (LA), c^{ne} de Tanniers, au Bousquet. —1481
(Lesp. 65).

Anc. rep. noble.

SALE-AU-COMTE (LA), ancien nom du château du comte
de Périgord. —*Castrum appellat la Sala al Compte,*
1322 (Lesp. Chancelade).

SALE-BŒUF, c^{ne} de Saint-Caprais-Eymet (S. Post.). —
Anc. rep. noble.

SALEBOYE, h. c^{ne} de Mauzens (S. Post.). —*Salebouyre.*
1672 (A. Jud.).

SALEGOURDE, éc. c^{ne} de Coulounieix (S. Post.).

SALEGOURDE, c^{ne} de Journiac. — *Cumba de Salas Gor-*
das, 1454 (L. N. 42). —*Salagorda* (Liv. Nof. 112).

SALEGOURDE, h. et mⁱⁿ, c^{ne} de Marsac. — *Salagorda*
(cart. de Chancelade). — *Salo guourda*, 1465.

Anc. rep. noble.

Forêt, c^{ne} de Chancelade.

SALEGOURDE, lieu-dit, c^{ne} de Proissans (cad.).

SALEGOURDE, h. c^{ne} de Saint-Remy (A. Jud.).

SALEGOURDE, h. c^{ne} de Tayac (S. Post.).

SALEIX (LE), c^{ne} d'Église-Neuve. — *Las Saleix*, tenement de *Mannegre*, 1773 (Acte not.).

SALEIX (LE), lieu-dit, c^{ne} de Vern (cad.).

SALEMBRE (LE), ruisseau qui passe à Saint-Aquilin et se jette dans l'Ille près de Puy-de-Pont. — *Salambre*, 1104 (arch. du chap. de Saint-Astier).

SALEPECH, h. c^{ne} de Bouzic (S. Post.). — *Salepès* (B.).

SALE-PINCHE, éc. c^{ne} de Saint-Germain-des-Prés (S. P.).

SALE-PINSON, h. c^{ne} de Mauzens (S. Post.).

SALE-PINSON, h. c^{ne} de Saint-Cir.

SALES, éc. c^{ne} de Boisseuil (S. Post.).

SALÈS, c^{ne} de Fraysse. — *Rivus de la Salès*, 1450 (ch. Mourcin).

SALES, c^{ne} de Périgueux. — *Lo Fioux de Salas*, faub. du Plantier, 1446 (ch. Mourcin).

SALES, anc. dioc. de Périgueux, auj. du dép^t de la Charente. — *Salas*, archip. de *Pilhaco* (pouillé du XIIIe s^e).

SALES, m^{ln} sur la Drone, c^{ne} de Saint-Apre. — *Moli de Salas*, 1211 (cart. de Chancelade).

SALES, lieu-dit, c^{ne} de Sainte-Trie. — *Las Salas* (A. Jud.).

SALES (FONTAINE DE), c^{ne} de Manzac. — *Fon de Salas*, *Sala*, 1459 (Dives, Arrent.).

SALES (LAC-DE-), h. c^{ne} de Vic.

SALES (LAS CAUD.-DE-), ruines de l'anc. chât. de Montaut, c^{ne} de Beleymas. — *Ley Claou de Sallo* (nom donné dans le pays, selon M. de la Vernelle). — *Les Côtes Sales* (B.). — Voy. MONTAUT.

SALES (LE), lieu-dit, c^{ne} de Cadouin (cad.).

SALES (LES), c^{ne} de Lenquais. — *Les Salles ou Sales*, *au Mayne*, 1603 (Acte not.). == Nom perdu.

SALES (LES), h. c^{ne} de Nadaillac (S. Post.).

SALES (LES), lieu, c^{ne} de Rouffignac.

SALES (LES), éc. c^{ne} de Saint-Aquilin.

SALES (LES), lieu-dit, c^{ne} de Saint-Laurent-de-Castelnau (cad.).

SALES (LES), lieu, c^{ne} de Saint-Remy.

SALÈS (LES COMBES-DE-), lieu-dit, c^{ne} de Saint-Avit-Sénieur (A. Jud.).

SALES (LES PETITES-), lieu, c^{ne} de Saint-Sauveur-de-la-Lande.

SALES (TOUR DE), c^{ne} de Ligueux. — *Sala*, *Salis*, 1120 (Chronic. Malleac. ap. Labbe).

Anc. rep. noble.

SALES-DE-BELVEZ, c^{ne}, c^{on} de Belvez. — *S. Maria de Sales*, 1053 (Gall. Chr. Bulle d'Eugène III, Sarlat)? — *Salles de Carves*. — *Sales*, 1630 (carte du dioc. de Sarlat, Blaeu).

Patron : saint Sacerdos.

SALES-DE-CADOUIN, sect. de la c^{ne} de Cadouin. — *Las Salas* (pouillé du XIIIe siècle). — *Sales de Badefol*, 1679 (carte de Samson). — *Salles* (cad.).

Collat. l'abb. de Cadouin.

SALESSE (LA), c^{ne} de Beaurone. — *Mansus de la Salessa*, 1312 (Lesp. 26, Homm.).

Anc. fief mouvant de la châtell. de Saint-Astier.

SALESSE (LA)? pré, c^{ne} de Brassac. — *Pratum voc. de la Saletia*, 1269 (ch. Mourcin).

SALEUIL (HAUT et BAS), h. sect. de la c^{ne} d'Agonac. — *Bordaria de Salleux*, 1561 (Feti, 2). — *Salheuil*, 1727 (Acte not.).

SALEVER, h. c^{ne} de la Bouquerie. — *Salaverd*, 1771 (Acte not.).

SALEVERT, h. c^{ne} de Corgnac (S. Post.).

SALE-VERTE (LA), nom de la minière de Bourzac, c^{ne} de Saint-Pierre-de-Chignac. — 1678 (Cte de Larmandie, partage de Lardimalie).

SALE-VERTE (LA)? — *Boscus de Sala Viridi*, 1158 (cart. de Chancelade).

SALH? c^{ne} de la Mothe-Montravel. — *Salh de bosc*, XIIIe siècle (terr. de Montravel).

SALH, c^{ne} de Vern, près de Malavaux. — *Tenentia de Salh*, 1496 (Périg. M. H. 41, 7).

SALHADE? c^{ne} de Mont-Caret. — *Confronte am la Salhada deu priorat*, 1461 (arch. de la Gir. Belvez).

SALHEUX? maison noble sous la ville de Villebois. — Autrement *Mal Veziat*, 1493 (O. S. J.).

SALIBOURNE, sect. de la c^{ne} du Coux. — *Fons de la Sal-Borna*, 1463 (arch. de la Gir. Bigaroque). — Étang considérable.

Anc. rep. noble.

SALICES (LES), terre, c^{ne} de Cadouin (A. Jud.).

SALIGNAC, ch.-l. de c^{on}, arrond. de Sarlat. — *Salenac*, 1115 (ordre de St-Jean-de-Jérusalem, Lesp. 35). — *Salaihnach*, 1122 (arch. du chap. de Saint-Astier). — *Salanac*, 1152 (arch. de l'abb. d'Obasine). — *Saleniacum*, 1240. — *Castrum de Salenhac*, 1251 (test. de Raymond, Vte de Turenne). — *Salanhac*, 1383 (test. au chât. de Fénelon) et 1529 (arch. de Pau, Châtell. du Périg.). — *Salignhac*, 1450 (inv. du Puy-Saint-Astier). — *Salaignacum*, 1531. — *Salaignac*, XVIIe siècle.

Salignac était du dioc. de Cahors : aussi, comme châtellenie, il n'est pas compris dans le rôle des châtellenies du Périgord au XIVe siècle. La châtellenie de Salignac comprenait les paroisses de Salignac, Borèze, Eybènes, Saint-Crépin, Toulgou, autrefois paroisse, Carlucet, Paulin, et en partie Saint-Bonnet, Millac, Archignac et Saint-Geniez.

Titre de baronnie.

Forêt de Salignac : 45 hectares, c^{ne} d'Eybènes.

SALIGNAC, h. c^{ne} de Saint-Félix-la-Linde. — 1651 (Acte not.).

SALIGNAC, h. c^{ne} de Saint-Hilaire-d'Estissac. — *Salligniac*, 1740 (Acte not.).

SALIGNAC, ruiss. qui forme la Bourèze par sa réunion avec le Goustil. — *Salaignac*, 1720 (Acte not.).

SALILOU, éc. c^{ne} de Montignac-sur-Vézère (B.).

SALINIER. — Voy. CHEMIN SALINIER.

SALINIÈRES? une des trois places de Périgueux où se faisaient les criées publiques. — *Carrefour de Salineries*, 1390 (Rec. de titres).

SALINIÈRES (LES), taillis, c^{ne} de Saint-Romain-Montpazier (A. Jud.).

SALIS, vill. c^{ne} d'Eyzerat. — *Sanctus Sulpicius de Salis archipr. de Tiberio*, 1382 (P. V. M.).

SALIS, lieu-dit, c^{ne} de Marsaneix.

SALIS? c^{ne} de Saint-Cyprien. — *Mansus de Salis*, 1520 (Philipparie).

SALIS (LAC DE), un des abornements de la Bessède, 1350 (Belvez).

SALISSOU, taillis, c^{ne} de Saint-Mayme-de-Pereyrol (A. J.).

SALISSOU (LAC), dans la forêt de Lenquais.

SALMONEYRIE (LA), ténement, c^{ne} de Chantérac (inv. du Puy-Saint-Astier).

SALMONIE (LA)? c^{ne} de Monsac. — *Fontaine de la Salmongnie*, 1581 (procès-verbal pour le seigneur de Lenquais).

SALMOUNIE, h. c^{ne} de Chantérac. — *La Solmonnye* (inv. du Puy-Saint-Astier).

SALMOUNIE (LA), h. c^{ne} de Rouffignac. — *Salmozina* (ch. Mourcin), 1677 (Acte not.). Anc. fief (arch. de Pau).

SALOJOULS, h. c^{ne} de la Cassagne (S. Post.).

SALOMONIE (LA), h. c^{ne} de Saint-Barthélemy, c^{on} de Bussière-Badil. — *Salmonie* (arch. de Pau). Fief dépendant du chât. de Piégut.

SALOMONIE (LA), c^{ne} de Saint-Laurent-sur-Manoire. — *La Salamonia*, 1496 (ch. Mourcin).

SALOMONIE (LA), c^{ne} de Vern. — *La Sala monia*, 1365 (Lesp. 26, Homm.).

SALON, c^{ne}, c^{on} de Vern. — *El Sala* (pouillé du XIIIe siècle). — *Silanus*, 1416 (Lesp. Homm. à l'év. de Périg.). — *Lo Salo*, 1482 (Lesp. 84, n° 37). — *Le Salon*, 1496 (Périg. M. H. 41, 8). Patronne : sainte Quitterie.

SALON (LE), h. c^{ne} d'Agonac.

SALON (LE), h. c^{ne} de Sergeac. — *Mansus de Salom*, 1298 (O. S. J.). — *Salona*, autrement la *Courtouynie* (ibid.). Anc. fief (arch. de Pau).

SALSEYROU? anc. porte de ville à Agonac. — *Barrium de Salseyro inter carreyr. publicam per quá itur de portá de Salseyro versus fontem de Besaing*, 1372 (tit. de Chamberlh. 212). — *Iter quo itur de portá de Salseyro versus furnum de Marbe*, 1461 (ibid. 250). — *Carreria de Salseyro*, 1461 (ibid. 251).

SALVAGEOUX (TERRE-DES-), lieu-dit, c^{ce} de Beynac (cad. n° 77, etc.).

SALVAGIE (LA), h. c^{ne} de Paulin (S. Post.). — Anc. rep. noble ayant justice dans Archignac et Paulin, 1760 (Alm. de Guy.).

SALVAGIE (LA), sect. de la c^{ne} d'Urval.

SALVAMIE? c^{ne} de Cherval. — *Mayn. de la Salvamia*, 1463 (O. S. J. Terr. de Soulet).

SALVANIE (LA), c^{ne} de Millac-Nontron. — *La Salvanie*. — *Maizo à la fila Vilermus Salvan*, XIIe siècle (cens. dû à Clarol).

SALVANJOU, lieu, c^{ne} du Bugue. — Voy. SAUVAJOU.

SALVETAT (LA), partie du bourg de Biron.

SALVETAT (LA), sect. de la c^{ne} de Cadouin. — *Salvetat*, 1115 (cart. de Cadouin). — *Salvitas*, 1116 (ibid.). — *La Salvetat de Vielvic*, 1556 (bénéf. de l'évêché). Église dans la Bessède, sur le plateau, et qui était l'ancienne paroisse pour les habitants de Cadouin; auj. ruinée.

SALVETAT (LA), h. c^{ne} de Rouffignac-Montignac.

SALVETTE, h. près du barrage de la Dordogne, c^{ne} de Bergerac.

SALVEYRIE (CHAMP-DE-LA-), lieu-dit, c^{ne} d'Ales (cad.).

SALVEYS, c^{ne} d'Agonac? — *Maynam. de Salveys*, 1425 (tit. de Chamberlhiac, 243).

SALVIAS (LES), lieu-dit, c^{ne} de la Boissière-d'Ans (A. Jud.).

SALVIE (CLAUD-DE-), lieu-dit, c^{ne} de Saint-Cybranet (cad.).

SALVIE (LA), c^{ne} de Fouleix — 1740 (Acte not.). Anc. fief de l'église de Clermont.

SALVIE (LA), h. c^{ne} de Saint-Julien-de-Lampon. — *Vill. de la Selva*, 1429 (arch. de Fénelon).

SALVIE (LA), éc. c^{ne} de Saint-Vincent-de-Paluel. — *Lou Salvadou* (en patois). Voy. sur ce lieu Jouanet; Cal. de la Dord. 1828; Audierne, *le Périgord illustré;* Drouyn, *Guide à Saint-Émilion.*

SALVIER, lieu, c^{ce} de la Bachelerie.

SALVIER (PORTE DE), à Belvez. — *Solvier* (Philipparie).

SALVIER (PORTE DEL), à Saint-Cyprien.

SALVINIE (LA), h. c^{ne} de Jayac (A. Jud.).

SALVIOT (CLOS-DE-), lieu-dit, c^{ne} de Badefol-la-Linde (cad.).

SALVIOT (LE), friche, c^{ne} de Castel (cad.).

SALVY, h. c^{on} de Vert-de-Biron (S. Post.).

SAMBATS (LES), éc. c^{ne} de Grèzes (Ann. d'agric. de la Dordogne).

SAMBELLE (LA), h. c^{ne} de Carsac-Sarlat (B.).

SAMUEYRIE? c^{ce} de Tanniès. — *Masus de la Samueyrias et Samuayreras*, 1481 (arch. de la Gironde).

SANDILLAC? — *Sandilhac* (Pau, Châtell. du Périg.).

Anc. rep. noble, avec just. sur Tursac et Marsac.

SANDREUX, h. et m^{in}, c^{ne} de Saint-Maurice.—*Sendreux*, 1600 (Lesp. 15, Généal. de Pons).

Anc. rep. noble.

SANDRIER (BOIS-DE-), lieu-dit, c^{ne} de la Villedieu (cad.).

SANDRONE (LA), éc. c^{ne} de Montsaguel (S. Post.).

SANDRONE (LA), ruiss. affluent de la Lisone, qui arrose le vallon de Bouteille, c^{on} de Ribérac.

SANET (LE), h. c^{ne} d'Agonac (B.).

SANET (LE), lieu, c^{ne} de Trélissac. — *Mansus Sagna*, 1920 (Périg. M. II. 41, 2).

SANILLAC, vill. c^{ne} de Notre-Dame-des-Vertus. — *Seneillac*, 1199 (cart. de Chancelade). — *Senelacum*, 11.. (cart. de Cadouin). — *Eccl. nova de Senilhac*, 1243 (*ibid.*). — *Senilhacum* (pouillé du XIIIᵉ siècle). — *Eccl. nova de Sinilhac*, 1300 (Lesp. arch. de Sainte-Alvère). — *Sanilhac*, 1556 (panc. de l'év.).

Anc. rep. noble.

SANIS? — *Parochia de Sanis*, 1397 (Lesp. 15).

Paroisse inconnue qui dépendait de la baylie de Gardone au XIVᵉ siècle.

SANSA? ruiss. c^{ne} de Queyssac.—*Rivus de la Sahnsa*, 1460 (Liv. Nof. 45).

SANSOUNIE (LA), h. c^{ne} de Monsac. — *Saint-Sounie* (Acte not.). — En patois, *Sansougne*.

SANSOUNIE (LA), h. c^{ne} de Siorac. — *Sainsounie* (B.).

SANSUDRU, bruyère, c^{ne} de Cantillac (A. Jud.).

SANTRAN, mét. c^{ne} de Saint-Avit-Vialard (A. Jud.).

SANXET, h. c^{ne} de Pomport (A. J.).—Anc. rep. noble.

SANZÈLE, h. c^{ne} de la Gemaye (B.).

SARADES (LES), lieu-dit, c^{ne} de Lavaur (cad.).

SARAGEOL, lieu-dit, c^{ne} de Tursac (cad.).

SARAILLER (LE), h. c^{ne} de Coulounieix (A. Jud.).

SARAILLER (LE), h. c^{ne} de Fouleix.—1740 (Acte not.).

SARAILLER (LE), h. c^{ne} de Montpont.

SARAILLOU, lieu-dit, c^{ne} de Bourg-de-Maisons (cad.).

SARBAILHOU, h. c^{ne} de Vallereuil (B.).

SARDEN, h. c^{ne} de Saint-Pierre-de-Cole. — *Sardène* (B.).

SARDEN, h. c^{ne} de Sengeyrac.

SARDONNERIE (LA), h. c^{ne} d'Archignac (B.).

SARCLIÉNAS, h. c^{ne} de Saint-Angel.

SARCONNAS, h. c^{ne} d'Exideuil (S. Post.).

SARGEAC, h. c^{ne} de Gabillon (S. Post.).

SARGEAC, c^{ne}. — Voy. SERGEAC.

SARGOUNAT, h. c^{ne} de Saint-Martin-la-Roche. — 1712 (Acte not.).

SARLABOU, lieu-dit, c^{ne} de Montclar (A. Jud.).

SARLADAIS (LE), BAS-PÉRIGORD OU PÉRIGORD NOIR, pays qui formait autrefois un évêché, une sénéchaussée et un présidial.

Le ressort de Sarlat avait 5 judicatures royales :

Beaumont, Dome, Molières, Montpazier et Villefranche; et 109 justices particulières (Alm. de Guy. 1760). Ses limites étaient les mêmes que celles de l'évêché créé en 1317 par Jean XXII; la Vézère et la Dordogne, après le confluent de ces deux rivières, formaient la séparation avec la sénéch. de Périgueux.

SARLANDE, c^{ne}, c^{on} de la Nouaille. — *Sirlanda* (pouillé du XIIIᵉ siècle). — *Sarlanda*, 1556 (panc. de l'év.).

Voc. Saint-Léger.

Anc. rep. noble. La justice sur la paroisse appartenait au chap. de Saint-Yrieix (Alm. de Guy.).

SARLANDE, h. c^{ne} de Saint-Jean-d'Estissac.

SARLANDELLE, h. c^{ne} de Sarlande.

SARLANDIE (LA), domaine dép. du chât. de Peyzac, c^{ne} de la Nouaille.

SARLAT, chef-lieu d'arrond. et de c^{on}.

Ancien monastère de Bénédictins, fondé au VIIIᵉ siècle, soumis au monastère de Tulle. — *Monasterium Sancti-Salvatoris quod vocatur Sarlatum*, 817. — *Ecclesia in honore Sancti-Salvatoris in vico Sarlatensi*, 886 (charte de Bernard, comte de Périgord : Baluze). — *Sarlatium* (Hist. Albigens.). — *Villa Sarlatæ*, 1130 (cout. de la ville). — *Sarlats* (*ibid.*). — *Ecclesia Sancti-Sacerdotis quondam mon. Sarlat*, 1318 (bulle de Jean XXII).

Sarlat eut d'abord le titre d'un archiprêtré du diocèse de Périgueux, *archipresbyt. Sarlatensis*, qui prit le nom de Saint-André lorsque Sarlat fut, en 1317, érigé en évêché par Jean XXII. Ce nouveau territoire fut composé de la partie méridionale de l'ancien diocèse de Périgueux, à partir de la rive gauche de la Vézère et de la rive gauche de la Dordogne, depuis le confluent, à Limeuil; il fut divisé en 6 archiprêtrés : Audrix, Bouniagues, Daglan, Flaujac, Palayrac et Saint-André, comprenant 342 cures, 25 prieurés, 9 chapitres et 6 maladreries (état de 1648). Le temporel de l'évêché se composait d'Allas, Campagnac, la Roque-Gajac, Saint-André, Saint-Quentin et Temniac, 1556 (Pau, arch. du Périgord).

Patron : saint Sacerdos.

Il existait à Sarlat un monastère de Cordeliers, un de Récollets, une maison de missionnaires, des couvents de Sainte-Claire, de Notre-Dame, de filles de la Foi. Saint Louis y avait fondé une maladrerie en 1274; l'abbé du monastère établit un hôpital dans le voisinage de l'église abbatiale. En 1348, E. Lacroix en établit un autre dans le faubourg de la Bouquerie. Ces hôpitaux ayant été ruinés à la suite des guerres du XIVᵉ et du XVᵉ siècle, un hôpital général fut fondé en 1695 par C. de Beauvau, évêque de Sarlat.

Ville avec enceinte fortifiée; 4 portes, de la Rigaudie, de la Boucarie, de Lendrevye et de la Rue; elle est traversée par le ruisseau de Cluze. Il y avait un bailliage royal, et la ville a toujours fait directement hommage au roi de France. A la charte du 7 septembre 1223 pend un sceau en cire jaune qui représente une grande fleur de lys avec cette légende : « Cest li scians as borgois de Sarlat. » Les armes actuelles de la ville sont : *de gueules à une salamandre d'or, couronnée au chef d'azur chargé de 3 fleurs de lys d'or* (Chroniq. du Périgord).

Chef-lieu de sénéchaussée, présidial, élection et subdélégation de la généralité de Guyenne.

SARLIAC, c^{te}, c^{on} de Savignac-les-Églises. — *Sanctus-Petrus-de-Sarlhac*, 1120 (cart. de Tourtoirac). — *Sanctus-Joh. de Sarlhiac*, 1550 (Lettre autog. Coll. de Lenquais). — *Sarelhiac*, 15.. (Mémoires d'Albret).

Patron : saint Jean-Baptiste; collat. l'abbé de Terrasson.

SARLIAC, h. c^{ne} de Ségonzac, c^{on} de Montagrier.

SARRADIT (LE), lieu-dit, c^{ne} de Villac (cad.).

SARRAGA (LE) ou CÔTE DE LA DUELLE, terre, c^{ne} de Saint-Vivien (A. Jud.).

SARRAILLE (LA), h. c^{ne} de Font-Roque (A. Jud.).

SARRAILLER, h. c^{ne} de Coulounieix. — *La Sarratie*, 1679 (Dénombr.).

SARRAILLES (LES), taillis, c^{ne} de Prigonrieu (A. Jud.).

SARRANTE, h. c^{ne} de Vanxains (B.).

SARRAY (Bos), terre, c^{ne} de Marcillac (A. Jud.).

SARRAULT, c^{ne} de Combeyranche. — Autrement *Foucheyrie*, 1606 (Arpent. O. S. J.).

SARRAZA, m^{in}, c^{ne} de Palayrac (A. Jud.).

SARRAZAC, h. c^{ne} de Mayac (S. Post.).

SARRAZAC, c^{ne}, c^{on} de la Nouaille. — *Sarrazac* (pouillé du XIIIe siècle).

Patron : saint Léobon; collat. le chap. de Saint-Yrieix.

Anc. rep. noble ayant haute justice sur la paroisse, 1760.

SARRAZAC (VIEUX), dépendance de la c^{ne} de Sarrazac.

SARRAZANAS, h. c^{ne} de Salignac (S. Post.).

SARRAZÈS, h. c^{ne} de Maurens (S. Post.).

SARRAZIGNAC, h. c^{ne} de Valeuil (A. Jud.).

SARRAZIGNAC (Bos DE), h. c^{ne} de Valeuil (A. Jud.).

SARRAZINIE (LA), c^{ne} de Cabans. — *Mansus de la Sarrasinia*, 1472 (arrent. par l'abbé de Cadouin).

SARRAZINIES (LES), lieu, c^{ne} de Saint-Félix-de-Reillac (communic. locale).

SARRAZINS (MUR DES), à Périgueux. — *Murus Sarracenus* (Sebaldus episcop. Petrag., anno circiter 850).

SARRAZINS (PUY DES), lieu-dit, près du bourg de Beynac (communic. locale).

SARRAZIS (LE), lieu-dit, c^{ne} de Bergerac, à Sainte-Foy-des-Vignes.

SARRAZIS (LE), h. section de la c^{ne} de Coulounieix (cad.). — *Sarrazy*, 1679 (Dénombr. du Périgord).

SARRAZIS (LE), lieu-dit, c^{ne} de Genestet (cad.).

SARRAZIS (LE), h. c^{ne} de Maurens. — 1646 (not. de Bergerac).

SARRELIÈRES, h. c^{ne} de Saint-Angel (S. Post.).

SARROT (LE), lieu-dit, c^{ne} de Queyssac (cad.).

SART (PONT DE), c^{ne} de Paunac (A. Jud.).

SARTE (LA), éc. c^{ne} du Sigoulès (A. Jud.).

SARTIÈRES (LES), lieu-dit, c^{ne} de Molières (cad.).

SARTRE (AL), lieu-dit, c^{ne} de Faux (Arpent. 1771).

SARTRE (AL), lieu-dit, c^{ne} de Fontaines (cad.).

SARTRE (LONG), éc. c^{ns} de Villefranche-de-Longchapt (B.).

SARTRES, h. c^{ne} de Fouqueyrolles.

SARTRES (LES), h. c^{ne} de Champsevinel (S. Post.).

SATOURTAU, h. c^{ne} d'Agonac (B.).

SAUDEREIX (LE), h. c^{ne} de Saint-Michel-de-Villadeix (A. Jud.).

SAULOU, lieu-dit, c^{ne} de Marquay (A. Jud.).

SAUMAGNE, h. c^{ne} de Saint-Aubin-d'Eymet.

SAUMARIE (LA)? c^{ne} de Lisle. — *La Saumaria*, 1498 (O. S. J.).

SAUMES (LES)? c^{ne} de Manzac. — *Bordaria de las Soumas*, 1489 (Dives, II, 156).

SAUMIÈRES (LES), h. c^{ne} de Saint-Seurin-de-Prats (B.).

SAUNERIE, h. c^{na} de Négrondes (B.).

SAUPIQUET, h. c^{ne} de Flaugeac.

SAURIE (LA), éc. c^{ne} de Plazac.

SAURIQUE (LA), lieu-dit, vill. de Fenis, c^{ne} de Saint-Germain-et-Mons (terr. de Lenquais).

SAUSSE, h. c^{ne} de Chalais (B.).

SAUSSIGNAC, c^{ne}, c^{on} du Sigoulès. — *Sanctus Martinus de Saussignac*, 1053 (Gall. Ch. Bulle d'Eugène III, Sarlat). — *Mons de Salsinac*, vers 1117 (cart. de Sainte-Marie de Saintes). — *Salsinhac*, 1286 (Lesp. Estissac). — *Sals* (ibid.). — *Salsignacum*, 1556 (panc. de l'év.). — *Saulsinhac* (Pau, Châtell. du Périgord).

Patron : saint Martin; collat. l'évêque.

Anc. rep. noble, ayant haute justice sur Saussignac, Monestier, Sainte-Croix, Razac, 1760 (Alm. de Guy.).

SAUSSIGNAC, h. c^{ne} de Prigonrieu (S. Post.).

SAUT-DU-CHALARD (LE), belle cascade sur la Drône.

SAUT-DU-CHEVALIER (LE), rocher dominant sur l'Ille, c^{ne} de Marzac. — *Motte de Périgueux.* — *Ad Saltum militis usque deversus Mont Jau*, 1311 (une des limites de la jurid. de Périgueux).

SAUTET, h. c^ne de Molières.

SAUVAGE (BOIS), lieu-dit, c^ne de Villac (cad.).

SAUVAGE (LE), taillis, c^ne de Saint-Avit-Sénieur (cad. sect. C, 998).

SAUVAGE (LE BOIS), lieu-dit, c^ne de Génac (cad.).

SAUVAGE (PECH-), lieu-dit, c^ne de Font-Galau (cad.).

SAUVAGEOUX, h. c^ne de Saint-Jory-de-Chalais (B.). — *Salvajou* (S. Post.).

SAUVAGEOUX, c^ne de Saint-Lazare. — *En Salvouzo*, 1463 (O. S. J. Condat).

SAUVAGIE (LA), h. c^ne de Château-l'Évêque.

SAUVAGIE (LA), c^ne de Gardone (cad. n° 687).

SAUVAGIE (LA), près de Lardimalie (B.).

SAUVAGIE (LA), c^ne de Monsec. — *Cumba voc. de la Salvacgia*, 1455 (O. S. J.).

SAUVAGIE (LA), lieu-dit, c^ne de Razac, c^on du Sigoulès (cad. sect. A, n° 465). — Autre terre appelée *Journal de Bachon* ou *la Sauvagie* (*ibid.* sect. A, n°s 472 à 478).

SAUVAGIE (LA), éc. c^ne de Saint-Front-d'Alemps (S. P.). — *Las Salvagias*, xviie s^e (Chron. du Périg. II, 175).

SAUVAGIE (LA), c^ne de Saint-Jean-d'Ataux. — *Mayn. de Salvagia*, 1439 (Lesp. 95, n° 108). — *Las Sauvagias* (*ibid.* 95).

SAUVAGIE (LA), h. dans la Bessède, c^ne d'Urval.

SAUVAGNAC, h. c^ne de Douchapt.

SAUVAJOU, lieu, c^ne de Cladech.

SAUVAJOU, banlieue de Périgueux. — *Domus leprosorum quæ dicitur Salvanjo*, 1246 (Rec. de titres : Procès-verbal de Pons de Ville). — *Salvajou*, *Salvagum*, *Salvougum*, *Salvougo* (Antiq. de Vésone).

Une des quatre léproseries de Périgueux. — Suivant un acte du xve siècle, elle confrontait au chemin allant de l'église Saint-Martin au territ. de la Lande et au clos de la Veyssière (ch. Mourcin).

SAUVAJOU, lieu, c^ne de Saint-Cir.

SAUVAJOU, lieu, c^ne de Saint-Germain-de-Berbiguières.

SAUVANIE, lieu, c^ne de Vern.

SAUVANIE (LA), h. c^ne de Cherval, où la Sauvanie prend sa source. — *Las Salvanhas*, xvie siècle (O. S. J.). — *Pas de la Sauvanie*, 1740 (Acte not.).

SAUVANIE (LA), ruiss. affluent de la Lizone, c^on de Verteillac.

SAUVEBEUF, éc. c^ne d'Agonac (S. Post.).

SAUVEBEUF, vill. c^ne d'Aubas. — *Hospitium de Sauvebuo*, 1365 (Lesp. 26, Montignac). — *Hostel noble de Saulvebœuf*, 1503 (Mém. d'Albret). — *Salvabue*, xvie siècle (arch. de Pau).

Anc. rep. noble, avec justice sur Aubas et le Chaçlard, 1760.

SAUVEBEUF, h. c^ne de la Linde. — *Salvabuo*, 1371 (terr. de l'archev. de Bord. Couse). — Salle appelée *de Sala-Beu*, 1560 (Homm. arch. de la Gir.).

SAUVEBEUF, lieu-dit, c^ne de Terrasson (cad.).

SAUVETAT-GRASSET (LA), c^ne de Douville. — *Salvitas Grassetti*, 1273 (Lesp. O. S. J. Grégoire XI). — *Salvitas*, dioc. Petrag. 1468 (Lesp. 24, Usurpation du roi de France). — *Preceptoria de Salvagnas*, 1489 (O. S. J. Condat). — *Saint-Jean-de-Livau*, xve s^e (O. S. J.). — *Magnum iter quo itur de Salvitate-Grasset versus Petragoras*, 1523 (Lesp.). — *Vicaria sancti Johannis de Douillio*, 1526. — *La Salvetat-Grasset*, xvie siècle (arch. de Pau, Châtell. de Mussidan).

Comm^rie de l'ordre de Saint-Jean. — L'église était une annexe de Douville.

SAUVETOURNE (LA), terre, c^ne de Flaugeac (A. Jud.).

SAUVIAL, lieu-dit, c^ne de Saint-Laurent-des-Hommes (cad.).

SAUVIE, taillis, c^ne de Plazac (A. Jud.).

SAUYENS, c^ne d'Auriac. — *Mas de Sauyers* (châtell. de Montignac, Homm. 1400).

SAUZÈLE, lieu, c^ne de Saint-André-de-Double.

SAUZET, c^ne de Négrondes. — *Turris antiqua, voc. de Sauzet, sita in fortalitio et supra motam eccl. de Negrondes, sita inter cœmeterium et fossatum dict. fortalitii*, 1369 (tit. de Chamberlhiac, 46).

SAVALIENS (LES), h. c^ne de Montpont.

SAVANAC, h. c^ne d'Abjat-de-Nontron (B.).

SAVANDRINIE (LA)? c^ne de Grignol. — *La Sarandrinia*, 1213 (Lesp. 63).

SAVAREN? c^ne de Gageac. — *Boaria de Savarenc*, après 1079 (cart. de Sainte-Marie de Saintes, don à la Mongie-Saint-Martin).

SAVERDENNE, h. c^ne d'Eyliac (A. Jud.).

SAVERNAC (LE VIEUX-), h. c^ne de Douville. — *Savarnac*, 1620 (Acte not.).

SAVIE (LA), h. c^ne de Meyral (B.).

SAVIGNAC, h. c^ne d'Allemans (B.).

SAVIGNAC, lieu-dit, c^ne du Coux (cad.).

SAVIGNAC (GRAND et PETIT), h. c^ne de Corngac (S. Post.).

SAVIGNAC-DE-MIREMONT, c^ne, c^on du Bugue. — *Savinihac* (pouillé du xiiie siècle). — *Savinacum*, 1382 (P. V. M.).

Patron : saint Denis; collat. le prieur du Chalard, en Limousin.

SAVIGNAC-DE-NONTRON, c^ne, c^on de Nontron. — *Savinhacum, archipresbyt. de Tiborio* (pouillé du xiiie siècle). Patron : saint Roch.

SAVIGNAC-LES-DRIEN, c^ne, c^on de la Nouaille.

Vocable : l'Assomption. — Anc. rep. noble.

SAVIGNAC-LES-ÉGLISES, ch.-l. de c^on, arrond. de Péri-

gueux.—*Sanctus Christophorus de Saviniaco*, 1120
(cart. de Tourtoirac). — *Savinhac*, 1555 (Pau, Châtell. du Périgord). — *Savignac-les-Deux-Églises*,
xvii⁰ siècle (Lesp. Auberoche).

Patron : saint Martin; collat. l'évêque.

Ce lieu portait le nom de *Ville-de-Plaisance*,
selon la tradition (le Périg. ill. 647).

Savignas (Las), lieu, cⁿᵉ de Blis-et-Born (A. Jud.).

Savremont, h. cᵈᵉ de Campagnac-lez-Quercy (B.).

Scarpat (Haut et Bas), h. cᵐᵉ de Cabans (A. Jud.).

Scaube (La), cᵉᵉ de Villefranche-de-Longchapt. —
La Scaube, 1562 (Acte not.).

Sebeille (La), h. cⁿᵉ de Campagnac-lez-Quercy.

Sebinlous (Les), h. cⁿᵉ de Menesplet.

Segala, h. cⁿᵉ de Gaumier.

Segala, h. cⁿᵉ de Montbazillac.

Segalars, h. cⁿᵉ d'Auriac. — Anc. rep. noble.

Segalars, cⁿᵉ de Champagnac. — *Segalars dotra laygue*, 1364 (Lesp. 51).

Segalas (Le), h. cⁿᵉ de Saint-Germain-de-Berbiguières.

Segalassou (Le), h. cⁿᵉ de Gaugeac.

Segarel (Le), ruiss. cⁿᵉ de Bouillac, qui afflue à la
Couse, après avoir arrosé la Bessède.

Segelard, cⁿᵉ de Bourdeilles. — *Segalars*, 1474 (Lesp.
79).

Segelard, cⁿᵉ de Gabillou. — *Segalars*, 1496 (Lesp.
Hautefort). — *Les Sejallars*, 1510 (terr. de Vaudre). — *Segellars*, 1512.

Segelard (Le), h. cⁿᵉ d'Auriac, cᵒⁿ de Montignac
(A. Jud.).

Segnasse (La), friche, cⁿᵉ de Capdrot (A. Jud.).

Sègne, lieu-dit, cⁿᵉ d'Issigeac (A. Jud.).

Sego (Fontaine de), h. cⁿᵉ de Nadaillac (B.).

Segonzac, cⁿᵉ, cᵒⁿ de Montagrier. — *Sancta-Maria-de-
Seguonzac*, 1122 (Lesp. Chap. de Saint-Astier). —
Segonsac (pouillé du xiii⁰ siècle). — *Segonzacum*,
1556 (panc. de l'év.).

Anc. rep. noble. Baronnie en 1623, ayant haute
justice sur la paroisse, 1760.

Patr. la Visitation; collat. le chap. de Saint-
Astier.

Segonzac, h. cⁿᵉ de Campagnac-lez-Quercy.

Segonzac (Le), h. cⁿᵉ de Gageac (S. Post.).

Segrammet, h. cⁿᵉ de Cabans (S. Post.). — *Segraman*
(B.).

Sègre-Nègre (Le), taillis, cᵒⁿ de Saint-Julien-Eymet
(A. Jud.).

Segreyrie (La), cⁿᵉ de la Linde, près de Sainte-Colombe (Lesp. 91).

Sègue (La), éc. cⁿᵉ de Campagnac-lez-Quercy (B.).

Seguenie (La), h. cⁿᵉ de Chalagnac (A. Jud.).

Seguenie (La), cⁿᵉ de Cherval. — *Mayn. de la Seguy-
nia*, 1464 (O. S. J. terr. de Soulet).

Seguenie (La), h. cⁿᵉ de Coursac.

Seguenie (La), cⁿᵉ de Limeuil.

Segui? aux environs de la Mongie-Saint-Martin. —
La Bordaria Segui, 1120 (cart. de Sainte-Marie de
Saintes, 147).

Seguignas, h. cⁿᵉ d'Argentine.

Seguinat, éc. cⁿᵉ de Grand-Castang.

Seguinaud, h. cⁿᵉ de Saint-Étienne-le-Droux (S. Post.).

Seguines (Les), h. cⁿᵉ de Razac-Eymet (A. Jud.).

Seguines (Les), h. cⁿᵉ de Saint-Pierre-de-Chignac.

Seguinie (La), dom. cⁿᵉ d'Agonac, — *La Siguinie*.

Seguinie (La), h. cⁿᵉ de Bars.

Seguinie (La), cⁿᵉ du Bugue. — *M. de la Seguenia*,
1467 (Liv. Nof. 87). — *Seguinia* (ibid. 27).

Seguinie (La), cⁿᵉ de la Canéda. — *Nemus de la Sy-
guinie*, 1491 (O. S. J. Condat).

Seguinie (La), h. cⁿᵉ de Cours-de-Piles.

Seguinie (La), lieu, cⁿᵉ d'Eyvirac.— *Siguenie* (B.).

Séguinie (La), cⁿᵉ d'Issac.— *La Seguinia*, 1402 (Lesp.
25).

Seguinie (La), cⁿᵉ de Montravel. — *Pertinentiœ de la
Siguenia*, 1494 (terr. de Montravel).

Seguinie (La), cⁿᵉ de Mortemar. — *Mans. de las Seguinias*, 1409 (O. S. J.).

Séguinie (La), lieu, cⁿᵉ de Pézul.

Seguinie (La), cⁿᵉ de Saint-Chamassy. — 1671 (Acte
not.).

Seguinie (La), cⁿᵉ de Saint-Pardoux-de-Drone. — *La
Seguinia*, 1494 (ch. Mourcin).

Seguinie (La), h. cⁿᵉ de Saint-Privat. — *Maynam. de
la Seguinia*, xiii⁰ siècle (arch. de la Gir.).

Seguinie (La), éc. cⁿᵉ de Saint-Seurin-de-Prats. — *La
Siguenia*, 1494 (terr. de Montravel).

Seguinie (La), h. cⁿᵉ de Sencenac (S. Post.).

Seguinies (Les), cⁿᵉ de Cabans. — *A las Seguinias*,
1489 (Philipparie, 189).

Seguinies (Les), cⁿᵉ de Millac-Nontron. — *Airal à la
Seguinas*, xii⁰ siècle (cens dû à Clarol).

Séguinies (Les), cⁿᵉ de Saint-Front-de-Pradoux. —
Las Seguinias (cad.).

Seguinon (Grand et Petit), h. cⁿᵉ de Mussidan.

Seguinot, lieu-dit, cⁿᵉ de Bergerac.

Seguinots (Les), lieu, cⁿᵉ de Saint-Laurent-des-Vignes.

Ségurel, friche, cⁿᵉ de Bergerac (A. Jud.).

Seiches, h. cⁿᵉ de Saint-Michel-de-Montaigne. —
Hospitium, Turris de Seysches, 1366 (terr. de Montravel. — *La Seyche* (B.).

Ancien fief.

Seignal (Grand-), lieu-dit, cⁿᵉ de Castel (cad.).

SEIGNEYRIE (LA), c^{ne} de Saint-Félix-de-Villadeix. — 1760 (Acte not.).

SEIGNORIE (LA)? c^{ne} de Mortemar. — *Pheodum de la Seignoria*, 1409 (O. S. J.).

SEINREIMS, h. c^{ne} de Brassac (B.).

SÉJOURNATS (LES), mét. c^{ne} de Saint-Germain-et-Mons. — Motte de main d'homme à peu de distance du passage de la Dordogne devant Mouleydier.

SELEYRIE (LA)? c^{ne} de Sainte-Alvère. — *Factum de la Seleyria*, 1335 (Lesp. Limeuil).

SELVE, lieu-dit, c^{ne} de Saint-Martin-de-Fressengeas (cad.).

SELVE, bois, c^{ne} de Vézac.

SELVE (BELLE-), section de la c^{ne} de Tursac. — Prieuré de l'ordre de Grandmont, uni à celui de la Fage de Jumillac.

SELVE (LA), h. c^{ne} de la Chapelle-au-Bareil.

SELVE (LA), terre, c^{ne} de Millac-d'Auberoche (A. Jud.).

SELVE (LA), lieu-dit, c^{ne} de Prats-de-Carlux (cad.).

SELVE (LA), c^{ne} de Saint-Martin-des-Combes. — *Tenem. de la Codla*. Au dos de l'acte on lit: *Selve*, 1329 (Périg. M. H. 41, n° 4).

SELVE (LA), terre, c^{ne} de Sarlat (A. Jud.).

SELVE (MAISON-), h. c^{ne} d'Archignac.

SELVE (VIEILLE-), lieu-dit, c^{ne} de Saint-Étienne-Mussidan (cad.).

SEMAPIE (LA)? lieu-dit, c^{ne} de Saint-Martin-des-Combes. — *Tenem. voc. La Semapia*, 1374 (Périg. M. H. 3).

SENADREN (LE), h. c^{ne} de Sarrazac.

SENAU? c^{ne} de la Mongie-Saint-Martin. — *Bordaria de Senau*, vers 1100 (cart. de Sainte-Marie de Saintes, cxxxv).

SENCENAC, sect. de la c^{ne} de Saint-Martin-de-Fressengeas (cad.).

SENCENAC-ET-PUY-DE-FOURCHES, c^{ne}, c^{on} de Brantôme. — *Sencenac* (pouillé du xiiie siècle). — *Cenzenac*, 1216 (cart. de Chancelade). — *Sensenac*, 1556 (bénéf. de l'év.). — *Saint-Senat*, xviie siècle (Chroniq. du Périg.? évêché de Périgueux). — *Seinsenac*, 1732 (liste des paroisses).

Patron: saint Symphorien; collat. l'évêque.

Anc. rep. noble, avec justice sur Sencenac, 1760.

SENDRIEUX, c^{ne}, c^{on} de Vern. — *Sendreos*, 1276 (union au chap. de Saint-Front). — *Sandreus*, 1370 (Lesp. Limeuil). — *Sendreus*, 1470 (Liv. Nof. 4). — *Sainct-Dreulx*, 1483 (Lesp. 83, n° 29). — *Sanderium et Sandrio*, 1520 (ch. Mourcin). — *Sainct-Drieulx* (le P. Dupuy). — *Saint-Dreus* (Blaeu). — *Ceindrieux* (B.). — *Cindruix*, 1760 (Alm. de Guy.). — *Cendrieux* (Cal. adm.).

Ville close.

Voc. Saint-Jean-Baptiste; collat. le chap. de Saint-Front.

Anc. rep. noble, ayant justice sur Sendrieux, 1760. Signal: altitude, 263 mètres.

SENDRIEUX? c^{ne} de Saint-Cyprien. — *Territ. voc. de Sendreos*, 1462 (Philipparie).

SENEDIE (LA), h. c^{ne} de Lisle (S. Post.).

SENEUIL, h. c^{ne} de Saint-Laurent-des-Hommes.

SENGEYRAC, c^{ne}, c^{on} de Saint-Pierre-de-Chignac. — *Sengeyrac*, 1273 (Archambaud III, coll. Lesp.). — *Sanctum Geyracum*, 1365 (Lesp. Châtell. de Vern). — *Eccl. de Sengeyraco*, 1380 (P. V. M.). — *Sangeyracum* (arch. du Vatican, Innocent VI). — *Sengeirat*, 1555 (Pau, Châtell. du Périg.). — *S. Geira*, 1688 (Acte not.). — *Saint-Geyrac*, 1773 (Lesp. 85 et Cal. adm.).

Patron: saint Cyrice. — Paroisse unie au chap. de Saint-Front en 1276.

SENGEYRAC? c^{ne} de Saint-Michel-de-Villadeix. — *Mayn. de Sengeyrac*, 1483 (Lesp. 82, n° 30).

SENS, habitation et h. c^{ne} de Molières.

SENSAUT, c^{ne}, c^{on} de Saint-Pardoux-la-Rivière. — *Eccl. sancti Petri de Sen-Saut* (pouillé du xiiie siècle). — *Saint-Sault*, 1732 (liste des paroisses). — *Saint-Saud* (Dict. des postes, 1860).

Collat. l'abbé de Peyrouse.

SEOULY (LA), anc. fief, c^{ne} de Montignac (arch. de Pau).

SEPT-CHEMINS, h. c^{ne} de la Chapelle-Gonaguet (S. Post.).

SEPT-CHEMINS, bois, c^{ne} de Saint-Étienne-des-Landes (A. Jud.).

SEPT-CHEVAUX, lieu, c^{ne} de la Chapelle-Gonaguet.

SEPT-FONS, c^{ne} de Cadouin? — *Vallis quæ septem fontes appel., in sylva Cadunensi*, 1124 (cart. de Cadouin).

SEPT-FONS, h. c^{ne} de Festalens (cad.).

SEPT-FONS, éc. c^{ne} de Marsaneix (E. M.).

SEPT-FONS, lieu-dit, c^{ne} de Pontours (cad.).

SEPT-FONS, h. c^{ne} de Sourzac (cad.).

SEPT-FONS, h. c^{ne} de Trélissac. — *Prioratus de septem fontibus*, archip. de Quinta (pouillé du xiiie siècle). — *Septem Fontes*, 1238 (Lesp. 34, Ligueux). — *Lort aux bos homes de Set Fons*, 1247 (reg. de la Charité, ville de Périgueux)? — *Crux quæ est supra trolium, voc. de septem fontibus*, 1360 (Lesp.).

Prieuré de femmes dépendant de Ligueux.

SEPT-FONS, h. c^{ne} de Villars (S. Post.). — Placé à la source d'un affluent de la Cole.

SEPT-FONS? — *Terra de septem fontibus in par. de Chanhac?* 1238 (cart. de Ligueux).

SEPT-FRÈRES, h. c^{ne} de Bouzic (S. Post.). — *Sept fraires* (B.).

SEPT-VOIES? c^{ne} de Pontours. — *Tenem. voc. de Septem Viis*, 1315 (arch. de Cadouin).

SERAN (LE), mét. c^{ne} de Bergerac.

SERDINAS, h. c^{ne} de Hautefaye (S. Post.).

SENEILLAC, h. c^{be} de Gabillou. — *Eccl. de Ceranles, archip. de Excidolio* (pouillé du xiiiᵉ siècle).

SERGAILLOU, h. c^{ne} de Villamblard, 1513. — *Sergulho, Sargalhou*, 1619 (Acte not.). — *Sargualhou*, 1655 (*ibid.*).

SERGEAC ou SARGEAC, c^{ne}, c^{on} de Montignac. — *Sancta Maria de Sergiaco*, 1053 (Gall. Chr. Bulle d'Eugène III, Sarlat). — *Sarjacum*, 1280 (Pau, Homm. au comte de Périg.). — *Serjac*, 1290 (O. S. J.). — *Sarzacum*, 1365 (Lesp. 88, Châtell. du Périgord). — *Sargiacum, Sergacum*, 1464, 1468 (O. S. J.). — *Sargeac*, 1781 (liste des paroisses).
Patron : saint Pantaléon.
Anc. comm^{rie} de l'ordre de Saint-Jean.

SERMET, vill. c^{ne} de Loubéjac. — *Sermetum*, 1310 (Lesp. 24, Usurp. du roi de France). — *Sernatum*, 1373 (O. S. J.), Grégoire XI, Espac.). — *Præceptoria de Sernat*, 1460 (O. S. J. Condat).
Anc. rep. noble, ayant haute justice sur Loubéjac, 1760.
Membre de la comm^{rie} de Chante-Geline.

SERMUS, h. c^{ne} de Vézac.

SERPINE, h. c^{ne} de Bourdeix (S. Post.).

SERRE (LA), c^{ne} de Carves. — *M. de la Serra*, 1460 (Philipparie).

SERRE (LA), h. c^{ne} de Castelnau (B.).

SERRE (LA), c^{ne} de Sagelat. — *Mansus de la Serra*, 1460 (Philipparie).

SERRE (LA), h. c^{ne} de Saint-Quentin-et-Marcillac. — Anc. rep. noble.

SERRE (LA), h. c^{ne} de Valeuil (S. Post.).

SERRE (LA GRANDE-), éc. c^{ne} de la Linde (A. Jud.).

SERRE (LA HAUTE-), lieu-dit, c^{ne} de Sainte-Natalène (cad.).

SERRE (LA HAUTE ET LA BASSE), h. c^{ne} de Saint-Crépin-Carlucet. — *Mansus de Pech ante Serre*, 1472 (Lesp.).

SERRE-DEL-DUGAT (LA), h. c^{ne} de Sireuil.

SERRE-DE-PERDISSON (LA), h. c^{ne} de Sireuil.

SERRE-MARSAL, h. c^{ne} de Peyrignac (Cassini).

SERRES-ET-MONGUYARD, c^{ne}, c^{on} d'Eymet. — *Paroch. de Serris, Castell. de Emeto* (Lesp. 88).
Patron : saint Pierre-ès-Liens; collat. l'évêque.

SERVAL, c^{ne} de Belvez. — *Furnus de Servallo* (Philipparie). — *Serval ou Trespouly*, 1775 (Homm. à l'archev. de Bordeaux).
Anc. rep. noble.

SERVAL, c^{ne} de Saint-Amand-de-Belvez. — *Cerval-en-Rauzel*, 1775 (Homm. à l'archev. de Bordeaux).

SERVAL, c^{ne} de Siorac-Belvez. — *Tour de Serval, dans le fort de Sciourac*, 1568 (Généal. de Rastignac).

SERVANCHES, c^{ne}, c^{on} de Sainte-Aulaye. — *Espital de Servenchas*, xiiiᵉ siècle (O. S. J. Livre de recettes). — *Servenchii*, 1380 (Lesp. 10, Fouage). — *Eysservenche, Issirvenchas*, xviᵉ siècle (Pau, Châtell. du Périg.).
Patron : saint Blaise.

SERVANTIE (LA), éc. c^{ne} d'Audrix (A. Jud.).

SERVANTIE (LA), h. c^{ne} de Clermont-de-Beauregard.

SERVANTIE (LA), c^{ne} de Saint-Jean-d'Ataux. — *May. de la Sirrantia*, 1439 (Lesp. 95, n° 108).

SERVANTIE (LA), c^{ne} de Saint-Rabier. — *La Serventia*, 1491 (Lesp. Homm.).
Anc. fief (arch. de Pau.)

SERVANTIE (LA), c^{ne} de Tayac. — *Vilatg. de la Sirventia*, 1489 (Philipparie).

SERVANTIE (LA), h. c^{ne} de Vézac. — *La Serventia*, 1492 (Lesp. Homm.).

SERVE (Bos DE LA), terre, c^{ne} de Sainte-Sabine (A. Jud.).

SERVE (GUÉ DE LA)? — *Vadum de la Serva*, xiiiᵉ siècle (Assises de Daglan, condamnation pour n'avoir pas entretenu le chemin public qui mène à ce gué. Lesp. Daglan).

SERVE (LA)? c^{ne} de Fosse-Magne. — *La Serva*, 1367 (Lesp. 27, Auberoche).

SERVE (LA), h. c^{ne} de Montren.

SERVE (LA), habitation, c^{ne} de Saint-Astier. — *Mansus de Vernhia*, 1276 (arch. de Saint-Astier, Châtell. du Périg. 4).

SERVE (LA), h. c^{ne} de Valeuil.

SERVE-D'AMBELLE, h. c^{ne} de Sainte-Croix-de-Mareuil.

SERVEILLAC, h. c^{be} de Coulaures.

SERVELLIE (LA), h. c^{ne} de Saint-Germain-d'Exideuil. — *La Servilie* (E. M.).

SERVELIAS (LAS), bruyère, c^{ne} de Boulouneix (A. Jud.).

SERVOLLE (LA), c^{ne} de Cornille. — 1478 (titres de Chamberlhiac).

SERVOLLE (LA), h. c^{ne} d'Eyzerat.

SESQUIÈRE, terre, c^{on} de Carlux (A. Jud.).

SEVEILLE (LA), h. c^{ne} de Campagnac-lez-Quercy (B.).

SEVCHÈNE (LA), h. c^{ne} de Badefol-d'Ans (A. Jud.).

SEYLIAC, h. c^{ne} de Montagnac-d'Auberoche. — *Seylhac*, 1508 (Lesp. Auberoche). — *Chasteau de Seyliac*, 1745 (Acte not.). — *Ceyliac* (Cassini).

SEYME (LA), h. c^{ne} de Saint-Michel-de-Double.

SEYME (LA), c^{ne} de Thiviers. — Anc. rep. noble, 1503 (Mém. d'Albret).

SEYRERIE (LA), m^{in}, c^{ne} d'Issac. — *La Seyrarie*, 1770 (Acte not.).

SEYROL, h. c^{ne} de Saint-Martin-des-Combes. — *S. Martin-des-Combes ou de Seyrolle* (Lesp. 52).

SEYSIE (LA), h. c^{ne} de Camp-Segret. — *La Seytia*, 1485 (Dives, II, 148).

SEYSIE (LA), m^{in}, c^{ne} de Lisle (A. Jud.).

SEYSIE (LA), h. c^ne de Montclar. — *La Seysie*, 1650 (Acte not.).

SEYSSAC, c^ne de Manzac. — *Saichac*, 1346 (Lesp. 51).

SEYSSAC, h. c^ne de Saint-Aquilin. — *M. de Sessac*, 1278 (Périg. M. H. 2). — *Mas de Seyssac*, 1315 (inv. du Puy-Saint-Astier). — *Cessac (ibid.)*.

SEYZE (LA), ruiss. qui arrose le vallon où se trouvent Campagnac, Camp-Segret, Queyssac, et se jette dans le Caudau près de la Ribeyrie (A. Jud.). — *Rivus de la Soyza* (Liv. Nof. 88).

SEZALARD (LE), terre, c^ne de Bussac (A. Jud.). — *Sezelard*.

SEZALARD (LE), h. c^ne de la Chapelle-Gonaguet (S. Post.).

SEZALARD (LE), h. c^ne de Négrondes (cad.).

SEZANE? c^on de Belvez. — *Feodum de Sezanas*, 1269 (Lesp. 15, Belvez).

SIBEAUMONT, c^ne de Dome. — Anc. rep. noble.

SICAIRE? c^te de Saint-Naixent. — *Sicary, Exsary*, 1490 (O. S. J.).

Chemin séparant la juridiction de Beaumont de celles de Piles et de Saint-Naixent.

SICAIRE (GARENNE DE), taillis, c^ne de la Mongie-Montastruc (A. Jud.).

SICAIRE (GRAND et PETIT), h. c^ue de Champeaux (B.).

SICAUDIE (LA), éc. c^ne de Sendrieux (B.).

SIGALAT, h. c^ne de Sainte-Foy-de-Longa. — 1669 (Acte not.).

SIGALE, éc. c^ne de Saint-Pardoux-d'Issigeac (S. Post.).

SIGALE (LA), h. c^ne de Tocane (B.).

SIGALERIE, éc. c^ne de Douville (S. Post.).

SIGAMENS, h. c^ne de Razac-Eymet (S. Post.).

SIGAUD (LA FONT-), lieu-dit, c^ne de Boulouneix (cad.).

SIGAUDIE (LA), h. c^ne de Sarlande (S. Post.).

SIGEAC, h. c^ne de Saint-Cassien.

SIGEL (LE), éc. c^ne de Badefol-la-Linde.

SIGEREBAS (LE), terre, c^re de Mayac (A. Jud.).

SIGLAND (LE) ou LA CROSE DE GARDONE, c^ne de Saint-Hilaire-d'Estissac. — 1672 (Acte not.).

SIGLANDS (LES), vigne, c^ne de Cantillac (A. Jud.).

SIGNAC, éc. c^ne de Castelnau.

SIGNAGOU ou LIMAGNE, terre, c^ne de Saint-Germain-et-Mons (A. Jud.).

SIGNAL (LE), habit. et m^ie, c^ne de Grives.

SIGNAL (LE), lieu-dit, c^ne de Saint-Laurent-des-Bâtons (A. Jud.).

SIGODIE (LA), lieu-dit, c^ne de Terrasson.

SIGONIAC, h. c^ue de Badefol-la-Linde. — *Sigouniac*, 1272 (Lesp. 47, Molières). — *Sigonias*, xvie siècle. — *Sigougnac* (cad.).

Haute justice cédée par le roi en 1272 à G. de Biron en échange de la justice de Molières. Au xvii^e

siècle, cette justice, haute, moyenne et basse, appartenait au château de la Rue, situé sur la rive droite de la Dordogne (Cte de Larmandie, État des biens du Mis de Longua).

Chapelle (B.).

SIGONIE (LA), h. c^ne de Château-Missier.

SIGONIE (LA), taillis, c^ne de Tursac (cad.).

SIGOULAS, éc. c^ne de Grives (B.).

SIGOULÈS (LE), ch.-l. de c^on, arrond. de Bergerac; réuni à LESTIGNAC. — *Sigolès* (arch. de Pau, Châtell. du Périg.). — *Le Sigoullès*, 1650 (not. de Bergerac).

Patron : saint Jacques; collat. l'évêque.

SILOINE, h. c^ne de Saint-Front-de-Champniers (S. Post.).

SIMAGONE? c^ne de Festalens. — *Lapis communiter vocata Simagona*, 1478 (O. S. J.).

SIMETROLS, c^ne, c^on de Carlux. — *Sanctus Amandus de Simeyrols*, 1053 (Gall. Chr. Eugène III, Sarlat). — *Cimeyrol* (Cassini).

Patrons : saint Côme et saint Damien.

SINARIE (LA), anc. fief, châtell. d'Auberoche (arch. de Pau).

SINEUIL, c^ue de Saint-Sernin-de-l'Herm, c^on de Villefranche-de-Belvez. — Anc. rep. noble avec plusieurs fiefs dans Saint-Sernin et Mazeyrolles.

SINGLE (LE), nom générique des falaises de rochers escarpés contournant les sinuosités de la Dordogne. — *Singulum sive Single*, 1463 (arch. de la Gironde, Bigaroque). — Voy. CINGLE.

SINGLES (LES), taillis, c^ne de Saint-Avit-Rivière (A. Jud.).

SINGLEYRAC, c^ne, c^on d'Eymet. — *Singleyracum* (Lesp. 88, Châtell. d'Eymet). — *Saint Gleyrac*, 1680 (Acte not.).

Patr. l'Assomption.

SINGLOU, h. c^ne de Boulazac.

SINGOLIE (LA), h. c^ne de Trélissac. — *La Saingolie*, 1539 (Dives).

SINHAC, c^ne de Font-Galau. — *Domus de Sinhaco*, 1562 (Philipparie).

SINHAC? — *Turris de Sinhaco prope iter antiquum quo itur de Bello videre versus Montem Domæ*. — *En costa de Sinhac*, 1460 (Philipparie).

SINHAC, forêt. — 1297 (Lesp. Arch. de Sainte-Alvère).

SINSAC, h. c^ne de Nantiat.

SINSOU? c^ne d'Agonac. — *Planchia de Sinso*, 1323 (tit. de Chamberliac, 110).

SINZÈLE, c^ne de Saint-Cyprien. — *Loc. apela Senzelas*, 1462 (Reconn. à l'archev. de Bord.).

Maison dépend. du prieuré de Saint-Cyprien (Communic. de M. de Carbonnier).

SIONNIE (LA), mét. c^ne de Gageac (A. Jud.).

Siorac, c^ne, c^on de Ribérac. — *Syoracum, archip. de Duppla* (pouillé du xiii* siècle).

Patron : saint Pierre-ès-Liens; collat. l'évêque.

Siorac, h. c^ne de Razac-sur-l'Ille. — *Syourac*, 1245 (bulle d'Innocent IV, Ligueux). — *Ciaurac*, 1257 (Périg. M. H. 2).

Prieuré de femmes dép. de Ligueux.

Anc. rep. noble.

Siorac, h. c^ne de Saint-Aubin-d'Eymet. — *Siaurac* (S. Post.).

Siorac, h. c^ne de Villamblard. — Anc. rep. noble.

Siorac, anc. par. c^ne de Villefranche-de-Belvez. — *Sainte-Marie-de-Viel-Sieurac*, 1260 (cout. de Villefranche). — *Eccl. B. Mar. de Siuraco prope Villam Francam, Sarl. dioc.* 1350 (coll. par Clément VI).

Siorac-et-Font-Gauffier, c^ne, c^on de Belvez. — *Syourac*, 1053 (Gall. Chr. Eugène III, Sarlat). — *Sciouracum*, 1143 (cart. de Cadouin, Innocent II). — *Sioracum*, 1197 (cart. de la Sauve). — *Syeracum*, 1283 (Lesp. 46, limites de Dome). — *Ciourac*, 1485 (Lesp. 66). — *Siorac*, 1546 (test. d'Abzac, Lesp. 66). — *S. Pierre de Ciurac*, 1556 (bénéf. de l'év. de Sarlat).

Anc. prieuré. — Patron : saint Pierre-ès-Liens; collat. l'abbé de la Sauve, à qui l'église Saint-Pierre, avec sa chapelle et ses appartenances, fut donnée en 1194 par R., évêque de Périgueux (cart. de la Sauve).

Anc. rep. noble. — *In paroch de Monte-Placentio prope furcas de Sioraco*, 1462 (arch. de la Gir.). Forêt.

Siouze (La), h. c^ne de Ligueux (B.).

Sipierre (La), h. c^ne de Badefol-d'Ans (S. Post.).

Sipierre (La), c^ue de Grignol. — *Pecia terra voc. la Sepieyra*, 1495 (Dives, M.).

Siraudie (La), h. c^ne de Douchapt (B.).

Sireuil, c^ve, c^on de Saint-Cyprien. — *Sirulh* (pouillé du xiii* siècle). — *Sirolhium*, 1528 (Lesp.). — *Sureulh*, 1602 (Acte not.).

Patron : saint Marcel; collat. l'évêque.

Sirgondie (La), h. c^ne de Sengeyrac.

Sirguet, h. c^ne de Monsac. — 1744 (Act. not.).

Sirouze (La), une des branches de la Louire, arrosant le vallon de Pressignac. — *La Siaurege*, 1727 (not. de Mouleydier).

Sitol, lieu-dit, c^ne d'Audrix (cad.).

Sivadal, terre, c^ne de Gabillou (A. Jud.).

Sivastaze (La)? c^oe du Bugue. — *E. la Sivastasa* (cart. du Bugue, xii* siècle).

Siverdenne, lieu, c^ne de Blis-et-Born (A. Jud.).

Sizel, h. c^ne de Badefol-la-Linde (S. Post.).

Snadou, lieu-dit, c^ne d'Urval (cad.).

Sobeyras? c^ne de la Force. — *Nemus Subeyras*, 1330 (ch. Mourcin).

Sol, c^ne d'Ajat. — *Apud Abzacum, in tritured ared*, 1158 (Lesp. Abzac).

Sol (Le), h. c^ne d'Anthiac (S. Post.).

Sol (Le), à Issigeac. — *Actum, apud Issigiacum, in Solario Decani*, 1719 (Lesp.).

Sol (Le), h. c^ne de Plazac.

Sol (Le), h. c^ne de Saint-Astier.

Sol-de-la-Dixme, bruyère et bois, c^ne de Brantôme (cad. sect. C, 305).

Sol-de-la-Dixme, lieu-dit, c^ne de Bouzic (cad.).

Sol-de-la-Dixme, c^ne de Manzac, emplacement dans le village (Communic. de M. Labat).

Sol-de-la-Dixme, emplacement dans l'ancienne Cité de Périgueux, auj. converti en jardin (Antiq. de Vésone, II, 119, 140).

Sol-de-l'Évêque, c^ne d'Agonac. — *Domus confront. cum Solo d^ni Episcopi*, 1320 (titres de Chamberlhiac).

Sol-du-Dixme, lieu-dit, c^ne du Bugue. — *In Solario dicto de Albugia*, 1287 (Lesp. 37, Transaction faite en ce lieu entre Marie, abbesse, et H. de Veyrines).

Sol-du-Dixme, lieu-dit, c^ne de Castel (cad.).

Sol-du-Dixme, terre, c^ne de Chancelade (A. Jud.).

Sol-du-Dixme, c^ne de Trélissac. — 1679 (Dénombr. du Périg.).

Sol-du-Dixme, c^ne de Vic. — 1649 (Reconn.).

Sole-du-Bos (La), éc. c^ne du Fleix (B.).

Soleille? — *Johannes Chassarelli, dom. de Soleilha*, 1498 (Périg. Liv. Jaune).

Soleille (Le Bos-), lieu-dit, c^ne de Queyssac (cad.).

Soleille (Roque-), friche, c^ne de Tursac (cad.).

Soliège (La), terre, c^ne de Saint-Crépin-Carlucet (A. Jud.).

Soliége (La), pré, c^ne de Sergeac (A. Jud.).

Solignac, c^ne de Blis-et-Born. — *Solinhacum*, 1400 (Lesp. 36, Homm.). — *Solinhac*, 1503 (Mémoires d'Albret).

Anc. rep. noble.

Solmanhas? c^ne de Cussac. — *Solmahas* (cart. de l'abb. de Peyrouse). — *Affarium suum de Solmanhas, in par. de Cussac?* 1265 (cart. de Brantôme).

Solminhac, vill. c^ne de Vézac. — *Eccles. de Solminhac*, 1457 (Pap. de Solminhac). — *Solvinhas*, 1471 (Généal. de Rastignac). — *Solvighac*, 1666. — *Soulvignac* (S. Post.).

Anc. rep. noble.

Somenye (La), ruisseau, c^ne de Saint-Paul-Lisone. — *Aqua de la Somenya*, 1460 (O. S. J. Combeyranche).

Sommières, h. c^ne de Saint-Seurin-de-Prats (S. Post.).

Sonegaudie, c^ne de Millac-Nontron. — *Bordaria de Sonegaudie*, xii* siècle (cens dû à Clarol).

SONNEGUYA? c^{ne} de Saint-Paul-Lisone. — *In riperia de Sonneguya*, 1460 (O. S. J. Combeyranche).

SONNERIE (LA), h. c^{ne} de Manzac (Saint-Astier). — *La Sonnaria*, 1494 (Dives, II).

SOPHARAIX, h. c^{ne} de Sarrazac.

SORBIER (LE), c^{ne} de Jaure. — *Maynement del Sorbier*, 1494 (Lesp.).

SORGES, c^{ne}, c^{on} de Savignac-les-Églises. — *Sorges*, *Sorbges*, XIIe siècle. — *Sorbjes*, 1382 (P. V. M.; pouillé de 1399, Lesp.).

Patron : saint Germain.

SORGES, h. c^{ne} du Fleix (A. Jud.).

SORGIE, h. c^{ne} de Saint - Sulpice - d'Exideuil (S. Post.).

SORLIE (LA)? c^{ne} de Saint-Mayme-de-Pereyrols. — *La Sorlia*, 1455 (ch. Mourcin).

SORN, sect. de la c^{ne} d'Ales. — *Portus voc. de Sorn*, 1298 (Lesp. 15). — *Sornium*, 1363 (*ibid.*). — *Sort*, 1480. — *Sors* (B.).

SORS (MOULIN DE), c^{ne} de Paunat (A. Jud.).

SORT, h. c^{ne} d'Eyzerac (S. Post.).

SOT? c^{ne} de Sales-de-Belvez. — *Masus del Sot*, 1462 (arch. de la Gir.).

SOTEL? c^{ne} de Vern. — *Mayn. del Sotel*, 1510 (Reconn. de Labatut, ch. Mourcin).

SOUBARÈDE (LA), vill. c^{ne} de Cone. — *Parochia de Sobareda*, 1385 (Lesp.) : dépendait de la baylie de Gardone. — *La Soulbarede*, paroisse de Compne, 1744 (not. de Faux).

SOUBIE, h. c^{ne} de Menesplet (B.).

SOUBIE, h. c^{ne} de Minzac (A. Jud.).

SOUBIRAC? c^{ne} de Trélissac. — *Mansus de Subirac*, 1350 (ch. Mourcin).

SOUBRENAT, éc. c^{ne} de Douchapt.

SOUCHAUX (LES), vigne, c^{ne} de Valeuil (A. Jud.).

SOUCHEIX, h. c^{ne} de Coulounieix.

SOUCHOUNIE (LA), h. c^{ne} de Boulouneix.

SOUCI (LE), m^{in}, c^{ne} de la Linde. — *Al Soucy*, 1743 (Acte not.).

SOUCQ (LE), éc. c^{ne} de Sales-de-Belvez (B.).

SOUDARDES (LES), nom de la route de Badefol à Thenon (A. Jud.).

SOUDAT, c^{ne}, c^{on} de Bussière-Badil. — *Sousdac* (arch. de Pau, Châtell. de Varaigne).

Patron : saint Augustin.

SOUE (LA), ruiss. qui passe à Granges, Sainte-Orse, Gabillou, Brouchaud, et se jette dans l'Auvezère devant la Bussière-d'Ans. — *Rieu de la Soa* (Reconn. 1510; Lesp. 79). — *Ruisseau de la Soüe*, 1758 (terr. de Vaudre).

SOUFFRIGNAC, h. c^{ne} de Varaigne. — *Soffrinhac* (arch. de Pau, Châtell. du Périg.).

SOUFFRON, habitation, c^{ne} de Fleurac. — *Moulin de Sofronh*, 1277 (Lesp. Limeuil).

SOUFFRON, m^{in}, c^{ne} de Fleurac. — *Larmandie Basse* (Acte not.).

SOUFFRON, h. c^{ne} de Sireuil.

SOUILLAC, c^{ne} de Sainte-Orse. — *Soulhac*, 1758 (terr. de Vaudre).

Anc. rep. noble.

SOUILLAC, h. c^{ne} de Terrasson.

SOUILLAC-SOUS-CABANS, vallon, c^{ne} de Campagne (A. Jud.).

SOUILLELOUBE, lieu-dit, c^{ne} de Sainte-Alvère (cad.).

SOULAGE, h. c^{ne} de Saint-Front-la-Rivière. — *Souslage* (S. Post.).

SOULAGE, h. c^{ne} de la Valade.

SOULALÈVE, h. c^{ne} de Trémolac (S. Post.).

SOULARD, sect. de la c^{ne} de Saint-Michel-l'Écluse (cad.).

SOULAS (LA FON DU), h. c^{ne} de Montclar (S. Post.).

SOULAS (LE), h. c^{ne} de Vic (A. Jud.). — Maison noble *de Soulas*, paroisse de Pressignac, 1746 (Acte not.).

SOULAURES, c^{ne}, c^{on} de Montpazier. — *Solora* (arch. de Pau, Châtell. de Biron). — *Soulore*, XVIIe siècle (Saint-Martial É.).

SOULEILLAC, h. c^{ne} de Siorac (B.).

SOULEILLAL (LE), dom. c^{ne} de Mouzens (cad.).

SOULEILONIE (LA), c^{ne} de la Cropte. — *Factum de la Solelhonia*, 1409 (O. S. J.).

SOULET, bois et éc. c^{ne} de Goust. — *Soletum*, 1246 (Gall. Chr. II, Aubeterre). — *Sollet*, 1530. — *Claux de Soulet*, 1689.

Ancienne comm^{rie} de l'ordre de Saint-Jean-de-Jérusalem et paroisse (O. S. J.).

SOULETS (LES), terre, c^{ne} de Pazayac (A. Jud.).

SOULETY, taillis, c^{ne} de Cadouin (A. Jud.).

SOULIER (LE), h. c^{ne} d'Anlhiac (S. Post.).

SOULIER (LE), ancien repaire noble dans le bourg de Badefol-d'Ans (Lesp. Généal. 58).

SOULIER (LE), h. c^{ne} de Bourg-du-Bost (S. Post.).

SOULIER (LE), c^{ne} du Bugue. — *Mayn. del Solier*, 1464 (Liv. Nof. 17 et 20).

SOULIER (LE), tén. c^{ne} de Daglan. — *Le Souilhié*, 1749 (terr. de Saint-Pompon).

SOULIER (LE), h. c^{ne} de Millac-Nontron (S. Post.).

SOULIER (LE), h. c^{ne} de Razac-sur-l'Ille.

SOULIER (LE), c^{ne} de Ribérac? — *El Solher*, 1550 (Lesp. 52).

Prieuré dénombré dans la châtellenie de Ribérac.

SOULIEU (LE), lieu, c^{ne} de Saint-Laurent-des-Bâtons — Anc. maison noble.

SOULLORIE? c^{ne} de Chantérac. — *Mayn. de Sollouriou* (inv. du Puy-Saint-Astier).

Soullonie, h. c^{ue} de Fontenilles.

Soullonret (Le), ruisseau, c^{ne} de Marsalet. — 1791 (arch. de la Dord. Belvez).

Souloyre ou les Galis, h. c^{ne} de Faux (terr. de Lenquais, 1752).

Soyloyre, fontaine aussi appelée de Souleyré, confr. le chemin de Lenquais à Saint-Aubin, 1771 (arpent. de la seign. de Faux).

Soulvaneyrie (La), c^{ne} de Chantérac (inv. du Puy-Saint-Astier).

Soumeil, éc. c^{ne} de Chourgnac (A. Jud.).

Souaines, h. c^{ne} de Siorac (B.).

Souplezie, h. c^{ne} de Siorac (B.).

Souq? c^{ne} de Sales-de-Belvez. — Moulin del Souq, 1723 (Acte not.).

Sourquerie (La), h. c^{ue} de Pomport.

Sourquier (Le), lieu-dit, c^{ne} de Sainte-Natalène (cad.).

Sourquier (Le), lieu-dit, c^{ne} de Varennes. — Anciennement Peyrols (terr. de Lenquais).

Sourquière (La), lieu-dit, c^{ne} de Paunac (cad.).

Sourquillou, lieu-dit, c^{ne} de Faux. — La Genèbre (terr. de Lenquais).

Sourbane (La)? c^{ne} de Preyssac. — La Sorbana, 1430 (Lesp. 80).

Sourderie (La), h. c^{ne} de Champsevinel. — Pertinentiæ de la Sorbaria, 1496 (ch. Mourcin).

Sourbeyrol, h. c^{ne} de Saint-Astier. — Soubeyrol (inv. du Puy-Saint-Astier).

Sourbeyrol, éc. c^{ne} de Saint-Front-d'Alemps (S. Post.). — Sourbeyrat (A. Jud.).

Sourbeyroux, h. c^{ne} de Besse (B.).

Sourderie (La), éc. et m^{in}, c^{ne} de Sainte-Alvère.

Sourreau (Le), h. c^{ne} de Mont-Caret.

Sourdusac, lieu-dit, c^{ne} de Villac (cad.).

Sourisseau (Le), ruisseau de la Double qui passe à Lesparon et se jette dans la Drone. — Rivus Freguriaut prout descendit de Esparvo et fluit in flumine de la Drona, 1319 (Pièces justif. de la Généal. de Talleyrand).

Sourzac, c^{ne}, c^{on} de Mussidan. — Sanctus-Petrus de Sorziaco, 1080; Sorzac, 1382 (P. V. M.). — Sourzaquii, 1471 (pouillé de Charroux).

Prieuré conventuel dépendant de Saint-Florent, ensuite de Charroux, et ayant haute justice sur la paroisse. — Patron : saint Pierre.

Voy. la Notice de Jouanet sur la c^{ne} de Sourzac (Cat. de la Dordogne).

Soutaudie (La)? c^{on} du Bugue. — La Sotaudia, XIIe s^e (cart. du Bugue).

Soutexa, h. c^{ne} de Grignol.

Soutebrane (Moulin de), c^{ne} de Vanxains (E. M.).

Souterrain (Le)? bois, c^{at} de Fanlac. — Nemus vocatum lo Sosterrain, 1467 (Généal. de Rastignac).

Soyze (La)? ruisseau, c^{ne} de Queyssac. — Rivus de la Soyza (Liv. Nof. 88). — Voy. Seyze (La).

Soyzial, c^{ne} de Vielvic. — Mansus de Soysials sive del Ruffenc, 1459 (arch. de la Gir. Belvez).

Sperouta, éc. c^{ne} d'Issigeac. — Speyrouta (S. Post.).

Speroutal, h. c^{ne} d'Urval (B.).

Sperris (Les), h. c^{ne} de Palayrac. — Autrement Perris (A. Jud.).

Spinguelèbre, éc. c^{ne} de Prigonrieu (S. Post.).

Spolieyras? h. c^{ne} de Sainte-Aulaye. — Maynam. de Spolieyras, 1326 (Reconn. de Lamberta, arch. de la Gir.).

Stalavare, h. c^{ne} de Mandacou.

Strade, c^{ne} de Faux, ténem. des Roches, anc. Lestrades-Buquarel, 1771, confronte, au nord, au chemin d'Issigeac à Lenquais et au chemin de Bergerac à Beaumont (arpent. de la seigneurie de Faux). — Voy. Estrade (L'), Lestrade.

Strade, c^{ne} de Montren. — Terra contigua strate publice, 1278 (Lesp. 81, pièce 36).

Strade, h. c^{ne} de Sainte-Radegonde.

Subrane, c^{ne} de Bruc. — Tenentia de Subranas, 1471 (Dives, I, 72).

Possédé par le chap. de Saint-Étienne de Périgueux.

Subuquayre? c^{ne} de Saint-Astier. — Mas Subuquayrenc par. de Saint-Astier (inv. du Puy-Saint-Astier).

Suc (Le), h. c^{ne} de la Canéda (S. Post.).

Suc (Le), h. et m^{in}, c^{ne} de Monbos.

Suchenie (La), h. c^{ne} de Boulouneix (S. Post.).

Suchet, h. c^{ne} de Boulazac (S. Post.). — Lo Suchet de Charrieyras, 1322 (une des limites de la jurid. de Périg.).

Suchou (Le), h. c^{ne} d'Azerat (A. Jud.).

Sucotet, h. c^{ne} de Besse. — Sucatel (Antiq. de Vés. Supplém.)

Forge gauloise. Enceinte circulaire de 12 blocs de grès ferrugineux, la 13e dans le centre. Bloc branlant, briques romaines, meules à bras, trace de voie antique se dirigeant sur Cahors (le Périg. ill.).

Sudon? c^{ne} de Trélissac. — Mansus voc. Sudor, in par. de Trelhissaco, 1364 (ch. Mourcin).

Sudrac, h. c^{ne} de Notre-Dame-de-Sanilhac.

Sudret (Bois de), lieu-dit, c^{ne} de Négrondes (cad.).

Sudrial (Al), lieu-dit, c^{ne} de Sireuil (cad.).

Sudrie (La)? c^{ne} d'Agonac. — La Sudria, 1378 (tit. de Chamberlhiac, 220).

Sudrie (La), éc. c^{ne} de Boulouneix (S. Post.).

Sudrie (La), h. c^{ne} de Bourrou. — Anc. rep. noble.

Sudrie (La), h. c^{ne} de la Chapelle-au-Bareil.

Sudrie (La), lieu-dit, cⁿᵉ de Château-l'Évêque (A. Jud.).

Sudrie (La), cⁿᵉ de Cherval (O. S. J.).

Sudrie (La), h. cᵇᵉ de Cubjac. — *La Sudia*, 1503 (S. Post.).

Sudrie (La), h. cⁿᵉ de Doissac. — *Mansus de la Sudria*, 1459 (arch. de la Gir.). — *La Sudetie* (B.).

Sudrie (La), cⁿᵉ de Faux. — *Village des Bories*, anciennement appelé *Mas de Sudrie* et *la Dourgne*, 1771 (arpent. de la seign. de Faux).

Sudrie (La), h. cⁿᵉ de Ladornac.

Sudrie (La), h. cⁿᵉ de Saint-Étienne-le-Droux.

Sudrie (La), h. cⁿᵉ de Sainte-Foy-de-Longa. — 1679 (Acte not.).

Sudrie (La), cⁿᵉ de Saint-Jean-d'Estissac. — *Tenentiæ de la Sudria*, 1498 (Dives, II, 38).

Sudrie (La), h. cⁿᵉ de Saint-Julien-de-Crempse. — *La Suderie*, 1743 (Acte not.).

Sudrie (La), h. cⁿᵉ de Salon.

Sudrie (La), lieu-dit, cⁿᵉ de Sourzac. — *Locus dictus Turris de la Sudrie*, 1302 (accord entre le prieur de Sourzac et le seigneur de Mussidan : Lesp. 47).

Sudrie (La), lieu-dit, cⁿᵉ de Tursac. — Autrement *Boulon-Bas* (cad.).

Sudrie (La), h. cⁿᵉ de Villac (S. Post.).

Sudrie (La), éc. cⁿᵉ de Villefranche-de-Belvez.

Sufferte, cᵇᵉ de Grignol. — *Locus dictus Sufferta*, 1490 (Dives, II, 62).

Sufferte (La), cⁿᵉ de Vanxains. — *La Sufferte*, 1557 (invent. de Ribérac).

    Anc. rep. noble.

Suquet (Le), éc. cⁿᵉ de Carlux (cad.).

Suquet (Le), h. cⁿᵉ du Coux. — *El Suquet*. 1279 (Lesp. Limeuil).

    Anc. rep. noble.

Suquet (Le), h. cⁿⁿ de Saint-Martin-de-Fressengeas (S. Post.).

Suquet (Le), h. cⁿᵉ de Sainte-Sabine.

Suquet (Le), éc. cⁿᵉ de Tanniès.

Suquet (Le), h. cⁿᵉ de la Vayssière.

Suquette (La)? cⁿᵉ de Saint-Vincent-de-Paluel. — *Prati voc. de la Souqueta* (arch. de Paluel).

Suquette (La), h. cⁿᵉ de Veyrines-Dome (B.).

Surgeat, ténem. cᵘʳ de Gabillou. — 1758 (terr. de Vaudre).

T

Tabardine, éc. cⁿᵉ de Montbazillac (A. Jud.).

Tabary, h. cⁿᵉ de Saint-Martial-d'Albarède (A. Jud.).

Tabaterie, h. cⁿᵉ de Boulouneix.

Tabathe (La), dom. cⁿᵉ de Saint-Paul-de-Serre (A. Jud.).

Taboissie (La), h. cⁿᵉ de Rouffignac.

Taboissie (La), h. cⁿᵉ de Sendrieux. — *Mas de las Taboyssias; Las Taboussias*, 1521 (Chron. du Périg. II, 122).

    Anc. fief dép. du chap. de Saint-Front.

Taboury, h. cⁿᵉ de Millac-d'Auberoche.

Taboury, h. cⁿᵉ de Saint-Pardoux-de-Belvez (B.).

Tabure, terre, cⁿᵉ de Manaurie (A. Jud.).

Tache (La), h. cⁿⁿ de Carsac-de-Carlux. — Anc. rep. noble.

Tache (La), h. cⁿᵉ de Marquay (A. Jud.).

Tache (La), sect. de la cⁿᵉ de Prats-de-Carlux (cad.).

Tache (La), h. cⁿᵉ de Vaunac. — *Mans. de Tapcha*, 1460 (O. S. J.).

Tacurie (La), cᵒⁿ de Montignac. — *Domus de Tacuria*, 1365 (Lesp. 26, Homm. à Montignac).

Taffarendes (Les)? cⁿᵉ de Sorges. — *Bordaria voc. de las Taffarandas*, 1487 (tit. de Chamberlhiac, 20).

Tages, h. cⁿᵉ de Saint-Avit-Rivière.

Tagniès, h. cⁿᵉ de Fleurac.

Taillade (La), cⁿᵉ du Coux, à la Brunie. — *Mansus de la Talhada*, 1463 (arch. de la Gir. Bigaroque).

Taillades (Les), lieu-dit, cⁿᵉ de Ladornac.

Taillades (Les), anc. grand chemin, cⁿᵉ de Montpazier.

Taillefer, h. cⁿⁿ de Belvez.

Taillefer, anc. maison noble au château de Grignol, entre les maisons Raymondencha et de Veirinis, 1318 (Lesp. Grignol).

Taillefer, anc. mét. et mⁱⁿ, cⁿᵉ de Manzac. — *Boaria Talhaffer*, 1457 (Dives). — *Boaria Talhaferencha*, *Talhefer* (Lesp. 53).

    Fief relevant de Grignol, au vill. de la Couture. Vieux chemin ainsi nommé.

Taillefer, cⁿᵉ de Montren. — *Terra del Pomier Talhafer*, 1464 (Lesp. 53).

Taillefer, h. cⁿᵉ de Paussac (S. Post.).

Taillefer, anc. porte de ville et rue à Périgueux. — *Tailafer*, xiiiᵉ siècle (reg. de la Charité). — *Porta de Talhafer, carreria de Talhafert*, 1483 (Recueil de titres).

Taillefer, lieu-dit, cⁿᵉ de Saint-Vincent-de-Cosse (cad.).

Taillefer (Clos de), éc. cⁿᵉ de Douzillac (cad.).

TAILLEFERIE (LA), h. c⁰ᵉ de Marquay, 1362. — Anc. rep. noble ayant haute justice dans Marquay (Alm. de Guy. 1760).

TAILLEFERIE (LA), c⁰ᵉ de Saint-Léon-sur-l'Ille. — Bordaría de la Tailhafferia, 1486 (Lesp. 84, n° 32).

TAILLEFERIE (LA), h. c⁰ᵉ de Tocane. — Maynam. de Talhaffer, 1342 (ch. Mourcin). — La Tailheferie (Reconn. 1524, ch. Mourcin).

TAILLEPETIT, h. c⁰ᵉ d'Anesse. — Moulin de Tallepetit, 1480 (inv. du Puy-Saint-Astier).

TAILLEPETIT, vill. c⁰ᵉ de Sainte-Orse. — Talapetit, 1150. — Tallapetit, 1181 (Lesp. 36, Dalon). — Talhepetit, 1621 (O. S. J.).
    Anc. maison conv. dépend. de l'abb. de Dalon.

TAILLERIE (LA), dom. c⁰ᵉ de Montagnac-la-Crempse (A. Jud.).

TALABOT, h. c⁰ᵉ d'Issac.

TALABOT, h. c⁰ᵉ de Sourzac.

TALAIS (LES), h. c⁰ᵉ de Saint-Aubin-de-Cadelech.

TALAPAVE, c⁰ᵉ de Belvez? — Grangia de Talapave, 1209 (cart. de Cadouin). — Domus de Talhiapavo, filiola Cadunii, 1250 (Lesp. 46).

TALET (LE), c⁰ᵉ d'Ajat.

TALET (LE), c⁰ᵉ de Brantôme, 1474 (Lesp. 79). — Possession de l'abb. de Brantôme.

TALET (LE), lieu-dit, c⁰ᵉ de la Linde. — Tallet (cad.).

TALET (LE GRAND-), bois de 54 hect. c⁰ᵉ de Beaurone. — Tallet (cad.).

TALEYRANDIE (LA), h. c⁰ᵉ de Sengeyrac. — La Taleirandje, 1687 (Acte not.).
    Anc. rep. noble.

TALISSAC, mᵉ, c⁰ᵉ de Sarlat (A. Jud.).

TALOCHES (LES), h. c⁰ᵉ de Saint-Raphael.

TALONIÈRES (LES)? terre, c⁰ᵉ de Vandoire. — Talonerii, apud fontem Borsiaci, 1090 (cart. de Saint-Jean-d'Angély). — Talounieres, 1650 (arpent.).

TALUFFES (LES), éc. c⁰ⁿ de Saint-Sulpice-de-Roumagnac (B.).

TALUSSAC, h. c⁰ᵉ de Saint-Pierre-de-Cole (S. Post.).

TAMAGNE (LA), h. c⁰ᵉ de Preyssac (B.). — Mayn. de la Tamanye sive de la Latte, 1650 (terr. de la Roche-Pontissac).

TAMARELLE, h. c⁰ᵉ de Saint-Astier. — Mayn. de Tamarelle, 1520 (inv. du Puy-Saint-Astier).

TAMAROT, sect. de la c⁰ᵉ de Saint-Michel-l'Écluse (cad.).

TAMISERIE (PETITE·), éc. c⁰ᵉ de Château-l'Évêque (A. Jud.).

TAMISIER, h. c⁰ᵉ de Bussac (B.).

TAMPLIE (LA), c⁰ᵉ de Coulounieix. — 1679 (Dénombr.).

TANDINERIES (LES), h. c⁰ᵉ de la Chapelle-au-Bareil (B.).

TANNIERS, c⁰ᵉ, c⁰ⁿ de Sarlat. — Tanaie, 1273 (Coll.

de Lenquais, homm. de Mons). — Tanerii, 1360 (Lesp. 88, Châtell. de Comarque). — Taneys, 1556 (panc. de l'év.). — Priorat. de Taveriis (collat. de Clément VI). — Maison priorale de Tanniers, xviiᵉ siècle (Tarde, Hist. du Sarladais). — Tanniers (Cassini). — Tamniers (Cad. adm.).
    Prieuré de l'ordre de Saint-Benoît. — Voc. Saint-Cybard.

TARADE (LA), éc. c⁰ᵉ de Sarrazac (A. Jud.).

TARAVAN (LE), h. c⁰ᵉ de Millac-Nontron (S. Post.).

TARAVELLOU (LE), ruiss. qui prend sa source auprès du village de Font-Vive, c⁰ᵉ de Naillac, et se jette dans le Manoire.

TARDIVE (LA), c⁰ᵉ de Léguillac-de-Lauche. — 1514 (inv. du Puy-Saint-Astier).

TARDOIRE (LA), petite rivière qui sort du dép' de la Haute-Vienne: elle n'entre pas dans celui de la Dordogne, mais sert de limite à l'arrond. de Nontron, à l'ouest, depuis Vaux jusqu'au-dessous de Bussière-Badil, où elle passe dans le dép' de la Charente. — Tardopera (Papir. Masson, Fleuves de France). — Tardouère (Statist. de l'Angoumois).

TARNAC (LE), taillis, c⁰ᵉ de Minzac (A. Jud.).

TARNA, h. c⁰ᵉ de Vanxains (B.).

TARNIÉRAS, éc. c⁰ᵉ de Génis (A. Jud.).

TASTE (LA). — Boaria de la Tasta, 1238 (Donat. à Cadouin, Lesp. 38)?

TASTEGOT, h. c⁰ᵉ de Mortemar. — Tastegord, 1666 (O. S. J.).

TATINIE (LA), c⁰ᵉ de Montignac-sur-Vézère. — Anc. fief (arch. de Pau).

TAVERNAT, éc. c⁰ᵉ de Douville (A. Jud.).

TAVERNERIE, h. c⁰ᵉ de Carsac (B.).

TAVERNES (LES), h. c⁰ᵉ de Cornille (B.).

TAU (LE), h. c⁰ᵉ de Saint-Laurent-de-Castelnau.

TAU (LE), h. c⁰ᵉ de Villamblard.

TAUDOU, h. c⁰ᵉ de Saint-Sernin-Issigeac (A. Jud.).

TAUFFIÈRES, h. c⁰ᵉ de Brassac. — Truffieras, 1496 (Périg. M. H. 41, n° 1).

TAULARIE? c⁰ᵉ de Lusignac. — Mayne de Taularia, 12.. (terr. de l'O. S. J.).

TAULIÈRE (LA), lieu-dit, c⁰ᵉ de la Mongie-Saint-Martin. — 1675 (Acte not.).

TAUNA, lieu, c⁰ᵉ de Saint-Astier. — Mas de Tauna, 1400 (Homm. au duc d'Orléans).

TAUTAL, h. c⁰ᵉ de Loubéjac.

TAUZY (LE), h. c⁰ᵉ de Saint-Privat (B.).

TAY (LE), lieu-dit, c⁰ᵉ de Festalens (cad.).

TAY (LE), métairie, c⁰ᵉ de Lenquais. — Anciennement la Vayssière, 1760 (terr. de Lenquais).

TAYAC, c⁰ᵉ, c⁰ⁿ de Saint-Cyprien. — A Taiac, ubi sunt 15 monachi, xiiᵉ siècle (Lesp. Paunac).

Prieuré conventuel dépend. de Saint-Martial de Limoges et à la nomination de l'abbé de Paunac.

Voc. Saint-Martin.

Anc. rep. noble, avec justice sur Tayac, 1760 (Alm. de Guy.).

TAYAC, h. cⁿᵉ de Calviac. — *Stagnum de Tayat*, 1455 (arch. de Fénelon). — Probablement le *Stagnum Calabrum* : voy. CALABRE (ÉTANG DE).

TAYARD, lieu, cⁿᵉ de Saint-Antoine-d'Auberoche.

TAYSSE (LE), taillis, cⁿᵉ de Marcillac (A. Jud.).

TEIL (LE), dom. cⁿᵉ de Boisseuil.— *Le Theil* (A. Jud.).

TEIL (LE)? cⁿᵉ de Chantérac. — *Le Teilh*, 1540 (inv. du Puy-Saint-Astier).

TEIL (LE), h. cⁿᵉ de Jayac (B.).

TEIL (LE), h. cⁿᵉ de Soulaure (B.).

TEILLADES (LES), h. cⁿᵉ de Marquay.

TEILLOTS (LES), cⁿˢ, cᵒⁿ d'Hautefort. — *Tellol.*, 1114 (cart. de Dalon).

Voc. la Nativité de la sainte Vierge ; collat. l'abbé de Dalon.

TEINDEIX (LE), h. cⁿᵉ de Jumillac (A. Jud.).

TEMNIAC, sect. de la cⁿᵉ de Sarlat. — *Tempniacum*, 1305 (Gall. Chr. Union au monastère de Sarlat). — *Tempnhacum*, 1397 (Lesp. Hôtel de ville de Sarlat). — *Entegnacum*, 1556 (bénéf. de l'évêché de Sarlat).

Prieuré érigé par Clément V.

Voc. Sainte-Marie. — Pèlerinage.

Repaire noble acheté au IXᵉ siècle au comte de Périgord par l'abbé de Sarlat et ayant haute justice sur Temniac, Alas et Campagnac, 1760 (Alm. de Guy.).

TEMPLAT, éc. cⁿᵉ de Lavaur (B.).

TEMPLE (FORÊT DU), cⁿᵉ de Saint-Paul-la-Roche. — 1494 (O. S. J.).

TEMPLE (LE), h. cⁿᵉ de Bertric (S. Post.). — *Le Temple Pontarel* (O. S. J.).

TEMPLE (LE), cⁿᵉ de Champagne. — *Terra voc. del Temple*, 1463 (O. S. J.).

TEMPLE (LE), éc. cⁿᵉ du Grand-Brassac.

TEMPLE (LE), pièce de terre n° 710, cᵉ de Pomport (A. Jud.).

TEMPLE (LE), dans la forêt de la Roche-Beaucourt (B.).

TEMPLE (LE), h. cⁿᵉ de la Rouquète-Eymet.

TEMPLE (LE), h. près de Saint-Avit-de-Moiron, cᵘᵉ de Gardone.

TEMPLE (LE), cⁿᵉ de Saint-Jean-de-Cole (cad.).

TEMPLE (LE), h. cⁿᵉ de Saint-Martial-de-Viveyrol.

TEMPLE (LE), h. cⁿᵉ de Saint-Paul-de-Chassagne.

TEMPLE (LE), h. cⁿᵉ de Saint-Paul-la-Roche. — *Præceptoria de rupe Sancti-Pauli*, 1373 (Lesp. O. S. J.).

TEMPLE (LE), éc. cⁿᵉ de Sencenac.

TEMPLE (LE), cⁿᵉ de Sergeac. — *Fasio Templi*, 1304 (O. S. J.).

Une des limites de la commⁿⁱᵉ de Sergeac.

TEMPLE (LE), éc. cⁿᵉ de Siorac, dans la Double (S. Post.).

TEMPLE (LE), h. cⁿᵉ de Verteillac.

TEMPLE (LE VIGNOU-DU-), pièce de terre, cⁿᵉ de Cherveix (A. Jud.).

TEMPLE (MAS DU), cⁿᵉ de Saint-Pierre-de-Cole. — 1460 (O. S. J.).

TEMPLE-LA-GUYON (LE), cⁿᵉ, cᵒⁿ d'Hautefort. — *Domus de Lagueos*, 1252 (Lesp. 25, Tourtoirac). — *Preceptoria Templi de Laqueo*, 1373 (Lesp. O. S. J.). — *Le Temple de Layguion, autrement le Secq*, 1662 (O. S. J.).

Maison de l'ordre du Temple, dépendant de la commⁿⁱᵉ d'Arsins, en Bordelais, 1551 (arch. de la Gir. inv. 1640).

Voc. Saint-Jean-Baptiste.

TEMPLE-DE-L'EAU (LE), sect. de la cⁿᵉ de Cherveix. — *Le Temple de l'aygue-Saint-Martial*, 1551. — *Saint-Blaise-du-Temple-de-Laygue*, 1662 (O. S. J.). — *Le Petit Temple* (Pau, Châtell. d'Hautefort).

Église annexe du Temple-la-Guyon.

TENAILLE, h. cⁿᵉ de Tenchoux.

TENCHOUX, h. cⁿᵉ de Vaunac. — *Bordaria de Tenchos*, 1325 (tit. de Chamberlhiac). — *Mas deux Tenchous*, 1460 (O. S. J.).

Dép. de la commⁿⁱᵉ de Puy-Martin.

TENDOUX, h. cⁿᵉ de Saint-Front-de-Pradoux (cad.).

TENDRIER (LE), terre, cᵗᵉ de Valeuil (A. Jud.).

TENILLERAS, lieu-dit, cⁿᵉ de Ville-Dieu (A. Jud.).

TENTALOUX, h. cⁿᵉ de Mensignac.

TENTEILLAC, h. cⁿᵉ de Bourg-de-Maisons.

TENTENARIES (LES), cⁿᵉ de Négrondes. — *Mayn. de las Tentenarias*, 1478 (tit. de Chamberlhiac).

TEOLET, anc. dioc. de Périgueux, auj. du dépᵗ de la Charente. — *Terra deu Tillet* (cart. de la Sauve, p. 100).

TEOLET, cⁿᵉ de Saint-Martin-des-Combes. — *Tenem. del Teolet*, 1329 (Périg. M. II. 2).

TÉNANSON (LE), ruisseau qui se jette dans la Vézère au mⁱⁿ de la Queyrelie, cⁿᵉ de Valojouls.

TERIOL (LE), lieu-dit, cⁿᵉ de Belvez (cad.).

TERME (LE), h. cⁿᵉ de Montbazillac.

TERME DE BOURDEILLÈTE, cⁿᵉ de Bourdeilles. — *Sol term de Bordelheta*, XIIIᵉ siècle (Recette O. S. J.).

TERME DE L'ÉGLISE, taillis, cⁿᵉ de Saint-Avit-Rivière (A. Jud.).

TERME DE LEYDE (AL), cⁿᵉ de Saint-Germain-et-Mons, 1763 (terr. de Lenquais).

TERME ROUGE? cⁿᵉ de Saint-Léon-sur-Vézère. — *Terminus Rubeus*, 1303 (O. S. J. Sergeac).

Dordogne.

41

TERMON, h. c^ne de Chatres (cad.).

TERRAIL (LE), éc. c^ne d'Angoisse (B.).

TERRAIL (LE), h. c^ne de Sainte-Orse (S. Post.).

TERRASSE (LA), h. c^ne du Bugue.

TERRASSE (LA), c^ue de Chantérac. — *A las Terrassas.*
1455 (inv. du Puy-Saint-Astier).

TERRASSON, ch.-l. de c^on, arrond. de Périgueux. —
Monasterium Sancti-Suris, vocabulo Gendia, 940
(charte du comte Bernard, Estiennot). — *Gerediæ*
(même charte, Mabillon et Baluze). — *Genoliacum*
(même charte, cart. de la Réole). — *Terrazun* (cart.
du Vigeois). — *Terracio,* 1074 (Lesp. 55, cart.
d'Uzerche). — *Castrum Terrassonense,* 1101 (Geoff.
du Vigeois). — *Terracina,* 1102 (Chr. Saint-Martial). — *Terrassos* (pouillé du xiiie siècle). — *Terrasson,* 1251 (test. de Raymond VI, vicomte de
Turenne). — *Prepositura Sancti-Juliani Terrassi-
nensis* (collat. par Clément VI). — *A Muron,* monastère connu sous le nom de *Terracine,* à 4 lieues de
Sarlat (extrait d'un manuscrit cité dans Capefigue :
Invasion des Normands).

.Abbaye de l'ordre de Saint-Benoît.

La juridiction de l'abbaye s'étendait sur les villages de la Chapelle-Mouret, Chartrier, Chavagnac,
Condat, Ferrières, la Feuillade, Grèzes, Ladornac,
Nadaillac et Pazayac (Homm. de 1363 au vicomte
de Turenne; Vie de saint Sour, p. 324).

Vocable de la paroisse : Saint-Sour. — Chapelle
Saint-Julien.

Anc. repaire noble relevant, au xive siècle, de la
châtell. de Larche; au xvie, il avait haute justice sur
Terrasson et Montmége.

TERRASSONIE (LA), h. c^ne de Chancelade. — *La Ter-
rassonia* (cart. de Chancelade).

TERRASSONNIE (LA), c^ne de Lempzours (S. Post.).

TERRE-DIEUX (LES), h. c^ne de Saint-Avit-Sénieur.

TERRELHENC? c^e d'Issac. — *Mansus vocat. Terrelhenc,*
1286 (Périg. M. H. 9,138, Grignol).

TERRES-VIEILLES (LES), c^ne d'Ajat-de-Thenon.

TERRIER (LE), l'un des anciens quartiers de la ville de
Bergerac. — *Furnus Terrerii* (Liv. N.).

TERRIEBAS, bruyère, c^ne d'Auriac-Montignac (A. Jud.).

TERRIÈRE (LA), h. c^ne de Cabans (B.).

TERRIÈRE (LA), lieu-dit, c^ne de Marquay (cad.).

TERRIÈRE (LA), lieu-dit, c^ne de Paunac (cad.).

TERRIÈRE (LA), c^d de Saint-Cyprien. — *À la Terrieyra,*
1462 (Philipparie).

TERRIÈRES (LES), lieu-dit, c^ne de Marsac (A. Jud.).

TERRIÈRES (LES), lieu-dit, c^ne de Sainte-Alvère (cad.).

TERSAC, c^ne de Saint-Just. — *Mayn. de Terssac,* 1324
(coll. de Lenquais). — *Tersac,* 1650 (Acte not.).

TERSAT, h. c^ne de Corgnac.

TERTRE-NÈGRE (LE), lieu, c^ne de Lolme.

TERUSCLES (LES), h. c^ne de Vic.

TESTAGOT, éc. c^ne de Sendrieux. — Altitude : 205 mèt.

TÊTE-NOIRE, h. c^ne de Mont-Caret.

TEUDAS (LAS), lieu-dit, c^ne de Douzillac (cad.).

TEUDAS (LAS), c^ne de la Mongie-Montastruc. — *Mol.
de las Teudas* (m^in sur le Caudau).

TEUDAS (LAS), c^re de Périgueux. — *A las Teudas,* sur
les bords de l'Ille, 1247 (reg. de la Charité).

TEUDAS (LAS), c^ne de Saint-Pompon (terr. de Saint-
Pompon).

TEUDAS (LAS), m^in détruit, c^ne de Varennes. — *Molendinum de las Teudas,* 1373 (assises de Lenquais).

TEULA (LA)? c^ne de Saint-Astier. — *Mansus de la
Teula,* 1255 (Lesp. 34, arch. de Saint-Astier).

TEULADE (LA), c^ne de Campagne. — *Mansus de la Teu-
lada, Teuleda,* 1463 (arch. de la Gir. Bigaroque).

TEULADE (LA), c^ne de Saint-Cir.

TEULADE (LA), h. c^ne de Saint-Marcory. — Fief (Homm.
1608).

TEULAR? c^ne de Celle. — *Maynament. de Theular,* 1455
(ch. Mourcin).

TEULET, h. c^ne d'Exideuil (S. Post.).

TEULET, lieu, c^ne de Saint-Martin-des-Combes. — *El
Teolet,* 1329 (Périg. M. H. 41,41).

TEURAT, h. c^ne de Neuvic. — *Crux de Teurat,* 1099
(don de Neuvic à Saint-Astier). — *Teorat,* 1373
(Périg. M. H. 41, 5). — *Theora* (plaque de la
grande route de Périgueux).

TEVENIES (LES), h. c^ne de Vézac (B.).

TEYCHAUDERIE (LA)? c^ne de Campagne. — *La Teychauderie,* 1327 (Lesp. 65).

TEYJAC, c^ne, c^ne de Nontron. — *Teygacum,* 1365 (Lesp.
88, Châtell. de Nontron). — *Teygat,* xvie s^e (arch.
de Pau. Dépend. de la justice de Bourdeix).

Voc. Saint-Pierre-ès-Liens.

TEYRAC, h. c^ne de Sencenac (S. Post.). — *Teyrol.*
Anc. rep. noble.

TEYSSENAT, h. c^ne de Terrasson (cad.). — Anc. rep.
noble.

TÉZAC, sect. de la c^ne de Meyral (cad.).

THÈBES (BORIE-DE-), métairie, c^ne de Monsac (B.). —
Borie de Theves (terr. de Lenquais).

THÈBES (BORIE-DE-), éc. c^ne de Saint-Pardoux-Issigeac
(S. Post.).

THÉNAC, c^ne, c^on du Sigoulès. — *Sanctus-Martinus de
Athenaco; Atenac, Atenach, Atenag,* 1109 (cart. de
la Sauve).

Prieuré fondé en 1109.

Voc. Saint-Martin.

THÉNAC, domaine, c^ne de Gageac.

THÉNAC, c^ns de Rouillas. — *Tenach, Atenac, Tenac,*

1117 (cart. de Sainte-Marie de Saintes). — *Tenacum*, 1364 (Lesp. 51, Sendreux).

Anc. rep. noble.

THENON, ch.-l. de c^on, arrond. de Périgueux. — *Teno*, 1197 (cart. de Dalon). — *Theno* (pouillé du XIIIe siècle).

Ville close.

Anc. repaire noble qui dépendait anciennement de la châtell. d'Hautefort. En 1760, il avait haute justice sur la ville et partie d'Azerat.

Voc. Saint-Martial; collat. l'abbé de Saint-Amand-de-Coly.

Armes : *d'azur à un arbre de sinople, accosté de deux fleurs de lys d'or* (Chroniq. du Périgord).

THEOBON, h. c^ne de Montfaucon (S. Post.).

THEOBON (FORÊT DE), continuation de la forêt de Puy-Guilhem.

THÉORELIE (LA), c^ne de Saint-Géraud-de-Corps. — *Lo Maine de la Theorelia*, 1589 (Périg. M. H. 9, 138).

THEULET, h. c^ne de Saint-Laurent-des-Vignes; vignoble, deuxième cru de vin de Montbazillac. — *Vig. deu Taullet*, 1690 (Cte de Larmandie, v^e cahier).

THEVERY? c^ne de Vaunac. — *Mans. deu potz Thevery*, 1460 (O. S. J.).

THIAC, h. c^ne de Nanteuil-de-Bourzac. — Anc. rep. noble.

THIMEL (LE), c^ne de Saint-André-Alas. — Anc. rep. noble.

THIVIERS, ch.-l. de c^on, arrond. de Nontron. — *Vicus de Tiverio*, 1212 (cart. de Dalon). — *Tiborium* (pouillé du XIIIe siècle).—*Tyviers*, 1675 (Acte not.).

Siége d'un archiprêtré, composé des paroisses de Chalais, Corgnac, Eyzerat, Firbeix, Jumillac, Ligueux, Mialet, Nanteuil, Nantiac, Négrondes, Saint-Front-d'Alemps, Saint-Germain-du-Bost, Saint-Jory, Saint-Jory-las-Bloux, Sainte-Marie-de-Frugie, Saint-Paul-la-Roche, Saint-Pierre-de-Frugie, Saint-Priest-les-Fougères, Saint-Sulpice-d'Exideuil, Sarliac, Sarrazac, Savignac-les-Églises, Sorges, Thiviers (État des paroisses, 1732).

Thiviers dépendait, au XIVe siècle, de la châtellenie d'Exideuil. Cette ville avait le titre de prévôté et la justice s'étendait, au XVIe siècle, sur Corgnac, Eyzerat, Nanteuil, Saint-Jory, Savignac et Thiviers en partie (arch. de Pau, Rôle des paroisses du Périgord par châtellenies).

Ville close.

Le château de Pelisses était situé sur la place, en face de l'église Sainte-Marie, et le château de Vaucocourt était au-dessous.

Voc. l'Assomption.

THOLOSANE (LA), c^ne de Molières. — *Locus dictus à la*

Tholosana, Tholosanna, 1460 (arch. de la Gironde, Belvez).

THOLOSANIE (LA), c^ne de Font-Galau. — *Mansus de la Tholosania*, 1459 (arch. de la Gir. Belvez).

THOMAS (LES), h. c^ne de Grand-Castang. — *Ten du Repaire*, autrement *las Toumas*, 1680 (Acte not.).

THON (LE), dom. c^ne de Bezenac. — Anc. fief.

THONAC, c^ne, c^on de Montignac. — *Thonacum*, 1382 (P. V. M.). — *Tonnacum*, 1411 (Lesp. Saint-Amand-de-Coly).

Voc. Saint-Pierre-ès-Liens; collat. l'abbé de Saint-Amand-de-Coly.

THOUARS, éc. c^te d'Agonac (B.).

THOULES, c^ne de Bassillac. — *Maynament. de Thoules*, 1455 (ch. Mourcin).

TIAC, h. c^ne de Saint-Sébastien.

TIBBLE (LE), c^ne de Combeyranche. — *Tenance de la comm^rie*, 1689 (Arpent.).

TIBRE (LE), ruiss. qui sort de la fontaine du Picateur, c^ne d'Eymet, et se jette dans le Drot en passant au nord du château de cette ville. Il avait donné son nom à l'une des portes et à la rue qui traverse la place de l'Église.

TIC (LE), h. c^ne de Vic (A. Jud.).

TIEYRE (LA), c^ne d'Atur. — *Mayn. de la Tieyra*, 1450 (Liv. Jaune de Périgueux).

TIGNAGUE (LA), taillis, c^ne de Belvez (cad.).

TILHETS (LES), h. c^ne des Lèches (A. Jud.).

TILLET (LE), h. c^ne d'Église-Neuve. — 1724 (Acte not.).

TILLEULS (LES)? c^ne de Vallereuil. — *Tenementum dels Tilhols* (Lesp.).

TINEL, éc. c^ne de Saint-André-Alas (B.).

TIRACUL, aux environs de Périgueux? — *Podium de Tiracuol*, 1286 (Rec. de titres, 103).

Une des limites de la juridiction de Périgueux.

TIRADOUYRE, h. c^ne de Savignac-de-Miremont (S. Post.).

TIRAUDIE (LA), h. c^ne de Monbos.

TIREGAN, château, c^ne de Creysse. — Altitude au pavillon : 61 mètres.

TIREGAN, domaine, c^ne de Saint-Marcel (cad.).

TIREGAN (VIEUX-), domaine dépendant du château de Tiregan. — *Mansus de Tiragan*, 1485 (Liv. N. 93). — *Tireguent, Tiraguant*, 1606 (Acte not.).

TISSANDERIE (LA)? h. c^ne du Coux. — *Mansus de la Teychandaria*, 1463 (arch. de la Gir. Belvez).

TISSANDERIE (LA), c^ne de Liorac. — 1697 (Acte not.).

TITEL, autrement BOCAT, terre n° 775, c^ne de Cogulot (A. Jud.).

TITEL (LE VIGNOBLE-DE-), lieu-dit, c^ne de la Rouquète-Eymet (A. Jud.).

TIZONIE (LA), h. c^ne de Vanxains (B.).

41.

Tizonieras? c^ne de Savignac. — *Affarium de las Tizonieras*, 1309 (Périg. M. H. 41, 2).

Tizourie (La), h. c^ne de Coulaures.

Tocane-et-Sainte-Apre, c^ue, c^on de Montagrier. — Le nom de Tocane n'apparaît qu'au xve siècle : *Pons de Tousquam, in parochia de Tosquane*, 1454 (ch. Mourcin). — *Notre-Dame de Perdus, dit Touscane*, 1489 (Lettre de Charles VIII, Chron. du Périgord). == Antérieurement on ne trouve que : *Sanctus-Martinus de Parduz*, 1144 (Lesp. Saint-Astier). — *Pons de Pardutz*, 1150 (cart. de Chancelade). — *B. Maria de Parduco*, 1231 (Lesp. Prieuré de la Faye). — *Perducium*, 1365 (Lesp. Homm. au duc d'Orléans). — *Parducium*, 1404 (Lesp. Sainte-Alvère). — *Sainte-Marie de Pardoux, de Pradoux*, en marge, *Perducoir*, 1460 (inv. du Puy-Saint-Astier).

Ce lieu était le siége d'un archiprêtré (*archip. Parducensis*), qui au xive siècle se nomma archiprêtré de Chantérac. — Tocane et Sainte-Apre dépendaient de la châtell. de Saint-Astier.

Voc. Notre-Dame (Nativité).

Toirat, h. c^ne de Coulounieix. — *Touyral*, 1679 (Acte not.).

Toirat, h. c^ne de Vern. — *Tenansa de Toyrac*, 1310 (Périg. M. H. 41, 2). — *Toyracum*, 1490 (Liv. Nof. 79). — *Thoiras* (Cass.).

Tompa, h. c^ne de Monesterol.

Tombadis, h. c^ne de Saint-Mesmin (A. Jud.).

Tombe-du-Général, pierre posée sur le sol, c^ne de Faux, sur le bord d'un chemin de Faux à Issigeac.

Tombe-du-Général, pierre posée sur le sol, auprès de Puy-Renom, c^ne de Grun (communic. de M. de Dives).

Tombe-du-Mort, taillis, c^ne de Saint-Romain-Montpazier.

Tonelarie? — *Bordaria Tonelaria*, 1116 (Lesp. 35, O. S. J.).

Toneles (Les)? c^ne de Montravel. — *A las Tonelas*, 1462 (arch. de la Gir. Belvez).

Tonélie (La), c^ne de Saint-Sauveur. — *Mansus de la Tonelia*, 1485 (Liv. N. 34).

Tonel, enceinte de Périgueux. — *Turris del Torelh*, 1410 (Liv. N. de Périg.).

Torondel (Le), h. c^ne de Saint-Sauveur.

Torrelie (La), éc. c^ne d'Eyliac (A. Jud.).

Torte-Feyssolle, h. c^ne de Bergerac. — *Torta Faissola*, 1116 (Don à l'ordre de Saint-Jean, cart. de Cadouin).

Torte-Sabate, ruisseau affluent de l'Ille, dans la c^ne de Nantiat.

Touaille (La), ruisseau qui passe à Bigaroque. — 1603 (Acte not.)

Toucane, lieu-dit, c^ne de Maurens (A. Jud.).

Toucheboeuf, lieu-dit, c^ne de Nanteuil-Thiviers (cad.).

Touelle (La)? c^ne de Belvez. — *Molendinum de la Toelhia* (Philipparie).

Touelle (La), c^on du Bugue? — *Bordaria de la Toelha*, xiiie siècle (cart. du Bugue).

Touille (La), éc. c^ne de Cénac (A. Jud.).

Touille (La), c^ne de Mauzac. — *Rivus de la Toulha*, 1463 (arch. de la Gir. Belvez).

Touin (Le), porche de l'église Saint-Front, à Périgueux, façade du sud. — *La porta al Tohet*, 1247 (reg. de la Charité). — *Porta del Touy, de Tecto* (Lesp. Périgueux).

Toulgou (Haut et Bas), vill. anc^t paroissial, c^ne de Salignac. — *Eccl. de Tolgonio*, 1383 (test. de J. de Salignac, au chât. de Fénelon).

Anc. rep. noble. — Signal : altitude, 305 mètres.

Toulh (Le)? c^ue de Villamblard. — *Mas del Toulh*, 1494 (Lesp. Villamblard).

Confronte au mas de Siorac.

Toulou (Le), lieu-dit, c^ne de Calès (cad.).

Toulon (Le), vill. et source remarquable, c^ne de Champsevinel, autrement *Fontaine du Cluseau* ou *l'Abîme*. — On a attribué à la vénération des Gallo-Romains de Vésone pour les sources, et en particulier pour celle du Toulon, l'inscription qui est au musée :

NUMIN...
AUG·ET
...EO·TEL°N

Il y avait dans ce lieu deux maisons conventuelles et un hermitage : 1° une léproserie qui dépendait de l'abb. de Chancelade, *Leprosia del Tolon*, 1313 (Lesp. 25). — *Saint-Antoine du Toulon* (arch. de Chancelade); — 2° un prieuré de femmes, *Domus de Turum*, 1245 (Lesp. Ligueux. Bulle d'Innocent IV) : cette maison dépendait de Ligueux; — 3° l'hermitage, *la Monsia del Tolon*, 1460 (Périg. M. H. I, 1). — *Hermitage de Tholon*, 1532 (Liv. Jaune de Périg.).

L'église désignée sous le nom d'*Ecclesia del Tolon*, arch. de *Quinta*, 1382 (P. V. M.), est peut-être celle qui était connue sous le nom d'*Église Charles* (Antiq. de Vésone).

Toumelie, lieu-dit, c^ne de Douzillac (cad.).

Toupimiers (Les), h. c^ne de Ligueux (B.).

Toua, à Issigeac. — Rue allant de l'hôpital *au pont de la Tour*, 1482 (Lesp. Issigeac).

Tour (La), habitation, c^ne de Bergerac (B.).

Tour (La), h. c^ne de Cabans. — Anc. rep. noble.

Tour (La), h. c^ne de Monestier.

Tour (La), h. c^ne de Montpont.

Tour (La), éc. cne de Prigonrieu.

Tour (La), h. cne de Rouffignac. — Anc. rep. noble.

Tour (La), cne de Sainte-Croix-de-Montferrand.

Tour (La), h. cne de Saint-Marcel. — 1730 (Acte not.).

Tour (La), h. cne de Sainte-Natalène. — Anc. repaire noble.

Tour (La), h. cne de Saint-Paul-de-Serre.

Tour (Le), ténement, cne de Faux.

Tour (Moulin de la), cne de Sainte-Alvère.

Touran (Le), h. cne de Mont-Caret.

Tour-Blanche (La), cne, c{on} de Verteillac. — Eccl. Castri de Turre, archip. de Maiolo (pouillé du xiiie siècle). — Turris Alba, 1382 (P. V. M.).

La châtellenie de la Tour-Blanche, comprenant Cercle, la Chapelle-Montabourlet et des parties de Cherval, Gouts, Léguillac, Rossignol, Verteillac, formait une enclave de la sénéchaussée d'Angoumois en Périgord (Statist. de la Charente).

Patrons : saint Pierre et saint Paul.

Tour-Blanche (La), ténem. cne de Liorac. — 1701 (Acte not.).

Tour Brune, à Dome. — Vivans l'avait fait fortifier, en 1589, pour lui servir de citadelle en cas de siége (Doc. sur la ville de Dome).

Tour-d'Amelh (A la), vigne, cne de Belvez. — Elle confronte au chemin qui va à la fontaine du château (Philipparie).

Tour-d'Antissac (La), h. cne de Coulaures (S. Post.).

Tour de Buxo, enceinte de Périgueux. — Turris de Buro, ante parvos muros villæ Petragoræ, 1326 (Rec. de titres de Périg. 211).

Tour-de-Chaulas (La), éc. cne de Nadaillac. (B.).

Tour de Grimoire (La) (B.). — Voy. Grimoard.

Tour de l'Aiguillerie, enceinte fortifiée de Périgueux. — Turris de la Agulharia, 1391 (Lesp. Périg.).

Cette tour suivait celle de Saint-Silain.

Tour de l'Archevêque, à Belvez. — Turris archiepiscopalis apud Bellum videre, 1269 (test. de Guill. Aymon).

Tour-de-Maillol (A la), terre, cne de la Mongie-Montastruc (A. Jud.).

Tour de Paradis, à Montignac. — 1362 (enquête sur le siége de cette ville par Vivans).

Tour-de-Peyssala (La), h. cne de Montpont (A. Jud.).

Tour de Riolfol, enceinte de Périgueux, entre les portes de Taillefer et de l'Aubergerie (Lesp. 50).

Tour de Saint-Martial, l'une des anciennes tours du château de Salignac (Hist. de saint Martial).

Tour de Saint-Silain, enceinte fortifiée du Puy-Saint-Front. — Turris sancti Silani, 1390 (Lesp. Périg.).

Tour-de-Sales, cne de Ligueux. — Turris de Salis (Chron. Malleacense).

Tour de Vérinon, enceinte de Bergerac (plan de la ville, xviie siècle).

Tour de Vésone, à Périgueux. — Tutelae-Aug. — Vesunnae secundus Sot. (Inscription au musée de Périgueux).— Habetis Turrem Veterem… et terras… a portá civitatis usque ad Andrivals, 1226 (confirmation des possessions de la maison de Périgueux par Archambaud II, Lesp. 70)?

Ce monument antique est la cella du temple que les Pétrocoriens avaient élevé à la Déesse tutélaire de leur ville, à l'époque romaine. Il est situé au sud de la Cité (Antiquités de Vésone, t. I, chap. iii et iv; Congrès archéologique de Périgueux).

Tour-du-Bosc, anc. fief, cne d'Auriac (arch. de Pau).

Tour-du-Coderg, cne de Saint-Sulpice-d'Exideuil (B.).

Tour-du-Pouget, h. cne de la Bachelerie.

Tour-du-Roc (La), anc. fief, cne d'Alas-l'Évêque.

Tourène (La), pré, cne de Lenquais.

Tourène (La), ruisseau, cne de Manzac. — Ripia de las Torenas, 1480 (Dives, I, 157).

Tourette (La), h. cne de Saint-Julien-de-Lampon. — Anc. rep. noble.

Tour Grosse (La), cne de Saint-Cyprien. — La Tor grosso, in barrio de la Grelaria, 1462 (Philipparie).

Tourliac, vill. cne de Rampieux. — Torlhacum, 1286 (cout. de Beaumont). — Tourlhac, 1463 (Lesp.). — Trouilhac, 1641 (comm{ries} de France, Bibl. imp.) et 1556 (panc. de l'év.).

Cette comm{rie} de l'ordre de Saint-Jean était du dioc. de Sarlat et de la sénéch. d'Agenais.

Tourné (La), cne de Loubéjac. — La Tourn, 1260 (cout. de Villefranche-de-Belvez).

Tourne-Burée, éc. cne de Liorac. — La Tornebeaurie, 1602 (Acte not.). — Tourne-beurie, 1725 (not. de Mouleydier).

Tourne-Férie, h. cne de Saint-Paul-de-Lisone.— Mans. de Tourna-Faria, 1250 (O. S. J.).

Tourne-Feuille, ruisseau qui fait la limite du département à l'extrémité de la cne de Saint-Julien-de-Lampon.

Tourne-Guil, h. cne de Montplaisant.

Tourne-Piche, lieu-dit, rue et bourg de la cne de Grignol. — Rua de la Torna-Picha. — Domus sita in costa Calida loco voc. la Torna-Picha, 1475 (Dives, I, 25).

Tourne-Piche, faubourg de Périgueux, aujourd'hui les Barris.— Burgus de la Tornapicha, 1260 (chartes Mourcin).

Tourne-Pique, lieu-dit, cne de Castelnau (cad.).

Tourne-Pique, m{in}, banlieue de Sarlat.

TOURNERIE (LA), c^ne d'Issac. — *La Tornaria*, 1286 (Périg. M. H. 9,138, Grignol).

TOURNERIE (LA), anc. fief, c^ce de Montbazillac, 1753.

TOURNE-VALADE, ruiss. de la c^ve de Celle, qui se jette dans la Drone (B.).

TOURNIE (LA), h. c^ne de Cherval.

TOUROL, m^in, c^ne de Saint-Front-de-Champniers. — 1750 (Acte not.).

TOURON (FON DE) ou DE GUILHASSE, c^ae de Nastringues. — 1651 (Acte not.).

TOURON (LE), éc. c^ne de Bonneville, à la naissance d'un ruisseau, affluent de la Lidoire.

TOURON (LE), taillis de chênes, c^ne de Bosset, aux Moutes (A. Jud.).

TOURON (LE), lieu, c^te de Bouniagues.

TOURON (LE), h. c^ae de la Chapelle-au-Bareil.

TOURON (LE), h. c^ne de Carlux.

TOURON (LE), h. c^ne de Cazenac-Beynac.

TOURON (LE), éc. c^ce de Faux. — *Fon del Toron*, 1759 (arpent. du tènem. de la Belengardie).

TOURON (LE), source jaillissante du rocher auprès du bourg de Font-Roque. — Le ruisseau qui en est formé porte, selon certains, le nom de *Dourdaine*.

TOURON (LE), lieu, c^ne de Maurens, d'où sort un ruisseau qui se jette dans celui de Maurens auprès de Martinet.

TOURON (LE), c^ne de la Mongie-Saint-Martin. — *Mansus del Toront* (cart. de Sainte-Marie de Saintes). — Lavoir appelé *la Fontaine* et *Touron de Choret*, sur le bord de la Dordogne, au lieu de la Taulière, 1675 (Acte not.).

TOURON (LE), lieu-dit, près de Campagnac, c^ne de Montagnac. — Auprès est la source d'un ruisseau qui passe à Camp-Segret et se jette dans le Caudau à la Ribeyrie.

TOURON (LE), c^ne de Montbazillac. — Anc. rep. noble.

TOURON (LE), c^ne de Mont-Caret. — *Luc apelat au Toron*, 1461 (arch. de la Gir. Belvez, 1462).

TOURON (LE), source jaillissante, c^ce de Ribagnac. — A sa sortie du rocher, elle fait tourner le m^in des Rodes.

TOURON (LE), source jaillissante du rocher au bourg de Rouffignac.

TOURON (LE), source jaillissante du rocher à la Rouquète-d'Eymet. — A 5 mètres perpendiculairement au-dessus du lavoir, il y a dans le rocher une ouverture arrondie qui donne entrée dans une salle où vingt personnes pourraient tenir.

TOURON (LE), source jaillissante du rocher au Saumayne, c^ne de Saint-Aubin-d'Eymet.

TOURON (LE), mét. aux environs de Saint-Cyprien.

TOURON (LE), terre, c^ne de Sainte-Foy-de-Belvez.

TOURON (LE), h. c^ne de Saint-Geniez.

TOURON (LE), c^ne de Saint-Germain-de-Salembre (S. Post.). — *A. de Frastels donzel du Touron, par. de Saint-Germ.* (Lesp. 51).

TOURON (LE), lieu, c^ne de Saint-Mayme-de-Pereyrol.

TOURON (LE), lieu, c^ne de Saint-Michel-de-Montaigne, d'où sort le ruisseau qui se jette dans la Lidoire au-dessous des moulins de Nougaret.

TOURON (LE), h. c^ne de Sainte-Natalène.

TOURON (LE), éc. c^ne de Saint-Remy, à la source d'un affluent de la Lidoire (B.).

TOURON (LE), h. c^ne de Saint-Sernin-de-la-Barde.

TOURON (LE), h. et source jaillissante à Saint-Sulpice-d'Eymet. — Au-dessus du lavoir, une arcade ogivale indique une ouverture; de chaque côté, des trous plus larges que longs sont encore pourvus de leurs gonds.

TOURON (LE), lieu auprès de Puy-Guillier, c^ne de Saint-Vincent-de-Connezac.

TOURON (LE), terre, c^ne de Sourzac. — *Tenancias in parochia de Sorzaco, vocatas del Toron inter fluvium Ael et iter per quod itur de Sorzaco versus la Bistina*, 1481 (Dives, I, 116).

TOURON (PRÉ DE), c^ne de Campagne (A. Jud.).

TOURONDEL, c^ne de Cabans. — *Fons de Tourondel*, 1522 (arch. de la Gir. Belvez).

TOURONDEL, c^ne de Font-Galau. — *Fons del Torondel* (Philipparie).

TOURONDEL, avec une belle fontaine sur le coteau, c^ne de Saint-Cyprien.

TOURONDEL, lieu, c^ne de Saint-Julien-de-Carlux (cad.).

TOURONDEL, h. c^ne de Vézac.

TOUROULIE (LA), lieu, c^ne de Manaurie.

TOURQUEZIE (LA), c^ne de Saint-Astier. — *Mayn. de las Turquetias*, 1310 (inv. du Puy-Saint-Astier).

TOUR-ROUGE (LA), éc. c^ne de Coulaures.

TOURS (LAS), c^ne de Larzac. — *Loc apelat à las Tors*, 1461 (arch. de la Gir. Belvez).

TOURS (LES), anc. paroisse, c^ne de Saussignac. — *Parochia de Turribus*, 1385 (Lesp. Châtell. de Bergerac). — *Sanctus Hilarius*, 1472 (Lesp.). — Voy. LENVÈGE (LES TOURS DE).

TOURS (MOULINS DE LAS), c^ne de Belvez (arch. de la Gir. Belvez).

TOURS (PORTE DES), porte de l'enceinte primitive du Mont de Dome; ouverte à l'est, entre deux tours dont les pierres sont ornées de bossages.

TOURTEL, h. c^ne de Rouffignac-Montignac.

TOURTEL, c^ne de Saint-Astier. — *Tortel*, 1491 (Dives, II, 2).

TOURTILLON (LE), ruiss. qui passe à Villefranche-de-Belvez et se jette dans la Lémance.

TOURTOIRAC, c^ne, c^on d'Hautefort. — *Turturiacum*, 1025 (Gall. Chr. Eccl. Petr.). — *Monasterι Tostoriacense, Tusturiacense*, 1182. — *Sanctus-Hilarius de Tortoyraco*, 1556 (bénéf. de l'év.). — *Tourtoyrac*.

Abbaye royale de l'ordre de Saint-Benoît, fondée en 1025 par Guy, vicomte de Limoges. — Bénéfices qui en dépendaient :

Ecclesia videlicet Sancti Martini de Granges, Sancti Stephani de Naillac, de Castris, in quâ Sancti Johannis ecclesia continetur, ecclesia Sancti Trojani, capella de Castro Felicis, ecclesia Sancti Raphaelis, ecclesia Sancti Johannis de Valentino, eccles. Sancti Raphaelis quæ infra muros castri Gelosii sita est, capella Sancti Magni et Sancti Medardi quæ infra muros Exidolii posita est, eccles. Sancti Saturnini de Majac, eccles. Sancti Christophori de Saviniaco, eccles. Sancti Michaelis de la Penduda, eccles. Sanctæ Eulaliæ, eccles. Sancti Martini de Boscira, eccles. Sancti Pantaleonis, eccles. Sancti Bartholomæi de Bauzens, eccles. Sancti Johannis de Valentino, eccles. Sancti Petri de Bars, eccles. Sancti Petri de Sarlhac, 1120 (Bulle du pape Calixte en faveur des possessions de l'abbaye. Gall. Chr. Eccl. Petr.). — L'abb. avait haute justice sur Tourtoirac. Voc. de la paroisse : Saint-Pierre-ès-Liens.

TOURTONIE (LA), lieu-dit, c^ne de Sourzac (cad.).
TOUT-BLANC, h. c^ne de Branlôme (S. Post.).
TOUT-BLANCOU, h. c^ne de Lavaur (B.).
TOUT-VENT, lieu-dit, c^ne d'Ales (A. Jud.).
TOUT-VENT, lieu, c^ne de Beaurone-de-Chancelade.
TOUT-VENT, métairie, c^ne de Biron (S. Post.).
TOUT-VENT, lieu, c^ne de Boulazac.
TOUT-VENT, éc. c^ne de Génis (S. Post.).
TOUT-VENT, près de Varennes, c^ne de Grignol.
TOUT-VENT, lieu, c^ne de Maurens.
TOUT-VENT, lieu, c^ne de Mauzens.
TOUT-VENT, h. c^ne de Naillac (A. Jud.).
TOUT-VENT, lieu, près d'Écornebœuf, c^ne de Périgueux.
TOUT-VENT, lieu près de Longa, c^ne de Sainte-Foy.
TOUT-VENT, éc. c^ne de Varennes.
TOUTYFAUT, aux environs de Bergerac. — 1677 (Acte not.).
TOUTYFAUT, lieu-dit, c^ne de Clermont-de-Beauregard.
TOUTYFAUT, lieu-dit, c^ne de Couse. — *Garrigues sive Toutyfaut*, 1471 (cout. de Couse).
TOUTYFAUT, lieu-dit, c^ne de Creysse (A. Jud.).
TOUTYFAUT, h. c^ne de Font-Roque (A. Jud.).
TOUTYFAUT, h. c^ne de Maurens (A. Jud.).
TOUTYFAUT, lieu-dit, c^ne de Montbazillac.
TOYAUX (LES), friche et futaie, c^ne de Valeuil (A. Jud.).
TRADE (LA), h. c^ne de Brassac (B.).
TRAJECTUS, passage de la Dordogne entre Saint-Germain et Mouleydier. — *Burdigala..., Aginnum,*

Excisum, Trajectus, Vesunna, Fines, Augustoritum, etc. (Itin. d'Antonin : voie romaine d'Agen à Périgueux).

Une partie de voie antique très-reconnaissable, aux environs d'Issigeac, portait le nom de *la Causada, la Caussade*; plus loin, cette voie, connue sous le nom de *Cami ferrat* ou *Voie romaine*, aboutissait au bord de la Dordogne, à l'ancien port de Saint-Germain-de-Pont-Roumieu, dit des Noyers. Cette voie, perpendiculaire à la rivière, est dans la direction nord-sud, de Périgueux à Agen. Sur l'autre bord de la rivière était un très-ancien chemin. — Voy. ESTRADE (CHEMIN D') (Antiquités de Vésone et Congrès archéolog. de France, t. XXII, p. 641).

TRALEFOUR, h. c^ne de Plazac.
TRALEGLISE, h. c^ne de la Cassagne (S. Post.).
TRALEPECH, h. c^ne de Beynac. — *Tralpech.*
TRALHES? c^ne de Celle. — *Maynament. de Tralhas*, 1580 (ch. Mourcin).
TRALIX, l. et m^in, c^ne de Calès.
TRALOUPAUD, taillis, c^ne de Saint-Julien-de-Crempse (A. Jud.).
TRALPAT? c^ne de Vern. — *Et deversus Vernhium usque ad boariam de Tralpat*, 1222 (une des limites de la jurid. de Périgueux).
TRAMANIE? c^ne de Preyssac. — *Maynam. de la Tramanhia*, 1478 (tit. de Chamberlhiac).
TRAMBOUILLES (LES), h. c^ne de la Roche-Beaucourt.
TRAMIGA, taillis, c^ne de Minzac (A. Jud.).
TRAMOUILLET, taillis, c^ne de Montclar (A. Jud.).
TRANCHE-COUYÈRES, éc. c^ne de Saint-Martin-le-Peint (B.).
TRANCHE-DE-SAUMON, menhir renversé, c^ne de Baneuil. — Il est couché sur le bord du chemin qui conduit de la Linde à Baneuil et a 4^m,50 de longueur et 3 mètres d'épaisseur.
TRANCHÉE (LA), retranchement en terre au milieu de la Bessède, c^ne d'Urval (cad.). — *Las Tranchieras.* — Camp de César (tradit. locale; Antiq. de Vésone).
TRANCHÉE À DOME. — *Trencata quæ est juxta castrum Amalvini Bonafos et B. de Gordonio*, 1280.

Une des limites de l'acquisition faite par Philippe le Hardi pour fonder la bastide du Mont-de-Dome.
TRANCHÉE AU CHÂTEAU DE GRIGNOL. — *Tailhada quæ est a parte costæ Calidæ*, 1322 (Lesp.).
TRANCHÉE DE CASTEL-RÉAL. — *Trencata Castri-Regalis descendens de itinere de Bello videre apud Limolium versus abyssum de Paracol*, 1480 (arch. de la Gir. Belvez).
TRANCHE-POUGE, h. c^ne d'Agonac — *Mans. de Trenche-Poye*, 1332 (tit. de Chamberlhiac).

Tranche-Serp (Moulin de), c⁰ˢ de Sales-de-Belvez. — 1460 (Philipparie, 100).

Tranugaude, éc. c⁰ᵉ de Montsaguel.

Trapaline (La), lieu-dit, c⁰ᵉ de Lenquais, au hameau de Boyer (terr. de Lenquais).

Trapas, c⁰ᵉ de Cabans. — Villatg. de Trapas, 1489 (arch. de la Gir. Bigaroque).

Trapas? c⁰ⁿ de Mensignac. — Crux de Trapas, 1276 (O. S. J.).

Trapassie, h. c⁰ᵉ de Monsec. — Mayn. de la Trappassia, 1455, fief dépend. de la comm^ris de Pont-Arnaud (arch. de Pau).

Trape (La), c⁰ᵉ, c⁰ⁿ de Villefranche-de-Belvez. — Sanctus Jacobus de Trapa, 1053 (Gall. Chr. Sarlat). — Par. de Trapis, 1310 (Lesp. 24, Usurpation du roi de France). — Territor. de la Trapia, de las Trapas, 1470 (arch. de la Gir. Belvez).

Trape (La), lieu, c⁰ᵉ de Bourniquel.

Trape (La), c⁰ᵉ de Château-l'Évêque. — Tenensia voc. de la Trappa, 1481 (arch. de la Gir. O. S. J.).

Trape (La), c⁰ᵉ de Condat. — Voy. Saint-Jean.

Trapreyssac, lieu-dit, c⁰ᵉ de Terrasson (cad.).

Tras-la-Brousse, taillis, c⁰ᵉ d'Hautefort (A. Jud.).

Tras-la-Faye, c⁰ᵉ d'Eyvirac. — Terra voc. de Tras-la-Faya, 1282 (tit. de Chamberlhiac).

Tras-la-Fouillade, terre, c⁰ᵉ de Saint-Jory-las-Bloux (A. Jud.).

Tras-la-Gleize, h. c⁰ᵉ de la Cassagne (B.).

Tras-lo-Bos, châtaigneraie, c⁰ᵉ de Rouffignac-Montignac (A. Jud.).

Tras-Mallas, friche, c⁰ᵉ d'Auriac-Montignac (A. Jud.).

Trassalvas, h. c⁰ᵉ de Chatres.

Tratalaud, h. c⁰ᵉ de Monesterol.

Traux, h. c⁰ᵉ de Cabans.

Trebandie (La), h. c⁰ᵉ de Campagnac-lez-Quercy (B.).

Trébuchet, rue à Périgueux. — Carréria voc. del Trebuchet, 1342 (ch. Mourcin).

Treille (Le), lieu-dit, c⁰ᵉ de Saint-Avit-Sénieur. — 1714 (Acte not.).

Treille (La), h. c⁰ᵉ de la Feuillade. — Territ. de la Trelia, 1529 (pap. de la fabr. de Pazayac). — Trelicia, locus Trelicenus (Merlhiac; Chroniq. du Périg. II, 21)?

Treille (La), c⁰ᵉ de Montagrier. — Locus de la Trelha, 1452 (tit. de Chamberlhiac).

Treille (La), c⁰ᵉ de Sainte-Natalène.

Treilles (Les), h. c⁰ᵉ d'Église-Neuve-d'Eyraud. — Lieu des Treilhes, 1666 (Acte not.).

Treilles (Les), c⁰ᵉ de Gaulegeac.

Treize-Vents (Les), éc. c⁰ᵉ de Paulin (B.). — Altitude : 183 mètres.

Trelegias (A las)? terre, c⁰ᵉ de Biras. — 1740 (Acte not.). .

Trélissac, c⁰ᵉ, c⁰ⁿ de Périgueux. — Trelhissacum (pouillé du xiiiᵉ siècle). — Tralhissac, 1312 (Chroniq. du Périg. IV, 169). — Treilhissiacum, 1340. — Treslissac, 1360 (Chroniq. du Périg. IV, 169). Voc. l'Assomption; collat. l'évêque.

Anc. rep. noble, fief de la ville de Périgueux (Dénombr. de la seign. de Périgueux en 1681).

Tremegal (La), lieu-dit, c⁰ᵉ de Sainte-Alvère (cad.).

Trémolac, c⁰ᵉ, c⁰ⁿ de Sainte-Alvère. — Possessio Tomolatensis (cart. de Saint-Cybard). — Tumolatum super fluvium Dornoniam, 769 (Gesta Franc. II, 70). — Eccl. B. Mariæ, mon. Temolatensis, 995 (Adem. Cab. col.). — Domus de Temolaco, 1218 (Lesp. 35). — Temoulat (pouillé du xiiiᵉ siècle). — Prepositatus de Themolato; de Themolaco, 1534 (le P. Dupuy) — Tremolat (atlas de Blaeu). — Tremoulac, 1760 (Alm. de Guy.).

C'est à Trémolac que naquit, au viᵉ siècle, Éparchius, fils de Félix Auréolus, gouverneur du Périgord, et qui est connu sous le nom de saint Cybard; il se fit solitaire, se retira dans une grotte au pied de la ville d'Angoulême et y fonda l'abbaye célèbre qui porte son nom et à laquelle il donna ses possessions de Paunac et de Trémolac, en Périgord. Charlemagne, qui confirma cette donation en 769, restaura le monastère établi à Trémolac, dans lequel étaient douze moines de l'ordre de Saint-Cybard d'Angoulême. Au xiiᵉ siècle, les dépendances de Trémolac étaient: Ecclesiæ Sancti-Cypriani, Sancti-Petri de Culiaco (Cussaco?), Sancti-Medardi de Calesio, Sancti-Petri de Pomport, Sancti-Petri de Coles, Sancti-Aviti de Vilars, Sancti-Maximi de Mont-Malainac, Sancti-Hilarii, eccl. de Valaro et capella de Mont-Cuq (Gall. Chr. Confirmation de la donation de Gauf. év. de Périgueux, à l'abb. de Saint-Cybard). — Voc. de l'abbaye : Sainte-Marie.

Les deux paroisses de Saint-Hilaire et de Saint-Nicolas relevaient de la châtell. de Limeuil au xivᵉ siècle. En 1760, l'abb. de Saint-Cybard avait haute justice dans Trémolac. — Voc. de la paroisse : Saint-Nicolas.

Trémolac, h. c⁰ᵉ de Sadillac. .

Tremolède (La), h. c⁰ᵉ de Mauzac. — Mans. de la Tremoleda, 1464 (arch. de la Gir. Bigaroque).

Tremolhe (La?), c⁰ᵉ de Sorges. — Bordaria voc. de la Tremolha, 1565 (tit. de Chamberlhiac, 18). Dépendait de l'abb. de Ligueux.

Trémolie (La), éc. c⁰ᵉ de Marquay (S. Post.).

Trémouille, ténem. c⁰ᵉ de Brouchaud. — 1758 (terr. de Vaudre).

TRENENCHIE (LA)? c^{ne} de Trélissac. — *Bordaria de la Trenenchia*, 1320 (ch. Mourcin).

TRENUGAL (AL), terre, c^{ne} de Vic (Rec. 1649).

TRÈS-AYGUES? c^{ne} d'Agonac. — *Rivus voc. de Treys-Ayguas*, 1509 (tit. de Chamberlhiac). — *Treyseygas* (*ibid.*).

TRESPART, h. c^{ne} de Saint-Pierre-de-Cole (S. Post.).

TRESPEIX, h. c^{ne} de Busseroles.

TRESPIERRE (LA FONTAINE-), h. c^{ne} de Sarlat (S. Post.).

TRESPINIE (LA), h. c^{ue} de Saint-Apre (B.).

TRESPOULIS, sect. de la c^{ne} de Belvez (cad.).

TRESPOULIS, fief, c^{ne} de Larzat (homm. à l'archev. de Bordeaux, 1608).

TRESPUIS (A), terre, c^{ne} du Change (A. Jud.).

TRESSEYROUX, vill. c^{ne} des Lèches. — *Prioratus de Tribus sororibus*, 1301 (cart. de Ligueux). — *Tresseros*, 1364 (Lesp. Châtell. de Mussidan). — *Tresseroux*, 1365 (*ibid.* 88).

    Voc. Saint-Thomas.

    Prieuré dépend. de l'abbaye de Ligueux. L'église en ruine, et couverte de lierres, subsiste sur le bord de la route de Bergerac à Mussidan.

TRESSEYROUX (FORÊT DE). — Accord entre le prieuré de Mussidan et le seigneur de cette ville, 1301 (cart. de Ligueux).

TREUIL (LE), lieu, c^{ne} d'Auriac-de-Montignac. — *El Truelh*, 1492 (Généal. de Rastignac).

TREUIL (LE), c^{ne} de Chantérac. — 1521 (inv. du Puy-Saint-Astier).

TREUIL (LE), c^{ne} du Coux. — *Mansus del Trueil*, 1463 (arch. de la Gir. Bigaroque).

TREUIL (LE), champ, c^{ne} de Manzac (Dives).

TREUIL (LE), c^{ne} de Négrondes. — *Bordaria de Trolio*, 1325 (tit. de Chamberlhiac).

TREUIL (LE), lieu, c^{ne} de Saint-Paul-de-Serre. — *Mansus del Trolha*, 1253 (Lesp. 36, Estissac). Anc. rep. noble.

TREUIL (LE), h. c^{ne} de Sendrieux.

TREUIL (LE), c^{ne} de Vern. — *Tenensa voc. deu Truelh*, 1460 (ch. Mourcin). — *Trolhs*, 1510 (*ibid.*). — *Treuilhe*, XVIIIe siècle (*ibid.*).

TREUIL-DE-NAILLAC (LE), domaine dépendant autrefois du château de Naillac, près de Ladevigne, c^{ne} de Saint-Laurent-des-Vignes.

TREUX (LE)? — *Château del Treux* (Lesp. Châtell. de Roussille).

TREVENOS? c^{ne} de Grignol. — *Mas de Trevenos*, 1213 (Lesp. 63).

TREVY, h. c^{ne} de Berbiguières. — Anc. rep. noble.

TREYSCHESSAC? c^{ne} de Sergeac. — *May. de Treyschensac*, 1304 (O. S. J.).

TREYSSOU, h. c^{ne} de Blancanès (S. Post.).

TREZALA (LE), h. c^{ne} de Saint-Vincent-d'Exideuil.

TRIADOUX (EL), lieu-dit, c^{ne} de Mauzac. — 1666 (terr. de Millac).

TRICHERIE (LA), c^{ne} de Mont-Caret. — Anc. fief.

TRIDADERY (A), pièce de terre, c^{ne} de Lenquais (cad. C. 541).

TRIDERIE (LA), h. c^{ne} de Fosse-Magne. — *Tridarie* (S. P.).

TRIEUX, h. c^{ne} de Bussière-Badil (S. Post.).

TRIEUX (LE), ruiss. de l'arrond. de Nontron, qui prend sa source dans les étangs de Millaguet (dép^t de la Haute-Vienne), arrose les communes de Saint-Barthélemy, Reillac, Busseroles, et va se jeter dans la Tardoire au-dessus de Bussière-Badil, après avoir traversé de l'est à l'ouest la zone granitique du Nontronnais.

TRIGAUDINAS, bois taillis, c^{ne} d'Urval (cad.).

TRIGONAN, section de la c^{ne} d'Antone, située au confluent de l'Auvezère et du Coulour. — *Sanctus Saturninus de Tregonam*, 1192 (Lesp. Saint-Jean-de-Cole). — *Trigonan* (pouillé du XIIIe siècle). — *Tregonan*, 1365 (Lesp. Châtell.).

    Voc. Saint-Jean (panc. de l'év. 1556); collat. le prieur de Saint-Jean-de-Cole.

    Anc. rep. noble avec justice sur Trigonan, qui au XIVe siècle relevait d'Auberoche.

TRIMOULET, h. c^{ne} de Mensignac (B.).

TRIMOULIE (LA), h. c^{ne} de Champniers.

TRINCOU (LE), ruiss. du vallon de Villars et de Condat, qui prend sa source au hameau de Sept-Fons et se jette dans la Cole au moulin de Catillaires ou des Cathilières.

TRISTINIE (LA))? lieu-dit, c^{ne} de Vallereuil. — *La Tristinia*, 1307 (Périg. M. H. 41, 1).

TROCHE, h. c^{ne} de Creysse. — *Trocha*, 1470 (Liv. N. 125).

TROIS-ÉVÊQUES (FONTAINE DES). — Voy. FONT DES TROIS-ÉVÊQUES.

TROIS-FRÈRES (LES), h. c^{ne} de Grun.

TROIS-GOTHS (LES), ténement, c^{ne} de Saint-Pierre-de-Cabans (terr. de Bigaroque), et pêcherie entre Bigaroque et Cabans. — *Trigots*, XVIIe siècle (arch. de la Gir. Bigaroque).

TROIS-PIERRES, éc. c^{ne} de Champeaux. — Altitude : 246 mètres.

TROIS-RIEUX? c^{ne} du Fleix. — *Domus de tribus rivis juxta lo Fleys*, 1199 (cart. de Cadouin. Lesp. prieuré de la Faye).

    Ancienne dépendance de l'abbaye de Cadouin. — Inconnu aujourd'hui; mais il y a un lieu dit *Champ-des-Moines*, c^{ne} du Fleix, près duquel le cippe de Saffarius, évêque de Périgueux en 597, a été trouvé (le Périg. ill.).

Trois-Tables, h. c^{ne} de Saint-Perdoux-d'Issigeac.

Tronc (Le), h. c^{ne} de la Bouquerie. — *Tronque* (A. J.).

Troncade (La), ruiss. c^{ce} de Cabans. — *Rivus de la Troncada*, 1459 (arch. de la Gir. Belvez).

Tronce (La), lieu-dit, c^{ne} de Baneuil (cad.).

Tronce (La), lieu-dit, c^{ne} de Saint-Michel-Mussidan (cad.).

Tropy, h. c^{ne} de Neuvic (B.).

Trot-à-Loup, c^{ne} de Couse. — *Vilatge de Trot-à-Lop*, 1463 (Lanceplcine, confront. au chemin de Couse à Lenquais, arch. de la Gir.). — *Vilatge de Loup-Trote, alias des Cou-Loup*, 1566 (terr. de Couse). Ancien nom du village des Escalous. — Voy. Mas (Le).

Trot-à-Loup, c^{ne} de Millac-Peyrillac (cad.).

Trouquière, chât. c^{ne} de Calviac (A. Jud.).

Trousse (La), c^{ne} de Chancelade. — *Mansus de la Trossa*, 1489 (O. S. J.).

Troussebeuf, h. c^{ne} de Mouleydier. — *Maynam. de Trossabiou*, 1470 (Liv. Nof.). — *Trossobeuf*, 1649 (Acte not.).

Troye-Pendude, éc. c^{ne} de Gandumas.

Trucherie (La), éc. c^{ne} d'Église-Neuve (A. Jud.).

Trucherie (La), h. c^{ne} de Plazac.

Truchie (La), h. c^{ne} de Journiac (B.).

Truffe (La), c^{ne} de Molières. — *Mansus voc. La Truffe*, 1459 (arch. de la Gir. Belvez).

Trugnet (Le), lieu-dit, c^{ne} de Boisse (A. Jud.).

Trujassoux, éc. c^{ne} de Coulounieix (S. Post.).

Truqual (Le Vieux-), lieu-dit, c^{ne} de Sales-de-Belvez (cad.).

Truqueterie (La), lieu-dit, c^{ne} de Tursac (cad.).

Truscolens, h. c^{ne} de Tanniers. — 1348 (Lesp.).

Try (Le), éc. c^{ne} de Rouffignac-de-Montignac.

Tryon (Le), taillis, c^{ne} de Saint-Cyprien (cad.).

Tuandie (La), terre, c^{ce} de Saint-Jory-las-Bloux (A. J.).

Tude (La), petite rivière, affluent de la Lisone, qui arrose le vallon de la Chapelle-Montabourlet et Nanteuil. — *La Tuda*, 1090 (cart. de St-Jean-d'Angély).

Tudevrie (La)? lieu-dit, c^{ne} de Manzac. — *Al Tudeyrio, alias al Luc*, 1537 (Dives, gr. L.).

Tulens (Le), h. c^{ne} de la Force (S. Post.).

Tulsac? dépendance de l'abbaye de Chancelade. — *Capella de Tulsac* (cart. de Chancelade).

Tuque (La), h. c^{ne} de Biron (B.).

Tuque (La), taillis, c^{ne} de Cadouin (A. Jud.).

Tuque (La), h. et m^{in}, c^{ne} du Canet.

Tuque (La), métairie, c^{ne} de Rampieux (S. Post.).

Tuque (La), h. c^{ne} de la Rouquète.

Tuque (La), métairie, c^{ne} de Saint-Marcory (S. Post.).

Tuque-de-Larzac (La), taillis, c^{ne} de Saint-Perdoux-de-Belvez (A. Jud.).

Tuques (Les), taillis, c^{ne} d'Orliac (A. Jud.).

Tuquet (Le), b. c^{ne} d'Agonac.

Tuquet (Le), h. c^{ne} de Bonneville.

Tuquet (Le), h. c^{ne} de Dome.

Tuquet (Le), étang dans la Double.

Tuquet (Le), lieu, c^{ne} d'Eyvirac-de-Thiviers.

Tuquet (Le), h. c^{ne} de Font-Roque (S. Post.).

Tuquet (Le), h. c^{ne} de Lavaur (B.).

Tuquet (Le), h. c^{ne} de Nanteuil-Thiviers (S. Post.).

Tuquet (Le), éc. c^{ne} de la Rouquète-Eymet (S. Post.).

Tuquet (Le), h. c^{ne} de Saint-Germain-et-Mons.

Tuquet (Le), h. c^{ne} de Saint-Géry.

Tuquet (Le), éc. c^{ne} de Sainte-Innocence (S. Post.).

Tuquet (Le), lieu, c^{ne} de Saint-Martial-d'Artensec.

Tuquet (Le), h. c^{ne} de Saint-Mesmin (A. Jud.).

Tuquet (Le), h. c^{ne} de Sencenac.

Tuquet (Le Grand-), h. c^{ne} de Bouniagues (S. Post.).

Tuquet-de-l'Oniverie (Le), h. c^{ne} de Sencenac.

Tuquet de Sadirac (Le), coteau, c^{ne} de Neuvic. — Retranchements, 53 mètres de longueur sur 40 de largeur, vis-à-vis de la maison dite *le Moulin-Brûlé*, à l'extrémité d'un coteau dont ils sont séparés par une coupure et une butte nommée *la Moulète* (Antiq. de Vésone, I, 198).

Turcarie (La), h. c^{ne} du Coux. — *Mansus, Podium de la Turcaria*, 1463 (arch. de la Gir. Belvez). — *Fon de la Turquerie* (Philipparie). — *Les Truqueries* (B.). — *Turqueries* (A. Jud.).

Turcat (Le), faub. de Belvez. — *Al Barry del Turcat, Tourcat, Torquat*, 1462 (arch. de la Gironde, Belvez).

Turmendy, h. c^{ne} de Liorac (A. Jud.).

Turnac, c^{ne}, c^{on} de Dome. — *Turnac*, 1465 (O. S. J. Condat).

Turne (La), lieu-dit, c^{ne} de Montazeau (S. Post.).

Turquarie (La), h. c^{ne} de Mortemart. — *La Turquaria*, 1409 (O. S. J.).

Tursac, c^{ne}, c^{on} de Saint-Cyprien. — *Tursac* (pouillé du xiiie siècle). — *Tursacum*, 1365. — *Tursas* (Lesp. Châtell. 88).

Patrons : la Nativité et saint Pierre-ès-Liens. — Prieuré uni à l'église de Sarlat en 1321.

Tursac, au xive siècle, était hors châtellenie.

Anc. rep. noble, avec justice sur Tursac, 1760 (Alm. de Guy.).

Tursac, c^{ne} de Prats-de-Carlux. — *Mansus de Tursac*, 1467 (arch. de Paluel).

Tursat, h. c^{ne} de Saint-André-Alas.

Turseau (Le), taillis, c^{ne} de Montazeau (A. Jud.).

Tussou (Le), lieu-dit, c^{ne} de Saint-Louis (cad.).

Tustedie (La), h. c^{ne} de Thonac (B.).

Tutte (La), h. c^{ne} de Siorac-Belvez (A. Jud.).

U

Ugonenc? c^ne de Saint-Pierre-d'Eyraud. — *Bordaria Ugonenca in parochia sancti Petri deu Raut*, xiie s^e (cart. de Sainte-Marie de Saintes, 199. Don à Saint-Sylvain de la Mongie-Saint-Martin).

Urval, c^ne, c^on de Cadouin. — *Urvals* (pouillé du xiiie siècle). — *Orval*, 1462 (Philipparie). Vocable Notre-Dame.

Urval (Le Goulet d') ou de Milhac, c^ne de Mauzac.

— Ancien ténement; confronte au château· (terrier de Milhac, 1666).

Uscle (Champ-de-l'), lieu-dit, ténement du Roqual, c^ne de Montmadalès.

Uscles (Les), c^ne de Bergerac. — *Tenementum de las Usclas* (Liv. N. 124).

Uscles (Les), tén. c^ne de la Chapelle-Castelnau (cad.).

Uzerche (Pré d'), c^ne de Prats-de-Carlux (cad.).

V

Vachaumont, h. c^ne de Saint-Saud (B.).

Vacheyrondie (La), c^ne de Preyssac-d'Agonac. — *Mayn. de la Vacheyrondia*, 1478 (tit. de Chamberlhiac).

Vachon (Le) ruiss. c^ne de Saint-Paul-de-Serre.

Vachonie (La), enclos dans le bourg de Manzac — *Pleydura voc. la Vachonia* (Dives, 2).

Vadinas (Las), lieu-dit, c^ne de Trélissac. — 1679 (Dénombr. de Périgueux).

Val, c^ne de Saint-Médard-de-Drone. — *Bordaria de Valle*, 1312 (Lesp. Homm. à Montignac).

Val (Sainte-Marie-du-). — Voy. Sainte-Marie-du-Val.

Valabole, c^ne de Bertric? — *1 mealhe sobre la mayso de Valabole*, xiiie siècle (liv. de recette, O. S. J.).

Valadas (Las), h. c^ne de Jumillac.

Valaday, h. c^ne de Manzac. — *Iter quo itur de ponte de Valeduey versus Sanctum Asterium*, 1475 (Dives, I, 125). — *Maynam. de Valeday*, 1492 (Dives, II, 155). — *Valydai*, 1538 (*ibid.*). — *Valadeix* (B.).

Valade, c^ne de Condat, c^on de Brantôme (S. Post.).

Valade, c^ne du Grand-Brassac. — *Mayn. de la Valada*, 1270 (Périg. M. H. 41, 1).

Valade, bois, c^ne de Saint-Caprais.

Valade, h. c^ne de Saint-Léon-sur-l'Isle. = *La Valada*, 1495 (Dives).

Valade, h. c^ne de Saint-Martial-de-Viveyrol.

Valade, h. c^ne de la Tour-Blanche.

Valade, h. c^ne de Vern. — *Maynam. de la Valada* (Liv. Nof. 79).

Valade (Haute et Basse), h. c^ne de Clermont-d'Exideuil.

Valade (Haute et Basse), h. c^ne de Couture.

Valade (Haute et Basse), h. c^ne de Lisle.

Valade (La), h. c^ne de Bassillac.

Valade (La), c^ne de Bourdeilles (S. Post.). — Anc. rep. noble.

Valade (La), h. c^ne de la Chapelle-au-Bareil (B.).

Valade (La), c^ne de Montpazier. — *Lavalada*, 1289 (arch. de la Gir. x, 59).

Valade (La), anc. fief, c^ne de la Nouaille.

Valade (La), h. c^ne de Romains (S. Post.). — Anc. rep. noble.

Valade (La), h. c^ne de Saint-Cibranet.

Valade (La), h. c^ne de Saint-Germain-des-Prés.

Valade (La), h. c^ne de Saint-Paul-de-Lisone.

Valade (La), h. c^ne de Saint-Saud (S. Post.).

Valade (La), h. c^ne de Sireuil.

Valadés, grotte, c^ne de Cussac (Audierne).

Valades (Les), lieu-dit, c^ne de Beaurone-de-Chancelade.

Valades (Les), h. c^ne du Coux. — *Vilatg. de las Valadas*, 1463 (arch. de la Gir. Bigaroque; terr. de Bigaroque).

Valadésie (La), h. c^ne de Cabans. — *Vilatg. de la Valadesio*, 1650 (arch. de la Gir. Belvez).

Valadésie (La), c^ne de Sendrieux. — *Mayn. de la Vialadesia*, 1520 (ch. Mourcin).

Valadier (La Grange), c^ne de Saint-Saud. — 1638 (Acte not.).

Valadoux (Le), lieu, c^ne de Montazeau.

Valassoux (Les), éc. c^ne de Biras (B.).

Valay, h. c^ne de Douzillac.

Valayes (Las), h. c^ne de Saint-Laurent-des-Bâtons (S. Post.).

Valbéon? anc. rep. noble. — *Hospitium Valbeonis, in honore de Vernhio*, 1400 (Homm. au duc d'Orléans, Lesp. 26).

Valbéon, c^ne de Grignol. — *Valbeio* (cart. de la Sauve). — *Pheodus de Valbeo confrontans cum mayn. de Vila Doma, in par. de Bruco*, 1481 (Dives, I, 99).

42.

VALBUEIRA? c^{ne} de Corgnac. — *Valbueira*, 1002 (Lesp. Donat. à l'abb. d'Uzerche).

VALEILLE, c^{ne} de la Cassagne. — *Valaille* (S. Post.).

VALEILLE, h. c^{ne} de Saint-Crépin-Salignac (S. Post.).

VALEILLE, h. c^{ne} de Veyrignac.

VALENCE, h. c^{ne} d'Eyrenville (S. Post.).

VALENCE, ancien prieuré, c^{on} de Montpont? (Itinér. de Clément V).

VALENTIE (LA), h. c^{ne} de Montferrand (S. Post.).

VALETTE (LA), c^{ne} de la Bachelerie. — Anc. rep. noble, 1520.

VALETTE (LA), h. c^{ne} de Mialet (S. Post.).

VALETTE (LA), h. c^{ne} de la Mongie-Montastruc (B.).

VALETTE (LA), c^{ne} de Peyzac.

VALETTE (LA), h. c^{ne} de Saint-Félix-la-Linde. — 1728 (not. de Mouleydier).

VALETTE (LA), anc. diocèse. — Voy. VILLEBOIS.

VALETTES (LES), h. c^{ne} de Saint-Sulpice-d'Excideuil.

VALEUIL, c^{ne}, c^{on} de Brantôme. — *Sancta Maria de Valaloy*, 1122 (Lesp. 30, Chap. de Saint-Astier). — *Valoil*, 1220 (cart. de Brantôme). — *Avaloil*, 1249 (test. d'H. de Bourdeilles). — *Avavolium* (pouillé du XIIIe siècle). — *Velhuelh*, XIIIe s^e (O. S. J.). — *Abaletium*, 1350 (Lesp. 10, Fouage). — *Valeuilh*, 1723 (pouillé).

Archiprêtré qui jusqu'au XIVe siècle porta le nom d'archiprêtré de Biras. Il se composait, selon le pouillé de 1723, de vingt-trois paroisses : Anesse, Beaulieu, Belaigue, Biras, Boulouneix, Brantôme, Bussac, Creissac, Grand-Brassac, Léguillac-de-Lauche, Lisle, Mensignac, Montagrier, Paussac, Puy-de-Fourches, Saint-Apre, Saint-Julien, Saint-Just, Saint-Pardoux-de-Feix, Saint-Victor, Saint-Vivien, Sencenac, Valeuil.

Voc. Saint-Pantaléon ; collat. l'évêque.

VALEYRON, lieu-dit, c^{ne} de Saint-Amand-de-Belvez (cad.).

VALLADEIX, h. c^{ne} de Razac-sur-l'Ille (A. Jud.).

VALLADOUX, c^{ne} de Mont-Caret.

VALLAS, c^{ne} du Bugue. — *Repaire de Vallas*, 1300 (Lesp. 34, Montignac). — *Podium de Vallos*, 1430 (Liv. N. 22) ; confront. à la combe de Montozel.

VALLEC (LA), ruisseau qui passe à Grives et se jette dans la Nauze au-dessus de Siorac. — *La Valoch*, *Valech*, *Valuech*, *Valuooil*, 1462 (arch. de la Gir. Belvez).

VALLEREUIL, c^{ne}, c^{on} de Neuvic. — *Valaro*, 1143. — *Valaruey*, 1271 (Lesp.). — *Valaruy* — *Baleroy*, 1310 (Lesp. 10, Fouage). — *Valaroy*, 1333 (Périg. M. H. 41, 4). — *Valeruey*, 1365 (Lesp. 88, Châtell. de Grignol). — *Valari*, 1556 (bénéf. de l'év.). — *Vallareyx*, 1693 (Acte not.).

Patron : saint Laurent.

Voc. Sainte-Marie ; collat. l'abbé de Saint-Cybard d'Angoulême. — Léproserie en 1271.

VALLET, anc. rep. noble, c^{ne} de la Gemaye (S. Post.).

VALMANSENGEAS, h. c^{ne} de Fanlac. — *Mansus de Valmasanges*, 1471 (Généal. de Rastignac). — *Valmansangas*, XVIe siècle (arch. de Pau).

VALMONET? c^{ne} de Saint-Martial-de-Viveyrol. — 1502 (O. S. J.).

VALOJOUX, c^{ne}, c^{on} de Montignac. — *Volugou* (pouillé du XIIIe siècle). — *Valoujours*, 1365 (Lesp. Homm.). — *Valogols*, 1370 (Lesp. 26). — *Valaujour*, 1400 (Lesp. Homm.). — *Valogeta*, 1556 (panc. de l'év.). — *Valozeux*, 1648 (bénéf. de l'év.). — *Valajoul*, 1740 (carte de Samson). — *Valaujoulz*, 1781 (liste des paroisses du dioc. de Sarlat).

Patron : saint Pantaléon ; collat. l'évêque.

Anc. rep. noble.

VALOUSE (LA), h. c^{ne} de Thiviers. — Anc. rep. noble. Valouze et Saint-Pardoux, haute justice dans Chalais (Alm. de Guy. 1760).

VALPAPU, anc. rep. noble, c^{ne} de Bussac (S. Post.).

VAL SEGUIN, à Cadouin. — *Vallis Seguini* (cart. de Cadouin).

Vallon donné à Robert d'Arbrissel, et où est construite l'abbaye de Cadouin.

VALSIGEOU, écart, c^{ne} de Bussac (B.).

VALUE? c^{ne} de Bourg-du-Bost. — *Loc apelat lo Value*, XIIIe siècle (liv. de recette, O. S. J.).

VANDRUDE, h. c^{ne} de Corgnac.

VANDURIE? c^{ne} de Saint-Martial-de-Valette. — *Bourderia Vanduriencha*, 1255 (Lesp. Nontron).

VANENA? c^{ne} de Neuvic. — *Locus dict. la Vanena*, 1385 (Périg. M. H. 41, 4).

VANXAINS, c^{ne}, c^{on} de Ribérac. — *Vancenx*, 1226 (Lesp. 70, Archambaud II). — *Avanxens* (pouillé du XIIIe siècle). — *Leprosia d'Avancenxs*, 1302 (Lesp. Test. du Cte Hélie). — *P. de Vanssenis*, 1459. — *Avantxanchs*, 1484 (Lesp.).

Voc. Notre-Dame (la Nativité).

Vanxains était le siége d'un archiprêtré composé de quarante et une paroisses, qui se nomma d'abord archiprêtré de la Double. — Voy. DOUBLE (LA).

VAQUETTE (LA), petit ruiss. c^{ne} de Villamblard, formé par la fontaine de Serjaillou ; il se jette dans le Roy au moulin de la Golage (Garraud, *Not. sur Villamblard*).

VARACHAUD, h. c^{ne} de Rouffignac-Montignac (B.).

VARACHON, dom. c^{ne} de Biras (A. Jud.).

VARAGNAC, c^{ne} de Saint-Aubin-de-Lenquais (terr. de Lenquais).

VARAGNAC, h. c^{ne} de Saint-Cyr-lez-Champagne (S. Post.).

VARAGNE, c^{ne}, c^{on} de Bussière-Badil. — *Varanea*.

1283 (tit. de l'évêché d'Angoulême, arch. de la Charente). — *Varanha*, 1365 (Lesp. Châtell. de Nontron). — *Varaigne*, xviie siècle (Acte not.).

Patron : saint Jean-Baptiste.

Anc. rep. noble relevant au xive siècle de la châtell. de Nontron, et au xve siècle ayant haute justice sur Varagne, Souffrignac, Busseroles, Soudat, la Chapelle-Saint-Robert (arch. de Pau, Châtell. du Périgord).

VARAILLAUDAS (LAS), friche, c^{ne} d'Azerat (A. Jud.).

VARAY (LE), h. c^{ne} de Saint-Germain-et-Mons.

VAREILLE (LA), h. c^{ne} de Génis.

VARENNE (LA), c^{ne} de Neuvic. — *Tenentia de la Varena*, 1481 (Dives, I, 89).

VARENNE (LA), h. c^{ne} de Saint-Front-la-Rivière (S. Post.).

VARENNE (LA), h. c^{ne} de Savignac-les-Églises.

VARENNES, c^{ne}, c^{on} de la Linde. — *Lencaychetum*, 1301 (arch. de Lenquais). — *Mansus dictus de Varennes*, 1474 (coll. de Lenquais). — *Sanctus Avitus de Lancaycheto*, 1479 (test. arch. de Lenquais). — *Lencayches*, 1556 (archipr. de Palayraco; pancarte de l'évêché). — *Linquasset*, 1648 (bénéf. de l'év. de Sarlat).

Patron : saint Avit.

VARENNES, c^{ne} de Grignol. — *Casale de Varenas*, 1460 (Dives, I, 20). — *Mayn. de Puyguilhem ou Varenas*, 1503 (*ibid.*).

VARENNES (CHAMP DE), pièce de terre, c^{ne} de Saint-Aubin-de-Lenquais (A. Jud.).

VARNEIL, sect. de la c^{ne} de Sainte-Alvère (cad.).

VAS-COULOUR? c^{ne} d'Agonac. — *Mayn. de Vas-Color*, 1390. — *Vas-Colors, Vas-Coulour*, 1519 et 1529 (tit. de Chamberlhiac).

VASSAL (LA), lieu-dit, c^{te} de Carlux (cad.). — Tour au milieu de ruines, près de Carlux (Courcelles).

VASSAL (LE), h. c^{ne} de Montclar (B.).

VASSALDIE (LA), h. c^{ne} de Gouts. — Anc. repaire noble composé des tenances de Montardit, le Jarric-Blanc, le Grand-Monteil, Combe-Marie, Grande et Petite Tourrette, le Mas-de-Gouts, le Got, le Claux-des-Besards, les Maumont et Videaux (Courcelles).

VASSOL (LE), ruiss. qui se jette dans le Néa à Sainte-Natalène.

VASSOULIE (LA), h. c^{ne} de Proissans.

VAUBRUNET, h. c^{ne} de Teyjac.

VAUCAN (BOIS DE), taillis, c^{ne} de Pressignac (A. Jud.).

VAUCOCOURT, anc. repaire noble dans la ville de Thiviers, à côté de l'église Notre-Dame. — *Vaucocort*, 1470 (Lesp. Montignac). — *Vallis Cucurri*, 1487 (Lesp. 80, Thiviers). — *Vauquecourt*, 1652 (Lesp. Voyage de Le Laboureur).

VAUDOU, anc. rep. noble, par. de Celle (inv. de Montardit).

VAUDOURIE (LA), anc. tén. c^{ne} de Trémolac. — 1762 (Acte not.).

VAUDRE, h. c^{te} de Gabillou, c^{on} d'Hautefort. — *Vaudra*, 1457 (Lesp. 79). — *Château de Voudre*, 1632 (*ibid.*).

Anc. rep. noble.

VAUDRUDE, h. c^{ne} de Corgnac.

VAUDU, h. c^{ne} de Saint-Michel-Lesparon (S. Post.).

VAUDUNE, section et mⁱⁿ de la c^{ne} de Paunac.

VAUGOUBERT, anc. rep. noble, c^{ne} de Quinsac.

VAULOUBE, h. c^{ne} du Grand-Brassac (B.).

VAULX, ancienne maison noble, c^{ne} de Dussac. — 1506 (Lesp. 51).

VAUMOURE, h. c^{ne} de Saint-Martial-de-Viveyrol. — *Mayn. de Valmora*, 1466 (O. S. J.).

Dép. de la comm^{rie} de Soulet.

VAUNAC, c^{ne}, c^{on} de Thiviers. — *Vaunacum*, 1365 (Lesp. 88, Châtell. de Bruzac). — *Veunac*, 1382 (P. V. M.). — *Saint-Maurice de Veunac*, 1685 (O. S. J.).

Membre de la comm^{rie} de Condat.

VAURE, terme générique. — *Quadam pecia de Vaure sita in tenencia de la Varena, in par. de Novo-Vico, etc.* 1471 (Dives, I, 89). — *Pecia deserti sive de Vaure* (*ibid.* 130). — *Contigua nemoris sive Vaure Petri de Montardit* (Lesp. 81, 31).

VAURE, lieu, c^{ne} de Douville.

VAURE, c^{ne} de Saint-Front-d'Alemps. — *Mansus del Vaure*, 1228 (tit. de Chamberlhiac).

VAURE, h. c^{ne} de Saint-Pierre-de-Cole (S. Post.).

VAURE, h. c^{ne} de Saint-Saud (S. Post.).

VAURE, h. c^{ne} de Segonzac.

VAURE, h. c^{ne} de Valeuil (S. Post.).

VAURE (BOIS DE LA), c^{ne} de Villamblard (A. Jud.).

VAURE (LA), h. c^{ne} d'Agonac (S. Post.).

VAURE (LA), lieu, auprès d'Andrivaux.

VAURE (LA), c^{ne} de Celle. — *Nemus voc. vulg. la Vaure de Brossas*, 1269 (Lesp. 81, 8).

VAURE (LA), lieu, c^{ne} de Champagne.

VAURE (LA), habitation, c^{ne} de Champagne. c^{on} de Verteillac.

VAURE (LA), h. c^{ne} de Chancelade (S. Post.).

VAURE (LA), h. c^{ne} de Chenau. — *Vaura quæ est juxta eccl. de Chanaor* (cart. de Baigne, 38).

VAURE (LA), h. c^{ne} de Cherveix (S. Post.).

VAURE (LA), h. c^{ne} de la Force. — *Mansus de la Baure*, 1308 (Périg. M. H. 41, 2).

VAURE (LA), lieu, c^{ne} de Mensignac. — *Mayne de la Baure*, 1400 (Lesp. Homm. Montignac).

VAURE (LA), lieu, auprès de Merlande.

VAURE (LA), h. c^ne de Miremont-Mauzens. — *La Vaurie* (Acte not.).

VAURE (LA), près du Monteil.

VAURE (LA), aux environs de la ville de Mussidan.

VAURE (LA), h. c^ne de Puy-de-Fourches-et-Sencenac. — *La Vaure* (atlas Blaeu).

VAURE (LA), h. c^ne de la Roche-Beaucourt.

VAURE (LA), c^ne de Saint-Astier.

VAURE (LA), lieu, auprès de Saint-Avit, c^on de Thiviers.

VAURE (LA), lieu, c^ne de Saint-Géry.

VAURE (LA), h. c^ne de Saint-Mayme-de-Pereyrol. — *Mas de la Vaura*, 1365 (Lesp. 26, Vern).

VAURE (LA), h. c^ne de Saint-Pantaly-d'Exideuil.

VAURE (LA), c^ne de Saint-Victor. — *Mayn. de la Vaure*, 1317 (Périg. M. H. 41, 2).

VAURE (LA), lieu, c^ne de Vallereuil. — *La Vaure de Valarury*, 1346 (Lesp. 51).

Anc. rep. noble.

VAURE (LA VIEILLE-), c^ne de Mensignac. — xviie siècle (O. S. J.).

VAUREIX, lieu, près de Saint-Martial-d'Hautefort.

VAURELIE (LA), métairie, c^ne de Tocane (S. Post.).

VAURES (LES), h. c^ne de Bergerac.

VAURETTES (LES), pré, c^ne de la Force (A. Jud.).

VAURIAC, h. c^ne d'Exideuil (A. Jud.).

VAURIAS, lieu, c^ne de Saint-Jory-de-Chalais. — Dépend. de l'abb. de Peyrouse, 1740 (Acte not.).

VAURIE (LA), h. c^ne de Saint-Mesmin (A. Jud.).

VAURIES (LES), h. c^ne de Saint-Pompon.

VAURIES (LES), h. c^ne de Thiviers (S. Post.).

VAURILLE, lieu, c^ne de Saint-Severin-d'Estissac.

VAURILLE (LA), h. c^ne de Douzillac (S. Post.).

VAUROIS (EN), bois, c^ne de Saint-Chamassy (A. Jud.).

VAURONIE (LA), lieu-dit, c^ne d'Audrix (cad.).

VAUSSELONGE, écart, c^on de Coubjours (S. Post.).

VAUVERDU, h. c^ne de Vaunac. — *Mans. voc. Vaubordou*, 1460 (O. S. J.).

Dép. de la comm^rie de Puy-Martin.

VAUVETAS, champ, c^ne de Manzac (Dives).

VAUX, anc. dioc. de Périgueux, auj. du dép^t de la Charente. — *Villa quæ vocatur Vallis* (cart. de Saint-Cybard). — *Vals* (pouillé du xiiie siècle). — *De Vallibus*, 1380 (P. V. de M.).

La justice de Vaux ressortissait à la Valette (Statist. de la Charente).

VAUX, h. c^ne de Chalais (Cass.).

VAUX, h. c^ne de Dussac. — Altitude : 334 mètres.

Anc. rep. noble, 1506.

VAUX, h. c^ne de Jumillac.

VAUX, c^ne de Montignac-Monesterol. — *Capella de Valas*, 1178 (Lesp. Bénéf. de Saint-Astier). — *Domus*

de Vals juxta Montempavonis, 1295 (testam. d'Archambaud III).

Prieuré conventuel, existant en ce lieu avant la fondation de la chartreuse de Vauxclaire, qui le remplaça.

VAUXAINS, h. c^ne de Nanteuil-de-Bourzac.

VAUXCLAIRE, c^ne de Montignac-Monesterol. — *Locus de Vale clara subtus Montignacum, inter fluvium Ellæ et iter per quod itur de Montignaco versus Pisonem*, 1335 (fondation par Roger Bernard, comte de Périgord). — *Valclara*, 1409 (Liv. N. de Périg.). — *Vauclaire* (Cal. admin.).

Chartreuse fondée à la fin du xive siècle par les comtes de Périgord.

VAUXCLAIRE (MOULIN DE), c^ne de Montpont.

VAUZELLE, écart, c^ne de Nanteuil-de-Bourzac (B.).

VAUZILLE, h. c^ne de Saint-Médard-d'Exideuil (S. Post.).

VAYRE, métairie, c^ne de Saint-Sauveur. — 1743 (not. de Bergerac).

VAYSSE, h. c^ne de Badefol-d'Ans (Cass.).

VAYSSE, h. c^ne de Douville.

VAYSSE, lieu-dit, c^ne de Faux. — 1771 (arpent.).

VAYSSE? c^ne de Ponchat. — *Terras ad fontem de la Vaisa, in quibus fundata est ecclesia et cemeterium* (cart. de la Sauve). — Voy. ABBAYE (L'), au Supplément.

VAYSSE, m^in et h. c^ne de Vert-de-Biron (S. Post.).

VAYSSE (COMBE DE LA), c^ne d'Urval (cad.).

VAYSSE (CROS DE LA), c^ne de Marquay.

VAYSSE (LA), écart, c^ne de Maurens.

VAYSSE (LE), taillis, c^ne de Saint-Avit-Sénieur.

VAYSSE (VIEUX-), h. c^ne de Coubjours (Cass.).

VAYSSE-LADE (A LA), bois, de 6 hectares, c^ne d'Eybène (A. Jud.).

VAYSSELENQUE (COMBE), lieu-dit, c^ne de Saint-Marcel. — 1676 (Acte not.).

VAYSSERIE (LA), h. c^ne de Campagne.

VAYSSERIE (LA), lieu-dit, c^ne de Lenquais. — *La Veysseyrio* (terr. de Lenquais, ténement de Bournazel). Nom perdu.

VAYSSERIE (LA), c^ne de Saint-Pompon. — *El Vayssayre*, 1744 (terr. de Saint-Pompon).

VAYSSES (LAS), lieu-dit, c^ne de Boulouneix (cad.).

VAYSSES (LAS), lieu-dit, c^ne de Condat-sur-Vézère (cad.).

VAYSSES (LAS), lieu-dit, c^ne de Saint-Pompon. — 1744 (terr. de Saint-Pompon).

VAYSSES (LES), c^ne de la Cassagne (cad.).

VAYSSES (LES), h. c^ne de Saint-Martial-Dome.

VAYSSES-ÉPAISSES (AUX), broussailles, c^ne de Cubjat (A. Jud.).

VAYSSEYX (LA), domaine, c^ne de Thenon (A. Jud.).

VAYSSIERAS, h. c^ne de Mialet.

VAYSSIERAS, h. c^ne de Saint-Julien-de-Crempse.

Vayssière (Bos de la), c^{ne} de Salignac (S. Post.).

Vayssière (La), c^{ne}, c^{on} de Villamblard. — Capella de Vaischa (pouillé du xiii° siècle; Villadès). — Vaycha, 1400 (Lesp. 26, Homm.). — Vexière, xvi° siècle (Pau, Justice de Montréal). — Notre-Dame-d'Eyraud, annexe de Saint-Jean-d'Eyraud.

Vayssière (La), h. c^{ne} du Bugue. — La Veycieyra, 1453 (Liv. Nof. 10).

Vayssière (La), h. c^{ne} de Campagnac.

Vayssière (La), h. c^{ne} de Carves.

Vayssière (La), lieu-dit, c^{ne} de Clermont-de-Beauregard. — La Veissière, 1687 (Acte not.).

Vayssière (La), c^{ne} de Cornille.

Vayssière (La), lieu-dit, c^{ne} de Coulounieix. — La Vaichieyra, 1388. — Clausus de Veyssière, 1480 (ch. Mourcin).

Vayssière (La), h. c^{ne} de Cussac. — Mansus de la Vayssiera, 1459 (arch. de la Gir. Belvez).

Vayssière (La), c^{ne} de Gabillou (terr. de Vaudre).

Vayssière (La), métairie, c^{ne} de Granges-d'Ans (S. Post.).

Vayssière (La), bois, c^{ne} de Journiac. — Nemus de la Vaissieyra, 1469 (Lesp. Miremont).

Vaissière (La), h. c^{ne} de Limeuil. — Mans. de la Vaysiera, la Vaycieyra, 1450 (Liv. Nof.).

Vayssière (La), h. c^{ne} de Marquay (A. J.). — Vaysserie.

Vayssière (La), vill. c^{ne} de Montagnac-d'Auberoche. — Ecclesia de Veyschiens? (pouillé du xiii° siècle, Exideuil). — Vaychiera, 1510 (reg. de l'év.).

Vayssière (La), h. c^{ne} de Montagnac-de-Crempse. — Mans. de la Vaichieyra, 1283 (Périg. M. H. 41, 1).

Vayssière (La), c^{ne} de Mortemart. — Mans. de la Vaissieyra, 1463 (O. S. J.).

Vayssière (La), h. c^{ne} de Mussidan.

Vayssière (La), h. c^{ne} de Pézul.

Vayssière (La), h. c^{ne} de Prats-de-Carlux. — Mansus de las Vayssieras, 1467 (arch. de Paluel).

Vayssière (La), h. c^{ne} de Saint-Amand-de-Coly.

Vayssière (La), h. c^{ne} de Saint-Hilaire-d'Estissac.

Vayssière (La), c^{ne} de Saint-Jean-d'Ataux (Lesp. 95).

Vayssière (La), c^{ne} de Saint-Jean-de-Cole.

Vayssière (La), h. c^{ne} de Sainte-Natalène (S. Post.).

Vayssière (La), h. c^{ne} de Saint-Sernin-de-Reillac (A. Jud.).

Vayssière (La), h. c^{ne} de Saint-Sulpice-d'Exideuil (S. Post.).

Vayssière (La), lieu-dit, c^{ne} de Sarlande.

Vayssière (La), h. c^{ne} de Savignac-de-Miremont.

Vayssière (La), h. c^{ne} de Sorges (S. Post.).

Vayssière (La), h. c^{ne} de Terrasson (Cass.).

Vayssière (La)? c^{ne} de Verdon. — Anc. fief, 1743 (Acte not.).

Vayssière (La), h. c^{ne} de Vitrac. — Vayschieras, las Vaissieras, 1396 (O. S. J. la Canéda). — Vaissers, 1516 (reg. de l'év.). — Eccl. de Vessieres, 1648 (bénéf. de l'év. de Sarlat).

Prieuré de l'ordre de Grandmont, annexe du prieuré de Francour-en-Quercy.

Vayssière (La Grande-), h. c^{ne} de Neuvic.

Vayssières (Les), c^{ne} de Calviac. — Nemus de las Vayssieras, 1455 (arch. de Paluel).

Vayssières (Les), c^{ne} de Saint-Rabier. — Lou Puey de las Veyssieras, 1491 (Généal. de Rastignac).

Vayssonie (La), h. c^{ne} de Bourdeilles (S. Post.).

Vé (Pont de), h. c^{ne} de Coulaures.

Vedie (La Grande et la Petite), h. c^{ne} de Saint-Avit-Sénieur.

Vegeille (La), h. c^{ne} de Mauzens (B.).

Vejarie (La)? c^{ne} de Loubéjac. — La Bourdarie de la Vejarie, 1260 (cout. de Villefranche-de-Belvez).

Vélines, ch.-l. de c^{on}, arrond. de Bergerac. — Velkini (pouillé du xiii° siècle). — Sanctus Laurentius de Velinis, 1342 (Lesp. V.).

Patrons : saint Martin et saint Laurent.

Siège d'un archiprêtré qui jusqu'au xiii° siècle s'est nommé archiprêtré de Montrevel. Selon l'état de 1782, il se composait de 30 paroisses : Bonefare, Bonneville, Breuil, le Canet, Carsac, le Fleix, la Force, Fougueyrolles, Fraisse, Minzac, Montazeau, Mont-Caret, Montfaucon, Montpeyroux, la Mothe-Montravel, Nastaringue, Ponchat, Prigonrieu, la Rouquète, Sainte-Aulaye, Saint-Géraud-de-Corps, Saint-Martin-de-Gurson, Saint-Méard-de-Gurson, Saint-Michel-de-Montaigne, Saint-Pierre-d'Eyraud, Saint-Remy, Saint-Seurin-du-Prat, Saint-Vivien, Vélines et Villefranche.

Vélonie (La), lieu, c^{ne} de Sarlat.

Veluzie, c^{ne} de Beleymas. — A las Veluzias, 1654 (Acte not.).

Veluzie, h. c^{ne} de Ginestet (A. Jud.). — Velusie, 1675 (Acte not.).

Vendancherie (La)? ténement, c^{ne} de Biras. — xvii° siècle (O. S. J.).

Vendeuil, h. c^{ne} d'Angoisse (S. Post.).

Vendoire, c^{ne}, c^{on} de Verteillac. — Venduira (pouillé du xiii° siècle). — Vendyer, 1310 (Lesp. 24, Usurpation du roi de France). — Vendueyra, 1365 (Lesp. 88, Châtell. de Bruzac). — Vendoyra, 1382 (P. V. M.).

Patrons : saint Saturnin et l'Assomption.

Vendome, h. c^{ne} de Rampieux (S. Post.).

Vendome, fontaine remarquable, c^{ne} de Saint-Pardoux-la-Rivière (Antiq. de Vésone, I, 451).

Venetas (Las), terre, c^{ne} de Badefol-d'Ans (cad.).

Vensies (Les), éc. c^{ne} de Mortemart. — *Vill. de las Vensias*, 1409 (O. S. J.).

Vent (Moulin à), c^{ne} de Saint-Astier. — *Iter qua itur de Saucto Asterio versus mol. de Vento*, 1343 (Lesp. 31).

Ventadour, tumulus, c^{ne} de Saint-Aquilin.

Ventauzel, h. c^{ne} de Saint-André (B.).

Ventignac, anc. fief, c^{ne} de Saint-Sulpice-d'Exideuil.

Veralie, h. c^{ne} de la Mongie-Montastruc. — *Mansus del Viralho*, 1485 (Liv. N. 8).

Verchiat, h. c^{ne} de Cercle (B.).

Verdal, h. c^{ne} de Soulaures (S. Post.).

Verdale (Le), h. c^{ne} de Nanteuil-Thiviers (S. Post.).

Verdale (Le), éc. c^{ne} de Saint-Romain-Saint-Clément (S. Post.).

Verdanson (Le), c^{ne} de Saint-Laurent-des-Bâtons-et-Saint-Maurice. — *Rivière de Verdanson*, autrement *Saint-Laurans*, 1680 (Acte not.).

Verdarias (Las), h. c^{ne} de Saint-Jory-de-Chalais (S. Post.).

Verdelou, h. c^{ne} de Valeuil.

Verdeney, h. c^{ne} de Coulaures (A. Jud.).

Verdenie (La), h. c^{ne} de Saint-Germain-des-Prés. — Anc. fief.

Verdie (La), lieu, c^{ne} de Ségonzac, c^{on} de Montagrier.

Verdier (Le), rue et place à Belvez.

Verdier (Le), éc. c^{ne} de Clermont-d'Exideuil (S. P.).

Verdier (Le), c^{ne} de Condat-sur-Vézère. — *Molend. del Verdier*, 1451 (O. S. J. Condat).

Verdier (Le), c^{ne} de Cornille.

Verdier (Le), c^{ne} de Journiac. — *Factum del Verdier*, 1455 (Liv. Nof. 42).

Verdier (Le), éc. c^{ne} de Marquay.

Verdier (Le), h. c^{ne} de Mazeyrolles.

Verdier (Le), éc. c^{ne} de Naillac (S. Post.).

Verdier (Le), lieu, c^{ne} de Parcoul.

Verdier (Le), h. c^{ne} de Prats-de-Belvez.

Verdier (Le), c^{ne} de Preyssac-d'Agonac. — *Maynam. del Verdiyet*, 1481 ; *del Verdier*, 1512 (Feti, xxxii, 45).

Verdier (Le), h. c^{ne} de Saint-Antoine-de-Breuil (S. Post.).

Verdier (Le), éc. c^{ne} de Saint-Astier.

Verdier (Le), h. c^{ne} de Saint-Cyr-lez-Champagne (S. Post.).

Verdier (Le), lieu, c^{ne} de Saint-Sernin-de-Reillac.

Verdier (Le), lieu, c^{ne} de Sireuil.

Verdier (Le), éc. c^{ne} de Vanxains.

Verdiers (Les), c^{ne} de Monsac. — *Ténem.* autrement dit *la Chaulette* (terr. de Lenquais).

Verdiers (Les), m^{in}, c^{ne} de Monsac, auj. *des Champs* (terr. de Lenquais).

Verdiers (Les), h. c^{ne} de Siorac, dans la Double.

Verdillon, éc. c^{re} de Saint-Sernin-de-l'Herm (B.).

Verdinie (La), h. c^{ne} de Saint-Germain-des-Prés (S. Post.).

Verdon c^{ne}, c^{on} de la Linde. — *Verdonnum*, 1290 (Champollion-Figeac, Pétition des cons. de Beaumont). — *Verdonne* (*ibid.*). — *Verdonum*, 1499 (coll. de Lenquais).

Anc. rep. noble, ayant justice sur Verdon, 1760 (Alm. de Guy.).

Verdon, h. c^{ne} de Saint-Sernin-de-l'Herm. — *Verdonum*, 1478 (terr. de Belvez).

Anc. rep. noble.

Verdonie (La), h. c^{ne} de Chavagnac (S. Post.).

Verdonie (La), h. c^{ne} de Limeyrac.

Verdonie (La), h. c^{ne} de Vert-de-Biron (S. Post.).

Verdots (Les), h. c^{ne} de Cone-de-la-Barde (A. Jud.).

Verdoyer (Le), h. c^{ne} de Saint-Romain (S. Post.). — Anc. rep. noble.

Verdun, ville de Périgueux. — *La coforcha de Verdu*, 1247 (reg. de la Charité).

Verdurier (Le), h. c^{ne} de Douville (S. Post.).

Vergnac, lieu-dit, c^{ne} de Condat-sur-Vézère (cad.). — Dépendance du prieuré de Saint-Cyprien (bénéf. de l'év. 1684).

Vergnaries, h. c^{ne} de Lussac-et-Campagne. — *Las Vernharias*, 1517 (Lesp. 65, Migo-Folquier).

Vergnas, éc. c^{ne} de Montignac-sur-Vézère (B.).

Vergne (Combe de), c^{ne} de Camp-Segret. — 1790 (Not.).

Vergne (Haute et Basse), lieu, c^{ne} de Corgnac.

Vergne (La), c^{ne} d'Agonac. — *Mansus de la Vernha*, 1475 (tit. de Chamberlhiac).

Vergne (La), h. c^{ne} d'Ajat. — *Maison de la Bernhe*, 1400 (Lesp. Auberoche, Hommages).

Vergne (La), vill. et dom. c^{ne} de Bayac. — *La Bernie*, *la Bernye*, 1660 (Lesp. Reconnaiss. selon les fors de la châtell. de Bayac).

Vergne (La)? c^{on} du Bugue. — *E. la Vernhia* (cart. du Bugue).

Vergne (La), h. et m^{in}, c^{ne} de Champagne.

Vergne (La), lieu, c^{ne} de Dussac.

Vergne (La), h. c^{ne} de Gardone (B.).

Vergne (La), h. c^{ne} de Maurens.

Vergne (La), h. c^{ne} de Nastringues.

Vergne (La), h. c^{ne} de la Nouaille (B.).

Vergne (La), h. c^{ne} de Quinsac (B.).

Vergne (La), h. c^{ne} de Sainte-Alvère. — *Nemus de la Vernha*, 1452 (Liv. Nof.).

Vergne (La), h. c^{ne} de Saint-André-Alas.

Vergne (La), h. c^{ne} de Saint-Avit-de-Moiron.

Vergne (La), c^{ne} de Saint-Martin-des-Combes. — *Prioratus de la Vernia, cum annexis suis Sancti Martini de Combis et de Crossia*, 1197 (cart. de la Sauve). — *Prieuré Saint-Jacques de la Vergne* (Lesp. 35).

— *La Vernha*, 1304 (Itinér. de Clément V). — *Paroisse Saint-Jacques de Vergnes et son annexe Saint-Martin-des-Combes*, 1690 (coll. de Lenquais).

Ce prieuré avait été construit auprès du château de la Vergne, donné à l'abbaye de la Sauve avec le Peyrat et avec le repaire de la Vernelle, situé dans la commune de Saint-Félix (Leydet).

VERGNE (LA), h. c^ne de Saint-Sulpice-de-Mareuil (B.).

VERGNE (LA), h. c^ne de Saint-Sulpice-de-Roumagnac (B.).

VERGNE (LA), m^in sur la Nauze, c^ne de Siorac-et-Font-Gauffier. — *Feros de la Vernhe*, 1095 (fondat. de l'abb. de Font-Gauffier).

VERGNE (LA), c^be de Terrasson. — *La Vernhe*, 1560 (Lesp. 35, Terrasson).

VERGNE (LA), h. c^ne de Vallereuil.

VERGNE (PAS DE LA), domaine, c^ne de Bergerac. — 1677 (Nót. de Bergerac).

VERGNE (TERTRE DE LA), lieu-dit, c^ne de Fougueyrolles.

VERGNES, lieu, c^ne de Clermont-d'Exideuil.

VERGNES (BOUT DES), h. et m^in, c^ne de Bergerac.— *Al tenh. de las Vernas*, 1437 (Liv. N.).—*Vernhas (ibid.)*.

VERGNES (LES), lieu, c^ne de Champsevinel. — *Mas Vergnie prope boriam de Bodi*, 1496 (Périg. M. II. 41, 1).

VERGNES (MAS DES), c^ne de Saint-Astier. — *Mansus de Vernia*, 1276 (lim. de la seign. de Saint-Astier).

VERGNESIBERT, h. c^' e de Saint-Jory-de-Chalais. — Altitude : 299 mètres.

VERGNIASSOU, h. c^ne de Fouleix.

VERLEINE, h. c^ne de Saint-Romain (S. Post.).

VERLIAC, sect. de la c^ne de Saint-Chamassy (cad.). — Anc. rep. noble.

VERMELEXCHE, c^ne de Neuvic. — *Boria voc. Vermelhencha*, 1471 (Dives, I, 69).

VERMEROT, habitation isolée, c^ne de Lusignac (B.).

VERMONDIE (LA), c^ne de Manaurie (S. Post.). — Anc. rep. noble.

VERMONDIE (LA), éc. c^ne de Thonac (S. Post.).

VERN, ruisseau considérable qui prend sa source dans la c^ne de Sendrieux, passe à Salon, à Vern, disparaît à Pont-Roumieu, reparaît à la Font-Vive, près de Manzac, passe à Bruc-de-Grignol et se jette dans l'Ille au-dessus de Neuvic. — *Aqua qui dicitur Vernium*, 1272 (Lesp. 52).—*Vernh*, 1409 (Dives). —*Le Verg*, 1526 (Dives, Arrentement).

VERN, ch.-l. de c^ne, arrond. de Périgueux. — *Vernium*, 1158 (cart. Cadouin, Lesp. 37). — *Castrum de Vernhio*, 1268. — *Lo Vernh*, 1287 (Lesp. Cte de Périg. Bail de la Daunie). — *Vern*, 1290 (Lesp. 37, art. présentés au roi d'Angleterre). — *Ver* (anc. pouillé). — *Vergt*, 1539 (Dives, acte Grand G.). —

— *Verg*, 1625 (Reconn. Lesp. 79). — *Vern* (B.).— Vergt (Cal. adm.).

Vern avait jadis deux églises, Saint-Jean-Baptiste et Sainte-Marie; cette dernière est aujourd'hui détruite. — Patr. saint Jean; collat. le chap. de Saint-Front.

Châtellenie composée de 8 paroisses : Château-Missier, Saint-Amand, Saint-Jean, Sainte-Marie, Saint-Michel, Salon, Sengeyrac, Veyrines.

Bastide construite à Vern, en 1290, par le roi d'Angleterre. — Forêt de Vern (B.).

VERN? c^ne de Neuvic. — *Mansus del Vernh*, 1451 (Dives, I, 59).

VERNAC, h. c^ne de la Chapelle-Gonaguet (S. Post.).

VERNAC? *Eccl. de Vernhaco, archipresbyt. de Villa-Amblart* (pouillé, Lesp. 27)? — *Eccl. paroch. de Vernonaco in Petragoricensi*, 1471 (pouillé général de Charroux). == Inconnus.

VERNAUDS (LES), h. c^ne de Salon.

VERNELLE, éc. c^ne d'Issigeac.

VERNELLE (LA), c^ve de Saint-Félix, c^on de la Linde. — Anc. maison noble.

VERNEUIL, h. c^ne de Campagnac-lez-Quercy (S. Post.).

VERNEUIL, h. c^ne de Coulaures.

VERNEUIL, h. c^ne de Greyssensac.

VERNEUIL, h. c^ne de Sainte-Alvère. — *Varneuil* (S. P.).

VERNEUIL, éc. c^ne de Saint-Jean-d'Estissac (B.).

VERNEUIL? *Cumba de Verneuil*, 1322 (lim. de la jurid. de Périgueux).

VERNIER (LE), ruiss. qui se jette dans le Riou-Nègre, affluent de la Drone, près de Parcoul (B.).

VERNODE, vill. et m^in, c^ne de Tocane. — *Capella municipii nomine Vernode*, 1121 (Lesp. 30, Donation à Saint-Astier). — *Miles de Vernodio sive de Podio Agulhie*, 1339 (Lesp. 26, Homm.). — *Vernodium*, 1340 (ibid.). — *Vernaude* (B.).

Collat. le chapitre de Saint-Astier, auquel cette église fut donnée en 1122 (Lesp. 30).

VERNODE (TOURS DE), ruines, c^ne de Tocane, sur un promontoire très-abrupte qui domine le cours de la Drone; elles occupent un quadrilatère allongé, mais rétréci au nord, avec quatre tours aux angles. Les deux tours du sud, carrées et romanes avec contreforts plats aux angles; l'une est voûtée en coupole byzantine, la porte est à hauteur du 1er étage (Drouyn, *Châteaux du moyen âge*).

VERRIERAS, éc. c^ne de la Douze (A. Jud.).

VERRIÈRE, h. c^ne de Clermont-d'Exideuil.

VERRIÈRE, h. c^ne de Fraysse (B.). — *Veyrière*, 1665 (Not. du Fleix).

VERRIÈRE, c^ne de Saint-Cyprien.— *A la Veyriera*, 1462 (Philipparie).

Verrière (La), h. c^ne de Saint-Saud. — *Veyrière* (B.).

Verroulaud, h. c^ne de Saint-Martial-d'Artensec.

Versane (La), lieu-dit, c^ne de la Mongie. —1659 (Acte not.).

Versanes, c^ne d'Agonac. — *Masus de las Versanas,* 1519 (Feti).

Versanes (Les), h. c^ne de Bergerac.

Versanes (Les), h. c^ne de Cadouin (S. Post.).

Versanes (Les), mét. c^ne de Combeyranche (S. Post.).

Versanes (Les), h. c^ne de la Douze (A. Jud.).

Versanes (Les), lieu-dit, c^ne de Gabillou. — *Las Versanas,* 1510 (Rec. à Gabillou. Lesp. 79).

Versanes (Les), lieu-dit, c^ne de Grignol. — *Las Versanas,* 1490 (Dives, II, 7).

Versanes (Les), champ, c^ne de Grun (Dives).

Versanes (Les), éc. c^ne de Sainte-Foy-de-Longa.

Versanes (Les), h. c^ne de Vern (S. Post.).

Versanes (Les), lieu-dit, c^ne de Villetoureix (cad.).

Versat (Le Grand-), terre, c^ne de Montferrand, c^on de Beaumont (A. Jud.).

Vert, éc. c^ne de Saint-Vincent-de-Paluel (S. Post.).

Vert, lieu-dit, c^ne de Trémolac. — *Terre de Mon Vert,* 1455 (Liv. Nof. 3).

Vert (Au), lieu-dit, c^ne de Dome (cad.).

Vert (Château), lieu-dit, c^ne de Saint-Germain-de-Salembre (cad.).

Vert (La Tour du), c^ne de Baneuil. — *Viridis,* 1160 (Lesp. 37, Clerans). — *Hospicium del Vert,* 1456 (Liv. Nof. 48). — *Feodum de Viridi* (ibid. 68). — *Tour du Ver, Foret del Ver,* 1727 (Not. de Mouleydier). — *Tour du Vergt* (B.).

Donjon carré de 6^m,50 sur 7^m,35. Au premier étage, une seule ouverture ou porte basse, large de 0^m,75, dans un mur épais de 2^m,20, donne accès dans une chambre carrée mesurant 2^m,20 sur les quatre côtés. Dans un des angles, une petite porte basse, large de 0^m,50, profonde de 0^m,55, sert d'entrée à un réduit parallèle à la chambre, large de 0^m,94 et profond de 2^m,20 : c'était le lit. Un trou dans la voûte du bas faisait communiquer avec le rez-de-chaussée; un autre trou, dans la voûte d'en haut, faisait monter à l'étage supérieur. (Drouyn, *Châteaux du moyen âge.*) Cette tour, dont l'intérieur n'a peut-être pas d'analogue connu, et qui paraît avoir été bâtie sur une motte artificielle, est engagée dans les constructions de ce qui fut le château de Baneuil et par lesquelles on y pénètre.

Vertaillane, h. c^ne de Monestier (S. Post.).

Vertamont, h. c^ne de Saint-Romain-Saint-Pardoux-la-Rivière (S. Post.).

Vert-de-Biron, c^ne, c^on de Montpazier. — *Sanctus Petrus de Auver?* 1053 (dépendances de Sarlat). —

Le Vert de Biron, 1791 (archives de la Dordogne, Belvez).

Patron : saint Pierre-ès-Liens.

Vert-de-Bois, terre, c^ne de Cantillac (A. Jud.).

Vert-du-Bost, lieu-dit, c^ne de Saint-Severin-d'Estissac (cad.).

Verteignac, h. c^ne de Beaussat (B.).

Verteil (Le), lieu-dit, c^ne de la Villedieu (cad.).

Verteillac, ch.-l. de c^on, arrond. de Ribérac. — *Verteilhacum* (pouillé du XIIIe siècle).

Patrons : l'Assomption et saint Saturnin.

Anc. rep. noble, avec justice sur la paroisse (Alm. de Guy. 1760).

Verteillac, lieu, c^ne de Vanxains.

Verteillade, h. c^ne de Monestier.

Verte-Ville? aux environs de Périgueux. — *Viridis Villa,* 1366 (Périg. M. H. 41, 5).

Vertillières (Aux), broussailles, c^ne de Saint-Médard-de-Drone (A. Jud.).

Ventiol, h. c^ne d'Eyliac (A. Jud.). — *Petit-Vertiol,* anc. fief.

Venzinas, lieu, c^ne de Coulounieix, près de Vieille-Cité. — *Verzinias,* 1346 (arch. de Sainte-Claire).

Venzinas, vill. c^ne de Saint-Pierre-de-Cole (B.). — *Verdinas* (pouillé du XIIIe s^e, archipr. de Condat). Prieuré conventuel.

Verzinas, c^ne de Vaunac. — Signal : 229 mètres.

Verzinas (La Barde de), c^ne d'Agonac. — 1506 (Acte not.).

Anc. rep. noble.

Vesage (La), h. c^ne du Sigoulès (A. Jud.).

Vesinia (La), anc. fief, c^ne de Saint-Astier.

Vésone, nom antique de Périgueux. — *Aug. Vesuna* (inscr. au musée). — *Vesunna* (Itin. d'Antonin).

La cité romaine s'étendait sur la rive droite de l'Isle, du nord-ouest au sud-ouest, depuis le ruisseau du Toulon jusqu'au bas de la ville actuelle et depuis les coteaux qui bordent la plaine au nord jusqu'à la rivière, qui coule au midi (Antiq. de Vés. I, 556). — Voy. Tour de Vésone.

Vésone? — *Mas de la Vizone.* — *Mansus de la Vizona* (Lesp. Dénomin. au XVIe siècle).

Maison située sur le chemin de Saint-Pierre-Lanès aux prés de Campniac.

Vessat, h. c^ne d'Atur.

Vessat, h. c^ne de Château-l'Évêque. — Anc. maison noble.

Vessat, h. c^ne de Sanillac.

Vestitos? c^ne de Vélines. — *Eccl. Sancti-Frontonis de Vestionibus,* 1122 (confirm. à l'abb. de Saint-Florent de Saumur). — *Eccl. de Vestitos* (pouillé du XIIIe siècle, archipr. de Vélines).

Inconnu.

Vet, h. c^{ne} de Coulaures (A. Jud.). — *Plaine de Vetz* (*ibid.*).

Veunas? c^{ne} de Saint-Paul-de-Serre. — *Maynamentum de Veunas*, 1485 (Dives, II, 158).

Veylous (Les), h. c^{ne} de Saint-Germain-et-Mons.

Veyretie (La), c^{ne} de Sainte-Orse. — *Mansus voc. de la Veyretie*, 1457 (Lesp. 79).

Veyri, h. c^{ne} de Montpont.

Veyrien (Le), h. c^{ne} de Mensignac (A. Jud.).

Veyrien (Le), h. c^{ne} de Monsac.—Anciennement *Puech Redon*, 1488 (coll. de Lenquais).

Veyrière (La), h. c^{ne} de Saint-Avit-Sénieur. — 1714 (Act. not.).

Veyrières (Les), h. c^{ne} de la Douze (A. Jud.).

Veyrignac, section de la c^{ne} de Gaulegeac. — *Prioratus de Verinaco* (cart. de Saint-Jean-d'Angély).—*Vayrinhacum*, 1350 (collation de Clément VI).

Patron : saint Pierre-ès-Liens; collat. l'abbé de Saint-Jean-d'Angély.

Anc. rep. noble avec justice dans la paroisse (Alm. de Guy. 1760).

Veyrines, c^{ne}, c^{on} de Dome. —*Vitrini*, 1269 (Lesp. 15, Test. de G. Aymon).

Patron : saint Pierre-ès-Liens.

Anc. rep. noble.

Veyrines, c^{ne}, c^{on} de Vern. — *Veirinas*, 1158 (Lesp. 58). — *Veyrinas*, (pouillé du XIIIe s^e). — *Castrum de Vitrinis*, 1360 (Lesp. Sainte-Alvère).

Voc. l'Assomption; collat. l'abbé de Saint-Martial de Limoges.

Veyrines, c^{ne} de Berbiguières. —1490 (Lesp. 63).

Anc. rep. noble.

Veyrines, bourg de Grignol. — *Domus de Verinis in castro de Granholio*, 1318 (donat. par H. de Taillefer).

Anc. logis noble dans le château de Grignol.

Veyrines, h. c^{ne} de Jumillac.

Veyrines, lieu-dit, c^{ne} de Manzac (Dives).

Veyrines, h. c^{ne} de Saint-Saud. — Dépend. de l'abb. de Peyrouse, 1502 (Reconn. pour l'abbaye).

Veyrines (Haut et Bas), h. c^{ne} de la Chapelle-Gonaguet. — *Veirines*, 1158 (cart. de Ligueux).

Anc. prieuré dépendant de l'abb. de Ligueux.

Vézac, c^{ne}, c^{on} de Sarlat. — Patron : saint Urbain.

Vézac, h. c^{ne} de Tursac (cad.).

Vézère (La), une des principales rivières qui traversent le dép^t de la Dordogne. — *Fluvius Visera*, 889 (Just. m. d'Auv. 21). —*Fluvius Visere*, 963 (*ibid.*). — *Fluvius Vezere, sive de la Vezera*, 1451 (O. S. J. Condat).

Elle sort du plateau de Mille-Vaches, sur les confins du Limousin, et entre dans le département à Larche, où elle devient navigable, passe à Terrasson, à Montignac, au Bugue, et se jette dans la Dordogne à Limeuil.

Longueur de sa navigation : de Larche à Limeuil, 77,157 mètres; dans toute sa longueur, 134,167 mètres (Cal. de la Dord. 1816). —Altitude : sous le pont de Campagne, 53 mètres (Raulin); aux Eyzies, 58 mètres (Reliquiæ Aquitan. 65).

Cette rivière était anc^t avec la Dordogne, depuis Limeuil, la limite entre l'évêché de Périgueux et celui de Sarlat.

Vézi (Castel), h. c^{ne} de Cladech (cad.).

Véziat, h. c^{ne} de Montplaisant. — Anc. rep. noble.

Vezillac, h. c^{ne} de Saint-Martin-des-Combes. — *Ten. de la Vezinena, Vezinaria*, 1329 (Périg. M. H. 41, 4)? — *Vilatg. de la Roque-de-la-Vezilia*, 1747 (Acte not.).

Viadel, h. c^{ne} de Nojals.

Vialar, h. c^{ne} de Clermont-Exideuil (S. Post.).

Vialar, h. c^{ne} d'Eybène (A. Jud.).

Vialan, éc. c^{ne} de Naillac (S. Post.).

Vialar, habitation qui donne son nom à la c^{ne} de Saint-Avit, c^{on} du Bugue. — *Vialard* (Cal. adm.).

Vialar, h. près de Sarlat.

Vialar (Le), h. c^{ne} de Sorges. — *Mas del Vilar*, 1226 (Lesp. 34, cart. de Ligueux).

Viale, terre, c^{ne} de la Feuillade (A. Jud.).

Viale (La), h. c^{ne} de Sencenac. — Anc. rep. noble.

Viale (Le Bost de), bois de châtaigniers, c^{ne} de Valeuil (A. Jud.).

Vialegoldon, h. c^{ne} d'Eyliac (A. Jud.).

Vialotte (La), h. c^{on} de Dussac.

Vialotte (La), h. c^{ne} de Nanteuil-Thiviers (B.).

Vialotte (La), h. c^{ne} de Saint-Paul-la-Roche (B.). — *Vialot*, 1550 (O. S. J.).

Viamière (La), h. c^{ne} de la Roche-Chalais (E. M.).

Vianès, sect. de la c^{ne} de Limeuil (cad.).

Viavel, habitation, c^{ne} de Saint-Amand-de-Belvez. — *Mansus de Viavela*, 1460 (archives de la Gironde, Belvez).

Vic, c^{ne}, c^{on} de la Linde. — *Vicus*, 1382 (P. V. M.). — *Saint-Sauveur-de-Vicq*, 1648 (bénéf. de l'év. de Périgueux).

Vic (Bas-), h. à 400 mètres de Bigaroque. — *Vicq* (B.).

Lieu d'une très-ancienne pêcherie. La concession faite à G. de Saint-Ours le 25 avril 1470 s'étendait depuis *lou cap del Bouch de Paracol usque ad Dordoniam devers Castrum-Real et devers... in parochia de Urvallo, confrontans cum rivo molendini de Cunhiac.* Cette concession porte sur une autre feuille : *in loco de Vic, ubi antiquitus erat paxeria, confrontans*

cum termino dels Angles et cum boyguà dels Angles
(arch. de la Gir.). Ce nom dels Angles doit faire présumer que c'était en ce lieu que Mercader, le compagnon de Richard, roi d'Angleterre, et à qui ce
prince avait donné Beynac, fit construire la pêcherie
de Bigaroque, dont il est fait mention dans un acte
de 1190, et dont ce seigneur avait accordé la dîme
à l'abbaye de Cadouin.

Vicaire (Terre du), h. cᵉ de Pézul (S. Post.).

Vicarie (La), h. cⁿᵉ de Vern.

Vichaud (Le), vill. cⁿᵉ de Saint-Michel-de-Double.
— Voy. Vigenne.

Vicroze, h. cⁿᵉ de Cherval (B.). — Vic erose, 1740
(Acte not.).

Vidale (La), éc. cⁿᵉ de Saint-Sernin-de-l'Herm (B.).

Vidalie, h. cⁿᵉ de Saint-Germain-de-Salembre (B.).

Vidalie (La), chapelle fondée à Belvez (bénéf. de l'év.
de Sarlat, 1648). — Capelenia de Vedelie, 1462
(Philipparie).

Vidalie (La), h. cⁿᵉ de Bouniagues. — 1675 (Acte
not.).
    Anc. rep. noble.

Vidalie (La), cⁿᵉ de Molières. — Locus dict. de la Vidalia, 1460 (arch. de la Gir.).

Vidalie (La), cⁿᵉ de Saint-Marcory. — A la Vidalia,
1360 (Belvez).

Vidalie (La), cⁿᵉ de Thonac. — Noble domaine de la
Vidallie, 1655 (Acte not.).

Vidaloux (Les), h. cⁿᵉ de Saint-Aignan-d'Hautefort.

Vieille-Abbaye (La), vill. cⁿᵉ de Saint-Saud (S. Post.).
— Dépendance de l'abb. de Peyrouze, 1742 (Reconn.).

Vieille-Cité, sect. de la cⁿᵉ de Coulounieix. — En
Vicilha Ciptat, 1386 (Lesp. arch. de l'év.). — Veter
Civitas, 1388 (Lesp. 35, Sainte-Claire).
    Ce nom est donné à une maison dans le vallon
entre Écornebœuf et la Boissière, qui aboutit sur
la rive gauche de l'Ille, au passage de Campniac,
et pareillement au vallon lui-même; on pense, par
suite de ce nom et de l'abondance des antiquités
recueillies sur les pentes des coteaux, que la première ville des Pétrocoriens fut d'abord en ce lieu
(Antiq. de Vésone).

Vieille-Cour, h. cⁿᵉ de Saint-Pierre-de-Frugie. — Anc.
rep. noble.
    Forêt s'étendant en partie dans le dépᵗ de la Dor-
dogne et en partie dans celui de la Haute-Vienne.

Vieille-Court, cⁿᵉ de Frugie (S. Post.). — Anc. rep.
noble. Quatre fiefs en dépendaient : la Boudelie, la
Châteauderie, Plamont, Puychapon.

Vieillefond, lieu-dit, cⁿᵉ de Saint-Mayme-de-Pereyrols
A. Jud.).

Vieille-Ville, h. cⁿᵉ de Saint-Barthélemy-de-Pluviers.

Vielmont, h. cⁿᵉ de Fleurac. — e Veilmon... (cart. du
Bugue).

Viel-Oursy? cⁿᵉ de Saint-Naixent. — Foret app. de Veilh
Oursy, 1587 (terr. de l'O. S. J.).

Vielvic, vill. sect. de la cⁿᵉ de Saint-Pardoux-Belvez.
— Vail Vic (anc. pouillé du dioc. Lesp. 27). — Veu
Vic, 1199 (lettre d'Aliénor en faveur de Cadouin,
Lesp. 37). — Parochia de Veteri Vico, 1268 (donat.
à Cadouin).

Vienval, cⁿᵉ d'Archignac. — Anc. repaire noble, ayant
justice dans Archignac (Alm. de Guy. 1760).

Vieux-Mareuil, h. — Voy. Mareuil (Vieux-).

Viga? cⁿᵉ de Sorges. — 1317 (tit. de Chamberlhiac).
    Anc. rep. noble.

Vige, éc. cⁿᵉ de Savignac-les-Églises (B.).

Vigenne? cⁿ de Montpont. — Parochia de la Vigenna,
castellania Montispavonis, 1364 (Lesp. 10, Fouage).
— La Viciana ou Vuiana, 1365 (Lesp. 88, Châtell.
de Montpont)?
    Noms inconnus.

Vigeonnie (La), h. cⁿᵉ d'Abjat-de-Nontron (B.).

Vigeral, cⁿᵉ de Négrondes. — Claus Vigayral, 1315;
Clau Vigeyrau, 1470 (tit. de Chamberlhiac).

Vigeral, cⁿᵉ de Saint-Félix-la-Linde. — Ten. de la
Mothe Vigueyral, 1562 (Acte not.). — La Vigueyrie,
1770 (Arpent.).

Vigeral, cⁿᵉ de Saint-Lazare. — Molendin. Vigeyral,
1494 (O. S. J. Condat).

Vigeral (Le Mas), cⁿᵉ de Grignol. — Mansus Vigeyral,
1471 (Dives, II, 79).—Mans. Vigeyrallis (ibid. 129).

Vigeral (Le Mas), à la Mongie-Saint-Martin. — Mansus Vigarensius, xiiᵉ siècle (cart. de Sainte-Marie de
Saintes)?

Vigeral (Mayne), cⁿᵉ de Saint-Pardoux-de-Belvez (B.).

Vigerie, h. et mⁱⁿ, cⁿᵉ de Carlux. — Stagnum de la
Vegeyra, 1487 (arch. de Paluel).

Vigerie, champ, cⁿᵉ de Manzac (Dives).

Vigerie, h. cⁿᵉ de Montfaucon (B.).

Vigerie, cⁿᵉ de Saint-Astier (inv. du Puy-Saint-Astier).

Vigerie (Haute et Basse), h. cⁿᵉ de Saint-Aquilin.
— La Vigeria, 1465 (Liv. Nof. 123).

Vigerie (La), cⁿᵉ d'Azerat (A. Jud.).

Vigerie (La), cⁿᵉ de Coursac.

Vigerie (La), h. cⁿᵉ du Coux. — Mansus de la Vigey-
ria, 1463 (arch. de la Gir.). — La Vigueyrie, 1671
(Acte not.) — La Viguerie (B.).
    Anc. rep. noble.

Vigerie (La), cⁿᵉ de Douville. — La Vigeyrie, 1650
(O. S. J.).
    Une des dépendances de la Sauvelat.

VIGERIE (LA), h. c^{ne} de Lunas (S. Post.).

VIGERIE (LA), h. c^{ne} de Notre-Dame-de-Sanilhac.

VIGERIE (LA), h. c^{ne} de Peyrillac.

VIGERIE (LA), h. c^{ne} de Saint-Front-la-Rivière (Stat. Post.).

VIGERIE (LA), h. c^{ne} de Saint-Laurent-des-Hommes.

VIGERIE (LA), lieu, c^{ne} de Saint-Martial-de-Viveyrol.

VIGERIE (LA), h. c^{ne} de Saint-Médard-d'Exideuil (S. Post.).

VIGERIE (LA), h. c^{ne} de Saint-Pancrace.

VIGERIE (LA), h. près de Saint-Sernin-de-Reillac.

VIGERIE (LA), h. près de Sarlat.

VIGERIE (LA), c^{ne} de Villetoureix.

VIGERIES (LES), h. c^{ne} de la Cropte.

VIGEYRAUD (MOULIN DE), sur la Lisone, c^{ne} de Saint-Paul (B.). — Voy. VIGUERIE (LA), VIGUEYRAL.

VIGIER, m^{lu}, près de Périgueux. — *Molendinum Vigerium*, 1296 (Périgueux, Lesp. 35). — *Lo moli al Vegier*, 1247 (reg. de la Charité).

VIGIER, h. c^{ne} de Saint-Avit-de-Moiron.

VIGIER, b. près de Sainte-Croix, c^{ne} de Saussignac.

VIGIER, h. c^{ne} de Veyrignac (B.).

VIGIER (MOULIN DE), sur la Sauvanie, c^{ne} de Saint-Paul-Lisone (B.).

VIGIERS (LES), h. c^{ne} de Monestier (A. Jud.). — Anc. rep. noble.

VIGNAC? c^{ne} de Bertric. — *Mas de Vinhac*, 1462 (O. S. J.).

VIGNADE (LA)? c^{ne} de Bassillac. — *La Vinada*, 1312 (Lesp. 26, Homm.).

VIGNANCE (LA)? c^{ne} de Grun. — *Mayn. de la Vinhantia*, 1475 (Dives, I, 134).

VIGNANCE (LA)? c^{ne} du Petit-Bersat. — *Terra voc. de la Vinhencha*, 1326 (arch. de la Gir.).

VIGNE-DANGA? c^{ne} de Grignol. — *Iter quo itur de Granholio usque Vinha Danga transeundo ad crucem de Bruco*, 1475 (Dives, I, 127).

VIGNE-MAYSE, b. c^{ne} de Saint-Germain-des-Prés (B.).

VIGNERAS, éc. c^{ne} de Marsac. — *Via quæ ducit de Petrag. versus locum voc. de Vinhayrac*, 1320 (ch. Mourcin).

La colonne milliaire de l'empereur Florien, qui est au musée et porte l'indication *prima leuga*, a été trouvée dans le vallon qui passe au-dessous de ce village; il est donc à croire que la voie romaine de Vésone à Saintes passait en cet endroit, et que la voie qui, au xive siècle, allait de Périgueux à Vigneras en suivait la direction.

VIGNES (LES)? h. c^{ne} de Condat. — *Las Vignas*, 1660 (Rôle pour la taille. Acte not.).

VIGNES (LES), h. c^{ne} de Mensignac.

VIGNES (LES)? c^{ne} de Trélissac. — *Mansus de las Vinhas* (vente 1294 M.).

VIGNETTE (LA)? lieu-dit, c^{ne} de Baneuil. — *La Vinheta*, 1470 (Liv. Nof. 48).

VIGNETTES (LES), c^{ne} de Sales-de-Belvez. — *Masus de las Vinhetas*, 1462 (arch. de la Gir.).

VIGNONIES (LES)? h. c^{ne} de Montren. — *Mayn. de las Vinhonias*, 1408 (Lesp. 79). — *Las Vignonias* (ibid. Reconn. de Leyssandie).

VIGONAC, h. c^{ne} de Brantôme. — *Vegunac*, 1153 (Lesp. Brantôme). — *Vegunhac*, 1226 (Lesp. 75, Archambaud II). — *Vegonac*, 1293 (Lesp. Brantôme).

VIGONAC, b. c^{ne} de Saint-Pierre-de-Chignac. — *Vigounac*, 1747 (Acte not.).

VIGONIE, h. c^{ne} de Paunac.

VIGROLAS, c^{ne} de Montagrier.

VIGUERIE (LA), h. c^{ne} de Monesterol.

VIGUERIE (LA), h. c^{ne} de Saint-Chamassy.

VIGUERIE (LA), h. c^{ne} de Saint-Quentin.

VIGUERIE (LA), h. c^{ne} de Vézac.

VIGUEYRAL, h. c^{ne} de Queyssac.

VIGUEYRAL (MOULIN), à Pillac, anc. diocèse de Périgueux.—*El la ribeira dels molis Vigayrals*, xiiie siècle (Liv. de recette de l'O. S. J.).

VIGUEYRAUD, mⁱⁿ, c^{ne} de Saint-Martin-de-Ribérac. — *Molendini de Vigeyraulx*, 1457 (Lesp. Ribérac).

VIGUEYRAUD (LA FAYE-), c^{ne} de la Chapelle-Faucher. — Prieuré dépend. de l'abb. de Ligueux.

VIGUEYRIE (LA), c^{ne} de Saint-Naixent. — *Ten. de la Vigueyria*, 1530 (O. S. J.).

VILADOUX (AU GOT DE), lieu-dit, c^{ne} de Queyssac (cad.).

VILAJOT, h. c^{ne} de Maurens. — 1666 (Acte not.).

VILAR (LE), c^{ne} de Chantérac. — *Mayn. de Vilards*, 1460 (inv. du Puy-Saint-Astier).

VILAR (LE), h. c^{ne} de Clermont-d'Exideuil.

VILARET, anc. fief, c^{ne} de Chantérac (arch. de Pau).

VILENIE (LA), c^{ne} d'Atur. — *Bordaria de la Vilania*, 1361 (ch. Mourcin).

VILENIE (LA), h. c^{ne} de Bourdeilles.

VILENIE (LA), c^{ne} de Chantérac. — *Mayn. de la Villenye*, 1460 (inv. du Puy-Saint-Astier). — *Mayn. de la Villeneyre?*

VILENIE (LA), c^{ne} de Grignol. — *Mas de la Vilanie*, 1336 (Lesp. Grignol).

VILENIE (LA), éc. c^{ne} de Sarlat.

VILHA, anc. fief, c^{ne} de Cercle.

VILLAC, c^{ne}, c^{on} de Terrasson. — *Vilhac* (pouillé du xiiie siècle).

Patron : saint Vaast; collat. l'abbé de Châtres.

Anc. rep. noble, avec haute justice sur Villac (Alm. de Guy. 1680).

VILLADES, anc. dioc. de Périgueux, auj. du dép^t de la Charente. — Voy. VILLE-DIEU.

VILLADÈS ou VILLADEIX. — *Villades* (pouillé du xiiie s^e).

— *Villadensis*, *Villetensis*, 1483 (Lesp. 84, n° 30). — *Villatensis*, 1511 (ch. Mourcin).

Ce nom, porté avant le xve siècle par l'archiprêtré de Saint-Marcel, a été joint à celui de plusieurs communes des cantons de Vern et de la Linde. — *Villadeys*, 1409 (Liv. N.). — *Sanctus-Amandus de Villadeix*, 1474 (Liv. Nof.). — *Par. de la Monzia de Villadès*, 1487 (*ibid.*). — *Saint-Félix*, *Saint-Michel*, *Saint-Amand de Villadeix* (B.).

Villadès (Gué de), pré, c^{ne} de la Mongie (A. Jud.).

Villadésie? c^{ne} de Sendrieux. — *Mansus de la Villadesia*, 1474 (ch. Mourcin).

Villaloup, h. c^{ne} de Peyzac (S. Post.).

Villamblard, ch.-l. de c^{on}, arrond. de Bergerac. — *Villa Amblard* (pouillé du xiiie siècle; anc. pouillé, Lesp. 27). — *Villa Amblardi*, 1383 (P. V. M.).

Autrefois clos d'une muraille fortifiée et de fossés.

Anc. rep. noble avec justice dans la paroisse (Alm. de Guy. 1760). — Le château de Villamblard a pris le nom de *Barrière* lorsque les seigneurs de cette maison en sont devenus propriétaires.

Villamblard, depuis le xive siècle, est le titre d'un archiprêtré dont le nom était auparavant archiprêtré de Neuvic. Il contenait trente-huit paroisses, selon l'État de 1732 : Bergerac, Besset, Bourgnac, Bourrou, Campagnac, Camp-Segret, Douville, Église-Neuve, Faure, Genestet, Grignol, Issac, les Lèches, Lembras, Lunas, Manzac, Maurens, Montagnac, Mussidan, Neuvic, le Pont-Saint-Mamet, Queyssac, Sainte-Foy-des-Vignes, Saint-Front, Saint-Georges-de-Blancanès, Saint-Géry, Saint-Hilaire, Saint-Jean-d'Estissac, Saint-Jean-d'Eyraud, Saint-Julien, Saint-Léon, Saint-Martin, Saint-Mayme, Saint-Médard, Saint-Séverin, Sourzac, Vallereuil et Villamblard.

Patron : saint Pierre-ès-Liens.

Villamblardoux (Les), h. c^{ne} d'Issac.

Villars, c^{ne}, c^{on} de Champagnac. — *Sanctus Martialis de Vilars*, 1192 (Saint-Jean-de-Cole). — *Valars*, 1380 (P. V. M.). — *De Villaribus*, 1518 (O. S. J.). — *Villard*, 1760 (Alm. de Guy.).

Patron : saint Martial.

Rep. noble, avec justice dans Villars et Milhac (Alm. de Guy.).

Villars, h. c^{ne} de Busserolles. — *Le Villars* (B.).

Villars, c^{ne} de Chalagnac. — *Mansus Villart*, 1556 (Liv. Nof.).

Villars, h. c^{ne} de Festalens.

Villars, c^{ne} de Fontaines.

Villars, h. c^{ne} de Mareuil.

Villars, c^{ne} de Segonzac. — *Mansus de Vilars*, 1211 (cart. de Chancelade).

Villars, c^{ne} de Sorges. — *Mas del Vilard*, 1226 (Lesp. 34, Roche-Maurin).

Villars (Le Petit-), h. c^{ne} de Saint-Pardoux-la-Rivière. — Anc. rep. noble.

Villat, h. c^{ne} de Bussac (S. Post.). — *Vilat* (B.).

Villat, c^{ne} de Manzac. — *Pheodus de Vilat*, 1485 (Dives, II, 155).

Ville (Fontaine de la), près de Gouts. — Débris de constructions antiques en ce lieu (le Périg. ill. 619).

Villebois, anc. lieu-dit, c^{nes} de la Mongie-Montastruc et de Liorac. — *Vilaboy*, 1487 (Liv. Nof.). — *Vilaboys*, (*ibid.*). — *Cartier de Villebois près le vill. des Femmes et le pont de Bellegarde*, 1602 (Acte not.).

Villebois, anc. dioc. de Périgueux, auj. du dép^{t} de la Charente. — *Territorium Villaboense*, 1060 (Gall. christ. Guill. de Montberon, év. de Périgueux). — *Villabone* (anc. pouillé). — *Villaboen* (Michon, *Stat. de la Charente*). — *Vilaboy*, 1380 (P. V. M.). — *Vilaboys* (Lesp. La Roche-Beaucourt). — Nom remplacé par celui de *la Valette*.

L'anc. voie romaine de Vesunna à Mediolanum passait par Villebois et suivait l'anc. chemin qui se nomme en Saintonge *Chemin Boisne* (Michon, *Stat. de la Charente*).

L'archiprêtré de Peyrat portait, avant le xive s^{e}, le nom d'archiprêtré de Villabone (pouillé du xiiie siècle).

Patron : saint Romain.

Prieuré convent. des Hermites de Saint-Augustin. — Filles de la Charité.

Anc. châtell. de la sénéchaussée d'Angoumois, érigée en duché-pairie en faveur du duc d'Épernon sous le nom de la Valette.

Les justices en Périgord qui y ressortissaient étaient : Blanzaguet, Gardes, Gurat, Roncenac, Salles, Vaux, et Juillac en partie.

Il existe un sceau aux contrats, de cette châtellenie; il a été frappé au nom de Jeanne de France, fille de Louis le Hutin, reine de Navarre et comtesse d'Angoulême. Le champ du sceau contient un écusson parti de France et de Navarre; à droite et à gauche, une porte de ville, et au-dessus, une tête de bœuf. Légende très-fruste : *Sigillum castellanie Ville Bovis*. Contre-sceau, l'écusson aux armes, et pour légende : *Contra S. Ville Bovis*. Date de 1322 à 1349 (Statist. de la Charente, 83). — On connaît encore un sceau d'Itier de Villebois qui porte un écusson de gueule au lion d'azur à la bordure variée. Légende : *Sig.* I... V... *Vila-boe*, 1259 (*ibid.*).

Villebois, h. c^{ne} de Rouffignac-Sigoulès (S. Post.).

Ville-Chelane, h. c^{ne} de Saint-Barthélemy-de-Pluviers.

Ville-Cour, h. c^{ne} de Carsac-Villefranche (S. Post.).

VILLE-DE-BOST, c^{ne} de Javerlhac.

VILLE-DE-MEILLE, emplacement près du Fleix, où l'on a découvert beaucoup d'antiquités, et entre autres une pierre tumulaire portant le nom de Saffarius, évêque de Périgueux en 590 (le Périg. ill. 558).

VILLE-DIEU, c^{ne}, c^{on} de Terrasson. — Par. de Villa Dei, 1315 (Lesp. 88, Châtell. de Larche).
Vocable : Notre-Dame.

VILLE-DIEU, h. c^{ne} de Beaupouyet.

VILLE-DIEU, anc. dioc. de Périgueux, archipr. de Pillac. — Capella de Villades (pouillé du xiiie siècle). — Hospital de Vila Dio, xiiie siècle (O. S. J. Livre de recettes).

VILLE-DIEU, friche, c^{ne} de Saint-Géry (A. Jud.).

VILLE-DOME, c^{ne} de Grignol. — Mayn. de Viladoma, 1481 (Dives, I, 99).

VILLE-DU-BOS (LA), h. c^{ne} de Mauzens (B.). — Ville-au-Bois de Salepinson (A. Jud.).

VILLEFEIX, h. c^{ne} de Pluviers.

VILLEFRANCHE-DE-BELVEZ, ch.-l. de c^{on}, arrond. de Sarlat. — Villa Franqua, 1316 (Champollion-Figeac; lettres du roi d'Angleterre). — Villafranca, 1348. —Villefranches Sarlatensis (Lesp. Châtell.). — Villefranche de Perigord (Mém. de Sully).

Bastide fondée en 1260 par Alphonse, comte de Poitiers, et érigée en châtellenie dont dépendaient 6 paroisses : Loubéjac, Mazeyrolles, Saint-Caprais, Saint-Étienne, Saint-Sernin et Villefranche.

Bailliage royal avec juridiction sur Villefranche, la Trappe, Prats, Saint-Sernin, Mazeyrolles et Saint-Caprais (Alm. de Guy. 1760).

Maladrerie (bénéf. de l'év. de Sarlat, 1648). — Chapitre composé d'un doyen et de six prébendes (ibid.). — Vocable : Sainte-Marie (l'Assomption).

VILLEFRANCHE-DE-LONGCHAPT, ch.-l. de c^{on}, arrond. de Bergerac. — Bastida de Lopiaci dite Villefranche, 1301. — Villefranche de Lopchat (arch. de Pau, Châtell.). — Voy. LONGCHAPT.

Patron : l'Assomption.

Bastide fondée par Philippe le Bel et érigée en châtellenie dont relevaient deux paroisses : Minzac et Villefranche, 1365 (Lesp. 5, 88). — Le sceau communal a été retrouvé dernièrement.

VILLE-GARDEL, anc. dioc. de Périgueux, auj. du dép^t de la Charente. — Prioratus de Villa Gardæ (Lesp. La Roche-Beaucourt). — Vile Gardel, 1556 (bénéf. de l'évêché de Périgueux. Collat. le doyen de Rocenac).

VILLE-GARDEL, anc. prieuré. — Prioratus de Villa Gardel, Sarl. dioc. (collat. par Jean XXII).

Paroisse de l'archipr. de Flaugeac, 1556 (bénéf. de l'év. de Sarlat).

VILLE-JALET, h. c^{ne} de Lussac (S. Post.).

VILLE-JAUGE, h. c^{ne} de Jumillac.

VILLELIOT (LA), lieu-dit, c^{ne} de Saint-Pierre-d'Eyraud (A. Jud.).

VILLE-MEIANE, c^{ne} de St-Vincent-de-Paluel ou de Montignac? — Mayn. de Villa Meana, 1279 (Lesp. 51).

VILLEMERCIER, h. c^{ne} de Saint-Barthélemy-de-Nontron (S. Post.).

VILLE-NEUVE? c^{ne} d'Agonac. — Masus de Villa-Nova. 1514 (Feti, 123).

VILLENEUVE, b. c^{ne} de Badefol (B.).

VILLE-NEUVE? c^{ne} de Coutures. — Loc apelat la litra de Vila-Nova, xiiie siècle (O. S. J. Livre de recette pour Combeyranche).

VILLENEUVE? c^{on} de Périgueux. — Silva quæ vocatur Villa nova, 1153 (cart. de Chancelade).

VILLENEUVE, h. c^{ne} de Saint-André-Alas.

VILLE-NEUVE? c^{ne} de Saint-Cyprien. — Barrium de Villa-Nova, 1462 (Philipparie).

VILLES, domaine, c^{ne} de Bussac (A. Jud.).

VILLÉTOUREIX, c^{ne}, c^{on} de Ribérac. — Villatores (pouillé du xiiie siècle). — Vilatories, 1382 (P. V. M.).
Vocable : Saint-Martin.

VILLE-VERNEIX (HAUT et BAS), h. et mⁱⁿ sur le Vern, section de la c^{ne} de Neuvic. — Vilavernes, 1490 (Dives, II, 28). — Villavernes (ibid.). — Villa Varneys, 1655 (Acte not.). — Villeverneuil (cad.).

VILLE-VIALE, c^{ne} de Quinsac-Champagnac (A. Jud.). — Mas de Vielhe Ville, 1518 (O. S. J.).

VILLEYRAS, h. c^{ne} de Sarlande.

VILLOCHE, h. c^{ne} de Mensignac (B.).

VILLOUYRE? c^{ne} de Chantérac. — Mayn. apelat de Villouyre, 1482 (inv. du Puy-Saint-Astier).

VILO, anc. fief, c^{ne} de Paussac (arch. de Pau).

VILOTE, lieu-dit, c^{ne} de Saint-Victor. — Vinea voc. de Vilota, 1317 (Périg. M. H. 41, 1).

VIMINIÈRE, h. c^{ne} de Gaumier. — Las Visminieras, 1489 (Lesp. Belvez).

Anc. rep. noble, avec justice dans Bouzic (Alm. de Guy. 1760).

VIMONT, h. c^{ne} de Plazac. — Chdteau de la Forge de Vimont, 1670 (Lesp. Homm.).

Fief relevant de la Roche-Saint-Christophe.

VIMONT, h. c^{ne} de Saint-Sulpice-de-Roumagnac. — Anc. rep. noble.

VINDEL, porte à Montagrier. — Carreria qua itur de porta Vindel ad portam fontis dicti loci, 1461 (Feti).

VINDOU (LE), ruiss. qui a sa source entre la Tourette et la Zalerie, c^{ne} de Vanxains, forme le vallon que dominent la Chassagne et le Grand-Brassac et afflue à la Drone.

VINSAC, h. c^{ne} de Saint-Front-d'Alemps (S. Post.).

Vio (La), c^{ne} de Saint-Mayme-de-Pereyrols. — *Mayn. de la Vio*, 1455 (ch. Mourcin). — *La Via*, 1510 (ibid.). — *Lavie* (Cass.).

Vio (Terme de la), n° 1133 de la c^{ne} de Cantillac (A. Jud.).

Vionnets (Les), écart, c^{ne} de Trémolac (S. Post.).

Viot, h. c^{ne} de Saint-Martin-des-Combes. — *Viots*, 1299 (Lesp. Montclar). — *Tenencia de Viot*, 1472 (ibid.). — *Viodaise* (S. Post.).

Virac? c^{ne} de Gardone. — *Terra de Virac*, 1226 (Lesp. 37).

Viradis (Les), h. c^{re} de Montazeau (S. Post.).

Virage, éc. c^{ne} de Bouteilles.

Viragogue (Castel de la), c^{ne} de Lussac (cad.). — Ruines sur les bords de la Vézère, autrement repaire de *Folquier, Migo-Folquier*. — *Repaire de Castel*, ancienn. Mig. *Folquier*, 1727 (Acte not.).

Son nom venait de J. Folquerius, qui fit hommage à l'archev. de Bordeaux en 1365 (Lesp. 26).

Viralet, h. c^{ne} de Badefol, c^{on} de Cadouin. — *Tenh de Viralet*, 1240 (cens. de Badefol).

Viraliol, h. c^{ne} de la Mongie-Montastruc (B.). — *Le Viralho*, 1606 (Acte not.).

Virazel (λ), c^{ne} de Saint-Amand-de-Belvez (Philipp.).

Viregal, lieu-dit, c^{ne} de Proissans (cad.).

Viregal, éc. c^{ne} de Tursac.

Virole, h. c^{ne} de Cause. — *Virolle*, 1727 (Not. de Mouleydier).

Virole, h. c^{ne} de Monesterol.

Virtel, pic très-élevé dans la c^{ne} d'Alas-l'Évêque. — Forge gauloise (Antiq. de Vésone).

Viscudun? c^{ne} d'Agonac. — *Nemus voc. deus Visgudut*, 1370 (tit. de Chamberlhiac, 222).

Vitonie (La), h. c^{ne} de Saint-Mesmin (S. Post.).

Vitrac, c^{ne}, c^{on} de Sarlat. — *Montestiva?* (le Périg. ill.). — *Vitrac* (pouillé du xiiie s^e). — *Vitracum*, 1280. — *Vitriacum*, 1283 (Mont de Dome, Lesp. 46).

Vocable : Saint-Martin (1292). — Prieuré de l'ordre de Saint-Augustin, dép. de l'abb. de Saint-Amand (bénéf. de l'év. 1648).

Vitrac, c^{ne} de Champsevinel. — *Mansus de Vitrac*, 1253 (Lesp. Ligueux).

Vitrac, lieu-dit, c^{ne} de Saint-Aquilin (cad.).

Vitrolle (La), c^{ne} de Limeuil. — *Maison noble de la Viterolle*, 1718 (Not. de Bergerac).

Viverie (Grande et Petite), h. c^{ne} de Ribérac (A. Jud.).

Viveyrol, c^{ne}. — Voy. Saint-Martial-de-Viveyrol.

Vivier? c^{ne} de Beaurone. — *Fossa Viverii*, 1224 (arch. de Saint-Astier, Lesp.).

Vivier, c^{ne} du Bugue. — *Mas de Viviers* (cart. du Bugue).

Vivien, c^{ne} de Neuvic. — *Maynam. vocat. del Vivier*, 1507 (ch. Mourcin).

Vivotenche? c^{ne} de Boulazac. — *Boaria Vivotencha qui se te en Landric*, 1247 (reg. de la Charité).

Voie (La). — *Via per qua itur ad pontem de Virac*. 1282 (tit. de Chamberlhiac)?

Voie (La), c^{ne} de Neuvic? — *Mayn. de las Vias*, 1372 (Périg. M. H, 41, 1).

Voie (La), c^{ne} de Saint-Mayme-de-Pereyrols. — *Maynam. de la Via*, 1510 (ch. Mourcin).

Voie Charretière (La)? c^{ne} de Grignol. — *Iter voc. la Via Charretière* : confronte au bois dit la Roalha, 1485 (Dives, II, 92).

Voie-Chave? c^{ne} d'Agonac. — *Territorium de Via Chava*, 1487 (tit. de Chamberlhiac, 20).

Nota. — *Chava*, qu'on prononce *tchava*, est un vieux mot patois dont la signification est «fouie, défrichée». On l'employait encore pour dire «piocher un terrain que l'on veut emporter dans un autre endroit». Il est à présumer que ce nom désigne une voie antique qui fut détruite avant le xve siècle.

Voie Ferrée (La)? c^{ne} d'Agonac. — *Via voc. las Ferrays*, 1382 (tit. de Chamberlhiac, 226.)

Voie Fizonenche? — *Terra juxta viam quœ dicitur Fizonencha*. — *Masus Fissonenc*, 1117 (cart. de Sainte-Marie de Saintes; don à la Mongie-Sainte-Marie, 144, 147).

Voies romaines. — L'Itinéraire d'Antonin place Vésone comme station sur une voie de Bordeaux à Limoges :

. . . . . Aginnum, Excisum, Trajectus, Vesonna, Fines, Augustoritum.

La Table théodosienne place Vésone comme point de départ sur d'autres voies :

1° Voie de Vésone à Bordeaux : Vesonna, Sc . . .o, Corterate, Vatedo, Burdigala;

2° Voie de Vésone à Saintes : Vesonna, Sarrum, Condate, Mediolanum;

3° Voie de Vésone à Cahors : Vesonna, Diolindum, Bibona.

Les seules stations indiquées sur le territoire du Périgord sont : sur la première voie, Fines et Trajectus; sur la seconde, le nom Sc...o.

Fines devait être auprès de Chalus : voy. l'Introduction. — Trajectus, selon l'opinion commune, serait le passage de la Dordogne à Mouleydier : voy. Chemin ferré, Lestrade (Chemin de) et Roque-de-Mouleydier (La). — Sc...o serait le gué du Chalard, dit en latin *Scalario*, selon les Antiq. de Vésone, II, 235. Sur la direction de cette voie au sortir de Vésone, voy. Vigneras. Elle porterait dans le pays le nom de *Schomi Bourna* (le Périg. ill. 474).

Aucune partie reconnaissable de voie romaine

ne subsiste plus aujourd'hui sur le territoire du département; cependant il y a encore dans quelques endroits des indications précieuses à recueillir pour faire ces recherches (Antiq. de Vésone, II, ch. II et III, et p. 655).

Le mot *Via* est souvent employé dans les actes anciens au lieu de l'expression *Iter*, si communément usitée; ceux de *Strade*, *Lestrade*, seraient aussi quelquefois un guide utile.

VOLGEJOU, écart, c^ne de Bussac (S. Post.).

VOLPARIE (LA), h. c^ne de Sergeac. — *La Volparia*, 1318 (O. S. J.). — *La Voulparie* (B.).

VOLUMIÈRES, éc. c^ne de Boisse-Issigeac (A. Jud.).

VOLVEIX, h. c^ne de Coursac.

VOLVES, tenance, c^ne de Celle (dénombr. de Montardit).

VOLVES, anc. tour de la Cité de Périgueux. — *Turris del Volves*, 1414 (Lesp. Cité de Périgueux).

VOLVEYS? c^ne de Combeyranche. — *Autrem. le Mayne Desnier*, 1606 (arpent. O. S. J.).

VOULON (LE), fontaine, c^ne de Coulounieix, sise dans le vallon qui vient de Plague. — 1679 (dénombr. du Périgord).

VOULON (LE), nom donné autrefois au ruiss. formé par la réunion de la Serre et de la Couche, et par suite au m^in qui se nomme maintenant le m^in de la Farge. —*Molend. de Volum* (Dives, I, 117). — Ce ruisseau, entre Limouzy et Raynaud, est appelé aussi, dans d'anciens actes, *Rivus de las Pradellas*, ruisseau de *la fon Bourna et des Bittarelles* (Dives).

VOULON (LE), c^ne de Neuvic. —*Mansus de Volum*, 1451 (Dives, I, 59). == Cette tenance de Voulon faisait partie du fief des Cinq-Ponts, 1672 (Acte not.).

VOULONIE? c^ne du Coux. — *Mansus de la Volonia*, 1463 (arch. de la Gir.).

VOULPAT, h. c^t de Montpazier.

VRAIGNAS (LAS), h. c^ne de Falgueyrat (B.).

VUIDEPOT, h. c^ne de Nojals. — *Viude pot* (B.). — *Vieu de pot*, 1791 (arch. de la Dordogne).

Y

YGONIC, anc. rep. noble, c^on de Saint-Sulpice-d'Exideuil (S. Post.).

YSSANTET? c^ne de Creysse. — *Tenementum del Yssantet*, 1475 (Liv. N. 42).

YSSAUZET? c^ne de Baneuil. — *El Lo Yssauzet*, 1480 (Liv. N. 39).

Z

ZALERIE (LA), éc. c^ne de Vanxains. — *La Geleria*, 1459 (O. S. J.).

SUPPLÉMENT.

A

ABBAYE (L'). *Ajouter : Capella de Batia*, 1382 (P. V. M.). Peut-être ce nom *abbaye* n'a-t-il d'autre raison d'être que la prononciation du pays? La terre donnée pour la fondation de cette maison était *ad fontem de la Vaisa*, et Vaisa, devenu *la baysa* par le changement du V en B, s'est transformé depuis en l'*abbaye?* — Voy. VAYSSE, au Dictionnaire.

ABBAYE (VIEILLE), cⁿᵉ de Saint-Saud. — Dépendance de l'abbaye de Peyrouse, 1638 (Reconn.).

ABELNEC? cⁿᵉ de Queyssac. — *Mansus d'Abelnec*, 1460 (L. N. 60).

ABBEYS (L'), h. cⁿᵉ de Saint-Priest-les-Fougères (B.).

ABJAT. *Ajouter : Parofia d'Abjac*, xiiᵉ siècle (cens dû à Clarol).

ABYME (L'), source abondante dans les prés, au-dessous du château de Bayac.

AGARN, cⁿᵉ de Saint-Léon-sur-l'Ille. — *Puy Agarn*, 1203 (cens dû au seigneur de Taillefer).

AGE (BOIS DE L'), cⁿᵉ de Rampieux (A. Jud.).

AGE (L'), cⁿᵉ d'Agonac. *Ajouter : Tenent. voc. de Lagia*, 1370. — *Las Agas*, 1301 (tit. de Chamberl. 222).

AGE (L'), cⁿᵉ de Négrondes. *Ajouter : Las Agas*, 1297 (tit. de Chamberlhiac).

AGE (L'), cⁿᵉ de Saint-Martin-de-Fressengeas. *Ajouter : Laia, Laga*, xiiᵉ siècle (cens dû à Clarol).

AGONAC. *Ajouter :* La ville d'Agonac était close de murs. La porte de Ripagay donnait sur le chemin du moulin de las Bordas; la porte de Salseyro, vers la fontaine de Besang et le four de Marbe; la porte Palenchart, du côté du château de l'Évêque et de la place de Beaufort; la quatrième porte, Foscheyrencha, sur le chemin de la chapelle Saint-Astier du château.

AILLAC, cⁿᵉ de Molières. *Ajouter : El feus d'Alas*, 1243 (cens dû à Badefol).

AILLAC (BOIS D'), cⁿᵉ de Larsac (E. M.).

AJAT, h. cⁿᵉ de Saint-Martial-de-Valette (E. M.).

ANARIE? cⁿᵉ d'Agonac. — *Nemus de la Anaria*, 1415 (tit. de Chamberlhiac, 243).

ANDRIVES (LES), cⁿᵉ de Sorges (E. M.).

ANGELERYE (L'), cⁿᵉ de la Cropte (A. Jud.).

ANS. *Ajouter après châtellenie :* relevant de l'évêché d'Angoulême.

APSALAS (LAS), cⁿᵉ de Millac-de-Nontron. — *Apsalas qui sun entre les devès de Milac et de Bainac*. — *Les Absalas de la Jauna*, xiiᵉ siècle (cens dû à Clarol).

ARÈNE (L'). *Lire :* Combal des Arènes.

ANJAUVEN? *Ajouter : Juxta burgum.*

ARTIGUES (LES), cⁿᵉ de Gardone. — *Medietas de Artigis*, 1117 (don au prieuré de la Mongie. Cart. de Sainte-Marie de Saintes, 103).

AUBARDIAS (LAS), bois, cⁿᵉ de Montagnac-de-Crempse.

AUBELIDES (AUX), lieu-dit, cⁿᵉ de Montplaisant. — 1462 (Belvez).

AUBEROCHE, cⁿᵉ d'Agonac. — *Alba rupes*, 1372. — *Al l'Albaroche*, 1401. — *Auberouchou*, 1666 (terrier de Chamberlhiac).

AUVEZÈRE. *Ajouter : Fl. voc. Lhouet-Vezera*, 1489 (O. S. J.).

AYGUE (L'), cⁿᵉ de Calès. — *Bordaria de Laiga*, 1243 (cens dû à Badefol).

44.

B

BABILLAUSON, h. c^{ne} de Saint-Mesmin (A. Jud.).

BABIOL (LE), ruiss. qui se jette dans l'Ille près de Vaux-claire (E. M.).

BACCAUDIE (LA), c^{ne} d'Agonac. — 1512 (Feti).

BANEUIL, h. c^{ne} de Beauregard-Bassac (E. M.).

BANON? c^{ce} de Négrondes. — *Bordaria de Bano*, 1282 (tit. de Chamberlhiac).

BARBARIE (LA). *Ajouter : Bordaria de la Balbaria*, 1203 (cens dû au seigneur de Taillefer).

BARGANGE (LA), h. c^{ne} de Sainte-Aulaye (A. Jud.).

BARILLERIE (LA), c^{he} de Millac-de-Nontron. — *Bordaria de la Barillaria*, xiie siècle (cens dû à Clarol)?

BARONÉLIE (LA)? c^{ne} de Négrondes. — *Terra de la Baronelia*, 1282 (tit. de Chamberlhiac).

BARRIÈRE. *Ajouter : Hospitium de Barriere in civ. Petrag.* 1513 (Lesp. 16).

BARRIS (LES), c^{ne} de Montagnac-d'Auberoche (E. M.).

BARRY (LE), h. c^{ne} de Marcillac-et-Saint-Quentin. — Anc. rep. noble.

BASQUE (RUISSEAU DE LA), c^{ne} de Paunac (Dessalles, *Notice sur le Bugue*).

BASTIÈRE (A), terre, c^{ne} de Saint-Marcel (A. Jud.).

BATAILLE, ruiss. affluent du Salembre (B.).

BATARIE? c^{ne} de Font-Galau. — *A la Bataria* (arch. de la Gir. Belvez).

BAURELIE (LA), c^{ne} de Montclar. — Anc. rep. noble, 1678 (Acte not.).

BAUZE (LA), ruiss. qui a sa source près de Naillac, se dirige S.-N.-O. et va se jeter dans la Lourde près de Saint-Aignan-d'Hautefort.

BAUZENS. *Ajouter : Bausens*, 1556 (bénéf. de l'év. de Sarlat).

BAYARDIE (LA), c^{ne} de Preyssac-d'Agonac. — *Loco voc. la Bayardia*, 1325 (tit. de Chamberlhiac, 31).

BEAU (LE), éc. c^{ne} de Romain. — *Lo mas de Bauchan*, xiie siècle (cens dû à Clarol).

BEAUFORT, anc. rep. noble sur la motte d'Agonac. — *Hospitium de Belfort*, 1353. — *Bordaria de la Belfortia*, 1341 (titres de Chamberlhiac). — *Iter quo itur de porta de Palenchart versus plateam de Beaufort.* — *La Boria de Belfort*, 1390. — *Iter quo itur de platea de Beaufort versus eccl. Sancti Martini*, 1507.

BEAUMONT. *Ajouter après* bastide : Sa juridiction comprenait le château de Saint-Avit-Sénieur, le château de Montferrand et toute la paroisse, Concharum? Bardou, Faux, Saint-Sibranet? Lenquais, Cays-sars? Puybeton, Monsac, Monsanha? Rampieux, jusqu'à la voie publique allant de Tourlhac à Montferrand et Sainte-Croix; Bourniquel et de là en ligne droite sur la fontaine de Roumaguet, le Coussage et l'église des lépreux de Saint-Avit-Sénieur. 1286 (cout. de Beaumont).

BEAUPUY, c^{ce} de Périgueux. *Ajouter :* Altit. 168 mètres.

BEAURONE (LA), ruiss. arrond. de Périgueux. *Ajouter : Rivus de la Beyrona*, 1230. — *Aqua voc. la Beourona quæ labitur de rupe de Pontissac versus Agonacum*, 1468 (tit. de Chamberlhiac).

BEAURONE (LA), ruiss. de la Double. *Ajouter :* affluent second de la Drone.

BEAURONE (LA), ruisseau de la Double qui prend sa source à la Vergne, c^{ne} de Saint-Sulpice-de-Romagnac, se dirige du N. au S., passe à Saint-Vincent et à Beaurone et se jette dans l'Ille près de Saint-Front, après avoir reçu un seul affluent, l'Astaudel, et parcouru 17,500 mètres. — Voy. DOUBLE (LA).

BELAYGUE. *Ajouter :* Prieuré de femmes dépendant de l'abb. de Ligueux.

BELENCHIE? c^{ne} de Sorges. — *La Belenchia*, 1346 (tit. de Chamberlhiac, 181).

BEL-ROYRE (BOIS DE), c^{her} d'Agonac et de Négrondes, 1263. — *Bel-Rouyre*, 1288 (tit. de Chamberl.).

BELVEZ. *Au lieu de* Tourqual, faubourg, *lire :* Tourquat, Turcat.

BEOURADENS? fontaine, c^{ne} de Liorac. — 1670 (Acte not.).

BEOURADOU (LA), c^{ne} de Lenquais. *Ajouter :* autrement Giverzac (terr. de Lenquais).

BERBESSON? c^{ne} d'Agonac. — *Territ. de Berbesso*, 1482 (tit. de Chamberlhiac).

BERENCHIE (LA)? c^{ne} de Sorges. — *Mayn. de la Berenchia*, 1372 (tit. de Chamberlhiac).

BERGERAC, *après* pont sur la Dordogne au xiiie siècle, *lire :* 1209 (bulle d'Innocent II en faveur de Cadouin).

BESSE (LA)? c^{ne} d'Agonac. — *Mayn. de la Bessa*, 1489 (tit. de Chamberlhiac).

BESSÈDE (LA), terre, c^{ne} de Pressignac (Acte not.).

BETUCIE (LA)? — *Lo stagier de la Betucia*, 1243 (cens dû à Badefol).

BEYLIE (LA), c^{ne} de Château-l'Évêque. — *Mayn., Repparium de la Beylia*, 1478 (tit. de Chamberlhiac).

BEYNAC, c^{ne} de Saint-Saud. *Ajouter : Bosc, forest de Bainac*, xiie siècle (cens dû à Clarol).

BIGALE (LA). *Ajouter : Lieu des Brocaries*, 1755 (terr. de Lenquais).

Ouverture dans le rocher qui surplombe de 10 mètres au-dessus de la Dordogne, et par laquelle on descend pour la pêche à l'aide d'une corde.

BIRON. *Ajouter :* Un des points les plus élevés dans cette partie du dép[t], et qui domine au loin sur toute la contrée. Le niveau de la cour du château est à 236 mètres (le niveau du vallon, au sud de Biron, étant de 180 mètres), tandis que les hauteurs les plus rapprochées sont : Montflanquin, 203 mètres; place de Montpazier, 200; Belvez, 185; plateau à Saint-Perdoux, 166; Cancon, 216. Les lieux voisins qui sont plus élevés sont seulement : le moulin de Bouchou, 238 mètres; le plateau au nord de la Trappe, 307; et celui au sud de Villefranche, 302.

BLAME (LE), ruisseau. *Ajouter :* La principale source du Blame sort de terre au fond d'un trou muré dit *le puits de Bontemps;* elle jaillit à gros bouillons pendant sept à huit mois de l'année, mais tarit pendant l'été. Le vallon a une longueur de 5 kilomètres dans une direction sud-nord, sur une largeur de 200 mètres; mais après le confluent du Blame avec la Soue, près de Brouchaud, il acquiert une largeur de 600 mètres en amont de la forge d'Ans, à son embouchure dans l'Auvezère (Annales agricoles de la Dordogne).

BLANZAC? près de la Mongie-Saint-Martin. — *Aqua de Blanzac.* — *Decima piscium apud Blanziacum,* vers 1101 (don à la Mongie, cart. de Sainte-Marie de Saintes, 131).

BOCHAL? c[ne] d'Eyvirac. — *Mansus del Bochalh,* 1318 (tit. de Chamberlhiac, 22).

BOCHAL, c[ne] de Millac-de-Mauzac? — *Li bon ome de Bocchal,* XIIe siècle (cens dû à Clarol).

BOCHART (LE FIEF), c[ne] de Sorges. — 1301 (tit. de Chamberlhiac).

BOISSE. *Ajouter :* Altit. aux moulins à vent, 209 mètres.

BONIMONT? près de Saint-Avit-de-Moiron, anc. diocèse. — *Mansus de Bonimunt,* 1117 (don à la Mongie-Saint-Martin, cart. de Sainte-Marie de Saintes).

BONNEFON, c[ne] de Saint-Saud. *Ajouter : Chasal de Bonafon,* XIIe siècle (cens dû à Clarol).

Dépendant de l'abb. de Peyrouse.

BONNEYE? ville d'Agonac. — *Domus voc. de la Bonneya.* — *Bonoya,* 1296 (tit. de Chamberlhiac, 35). — *Iter quo itur a platea de Beaufort, versus ecclesiam Sancti Martini, quadam pleydura, voc. de Bouneya, intermedia,* 1507 (ibid.).—Voy. BRUNET, au Supplément.

BORDES? c[ne] du Sigoulès. — *Li mas Bordat,* 1117 (don à la Mongie-Saint-Martin, cart. de Sainte-Marie de Saintes).

BORDES (LAS), à Agonac. — *Hospitium de las Bordas,* 1372. — *Iter quo itur de porta de Ripagay versus molend. voc. de las Bordas,* 1395 (tit. de Chamberl. 212 et 236).

BORDES (LES)? c[ne] de Firbeix. — *Mas de las Bordas dejossa Foeu,* XIIe siècle (cens dû à Clarol).

Altitude : 360 mètres.

BORGADE? c[ne] d'Agonac.— *Mayn. de la Borgada,* 1370. — *Bourgeade,* autrement *las Bernicas* (invent. de Chamberlhiac, 1746).

BORGNE (LA), c[ne] de Cabans. *Ajouter : Tient un journal de pré ou Bornhe,* 1462 (arch. de la Gir. Belvez). — *Pratum, loco voc. a la Bornha,* 1526.

BORIE (LA)? près de la Mongie-Saint-Martin. — *Mansus de la Boeria, la Boaria,* 1117 (don au prieuré, cart. de Sainte-Marie de Saintes).

BORN? c[ne] de Firbeix. — *En las binadas de Born,* XIIe s[r] (cens dû à Clarol).

BORN (PLAINE-DE-). *Ajouter :* Altitude : 285 mètres.

BOSC (LE). — *Turris del Bosc, jurisd. de Bigarupe,* 1439 (arch. de la Gir. Belvez).

BOSC-DE-LA-BROSSE. — *Lo bosc de la Brossa de Cavarelh,* 1450 (Liv. N.).

BOST-CHEVALIER, c[ne] d'Agonac. — 1481 (tit. de Chamberlhiac).

BOST DE LA BROUSSAUDIE. — *Boscus sobeyra de la Broussaudia,* 1325 (tit. de Chamberlhiac, 118).

BOTEN? c[ne] de Razac-de-Saussignac. — *Botairenca, Botariquent,* 1117 (cart. de Sainte-Marie de Saintes). — *Tenesa Boter,* 1130.

BOUAN? c[ne] de la Mongie-Saint-Martin. — *Sylva Boonz, Boon,* 1117 (cartul. de Sainte-Marie de Saintes, 117).

BOUCHERON (LE), c[ne] de Saint-Priest. — *El Boscheyro,* 1459 (Philipparie).

BOUCHILLOU, c[ne] de Servanches.

BOUCHOU, m[in], c[ne] de Rampieux. — Point culminant du plateau de la rive gauche de la Dordogne. — Altitude : 235 mètres.

BOUCHOUILLE, h. c[ne] d'Auriac-de-Bourzac.

BOUGAUD, h. c[ne] de la Mongie-Saint-Martin (B). — *Bugazu, Bordaria quæ est Abugazo,* 1117 (cart. de Sainte-Marie de Saintes).

BOULAIRIE? — *Bordaria de la Bolairia,* 1243 (cens dû au seigneur de Badefol).

BOULEIX (CHAPELLE DE). —Voy. BOLER, au Dictionnaire.

BOURRA, c[ne] de Monsac. — *Al Borrou,* 1759 (terr. de Lenquais).

BOURSANEIX, h. c[ne] de Firbeix. — Altit. 365 mètres.

BOURSAT, éc. c[ne] de la Mothe-Mont-Caret (B.).

BRAULIE (MAYNE DE)? c[ne] de Puy-de-Fourches.— 1247 (inv. d'Agonac).

Breuil (Le), c⁰ᵉ d'Agonac. — *Territ. del Breuilh*, 1372 (tit. de Chamberlhiac).

Breuil (Le), c⁰ᵉ de Saint-Naixent. *Ajouter :* Cette forêt s'étendait entre le chemin de Saint-Naixent à Issigeac jusqu'à Font-de-Fonteau, la Boyne-Blanche, le chemin Salinier et le Mayne de Chinhac (O. S. J. Saint-Naixent).

Bria? c⁰ᵉ de Champagnac. — xiiᵉ siècle (cens dû à Clarol).

Bridoire. *Ajouter : Brudoira*, xiiᵉ siècle (cartul. de Sainte-Marie de Saintes).

Bridouyre, c⁰ᵉ d'Agonac (cad.).

Brolie (La)? c⁰ᵉ de Négrondes. — *Iter quo itur de mayn. de Brolia versus pontem de Laval*, 1461 (Feti).

Brouillaybé (Le). *Ajouter :* c⁰ᵉ de Marcillac — *Brouillaguet* (E. M.).

Altitude : 335 mètres.

Brousse (La), c⁰ᵉ d'Agonac. — *La Brossa Belet*, 1317 (tit. de Chamberlhiac).

Brousses (Les), c⁰ᵉ de Négrondes. — *Territ. de las Brossas*, 1317 (tit. de Chamberlhiac).

Brumard, ruisseau qui arrose la c⁰ᵉ de Fouleix. —1770 (Acte not.).

Brunet, à Agonac. — *Turris de Brunet*, 1483 (tit. de Chamberlhiac) : confronte au chemin qui va de la porte du château à la place de Beaufort, la maison de la Bonneya intermédiaire. — *Cumba Brune*, 1481 (*ibid.*).

Brunet, c⁰ᵉ du Sigoulès. — *Mansus Brunet*, 1117 (don à la Mongie, cart. de Sainte-Marie de Saintes).

Buisson (Rieu-), ruiss. c⁰ᵉ de Dussac, affluent de la basse Loue (B.).

Bulidour (Pré du), c⁰ᵉ de Biras (A. Jud.).

Bussière, c⁰ᵉ d'Agonac. — *Mayn. de la Buxière*, 1507 (Feti, I).

C

Cacarottes (Les), c⁰ᵉ d'Agonac (cad.).

Cache-Cayre? c⁰ᵉ d'Eyvirac. — *Mansus voc. Cache-Cayre*, 1480 (Feti). — *Caise-Cayre*, xviiᵉ siècle (Acte not.).

Cadanhie (A la)? c⁰ᵉ de Biras. —1320 (tit. de Chamberlhiac).

Cadouin, à Périgueux. *Ajouter : Fossa de Cadonh*, ppe muros burgi Sᵗⁱ-Hilarii (rec. de titres).

Cadouin (Pont de), à Bergerac. *Ajouter : Porte et tour de Cadouin* (plan de la ville, du xviiᵉ siècle).

Caillau? c⁰ᵉ de Grignol. — *Locus dict. al Ros Calhau*, 1485 (Dives, II, 123).

Caillau (Château de)? c⁰ᵉ de Saint-Front-d'Alemps. — Confronte à la métairie du Gaud.

Campagnac-lez-Quercy. *Ajouter :* Signal : altitude, 337 mètres, à un arbre.

Camp-Secret. *Ajouter : Cam Secret*, 1131 (cart. de Sainte-Marie de Saintes).

Cap-de-Guerne, h. c⁰ᵉ de Marnac (B.).

Capelle (La), terre, c⁰ᵉ de Saint-Laurent-des-Bâtons (cad. sect. C. 42).

Carreyrou (Al), anc. chemin, c⁰ᵉ de Saint-Aigne. — 1755 (terr. de Lenquais).

Casal? c⁰ᵉ de Bertric. — *Casal Brunenc*, 1270 (Lesp. 81).

Casal? c⁰ᵉ de Saint-Michel-de-Villadeix. — *Casal vocat. de la Dona*, 1482 (Lesp. 83, n° 28).

Casse-Pouge, c⁰ᵉ de Bancuil. — *Mansus de la Cassa Pogia* (Liv. Nof. 60).

Castel-Nouvel? lieu-dit, c⁰ᵉ de Saint-Aigne. — *Castel-Nouel*, 1580 (Acte not.).

Caudeyrounie, anc. ténem. c⁰ᵉ de Saint-Aigne. — 1755 (terr. de Lenquais).

Cause, c⁰ᵉ. *Ajouter : Et altare Sanctæ Quitteriæ.*

Cauvela (A la)? c⁰ᵉ de Montravel. — 1461 (arch. de la Gir. reg. de Belvez).

Cauvielles (Las), h. c⁰ᵉ de Château-l'Évêque (A. Jud.).

Cavavel? c⁰ᵉ de Sainte-Alvère. — *Repayrium de Cavavolio, Cavavelh*, 1465 (L. Nof. 29).

Cayre (La plaine du)? c⁰ᵉ de la Canéda (E. M.).

Cayre (Le)? c⁰ᵉ de Saint-Julien-de-Brantôme. *Ajouter :* touchant le champ Mayor.

Cayre-Basse (À la), terre, c⁰ᵉ de Castelnau (cad. sect. A, 178).

Cayres-Brunes. *Ajouter : Versus l'endret: des quadris brunis*, 1463 (cad. sect. A, 178).

Cayrie (Bois de la)? c⁰ᵉ de Génis (A. Jud.).

Cayries (Borie des)? anc. fief, c⁰ᵉ de Saint-Amand-de-Belvez. — 1775 (Homm.).

Cayrolas (Las), section de la c⁰ᵉ de Saint-Vincent-de-Paluel (A. Jud.).

Cepiere (La)? c⁰ᵉ de Négrondes. — *Bordaria de la Cepieyra*, 1295 (tit. de Chamberlhiac).

Chabans, c⁰ᵉ d'Agonac. *Ajouter : Nobile hospitium de Chabans*, 1514 (Feti). — *Iter quo itur de mol. de las Bordas versus pratum commune de Agonaco, dict. de Chabans*, 1391 (tit. de Chamberlhiac, 21).

CHABOUSSIE (LA), c^{ne} de Grignol. *Ajouter : Domus de la Chabossia in castello de Grenholio*, 1329 (Lesp.).

CHABRELENC (LE VIEUX-), c^{ne} d'Agonac, autrement *le Gabar* (terr. de la Roche-Pontissac).

CHABRERIE (LA), c^{ne} de Château-l'Évêque. *Ajouter : Maynam. de la Chabraria*, 1481 (Feti).

CHABROL (COMBE), ténement, c^{ne} de Saint-Félix-la-Linde. — 1667 (Acte not.).

CHABROL (COSTE)? c^{ne} de Preyssac-d'Agonac. — 1324 (tit. de Chamberlhiac).

CHABROULEN. *Ajouter : Forestagge de Chabrolenc*, XIIe s^e (cens dû à Clarol).

CHAÎNE (MOULIN DE LA), c^{ne} d'Audrix. — Ruines au milieu d'un plateau couvert de scories antiques (Antiq. de Vésone).

CHAISE (LA)? c^{ne} de Millac-de-Nontron. — *Mas de las Chezas de Milac*, XIIe siècle (cens dû à Clarol).

CHALAURE (LE). *Ajouter :* Source à la Livardie, c^{ne} de Sainte-Aulaye; délimite l'arrond. de Ribérac depuis Saint-Sicaire. Longueur : 17 kilomètres. Affluent : le ruisseau de Saint-Michel-l'Écluse.

CHALDAUDIE (LA)? c^{ne} de Sorges. — *Mayn. de la Chalbaudia*, 1305 (tit. de Chamberlhiac).

CHALMIES ou CHAUMES? c^{ns} d'Eyvirac. — *Bordaria de la Chalmia*, 1212. — *Iter quo itur de Preyssaco versus les Chalmys*, 1512 (tit. de Chamberlhiac et Feti, I, 32).

CHAMBERLHIAC. *Ajouter : Chambarlhac*, 1282. — *Locus dict. al Peschier de Chambarlhac infra castrum de Agonaco.*

Il confrontait des quatre aspects du soleil au château de l'Évêque, et d'autre côté au château de la Borie-de-Dome et de Montardit (terr. de 1571).

CHAMBERLHIAC (COMBE DE), c^{ne} de Sorges (terr. de la Roche-Pontissac).

CHAMBERLHIAC (FORÊT DE), c^{ne} de Saint-Front-d'Alemps (terr. de la Roche-Pontissac).

CHAMBERLHIAC (MOULIN DE). — *Situm in junctione rivi fontis de Besang et de la Beorona, inter exclusam molend. hospitii de Bardelia et boriam hospitii de Potz*, 1483 (tit. de Chamberlhiac, 175).

CHAMPAGNES (LES)? c^{ne} d'Eyvirac. — *Tenensa dicta de las Champanhas*, 1284 (tit. de Chamberlhiac, 2).

CHAMPANOULIER? c^{ne} de Quinsac. — *Locus voc. Champanoulieyras*, 1466 (Feti, I, 38).

CHAMP-COMTAL? c^{ne} de Négrondes. — *Terra de Champ-Comtal*, sur le chemin de Négrondes à Lempzours, 1282 (tit. de Chamberlhiac).

CHAMP-DE-MARS, place à la Cité de Périgueux. — *Plessdura voc. de Marte, sita infra muros civitatis, inter carreriam qua itur de hospicio voc. de Petragoras versus monast. Sancti-Stephani et versus portam*

Romanam. — 1458 (arch. de Périgueux, reg. de Pindrac).

CHAMPS (LES)? c^{ne} de Léguillac-de-Lauche. *Ajouter : Terra de Campis quæ est juxta domum de la Faya.*

CHAMPS-ROMEGOS, c^{ne} de Négrondes. — *Terra voc. Champs-Romegos*, 1461 (Feti, I).

CHANGE (LE PETIT-). *Lire :* c^{ne} de Boulazac.

CHANTE-GREL? c^{ne} de Millac-de-Nontron. — *Cumba de Chanta-Greu*, XIIe siècle (cens dû à Clarol).

CHANTE-GRIEUX (CHEMIN DE), c^{ne} d'Exideuil (A. Jud.).

CHANTE-LE-GRENIL, c^{ne} de Quinsac (E. M.).

CHAPDEUIL-DES-MALETS (LE), c^{ne} d'Agonac (terr. de la Roche-Pontissac).

CHAPEHAC? — *Il de Chapehac*, XIIe s^e (cens dû à Clarol).

CHAPELAS, c^{ne} de Sorges. — *Maynam. de las Chapelas*, 1346 (tit. de Chamberlhiac, 181).

CHAPELLE (LA), éc. c^{ne} de Carlux (A. Jud.).

CHAPELLE (LA), c^{ne} de Saint-Cyprien. *Ajouter : Ecclesia quæ dicitur Capella?* 1117 (Possess. de l'abb. de Charroux en Périgord; collat. le prieur du Chalard en Limousin).

CHAPELLE (PETITE-), h. c^{ne} de Saint-Cyprien (E. M.).

CHAPELLE-DE-MIREMONT (LA). *Ajouter : Capella Sancti-Reginaldi*, 1365 (Lesp. 85, Châtell. de Miremont). — *La Chapelle Saint-Reynald*, archipr. du Bugue, 1732 (état des paroisses).

CHAPELLE D'INLAND (LA). *Ajouter :* Il existe un lieu-dit *la Capelle* entre Mont-Caret et Vélines (Communic. de M. Benoît de la Motte).

CHAPELLE-MOURET (LA). *Ajouter après la citation :* 1351 (prieuré de l'O. Saint-Benoît).

CHAPELLE-SAINT-ÉTIENNE (LA), h. c^{ne} de Saint-Rabier (B.).

CHAPELLE SAINT-JEAN (LA), c^{ne} de Naillac. — *Capella S^{ti}-Johannis*, XVIe siècle.

Il subsiste encore une niche formée de grandes pierres sur lesquelles on porte les enfants malades (communic. du curé de Naillac).

CHAPELLE SAINT-REMY, c^{ne} d'Auriac-de-Montignac. — Altitude : 214 mètres.

CHAPELLES D'AGONAC (LES), nom donné à quatre chapelles dont les seigneurs de Chamberlhiac étaient fondateurs : Notre-Dame, Saint-Jean-l'Évangéliste et Saint-Antoine de l'hôpital d'Agonac.

CHAP-GIER, h. c^{ne} de Terrasson (A. Jud.).

CHAP-TORTE? c^{ne} d'Agonac. — *Mayn. de Chap Tortel*, 1480. — *Chap Torteau*, 1512 (Feti, I).

CHASSENS, c^{ne} de Najllac. *Ajouter : Prepositura de Chassins.* — Anc. rep. noble qui fut possédé par Catherine de Navarre.

CHATARMAS? c^{ne} de Saint-Cybard, anc. dioc. — *Oustel de Chatarmas*, 1478 (O. S. J. Soulet).

CHÂTEAU-L'ÉVÈQUE-ET-PREYSSAC. *Ajouter à la fin* : Maison sise au delà du barry dans la Pouge, 1267 (tit. de Chamberlhiac).

CHATERIE (LA), h. c^ne du Change (E. M.).

CHATERIE (LA), c^ne de Jaure. *Ajouter : Lo fieu de la Chaterie,*

CHAUME (LE), c^ne de Ribérac. — Anc. rep. noble.

CHAUSE? c^ne de Millac-de-Nontron. —*Terra deu Chauze*, XIIe siècle (cens dû à Clarol).

CHAUSSADE, c^ue d'Eyzerat. *Ajouter : Chaussada*, 1282 (tit. de Chamberlhiac). Anc. rep. noble.

CHAVIGNAC, c^ue de Saint-Michel-de-Double.

CHEMIN DE COUSE À PÉRIGUEUX. — *Iter quo itur de Cosa versus Petragoras*, 1471 (Liv. Nof.).

CHEMIN DE GUERL-BOURSE, c^ne de Liorac. — Allant de Guilh-Gorse à la Teyssendarie, 1625 (Acte not.).

CHEMIN DE L'HOSPITALET, c^ne de Terrasson. — Allant de la ville à une ancienne maladrerie sur les bords de la Vézère (Vie de saint Sour, p. 300).

CHEMIN DE PÉRIGUEUX À BERGERAC. — *Pecia terræ, in par. de Senilhaco, confrontans cum itinere quo itur de villa de Petrag. versus Brageyracum*, 1508 (ch. Mourcin).

CHEMIN DE PÉRIGUEUX À LIMOGES. — *Iter quo itur de Petrachora versus Lemovicas*, 1370 (tit. de Chamberlhiac, 212).

CHEMIN DE SAINT-LOUIS. *Ajouter : Iter antiquum et publicum Sancti Ludovici versus Valareu*, 1510 (Dives).

CHEMIN DE TALBOT, entre Castillon et Montpont. Il passe à Plagnac.

CHEMIN FERRÉ, 4e paragraphe, *chemin de la Caussade*. *Ajouter :*

Un fossé faisait la division entre les paroisses de Montaut et de Montmadalès : *Quod quidem fossatum incipit a itinere publico vocato de la Caussada, et tendit recte versus fontem de Gran-mon*, 1565 (enquête contre l'év. de Sarlat. Coll. de Lenquais).

Prenant le chemin de la Caussade au lieu-dit Gué de Capeyrou, et le suivant, en tirant vers Issigeac, presque au fossé qui descend des prés de Galine, etc. 1757 (ténement de la Roqual, terr. de Lenquais). — Voy. ISSIGEAC.

A la direction de ce même chemin, indiquée de Mons sur Bergerac, *ajouter* : Du côté de Saint-Aubin, allant du rival de Fort-Espic jusqu'au grand chemin ancien appelé de la Caussade, qu'on va de Mons à Bragerac.

CHEMIN MISSAL, va du village de Sudrie à Sainte-Foyde-Longa. — 1608 (Acte not.).

CHEMIN PROCESSIONNEL, allant du vill. du Sourbier à Llourac. — 1670 (Acte not.).

CHEVALERIE (LA), c^ue de Vilars. — *Bordaria en la Chavalaria*, XIIe siècle (cens dû à Clarol).

CHEVALERIE (MAYNE DE LA), c^ne de Sorges. — *La Chavalaria*, 1310 (tit. de Chamberlhiac).

CHEYROU (LE), h. c^ne de Jumillac. — Altitude : 348 mètres.

CIMETIÈRE DES PAUVRES, à Agonac, 1372. — *Cim. des Lépreux*, 1322 (tit. de Chamberlhiac).

CIMETIÈRE DES PAUVRES, à Périgueux. *Ajouter : Semeteri deus paubres*, 1273 (Lesp. 81).

CIMETIÈRE DES PAUVRES, à Saint-Astier. — Aujourd'hui le *Triangle* (Chroniq. du Périgord).

CIMETIÈRE DES PENDUS, situé hors la Cité de Périgueux, au sud-est de Saint-Étienne. Les églises de Saint-Pierre-Lanès et de Saint-Cloud se trouvaient dans son enceinte.

CLARAC, c^ne de Lussas (B.).

Les Annales histor. de la Gironde écrivent à la tête d'un acte qui y est imprimé : *Cens dû à Clarol ou Clareuil*, et les possessions qui relevaient de ce repaire noble, et qui étaient assujetties à ce cens, sont pour la plus grande partie situées dans les environs de Millac-de-Nontron. Clarol ou Clareuil sont inconnus dans cette contrée : n'y aurait-il pas, sur le manuscrit, *Clarac* au lieu de *Clarol?*

CLAUD (LE)? c^ne de la Mongie-Montastruc. — *Clausus voc. lo Claus Girondeux*, 1465 (Liv. Nof.).

CLAUTRE, c^ne de Bergerac. *Ajouter :* Dépendance du prieuré de Saint-Martin.

CLUSE, ruisseau qui passe dans un aqueduc sous le faubourg de Landrevie, à Sarlat (Tarde, *Hist. du Sarladais*), forme le vallon de Vitrac et va se jeter dans la Dordogne près de Rayssel. — *Cuse* (E. M.).

CLUSEAU DE BOUTET (LE), c^ue de Saint-Pierre-de-Chignac (A. Jud.).

CLUSEL? c^ue de Montren. — *Mayn. del Cluzel*, 1461 (Dives, I, 61).

COCNAC? c^ue d'Exideuil. — *Villa Cocnac*, 1182 (Chron. Gauf. Vos.).

COGULOT. *Ajouter :* Collat. le prieur de Roncenac.

COLARÈDE, c^ne de Preyssac-d'Agonac. *Ajouter : La Coloreda*, 1461 (Feti, 16).

COLOMBIER (LE), c^ne de Millac-de-Nontron. — *Fou deu Colomber, Columber*, XIIe siècle (cens dû à Clarol).

COMBE DEL CAPELLO, c^ne de Saint-Félix-la-Linde, près du Juge. — 1650 (Acte not.).

COMBE DE MONTOZEL, c^ne du Bugue. — Confronte au Puy-de-Vallos (Liv. Nof. 22).

COMBE-DONZAINE, c^ne de Champsevinel.

COMBE-DU-CERN. *Ajouter :* Long vallon sans eau qui

, traverse les c^{nes} de Razac, Coursac et Atur et finit à un hameau nommé le Chaput.

COMMUNAL, c^{ne} d'Eyvirac. — *Territ. voc. Communal*, 1515 (Feti, I, 4).

CONQUÊTE (LA), bois, c^{ne} de Montravel (A. Jud.).

CONREENCHE? c^{ne} de Rouillas. — *Bordaria Conrcencha*, après 1079 (cartul. de Sainte-Marie de Saintes, 175).

CONSTATI, c^{ne} de Bezenac.

Mosaïques, atelier de poterie dans ce lieu, et ce nom, que l'on a fait dériver de *cum statione*, a fait penser que la voie de Vésone à Bibona passait en ce lieu (Jouanet, *Statist. de l'arrond. de Sarlat*).

CORNE-BASSE, h. c^{ne} de Thiviers. — Signal : 312 mètres.

CORNES (LES)? c^{ne} de Négrondes, près du Mayne de la Coste. — *Castrum de las Cornuas*, 1461 (Feti, I).

COSTE (LA), c^{ne} de Négrondes. — *Pheodus voc. de la Costa*, 1294 (tit. de Chamberlhiac, 5).

COSTES (LES)? c^{ne} d'Agonac. — *Loc. voc. las Costz de Gache*, 1515 (Feti, I, 16).

COSTES (LES)? c^{ne} d'Eyvirac. — *La Cotz.* — *Bordaria voc. aux Costa-Nols*, 1282 (tit. de Chamberlhiac).

COUANES (AUX), terre, c^{ne} de Cours-de-Piles (A. Jud.).

COUGOUSSAC, c^{ne} d'Agonac. — *In Cogosac; la Lamprea sive de Cogossac*, 1465 (tit. de Chamberlhiac).

COULE (A LA), lieu-dit, autrement *Rivière*, aux Brocaries, c^{ne} de Varennes. — 1755 (terr. de Lenquais).

COULEYRIAS (LAS), éc. c^{ne} d'Agonac. — *Bordaria de la Coleyria*, 1299 (tit. de Chamberlhiac).

COUREIOU (LO), c^{ne} de Coulounieix. *Lire :* Une des trois tombelles.

COUSTINAS (LAS), c^{ne} de Négrondes. — Anc. rep. noble (terr. de la Roche-Pontissac).

COUSTURE (LA), c^{ne} de Cornille. — *Mayn. voc. de la Costura*, 1478 (tit. de Chamberlhiac).

COUSTURE (LA), c^{ne} de Négrondes. — *Riperia et castrum de las Costuras*, 1507 (Feti, I, 63).

COUTZ-DE-COUZENS (A LAS), terre à Montfaucon, c^{ne} de Villamblard. — 1650 (Acte not.).

COUTZ-DE-MEYMI (LAS), jardins à Périgueux, derrière la route de Sarlat (Lesp. Dénomin. au XIVe siècle).

CREMPSE (LA). *Ajouter :* prend sa source à Baneuil, *et plus loin :* Dans cette dernière c^{ne}, au vill. de Belair, son altitude est de 60 mètres.

CROGEAS (LAS), c^{ne} d'Agonac (Feti).

CROIX (LA), c^{ne} d'Agonac. — *Territorium de la Crox*, 1507 (Feti). — *Croix de la Ferrière*, 1493 (*ibid.*).

CROPTE (LA), c^{ne} d'Ajat. *Ajouter à cet article ce qui est à l'article* CROPTE (LA), c^{ne} de Marsac.

Ancien repaire noble, ayant haute justice sur Saint-Antoine et Limeyrac en partie, 1760 (Alm. de Guy.).

CROPTE (LA), c^{ne} de Sainte-Foy-de-Belvez. — *Mansus de la Cropta*, 1489 (Philipparie).

CROS (LE), c^{ne} de Négrondes. — *Territ. voc. al Cros*, 1507 (Feti, I).

CROZARIE (MAYNE DE LA), c^{ne} de Biras. — 1317 (tit. de Chamberlhiac).

CRUGAUDIE (LA), c^{ne} d'Agonac. — *Mayn. de la Crugaudia*, 1481 (tit. de Chamberlhiac, 271).

CUBAS (BOIS DE), c^{ne} d'Agonac (inv. d'Agonac).

CURE (LA)? c^{ne} de Sorges. — *Pecia terræ voc. la Curia*, 1305 (tit. de Chamberlhiac, 4).

D

DAILUADET, éc. c^{ne} de Cornille. — 1478 (Feti).

DET (CHEMIN DU). *Ajouter :* Un chemin du même nom conduit d'Atur à Saint-Laurent, 1744 (Acte not.).

DETS (LES), bornes de juridiction. — *Fuerunt positi Deci novi et infra istos Decos* ..... 1322 (procès entre le comte de Périgord et l'abbé de Chancelade). — Maison située dans les *Dets du roi* de la ville de Montpazier, 1687 (Acte not.).

DETS (LES). — Voy. CHEMIN DES COGETS, au Dictionn.

DIENNE, h. c^{ne} de Saint-Priest-les-Fougères. — Altitude : 351 mètres.

DIVES. *Ajouter :* Mas de Diva, 1203 (cens dû au seign^r de Taillefer).

DOGNON, éc. c^{ne} de Journiac. — *Pech du Dognon*. Altitude : 250 mètres.

DOME, ch.-l. de c^{on}. *Ajouter après la ligne* lo Rodo portait le nom de *lo Monedo :* L'enceinte construite sous Philippe le Hardi subsiste en partie. Le mur du midi, percé d'abord par la *porte del Bos*, puis par la *porte de lo Coumbo*, se repliait vers la Dordogne, à l'est, et c'est dans cette partie qu'est la *porte des Tours*, dont les pierres sont ornées de bossages. Ce mur se prolongeait au nord-est, et sans doute il se reliait à un fort destiné à défendre cette partie, la plus faible de toutes, à raison de l'élévation des coteaux voisins; un emplacement, dans cet endroit, porte encore le nom de *Fort du Ga* ou *du Gal* (Documents sur Dome).

DOME? c^{ne} de Négrondes. — *Mansus de Dompho*, 1370.

Fief mouvant de Chamberlhiac (tit. de Chamberlhiac, 222).

Dome (Borie de). *Ajouter : Reppayrium de Doume*, 1478 (tit. de Chamberlhiac).

Donadeix (A), terre, c^ne de Saint-Laurent-des-Bâtons (A. Jud.).

Dordogne (La), rivière.

On ne s'accorde pas entièrement, au lieu où la Dordogne commence, sur la position de la double source que l'on attribue à cette rivière. Des gens du pays, pêcheurs de père en fils, et défendant à ce titre la tradition de la montagne, affirment que la Dore seule descend du pic de Sancy, mais que la Dogne est un ruisseau qui, venant d'une autre direction, sort du lac de Guérie; que son cours est de 5 à 6 kilomètres jusqu'au pont des Marets, à 2 kilomètres en aval des bains du Mont-Dore; que c'est en ce lieu seulement que se fait le confluent de la Dore et de la Dogne, et que le nom de Dordogne prend naissance.

Cependant cette affirmation locale n'a pas prévalu. L'ouvrage de M. Lecoq, à qui ses grands travaux sur les monts d'Auvergne donnent toute autorité, contient l'indication contraire que voici :

«Au-dessous du pic de Sancy, cime la plus élevée du groupe des monts Dore (1,886 mètres), est une prairie tourbeuse que l'on désigne sous le nom de marais de la Dore. Son altitude est de 1,386 mètres; c'est en effet sur ce plateau gazonné que la Dore prend naissance par une foule de petits filets d'eau glacée (3° à 5° de température). Les sources de la Dore se réunissent sur la pelouse, où elles ont creusé leur lit dans la tourbe; on entend au printemps de petits ruisseaux couler sous la neige, puis on les voit sortir sous une arcade glacée, imitant en partie le magique spectacle qu'offrent les sources du Rhône et de l'Arveiron.

«A l'est du pic de Sancy est une montagne (altitude, 1,776 mètres), entre le roc de Cuzeau et le pan de la Grange : son nom est le pic de Cacadogne. La Dogne prend naissance sur le flanc de cette montagne : elle glisse dans un ravin sous le nom de *Cascade du Serpent*, puis au pied du pic de Sancy; elle s'unit presque aussitôt à la Dore, au-dessus du confluent du ruisseau d'Enfer.

«Le nom de Dordogne est donné à ce cours d'eau avant de descendre aux bains du Mont-Dore.

«Son altitude, à sa source, est de 1,386 mètres; au Mont-Dore, de 1,038 mètres; à la Bourboule, de 839 mètres; à Saint-Sauve, de 779 mètres; à sa sortie du département du Puy-de-Dôme, de 487 mètres.» (Ann. du Puy-de-Dôme.)

Dou (La), c^ne de Preyssac-d'Agonac. — *Mas de la Dot:*, 1348 (tit. de Chamberlhiac).

Douélie (La), c^ne d'Agonac. — *Bordaria de la Douelia* 1263 (inv. d'Agonac).

Doueyras, h. c^ne de Thiviers. — Altitude : 301 mètres.

Douville. *Ajouter :* Signal au-dessus de la Sauvetat, 218 mètres.

Douzillac. *Ajouter : Li home de la mairia de la parofia de Duzilhac*, 1203 (cens dû au seigneur de Taillefer).

Duche (Grande-), ruisseau. *Ajouter :* Direction N.-S. Il prend sa source à Pleine-Serve, c^ne d'Échourgnac, et se jette dans l'Ille à Beaufort, c^ne de Saint-Front-de-Pradoux.

E

Eschalier? c^ne de Négrondes. — *Terra voc. del Eschalier Magret, jurta burgum de Neg.* 1282 (tit. de Chamberlhiac).

Escuras (Las), c^ne d'Eyvirac. — 1512 (Feti).

Escure (La Grande-), c^ue de Coulaures (E. M.). — Altitude : 254 mètres.

Estrade (L'), c^ne de Faux. *Ajouter : Tenement du champ del Porier*, autrement *Lestrade :* confronte de l'est au chemin d'Issigeac à Lenquais, et du nord au chemin de Bergerac à Beaumont, 1757 (terr. de Lenquais).

Estrade (Moulin de l'), c^ne d'Abjat-de-Nontron (E. M.).

Estrades? — *Leprosis d'Estrades*, 1290 (Legs d'Et. Jovenals aux lépreux des quatre léproseries de Périgueux, et à ceux-ci qui semblent devoir être des lépreux mendiant sur les chemins.)

Estreguils (Aux), h. c^ne de Rouffignac-Montignac (E. M.).

Étangs (Les), le cinquième canton de la forêt de la Bessède (état de 1844).

Exosdepey. *Ajouter :* Voy. Pey (Les Corbe-), au Supplément.

Eystayssous? c^ne de Négrondes. — *Tenentia voc. Eystaissous*, 1457 (tit. de Chamberlhiac).

F

FACHILIÈRES (LES), cⁿᵉ de Mauzac. *Ajouter :* Confronte au chemin de Sainte-Foy à Grand-Castang.

FAGE (LA)? cⁿᵉ d'Agonac. — *Mayn. de Fagia*, 1374 (tit. de Chamberlhiac).

FABADE (PIÈCE), terre, cⁿᵉ de Saint-Marcel (A. Jud.).

FAREYRIE OU DE LAS FREYRAS (CROIX DE LA), cⁿᵉ d'Agonac. — *Iter quo itur de Agonaco versus crucem de la Farreyria*, 1484 (tit. de Chamberlhiac).

FARFAL, mⁿ, cⁿᵉ de Molières (E. M.).

FARGUES (LES), cⁿᵉ d'Agonac.—*Las Fargas*, 1512 (Feti).

FARRAT, maison dans le bourg d'Agonac. — *Domus sita in rua de l'Ospital, voc. de Farrat*, 1471 (tit. de Chamberlhiac).

FAUBIE (LA), cⁿᵉ de Saint-Martin-de-Fressengeas. *Ajouter : Las Faurgas josta Peyrosa*, xiiᵉ siècle (cens dû à Clarol).

FAYARDIE (LA), cⁿᵉ de Lisle. *Ajouter : Pleydura voc. de la Fayardia, et via quœ ducit de magna carreria à la Fayardia*, 1398.

FAYE (LA), cⁿᵉ d'Agonac. *Ajouter : Maynam. de la Faya*, 1478 (tit. de Chamberlhiac).

FAYE-DE-COUTILLE (LA). *Ajouter : Box de la Faya de josta la Jauna*, xiiᵉ siècle (cens dû à Clarol).

FAYETTE (LA), cⁿᵉ de Sarlande. — Prieuré régulier, 1556 (panc. de l'év. de Périgueux).

FAYOLLE, cⁿᵉ de Clermont-de-Beauregard. *Ajouter : Iter antiquum quo itur de maio de Faiola versus Montem-Clarum*, 1450 (Liv. Nof.).

FAYOLLE (LA), cⁿᵉ d'Eyvirac. — *Bordaria de la Fayola*, 1282 (tit. de Chamberlhiac).

FÈRE (LA), ruiss. affluent de la Dordogne; il passe à Daglan (Dict. géogr. du Périgord, xviiᵉ siècle).

FEYTAUD (FORÊT DE), cⁿᵉ de Château-l'Évêque (E. M.).

FOEU, h. cⁿᵉ de Firbeix. — *Dejosta Foeu, en la parosia de Firbès*, xiiᵉ siècle (cens dû à Clarol). — *Fot* (B.).

FONT-BACHELIÈRE, h. cⁿᵉ de la Bachelerie (E. M.).

FONT-BUGUELLE? cⁿᵉ d'Agonac. — *Fons voc. de Bugello* (tit. de Chamberlhiac).

FONT-DE-BERING OU FONT-DE-BESANG. *Ajouter : Besain*, 1372 (tit. de Chamberlhiac, 212). — *Duo molend.*

prope Agonacum, in rivo de la Beurona, inter fontem de Besang et molend. de Bordis, 1480 (*ibid.* 268).

FONT-DE-LAUCHE, cⁿᵉ de Négrondes. —*Ruisseau qui coule de la Font-de-Lauche vers la Beurone* (terr. de la Roche-Pontissac).

FONT-DE-RAMIÈRE, cⁿᵉ d'Agonac. — 1746 (invent. de Chamberlhiac).

FONT-GUILJAUMENCHE? cⁿᵉ de la Mongie-Montastruc. — *Iter de la Olaria versus fontem Guiljaumencha*, 1450 (Liv. Nof. 47).

FONT-PAPOU, h. cⁿᵉ de Saint-Laurent-des-Bâtons (A. Jud.).

FONT-PUNHET, cⁿᵉ d'Agonac. — *Iter quo itur de mayn. de Lagia versus fontem voc. de Punhet*, 1379 (tit. de Chamberlhiac, 222).

FON-TROUVADE, h. cⁿᵉ d'Agonac. — *Fon Trobade*, 1482 (tit. de Chamberlhiac, 274).

FONT-ROUZE? cⁿᵉ de Négrondes. — *Fon-Rouzel*, 1740 (terr. de la Roche-Pontissac).

FORGE (LA), cⁿᵉ de Grignol. *Ajouter : Domus de la Prevousté de Grignoulx, sita infra castellum de Grouignoulx.*

FORÊT-JEUNE (LA), bois, cⁿᵉ de Jumillac (E. M.).

FORÊT PRIME et du GAOUST, cⁿᵉ de Saint-Front-d'Alemps (reconn. de la Roche-Pontissac).

FOSSAT (LE), anc. rep. noble, à Agonac. — *Repayrium del Fossat*, 1450 (tit. de Chamberlhiac).

FOUGÈRE? cⁿᵉ de Négrondes. — *Territ. voc. en la Faugière*, 1457. — *Focharias*, 1460. — *En la Fougieyra*, 1607 (arrent. de Chamberlhiac).

FOUILLARDIE (LA), cⁿᵉ de Corgnac. — *Mayn. de la Folhardie* (Lesp. 80).

FOUILLOUSE (LA) OU LA CÉPARIE, cⁿᵉ d'Agonac. — Forêt. *Foresta voc. de la Folhouse, in honorio de Agonaco*, 1315 (tit. de Chamberlhiac, 283).

FOUILLOUX (LE), h. cⁿᵉ de Jumillac (E. M.).

FRANCILLE (LA), cⁿᵉ de Naillac. *Ajouter : Franchesia de Chassins*, xvᵉ siècle (pap. de Naillac).

FRATEAUX. *Ajouter :* La chapelle de Sainte-Madeleine était une annexe de Neuvic.

G

GABELY (CLAUD DE), cⁿᵉ d'Agonac (terr. de la Roche-Pontissac).

GABILLOU. *Ajouter :* et dépendait d'abord de l'abb. de Port-Dieu, en Auvergne, et ensuite de Tourtoirac.

Gacherie (La)? c^{ne} de Biras. — *Bordaria de la Guacherie*, 1321 (inv. de Chamberlhiac).

Gaillard, dom. c^{ne} de Millac-d'Auberoche (A. Jud.).

Gaillard, c^{ne} de Sorges. — *Mansus de Galhar*, 1461 (inv. de Chamberlhiac).

Galabert? c^{ne} de Cornille. — *Maynam. de Gualabert*, 1478 (tit. de Chamberlhiac).

Galan (Bost-), éc. c^{ne} de Jumillac (E. M.).

Galine (Au), c^{ne} de Vern (A. Jud.).

Galinie, c^{ne} de Ponchat (B.).

Gandumas. *Ajouter :* Prieuré de femmes dépendant de l'abb. de Ligueux.

Garde (La), c^{ne} de Négrondes. —*Mayn. voc. la Guarda* 1457 (tit. de Chamberlhiac).

Garen, c^{ne} d'Eyvirac. *Ajouter :* Mayn. *de Garen sive de Podia-Freno*, 1507 (tit. de Chamberlhiac, 48).

Garrissal, c^{ne} de Cabans. — *Ripperia del Garrissal*, 1481 (Philipparie).

Garrouillade (La), h. c^{ne} de Maurens (A. Jud.).

Gaud (La Borie du), c^{ne} de Saint-Front-d'Alemps (terr. de la Roche-Pontissac).

Gaudine (La), c^{ne} d'Agonac. — *Mansus de la Godinia.* — *Locus dictus Gaudina*, 1372 (tit. de Chamberlhiac, 234).

Gaulegeac. *Ajouter :* Collat. le prieur de Saint-Cyprien.

Gaussel, m^{in}, sur la Louyre, c^{ne} de Saint-Marcel. — *Guaussel*, 1644 (Acte not.).

Gazaille (La). *Ajouter :* (Antiquités de Vésone, I, 449).

Gibaudie (La), h. c^{ne} de Greyssensac (A. Jud.).

Gilar (Le), taillis, c^{ne} de Millac-d'Auberoche (A. Jud.).

Girondaries (Les)? c^{ne} de Négrondes. — *Iter quo itur de las Girondarias versus la coforcha Chamboniel*, 1471 (tit. de Chamberlhiac).

Gourdariol (Le), terre, c^{ne} de Saint-Lazare (A. Jud.).

Gourgousse (La), étang, c^{ne} de Saint-Saud (E. M.).

Grand-Ville (Trou de), c^{ne} de Saint-Sernin-de-Reillac. — Lieu où est l'entrée de la grotte de Miremont.

Grange-Neuve, mét. c^{ne} de Faux. — Signal : orme, 168 mètres.

Granière (La), c^{ne} d'Agonac. — *Territor. de la Granieyra*, 1560 (Feti, I, 14).

Gras-Chasal? c^{ne} de Négrondes. — 1336 (tit. de Chamberlhiac, 45).

Graulet (Le), ruiss. de l'arrond. de Riberac. — Il prend sa source près de Rossignol, c^{ne} de Gouts, se dirige de l'E. à l'O. et se jette dans la Lisone près de Bouchouille, à 2 kil. d'Auriac.

Graulier, à Agonac. *Ajouter :* Donzellus deus Graulier, 1288 (Lesp. Agonac).

   Forêt. — *Nemus voc. de Graulier*, 1379 (tit. de Chamberlhiac, 222).

Greilhie (La), ténement, c^{ne} de Saint-Félix-la-Linde. — 1640 (Acte not.).

Grelière (Mas de la), c^{ne} de Sorges. — *Greleyra*. 1301 (inv. de Chamberlhiac).

Gnèzes (Les), c^{ne} de Sorges. — *Mayn. de las Grezas*, 1327 (inv. de Chamberlhiac).

Grignol. *Ajouter à Gri-Vieux :* En Chatel-Velh, 1203 (cens dû au seigneur de Taillefer).

Gual (Borie du), c^{ne} de Saint-Front-d'Alemps. — *Boria du Gual*, 1512 (Feti, II). — Peut-être y a-t-il identité avec *la Borie du Gaud*, même commune?

Guarène (La), c^{ne} de Sorges. — *Mayn. de la Guarinia*, 1305 (tit. de Chamberlhiac, 4).

Guigounie (La), ténement, c^{ne} de Fouleix. — 1770 (Acte not.).

Guilhgorse. *Ajouter :* Guilhie-Gorsse, 1682 (Acte not.).

Guillauche, h. c^{ne} de Sainte-Eulalie-d'Ans (E. M.).

Gurgaudie (La), c^{ne} d'Agonac. — *Nemus de la Gurgaudia*, 1301 (tit. de Chamberlhiac). — Peut-être y a-t-il identité avec *la Crugaudie*, mentionnée plus haut dans la même commune.

H

Hermitage (L'), c^{ne} de Couse. *Ajouter :* Hermit. appelé aux Pesquieyroux, 1709 (Acte not.).

Hermitage (L'), c^{ne} de Périgueux (S. Post.). — *Heremitagium del Tolon*, 1203 (cens dû au s^r de Taillefer).

Hermite (Combe de l')? c^{ne} de Viclvic. — 1571 (arch. de la Gir. Reconn. Belvez).

Hommes (Les), c^{ne} de Saint-Martin-de-Riberac. *Ajouter :* Les Ormes (E. M.).

Hôpital (À l'), terre. — Confronte le chemin de Mont-

guyard à Font-Roque et le ruiss. de Rouchou, 1597 (terr. de l'O. S. J.).

Hôpital (L'), à Agonac. — *Domus confront. pilas sive los pilars Hospitalis B. Mariæ de Agonaco*, 1372 (tit. de Chamberlhiac, 212). — *Pleydura in barrio dicti Hospitalis, confront. cum domo dicti Domini, et cum itinere quo itur de porta Palenchart versus capellam dicti Hospitalis*, 1481 (ibid. 271). — *Magna rua de Hospitali* (ibid.). — *Terre dite de l'Hôpital, située entre la chapelle de l'Hôpital et l'église Saint-Martin* (inv. de 1746).

HÔPITAL (L'), c^ne de Combeyranche. — *Fontaneau*, autrem^t *l'Hospital*, 1689 (arpent. de Combeyranche).

HÔPITAUX EN PÉRIGORD. *Ajouter* : A Hautefort, etc.; — A Montignac, *au lieu de* 1342, *mettre* 1227; — A Montpont, 1677; — A Périgueux, *Hospit. de Sen. Sila.*

I

IMBERTIE (L'), c^ne de Cornille. — *Mayn. de la Imbertia*, 1450 (inv. de Chamberlhiac).

ISSIGEAC. *Ajouter* : Ville close. La grande rue allait de la porte du Mercadil à la porte de Saint-Cyprien — Porte de l'Hospital; rue de Salveterre, Gratiousenque, 1496 (Lesp.).

Étendue de la juridiction de la ville :

Jurisdictio de Yssigiaco se extendit usque ad quoddam iter dictum de la Caussada, quod est in fossis dictis de Patac, sequendo dictum iter et tendendo directe versus montaneam de Momagdales, in sequendo quemdam terminum inter iter per quod itur de ecclesia Monmagdales. Hinc ad quadruum dictum vulgariter de Cosa, hinc ad rivum vocatum de Cona, in sequendo dictum rivum a parte superiore, hinc ad quemdam fontem a quo dictus rivus capit originem, sequendo quamdam combam in qua dictus fons oritur, hinc ad iter per quod itur de Brageyraco versus Montpazierum, hinc ad quemdam lapidem vocatum Pogniera, 1465 (enquête pour l'évêque de Sarlat. Collection de Lenquais). .

J

JAFFET, h. c^ne de Saint-Astier (B.).

JAILLEY. *Au lieu de* c^ne de la Bacheleric, *mettre* c^ne d'Auriac.

JAMEAU, c^ne de Coulounieix. *Ajouter* :

On pense que ce furent les eaux de cette fontaine qui furent, dans le second siècle, amenées à Vésone; l'inscription romaine, au nom du duumvir Marullius, qui fit construire l'aqueduc, fut retrouvée en 1759 près des casernes. Au XVIe siècle on se servit de ces eaux pour alimenter une fontaine sur la place de la Clautre (Antiq. de Vésone).

JAP? c^ne d'Orliaguet. — *Mansus de Jap*, 1401 (arch. de Paluel).

JARNAGNE? c^ne de Baneuil. — *Terra voc. de Jarnahagna*, 1465 (Liv. N.).

JARRIGE (LA), c^ne de Sorges. *Ajouter* : *Mayn. de la Jarrigia*, 1475 (tit. de Chamberlhiac, 44).

JARRY-DE-L'AGE (LE), c^ne de Négrondes (terrier de la Roche-Pontissac).

JARTHE (LA), c^ne de Coulounieix. *Ajouter* : Cette fontaine est au-dessus de celle de Jameau et lui fournit une partie de ses eaux. Tout à côté de cette fontaine est un tumulus.

JAUBERTIE (LA), c^ne de Cornille. — *Boria de la Jaubertia*, 1475 (Feti).

JAUNIE (LA), h. c^ne de Millac-de-Nontron. *Ajouter* : *Las absalas de la Jauna*, XIIe siècle (cens dû à Clarol).

JAYE (BOIS DE), c^ne de Saint-Martial-d'Albarède (E. M.).

JOUANAUX (LES), c^ne de Sainte-Eulalie-de-Breuil. — *Rauzières et le Chevalier*, 1643 (Acte not.).

JOUANIS (LES), h. c^ne de Saint-Marcory. *Ajouter* : Paroisse de l'archiprêtré de Capdrot, 1566 (bénéf. de l'év. de Sarlat).

JUCHE, ruisseau. — *Rivus de la Juscha.* — Voy. DUCHE (GRANDE-).

JUGIE (LA), c^ne d'Eyvirac — *Mayn. de la Jucgia*, 1475 (Feti, 44).

JUMILLAC-LE-GRAND. *Ajouter* : Le bourg est sur le bord de l'Ille, et le coteau où il est adossé a 295 mètres d'altitude.

JUSTICES (LES), c^ne de la Linde. *Ajouter* : *Iter quo itur de cruce del Buc versus Furchas dicti loci*, 1450 (Liv. N.).

JUSTICES (PLACE DES), à Clérans. — 1682 (Acte not.).

L

LABADIE? c^{ne} d'Agonac. — *Locus dict. Labadia*, 1485 (Feti).

LACADOU, éc. c^{ne} de Bars (E. M.).

LACAN, h. c^{ne} de Besse (B.).

LAC MERLENT? c^{ne} de Cabans. — *Territ. voc. Lac Merlent*, 1524 (arch. de la Gir. Belvez).

LADIÈRE, h. c^{ne} du Coux (B.).

LADRERIES (AUX), c^{ne} de Périgueux (cad. sect. E. 231).

LADRERIES (AUX), c^{ne} de Sanillac (cad. sect. A. 472).

LAGULHOU, c^{ne} d'Agonac (terr. de la Roche-Pontissac).

LALA, h. c^{ne} de Peyrignac (E. M.).

LALMÈDE, lieu-dit, c^{ne} de la Chapelle-au-Bareil. — Altitude : 282 mètres.

LANDES (LES), c^{ne} d'Agonac. *Ajouter : Tenentia voc. las Landas*, 1468 (tit. de Chamberlhiac, 258).

LATAUDIE (LA), c^{ne} d'Agonac. — 1481 (tit. de Chamberlhiac).

LATIÈRE (LA), h. c^{ne} de Proissans. — Altitude : 241 mètres.

LATIÈRE (LA), c^{ne} de Sainte-Aulaye. — Altit. du champ de foire : 110 mètres.

LATRADE, h. c^{ne} de Saint-Paul-la-Roche (E. M.).

LAUGLARDIE, h. c^{ne} de Soudat (E. M.). — Anc. rep. noble.

LAUMÈDE, h. c^{ne} de Saint-Chamassy. *Ajouter : Lolmeda*, 1524 (arch. de la Gir. Belvez).

LAUMONT, h. c^{ne} d'Exideuil.

LAUZELIE? c^{ne} d'Agonac. — *Bordaria de Lauzelhia*, 1351 (tit. de Chamberlhiac, 192).

LAVAL, c^{ne} de Négrondes. — Voy. BROLIE (LA), au Supplément.

LENTARIE (LA)? c^{ne} de Preyssac-d'Agonac. — *Mansus de la Lentaria*, 1478 (tit. de Chamberlhiac).

LENVILLE. *Ajouter :* Collat. le doyen d'Issigeac.

LÉPROSERIE? c^{ne} d'Agonac. — *Ortus in barrio de Agonaco, confr. cum itinere quo itur de Agonaco versus Leprosiam*, 1378 (tit. de Chamberlhiac, 219).

LÉPROSERIE? c^{ne} de Négrondes. — *Mayn. Leprosiæ, par. de Negrondes, confrontans cum itinere quo itur de mayn. de la Guarda versus Negrondes*, 1340 (tit. de Chamberlhiac, 40). — Voy. MALETS (BOIS DES), au Supplément.

LESCURAS, h. c^{ne} d'Azerat (E. M.).

LESCURÈTE, h. c^{ne} de Fosse-Magne (E. M.).

LESCURETIE. *Ajouter :* Autrement *Caillou* (A. Jud.).

LESTANG, c^{ne} d'Agonac. — *Territor. de Lestanh*, 1481 (tit. de Chamberlhiac).

LESTRADE. — Voy. STRADE.

LEYCURA, h. c^{ne} de Nantiat (E. M.).

LEYCURAS, h. c^{ne} d'Exideuil (E. M.).

LEYCURAS, h. c^{ne} de Saint-Pantaly-d'Ans (A. Jud.).

LEYFONTS, h. c^{ne} de Besse. — Altitude : 282 mètres.

LEYMARIE, c^{ne} d'Agonac. — *Mayn. de Leymonia*, 1507 (Feti, II).

LEYPALOURDIE, h. c^{ne} de Biras. — 1740 (Acte not.).

LEYRELHIE, c^{ne} de Négrondes (terr. de la Roche-Pontissac).

LIMPHORIE (LA)? Juridict. d'Agonac, 1292 (inv. gén. de Chamberlhiac).

LINDE (LA). *Ajouter :* Les châteaux de Clérans, de Clermont, de Longa, de Saint-Avit-Sénieur et de Badefol, et tout le pays à deux lieues autour de la Linde, sont soumis à la juridiction de la nouvelle bastide (cout. de la ville).

Par lettres du roi d'Angleterre de juin 1279, il fut établi une pêcherie sur la Dordogne devant la Linde, *una nassa seu paxeria piscatoria* (rôles gascons).

LIVEYRE, grotte à ossements, au bord de la Vézère.

LOGES (LES), h. c^{ne} de Saint-Martin-de-Valette (E. M.).

LOURADOU, terre, c^{ne} de Saint-Raphaël (A. Jud.).

LUSSONIE (LA), c^{ne} d'Agonac. — *Mansus de la Lussonia, inter mansum de la p. gorgia et mansum de Potz*, 1332 (tit. de Chamberlhiac, 309).

M

MACHE-COL, c^{ne} d'Agonac. — *Territor. de Macha-Col, sive des Roches*, 1373 (titres de Chamberlhiac, 212).

MADELEINE (LA), c^{ne} de Tursac. *Ajouter :* Au pied d'un escarpement vertical ouvert au sud, à 25 mètres de la Vézère et à 6 mètres au-dessus du niveau de l'eau ; le dépôt s'étend sur une longueur de 15 mètres, le long du rocher, et sur une largeur de 7 mètres.

MAGINAT. *Ajouter : Mayn. de la Maignhac*, 1481 (tit. de Chamberlhiac).

MAGRETIE? c^{ne} de Négrondes. — *En la Magretia*, 1282. — *Las Magretias*, 1482 (tit. de Chamberlhiac).

MALADABI, h. c^{ne} de Boisse (E. M.).

MALAPIAUDE? c^{ne} de Preyssac-d'Agonac. — *Locus voc. de las Malapiaudas*, 1290 (tit. de Chamberlhiac).

MALARSEL? — *El feus Malarsel*, 1243 (cens dû à Badefol).

MALBEC (COMBE DE), c^{ne} d'Agonac. — *Territor. voc. la cumba de M. bec*, 1504 (tit. de Chamberlhiac, 290). Confronte au chemin de Brantôme.

MALECOURSE, h. et mⁱⁿ, c^{ne} de Puy-Guilhem. — Altitude : 179 mètres.

MALETIE (LA), éc. c^{ne} de Creyssensac, près de Faucherias. — Altitude : 208 mètres.

MALETS (BOIS DES), c^{ne} de Négrondes. — Autrement *las Broussas, Chapdœil des Mallets* (terrier de la Roche-Pontissac).

MALETS (TERRE DES), c^{ne} de Manzac. — 1520 (arrent. de Dives, G^d A).

MALMIRO? c^{ne} de la Mongie-Saint-Martin. — *La Bordaria Malmiro* (cart. de Sainte-Marie de Saintes, 155).

MALO-VIRADO (LO), c^{ne} de Coulounieix.

Débris de blocs ferrugineux auprès du fossé dans le roc qui séparait du reste du coteau l'extrémité où était la forteresse d'Écornebœuf (Antiq. de Vésone, I, 204).

MAL-PEYRE (EL), c^{ne} de Cause. — Ténement, 1603 (Acte not.).

MANHANIE (LA), c^{ne} de Biras. — 1678 (terr. de la Roche-Pontissac).

MANHANIE (LA)? c^{ne} de Négrondes. — *Bordaria dict. de la Manhania*, 1282 (tit. de Chamberlhiac).

MANHANIE (LA), c^{ne} de Sorges. — 1307 (tit. de Chamberlhiac).

MARAIS (GRAND-), c^{ne} de Gardone, plateau d'où sort le ruisseau du Moiron. — Altitude : 32 mètres.

MARAZOLS? c^{ne} de Millac-de-Nontron. — *Bordaria de Marazols*, xiie siècle (cens dû à Clarol).

MARBUE? c^{ne} d'Agonac. — *Molend. de Marbue*, 1277. — *Territor. de Marbe*, 1481 (tit. de Chamberlhiac).

MARÉGIE (LA), c^{ne} de Naussanes. *Ajouter :* Terra voc. la Maregia.

MARGUERITE (TOUR DE), ancienne enceinte de Sarlat (siége de 1587).

MAROUATE, c^{ne} de Creyssac. *Lire :* c^{ne} du Grand-Brassac. — *Marhouet* (Acte not.).

MARTRIEUX (LE), ruisseau de la Double. — Il prend sa source à Petitone, passe à Saint-Géry et se jette dans l'Ille en aval de Saint-Martin-l'Astier.

MAS (LE GRAND-), h. c^{ne} de Veyrines-Vern. — 1700 (Acte not.).

MAS-AU-LONC? c^{ne} de Champagnac. — *Mas au lonc de Bria*, xiie siècle (cens dû à Clarol).

MAS-CHALOB? c^{ne} de Millac-de-Nontron. — xiie siècle (cens dû à Clarol).

MAS-CHAUSSO? c^{ne} de Léguillac-de-Lauche. — *Mansus voc. lo Mas Chausso de Glonom*. 1286 (O. S. J. Andrivaux).

MAS-D'ANGLARS. *Ajouter :* *Mansus d'Anglars*, 1294 (tit. de Chamberlhiac).

MAS-DE-LA-GARDE, c^{ne} de Saint-Félix-la-Linde. — *Maynam. voc. lo Mas de la Garda*, 1494 (Lesp.).

MAS-DEL-BOS, h. c^{ne} de Bourèze (B.).

MAS-DEL-BOST, h. c^{ne} de Doissac (B.). — Altitude : 267 mètres.

MASSERIES (LES), h. c^{ne} de Saint-Pierre-d'Eyraud (E. M.).

MATALIE (LA)? c^{ne} d'Eyvirac. — *Mansus de la Matalia*, 1480 (Feti).

MATINIE (LA). *Ajouter :* Confrontatur cum pertinentiis mansi de las Palholas, quodam itinere medio, et cum quodam magno lapide levado, 1499 (coll. de Lenquais).

MAUMONT. *Ajouter :* Prieuré régulier dép. de l'abb. de Tourtoirac.

MAURÉNIE (LA), c^{ne} de Coursac.

Dans les bois des environs se trouvent un grand nombre de tombelles, disposées deux à deux, trois à trois (Antiq. de Vésone, I).

MAURINIE (LA), c^{ne} de Saint-Paul-de-Serre. — *La Mourinia*, 1471 (Dives, I, 117).

MAURINIES (LES), dom. c^{ne} de Vieux-Mareuil. — *Mourinies* (B.).

MAYNE (LE), h. c^{ne} de Lenquais. *Ajouter :* Tenement del Mayne, aultrement la *pièce des Salles*, jusqu'au planton appelé de la Grausse, 1603 (ibid.).

MAYNE-DE-BONTEMPS, h. c^{ne} de Montagnac-d'Auberoche.

MAYNE-D'EUCHE (LE), ruiss. qui prend sa source près de la Tour-Blanche, suit la direction E.-S.-O. et se jette dans la Drone au moulin de Roche-Grain, près du pont d'Ambon, c^{ne} de Creyssac.

MAZELIE (LA)? c^{ne} de Biras. — *Bordaria de la Mazelia*, 1316 (tit. de Chamberlhiac).

MERDE-PENDENT? c^{ne} d'Agonac. — *Nemus de Merda penden*, 1323. — Maynam. vulg. nuncupatum de *Merde pendent*, 1496 (tit. de Chamberlhiac). — *Marpendent*, 1516 (ibid.).

MERIOL. *Ajouter :* Prieuré régulier dépend^t du prieuré du Chalard.

Altitude du coteau : 249 mètres.

MESPIERS, c^{ne} de Preyssac-d'Agonac. — Moulin sis dans le ruisseau du pont Lauthayrenche, 1292 (tit. de Chamberlhiac, 3).

MILLAC-DE-Nontron. *Ajouter : Mesura vela de Milac,* XIIᵉ siècle (cens dû à Clarol).

MIREMONT (GROTTE DE). *Ajouter :* Située sous la montagne de Chantepie. La première voûte a 30 mètres de haut; un ruisseau coule à l'extrémité.

MOLIÈRES. *Ajouter après* bastide :
    Sa juridiction s'étendait du port de Pontours à Bourniquel; de là droit à la fontaine de Romaguet, et suivant le Cousage, jusqu'à l'étang du prieur de Saint-Avit; de là à l'étang de Montferrand, à Marsalès, à la Salvetat-des-Religieuses, à Mazeyrolles, aux tertres de Belvez; puis, descendant en droite ligne à la Dordogne, on suivait jusqu'au port de Pontours (cout. de Molières).

MONGÉDIE (LA), h. cⁿᵉ d'Hautefort.

MONSIGOUX, h. cⁿᵉ de Saint-Pierre-de-Frugie. — Altitude du coteau : 434 mètres.

MONTAIGNE. *Ajouter :* Altitude : 81 mètres.

MONTARDIT, anc. repaire noble, sur la motte d'Agonac. — *Domus de Monte Ardito,* 1465 (tit. de Chamberlhiac, 265).

MONT-CUQ, à Belvez. *Ajouter : Podium acutum,* 1086 (cart. de Sainte-Marie de Saintes, 177).

MONTFRAUBAU, cⁿᵉ d'Agonac. *Article à substituer,* dans le Dictionnaire, *à celui de* MONFRAULEAU. — *Montfranbaut,* 1478. — *Maynam. de Montframbauld,* 1512 (Feti).
    Anc. rep. noble.

MONTLONG, cⁿᵉ de Pomport. *Ajouter : Pro manso suo de Molon kernellando de petra et calce* (Édouard II, rôles gascons).

MONT-MARVÈS. *Ajouter :* Altitude : 152 mètres.

MONTPAZIER. *Ajouter :* Altitude : 226 mètres aux moulins à vent.

MONT-PEYRAN, cⁿᵉ de Saint-Avit-de-Vialard (B.).

MONTPLAISANT. *Ajouter : Mont-Plaisan,* 1095 (fondation de l'abb. de Font-Gauffier).

MONT-RANY? cᵉʳ d'Agonac. — *Maynam. de Mont-Reny,* 1486 (tit. de Chamberlhiac).

MOSARDIE (LA), h. cⁿᵉ de Cubjat (E. M.).

MOSNARIE (LA)? cⁿᵉ de Preyssac-d'Agonac. — *Mansus de la Mosnaria,* 1481 (tit. de Chamberlhiac).

MOTHE (HAUTE et BASSE), cᵇᵉ de Doissac. *Supprimer :* et Basse. — *Ajouter :* Tumulus (E. M.).
    Altitude du coteau : 310 mètres.

MOTHE (LA), h. cⁿᵉ de Beauregard-Terrasson.

MOTHE (LA), cⁿᵉ de Bergerac, près de Lespinassat (E. M.).

MOTHE (LA), cⁿᵉ de Grignol. *Ajouter : Pheodus de la Mota.*

MOTHE (LA), cⁿᵉ de Millac-de-Nontron (E. M.).

MOTHE (LA), h. cⁿᵉ de Saint-André-de-Double.

MOTHE (LA), cⁿᵉ de Saint-Paul-de-Serre (E. M.).

MOTHE (LA), cⁿᵉ de Sainte-Sabine (E. M.).

MOTHE-D'AUBETERRE (LA). — *Iter quo itur de cruce Templi versus motam castri de Albaterra,* 1505 (O. S. J. Combeyranche).

MOTHE-DE-MONTPETRAN (LA). *Ajouter :* Ancien diocèse, archiprêtré de Capdrot, 1740 (carte de Samson).
    Anc. rep. noble.

MOTHE-FERRIÈRE (LA), cⁿᵉ de Saint-Félix-de-la-Linde. — 1667 (Acte not.).

MOTHE-ROUGE (LA), cⁿᵉ de Sainte-Aulaye (E. M.).

MOTHES, lieu-dit, cⁿᵉ de Razac-sur-l'Ille, près de Fayetas.
    Restes de tombelles (Antiq. de Vésone, 265).

MOUZENS, cᵗᵉ, cⁿᵉ de Saint-Cyprien. — *Mozens,* 1333 (Gall. Christ. Saint-Cyprien). — *Mouzens,* XVIᵉ sᵉ (châtell. de Bigaroque).
    Ces deux citations avaient été par erreur insérées à l'article MAUZENS.

MURAT, cⁿᵉ de Loubéjac, près de Sermet.

MURATEL. *Ajouter :* Altitude : 241 mètres.

N

NADALIE, h. cⁿᵉ de Bouzic (E. M.). — Signal : Altitude, 307 mètres.

NAILLAC, cⁿᵉ du canton d'Hautefort. Supprimer la citation *Nulhac-d'Auberoche,* qui doit être rapportée à *Millac-d'Auberoche.*

NAILLAS (Bos DE), taillis, cⁿᵉ de Clermont-de-Beauregard (A. Jud.).

NARBONE, cⁿᵉ de Saint-Félix-de-la-Linde. *Ajouter : Comba de la fon Darbonne.* — *Repayrium voc. Darbonne,* 1494 (coll. de Lenquais).

NARDOUX, h. cⁿᵉ de Saint-Georges-de-Blancaneix (E. M.).

NAUCH? cⁿᵉ de Mayac. — *Pascua usque ad Nauch,* 1199 (cart. de Dalon).

NAUCHADOU, moulin sur la Beune, cⁿᵉ de Marcillac (E. M.).

NAUDINES (LES), h. cⁿᵉ de Rouillas (B.).

NAUDISSOU, h. cⁿᵉ de Sarlat (E. M.).

NAUDONETS (LES), h. cⁿᵉ de Creyssac (B.).

NAUDOUX (LES), h. cⁿᵉ de Creyssac (B.).

NAUZE (LA), ruiss. qui prend sa source près de Theuon, se dirige du N. au S. et se jette dans la Vézère.

NEYS-CASSOU? cⁿᵉ de Négrondes. — *Tenentia voc. de Neys Cassou*, 1507 (Feti, I, 17).

NIZAUX (LES), h. cⁿᵉ de Sadillac (B.).

NONTRON. *Ajouter : Castellum Nuntroni*, 1439 (Lesp. Ataux).

NORMANDE (PORTE), une des portes de l'enceinte antique de Vésone, située près du château de Barrière ; elle subsiste encore en partie.

NOTRE-DAME-DES-VERTUS. *Ajouter :* Le point central du département est dans cette commune (Marot, *Tableau des communes*).

NOUAILLES (LES), h. cⁿᵉ de Saint-Front-de-Champniers (E. M.).

NOUZIERAS? cⁿᵉ de Saint-Front-d'Alemps. — *Nougieras*, autrement *les Courivaux*, 1701 (terrier de la Roche Pontissac).

NOYER (LE), h. cⁿᵉ de Clermont-d'Exideuil. — Altitude : 337 mètres.

NUTORIE (LA), cⁿᵉ d'Agonac. — *Nemus de la Nutoria*, 1465 (tit. de Chamberlhiac, 18).

O

ORIOL? cⁿᵉ de Grignol? — *Li home de la Oriolia*, 1203 (cens dû au seigneur de Taillefer).

ORME (L'), cⁿᵉ d'Agonac. — *Iter quo itur de Ulmo Destotache versus boriam voc. de Chabans*, 1390 (tit. de Chamberlhiac, 233). — *Iter quo itur de Ulmo voc. de Escoca che versus crucem voc. Daudebert*, 1395 (*ibid.* 236).

ORME (L'), à Bigaroque. *Ajouter :* Place de l'Olm : confronte avec le ruisseau de la Touaille, 1463 (Reconn.).

ORME (L')? cⁿᵉ de Bouteilles. — *Iter quo itur de Ulmo maynam. voc. de Val-Mora, versus Vadum*, 1466 (O. S. J.).

ORME (L')? cⁿᵉ de la Mongie-Saint-Martin. — *Datum Sancto Sylvano terra quæ est juxta fluvium Alsoa, sub Ulmo*, après 1079 (cart. de Sainte-Marie de Saintes, 177).

ORME (L'), cⁿᵉ de Négrondes. — *Terra de hulmo de la cofforcha*, 1282 (tit. de Chamberlhiac, Négr. 1).

ORME (L'), cⁿᵉ de Saussignac. — *In monte de Salsinac, prope Ulmum* (cart. de Sainte-Marie de Saintes, 189).

ORMÉE (L'), un des quartiers de la ville de Dome. — *L'Ormet*, 1590 (Mém. de Vivans).

ORMES. *Lire :* ORMET (L').

ORMES (LES), cⁿᵉ d'Agonac. — *Juxta Ulmos Sancti Martini de Agonaco*, 1278 (tit. de Chamberlhiac, Cornille, 1).

ORMIÈRE (L'), cⁿᵉ d'Eyvirac. — *Bordaria de la Olmaria*, 1282 (Mém. de Vivans).

ORT (L'), cⁿᵉ de Montmadalès. — *Al gran hort*, 1757 (terr. de Lenquais).

ORTS (LES)? cⁿᵉ de Négrondes. — *Iter naturalis quo itur sus los Orts*, 1475 (tit. de Chamb. Norieras).

OSTRE? à Saint-Mayme, cⁿᵉ de Manzac. — *Houstre*, 1720 (terr. de Millac, arch. de la Gir.).

OUBADOU (À L'), terre, cⁿᵉ de Saint-Aubin-de-Lenquais. — *Oubradou*, 1759 (terr. de Lenquais). — Confronte du levant, au chemin d'Issigeac à Bergerac ; et du nord, au chemin de Saint-Aubin au Rouqual.

OURAUX (LES), cⁿᵉ de Saint-Jean-d'Estissac. — *Auraux*, 1650 (Acte not.).

OURME (L'), éc. cⁿᵉ d'Eymet (E. M.).

P

PAGELOU, h. cⁿᵉ de Besse (E. M.).

PAGÉSIE (LA)? cⁿᵉ de Saint-Amand-de-Vern. — *Tenent. de la Pogesia*, 1510 (ch. Mourcin).

PALENA, h. cⁿᵉ d'Eygurande (E. M.).

PALENCHART, une des portes de la ville d'Agonac. — *Rua publica per qua itur de porta de Palenchart versus plateam de Beaufort*, 1478. — *Rua per qua itur de platea de la Pinelia versus portam de Palenchart.* — *Iter per quo itur de porta de castro de Agon. ver-*

sus portam Palenchart, 1484 (tit. de Chamberlhiac, 276).

PALENQUE (LA), tenance, cⁿᵉ d'Agonac (reconn. de Chamberlhiac).

PALISSE (LA), h. cⁿᵉ d'Auriac-de-Montignac (E. M.).

PALME (A LA) ou AU RECLAUSOU, terre, cⁿᵉ de Cours-de-Piles (A. Jud.).

PALME (CROIX DE LA), cⁿᵉ de Cadouin (cad.).

PALU (LA), h. cⁿᵉ de Tourtoirac (E. M.).

PANONIAS (A LAS), c^ne d'Agonac. — 1460 (invent. de Chamberlhiac).

PAPALIE (LA), h. c^be de Saint-Paul-la-Roche (E. M.).

PAQUIE (LA), h. c^ne d'Allemans (E. M.).

PARADINES, h. c^ne de Saint-Paul-la-Roche (E. M.).

PARADIS, h. c^ne de Coulaures (E. M.).

PARDUZ. — Voy. TOCANE, au Dictionnaire.

PASCALON? c^ne de Négrondes. — *Domus de la Pascalou*, 1478. — *Mayn. de la Pascalonia*, 1478 (tit. de Chamberlhiac).

PASCARELLE (LA), c^r de la Mongie-Saint-Martin.

PASTOURIE (LA)? c^ne de Négrondes. — *Maynam. de la Pasturia*, 1461 (Feti, I, 17).

PAUNAT. *Ajouter après* rep. noble : *Iter quo itur de platea de Palnato versus burgum de Paln.*, 1363 (Lesp. 53).

PAUNIAT, c^ne de Cornille. *Ajouter : Maynam. voc. lo velh Pauhac*, 1461 (Feti, I, 20).

PAUTARDIE (LA), h. c^ne de Bertric (E. M.).

PAUVRES (CHÂTEAU DES), c^ne de Sarlat (E. M.). — Altitude : 217 mètres.

PAYERET, h. c^be de Ligueux (E. M.).

PAYESSAS, h. c^be de la Douze (E. M.).

PAYSSE, éc. c^ne de Saint-Médard-d'Exideuil. — Altitude : 284 mètres.

PAZAUD (AU), terre, c^ne de Saint-Michel-de-Villadeix (A. Jud.).

PECANTAL, h. c^be de Mazeyrolles (E. M.).

PECU-AGOU. *Ajouter :* Altitude : 298 mètres.

PECH-AGRIER. *Ajouter :* Altitude : 172 mètres.

PECH-AMON, c^ne de Sagelat. — *Al Puech Amon*, 1462 (Philipparie).

PECU-ANGUILH, h. c^be de Saint-Lazare.

PECU-AUDIER. *Ajouter : Pheodum de Puech-Audier* (Philipparie).

PECU-AURÈS, c^ne d'Eyvignes. — Altitude : 271 mètres.

PECH-AURIOL, c^ne d'Archignac. — Altitude : 222 mètres.

PECH-AURIOL, c^ne de Tanniès (E. M.).

PECH-BOUTIER, h. c^ne de Saint-Cyprien (E. M.).

PECU-DE-JOU, h. c^ne de Saint-Vincent-de-Paluel. *Lire :* PECH-JOUAN, c^ne d'Archignac (E. M.).

PECH-DE-LA-DAME, c^ne de Calviac (E. M.).

PECH-DE-LA-TOUR, h. c^ne de Proissans. — Altitude : 257 mètres.

PECH-DE-NEIGE, c^ne de Veyrignac (E. M.). — Altitude : 174 mètres.

PECH-DIVEND, h. c^ne de Salignac. — Altitude : 263 mètres.

PECH-DOUMEN. *Ajouter :* Altitude : 212 mètres.

PECH-DU-DOGNON, c^ne de Journiac. — Altitude : 250 mètres.

PECHERNI? c^ne de Font-Gauffier. — *Mansus Pecherni*, 1091 (Lesp. Fondation de l'abb. de Font-Gauffier).

PECH-ESCLAT, h. c^ne de Fontenilles (E. M.).

PECH-ESTIER, c^ne de Capdrot. — Altitude : 239 mètres.

PECH-EVY, c^ne de Beynac (E. M.). — Altitude : 274 mètres.

PECH-GAURÈS. *Ajouter : Pegaurès* (E. M.). — Altitude : 168 mètres.

PECH-GIBAL, h. c^ne de la Cassagne.

PECH-GOUYRAN, c^ne de Nadaillac. — Altitude : 266 mètres.

PECH-GRAN, éc. c^ne de Saint-André-Alas (E. M.).

PECH-GUILLOU. *Ajouter : Pech-Aguillou* (E. M.).

PECH-HAUT, éc. c^ne de Saint-Naixent.

PECH-IBRAL, h. c^ne de Vitrac. — Altitude : 189 mètres.

PECH-LA-GARDE, éc. c^ne d'Issigeac (E. M.).

PECH-LAVAL, c^ne de Saint-Cyprien. — *Mansus del Puech-Laval*, 1462 (arch. de la Gir. Bigaroque).

PECH-MADAME, c^ne de Tayac (E. M.). — Altitude : 217 mètres.

PECH-MAJOU, h. c^ne d'Archignac.

PECH-NÈGRE, éc. c^ne de Nabirat.

PECH-OUYOU, éc. c^ne de Fontenilles (E. M.).

PECH-PEYROU, éc. c^ne de Douzillac. — *Pepeyroux* (E. M.). Altitude : 127 mètres.

PECH-PIALAT, h. c^ne de Nabirat (E. M.).

PECH-PUNCHET? c^ne de Cussac. — *Mansus de Puech-Punchet*, 1459 (arch. de la Gir. Belvez). Possession de l'abb. de Cadouin.

PECH-SOURBIER, h. c^ne de la Roque-Gajac (E. M.).

PECH-VIEIL, c^ne de Bouillac. — *Mansus de Puech velh*, 1462 (Philipparie, 149).

PECH-VILLIER, h. c^ne de Prats-de-Belvez (E. M.).

PEGOURDON, h. c^ne de Montignac-sur-Vézère. — Altitude : 216 mètres.

PEGULHIEYRAS? c^ne de Bertric. — *Terra voc. en las Pegulhieyras*, XIIIe siècle (O. S. J.).

PELADIE (LA), c^ne d'Agonac — *Maynam. voc. de las Peladias*, 1439 (Feti, I).

PELEGRUE? c^ne d'Agonac. — *Territor. voc. de Pellegrue*, 1460. — *Pelagrua*, 1507 (Feti, 92). Sur le chemin de Bourdeilles.

PENAL (LA), terre, c^ne de Saint-Lazare-Terras (A. Jud.).

PENIER (AU GROS-), friche, c^ne de Granges-d'Ans (A. Jud.).

PENIS? c^on d'Agonac. — *Loco dicto aux Penys*, 1470 (tit. de Chamberlhiac, 259).

PERDUCEIX (NOTRE-DAME-DE-). *Ajouter : Notre-Dame-de-Pradoux, Pardoux*, 1450 (inv. du Puy-Saint-Astier).

PEREYROL, c^ne du Bugue. *Ajouter : Peyrols*, 1502 (Dives, gr. D.). — *Perayrol*, 1510 (ch. Mourcin).

PERIER (AL), c⁰ᵉ de Saint-Aubin-de-Lenquais, au vill. de Fenis. — Confronte avec le chemin de Montpazier à Bergerac, 1759 (terr. de Lenquais).

PERIER (LE), près du rieu de Laysse. — *Terra in dominio al Perer, juxta rivulum Aisoa.* — *Fevum quod est al Perec de Crolag.* (cart. de Sainte-Marie de Saintes, 172, 177).

PÉRIGUEUX (CHÂTEAU DE). *Ajouter : Petrus de Perigours*, xivᵉ siècle (Rec. des histor. de France, XII, 483).

PERPEYTIER, h. cⁿᵉ de Minzac (E. M.).

PERREL, h. cⁿᵉ de Saint-Marcel.

PERRIERS (LES), h. cⁿᵉ de Saint-Martin-de-Gurson (E. M.).

PERROU, h. cⁿᵉ de Boisse (E. M.).

PERROU (LE), h. cⁿᵉ de Puy-Guilhem. — Altitude : 115 mètres.

PERROUTOU, h. cⁿᵉ de Boisse (E. M.).

PERTITAUX (LES), taillis, cⁿᵉ d'Atur (A. Jud.).

PERTUS. *Ajouter : Parochia de Patrisio, in honore Podii Willelmi* (Gaignières, II, 17). — *Le Pertus*, 1740 (carte de Samson).

PERVEYRIE (LA), cⁿᵉ d'Agonac. — *L'Eygadour de la Perveyrie*, 1744 (terr. de la Roche-Pontissac).

PERVOUSIE (LA), h. cⁿᵉ de Saint-Crépin-Carlucet (E. M.).

PETROU, h. cⁿᵉ de Sagelat (E. M.). — Altitude : 213 mètres.

PEUCH (LE), h. cⁿᵉ de Saint-Cyr (E. M.).

PEUCH (LE), h. cⁿᵉ de Sarlat.

PEUCH (LE Grand et le Petit), h. cⁿᵉˢ de Salignac (E. M.).

PEUCH (MOULIN DU), sur la Louyre, cⁿᵉ de Sainte-Foy. — 1667 (Acte not.).

PEUCH-GODAL. *Ajouter : Au Peuch ?* (E. M.). Altitude : 185 mètres.

PEY (LE), h. cⁿᵉ de Marquay. — Altitude : 219 mètres.

PEY (LE), h. cⁿᵉ de Sorges (E. M.).

PEY (LE), h. cⁿᵉ de Thenac (E. M.).

PEY (Les CORBE-), h. sur un coteau escarpé, en aval de Tourtoirac, et devant lequel se détourne le cours de la Vézère.

PEYAUD (LE), cⁿᵉ de Boulazac. — Altitude : 204 mètres.

PEY-CHER (LE), cⁿᵉ de Montpeyroux (E. M.).

PEY-DE-LA-FAYE, cⁿᵉ d'Eyvirac. — *Vinea voc. del Pé de la Faye*, 1282 (lit. de Chamberlhiac). — Autrement *les Cheyroux*.

PEY-DE-L'AZE. *Ajouter :* Brèche osseuse contre les parois du roc, dont certains types sont analogues à ceux du Moustier (L. Lartet).

PEY-DE-REY, h. cⁿᵉ de Sainte-Aulaye. — Altitude : 127 mètres.

PEY-DURÉ (LE), h. cⁿᵉ de Siorac-de-Ribérac. — Altitude : 148 mètres.

PEY-FESTAL. *Ajouter :* Altitude : 157 mètres.

PEY-GUINOT, cⁿᵉ de Sales-de-Belvez (E. M.).

PEY-LA-FIÈRE, cⁿᵉ de Saint-André-Alas. — Altitude : 262 mètres.

PEY-MIROL, h. cⁿᵉ de Florimont. — Altitude : 266 mètres.

PEY-NADAL, h. cⁿᵉ de Beleymas. — Altitude : 172 mètres.

PEY-NADET, h. cⁿᵉ d'Issac (A. Jud.).

PEYRAS, cⁿᵉ de Cabans. — *Passus de Peyras*, 1469 (Philipparie, 70).

PEYRAS-DU-BREULH (A LAS), lieu-dit, cⁿᵉ de Neuvic. — 1680 (Acte not.).

PEYRAT, cⁿᵉ de Saint-Félix-la-Linde. — Fossé qui descend des Couthoux *vers le chemin appelé Peyrat*, 1650 (Acte not.).

PEYRAT, cⁿᵉ de Saint-Jean-d'Estissac. — *Fontaine du Peyrat*, 1650 (Acte not.).

PEYRE (LE BOS DE LA), cⁿᵉ d'Atur. Tenance possédée par le chapitre de Saint-Front ; elle confronte à la tenance des Cardinaux (arpent. de 1760).

PEYRE (VIGNE DE LA), cⁿᵉ de Saint-Aubin-de-Lenquais. — 1759 (terr. de Lenquais).

PEYRE-BLANCHE, cⁿᵉ de Meyral. — *Peyre blanque* (E. M.).

PEYRE-DES-NEUF-TOURS. *Ajouter :* Sur les pentes environnantes blocs ferrugineux, dont le principal porte ce nom.

PEYRE-DU-GÉNÉRAL (LA), cⁿᵉ de Faux. Bloc plat posé sur terre, à 800 mètres d'un autre bloc presque semblable, nommé *al Ros del Ser*, sur un chemin entre la Genèbre et la Micalie.

PEYRE-LOU, éc. cⁿᵉ du Sigoulès (B.).

PEYRONE (AL BOS DE LA), lieu-dit, cⁿᵉ de Saint-Aubin-de-Lenquais, à la Cépède. — 1759 (Acte not.).

PEY-ROUDIER, éc. cⁿᵉ de Montbazillac (E. M.).

PEY-ROUILLER, h. cⁿᵉ de Lolme. — Altitude : 202 mètres.

PEY-ROUILLÈRES, h. cⁿᵉ de Villefranche-de-Belvez (E. M.).

PEYROUSE (LA), cⁿᵉ de Saint-Félix-la-Linde. *Ajouter :* La Queyrouse, 1650 (Acte not.).

PEYTAVINIE (LA), cⁿᵉ de Négrondes. — *Terra voc. de la Peytavinia*, 1478 (tit. de Chamberlhiac).

PEYZAC, cⁿⁿ de la Nouaille. *Ajouter :* Peyzac était de la juridiction de Nantiat.

PEYZIE (LA), h. cⁿᵉ de Saint-Paul-la-Roche (E. M.).

PEYZIE (LA), cⁿᵉ de Sorges. — 1301 (inv. de Chamberlhiac).

PEZUL, éc. cⁿᵉ de Saint-André-Alas (E. M.).

PIACAUD, h. cⁿᵉ de Saint-Sulpice-de-Mareuil (E. M.).

46.

Pic (Le), c^{ne} de Mussidan. — A donné son nom à un moulin sur la Crempse.

Signal : 123 mètres.

Picherie (La), b. c^{ne} de Montpont (E. M.).

Pichotte, h. c^{ne} de Montagrier (E. M.).

Piconnerie (La), h. c^{ne} de Dussac. — Altit. 284 mèt.

Picou, h. c^{ne} de la Force (E. M.).

Pinélie (La), c^{ne} d'Agonac. *Ajouter :* Place publique dans le bourg. — *Rua qua itur de platea de la Pinelia versus portam de Palenchart. — Iter quo itur de porta Ripagay versus plateam de la Pinelia,* 1507 (Feti, 53).

Plaissac (Le), c^{ne} de Badefol-la-Linde. — *El Plaissac,* 1253 (cens dû à Badefol).

Ponts sur la Dordogne. *Ajouter :*

À la Linde, au xiiie siècle :

De barra, super constructione pontis super fluvium Dordonie, concessa consulibus de la Lynde, 1289 (rôles gascons, Édouard Ier).

A Bigaroque :

Lo pons de Begairoca, 1243 (arch. de l'Emp. cens dû à Badefol).

Puy-Servau, c^{ne} du Fleix.

Signal, au moulin : 166 mètres.

Q

Queyrou-Long (Terre del), au vill. del Sirier, c^{ne} de Saint-Félix-la-Linde. — 1680 (Acte not.).

R

Raufie (La), ténement, c^{ne} de Saint-Félix-la-Linde. — *Roffie,* 1450 (Acte not.).

Rauzet (El), ténement, c^{ne} de Saint-Félix-la-Linde. — 1670 (Acte not.).

Ricambaudie (La), ténement, c^{ne} de Saint-Félix-la-Linde. — 1670 (Acte not.).

S

Saint-Bernard (Chapelle de), nom donné, selon la tradition sarladaise, au petit monument situé derrière la cathédrale de Sarlat, et plus connu soûs le nom de *Lanterne des morts.*

Ce serait dans ce lieu qu'aurait eu lieu le miracle des pains opéré par saint Bernard à son passage, à Sarlat? (Marmier, *les Albigeois en Périgord.*)

Saint-Martin, c^{ne} de Saint-Jory-las-Bloux. — 1669 (Acte not.). = Anc. rep. noble.

Saint-Martin (Combe). *Ajouter :* Terre au maynement de Cause, confronte au *chemin vieux appelé de Saint-Martin.*

Saint-Sulpice-du-Bugue. *Ajouter : Ecclesia Sancti Sulpicii,* 963 (vente par Grimoard de son alleu au Bugue, en exceptant cette église).

Saint-Trojan? — *Ecclesia Sancti Trojani,* 1047 (don à l'abbé de Tourtoirac).

Inconnue.

Sales, c^{ne} de Bezenac. — Anc. rep. noble, 1738 (Acte not.).

Senados, éc. c^{ne} de Saint-Martin-des-Combes.— 1360 (Lesp. 59.)

Sivadie (La), ténement, c^{ne} de Saint-Félix-la-Linde. — 1650 (Acte not.).

T

Teillet, c^{ne} de Saint-Médard-de-Drone. — *Mayn. voc. del Teilhet,* 1518 (ch. Mourcin).

Trencades (Les), h. c^{ne} de Pressignac. — *Les Trenquades,* 1664 (Acte not.).

Trepignie (La), h. c^{ne} de Saint-Apre. — 1715 (A. N.).

Trichaudie (La), b^e, à St-Jean-d'Estissac. — 1670 (A. N.).

Trie (Au), broussailles, c^{ne} de Vic (cad.).

Triquedinat, éc. c^{ne} de Molières.

U

Usclade (À la Grande-), terre, c^{ne} de Saint-Aubin-de-Lenquais. — 1725 (terr. de Lenquais).

V

Varde (La), éc. c^{ne} de Trélissac, 1653.

Vaure, h. c^{ne} de Saint-Jean-d'Estissac. — *Chemin de la Vaure à la forêt d'Estissac, passant à Peyras*, 1680 (Acte not.).

Veyrié (Pont del), sur le Cousau, c^{ne} de Lenquais. — 1771 (arpent. de Faux).

Ville de Boulogne. Emplacement d'une villa romaine au confluent de l'Ille et de l'Auvezère (Antiq. de Vésone, II, 241).

Villefranche-de-Belvez. *Ajouter :*

Étendue de la juridiction :

Les coutumes portent que le Dex (bornes) à Villefranche sera celui-ci : savoir, toutes les paroisses de Sainte-Marie de Vieil-Siaurac et de Saint-Pierre de Lobéjac, excepté la bordarie de la Véjarie, en laquelle est le Tourn et l'hospital de Lobéjac, et toute la paroisse de Saint-Sernin, près Villefranche.

Voie (La), lieu-dit, c^{ne} d'Issac. — *Las Vias* (cad. sect. E).

Voie (La), c^{ne} de Limeuil. — *Boaria qua vocatur Campus Limoli, juxta Ulmum d'Alcos, inter Viam et terminum*, 1179 (Lesp. 37, cart. de Cadouin).

Voie (La). — *Via qua antiquitus consueverat ducere ad molendinum d'Anglars*, 1211 (cart. de Chancelade).

Voie (La)? — *Via publica per qua itur de Granholio versus Estissacum*, 1300 (Périg. M. H. 41, 3).

Voie (La)? — *Via publica per qua itur de Torlhaco versus Montem Ferrandum et ecclesiam Sancti Crucis*, 1288 (cout. de Beaumont).

Voie Chave. — *Via Chava*, aux environs de Périgueux, dans les jardins (Lespine, Dénominations au xive siècle). — Voy. ce même nom mentionné au Dictionnaire, c^{ne} d'Agonac.

TABLE DES FORMES ANCIENNES.

Audris, de Audrico. *Audrix.*
Augnilhacum, Douginhac. *Augignac.*
Auguracum, Enguratum. *Gurat.*
Aulis (Parochia de).
Aurevilla, Ayrenvilla. *Eyrenville.*
Auriacum. *Auriac.*
Auriola. *Auriol.*
Auris (Mansus des).
Aurivalle, Aurevalle (de). *Aurival.*
Aydelenenc (Mansus).
Ayguas Vivas.
Ayguigas, Acvigas, Eyvigas. *Eyvignes.*
Ayguiranda, Ayguranda, Guyranda. *Eygurande.*
Aymetum, Bastida Emeti. *Eymet.*
Ayzias (Las). *Les Eyzies.*
Azerat, de Azaraco, Asseraco. *Azerat.*
Azeratum, Eyzeracum. *Eyzerat.*

B

Baconia (alias). *Lieu-Dieu.*
Badafol, de Badafollo, Badeffol, Batefol. *Badefol.*
Baiacensis, Baianensis (archipresb.).
Baianengues (Rivus de).
Baia Villa.
Baibastas (Tenentia de).
Baitonias (Las). *Les Bétonies.*
Bajanès, Bajanosium, Banesium, Barsancium, Basaneg, Benaiesum.
Balaleu (Domus de).
Balandraus (Le mas).
Balbargues (De la).
Balirac (Maus de).
Balma (La). *La Baume.*
Balmada. *Palme.*
Balmas (Ecclesia de).
Balobelia (Mayn. de).
Balquet (Al).
Balquias (Terra de la).
Banagona (Bordaria de la).
Banas. *Banes.*
Bancharel. *Bancherel.*
Banega. *La Banége.*
Baneth (Villa). *Banet.*
Banolium, Banolhium, Baneilh. *Baneuil.*
Banquiers (Terra de).
Barat. *Métairie du Port de Lenquais.*
Barat (Maynam. de). *Barat.*
Barbadauria. *Barbe.*
Barbaria (Mayn. de la).
Barbayrol (El). *Barbeyrol.*
Barbenchia (La).
Barda. *Leybardie.*
Barda (La). *La Barde.*

Bardassoulie. *Bardesoule.*
Bardeaux (Deux).
Bardesia (La).
Bardeta. *La Bardette.*
Bardia (Castrum de la). *La Barde.*
Bardilho (El). *Bardillou.*
Bardo. *Bardou.*
Barradenc (Lo casal).
Barradia (Masus de la), Barrania. *La Baradie.*
Barraudia (La). *La Barraudie.*
Barreyroue (Nemus). *Forêt de Villamblard.*
Barrieyra. *Barrière.*
Barrieyra (Podium de la). *La Barrière.*
Bartz, de Burcio, de Bateris. *Bars.*
Barus mansus.
Basinia. *La Basinie.*
Bassacum. *Bassac.*
Bassaria (La). *La Basserie.*
Bassilhac. *Bassillac.*
Bastæ (Turris). *Baste.*
Bastida. *La Bastide.*
Bastida Aymetum. — Voy. Aymetum.
Bastida Belli Montis, Belli Regardi Benavento. — Voy. ces mots.
Bastida de Moleriis, de Montispaziero, de Monte Doma. — Voy. ces mots.
Bastida de Podio Willelmi. — Voy. ce mot.
Bastida la Linda, Lopiaci. — Voy. ces mots.
Bastida Sanctæ Eulaliæ, Sancti Ludovici. — Voy. ces mots.
Bastida Villafranca, Vern. — Voy. ces mots.
Bastil (Repayrium del), le Batil. *Le Bastil.*
Bastonnie (La). *La Bastounie.*
Batbuo, Bathuou. *Babiaut.*
Batichat.
Batifolet. *Batifolet.*
Batpalma (Terra de).
Batpalmes (Las Tors de). *Palme.*
Bau (Villa).
Bauchorel.
Baudis (La). *La Baudie.*
Baudis (Les). *Baudix.*
Baudissenc (Forêt de).
Baudrigia (Foresta de la).
Baudussia (La).
Baure (Mansus de la).
Baurelia (M. de la).
Bausens, Baucenx, Bauzencs. *Bauzens.*
Bauzarie, la Bauzerie. *La Bausserie.*
Bavoûdia (La).

Bayacum. *Bayac.*
Baylia, Beylhuit, Beylia. *La Boylie.*
Baynaguia. *Beyneric?*
Bazes (Terræ).
Beaurona, Beourona, Beurona. *Beaurone.*
Bedaus. *Chapelle de Bedaus.*
Begaroca, Bigaroca, Bigarocha, Bigaroqua, Bigarupes. *Bigaroque.*
Beinechia (La), Beneychia, las Benechias, la Beneschia. *La Benechie.*
Belagorda, de Bello gardo. *Bellegarde.*
Belegou. *Le Bélingou* (ruisseau).
Belemas, Belesmas, Beleyma. *Beleymas.*
Belenia (La).
Beletia (La). *La Beletie.*
Beletum, Bellet. *Belet.*
Belbigardia (La). *La Belengardie.*
Bella aqua. *Belaygus.*
Belli loci (Domus). *Beaulieu.*
Bellum podium, Pulchrum podium. *Beaupuy.*
Bellum podium, Beaupech. *Belpech.*
Bellum regardum, Bellum respectum. *Beauregard.*
Bellus arbor, Bel albre. *Bel-Arbre.*
Bellus saltus, Boansault. *Beausault.*
Belotia (La), las Beletias.
Belou. *Belon.*
Belpojet, Bellum Pojetum, Bellum Podium, Bello Pojets. *Beaupouyet.*
Belunto, Belou. *Belon.*
Belvacense monaster., Castrum de Bellovidere, Bello viridi, Belver, Belves. *Belvez.*
Benatium, Bainac, Bainacum. *Beynac.*
Benaventia (La). *Beneventie.*
Benaventum, Benavent, Benaventum. *Bénévent.*
Beneyols (Fons).
Beneyria (M. de la).
Beona.
Beonac.
Beorona, Beurona, Beyrona. *Beaurone.*
Beouradou, Beuradou. *La Beouradou.*
Beraudia (La).
Berbguerias, Berbegeras, Berbières, Berguignieras, Buguignerias. *Berbiguières.*
Berciacinse centena.
Berengaria (Mans. de la).
Bermanch. *Bermaud.*
Bermundia (Turris de la). *La Bermondie.*
Bernarderii. *Les Bernardières.*
Bernardia, la Vertrandia. *La Bertrandie.*

Cantus gelinæ, galinæ. *Chante-Geline.*
Capdolium, Capdolhium, Capdoill, Chapdell, Chapdoill. *Chapdeuil.*
Capdrotum, Capdrucum. *Capdrot.*
Capella. *La Chapelle.*
Capella d'Albarels, d'Albarelh. *La Chapelle-au-Bareil.*
Capella de Grazinhaco, Gresinhac. *La Chapelle-Grésignac.*
Capella de Monte borlet, burlano, propé Turrim blancam. *La Chapelle-Montabourlet.*
Cap. de Moresio. *La Chapelle-Mouret.*
Cap. de Pomeriis. *La Chapelle-Pommier.*
Capella Fulcherii, Foschier, chapelle Fouchier. *La Chapelle-Faucher.*
Capella Irlandi.
Capella Montis Maurelli. *La Chapelle-Montmoreau.*
Capella Sancti Asterii. *La chapelle des Vignes.*
Capella Sancti Roberti, chap. Saint-Rabier. *La Chapelle-Saint-Robert.*
Carbonarius (rivus).
Carboneyra (fons). *Carbonière.*
Carestia (Mansus la).
Carlou (El). *Le Carlou.*
Carlus, Carlucium, Carluxs, Caslux. *Carlux.*
Carmansacum. *Carmansac.*
Caroffium, Carophium, Charrofium, Caroff. *Charroux.*
Carols (Mansus de).
Carpenet (El mas de).
Carpentier (El mas de).
Carrieyra (La). *La Carrière.*
Carsac, Quorsac. *Carsac de Carlux.*
Carsac, Carsag. *Carsac de Villefranche.*
Carteyre. *Carteyrct.*
Carves, Caraves, Cauves, Carvas. *Carves.*
Casal Barradenc (Lo).
Casal Batalher (Al).
Casal Bedays.
Casale de Cludochio. *A Cladech.*
Casale del Pino.
Casalis voc. de la Dona.
Caselas. *Caselles.*
Casetas, Chassetas.
Casis (Locus dict. de).
Caslar, Casla. *Cazelar.*
Caslucetum, Chaslucet. *Carlucet.*
Casnacum, Cesnag. *Casnac.*
Cassa dona (Terr. de).
Cassanas, Cassagnii, Chassainhas. Casianas. *Chassagne.*
Cassanha, Cassanca. *La Cassagne.*
Castanch folco (Al).

Castanet (El). *Le Castanet.*
Castang Meytier, Castanea Messier. *Château-Miscier.*
Castanhol, Chastanhol.
Castaniet apela de la Sala (Al).
Castellonesius (Boscus), Castillonesium. *Castillonès.*
Castellum, Castrum. *Castel.*
Castel noel, Château nouvel. *Le Castelot.*
Castel nou, Castrum novum, Castelnau de Berbières, Castelnau des Mirandes. *Castelnau.*
Castra (Villa), abbatia de Castris. *Chatres.*
Castrum Castillio, Castilho de Pegort. *Castillon.*
Castrum de Monte alto. *Les Cotes-Sales.*
Castrum Episcopale. *Château-l'Évêque.*
Castrum Felicis.
Castrum Golhofredi. *Godoffre.*
Castrum Luci, Caslucius. *Chalus.*
Castrum Meruli, Chastel Merle. *Château-Merle.*
Castrum novum de Granholio. *Grignol.*
Castrum Regale. *Castel-Réal.*
Castrum Rosarum.
Castrum vetus, Chastelvielh. *Château vieux de Grignol.*
Cathena, Cachena (priorat. de), la Chaisne. *Saint-Georges.*
Catinhagua.
Caudao, Cauducum. *Le Caudou,* ruiss.
Caudaria (Mas de la).
Cauda Valata. *Abbaye ruinée?*
Caudayga (Rivus de). *Caudaygue.*
Caudena. *Caudière?*
Caudon, Gaudon. *Caudon.*
Causada, Calciata. *Chât. de Caussade.*
Causada (La). *Chemin de la Caussade.*
Cause, Cauzin? *Cause.*
Causinel (Mans. de).
Cauze (El).
Cavaleyra. *Cavalerie.*
Cavaleyrenc (Molendinum).
Cavalhas (Las).
Cavaniaco (Vicaria de), Cavanhacum, Chavanhac, *Chavagnac.*
Cava Rupes. *Caveroque.*
Cavavolium, Cavavuelh, Cavaveilh, Cavavelh.
Caveval (Factum de).
Cavilhie. *Caville.*
Cayrada (Cumba de la).
Cayre-four, Chauffour, Quadrivium, Cofforcha, Cofforca. *Carrefour.*
Cayre levat (Al). *Cayre-Levat.*

Cayrels. *Cayrel.*
Cayria (La).
Cayria de la Chapela. *Carrière de la chapelle de Lomagne.*
Cayrou (El). *Le Cayre.*
Cayssars.
Cegelars.
Celereyrou, la Celereria. *La Cellerie.*
Cella, Sella. *Celle.*
Cenacum, Senacum. *Cenac.*
Cepeira (Terra de la).
Cepieyra (La), la Sépède. *La Cépède.*
Ceraules, eccles. de Serauluc.
Cern, Cernes, Sern, Cernum, Cerf, la Bachalaria. *La Bachelerie.*
Cetgaria (Borduria de la).
Chabane (La), Chabanes. *La Chabanne.*
Chabans, Chapbans, hospitium de Chabanis. *Chabans.*
Chabinuelh. *Chabinel.*
Chabirac. *Chabirac.*
Chabossia (La), Chabocenses de Granholio. *La Chabossie.*
Chabrafic, Capreficum. *Chabrefy.*
Chabras (Las).
Chabrolenc (Foresta).
Chabrolia (La), Cabrolia, cumba Cubrola. *La Chabroulie.*
Chabrolieyras (Mansus de).
Chacomeyra (Nemus voc. de la).
Chadal (Lo).
Chadena (Forn. de la).
Chafandia (La).
Chaffinia (La).
Chalamo.
Chalampnacum, Chalanhacum. *Chalagnac.*
Chalar, Chaslard, Caslarium, Cheylard, Caylar. *Le Chalard.*
Chalbaudia (La).
Chalcelia (La).
Chalez, Chalesium, Calesium. *Chalais.*
Chalmes. *Charmeix?*
Chalmia (La), les Chalmys.
Chalmon (Hospitium de). *Chaumont.*
Chalobum.
Chalupia (La). *La Chalupie.*
Chalvaria (La).
Chalveyrou. *Chaveron.*
Chalvia.
Chambarlhacum, Chamberliacum, Chambralhacum. *Chamberlhac.*
Chambo. *Chambon.*
Chambonia (Platea de).
Chamboreu. *Chambareau.*
Chambranes. *Chambrelane?*
Chambrazes.

Cona, Conna. *La Cone*, ruisseau.
Cona, Compna, Cosne. *Cone de la Barde.*
Conadaco villa. *Condat ?*
Cona vielhæ. *La Cone-Morte*, ruisseau.
Concharum.
Conchis (Podium de).
Condacum, Condatum, Condat-sur-Tricou. *Condat.*
Condaminas (En las). *Les Condamines.*
Condato (Hospitalis de), Condat en Coli. *Condat-sur-Vézère.*
Conolhadas (Las).
Constansias (Las). *Les Constancies.*
Constantinia (La).
Consulatus, Cossolat. *Maison du Consulat.*
Cor, lo Corps. *Les Guilhonets.*
Coralia (La).
Corba Vaycha, Vayssa. *Courbebaisse.*
Cordas (Nemus de las).
Cordegayra (La pica de).
Corlac, Corlhac. *Courlac.*
Cormasaco (Hospitium de). *Cormasac.*
Corneguerra, Corneguerra. *Corneguerre.*
Cornale (En).
Cornazac. *Saint-Vincent-de-Connezac.*
Cornhac, Cornhacum. *Corgnac.*
Cornières, les Causnières. *Arcades couvertes entourant la place dans les bastides.*
Cornilla, Cornilha. *Cornille.*
Corno ola, Cornaolo, Cornoala. *Cornous.*
Cornti (Repayr. de). *Corn.*
Cornuas (Castrum de las).
Cornuelha.
Cornutz (Las costas).
Corol (La).
Corpore Christi (Pecia ter. voc. de).
Correga (La).
Cors. *Cours.*
Corsac, Corsacum, Coursiacum. *Coursac.*
Cortaudia (La). *La Courtaudie.*
Cortaudieyras (Lo Codert de).
Cortils, Cortilh. *Courtil.*
Cosa, lo Causers. *La Couse*, ruisseau.
Cosa, Coza, Cosia, Chosa. *Couze et la Couse*, ruisseau.
Cosaias.
Cosam, Cousau. *Le Couseau*, ruisseau.
Cose.
Cossière (La). *La Coussière.*
Cossol-Boyer (Moli de).
Cossolia (Tenent. voc. de la).

Costa (La). *Lacoste.*
Costa Avinonea.
Costa Barrieyra. *Coste-Barrieyre.*
Costa Calida der Ganhol. *Coste-Chaude.*
Costa d'Ailloc.
Costa Damnenea.
Costa de Sen Sperit. *Coste-du-Saint-Esprit.*
Costa Folhada.
Costa Frigida, Coste frège. *Coste-Froide.*
Costa Longa.
Costa Rausta.
Costa Roge mola.
Costaria (La), Cotaria.
Costura (La). *La Couture.*
Cotaudia (La).
Cotella (Faia de). *La Coutille.*
Coussa (Rep. de la). *La Cousse.*
Consturæ, Coturæ, Culturi. *Couture.*
Coutz (Las).
Cozens, Couzens (Repayr. de). *Couzens.*
Crabiers (Les). *Crabie.*
Crabollie (La). *La Crabouille.*
Cramiracum.
Craoniacum (Castrum), Craunhac. *Crognac.*
Craumerias (Villa de).
Creichac, Creyschac, Creysshac. *Creyssac.*
Creichensa, Creychensacum. *Creyssensac.*
Cremsa, Crenssa, Crechempsa. *La Crempso*, ruisseau.
Croicha, Creyscha, Crossia, Creyscha, Creyssa. *Creysse.*
Cropta (La), Crota. *La Cropte.*
Cros d'Albarocha (Lo).
Crosa (La), Croza. *La Crose.*
Crosnil. *Crosnil.*
Crotz de l'Aze. *Croix de l'Ane.*
Crozac.
Crozana (Nemus de la).
Crouch. *Croux.*
Crox (La), Cros, Crotz. *La Croix.*
Cruch (Lou).
Crugaudia (M. de la).
Crux de Fromentals.
Crux de la Malaudaria.
Crux de Landrico. *Croix de Landric.*
Crux del Blancharel. *Croix de Blancharel.*
Crux del Duc. *Croix-du-Duc.*
Crux del fer. *Croix de Fer.*
Crux de Pilho.
Crux de Quarteriis.
Crux de Santa Valeria.
Crux Ferrata. *La Croix-Ferrade.*

Crux Herbosa. *La Croix-d'Arbouze.*
Crux Precegeyrals.
Cubasium, monasterium de Cubis. *Cubas.*
Cuemon.
Cugal (El). *Les Cugats.*
Cuguet. *Cuguet.*
Cula-Maurancia.
Culapchia (Mansus de la).
Culhieyra (Masus de la).
Culiacum.
Culmon, Cugmont, Cuemon, Cutmond. *Cumont.*
Cunacum, Cunhacum, Cunhac, Cuniat, Cuigniacum. *Cugnac.*
Cuneria, Quinogium. *Cunéges.*
Cunnacum, Station de la voie romaine de Périgueux à Saintes.
Cupzat, Cubjac. *Cubjat.*
Cura (La). *La Cour.*
Curata (La).
Cussac, Cussacum. *Cussac.*

D

Dadian, Adian, Dian. *Dadian.*
Daglanium, Daglonium. *Daglan.*
Dailhe. *Daille.*
Dalmeyra (Mayn. de).
Dalonium. *Dalon.*
Damas (Nemus de las). *Bois des Dames.*
Dancinada (Boscus). *Forêt de Lancinade.*
Danisia (La). *La Danisie.*
Dardaliès (Mayn. de).
Daunia (La). *La Daunie.*
Daurata (La), Deaurada. *La Daurade.*
Dauriacus (Mons), à *Saint-Avit-Senieur.*
Davalan (Lou).
Defaix, Deffès, Deffeys, el Defès, Defèz. *Le Defès.*
Dejou (Mansus del).
Demaria (Domus de la), Deymaria. *La Demarie.*
Descobbles.
Desertum. *Le Desert.*
Dets (Les).
Deura (Pheodum de la).
Devignie (La). *La Devigne.*
Dinessars (Eccles. de).
Diodat, Dordat, Dodrat. *Doudrac.*
Diode.
Diva, Divas, Divo. *Dives.*
Doatlia (La).
Dobla, sylva Edobola. *Forêt de Double*

Doboengs, Debougs.

Doiria (Maynam. de la).

Doissac, Doyssacum. *Doissat.*

Doma (Boria de). *Dome.*

Doma veteri (Castrum de), Doma. *Dome Vieille.*

Domæ (Bastita montis), Dosme. *Mont de Dome.*

Domengia (Mansus de la).

Domphno (M. de).

Dona (La).

Donadevia. *Donnevie.*

Donias (Las), Doinia, Laudonia. *La Donie.*

Dopchac, Dopchacum, Dopchapt. *Douchapt.*

Dorcal, Dorqualh la velh. *Dorcal.*

Dorla (Domus de). *Dourle.*

Dorononia, Dornonia, Duranius, Dordonia, Dordona, Dordonha, Dordoigne. *La Dordogne*, rivière.

Dossonia (La). *La Doussonie.*

Dosvila, Douillo, Douvilla. *Douville.*

Dotz (La), Ladox, la Doutz. *La Dou.*

Doueh, la Dotz. *La Doueh.*

Douguiou, Douynou, Douyoulx. *Le Douignou.*

Doulenes, Doulench. *Doulé.*

Doulha, Dolhe, Douille. *La Touaille,* r.

Doulhou (Ten. del).

Doulsas (Fact. de).

Doyna, Doena. *La Doueyne à Castilhonès.*

Doza (La), Douza. *La Douze.*

Dozella. *La Douzelle,* ruisseau.

Dozenxs, Dosenchis, Dausens. *Douzains.*

Dragonias (Las). *Les Drigonzies.*

Draiau, Drayac, Drayacum. *Drayaux.*

Draparias (Las).

Droillieda (Maynam. de la).

Drolha, Droulhie. *Drouille.*

Drolhet (Lo).

Drona, Druna. *La Drone*, rivière.

Droth, Drotum, Droz, Dropt. *Le Drot,* r.

Droulx (Mayne de).

Druilet, Drulez. *Le Trouillet?*

Drulf, Drulh (El).

Dumnia (Mansus de la).

Duppla, Duplum. *Contrée de la Double.*

Durantia (La). *La Durantie.*

Duyschac. *Dussac.*

Duzilhacum. *Douzillac.*

E.

Ebblot (Pheodus de).

Ebesqual (Peyra).

Ebesqual (Rua).

Ebrardencha (Boria).

Ebrardia (La), Leybrardia.

Ecclesia nova de Eyraudo. *Église-Neuve.*

Ecclesia nova d'Uschel, de Silno, Ussel. *Église neuve du Sel.*

Ecclesiasticus (Mansus)

Edobola (Sylva). *La Double.*

Edom, Exdom. *Edon.*

Efforsivia (La). *Leyfourcivie.*

Elbel.

Elbèze.

Elderoc (Mans. de).

Elle, Hela, Ella, Esla, Laela, Ilia, Aelie, Ael, Acilis, Layelle, Insula, Isle (en patois, Laillo). *L'Ille,* riv.

Ellers (Sanctus Petrus d'), Ellès.

Engolisma (Boria de). *Moulin d'Angoulême.*

Enjalbertia (La). *Enjalbertie.*

Episcopale (Castrum). *Château l'Évêque.*

Episcopalis (Pratus), Evescal. *Pré de l'Évêque.*

Escardona (Mota de).

Eschafferias (Las).

Eschala de Margot (La). *Rue à Périgueux.*

Eschars, Issart, Ischartz, Eysars. *Les Essars.*

Eschaurnaces, Eschaurniac. *Chourgnac.*

Eschaurniago, Eschornhac, Scaunaco, Scaurnac. *Échourgnac.*

Escoira. *Escoire.*

Escornabou, Seornaboue, Descornabus, Descornabiron. *Écornebeuf.*

Escornabou (Molinare).

Escorro. *L'Escourrou,* ruisseau.

Escuras (Mansus de las).

Espout (Nemus de l'), de Guyrauda.

Espina (La).

Espinassa (La). *Lespinasse.*

Espinatz (Hospit. de).

Esquayria (Factum de la).

Estissacum, Estissak. *Estissac.*

Estival (Mansus d').

Estres (Chapelle des).

Exidolium, Issidoïl, Ixidolium, Exidolhium, Eyssideuilh, Eixiduelh, Exideuil. *Exideuil.*

Exidueyra, Exidonyre, Exydoire. *Eridoire.*

Eybena, Hacbene. *Eybènes.*

Eymiguia (M. de la).

Eyrau (Rivulus). *L'Eyraud,* ruisseau.

Eyssart, el Heyssard, Yssart. *Essart.*

Eyssartada (Prat. de l').

Eytier Chastel (Mas de).

Eytours. *Étouars.*

Eyviracum, Ebiracum, Virac. *Eyvirac.*

F

Fabricis (Mansus de).

Fachilieras, las Fajilieras.

Fagent (Molendinum).

Faget. *La Fagette.*

Fagia, Faga. *La Fage.*

Fagis (Turris de), Fagus. *Fages.*

Faia (La), Faya, Fagia. *La Faye.*

Fainaia (Sanctus Petrus de).

Faiol, Fajola, Fayola, Faiolle. *Fayolle.*

Faiostrina (Masus).

Falaterias (Las).

Falceyria (La). *La Falceyrie.*

Faleonenc (Mansus).

Falgayrac (Hospitalis de), Falgueyracum. *Falgueyrac.*

Falgayrolas, Fauguerollas. *Fouqueyrolles.*

Fallacum. *Fanlac.*

Fanacia (La).

Fardelh (El). *Fardel.*

Farga (La). *La Fargue.*

Farganel (Mansus).

Fargas, las Faurgas. *Les Fargues.*

Fargeot. *Fargot.*

Farnaria (La).

Faroulhas (Maynam. de las).

Farrat (Domus de).

Farreyria (Crux de la).

Faubouitz (Bordaria).

Fauretia (La). *Les Faures.*

Fauria, la Fourya. *La Faurie.*

Faurilhas. *Faurilles.*

Faurs, Faus, Faulx, Faux. *Faux.*

Favars (Mansus de).

Fayardia (La). *La Fayardie.*

Faydidia, las Feydidias. *Feydidia.*

Fayet.

Fayracum. *Fayrac.*

Feleno, Fereno, Fellenou, Fenelo. *Fénelon.*

Feles, Feletum. *Feletz.*

Feliech, Felieh, Pheliech. *La Feylie.*

Fenestra, la Fenestro. *La Fenêtre.*

Fenix, Phœnix. *Fenis.*

Fenuas (Mayn. de las).

Feraudia (La).

Ferrandia (La), Lafferraudia. *La Ferraudie.*

Ferrandias (Las). *Les Ferrandies.*

Ferrat (Cami). *Chemin ferré.*

Ferrat (Moli).
Ferrearie, A las Ferreras. *La Ferrière.*
Ferronsacum. *Ferransac.*
Ferrerii, Ferricyras. *Ferrières.*
Ferronia (La). *La Feronie.*
Festal (La).
Festelenxis, Festilenxs, Festelemps. *Festalens.*
Ficux, Phieu, Fiou, Fui. *Fief.*
Figairada (La).
Filholia (La), Filoulye, Ffilhelia. *La Filolie.*
Filia (La).
Fillol (Carreria del).
Fines. *Courbefy.*
Firbes. *Firbeix.*
Fita, monast. Fitense.
Fix. *Feix.*
Fizonencha (Via), masus Fissonenc.
Flamenchia (La).
Flameyragua (Repayr. de). *La Flameyrague.*
Flauiac, Archipresb. Gaiadensis seu de Flaviaco. *Flaugeac.*
Fleisch, Fleys, Ffleys, de Flexu. *Le Fleix.*
Floridus mons, Florimon. *Florimont.*
Flouyat. *Flauyac.*
Floyracum. *Fleurac.*
Floyrieras (M. de).
Focheyria, la Foscharia. *La Faucherie.*
Focheyro. *Foucheyrou.*
Focu. *Fols.*
Foilosa, Folhosa. *Fouillouse.*
Folas-Eyra (A las).
Folcaudia (La).
Folcaut (Hospitium de).
Folcra (Domus de), *à Périgueux.*
Folcrau (Hospitium de), *à Bergerac.*
Foles, Foleys, Foliata, Folesium. *Fouleix.*
Folha (En la).
Folhada, Folhosa, Foulhade. *La Feuillade.*
Folhos (Pertin, deu).
Fonssagriva.
Fons, de Fonte. *La Font.*
Fons Anseris. *Fon de Lauche.*
Fons Auzelo.
Fons Belissa. *Font-Belisse.*
Fons Bertau.
Fons Blanca.
Fons Borrel.
Fons Bulhdoyra. *Font-Bouldouyre.*
Fons Calidus, Caude. *Font-Chaude.*
Fons Capelana. *Font-Couverte.*
Fons Cerne.

Fons Chabbleta.
Fons Cherig. *Fontcheiran.*
Fons Coberteyrada, Cuberta. *Font-Couverte.*
Fons Corba.
Fons d'Aytz.
Fons de Beausset.
Fons de la Chanal.
Fons de la Doux. *La Doux.*
Fons de l'arbre Espirt.
Fons de la Queyria.
Fons de las Mongas. *Font des Moines.*
Fons del Buga, Buguet. *Font-Buguet.*
Fons del Coral.
Fons de l'Eymerigia.
Fons de Leypalomp.
Fons de Melhapa.
Fons de Morignia.
Fons de Sauzet.
Fons Galardus, Fon Gale, Fon Galo, Fon Galan. *Font-Galau.*
Fons Gayferius, Golferius. *Font-Gauffier.*
Fons Giran. *Font-Giran.*
Fons Inventus. *Font-Troubade.*
Fons Joannada.
Fons Longa. *Font-Longue.*
Fons Peyre, Peyra, Petra, Pierre, de las canelas. *Font-Peyre.*
Fons Profundus. *Font-Prigonde.*
Fons Pudia. *Font-Pudie.*
Fons Rodal. *Font-Roudal.*
Fons Romeguet, Romeget. *Romaguet.*
Fons Roqua. *Font-Roque.*
Fons Rossela.
Fons Sala, Salatz.
Fons Sancti Martini.
Fons Segmolo.
Fons Sen Jorge. *Saint-Georges.*
Fons Sergius.
Fons velha.
Fons viva. *Font-Vive.*
Fons voc. Fromatgiera.
Fontanelas (Las). *Fontanelle.*
Fontanelia, Fontanilhas, Fontenilh. *Fontenilles.*
Fontibus (Prat. de novem).
Fontibus (Priorat. de Septem). *Sept-Fons.*
Forcia, Forsse, la Forso. *La Force.*
Fordos (Rivus de).
Forestaria (La). *La Foresterie.*
Fornagera (La).
Fornaria (Quadrivium de la).
Forneyria (Domus de la).
Fort Espyna, sive de Bretenos.
Fortonia (La). *La Fortonie.*
Forzes (Bost).

Foscharia (La).
Foscheyrencha (Porta).
Fossa Landric.
Fossa manha, Fossamayou, Foussemaigne. *Fosse-Magne.*
Fossa-Viverii.
Fossat (Hospitium del).
Foucheyria (La). *Fougères.*
Fougeyrac (Sanctus Petrus de).
Fouguerollas, Falgayrollis. *Fougueyrolles.*
Fracto Jove (De), Fregène, Freugière. *Frugie.*
Fracto rota (Molendin. de). *Fraiche-Rode.*
Franagga (La). *La Gemaye.*
Francesa (Carriera de la).
Franceschia. *La Francesquie.*
Franconia (La).
Frastelli, Frausteus, Frauteus. *Frateaux.*
Fraus. *Fraux.*
Fraxinus, Frayce. *Fraysse.*
Fregeira, Fragcira. *La Frigière.*
Freguriout (Rivus).
Frenia (La), Laufrenia. *La Freunie.*
Frigidus fons. *Froide-Font.*
Frigidus Maurezius.
Fromentals. *Fromental.*
Fromentieyras. *Fromentières.*
Frotarencs, Frotenc, masus Froterii.
Frotier (Masus de).
Frunya (Mans. de la). *La Fleunie.*
Fulcharensius (Mansus).
Fumat (Masus de).
Furcias (Las).
Furcis, Furches, Forcas (Portus de). *Fourques.*
Furno (Mansus de).

G

Ga, Gua, al Go. *Gué.*
Gabilho, Boon Gabilho, Gabilhou. *Gabillou.*
Gacha (Las cotz. de).
Gadex. *Gades.*
Gaffa (Solum de).
Gaffrinia (Hospitium de la).
Gaiac, Gajat. *Gageac.*
Gaiacensis, Gaiadensis. *Archiprêt. de Flaugeac.*
Galaga (La). *Gala.*
Galena (La).
Galhar (M. de). *Gaillard.*
Galhardia (La), Gayrardia, Gualardie. *La Gaillardie.*

Grolarje (La). *La Grelerie.*
Groulieras, Vilo Groulioro. *Groulhier.*
Groulo.
Grua (Mans. de la).
Gruelia (La).
Gua (Masus del).
Guacha (La).
Gual de la Chaponia (Pheodum voc. lo).
Gualan (Riou del).
Gually, Gally, Gualy. *Galis.*
Guangaria (Mansus de la).
Guardia (La). *La Gardie.*
Guarnia (La).
Guarnum.
Guassas (Las).
Guavachoux (Les). *Les Gavachoux.*
Gubelaria (La).
Gudal de la Ville (Lo).
Guel (Ten. voc. de). *Le Gueil.*
Gueybauds (Les). *Les Guibauds.*
Guichardia (La). *La Guichardie.*
Guilha (A bona).
Guilhalmias (Las). *Les Guillaumies.*
Guilhermenc (Maynam. de).
Guilhgorsia, Gilhgorsa, Guilgorsa. *Guilhgorse.*
Guilho (Lo). *Las Guilhas.*
Guillelmas (Las). *La Guillelmie.*
Gulharia (La), la Agulharia. *Léguillerie.*
Gus (Villa), Gos, Guotz, Gotz. *Gouts.*

H

Hebrail (Mansus de).
Hebrardia (Hospitium de la).
Heliana.
Helias (Hospitium de), à Bourdeilles.
Heremus, Hermus, Lher, l'Herm, l'Erm. *Lerm.*
Hermitas (Las), Ermitas. *Les Hermites.*
Heuil (Mansus del).
Holmes (Les). *Les Hommes.*
Hons, Ozon. *Ons.*
Hospitalis, Espital, Domus elcemosynaria. *L'Hôpital.*

I

Ilhacum, Ylhacum. *Eyliac.*
Illias (Foresta de).
Imbertia (M. de la).
Inferii (Cumba voc. de).
Ionania (Tenh. de la).

Issacum, Yssacum, Ischat, Eychacum, Eysset. *Issac.*
Issigiacense, Sigiacense monasterium, Isagrien, Ichigiacum, Eychigiacum, Exigacum, Eyssigeac. *Issigeac.*
Iterencha (Bordaria).

J

Jacfetia (La).
Jal (Mansus).
Jalhès, Jalhetz, Jalays. *Jailley.*
Jali (Mansus de).
Jalia.
Jamels (En), Gimeaulx, Gémaux. *Fontaine des Jameaux.*
Janinco (Hospitium de).
Jarduna in Petragorico.
Jarnahagna (Terra voc. de).
Jarric. *Le Jarric.*
Jarric Cunnum (Lo).
Jarriga (La).
Jarrigal (Mayn.).
Jarry de l'Age (Le).
Jartha, las Jartas. *Les Jarthes.*
Jasse-Garbe' (La).
Jaubertia (La). *La Jaubertie.*
Jaufre (Hospitium de). *Jaufre.*
Jaumaria (La). *La Jaumarie.*
Jauna (Las absalas de la).
Jaure (Hospitium de).
Jauri (Rivus voc.).
Jauvenc (Capella de). *Jauvenc.*
Javandinia (Mas de la).
Javerlac. *Javerlhac.*
Javondia (Ten. de la).
Jay (Bordaria del). *Jay.*
Jaya (La).
Joanada (La).
Joarie (La). *La Jaurie.*
Johania, Jouania. *La Jouanie.*
Johanias (Las). *Les Jaunies.*
Johanna (La), Johanias. *Les Jouanes.*
Jordonia, la Jordania. *La Jourdounie.*
Jornhac, Jornhacum. *Journiac.*
Jouanynas.
Jougler (Le riou).
Jovenal (Nemus voc.).
Jucgia (M. de la). *La Jugie.*
Jugiaria (La). *La Juillerie.*
Julhac, Jullyac. *Juillac.*
Jumilhacum. *Jumillac-de-Cole.*
Juniacum, Juphrac. *Juniac.*
Juscha (Rivus de la). *La Duche, riv.*
Justitias (A las). *Les Justices.*
Justonia, la Gistounia. *La Gistonie.*

L

Labadia (Locus dict.).
Labatut. *Labatut.*
Lachigel (Mayn. de).
Lac Maria (Bordaria de).
Lac Mary, de Lacu Marino. *Laumary.*
Lac Merlent.
Lac Negre. *Lac-Nègre.*
Lac Sauzet.
Lacosta. *Lacoste.*
Lacura. *Lacour.*
Lacxio. *Laxion.*
Ladraria (Mans. de la). *Ladreyrie.*
Lagazo (Rivus voc.). *Laguasso.*
Lagianarda (Bordaria de).
Laguilhou de Puy Abui.
Lailholée.
Lalbaudia (Bordaria de).
Lalbertaria (Loc. de).
Lalo. *Lalot.*
Lambartia (La). *La Lambertie.*
Lamislac.
Landa (La). *La Lande.*
Landegeyria (Mans. de).
Landet (Domus leprosorum de). *Landet.*
Landgaria (La).
Landoardia (La).
Landoynia (Maynam. de).
Landrenaria (A).
Landrevya, Lendrivia (Porta de). *Landrivie.*
Landricum. *Landry.*
Landrivaria.
Lansaplena. *Lancepleine.*
Larcellyra (Tenem. de).
Larchambaudia.
Larcharia, Larchieyra. *Larcherie.*
Lardalier (Mas de).
Lardaou. *Lardau.*
Lardia. *La Lardie.*
Lardimalia, Ardimalia, Urdimalia. *Lardimalie.*
Larmandia. *Larmandie.*
Larsitz (Mas de).
Lartaudia (M. de).
Lartusia.
Larzacum. *Larzac.*
Lascardia (Mans. de).
Las Coulx, Coulz (hôtel de). *Lascour.*
Lasnaina (Mayn. de).
Laspinadia (M. de).
Laspinassa (Mansus de). *Lespinasse.*
Lassaria (Factum de).
Lassivia. *Lalchivie.*

Lastaria.
Lastors. *Lastours.*
Lasvals. *Lasvaur.*
Latalbaria (Terra dicta de).
Lataudia (Mayn. de).
Late (M. de la).
Lateira (Locus de).
Laubaria (Nemus dict. la). *Laubière.*
Laucel. *Laussel.*
Lauchas (Eccl. de). *Lauche.*
Laudebertaria (Ten. de).
Laudebertia (Mayn. de).
Laudebria.
Laudegaria (Terminus de).
Laudoynia (M. de).
Laudriginia.
Laulanha (Bordaria de).
Laumetia (Bord. de).
Laurelbia (Bord. de).
Lauriera. *Laurière.*
Lauriol (Molend. de).
Lausmada (Foresta de). *Laumède.*
Lauvadia. *Lauvadie.*
Laval. *Laval.*
Lembeya. *Les Tours de Lenvège.*
Lembraco (Grangia de). *Lenbras.*
Lemotgana, Lemovicana. *Rue Limo-*
   geane.
Lempzor, Lempzorium, Lemsor. *Lemp-*
   zours.
Lenacum. *Lena (Port de).*
Leuclava.
Lendieras (Mans. de). *Lendieras.*
Lengles (M. de).
Lenguabaudye.
Lenguilh (Mansus de).
Lenguilhacum, Lagulac, Lagulhacum,
   Laguilhacum, l'Agulhacum. *Léguil-*
   lac.
Lenvilla. *Lenville.*
Lepalop (Fons de).
Lerm. — Voy. Heremus.
Leschas, Leseas, Leyches. *Les Lèches.*
Leschirpelada.
Lescuduaria.
Lescura (Mayn. de).
Lesdrosa (B. Maria de). *Leydrouse.*
Lespau (Nemus voc.), l'Espant. Bois
   de réserve dits *Lespant de...*
Lespinassa. *Lespinasse.*
Lestaut (Maynam. de).
Lestinhac. *Lestignac.*
l'estrada, la Estrada. *Lestrade.*
Lestros, Lestrop. *L'Estros,* ruiss.
Leurat, Leuracum, Leoratum. *Liorac.*
Levinhac (Mansus de).
Leybertaria (Maynam. de).
Leycheyria, Layscheyria. *Leycherie.*

Leycura dossa (Terra voc.).
Leydoiria (M. de).
Leyforcivia. *Leyfourcivie.*
Leyga (Feudas de). *Leygue.*
Leygolia (Bord. de).
Leygua. *Leygue.*
Leylla, Leyla, Laylla, la Isla, Lailla,
   Insula. *La ville de Lisle.*
Leymaria (Mayn. de).
Leymeriguia. *Leymerigie.*
Leymiada (Terra voc.).
Leymonia (M. de). *Leymonie.*
Leyroudia. *Leyroudie.*
Leyschia.
Leyssaluna.
Leyssandia. *Leyssandie.*
Leyssartada. *Leyssartade.*
Leyzarnia. *La Ysarnie.*
Leyzia (Mayn. de).
Lhouteyria. *Liotier.*
Lidrouse (Mas de).
Ligures, Ligurium, Leguors, Ligor.
   Ligueux.
Liguriacensis (Sylva). *Forêt de Ligueux.*
Limegol. *Linéjoulx.*
Limeracum. *Limeyrac.*
Limeys (Rivus de).
Limolium, Limosh, Limol, Limolium,
   Limeuil.
Linas (Mansus de).
Linas (Repayr. de).
Lindia, Lindeye. *La Linde.*
Linicassium, Lincays, Linquaychs,
   Lencayschs, Lencasium, Lencays-
   sium, Lancais. *Lenquais.*
Lobejac. *Loubéjac.*
Lodorniac, villa Delalbuga, Ladour-
   nac. *Ladornac.*
Logadoira. *Porte Logadoyre,* à Ber-
   gerac.
Logomer.
Lomanha, Lomania. *Lomagne.*
Lonasium, Lunas. *Luaas.*
Loncharia (Mayn. voc. de).
Londegaria.
Longar, Longacum, Longum Vadum,
   Long-Vau, Longua. *Longa.*
Lossa (Hospitium de). *Losse.*
Loubeyrac del Tolon (Molend.).
Loulour. *La Loue,* riv.
Loumion (M. de).
Louon, super. fluv. Lisonam.
Loylossal (Pheodus dictus).
Loyra. *La Louire,* ruiss.
Luc (Lo). *Le Luc.*
Luginhacum, Luginhac. *Lusignac.*
Lunaut (Mayn. de).
Lunel (Mayn. de).

Lupiacum, Lopiag, Lopelhac, Loup-
   chacum, Lopiacum, Lop-Chapt.
   Longchapt.
Luquet (Mota del). *Le Luquet.*
Luserium. *Lusiers.*
Lussac. *Lussac.*
Lussolerii, Lussoleiras (Grangia de),
   Lissouleix.
Lussonia (Mansus de la). *La Lussonnie.*

M

Macha-Buou (Hospitium de).
Macha-Col sive des Roches. *Mache-Col.*
Machinia, Massinia, Meschinia. *La*
   Machinie.
Madillac. *Madillac.*
Magdalenæ Brageraci (Burgus). *La*
   Madeleine.
Magdalès. *Madalès.*
Maestres (Capella de las). à Sarlat.
Magia (Mansus de la).
Magretia (En la).
Majac, Mayacum. *Mayac.*
Majolinum. *Maiolles.*
Malacossa (Tenentia de).
Malafaia (Sylva de)? *Malafagia. Mala-*
   fage.
Malaforma (La).
Malamort (Podium de). *Malemort.*
Malapera (Masus de).
Malastira (Molendinum de).
Mala terra. *Maleterre.*
Malaudaria. *La Maladrerie.*
Malaudia (A la).
Mala Val (Mansus de). *Malavaur.*
Malavinia. *La Malvinie.*
Malayollas, Malaoli, Malaiola. *Ma-*
   layolles.
Malbec (Cumba de).
Malburguet. *Maubourguet.*
Mal-Cintal. *Malsintat.*
Maletia, las Maletias. *La Maletie.*
Malets (Chap doil des).
Malfauria (La).
Malfinaria (La).
Malmiro (La Bordaria).
Malmusso. *Malmusson.*
Malo-Beto (Carreria de). *Malbec.*
Malo-Monte (Prepositura de). *Mau-*
   mont.
Malo-Virado (Lo), à Écornebœuf.
Malrachia (Bord. de la).
Malrigia (Pheodus de).
Mal-Rival.
Mal-Traho (Lo solo de).
Malvi (Mansus de la).

Mambo-lo-Vieilh. *Membos.*
Manauria. *Manaurie.*
Mandaco. *Mandacou.*
Manentia (Mayn. de la).
Manetas (Mayn. de las).
Mangor. *Mangour.*
Mangorse (Molend. de).
Manhac, Maignhac. *Magnac.*
Manhania, la Manania.
Manhenia. *La Maninie.*
Manhmon (M. de la).
Manhonia (La).
Manor. *Le Manoire*, ruiss.
Manouria (Mans. de la).
Mansus Durandi. *Masduran.*
Mansus Ecclesiasticus.
Mansus Roberti. *Mas-Robert.*
Manzac, Manzacum, Menzac. *Manzac.*
Maraballis. *Maraval.*
Marazols (Bordaria de).
Marbe (Territ. de).
Marbu.
Marca (M. de la).
Marcaissol (Ten. de).
Marcaschacum. *Marqueyssac.*
Marcesium, Marqnaysium, Marque-
sium, Marcaich. *Marquay.*
Marcha (Brolium de la).
Marciliacum, Marcilhacum, Marsillia-
cum. *Marcillac.*
Maregia (Terra voc. la).
Marfeuil (Ostel de).
Margousias (Las). *Les Margousies,* ruiss.
Mari. *Marie,* ruiss.
Marima (Mayn. de la).
Marlo (Mansus del).
Marmontestesium, terra Marmonten-
sis, archipresbyt. de Marmuntes.
Marniac, Marnacum. *Marnac.*
Maroata. *Marouate.*
Marolium (Vetus). *Vieux-Mareuil.*
Maroll, Maroill, Marolhum, Maro-
lium. *Mareuil.*
Maronias (Las). *La Maronie.*
Marquès (Platea del).
Marrego. *Maragout.*
Marsal (Cofforcha de).
Marsalès, Marsalesium. *Marsalès.*
Marsanes, Marsaneys. *Marsancix.*
Marszac. *Marsac.*
Martaria (La).
Marte (Plat. de). *Place de Mars.*
Martel.
Martelia.
Marlequia. *Bartinquie?*
Martigneras.
Martilhacum. *Martillac.*
Martinia. *La Martigne.*

Martinia. *La Martinie.*
Martinias (Las). *Les Martinies.*
Martonia (La). *La Martonie.*
Martoria (Mayn. de la).
Marzac, Marsacum. *Marzac.*
Mas, Masus, Mansus. *Le Mas.*
Mas (Mansus voc. le).
Mas de Brugeriis.
Mas Eymeric.
Mas Gastaud.
Mas Lambert.
Mas Rechico. *Mas-Rechic.*
Masauria (La).
Maseroliis (Ten. de). *Mazeyrolles.*
Masserias (Las). *Les Masseries.*
Massinhene. *La Massigne.*
Massolia (Hospitium de la). *La Mas-
soulie.*
Masuerios (Ad).
Masus Sancti Georgii. *Le Mas-Saint-
Georges.*
Matalia (M. voc. la).
Matavia (M. de la).
Mathinia (La). *La Matinie.*
Mauhonia (La).
Maurandia (La). *La Maurandie.*
Mauregium. *Les Morezics.*
Maurelhac. *Maurillac.*
Maurels (Molend. de).
Maurencum, Maurenxs, Marenes.
Maurens.
Mauriac, Mouriacum. *Mauriac.*
Maurinent (Mansus) juxta ripam Droti.
Maurival.
Maurynia (Mayn. de la). *La Maurinie.*
Mausacum. *Mauzac.*
Mausen, Mozens. *Mauzens.*
Mayguinis (Mayn. de la).
Maynardia (Mayn. de), Mainardia. *La
Maynardie.*
Mayno-Rogelo (Mayn. de). *Mayne-Ro-
guet.*
Mayrallum. *Mayral.*
Mazeras, Mazeiras. *Mazières.*
Mazeyrolæ, Maserolii. *Mazeyrolles.*
Mealhadas (En las).
Mecgia (La). *La Mégie.*
Meiana (En la).
Melet. *Mialet.*
Melez, Meletum. *Melet.*
Melonia. *La Melonie.*
Menespleth. *Menesplet.*
Mensinac, Mensinhac, Manssinhacum,
Mensinhacum. *Mensignac.*
Menussa (La).
Mercadaria (La Moio de la).
Mercadillum, Mercadilh. *Faubourg du
Marché,* à Bergerac.

Merchandia (La).
Merchat (El).
Mercieyra (Carreria dicta).
Merdanso (Rivus de). *Merdansou,* ruiss.
Merde pendent (Mayn. vulg. nuncu-
patus).
Merdier (Rivus).
Merelle, Merelha, Merilhe. *Mérillé.*
Merlac.
Merlan. *Merland.*
Merlanda (Foresta de la).
Merlaudis. *Merlande.*
Merlene (Locus). *Merlande.*
Merlia (La).
Mescola, Mascolle. *Mescoules.*
Mespoletum. *Mespoulet.*
Mesquis.
Meymaulx (Rep. des).
Meynicho, el Maynisso. *Les Meyni-
choux.*
Meyrolia (Ten. de la).
Meyronia, Meyrounia. *La Meyronie.*
Miauna (Mayn. de la).
Micha (La). *La Miche,* ruiss.
Mignonac. *Migonac.*
Milac, Millats, Milhac. *Millac-de-Non-
tron.*
Milhassaria (Hospitium de la).
Milhassia (La).
Milheyrolia (Maynam. de la).
Miliacum (Castrum), Ameliacum,
Ameilhac, Melhac, Milhacum. *Mil-
lac-de-la-Linde.*
Miliacus (Villa), Milhacum, Milhac.
Millac-d'Auberoche.
Miliadas (Las). *La Millade.*
Minzac. *Minzac.*
Miquaillie (La). *La Micalie.*
Mirabel. *Mirabel.*
Mirant. *Miran.*
Miras (La).
Miremund, Mirus mons, Miramons.
Miremont.
Mistonia (Bordaria de la). *La Mistonie.*
Moiro, Mosron. *Le Moiron,* ruiss.
Molerii, Molieras, Motlerios, Moliers,
Moulières. *Molières.*
Moletta. *La Moulette.*
Moleyras. *Molières.*
Molhac (Fasio de).
Moliera (La), Molieyra, la Moulière,
las Moulieras. *La Molière.*
Molinassa (Al-Cros de la).
Molinia (La).
Molas (Las). *La Mole.*
Molis (Domus de).
Mololassa (Vallis de).
Mon (Molend.)

Monasterii (Parochia). *Le Moustier.*
Monasterium, Monasterii, Mostiers. *Monestier.*
Monbayol, de Monte Bayolo. *Monbayol.*
Monbeta, *Monbette.*
Monbo, Monbosc. *Monbos.*
Moncam.
Moncany.
Monchure (La).
Monclar, Mons Clarus, de Monte Clarentio, Monclard. *Montclar.*
Monedo (La), à Dome.
Monès. *Moneys.*
Monesteirol, Monestayrol. *Monesterol.*
Monfferrier. *Montferrier.*
Mou Gault (Al).
Mouginias (Ten. de las).
Monleyder, Mons Leyderius, Montlidyer, Monleder, Montleydier. *Moutleydier.*
Monrival. *Monrival.*
Mons, Montz. *Mons.*
Mons. Castrum de Montibus. *Grand-Mons.*
Monsac. *Monsac.*
Monsaguel, Montsagel, Mons saguellus, Mons sapellus. *Montsaguel.*
Mons altus, Montaut, Monsdaltus. *Montaut-d'Issigeac.*
Mons altus, Montaut, Monteaud. *Château de Montaut,* aujourd'hui *les Cotes-Sales.*
Monsanha.
Mons arditus, Montardy. *Montardit.*
Mons astructus, Montastrucum. *Montastruc.*
Mons bazalanus. *Montbazillac.*
Mons brunnus. *Montbrun.*
Mons caninus, Montaninus. *Montcany.*
Mons caretus, Moncarret, Montkaret. *Mont-Caret.*
Mons cucus, Monteuc. Mons acutus. *Mont-Cuq.*
Mons ferrandus. *Montferrand.*
Monsfortis. *Montfort.*
Mons freyra (La).
Mons guiardus. *Montguyard.*
Mons incensus, Montancès, Mons inrisus, Montanceix. *Montancès.*
Mons latus. *La Landusse.*
Monslongus, Moulouc. *Montlong.*
Mons medius.
Mons pazierus. *Montpazier.*
Mons Regalis, Monreyal. *Montréal.*
Mons siccus. *Monsec.*
Montagrerium, Montagrer, Mons agrerius, Montagrier. *Montagrier.*
Montagut. *Montagu.*

Montalbania (La). *La Montalbanie.*
Montanea. *Montaigne.*
Montanhac, Montaniacum, Montignacum, Montinhac. *Montignac-de-Vauclaire.*
Montanhac, Montainac. *Montignac-le-Coq.*
Montanhacum, Montanhac. *Montagnac.*
Montassa.
Montauriol. *Montauriol.*
Montazeus, Montazeux, Montazel. *Montazeau.*
Montelh. *Le Monteil.*
Montfalco, Monsfalco. *Montfaucon.*
Montfouleon. *Montfaucon.*
Montiniacum (Castellum), Montinac, Montinhacum, Montignacum. *Montignac.*
Montjau.
Montlongay.
Montmadalet, Mont magdalès, Mons magdalasius, Montmadaleis. *Montmadalès.*
Montmaleu, Mons malignus, Montmaleys, Montmalainac. *Madelin.*
Montmarvès, Monsmirvezius. *Mont-Marvès.*
Montmeganus. *Montmége.*
Montozel. *Montauzel.*
Montpao, Montepavo, Monpao, Montepao, Monspavo, Montpouns, Montpaon. *Montpont.*
Montpeyrot, Mons Petrosus, Montpeyros. *Montpeyroux.*
Montrenc, Montrencum. *Montren.*
Montrevel, Mons Revellum, Montis revellum, Montis ravellum, Monte revellum, Monrevel. *Montravel.*
Montvert. *Montvert.*
Monzia. *La Mongie-Montastruc.*
Monzia del Tolon, près Périgueux.
Monzia supra Dordoniam, Cenobium sancti Sylvani, Mongia. *La Mongie-Saint-Martin.*
Mortamar, Mortuum mare. *Mortemar.*
Morterii. *Mortier.*
Moschal.
Moscharia (La).
Mosnaria (La). *Combe-Meunier.*
Mostier Ferrier. *Le Moustier-Ferrier.*
Mota, Motha, la Mouthe. *La Mothe.*
Mota de Saleinac. *Salignac.*
Mota Eyencha, *à Montpont.*
Mota S. Paycon, Sancti Paxentii, Motha S. Paixens. *La Mothe-Montravel.*
Moteta. *La Moutète.*

Mourinia, Maurynia. *Morinie.*
Moysaria.
Moysiera, Moissieyra. *La Moyssière.*
Moyssia (Hospitium de la). *La Moyssie.*
Mulcedonum? Moysida, Muxidanium, Muissida, Moisedunum, Moysidunum, Muschidanum, Mussidanum, Moyschida, Muschidan, Mucident. *Mussidan.*
Muncuc. *Mont-Cuq,* à Belvez.
Munplacens, Monplazenc. Mons placentius. *Montplaisant.*
Muratellum. *Muratel.*
Muro Cincto (Villa), Morcinq. *Mourcin.*
Musarelia, Musardia. *La Muzardie.*

N

Nabinal. *Nabinal.*
Nabinaus. *Nabinaux.*
Nabirac. *Nabirat.*
Nadaillac, Nadalhacum, Nadailhacum, Nadailhac. *Nadaillac.*
Nadalia. *La Nadalie.*
Nafachat (Coforchu).
Naillac, Noalhac, Nalhacum, Nouaillac. *Naillac.*
Na-Johanna (Campus voc.).
Nantiac, Nanthiacum. *Nantiat.*
Nantelium, Nantholium, Nantuelh. *Nanteuil.*
Nanzac.
Narbona (Repayr. de). *Narbone.*
Narbonia. *L'Arbougne.*
Naruelha velha (La).
Natarengas, Vacarengas, Natrijengis. *Nastringues.*
Naussanas, Nauxanes. *Naussanes.*
Nauvas (Las). *Les Nauves.*
Navasinchert (Silva de).
Nea. *Le Néa,* ruiss.
Negra-Bola (Baylie de).
Negrondes. *Négrondes.*
Neguaschia (Mansus voc. la).
Netronense (Castr.), Centen. Nautronensis, Nancronum, Nudrum. Nontronium. *Nontron.*
Noulas (En las).
Neys-Cassou (Ten. de).
Nisona, Lisona. *La Lisone,* riv.
Noaille (La). *La Nouaille.*
Noal (M. de la).
Noalhac, Noalhae. *Nouaillac.*
Noalharia (M. de la).
Noalheta (La). *La Nouaillette.*
Noalia, à la Noylia.

Noasa, Naosa, Nausa. *La Nauze*, riv.
Nogaret. *Nogaret.*
Nogier-Grossal (El).
Noguey (Al).
Nondoyna (Terre de).
Nontronellum. *Nontronneau.*
Novem fontes. *Neufons.*
Noviacum (Eccl. de).
Novus Pratus.
Novus vicus, Novicensis, Neufvic. *Neuvic.*
Noyalia (Eccl. de). *Nojals.*
Nozetum.
Nucl-Peyra. *Niopeyre.*
Nuganson.
Nutoria (Tenent. de la).

O

Obru (Ayralia de la).
Obscuris (Mansus de).
Olaria (La), Holaria, Hoularia. *Laularie.*
Olivaira, la Oliveyra. *L'Olivarie.*
Olm (Place de l'), à Bigaroque.
Olmaria (La). *L'Ormière.*
Olmicras (Las). *Les Ormières.*
Ombras (Las). *Les Ombreaux.*
Orador, de Oratorio. *L'Oradour.*
Orgollet.
Oriola (La).
Orlhac, Orliacum. *Orliac.*
Orlhaguetum. *Orliaguet.*
Ostra (La).
Ouriacum.

P

Paiesia, Paiosia, Pogesia. *La Pagésie.*
Paizagues.
Palairacs, Palayracum. *Palayrac.*
Palairaguet. *Palayraquet.*
Palenchart (Porta de), à Agonac, donnant sur la place de la Pinélie.
Palenchia (La). *La Palanchie.*
Palengas (Capella de).
Palenosa (Cumba). *Le Palen,* ruiss.
Paleterra (Maynam. de).
Palevesi (Castrum), Pelvisi, Palevesi. *Pelevesy.*
Palhassaria (La).
Palholal (El).
Palholas (Las). *Les Pailloles.*
Palissac.
Palmes (Las Tors debat), à les Tours Bapaumes. *La Paulme,* voy. *Bapalme.*

Palnatense monasterium, Palmatus, Paunac, Paonat, Pounac, Palnatum, Palnacum. *Paunac.*
Palual, Paluel, Paluellum. *Paluau.*
Paluelia (La).
Paluellum. *Paluel.*
Pamafon.
Panissal (El). *Panissau.*
Panissas. *Punissau.*
Paparoc (El).
Paperdu (A).
Papia (Maynam. de la).
Paponia (Mansus de la).
Papus (Ten. de).
Paquetias (Las). *La Paquetie.*
Paracol, Paracollum. *Parcoul.*
Paracol (Gorga de). *Paracol.*
Pararias (A las). *Les Paralgies.*
Parditz (Portus de), à Bergerac.
Parducia (Mas de la).
Parduz, Pardutz, Parducum, Perducium, Pradoux, Perdus, Tousquam, Tosquane. *Tocane.*
Parentia (Maynam. de la).
Paretia (La). *Paret.*
Pariarias (Guachia de), à Périgueux.
Pariatgium. *Pariage-le-Roi.*
Parrat (La). *Porre.*
Pascalonia (M. de la).
Pascalou (Domus de), à Négrondes.
Pascaut (Mayn. de).
Pas de la Glicze, Pas de l'Angloys. *Le Pas des Angles.*
Pas Estrech (Carreria del), à Belvez.
Pasquaria (La).
Pasquet (Combe de). *Pasquet.*
Passadoux, Passador. *Le Passadou.*
Passoria (Mayn. de la).
Passus de Bruelh. *Pas-du-Breuil.*
Passus del Lop, à la Force.
Pastoul ?
Patac (Fossi de), à Issigeac.
Paulhac. *Pauliac.*
Paulinhacum, Poulinhacum, Paulignhac, Paulignac. *Polignat.*
Pausacum, Paussacum, Paoussat. *Paussac.*
Pausia (Territ. de la).
Pazayacum. *Pazayac.*
Pe (Vinea del).
Pecharia. *La Pechère.*
Pecherny. *Pech-Arny.*
Pech Eyssa, Eyssau. *Pech-Eyssat.*
Pech Gaudon. *Pegandon.*
Pech Gaurès.
Pech Johan.
Pech Monstier. *Pémoustier.*
Pech-Nadal. *Penadal.*

Pecolia (La). *La Pecoulie.*
Pedolha (Hospital voc).
Pegeval (Mansus de).
Pelada (La). *La Piolade.*
Pelegri (Carreria de). *Pelegry*
Pelegrinia (Repayrium de).
Pelissaria. *La Pelisserie.*
Pelisses (Hospitium de). *Pelisses.*
Pellegrue (Territ. voc. de).
Pelonia (La). *La Pelonie.*
Penduda (La).
Percusium, Patrisium. *Pertus.*
Perdigalia (La).
Perdigat (Hospitium de). *Perdigât.*
Perducio (Capella de). *Notre-Dame-de-Perduceix.*
Perier (Hospitium del). *Le Périer.*
Perol (Mayn. de). *Pérol.*
Peroulhas (Las).
Perussellum. *Péruzel.*
Pescher (Claus deus).
Pesqueyroux. *Les Pécherons.*
Pesulium, Pezulhum, Pezulh. *Pézul.*
Petragoras (Honorium de), castellania de Petragoricum. *Châtellenie de Périgueux.*
Petragoras (Hospitium de), Périgous. Peiregurs, les Peyronnes. *Château de Périgueux, actuellement de Barrière.*
Petragoricensis (Consulatus, comitatus). *Comté de Périgord.*
Petragoricensis (Podium Sancti Frontonis), Villa Podii S. Front. Petragorarum, Castrum Sancti Frontonis, Villa del Poi Sen Front. *Le Puy Saint-Front, partie nouvelle de Périgueux; avant la réunion à la Cité en 1240.*
Petragoricensis villa et civitas, Universitas, villa Podii Sancti Frontonis et civitatis Petragoricensis, communitas ville et civitatis Petragoricensium, villa et civitas Petragorii. *Périgueux. (Après le traité de réunion des deux villes les deux noms furent conservés pendant quelque temps dans les actes.)*
Petragoris, Petragorici, Villa Petragorarum, Petragore, Petragorium, Petracoras, Pierreguys, Pereguès, Periguhès, Periguers, Perigord. *Périgueux. (L'emploi d'un seul nom se rencontre déjà peu après 1240.)*
Petrocorii, Petrochoras, Petrocorica, Petrocoris, Petrochoricum, Petragoras, civitas Petragoricensis. *La Cité, partie antique de Périgueux.*

Podium Rogier, Poy Rotgier. *Puy-Roger.*
Podium Rossel. *Puy-Rousseau.*
Podium Rotbert, Roberti. *Puy-Robert.*
Podium Rotundum, Podium Redon. *Puy-Redon.*
Podium Rubeum.
Podium Salomonis. *Puy de Salomon.*
Podium Sancti Asterii. *Puy-Saint-Astier.*
Podium Sancti Frontonis. *Puy-Saint-Front.*
Podium Sancti Sori. *Le Peuch de Saint-Sour.*
Podium Sansso.
Podium Siorati. *Pay-de-Siorac.*
Podium Tronquet.
Podium Wiberti. *Puy-Jubert.*
Podium Wilelmi, Guilhermi, Guillelmi, Poi Guilem, Pugh Wuilhelmi. *Puy-Guilhem.*
Podium Ymberti, Pug Ymberti. *Puy-Imbert.*
Pogia (La), Posga. *La Pouge.*
Pogol blanc (Foresta de).
Poi Aster, Peu Astier, Podium Astier. *Puy-Astier.*
Poi Bernard.
Poi Falco.
Poi Ferrat. *Puy-Ferrat.*
Poi Mangor, Podium Mangor. *Puy-Mangou.*
Poi Mauri. *Puy-Maurin.*
Poiadas (Las), la Poyada, Pojade. *La Poujade.*
Poichaus. *Puy-Chaud.*
Poiverii. *Le Poirier.*
Pojetum, Pogetum, Poget. *Le Pouget.*
Polvelaria, la Poulvclerie. *La Pouvelleric.*
Polvelhieras, Polvereiras. *Pouverrieras.*
Pomareta, Pomareda. *La Pomarède.*
Pomiers, Pomerii. *Pommiers.*
Pompeyret. *Pompeyra.*
Pomport, Pompeyra, Pomporninum. *Pomport.*
Ponbuzatum. *Ponbuzat.*
Poncia (La). *La Poncie.*
Pon Fram. *Pont-Fermier.*
Ponhantia (La).
Ponheria avenencha (La).
Ponheyria (La).
Ponponbac, Ponpouniat. *Ponponiat.*
Pons, Ponte (Mansus de). *Le Pont.*
Pons Arnaudi. *Pont-Arnaud.*
Pons Ayraudi, Pont-Airau. *Pont-Eyraud.*

Pons bono, Pontem bono, Ponbono. *Pont-Bone.*
Pons civitatis. *Pont de la Cité,* à Périgueux.
Pons d'Anglars.
Pons de Begairoca.
Pons de la Beurona. *Pont-de-la-Beaurone.*
Pons de Petra, Sancti Hilarii, Lapideus, Sororum minorissarum, de Sainte-Claire, des Nonnains, Saint-Jacques. *Pont de pierre,* à Périgueux.
Pons Remigius, Pont Remyge, Pons Romenus. *Pont-Roumieu.*
Pons Robberti. *Pont-Robert.*
Pons Sancti Mameti. *Pont-Saint-Mamet.*
Pons Sancti Marcialis. *Pont-Saint-Martial.*
Pons super fluvium Dordonie, à la Linde.
Pontaria. *La Ponterie.*
Pontonia.
Ponlos, Pomos, Pounlos. *Pontours.*
Pontou lez Grigniers. *Pontou.*
Populos (Ad), *près de Chenau.*
Porcaireneus (Mansus), Porchairenes. *Porchères* ou *le Pourcal.*
Porta (La). *La Porte.*
Portafide (Hospitium de). *Portafé.*
Portal (Tenentia del). *Le Portail.*
Potenca (La). *La Potence.*
Potz Berti (Lo).
Potz de la Farga.
Potz Jareto.
Pouch (El), deu Pous. *Le Puy.*
Poujolium, al Pogol. *Poujol.*
Poulélie (La). *La Pouleille.*
Poyada (La). *La Pouyade.*
Poy corber, corbene. *Puy-Corbier.*
Poy de la Crosa.
Poy d'Esparmion.
Pozinia (La).
Prada (La), Prata. *La Prade.*
Pratalenc.
Pratella, la Pradela. *La Pradelle.*
Pratis (De). *Prats.*
Prebostal (El). *La Prevoste,* à Bergerac.
Prebostia, Prevousté de Grignoulx. *La Prevosté,* à Grignol.
Pregieyra (La), Pregière. *La Pregère.*
Preisat, Preishac, Preychacum, Preyschacum. *Preyssac.*
Prescinhac, Pressinhacum, Presingnhac. *Pressignac.*
Primsaudia (La).
Privol (El).

Proenchères, Pronchieyras, Ponchéras. *Pronchéras.*
Profunda valle (De).
Profundo rivo (De), Priguontrieu. *Prigonrieu.*
Proissanxs, Proysens. *Proissans.*
Pronsault, Pronceau. *Pronsaut.*
Prunari (El). *Le Prunier.*
Prunerii. *Les Pruniers.*
Puech Arma. *Pech-Armant.*
Puech Audebert. *Puy-Chambert.*
Puech Audier (Pheodum de). *Pech-Audier.*
Puech Beto (Mansus de).
Puech de la Grava. *Pech-de-la-Grave.*
Puech del Mega.
Puech Eyrol.
Puech Gaudo. *Pech-Gaudon.*
Puech Gential.
Puech Gran.
Puech Imbert. *Pech-Chembert.*
Puech Laval.
Puech maigre. *Le Pech-Maigre.*
Puech Mugo.
Puech Ortula.
Puech Punchet.
Puech Redon. *Le Peyrier,* à Lenquais.
Puech Velh.
Puey-Avre.
Puey Blanc.
Puey Chariffel. *Puy-Cheriffel.*
Puey del Miel Peyra.
Puey Domene, Podium Domene. *Pech-Doumen.*
Puey Eyraut.
Puey las portas.
Puey Moischo.
Puey Pelas. *Puy-Pela.*
Puey Pinso, Pinsso. *Puy-Pinsou.*
Puey Pouzy. *Puy-Bouzy.*
Puey Rampnant.
Pug Imbert. *Pech-Imbert.*
Punchac, Ponchacum. *Ponchat.*
Purelia (La).
Puteus de la Roca. *Puy-la-Roque.*
Puyagu, Montagut. *Piégut.*
Puybeto. *Puybeton.*
Puyelia (La).
Puyfier. *Puy-Fier.*
Puy Golfier, Gnaufier. *Puy-Golfier.*
Puy Saint-Sicary lez Périgueux. *Puy-Saint-Sicaire.*
Puy Savi.

Q

Quey (Casale de).

Queyria (La), Lescheyria. *La Queyrie.*
Queyrolh (El). *Queyroux.*
Queyssacum, Carsacum. *Queyssac.*
Quigassel (Maynam. de).
Quinciacum, Quinsac. *Quinsac.*
Quinta (Archipresbyt. de la). *La Quinte.*
Quintinia (La). *La Quintinie.*

B

Babencha (Bordaria).
Raconot (Hospitium).
Rafflnia (La). *La Raffigne et la Raffinie.*
Rafol (Capella de).
Rafrognia (La). *La Raffreigne.*
Rajeto (Silva de). *Razac ou Rayet.*
Ramafort. *Ramefort.*
Ramal. *Le Ramail.*
Ramarona.
Rambaudia (La). *La Rambaudie.*
Rampio. *Rampieux.*
Rampnolfenc (Lo Fiou).
Rampnolfenc (Nemus).
Rampnolfia. *La Renaulphie.*
Raselaria (La).
Rastinhac, Rastinhacum. *Rastignac.*
Rat (Al). *Le Rat.*
Ratavolp. *Ratebouil.*
Raufflac (Boria de).
Rauflac. *Rouflac.*
Raulia (Mansus de la).
Raumoltct (Masus del).
Rausello (Priorat. de). *Le Rausel.*
Rauzas (Territ. de las).
Rauzet. *Rauzet.*
Raymondencha (Domus in cast. de Granholio), la Raymondia, Raymundia. *La Raymondie.*
Raynonenc (Mansus).
Razacum, Raszac. *Razac.*
Realia (La).
Recaudia (Bord. de la).
Reclusa (Ten. de la).
Recos (Mansus de). *Les Recoux.*
Redelmou.
Reffolia (La).
Regnamont. *Renamont.*
Regniacum, Renhac. *Reignac.*
Relhac, Relhacum, Raillacum, Reliacum. *Reillac.*
Reihannes.
Renaudia (La), Reynaudie, Regnaudie. *La Renaudie.*
Renfreya (La).
Rens, Renxs. *Rems.*
Repayre (Ostal del).

Ressidon (Repayrium de).
Restaria (La). *La Restarie.*
Reveilhas (Las). *Reveille.*
Reyra (La).
Rey Valas. *Les Refossés,* à Bergerac.
Riba (La). *La Rive.*
Ribanat. *Ribagnac.*
Ribbairac, Ribairacum, Arribayrac, Ribbayriacum. *Ribérac.*
Ribeyrolia (La). *Ribeyrolle.*
Ricardia (La). *La Ricardie.*
Rinchac, Runhacum. *Rignac.*
Ripagay (Porta), à Agonac.
Riparia, la Ribiera. *Rivière.*
Ripis (Prioratus de). *Rives.*
Ripperia, Repperia, Rippia, la Rebière. *La Rivière.*
Roalha (La).
Roanel. *Le Raunel,* ruiss.
Roays. *Rouay.*
Robbertia (La), la Roubertie, la Robbertie.
Roca boucort, Rocha, Roqua, Rupes bovis curti, Rupes. *La Roche-Beaucourt.*
Rocapina, Roquapina, Rupispina, Racopina, Arroquepine, Rochepine. *Roquepine.*
Roca Sancti Christophori. *La Roche-Saint-Christophe.*
Rocenas, Rochenac, Rossenhacum. *Roncenac.*
Rocha (La) de Bassillac, Castrum Bassiliacum. *Rognac.*
Rocha bruna (La). *La Roque-Brune.*
Rocha doech.
Rocha Marty, à Agonac.
Rocheilhl (El). *La Rochille,* ruiss.
Rocheirel, Roche Airel. *Rocheirel.*
Rochelia (Mansus de la). *La Rochelle.*
Rochetta. *Rochette.*
Rocia (Maynam. de la). *La Roussie.*
Rocqua Laura.
Roda miula, Roda miola. *Rode-Mieule.*
Roffinhac, Roffignac de Laye. *Rouffignac.*
Rofflat (Nemus de).
Rogetus (Magnus).
Rogeyria (La). *La Rogerie.*
Rolandia (La). *La Rolandie.*
Rolfia, Rouffia, Raouffie, Radulphia, Reuolffie, Raulphia. *La Rolphie.*
Rolhanis (De), Rolhas, Rolhac, Arolhac. *Rouillas.*
Romains. *Romains.*
Romeget, Roumeguet. *Romaguet.*
Romegeyria (La), Romegiera, Romegueira. *Roumagière.*

Rompischola, alias La Pescharia. *La Rampinsole.*
Roqueta (La). *La Rouquette.*
Rosarum (Castrum).
Rosas.
Rossa (La).
Rossaria (La). *La Roussarie.*
Rossel. *Rousseau.*
Rosselia (La).
Rossia (Loc. de la), Rocia. *La Roussie.*
Rossignol, Rossinholium. *Rossignol.*
Rossilho (Pheodum de).
Rossinagesium.
Rossinholia (La).
Roubarias (Las).
Roy (El). *Le Roy,* ruiss.
Roy (Lo). *Le Rouet,* ruiss.
Rua (La). *La Rue.*
Rudelli (Bordaria).
Rudolo. *Rudelou.*
Ruffenc (Repayr. del), à Campaignac.
Ruffiacum. *Ruffet.*
Rumpnhier (Maynam. de).
Ruolphia, Ruaolphia. *La Rolphie.*
Rupe de la Tour (Hospitium de).
Rupes de Gajaco, Rupes Gaiaci. *La Roque-Gajac.*
Rupes Jauberti. *Roche-Joubert.*
Rupes Pedagiorum. *La Roche des Péagers, la Roque-de-Meyral.*
Rupes Sancti Leontii. *La Roche-Saint-Léon.*
Ruschas (Moli de).
Ruschel (El). *Le Ruchel,* ruiss.
Russel, Rousilha, Rossilha, Russilhie, Rocilia, Roussilhie. *Roussille.*

S

Sabataria (Mansus de la).
Sabbaudia (La).
Sabloneres.
Sablonieyras.
Sablou (El). *Le Sablou.*
Saborinia (La).
Sacco (Prioratus de).
Sadelhac, Sedalhacum. *Sadillac.*
Saffra.
Sagelaeum. *Sagelat.*
Sagna. *Le Sanet.*
Sahusa (La), ruiss.
Sahuc (El). *Faubourg à Perigueux.*
Saichac.
Saignas (Las). *Les Saignes.*
Saint-Avyt de Tizac. *Saint-Avit-de-Tizac.*
Saint-Félix, Felis, Feliche, Phelis;

Saint-Félix de Bourdeilles. *Saint-Félix.*

Saint-Front de la Cremsa, de Mussidan. *Saint-Front-de-Pradoux.*

Saint-Legier, Letger, Lezier, Legis. *Saint-Léger.*

Saint-Onger, les Xaintongers. *Les Saintongés.*

Saint-Sorn de la Bayssa.

Sala. *La Sale.*

Sala, Salas, Salles, Sales, Salle. *Sales.*

Sala (El), Salo, Saloun, Silno. *Salon.*

Sala al compte (Castrum la), Castrum Petragoricum. *Château des comtes*, à Périgueux.

Salagorda, Guourda. *Salegourde.*

Salajouya (Maynam. de la).

Salambre. *Salembre.*

Salamonia. *La Salomonie.*

Salanac. *Salagnac.*

Salanac, Salenhac, Saleniacum, Salignhac, Salaignac. *Salignac.*

Salas, Salis. *Sales* (Périgueux).

Sala viridis. *La Sale-Verte.*

Sal Borna (La). *Salibourne.*

Salessa (La).

Saletia (La).

Salh.

Salheuil. *Saleuil.*

Salis (Turris de). *Sales.*

Salmongnie (La), la Solmonnye. *Salmounie.*

Salom (M. de).

Salseyro (Porta de), à Agonac.

Salsinhac, Sauciguac. *Saussignac.*

Saltus militis. *Le Saut-du-Chevalier.*

Salvabuo, Sauvebuo. *Saurebeuf.*

Salvadour. *La Salvie.*

Salvagia, las Sauvagias. *La Sauvagie.*

Salvajo, Salvagun, Salvougun, Salvougo. *Sauvajou.*

Salveys (Maynam. de).

Salvitas. *La Salvetat.*

Salvitas Grasseti. *La Sauvetat-Grasset.*

Samueyrias (Masus de la).

Sancta Alvera, Alveria. *Sainte-Alvère.*

Sancta Catharina, Cathalina. *Sainte-Catherine.*

Sancta Columba. *Sainte-Colombe.*

Sancta Crux. *Sainte-Croix.*

Sancta Eulalia. *Sainte-Aulaye.*

Sancta Eulalia, Sancta Aularia. *Sainte-Eulalie-de-Puyguilhem.*

Sancta Eulalia, Sancta Aulaia, Aolaia, Eulaia. *Sainte-Eulalie* (à Périgueux).

Sancta Eulalia supra Dordoniam, Senct Eulaya, Sainte-Aulaye. *Sainte-Eulalie.*

Saucta Fe de Vineys, de Vineriis, de las Vinhas. *Sainte-Foy-des-Vignes.*

Sancta Fidier. *Sainte-Foy-de-Belvez.*

Sancta Innocentia, Ignoscentia, Innoscencie. *Sainte-Innocence.*

Sancta Lucia. *Sainte-Luce.*

Sancta Maria deaurata, de Daurata. *La Daurade.*

Sancta Maria de Bosco.

Sancta Maria de Bragiaraco, Notre-Dame du Château (Bergerac).

Sancta Maria de Capella. *Capelou.*

Sancta Maria de Chinhac. *Sainte-Marie-de-Chignac.*

Sancta Maria de fracto Jove. *Sainte-Marie-de-Frugie.*

Sancta Maria de Gardia. *La Garde* (près Périgueux).

Sancta Maria de Mercato (Sarlat).

Sancta Maria de Monteuq, Muncuq. *Sainte-Marie* (Belvez).

Sancta Maria de Siuraco, de Vieil Sieurac, de Villafranca (Villefranche-de-Belvez).

Sancta Maria de Valle, de Vallibus. *Sainte-Marie-du-Val.*

Sancta Maria de Vernhio. *Sainte-Marie-de-Vern.*

Sancta Maria du Roq (Mussidan).

Sancta Maria Magdalena. *La Madeleine* (faubourg de Bergerac).

Sancta Maria Magdalena de Longo Vado (Longa).

Sancta Maria Magdalena in Calesio.

Sancta Mundana. *Sainte-Mundane.*

Sancta Nathalena, Magdalena. *Sainte-Natalène.*

Sancta Radegundis. *Sainte-Radegonde.*

Sancta Sabina. *Sainte-Sabine.*

Sancta Ursa. *Sainte-Orse.*

Sancti Brici (Parochia).

Sancti Hypoliti (Leprosia), Sen Politi. *Saint-Hippolyte.*

Sancti Jacobi (Capella).

Sancti Laurentii versus Bigarupem (Capella). *Saint-Laurent.*

Sancti Ludovici (Villafranca), Saint-Loy. *Saint-Louis.*

Sanctus Agolinus. *Saint-Aiguilin.*

Sanctus Albinus de Banesio, in Barsaneio, de Rezaco; Saint-Aubin de Cabusac, de Cadelech; Saint-Chavy. *Saint-Aubin* (Eymet).

Sanctus Albinus de Montibus, de Lencasio; Saint-Salvy, Saint-Chalvi. *Saint-Aubin* (Issigeac).

Sanctus Amandus, Sen Chaman. *Saint-Amand.*

Sanctus Andreas, Saint-Andrieux. *Saint-André.*

Sanctus Angelus. *Saint-Angel.*

Sanctus Anianus. *Saint-Aignan d'Haut.*

Sanctus Anianus, Anianius; Saint-Anyan, Saint-Agnan, Saint-Anhe. *Saint-Aigne.*

Sanctus Antonius. *Saint-Antoine.*

Sanctus Aper, Asperus. *Saint-Apre.*

Sanctus Aquilinus, Saint-Agulin. *Saint-Aquilin.*

Sanctus Asterius, Astherius, Chasterius, Chastier. *Saint-Astier.*

Sanctus Avitus de Balares, de Vilars, de Villaribus; Saint-Chauvit, Saint-Chevie. *Saint-Avit-de-Vialard.*

Sanctus Avitus de Fumaderiis. *Saint-Avit-de-Fumadière.*

Sanctus Avitus de Mosron, de Moiro; Saint-Avyt de Moire, Saint-Avid. *Saint-Avit-de-Moiron.*

Sanctus Avitus de Senesellis.

Sanctus Avitus Senior; Saint-Chebit. *Saint-Avit-Sénieur.*

Sanctus Bartholomeus de la Garda, de Chamilac, de Geyrans, de Bellegarde; Saint-Bartholmieu. *Saint-Barthelemy.*

Sanctus Caprasius, Saint-Caprasy. *Saint-Caprais.*

Sanctus Christophorus, Sent Christofol. *Saint-Christophe.*

Sanctus Clemens. *Saint-Clément.*

Sanctus Crispinus, Sant-Crespi. *Saint-Crépin.*

Sanctus Cyprianet, Saint-Cybrau. *Saint-Cybranet.*

Sanctus Cyprianus, Saint-Cybro, Saint-Sibra. *Saint-Cyprien.*

Sanctus Cyricus. *Saint-Cirq.*

Sanctus Egidius. *Saint-Gery.*

Sanctus Eumachius. *Saint-Eumays.*

Sanctus Eumachius, Saint-Chamaci. *Saint-Chamassy.*

Sanctus Euparchius, Sen Chibard. *Saint-Cybard.*

Sanctus Felix, Sen Felis, Saint-Félix de Villades. *Saint-Félix.*

Sanctus Fides de Longo Vado, Santa Fe. *Sainte-Foy.*

Sanctus Florentius. *Saint-Florent.*

Sanctus Fronto de Brust. *Saint-Front, près de Dome.*

Sanctus Fronto de Chanhiers, de Capneriis. *Saint-Front-de-Champniers.*

Sanctus Fronto de Corolio, al Coroly, de Corols, de Collorcis. *Saint-Front-de-la-Linde.*

Dordogne.

49

Sanctus Fronto de Lemps. *Saint-Front-d'Alemps.*

Sanctus Fronto de Ripperia, de Rippia, de Ribeiria. *Saint-Front-la-Rivière.*

Sanctus Fronto de Vestionibus, Vestitos.

Sanctus Genesius. *Saint-Geniez.*

Sanctus Georgius de Blancanes, Blanquanes. *Saint-Georges-de-Blancanès.*

Sanctus Georgius de Chalezio. *Saint-Jory-de-Chalais.*

Sanctus Georgius de las Blos, de Blodiis, Blotz. *Saint-Jory-las-Bloux.*

Sanctus Geraldus, Gerardus Curvus, Saint-Gerault. *Saint-Géraud-de-Corps.*

Sanctus Germanus lo Drop, le Dros. *Saint-Germain* (Saucignac).

Sanctus Geyracus, Sengeirat, Saint-Geira; Sengeyracum. *Sengeyrac.*

Sanctus Hilarius, Harius. *Saint-Hilaire.*

Sanctus Johannes de Cola, Saint-Jean d'Escole. *Saint-Jean-de-Cole.*

Sanctus Johannes d'Estissaco. *Saint-Jean-d'Estissac.*

Sanctus Johannes d'Eyraud. *Saint-Jean-d'Eyraud.*

Sanctus Julianus de Laygue. *Saint-Julien* (Cénac).

Sanctus Julianus la Crempsa. *Saint-Julien-de-Crempse.*

Sanctus Laurentius de Cumbis. *Saint-Laurent-des-Combes.*

Sanctus Laurentius de Gogabeaud. *Saint-Laurent* (Brantôme).

Sanctus Laurentius de Guilhgorsa. *Saint-Laurent-des-Bâtons.*

Sanctus Laurentius de Manore. *Saint-Laurent-sur-Manoire.*

Sanctus Laurentius de Prador. *Saint-Laurent-de-Pradoux.*

Sanctus Laurentius prope Brageriacum, de Vineis. *Saint-Laurent-des-Vignes.*

Sanctus Lazarus prope Peyrals, Saint-Lazer. *Saint-Lazare.*

Sanctus Leo. *Saint-Léon-sur-l'Ille.*

Sanctus Leo (Issigeac).

Sanctus Leonardus de Sauvene, Sans Lezier, Legis, Lesger. *Saint-Léger.*

Sanctus Leontius. *Saint-Léon-sur-Vézère.*

Sanctus Mametus, Saint-Maime. *Saint-Mamet.*

Sanctus Marcellus sive Villades. *Saint-Marcel.*

Sanctus Marcialis de Albareda, de Exidolio, de Layrache. *Saint-Martial-d'Albarède.*

Sanctus Marcialis de Arcensa, Artensia, Arthenssa. *Saint-Martial-d'Artensec.*

Sanctus Martialis de Autafort. *Saint-Martial-d'Hautefort.*

Sanctus Martialis de Drona. *Saint-Martial-de-Drone.*

Sanctus Martialis de Galmarès. *Saint-Martial-de-Gammarey.*

Sanctus Marcialis de Vivayrols, Vieyrol, Viveyroulx. *Saint-Martial-de-Viveyrol.*

Sanctus Marcialis prope Montem Domæ. *Saint-Martial-de-Nabirat.*

Sanctus Marsellus (le Bugue).

Sanctus Martinus de Bragayrac (Bergerac).

Sanctus Martinus de Combis, Sanctus Martinus in honorio Montisclari, Saint-Martin-de-Seyrollot. *Saint-Martin-des-Combes.*

Sanctus Martinus de Drot.

Sanctus Martinus de Frayschens, de Frayschenguos. *Saint-Martin-de-Fressengeas.*

Sanctus Martinus de Heremo, de Hom, a Lerni; Saint-Martin de l'Air. *Saint-Martin-de-Gurson.*

Sanctus Martinus de la Roqua, de Rupe; Saint-Martin-la-Rivière. *Saint-Martin-d'Exideuil.*

Sanctus Martinus de Laster, Sanctus Martinus subtus Moissida. *Saint-Martin-l'Astier.*

Sanctus Martinus de Pictu, Sanctus Martinus in honorio de Ribayrac. *Saint-Martin-de-Ribérac.*

Sanctus Martinus juxta Petragoras. *Saint-Martin-de-Périgueux.*

Sanctus Martinus Pictus. *Saint-Martin-le-Peint.*

Sanctus Maximus de Pereyrols, Perols. *Saint-Mayme-de-Pereyrols.*

Sanctus Maximus de Rosano, Rozens, Rausaco. *Saint-Mayme-de-Rauzan.*

Sanctus Medardus, Saint-Meard, Saint-Mer. *Saint-Méard-de-Drone.*

Sanctus Medardus de Abbatia. *Saint-Méard-de-Gurson.*

Sanctus Medardus de Albugia.

Sanctus Medardus de Limul, Limoil, de Limolio, à Mussidan.

Sanctus Mercorius. *Saint-Marcory.*

Sanctus Michael de Duppla. *Saint-Michel-de-Double.*

Sanctus Michael de la Clusa. *Saint-Michel-l'Écluse.*

Sanctus Michael de la Penduda. *Saint-Michel* (Tourtoirac).

Sanctus Michael de Villades. *Saint-Michel-de-Villadeix.*

Sanctus Naxentius, Saint-Nexens. *Saint-Naixent.*

Sanctus Oricius, Orirchius, Ulricius. *Saint-Orice-de-Gurson.*

Sanctus Pancracius. *Saint-Pancrace.*

Sanctus Pantaleo, Pantalius. *Saint-Pantaly.*

Sanctus Pardulfus de Feix. *Saint-Pardoux-de-Brantôme.*

Sanctus Pardulfus de Ripperia. *Saint-Pardoux-la-Rivière.*

Sanctus Pardulfus prope Vernodium, de Drona. *Saint-Pardoux-de-Drone.*

Sanctus Pardulfus prope villam Petragoris. *Saint-Pardoux-d'Ans.*

Sanctus Paulus, Saint-Pol de Rupe. *Saint-Paul-la-Roche.*

Sanctus Paulus de Lizona, Saint-Pol de Drone. *Saint-Paul-Lizone.*

Sanctus Paulus de Sera, Seris; Saint-Pol, Saint-Poul. *Saint-Paul-de Serre.*

Sanctus Paxentius, Mota Sancti Paycon, Saint-Paisent. *Saint-Paixent.*

Sanctus Perdulphus, Pardulphus; Saint-Perdhou. *Saint-Pardoux.*

Sanctus Petrus de Cola. *Saint-Pierre-de-Cole.*

Sanctus Petrus de Fougerac. *Saint-Pierre-de-Frugie.*

Sanctus Petrus d'Eyraut. *Saint-Pierre-d'Eyraud.*

Sanctus Petrus Laneys. *Saint-Pierre-l'Ancien.*

Sanctus Pomponius, Seu Pomponch, Pompoing. *Saint-Pompon.*

Sanctus Privatus. *Saint-Privat.*

Sanctus Projectus de fracto Jove. *Saint-Priest-les-Fougères.*

Sanctus Quintinus. *Saint-Quentin.*

Sanctus Remigius, Seu Remedy, Sanctus Remerius. *Saint-Remy.*

Sanctus Ripperius, Riberius. *Saint-Rabier.*

Sanctus Robbertus. *Saint-Robert.*

Sanctus Romanus. *Saint-Romain.*

Sanctus Salvador, Sanctus Salvator, Sanctus Salvator de la Mongia, de Clairans. *Saint-Sauveur-de-Bergerac.*

Sanctus Salvator de Landas, Saint-Saulveur. *Saint-Sauveur-des-Landes.*

U

V

Veunas.

Veyrinas, Veirinas, Verinas, Castrum de Vitrinis. *Veyrines.*

Veyschiens.

Veysseyria (La). *La Veysserie.*

Vezinena (La).

Via (Mayn. de la). *La Vio.*

Via Chava (Territ. de).

Vialadesia (La). *La Valadesie.*

Vias (M. de las).

Viavela (Mausus de).

Vicus, Vicq. *Vic.*

Vigarensius (Mansus).

Vigenna (Parochia de la), Viciana, in castellania Montepavonis.

Vigerium. *Vigier.*

Vigeyral (Mol.). Vigueyral.

Vigeyraulx. *Vigueyraud.*

Viladoma.

Vilania (La), Vilanie, Villenye. *La Vilenie.*

Vilar. *Vialard.*

Vilars, Valars, Villart, Villards. *Villars.*

Vilat. *Villat.*

Vila tores, Villatorres. *Villetouroix.*

Vila vernes, Villa vernes. *Ville-Verneie.*

Vilbac. *Villac.*

Villa Amblardi. *Villamblard.*

Villaboen, Villabone, Vilaboys. *Villebois.*

Villadei. *Villedieu.*

Villaderia (La).

Villades (Capella de).

Villadès, Villetensis. *Villadeix.*

Villafranca, Villa franqua, Villefranches Sarlatensis, Villefranche de Périgord. *Villefranche-de-Belvez.*

Villafranca de Lopchat. *Villefranche-de-Longchapt.*

Villa gardel.

Villa-Meana (M. de).

Villa nova. *Villeneuve.*

Villa nova (Barrium de), à Saint-Cyprien.

Villouyre.

Vilota.

Vinada (La).

Vindal (Porta), à Montagrier.

Vinhac (Mas de).

Vinhontia (La).

Vinharco (La).

Vinhas (Las), les Vignes. Vinha Danga.

Vinhencha (Terra de la).

Vinhonias (Las), Vignonias?

Vio (Mayn. de la). *La Vio.*

Viots. *Viot.*

Virac.

Viralho (El). *Viralic.*

Viridis, Ver, Vert. *La Tour du Vert,* à Baneuil.

Viridis villa.

Visera, Visere. *La Vézère,* riv.

Visgudus (Nemus deus).

Visminicras (Las). *Viminière.*

Viterolle (La). *La Vitrolle.*

Vitracum, Montestiva? *Vitrac.*

Viviers, Viverium. *Viviers.*

Vivotencha.

Vizona (La). *Vizone.*

Volugou, Valojols, Valogjoux. *Valojour.*

Volum, Voulon. *Le Voulon.*

Volves. *Volves.*

FIN DU DICTIONNAIRE TOPOGRAPHIQUE

DU DÉPARTEMENT DE LA DORDOGNE.

www.ingramcontent.com/pod-product-compliance
Lightning Source LLC
Chambersburg PA
CBHW031621210326
41599CB00021B/3245